原著第三版
Third Edition

燃烧理论及数值方法

Theoretical and Numerical Combustion

[法] 蒂埃里 · 普安索　丹尼斯 · 维耐特　著
Thierry Poinsot　Denis Veynante
李新艳　赵马杰　石保禄　译

化学工业出版社
· 北京 ·

内容简介

本书从燃烧学的一些基本概念和原理入手，深入介绍了基本的燃烧理论以及如何通过数值仿真，准确、真实地再现燃烧现象。全书共10章，前3章为燃烧领域的初学者提供了良好的入门理论基础，第4～6章为从事湍流燃烧数值模拟的研究生和工程师提供了一个不错的参考，第8章和第10章为燃烧不稳定性领域的学者提供了一些相关知识和精彩素材，第7章的壁面与火焰相互作用和第9章的边界条件处理，为实现高保真燃烧器数值模拟提供了关键技术。

全书语言流畅，图文并茂，论理清楚，实用性强，是一本燃烧学方面不可多得的经典教材。

本书可作为机械工程、热能与动力工程和相近专业领域学生的教材，也可供机械、航天、航空等动力领域的研究人员参考使用。

Theoretical and Numerical Combustion，Third Edition/by Thierry Poinsot and Denis Veynante
ISBN 978-2-7466-3990-4

北京市版权局著作权合同登记号：01-2023-0121

图书在版编目（CIP）数据

燃烧理论及数值方法/（法）蒂埃里·普安索（Thierry Poinsot），（法）丹尼斯·维耐特（Denis Veynante）著；李新艳，赵马杰，石保禄译．—北京：化学工业出版社，2023.5（2024.4重印）

书名原文：Theoretical and Numerical Combustion（Third Edition）

ISBN 978-7-122-42772-4

Ⅰ．①燃…　Ⅱ．①蒂…②丹…③李…④赵…⑤石…　Ⅲ．①燃烧理论-数值模拟　Ⅳ．①O643.2

中国国家版本馆CIP数据核字（2023）第024249号

责任编辑：张海丽　　　　装帧设计：刘丽华
责任校对：宋　玮

出版发行：化学工业出版社（北京市东城区青年湖南街13号　邮政编码100011）
印　　装：北京科印技术咨询服务有限公司数码印刷分部
787mm×1092mm　1/16　印张26½　字数653千字　2024年4月北京第1版第2次印刷

购书咨询：010-64518888　　　　售后服务：010-64518899
网　　址：http://www.cip.com.cn
凡购买本书，如有缺损质量问题，本社销售中心负责调换。

定　价：198.00元　

译者序

从古至今，燃烧都与人类的生活息息相关，人们对火的利用贯穿了人类的发展历史。在利用燃烧的同时，人们对燃烧现象的研究也不断深化，燃烧理论的不断完善以及新燃烧技术的发展正使燃烧学这门古老的学科焕发出新的生机。

随着燃烧学的不断发展，数值模拟技术成为重要的研究手段。科学工作者在使用这项技术时需要掌握必要的燃烧理论和数值模拟知识，只是简单套用燃烧数值模型却不知其中原理对科研工作来说有一定的风险。然而，燃烧及其数值模拟技术涉及诸多领域，如此复杂的课题往往使初学者陷入困惑和迷茫，使燃烧学尤其是燃烧数值方法的入门较慢。

Theoretical and Numerical Combustion 一书成为解决这一难题的强有力工具。该书追踪燃烧学的最新研究进展，介绍了近年来兴起的非稳态反应流的研究方法和研究工具；从浅入深，循序渐进，涵盖了理解燃烧及其相关现象所需的重要理论和方法。全书的系统性很好，尽可能帮助该领域的入门者，尤其是燃烧数值模拟的初学者理解并掌握基础的理论知识。该书对层流和湍流火焰、预混和非预混火焰的结构、火焰速度等特性进行了生动形象的描述和深入浅出的解析，从火焰与湍流的关系出发，结合对方程的理论推导，引导读者逐渐理解并掌握不同的湍流火焰模型，进而达到掌握燃烧数值方法的目的。

译者主要从事燃烧不稳定性领域方面的研究，感慨于这本书的精辟内容，想通过这次翻译工作，为国内燃烧领域提供一份很有价值的资料。书中，前 3 章为燃烧领域的初学者提供了良好的入门理论基础，第 4 ~ 6 章为从事湍流燃烧数值模拟的研究生和工程师提供了一个不错的参考，第 8 章和第 10 章为燃烧不稳定性领域的学者提供了一些相关知识和精彩素材，第 7 章的壁面与火焰相互作用和第 9 章的边界条件处理，为实现高保真燃烧器数值模拟提供了关键技术。

在此，特别致敬侯晓院士，感谢他对本书翻译工作的支持；感谢北京大学陈正教授、北京航空航天大学李磊教授以及新加坡气候研究中心高级研究科学家陈松对本书给予的宝贵建议。

另外，本书还得到了北京理工大学“十四五”规划教材基金的资助，在此一并表示感谢。

由于本书涉及的领域很广，限于译者水平，译文中难免会出现不妥之处，恳请读者批评指正。

译者

2022 年 11 月

序

燃烧是当今社会的“心脏”，它产生了地球上大约90%的能量。尽管可再生能源的研究取得了一定进展，在一段时间内燃烧仍是我们获取能量的主要方式，这就要求针对燃烧的研究必须考虑减少化石能源的使用、降低污染物的排放及改善气候。这些问题的解决离不开数值模拟。从2001年和2005年发行的前两版开始，对反应流数值模拟及相关理论感兴趣的学生及研究人员都关注和使用了《燃烧理论及数值方法》。最新的版本对各章节的内容进行了修改（许多问题由读者指出），并加入了燃烧领域最近5年内取得的重要成果。

对于读者来说，本书最重要的改进是与法国CERFACS实验室燃烧学课程的网站关联，在网站上可获取相关补充资料。许多章节都附有相应课程的视频。在该网站上，还有补充说明本书内容的各种工具。这些工具可用于博士和工程师的研究工作。基于CFD的动画或简单的插图可用于描述简化的燃烧现象，相对于长时间的阅读来说，观看视频更容易理解这些现象。

燃烧是一个发展迅速的领域，我们在编写第3版时的主要目标是：

① 追踪燃烧领域的最新研究进展，以便学生和研究人员都可以在本书中获得必要的信息；

② 尽可能地简化一些复杂的问题，以便初学者，特别是初次学习数值模拟的读者入门燃烧领域；

③ 建立一个基于本书和互联网的集成工具来加速学生及研究人员的学习过程。该工具将在全球范围内进行定期更新。

对于工程师和该领域的专家来说，数值计算方法是研究燃烧的重要工具。在缺少燃烧基础理论知识的前提下，直接进行数值模拟毫无意义。学习燃烧理论和模拟模型比简单地运行“现成”代码要困难得多。但由于燃烧装置在经济性和安全性上都存在巨大风险，学习基础理论的过程不可或缺。因此，我们在书中保留了对基本燃烧理论的表述，并试图通过更富逻辑性和更容易理解的方式建立理论与数值模拟间的联系。过去几年，计算燃烧学的一个主要进展是非稳态反应流的研究方法和工具。这一趋势可通过两个综合结果来解释：

① 目前燃烧工业遇到的许多挑战本质上归因于非稳态现象：活塞发动机中的自点火和循环变动，火箭发动机中的点火，工业锅炉和燃气轮机中的不稳定燃烧，航空燃气轮机中的回火和点火等。所有这些问题都可通过数值模拟来研究，这是该领域迅速发展的一个重要原因。

② 即便是稳态燃烧，经典湍流燃烧模型（Reynolds Averaged Navier Stokes，RANS）也正在被非稳态方法（Large Eddy Simulations，LES，大涡模拟）取代，因为现在的计算机技术能够支持火焰的非稳态计算。然而，这些非稳态方法也带来了新的问题，例如，模拟结果与实验结果相比，精确度如何？导致偏差的原因是什么？

本书可以在没有燃烧理论基础的情况下阅读，但它无法替代燃烧领域内的一些经典书籍[1-7]，也无法替代计算燃烧学书籍[8]。我们聚焦于这些书中缺少的部分，即向已经了解流体力学的读者提供深入学习数值燃烧学所需的全部信息。同时，本书不会聚焦于流体力学的数值计算方法。有关计算流体力学（CFD）的信息可以在经典书籍[8-14] 中找到。本书将讨论哪些方程需要求解并且如何求解这些方程。

当前版本还缺少两个重要内容：

① 本书中的燃烧仅限于缓燃，也就是低速火焰，不考虑爆轰[8]。

② 燃烧中的化学反应本身会涉及很多书籍。本书不会涉及化学模型的构建、简化以及验证。但本书讨论了化学机理对数值模拟的影响，特别是针对湍流燃烧领域。该领域的最新进展，无论是在基础理论层面还是在实际应用中，都改变了当今工业燃烧系统的设计方式。本书介绍了理解这些进展所需的重要数值计算工具。

本书的结构如下：

第 1 章首先描述了反应流所需的守恒方程，并回顾了多组分反应流的 Navier-Stokes 方程数值求解相关问题。通过表格的形式总结了燃烧模拟代码中常用的主要守恒形式，讨论了与反应流相关的难点，主要包括扩散速度模型、低速火焰的简化以及化学反应过程的近似。与之前的版本相比，对扩散速度的讨论进行了修订，介绍了其精确形式和常用的近似值（1. 1. 4 节）。

第 2 章介绍了层流预混火焰的数值计算方法。总结了几点重要的关于燃烧模拟的理论结果，这些结果对于进一步理解燃烧代码的使用范围、如何初始化、确定必要的网格分辨率，以及如何验证其结果提供了非常好的帮助。另外，本章还进一步讨论了火焰速度、火焰厚度和火焰拉伸的定义和示例。

第 3 章介绍了层流扩散火焰以及两个相关概念：混合物分数和标量耗散。在计算渐近结果和“理想”扩散火焰结构之前，提供了准确的火焰参考。

第 4 章介绍了湍流燃烧的基本概念。主要描述了湍流和火焰/湍流相互作用的基本概念，以及求平均过程和过滤过程。对湍流燃烧模拟的不同方法（RANS、LES 和 DNS）进行了分类。本章还讨论了湍流火焰计算中如何将复杂化学反应特征考虑进去（4. 8 节）、湍流燃烧建模中的物理方法分类（4. 5. 5 节），以及 LES 与实验数据对比（4. 7. 8 节）。

第 5 章介绍了湍流预混火焰。首先描述了表征这类火焰的主要现象，之后回顾了 RANS、LES 和 DNS 方法在该问题上的最新结果和理论，讨论了湍流燃烧计算的内涵，强调了过去十年中使用的所有数值技术（尤其是通过 DNS 的结果来开发 RANS 或 LES 模型）之间的密切关系。

第 6 章介绍了湍流非预混火焰。这类火焰比预混火焰更复杂，近期通过数值模拟的方法揭示了许多相关特性。燃烧模型也是多样化的。首先描述了非预混火焰的拓扑结构，并为 CFD 用户对湍流非预混燃烧的 RANS 方法进行了分类。同时还描述了 LES 和 DNS 领域的最新进展。

第 7 章讨论了火焰-壁面相互作用的问题，这是所有燃烧器中的一个关键问题：壁面必须能够承受较高的火焰温度。渐近结果和 DNS 研究说明了这种相互作用的主要特征。介绍了描述火焰-壁面影响的模型。由于燃烧过程会改变近壁面的湍流、密度和黏度，本章对反应流的壁面摩擦模型和传热模型也进行了讨论。

第 8 章描述了研究燃烧过程和声学之间耦合现象的理论和数值方法。这种耦合不仅是噪声的来源，也是燃烧不稳定性的来源。燃烧不稳定性不仅会改变燃烧室的性能，也会对燃烧室结构造成破坏。在将声学理论扩展至反应流之前，首先描述了非反应流中声学的基本要素。然后，本章重点介绍了燃烧不稳定性研究的三种数值工具：①预测系统受纵波作用时全局行为的一维声学模型；②识别燃烧器中所有声学模态的三维 Helmholtz 代码；③研究燃烧室本身响应的多维 LES 代码，因为燃烧室本身是声学模型的关键部分。使用该方法解决复杂构型中燃烧不稳定性的示例将在第 10 章给出。

第 9 章介绍了用于可压缩黏性反应流边界条件的最新技术。现代模拟技术（LES 或 DNS）以及 CFD 的最新应用（如第 8 章中描述的燃烧不稳定性）需要精确的边界条件来处理非稳态燃烧和声波，以及调整耗散水平较低的数值格式。本章总结了此类问题的方法，并提供了一系列的测试范例，用于稳态和非稳态流的研究。

第 10 章介绍了 LES 方法在复杂几何旋流燃烧室中的应用，主要包含预测平均流结构、分析非稳态的流体动力学和声学现象。这些例子提供了有关燃烧室的流动特性的信息，同时也演示了最新的数值方法的应用。

Thierry Poinsot
图卢兹国立综合理工学院/ENSEEIHT 学院
流体力学研究所
UMR CNRS/INP/UPS 5502

Denis Veynante
巴黎中央理工学院 E. M2. C 实验室
UPR CNRS 288

参考文献

[1] K. K. Kuo. *Principles of combustion. 2nd edition.* John Wiley & Sons, Inc., Hoboken, New Jersey, 2005.
[2] B. Lewis and G. VonElbe. *Combustion, Flames and Explosions of Gases.* Academic Press, New York, third edition, 1987.
[3] F. A. Williams. *Combustion Theory.* Benjamin Cummings, Menlo Park, CA, 1985.
[4] I. Glassman. *Combustion.* Academic Press, New York, 1987.
[5] A. Linan and F. A. Williams. *Fundamental aspects of combustion.* Oxford University Press, 1993.
[6] R. Borghi and M. Destriau. *Combustion and Flames, chemical and physical principles.* Editions TECHNIP, 1998.
[7] N. Peters. *Turbulent combustion.* Cambridge University Press, 2001.
[8] E. S. Oran and J. P. Boris. *Numerical simulation of reactive flow. 2nd edition.* Cambridge University Press, New York, 2001.
[9] P. J. Roache. *Computational fluid dynamics.* Hermosa Publishers, Albuquerque, 1972.
[10] D. A. Anderson. *Computational Fluid Mechanics and Heat Transfer.* Hemisphere Publishing Corporation, New York, 1984.
[11] C. Hirsch. *Numerical Computation of Internal and External Flows.* John Wiley. New York, 1988.
[12] J. C. Tannehill, D. A. Anderson, and R. H. Pletcher. *Computational Fluid Mechanics and Heat Transfer.* Taylor & Francis, 1997.
[13] J. H. Ferziger and M. Perić. *Computational Methods for Fluid Dynamics.* Springer Verlag, Berlin, Heidelberg, New York, 1997.
[14] T. K. Sengupta. *Fundamentals of Computational Fluid Dynamics.* Universities Press, Hyderabad (India), 2004.

目录

第1章 反应流的守恒方程

第2章 层流预混火焰

第 3 章 层流扩散火焰

第 4 章 湍流燃烧

第 5 章 湍流预混火焰

第 6 章　湍流非预混火焰

第 7 章　火焰-壁面相互作用

第 8 章 火焰-声波相互作用

第 9 章 边界条件

第 10 章 大涡模拟的应用实例

第1章 反应流的守恒方程

1.1 基本形式

本书主要关注与燃烧方程相关的理论和数值求解方法。燃烧器设计的数值方法是当下和未来燃烧学中的关键问题。考虑到数值模拟的第一步是推导守恒方程，本节将给出反应流的守恒方程，着重强调这些方程与常用的无反应流 Navier-Stokes 方程之间的区别，包括：

① 反应流是由多种组分组成的非等温混合物（包含碳氢化合物、氧气、水、二氧化碳等），其中每个组分须单独处理。另外，反应流的比热容受温度和组分的影响很大，因此，热力学数据也比传统的空气动力学数据更为复杂。

② 反应流中组分之间会发生化学反应，因此，对于这些化学反应率，需要具体建模。

③ 反应流由很多气体混合而成，输运系数（如热扩散率、组分扩散率、黏性系数等）也需要分开处理。

基于质量、组分和能量平衡关系的控制方程推导过程可以参考一些经典书籍[1-3]，本章将集中讨论燃烧代码中不同形式的控制方程及其对数值方法的影响。

1.1.1 原始变量的选择

燃烧过程是一种涉及多种组分的多步化学反应过程。Navier-Stokes 方程也可以用于这种多组分、多反应的气体，但需要一些附加条件。

首先，不同的组分可通过质量分数 Y_k 来表征，k 从 1 到 N 变化，N 为反应混合物中组分的种类。质量分数 Y_k 定义为

$$Y_k = m_k / m \tag{1.1}$$

式中，m_k 为给定体积 V 中组分 k 的质量，m 是该体积中的气体总质量。三维可压缩反应流的原始变量为：

① 密度 $\rho = m/V$

② 三维速度场 u_i

③ 与能量相关的变量（压强、焓或温度）

④ N 种反应组分的质量分数 Y_k

从无反应流到燃烧反应流，需要求出 $N+5$ 个变量而非 5 个。大部分化学反应模型会涉及很多种组分，对于简单的碳氢燃料，一般 $N>50$。因此，在反应流计算中遇到的第一个问题就是需要的守恒方程数目增多。

(1) 热化学

对于 N 种组分的理想气体，混合物的压强等于所有组分的分压之和，即

$$p=\sum_{k=1}^{N}p_k,\quad p_k=\rho_k\frac{R}{W_k}T \tag{1.2}$$

式中，T 是温度；$R=8.314\mathrm{J/(mol\cdot K)}$，是理想气体常数；$\rho_k$、$W_k$ 分别是组分 k 的密度和分子量，$\rho_k=\rho Y_k$。多组分气体的密度 ρ 为

$$\rho=\sum_{k=1}^{N}\rho_k \tag{1.3}$$

状态方程为

$$p=\rho\frac{R}{W}T \tag{1.4}$$

式中，W 为混合物的平均分子量，有

$$\frac{1}{W}=\sum_{k=1}^{N}\frac{Y_k}{W_k} \tag{1.5}$$

大部分燃烧代码常会使用质量分数来表征组分的浓度，但有时也会引入其他变量（表1.1）。

① 摩尔分数 X_k：体积 V 中组分 k 的物质的量与该体积中总物质的量之比。

② 摩尔浓度 $[X_k]$：单位体积内组分 k 的物质的量，常用于计算化学反应的动力学速率［式(1.24)］。

表 1.1 质量分数、摩尔分数和摩尔浓度的定义及关系式

变量	定义	关系式
质量分数 Y_k	组分 k 的质量 / 总质量	Y_k
摩尔分数 X_k	组分 k 的物质的量 / 总物质的量	$X_k=\frac{W}{W_k}Y_k$
摩尔浓度 $[X_k]$	组分 k 的物质的量/单位体积	$[X_k]=\rho\frac{Y_k}{W_k}=\rho\frac{X_k}{W}$
平均分子量 W	$\frac{1}{W}=\sum_{k=1}^{N}\frac{Y_k}{W_k}$ 且 $W=\sum_{k=1}^{N}X_kW_k$	

对于反应流，能量和焓存在不同的表达形式，表 1.2 给出了一种组分的能量 e_k、焓 h_k、显能 e_{sk} 和显焓 h_{sk} 的定义。其中，焓与能量可通过 $e_{sk}=h_{sk}-p_k/\rho_k$ 和 $e_k=h_k-p_k/\rho_k$ 关联起来。

表 1.2 组分 k 的焓和能量的不同形式

形式	能量	焓
与温度相关	$e_{sk}=\int_{T_0}^{T}C_{vk}\mathrm{d}T-RT_0/W_k$	$h_{sk}=\int_{T_0}^{T}C_{pk}\mathrm{d}T$
与温度和化学键相关	$e_k=e_{sk}+\Delta h_{f,k}^0$	$h_k=h_{sk}+\Delta h_{f,k}^0$

当温度为 T_0 时，组分 k 的质量生成焓为 $\Delta h_{f,k}^0$。原则上，参考温度 T_0 可以为任意值，但考虑到实验很难测量 $T_0=0\mathrm{K}$ 时的生成焓[4]，在建表时，生成焓的标准参考状态通常设置为 $T_0=298.15\mathrm{K}$。

除了参考温度 T_0 以外，还必须选择一个参考焓（或能量），假定焓 h_k 可以表示为

$$h_k = \underbrace{\int_{T_0}^{T} C_{pk} \mathrm{d}T}_{\text{与温度相关}} + \underbrace{\Delta h_{f,k}^{0}}_{\text{与化学键相关}} \tag{1.6}$$

在 $T=T_0$ 时，绝大多数物质的显焓 h_{sk} 均等于 0，但总焓（$h_k=\Delta h_{f,k}^0$）不为 0。此外，显能可以通过 $h_{sk}=e_{sk}+p_k/\rho_k$ 定义，但需要在 e_{sk} 中引入 RT_0/W_k 项：当 $T=T_0$ 时，显焓 h_{sk} 为 0，但显能 e_{sk} 不为 0，即 $e_{sk}(T_0)=-RT_0/W_k$❶。

上述形式的能量和焓都以质量为基，例如，生成焓 $\Delta h_{f,k}^0$ 表示在参考温度 $T_0=298.15\text{K}$ 下生成 1kg 组分 k 所需的焓。组分 k 的质量生成焓与摩尔生成焓 $\Delta h_{f,k}^{0,m}$ 通过式(1.7) 相关联。

$$\Delta h_{f,k}^{0} = \Delta h_{f,k}^{0,m} / W_k \tag{1.7}$$

例如，CH_4 的质量生成焓为 −4675kJ/kg，而摩尔生成焓 $\Delta h_{f,k}^{0,m}$ 为 −74.8kJ/mol。

表 1.3 给出了本书例题中用到的一些典型燃料和产物的 $\Delta h_{f,k}^0$ 和 $\Delta h_{f,k}^{0,m}$ 参考值。

表 1.3 $T_0=298.15\text{K}$ 时气态物质的生成焓

物质	摩尔质量 W_k/(kg/mol)	质量生成焓 $\Delta h_{f,k}^0$/(kJ/kg)	摩尔生成焓 $\Delta h_{f,k}^{0,m}$/(kJ/mol)
CH_4	0.016	−4675	−74.8
C_3H_8	0.044	−2360	−103.8
C_8H_{18}	0.114	−1829	−208.5
CO_2	0.044	−8943	−393.5
H_2O	0.018	−13435	−241.8
O_2	0.032	0	0
H_2	0.002	0	0
N_2	0.028	0	0

在恒压下，组分 k 的质量比热容（一般称为比热容）C_{pk} 与摩尔比热容 C_{pk}^{m} 相关联：$C_{pk}=C_{pk}^{m}/W_k$。对于理想的双原子气体，有

$$C_{pk}^{m}=3.5R,\quad C_{pk}=3.5R/W_k \tag{1.8}$$

在反应流中，C_{pk}^{m} 随温度变化较大，一般使用与温度相关的多项式进行计算[5-6]。图 1.1 给出了摩尔比热容 C_{pk}^{m}（除以理想气体常数 R）与温度之间的函数关系。可以看出，N_2 和 H_2 的摩尔比热容在低温时约等于 $3.5R$，但在高温时迅速偏离该值。

图 1.2 给出了常见气体的比热容 C_{pk} 随温度的变化。可以看出，CO_2、CO 和 N_2 的比热容 C_{pk} 值很接近。相比之下，水的比热容较高，为 2000～3000 J/(kg·K)；H_2 的比热容更高，约为 16000 J/(kg·K)。

定容比热容 C_{vk} 与定压比热容 C_{pk} 的关系式为

$$C_{pk}-C_{vk}=R/W_k \tag{1.9}$$

对于 N 种组分的混合物，表 1.4 总结了能量和焓的不同形式，包含了与温度和化学键有关的三部分所有组合。混合物的焓 h 定义为

$$h=\sum_{k=1}^{N} h_k Y_k = \sum_{k=1}^{N}\left(\int_{T_0}^{T} C_{pk}\mathrm{d}T+\Delta h_{f,k}^0\right)Y_k = \int_{T_0}^{T} C_p \mathrm{d}T + \sum_{k=1}^{N}\Delta h_{f,k}^0 Y_k \tag{1.10}$$

❶ 另一种方式是定义 $e_{sk}=\int_{T_0}^{T} C_{vk}\mathrm{d}T$ 和 $e_k=e_{sk}+\Delta h_{f,k}^0-RT_0/W_k$，其中，$\Delta e_{f,k}^0=\Delta h_{f,k}^0-RT_0/W_k$ 为恒定体积下的生成能。在这种情况下，e_{sk} 和 $h_{sk}-p_k/\rho_k$ 不同，但最终的方程是等价的。

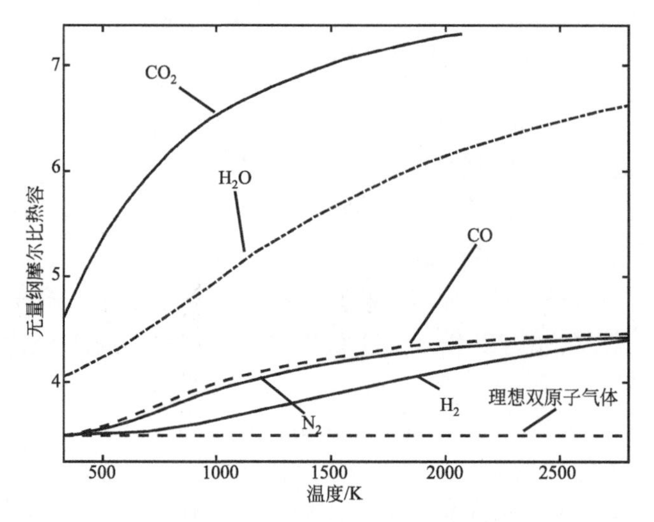

图 1.1 CO_2、CO、H_2O、H_2 和 N_2 的无量纲摩尔比热容C_{pk}^m/R

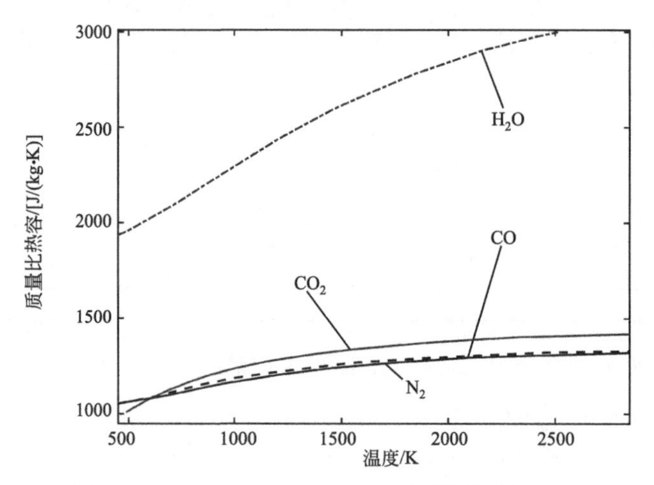

图 1.2 CO_2、CO、H_2O 和 N_2 的质量比热容C_{pk}

基于式(1.4)、式(1.5) 和式(1.9)，混合物的总能量 $e=h-p/\rho$ 为

$$e=\sum_{k=1}^{N}\left(\int_{T_0}^{T}C_{pk}\mathrm{d}T-RT/W_k+\Delta h_{f,k}^{0}\right)Y_k=\sum_{k=1}^{N}\left(\int_{T_0}^{T}C_{vk}\mathrm{d}T-RT_0/W_k+\Delta h_{f,k}^{0}\right)Y_k$$
$$=\int_{T_0}^{T}C_v\mathrm{d}T-RT_0/W+\sum_{k=1}^{N}\Delta h_{f,k}^{0}Y_k=\sum_{k=1}^{N}e_kY_k \tag{1.11}$$

在大部分可压缩流代码中，无反应流会使用与化学键无关的总能 E 和总焓 H 的形式。混合物的比热容 C_p 为

$$C_p=\sum_{k=1}^{N}C_{pk}Y_k=\sum_{k=1}^{N}C_{pk}^{m}\frac{Y_k}{W_k} \tag{1.12}$$

式(1.12) 表明，混合物的比热容 C_p 是温度 T 和组分 Y_k 的函数。因此，C_p 会随空间位置发生显著变化。然而，在大部分碳氢燃料-空气火焰中，氮气的物性占主导，混合物的质量比热容与氮气非常接近。此外，当温度从 300K 增加到 3000K 时，混合物的比热容仅从 1000J/(kg·K) 增长到 1300J/(kg·K)。因此，在理论分析（第 2、3 章）和一些燃烧计算代码中，通常假定 C_p 为常数。

表 1.4　守恒方程中焓和能量的形式

形式	能量	焓
与温度相关	$e_s=\int_{T_0}^{T} C_v \mathrm{d}T - RT_0/W$	$h_s=\int_{T_0}^{T} C_p \mathrm{d}T$
与温度和化学键相关	$e=e_s+\sum_{k=1}^{N}\Delta h_{f,k}^0 Y_k$	$h=h_s+\sum_{k=1}^{N}\Delta h_{f,k}^0 Y_k$
包含化学键在内的总量	$e_t=e+\frac{1}{2}u_i u_i$	$h_t=h+\frac{1}{2}u_i u_i$
不包含化学键在内的总量	$E=e_s+\frac{1}{2}u_i u_i$	$H=h_s+\frac{1}{2}u_i u_i$

在恒定容积下，混合物的比热容 C_v 定义为

$$C_v=\sum_{k=1}^{N} C_{vk} Y_k=\sum_{k=1}^{N} C_{vk}^{m} \frac{Y_k}{W_k} \tag{1.13}$$

其中，单组分的比热容 C_{vk} 可由 $C_{vk}=C_{pk}-R/W_k$ 或 $C_{vk}^{m}=C_{pk}^{m}-R$ 求得。

(2) 黏性应力张量

速度分量可以表示为 u_i，下标 i 为 1～3 的整数。黏性应力张量 τ_{ij} 定义为

$$\tau_{ij}=-\frac{2}{3}\mu\frac{\partial u_k}{\partial x_k}\delta_{ij}+\mu\left(\frac{\partial u_i}{\partial x_j}+\frac{\partial u_j}{\partial x_i}\right) \tag{1.14}$$

式中，μ 为动力黏性系数，$\nu=\mu/\rho$ 为运动黏性系数。体积黏度[2] 假定为 0。δ_{ij} 为 Kronecker 符号：当 $i=j$ 时，$\delta_{ij}=1$；否则为 0。

黏性应力张量和压力张量常被组合成 σ_{ij} 张量，定义为

$$\sigma_{ij}=\tau_{ij}-p\delta_{ij}=-p\delta_{ij}-\frac{2}{3}\mu\frac{\partial u_k}{\partial x_k}\delta_{ij}+\mu\left(\frac{\partial u_i}{\partial x_j}+\frac{\partial u_j}{\partial x_i}\right) \tag{1.15}$$

式中，p 为静压。

(3) 组分和热量的分子输运

在本书中，λ 表示热导率，$\mathcal{D}_k$ 表示组分 k 向混合物中其他组分扩散的扩散率。当扩散过程只涉及两种组分时，扩散率为$\mathcal{D}_{kj}$，扩散速度需要求解方程来确定，但大部分燃烧代码都未如此做[7]，因为求解多组分气体中的扩散过程本身就是一个很复杂的问题。大部分燃烧代码都会采用简化的扩散定律（通常是 Fick 定律），本书亦是如此。组分 k 的扩散率$\mathcal{D}_k$ 常用 Lewis 数表示，其定义为

$$Le_k=\frac{\lambda}{\rho C_p \mathcal{D}_k}=\frac{\mathcal{D}_{th}}{\mathcal{D}_k} \tag{1.16}$$

式中，$\mathcal{D}_{th}=\lambda/(\rho C_p)$ 为热扩散率。Le_k 是热量扩散速率和组分扩散速率的比值，在 2.4 节将会看出，这个参数在层流火焰中很重要。另外，虽然 Le_k 是一个局部变量，但在大部分气体中随空间位置变化却很小。气体动力学理论[8] 表明，热导率 λ、ρ 和$\mathcal{D}_k$ 随温度分别以 $T^{0.7}$、T^{-1} 和 $T^{1.7}$ 变化，因此，组分 k 的 Lewis 数 Le_k 在火焰中的变化仅有数个百分点，这一性质将在 1.1.3 节中会被用到。

Prandtl 数，对比动量输运过程和热量输运过程的快慢：

$$Pr=\frac{\nu}{\lambda/(\rho C_p)}=\frac{\rho\nu C_p}{\lambda}=\frac{\mu C_p}{\lambda} \tag{1.17}$$

Schmidt 数，对比动量输运过程和分子扩散过程的快慢：

$$Sc_k=\frac{\nu}{\mathcal{D}_k}=PrLe_k \tag{1.18}$$

在本书中，忽略 Soret 效应（由温度梯度引起的分子组分扩散）和 Dufour 效应（由组分质量分数梯度引起的热流）[7,9]。

(4) 化学动力学

假设一个 N 种组分、M 个基元反应的化学反应模型为

$$\sum_{k=1}^{N}\nu'_{kj}\mathcal{M}_k \rightleftharpoons \sum_{k=1}^{N}\nu''_{kj}\mathcal{M}_k \quad j=1,2,\cdots,M \tag{1.19}$$

式中，$\mathcal{M}_k$ 表示组分 k，ν'_{kj} 和 ν''_{kj} 表示组分 k 在第 j 个基元反应中的摩尔化学当量系数。根据质量守恒，可以得出

$$\sum_{k=1}^{N}\nu'_{kj}W_k=\sum_{k=1}^{N}\nu''_{kj}W_k \quad 或 \quad \sum_{k=1}^{N}\nu_{kj}W_k=0 \quad j=1,2,\cdots,M \tag{1.20}$$

其中

$$\nu_{kj}=\nu''_{kj}-\nu'_{kj} \tag{1.21}$$

为简单起见，这里只使用质量反应率。组分 k 的反应率 $\dot{\omega}_k$ 是指所有 M 个基元反应产生组分 k 的速率 $\dot{\omega}_{kj}$ 之和，即

$$\dot{\omega}_k=\sum_{j=1}^{M}\dot{\omega}_{kj}=W_k\sum_{j=1}^{M}\nu_{kj}\mathcal{Q}_j, \quad \mathcal{Q}_j=\frac{\dot{\omega}_{kj}}{W_k\nu_{kj}} \tag{1.22}$$

式中，$\mathcal{Q}_j$ 为第 j 个基元反应的过程变化率。

将所有组分的反应率 $\dot{\omega}_k$ 相加并结合式(1.20)，可得

$$\sum_{k=1}^{N}\dot{\omega}_k=\sum_{j=1}^{M}\left(\mathcal{Q}_j\sum_{k=1}^{N}W_k\nu_{kj}\right)=0 \tag{1.23}$$

因此，总质量守恒。

第 j 个反应的过程变化率$\mathcal{Q}_j$ 为

$$\mathcal{Q}_j=K_{fj}\prod_{k=1}^{N}[X_k]^{\nu'_{kj}}-K_{rj}\prod_{k=1}^{N}[X_k]^{\nu''_{kj}} \tag{1.24}$$

式中，K_{fj} 和 K_{rj} 为第 j 个基元反应的正、逆反应率。值得注意的是，动力学速率表达式中常使用摩尔浓度 $[X_k]=\rho Y_k/W_k=\rho_k/W_k$ 表示（表 1.1）。

确定正、逆反应速率常数 K_{fj} 和 K_{rj} 是燃烧建模的一个核心问题，通常会使用经验性的 Arrhenius 定律来建模：

$$K_{fj}=A_{fj}T^{\beta_j}\exp\left(-\frac{E_j}{RT}\right)=A_{fj}T^{\beta_j}\exp\left(-\frac{T_{aj}}{T}\right) \tag{1.25}$$

为了表示每步反应的过程变化率$\mathcal{Q}_j$，需要指前因子 A_{fj}、温度指数 β_j 和活化温度 T_{aj}（或等效活化能 $E_j=RT_{aj}$）。在给出上述常数之前，识别化学反应模型中哪些组分和反应过程应该保留是化学动力学的一个挑战，但关于化学反应模型的构建过程和验证方法的介绍不在本书的关注范围内。在大部分反应流数值模拟中，化学反应模型是必不可少的数据之一，对计算结果起至关重要的作用，因此使用数值方法研究燃烧时必须考虑反应模型的特性。针对 H_2-O_2 燃烧[10]，表 1.5 给出了标准 CHEMKIN 中的化学反应机理[11]。首先，列出该反应模型中需要保留的元素和组分。对于每步反应，表中给出了 A_{fj}（单位制：cgs）、β_j 和 E_j（单位：cal❶/mol）。逆反应速率常数 K_{rj} 通过平衡常数和正反应速率常数计算得到：

---

❶ cal：热量（能量）单位，1cal≈4.19J。

$$K_{\mathrm{r}j}=\frac{K_{\mathrm{f}j}}{\left(\dfrac{p_{\mathrm{a}}}{RT}\right)^{\sum\limits_{k=1}^{N}\nu_{kj}}\exp\left(\dfrac{\Delta S_j^0}{R}-\dfrac{\Delta H_j^0}{RT}\right)} \tag{1.26}$$

其中，$p_{\mathrm{a}}=1\mathrm{bar}$❶，符号 Δ 表示从反应物到生成物发生的变化，$\Delta H_j^0$ 和ΔS_j^0 分别表示第 j 个反应的焓变和熵变，可以通过查表得出。

表 1.5　H_2-O_2 燃烧的 9 组分-19 步化学反应模型[10]

```
ELEMENTS
  H  O  N
END
SPECIES
H2 O2 OH O H H2O HO2 H2O2 N2
END
REACTIONS
H2＋O2＝OH＋OH                         1.700E13    0.0       47780.
H2＋OH＝H2O＋H                         1.170E09    1.30       3626.
H＋O2＝OH＋O                           5.130E16    －0.816   16507.
O＋H2＝OH＋H                           1.800E10    1.0        8826.
H＋O2＋M＝HO2＋M                       2.100E18    －1.0         0.
    H2/3.3/ O2/0./ N2/0./  H2O/21.0/
H＋O2＋O2＝HO2＋O2                     6.700E19    －1.42        0.
H＋O2＋N2＝HO2＋N2                     6.700E19    －1.42        0.
OH＋HO2＝H2O＋O2                       5.000E13    0.0        1000.
H＋HO2＝OH＋OH                         2.500E14    0.0        1900.
O＋HO2＝O2＋OH                         4.800E13    0.0        1000.
OH＋OH＝O＋H2O                         6.000E08    1.3           0.
H2＋M＝H＋H＋M                         2.230E12    0.5       92600.
    H2/3./ H/2.  H2O/6.0/
O2＋M＝O＋O＋M                         1.850E11    0.5       95560.
H＋OH＋M＝H2O＋M                       7.500E23    －2.6         0.
    H2O/20.0/
HO2＋H＝H2＋O2                         2.500E13    0.0         700.
HO2＋HO2＝H2O2＋O2                     2.000E12    0.0           0.
H2O2＋M＝OH＋OH＋M                     1.300E17    0.0       45500.
H2O2＋H＝H2＋HO2                       1.600E12    0.0        3800.
H2O2＋OH＝H2O＋HO2                     1.000E13    0.0        1800.
END
```

需要明确的是，Q_j 的数据与模型相互对应，除了一些反应以外，这些数据都是通过实验得到，但动力学参数的具体取值在动力学领域常存在争议[12-13]。对于很多火焰，文献中可以发现形式不同但精度相差不大的燃烧反应模型，因此，化学反应模型的选择是一个困难且有争议的过程。然而，计算Q_j 时的参数取值及其求解过程中的刚性问题会给燃烧模拟工作带来一个核心难点：与Q_j 项对应的空间尺度和时间尺度通常非常小，因此需要的网格和时间步长比无反应流小几个数量级。另外，需要特别注意活化能 E_j 的取值（在燃烧领域常以 kcal/mol 计量）：当 E_j 比较大时（通常超过 60 kcal/mol），化学反应率对 E_j 的指数关系会使数值模拟工作的难度增加；活化能 E_j 较小时，层流火焰的燃烧代码在给定网格下可以很好地运行，但

❶　1bar＝0.1MPa。

E_j 的值即使增加很小，也需要增加非常多的网格才能求解火焰的结构（参见 2.4.4 节）。

（5）预混火焰的化学当量比

尽管一个火焰可能会涉及很多种自由基，但其中只有一部分自由基在表征燃烧状态时极为重要。当量比是描述火焰的一个重要参数，它的定义取决于燃烧器的结构（预混或扩散，见图 1.3）。

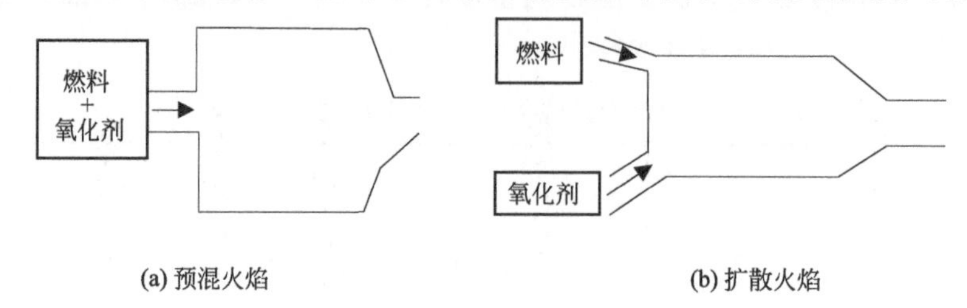

图 1.3 预混火焰和扩散火焰结构

如图 1.3(a) 所示，在预混燃烧器中，燃料和氧化剂在进入燃烧室之前已经充分混合。假定化学反应过程使用总包反应来表示（如 $CH_4+2O_2 \longrightarrow CO_2+2H_2O$），则有

$$\nu'_F F+\nu'_O O \longrightarrow \text{产物} \tag{1.27}$$

式中，ν'_F 和 ν'_O 是燃料和氧化剂对应的系数。氧化剂和燃料在充分燃烧时质量分数之比为

$$\left(\frac{Y_O}{Y_F}\right)_{st}=\frac{\nu'_O W_O}{\nu'_F W_F}=s \tag{1.28}$$

这个比值 s 被称为化学当量氧燃比。混合物的当量比为

$$\phi=s\frac{Y_F}{Y_O}=\left(\frac{Y_F}{Y_O}\right)\Big/\left(\frac{Y_F}{Y_O}\right)_{st} \tag{1.29}$$

也可以改写为

$$\phi=s\frac{\dot{m}_F}{\dot{m}_O} \tag{1.30}$$

式中，$\dot{m}_F$ 和 $\dot{m}_O$ 分别为燃料和氧化剂的质量流量。

混合物的当量比控制预混燃烧过程：当 $\phi>1$ 时，燃烧为富燃料方式(燃料过量)；$\phi<1$ 时，燃烧为贫燃料方式(氧化剂过量)。

实际上，大部分燃烧器在小于或等于化学当量比下工作。在碳氢燃料-空气火焰中，未燃气体中含有燃料、O_2 和 N_2。通常 1 mol 的氧气对应 3.76 mol 的氮气。由于质量分数之和必须为 1，因此燃料质量分数为

$$Y_F=\frac{1}{1+\frac{s}{\phi}\left(1+3.76\frac{W_{N_2}}{W_{O_2}}\right)} \tag{1.31}$$

表 1.6 给出了不同燃料与空气燃烧时的化学当量氧燃比 s 和对应的燃料质量分数 Y_F^{st}，其中，燃料质量分数由式(1.31) 给出。

表 1.6 不同燃料与空气充分燃烧时的化学当量氧燃比和对应的燃料质量分数

总包反应	s	Y_F^{st}
$CH_4+2(O_2+3.76N_2)\longrightarrow CO_2+2H_2O+7.52N_2$	4.00	0.055
$C_3H_8+5(O_2+3.76N_2)\longrightarrow 3CO_2+4H_2O+18.8N_2$	3.63	0.060
$2C_8H_{18}+25(O_2+3.76N_2)\longrightarrow 16CO_2+18H_2O+94N_2$	3.51	0.062
$2H_2+(O_2+3.76N_2)\longrightarrow 2H_2O+3.76N_2$	8.00	0.028

在化学当量条件下，燃料质量分数很小（表 1.6），因此进入燃烧室的预混气体主要成分是空气。通常情况下，在空气中添加少量燃料并不会显著改变空气的分子量、输运性质和比热容等。在预混火焰的理论和代码中，这一点常用于简化输运特性和热力学特性的计算过程。

(6) 扩散火焰的化学当量比

对于扩散火焰，燃料和氧化剂通过两个（或多个）入口分开进入燃烧室，并对流量和质量分数独立控制。对于图 1.3(b) 中的燃烧器，只有两个入口，一个是燃料质量分数为 Y_{F1} 的燃料流，另一个是氧化剂质量分数为 Y_{O2} 的氧化剂流。当量比的第一个定义为

$$\phi = s(Y_{F1}/Y_{O2}) \tag{1.32}$$

这个比值反映了燃料和氧化剂相互作用时火焰的局部结构，但并不代表燃烧室内的整体行为，为此，还须引入全局当量比 ϕ_g：

$$\phi_g = s\dot{m}_{F1}/\dot{m}_{O2} \tag{1.33}$$

式中，$\dot{m}_{F1}$ 和 $\dot{m}_{O2}$ 分别指第一个入口的燃料质量流量和第二个入口的氧化剂质量流量。全局当量比 ϕ_g 和局部当量比 ϕ 通过下式关联起来：

$$\phi_g = \phi\dot{m}_1/\dot{m}_2 \tag{1.34}$$

$\dot{m}_1$ 和 $\dot{m}_2$ 分别对应入口 1 和入口 2 的总流量。对于预混燃烧器，燃料和氧化剂在同一股流体中，$\dot{m}_1 = \dot{m}_2$，因此 $\phi_g = \phi$。对于扩散系统，这两个变量可能出现明显区别[1]。

1.1.2 动量守恒

与无反应流相比，反应流的动量方程形式相同[2]：

$$\frac{\partial \rho u_j}{\partial t} + \frac{\partial}{\partial x_i}(\rho u_i u_j) = -\frac{\partial p}{\partial x_j} + \frac{\partial \tau_{ij}}{\partial x_i} + \rho\sum_{k=1}^{N} Y_k f_{k,j} = \frac{\partial \sigma_{ij}}{\partial x_i} + \rho\sum_{k=1}^{N} Y_k f_{k,j} \tag{1.35}$$

式中，$f_{k,j}$ 是作用在组分 k 上 j 方向的体积力。这个方程虽然不包含显性反应项，但流动过程还是会受燃烧过程影响。在燃烧反应流中温度会有 8～10 倍变化，动力黏性系数 μ 会出现明显变化，密度也以相同的倍数变化。火焰前锋处的膨胀会使所有速度以相同的倍数增加，局部雷诺数的变化明显大于无反应流。因此，即便动量守恒方程在有/无火焰两种方式下形式相同，流场也会明显不同。以典型的射流为例：湍流状态下的无反应射流一旦被点燃，就有可能会变成层流状态[14]。

1.1.3 质量守恒和组分守恒

与无反应流相比，反应流的总质量守恒方程不变（燃烧不产生质量）：

$$\frac{\partial \rho}{\partial t} + \frac{\partial \rho u_i}{\partial x_i} = 0 \tag{1.36}$$

组分 k 的质量守恒方程为

---

[1] 过量空气系数，定义为 $e = 100(1-\phi_g)/\phi_g$，常用于表征整体混合物特性，它能给出消耗所有喷入燃烧室燃料需要的空气的过剩百分比。

[2] 在本书中，梯度有两个表达方式：∇f 或 $\frac{\partial f}{\partial x_i}$。

$$\frac{\partial \rho Y_k}{\partial t}+\frac{\partial}{\partial x_i}[\rho(u_i+V_{k,i})Y_k]=\dot{\omega}_k \quad k=1,2,\cdots,N \tag{1.37}$$

式中，$V_{k,i}$ 是组分 k 的扩散速度 V_k 在 i 方向的分量，$\dot{\omega}_k$ 是组分 k 的反应率。将所有组分的质量守恒方程(1.37) 相加并结合式(1.23)，可以得出

$$\frac{\partial \rho}{\partial t}+\frac{\partial \rho u_i}{\partial x_i}=-\frac{\partial}{\partial x_i}(\rho\sum_{k=1}^{N}Y_kV_{k,i})+\sum_{k=1}^{N}\dot{\omega}_k=-\frac{\partial}{\partial x_i}(\rho\sum_{k=1}^{N}Y_kV_{k,i}) \tag{1.38}$$

该式必须满足总质量守恒方程(1.36)，因此，一个必要的条件是

$$\sum_{k=1}^{N}Y_kV_{k,i}=0 \tag{1.39}$$

1.1.4 扩散速度：完整方程与近似方法

扩散速度 V_k 通过求解下面方程组得到[1]：

$$\nabla X_p=\sum_{k=1}^{N}\frac{X_pX_k}{\mathcal{D}_{pk}}(V_k-V_p)+(Y_p-X_p)\frac{\nabla P}{P}+\frac{\rho}{p}\sum_{k=1}^{N}Y_pY_k(f_p-f_k) \quad p=1,2,\cdots,N \tag{1.40}$$

式中，$\mathcal{D}_{pk}=\mathcal{D}_{kp}$ 是组分 p 与组分 k 相互扩散的二元质量扩散率，X_k 是组分 k 的摩尔分数，$X_k=Y_kW/W_k$。Soret 效应（由温度梯度引起的质量扩散）可以忽略不计。

方程组(1.40) 是一个 $N\times N$ 的线性系统，对于非稳态流，必须在每个位置和每个时刻对每个方向进行求解。从数学角度来看，这个求解过程非常复杂，计算成本也很高[7]，常见的简化方式有两种：①Fick 定律（常应用于火焰的理论分析研究）；②Hirschfelder 和 Curtiss 近似（用于大部分数值模拟方法）。下面针对这两种方法给予讨论。

(1) Fick 定律

如果压力梯度很小，体积力可以忽略不计，则式(1.40) 在两种情形下可以求解。第一种是混合物只包含两种组分（$N=2$），式(1.40) 可简化为一个标量方程，其中未知变量是两个扩散速度 V_1 和 V_2：

$$\nabla X_1=\frac{X_1X_2}{\mathcal{D}_{12}}(V_2-V_1) \tag{1.41}$$

基于 $Y_1=W_1X_1/W$，很容易证明得到 $\nabla X_1=W^2/(W_1W_2)\nabla Y_1$。将 ∇X_1 代入式(1.41)，结合 $Y_1V_1+Y_2V_2=0$ [式(1.39)]，可得出

$$V_1X_1=-\mathcal{D}_{12}\frac{Y_2}{X_2}\nabla X_1, \quad V_1Y_1=-\mathcal{D}_{12}\nabla Y_1 \quad 或 \quad V_1=-\mathcal{D}_{12}\nabla \ln Y_1 \tag{1.42}$$

这就是 Fick 定律[2]，该表达式可给出准确解。

第二种是混合物中包含多组分扩散（$N>2$），如果二元扩散率都相等（$\mathcal{D}_{ij}=\mathcal{D}$），Fick 定律也是准确的[1]。在这种情形下，方程组 (1.40) 可简化为

$$X_pV_p=X_p\sum_{k=1}^{N}X_kV_k-\mathcal{D}\nabla X_p \quad p=1,2,\cdots,N \tag{1.43}$$

根据 Williams 的研究[1]，通过对方程(1.43) 两边同时乘以 Y_p/X_p，从 $p=1\sim N$ 相加，再结合式(1.39)，可得到 $\sum_{k=1}^{N}X_kV_k$ 的表达式：

$$\sum_{k=1}^{N} X_k V_k = \mathcal{D} \sum_{p=1}^{N} Y_p \ \nabla \ln X_p$$

将该式代入式(1.43)，结合摩尔分数表达式 $X_p = Y_p W / W_p$，可复现 Fick 定律：

$$V_p = \mathcal{D} \sum_{j=1}^{N} Y_j \ \nabla \ln X_j - \mathcal{D} \nabla \ln X_p = \mathcal{D} \sum_{j=1}^{N} Y_j \nabla \ln (Y_j W) - \mathcal{D} \nabla \ln (Y_p W) = -\mathcal{D} \nabla \ln Y_p$$

大部分火焰理论（见第 2 章和第 3 章）都会假定所有组分的扩散率相等，因此在研究中常选择 Fick 定律。一旦需要对输运过程进行更精细的描述（通常使用复杂的反应动力学模型），就不能继续使用 Fick 定律，此时，大多数代码选择使用 Hirschfelder 和 Curtiss 近似。

（2）Hirschfelder 和 Curtiss 近似

当 Fick 定律不再适用时，通常采用 Hirschfelder 和 Curtiss 近似[8] 替代严格推导的多组分气体方程(1.40)，这是方程组（1.40）准确解的最佳一阶近似[7,9]：

$$V_k X_k = -\mathcal{D}_k \nabla X_k, \quad \mathcal{D}_k = \frac{1 - Y_k}{\sum_{j \neq k} X_j / \mathcal{D}_{jk}} \tag{1.44}$$

系数$\mathcal{D}_k$ 是组分 k 向混合物其他组分扩散的等效扩散率，不再是二元扩散率。通过式(1.44) 可推导出下面的组分方程❶：

$$\frac{\partial \rho Y_k}{\partial t} + \frac{\partial \rho u_i Y_k}{\partial x_i} = \frac{\partial}{\partial x_i}\left(\rho \mathcal{D}_k \frac{W_k}{W} \times \frac{\partial X_k}{\partial x_i}\right) + \dot{\omega}_k \tag{1.45}$$

在很多火焰中，组分扩散率$\mathcal{D}_k$ 可以与热扩散率$\mathcal{D}_{th}$简单关联起来，因此 Hirschfelder 和 Curtiss 近似是一种很便捷的近似方法，即单个组分的 Lewis 数 $Le_k = \mathcal{D}_{th} / \mathcal{D}_k$ 在火焰前锋处变化很小。图 1.4 显示了化学当量条件下甲烷-空气层流预混火焰主要组分的 Lewis 数计算值［由式(1.16) 定义］与火焰前锋空间坐标之间的关系。Lewis 数在火焰前锋（$x=0$ 处）会发生变化，但这些变化通常很小。

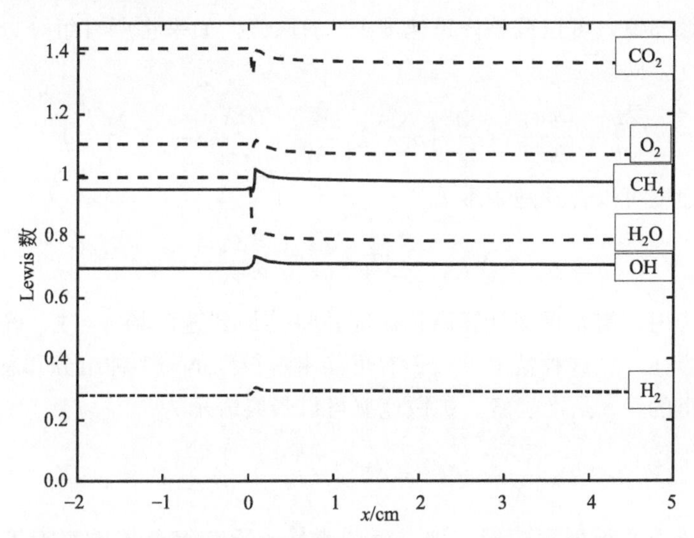

图 1.4　化学当量甲烷-空气层流预混火焰的主要组分的 Lewis 数的变化（B. Bedat，私人通信，1999）

❶ 需要注意的是，在 Fick 定律式(1.42) 中没有方程式(1.45) 右边扩散项的系数 W_k/W。

(3) 总质量守恒和修正速度

质量守恒是处理反应流时一个较为特殊的问题。质量分数之和必须是 1，即 $\sum_{k=1}^{N} Y_k = 1$。这个方程和 N 个组分方程(1.37) 加起来总共有 $N+1$ 个质量方程，但是只有 N 个未知数 (Y_k)，因此，系统被过定义。为建立 N 个独立方程，可以去掉 N 个组分方程(1.37) 中的任意一个方程或质量守恒方程(1.36)。当使用扩散速度的准确表达式时，这个问题处理起来并不困难。然而，当使用 Hirschfelder 定律时，情况有所不同。方程(1.38) 右边项变为 $\frac{\partial}{\partial x_i}\left(\rho \sum_{k=1}^{N} \mathcal{D}_k \frac{W_k}{W} \times \frac{\partial X_k}{\partial X_i}\right)$，且不为 0，因此总质量不守恒。即便如此，考虑到求解真实扩散速度的计算过程太过复杂，在燃烧领域中，大部分代码仍会使用 Hirschfelder 定律（甚至是 Fick 定律）。在应用这些近似方法时，有两种方法可以确保全局质量守恒。

第一种方法最简单，直接使用扩散速率表达式(1.44) 求解总质量守恒方程(1.36) 和 $N-1$ 个组分方程，最后一种组分（通常是稀释剂，如 N_2）的质量分数由 $Y_N = 1 - \sum_{k=1}^{N-1} Y_k$ 得到，这样可以抵消引入方程(1.44) 时带来的误差。这种简化仅在火焰被强稀释时使用，例如，在空气中，氧气被氮气强稀释，Y_{N_2} 值很大。

第二种方法更准确，在扩散速率表达式(1.44) 中引入一项修正速度 V^C：

$$V_k = -\mathcal{D}_k \frac{\nabla X_k}{X_k} + V^C \tag{1.46}$$

从而组分方程变为

$$\frac{\partial}{\partial t}\rho Y_k + \frac{\partial}{\partial x_i}\rho(u_i + V_i^C) Y_k = \frac{\partial}{\partial x_i}\left(\rho \mathcal{D}_k \frac{W_k}{W} \times \frac{\partial X_k}{\partial x_i}\right) + \dot{\omega}_k \tag{1.47}$$

为确保总质量守恒，可以调整修正速度 V^C 的取值。如果将所有组分方程相加，总质量守恒方程必须成立，即

$$\frac{\partial \rho}{\partial t} + \frac{\partial \rho u_i}{\partial x_i} = \frac{\partial}{\partial x_i}\left(\rho \sum_{k=1}^{N} \mathcal{D}_k \frac{W_k}{W} \times \frac{\partial X_k}{\partial x_i} - \rho V_i^C\right) = 0 \tag{1.48}$$

因此，修正速度可以合理地表示为

$$V_i^C = \sum_{k=1}^{N} \mathcal{D}_k \frac{W_k}{W} \times \frac{\partial X_k}{\partial x_i} \tag{1.49}$$

在每个时间步内，需要重新计算修正速度并将其加到速度场 u_i 中，确保组分方程和质量守恒方程的相容性。在这种情形下，仍有可能求解得到 $N-1$ 种组分和总质量。但与第一种方法不同，求得的 Y_N 是准确解。扩散速率可以最终表示为

$$V_k = -\mathcal{D}_k \frac{\nabla X_k}{X_k} + V^C = -\mathcal{D}_k \frac{\nabla X_k}{X_k} + \frac{1}{W} \sum_{k=1}^{N} \mathcal{D}_k W_k \nabla X_k \tag{1.50}$$

对于上面介绍的两种极限情形，即二元扩散[1]或所有组分扩散率相等，含修正速度的 Hirschfelder 和 Curtiss 近似将退化为 Fick 定律。推导过程如下：首先将 ∇X_k 表示为 ∇Y_k 的函数，然后借助 $X_k = Y_k W / W_k$ 和 $W = \sum X_k W_k$，有

[1] 二元扩散是等扩散率假设的一个特例，即 $\mathcal{D}_{12} = \mathcal{D}_{21}$。

$$\nabla X_k = \frac{W}{W_k} \nabla Y_k + \frac{Y_k}{W_k} \sum_{j=1}^{N} W_j \nabla X_j \tag{1.51}$$

如果所有组分的扩散率都相等（$\mathcal{D}_k = \mathcal{D}$），采用 Hirschfelder 和 Curtiss 近似以及修正速度 V^C，使用式(1.51) 替换∇X_k，将再次推导出 Fick 定律：

$$V_k = -\mathcal{D}\frac{\nabla X_k}{X_k} + V^C = -\frac{\mathcal{D}}{X_k}\left(\nabla X_k - \frac{X_k}{W}\sum_{j=1}^{N} W_j \nabla X_j\right) = -\mathcal{D}\frac{\nabla Y_k}{Y_k} \tag{1.52}$$

需要注意的是，这一性质仅在应用 Hirschfelder 和 Curtiss 近似，以及由式(1.50) 所得到的修正速度时才能推导出。

1.1.5 能量守恒

能量守恒方程存在多种形式。建立能量方程时，比较方便的方法是使用下面关于 f 的关系式：

$$\rho \frac{\mathrm{D}f}{\mathrm{D}t} = \rho\left(\frac{\partial f}{\partial t} + u_i \frac{\partial f}{\partial x_i}\right) = \frac{\partial \rho f}{\partial t} + \frac{\partial \rho u_i f}{\partial x_i} \tag{1.53}$$

该方程基于连续性方程(1.36) 得到，其最终形式守恒。首先，总能量 e_t 的守恒方程可以表示为[2]

$$\rho \frac{\mathrm{D}e_t}{\mathrm{D}t} = \frac{\partial \rho e_t}{\partial t} + \frac{\partial}{\partial x_i}(\rho u_i e_t) = -\frac{\partial q_i}{\partial x_i} + \frac{\partial}{\partial x_j}(\sigma_{ij} u_i) + \dot{Q} + \rho \sum_{k=1}^{N} Y_k f_{k,i}(u_i + V_{k,i}) \tag{1.54}$$

式中，$\dot{Q}$代表热源项（如由电火花、激光或辐射通量引起），不可与燃烧释放的热量混淆；$\rho \sum_{k=1}^{N} Y_k f_{k,i}(u_i + V_{k,i})$ 是体积力 f_k 对组分 k 产生的能量。热通量 q_i 为

$$q_i = -\lambda \frac{\partial T}{\partial x_i} + \rho \sum_{k=1}^{N} h_k Y_k V_{k,i} \tag{1.55}$$

该通量包含由温度梯度引起的热扩散项和由比焓不同的组分扩散引起的热扩散项。采用能量和焓的关系式($h_t = e_t + p/\rho$)，结合连续性方程(1.36)，可以得到

$$\rho \frac{\mathrm{D}e_t}{\mathrm{D}t} = \rho \frac{\mathrm{D}h_t}{\mathrm{D}t} - \frac{\mathrm{D}p}{\mathrm{D}t} - p \frac{\partial u_i}{\partial x_i}, \quad \rho \frac{\mathrm{D}e}{\mathrm{D}t} = \rho \frac{\mathrm{D}h}{\mathrm{D}t} - \frac{\mathrm{D}p}{\mathrm{D}t} - p \frac{\partial u_i}{\partial x_i} \tag{1.56}$$

使用式(1.56) 消去式(1.54) 中的 e_t，得到关于 h_t 的守恒方程为

$$\rho \frac{\mathrm{D}h_t}{\mathrm{D}t} = \frac{\partial \rho h_t}{\partial t} + \frac{\partial}{\partial x_i}(\rho u_i h_t) = \frac{\partial p}{\partial t} - \frac{\partial q_i}{\partial x_i} + \frac{\partial}{\partial x_j}(\tau_{ij} u_i) + \dot{Q} + \rho \sum_{k=1}^{N} Y_k f_{k,i}(u_i + V_{k,i}) \tag{1.57}$$

关于显能和化学能之和 e 的能量方程可以通过下列方法得到。首先，对动量方程(1.35) 两边同时乘以 u_j，可得到 $u_j u_j/2$ 的动能方程为

$$\frac{\partial}{\partial t}\left(\frac{1}{2}\rho u_j u_j\right) + \frac{\partial}{\partial x_i}\left(\frac{1}{2}\rho u_i u_j u_j\right) = u_j \frac{\partial \sigma_{ij}}{\partial x_i} + \rho \sum_{k=1}^{N} Y_k f_{k,j} u_j \tag{1.58}$$

使用式(1.54) 减去式(1.58)，可得到 e 的守恒方程为

$$\rho \frac{\mathrm{D}e}{\mathrm{D}t} = \frac{\partial \rho e}{\partial t} + \frac{\partial}{\partial x_i}(\rho u_i e) = -\frac{\partial q_i}{\partial x_i} + \sigma_{ij} \frac{\partial u_i}{\partial x_j} + \dot{Q} + \rho \sum_{k=1}^{N} Y_k f_{k,i} V_{k,i} \tag{1.59}$$

由式(1.59) 和式(1.56) 可推导出焓 h 的守恒方程为

$$\rho\frac{\mathrm{D}h}{\mathrm{D}t}=\frac{\partial\rho h}{\partial t}+\frac{\partial}{\partial x_i}(\rho u_i h)=\frac{\mathrm{D}p}{\mathrm{D}t}-\frac{\partial q_i}{\partial x_i}+\tau_{ij}\frac{\partial u_i}{\partial x_j}+\dot{Q}+\rho\sum_{k=1}^{N}Y_k f_{k,i}V_{k,i} \tag{1.60}$$

式中，$\tau_{ij}\partial u_i/\partial x_j$ 定义为黏性热源项。由于能量和焓的表达式中均包含化学项（$\sum_{k=1}^{N}\Delta h_{f,k}^0 Y_k$）和显能或显焓，并且热通量 q 也包含新的输运项（$\rho\sum_{k=1}^{N}h_k Y_k V_{k,i}$），因此，上述表达式不容易在经典的 CFD 代码中使用。在特定情形下，更倾向于使用显能或显焓。根据显焓 h_s 的定义（$h_s=h-\sum_{k=1}^{N}\Delta h_{f,k}^0 Y_k$），将式(1.60) 中 h 用 h_s 替代，结合组分质量守恒方程(1.37)，可以得到

$$\rho\frac{\mathrm{D}h_s}{\mathrm{D}t}=\dot{\omega}_T+\frac{\mathrm{D}p}{\mathrm{D}t}+\frac{\partial}{\partial x_i}\left(\lambda\frac{\partial T}{\partial x_i}\right)-\frac{\partial}{\partial x_i}\left(\rho\sum_{k=1}^{N}h_{s,k}Y_k V_{k,i}\right)+\tau_{ij}\frac{\partial u_i}{\partial x_j}+\dot{Q}+\rho\sum_{k=1}^{N}Y_k f_{k,i}V_{k,i} \tag{1.61}$$

式中，$\dot{\omega}_T$ 为燃烧过程的释热率：

$$\dot{\omega}_T=-\sum_{k=1}^{N}\Delta h_{f,k}^0\dot{\omega}_k \tag{1.62}$$

组分 k 的显焓 $h_{s,k}=\int_{T_0}^{T}C_{pk}\mathrm{d}T$ 出现在式(1.61) 的右侧，对应项 $\frac{\partial}{\partial x_i}\left(\rho\sum_{k=1}^{N}h_{s,k}Y_k V_{k,i}\right)$ 在以下两种情形下等于 0：

① 混合物中只包含一种组分；

② 所有组分的显焓相同，$\sum_{k=1}^{N}h_{s,k}Y_k V_{k,i}=h_s\sum_{k=1}^{N}Y_k V_{k,i}=0$。

在其他情况下，这一项不为 0。然而与 $\dot{\omega}_T$ 相比，这一项通常可以忽略。

显能 e_s 的方程可以由式(1.61) 和式(1.56) 推导得出[1]

$$\rho\frac{\mathrm{D}e_s}{\mathrm{D}t}=\frac{\partial\rho e_s}{\partial t}+\frac{\partial}{\partial x_i}(\rho u_i e_s)=\dot{\omega}_T+\frac{\partial}{\partial x_i}\left(\lambda\frac{\partial T}{\partial x_i}\right)-\frac{\partial}{\partial x_i}\left(\rho\sum_{k=1}^{N}h_{s,k}Y_k V_{k,i}\right)+\sigma_{ij}\frac{\partial u_i}{\partial x_j}+\dot{Q}+\rho\sum_{k=1}^{N}Y_k f_{k,i}V_{k,i} \tag{1.63}$$

另一种方法是使用显能和动能之和（表 1.4 中不包括化学键的总能量）。将式(1.63) 和式(1.58) 相加，得到 $E=e_s+u_i u_i/2$ 的能量守恒方程

---

[1] 值得注意的是，此处的显能定义为 $e_s=\int_{T_0}^{T}C_v\mathrm{d}T-RT_0/W$（表 1.4）。如果显能定义为 $e_s'=\int_{T_0}^{T}C_v\mathrm{d}T$，会得到不同的方程：

$$\rho\frac{\mathrm{D}e_s'}{\mathrm{D}t}=-\sum_{k=1}^{N}\Delta e_{f,k}^0\dot{\omega}_k+\frac{\partial}{\partial x_i}\left(\lambda\frac{\partial T}{\partial x_i}\right)-\frac{\partial}{\partial x_i}\left[\rho\sum_{k=1}^{N}\left(h_{s,k}+\frac{RT_0}{W_k}\right)Y_k V_{k,i}\right]+\sigma_{ij}\frac{\partial u_i}{\partial x_j}+\dot{Q}+\rho\sum_{k=1}^{N}Y_k f_{k,i}V_{k,i}$$

其中，$\Delta e_{f,k}^0$ 等于温度为 T_0 时的生成能，即 $\Delta e_{f,k}^0=\Delta h_{f,k}^0-RT_0/W_k$。

$$\rho\frac{\mathrm{D}E}{\mathrm{D}t}=\frac{\partial\rho E}{\partial t}+\frac{\partial}{\partial x_i}(\rho u_i E)=\dot{\omega}_{\mathrm{T}}+\frac{\partial}{\partial x_i}\left(\lambda\frac{\partial T}{\partial x_i}\right)-\frac{\partial}{\partial x_i}\left(\rho\sum_{k=1}^{N}h_{\mathrm{s},k}Y_k V_{k,i}\right)$$
$$+\frac{\partial}{\partial x_j}(\sigma_{ij}u_i)+\dot{Q}+\rho\sum_{k=1}^{N}Y_k f_{k,i}(u_i+V_{k,i})\qquad(1.64)$$

同理，将式(1.61)和式(1.58)相加，可以得到$H=h_{\mathrm{s}}+u_i u_i/2$的能量守恒方程

$$\rho\frac{\mathrm{D}H}{\mathrm{D}t}=\frac{\partial\rho H}{\partial t}+\frac{\partial}{\partial x_i}(\rho u_i H)=\dot{\omega}_{\mathrm{T}}+\frac{\partial}{\partial x_i}\left(\lambda\frac{\partial T}{\partial x_i}\right)+\frac{\partial p}{\partial t}-\frac{\partial}{\partial x_i}\left(\rho\sum_{k=1}^{N}h_{\mathrm{s},k}Y_k V_{k,i}\right)$$
$$+\frac{\partial}{\partial x_j}(\tau_{ij}u_i)+\dot{Q}+\rho\sum_{k=1}^{N}Y_k f_{k,i}(u_i+V_{k,i})\qquad(1.65)$$

在低马赫数或不可压流动中，有些代码会使用温度方程。从$h_{\mathrm{s}}=\sum_{k=1}^{N}h_{\mathrm{s},k}Y_k$开始推导，其中，$h_{\mathrm{s},k}$是组分$k$的显焓[15-16]，则$h_{\mathrm{s}}$的导数为

$$\rho\frac{\mathrm{D}h_{\mathrm{s}}}{\mathrm{D}t}=\sum_{k=1}^{N}h_{\mathrm{s},k}\rho\frac{\mathrm{D}Y_k}{\mathrm{D}t}+\rho C_{\mathrm{p}}\frac{\mathrm{D}T}{\mathrm{D}t}\qquad(1.66)$$

替换式(1.61)中的导数，可以得到

$$\rho C_{\mathrm{p}}\frac{\mathrm{D}T}{\mathrm{D}t}=\dot{\omega}'_{\mathrm{T}}+\frac{\mathrm{D}p}{\mathrm{D}t}+\frac{\partial}{\partial x_i}\left(\lambda\frac{\partial T}{\partial x_i}\right)-\left(\rho\sum_{k=1}^{N}C_{\mathrm{p}k}Y_k V_{k,i}\right)\frac{\partial T}{\partial x_i}+\tau_{ij}\frac{\partial u_i}{\partial x_j}$$
$$+\dot{Q}+\rho\sum_{k=1}^{N}Y_k f_{k,i}V_{k,i}\qquad(1.67)$$

值得注意的是，在e_{s}和h_{s}方程中的反应项不相等，即$\dot{\omega}'_{\mathrm{T}}\neq\dot{\omega}_{\mathrm{T}}$：

$$\dot{\omega}_{\mathrm{T}}=-\sum_{k=1}^{N}\Delta h_{\mathrm{f},k}^{0}\dot{\omega}_k,\quad \dot{\omega}'_{\mathrm{T}}=-\sum_{k=1}^{N}h_k\dot{\omega}_k=-\sum_{k=1}^{N}h_{\mathrm{s},k}\dot{\omega}_k-\sum_{k=1}^{N}\Delta h_{\mathrm{f},k}^{0}\dot{\omega}_k\qquad(1.68)$$

这两项都被称为释热率，很容易让人混淆。二者之间的微小差别在于显焓项h_{sk}。在1.2.2节中，当假设所有组分的比热容C_{pk}相等时，这二者才相等。

另外，可以借助C_{v}给出一个等价的能量方程。首先定义e_{s}

$$\rho\frac{\mathrm{D}e_{\mathrm{s}}}{\mathrm{D}t}=\sum_{k=1}^{N}e_{\mathrm{s}k}\rho\frac{DY_k}{\mathrm{D}t}+\rho C_{\mathrm{v}}\frac{\mathrm{D}T}{\mathrm{D}t}\qquad(1.69)$$

替换式(1.63)中e_{s}的时间导数项，可以得到

$$\rho C_{\mathrm{v}}\frac{\mathrm{D}T}{\mathrm{D}t}=\dot{\omega}''_{\mathrm{T}}+\frac{\partial}{\partial x_i}\left(\lambda\frac{\partial T}{\partial x_i}\right)-RT\frac{\partial}{\partial x_i}\left(\rho\sum_{k=1}^{N}Y_k V_{k,i}/W_k\right)-\rho\frac{\partial T}{\partial x_i}\sum_{k=1}^{N}(Y_k V_{k,i}C_{\mathrm{p}k})$$
$$+\sigma_{ij}\frac{\partial u_i}{\partial x_j}+\dot{Q}+\rho\sum_{k=1}^{N}Y_k f_{k,i}V_{k,i}\qquad(1.70)$$

其中，$\dot{\omega}''_{\mathrm{T}}=-\sum_{k=1}^{N}e_k\dot{\omega}_k$，是另一种释热率。当所有组分的比热容$C_{pk}$都相等时，$\dot{\omega}''_{\mathrm{T}}=\dot{\omega}_{\mathrm{T}}$。

表1.7总结了不同形式的能量方程。表中，$V_{k,i}$是扩散速度；$f'_{k,i}$是作用在组分k上i

方向的体积力；$\dot{Q}$是体积源项；q_i 是焓通量，定义为 $q_i=-\lambda\dfrac{\partial T}{\partial x_i}+\rho\sum\limits_{k=1}^{N}h_kY_kV_{k,i}$ ；黏性应力张量定义为 $\tau_{ij}=-\dfrac{2}{3}\mu\dfrac{\partial u_k}{\partial x_k}\delta_{ij}+\mu\left(\dfrac{\partial u_i}{\partial x_j}+\dfrac{\partial u_j}{\partial x_i}\right)$；$\sigma_{ij}=\tau_{ij}-p\delta_{ij}$；释热率 $\dot{\omega}_T=-\sum\limits_{k=1}^{N}\Delta h_{f,k}^{0}\dot{\omega}_k$ ；对于任何形式的能量或焓 f，有 $\rho\dfrac{Df}{Dt}=\rho\left(\dfrac{\partial f}{\partial t}+u_i\dfrac{\partial f}{\partial x_i}\right)=\dfrac{\partial \rho f}{\partial t}+\dfrac{\partial \rho u_i f}{\partial x_i}$。

表 1.7 焓和能量的不同定义形式及对应的能量方程

形式	能量	焓
与温度相关	$e_s=h_s-p/\rho=\int_{T_0}^{T}C_v\mathrm{d}T-RT_0/W$	$h_s=\int_{T_0}^{T}C_p\mathrm{d}T$
与温度和化学键相关	$e=h-p/\rho=e_s+\sum\limits_{k=1}^{N}\Delta h_{f,k}^{0}Y_k$	$h=h_s+\sum\limits_{k=1}^{N}\Delta h_{f,k}^{0}Y_k$
包含与化学键相关的总量	$e_t=h_t-p/\rho=e_s+\sum\limits_{k=1}^{N}\Delta h_{f,k}^{0}Y_k+\frac{1}{2}u_iu_i$	$h_t=h_s+\sum\limits_{k=1}^{N}\Delta h_{f,k}^{0}Y_k+\frac{1}{2}u_iu_i$
不包含与化学键相关的总量	$E=H-p/\rho=e_s+\frac{1}{2}u_iu_i$	$H=h_s+\frac{1}{2}u_iu_i$
e_t	$\rho\frac{De_t}{Dt}=-\frac{\partial q_i}{\partial x_i}+\frac{\partial}{\partial x_j}(\sigma_{ij}u_i)+\dot{Q}+\rho\sum\limits_{k=1}^{N}Y_kf_{k,i}(u_i+V_{k,i})$	
h_t	$\rho\frac{Dh_t}{Dt}=\frac{\partial p}{\partial t}-\frac{\partial q_i}{\partial x_i}+\frac{\partial}{\partial x_j}(\tau_{ij}u_i)+\dot{Q}+\rho\sum\limits_{k=1}^{N}Y_kf_{k,i}(u_i+V_{k,i})$	
e	$\rho\frac{De}{Dt}=-\frac{\partial q_i}{\partial x_i}+\sigma_{ij}\frac{\partial u_i}{\partial x_j}+\dot{Q}+\rho\sum\limits_{k=1}^{N}Y_kf_{k,i}V_{k,i}$	
h	$\rho\frac{Dh}{Dt}=\frac{Dp}{Dt}-\frac{\partial q_i}{\partial x_i}+\tau_{ij}\frac{\partial u_i}{\partial x_j}+\dot{Q}+\rho\sum\limits_{k=1}^{N}Y_kf_{k,i}V_{k,i}$	
e_s	$\rho\frac{De_s}{Dt}=\dot{\omega}_T+\frac{\partial}{\partial x_i}\left(\lambda\frac{\partial T}{\partial x_i}\right)-\frac{\partial}{\partial x_i}(\rho\sum\limits_{k=1}^{N}h_{s,k}Y_kV_{k,i})+\sigma_{ij}\frac{\partial u_i}{\partial x_j}+\dot{Q}+\rho\sum\limits_{k=1}^{N}Y_kf_{k,i}V_{k,i}$	
h_s	$\rho\frac{Dh_s}{Dt}=\dot{\omega}_T+\frac{Dp}{Dt}+\frac{\partial}{\partial x_i}\left(\lambda\frac{\partial T}{\partial x_i}\right)-\frac{\partial}{\partial x_i}(\rho\sum\limits_{k=1}^{N}h_{s,k}Y_kV_{k,i})+\tau_{ij}\frac{\partial u_i}{\partial x_j}+\dot{Q}+\rho\sum\limits_{k=1}^{N}Y_kf_{k,i}V_{k,i}$	
E	$\rho\frac{DE}{Dt}=\dot{\omega}_T+\frac{\partial}{\partial x_i}\left(\lambda\frac{\partial T}{\partial x_i}\right)-\frac{\partial}{\partial x_i}(\rho\sum\limits_{k=1}^{N}h_{s,k}Y_kV_{k,i})+\frac{\partial}{\partial x_j}(\sigma_{ij}u_i)+\dot{Q}+\rho\sum\limits_{k=1}^{N}Y_kf_{k,i}(u_i+V_{k,i})$	
H	$\rho\frac{DH}{Dt}=\dot{\omega}_T+\frac{\partial p}{\partial t}+\frac{\partial}{\partial x_i}\left(\lambda\frac{\partial T}{\partial x_i}\right)-\frac{\partial}{\partial x_i}(\rho\sum\limits_{k=1}^{N}h_{s,k}Y_kV_{k,i})+\frac{\partial}{\partial x_j}(\tau_{ij}u_i)+\dot{Q}+\rho\sum\limits_{k=1}^{N}Y_kf_{k,i}(u_i+V_{k,i})$	

1.2 常用的简化形式

在燃烧计算代码中，能量方程不一定需要完整形式，通常采用其简化形式，下面介绍几种简化形式。

1.2.1 等压火焰

在缓燃中[1]，火焰速度 s_L 明显小于声速，一般为 0.1～5 m/s，而在大部分燃烧室中，

未燃气体的声速 c_1 为 300～600 m/s，这里引入一些重要简化：

① 流动马赫数 Ma 很小，约等于 s_L/c_1。可以假定状态方程中的压力恒定，从动量守恒方程(1.35) 开始推导。为简单起见，在一维情形下只有一个黏性系数 μ：

$$\rho \frac{\partial u}{\partial t}+\rho u \frac{\partial u}{\partial x}=-\frac{\partial p}{\partial x}+\mu \frac{\partial}{\partial x}\times\frac{\partial u}{\partial x} \tag{1.71}$$

对方程中的变量进行无量纲化处理：

$$u^{+}=u/c_1,\quad x^{+}=x/L,\quad \rho^{+}=\rho/\rho_1,\quad t^{+}=c_1 t/L,\quad p^{+}=p/(\rho_1 c_1^2) \tag{1.72}$$

式中，L 是参考尺寸（如燃烧器尺寸）；c_1 是声速，下标 1 指未燃气体。引入声波雷诺数 $Re=\rho_1 c_1 L/\mu_1$，则方程(1.71) 可以写为

$$\frac{\partial p^{+}}{\partial x^{+}}=\underbrace{-\rho^{+}\frac{\partial u^{+}}{\partial t^{+}}}_{o(Ma)}\underbrace{-\rho^{+}u^{+}\frac{\partial u^{+}}{\partial x^{+}}}_{o(Ma^2)}+\underbrace{\frac{1}{Re}\times\frac{\partial}{\partial x^{+}}\times\frac{\partial u^{+}}{\partial x^{+}}}_{o(Ma/Re)} \tag{1.73}$$

由式(1.73) 可知，在高雷诺数的稳态流动中，平均压力变化率约等于 Ma^2，在非稳态流动中大约为 Ma。对于低马赫数的亚声速燃烧，这些变化可以忽略，并且在状态方程 $p=\rho R/WT$ 中，压力可以假定为常数，即 $\rho R/WT=p_0=$常数。因此，通过火焰前锋的密度变化与温度变化直接相关：

$$\rho_2/\rho_1=T_1/T_2 \tag{1.74}$$

在能量方程中，压力项 $\mathrm{D}p/\mathrm{D}t$ 可设为 0。

② 温度方程中的黏性加热项 $\Phi=\tau_{ij}(\partial u_i/\partial x_j)$ 也是 Ma 的高阶项，可忽略。温度方程(1.67) 简化为

$$\rho C_p \frac{\mathrm{D}T}{\mathrm{D}t}=\dot{\omega}'_T+\frac{\partial}{\partial x_i}\left(\lambda \frac{\partial T}{\partial x_i}\right)-\rho\frac{\partial T}{\partial x_i}\left(\sum_{k=1}^{N}C_{pk}Y_k V_{k,i}\right)+\dot{Q}+\rho\sum_{k=1}^{N}Y_k f_{k,i}V_{k,i} \tag{1.75}$$

1.2.2 所有组分的比热容相等

温度方程可通过对组分比热容 C_{pk} 的假设进一步简化。首先，假定所有组分的比热容都相等，即 $C_{pk}=C_p$ 且 $h_{s,k}=h_s$。这个假设虽然在火焰中并不准确，但经常使用。基于此假设，在温度方程(1.67) 中，$\sum_{k=1}^{N}C_{pk}Y_k V_{k,i}=C_p\sum_{k=1}^{N}Y_k V_{k,i}=0$，最终方程可简化为[1]

① 对于压力可变、组分比热容 C_{pk} 相等的火焰有

$$\rho C_p \frac{\mathrm{D}T}{\mathrm{D}t}=\dot{\omega}'_T+\frac{\mathrm{D}p}{\mathrm{D}t}+\frac{\partial}{\partial x_i}\left(\lambda \frac{\partial T}{\partial x_i}\right)+\tau_{ij}\frac{\partial u_i}{\partial x_j}+\dot{Q}+\rho\sum_{k=1}^{N}Y_k f_{k,i}V_{k,i} \tag{1.76}$$

② 对于恒压、低速且组分比热容 C_{pk} 相等的火焰有

$$\rho C_p \frac{\mathrm{D}T}{\mathrm{D}t}=\dot{\omega}'_T+\frac{\partial}{\partial x_i}\left(\lambda \frac{\partial T}{\partial x_i}\right)+\dot{Q}+\rho\sum_{k=1}^{N}Y_k f_{k,i}V_{k,i} \tag{1.77}$$

基于 $\sum_{k=1}^{N}\dot{\omega}_k=0$，可以得出

[1] 比热容 C_p 可能是温度的函数。

$$\dot{\omega}'_{\mathrm{T}} = -\sum_{k=1}^{N} h_k \dot{\omega}_k = -\sum_{k=1}^{N} h_{\mathrm{s},k} \dot{\omega}_k - \sum_{k=1}^{N} \Delta h_{\mathrm{f},k}^0 \dot{\omega}_k = -h_{\mathrm{s}} \sum_{k=1}^{N} \dot{\omega}_k - \sum_{k=1}^{N} \Delta h_{\mathrm{f},k}^0 \dot{\omega}_k = \dot{\omega}_{\mathrm{T}} \quad (1.78)$$

此时，这两种释热率 $\dot{\omega}'_{\mathrm{T}}$ 和 $\dot{\omega}_{\mathrm{T}}$［式(1.68)］相等。

如果所有组分的比热容相等，能量和焓方程也可以简化为

$$\rho \frac{\mathrm{D}E}{\mathrm{D}t} = \frac{\partial \rho E}{\partial t} + \frac{\partial}{\partial x_i}(\rho u_i E) = \dot{\omega}_{\mathrm{T}} + \frac{\partial}{\partial x_i}\left(\lambda \frac{\partial T}{\partial x_i}\right) + \frac{\partial}{\partial x_j}(\sigma_{ij} u_i) + \dot{Q} + \rho \sum_{k=1}^{N} Y_k f_{k,i}(u_i + V_{k,i}) \quad (1.79)$$

$$\rho \frac{\mathrm{D}H}{\mathrm{D}t} = \frac{\partial \rho H}{\partial t} + \frac{\partial}{\partial x_i}(\rho u_i H) = \dot{\omega}_{\mathrm{T}} + \frac{\partial p}{\partial t} + \frac{\partial}{\partial x_i}\left(\lambda \frac{\partial T}{\partial x_i}\right) + \frac{\partial}{\partial x_j}(\tau_{ij} u_i) + \dot{Q} + \rho \sum_{k=1}^{N} Y_k f_{k,i}(u_i + V_{k,i}) \quad (1.80)$$

值得注意的是，如果所有组分的比热容相等且与温度无关，则有

$$\rho e_{\mathrm{s}} = \rho\left(\int_{T_0}^{T} C_{\mathrm{v}} \mathrm{d}T - RT_0/W\right) = \rho(C_{\mathrm{v}} T - C_{\mathrm{p}} T_0) = \frac{p}{\gamma - 1} - \rho C_{\mathrm{p}} T_0$$

其中，$\gamma = C_{\mathrm{p}}/C_{\mathrm{v}}$。替换式(1.63) 中的 ρe_{s} 并结合连续性方程，可以得到

$$\frac{1}{\gamma - 1} \times \frac{\mathrm{D}p}{\mathrm{D}t} = -\frac{\gamma p}{\gamma - 1} \times \frac{\partial u_i}{\partial x_i} + \dot{\omega}_{\mathrm{T}} + \frac{\partial}{\partial x_i}\left(\lambda \frac{\partial T}{\partial x_i}\right) + \tau_{ij} \frac{\partial u_i}{\partial x_j} + \dot{Q} + \rho \sum_{k=1}^{N} Y_k f_{k,i} V_{k,i} \quad (1.81)$$

此时，ρe_{s} 的能量方程退化成一个压强方程。

对于大部分缓燃，p 几乎恒定，式(1.81) 右边第一项（膨胀效应）补偿其他项。当反应流使用可压缩控制方程时，这个方程可以描述压力变化，并解释如何对扰动作出反应。例如，当释热率 $\dot{\omega}_{\mathrm{T}}$ 过高时，局部压力会增加。如果 γ 不正确，$-\frac{\gamma p}{\gamma - 1} \times \frac{\partial u_i}{\partial x_i}$ 项也会引起压力修正。式(1.81) 是识别可压缩反应流中代码问题的一个有用诊断方法，它也可以用于建立反应流中的波动方程(参见 8.3.2 节)。

1.2.3 混合物的比热容恒定

当一种组分（如 N_2）在混合物中占比很大时，即便组分的比热容 $C_{\mathrm{p}k}$ 不相等，也可以假定混合物的比热容 C_{p} 恒定。这个近似假设与 $C_{\mathrm{p}} = \sum_{k=1}^{N} C_{\mathrm{p}k} Y_k$ 不一致，但也可用于 h_{s} 的能量方程(1.61) 中，$h_{\mathrm{s},k}$ 由 $C_{\mathrm{p}k} T$ 替换，通过 $\mathrm{D}h_{\mathrm{s}}/\mathrm{D}t = C_{\mathrm{p}} \mathrm{D}T/\mathrm{D}t$，可推导出温度方程[2]

$$\rho C_{\mathrm{p}} \frac{\mathrm{D}T}{\mathrm{D}t} = \dot{\omega}_{\mathrm{T}} + \frac{\mathrm{D}p}{\mathrm{D}t} + \frac{\partial}{\partial x_i}\left(\lambda \frac{\partial T}{\partial x_i}\right) - \frac{\partial}{\partial x_i}\left(\rho T \sum_{k=1}^{N} C_{\mathrm{p}k} Y_k V_{k,i}\right) + \tau_{ij} \frac{\partial u_i}{\partial x_j} + \dot{Q} + \rho \sum_{k=1}^{N} Y_k f_{k,i} V_{k,i} \quad (1.82)$$

1.3 守恒方程总结

表 1.8 总结了求解反应流的守恒方程，能量方程可以用表 1.7 中给出的任意一个方程替代，$\dot{Q}$ 是外部热源项，f_k 表示作用于组分 k 上的体积力。

表 1.8 反应流的守恒方程

质量守恒

$$\frac{\partial \rho}{\partial t}+\frac{\partial \rho u_i}{\partial x_i}=0$$

组分守恒：$k=1\sim N-1$（若不用总质量，可用 $k=N$）

有扩散速度

$$\frac{\partial \rho Y_k}{\partial t}+\frac{\partial}{\partial x_i}(\rho(u_i+V_{k,i})Y_k)=\dot{\omega}_k$$

采用 Hirschfelder 和 Curtiss 近似

$$\frac{\partial}{\partial t}\rho Y_k+\frac{\partial}{\partial x_i}(\rho(u_i+V_i^{C})Y_k)=\frac{\partial}{\partial x_i}\left(\rho \mathcal{D}_k \frac{W_k}{W}\times\frac{\partial X_k}{\partial x_i}\right)+\dot{\omega}_k,\quad V_i^{C}=\sum_{k=1}^{N}\mathcal{D}_k\frac{W_k}{W}\times\frac{\partial X_k}{\partial x_i}$$

动量守恒

$$\frac{\partial}{\partial t}\rho u_j+\frac{\partial}{\partial x_i}\rho u_i u_j=-\frac{\partial p}{\partial x_j}+\frac{\partial \tau_{ij}}{\partial x_i}+\rho\sum_{k=1}^{N}Y_k f_{k,j}$$

能量守恒（显能和动能之和）

$$\frac{\partial \rho E}{\partial t}+\frac{\partial}{\partial x_i}(\rho u_i E)=\dot{\omega}_T-\frac{\partial q_i}{\partial x_i}+\frac{\partial}{\partial x_j}(\sigma_{ij}u_i)+\dot{Q}+\rho\sum_{k=1}^{N}Y_k f_{k,i}(u_i+V_{k,i})$$

其中，$\dot{\omega}_T=-\sum_{k=1}^{N}\Delta h_{f,k}^{0}\dot{\omega}_k$，$q_i=-\lambda\frac{\partial T}{\partial x_i}+\rho\sum_{k=1}^{N}h_k Y_k V_{k,i}$

对于大部分缓燃，压力恒定，体积力为零（$f_{k,j}=0$），黏性加热项可忽略。守恒方程简化为表 1.9 中的形式。

表 1.9 恒压且低马赫数下的火焰守恒方程

质量守恒

$$\frac{\partial \rho}{\partial t}+\frac{\partial \rho u_i}{\partial x_i}=0$$

组分守恒：$k=1\sim N-1$（若不用总质量，可用 $k=N$）

有扩散速度

$$\frac{\partial \rho Y_k}{\partial t}+\frac{\partial}{\partial x_i}(\rho(u_i+V_{k,i})Y_k)=\dot{\omega}_k$$

采用 Hirschfelder 和 Curtiss 近似

$$\frac{\partial \rho Y_k}{\partial t}+\frac{\partial}{\partial x_i}(\rho(u_i+V_i^{C})Y_k)=\frac{\partial}{\partial x_i}\left(\rho \mathcal{D}_k \frac{W_k}{W}\times\frac{\partial X_k}{\partial x_i}\right)+\dot{\omega}_k,\quad V_i^{C}=\sum_{k=1}^{N}\mathcal{D}_k\frac{W_k}{W}\times\frac{\partial X_k}{\partial x_i}$$

动量守恒

$$\frac{\partial \rho u_j}{\partial t}+\frac{\partial}{\partial x_i}\rho u_i u_j=-\frac{\partial p}{\partial x_j}+\frac{\partial \tau_{ij}}{\partial x_i}$$

续表

能量守恒（显能和动能之和）

$$\frac{\partial \rho E}{\partial t}+\frac{\partial}{\partial x_i}(\rho u_i E)=\dot{\omega}_T-\frac{\partial q_i}{\partial x_i},\quad \dot{\omega}_T=-\sum_{k=1}^{N}\Delta h_{f,k}^{0}\dot{\omega}_k$$

或者温度方程

$$\rho C_p\frac{DT}{Dt}=\dot{\omega}'_T+\frac{\partial}{\partial x_i}\left(\lambda\frac{\partial T}{\partial x_i}\right)-\rho\frac{\partial T}{\partial x_i}\left(\sum_{k=1}^{N}C_{pk}Y_kV_{k,i}\right)$$

其中，$\dot{\omega}'_T=-\sum_{k=1}^{N}h_k\dot{\omega}_k$，$q_i=-\lambda\frac{\partial T}{\partial x_i}+\rho\sum_{k=1}^{N}h_kY_kV_{k,i}$

1.4 燃烧方式

前几节中给出的控制方程适用于大部分火焰（压力非常高的情形除外），但一般情况下很难求解。为理解反应流，燃烧领域提炼出几种可以求解燃烧方程的典型工况，并定义不同的燃烧方式对其进行分类。表 1.10 展示了四种火焰：充分预混火焰与非预混火焰（也称扩散火焰）、层流火焰与湍流火焰。

表 1.10　典型火焰的分类

燃烧方式	层流	湍流
预混	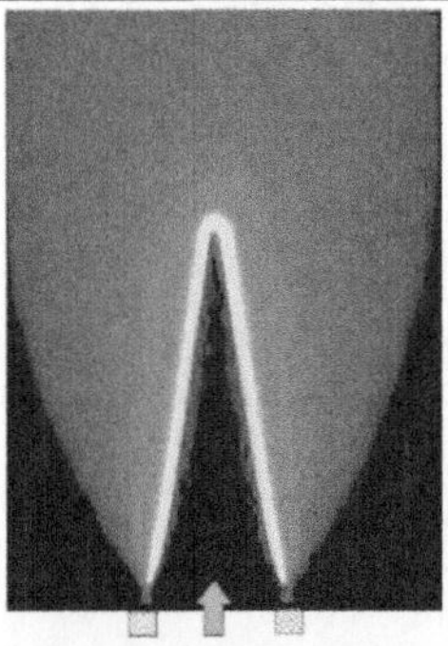 本生灯火焰[17]（第 2 章）	 钝体稳定火焰（第 4 章和第 5 章）
非预混	 点火器火焰（第 3 章）	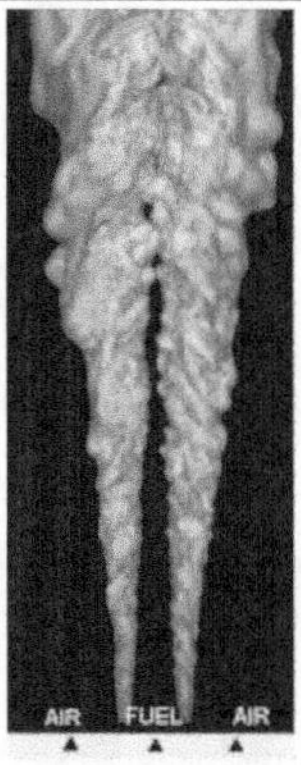 AIR FUEL AIR 射流火焰[18]（第 4 章和第 6 章）

第一种分类是基于反应物在燃烧前是否预混。从反应流的反应率表达式［式(1.24)］可知，燃烧需要三个因素：燃料、氧化剂、高温。换句话说，燃烧开始前，必须在高温区实现局

部掺混（使燃料和氧化剂处于同一点）。这一特性可以将火焰分为在燃烧前实现燃料和氧化剂混合及其他情形。第一个情形对应于“预混”火焰，第二个情形对应于“非预混”火焰（在极端情况下，燃料和氧化剂以完全分离的状态注入燃烧室，也称为扩散火焰）。预混火焰和非预混火焰性质不同：预混火焰反应更强烈，污染更少，但也更加危险，因为预混气体中的任何高温点都可能导致点火和意外燃烧。相比之下，非预混火焰的燃烧速率较低，局部最高温度较高，污染更严重，但由于氧化剂和燃料分开存储，仅在燃烧室内混合，因此也更安全。预混火焰和非预混火焰之间的另一个区别在于可燃极限：非预混火焰可以在任意燃料和氧化剂流量下燃烧，而预混火焰由于混合特性方面而受到限制，过稀或过浓的预混火焰都无法传播。

第二种分类是依据流动状态。当雷诺数足够大时（即高速流动），所有气流都会变成湍流，因此，在大部分实际燃烧器中，火焰也会变成“湍流”状态。不同于平滑的火焰前锋，湍流火焰会起皱且不稳定，研究起来也更加复杂。层流火焰的分析方法（如数值求解器）与湍流火焰几乎不存在共同点。层流火焰在工业应用中也很少见，因此，燃烧领域主要研究湍流燃烧问题。

在介绍湍流火焰（第4～6章）之前，首先介绍层流预混火焰（第2章）和层流扩散火焰（第3章）。在实际应用中，由于大部分火焰都是湍流状态，研究层流火焰可能会被视为浪费时间。而事实并非如此，大部分湍流火焰理论都是基于层流火焰研究提出的。如果没有第2章和第3章对层流火焰特性的介绍，就无法很好地理解湍流燃烧。

参考文献

[1] F. A. Williams. *Combustion Theory*. Benjamin Cummings, Menlo Park, CA, 1985.

[2] K. K. Kuo. *Principles of combustion*. John Wiley & Sons, Inc., Hoboken, New Jersey, 2005 Second Edition.

[3] S. Candel. *Mecanique des Fluides*. Dunod, Paris, 1995.

[4] W. C. Reynolds and H. C. Perkins. *Engineering thermodynamics*. McGraw-Hill, 1977.

[5] D. R. Stull and H. Prophet. JANAF thermochemical tables, 2nd Edition. Technical Report NSRDS-NBS 37, US National Bureau of Standards, 1971.

[6] J. B. Heywood. *Internal combustion engine fundamentals*. McGraw and Hill Series in Mechanical Engineering. McGraw-Hill, New York, 1988.

[7] A. Ern and V. Giovangigli. *Multicomponent Transport Algorithms*. Lecture Notes in Physics. Springer Verlag, Heidelberg, 1994.

[8] J. O. Hirschfelder, C. F. Curtiss, and R. B. Bird. *Molecular theory of gases and liquids*. John Wiley & Sons, New York, 1969.

[9] V. Giovangigli. *Multicomponent Flow Modeling*. Modeling and Simulation in Science, Engineering and Technology. Birkhauser, Boston, 1999.

[10] H. P. Miller, R. Mitchell, M. Smooke, and R. Kee. towards a comprehensive chemical kinetic mechanism for the oxidation of acetylene: comparison of model predictions with results from flame and shock tube experiments. In *19th Symp. (Int.) on Combustion*, pages 181-196. The Combustion Institute, Pittsburgh, 1982.

[11] R. J. Kee, F. M. Rupley, and J. A. Miller. Chemkin-ii: A fortran chemical kinetics package for the analysis of gas-phase chemical kinetics. Technical Report SAND89-8009B, Sandia National Laboratories, 1989.

[12] T. Just. Multichannel reactions in combustion. *Proc. Combust. Inst.*, 25: 687-704, 1994.

[13] C. Westbrook, Y. Mizobuchi, T. Poinsot, P. J. Smith, and J. Warnatz. Computational combustion (plenary lecture). *Proc. Combust. Inst.*, 30: 125-157, 2004.

[14] B. Lewis and G. VonElbe. *Combustion, Flames and Explosions of Gases*. Academic Press, New York, third edition, 1987.

[15] V. Giovangigli. *Structure et extinction de flammes laminaires premelangees*. Phd thesis, Paris Ⅵ, 1988.

[16] V. Giovangigli and M. Smooke. Calculation of extinction limits for premixed laminar flames in a stagnation point flow. *J. Comput. Phys.*, 68 (2): 327-345, 1987.

[17] L. Selle, T. Poinsot, and B. Ferret. Experimental and numerical study of the accuracy of flame-speed measurements for methane/air combustion in a slot burner. *Combust. Flame*, 158 (1): 146-154, 2011.

[18] C. S. Yoo, E. S. Richardson, R. Sankaran, and J. H. Chen. A DNS study on the stabilization mechanism of a turbulent, lifted ethylene jet flame in highly-heated coflow. *Proc. Combust. Inst.*, 33: 1619-1627, 2011.

第 2 章 层流预混火焰

2.1 引言

无论在理论分析或数值模拟中，向未燃预混气体（如燃料与空气混合）传播的一维层流火焰均被认为是一种基本的火焰构型，原因如下：

① 它是少数可以对实验、理论和计算结果进行详细对比的火焰构型。

② 它可用来验证 1.1.1 节中讨论的化学模型。

③ 很多理论方法可用于层流火焰，不仅能研究层流火焰的一维结构，还可以研究层流火焰前锋上的各种不稳定性[1]。

④ 在很多湍流燃烧模型中，层流火焰被视为湍流火焰的基本组成部分（小火焰理论，见第 5 章）。

从数值模拟的角度，层流预混火焰是研究复杂燃烧构型的第一步，但由于绝大多数湍流燃烧模型本质上使用完全不同的处理方法，专门用于湍流燃烧的代码通常不能用于层流火焰，因此，本书第 5 章中的湍流预混火焰燃烧模型也就不再考虑层流火焰的情形。

基于化学反应模型的复杂性和输运过程的不同表征，计算层流火焰结构和火焰速度的方法有很多种。当使用复杂化学反应模型时，通常不存在控制方程的解析解，需要用数值方法进行求解（2.3 节）。然而，当化学反应模型和输运过程经过适当简化后，就有可能得到解析解或半解析解。这种解析解有助于理解火焰的行为，也为通过数值方法求解简单或复杂燃烧问题（2.4 节）提供了重要的参考。另外，解析解也用于检验燃烧代码的精度、确定火焰分辨率要求以及为数值求解过程提供初始解。

2.2 守恒方程和数值解

对于一维层流预混火焰，第 1 章推导的守恒方程(表 1.9) 可以进一步简化：

质量守恒

$$\frac{\partial \rho}{\partial t}+\frac{\partial \rho u}{\partial x}=0 \tag{2.1}$$

组分守恒：当 $k=1, 2, \cdots, N-1$ 时

$$\frac{\partial \rho Y_k}{\partial t}+\frac{\partial}{\partial x}(\rho(u+V_k)Y_k)=\dot{\omega}_k \tag{2.2}$$

能量守恒

$$\rho C_{\mathrm{p}}\left(\frac{\partial T}{\partial t}+u\,\frac{\partial T}{\partial x}\right)=\dot{\omega}'_{\mathrm{T}}+\frac{\partial}{\partial x}\left(\lambda\,\frac{\partial T}{\partial x}\right)-\rho\,\frac{\partial T}{\partial x}\left(\sum_{k=1}^{N}C_{\mathrm{p}k}Y_kV_k\right) \tag{2.3}$$

其中，$\dot{\omega}'_{\mathrm{T}}=-\sum_{k=1}^{N}h_k\dot{\omega}_k$。省略 x 方向对应的下标 1。

上述方程描述了一个从已燃气体向未燃气体传播的燃烧波，当不考虑瞬态效应时，传播速度接近一个常值 s_{L}。然而，即便火焰达到恒定速度，如果考虑复杂化学反应模型，这种火焰结构的求解问题目前仍处于研究阶段。对于稳态火焰，可将式(2.1)～式(2.3) 转换到火焰参考系中（以速度 s_{L} 移动）[1]：

$$\rho u=\text{常数}=\rho_1 s_{\mathrm{L}} \tag{2.6}$$

$$\frac{\partial}{\partial x}(\rho(u+V_k)Y_k)=\dot{\omega}_k \tag{2.7}$$

$$\rho C_{\mathrm{p}}u\,\frac{\partial T}{\partial x}=\dot{\omega}'_{\mathrm{T}}+\frac{\partial}{\partial x}\left(\lambda\,\frac{\partial T}{\partial x}\right)-\frac{\partial T}{\partial x}\left(\rho\sum_{k=1}^{N}C_{\mathrm{p}k}Y_kV_k\right) \tag{2.8}$$

当给定反应率 $\dot{\omega}_k$（Arrihenius 定律）和扩散速度 V_k（如带有修正速度的 Fick 定律）模型，并提供适当的边界条件时，上述方程组是封闭的。对于预混火焰，边界条件处理比较困难。图 2.1 中的典型入口条件（在 $x=0$ 处）是一个无反应的预混冷流：$u(x=0)=u_1$，$T(x=0)=T_1$。反应物质量分数 Y_k 需要提前给定。

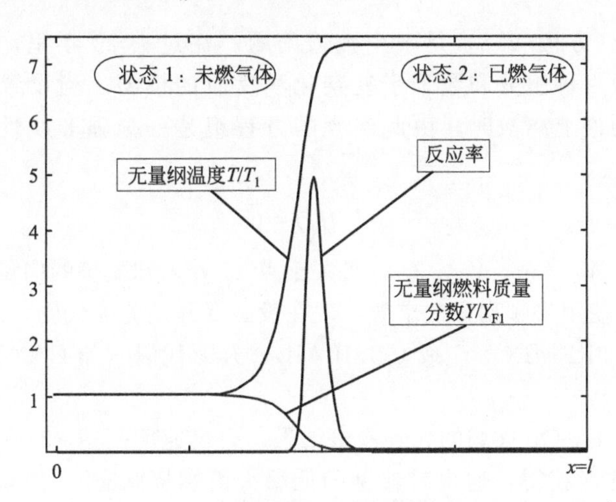

图 2.1　一维预混火焰计算的基本构型

但上述边界条件仍不足以确定火焰是否存在于计算域中，原因如下：

① 来流温度 T_1 通常比较低，大部分反应源项几乎为 0。如果流动采用抛物线型的方式

[1] 需要注意的是，这里不再需要动量方程，它可以在所有变量积分之后，用来计算压力场（忽略黏性项）：

$$\frac{\partial p}{\partial x}=-\rho u\,\frac{\partial u}{\partial x}\quad\text{或}\quad p(x)=p_1-\rho_1 s_{\mathrm{L}}(u(x)-u_1) \tag{2.4}$$

穿过稳态火焰前锋的压力突变可以通过对动量方程从 $-\infty$ 到 ∞ 求积分得到

$$p_2-p_1=\rho_1u_1^2(1-u_2/u_1)=\rho_1s_{\mathrm{L}}^2(1-T_2/T_1) \tag{2.5}$$

上述方程是基于图 2.1 中的符号标注方法。穿过火焰前锋的压力突变一般很小。例如，在化学当量条件下的甲烷-空气火焰，当火焰速度为 0.4 m/s，温度比 T_2/T_1 接近 7 时，压强差 $p_2-p_1\approx 1\mathrm{Pa}$。在可压缩燃烧中，通过检查代码能否捕获预混火焰的正确压力突变，可以验证边界条件和数值方法是否恰当。

进行计算，即从 $x=0$ 开始，随 x 的增加，更新所有变量，质量分数保持不变。如果反应率增加非常缓慢，以至于着火点被排斥至无穷远处，这就是“冷边界”问题[1]。从数值计算角度，通过一个附加条件或初始条件，很容易解决这一矛盾。火焰必须在到达区域右侧之前被点燃，温度必须在区域出口（$x=l$）达到绝热火焰温度。用另一种方式描述，即缓燃是椭圆现象，下游状态会控制上游火焰的传播，这种反馈机制由热扩散和组分扩散引起，如 2.4 节所述❶。

② 即便火焰被点燃，只有入口速度 u_1 等于火焰速度 s_L 时，才存在稳态解（火焰保持在固定位置）。这意味着该问题属于求解特征值问题，未知变量是温度、组分和速度的分布，还有作为特征值的火焰速度 s_L。

2.3 一维稳态层流预混火焰

火焰最简单的构型是在一个方向传播的平面层流预混火焰。这是一个一维问题，如果将控制方程写在火焰参考系中，它也是一个稳态问题。

2.3.1 一维火焰的算法

求解方程(2.6)～方程(2.8) 是一个数值问题。在过去 20 年里，已开发出很多种数值方法，可以考虑数百种组分和数千步复杂化学反应的模型。当设置适当的边界条件并将问题在有限差分网格上离散时，由此产生的方程组是一个强非线性边界值问题，可以表示为

$$\mathcal{L}(\boldsymbol{U}_i)=0 \tag{2.9}$$

其中，$\boldsymbol{U}_i=(T, Y_1, Y_2, \cdots, Y_N, U)_i$ 是关于点 x_i 处未知变量的向量。

这个方程组通常使用牛顿型方法求解，现在没必要开发此类代码，因为已经存在可靠的工具：如商业代码（PREMIX[2-4] 或 COSILAB)、开源代码（如 CANTERA）以及一些大学团队开发的工具。

图 2.2 是常压下 H_2-O_2 火焰的代码输出结果。火焰速度高达 32 m/s（如此高的缓燃速度只有 H_2-O_2 燃烧才能获得，这也是典型的低温火箭燃烧状态）。燃烧化学反应模型如表 1.5 所示。在此计算中，PREMIX 使用自适应网格，最小网格尺寸为 0.001 mm，最大网格尺寸为 0.19 mm。

使用 PREMIX 和类似的一维火焰代码时，均需要完成两项截然不同的任务：

① 对于给定工况，计算初始火焰；

② 基于初始火焰的解，如果其他物理参数（当量比、温度、压力等）变化时，可以计算其他的解。

考虑到求解方程组(2.9) 的数值方法都存在一个有限的收敛半径，因此计算初始火焰非常困难。如果初始温度场 T 和所有组分的质量分数 Y_k 与真实状态相差太远，就很难得到一

❶ 爆轰和缓燃不同，考虑到扩散现象在爆轰中可以忽略，因此爆轰本质上是一种抛物线型现象，可通过时间或空间推进方法计算。

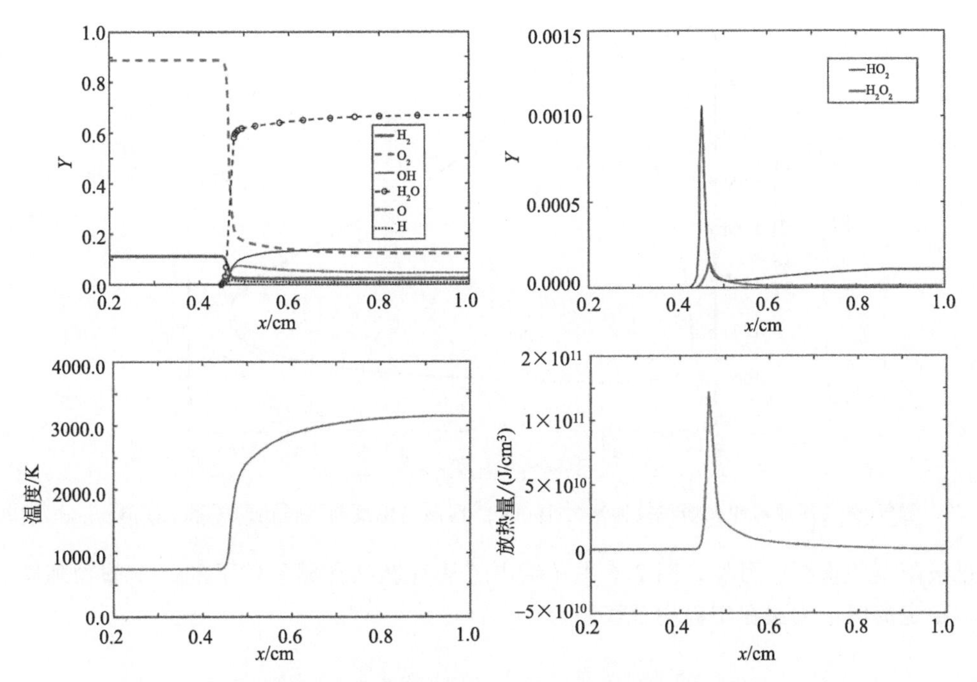

图 2.2　使用 PREMIX 计算化学当量 H_2-O_2 预混火焰在压强为 0.1 MPa 时的组分、温度和放热量分布，未燃气体温度为 700 K

个收敛的数值解，尤其是当燃烧过程涉及 300 多种组分时，如何以一种明智的方式来初始化这 300 多种组分的取值，在很大程度上取决于使用者的经验。因此，在大多数情况下，需要使用其他代码来初始化一维火焰代码。此外，当引入新的化学反应模型时，如果一维火焰算法不能收敛，可能由初始化问题导致，也可能由错误的或者近似的化学模型引起。对于 M 步基元反应，需要给 $3M$ 个常数赋值［式(1.25)］，即 A_j、β_j 和 T_{aj}，j 在 $1\sim M$ 范围内变化。例如，辛烷燃料的化学反应模型常使用的基元反应多达 2000 个，因此需要给定 6000 个常数。这 6000 个常数是否选择恰当、是否与火焰计算兼容，这些问题都会使复杂燃料的计算更为困难。

一旦确定初始火焰的解，便可以研究其他火焰，如贫燃火焰或富燃火焰。此时与其从头开始计算，不如采用初始火焰的解来对第二个火焰进行初始化。燃烧领域的专家开发了一些特殊的连续方法，可以使代码随参数的变化在解的区间内连续移动[5-7]。当接近火焰可燃极限时，这类算法就非常重要。例如，当未燃气体中的燃料量减少至一定值时，火焰会彻底熄灭，在这种情况下，一维火焰代码预测到的唯一解必须是“无火焰”状态。连续方法可用来确定火焰的精确熄灭极限。图 2.3 给出了使用连续方法求解氢气-空气预混滞止火焰的算例（拉伸火焰的定义见 2.6 节），计算结果给出了火焰温度随当量比的变化规律。

图 2.3 表明，预混火焰并非在任意当量比下都能燃烧，存在两个“可燃极限”限制预混反应物可以燃烧的范围。从图中可知，氢气-空气火焰的可燃极限通常为 $\phi=0.3$ 和 $\phi=4.6$。对于其他碳氢燃料（如甲烷、丙烷和辛烷等）与空气的燃烧，可燃区间会更小，在常温常压下，一般在 0.55～2 之间取值。在很多燃烧问题中，无论是确保预混气体能被点燃（如在活塞发动机中），还是确保不能被点燃（如在研究一个建筑内燃料泄漏引起的安全问题时），确

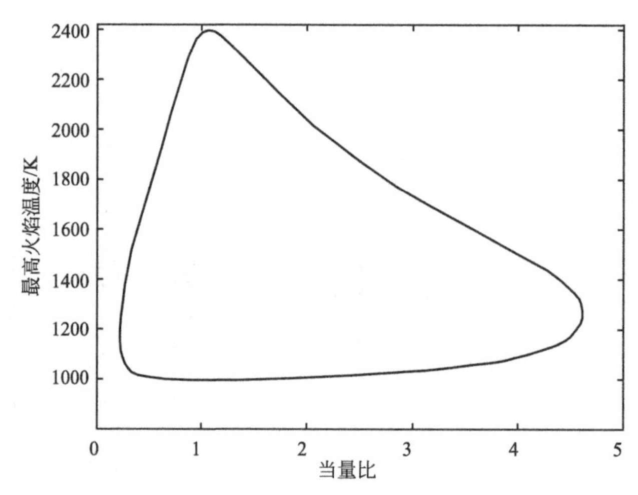

图 2.3 氢气-空气预混对冲火焰在拉伸率为 $1000s^{-1}$ 时最高温度与当量比的关系（Giovangigli，1998）

定可燃极限至关重要。另外，图 2.3 中还给出了从贫燃到富燃条件下的一个非物理解分支，对应不稳定的解，无法在实验中观察到。

2.3.2 敏感性分析

除连续方法以外，另一个数值工具也可以改变一维预混火焰代码的使用方式，即敏感性分析。为了理解哪些参数会控制给定火焰特性，需要确定输入参数（化学参数或输运参数）的影响。

(1) 化学参数的敏感性

在使用复杂化学反应模型的火焰计算中，引入化学参数的数量可达数千种，因此，有必要确定哪些参数对火焰特性起重要作用。假如改变表 1.5 中第 4 个基元反应 $H+O_2 \Leftrightarrow OH+O$ 的活化温度，火焰速度将如何变化呢？当然，可以直接运行代码来查看结果，但更好的方法是使用敏感性分析工具而非运行整个程序[8-9]，建立所有输出的敏感性与化学参数的关系图[7,10-11]。图 2.4 给出了氢气-空气层流火焰在常温和 0.35 atm 下的火焰速度敏感性分析结果，总共研究了当量比在 0.45～3.5 区间的 4 个工况。通过敏感性分析发现，支链反应 $OH+H_2 \Leftrightarrow H+H_2O$ 对确定火焰速度至关重要。

(2) 输运参数的敏感性

在火焰计算中，输运模型（组分扩散系数、黏度、热扩散系数）也很重要。化学领域通常研究零维模型（如良搅拌反应器），忽略空间变化，只研究时间演化。然而在火焰中，反应物向燃烧区扩散的方式通常与化学反应同样重要（相关理论在下一节中给出），且输运过程对一维火焰代码总体结果的影响是很多算例中备受关注的热点。例如，图 2.5 显示了甲烷-空气层流火焰速度随当量比的变化，在 PREMIX 中分别测试了两种输运方法：

① 详细输运过程和基于 GRI 模型的化学反应。

② 使用相同化学反应模型和简化的输运过程(所有 Lewis 数均设为 1 的 Fick 定律)。这一假设用于很多理论研究中（见 2.4 节）。火焰中的大多数自由基都是如此，除了像 H 或 H_2 这种非常轻的分子，它们的 Lewis 数约为 0.11 和 0.3（参见图 1.4）。

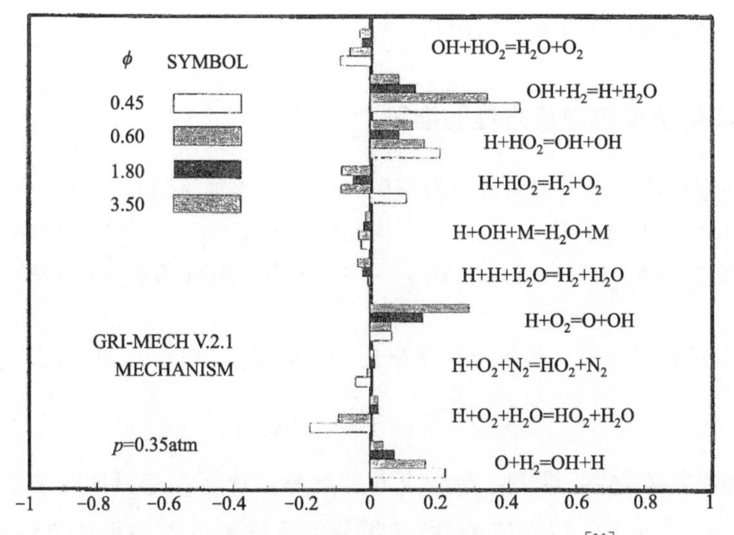

图 2.4　氢气-空气层流火焰速度的敏感性分析[11]

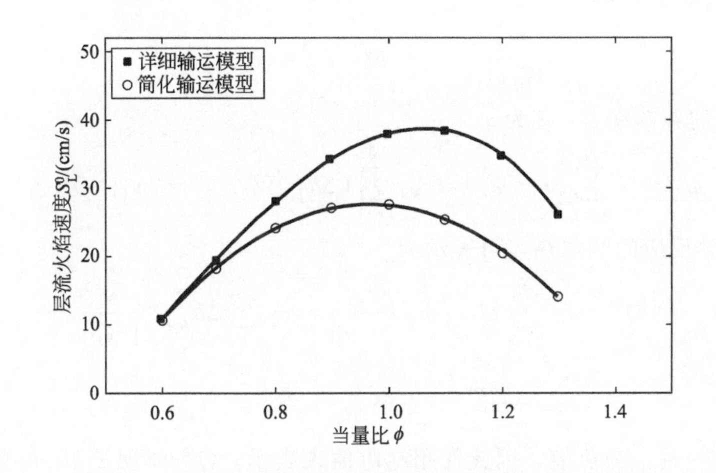

图 2.5　输运特性对预混火焰的影响

甲烷-空气层流火焰在大气环境下的详细输运模型和简化输运模型（所有组分 Lewis 数均为 1）对比（B. Bedat，私人通信，1999）

从图 2.5 中可以看出，所有组分扩散率相等的假设对火焰速度有显著影响。然而，火焰速度对输运模型如此敏感，也会导致一些负面影响，如即便采用最准确的输运形式，计算结果也值得探讨。常用软件包估算的扩散率通常会产生比预想更大的误差[12]。

2.4 层流预混火焰的理论解

目前，虽然可以计算具有复杂化学过程和输运过程的预混火焰，但严苛的限制条件导致这个方法无法应用于很多其他问题，如非稳态火焰。此外，一维平面稳态预混火焰仅代表一种火焰构型，为了解决湍流燃烧问题，还必须研究和理解更多的火焰构型，要在流体力学层面上解决更复杂的问题，需要对化学过程和输运过程进行简化。本节将给出一些简单的分析结果，这对数值燃烧理论具有非常实用的指导意义。

2.4.1 单步化学反应守恒方程的推导

为了建立一维层流预混火焰的简单解析解，可以做出如下简化[1]❶：

① 假定所有组分的分子量 $W_k=W$，定压比热容 $C_{pk}=C_p$，分子扩散率$\mathcal{D}_k=\mathcal{D}$，则所有组分的 Lewis 数也相等，$Le_k=\lambda/(\rho C_p\mathcal{D}_k)=Le$。最终，组分和热量以同样的方式扩散，即 $Le=1$。

② 假定化学过程只通过一步不可逆反应进行，即式(1.19) 中 $M=1$：

$$\sum_{k=1}^{N}\nu'_{k1}\mathcal{M}_k \longrightarrow \sum_{k=1}^{N}\nu''_{k1}\mathcal{M}_k \tag{2.10}$$

其中，逆反应速率常数为 0，即 $K_{r1}=0$。正反应速率常数 K_{f1} 与温度的关系遵循 Arrhenius 定律，即 $K_{f1}=A_1T^{\beta_1}\exp(-T_{a1}/T)$。每种组分的反应率 $\dot{\omega}$ 都与反应进程速率$\mathcal{Q}_1$ 相关联，因此单步反应根据式(1.22) 进行：

$$\frac{\dot{\omega}_k}{W_k\nu_{k1}}=\mathcal{Q}_1 \quad 或 \quad \dot{\omega}_k=W_k\nu_{k1}\mathcal{Q}_1 \tag{2.11}$$

温度方程中的释热率 $\dot{\omega}_T$ 变为

$$\dot{\omega}_T=-\sum_{k=1}^{N}\Delta h_{f,k}^{0}\dot{\omega}_k=-\mathcal{Q}_1\sum_{k=1}^{N}(\Delta h_{f,k}^{0}W_k\nu_{k1})=|\nu_{F1}|Q^{m}\mathcal{Q}_1 \tag{2.12}$$

其中，Q^m 是化学反应的摩尔热，可表示为

$$\begin{aligned}Q^{m}&=-\sum_{k=1}^{N}\Delta h_{f,k}^{0}W_k\frac{\nu_{k1}}{|\nu_{F1}|}=-\sum_{k=1}^{N}\Delta h_{f,k}^{0,m}\frac{\nu_{k1}}{|\nu_{F1}|}\\&=\sum_{k=1}^{N}\Delta h_{f,k}^{0,m}\frac{\nu_{k1}}{\nu_{F1}}\end{aligned} \tag{2.13}$$

由于 $\nu_{F1}=\nu''_{F1}-\nu'_{F1}$ 为负值，因此使用绝对值来表示。Q^m 体现了 1 mol 燃料充分燃烧释放的热量，而一般情况下，常使用单位质量的反应热（1 kg 燃料燃烧释放的热量）可以通过两种方法来定义。第一种为

$$Q'=-\frac{Q^{m}}{W_F}=-\sum_{k=1}^{N}\left(\Delta h_{f,k}^{0}\frac{W_k\nu_{k1}}{W_F\nu_{F1}}\right) \tag{2.14}$$

释热源项 $\dot{\omega}_T$ 与燃料源项 $\dot{\omega}_F$ 可以通过以下式子关联：

$$\dot{\omega}_T=Q'\dot{\omega}_F \tag{2.15}$$

需要注意的是，基于这个约定，Q^m 为正时，Q'为负。有些学者倾向于将 Q 定义为

$$Q=-Q'=\frac{Q^{m}}{W_F}=\sum_{k=1}^{N}\left(\Delta h_{f,k}^{0}\frac{W_k\nu_{k1}}{W_F\nu_{F1}}\right) \tag{2.16}$$

对于第二种约定方式，Q 为正值。此时，$\dot{\omega}_T$ 和 $\dot{\omega}_F$ 之间的关系变成

$$\dot{\omega}_T=-Q'\dot{\omega}_F \tag{2.17}$$

---

❶ 当使用更复杂的分析方法时，可以去掉很多简化。现阶段，对读者而言，在试图解决更复杂的情况之前，先以这组假设作为开始更为简单。

本书采用第二种约定。表 2.1 总结了一些 Q^m 和 Q 的典型值。需要注意的是，单位质量的碳氢燃料燃烧释放的热值 Q 非常接近。

③ 假定化学反应式(2.10) 的燃料反应率 $\dot{\omega}_F$ 大小只受燃料质量分数限制，与非氧化剂质量分数无关。这一假设适用于研究极稀的贫燃火焰，在这种火焰中，Y_O 近似恒定，即 $Y_O=Y_{O1}$，只需考虑一种组分 (Y_F)，就可以估算燃料的反应率。在此情况下，

$$\nu'_{F1}=1,\quad \nu''_{F1}=0,\quad \nu_{F1}=-1,\quad \nu'_{O1}=\nu''_{O1}=\nu_{O1}=0 \tag{2.18}$$

因此，使用式(1.22) 和式(1.24)，有

$$\dot{\omega}_F=A_1T^{\beta_1}\nu_{F1}\rho Y_F\exp(-T_{a1}/T)=B_1T^{\beta_1}\rho Y_F\exp(-T_{a1}/T) \tag{2.19}$$

其中，

$$B_1=A_1\nu_{F1} \tag{2.20}$$

上述假设看似严苛（如在化学反应层面上），但实际上保留了火焰的很多基本特征，如强非线性的热释放以及非恒定的密度和温度。

表 2.1 不同燃料和氧气燃烧产生的摩尔反应热 Q^m、质量反应热 Q、化学当量氧燃比 $s=(\nu_O W_O)/(\nu_F W_F)$ 和对应的燃料质量分数

总包反应	Q^m/(kJ/mol)	Q/(kJ/kg)	s	Y_F^{st}
$CH_4+2O_2 \longrightarrow CO_2+2H_2O$	802	50100	4.00	0.055
$C_3H_8+5O_2 \longrightarrow 3CO_2+4H_2O$	2060	46600	3.63	0.060
$2C_8H_{18}+25O_2 \longrightarrow 16CO_2+18H_2O$	5225	45800	3.51	0.062
$2H_2+O_2 \longrightarrow 2H_2O$	241	120500	8.00	0.028

给定未燃气体中的燃料质量分数 ($Y_F=Y_{F1}$)，在火焰参考系中，守恒方程变为

$$\rho u=\text{constant}=\rho_1u_1=\rho_1s_L \tag{2.21}$$

$$\rho_1s_L\frac{dY_F}{dx}=\frac{d}{dx}\left(\rho\mathcal{D}\frac{dY_F}{dx}\right)+\dot{\omega}_F \tag{2.22}$$

$$\rho_1C_ps_L\frac{dT}{dx}=\frac{d}{dx}\left(\lambda\frac{dT}{dx}\right)-Q\dot{\omega}_F \tag{2.23}$$

需要注意的是，在上述表达式中，燃料反应率 $\dot{\omega}_F$ 为负值。

2.4.2 热化学和化学反应率

如图 2.1 所示，将式(2.22) 和式(2.23) 在 $x=-\infty$和 $x=+\infty$区间积分，考虑到区域两侧的扩散项均为 0，入口速度必须等于火焰速度，可以得到以下关系式：

$$\rho_1s_LY_{F1}=-\int_{-\infty}^{+\infty}\dot{\omega}_F dx=\Omega_F \tag{2.24}$$

$$\rho_1C_ps_L(T_2-T_1)=-Q\int_{-\infty}^{+\infty}\dot{\omega}_F dx=Q\Omega_F \tag{2.25}$$

其中，Ω_F 是计算域内的燃料总消耗量。

式(2.24) 和式(2.25) 只是描述火焰的简单积分特性，即便不通过式(2.22) 和式(2.23)，也可以得到相同的表达式。式(2.24) 表明，所有进入计算域中的燃料 $\rho_1Y_{F1}s_L$都

在火焰前锋的下游燃烧，且燃料消耗的总量为 Ω_F。另外，式(2.25) 指出[1]，燃料燃烧释放的能量 $Q\Omega_F$ 全部转化为显能，使质量通量为 $\rho_1 C_p s_L$ 的混合气体温度从 T_1 增加到 T_2。

消去式(2.24) 和式(2.25) 中的 Ω_F，可以得出

$$C_p(T_2-T_1)=QY_{F1} \longrightarrow T_2=T_1+QY_{F1}/C_p \tag{2.28}$$

通过式(2.28)，可以得到绝热火焰温度 T_2。另外，式(2.28) 属于热化学表达式，也可以从未燃气体和已燃气体之间的焓守恒中直接推导：

$$C_p(T_1-T_0)+\sum_{k=1}^{N}\Delta h_{f,k}^0 Y_{k2}=C_p(T_2-T_0)+\sum_{k=1}^{N}\Delta h_{f,k}^0 Y_{k2}$$

或

$$C_p(T_2-T_1)=\sum_{k=1}^{N}\Delta h_{f,k}^0(Y_{k1}-Y_{k2}) \tag{2.29}$$

其中，$T_0=298.15$ K 是生成焓的参考温度。联立式(2.29) 和式(2.11) 可以得出式(2.30)，即

$$\frac{Y_{k1}-Y_{k2}}{Y_{F1}-0}=\frac{W_k\nu_{k1}}{W_F\nu_{F1}}$$

及

$$C_p(T_2-T_1)=\sum_{k=1}^{N}\Delta h_{f,k}^0\frac{W_k\nu_{k1}}{W_F\nu_{F1}}Y_{F1}=-Q'Y_{F1}=QY_{F1} \tag{2.30}$$

对于燃烧代码，通过上述简单的推导可以看出：

① 热化学（包括生成焓 $\Delta h_{f,k}^0$、定压比热容 C_{pk} 和反应物组分的质量分数）控制预混火焰计算中可达到的**最高温度**。

② 化学参数（指前因子 A_1、活化温度 T_{a1} 和指数 β_1）控制**燃烧速度**，即反应物从未燃状态到已燃状态所需的时间或距离。

因此，在燃烧代码中，通过提高燃烧速度（如增加指前因子 A_1）来增加最高温度没有意义，因为这两个物理量不相关。在本节中，只考虑单步化学反应模型推导的这些性质，在复杂化学反应模型中同样有效，对湍流燃烧模型亦是如此。

使用式(2.28) 可以得到绝热火焰温度。表 2.6 提供的数值解与实验测量结果量级相当，但不是准确解，原因有以下两点：

① 表 2.1 中的单步反应燃烧产物不是燃烧唯一的产物，在燃烧过程中还会发生其他的反应，如在高温下 CO_2 和 H_2O 等产物的离解反应。这些反应属于吸热反应，会降低绝热火焰温度。

② 燃气的定压比热容 C_p 随温度变化很大，可能会导致绝热火焰温度出现数百度的误差。

为了克服这些限制，可以采用平衡计算、最小化 Gibbs 自由能或者使用特殊的热力学软

---

[1] 该结果仅适用于不可逆反应的贫燃火焰。对于燃烧方程的一般形式，可以写出类似的表达式，而不引用这里使用的任何假设，但是它们解释起来更为困难，因为燃料在区域出口处可能并未充分燃烧。例如，在火焰参考系中，对于任意组分 k，对式(1.37) 从 $-\infty$ 到 $+\infty$ 积分：

$$\rho_1(Y_{k1}-Y_{k2})s_L=-\int_{-\infty}^{+\infty}\dot{\omega}_k\mathrm{d}x \tag{2.26}$$

其中，Y_{k1} 和 Y_{k2} 分别代表 Y_k 在 $x=-\infty$ 和 $+\infty$ 处的值。这个方程只对至少出现于火焰一侧的组分有意义，只有当 Y_{k2} 确定时，才可以提供火焰速度的正确估算。例如，对于已燃气体有

$$\rho_1 Y_{P2} s_L=\int_{-\infty}^{+\infty}\dot{\omega}_P\mathrm{d}x \tag{2.27}$$

件包（如 CHEMKIN）。式(2.28）对于理解燃烧现象非常有用，也常用于湍流燃烧模型，如用在湍流预混火焰 Bray Moss Libby（BML）模型[13-14] 推导中。图 2.6 给出了使用三种不同方法求解的常压下丙烷-空气火焰的绝热火焰温度。

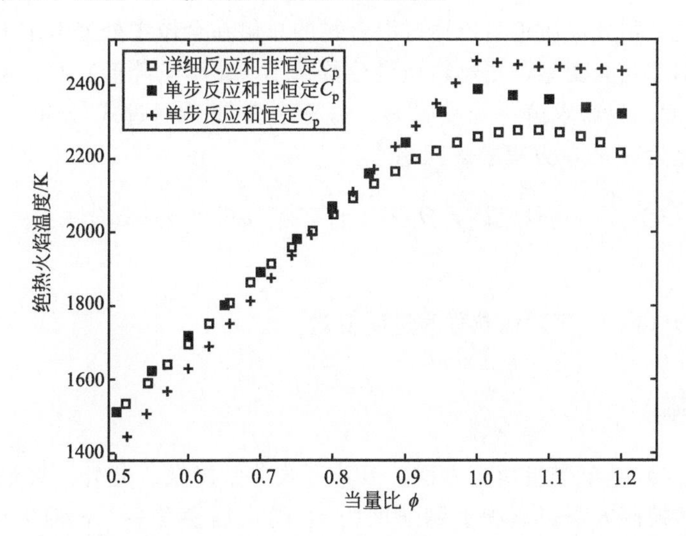

图 2.6 基于不同假设条件下，丙烷-空气火焰（T_1=300 K）在常压下的绝热火焰温度

M1：详细化学反应模型和非恒定比热容，同时考虑 C_p 随温度的变化和离解反应。

M2：单步化学反应模型和非恒定比热容，只考虑 C_p 的变化，不考虑离解反应。

M3：单步化学反应模型和恒定比热容，同时忽略 C_p 随温度的变化和离解反应。

对比 M1 和 M2 的结果可看出离解反应对绝热火焰温度的影响。在低当量比下，当最高温度低到足够避免发生任何离解反应时，方法 M2 是精确的；在当量比较高时，产物的离解反应会降低绝热火焰温度；在化学当量下的火焰，这种效应会使温度降低 150 K。使用 M3 方法时，令 $Q=46600\,\mathrm{kJ/kg}$ 且 $C_p=1300\,\mathrm{J/(kg\cdot K)}$，可以看出，该方法在所有当量比下都会引入约 100 K 的误差，但却为最终温度提供了正确而简单的计算方法。

2.4.3 温度和燃料质量分数的等效关系

通过引入归一化变量，可以进一步简化式(2.22）和式(2.23)：

$$Y=Y_F/Y_{F1},\quad \Theta=\frac{C_p(T-T_1)}{QY_{F1}}=\frac{T-T_1}{T_2-T_1} \tag{2.31}$$

归一化的燃料质量分数 Y 在 0～1 区间变化，在未燃气体中等于 1，在已燃气体中等于 0。Θ 也是在 0～1 区间变化。通过式(2.22)、式(2.23）和式(2.28)，可以推导出关于 Y 和 Θ 的控制方程：

$$\rho_1 s_L\frac{\mathrm{d}Y}{\mathrm{d}x}=\frac{\mathrm{d}}{\mathrm{d}x}\left(\rho\mathcal{D}\frac{\mathrm{d}Y}{\mathrm{d}x}\right)+\frac{\dot{\omega}_F}{Y_{F1}} \tag{2.32}$$

$$\rho_1 s_L\frac{\mathrm{d}\Theta}{\mathrm{d}x}=\frac{\mathrm{d}}{\mathrm{d}x}\left(\frac{\lambda}{C_p}\times\frac{\mathrm{d}\Theta}{\mathrm{d}x}\right)-\frac{\dot{\omega}_F}{Y_{F1}} \tag{2.33}$$

将这两个方程相加，并假设 Lewis 数等于 1，即 $Le=\lambda/\rho C_p\mathcal{D}=1$，有

$$\rho_1 s_L\frac{\mathrm{d}}{\mathrm{d}x}(\Theta+Y)=\frac{\mathrm{d}}{\mathrm{d}x}\left[\rho\mathcal{D}\frac{\mathrm{d}}{\mathrm{d}x}(\Theta+Y)\right] \tag{2.34}$$

该方程没有源项，因此是一个守恒标量方程。由于 $\Theta+Y$ 在未燃气体和已燃气体中都等于 1，因此式(2.34) 的唯一解是[❶]

$$\Theta+Y=1 \tag{2.35}$$

预混火焰的这一积分性质也可以通过混合物的总焓在全域中处处恒定来推导得出。温度和燃料质量分数不是独立变量，当燃料质量分数减小（化学焓降低）时，温度升高（显焓增加）。从数值的角度，只需求解一个变量 Θ。另一个变量 Y 通过式(2.35) 确定，这意味着原始问题可以简化为 Θ 的单方程求解问题[❷]

$$\rho_1 s_L \frac{d\Theta}{dx}=\frac{d}{dx}\left(\frac{\lambda}{C_p}\times\frac{d\Theta}{dx}\right)-B_1(T_1+\Theta(T_2-T_1))^{\beta_1}\rho(1-\Theta)\exp\left(-\frac{T_{a1}}{T_1+\Theta(T_2-T_1)}\right) \tag{2.36}$$

归一化温度 Θ（或 $1-Y$）也被称为进度变量 c。

2.4.4 反应率

虽然方程(2.36) 是单变量微分方程，但其形式非常复杂。此外，火焰速度自身也是一个未知变量。虽然控制方程可以映射到速度为 s_L^0 的火焰参考系下，但火焰速度 s_L^0 仍未确定。下面章节将介绍如何解决这一问题。

在求解方程(2.36) 之前，分析方程的每一项有利于理解层流火焰的物理机制。关于这种火焰的理论仍处于研究阶段，很多重要的燃烧结果也都是从这些方程中推导出。相关研究并未在此处给出[1,15]，但一些基本结果对于数值计算很有用。因此，这里只简单介绍一些层流预混火焰理论模型的相关术语。首先是无量纲反应率[1]，它是方程(2.33) 或方程(2.36) 中 $\dot{\omega}_F$ 的一种更方便的表述形式

$$\frac{\dot{\omega}_F}{Y_{F1}}=B_1T^{\beta_1}\rho(1-\Theta)\exp\left(-\frac{\beta(1-\Theta)}{1-\alpha(1-\Theta)}-\frac{\beta}{\alpha}\right) \tag{2.37}$$

其中，$\exp\left(-\frac{T_{a1}}{T}\right)$由 $\exp\left(-\frac{\beta(1-\Theta)}{1-\alpha(1-\Theta)}-\frac{\beta}{\alpha}\right)$替代，有

$$\alpha=(T_2-T_1)/T_2=QY_{F1}/(C_pT_2)\ ,\quad \beta=\alpha T_{a1}/T_2 \tag{2.38}$$

参数 α 和 β 用来衡量火焰释放的热量和活化温度。表 2.2 列出了温度 $T_1=300K$ 时的预混火焰典型值。火焰 1 用于湍流燃烧数值模拟（参见第 4 章），通过调整化学参数来简化计算过程，而火焰 2 是碳氢燃料-空气火焰的真实值。

表 2.2 预混火焰中 α 和 β 的典型值

火焰	T_2/T_1	E_{a1}/(kJ/mol)	T_{a1}/T_1	α	β
火焰 1	4	110	42.7	0.75	8.0
火焰 2	7	375	150	0.86	18.4

当压力恒定时，密度 ρ 也是 Θ 的函数：

$$\rho=\frac{\rho_1}{1+\alpha\Theta/(1-\alpha)} \tag{2.39}$$

---

❶ 如果初始条件满足 $\Theta+Y=1$，则在非稳态情况下该特性也成立。这对验证预混火焰的数值算法很有用，即 Θ 和 Y 总和必须处处等于 1。

❷ 记住：在方程(2.20) 中，由于 ν_{F1} 为负值，因此 B_1 也是负值。

因此，反应率 $\dot{\omega}_F$ 只是变量 Θ 的函数。当 $\alpha=0.75$，$\beta=8$，假设 $\beta_1=0$，图 2.7 给出了无量纲反应率随 Θ 的变化。图 2.8 给出了增加 β 时无量纲反应率的变化。图 2.8 中的每种工况都是通过粗略调整指前因子 B_1 来提供相同的总体反应率 $\int\dot{\omega}_F\mathrm{d}x$，即保证相同的火焰速度。从图 2.8 可知，在给定火焰速度下，增加 β（即提高活化温度）会导致问题更棘手：反应率 $\dot{\omega}_F$ 在很宽的温度范围内几乎为 0，峰值对应的 Θ 值无限接近 1。就分辨率而言，由于扩散项在整个计算域都很重要，为求解温度（或组分）分布，扩散项在 $0<\Theta<1$ 的范围内需要足够的网格节点，一般是 10～20 个节点。图 2.8 显示，在 $\Theta=1$ 附近也需要设置节点来求解反应源项。渐近分析结果[1] 表明这种限制条件更加苛刻：一般来说，图 2.8 中最大反应率对应的 Θ 约为 $1-1/\beta$。对于这个简单算例，式(2.37) 预测的最大反应率对应的 Θ 值为

$$\Theta_{\max}=1-1/(\alpha+\beta) \tag{2.40}$$

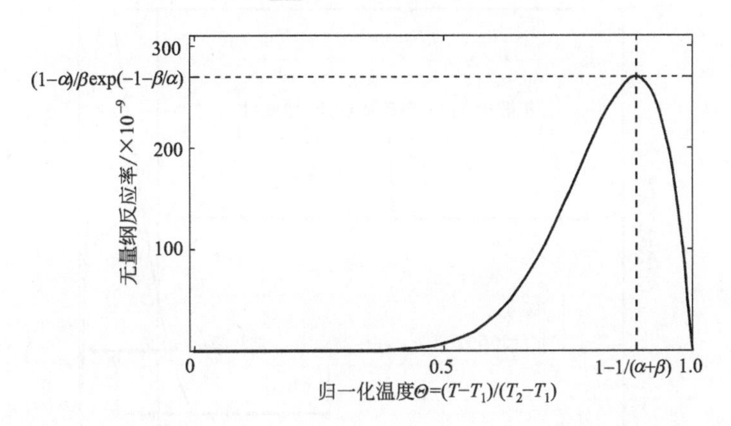

图 2.7 无量纲反应率$\dot{\omega}_F/(\rho_1 Y_{F1} B_1)=\dfrac{\rho}{\rho_1}(1-\Theta)e^{-\frac{\beta(1-\Theta)}{1-\alpha(1-\Theta)}-\frac{\beta}{\alpha}}$随 Θ 的变化

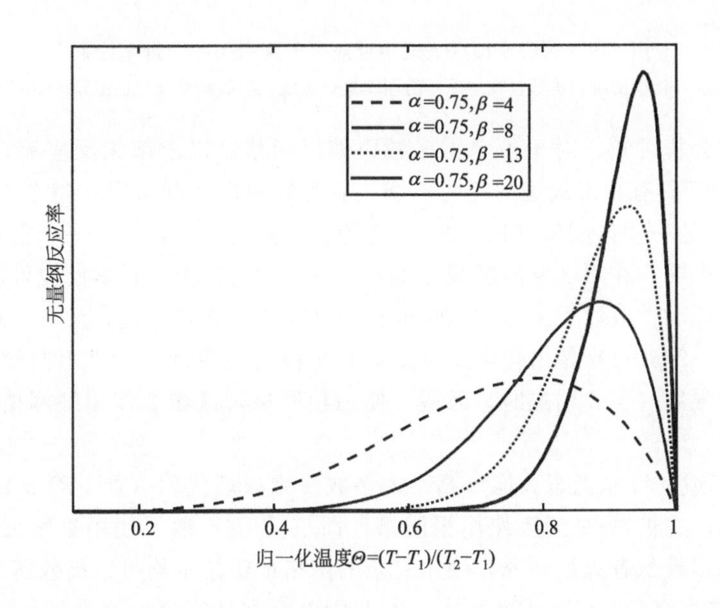

图 2.8 当 β 取不同值时，无量纲反应率$\dot{\omega}_F/(\rho_1 Y_{F1} B_1)$随 Θ（$\beta_1=0$）的变化

由于β明显大于α，因此，理论结果接近渐近分析的估值$1-1/\beta$。无量纲反应率的最大值为（图2.7）

$$\dot{\omega}_{F}^{max}=\rho_1 Y_{F1} B_1 \frac{1-\alpha}{\beta}\exp\left(-\frac{\beta}{\alpha}-1\right) \tag{2.41}$$

预混火焰反应区对应于反应率不为0的区域，与扩散长度尺度相比较小。在温度空间中，反应区的范围一般在（$1-2/\beta$，1），宽度为$\delta_r=2/\beta$（图2.9）。就网格要求而言，与其求解Θ在（0～1）区间，宽度为1的全域，不如求解范围在（$1-2/\beta$，1）区间，宽度为$\delta_r=2/\beta$的简化域。在物理空间中，假设火焰厚度为δ_L^0（更为明确的定义见2.5节），由于反应区厚度（$2\delta_L^0/\beta$）要比火焰厚度小很多，为求解反应区内的变化，除了在δ_L^0内布置足够的网格节点，还需考虑反应区内的节点布置。

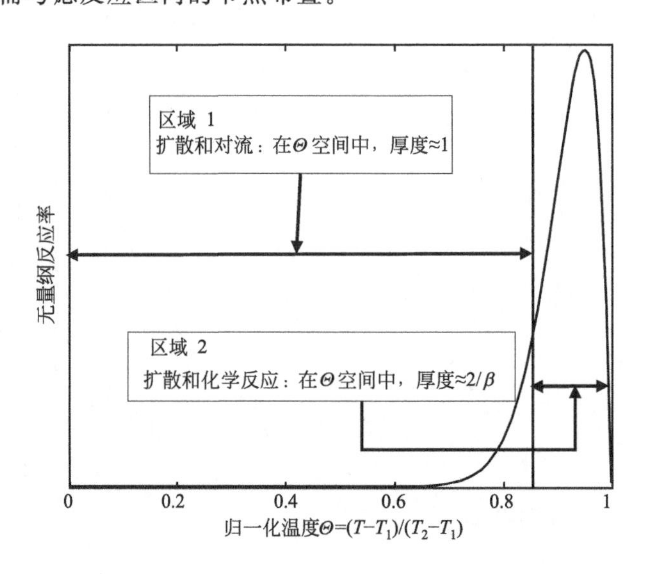

图2.9 在层流预混火焰中反应区厚度引起的分辨率约束

反应区（化学反应和扩散过程主导）的厚度是预热区（扩散和对流过程主导）的$2/\beta$倍

从上述简单分析可知，对于给定雷诺数，如果网格足以求解无反应流，即求解温度在0～1之间，则对于具有预混火焰的相同流场，需要的网格密度必须在每个方向上都乘以$\beta/2$。然而，对于β的一些典型值（10～20），在绝大多数情况下，这是一个很艰巨的任务。

渐近分析还表明，在图2.9的区域1（$\Theta=0\sim1-2/\beta$）中，化学反应可以忽略不计，该区域是由对流过程和扩散过程主导（该特征在无反应流中亦是如此，没有给解引入新约束），而区域2（$\Theta=1-2/\beta\sim1$）是由化学反应过程和扩散过程控制。对于不同物理机理的区域，存在不同的网格限制（当β增加时，区域1使用粗网格，区域2使用细网格），可以通过两种方式处理：

① 对于稳态或一维非稳态火焰计算，大多数一维火焰代码（如PREMIX）常会采用自适应网格来处理。在扩散-对流区使用粗网格，而在反应-扩散区使用更精细的网格。因此，对于一维火焰或多维稳态火焰研究，使用复杂的网格加密技术均可以高效解决这类问题。

② 对于多维非稳态火焰，难度更大。有些学者会在计算之前通过细化调整网格来适应计算[16]。虽然自适应网格技术也得到一定的探索[17]，但当下最成功的方法是使用中等刚性（β较小）的化学反应模型，以及在整个计算域内建立精细网格，因为非稳态火焰是会移动

的，可能位于计算域中的任意位置。这种方法仅适用于简单化学系统，对于有些燃料，采用合理的刚度构造精确的化学反应机理很难做到。以目前的技术水平，虽然一维火焰代码能够处理绝大多数使用复杂化学反应模型的稳态火焰，但这些火焰很少能在非稳态多维火焰代码中进行处理。

2.4.5 火焰速度的解析解

经过上述简化，可以使用多种方法推导出火焰速度和火焰结构的显式表达式。本节首先介绍 Zeldovich、Frank-Kamenetski 和 von Karman 的经典分析理论，这些理论是大多数渐近方法的基础。随后介绍第二种全解析方法。

(1) Zeldovich、Frank-Kamenetski 和 von Karman (ZFK) 的渐近分析

为了进一步简化方程(2.36)，引入空间变量 x 变换

$$\xi=\int_0^x \frac{\rho_1 s_L C_p}{\lambda}\mathrm{d}x \tag{2.42}$$

在火焰参考系中稳定传播的层流火焰控制方程(2.36) 变为

$$\frac{\mathrm{d}\Theta}{\mathrm{d}\xi}=\frac{\mathrm{d}^2\Theta}{\mathrm{d}\xi^2}-\Lambda\omega \tag{2.43}$$

其中，ω 是无量纲反应率，定义为[1]

$$\omega=(1-\Theta)\exp\left(-\frac{\beta(1-\Theta)}{1-\alpha(1-\Theta)}\right) \tag{2.44}$$

Λ 为无量纲量（又称为“火焰参数”）

$$\Lambda=\frac{\rho\lambda\,|B_1|\,T^{\beta_1}}{\rho_1^2 s_L^2 C_p}\exp(-\beta/\alpha)=-\frac{\rho\lambda B_1 T^{\beta_1}}{\rho_1^2 s_L^2 C_p}\exp(-\beta/\alpha) \tag{2.45}$$

此处假定 B_1 为负值。

基于本节上述假设，当 α 和 β 确定时，所有静止的预混火焰结构仅与参数 Λ 有关。这个火焰参数 Λ 包含了热扩散的信息 (λ) 和速率常数 B_1。增加热扩散率或增加速率常数都会使火焰速度以相同比例增加❶。

在式(2.45) 中，项 $\rho\lambda B_1 T^{\beta_1}$ 在积分时假定为常数。只要保证 λT^{β_1-1} 对于任意 λ 均为常数，这个假设就都成立。在未燃气体中，火焰参数为

$$\Lambda=\frac{\mathcal{D}_{th,1}\,|B_1|\,T_1^{\beta_1}}{s_L^2}\exp(-\beta/\alpha) \tag{2.46}$$

其中，$\mathcal{D}_{th,1}=\lambda/\rho_1 C_p$ 为未燃气体热扩散率。

在燃烧领域，目前发展了多种渐近分析方法来求解方程(2.43)。第一种方法来自于 Zeldovich、Frank Kamenetski 和 von Karman (ZFK) 分析，可以给出一个非常简单的结果：

$$\Lambda=0.5\beta^2 \tag{2.47}$$

Williams[1] 给出了一个更精确的结果：

$$\Lambda=0.5\beta^2\left[1+\frac{2}{\beta}(3\alpha-1.344)\right] \tag{2.48}$$

---

❶ 这与扩散火焰（见第 3 章）不同，因为组分扩散率和热扩散率是控制扩散火焰总体反应率的主要因素。

通常情况下，一般火焰的火焰参数 $\Lambda \approx 100$。基于 Λ 的定义［式(2.45)］和渐近理论，可以求出火焰参数 Λ 值，进而推导出火焰速度。

对于 ZFK 形式［式(2.47)］，有

$$s_L = \frac{1}{\beta}(2|B_1|T_1^{\beta_1}\mathcal{D}_{th,1})^{1/2}\exp\left(-\frac{\beta}{2\alpha}\right) \tag{2.49}$$

对于 Williams 形式［式(2.48)］，有

$$s_L = \frac{1}{\beta}(2|B_1|T_1^{\beta_1}\mathcal{D}_{th,1})^{1/2}\left(1+\frac{1.344-3\alpha}{\beta}\right)\exp\left(-\frac{\beta}{2\alpha}\right) \tag{2.50}$$

(2) 无量纲反应率的解析表达式

对于基于 Arrhenius 表达式的渐近解（如 ZFK 分析），还需要进行一些必要的数学推导。利用另一种反应率形式也可以得到火焰结构和火焰速度的显式表达式。在图 2.9 中的火焰结构表明，只要反应率模型在小于临界温度 $\Theta_c = 1 - 1/\beta$ 时不发生燃烧，但在 Θ_c 和 1 之间发生剧烈燃烧，都可以再现大部分火焰特征。

Arrhenius 形式只是所有反应率形式中的一种，也可以采用其他形式。有些形式在合理模仿 Arrhenius 形式的前提下，只保留线性部分，从而使火焰方程更易求解。图 2.10 显示了 Echekki 和 Ferziger[18] 提出的模型形式（简称 EF 模型）。在 EF 模型中，反应率在临界温度 Θ_c 之前为 0；当 $\Theta > \Theta_c$ 时，反应率为 $\rho_1 R_r (1-\Theta)$，其中，R_r 是模型常数。基于方程(2.21)～方程(2.23)，如果假定 C_p 为常数，守恒方程可以改写为

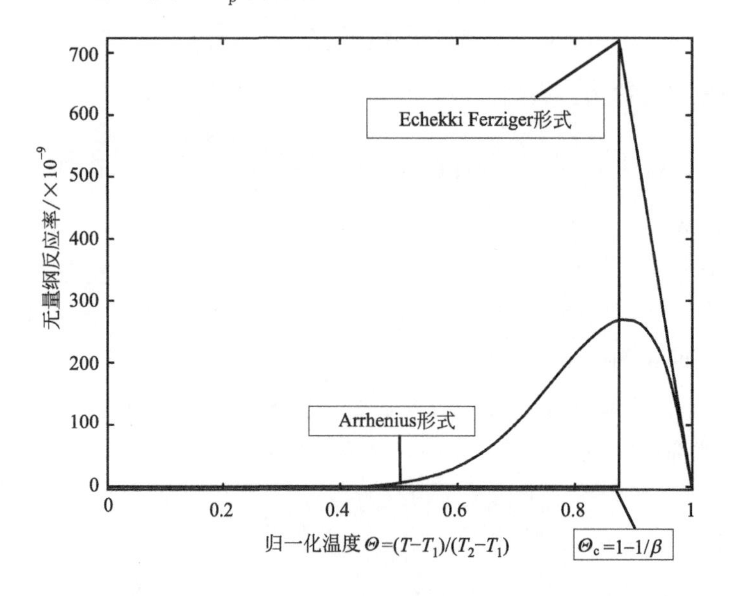

图 2.10 EF 解析模型[18] 和通用 Arrhenius 形式下的预混火焰结构对比

$$\rho u = \rho_1 u_1 = \rho_1 s_L \tag{2.51}$$

$$\rho_1 s_L \frac{d\Theta}{dx} = \frac{d}{dx}\left(\frac{\lambda}{C_p} \times \frac{d\Theta}{dx}\right) + \dot{\omega}_{EF} \tag{2.52}$$

其中，

$$\dot{\omega}_{EF} = \rho_1 R_r (1-\Theta) H(\Theta - \Theta_c) \tag{2.53}$$

H 为 Heaviside 函数，临界温度为 $\Theta_c = 1 - 1/\beta$。类似于在火焰坐标 ξ 下的守恒方程(2.43)，新的守恒方程也可表示为无量纲形式

$$\frac{\mathrm{d}\Theta}{\mathrm{d}\xi}=\frac{\mathrm{d}^2\Theta}{\mathrm{d}\xi^2}-\Lambda_1\omega_1 \tag{2.54}$$

其中，$\Lambda_1=\lambda R_r/(\rho_1 s_L^2 C_p)$，$\omega_1=(1-\Theta)H(\Theta-\Theta_c)$。假定热导率为常数，即 $\lambda=\lambda_1$，则火焰参数 Λ_1 也为常数❶。假设火焰达到临界温度 $\Theta_c=1-1/\beta$ 的点固定在 $x=\xi=0$，则方程(2.52) 比 Arrhenius 形式的方程(2.43) 更容易求解。在这种情况下，$\xi=(\rho_1 C_p s_L)x/\lambda_1=x/\delta$。其中，$\delta$ 是特征火焰厚度，定义为

$$\delta=\frac{\lambda_1}{\rho_1 C_p s_L}=\frac{\mathcal{D}_{th,1}}{s_L} \tag{2.55}$$

式中，$\mathcal{D}_{th,1}$ 指未燃气体的热扩散率。

当 $\dot{\omega}_{EF}=0$ 时，对方程(2.54) 在 $x=-\infty$和 $x=0$ 区间积分，可以得出

$$\Theta=\left(1-\frac{1}{\beta}\right)\exp(x/\delta) \tag{2.56}$$

对于 $x>0$，解的形式为 $1-\Theta=b\exp(\Gamma x)$。则解可以直接表示为

$$\Gamma=\frac{1}{2\delta}\left[1-\left(1+4\frac{R_r\delta}{s_L}\right)^{1/2}\right] \tag{2.57}$$

且

$$\Theta=1-\frac{1}{\beta}\exp(\Gamma x) \tag{2.58}$$

表 2.3 Echekki 和 Ferziger[18] 模型和当前模型对反应率和热系数的假设

模型	反应率$\dot{\omega}_{EF}$	热系数 λ	火焰参数Λ_1
初始 EF 模型	$\rho R_r(1-\Theta)H(\Theta-\Theta_c)$	$\lambda_1\dfrac{T}{T_1}$	$\dfrac{\rho\lambda R_r}{\rho_1^2 s_L^2 C_p}=\dfrac{\lambda_1 R_r}{\rho_1 s_L^2 C_p}$
当前模型	$\rho_1 R_r(1-\Theta)H(\Theta-\Theta_c)$	λ_1	$\dfrac{\lambda_1 R_r}{\rho_1 s_L^2 C_p}$

注：λ_1 是未燃气体的热系数。

基于上述构建方法，式(2.58) 和式(2.56) 表示的温度分布在 $x=0$ 处连续，但如果火焰速度随意取值，则导数（即热通量）不一定连续，而这恰恰是使问题封闭所需要的条件：只有真实的火焰速度 s_L^0 才能确保预热区和反应区交界处热通量连续❷。通过在 $x=0$ 处的连续性条件，可以得到 R_r 的值

$$R_r=\beta(\beta-1)\frac{s_L}{\delta}=\beta(\beta-1)\frac{s_L^2}{\mathcal{D}_{th,1}} \tag{2.59}$$

火焰速度的显式表达式为

$$s_L=\left(\frac{1}{\beta(\beta-1)}\times\frac{\lambda_1 R_r}{\rho_1 C_p}\right)^{1/2}=\frac{1}{(\beta(\beta-1))^{1/2}}(\mathcal{D}_{th,1}R_r)^{1/2} \text{ 且 } \Gamma=\frac{1-\beta}{\delta} \tag{2.60}$$

---

❶ 另外，$\dot{\omega}_{EF}$ 也可以写为[19] $\dot{\omega}_{EF}=\rho R_r(1-\Theta)H(\Theta-\Theta_c)$。假设 $\lambda=\lambda_1\dfrac{T}{T_1}$，从而确保 $\rho\lambda$ 恒定（表 2.3）。在这两种情况下，Λ_1 都是常数。这里给出更详细的推导过程，以便读者能够理解为何渐近理论或分析方法需要假定输运系数：在绝大多数情况下，需要这些假设使火焰参数 λ_1 保持不变，这与表 2.3 所示的反应率假设形式直接相关。

❷ 该推导过程是匹配渐近展开法中最简单的原型：在两个区域分别进行求解，使用匹配条件求解特征值。

该解可用于一个初始速度为 s_L、活化温度对应于 β 的预混火焰，如表 2.4 所示。图 2.10 给出了 Arrhenius 模型和 EF 模型下的无量纲反应率 $\dot{\omega}_F/\rho_1 Y_{F1} B_1$ 随 Θ 的变化曲线。当 $R_r=2B_1/\beta\exp(-\beta/\alpha)$ 时，通过调整速率常数 B_1（Arrhenius 形式）和 R_r（EF 模型）的值，可以使火焰速度相等（表 2.5）。图 2.11 对比了使用该模型和对方程(2.36) 精确积分得到的曲线（此时 $\alpha=0.75$ 和 $\beta=8$）。可以看出，两条曲线一致性很好。

表 2.4 预混火焰使用无量纲速率模型进行理论初始化

指定 火焰速度 s_L，活化温度 T_a 最终温度 T_2，初始温度 T_1 入口速度 u_1
估算 速率参数：$\alpha=(T_2-T_1)/T_2$，$\beta=\alpha T_a/T_2$ 火焰厚度：$\delta=\mathcal{D}_{th,1}/s_L$
计算无量纲温度的变化曲线 $\Theta=\dfrac{T-T_1}{T_2-T_1}$ 当 $x<0$ 时，$\Theta=(1-1/\beta)\exp(x/\delta)$；当 $x>0$ 时，$\Theta=1-1/\beta\exp((1-\beta)x/\delta)$
对温度进行初始化 $T(x)=\Theta(T_2-T_1)+T_1$
对速度场进行初始化 $u(x)=u_1+\Theta\dfrac{s_L\alpha}{1-\alpha}=u_1+s_L\left(\dfrac{T}{T_1}-1\right)$
给定一个合适的反应率 ① 当前模型：$\dot{\omega}_F=\rho_1 R_r(1-\Theta)H(\Theta-\Theta_c)$。其中，$R_r=\beta(\beta-1)s_L^2/\mathcal{D}_{th,1}$ ② Arrhenius 形式：$\dot{\omega}_F=B_1 T_1^{\beta}\rho Y_F\exp(-T_a/T)$且$\|B_1\|T_1^{\beta}=(s_L^2\beta^2\exp(\beta/\alpha))/\mathcal{D}_{th,1}$

表 2.5 基于一些简单的渐近模型和解析模型，总结贫燃火焰的假设条件和火焰速度

模型	方程(2.22)中的燃料反应率$\dot{\omega}_F$	输运假设	火焰速度s_L
ZFK	$B_1 T^{\beta_1}\rho Y_F\exp(-T_a/T)$	$\lambda=\lambda_1(T/T_1)^{1-\beta_1}$	$\dfrac{1}{\beta}(2\|B_1\|T_1^{\beta_1}\mathcal{D}_{th,1})^{1/2}\exp(-\beta/2\alpha)$
Williams	$B_1 T^{\beta_1}\rho Y_F\exp(-T_a/T)$	$\lambda=\lambda_1(T/T_1)^{1-\beta_1}$	$\dfrac{1}{\beta}(2\|B_1\|T_1^{\beta_1}\mathcal{D}_{th,1})^{1/2}\left(1+\dfrac{1.34-3\alpha}{\beta}\right)\exp(-\beta/2\alpha)$
van Kalmthout	$B_1\rho Y_F Y_O\exp(-T_a/T)$	$\lambda=\lambda_1 T/T_1$	$\dfrac{1}{\beta}\left(2\|B_1\|Y_{O1}\mathcal{D}_{th,1}\dfrac{2}{\beta}\right)^{1/2}\exp(-\beta/2\alpha)$
Echekki	$\rho R_r(1-\Theta)H(\Theta-\Theta_c)$	$\lambda=\lambda_1 T/T_1$	$\left(\dfrac{1}{\beta(\beta-1)}\mathcal{D}_{th,1}R_r\right)^{1/2}$
本书	$\rho_1 R_r(1-\Theta)H(\Theta-\Theta_c)$	$\lambda=\lambda_1$	$\left(\dfrac{1}{\beta(\beta-1)}\mathcal{D}_{th,1}R_r\right)^{1/2}$

对比 EF 模型［式(2.60)］和 Arrhenius 形式［式(2.50)］的火焰速度表达式，可以发现一个相似项，即

$$s_L\propto(\mathcal{D}_{th,1}R_r)^{1/2} \tag{2.61}$$

在这两种模型中，火焰速度正比于热扩散率和反应率系数的平方根，这一点有利于理解

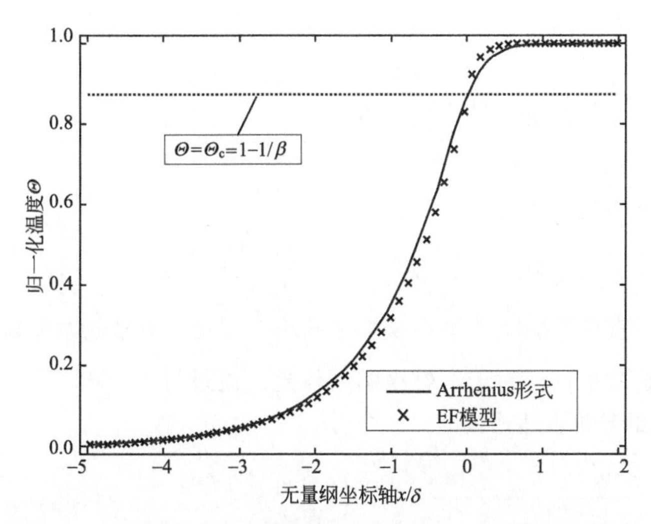

图 2.11　基于 Arrhenius 模型和 EF 模型的温度曲线分布对比

输运模型和化学模型对火焰的影响。

基于上述构建方法，层流预混火焰在 Θ 空间的反应区厚度为 $1/\beta$。在 $x=0$，$\Theta=\Theta_c=1-1/\beta$ 时，反应率 $\dot{\omega}_{EF}$ 取得最大值，$\dot{\omega}_{EF}=\rho_1(\beta-1)s_L^2/\mathcal{D}_{th,1}$，且 $\int_{-\infty}^{+\infty}\dot{\omega}_{EF}\mathrm{d}x=\rho_1 s_L$。

(3) 简单火焰速度表达式的总结

前面介绍了一些基于解析方法得到的层流预混火焰相关基础结论，还有很多工作致力于类似方法，为数值燃烧提供有用的结果。表 2.5 总结了如何使用渐近分析预测火焰速度的方法。表中，温度反应率 $\dot{\omega}_T$ 与 $\dot{\omega}_F$ 关系为 $\dot{\omega}_T=-Q\dot{\omega}_F$（$B_1$ 为负值），最高温度 T_2 由 $T_2=T_1+QY_{F1}/C_p$ 给出，其中，Y_{F1} 是未燃气体中的燃料质量分数，$\alpha=\dfrac{T_2-T_1}{T_2}$，$\beta=\alpha T_a/T_2$，$H$ 是 Heaviside 函数，Θ_c 是临界温度（$\Theta_c=1-1/\beta$）。对于 van kalmthout 的计算结果，Y_{O1} 表示未燃气体中的氧化剂质量分数[19]。除了这里介绍的贫燃火焰以外，本书还介绍了 van Kalmthout[19] 提出的反应率为 $B_1\rho Y_F Y_O\exp(-T_a/T)$ 时的结果。

2.4.6 火焰速度的广义表达式

Mitani[20] 推导了一个通用的火焰速度表达式，它不似表 2.5 中的显式公式，但涵盖了更多的场景[1]，可以处理反应物 Lewis 数不为 1 的情形。

考虑一个总包反应

$$\nu_F'\mathrm{F}+\nu_O'\mathrm{O}\longrightarrow P \tag{2.62}$$

假设燃料的消耗率为

$$\dot{\omega}_F=\nu_F' W_F B_1 T^{\beta_1}\left(\frac{\rho Y_F}{W_F}\right)^{n_F}\left(\frac{\rho Y_O}{W_O}\right)^{n_O}\exp\left(-\frac{T_a}{T}\right) \tag{2.63}$$

其中，反应指数 n_F 和 n_O 不一定等于 ν_F' 和 ν_O'，当量比 $\phi=sY_{F1}/Y_{O1}=(\nu_O' W_O Y_{F1})/(\nu_F' W_F Y_{O1})$。假定 $\lambda\rho B_1 T^{\beta_1}$ 为常数，在表 2.5 中 $\lambda=\lambda_1(T/T_1)^{1-\beta_1}$ 时就是这种情形。

Le_F 和 Le_O 分别为燃料和氧化剂的 Lewis 数，基于贫燃火焰（$\phi<1$）的一阶分析，火

焰速度可表示为（下标 1 对应于未燃气体，下标 2 对应于已燃气体）

$$s_L=\left[\frac{2\lambda_2\nu_F'(\nu_O'/\nu_F')^{n_O}\rho_2^{n_F+n_O}B_1T_2^{\beta_1}Y_{F1}^{n_F+n_O-1}Le_F^{n_F}Le_O^{n_O}}{\rho_1^2C_pW_F^{n_F+n_O-1}\beta^{n_F+n_O+1}}\right]^{1/2}G(n_F,n_O)^{1/2}\exp\left(-\frac{\beta}{2\alpha}\right) \tag{2.64}$$

其中，函数 $G(n_F,n_O)$ 定义为

$$G(n_F,n_O)=\int_0^{\infty}y^{n_F}\left(y+\beta\frac{\phi-1}{Le_O}\right)^{n_O}\exp(-y)\mathrm{d}y \tag{2.65}$$

对于富燃火焰，直接将指标 F 和 O 交换后这个公式仍然有效。总体来说，该表达式的精度对于贫燃火焰是合理的，但对于富燃火焰则较差。通过将 $\lambda_2\rho_2B_1T_2^{\beta_1}$ 替换为 $\lambda_1\rho_1B_1T_1^{\beta_1}$，可以得到式(2.64) 的等价表达式：

$$s_L=\left[\frac{2\mathcal{D}_{th,1}\nu_F'(\nu_O'/\nu_F')^{n_O}B_1T_1^{\beta_1}Le_F^{n_F}Le_O^{n_O}}{\beta^{n_F+n_O+1}}\left(\frac{\rho_2Y_{F1}}{W_F}\right)^{n_F+n_O-1}\right]^{1/2}G(n_F,n_O)^{1/2}\exp\left(-\frac{\beta}{2\alpha}\right) \tag{2.66}$$

当 $n_F=1$，$\nu_F'=1$，$n_O=0$ 和 $Le_F=1$ 时，$G(n_F,n_O)=1$，式(2.66) 退化为式(2.49)。

表 2.6 给出了碳氢燃料-空气的贫燃火焰速度计算方法（假定混合物的分子量为常数）。

表 2.6　基于渐近理论计算空气中贫燃火焰速度的方法

给定热力学数据
燃料分子量 W_F 和氧化剂分子量 W_O
单位燃料的释放热 Q
选择化学反应
$\nu_F'F+\nu_O'O\longrightarrow P$
选择动力学参数
指前因子 B_1，指数 β_1，活化温度 T_a
反应指数 n_F 和 n_O
选择输运参数
未燃气体热扩散率：λ_1
燃料和氧化剂的 Lewis 数：Le_F 和 Le_O
选择未燃气体特征
温度 T_1，密度 ρ_1，当量比 ϕ
计算中间量
化学当量：$s=\frac{\nu_O'W_O}{\nu_F'W_F}$
未燃气体中的燃料质量分数：$Y_{F1}=1\Big/\left(1+\frac{s}{\phi}\left(1+3.76\frac{W_{N_2}}{W_{O_2}}\right)\right)$
已燃气体的温度和密度：$T_2=T_1+QY_{F1}/C_p$，$\rho_2=\rho_1T_1/T_2$
参数 α 和 β：$\alpha=QY_{F1}/(C_pT_2)$，$\beta=\alpha T_a/T_2$
已燃气体热扩散率：$\lambda_2=\lambda_1(T_2/T_1)^{1-\beta_1}$
G：$G(n_F,n_O)=\int_0^{\infty}y^{n_F}\left(y+\beta\frac{\phi-1}{Le_O}\right)^{n_O}\exp(-y)\mathrm{d}y$
计算火焰速度
$s_L=\left[\frac{2\lambda_2\nu_F'(\nu_O'/\nu_F')^{n_O}\rho_2^{n_F+n_O}B_1T_2^{\beta_1}Y_{F1}^{n_F+n_O-1}Le_F^{n_F}Le_O^{n_O}}{\rho_1^2C_pW_F^{n_F+n_O-1}\beta^{n_F+n_O+1}}\right]^{1/2}G(n_F,n_O)^{1/2}\exp\left(-\frac{\beta}{2\alpha}\right)$

图 2.12 给出了甲烷-空气预混火焰速度的计算结果。假定单步化学反应模型为

$$CH_4+2O_2 \longrightarrow CO_2+2H_2O \tag{2.67}$$

使用以下参数

$$\begin{cases} B_1=1.08\times10^7\mu SI, \quad \beta_1=0, \quad E_a=83600\,J/mol \\ n_F=1, \quad n_O=0.5 \end{cases} \tag{2.68}$$

$$\begin{cases} \rho_1=1.16\,kg/m^3, \quad \lambda_1=0.038\,W/(m\cdot K) \\ Q=50100\,kJ/kg, \quad C_p=1450\,J/(kg\cdot K) \end{cases} \tag{2.69}$$

通过调整指前因子 B_1，可以使计算的火焰速度与实验测量值在 $\phi=0.8$ 处一致。图 2.12 表明，与守恒方程的数值解相比，渐近公式对火焰速度给出了合理的估值，在贫燃料一侧误差约为几个百分点，在富燃料一侧误差约为 20%。与实验结果[21] 相比，渐近解和数值解均能在贫燃料一侧给出合理的估算，但在富燃料一侧误差较大。对于碳氢燃料-空气火焰，这是采用单步化学反应模型的局限性，可以使用依赖于局部当量比的化学常数来弱化[22-23]❶。

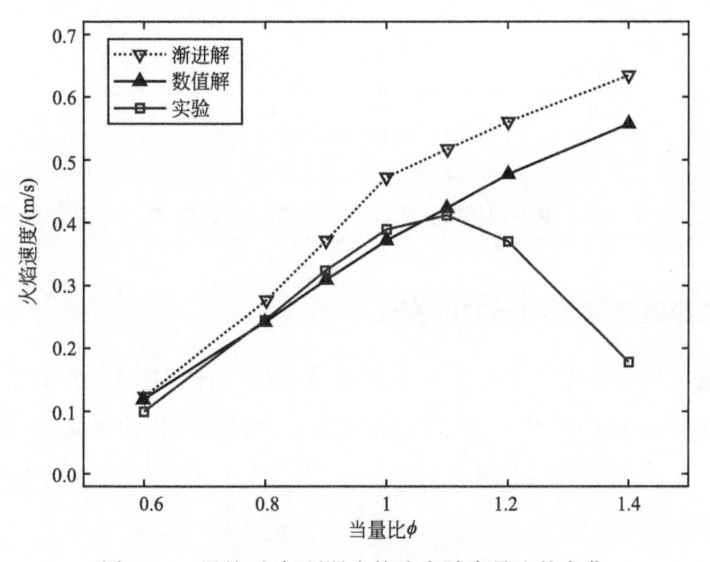

图 2.12 甲烷-空气预混火焰速度随当量比的变化

2.4.7 化学反应简化模型的刚性

如图 2.12 所示，当使用单步反应模型来描述预混燃烧时，在贫燃状态下，可以提供良好的结果，但对于富燃火焰，预测结果较差。这个问题早已被发现，可以通过调整反应指数 n_F 和 n_O 值来解决。Westbrook 和 Dryer[24] 提出的简化模型可以在较宽的当量比范围内提供合理的火焰速度。从数值计算的角度来看，这是通过选用较小的反应指数来实现（尤其是 n_F）。但是减小反应指数会增加化学反应模型的刚性，进而增加数值求解的难度，这一点可以通过图 2.13 中火焰的温度分布来理解。假设 $n_O=0$，$n_F\neq0$，图 2.13 对比了在不同 n_F 下火焰的无量纲反应率：

❶ 该方法的一个严重缺陷在于必须对流场的每个点都计算其局部当量比，而这仅在所有组分 Lewis 数都相等时才可行。

$$\frac{\dot{\omega}_F}{Y_{F1}}=B_1 T^{\beta_1}\exp\left(-\frac{\beta}{\alpha}\right)\rho(1-\Theta)^{n_F}\exp\left(-\frac{\beta(1-\Theta)}{1-\alpha(1-\Theta)}\right) \tag{2.70}$$

热释放对应于 $\alpha=0.75$，活化温度对应于 $\beta=8$。当 n_F 取较小值时，无量纲反应率变成无量纲温度的刚性函数。$n_F=0.2$，$\beta=8$ 时的化学反应模型刚性要比 $n_F=1$，$\beta=20$ 时更强（图 2.8），这就解释了化学反应简化模型常会引起数值求解难的原因。

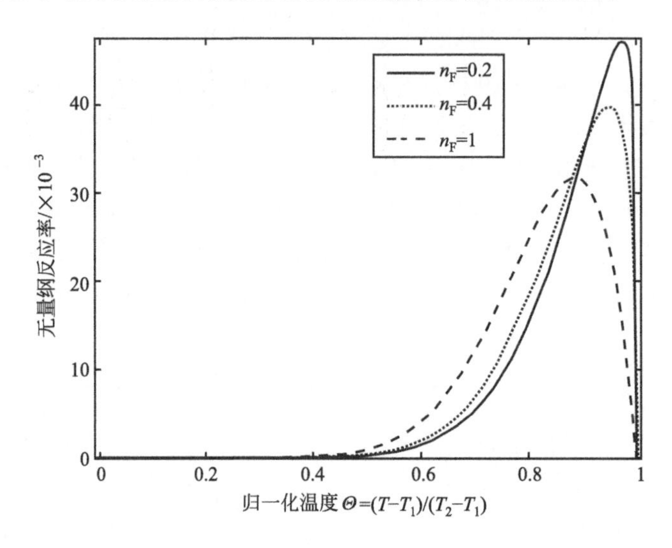

图 2.13　当 n_F 取不同值时，无量纲反应率 $\dot{\omega}_F/(\rho_1 Y_{F1} B_1)$ 与 Θ 的关系

2.4.8 火焰速度随温度和压力的变化

式(2.66) 也可用于研究火焰速度与压力 p 或未燃气体温度 T_1 的关系。例如，在未燃气体温度 T_1 不变时，热扩散率 $D_{th,1}$ 以 $1/p$ 变化，而已燃气体的密度 ρ_2 以 p 变化。因此，相对于参考压力 p_0 下的层流火焰速度 $s_L(p_0)$，压力为 p 时的层流火焰速度 $s_L(p)$ 为

$$s_L(p)=s_L(p_0)\left(\frac{p}{p_0}\right)^{\frac{n_F+n_O-2}{2}} \tag{2.71}$$

相比之下，温度的变化更难预测，主要是由于式(2.66) 中的指数项由已燃气体温度 T_2 所控制，而简单的化学反应模型不能很好地模拟 T_2，于是实验结果通常用简单的多项式函数来表示，即

$$s_L(p,T_1)=s_L(p_0,T_1^0)\left(\frac{p}{p_0}\right)^{\alpha_p}\left(\frac{T_1}{T_1^0}\right)^{\alpha_T} \tag{2.72}$$

以丙烷-空气的贫燃火焰为例，采用 Westbrook 和 Dryer[24] 提出的反应指数 $n_F=0.1$ 和 $n_O=1.65$，理论压力指数通过式(2.71) 求出，$\alpha_p=-0.125$，这与 Metghalchi 和 Keck[25] 提出的值一致（表 2.7）。

表 2.7 给出了式(2.72) 中的参数在不同预混火焰时的取值，主要有甲烷-空气火焰[26]（$1\text{bar}\leqslant p\leqslant 10\text{bar}$、$300\text{K}\leqslant T_1\leqslant 400\text{K}$，$0.8\leqslant\phi\leqslant 1.2$）和丙烷-空气火焰[25]（$0.4\text{bar}\leqslant p\leqslant 50\text{bar}$，$300\text{K}\leqslant T_1\leqslant 700\text{K}$，$0.8\leqslant\phi\leqslant 1.5$）。

表 2.7　甲烷-空气火焰[26] 和丙烷-空气火焰[25] 的参数取值

燃料	$s_L(p_0,T_1^0)$/(m/s)	α_T	α_p
甲烷(ϕ=0.8)	0.259	2.105	−0.504
甲烷(ϕ=1)	0.360	1.612	−0.374
甲烷(ϕ=1.2)	0.314	2.000	−0.438
丙烷(ϕ=0.8～1.5)	$0.34-1.38(\phi-1.08)^2$	$2.18-0.8(\phi-1)$	$-0.16-0.22(\phi-1)$

图 2.14 给出了丙烷-空气和甲烷-空气预混火焰在不同压力和温度下的火焰速度变化曲线。火焰速度由式(2.72) 和表 2.7 中的火焰参数求得。由图可知，火焰速度随未燃气体温度 T_1 升高而迅速增加，但随压力 p 增加而减小。

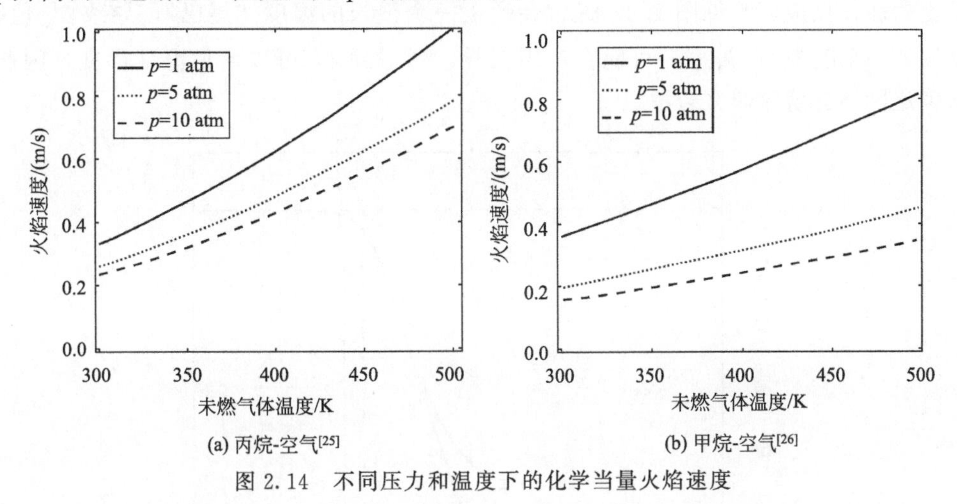

图 2.14　不同压力和温度下的化学当量火焰速度

2.5 预混火焰的厚度

由于火焰的厚度决定所需的网格分辨率，因此，对于很多燃烧数值模拟问题，在计算之前首先需要定义和估算火焰的厚度：当必须求解火焰结构时，需要在火焰厚度内布置足够多的网格节点。目前，存在很多方法可以定义预混火焰的厚度，有些方法需要先计算火焰前锋(如在一维火焰构型中)，而有些方法只是基于标度律，在计算开始之前执行即可。此外，有必要区分以温度为变量和以自由基为变量定义的火焰厚度。前者可用于简单的化学反应模型(2.5.1 节)，而后者则会遇到一些新问题 (2.5.2 节)。

2.5.1 简单化学反应模型

在 2.4.5 节中，基于标度律，火焰厚度 δ 定义为

$$\delta=\frac{\lambda_1}{\rho_1 C_p s_L}=\frac{\mathcal{D}_{th,1}}{s_L} \tag{2.73}$$

也可以写成

$$Re_f=\frac{\delta s_L}{\mathcal{D}_{th,1}}=1 \tag{2.74}$$

其中，$\mathcal{D}_{th,1}=\lambda_1/(\rho_1 C_p)$，其所有变量都使用未燃气体参数，$Re_f$ 可以理解为火焰雷诺数。

火焰厚度 δ（这里称扩散厚度）可以在计算之前，通过已知的火焰速度估算出来，但实际预估的厚度可能太小而无法用于确定网格尺寸（通常小于 5 倍）。基于火焰的温度曲线可以得到一个更有用的火焰厚度：

$$\delta_{\mathrm{L}}^{0}=\frac{T_{2}-T_{1}}{\max\left(\left|\frac{\partial T}{\partial x}\right|\right)} \tag{2.75}$$

另一种火焰厚度（“总厚度”）$\delta_{\mathrm{L}}^{\mathrm{t}}$，可以基于无量纲温度 Θ 在 0.01～0.99 之间变化的距离来构建（图 2.15）。$\delta_{\mathrm{L}}^{\mathrm{t}}$ 总是大于 δ_{L}^{0}，这对计算并不是很有用。在真实火焰中，已燃气体中发生的缓慢反应（参见图 2.2）通常会产生一个很长的温度“尾巴”，导致 $\delta_{\mathrm{L}}^{\mathrm{t}}$ 值很大，如果使用 $\delta_{\mathrm{L}}^{\mathrm{t}}$ 确定网格分辨率，可能会产生误导。考虑到 δ_{L}^{0} 可以衡量温度梯度，因此，通过它来确定网格分辨率非常合适。

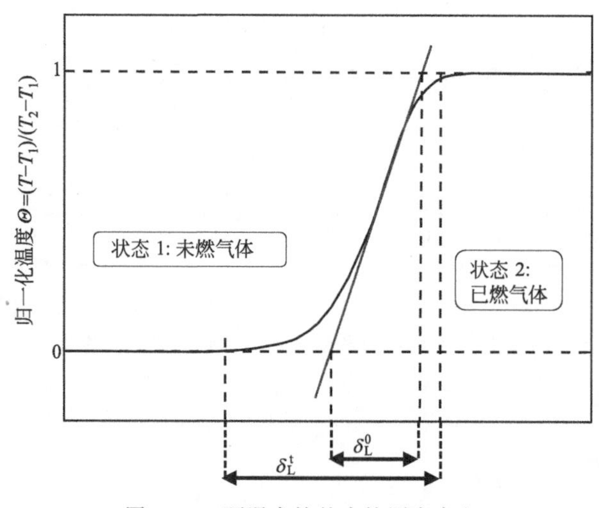

图 2.15　预混火焰的火焰厚度定义

确定火焰厚度 δ_{L}^{0} 时需要计算初始火焰，在正式计算之前可以通过相关性方法预估一个火焰厚度，这对确定网格要求非常有用。例如，Blint[27] 提出了一种火焰厚度 $\delta_{\mathrm{L}}^{\mathrm{b}}$ 的估算方法

$$\frac{\delta_{\mathrm{L}}^{\mathrm{b}}}{\delta}=2\,\frac{(\lambda/C_{\mathrm{p}})_{2}}{(\lambda/C_{\mathrm{p}})_{1}} \tag{2.76}$$

假定普朗特数［式(1.17)］和比热容 C_{p} 均为常数，使用 Sutherland 定律来计算 λ，式(2.76) 可以简化为

$$\frac{\delta_{\mathrm{L}}^{\mathrm{b}}}{\delta}=2\left(\frac{T_{2}}{T_{1}}\right)^{0.7}\quad 或\quad \delta_{\mathrm{L}}^{\mathrm{b}}=2\,\frac{D_{\mathrm{th},1}}{s_{\mathrm{L}}}\left(\frac{T_{2}}{T_{1}}\right)^{0.7}=2\delta\left(\frac{T_{2}}{T_{1}}\right)^{0.7} \tag{2.77}$$

由式(2.77) 给出的火焰厚度 $\delta_{\mathrm{L}}^{\mathrm{b}}$ 不需要进行火焰计算。一旦确定最终温度 T_2，就可以得出火焰厚度 δ_{L}^{0} 的估值。确定温度 T_2 也无须进行完整的火焰计算，仅通过式(2.28) 所示的热化学平衡即可得到。需要注意的是，一旦得到 δ_{L}^{0}，仍需要确定与反应率区厚度 δ_{r} 相适应的分辨率，这两个区域可以通过关系式 $\delta_{\mathrm{r}}=\delta_{\mathrm{L}}^{0}/\beta$ 将其大致关联起来。表 2.8 总结了关于火焰厚度的不同定义以及它们在计算之前和计算之后的估算方法，这有利于确定数值计算时网格的尺寸。

表 2.8 火焰厚度的定义和估算方法

确定代码中网格尺寸的实用性(计算之后)			
热厚度	δ_L^0	$(T_2-T_1)/\max\left(\left\lvert\frac{\partial T}{\partial x}\right\rvert\right)$	最佳定义
总厚度	δ_L^t	$\Theta=0.01\sim0.99$ 的距离	不实用
根据火焰速度s_L和未燃气体特性(计算之前)			
扩散厚度	δ	$\frac{\mathcal{D}_{th,1}}{s_L}$	不准确,太小
Blint 厚度	δ_L^b	$2\frac{\mathcal{D}_{th,1}}{s_L}\left(\frac{T_2}{T_1}\right)^{0.7}=2\delta\left(\frac{T_2}{T_1}\right)^{0.7}$	接近δ_L^0
反应区厚度	δ_r	δ_L^0/β	最小厚度

2.5.2 复杂化学反应模型

2.5.1 节给出了简单化学反应模型下火焰厚度的估算方法，但没有考虑反应中的自由基。在真实火焰和使用复杂化学反应模型的计算中，发现火焰前锋内存在很多自由基且位于明显小于 δ_L^0 的范围内。例如，在图 2.2 中，H_2O_2 自由基存在于极薄的区域。在这种流场中确定网格的分辨率仍是一个未解决的问题，目前无法提前对网格尺寸进行估算。在一维稳态火焰中，可采用自适应网格，并在某些组分需要高分辨率的区域内添加节点；但在多维火焰中，很多学者仍会采用试错的方式。

2.6 火焰拉伸理论

到目前为止，本章只考虑了自由传播的一维预混火焰，研究多维层流火焰和湍流火焰还需一些其他概念。第一个就是本节中定义的火焰拉伸率。广义火焰速度的定义见 2.7.1 节。

2.6.1 拉伸率的定义和表示

火焰前锋在非均匀流中的传播会受到应变和曲率效应的影响，从而导致火焰面积发生变化[1]。这些变化可以用火焰拉伸率来衡量，其定义为火焰面单元 A 的相对变化率[28-29]

$$\kappa=\frac{1}{A}\times\frac{\mathrm{d}A}{\mathrm{d}t} \tag{2.78}$$

对于薄火焰[29]，根据纯运动学理论，可以推导出拉伸率的一般表达式

$$\kappa=-\boldsymbol{nn}:\nabla\boldsymbol{w}+\nabla\cdot\boldsymbol{w} \tag{2.79}$$

式中，$\boldsymbol{n}$ 为垂直于火焰表面、指向未燃气体的单位矢量，$\boldsymbol{w}$ 为火焰面的速度（图 2.16）。算子（$\boldsymbol{nn}:\nabla$）表示垂直于火焰面的梯度算子，用索引形式表示为

$$\boldsymbol{nn}:\nabla\boldsymbol{w}=\left[n_i n_j\frac{\partial w_i}{\partial x_j}\right] \tag{2.80}$$

因此，κ 的张量形式为

$$\kappa=(\delta_{ij}-n_i n_j)\frac{\partial w_i}{\partial x_j} \tag{2.81}$$

火焰通常以位移速度 s_d 向冷流垂直传播（波动行为）。火焰前锋速度可以通过未燃气体的流动速度 $\boldsymbol{u}$ 和位移速度 s_d 表示为

$$\boldsymbol{w}=\boldsymbol{u}+s_d\boldsymbol{n} \tag{2.82}$$

位移速度 $s_d\boldsymbol{n}$ 等于火焰前锋速度 $\boldsymbol{w}$ 与流动速度 $\boldsymbol{u}$ 之差，它考虑了流动对火焰结构本身的影响。将式(2.82) 代入式(2.79) 得

$$\kappa=-\boldsymbol{nn}:\nabla\boldsymbol{u}+\nabla\cdot\boldsymbol{u}+s_d(\nabla\cdot\boldsymbol{n}) \tag{2.83}$$

或以张量形式表示为

$$\kappa=(\delta_{ij}-n_i n_j)\frac{\partial u_i}{\partial x_j}+s_d\frac{\partial n_i}{\partial x_i} \tag{2.84}$$

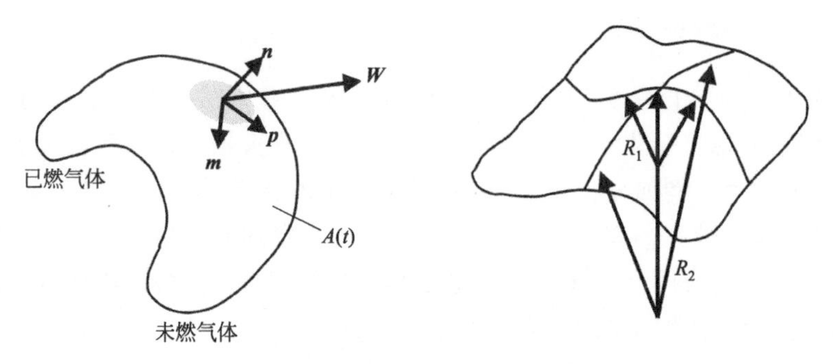

图 2.16 火焰拉伸率和火焰曲率半径的定义

$\nabla\cdot\boldsymbol{n}$ 表示火焰前锋的曲率，可以用火焰表面曲率半径$\mathcal{R}_1$ 和$\mathcal{R}_2$ 表示为[1]

$$\nabla\cdot\boldsymbol{n}=-\left(\frac{1}{\mathcal{R}_1}+\frac{1}{\mathcal{R}_2}\right) \tag{2.85}$$

式(2.83) 中的符号$\nabla\cdot\boldsymbol{n}$ 容易引起误导：在火焰表面上定义的矢量 $\boldsymbol{n}$ 求散度时，需谨慎处理[2]。对于充满未燃气体、半径为$\mathcal{R}$的圆柱区域，假设被已燃气体包围［图 2.17(a)］，$\nabla\cdot\boldsymbol{n}$ 也可以在柱坐标系中表示为（$n_r=-1$ 且 $n_\theta=0$）

$$\nabla\cdot\boldsymbol{n}=\frac{1}{r}\times\frac{\partial(rn_r)}{\partial r}=-1/\mathcal{R}$$

---

[1] $1/\mathcal{R}_1$ 和 $1/\mathcal{R}_2$ 是火焰表面的两个主曲率，分别用于衡量最大表面曲率和垂直方向的表面曲率。例如，对于半径为$\mathcal{R}$的圆柱，$\mathcal{R}_1=\mathcal{R}$，$\mathcal{R}_2=\infty$（$1/\mathcal{R}_2=0$）；对于半径为$\mathcal{R}$的球面，$\mathcal{R}_1=\mathcal{R}_2=\mathcal{R}$；在鞍点处的主曲率有相反的符号。

[2] 在二维笛卡儿坐标系中，垂直于场 $A(x,y)$ 等值面的向量 $\boldsymbol{n}$ 为

$$\boldsymbol{n}=-\frac{\nabla A}{|\nabla A|}=(n_x,n_y)=\left(-\frac{\partial A}{\partial x}\left[\left(\frac{\partial A}{\partial x}\right)^2+\left(\frac{\partial A}{\partial y}\right)^2\right]^{-1/2},-\frac{\partial A}{\partial y}\left[\left(\frac{\partial A}{\partial x}\right)^2+\left(\frac{\partial A}{\partial y}\right)^2\right]^{-1/2}\right)$$

其中，$\boldsymbol{n}$ 指向场A 中的较小值，然后有

$$\nabla\cdot\boldsymbol{n}=\frac{\partial n_x}{\partial x}+\frac{\partial n_y}{\partial y}=-\left[\left(\frac{\partial A}{\partial x}\right)^2+\left(\frac{\partial A}{\partial y}\right)^2\right]^{-3/2}\left[\frac{\partial^2 A}{\partial x^2}\left(\frac{\partial A}{\partial y}\right)^2+\frac{\partial^2 A}{\partial y^2}\left(\frac{\partial A}{\partial x}\right)^2\right]$$

沿着由坐标 $[x,f(x)]$ 或 $A(x,y)=y-f(x)=0$ 定义的火焰前锋为

$$\frac{\partial A}{\partial x}=-f'(x),\quad \frac{\partial^2 A}{\partial x^2}=-f''(x),\quad \frac{\partial A}{\partial y}=1,\quad \frac{\partial^2 A}{\partial y^2}=0$$

局部火焰前锋的曲率为$\nabla\cdot\boldsymbol{n}=f''/(1+f'^2)^{3/2}$。

这与式(2.85)一致。在这种情况下，由于火焰传播减弱了火焰的拉伸，减小了火焰表面积，式(2.83)中 $s_d(\nabla \cdot \boldsymbol{n})$ 对火焰拉伸的作用为负值。对于球形火焰［图2.17(b)］，在球坐标系下，$\nabla \cdot \boldsymbol{n}$ 同样可以表示为

$$\nabla \cdot \boldsymbol{n}=\frac{1}{r^2}\times\frac{\partial(r^2 n_r)}{\partial r}=-2/\mathcal{R}$$

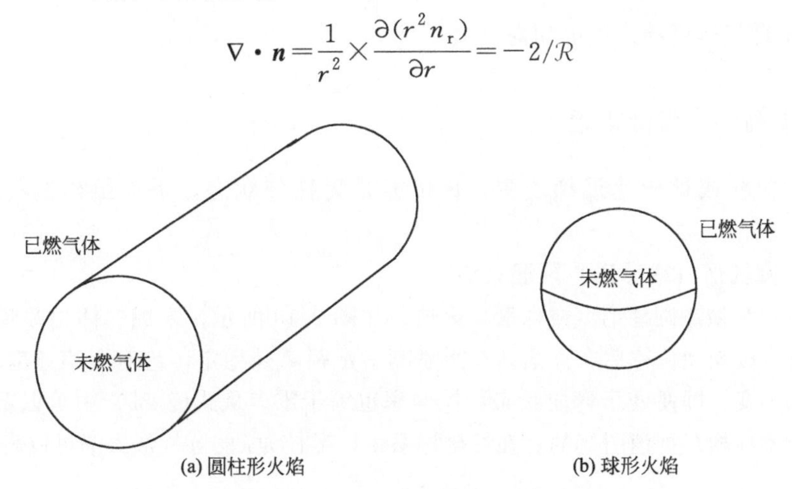

(a) 圆柱形火焰　　(b) 球形火焰

图2.17　圆柱形火焰和球形火焰

在这两种情形下，式(2.83)中的曲率项 $\nabla \cdot \boldsymbol{n}$ 带来负的拉伸作用

通常情况下，将式(2.83)右边前两项组合起来，可以表示为[29]

$$\kappa=(\boldsymbol{mm}+\boldsymbol{pp}):\nabla \boldsymbol{u}+s_d(\nabla \cdot \boldsymbol{n}) \tag{2.86}$$

式中，$\boldsymbol{m}$ 和 $\boldsymbol{p}$ 是火焰前锋局部切面上的两个正交向量（图2.16）。式(2.86)中的 $(\boldsymbol{mm}+\boldsymbol{pp}):\nabla \boldsymbol{u}$ 项表示平行于局部火焰前锋表面的应变，可以写成[30] $\nabla_t \cdot \boldsymbol{u}$，则

$$\nabla_t \cdot \boldsymbol{u}=(\boldsymbol{mm}+\boldsymbol{pp}):\nabla \boldsymbol{u}=-\boldsymbol{nn}:\nabla \boldsymbol{u}+\nabla \cdot \boldsymbol{u} \tag{2.87}$$

式中，下标t表示 ∇ 算子中的切向分量。∇_t 算子也可用来表示式(2.86)右边第二项，考虑到 $\boldsymbol{n}$ 是一个单位向量，有

$$\begin{aligned}\nabla_t \cdot \boldsymbol{n} &=(\boldsymbol{mm}+\boldsymbol{pp}):\nabla \boldsymbol{n}=(\delta_{ij}-n_i n_j)\frac{\partial n_i}{\partial x_j}\\ &=\delta_{ij}\frac{\partial n_i}{\partial x_j}-n_i n_j\frac{\partial n_i}{\partial x_j}=\frac{\partial n_i}{\partial x_i}-\frac{1}{2}n_j\frac{\partial}{\partial x_j}(n_i n_i)=\nabla \cdot \boldsymbol{n}\end{aligned} \tag{2.88}$$

综上所述，式(2.86)也可以表示为

$$\kappa=\nabla_t \cdot \boldsymbol{u}-s_d\left(\frac{1}{\mathcal{R}_1}+\frac{1}{\mathcal{R}_2}\right)=\nabla_t \cdot \boldsymbol{u}+s_d\nabla_t \cdot \boldsymbol{n} \tag{2.89}$$

在式(2.89)中，火焰拉伸率表示为以下两项之和：

第一项 $\nabla_t \cdot \boldsymbol{u}$，和流场不均匀性有关的应变率项。

第二项 $s_d \nabla_t \cdot \boldsymbol{n}=-s_d(1/\mathcal{R}_1+1/\mathcal{R}_2)$，由火焰前锋曲率引起。

2.6.2 静止火焰的拉伸率

如果火焰不沿其法线方向 $\boldsymbol{n}$ 传播，则它是静止的，即

$$\boldsymbol{w} \cdot \boldsymbol{n}=0 \tag{2.90}$$

这个条件并不意味着速度 $\boldsymbol{w}$ 为零，因为速度可以存在于火焰的切面上（如图2.20中的单滞

止或双滞止火焰)。对于静止火焰，由式(2.82) 和式(2.90) 可知，$\boldsymbol{u}\cdot\boldsymbol{n}=-s_{\mathrm{d}}$，则拉伸率减小为

$$\kappa=\nabla_{\mathrm{t}}\cdot\boldsymbol{u}+s_{\mathrm{d}}\nabla_{\mathrm{t}}\cdot\boldsymbol{n}=\nabla_{\mathrm{t}}\cdot\left[\boldsymbol{u}-(\boldsymbol{u}\cdot\boldsymbol{n})\boldsymbol{n}\right]=\nabla_{\mathrm{t}}\cdot\boldsymbol{u}_{\mathrm{t}} \tag{2.91}$$

式中，$\boldsymbol{u}_{\mathrm{t}}$ 是未燃气体流动速度的切向分量[30]❶。

2.6.3 举例：无拉伸火焰

火焰呈弯曲状或处于速度梯度中，仍可能是无拉伸状态，下面给出这类火焰的两个例子。

(1) 稳态圆柱形 (或球形) 预混火焰

首先考虑一个稳态圆柱形 (或球形) 火焰，如图 2.18 所示，未燃气体由喷嘴在中心位置处供应，经过一段初始位移后，火焰会在距喷嘴一定距离处稳定，绝对火焰速度为零。显然，火焰的表面积不变，即便处于弯曲状态，拉伸率也等于零。从式(2.89) 中可以看出，这是由应变率项和曲率项相互抵消引起的。在柱坐标系中，半径为$\mathcal{R}$的圆柱形火焰可以表示为

$$\begin{aligned}\kappa&=\nabla_{\mathrm{t}}\cdot\boldsymbol{u}+s_{\mathrm{d}}\nabla_{\mathrm{t}}\cdot\boldsymbol{n}=-\boldsymbol{nn}:\nabla\boldsymbol{u}+\nabla\cdot\boldsymbol{u}-\frac{s_{\mathrm{d}}}{\mathcal{R}}\\&=-\frac{\partial u_{\mathrm{r}}}{\partial r}+\frac{1}{r}\times\frac{\partial(ru_{\mathrm{r}})}{\partial r}-\frac{s_{\mathrm{d}}}{\mathcal{R}}=\frac{u_{\mathrm{r}}}{r}-\frac{s_{\mathrm{d}}}{\mathcal{R}}\end{aligned} \tag{2.92}$$

对于这种稳态火焰来说，$u_{\mathrm{r}}=s_{\mathrm{d}}$，则 $\kappa=0$。检验这一点比较简单的方法是使用式(2.91)，由于 $\boldsymbol{u}_{\mathrm{t}}$ 为零，则 κ 也为零。

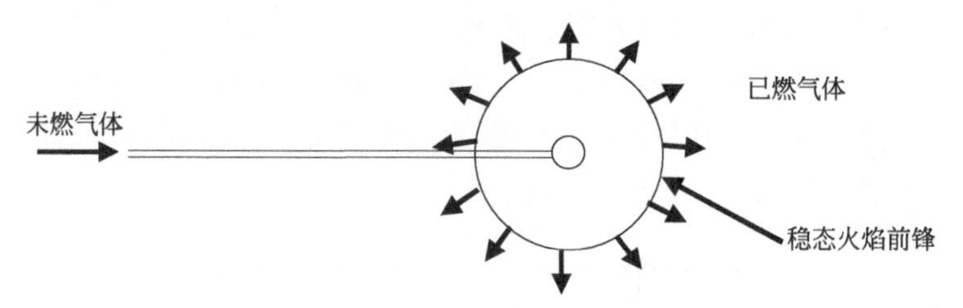

图 2.18 火焰拉伸率为零的圆柱形或球形稳定火焰示意图

对于半径为$\mathcal{R}$的球形火焰，同样可以推导得出

$$\kappa=\nabla_{\mathrm{t}}\cdot\boldsymbol{u}+s_{\mathrm{d}}\nabla_{\mathrm{t}}\cdot\boldsymbol{n}=-\frac{\partial u_{\mathrm{r}}}{\partial r}+\frac{1}{r^{2}}\times\frac{\partial(r^{2}u_{\mathrm{r}})}{\partial r}-\frac{2s_{\mathrm{d}}}{\mathcal{R}}=\frac{2}{r}u_{\mathrm{r}}-\frac{2s_{\mathrm{d}}}{\mathcal{R}}=0 \tag{2.93}$$

(2) 剪切流中的平面火焰

另一种未拉伸火焰的例子如图 2.19 所示，火焰前锋相对于速度梯度的指向是这类火焰拉伸的一个关键参数：只有火焰切面上的速度梯度才会引起火焰拉伸。图 2.19 是一维

❶ 式(2.91) 可从$\nabla_{\mathrm{t}}\cdot\boldsymbol{u}-\nabla_{\mathrm{t}}\cdot\boldsymbol{u}_{\mathrm{t}}$推导出

$$\begin{aligned}\nabla_{\mathrm{t}}\cdot\boldsymbol{u}-\nabla_{\mathrm{t}}\cdot\boldsymbol{u}_{\mathrm{t}}&=\nabla_{\mathrm{t}}\cdot(\boldsymbol{u}-\boldsymbol{u}_{\mathrm{t}})=\nabla_{\mathrm{t}}\cdot[(\boldsymbol{u}\cdot\boldsymbol{n})\boldsymbol{n}]=-(\delta_{ij}-n_in_j)\frac{\partial}{\partial x_j}[s_{\mathrm{d}}n_i]\\&=-s_{\mathrm{d}}\left(\frac{\partial n_i}{\partial x_i}-\frac{1}{2}n_j\frac{\partial n_in_i}{\partial x_j}\right)-n_j\frac{\partial s_{\mathrm{d}}}{\partial x_j}+n_in_in_j\frac{\partial s_{\mathrm{d}}}{\partial x_j}=-s_{\mathrm{d}}\nabla\cdot\boldsymbol{n}\end{aligned}$$

由于 $\boldsymbol{n}$ 是单位矢量，则$\nabla_{\mathrm{t}}\cdot\boldsymbol{u}-\nabla_{\mathrm{t}}\cdot\boldsymbol{u}_{\mathrm{t}}=\frac{s_{\mathrm{d}}}{\mathcal{R}}$。

速度梯度引起的稳态平面火焰：火焰在混合层产生，在分流板后稳定。对于这种火焰，$n_1=0$，$n_2=1$，$\boldsymbol{u}=[u_1(x_2),0]$。由式(2.91)可知，如果速度梯度在火焰平面上无分量，则火焰应变为零。常见的一种错误做法是假设此构型的火焰应变可以通过 $\partial u_1/\partial x_2$ 来估算。

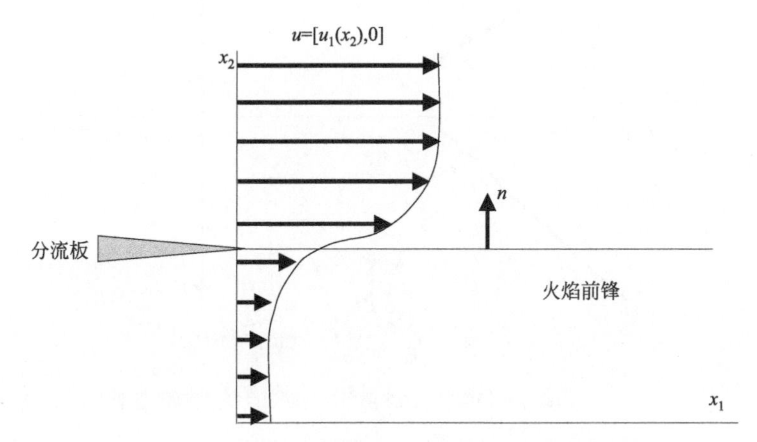

图 2.19　在分流板尾流中稳定的火焰：火焰应变为零

2.6.4 举例：拉伸火焰

图 2.20 给出了实验和数值模拟中研究层流拉伸火焰的常用构型。第一种［图 2.20(a)］为单火焰构型。其中，高温燃烧产物（通常由另一个火焰产生）与未燃气体对冲，在这种情形下，由于火焰切平面上的速度变化明显［方程(2.89)右边第一项 $\nabla_t\cdot\boldsymbol{u}$］，火焰被拉伸。对于无反应势流，滞止构型存在一个简单的解析解，即 $u=ax$ 和 $v=-ay$，其中，a 是应变率。在两个喷嘴之间的流场中，a 由两个喷嘴的流速 U_{j1} 和 U_{j2} 以及两个喷嘴之间的距离 d 决定。由于反应流中存在膨胀，应变率取决于火焰结构本身，典型量级为 $(|U_{j1}|+|U_{j2}|)/d$。很多研究人员都研究过单火焰构型，对复杂化学反应模型采用数值求解，对简单化学反应模型和实验采用渐近分析。这种方法的主要缺陷是燃烧产物的温度会影响方程的解。

图 2.20(b) 中的双火焰构型则没有这一缺点，它是由两股未燃气体对冲，最终形成双火焰构型。双火焰构型仅由火焰应变率和未燃气体的热力学性质决定。相比之下，双火焰构型对应变率的变化更为敏感。

对于图 2.20(c) 中的球形火焰，虽然在火焰切面上没有速度梯度，但却呈弯曲状，拉伸率由式(2.89)中第二项 $\nabla_t\cdot\boldsymbol{n}=2s_d/\mathcal{R}$ 产生。在这种火焰构型中，通过测量火焰半径随时间的变化 $r(t)$，可估算出火焰的拉伸率

$$\kappa=\frac{1}{A}\times\frac{\mathrm{d}A}{\mathrm{d}t}=\frac{2}{r}\times\frac{\mathrm{d}r}{\mathrm{d}t} \tag{2.94}$$

火焰拉伸率的变化，有时是反常识的。例如对于球形火焰，由于火焰半径随时间不断增加，火焰面积显然在增长，拉伸率必然为正值；而对于滞止火焰，火焰面积似乎是恒定的，但确实存在火焰拉伸现象：在火焰平面内任意两点的速度不同，因此，位于这两个点之间的火焰单元会被拉伸。

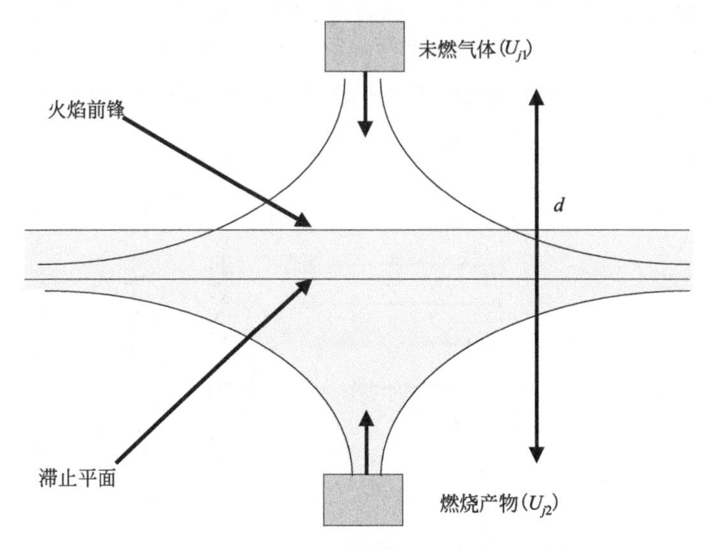

(a) 单火焰构型：由未燃气体与燃烧产物形成(稳态流动)

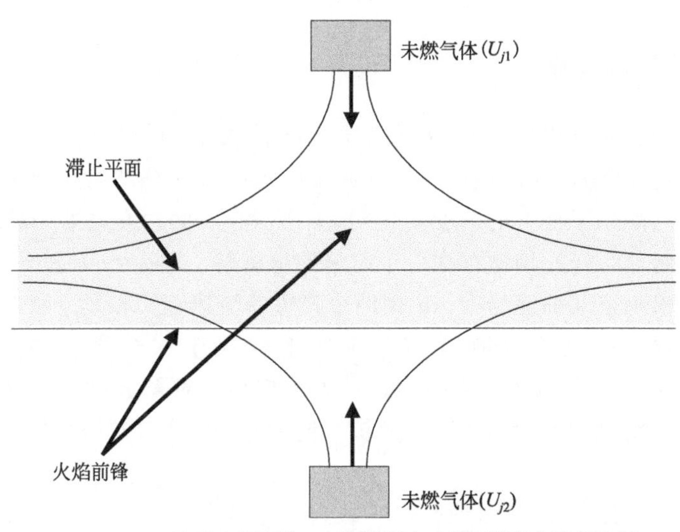

(b) 双火焰构型：由未燃气体与未燃气体形成(稳态流动)

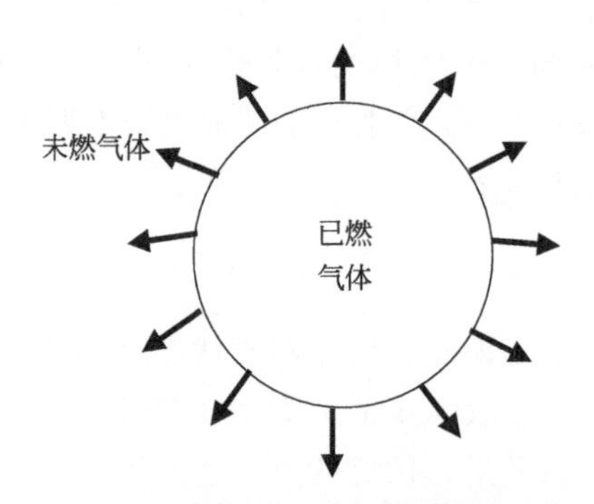

(c) 球形火焰：非稳态拉伸弯曲火焰

图 2.20 层流拉伸预混火焰的实例

2.7 火焰速度

在燃烧理论中，火焰“速度”是一个核心要素，但由于火焰速度有多种定义和很多种测量方法，这也会带来一系列问题。2.7.1节给出了一些火焰速度的定义；2.7.2节则介绍这些定义如何应用于平面无应变火焰；2.7.3节将讨论拉伸火焰的速度，并指明一些与这一类构型相关的难点。

2.7.1 火焰速度的定义

火焰速度 s_L 自从首次被定义为衡量一维几何构型中火焰前锋相对于未燃气体移动的速度，至今未出现更精确的概念。绝大多数学者直接使用这一定义，并对应地将火焰定义为以速度 s_L 相对于局部流场移动的界面。根据式(2.24)，火焰速度也可以通过对火焰面中的燃烧率求积分来定义：

$$s_L=-\frac{1}{\rho_1 Y_{F1}}\int_{-\infty}^{+\infty}\dot{\omega}_F \mathrm{d}x \tag{2.95}$$

显然，第一种火焰速度的定义是基于火焰的运动学特性，第二种是基于反应率的积分。为了理解预混燃烧理论中出现的很多新概念，这两种速度必须关联起来，具体推导过程如下。

首先，有必要介绍一下表2.9中总结的三种火焰速度的定义[31-32]，以区分局部速度和全局速度。

表2.9 火焰速度的简单分类

类别	定义
绝对速度	相对于固定参考系的火焰前锋速度
位移速度	相对于流动的火焰前锋速度
消耗速度	反应物的消耗速度

这些定义看似等效或至少直接相关，但在一些特殊情况下，它们存在明显差异。

(1) 绝对速度

绝对速度如图2.21所示，首先考虑一个火焰面 $\Theta=\Theta_f$，对于该表面上的任意位置，Θ 的局部梯度可以定义为火焰前锋的法线：

$$\boldsymbol{n}=-\frac{\nabla\Theta}{|\nabla\Theta|} \tag{2.96}$$

其中，$\boldsymbol{n}$ 指向未燃反应物。火焰面上的点须以速度 $\boldsymbol{w}$ 移动才能留在火焰面上，该速度由下式给出：

$$\frac{\partial\Theta}{\partial t}+\boldsymbol{w}\cdot\nabla\Theta=0 \tag{2.97}$$

垂直于火焰前锋的速度分量 $s_a=\boldsymbol{w}\cdot\boldsymbol{n}$ 为等温面相对实验室参考系移动的绝对速度，它与被测量的等值面 Θ_f 的值有关。用 $-|\nabla\Theta|\boldsymbol{n}$ 替换方程(2.97)中的 $\nabla\Theta$，可以得到绝对速度 s_a：

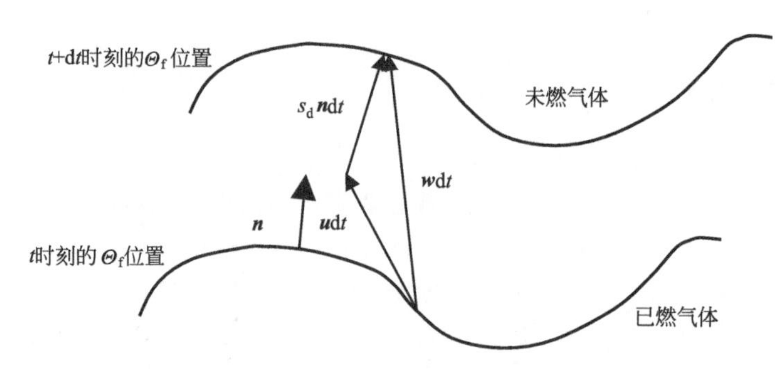

图 2.21 火焰速度的定义

$$s_a = \boldsymbol{w} \cdot \boldsymbol{n} = \frac{1}{|\nabla\Theta|} \times \frac{\partial\Theta}{\partial t} \tag{2.98}$$

如果流动没有使火焰变厚或变薄，则通过火焰前锋的绝对速度通常是恒定的，也就是说，如果火焰厚度保持不变，那么所有 Θ 等值线必须以相同的速度移动。

(2) 位移速度

位移速度用于衡量相对于流动的火焰前锋速度，即流动速度 $\boldsymbol{u}$ 和火焰前锋速度 $\boldsymbol{w}$ 之间的差值：

$$s_d = (\boldsymbol{w} - \boldsymbol{u}) \cdot \boldsymbol{n} = s_a - \boldsymbol{u} \cdot \boldsymbol{n} \tag{2.99}$$

在数值模拟中，s_d 通过以下方式得出：

$$s_d = \boldsymbol{w} \cdot \boldsymbol{n} - \boldsymbol{u} \cdot \boldsymbol{n} = \frac{1}{|\nabla\Theta|} \times \frac{\partial\Theta}{\partial t} + \boldsymbol{u} \frac{\nabla\Theta}{|\nabla\Theta|} = \frac{1}{|\nabla\Theta|} \times \frac{D\Theta}{Dt} \tag{2.100}$$

所有变量都在等值面 $\Theta = \Theta_f$ 处估值。式(2.98) 和式(2.100) 中的右边项，在时间迭代中使用显式格式容易得出，例如使用式(2.3)，式(2.100) 可以写成

$$s_d = \frac{1}{|\nabla\Theta|} \times \frac{D\Theta}{Dt} = \frac{1}{\nabla\Theta}\left[\dot{\omega}'_T + \frac{\partial}{\partial x}\left(\lambda \frac{\partial T}{\partial x_i}\right) - \frac{\partial T}{\partial x}\left(\rho \sum_{k=1}^{N} C_{pk} Y_k V_k\right)\right] \tag{2.101}$$

右边的所有项都可以从计算中得到。这一特性通常用于 DNS 模拟中计算火焰前锋的位移（4.6 节）。类似于绝对速度 s_a，位移速度 s_d 是等温线 Θ_f 的函数。默认 s_d 是相对于未燃气体（$\Theta_f = 0$）的位移速度。在有些流场中（如球形火焰，见 2.7.3 节），使用“已燃气体位移速度” $s_b = s_d(\Theta_f = 1)$更为方便。考虑到流场在穿过火焰前锋时会被加速，位移速度也会随之变化，并且具体取值与测量的位置有关，因此，位移速度很难应用于实践中。例如，在 $\Theta = 1$ 时，$s_b = s_d$；而在 $\Theta = 0$ 时，位移速度 $s_b \approx \frac{T_2}{T_1} s_d$。然而，位移速度在基于 G 方程的模型中是一个很有用的变量，因为 G 方程关注的是火焰面相对于流场的移动[33]。

(3) 消耗速度

消耗速度是基于反应率，用于衡量火焰消耗反应物的速度，由式(2.95) 将其定义为

$$s_c = -\frac{1}{\rho_1 Y_{F1}} \int_{-\infty}^{+\infty} \dot{\omega}_F \, d\boldsymbol{n} \tag{2.102}$$

以上三种火焰速度之间的一个主要区别在于 s_d 或 s_a 是局部变量，其大小与 Θ_f 有关；而 s_c 是一个全局变量，是对整个火焰前锋的所有 Θ_f 值进行积分得出的变量（表 2.10）。实验者直观使用的速度是在未燃反应物一侧测量的位移速度，即 $s_d(\Theta = 0)$。2.7.2 节和 2.7.3 节将对比不同火焰中的这三种速度。

表 2.10 火焰速度的定义

速度	定义	公式	特征
消耗速度	—	$s_c=-\frac{1}{\rho_1 Y_{F1}}\int_{-\infty}^{+\infty}\dot{\omega}_F \mathrm{d}n$	全局
位移速度	$(\boldsymbol{w}-\boldsymbol{u})\cdot\boldsymbol{n}$	$s_d=\frac{1}{\lvert\nabla\Theta\rvert}\times\frac{D\Theta}{Dt}$	局部:$s_d(\Theta_f)$
绝对速度	$\boldsymbol{w}\cdot\boldsymbol{n}$	$s_a=\frac{1}{\lvert\nabla\Theta\rvert}\times\frac{\partial\Theta}{\partial t}$	局部:$s_a(\Theta_f)$

注：法向向量 $\boldsymbol{n}$ 指向未燃反应物。

2.7.2 层流平面未拉伸火焰的火焰速度

一维自由传播的层流平面未拉伸火焰速度 s_L^0 是所有燃烧理论中的参考速度，即便对于这种火焰，其速度之间也存在差异。图 2.22 给出了入口流速 u_1 不等于 s_L^0 时平面未拉伸火焰的速度变化，此时火焰在实验室坐标系中是移动的。消耗速度 $s_c=s_L^0$。x 轴正方向指向已燃气体，则 $\boldsymbol{n}=-\boldsymbol{x}$，入口速度为$\boldsymbol{u}_1=-u_1\boldsymbol{n}$。所有速度可以通过层流火焰速度 s_L^0 进行无量纲化处理。在本示例中，假设 $u_1>s_L^0$，即火焰速度比流场速度慢，因此火焰前锋向 x 增加的方向移动。所有等值面的绝对速度是相同的，因此，火焰在流场中平移，且厚度恒定：$\boldsymbol{w}=(u_1-s_L^0)\boldsymbol{x}$。绝对速度为 $s_a=\boldsymbol{w}\cdot\boldsymbol{n}=s_L^0-u_1$，且为负值。

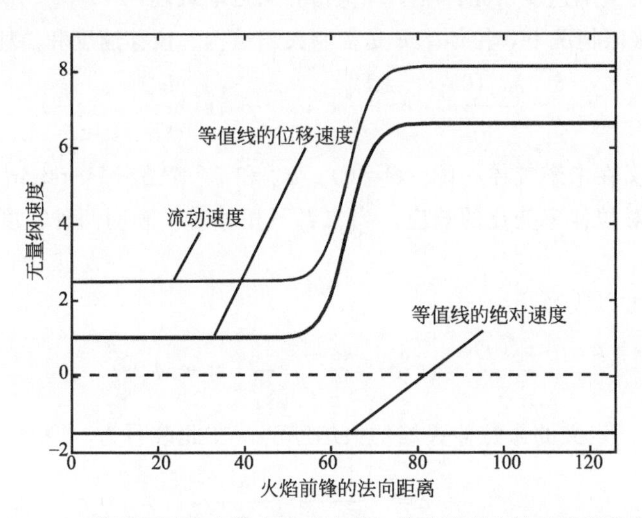

图 2.22 一维平面层流火焰中流动速度、位移速度和绝对速度的变化

假设入口速度$u_1=2.5s_L^0=$常数

为了确定流动速度，使用连续性方程(2.21)，这也表明在火焰参考系中，沿 $\boldsymbol{n}$ 方向的质量流量是守恒的，其值等于入口流量：

$$\rho(\boldsymbol{u}-\boldsymbol{w})\cdot\boldsymbol{n}=\rho_1(\boldsymbol{u}_1-\boldsymbol{w})\cdot\boldsymbol{n} \tag{2.103}$$

每一点的速度 u 为

$$u=-\boldsymbol{u}\cdot\boldsymbol{n}=-s_a+(u_1+s_a)\frac{\rho_1}{\rho}=u_1+s_L^0\left(\frac{\rho_1}{\rho}-1\right) \tag{2.104}$$

其中，$\rho_1/\rho=T_1/T=1+\alpha\Theta/(1-\alpha)$。$\Theta$ 和 α 分别在式(2.31) 和式(2.38) 中给出定义。当流体穿过火焰前锋时会被加速，速度从 u_1 增加到 $u_1+s_L^0\alpha/(1-\alpha)$。位移速度等于火焰速

度和流动速度之差，即

$$s_{\mathrm{d}}(\Theta)=s_{\mathrm{a}}-\boldsymbol{u}\cdot\boldsymbol{n}=s_{\mathrm{L}}^{0}\frac{\rho_1}{\rho}=s_{\mathrm{L}}^{0}\left(1+\frac{\alpha\Theta}{1-\alpha}\right) \tag{2.105}$$

由于火焰是逆流传播的，即使火焰在参考系中向后移动且 s_{a} 为负值，位移速度 s_{d} 也是正值。在已燃气体中，火焰的位移速度 $s_{\mathrm{L}}^{0}/(1-\alpha)=s_{\mathrm{L}}^{0}T_2/T_1$。此外，只有当 Θ_{f} 较小时，火焰的位移速度才等于火焰速度（在这种情况下实际等于 s_{L}^{0}），s_{d} 是靠近未燃气体等值线处的位移速度。表 2.11 总结了上述结论。

表 2.11　平面未拉伸火焰中的火焰速度

消耗速度s_{c}	绝对速度$s_{\mathrm{a}}(\Theta)$	位移速度$s_{\mathrm{d}}(\Theta)$
s_{L}^{0}	$-u_1+s_{\mathrm{L}}^{0}$	$s_{\mathrm{L}}^{0}[1+\alpha\Theta/(1-\alpha)]$

注：u_1 是火焰前端的流场速度，Θ 是归一化温度［式(2.31)］，α 用于衡量热释放［式(2.38)］。

2.7.3 拉伸火焰的火焰速度和 Markstein 长度

平面无拉伸火焰是少数能够得到明确定义和测量所有速度的火焰之一。如果火焰被拉伸（弯曲或应变，或两者兼有），火焰速度可能取不同的值，通过实验或数值模拟计算会更加困难。

关于拉伸火焰的火焰速度研究，唯一理论指导来自渐近理论[1,34-37]。研究表明，在应变率项和曲率项很小的极限情况下，拉伸率 κ 是控制火焰结构、位移速度和消耗速度的唯一参数：

$$\frac{s_{\mathrm{d}}(0)}{s_{\mathrm{L}}^{0}}=1-\frac{L_{\mathrm{a}}^{\mathrm{d}}}{s_{\mathrm{L}}^{0}}\kappa\ ,\quad \frac{s_{\mathrm{c}}}{s_{\mathrm{L}}^{0}}=1-\frac{L_{\mathrm{a}}^{\mathrm{c}}}{s_{\mathrm{L}}^{0}}\kappa \tag{2.106}$$

其中，位移速度定义在未燃气体一侧（$\Theta=0$）。$L_{\mathrm{a}}^{\mathrm{d}}$ 和 $L_{\mathrm{a}}^{\mathrm{c}}$ 表示 Markstein 长度，用于衡量位移速度和消耗速度对拉伸率变化的响应。当二者不相等时，表明两种速度对拉伸率变化的响应不同。

式(2.106) 也可以改写为

$$\frac{s_{\mathrm{d}}(0)}{s_{\mathrm{L}}^{0}}=1-M_{\mathrm{a}}^{\mathrm{d}}\frac{\kappa\delta}{s_{\mathrm{L}}^{0}}\ ,\quad \frac{s_{\mathrm{c}}}{s_{\mathrm{L}}^{0}}=1-M_{\mathrm{a}}^{\mathrm{c}}\frac{\kappa\delta}{s_{\mathrm{L}}^{0}} \tag{2.107}$$

其中，δ 为式(2.55) 定义的未拉伸火焰的火焰厚度，在此改写为

$$\delta=\frac{\lambda_1}{\rho_1 C_{\mathrm{p}} s_{\mathrm{L}}^{0}}=\frac{\mathcal{D}_{\mathrm{th},1}}{s_{\mathrm{L}}^{0}} \tag{2.108}$$

$M_{\mathrm{a}}^{\mathrm{d}}=L_{\mathrm{a}}^{\mathrm{d}}/\delta$ 和 $M_{\mathrm{a}}^{\mathrm{c}}=L_{\mathrm{a}}^{\mathrm{c}}/\delta$ 分别代表位移速度和消耗速度的 Markstein 数。$\kappa\delta/s_{\mathrm{L}}^{0}$ 是无量纲 Karlovitz 数，当其等于 1 时，火焰会熄灭，因此之前给出的不同速度间的关系式仅在 $\kappa\delta/s_{\mathrm{L}}^{0}\ll 1$ 时成立。Markstein 数在文献中有多种表达形式，对于密度可变、黏度恒定和单步反应模型下的贫燃火焰，Markstein 数可以表示为[38]❶

$$M_{\mathrm{a}}^{\mathrm{d}}=\frac{L_{\mathrm{a}}^{\mathrm{d}}}{\delta}=\frac{T_2}{T_2-T_1}\ln\left(\frac{T_2}{T_1}\right)+\frac{1}{2}\beta(Le_{\mathrm{F}}-1)\frac{T_1}{T_2-T_1}\int_0^{\frac{T_2-T_1}{T_1}}\frac{\ln(1+x)}{x}\mathrm{d}x \tag{2.109}$$

且

❶ 此推导可扩展至变输运特性[39] 和非绝热火焰[40] 的情形。

$$M_a^c = \frac{L_a^c}{\delta} = \frac{1}{2}\beta(Le_F - 1)\frac{T_1}{T_2 - T_1}\int_0^{\frac{T_2-T_1}{T_1}} \frac{\ln(1+x)}{x}dx \qquad (2.110)$$

参数 β 由式(2.38) 给出：$\beta=(T_2-T_1)T_a/T_2^2$，它常用来衡量活化能的大小。位移 Markstein 长度 L_a^d 的正负决定层流火焰前锋的稳定性，也可能对湍流火焰产生影响，即负的 Markstein 长度会引起火焰前锋的内在不稳定性，进而形成胞状结构[1]。

在实验中，Markstein 长度是根据火焰速度相对于拉伸率的斜率来确定。例如，Markstein 长度 L_a^d 可通过测量在不同拉伸率下的位移速度 s_d 计算得到：

$$L_a^d = -\frac{\partial s_d}{\partial \kappa} \qquad (2.111)$$

尽管拉伸率和火焰速度之间的关系式仅在严苛的假设下被证实（单步化学反应、高活化能、小拉伸），但它是大多数现代火焰研究的基础。大部分实验结果都默认假定火焰拉伸率是控制火焰结构的唯一参数，尽管有些结果表明情况并非如此[26]。此外，实验测量 Markstein 长度比较困难，目前已有多种数值方法用于计算不同流场中的 Markstein 长度，如球形火焰[11,41-48]、振荡火焰[49]、稳定 V 形火焰[50]、滞止火焰[51] 以及其他火焰构型。在过去十年间，不同学者测量同种燃料的层流火焰速度时，其结果的差异性引起了很大的关注，对 Markstein 长度测量结果的不确定性更大，以至于方法的准确性也成为一个备受争议的话题。以下针对滞止火焰、火焰尖峰、球形火焰这三种典型的拉伸火焰展开讨论。

(1) 滞止火焰

滞止火焰常用于研究层流火焰 [图 2.20(a) 和 (b)]。对于这种火焰，式(2.89) 中的曲率项为 0，因此，应变率和拉伸率相等。拉伸率对火焰前锋具有显著影响，渐近理论[52-55]、实验测量[56-57] 和数值模拟[5,58] 为滞止火焰对拉伸效应的响应给出了详细的描述。在小拉伸率下，可以观察到 Markstein 行为，即火焰速度随拉伸率线性变化；当拉伸率较大时，则需要更加复杂的分析理论、数值计算和实验方法。

不论是使用实验、理论还是数值方法研究滞止火焰，在这种流场中对火焰速度的解释需十分谨慎[59]。由于滞止火焰是稳态火焰，因此所有等温线上的绝对火焰速度均为 0，即

$$s_a = 0 \ , \ \boldsymbol{w} = 0 \qquad (2.112)$$

式(2.99) 表明，在每一点上，位移速度都与流动速度方向相反

$$s_d(\Theta) = -\boldsymbol{u} \cdot \boldsymbol{n} \qquad (2.113)$$

图 2.23 给出了滞止预混火焰（沿垂直于火焰的轴向）的典型速度和温度曲线，在无火焰的滞止势流中，速度 u 随 x 线性变化：$u=-ax$，其中 a 是应变率。在实验数据中，即便位于远离火焰前锋的位置，速度 u 也不一定与 x 呈线性关系，这使定义应变率更加困难。更重要的是流速变化很快，在滞止平面上速度为 0，而热释放效应会使流速在火焰区出现局部最大值。在使用式(2.113) 计算位移速度 $s_d(0)$ 时，应该选择哪一点的速度呢？在文献 [51] 和 [60] 中提出几种方法：使用反应区的最小速度，或将速度分布外推至反应区等。总的来说，即便上述方法是为数不多能用于分析实验数据的方法[26,61]，它们也只能得到模棱两可的结果。正如 Williams[1] 的观点，如果需要火焰的详细信息，如 Markstein 长度，在实验中避开位移速度而关注消耗速度 s_c 更有意义，因为 s_c 被明确定义为穿过火焰前锋中的积分反应率 [式(2.95)]。然而，消耗速度 s_c 必须通过计算得到，不能通过实验直接测量。理论结果和数值结果也可以进行对比，如表 2.12 所示。另外，消耗速度 s_c 只能在小拉

伸率时衡量火焰速度，在拉伸率比较大时，由于流管的散度问题，使用消耗速度 s_c 衡量真实火焰速度不可靠。

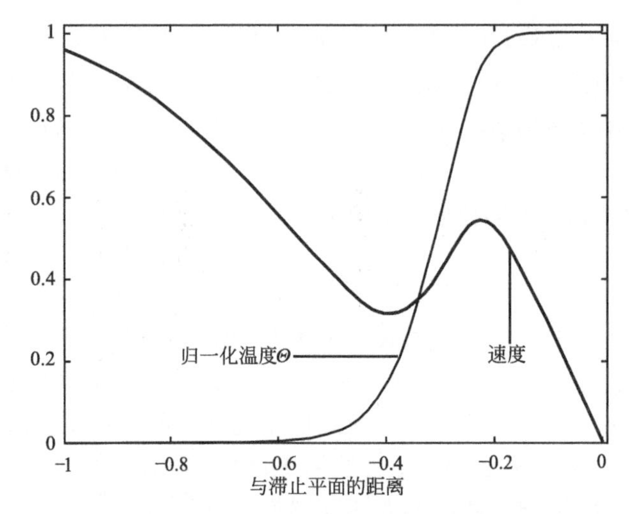

图 2.23　滞止预混火焰的速度和温度分布

表 2.12　平面滞止火焰的火焰速度表达式

速度类别	消耗速度 s_c	绝对速度 $s_a(\Theta)$	位移速度 $s_d(\Theta)$
定义	$-\frac{1}{\rho_1 Y_{F1}}\int_{-\infty}^{+\infty}\dot{\omega}_F \mathrm{d}\boldsymbol{n}$	0	$-\boldsymbol{u}\cdot\boldsymbol{n}$
实验	否	是	困难
计算	是	是	困难

注：$\boldsymbol{u}$ 是局部流速。“实验”和“计算”行表示是否可以从测量或计算中获得相应的速度。

当火焰被拉伸时，首先意味着火焰前锋被注入更多的未燃气体（因为燃料质量分数的梯度增加），但也意味着火焰前锋被冷却得更快（因为温度梯度增加）。在该机制中，由于组分梯度和温度梯度相互竞争，燃料的 Lewis 数 $Le_F=\lambda/(\rho C_p\mathcal{D})$，即热量扩散率 $\lambda/(\rho C_p)$ 和组分扩散率（$\mathcal{D}$）之比，就成为火焰拉伸效应中的关键参数。控制火焰响应的第二个参数是热损失水平（尤其是辐射损失）。

图 2.24 总结了 $Le_F=1$ 时单滞止火焰（图 2.20 中显示的构型）的渐近结果。正如式 (2.110) 的预测，在小拉伸率下组分和温度梯度以相同的比例增加，因此消耗速度 s_c 在很宽的拉伸率范围内保持不变，即 $Le_F=1$ 的单滞止火焰对于拉伸率变化几乎不敏感。增加火焰拉伸率（应变率）的唯一效果是使火焰变薄。

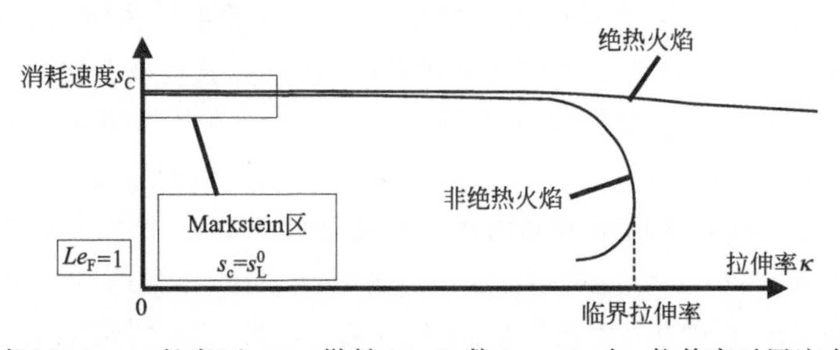

图 2.24　当 Markstein 长度 $L_a^c=0$、燃料 Lewis 数 $Le_F=1$ 时，拉伸率对层流火焰的影响

当 $Le_F<1$ 时，如图 2.25 所示，在拉伸率较小时，单滞止火焰显示出拉伸效应：随着

拉伸率增加，反应率也增加。基于 Markstein 方程(2.110)，当 $Le_F<1$ 时，$M_a^c<0$，使用式(2.107) 也可以得到相同的变化规律。但是当拉伸率较大时，消耗速度 s_c 和拉伸率 κ 之间的简单线性关系 [式(2.107)] 不再适用，此时拉伸效应使火焰速度显著增加，如氢气-空气贫燃火焰被拉伸时，速度成倍增加[26]。在不考虑热损失时，火焰熄灭只有在拉伸率非常大时才会发生。当考虑非绝热火焰时，在小拉伸率下，便可观察到突然熄灭的现象。

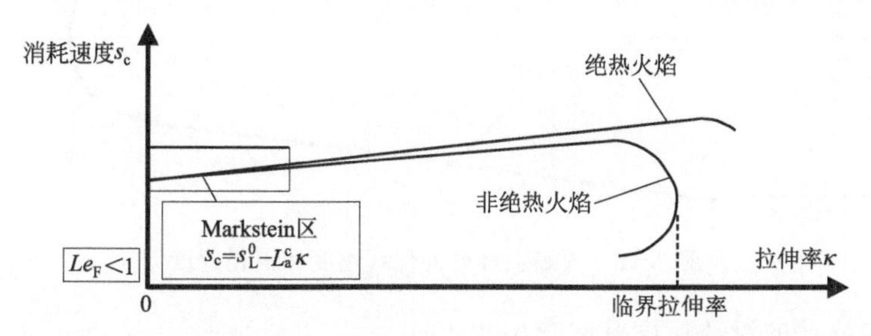

图 2.25 当 Markstein 长度为负值、燃料 Lewis 数$Le_F<1$时，拉伸率对层流火焰的影响

当 $Le_F>1$ 时 (图 2.26)，$M_a^c>0$。一旦火焰被拉伸，热释放会随拉伸率的增加而减少。理论分析表明，当 Le_F 值非常大时，火焰可能会熄灭。然而，一般情况下，Le_F 的取值不足以大到引发火焰熄灭[1]。在拉伸率非常大时，热损失对火焰的影响非常大。渐近分析理论表明，热损失决定 s_c-κ 曲线中火焰突然熄灭的拐点。火焰发生熄灭的临界值与 s_L^0/δ 成比例。在实验中，也会观察到火焰突然熄灭现象，这一现象常用于验证一维火焰代码的预测能力。

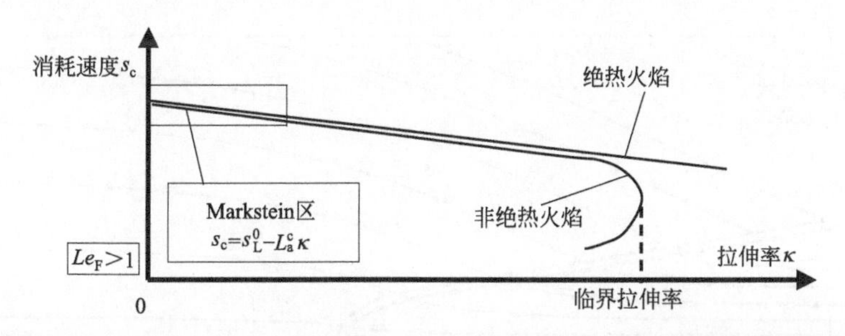

图 2.26 当 Markstein 长度为正值、燃料 Lewis 数$Le_F>1$时，拉伸率对层流火焰的影响

(2) 火焰尖峰

在很多火焰中，绝对速度 s_a、位移速度 s_d 和消耗速度 s_c 存在明显差异，最好的算例(图 2.27) 是稳态层流火焰尖峰[31,35]。在这种火焰中，所有火焰单元的绝对速度 s_a 均为 0，因此，火焰轴上的位移速度 s_d 必须准确补偿流动速度。由于流动速度是任意给定，当其很大时，对应的位移速度也很大。在火焰尖峰处，位移速度 s_d 可以是消耗速度 s_c 的 10 倍大小。

图 2.28 给出了一个 $Le_F=1$ 的二维火焰尖峰的数值结果[31]。可以看出，反应区的结构与侧面和火焰尖峰处相同，尤其是侧面和尖峰处的消耗速度 s_c 都等于 s_L^0。如果入口速度设定为 $8s_L^0$，则火焰轴上的位移速度也为 $s_d=u=8s_L^0$❶。在火焰轴上，位移速度的增加是由以下两种机制引起：

① 如图 2.28 中的流线所示，以火焰轴为中心的流管在穿过火焰时会受到剧烈膨胀作

❶ 在 Lewis 数为 1 的模拟中得到的结果与 Lewis 数不为 1 时可能出现的火焰尖峰的开口和封闭现象无关[51]。

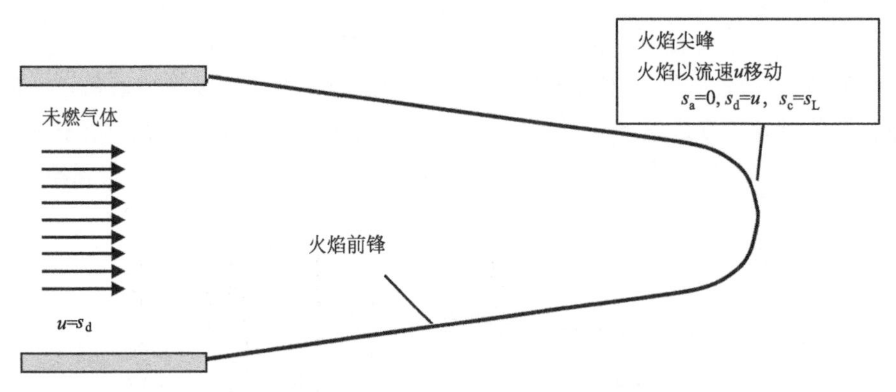

图 2.27 火焰尖峰处的位移速度和消耗速度

用，导致火焰尖峰处的流动速度首次减小。

② 由于尖峰本身曲率很大，再加上扩散机制也会起作用，更多的反应物扩散到火焰的侧面而不是尖峰处（参见图 2.28 上的反应物路径），于是在火焰轴上，火焰尖峰上游的燃料质量分数会进一步减小。

由于这两种效应（流动减速和燃料向远离轴线方向扩散）共同作用，进入火焰尖峰的燃料流量减小至足以在反应区完全反应[31]。实际上，火焰高度会自动调整至满足上述条件。

表 2.13 证实了不同定义下的火焰速度会相差很大，尤其是在弯曲火焰中。另外，火焰能以很高的速度逆流传播，这一点在湍流火焰中很重要。

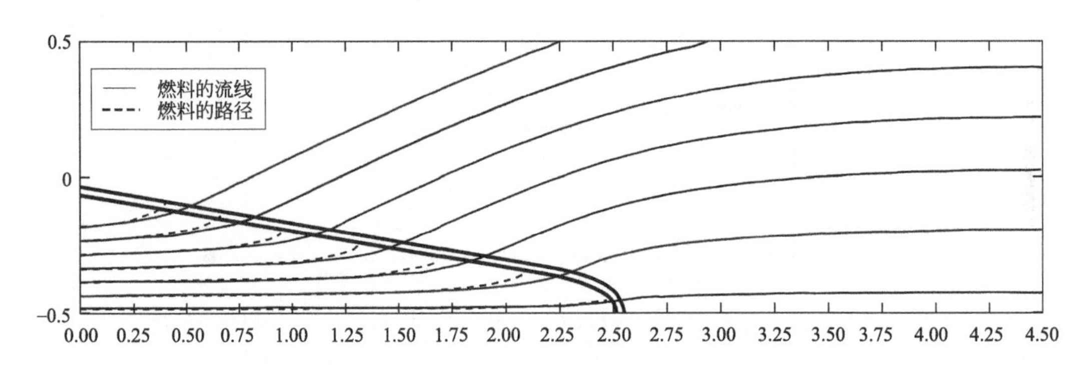

图 2.28 火焰尖峰处的反应率等值线以及燃料的流线和路径[31]

表 2.13 本生灯在 $Le_F=1$ 时的火焰速度表达式[31]

速度类别	消耗速度 s_c	绝对速度 $s_a(\Theta)$	位移速度 $s_d(\Theta)$
表达式	$-\frac{1}{\rho_1 Y_{F1}}\int_{-\infty}^{+\infty}\dot{\omega}_F \mathrm{d}\boldsymbol{n}=s_L^0$	0	$-\boldsymbol{u}\cdot\boldsymbol{n}\gg s_L^0$
实验	否	是	是
计算	是	是	是

注：“实验”和“计算”行表示是否可以从测量或计算中获得相应的速度。

(3) 球形火焰

在滞止火焰中，可以通过测量任一点处的流动速度来计算火焰的速度和拉伸率，但对于球形非稳态火焰，这种方法不可行。此时可以利用球形爆燃现象来测量火焰速度和 Markstein 长度[41,43,62]。假如在一个静置的预混容器中，如图 2.29 所示，当未燃气体被点燃时，会产生一个半径为 $r(t)$ 的球形火焰。基于半径 $r(t)$ 的数据，可以推导出火焰的所有信息。

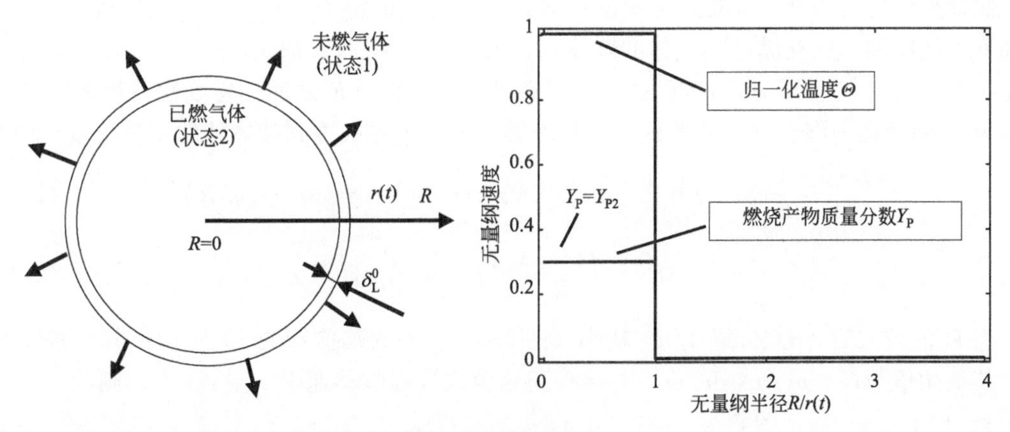

图 2.29　球形火焰

首先是火焰的拉伸率。由于火焰的总面积为 $A=4\pi r(t)^2$，且火焰的对称性使火焰面的切向速度梯度为 0，则拉伸率为

$$\kappa=\frac{1}{A}\times\frac{\mathrm{d}A}{\mathrm{d}t}=\frac{2}{r}\times\frac{\mathrm{d}}{\mathrm{d}t}r(t) \tag{2.114}$$

由于气相组分和火焰面都会移动，火焰速度的测量更加复杂。通过半径 $r(t)$ 来推导流动速度和火焰速度时，需要引入一些假设，而这些假设均是基于火焰的厚度，因此可能会引入很大的误差。

1）火焰厚度为零时的火焰速度表达式

假定火焰厚度 δ_L^0 忽略不计，则可以推导出具有一阶精度的火焰速度和流动速度。首先，通过燃烧产物质量分数 Y_P 的守恒方程，可以得到消耗速度 s_c 与球半径 $r(t)$ 之间的关系式：

$$\frac{\partial\rho Y_P}{\partial t}+\frac{\partial}{\partial x_i}(\rho(u_i+V_{k,i})Y_P)=\dot{\omega}_P \tag{2.115}$$

在球坐标系上，将方程(2.115) 在 $r=0$ 和 $r=\infty$ 区间积分，可以得到燃烧产物总质量 M_p 的控制方程

$$\frac{dM_p}{\mathrm{d}t}=\frac{\mathrm{d}}{\mathrm{d}t}\left(\int_0^\infty\rho Y_P\mathrm{d}V\right)=\int_0^\infty\dot{\omega}_P\mathrm{d}V \tag{2.116}$$

由于燃烧产物的扩散通量和对流通量在 $r=0$ 和 $r=\infty$ 时均为 0，假设火焰很薄且为理想的球形，则方程(2.116) 右边的反应率项与火焰的消耗速度直接相关：

$$\int_0^\infty\dot{\omega}_P\mathrm{d}V=4\pi r(t)^2\int_0^\infty\dot{\omega}_P\mathrm{d}r=4\pi r(t)^2\rho_1 s_c Y_{P2} \tag{2.117}$$

使用式(2.27)，方程(2.116) 中的燃烧产物总质量 M_p 可以表示为

$$M_p=\int_0^\infty\rho Y_P\mathrm{d}V=\frac{4\pi}{3}\rho_2 Y_{P2}r(t)^3 \tag{2.118}$$

式中，Y_{P2} 是充分燃烧后的产物质量分数。

将式(2.118) 和式(2.117) 代入方程(2.116)，可得到关于 $r(t)$ 的函数 s_c 表达式

$$s_c=\frac{\rho_2}{\rho_1}\times\frac{\mathrm{d}}{\mathrm{d}t}r(t) \tag{2.119}$$

假设火焰厚度为 0，则位移速度也可通过测量 $\mathrm{d}r/\mathrm{d}t$ 得到。首先，流动速度 $u(r)$ 可通过如下方法得到：在充满已燃气体的球体内，当 $r(t)>R$ 时，假定 $u(r)$ 为 0，已燃气体是静止状态；当 $r(t)<R$ 时，速度 $u(r)$ 可以通过 $r=0$ 和 $r=R$ 之间的连续性方程来计算。在半径为 R 的球体内混合气体总质量的变化率等于未燃气体被推到球体外的质量通量，即

$$\frac{\mathrm{d}}{\mathrm{d}t}\left\{\frac{4}{3}\pi\rho_2 r(t)^3+\frac{4}{3}\pi\rho_1\left[R^3-r(t)^3\right]\right\}=-4\pi R^2\rho_1 u(R) \tag{2.120}$$

或

$$u(R)=\left(\frac{r(t)}{R}\right)^2\left(1-\frac{\rho_2}{\rho_1}\right)\frac{\mathrm{d}}{\mathrm{d}t}r(t) \tag{2.121}$$

当 R 值较大时，$u(R)$ 以 $1/R^2$ 减小（图 2.30）。在火焰前锋处 $[R=r(t)]$，$u(R)$ 不连续，其最大值为 $(1-\rho_2/\rho_1)\mathrm{d}r/\mathrm{d}t$，如果保留该值来计算位移速度 $s_d=s_a-u$，则有

$$s_d=\frac{\rho_2}{\rho_1}\times\frac{\mathrm{d}}{\mathrm{d}t}r(t)=s_c \tag{2.122}$$

显然，该结果与式(2.119) 一致。

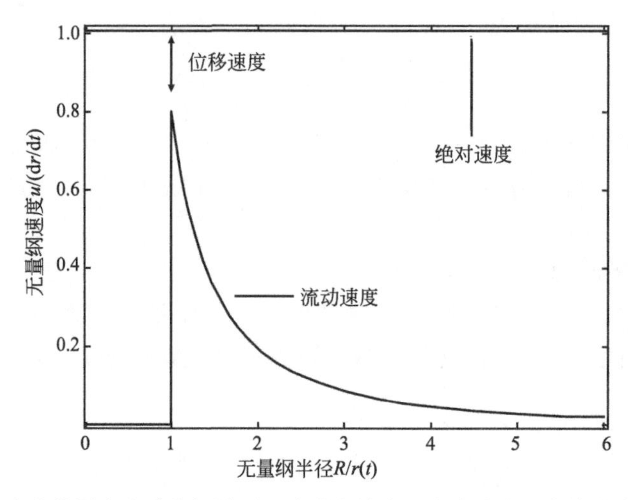

图 2.30 在火焰厚度为零的假设下，球形火焰中的流动速度和火焰速度分布曲线

2）火焰厚度不为零时的火焰速度表达式

基于测量的 $r(t)$ 数据，火焰速度常使用式(2.119) 或式(2.122) 估算，但当火焰厚度不为 0 时，则无法推导出上述公式。对有限火焰厚度引入的所有修正都会对火焰速度产生直接的影响，并对 Markstein 长度产生重大影响。除此之外，式(2.119) 或式(2.122) 在应用中存在以下几个问题：

① 球形火焰总是处于拉伸状态。为得到未拉伸火焰的速度 s_L^0，必须建立火焰速度和拉伸率之间的模型。该模型通常是式(2.106) 给出的线性关系式，常用方法是在火焰速度与拉伸率的关系曲线上拟合出 s_L^0 和 Markstein 长度 L_a，但结果与所选择的火焰速度与拉伸率之间的关系模型有关。最近很多文献表明，使用式(2.106) 不足以很好地定义球形火焰，而基于非线性关系的方法更准确，但是这些非线性模型未给出相对于未燃气体的位移速度，而是给出相对于已燃气体的位移火焰速度（这里称为 s_b），进而提供相对于已燃气体的 Markstein 长度（称为 L_b）[48,63]。这里给出一个非线性关系的简化表达式[47-48]❶

$$\frac{s_b}{s_b^0}\ln\left(\frac{s_b}{s_b^0}\right)=-2\frac{L_b}{r(t)} \quad 或 \quad \left(\frac{s_b}{s_b^0}\right)^2\ln\left(\frac{s_b}{s_b^0}\right)^2=-2\frac{L_b\kappa}{s_b^0} \tag{2.123}$$

火焰拉伸率为 $\kappa=\frac{2}{r}\times\frac{dr}{dt}=\frac{2}{r}s_b$。由于已燃气体处于静止状态，即 $s_b=dr/dt$，使用相对于已燃气体的火焰速度对于这种火焰更合理。求解 s_b^0 和 L_b 时，式(2.123) 给出了一个合理的模型，但要从 s_b^0 和 L_b 中获得 s_L^0 和 L_a，难度很大。在大多数情况下，只是简单假定 $s_L^0=s_b^0\frac{\rho_2}{\rho_1}$，然而，$L_b$ 和 L_a 之间不存在简单的关系式。因此，在球形火焰中，很难测量 L_a。

② 基于 $r(t)$ 测量数据获得火焰速度时，无论火焰速度和火焰拉伸率之间的关系是线性还是非线性，式(2.119)、式(2.122) 和式(2.123) 都需要知道未燃气体和已燃气体之间的密度比 ρ_2/ρ_1。通常使用平衡态假设来估算已燃气体的温度，但任何程度的辐射损失都可能会改变已燃气体温度，进而改变密度比[63]。

③ 点火阶段会引起已燃气体中温度 T 和密度 ρ 分布不均匀以及密度比 ρ_2/ρ_1 与平衡值相差甚远等问题，从而难以精准确定火焰速度。Kelley 和 Law 指出[64]，球形火焰的点火阶段不能用于测量火焰速度。

④ 在绝大多数球形火焰实验中，火焰被放置在燃烧弹内，由于压力上升和壁面效应都会改变火焰，因此，火焰传播的最后时刻也不能用于测量火焰速度。

⑤ 在高压火焰和富燃火焰中常会出现热扩散不稳定性（2.8 节），从而产生胞状火焰，致使火焰速度无法测量[15]。

表 2.14　在火焰厚度为 0 时，球形火焰的火焰速度表达式

速度类别	消耗速度 s_c	绝对速度 $s_a(\Theta)$	位移速度 $s_d(\Theta)$
表达式	$\frac{\rho_2}{\rho_1}\times\frac{d}{dt}r(t)$	$\frac{d}{dt}r(t)$	$\approx\frac{\rho_2}{\rho_1}\times\frac{d}{dt}r(t)$
实验	是	是	困难
计算	是	是	困难

注：“实验”和“计算”栏表示是否可以从测量或计算中获得相应的速度。

因此，球形火焰速度的测量看似简单，但实际测试仍然很困难。表 2.14 总结了零厚度火焰假设下的火焰速度估算方法，虽然有时会使用这些表达式，但它们并不能提供足够的精度，尤其是需要估算 Markstein 长度（火焰速度对拉伸率求导）时。对于厚度不为 0 的火焰，可以得出更精确的火焰速度近似值。从方程(2.116) 出发，考虑更准确的已燃气体质量 M_p，即 M_p 不仅包括 $r=0$ 和 $r=r(t)$之间的已燃气体，还包括火焰前锋内［在 $r=r(t)$和 $r=r(t)+\delta_L^0$ 之间］的已燃气体。虽然第二部分占比很小，但必须保留此项。在计算 M_p 时，需要 $Y_P(r)$的模型，但该模型不可知，因此不易直接求解，但其大小可以通过火焰区域内燃烧产物 ρY_P 的平均值来估算，即

❶ 对于小拉伸率 κ，此式简化为线性表达式 $s_b=s_b^0-\frac{L_b}{s_b^0}\kappa$。

$$\int_{r(t)}^{r(t)+\delta_L^0} \rho Y_P \mathrm{d}V = \frac{1}{2}\delta_L^0 4\pi r(t)^2 \rho_2 Y_{P2} \tag{2.124}$$

使用该表达式可以写出 M_p 的时间导数，结合式(2.117) 可以得出一个考虑有限火焰厚度影响的 s_c 表达式

$$s_c = \left[1+\frac{\delta_L^0}{r(t)}\right]\frac{\rho_2}{\rho_1}\times\frac{\mathrm{d}}{\mathrm{d}t}r(t) \tag{2.125}$$

对于比较大的球形火焰，r/δ_L 较大，可以复现关系式(2.119)[43]。从式(2.125) 可以看出，很难测量球形火焰的 Markstein 长度[65]，因为式(2.125) 右边项中火焰速度的微小变化不会明显改变 s_c 的值，但会明显改变 s_c 相对于拉伸率的斜率。零厚度火焰下 Markstein 长度 L_a^1 [式(2.122)] 与火焰厚度不为 0 时 Markstein 长度 L_a^2 [式(2.125)] 的差值 ΔL_a 很容易计算：

$$\Delta L_a = L_a^2 - L_a^1 = 0.5\delta_L^0 \rho_2/\rho_1 \tag{2.126}$$

其值约等于火焰厚度 δ_L^0。由于 Markstein 长度量级相当，使用式(2.122) 计算 Markstein 长度时引入的误差可能很大[65-66]。

2.8 层流火焰前锋的不稳定性

在本章中，假定层流预混火焰前锋具有稳定结构并沿火焰法向传播，同时维持平面一维形状。但事实并非总是如此，预混火焰前锋可能会出现各种不稳定模式[1,67-69]。例如，层流预混火焰的热扩散不稳定性，由反应物的分子扩散率和热扩散率的比值（即最贫反应物的 Lewis 数 Le）控制，如图 2.31 所示。

① 如果 $Le<1$，当火焰前锋向未燃气体凸起时，反应物向已燃气体扩散的速度大于热量向低温未燃气体扩散的速度，这些反应物被加热后燃烧更快，进而增加局部火焰速度 s_L，使其高于平面火焰前锋速度 s_L^0。另外，当火焰前锋向已燃气体凸起时，反应物在大范围内扩散，火焰速度相比于 s_L^0 减小。当火焰前锋褶皱（以及火焰表面）增加时，燃烧是不稳定的。

② 当组分的分子扩散率低于热扩散率时（$Le>1$），类似分析表明，火焰是稳定的，即火焰表面会减小。

在使用小密度燃料时（通常是氢气），反应物从富燃（$Le\approx1.1$，氧气为稀缺反应物）到贫燃（$Le\approx0.3$，氢气为稀缺反应物）的变化过程会触发火焰从稳定（$Le>1$）到不稳定（$Le<1$）的过渡。例如，在氢气-空气层流贫燃火焰中，可以观察到热扩散不稳定性，最终形成胞状结构火焰。图 2.32 举例给出了氢气-丙烷-空气火焰在压力为 0.5MPa 下生成的胞状结构火焰，富燃火焰表面光滑，但贫燃火焰表面是胞状结构。这些胞状结构会随压力增加而增多。

热扩散不稳定并不是层流火焰中唯一的不稳定机制，对层流火焰前锋不稳定性的详细讨论超出了本书的范围，感兴趣的读者可以参考 Williams[1] 和 Clavin[70] 的工作。在绝大多数情况下，尤其是在湍流火焰中，这种不稳定性常被忽视（第 4～6 章）。但最新研究表明，热扩散机制可能是湍流火焰中火焰起皱的原因（5.5.3 节）。

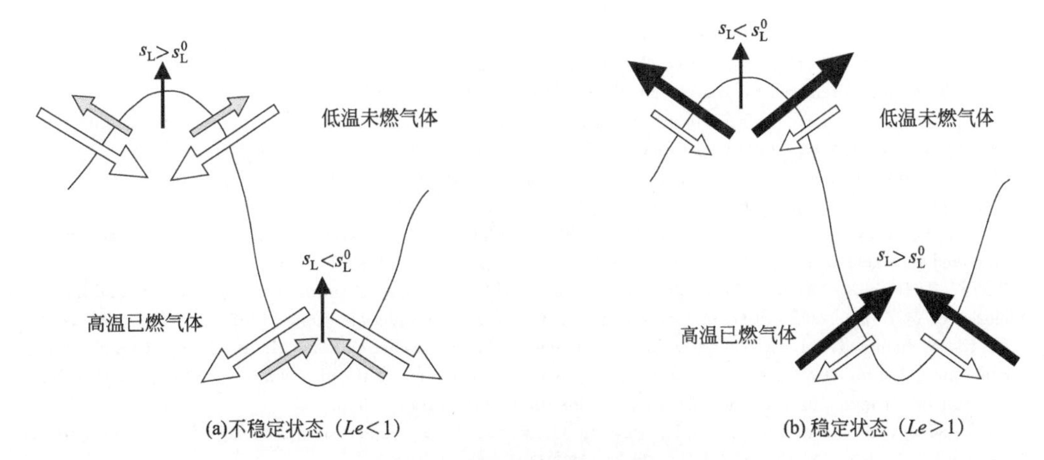

图 2.31　热扩散不稳定性示意图

当$Le<1$时，分子扩散（空心箭头）大于热扩散（实心箭头），火焰前锋的褶皱因火焰速度不同而变多；当$Le>1$时，会得到稳定的平面火焰

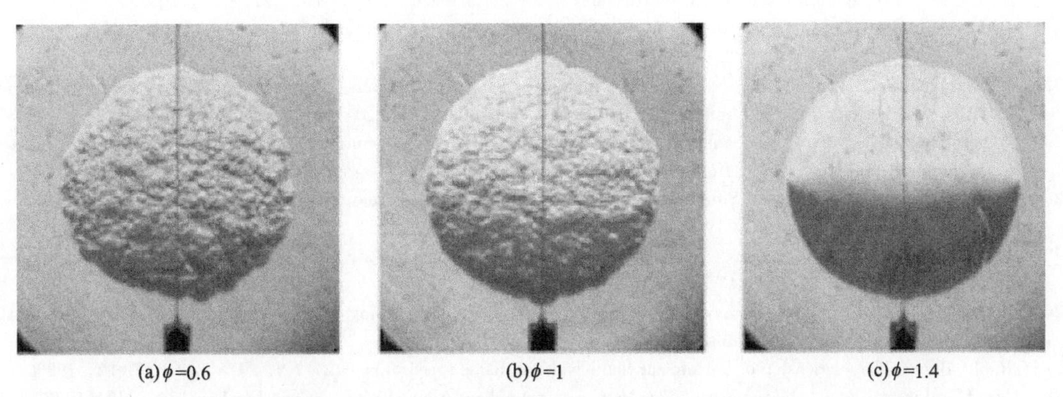

图 2.32　在 0.5MPa 的压力条件下，球形氢气-丙烷-空气火焰中形成的胞状结构火焰[69]

参考文献

[1] F. A. Williams. *Combustion Theory*. Benjamin Cummings，Menlo Park，CA，1985.

[2] R. J. Kee，J. Warnatz，and J. A. Miller. A fortran computer code package for the evaluation of gas phase viscosities，conductivities，and diffusion coefficients. Technical Report SAND83-8209，Sandia National Laboratories，1983.

[3] R. J. Kee，J. F. Grcar，M. D. Smooke，and J. A. Miller. Premix：A fortran program for modeling steady laminar one-dimensional flames. Technical Report SAND85-8240，Sandia National Laboratories，1985.

[4] R. J. Kee，F. M. Rupley，and J. A. Miller. Chemkin-ii：A fortran chemical kinetics package for the analysis of gas-phase chemical kinetics. Technical Report SAND89-8009B，Sandia National Laboratories，1989.

[5] V. Giovangigli and M. Smooke. Calculation of extinction limits for premixed laminar flames in a stagnation point flow. *J. Comput. Phys.*，68 (2)：327-345，1987.

[6] V. Giovangigli and M. Smooke. Extinction of strained premixed laminar flames with complex chemistry. *Combust. Sci. Tech.*，53：23-49，1987.

[7] S. Kalainatianos，Y. K. Park，and D. G. Vlachos. Two-parameter continuation algorithms for sensitivity analysis，parametric dependence，reduced mechanisms，and stability criteria of ignition and extinction. *Combust. Flame*，112 (1/2)：45-61，1998.

[8] A. E. Lutz，R. J. Kee，and J. A. Miller. Senkin：A fortran program for predicting homogeneous gas phase kinetics with sensitivity analysis. Technical Report SAND87-8248，Sandia National Laboratories，1991.

[9] V. Giovangigli and M. Smooke. Application of continuation methods to laminar premixed flames. *Combust. Sci. Tech.*，87：241-256，1993.

[10] C. G. Fotache, H. Wang, and C. K. Law. Ignition of ethane, propane and butane in counterflow jets of cold fuel versus hot air under variable pressures. *Combust. Flame*, 117 (4): 777-794, 1999.
[11] K. T. Aung, M. I. Hassan, and G. M. Faeth. Effects of pressure and nitrogen dilution on flame stretch interactions of laminar premixed hydrogen air flames. *Combust. Flame*, 112 (1): 1-15, 1998.
[12] P. Paul and J. Warnatz. A reevaluation of the means used to calculate transport properties of reacting flows. In *27th Symp. (Int.) on Combustion*, pages 495-504. The Combustion Institute, Pittsburgh, 1998.
[13] P. A. Libby, K. N. C. Bray, and J. B. Moss. Effects of finite reaction rate and molecular transport in premixed turbulent combustion. *Combust. Flame*, 34: 285-301, 1979.
[14] K. N. C. Bray, P. A. Libby, and J. B. Moss. Flamelet crossing frequencies and mean reaction rates in premixed turbulent combustion. *Combust. Sci. Tech.*, 41 (3-4): 143-172, 1984.
[15] X Wu, Z Huang, X Wang, C Jin, C Tang, L Wei, and C. K. Law. Laminar burning velocities and flame instabilities of 2, 5-dimcthylfuran-air mixtures at elevated pressures. *Combust. Flame*, 158 (3): 539-546, 2010.
[16] R. K. Mohammed, M. A. Tanoff, M. D. Smooke, A. M. Schaffer, and M. B. Long. Computational and experimental study of a forced, time varying, axisymmetric, laminar diffusion flame. In *27th Symp. (Int.) on Combustion*, pagers 693-702. The Combustion Institute, Pittsburgh, 1998.
[17] A. Dervieux, B. Larrouturou, and R. Peyret. On some adaptive numerical approaches of thin flame propagation problems. *Combust. Flame*, 17 (1): 39-60, 1989.
[18] T. Echekki and J. Ferziger. A simplified reaction rate model and its application to the analysis of premixed flames. *Combust. Sci. Tech.*, 89: 293-351, 1993.
[19] E. van Kalmthout. *Stabilisation et modelisation des flammes turbulentes non preme-langees. Etude theorique et simulations directes.* Phd thesis, Ecole Centrale de Paris, 1996.
[20] T. Mitani. Propagation velocities of two-reactant flames. *Combust. Sci. Tech.*, 21: 175, 1980.
[21] I. Yamaoka and H. Tsuji. Determination of burning velocity using counterflow flames. In *20th, Symp. (Int.) on Combustion*, pages 1883-1892. The Combustion Institute, Pittsburgh, 1984.
[22] E. Fernandez-Tarrazo, A. L. Sanchez, A. Linan, and F. A. Williams. A simple one-step chemistry model for partially premixed hydrocarbon combustion. *Combust. Flame*, 147 (1-2): 32-38, 2006.
[23] B. Franzelli, E. Riber, M. Sanjose, and T. Poinsot. A two-step chemical scheme for Large-Eddy Simulation of kerosene-air flames. *Combust. Flame*, 157 (7): 1364-1373, 2010.
[24] C. Westbrook and F. Dryer. Simplified reaction mechanism for the oxidation of hydrocarbon fuels in flames. *Combust. Sci. Tech.*, 27: 31-43, 1981.
[25] M. Metghalchi and J. C. Keck. Laminar burning velocity of propane-air mixtures at high temperature and pressure. *Combust. Flame*, 38: 143-154, 1980.
[26] X. J. Gu, M. Z. Haq, M. Lawes, and R. Woolley. Laminar burning velocity and markstein lengths of methane-air mixtures. *Combust. Flame*, 121: 41-58, 2000.
[27] R. J. Blint. The relationship of the laminar flame width to flame speed. *Combust. Sci. Tech.*, 49: 79-92, 1986.
[28] M. Matalon and B. J. Matkowsky. Flames gasdynamic discontinuities. *J. Fluid Mech.*, 124: 239, 1982.
[29] S. M. Candel and T. Poinsot. Flame stretch and the balance equation for the flame surface area. *Combust. Sci. Tech.*, 70: 1-15, 1990.
[30] S. H. Chung and C. K. Law. An invariant derivation of flame stretch. *Combust. Flame*, 55: 123-125, 1984.
[31] T. Poinsot, T. Echekki, and M. G. Mungal. A study of the laminar flame tip and implications for premixed turbulent combustion. *Combust. Sci. Tech.*, 81 (1-3): 45-73, 1992.
[32] A. Trouve and T. Poinsot. The evolution equation for the flame surface density. *J. Fluid Mech.*, 278: 1-31, 1994.
[33] N. Peters. The turbulent burning velocity for large-scale and small-scale turbulence. *J. Fluid Mech.*, 384: 107-132, 1999.
[34] W. Bush and F. Fendell. Asymptotic analysis of laminar flame propagation for general lewis numbers. *Combust. Sci. Tech.*, 1: 421, 1970.
[35] J. Buckmaster and G. Ludford. *Theory of laminar flames*. Cambridge University Press, 1982.
[36] P. Pelce and P. Clavin. Influence of hydrodynamics and diffusion upon stability limits of laminar premixed flames. *J. Fluid Mech.*, 124: 219, 1982.
[37] P. Clavin and F. A. Williams. Effects of molecular diffusion and of thermal expansion on the structure and dynamics of premixed flames in turbulent flows of large scales and low intensity. *J. Fluid Mech.*, 116: 251-282, 1982.
[38] P. Clavin and G. Jou lin. Premixed flames in largescale and high intensity turbulent flow. *J. Physique Lettres*, 44: L 1-L 12, 1983.
[39] P. Clavin and P. Garcia. The influence of the temperature dependence of diffusivities on the dynamics of flame fronts. *J. Mecanique*, 2: 245-263, 1983.
[40] C. Nicoli and P. Clavin. Effect of variable heat loss intensities on the dynamics of a premixed flame front. *Combust. Flame*, 68: 69-71, 1987.
[41] F. Egolfopoulos and C. K. Law. Further considerations on the determination of laminar flame speeds with the counterflow twin flame technique. In *25th Symp. (Int.) on Combustion*, pages 1341-1347. The Combustion In-

stitute, Pittsburgh, 1994.

[42] D. Bradley, P. H. Gaskell, and X. J. Gu. Burning velocities, markstein lengths, and flame quenching for spherical methane-air flames: a computational study. *Combust. Flame*, 104 (1/2): 176-198, 1996.

[43] K. T. Aung, M. I. Hassan, and G. M. Faeth. Flame/stretch interactions of laminar premixed hydrogen/air flames at normal temperature and pressure. *Combust. Flame*, 109: 1-24, 1997.

[44] T. Poinsot. Comments on 'flame stretch interactions of laminar premixed hydrogen air flames at normal temperature and pressure' by Aung et al. *Combust. Flame*, 113: 279-284, 1998.

[45] G. R. A. Groot and L. P. H. De Goey. A computational study on propagating spherical and cylindrical premixed flames. *Proc. Combust. Inst.*, 29 (2): 1445-1451, 2002.

[46] A. P. Kelley and C. K. Law. Nonlinear effects in the extraction of laminar flame speeds from expanding spherical flames. *Combust. Flame*, 156: 1844-1851, 2009.

[47] Z. Chen. On the extraction of laminar flame speed and Markstein length from outwardly propagating spherical flames. *Combust. Flame*, 158 (2): 291-300, 2011.

[48] F. Halter, T. Tahtouh, and C. Mounaim-Rousselle. Nonlinear effects of stretch on the flame front propagation. *Combust. Flame*, 157 (10): 1825-1832, 2010.

[49] G. Searby and J. Quinard. Direct and indirect measurements of Markstein numbers of premixed flames. *Combust. Flame*, 82: 298-311, 1990.

[50] J. M. Truffaut and G. Searby. Experimental study of the darrieus-landau instability on an inverted 'V' flame, and measurement of the Markstein number. *Combust. Sci. Tech.*, 149 (1-6): 35-52, 1999.

[51] C. K. Law and C. J. Sung. Structure, aerodynamics and geometry of premixed flamelets. *Prog. Energy Comb. Sci.*, 26: 459-505, 2000.

[52] P. Libby and F. Williams. Premixed flames with general rates of strain. *Combust. Sci. Tech.*, 54: 237, 1987.

[53] P. A. Libby and F. A. Williams. Structure of laminar flamelets in premixed turbulent Hames. *Combust. Flame*, 44: 287, 1982.

[54] P. A. Libby and F. A. Williams. Strained premixed laminar Hames under non-adiabatic conditions. *Combust. Sci. Tech.*, 31: 1-42, 1983.

[55] P. A. Libby, A. Lilian, and F. A. Williams. Strained premixed laminar flames with non-unity lewis number. *Combust. Sci. Tech.*, 34: 257, 1983.

[56] S. Ishizuka, K. Miyasaka, and C. K. Law. Effects of heat loss, preferential diffusion, and flame stretch on flame front instability and extinction of propane/air mixtures. *Combust. Flame*, 45: 293-308, 1982.

[57] C. K. Law. Dynamics of stretched flames. In *22nd Symp. (Int.) on Combustion*, pages 1381-1402. The Combustion Institute, Pittsburgh, 1988.

[58] N. Darabiha, S. Candel, and F. E. Marble. The effect of strain rate on a premixed laminar flame. *Combust. Flame*, 64: 203-217, 1986.

[59] J. H. Tien and M. Matalon. On the burning velocity of stretched flames. *Combust. Flame*, 84 (3-4): 238-248, 1991.

[60] B. Deshaies and P. Cambray. The velocity of a premixed flame as a function of the flame stretch: an experimental study. *Combust. Flame*, 82: 361-375, 1990.

[61] C. M. Vagelopoulos and F. Egolfopoulos. Direct experimental determination of laminar flame speeds. In *27th Symp. (Int.) on Combustion*, pages 513-519. The Combustion Institute, Pittsburgh, 1998.

[62] D. R. Dowdy, D. B. Smith, and S. C. Taylor. The use of expanding spherical flames to determine burning velocities and stretch effects in hydrogen/air mixtures. In *23rd Symp. (Int.) on Combustion*, pages 325-332. The Combustion Institute, Pittsburgh, 1990.

[63] P. D. Ronney and G. I. Sivashinsky. A theoretical study of propagation and extinction of nonsteady spherical flame fronts. *SIAM Journal on Applied Mathematics*, pages 1029-1046, 1989.

[64] A. P. Kelley and C. K. Law. Nonlinear effects in the extraction of laminar flame speeds from expanding spherical flames. *Combust. Flame*, 156: 1844-1851, 2009.

[65] T. Poinsot. Comments on 'flame stretch interactions of laminar premixed hydrogen air flames at normal temperature and pressure' by Aung et al. *Combust. Flame*, 113: 279-284, 1998.

[66] D. R. Dowdy, D. B. Smith, and S. C. Taylor. The use of expanding spherical flames to determine burning velocities and stretch effects in hydrogen/air mixtures. In *23rd Symp. (Int.) on Combustion*, pages 325-332. The Combustion Institute, Pittsburgh, 1990.

[67] G. Joulin and T. Mitani. Linear stability of two-reactant flames. *Combust. Flame*, 40: 235-246, 1981.

[68] G. I. Sivashinsky. Instabilities, pattern formation, and turbulence in flames. *Ann. Rev. Fluid Mech*, 15: 179-199, 1983.

[69] C. K. Law, G. Jomaas, and J. K. Bechtold. Cellular instabilities of expanding hydrogen/propane spherical flames at elevated pressures: theory and experiment. *Proc. Combust. Inst.*, 30 (1): 159-167, 2005.

[70] P. Clavin. Dynamics of combustion fronts in premixed gases: from flames to detonations. *Proc. Combust. Inst.*, 28: 569-586, 2000.

第 3 章
层流扩散火焰

3.1 扩散火焰构型

对于第 2 章中讨论的充分预混燃烧，反应物在进入燃烧室之前预先混合，这会使系统比较危险和复杂，因此，很多燃烧系统一般不会采用这种方式，而是采用非预混燃烧方式(亦称为扩散燃烧方式)。扩散火焰形成了一类特殊的燃烧问题——燃料和氧化剂在进入燃烧室之前并未预先混合。对于这种火焰，掺混过程必须使反应物尽快进入反应区以维持燃烧。在预混火焰中，燃料和氧化剂在燃烧之前已经完成混合，因此，无须关注掺混过程；而在扩散火焰中，掺混过程很重要，它的建模是数值模拟的一个基本问题。关于扩散火焰的文献和预混火焰一样丰富[1-5]，本章主要关注扩散火焰数值模拟所需的基本概念。

图 3.1 给出了典型扩散火焰的构型。不同于预混火焰只考虑一个边界条件，扩散火焰须考虑两个边界条件，即左侧的燃料（可能被其他气体稀释）和右侧的氧化剂（不论稀释与否)。燃料和氧化剂向发生燃烧和产生热的反应区扩散。在反应区内温度最高，热量从火焰前锋向燃料流和氧化剂流扩散。在图 3.1 中，氧化剂入口无燃料，且燃料入口无氧化剂，这是真实系统中扩散火焰常有的状态，但存在特殊情况，如在有些非预混湍流火焰中，燃料流中不仅有燃料，还有氧化剂。为简单起见，这种燃烧方式不在本书的考虑范围之内。

图 3.1 阐明了一些需要考虑的要点。

① 在远离火焰两侧的区域，气体由于过浓或者过稀而无法燃烧。化学反应只能在燃料和氧化剂充分混合的有限区域内进行。当燃料和氧化剂按化学当量比混合时，可以获得最理想的混合效果，扩散火焰通常位于反应物混合比等于化学当量比的位置。

② 图 3.1 中所示的火焰结构只有在对火焰施加应变时才是稳态的，如燃料和氧化剂以给定的速度对冲时［图 3.2(b)］。在纯一维无拉伸情形下，火焰随时间 t 传播［图 3.2(a)］，并受燃烧产物阻碍，反应率随时间以 $1/\sqrt{t}$ 缓慢下降（参见 3.4.1 节）。

③ 扩散火焰不像预混火焰那样具有参考“速度”(2.7.1 节)，火焰既不能向无氧化剂的燃料流传播，也不能向无燃料的氧化剂流传播。因此，反应区相对于流场不会存在明显移动。扩散火焰不能“逆流”传播，与预混火焰相比，它对速度扰动，尤其是湍流扰动更为敏感。

④ 扩散火焰不存在参考“厚度”。例如，图 3.2(a) 中无拉伸扩散火焰的厚度可随时间持续增长，而图 3.2(b) 中拉伸扩散火焰的厚度基本都与拉伸率有关，且取值范围很广，这一点与预混火焰显著不同；预混火焰会有厚度，且该厚度与流体特性和火焰的速度有关（2.5 节)。

⑤ 就工业应用而言，掺混过程也是扩散火焰的关键特性。基于扩散火焰的燃烧器更容

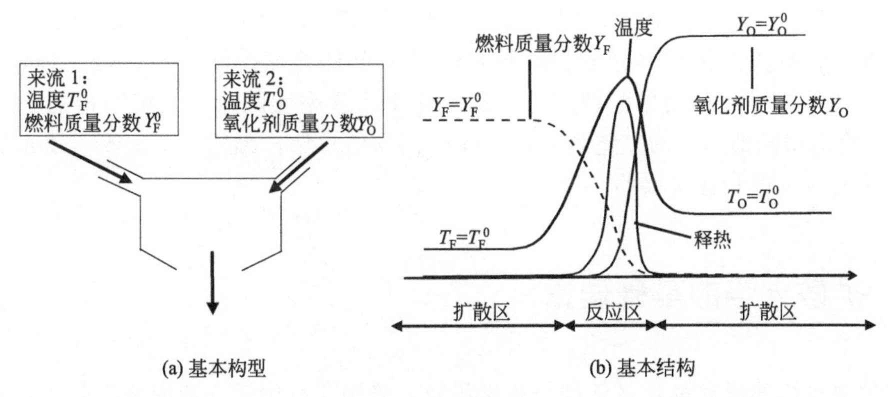

(a) 基本构型　　(b) 基本结构

图 3.1　扩散火焰

易设计和制造，在给定当量比下，未燃反应物不需要提前预混。由于扩散火焰不会传播，操作起来也更安全。然而，与预混火焰相比，掺混过程会减小化学反应率，从而降低扩散火焰的燃烧效率。

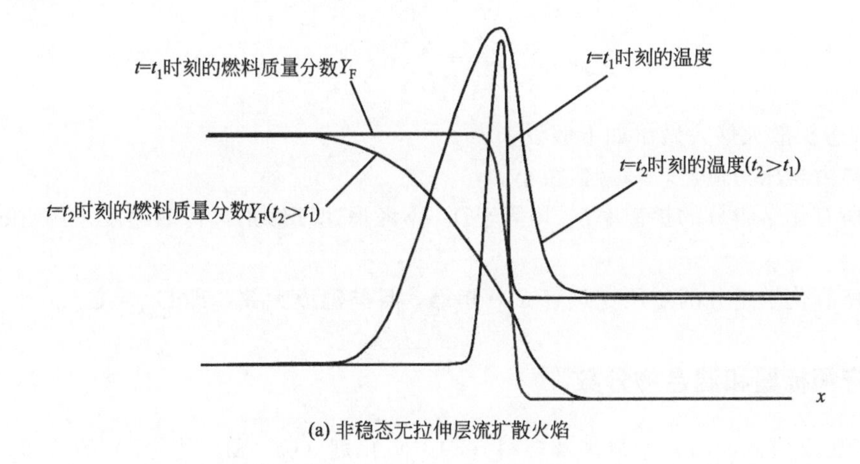

(a) 非稳态无拉伸层流扩散火焰

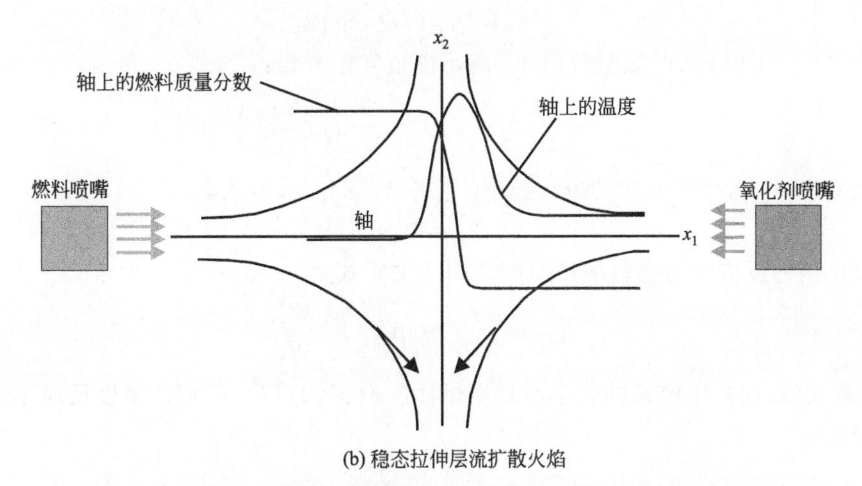

(b) 稳态拉伸层流扩散火焰

图 3.2　非稳态无拉伸层流扩散火焰和稳态拉伸层流扩散火焰

为了便于读者理解燃烧代码中求解扩散火焰流动问题的方法，有必要介绍一下与扩散火焰相关的基本概念。首先，3.2 节将介绍一些基本概念（包括混合物分数、火焰结构、掺混问题)，并给出求解扩散火焰问题的基本思路，即将扩散火焰的求解问题解耦成两个基本问题：一个涉及燃料和氧化剂之间的掺混过程，另一个是处理掺混后的燃烧过程(即火焰结构)。其次，3.3 节给出最简单的情形下（假定化学反应率无限快）火焰结构的一些经典结论；3.4 节给出相同情形下的完整解，包括掺混问题的求解。最后，3.5 节和 3.6 节讨论更真实的化学反应机理和真实火焰。

3.2 扩散火焰的基础理论

很多扩散火焰的研究都是基于理想情形假设，采用守恒标量（或混合物分数）的概念作为分析的起点。为介绍这些概念，本节引入一些假设来简化推导，但这些假设很少在真实火焰中成立。真实火焰与本节研究的理想火焰之间的区别将在 3.6 节进行讨论。然而，从定性研究角度来说，本节的结果属于扩散火焰的研究基础。

首先，考虑 N 种组分的单步化学反应机理（$M=1$）：

$$\sum_{k=1}^{N}\nu'_k\mathcal{M}_k \rightleftharpoons \sum_{k=1}^{N}\nu''_k\mathcal{M}_k \tag{3.1}$$

为分析理想扩散火焰，做出如下假设：

H1——热力学压力恒定，马赫数很小。

H2——所有化学组分的扩散率$\mathcal{D}_k$ 均等于$\mathcal{D}$。不考虑速度修正，扩散速度采用 Fick 定律描述。

H3——所有化学组分的定压比热容 C_{pk} 相等，且与温度无关，即 $C_{pk}=C_p$。

3.2.1 守恒标量和混合物分数

首先，考虑反应式(3.1) 中只涉及燃料（F)、氧化剂（O) 和产物（P) 的情形

$$\nu_F F+\nu_O O \rightleftharpoons \nu_P P \tag{3.2}$$

每种组分（F、O 和 P）的质量分数 Y_k 满足以下守恒方程：

$$\frac{\partial \rho Y_k}{\partial t}+\frac{\partial}{\partial x_i}(\rho u_i Y_k)=\frac{\partial}{\partial x_i}\left(\rho\mathcal{D}\frac{\partial Y_k}{\partial x_i}\right)+\dot{\omega}_k \tag{3.3}$$

组分的反应率 $\dot{\omega}_k$ 与单步反应的进程速率$\mathcal{Q}$［式(1.22)］关系式为

$$\dot{\omega}_k=W_k\nu_k\mathcal{Q} \tag{3.4}$$

因此，氧化剂的反应率与燃料的反应率之间的关系式为

$$\dot{\omega}_O=s\dot{\omega}_F,\text{其中 } s=\frac{\nu_O W_O}{\nu_F W_F} \tag{3.5}$$

式中，s 是式(1.28) 中定义的化学当量空燃比。由式(2.17) 可知，温度反应率与燃料反应率明显相关：

$$\dot{\omega}_T=-Q\dot{\omega}_F \tag{3.6}$$

利用以上关系式，燃料、氧化剂和温度的守恒方程变为

$$\frac{\partial \rho Y_F}{\partial t}+\frac{\partial}{\partial x_i}(\rho u_i Y_F)=\frac{\partial}{\partial x_i}\left(\rho\mathcal{D}\frac{\partial Y_F}{\partial x_i}\right)+\dot{\omega}_F \tag{3.7}$$

$$\frac{\partial \rho Y_{\mathrm{O}}}{\partial t}+\frac{\partial}{\partial x_i}(\rho u_i Y_{\mathrm{O}})=\frac{\partial}{\partial x_i}\left(\rho \mathcal{D}\frac{\partial Y_{\mathrm{O}}}{\partial x_i}\right)+s\dot{\omega}_{\mathrm{F}} \tag{3.8}$$

$$\frac{\partial \rho T}{\partial t}+\frac{\partial}{\partial x_i}(\rho u_i T)=\frac{\partial}{\partial x_i}\left(\frac{\lambda}{C_{\mathrm{p}}}\times\frac{\partial T}{\partial x_i}\right)-\frac{Q}{C_{\mathrm{p}}}\dot{\omega}_{\mathrm{F}} \tag{3.9}$$

基于单位 Lewis 数的假设，$Le=\lambda/(\rho C_{\mathrm{p}}\mathcal{D})=1$，将方程(3.7)～方程(3.9) 两两联立，可以出现三个变量：

$$Z_1=sY_{\mathrm{F}}-Y_{\mathrm{O}},\quad Z_2=\frac{C_{\mathrm{p}}T}{Q}+Y_{\mathrm{F}},\quad Z_3=s\frac{C_{\mathrm{p}}T}{Q}+Y_{\mathrm{O}} \tag{3.10}$$

它们都满足相同的守恒方程

$$\frac{\partial \rho Z}{\partial t}+\frac{\partial}{\partial x_i}(\rho u_i Z)=\frac{\partial}{\partial x_i}\left(\rho \mathcal{D}\frac{\partial Z}{\partial x_i}\right) \tag{3.11}$$

显然，方程(3.11) 没有源项，因此，Z 是一个守恒标量（或被动标量），其值只受扩散过程和对流过程直接影响，不受化学反应影响[1]。变量 Z_2 与预混火焰（2.4.3 节）中引入的变量 $Y+\Theta$ 直接相关，即 $Z_2=(Y+\Theta)Y_{\mathrm{F1}}+C_{\mathrm{p}}T_1/Q$。在预混火焰中，$Y+\Theta$ 是一个常数，且处处等于 1 [式(2.35)]。对于扩散火焰，由于燃料和氧化剂在燃烧之前未混合，因此，Z_2 不是常数。然而，Z_2 是一个守恒标量，表明研究掺混过程时，不需要考虑燃烧的影响。

由式(3.10) 定义的三个变量 Z_1、Z_2 和 Z_3 虽然满足相同的守恒方程，但边界条件不同，如表 3.1 所示。其中，Y_{F}^0 和 Y_{O}^0 为纯燃料流和纯氧化剂流中的燃料和氧化剂质量分数（反应物可能被稀释），T_{F}^0 和 T_{O}^0 为对应的温度。

表 3.1 式(3.10) 定义的守恒标量的边界条件

守恒标量 Z	燃料 Z_i^{F} 值	氧化剂 Z_i^{O} 值
Z_1	sY_{F}^0	$-Y_{\mathrm{O}}^0$
Z_2	$\frac{C_{\mathrm{p}}T_{\mathrm{F}}^0}{Q}+Y_{\mathrm{F}}^0$	$\frac{C_{\mathrm{p}}T_{\mathrm{O}}^0}{Q}$
Z_3	$s\frac{C_{\mathrm{p}}Y_{\mathrm{F}}^0}{Q}$	$s\frac{C_{\mathrm{p}}T_{\mathrm{O}}^0}{Q}+Y_{\mathrm{O}}^0$

定义无量纲变量 z_j 为

$$z_j=\frac{Z_j-Z_j^{\mathrm{O}}}{Z_j^{\mathrm{F}}-Z_j^{\mathrm{O}}},\quad j=1,2,3 \tag{3.12}$$

所有无量纲变量 z_j 满足相同的对流-扩散守恒方程

$$\frac{\partial \rho z_j}{\partial t}+\frac{\partial}{\partial x_i}(\rho u_i z_j)=\frac{\partial}{\partial x_i}\left(\rho \mathcal{D}\frac{\partial z_j}{\partial x_i}\right) \tag{3.13}$$

且具有相同的边界条件，即在燃料流中 $z_j=1$，在氧化剂流中 $z_j=0$（表 3.2）。因此，这些变量等价[2]

$$z_1=z_2=z_3=z \tag{3.14}$$

式中，z 称为混合物分数，常用于衡量局部燃料和氧化剂的比值。利用表 3.1 中的边界条件

---

[1] 化学反应会通过温度控制密度场和速度场，进而间接影响 Z。

[2] 这一性质如果在初始时刻满足，则在任何时刻都成立。如果在初始时刻不满足（如一个扩散火焰在 $t=0$ 时刻被点燃），经过一段时间的扩散，它也会成立。

来表示 z：

$$z=\frac{sY_{\mathrm{F}}-Y_{\mathrm{O}}+Y_{\mathrm{O}}^{0}}{sY_{\mathrm{F}}^{0}+Y_{\mathrm{O}}^{0}}=\frac{\frac{C_{\mathrm{p}}}{Q}(T-T_{\mathrm{O}}^{0})+Y_{\mathrm{F}}}{\frac{C_{\mathrm{p}}}{Q}(T_{\mathrm{F}}^{0}-T_{\mathrm{O}}^{0})+Y_{\mathrm{F}}^{0}}=\frac{\frac{sC_{\mathrm{p}}}{Q}(T-T_{\mathrm{O}}^{0})+Y_{\mathrm{O}}-Y_{\mathrm{O}}^{0}}{\frac{sC_{\mathrm{p}}}{Q}(T_{\mathrm{F}}^{0}-T_{\mathrm{O}}^{0})-Y_{\mathrm{O}}^{0}} \tag{3.15}$$

式(3.15) 中的第一部分亦可写为

$$z=\frac{1}{\phi+1}\left(\phi\frac{Y_{\mathrm{F}}}{Y_{\mathrm{F}}^{0}}-\frac{Y_{\mathrm{O}}}{Y_{\mathrm{O}}^{0}}+1\right) \tag{3.16}$$

引入当量比 ϕ

$$\phi=s\frac{Y_{\mathrm{F}}^{0}}{Y_{\mathrm{O}}^{0}} \tag{3.17}$$

该当量比对应于混合相同质量的燃料和氧化剂流时的当量比，它并非指燃烧器内部的全局当量比 ϕ_{g}。ϕ 由燃料和氧化剂的流速共同决定（见 3.3.4 节）。

在多维流动和其他燃烧方式下以上推导均成立。它们也可用于预混火焰，但在完全预混气体中，由于 z 处处为常数，因此这个概念并不实用。

表 3.2 组分质量分数、温度和混合物分数 z 的边界条件

变量	燃料流	氧化剂流
燃料的质量分数	Y_{F}^{0}	0
氧化剂的质量分数	0	Y_{O}^{0}
温度	T_{F}^{0}	T_{O}^{0}
混合物分数 z	1	0

3.2.2 混合物分数空间中的火焰结构

引入混合物分数 z 可以减少变量的数量。例如，从式(3.15) 中可以看出，所有组分的质量分数都是混合物分数 z 和温度 T 的函数，即

$$Y_k=f_k(z,T),\quad k=1,2,\cdots,N \tag{3.18}$$

尽管这是原始问题的一个有用简化，但仍需进一步引入以下假设：

H4——扩散火焰的结构只与混合物分数 z 和时间 t 有关。温度和组分的质量分数可以写为

$$T=T(z,t),\quad Y_k=Y_k(z,t) \tag{3.19}$$

函数 $T(z,t)$和 $Y_k(z,t)$定义了**火焰的结构**。引入的假设 H4 可以通过多种方式来证明其合理性。从形式上而言，质量分数 Y_k 是组分方程(3.3) 的一个变量，从(x_1，x_2，x_3，t)变化至(z，y_2，y_3，t)，其中，y_2 和 y_3 是平行于 z 等值面的空间变量(图 3.3)。相比于垂直于火焰面的梯度项（沿 z 方向的梯度），沿火焰前锋的梯度项（沿 y_2 和 y_3 方向的梯度）可以忽略不计（详细信息和相应推导参考 Williams[6] 和 Peters[7] 的工作)。从物理上而言，所有这些推导过程都默认火焰结构在局部是一维火焰，并且只与时间和垂直于火焰前锋（或沿 z 方向）的坐标有关。在多维流动中，这个假设要求火焰厚度小于流动尺度和火焰褶皱尺度。于是，火焰前锋的每一个单元均可以视为一个很小的层流火焰(也称为小火焰)。该小火焰是很多湍流燃烧模型的基础（第 4～6 章)。在此假设下，组分质量分数的守恒方程(3.3) 可以写为

$$\rho\frac{\partial Y_k}{\partial t}+Y_k\left[\frac{\partial\rho}{\partial t}+\frac{\partial}{\partial x_i}(\rho u_i)\right]+\frac{\partial Y_k}{\partial z}\left[\rho\frac{\partial z}{\partial t}+\rho u_i\frac{\partial z}{\partial x_i}-\frac{\partial}{\partial x_i}\left(\rho\mathcal{D}\frac{\partial z}{\partial x_i}\right)\right]$$
$$-\rho\mathcal{D}\left(\frac{\partial z}{\partial x_i}\times\frac{\partial z}{\partial x_i}\right)\frac{\partial^2 Y_k}{\partial z^2}=\dot{\omega}_k \tag{3.20}$$

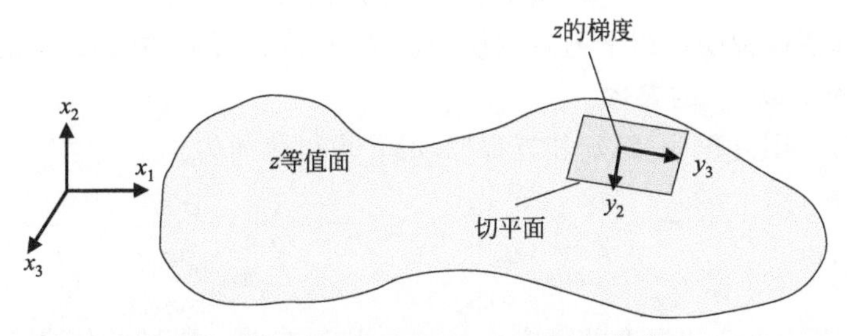

图 3.3　扩散火焰面上的变量演化[6-7]

基于连续性方程和混合物分数的守恒方程(3.13)，方程(3.20) 等号左边方括号中的两项消失：

$$\rho\frac{\partial Y_k}{\partial t}=\dot{\omega}_k+\rho\mathcal{D}\left(\frac{\partial z}{\partial x_i}\times\frac{\partial z}{\partial x_i}\right)\frac{\partial^2 Y_k}{\partial z^2}=\dot{\omega}_k+\frac{1}{2}\rho\chi\frac{\partial^2 Y_k}{\partial z^2} \tag{3.21}$$

其中，χ 为标量耗散率，定义为❶

$$\chi=2\mathcal{D}\left(\frac{\partial z}{\partial x_i}\times\frac{\partial z}{\partial x_i}\right) \tag{3.22}$$

温度方程也可以用同样的方式改写为

$$\rho\frac{\partial T}{\partial t}=\dot{\omega}_T+\frac{1}{2}\rho\chi\frac{\partial^2 T}{\partial z^2} \tag{3.23}$$

式(3.21) 和方程(3.23) 被称为小火焰方程组❷，是扩散火焰理论的关键。在这些方程中唯一与空间(x_i)有关的变量是标量耗散率 χ。由于其控制 z 方向的梯度，因此标量耗散率 χ 决定了掺混过程。一旦指定 χ，就可以在 z 空间中求解小火焰方程组，最终得到火焰结构，即以混合物分数 z 和时间 t 为变量的温度函数和组分函数，如 H4 给出的假设

$$T=T(z,t),\quad Y_k=Y_k(z,t) \tag{3.24}$$

尽管当前符号中未明确表示，但是标量耗散率 χ 是温度函数 T 和组分函数 Y_k 的参数，因此不同的标量耗散率水平会产生不同的火焰结构。

标量耗散率 χ 的单位是时间单位的倒数（类似应变率），这个变量常用于衡量 z 方向的梯度和各组分指向火焰的分子通量。标量耗散率 χ 受应变率直接影响，当火焰应变率增大时，χ 增大（3.4.2 节），混合层的厚度约为$\sqrt{\mathcal{D}/\chi}$。

3.2.3　稳态小火焰假设

由方程(3.21) 和方程(3.23) 得到的小火焰结构与时间 t 和混合物分数 z 有关，具有两种应用场景：

---

❶　文献中可以找到耗散率的多种定义，包括密度 ρ 和系数 2 或者二者都不包含的形式。

❷　当考虑单位 Lewis 数、分子量可变以及辐射热损失影响时，也可以推导出扩展的小火焰方程组[7-9]。

① 非稳态层流小火焰：保留温度 T 和质量分数 Y_k 的时间导数项，从而形成一类名为“非稳态小火焰”的方法。

② 稳态层流小火焰：即便流动本身（尤其是 z 场）与时间有关，也可以假定小火焰的结构是稳态的，在这种情形下，有

$$T=T(z),\quad Y_k=Y_k(z) \tag{3.25}$$

为简化表述，除非明确说明，以下内容均使用稳态小火焰近似。需要注意的是，标量耗散率 χ 依然是函数 T 和函数 Y_k 的参数。

结合式(3.25)，则方程(3.21) 和方程(3.23) 可以化简为

$$\dot{\omega}_k=-\frac{1}{2}\underbrace{\rho\chi}_{\text{掺混}}\underbrace{\frac{\partial^2 Y_k}{\partial z^2}}_{\text{化学反应}},\quad \dot{\omega}_{\mathrm{T}}=-\frac{1}{2}\underbrace{\rho\chi}_{\text{掺混}}\underbrace{\frac{\partial^2 T}{\partial z^2}}_{\text{化学反应}} \tag{3.26}$$

式(3.26) 表明，组分和温度的反应率仅与 z 和 χ 有关，流场的信息全部包含在标量耗散率 χ 中，而化学效应则通过火焰结构在 z 空间的变化来考虑。下一节将进一步强调这一重要的简化方式。

3.2.4 掺混问题和火焰结构问题

混合物分数作为大多数层流火焰理论的基本变量，在本质上把扩散火焰的计算问题分解为两个问题［寻找 $T(x_i,t)$和 $Y_k(x_i,t)$］：

问题 1 **掺混问题**。通过求解方程(3.13)，可以得出关于空间坐标和时间的混合物分数场 $z(x_i,t)$。

问题 2 **火焰结构问题**。组分质量分数 Y_k 和温度 T 与 z 之间的函数关系式用于构建火焰变量。其中，质量分数 $Y_k(z)$是方程(3.21) 的解，温度 $T(z)$是方程(3.23) 的解。

为了确定火焰变量，必须求解以上两个问题：已知 z，只能提供变量组合后的整体场，例如 $Z_1=sY_{\mathrm{F}}-Y_{\mathrm{O}}$、$Z_2=C_{\mathrm{p}}T/Q+Y_{\mathrm{F}}$ 或 $Z_3=sC_{\mathrm{p}}T/Q+Y_{\mathrm{O}}$，但不能得到变量 T、Y_{F} 和 Y_{O} 本身的场。为了确定 $T(z)$、$Y_{\mathrm{F}}(z)$和 $Y_{\mathrm{O}}(z)$，必须对火焰结构引入一些附加假设，将火焰变量和混合物分数关联起来，这部分内容将在 3.2.5 节给予讨论。

图 3.4 总结了将扩散火焰问题分解为两个子问题的方法：掺混问题和火焰结构问题，其中使用了 3.2.3 节中的稳态小火焰近似，但该概念同样适用于非稳态小火焰，而与流动有关的内容（包括几何条件、边界条件等）必须在掺混问题中处理。另外，关于化学反应的所有信息都包含在火焰结构部分。

3.2.5 扩散火焰结构的模型

基于下述假设，扩散火焰的解析解可以通过混合物分数求得。

平衡态（或快速化学反应）假设：假定化学反应无限快，即化学反应的时间尺度小于其他所有流动的特征时间（化学反应比扩散过程和流动过程快）。在有些情形下，这个假设可以使问题得到充分简化，从而求出火焰结构的解析解（3.3 节）。该假设意味着局部化学反应很快，能立刻实现平衡状态。

不可逆假设：假定反应式(3.2) 只能从左到右正向进行（其逆反应率为 0)，该假设可以进一步简化问题。

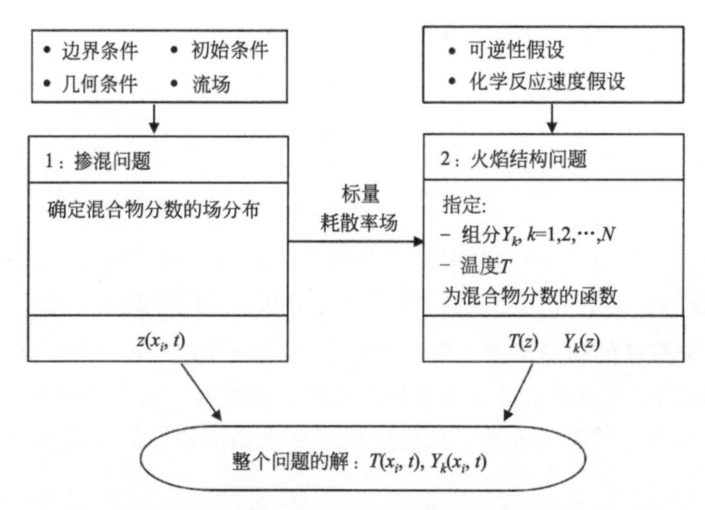

图 3.4　扩散火焰分解成两个问题：掺混问题和火焰结构问题
$T(z)$和$Y_k(z)$方程可能依赖于附加的参数（如时间或者标量耗散率）

结合平衡态假设和不可逆假设可得出表 3.3 中的组合情况。

① 对于反应无限快且不可逆的化学反应，燃料和氧化剂不能同时存在。3.3 节将针对这一关键假设给予分析。这种最简单的“平衡态”假设被称为“不可逆快速化学反应”。图 3.4 中的函数 $T(z)$和 $Y_k(z)$与标量耗散率无关。

② 对于反应无限快但可逆的化学反应，燃料、氧化剂和产物的质量分数可通过以下平衡关系式关联起来：

$$\frac{Y_F^{\nu_F} Y_O^{\nu_O}}{Y_P^{\nu_P}} = K(T) \tag{3.27}$$

式中，$K(T)$表示温度为 T 时的反应平衡常数。这个关系式将局部质量分数和温度关联起来。在这种情形下，燃料和氧化剂可以同时出现在同一位置。图 3.4 中函数 $T(z)$和 $Y_k(z)$与标量耗散率无关。

③ 对于不可逆但反应率有限的化学反应，燃料和氧化剂也可以同时存在。燃料和氧化剂之间的重合部分与流动时间尺度有关，尤其是标量耗散率。图 3.4 中函数 $T(z)$和 $Y_k(z)$与标量耗散率有关。

④ 对于有限速率和可逆的化学反应，无法对火焰结构做出具体预测，且函数 $T(z)$和 $Y_k(z)$与标量耗散率有关。

⑤ 表 3.3 的最后一行给出了一个特例，即化学反应也可以被“冻结”，即无反应发生，燃料和氧化剂之间只是纯掺混，此时函数 $T(z)$和 $Y_k(z)$与标量耗散率有关。

表 3.3　平衡态（快速化学反应）假设和不可逆假设

化学反应类型	快速化学反应(平衡)：$\dot{\omega}_k=0$	有限速率化学反应(非平衡)：$\dot{\omega}_k \neq 0$
不可逆化学反应	燃料和氧化剂不能共存(与 χ 无关)，3.3 节	燃料和氧化剂可能同时出现在反应区(与 χ 有关)，3.5.2 节
可逆化学反应	燃料、氧化剂和产物处于平衡状态($\chi=0$)，3.5.1 节	无简单模型
冻结(纯掺混合)	燃料和氧化剂混合但不反应	不适用

表 3.3 中每行分别对应于以下各节中介绍的模型。第一列需要注意，对于所有的“平衡

态”情形，反应率 $\dot{\omega}_k$ 均为 0。根据方程(3.26)，可以确定出

$$\dot{\omega}_k=0\Rightarrow\begin{cases}\dfrac{\partial^2 Y_k}{\partial z^2}=0\\ 或\\ \chi=0\end{cases} \tag{3.28}$$

当第一个条件$\partial^2 Y_k/\partial z^2=0$ 成立时，组分质量分数与 z 呈线性关系，有 $Y_k=\alpha_k z+\beta_k$，其中 α_k 和 β_k 为常数。因此，式(3.28) 成立时对应以下三种情形：

① **不可逆且无限快的化学反应**。第一个解是使$\partial^2 Y_k/\partial z^2=0$，对应于一个无限薄火焰，火焰面将未燃气体和已燃气体分开。在火焰的两侧，温度和组分的分布随 z 线性变化（3.3 节），但其斜率在火焰前锋处不连续。反应率除了在火焰前锋处为无穷大之外，在其他区域都为 0。

② **可逆快速化学反应**。如果 $\chi=0$，方程(3.28) 中的反应率也为 0。与反应率相比，所有分子通量均可忽略不计。化学反应在无掺混的情形下进行，并达到由式(3.27) 定义的局部平衡。

③ **冻结化学反应（纯掺混）**。如果未进行燃烧（化学反应被冻结），则出现纯掺混过程。这种掺混问题的解满足$\partial^2 Y_k/\partial z^2=0$，因此“纯掺混”的解为

$$Y_F=Y_F^0 Z,\quad Y_O=Y_O^0(1-z) \tag{3.29}$$

在掺混线上的温度是燃料温度和氧化剂温度关于 z 的质量加权平均值：

$$T(z)=zT_F^0+(1-z)T_O^0 \tag{3.30}$$

该解对应于燃料流 F 和氧化剂流 O 之间的纯掺混，无化学反应。图 3.5 显示了这种流场在 z 相图中的结构，即流场中任意点的温度和质量分数相对于同一点的混合物分数 z 的

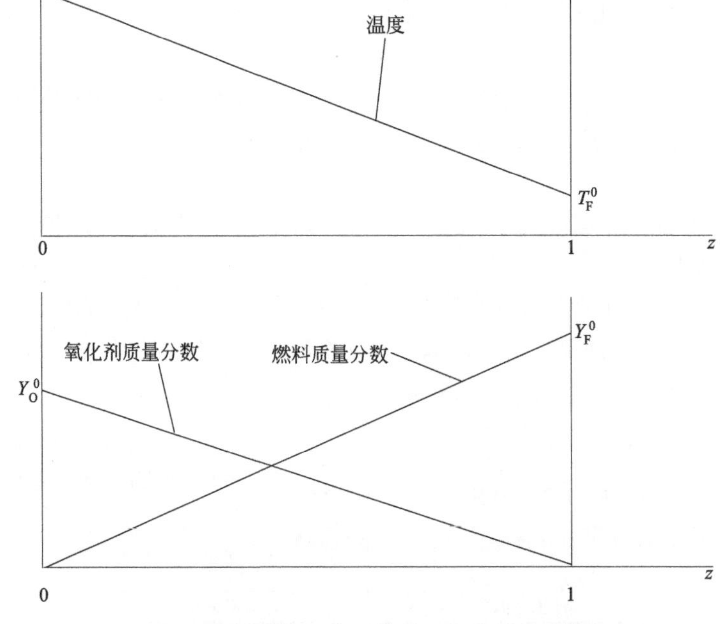

图 3.5 冻结化学反应下燃料和氧化剂的纯掺混

变化图。该结构是扩散火焰问题的一个解。在给定流场中，即使在反应流的已燃气体中，一旦确定局部混合物分数 z，则可通过式(3.29) 得到局部当量比 ϕ：

$$\phi=\frac{sY_F^m}{Y_O^m}=\frac{sY_F^0}{Y_O^0}\times\frac{z}{1-z} \tag{3.31}$$

3.3 节将介绍一些反应流的结论，首先是关于平衡态的情形，其次是非平衡态的内容。

3.3 不可逆无限快化学反应的火焰结构

求解火焰结构问题的第一种方法是假定化学反应率无限快。由于燃料和氧化剂的燃烧反应率明显大于火焰中的其他尺度，因此二者不能在同一个位置共存，这是 Burke 和 Schumann 最初使用的推导方法[10]。简单地说，在这种假设中，氧化剂流中没有燃料，燃料流中也没有氧化剂。

3.3.1 Burke-Schumann 火焰结构

在不可逆无限快化学反应条件下，火焰变量和混合物分数可以通过设置 $Y_O=0$（在燃料一侧）或 $Y_F=0$（在氧化剂一侧），简单地将二者关联起来 [式(3.16)]。

在燃料一侧（$z>z_{st}$）

$$\begin{cases} Y_F(z)=zY_F^0+(z-1)\dfrac{Y_O^0}{s}=Y_F^0\dfrac{z-z_{st}}{1-z_{st}}, \quad Y_O(z)=0 \\ T(z)=zT_F^0+(1-z)T_O^0+\dfrac{QY_F^0}{C_p}z_{st}\dfrac{1-z}{1-z_{st}} \end{cases} \tag{3.32}$$

在氧化剂一侧（$z<z_{st}$）

$$\begin{cases} Y_F(z)=0, \quad Y_O(z)=Y_O^0\left(1-\dfrac{z}{z_{st}}\right) \\ T(z)=zT_F^0+(1-z)T_O^0+\dfrac{QY_F^0}{C_p}z \end{cases} \tag{3.33}$$

在 z 空间中，火焰位于 Y_F 和 Y_O 都等于 0 的位置，此处 z 等于化学当量值 z_{st}，由式(3.15) 给出

$$z_{st}=\frac{1}{1+\dfrac{sY_F^0}{Y_O^0}}=\frac{1}{1+\dfrac{\nu_O W_O Y_F^0}{\nu_F W_F Y_O^0}}=\frac{1}{1+\phi} \tag{3.34}$$

式中，$\phi=sY_F^0/Y_O^0$ 为当量比❶。

表 3.4 列出了常用燃料的 ϕ 和 z_{st} 的典型值。z_{st} 的取值对火焰的结构有直接影响。当 z_{st} 较小时，火焰靠近氧化剂一侧；而当 z_{st} 取值较大时，火焰靠近燃料一侧。对于碳氢燃料的射流火焰（纯燃料直接喷入空气中），z_{st} 很小（约为 0.05），火焰前锋更靠近空气

❶ 需要注意的是，这个解可以证实 3.2.5 节中所分析的方程(3.28)，但它并不需要引入一维稳态扩散火焰的假设来推导方程(3.26)。

一侧。

表 3.4 常见燃料-氧化剂组合的空燃比 s [式(3.5)]、当量比 ϕ [式(3.17)] 和化学当量混合物分数z_{st} [式(3.34)]

燃料-氧化剂	Y_F^0	Y_O^0	ν_F	ν_O	s	ϕ	z_{st}
纯 H_2-纯 O_2	1	1	1	0.5	8	8.00	0.111
纯 H_2-空气	1	0.23	1	0.5	8	34.8	0.028
纯 CH_4-纯 O_2	1	1	1	2	4	4.00	0.200
纯 CH_4-空气	1	0.23	1	2	4	17.4	0.054
稀释的 CH_4-纯 O_2	0.05	1	1	2	4	0.20	0.833
稀释的 CH_4-空气	0.05	0.23	1	2	4	0.87	0.535
纯 C_3H_8-纯 O_2	1	1	1	5	3.64	3.64	0.216
纯 C_3H_8-空气	1	0.23	1	5	3.64	15.8	0.059

注：稀释甲烷在此定义为5%的甲烷和95%的氮气混合物。

图 3.6 中给出了不可逆无限快化学反应时（即所谓的 Burke 和 Schumann 解[10]）火焰的结构。另外，“掺混”线也在图中给出，这些直线对应于燃料和氧化剂无化学反应时的一种掺混状态 [式(3.29)]，在着火问题或熄灭问题中非常重要，甚至对于所有燃烧不强烈的火焰都很重要。掺混线决定了无反应流掺混的一种极端状态，在这种情形下扩散火焰只是一个扩散层，燃料和氧化剂像无反应流一样掺混。在层流或湍流扩散火焰中，通过测量和绘制 T、Y_F 和 Y_O 在 z 图中的变化，可获得火焰的有用信息。所有的点必须位于掺混线和平衡线之间（不可能有其他状态）。对于接近掺混线的大多数点，火焰接近熄灭或尚未点燃。另外，在 z 图中接近燃烧线的点代表剧烈燃烧状态，这些点与理想燃烧线的距离由化学反应决定，该内容将在 3.4 节中进行讨论。

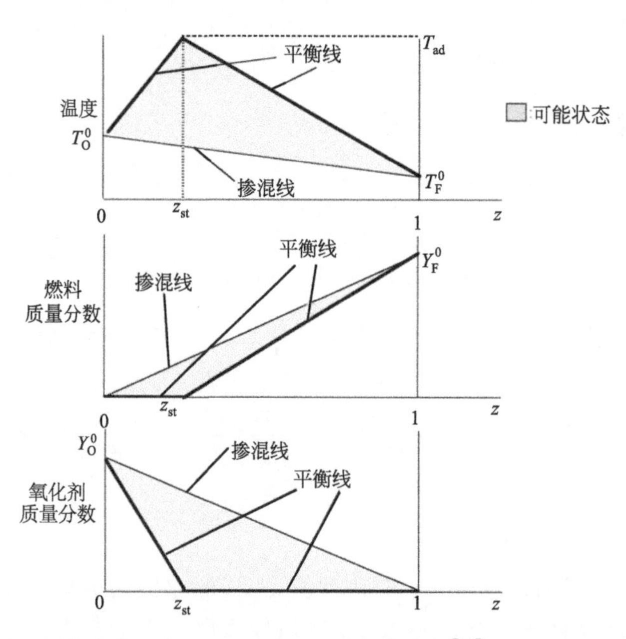

图 3.6 不可逆无限快化学反应（Burke 和 Schumann 的解[10]）和纯掺混（无化学反应）条件下扩散火焰结构关于混合物分数 z 的变化图

3.3.2 扩散火焰中最高局部火焰温度

在无热损失时，最高火焰温度（即扩散火焰的绝热火焰温度）出现在 $z=z_{st}$ 处[1]：

$$T_{ad}=z_{st}T_F^0+(1-z_{st})T_O^0+\frac{QY_F^0}{C_p}z_{st}=\frac{1}{1+\phi}\left(T_F^0+T_O^0\phi+\frac{QY_F^0}{C_p}\right) \tag{3.35}$$

基于平衡态假设，通过一个直观的方法，可以复现上述表达式，如图3.7所示，假如从燃料流中取出 z_{st} 质量的燃料，再从氧化剂流中取出 $(1-z_{st})$ 质量的氧化剂并与之掺混，则预混气体的温度为 $z_{st}T_F^0+(1-z_{st})T_O^0$。由式(3.29)可知，预混气体中燃料的质量分数为 $Y_F^0z_{st}$，在恒压下预混气体燃烧至平衡态时，温度升高 $QY_F^0z_{st}/C_p$，最终温度为 $z_{st}T_F^0+(1-z_{st})T_O^0+\frac{QY_F^0z_{st}}{C_p}$，即式(3.35)。同样的方法也可用于重构完整的温度场 $T(z)$。这种方法也可以扩展至多步反应机理中，条件是化学反应都能达到平衡状态。需要注意的是，只有当所有的 Lewis 数都等于1，且只存在一个混合物分数 z 时，这种形式才成立。

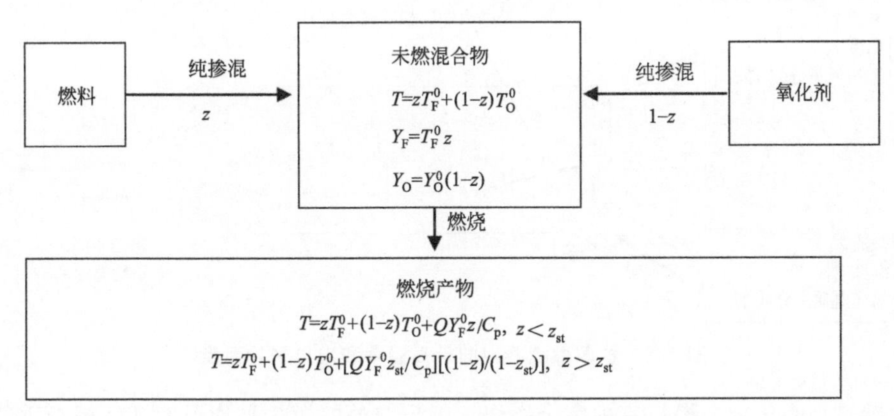

图3.7 在单位 Lewis 数和平衡态假设下，扩散火焰的温度与混合物分数 z 之间的函数关系

3.3.3 扩散火焰和预混火焰中的最高火焰温度

本节将对比扩散火焰的最高火焰温度和预混火焰的绝热火焰温度［式(2.28)］。假设燃料和氧化剂的初始温度相等（$T_F^0=T_O^0=T_0$），则扩散火焰的最高温度可由式(3.35)给出：

$$T_{ad}^{diff}=T_0+\frac{QY_F^0}{C_p}z_{st} \tag{3.36}$$

现在考虑燃料流与氧化剂流按化学当量比混合，则式(3.29)表明混合物中燃料的质量分数为 $Y_F^0z_{st}$。基于方程(3.28)，该化学当量下的预混火焰温度为

$$T_{ad}^{prem}=T_0+\frac{QY_F^0z_{st}}{C_p} \tag{3.37}$$

这个温度正好是式(3.36)中得到的扩散火焰的温度，即扩散火焰的最高温度与化学当量下预混火焰的温度相同。

[1] 该表达式仅在单步不可逆化学反应、Lewis 数相等和比热容 C_p 为常数的情形下成立。

3.3.4 扩散燃烧器中的最高温度和平均温度

假设一个燃烧器如图 3.8 所示，来流 1 供给燃料，质量流量为 $\dot{m}_1$，质量分数为 Y_F^0，来流 2 供给氧化剂，质量流量为 $\dot{m}_2$，质量分数为 Y_O^0，全局当量比 ϕ_g（即燃料和氧化剂掺混均匀）为

$$\phi_g=\phi\frac{\dot{m}_1}{\dot{m}_2} \tag{3.38}$$

在燃烧器内部，火焰位于化学当量处 $z=z_{st}$，其最高温度由式(3.35) 给出：

$$T_{ad}=z_{st}T_F^0+(1-z_{st})T_O^0+\frac{QY_F^0z_{st}}{C_p}=\frac{T_F^0+\phi T_O^0}{1+\phi}+\frac{QY_F^0}{C_p(1+\phi)} \tag{3.39}$$

燃烧器内的最高火焰温度 T_{ad} 与质量流量和全局当量比 ϕ_g 无关，只与来流的初温 T_F^0 和 T_O^0、局部当量比 ϕ 和入口燃料的质量分数 Y_F^0 有关。

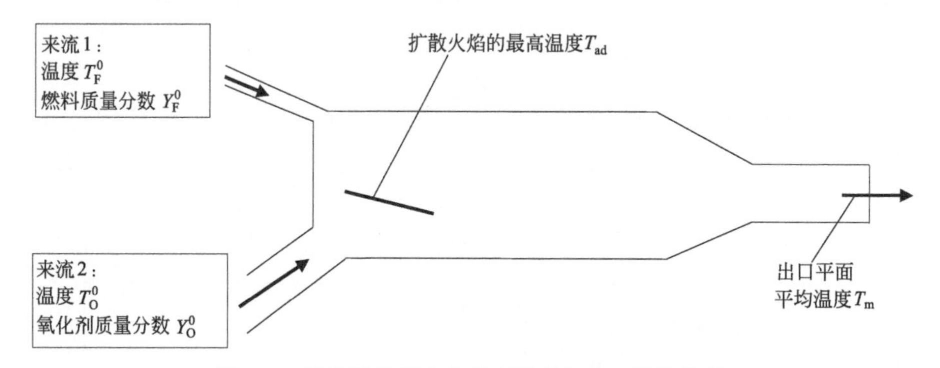

图 3.8 扩散燃烧器中的最高温度和出口平均温度

假设燃料和氧化剂在燃烧室内完全燃烧，则出口处的燃气平均温度 T_m 等于质量流量为 $\dot{m}_1$ 的燃料与质量流量为 $\dot{m}_2$ 的氧化剂掺混均匀后燃烧得到的温度，燃烧前混合物的温度是

$$T_m^0=\frac{\dot{m}_1}{\dot{m}_1+\dot{m}_2}T_F^0+\frac{\dot{m}_2}{\dot{m}_1+\dot{m}_2}T_O^0=\frac{T_F^0}{1+\phi/\phi_g}+\frac{T_O^0}{1+\phi_g/\phi} \tag{3.40}$$

在该混合物中，燃料和氧化剂的质量分数分别为

$$Y_F=\frac{\dot{m}_1Y_F^0}{\dot{m}_1+\dot{m}_2}=\frac{Y_F^0}{1+\phi/\phi_g},\quad Y_O=\frac{\dot{m}_2Y_O^0}{\dot{m}_1+\dot{m}_2}=\frac{Y_O^0}{1+\phi_g/\phi} \tag{3.41}$$

这个虚拟预混气体的当量比为 $sY_F/Y_O=\phi_g$，燃烧器出口处的燃气温度 T_m 为

$$T_m=\frac{T_F^0}{1+\phi/\phi_g}+\frac{T_O^0}{1+\phi_g/\phi}+\frac{Q}{C_p}\min\left(\frac{Y_F^0}{1+\phi/\phi_g},\frac{Y_O^0}{s(1+\phi_g/\phi)}\right) \tag{3.42}$$

或

$$T_m=\frac{T_F^0}{1+\phi/\phi_g}+\frac{T_O^0}{1+\phi_g/\phi}+\frac{QY_F^0}{C_p(\phi+\phi_g)}\min(\phi_g,1) \tag{3.43}$$

图 3.9 给出了甲烷-空气扩散火焰的最高温度 T_{ad} 和平均温度 T_m 随全局当量比 ϕ_g 的变化。与预期一致，最高温度 T_{ad} 与全局当量比 ϕ_g 无关，但平均温度 T_m 随 ϕ_g 变化很大，

两种温度只在 $\phi_g=1$ 时相等❶。需要注意的是，图 3.9 中的结果虽然有助于深刻认识扩散火焰的温度变化规律，但是这些结果都是基于简单化学反应（单步化学反应）模型和比热容 C_p 恒定的假设，因此在数值上并不准确。

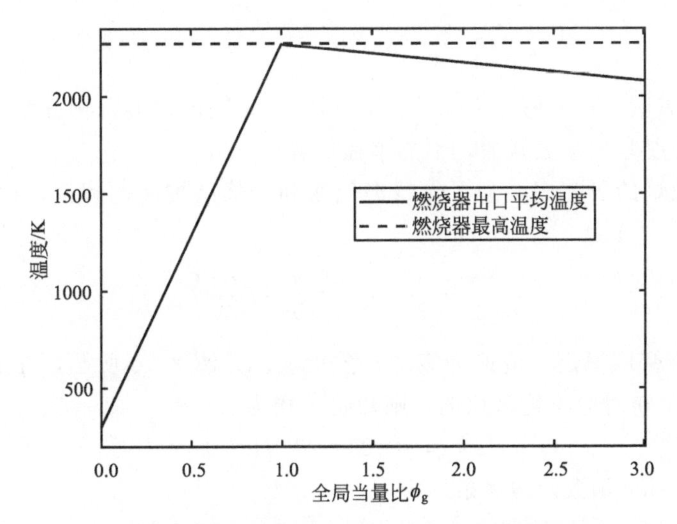

图 3.9　在甲烷-空气扩散燃烧器中的最高温度和出口平均温度随全局当量比 ϕ_g 的变化

其中，$Y_F^0=1$，$Y_O^0=0.23$，$T_F^0=T_O^0=300\,K$。化学当量空燃比 $s=4$，当量比 $\phi=17.4$，比热容 $C_p=1400\,J/(kg\cdot K)$，$Q=50100\,kJ/kg$（理想单步反应）

3.4　不可逆快速化学反应条件下的完整解

一旦假定火焰的结构，温度和组分质量分数关于 z 的函数 $T(z)$ 和 $Y_k(z)$ 已知，则 $T(z)$ 和 $Y_k(z)$ 的求解问题简化为混合物分数 z 在空间域和时间域的分布问题。关于混合物分数 z 的守恒方程为［方程(3.13)］

$$\frac{\partial \rho z}{\partial t}+\frac{\partial}{\partial x_i}(\rho u_i z)=\frac{\partial}{\partial x_i}\left(\rho \mathcal{D}\frac{\partial z}{\partial x_i}\right) \tag{3.44}$$

这是一个简单的扩散/对流方程，但在一般情况下仍与火焰结构通过密度场（即温度）和速度场耦合。该方程的求解问题之前一直是很多理论研究关注的热点[1,7,11]，本节通过一个简单算例，即假定密度为常数，来说明一些主要结论。

3.4.1　化学反应无限快且密度恒定的一维非稳态无应变扩散火焰

如图 3.10 所示，现在考虑一维无应变扩散火焰，x 指向火焰前锋法线方向。正如前文所述，火焰结构关系式(3.32) 和式(3.33) 给出了组分质量分数和温度与混合物分数 $z(x)$之间的关联，但 $z(x)$未知。此外，尽管火焰结构具有普适性，但扩散问题的解却与几

---

❶ 该发现对于研究污染物形成很有意义。例如，氮氧化物（NO_x）的形成主要由温度控制。既然扩散燃烧器的最高温度不取决于 ϕ_g，则污染水平也不能简单地用 $\dot{m}_1$、$\dot{m}_2$ 或者 ϕ_g 来调控。也正因为与这些参数无关，扩散火焰总能达到同样的最高温度 T_{ad}，并在化学当量下（$z=z_{st}$ 附近）产生大量的 NO_x。

何构型有关：初始条件和边界条件共同决定 $z(x,t)$的取值。在等压火焰中，密度 ρ 和温度 T 通过 $\rho(z)=\rho_1 T_1/T(z)$ 关联，下标 1 对应于参考状态，一般指燃料流。方程(3.13) 可以改写为

$$\frac{\partial \rho(z)z}{\partial t}+\frac{\partial}{\partial x}(\rho(z)uz)=\frac{\partial}{\partial x}\left(\rho(z)\mathcal{D}\frac{\partial z}{\partial x}\right) \tag{3.45}$$

方程(3.45) 表明，在未假定火焰结构 $\rho(z)$时，无法确定混合物分数 z。实际上，掺混问题和火焰结构问题是相互关联的，不能单独求解。

在很多扩散火焰的研究中，为了使掺混问题和火焰结构问题解耦，通常假定密度为常数[1]，则方程(3.13) 变为

$$\frac{\partial z}{\partial t}+\frac{\partial}{\partial x}(uz)=\frac{\partial}{\partial x}\left(\mathcal{D}\frac{\partial z}{\partial x}\right) \tag{3.46}$$

首先考虑一个密度恒定、流速为零的扩散火焰。如图 3.10 所示，在 $t=0$ 时刻，$x<0$ 对应于纯燃料，$x>0$ 对应于纯氧化剂，则初始 z 场为

$$z(x,t=0)=1-H(x) \tag{3.47}$$

式中，H 指 Heaviside 函数。边界条件为

$$z(-\infty,t)=1, \quad z(+\infty,t)=0 \tag{3.48}$$

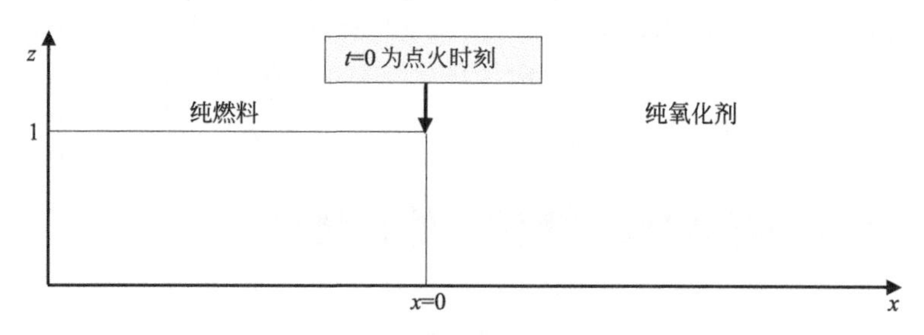

图 3.10 无应变扩散火焰的初始化

如果着火前流体没有移动，密度恒定，则着火后流体依旧不动，即速度可以设为 0。假定扩散率为常数$\mathcal{D}$，则 z 的守恒方程简化为[2]

$$\frac{\partial z}{\partial t}=\mathcal{D}\frac{\partial^2 z}{\partial x^2} \tag{3.49}$$

显然，方程(3.49) 与常用的热扩散方程形式一致。用 $\eta=x/2\sqrt{\mathcal{D}t}$ 替代变量(x,t)可以得出

$$\frac{\partial^2 z}{\partial \eta^2}+2\eta\frac{\partial z}{\partial \eta}=0 \tag{3.50}$$

存在一个解析解，可以同时满足初始条件式 (3.47) 和边界条件式 (3.48)：

$$z=\frac{1}{2}[1-\mathrm{erf}(\eta)], \quad \eta=\frac{x}{2\sqrt{\mathcal{D}t}} \tag{3.51}$$

---

[1] 该假设很粗略，但对于密度恒定和密度变化的流动，基于 Howarth-Dorodnitzyn 变换得到的守恒方程的形式是相同的，这一点如 3.4.5 节中所述。

[2] 在大部分燃烧研究中，通常会假定 $\rho\mathcal{D}$为常数。将该假设与恒定密度相结合，可得出恒定的扩散率$\mathcal{D}$。

其中，erf(η)为指数误差函数，定义为

$$\mathrm{erf}(\eta)=\frac{2}{\sqrt{\pi}}\int_0^{\eta}\mathrm{e}^{-x^2}\,\mathrm{d}x \tag{3.52}$$

该函数满足 erf($-\infty$)$=-1$ 和 erf($+\infty$)$=1$。erf(η)函数值可在数学手册中查到。

混合物分数 $z(x,t)$遵循相似解 $z(x,t)=z(\eta)$的一些特点。类似于在无限大空间内的扩散问题，该解没有对应的真实物理长度尺度。渗透长度可以定义为 $\Delta=2\sqrt{Dt}$，则 z 只与 x/Δ 有关，无应变扩散区的厚度随时间 t 以$\sqrt{Dt}$变化。

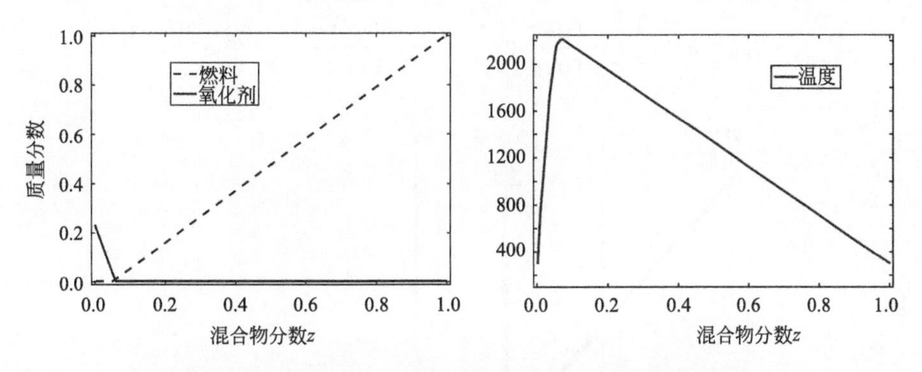

图 3.11 甲烷-空气理想扩散火焰在 z 图中的火焰结构

入口空气温度和燃料温度等于 300K。z 的化学计量值$z_{st}=0.054$（表 3.4）

图 3.11 给出了纯甲烷和空气的一维火焰结构（$Y_O(z)$，$Y_F(z)$和 $T(z)$）。从表 3.4 中可知，$z_{st}=0.054$，当反应热 $Q=50100$ kJ/kg（表 2.1）和定压比热容 $C_p=1400$ J/(kg·K)时，最高火焰温度为 2200 K。基于式(3.51)，图 3.12 给出了某一时刻 z 随η 的变化曲线。由于组分质量分数和温度均是 z 的函数（图 3.11），因此也可以得到它们与 η 的关系式，其结果也在图 3.12 中给出。

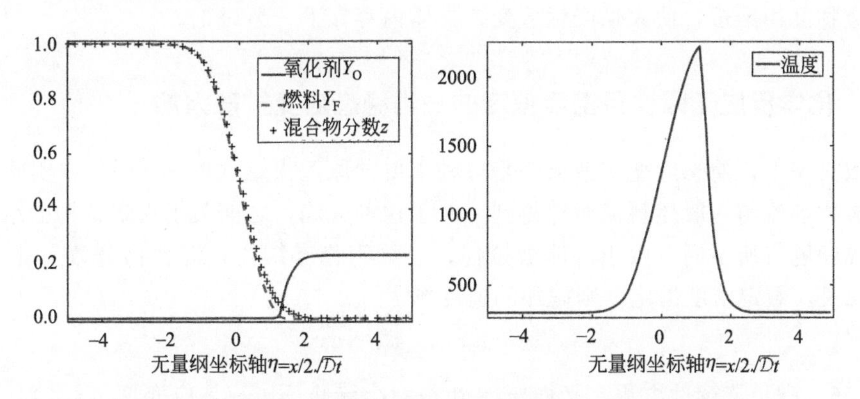

图 3.12 甲烷-空气理想扩散火焰在物理空间中的火焰结构

其中，空气预热至 600 K，燃料温度为 300 K

任一时刻的火焰位置 x_f 满足

$$\eta_f=\frac{x_f}{2\sqrt{Dt}}=\mathrm{erf}^{-1}(1-2z_{st})=\mathrm{erf}^{-1}\left(\frac{\phi-1}{\phi+1}\right) \tag{3.53}$$

对于该火焰，$\eta_f=1.14$，火焰在物理空间中的位置由 $x_f=2.28\sqrt{\mathcal{D}t}$ 给出。火焰会轻微移动，但与预混火焰速度相比，速度 dx_f/dt 一直都很小[1]。

如图 3.13 所示，单位火焰面积的燃料反应率 $\dot{\Omega}_F$ 可通过对方程(3.7) 在 $x_f^-\sim x_f^+$ 区间积分得到。其中，x_f^- 和 x_f^+ 是火焰前锋两侧无限逼近其自身的位置[2]

$$\dot{\Omega}_F=\int_{x_f^-}^{x_f^+}\dot{\omega}_F dx=-\left[\rho\mathcal{D}\frac{\partial Y_F}{\partial x}\right]_{x_f^-}^{x_f^+}=\left[\rho\mathcal{D}\frac{\partial Y_F}{\partial x}\right]_{x=x_f^-}=\left[\rho\mathcal{D}\frac{\partial Y_F}{\partial z}\right]_{x=x_f^-}\left[\frac{\partial z}{\partial x}\right]_{x=x_f^-} \tag{3.54}$$

或

$$\dot{\Omega}_F=\rho\mathcal{D}\frac{Y_F^0}{1-z_{st}}\left[\frac{\partial z}{\partial x}\right]_{x=x_f^-}=-\rho\frac{Y_F^0}{2(1-z_{st})}\sqrt{\frac{\mathcal{D}}{\pi t}}e^{-\eta_f^2} \tag{3.55}$$

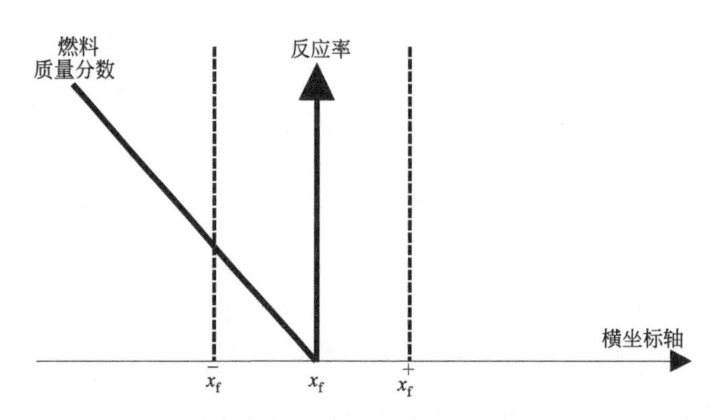

图 3.13 无限快化学反应条件下的扩散火焰反应率估值

由于燃烧产物在火焰前锋附近堆积，导致未燃反应物向反应区扩散的速率（和燃烧速率）减小。该火焰的反应率会随时间以 $1/\sqrt{t}$ 趋于 0，最终无应变的扩散火焰会被其自身燃烧产物所湮灭。保持扩散火焰燃烧并为燃烧学研究建立一个稳态典型问题，唯一的解决方案是通过反应物互相推挤，使火焰产生应变，具体内容在下一节讨论。

3.4.2 化学反应无限快且密度恒定的一维稳态应变扩散火焰

在扩散火焰中，稳态应变扩散火焰是一种重要的原型火焰（图 3.14）。在实验中，可以通过一股氧化剂流与一股燃料流对冲得到。对于这种火焰，之前关于火焰结构的结论依然成立，但掺混问题有所不同。由于流体被拉伸，火焰为稳态结构，混合物分数 z 也只与 x 有关，与 t 无关。假定密度恒定，则施加的速度场为

$$u_1=-ax_1,\quad u_2=ax_2 \tag{3.56}$$

式(3.56) 满足连续性方程。平面 $x_1=0$ 是一个滞止面，a 是应变率（s^{-1}），假设其为

---

[1] 更一般地说，火焰会向贫反应物一侧移动，即 $\phi<1$ 时向燃料移动，$\phi>1$ 时向氧化剂移动，化学当量下（$\phi=1$），火焰在 $x_f=0$ 处保持不动。

[2] 即使化学反应无限快，积分反应率值也是有限的。这种情况下，燃烧速率并不由火焰区域中的化学反应过程限制，而是由燃料和氧化剂向反应区的分子扩散速率决定：

$$\dot{\Omega}_F=\left[\rho\mathcal{D}\frac{\partial Y_F}{\partial x}\right]_{x=x_f^-}=-s\left[\rho\mathcal{D}\frac{\partial Y_O}{\partial x}\right]_{x=x_f^+}$$

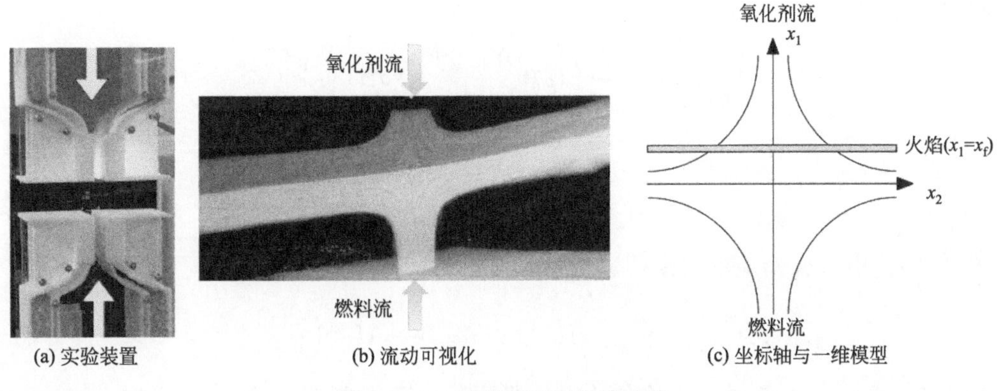

(a) 实验装置 (b) 流动可视化 (c) 坐标轴与一维模型

图 3.14 一维稳态应变扩散火焰

图片来自 EM2C 实验室（ECP）

常数[1]。

在这种火焰中，z 的守恒方程为

$$\frac{\partial \rho z}{\partial t}+\frac{\partial}{\partial x_1}(\rho u_1 z)+\frac{\partial}{\partial x_2}(\rho u_2 z)=\frac{\partial}{\partial x_1}\left(\rho \mathcal{D}\frac{\partial z}{\partial x_1}\right)+\frac{\partial}{\partial x_2}\left(\rho \mathcal{D}\frac{\partial z}{\partial x_2}\right) \tag{3.57}$$

虽然混合物分数 z 是一维场，但 u_2 与 x_2 有关，因此必须保留 $\partial(\rho u_2 z)/\partial x_2$。采用连续性方程，则 z 的方程可以改写为非守恒形式：

$$\rho\frac{\partial z}{\partial t}+\rho u_1\frac{\partial z}{\partial x_1}+\rho u_2\frac{\partial z}{\partial x_2}=\frac{\partial}{\partial x_1}\left(\rho \mathcal{D}\frac{\partial z}{\partial x_1}\right)+\frac{\partial}{\partial x_2}\left(\rho \mathcal{D}\frac{\partial z}{\partial x_2}\right) \tag{3.58}$$

在垂直于稳态应变火焰的轴线上，假设密度和扩散率均为常数，z 方程可以简化为

$$-a x_1\frac{\partial z}{\partial x_1}=\mathcal{D}\frac{\partial^2 z}{\partial x_1^2} \tag{3.59}$$

使用 $\zeta=x_1\sqrt{a/2\mathcal{D}}$ 替代 x_1，得

$$\frac{\partial^2 z}{\partial \zeta^2}+2\zeta\frac{\partial z}{\partial \zeta}=0 \tag{3.60}$$

方程(3.60) 与方程(3.50) 形式一致，且与边界条件式(3.48) 相同：$z(+\infty)=0$、$z(-\infty)=1$，则解为

$$z=\frac{1}{2}[1-\mathrm{erf}(\zeta)],\quad \zeta=x_1\sqrt{\frac{a}{2\mathcal{D}}} \tag{3.61}$$

对比稳态应变火焰中 ζ 和非稳态无应变火焰中 η 的表达式

$$\zeta=x_1\sqrt{\frac{a}{2\mathcal{D}}},\quad \eta=\frac{x_1}{2\sqrt{\mathcal{D}t}} \tag{3.62}$$

可以发现，应变率 a 和时间的倒数 $1/2t$ 起相似作用。非稳态无应变火焰在 t 时刻与应变率为 $a=1/2t$ 时的稳态应变火焰空间结构完全相同。通过将 3.4.1 节表达式中的 t 替换为 $1/2a$，可以将非稳态无应变火焰的所有解简单推广至稳态应变火焰。例如，沿火焰法向的积

---

[1] 在真实燃烧器中，通过将燃料和氧化剂的喷注器面对面放置，可以得到一个滞止流动构型。在这种情况下，火焰的应变率无法提前知晓，还需额外测量速度场，且应变沿火焰法线方向不是一个常数，定义应变也变得更加困难。然而，火焰应变大小的量级可以从射流速度 U_1 和 U_2 以及两射流间的距离 H 简单估算出来，即 $a=(|U_1|+|U_2|)/H$。

分燃料反应率 $\dot{\Omega}_F$

$$\dot{\Omega}_F=\int_{x_{1f}^-}^{x_{1f}^+}\dot{\omega}_F dx_1=-\left[\rho\mathcal{D}\frac{\partial Y_F}{\partial x_1}\right]_{x_{1f}^-}^{x_{1f}^+}=\rho\mathcal{D}\left[\frac{\partial Y_F}{\partial x_1}\right]_{x_1=x_{1f}^-} \tag{3.63}$$

或

$$\dot{\Omega}_F=-\rho\frac{Y_F^0}{1-z_{st}}\sqrt{\frac{a\mathcal{D}}{2\pi}}e^{-\zeta_f^2} \tag{3.64}$$

式(3.64) 中，ζ_f 对应的火焰位置满足

$$\zeta_f=x_{1f}\sqrt{\frac{a}{2\mathcal{D}}}=\mathrm{erf}^{-1}(1-2z_f)=\mathrm{erf}^{-1}\left(\frac{\phi-1}{\phi+1}\right) \tag{3.65}$$

当 $\phi<1$ 或 $z_{st}>0.5$ 时，火焰位于滞止平面 $x_1=0$ 的燃料一侧（$x_{1f}<0$）；当 $\phi>1$ 或 $z_{st}<0.5$ 时，火焰位于滞止平面的氧化剂一侧（$x_{1f}>0$）。火焰前锋总是位于稀缺反应物的一侧，只有当 $\phi=1$ 或 $z_{st}=0.5$ 时，即反应物按化学当量比掺混，火焰才位于滞止面上。

如 3.2.2 节所述，混合物分数的标量耗散率 χ 是描述扩散火焰的一个关键变量。对于密度恒定的一维应变火焰[1]，基于式(3.61)，可以得出：混合物分数的标量耗散率 χ 为

$$\chi=2\mathcal{D}\left(\frac{\partial z}{\partial x_1}\right)^2=\frac{a}{\pi}\exp\left(-\frac{a}{\mathcal{D}}x_1^2\right) \tag{3.66}$$

显然，χ 的大小与位置 x_1 有关，且在滞止平面 $x_1=0$ 处取最大值。联立式(3.61) 和式(3.66)，可以得到

$$\chi=\frac{a}{\pi}\exp(-2[\mathrm{erf}^{-1}(1-2z)]^2)=\chi_0\exp(-2[\mathrm{erf}^{-1}(1-2z)]^2)=\chi_0F(z) \tag{3.67}$$

其中，χ_0 是稳态应变火焰中的最大标量耗散率，对应于滞止平面 $x_1=0$ 处的取值。对于无限快不可逆化学反应，它在火焰前锋的值为

$$\chi_f=\frac{a}{\pi}\exp\left[-2\left(\mathrm{erf}^{-1}\left(\frac{\phi-1}{\phi+1}\right)\right)^2\right] \tag{3.68}$$

图 3.15 给出了图 3.12 中密度恒定火焰的标量耗散率 χ 分布。假定组分扩散率的典型值 $\mathcal{D}=1.5\times10^{-5}\,\mathrm{m^2/s}$，等效应变率为 $30\,\mathrm{s^{-1}}$，则混合物分数的标量耗散率最大值约为 $10\,\mathrm{s^{-1}}$。化学当量标量耗散率可通过式(3.68) 求出，其值非常小，$\chi_{st}\approx0.9\,\mathrm{s^{-1}}$。

式(3.66) 和式(3.68) 表明，标量耗散率与应变率密切相关。在一维稳态应变火焰中，应变率 a 是常数，而标量耗散率 χ 与空间位置 x 有关。另外，应变率只与流场特性（局部速度梯度）有关，而标量耗散率可以衡量掺混特性（实际上，为混合物分数的梯度），它将质量分数加入混合物分数中，也能处理部分预混情形（当量比 ϕ 可从式(3.68) 中得到）。

3.4.3 化学反应无限快且密度恒定的一维非稳态应变扩散火焰

3.4.2 节主要介绍了化学反应无限快且密度恒定的一维稳态火焰结构。本节将研究内容扩展至非稳态燃烧问题。基于一维稳态应变扩散火焰，假定 $t=0$ 时刻的应变率为 a_0，则 z 的守恒方程(3.59) 可以改写为

---

[1] 标量耗散率的表达式并不需要无限快化学反应假设，它是式(3.60) 在边界条件为 $z(+\infty)=0$，$z(-\infty)=1$ 时的解。

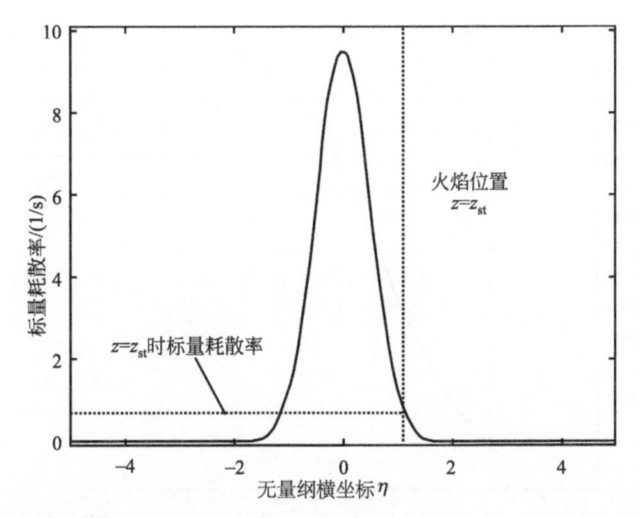

图 3.15　在密度恒定的甲烷-空气火焰中（应变率 $a=30\mathrm{s}^{-1}$）标量耗散率随 η 的变化

$$\frac{\partial z}{\partial t}-ax_1\frac{\partial z}{\partial x_1}=\mathcal{D}\frac{\partial^2 z}{\partial x_1^2} \tag{3.69}$$

且边界条件相等：$z(-\infty, t)=1$（纯燃料）和 $z(+\infty, t)=0$（纯氧化剂）。假设当时间为负值（应变率为 a_0）和正无限大时（应变率为 a），火焰为稳态，则非稳态解可表示为

$$z=\frac{1}{2}\left[1-\operatorname{erf}\left(\sqrt{\frac{a}{2\mathcal{D}}}f(t)x_1\right)\right] \tag{3.70}$$

其中，

$$f(t\leqslant 0)=\sqrt{\frac{a_0}{a}},\quad f(t=+\infty)=1 \tag{3.71}$$

将式(3.70)代入方程(3.69)，可以得出

$$\frac{\partial f}{\partial t}-af+af^3=0 \tag{3.72}$$

方程(3.72)存在一个显式解

$$f(t)=\sqrt{\frac{a_0\mathrm{e}^{2at}}{a+a_0(\mathrm{e}^{2at}-1)}} \tag{3.73}$$

假设化学反应无限快，即扩散时间控制燃烧响应，但应变率变化引起的火焰响应时间约为 $1/a$，因此，不能省略该时间。例如，当应变率在 10～1000 s^{-1} 取值，则响应时间为 1～100 ms，对应于一个 10 m/s 流体向下游移动了 0.01～1 m 的距离。这些非稳态效应很容易通过式(3.70)识别出来，即瞬态应变率为 $a(t)$ 的非稳态火焰与等效应变率为 $a^{\mathrm{eq}}=a(t)f(t)^2$ 的稳态火焰结构相同。一旦确定等效应变率 a^{eq} 的取值，便可求出火焰结构。基于式(3.73)，等效应变率 a^{eq} 可以表示为

$$a^{\mathrm{eq}}=af^2(t)=a\frac{a_0\mathrm{e}^{2at}}{a+a_0(\mathrm{e}^{2at}-1)} \tag{3.74}$$

举例说明，图 3.16 显示了一个扩散火焰受阶跃应变率作用时的等效应变率。其中，实线是通过式(3.74)得到，虚线是流动引起的应变率变化，在 $t=0$ 时刻，突然从 a_0 增加到 a（这里 $a/a_0=10$）。

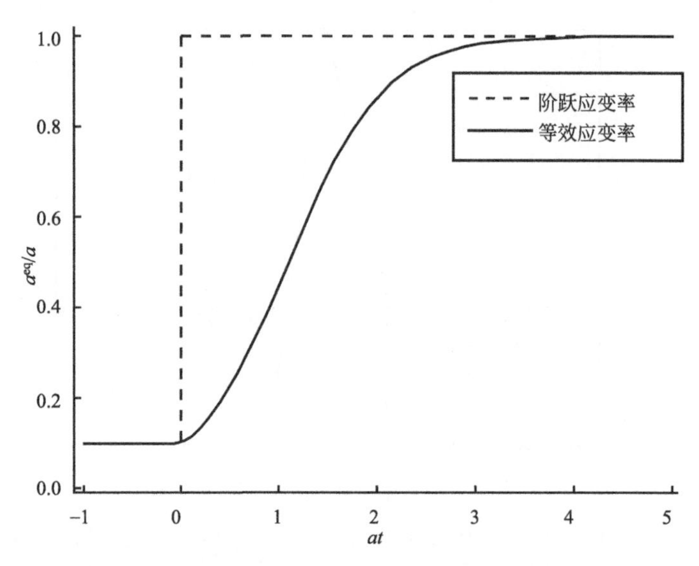

图 3.16 一维层流扩散火焰对应变率瞬时变化的响应

基于上述火焰对应变率变化的响应时间，可以得出以下结论：

① 如果火焰在高应变率下的时间不是太长（通常约为 $1/a$），则层流扩散火焰能够承受高应变率（高于在稳态火焰中确定的熄灭应变率，见 3.5.2 节）。

② 扩散火焰具有低通滤波特性，通常对高频扰动（通常高于 a）无响应[12]。

③ 等效应变率这一概念可以使非稳态应变火焰视为稳态应变火焰，这也是湍流燃烧在小火焰模型（见第 6 章）中引入非稳态效应的一种方式[13]。

表 3.5 汇总了之前的结论，并增加了第二种非稳态应变火焰的解，该解在 $t=0$ 初始时刻使用 z 的阶跃函数[14]，实际上这是前一种非稳态火焰在 $a_0=+\infty$时的极限情形。

表 3.5 密度恒定的一维扩散火焰的主要结果总结[14]

物理参数		
化学当量空燃比	$s=(\nu_O W_O)/(\nu_F W_F)$	
当量比 ϕ	$\phi=sY_F^0/Y_O^0$	
化学当量混合物分数z_{st}	$z_{st}=\dfrac{1}{1+sY_F^0/Y_O^0}=\dfrac{1}{1+\phi}$	
绝热火焰温度T_{ad}	$T_{ad}=z_{st}T_F^0+(1-z_{st})T_O^0+QY_F^0 z_{st}/C_p$	
掺混问题的解 $z(x)$		
混合物分数 $z(x)$	$\dfrac{1}{2}\left[1-\mathrm{erf}(x\sqrt{\kappa/(2D)})\right]$	
标量耗散率 χ	$\kappa/\pi\exp(-\kappa x^2/D)$	
积分反应率$\dot{\Omega}_F$	$\dfrac{\rho Y_F^0}{1-z_{st}}\sqrt{\dfrac{D\kappa}{2\pi}}\exp\left(-\left(\mathrm{erf}^{-1}\left(\dfrac{\phi-1}{\phi+1}\right)\right)^2\right)$	
火焰结构(z 相图)		
	燃料一侧	氧化剂一侧
$Y_F(z)$	$Y_F^0(z-z_{st})/(1-z_{st})$	0
$Y_O(z)$	0	$Y_O^0(1-z/z_{st})$
$T(z)$	$zT_F^0+(1-z)T_O^0+\dfrac{QY_F^0}{C_p}\times\dfrac{(1-z)z_{st}}{1-z_{st}}$	$zT_F^0+(1-z)T_O^0+\dfrac{QY_F^0 z}{C_p}$

续表

等效应变率 κ	
非稳态无应变火焰(3.4.1 节)	$1/2t$
稳态应变火焰(3.4.2 节)	a
非稳态应变火焰(1)(3.4.3 节)	$a/(1-e^{-2at})$
非稳态应变火焰(2)(3.4.3 节)	$a\dfrac{a_0 e^{2at}}{a+a_0(e^{2at}-1)}$

注：非稳态无应变火焰和非稳态应变火焰初始条件为 $z(x, t=0)=1-H(x)$，即非稳态应变火焰的初始解对应于稳态应变火焰（应变率 a_0）。当 $t=0$ 时刻，应变率设为 a，解可以通过等效应变率 κ 来表示。

3.4.4 均匀流场中的射流火焰

二维稳态射流火焰是扩散火焰的另一个简单例子，如图 3.17 所示。

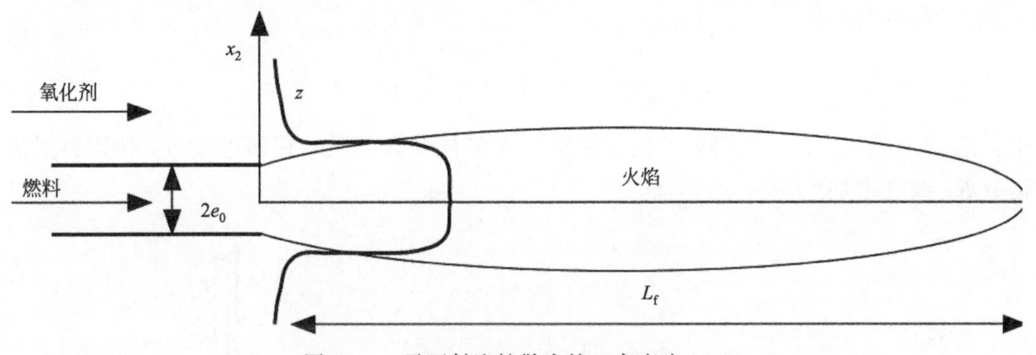

图 3.17　平面射流扩散火焰（高度为 $2e_0$）

一束燃料平面射流（燃料质量分数 Y_F^0、密度 ρ_F^0 和入口速度 u_F^0）被喷注到一束氧化剂伴流（氧化剂质量分数 Y_O^0、密度 ρ_O^0 和入口速度 u_O^0）中。假设流场为一维均匀流，则可以得到一个简单的解析解：

① 入口质量流量恒定，即 $\rho_F^0 u_F^0=\rho_O^0 u_O^0=$常数。

② 一维流动[1]，即 $u_2=u_3=0$。

③ 假定 $\rho\mathcal{D}$为常数，即 $\rho\mathcal{D}=\rho_F^0\mathcal{D}_F=\rho_O^0\mathcal{D}_O$。

基于以上假设，连续性方程(1.36) 可以简化为

$$\frac{\partial(\rho u_1)}{\partial x_1}=0\Rightarrow\rho u_1=\rho_F^0 u_F^0=\rho_O^0 u_O^0=\text{常数} \tag{3.75}$$

z 的守恒方程(3.44) 变成与热扩散守恒方程类似的形式

$$\rho_F^0 u_F^0\frac{\partial z}{\partial x_1}=\rho_F^0\mathcal{D}_F\frac{\partial^2 z}{\partial x_2^2} \tag{3.76}$$

同时边界条件为

① $x_1=0$ 且

当 $x_2<-e_0$或 $x_2>e_0$时，$z=0$。

---

[1] 该假设最初由 Burke 和 Schumann[10] 提出，但真实情况并非如此。如果假设边界条件为 $u_2\ll u_1$，仅保持轴向速度的横向梯度为 $\partial u_1/\partial u_2$，则会更适用。然而，结果差别不大，但该假设可以得到一个简单的解析解。

当$-e_0<x_2<e_0$时，$z=1$。

② $\lim\limits_{x_2\to+\infty}(z)=\lim\limits_{x_2\to-\infty}(z)=0$

混合物分数可以通过方程(3.76) 求出[1]

$$z(x_1,x_2)=\frac{1}{2\sqrt{\pi\alpha x_1}}\int_{-e_0}^{+e_0}\exp\left(-\frac{(x_2-y')^2}{4\alpha x_1}\right)\mathrm{d}y' \tag{3.77}$$

其中，$\alpha=\mathcal{D}_F/u_F^0$。当下游位置$x_1$大于初始射流直径$2e_0$时，式(3.77) 可简化为

$$z(x_1,x_2)\approx\frac{e_0}{\sqrt{\pi\alpha x_1}}\exp\left(-\frac{x_2^2}{4\alpha x_1}\right) \tag{3.78}$$

由于燃料和氧化剂的质量分数以及温度都是混合物分数z的函数，因此一旦确定了$z(x_1, x_2)$，就可以确定火焰结构。图 3.18(a) 给出了火焰结构沿射流x_1的轴向分布，图 3.18(b) 给出了火焰结构沿x_2的横向分布。火焰长度L_f可定义为$z(x_1=L_f, x_2=0)=z_{st}$，则由式(3.78) 得

$$L_f=\frac{e_0^2u_F^0}{\pi D_F}(\phi+1)^2=\frac{e_0}{\pi}Re(\phi+1)^2 \tag{3.79}$$

其中，$Re=e_0u_F^0/\mathcal{D}_F$，是燃料射流的雷诺数。火焰长度会随燃料射流速度$u_F^0$和燃料射流的雷诺数$Re$线性增加[2]。

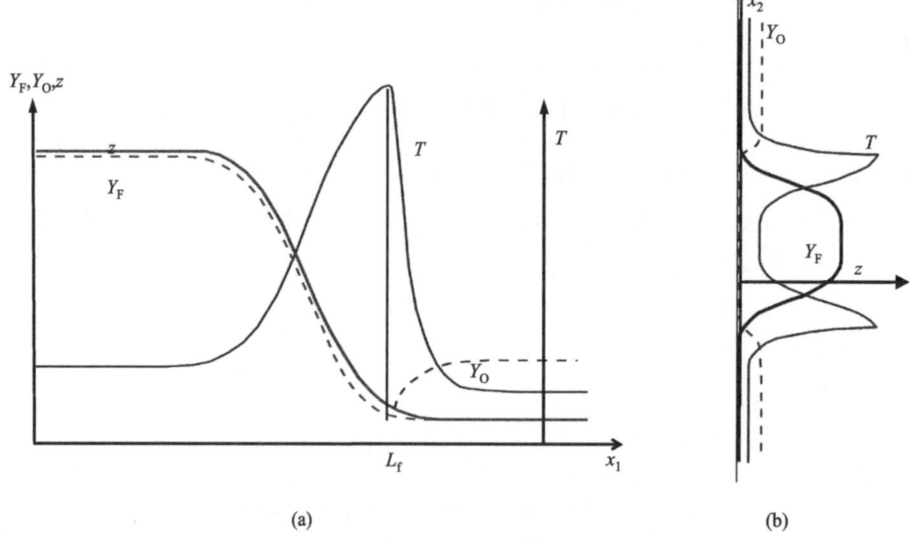

图 3.18 平面射流扩散火焰（图 3.17）中混合物分数z、燃料质量分数Y_F、氧化剂质量分数Y_O和温度T的分布

化学参数(Y_F^0,Y_O^0，ϕ,z_{st}，…)对应于一个纯甲烷-空气火焰（见表 3.4）

3.4.5 扩展至密度变化的情形

之前的结论都是基于密度恒定的假设，但该假设不像在预混火焰中那般重要，可通过

[1] 考虑圆形同轴射流而非平面射流时，会产生贝塞尔函数。

[2] 该结论对于层流流动是正确的（见第 4 章），当雷诺数较大时，流动就会转变为湍流流动。

Howarth-Dorodnitzyn 变换来消除这一限制条件[1,6,14]。在该变换中，空间变量 x 由“密度加权坐标” X 替代

$$X=\frac{1}{\rho_0}\int_{x_0}^{x}\rho(x',t)\,\mathrm{d}x' \tag{3.80}$$

式中，x_0 是一个参考位置，可以是滞止平面（$x_0=0$）或火焰前锋（$x_0=x_f$），对应的密度为 ρ_0。Howarth-Dorodnitzyn 近似可用于经典边界层近似下的非稳态守恒方程[6]，但这里仅以一维稳态应变火焰为例，对其进行简单说明。基于守恒方程，速度场满足

$$\frac{\partial \rho u}{\partial x}=-\frac{\partial \rho v}{\partial y}=-\rho a \tag{3.81}$$

混合物分数 z 的守恒方程可以简化为

$$\rho u\ \frac{\partial z}{\partial x}=\frac{\partial}{\partial x}\left(\rho\mathcal{D}\frac{\partial z}{\partial x}\right) \tag{3.82}$$

由 X 替代 x，可以得出

$$\frac{\partial}{\partial x}=\frac{\partial X}{\partial x}\times\frac{\partial}{\partial X}=\frac{\rho}{\rho_0}\times\frac{\partial}{\partial X} \tag{3.83}$$

连续性方程(3.81) 变为

$$\frac{\partial \rho u}{\partial X}=-\rho_0 a\Rightarrow \rho u=-\rho_0 aX \tag{3.84}$$

假设 $X=0$（$x_0=0$）对应于滞止平面，则混合物分数 z 的守恒方程(3.82) 可以改写为

$$-\rho_0 aX\ \frac{\rho}{\rho_0}\times\frac{\partial z}{\partial X}=\frac{\rho}{\rho_0}\times\frac{\partial}{\partial X}\left(\frac{\rho}{\rho_0}\rho\mathcal{D}\frac{\partial z}{\partial X}\right) \tag{3.85}$$

假设 $\rho^2\mathcal{D}=\rho_0^2\mathcal{D}_0=$常数，则可以得出❶

$$-aX\ \frac{\partial z}{\partial X}=\mathcal{D}_0\ \frac{\partial^2 z}{\partial X^2} \tag{3.86}$$

方程(3.86) 与方程(3.59) 形式一致，且边界条件相同：$z(-\infty)=1$ 和 $z(+\infty)=0$。该方程的解可以从表 3.5 中得到，由 X 替代 x，并定义 η[14]：

$$\eta=\sqrt{\frac{\kappa}{\mathcal{D}_0}}X \tag{3.87}$$

在理论推导中，Howarth-Dorodnitzyn 变换非常有用，它允许火焰的数值模拟可以使用密度恒定的算法，但在返回到物理空间时，使用真实空间坐标 x 替代“密度加权坐标” X 过程中，会涉及式(3.80) 的逆变换，如果不引入其他假设，这一点就很难实现。

3.5 其他火焰结构

为推导扩散火焰的一些基本性质，可以使用不可逆无限快化学反应假设，但在解决更加实际的情况时，有必要减少这些假设限制。

---

❶ 在扩散火焰的理论推导中，通常会使用 $\rho^2\mathcal{D}=$常数的假设。

3.5.1 可逆平衡态化学反应

当控制扩散火焰的化学反应可逆时，燃料、氧化剂和产物可能在同一位置共存，这会导致火焰结构更加复杂。尽管可逆化学反应可以无限快地进行，但其火焰结构与不可逆化学反应假设下得到的结构不同：在 z 图中的每一点上，燃料、氧化剂和燃烧产物的质量分数都必须满足平衡条件［式(3.27)］，对应的火焰结构如图 3.19 所示。由于假设化学反应无限快，标量耗散率 χ 为 0，则该火焰结构与流动的特征时间无关。

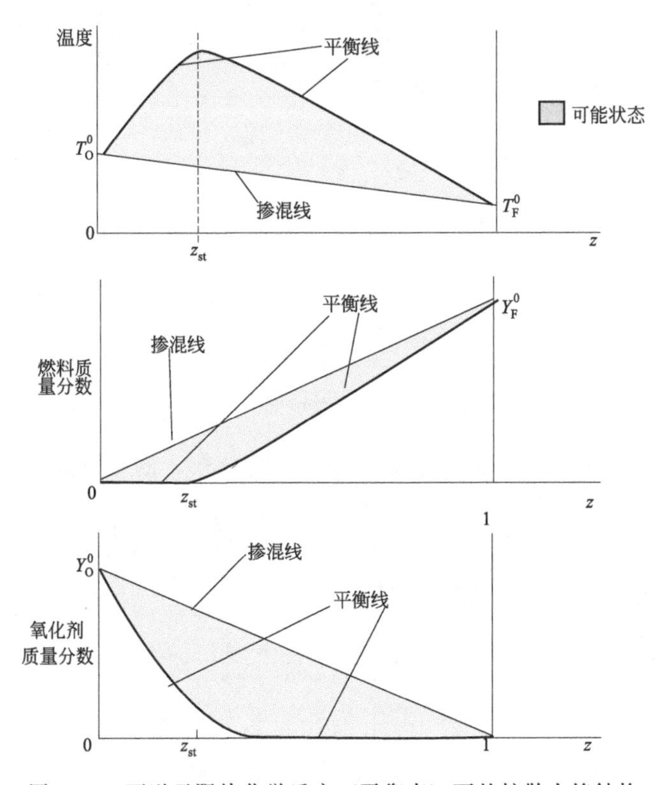

图 3.19 可逆无限快化学反应（平衡态）下的扩散火焰结构

3.5.2 有限速率化学反应

在 3.3 节和 3.4 节中，所有结果都是基于化学反应与其他尺度相比无限快的假设，但当该假设不再成立时，火焰结构就变得更加复杂，且与流动时间有关。通常使用 Damköhler 数来量化流动对扩散火焰结构的影响，即

$$Da^{fl}=\frac{\tau_f}{\tau_c} \tag{3.88}$$

式中，τ_f 和 τ_c 分别表示流动时间尺度和化学时间尺度。定义流动时间尺度 τ_f 是第一个难题：对于非稳态无应变火焰［如图 3.2(a)］，这里没有施加在流场上的参考时间，而较合理时间 τ_f 是火焰的寿命，则 Damköhler 数会随该时间而增加；对于应变火焰［如图 3.2(b)］，火焰应变率的倒数 $1/a$ 可以作为一个时间尺度，则只要应变率不变，Damköhler 数就是恒定值。这里只考虑稳态应变火焰。

对于无限快化学反应，化学反应时间 τ_c 明显小于流动时间尺度 τ_f，Damköhler 数为无穷大。当 Da^{fl} 取有限值时，有限速率化学反应就变得很重要，须加以考虑。实际上，化学反应的影响只在反应区很重要。类似于预混火焰，反应区通常很小（见图 3.1），在该区域之外无化学反应。此时，可以使用无限快化学反应中提出的所有概念。例如，z 相图只在火焰前锋附近受到影响，即 $z \approx z_{st}$ 时。图 3.20 显示了化学反应过程变慢时 z 相图的演化过程：燃料和氧化剂共存于反应区内，其最高温度低于无限快化学反应的最高温度，但在反应区之外，火焰结构相同。

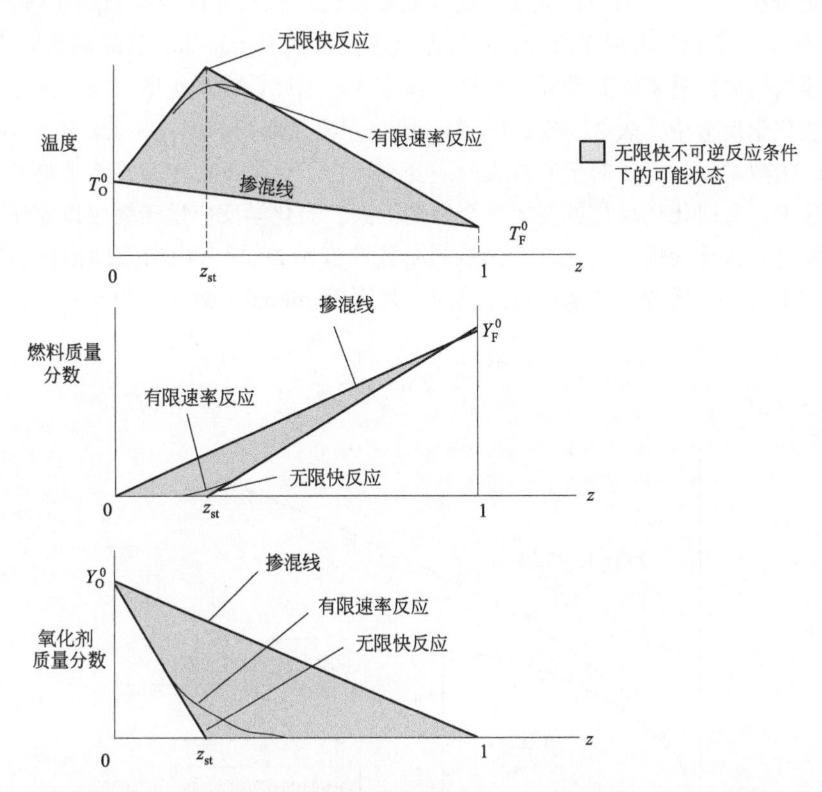

图 3.20 当化学反应从无限快变为有限速率化学反应（不可逆反应）时，z 相图的演化过程

用于构建有限速率化学反应下扩散应变火焰解的分析细节超出了本书的范围，但理解这种火焰并对其结构进行数值计算需要这些分析结果，在此只对相关结论进行简要总结。

方程(3.21) 和方程(3.26) 以及渐近分析都可以证实，标量耗散率 χ 是扩散火焰研究中的一个关键变量，它可以衡量混合物分数的梯度，且与应变率直接相关［见式(3.65)］，因此，可用于定义流动时间尺度 τ_f，从而与 Damköhler 数相关：掺混时间尺度可估算为化学当量标量耗散率的倒数，即 $\tau_f \approx 1/\chi_{st}$。

在文献中可以查到 Damköhler 数 Da^{fl} 的各种不同定义，但是渐近分析[11,14-15] 给出了其最相关的形式。当燃料反应率写成如下形式时［见式(1.24) 和式(1.25)］：

$$\dot{\omega}_F = \nu_F W_F A \left(Y_F \frac{\rho}{W_F}\right)^{\nu_F} \left(Y_O \frac{\rho}{W_O}\right)^{\nu_O} \exp\left(-\frac{T_a}{T}\right) \tag{3.89}$$

Damköhler 数应该为

$$Da^{\mathrm{fl}}=32\frac{\nu_{\mathrm{F}}A}{\chi_{\mathrm{st}}}\rho_{\mathrm{F}}^{\nu_{\mathrm{O}}+\nu_{\mathrm{F}}-1}\phi^{\nu_{\mathrm{O}}}(1-z_{\mathrm{st}})^{2}\left(\frac{Y_{\mathrm{F}}^{0}}{W_{\mathrm{F}}}\right)^{\nu_{\mathrm{F}}-1}\left(\frac{Y_{\mathrm{O}}^{0}}{W_{\mathrm{O}}}\right)^{\nu_{\mathrm{O}}}\left(\frac{T_{\mathrm{ad}}^{2}/T_{\mathrm{a}}}{QY_{\mathrm{F}}^{0}/C_{\mathrm{p}}}\right)^{\nu_{\mathrm{O}}+\nu_{\mathrm{F}}+1}\exp\left(-\frac{T_{\mathrm{a}}}{T_{\mathrm{ad}}}\right) \tag{3.90}$$

式中，Y_{F}^{0} 和 Y_{O}^{0} 分别为燃料流中的燃料质量分数和氧化剂流中的氧化剂质量分数；ρ_{f} 为化学当量下的密度；ϕ 为当量比；χ_{st} 为化学当量标量耗散率，可表示为 $\chi_{\mathrm{st}}=2(\lambda_{\mathrm{f}}/\rho_{\mathrm{f}}C_{\mathrm{p}})|\nabla z|_{\mathrm{f}}^{2}$（这个结果在假设 $\rho\lambda=\rho_{\mathrm{f}}\lambda_{\mathrm{f}}$ 恒定时也可以得到）；T_{ad} 是由式(3.35)给出的绝热火焰温度。

基于渐近分析[6,11,16]，可以研究滞止火焰的最高温度和积分反应率 $\dot{\Omega}_{\mathrm{F}}$ 随 Damköhler 数的变化。图 3.21 给出了积分反应率与标量耗散率（应变率或 Damköhler 数的倒数）之间的关系，发生应变的速度场会使更多燃料和氧化剂进入反应区，因此，提高扩散火焰应变率会增强燃烧率。在无限快化学反应中，表 3.5 或式(3.63)也显示出燃料积分反应率 $\dot{\Omega}_{\mathrm{F}}$ 的大小会以近似应变率平方根的倍数增加，但是对于非常大的应变率，由于化学反应率很难跟上燃料和氧化剂进入反应区的速率，此时化学反应就变成一个限制因素。当化学反应过于缓慢以至于无法消耗掉供给的反应物时，火焰会熄灭，此时 Damköhler 数的值为 $Da^{\mathrm{fl,q}}$（由渐近理论提出）。当 Lewis 数等于 1 且两个入口中任意一个来流被加热时，熄灭 Damköhler 数[14] 为

$$Da^{\mathrm{fl,q}}=(1.359m)\frac{2}{\nu_{\mathrm{O}}!}\left[1-\frac{m}{2}(1+\nu_{\mathrm{O}})\right] \tag{3.91}$$

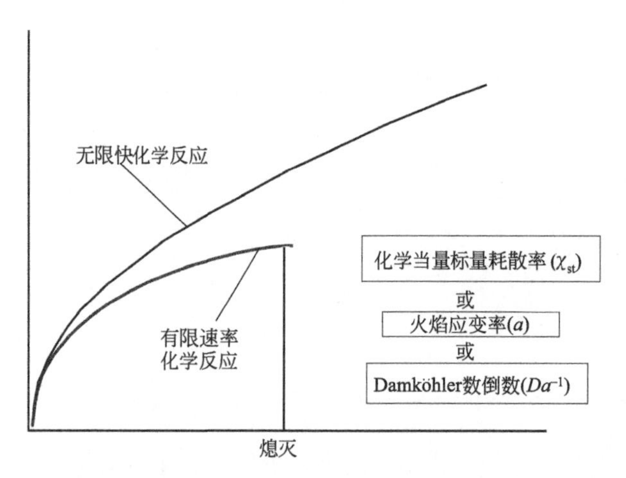

图 3.21 对于无限快和有限速率化学反应，积分反应率 $\dot{\Omega}_{\mathrm{F}}$ 关于应变率 a、化学当量标量耗散率 χ_{st} 或 Damköhler 数 Da^{fl} 的倒数的函数变化图

其中，

$$m=2(1-z_{\mathrm{st}})\left(1-\frac{T_{\mathrm{O}}^{0}-T_{\mathrm{F}}^{0}}{QY_{\mathrm{F}}^{0}/C_{\mathrm{p}}}\right)-2 \tag{3.92}$$

Peters[7] 针对熄灭标量耗散率 $\chi_{\mathrm{st}}^{\mathrm{q}}$ 提出了一个更普适的表征方法

$$\chi_{\mathrm{st}}^{\mathrm{q}}=\frac{z_{\mathrm{st}}^{2}(1-z_{\mathrm{st}})^{2}}{\tau_{\mathrm{c}}^{\mathrm{p}}} \tag{3.93}$$

式中，$\tau_{\mathrm{c}}^{\mathrm{p}}$ 为化学当量下预混火焰的火焰时间，即 $\tau_{\mathrm{c}}^{\mathrm{p}}=\delta/s_{\mathrm{L}}^{0}=\mathcal{D}/(s_{\mathrm{L}}^{0})^{2}$。该表征方法说明了预混火焰和扩散火焰参数之间的关联。如果化学当量下预混火焰的速度很大，则扩散火焰的

熄灭标量耗散率也会很大。

3.5.3 火焰结构总结

表 3.6 总结了在不同反应可逆性和平衡态假设下的火焰结构。在表左侧，无限快化学反应（平衡态）假设使火焰结构与火焰受到的应变率无关；在表右侧，有限速率化学反应效应（非平衡态）随应变率增加而增加（同时 Damköhler 数减小）。当应变率非常小时，火焰会恢复为无限快化学反应时的火焰结构。需要注意的是，可逆平衡态的火焰结构类似于固定应变率且化学反应率有限的火焰结构。

表 3.6　对可逆性和化学反应速度作出不同假设时，扩散火焰结构的温度随混合物分数 z 的变化

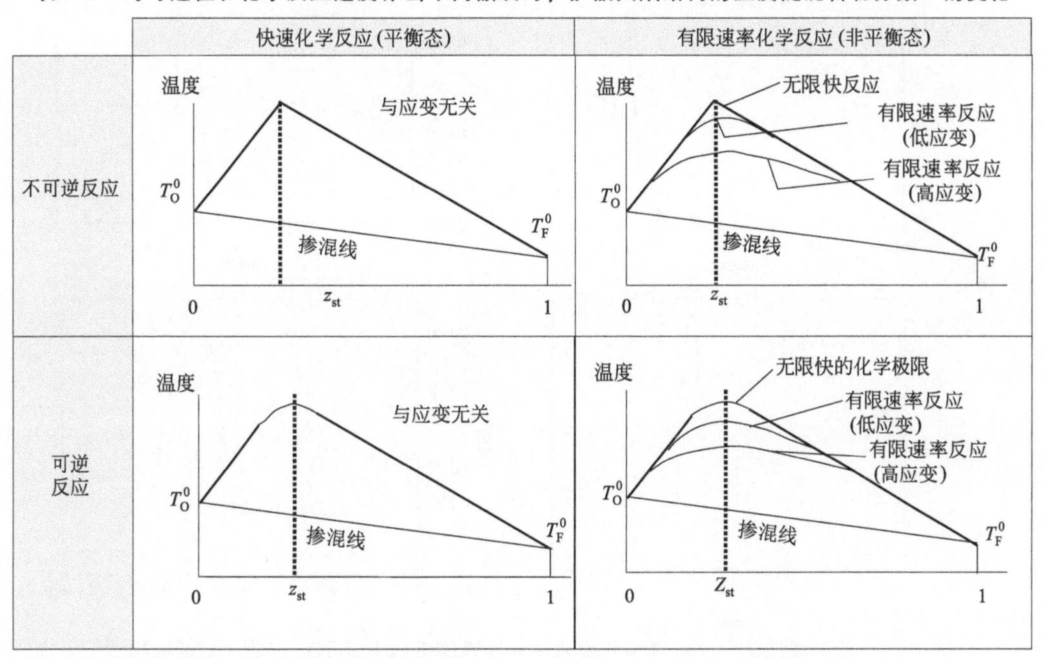

3.5.4 扩展至 Lewis 数变化的情形

为引入混合物分数的概念，此前的分析都是假定所有组分的 Lewis 数均等于 1。当组分的 Lewis 数不等于 1 时，须引入一个新的守恒标量，使其数学层面上必须可解，相关研究可参考文献［8，14，17-19］。

3.6 真实层流扩散火焰

3.6.1 层流扩散火焰的一维算法

虽然前几节的推导分析有助于理解扩散火焰，但对于真实火焰，这些推导通常不够准确，原因有以下几点：

① 真实火焰必须考虑包含自由基在内的多种化学组分和多步化学反应，燃料与氧气不

是通过简单的单步反应模型 F+O ⟶P 发生反应，有些反应可能是可逆反应。

② 不同组分的分子扩散率一般不相等。H_2 或 H 之类的轻组分要比其他重分子扩散快很多。

③ 由于热扩散率 $\lambda/(\rho C_p)$ 和组分扩散率 $\mathcal{D}_k$ 不同，因此，在理想火焰理论中热与组分的相似性假设不成立。

以上几点导致真实火焰的解析解很难推导，不过正如 2.3 节中的预混火焰，数值解无须简化便可得到，且现在很容易进行一维扩散火焰的完整计算[8,20-21]。图 3.22 为使用 CHEMKIN 软件计算的常压下 H_2-O_2 扩散火焰的温度和组分质量分数分布[22]，其中，氢气温度为 300K，氧气被加热到 750K，应变率为 $300s^{-1}$。

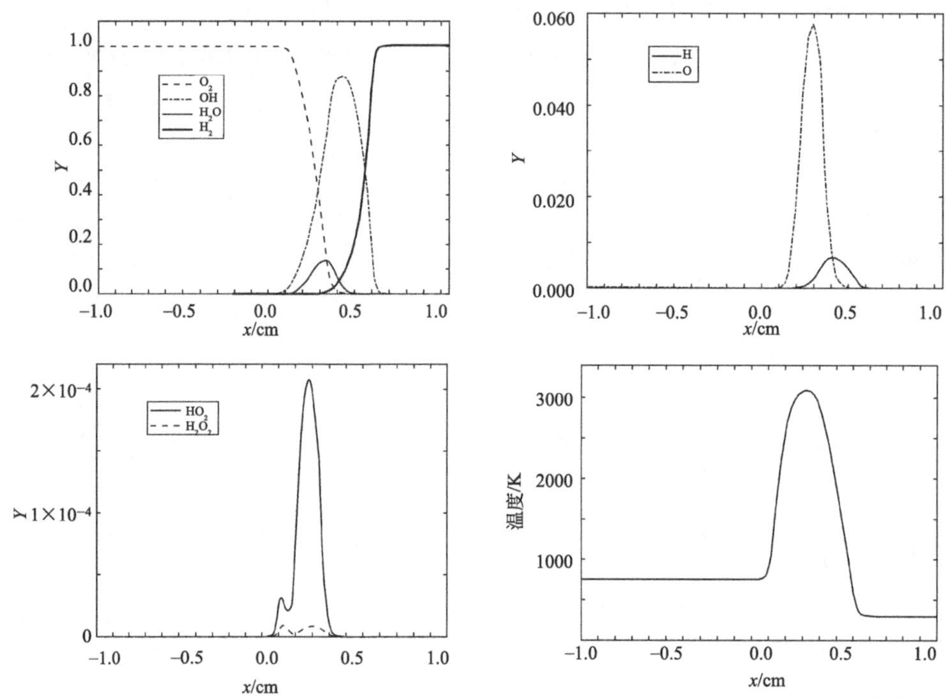

图 3.22 基于详细化学反应模型和输运过程计算的常压下 H_2-O_2 扩散火焰的结构[22]

应变率为 $300\,s^{-1}$。化学反应模型来自表 1.5

3.6.2 真实火焰的混合物分数

由式(3.10) 定义的混合物分数的适用性受限于以下两种机制：①燃料和氧化剂不是通过单步反应进行，而是会发生多次离解反应；②在真实火焰中，所有组分及温度都有不同的扩散率，会产生差异化扩散效应。因此，由式(3.10) 中燃料和氧化剂的质量分数及温度所定义的变量 Z_i 不再是守恒标量，于是问题就变成：在真实火焰中，可以定义出一个真正的混合物分数吗？本节通过讨论真实火焰中机理 1（离解反应）和机理 2（差异化扩散）的影响，力求解决这一问题

为了避开离解反应（机理 1）的影响，可以在原子元素层面上（而非组分）构建混合物分数，考虑 N 种组分 M 步化学反应的一般情形，其中第 j 步反应写为

$$\sum_{k=1}^{N}\nu'_{kj}\mathcal{M}_k \rightleftharpoons \sum_{k=1}^{N}\nu''_{kj}M_k,\quad j=1,2,\cdots,M \tag{3.94}$$

每种组分包含1～P种基本元素，对于绝大多数碳氢燃料的火焰，$P=4$，即包含C、O、H、N四种元素。第p种元素的质量分数定义为（p从1到P取值）

$$Z_p=\sum_{k=1}^{N}a_{kp}\frac{W_p}{W_k}Y_k=W_p\sum_{k=1}^{N}a_{kp}\frac{Y_k}{W_k} \tag{3.95}$$

式中，a_{kp}表示组分k中第p种元素的数目，假如组分k是丙烷（C_3H_8），碳（C）是第p种元素，那么$a_{kp}=3$。a_{kp}的取值与组分之间发生的化学反应无关。

在化学反应过程中，组分可能被消耗或者生成，但是元素是守恒的，因此对于第j个反应有

$$\sum_{k=1}^{N}a_{kp}(\nu'_{kj}-\nu''_{kj})=\sum_{k=1}^{N}a_{kp}\nu_{kj}=0 \tag{3.96}$$

对每个组分的守恒方程(1.37)两边同时乘以$a_{kp}W_p/W_k$，然后将方程从$k=1$到N相加，可以得到一个关于Z_p的守恒方程

$$\frac{\partial\rho Z_p}{\partial t}+\frac{\partial}{\partial x_i}(\rho u_i Z_p)=\frac{\partial}{\partial x_i}\left(\rho\mathcal{D}\frac{\partial Z_p}{\partial x_i}\right)+S_p \tag{3.97}$$

如果机理2的影响有限，则可以假定所有组分的分子扩散率相等，即$\mathcal{D}_k=\mathcal{D}$。$\dot{\omega}_k$由式(1.22)表示，使用守恒关系式(3.96)，最终可以得到Z_p的源项S_p为

$$S_p=\sum_{j=1}^{M}\sum_{k=1}^{N}\frac{W_p}{W_k}a_{kp}\dot{\omega}_{kj}=\sum_{j=1}^{M}\sum_{k=1}^{N}W_p a_{kp}(\nu'_{kj}-\nu''_{kj})Q_j=W_p\sum_{j=1}^{M}Q_j\sum_{k=1}^{N}a_{kp}\nu_{kj}=0 \tag{3.98}$$

因此，关于Z_p的无源守恒方程可以推导为

$$\frac{\partial\rho Z_p}{\partial t}+\frac{\partial}{\partial x_i}(\rho u_i Z_p)=\frac{\partial}{\partial x_i}\left(\rho\mathcal{D}\frac{\partial Z_p}{\partial x_i}\right) \tag{3.99}$$

式(3.99)表明，所有的Z_p都可以使用下面的表达式来计算混合物分数z_p：

$$z_p=\frac{Z_p-Z_{p1}}{Z_{p2}-Z_{p1}} \tag{3.100}$$

其中，1和2分别代表氧化剂流和燃料流。实际上，如果分子扩散率不相等，Z_p也无须是一个真正的混合物分数。研究扩散火焰的学者们提出，可以将Z_p组合起来构造一个更好的混合物分数。例如，由Bilger等[23]提出并被美国桑迪亚国家实验室TNF工作室使用的混合物分数定义[24]是将Z_C和Z_H组合，这种组合限制了差异化扩散的影响，并为真正的混合物分数提供了最好的近似。

为了阐明混合物分数定义间的差异，可以参考图3.22所示的H_2-O_2火焰（$z_{st}=0.111$）。在计算中使用的组分为H_2、H、O_2、O、H_2O、OH、H_2O_2、HO_2和N_2（$N=9$），元素有H、O和N三种($P=3$)。化学当量空燃比$s=8$。对于该火焰，由式(3.15)定义的标量z_1可以写为

$$z_1=\frac{sY_{H_2}-Y_{O_2}+Y_{O_2}^0}{sY_{H_2}^0+Y_{O_2}^0}=\frac{sY_{H_2}-Y_{O_2}+1}{9} \tag{3.101}$$

氢元素H的守恒标量Z_H可以表示为

$$Z_H=W_H\left(\frac{2Y_{H_2}}{W_{H_2}}+\frac{Y_H}{W_H}+\frac{2Y_{H_2O}}{W_{H_2O}}+\frac{Y_{OH}}{W_{OH}}+\frac{Y_{HO_2}}{W_{HO_2}}+\frac{2Y_{H_2O_2}}{W_{H_2O_2}}\right) \tag{3.102}$$

根据式(3.12)，对应的混合物分数定义为

$$z_{\mathrm{H}}=\frac{Z_{\mathrm{H}}}{2Y_{\mathrm{H}_2}^0 W_{\mathrm{H}}/W_{\mathrm{H}_2}} \tag{3.103}$$

氧元素 O 的守恒标量 Z_{O} 可以表示为

$$Z_{\mathrm{O}}=W_{\mathrm{O}}\left(\frac{2Y_{\mathrm{O}_2}}{W_{\mathrm{O}_2}}+\frac{Y_{\mathrm{O}}}{W_{\mathrm{O}}}+\frac{Y_{\mathrm{H}_2\mathrm{O}}}{W_{\mathrm{H}_2\mathrm{O}}}+\frac{Y_{\mathrm{OH}}}{W_{\mathrm{OH}}}+\frac{2Y_{\mathrm{HO}_2}}{W_{\mathrm{HO}_2}}+\frac{2Y_{\mathrm{H}_2\mathrm{O}_2}}{W_{\mathrm{H}_2\mathrm{O}_2}}\right) \tag{3.104}$$

对应的混合物分数为

$$z_{\mathrm{O}}=\frac{Z_{\mathrm{O}}-2Y_{\mathrm{O}_2}^0 W_{\mathrm{O}}/W_{\mathrm{O}_2}}{0-2Y_{\mathrm{O}_2}^0 W_{\mathrm{O}}/W_{\mathrm{O}_2}} \tag{3.105}$$

由元素定义的两个混合物分数 z_{O} 和 z_{H} 相等（图 3.23），表明在该火焰中机理 2（差异化扩散）对元素定义的混合物分数的影响非常有限，但式(3.15) 定义的标量 z_1 与 z_{H} 不相等，表明 z_1 不再是混合物分数，这主要是由混合物中存在自由基和其他反应引起（机理 1）。

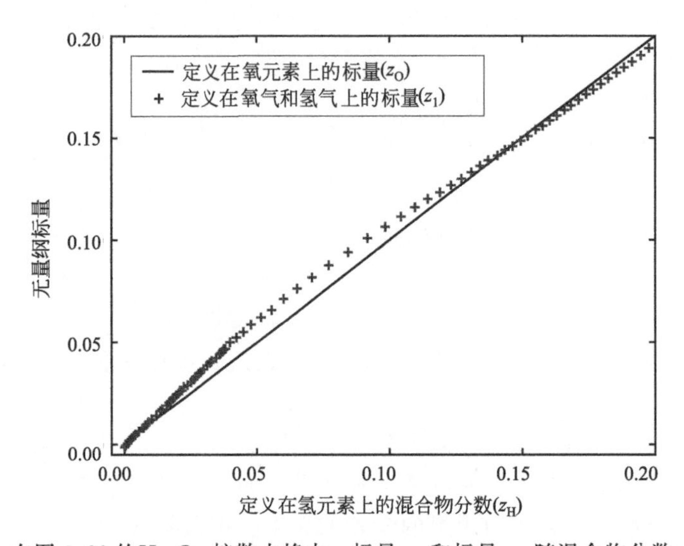

图 3.23 在图 3.22 的H_2-O_2 扩散火焰中，标量z_1 和标量z_{O} 随混合物分数z_{H} 的变化

图 3.24 给出了火焰结构与有效混合物分数（如 z_{O} 或者 z_{H}）之间的关系。氢气和氧气的质量分数大致遵循理想火焰结构，但由于有限速率化学反应和可逆性的影响，会在火焰区域发生重叠。此外，氧气质量分数偏离理想曲线，甚至在反应区外亦是如此，这主要是由不同组分的 Lewis 数不相等引起。图 3.25 给出了温度相对于 z_{H} 的变化曲线，并对比了三种方法的计算结果。

方法 1　一维扩散火焰的完整计算。使用详细化学反应模型（图 3.22）和准确的分子输运模型（Lewis 数不一定为 1）。

方法 2　单步不可逆反应下的平衡计算（见 3.3.2 节）。假定所有组分的 Lewis 数均为 1。对于这种火焰，定压比热容 C_{p}（从纯氢到纯氧）变化很大，导致式(3.35) 给出的理想火焰温度毫无意义，但由 $C_{\mathrm{p}}=z_{\mathrm{H}}C_{\mathrm{p,H_2}}+(1-z_{\mathrm{H}})C_{\mathrm{p,O_2}}$ 给出的局部变量 C_{p} 值可体现 $C_{\mathrm{p,H_2}}$ 和 $C_{\mathrm{p,O_2}}$ 随温度的变化。即便图中预测的大致规律正确，但由于单步反应模型无法捕捉到高温下的离解反应，因此温度的具体取值不对。

方法 3　使用详细化学反应模型且所有组分的 Lewis 数都等于 1 的平衡计算。

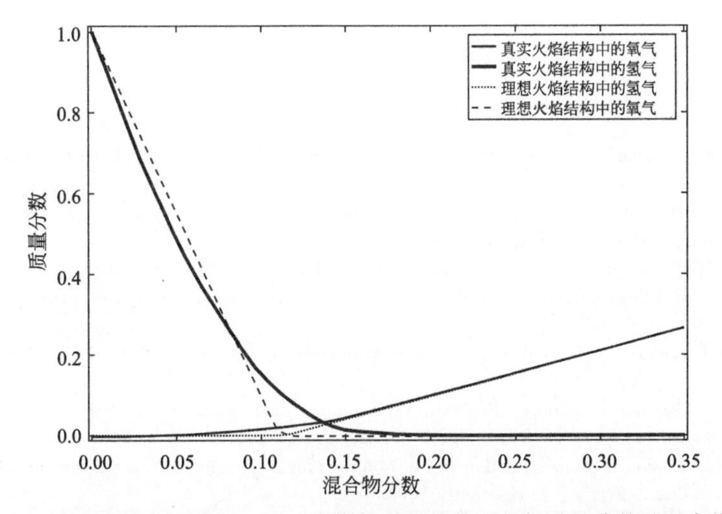

图 3.24 H_2-O_2 扩散火焰（图 3.22）中燃料质量分数和氧气质量分数随混合物分数z_H（或者z_O）的变化，并与 3.2 节中的理想火焰结构进行对比

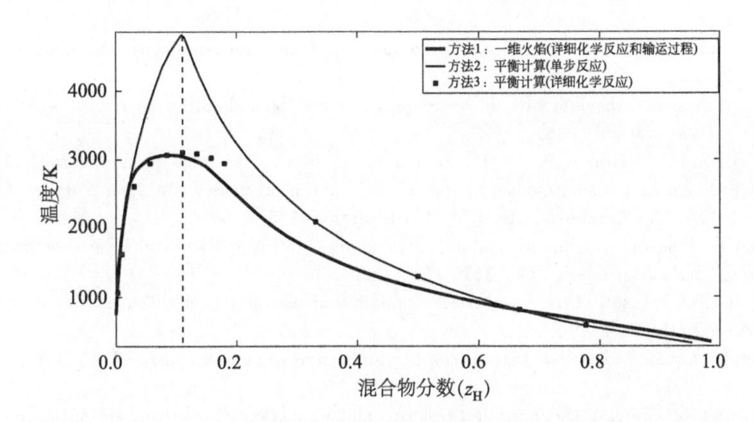

图 3.25 H_2-O_2 扩散火焰（图 3.22）的温度随混合物分数z_H 的变化

表 3.7 总结了每种方法引入的假设，如图 3.25 所示：方法 1 可以得到准确解（前提是化学反应模型是正确的）；方法 2 使用平衡态假设（所有组分的 Lewis 数均为 1）和单步反应模型，不考虑离解反应；方法 3 使用平衡态假设，但使用详细化学反应模型来计算这个平衡态，从而考虑了离解反应。显然，方法 2 不能捕捉到温度的分布，对于高温火焰而言，高温下的离解反应很重要，不能忽略不计。相比之下，方法 3 考虑了离解反应，因此可以捕捉到温度分布。但方法 1 和方法 3 之间的微小差异表明平衡态假设在这里并未完全满足，这主要是由于在该火焰中 H_2 和 H 的高扩散率使得 Lewis 数只能近似等于 1。对于低温碳氢燃料-空气火焰，这三种方法给出的结果更接近。

表 3.7 H_2-O_2 扩散火焰温度的三种方法（应变率=$300\,s^{-1}$）

方法		说明	限制
1	一维火焰计算	• 详细化学反应 • 详细组分输运	无(精确解)
2	平衡态假设	• 所有组分的 Lewis 数都等于 1 • 单步化学反应模型	无离解反应 近似输运过程
3	平衡态假设	• 所有组分的 Lewis 数都等于 1 • 详细化学反应模型	近似输运过程

参考文献

[1] A. Linum and A. Crespo. An asymptotic analysis of unsteady diffusion flames for large activation energies. *Combust. Sci. Tech.*, 14：95-117，1976.

[2] R. W. Bilger. Turbulent flows with non-premixed reactants. In P. A. Libby and F. A. Williams，editors，*Turbulent reacting flows*. Springer Verlag，Berlin，1980.

[3] R. W. Bilger. Turbulent diffusion flames. *Ann. Rev. Fluid Mech*，21：101，1989.

[4] N. Peters. Laminar diffusion flamelet models in non-premixed turbulent combustion. *Prog. Energy Comb. Sei.*，10：319-339，1984.

[5] R. S. Barlow. Laser diagnostics and their interplay with computations to understand turbulent combustion. *Proc. Combust. Inst.*，31：49-75，2006.

[6] F. A. Williams. *Combustion Theory*. Benjamin Cummings，Menlo Park，CA，1985.

[7] N. Peters. *Turbulent combustion*. Cambridge University Press，2001.

[8] H. Pitsch and N. Peters. A consistent flamelet formulation for non-premixed combustion considering differential diffusion effects. *Combust. Flame*，114：26 40，1998.

[9] H. Pitsch and N. Peters. Unsteady Hainelet modeling of turbulent hydrogen-air diffusion flames. In *27th Symp. (Int.) on Combustion*，pages 1057-1064. The Combustion Institute，Pittsburgh，1998.

[10] S. P. Burke and T. E. W. Schumann. Diffusion flames. *Industrial and Engineering Chemistry*，20 (10)：998-1005，1928.

[11] A. Linan. The asymptotic structure of counterflow diffusion flames for large activation energies. *Acta Astronautica*，1：1007，1974.

[12] N. Darabiha. Transient behaviour of laminar counterflow hydrogen-air diffusion flames with complex chemistry. *Combust. Sci. Tech.*，86：163-181，1992.

[13] D. C. Haworth，M. C. Drake，S. B. Pope，and R. J. Blint. The importance of time-dependent flame structures in stretched laminar flamelet models for turbulent jet diffusion flames. In *22nd Symp. (Int.) on Combustion*，pages 589-597. The Combustion Institute，Pittsburgh，1988.

[14] B. Cuenot and T. Poinsot. Asymptotic and numerical study of diffusion flames with variable lewis number and finite rate chemistry. *Combust. Flame*，104：111-137，1996.

[15] L. Vervisch and T. Poinsot. Direct numerical simulation of non-premixed turbulent flames. *Ann. Rev. Fluid Mech*，30：655-692，1998.

[16] P. Clavin and A. Li nán. Theory of gaseous combustion. an intro ductive course. NATO ASI Ser. B，116：291-338，1984.

[17] K. Seshadri and N. Peters. Asymptotic structure and extinction of methane-air diffusion flames. *Combust. Flame*，73：23-44，1988.

[18] K. Seshadri，N. Peters，and F. A. Williams. Asymptotic analyses of stoichiometric and lean hydrogen-air flames. *Combust. Flame*，96 (4)：407-427，1994.

[19] K. Seshadri. Multistep asymptotic analyses of flame structures (plenary lecture). *Proc. Combust. Inst.*，26：831-846，1996.

[20] N. Darabiha and S. Candel. The influence of the temperature on extinction and ignition limits of strained hydrogen-air diffusion flames. *Combust. Sci. Tech.*，86：67-85，1992.

[21] R. S. Barlow and J. Y. Chen. On transient flame lets and their relationship to turbulent methane-air jet flames. *Proc. Combust. Inst.*，24：231-237，1992.

[22] O. Vermorel. Flame wall interaction of H_2-O_2 flames. Technical Report STR/CFD/99/44，CERFACS，1999.

[23] R. W. Bilger，S. H. Starner，and R. J. Kee. On reduced mechanisms for methane-air combustion in non-premixed flames. *Combust. Flame*，80：135-149，1990.

[24] R. S. Barlow and J. H. Franck. Effects of turbulence on species mass fractions in methane/air jet flames. *Proc. Combust. Inst.*，27：1087-1095，1998.

第4章 湍流燃烧

本章主要介绍了与预混、非预混以及部分预混湍流燃烧相关的基本概念。4.1节介绍了火焰与湍流的相互作用；4.2节简要回顾了湍流的基本概念；4.3节介绍了湍流对燃烧过程影响的实验结果；4.4节介绍了湍流燃烧模拟主要采用的三种数值方法；4.5节介绍了雷诺平均Navier-Stokes（RANS）方程在实际工业中的应用；4.6节中的直接数值模拟（DNS）方法可求解所有的特征长度和时间尺度，但仅限于学术研究；4.7节中的大涡模拟（LES）方法，可以对大尺度的涡结构直接求解，对小尺度的涡结构可以通过模型来定义。本章主要给出三种数值方法的守恒方程，并讨论每种数值方法的优点和局限性。关于湍流预混火焰和非预混火焰更精确的定义和模型，将在第5章和第6章中给出。在本章的最后，4.8节简要总结了湍流燃烧中复杂化学反应机理的实际应用。

4.1 火焰与湍流的相互作用

当进入火焰前锋的流动是湍流时，前几章研究的层流火焰方式将不再适用，此时，湍流和燃烧之间的相互作用对火焰影响很大。湍流燃烧存在于绝大多数实际燃烧系统中，如火箭、内燃机、飞机发动机、工业燃烧器和熔炉等。相比之下，层流燃烧的应用几乎仅限于蜡烛、打火机和家用炉等。为了开发和改进真实的燃烧系统（如提高效率、减少燃料消耗和污染物形成），对湍流燃烧过程的研究和建模至关重要。目前，很难通过解析方法处理燃烧过程，而湍流燃烧的数值模拟方法发展很快。然而，湍流反应流的数值模拟却很复杂，主要因为：

① 即便没有湍流，燃烧本质上也是一个很复杂的过程。它涉及很广的化学时间尺度和长度尺度，控制火焰的化学反应在短时间内发生在薄层上[1]，并且质量分数、温度和密度的梯度很大。层流火焰中详细的化学反应机理也可能需要数百种组分和数千步反应，这使数值求解的难度很大（第2章）。

② 在无反应流体力学中，湍流本身或许已是最复杂的现象。它涉及很多不同的时间尺度和长度尺度，湍流的结构及其定义方法至今仍在研究中。相关研究的文献很多，研究内容与任务的难度成正比。

---

[1] 化学时间尺度与所考虑的化学反应有关，在绝大多数实际燃烧装置中，燃料的氧化时间很短，另外，CO到CO_2的氧化过程更慢，NO_x的生成时间则更长。

③ 湍流燃烧是化学反应和湍流相互作用的结果。当火焰与湍流相互作用时，一方面，释热会使火焰前锋的流动明显加速，温度变化也会引起介质的运动黏性系数剧烈变化，最终影响湍流的状态。这种机制既可以产生湍流，如“火焰生成湍流”现象，也会抑制湍流，如燃烧引起的再层流化。另一方面，湍流也会改变火焰结构，增强化学反应，但在极端情况下，也可能抑制反应，导致火焰熄灭。

4.2 湍流的基本概念

为了理解湍流燃烧方法，本节首先介绍湍流的一些基本概念，其中，大部分结论都是直接给出，想了解更多信息，读者可参考相关文献[1-4]。

湍流可以使用流场局部变量的波动来表征，它常出现在非常高的雷诺数下，与系统的几何构型有关。任意变量 f 常被分解为一个平均量 $\overline{f}$ 和一个脉动量 f' ❶，即

$$f=\overline{f}+f' \tag{4.1}$$

湍流的强弱常用湍流强度 I 来表征，即脉动量 f' 的均方根与平均值 $\overline{f}$ 的比值：

$$I=\sqrt{\overline{f'^2}}\ /\ \overline{f} \tag{4.2}$$

局部平均值 $\overline{f}$ 有时可以用参考平均值 $\overline{f_0}$ 替代。例如，在边界层中，湍流强度通常用速度脉动值与自由流的平均速度之间的比值来确定；在壁面边界流中，湍流强度 I 在 0（层流）和几十个百分点之间取值，即湍流的局部速度可能会偏离其平均值几十个百分点。

然而，只用湍流强度这个参数并不足以定义湍流燃烧。例如，湍流能量在不同尺度下如何分布，哪种尺度的涡结构携带充足的能量与火焰前锋相互作用等。湍流脉动与涡结构的尺度有关，而湍流涡的尺度从最大的积分尺度 l_t（或宏观尺度）到最小的 Kolmogorov 微尺度 η_k 之间变化。积分尺度通常接近流场的特征尺寸。例如，在管道流中，积分尺度约等于管道尺寸。对于每个湍流尺度，可以引入一个雷诺数 $Re(r)$

$$Re(r)=\frac{u'(r)r}{\nu} \tag{4.3}$$

式中，$u'(r)$ 是尺寸为 r 的涡结构移动的特征速度，ν 是流体的运动黏性系数❷。当 r 对应的积分尺度为 l_t 时，上述雷诺数则为积分雷诺数：

$$Re_t=Re(l_t)=u'l_t/\nu \tag{4.4}$$

该值通常很高，在大部分燃烧装置中，其取值为 100～2000。由于雷诺数代表惯性力

---

❶ 这个平均过程通常定义为系综平均（如对同一个流场很多样本数据求统计平均）。对于稳态平均流场，系综平均可以由很长时间区间 t 内的时间平均替代：

$$\overline{f}=\frac{1}{t}\int_0^t f(t')\,dt'$$

这里使用后者假设。

❷ 通常对于均匀各向同性湍流而言，这个关系式假定尺寸为 r 的涡结构的脉动速度 $u'(r)$ 只是 r 的函数。基于分形理论更为精细的公式见文献 [5]。

与黏性力的比值，因此，湍流中最大尺度的涡结构主要受流动惯性控制，不受黏性耗散的影响。

对于均匀各向同性的湍流[1]，大尺度的涡结构通过 Kolmogorov 级联将能量输送到更小尺度的涡[6]。其中，由较大涡向较小涡输送的能量通量（通过非线性项 $u_i u_j$）是一个常数，由湍动能 k 的耗散率 ε 决定。而湍动能耗散率 ε 可由湍动能 $u'^2(r)$ 与时间尺度 $r/u'(r)$ 的比值近似得到：

$$\varepsilon=\frac{u'^2(r)}{r/u'(r)}=\frac{u'^3(r)}{r} \tag{4.5}$$

雷诺数 $Re(r)$ 沿能量级联方向从 Re_t 减小至1。当 $Re(r)=1$ 时，惯性力和黏性力达到平衡，湍流脉动结构对应于湍流的最小尺度，即 Kolmogorov 微尺度 η_k，具体取值由运动黏性系数 ν 和耗散率 ε 共同决定[6]：

$$\eta_k=(\nu^3/\varepsilon)^{1/4} \tag{4.6}$$

对应的单位雷诺数为

$$Re_k=Re(\eta_k)=\frac{u'_k\eta_k}{\nu}=\frac{\varepsilon^{1/3}\eta_k{}^{4/3}}{\nu}=1 \tag{4.7}$$

基于式(4.4)～式(4.6)，湍流的积分尺度 l_t 与 Kolmogorov 微尺度 η_k 的比值可表示为

$$\frac{l_t}{\eta_k}=\frac{u'^3/\varepsilon}{(\nu^3/\varepsilon)^{1/4}}=Re_t{}^{3/4} \tag{4.8}$$

与层流火焰一致（2.6节），火焰应变率对于湍流燃烧来说也是一个重要变量，可以衡量火焰前锋面积的相对变化率。式(2.89)表明，应变率与速度梯度直接相关：基于一阶近似，对于尺度为 r 的涡在火焰前锋诱导的应变率 $\kappa(r)$，可以假定其与 $u'(r)/r$ 成比例，而涡引起的速度梯度可以用 $u'(r)/r$ 简单近似，即

$$\kappa(r)=u'(r)/r=(\varepsilon/r^2)^{1/3} \tag{4.9}$$

同理，对于尺度为 r 的涡，其特征时间尺度为

$$\tau_m(r)=r/u'(r)=(r^2/\varepsilon)^{1/3}=1/\kappa(r) \tag{4.10}$$

由 Kolmogorov 微尺度 η_k 和积分尺度 l_t 对应的涡结构引起的应变率分别为

$$\kappa(\eta_k)=\sqrt{\frac{\varepsilon}{\nu}}\,,\quad \kappa(l_t)=\frac{\varepsilon}{u'^2}\approx\frac{\varepsilon}{k} \tag{4.11}$$

其中，u'^2 衡量湍动能 k 的大小。Kolmogorov 微尺度涡结构的尺寸和速度最小，但引起的拉伸率最大❶，并且满足

$$\frac{\kappa(\eta_k)}{\kappa(l_t)}=\sqrt{\frac{l_t u'}{\nu}}=\sqrt{Re_t} \tag{4.12}$$

图4.1给出了涡速度 $u'(r)$、雷诺数 $Re(r)$、特征时间尺度 $r/u'(r)$ 和应变率 $\kappa(r)=u'(r)/r$ 与尺度 r 的函数关系图。

上述内容都是基于湍流在反应流每一点上各向同性且均匀的假设。虽然该假设在真实系统中并不准确，但却是现有最佳的定义方法。

❶ Kolmogorov 微尺度的涡结构存在的时间也很短，即 $r/u'(r)$，对火焰前锋的实际影响存在争议（见5.2.3节）。

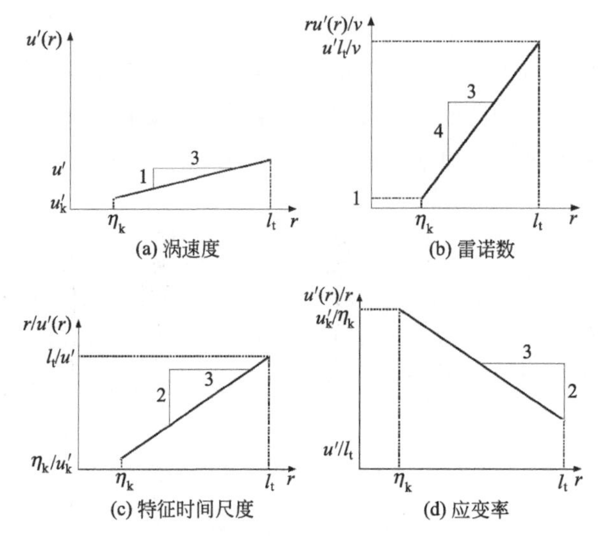

图 4.1 涡速度、雷诺数、特征时间尺度、应变率与尺寸 r 的双对数关系图

4.3 湍流对燃烧的影响

湍流对燃烧的主要影响是提高燃烧率，这一点在本节介绍的两个典型实验结果中都有提出，一个针对预混火焰（4.3.1 节），另一个针对射流扩散火焰（4.3.2 节）。

4.3.1 一维湍流预混火焰

考虑一个在湍流中传播的统计学意义上的一维预混火焰（图 4.2）。

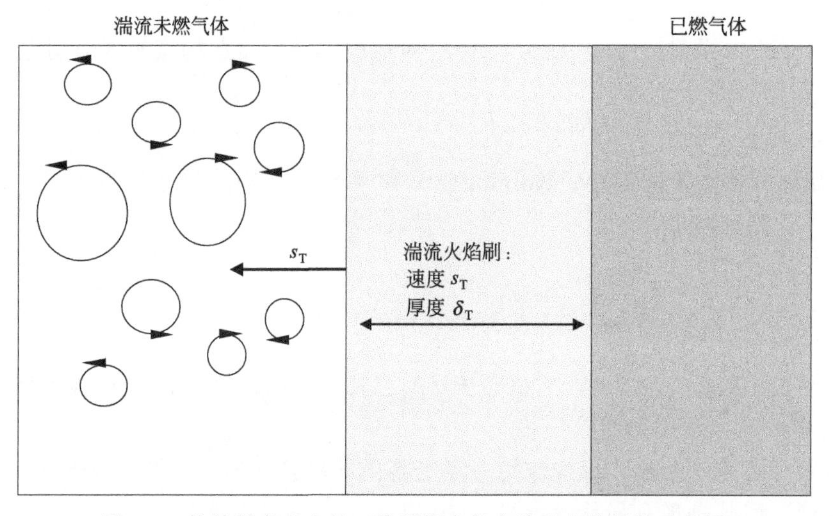

图 4.2 统计学意义上的一维预混火焰在湍流中传播的示意图

在这种情形下，“平均”湍流火焰刷是一个平面火焰，相对于流动以湍流火焰速度 s_T

移动❶。实验人员很早已知晓，在点火之前改变容器内的湍流强度可以改变充分燃烧所需的时间，进而改变湍流火焰速度。Laffitte [7]在其著作中提到了 Wheeler 于 1918 年在搅拌容器中测量的燃烧时间[8-9]。结果表明，当反应物以化学当量比混合时，燃烧率最大（即燃烧时间最短)，且当流动变成湍流时，燃烧率增加（图 4.3)。当时 Laffitte [7]注意到，“湍流火焰速度总是大于 2 倍的层流火焰速度”。然而，Wheeler 观测到的两倍关系并不适用于所有湍流火焰。通过更精确的测量，可以得到了如下的经验关系[10-11]：

$$\frac{s_T}{s_L} \approx 1 + \frac{u'}{s_L} \tag{4.13}$$

式中，u'是速度脉动均方根（或湍动能 k 的平方根)。该近似表达式表明湍流会使预混燃烧增强。当速度脉动较大时，湍流火焰速度 s_T 与层流火焰速度 s_L 大致无关（$s_T \approx u'$)。实验也表明，平均湍流火焰刷的厚度 δ_T 始终大于层流火焰的厚度 δ_L^0。

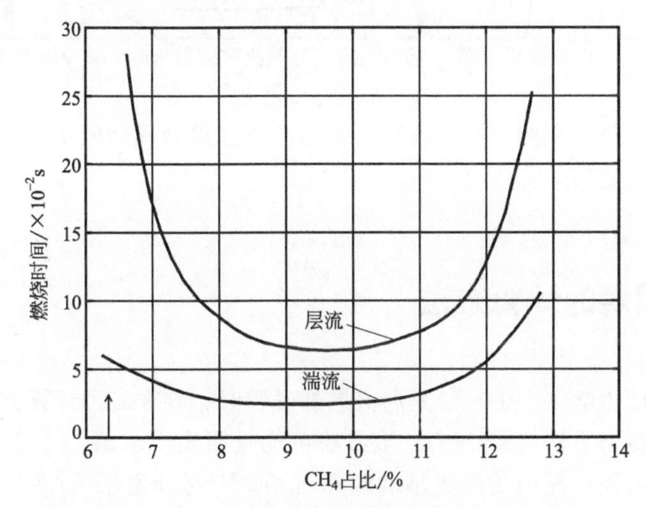

图 4.3　甲烷-空气火焰在有/无湍流时的燃烧时间（在密闭容器中达到最大压力所需的时间）与反应物中 CH_4 占比的函数关系

对应的当量比为 ϕ（化学当量比相当于 CH_4 占比约 10%时的值)。[7-8]

4.3.2 湍流射流扩散火焰

在如图 4.4 所示的这种火焰构型中，燃料（通常是纯燃料）被喷入空气中。测量的火焰长度 L_f 是雷诺数 $Re=Ud/\nu$ 的函数（图 4.5)，其中，U、d 和 ν 分别是燃料射流的初速度、直径和运动黏性系数[12]。

首先，火焰长度 L_f 会随燃料流量或雷诺数 Re 的增加而线性增加；当雷诺数足够大时，流动会变成湍流状态；随后，火焰长度 L_f 在达到一个恒定值之前，会随 Re 增加而减小，且火焰层流区和湍流区之间的转捩点向喷嘴出口处靠近。当喷射速度足够大时，火焰被推举离开喷嘴出口（“推举火焰”)❷，最后被“吹熄”。

当雷诺数（或对应于燃料质量流量的喷射速度）增加时，如果火焰长度 L_f 保持恒定不

---

❶ 湍流火焰速度 s_T 在此用来定性地衡量总体反应率，更准确的定义见第 5 章。

❷ 针对乙烯-空气[13] 和氢气-空气[14] 湍流扩散推举火焰（4.4 节）的 DNS 算例，可参见 cerfac 燃烧学课程的网站。

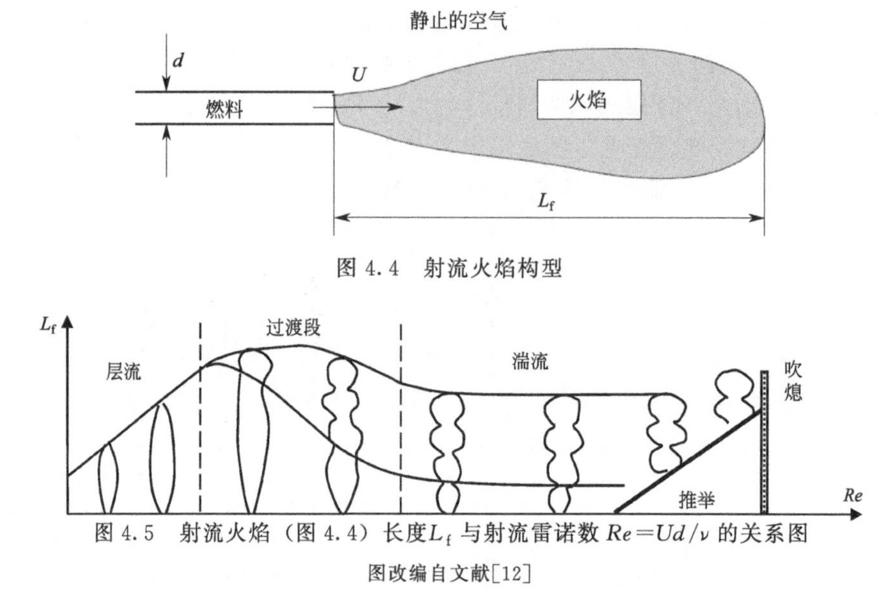

图 4.4 射流火焰构型

图 4.5 射流火焰（图 4.4）长度L_f与射流雷诺数 $Re=Ud/\nu$ 的关系图

图改编自文献[12]

变，湍流必然会使单位体积的反应率增加：增强湍流会提高燃烧效率，这一点至少在推举和吹熄出现之前都是成立的。

4.4 湍流燃烧的计算方法

使用计算流体动力学（CFD）研究湍流燃烧过程时，存在三种计算方法。

第一种方法是雷诺平均（RANS）。该方法可能是历史上求解 N-S 方程的第一种数值方法，在早期几乎不可能计算出湍流火焰的瞬态流场，于是开发了 RANS 方法来求解所有变量的平均值。雷诺平均或 Favre 平均（即密度加权）的守恒方程可以通过对瞬态守恒方程求平均得到，但这些守恒方程需要两种封闭模型：一种是湍流模型，用于处理流体动力学问题；另一种是湍流燃烧模型，用于表示化学组分之间的转换和释热。通过求解这些方程得到的平均量，在稳态流场中对应于时间域上的均值，在类似于活塞式发动机的周期性流动中对应于许多流动样本（或周期）的均值（相位平均）。对于一个稳定火焰，无论瞬态温度曾如何变化，使用 RANS 方法求解的流场中任一点处的温度都等于平均温度（图 4.6）❶。目前，RANS 仍然是所有商业燃烧代码的标准方法。

第二种方法是大涡模拟（LES）。大尺度湍流涡可以通过计算直接得出，而小尺度湍流涡的影响则需要亚格子模型来封闭。大涡模拟的守恒方程可以通过对瞬态守恒方程过滤得到（4.7.1 节）。LES 可以确定“大尺度”火焰前锋的瞬时位置，但小尺度湍流涡对燃烧的影响仍需要一个亚格子模型来表示，因此，LES 可以捕捉温度的低频变化（图 4.6）。LES 模型已成为大多数研究领域的标准研究工具，并且正逐步应用于工业领域[15-17]，主要用于 RANS 模型不能给出精确解的情形，如非稳态流动、点火、熄灭、涡流、内燃机中周期性的变化以及燃烧不稳定性等。

---

❶ 在无限薄预混火焰前锋的极限情况下，平均温度直接衡量火焰前锋位于已燃气体中的概率，但是瞬态温度则在未燃和已燃气体值之间交替变化。

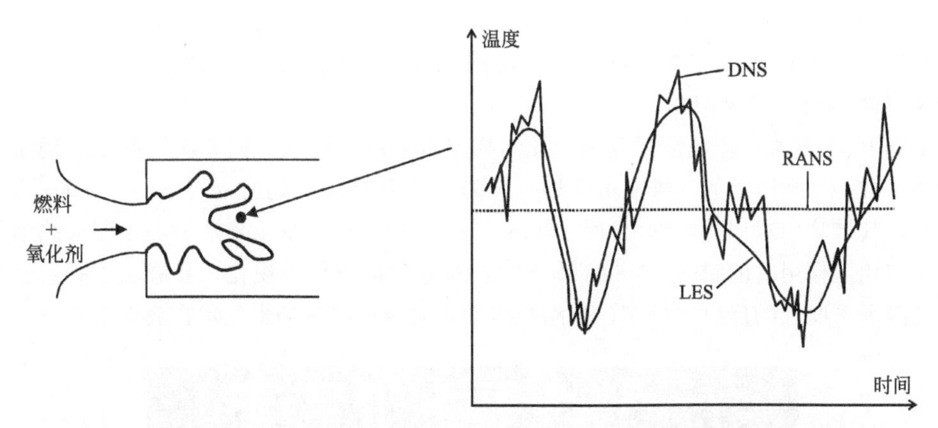

图 4.6　使用 DNS、RANS 和 LES 计算的湍流火焰刷中局部温度随时间的演化

第三种方法是直接数值模拟（DNS）。对瞬态 Navier-Stokes 方程直接求解，无须任何湍流模型。该方法既可以直接求解不同尺度的湍流涡结构，也可以捕捉到湍流对于燃烧的影响。DNS 也可以预测温度的具体变化过程（图 4.6），类似实验中使用高分辨率的传感器测量的温度。由于高性能计算机的发展，DNS 在过去二十年快速发展，现已改变了湍流燃烧的分析方式。高性能计算领域的最近突破已表明，DNS 或许很快就能应用于实际的燃烧器中，但目前仍局限于简单的学术研究，通常是关于一个小立方体内的燃烧问题[18-19]。

图 4.7 总结了 RANS、LES 和 DNS 的能谱分布。可以看出，DNS 可以求解频谱中的所有空间频率。相比之下，LES 可以求解小于截断波数 k_c 的大涡结构，而对于涡尺度小于截断长度尺度或波数 k 大于 k_c 的小涡，可以通过模型来描述。当截断长度尺度趋于 0 时，LES 趋于 DNS。在 RANS 中，只能求解平均流场，无法直接捕捉到湍流运动。

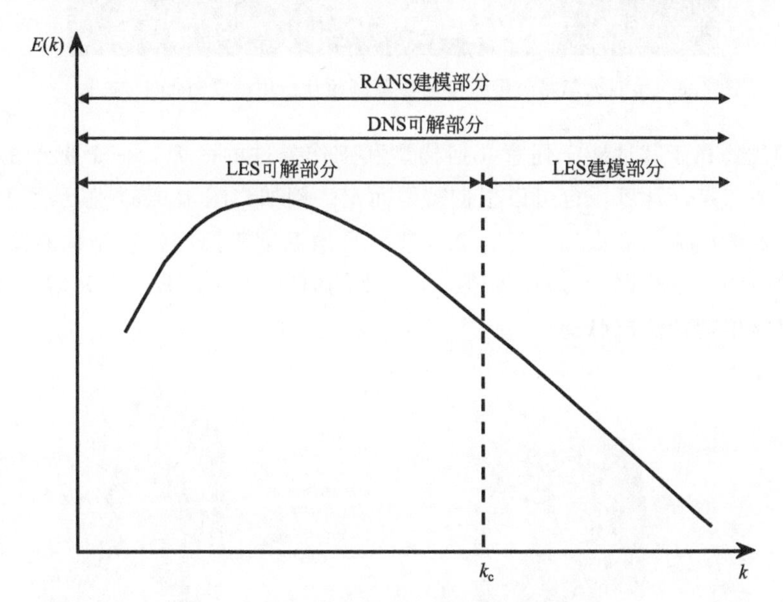

图 4.7　湍流能谱随波数变化的双对数图

根据空间频率范围，对 RANS、LES 和 DNS 三种方法做出总结。k_c 是 LES 中使用的截断波数

就计算要求而言，无反应流和反应流的 CFD 遵循相似的规律：DNS 要求最高，只限于很低的雷诺数和简化的几何形状；LES 适用于较粗的网格（只需求解较大的尺度），可用于

处理较高的雷诺数，但需要亚格子尺度模型，计算质量和结果精度与物理亚格子模型直接相关；RANS 对计算资源的要求较低，在当前的工程实践中得到了广泛应用，但其有效性受到湍流和燃烧的封闭模型限制。

考虑到 DNS 方法在流场参数范围和几何构型方面的局限性，该方法目前主要用于学术研究。例如，对一个常压下的三维湍流火焰进行 DNS 数值模拟，通常需要（100～200）$\times 10^4$ 个网格节点，其计算域对应的物理尺寸为 5mm×5mm×5mm。图 4.8 是一个预混火焰前锋与各向同性湍流相互作用时的瞬时 DNS 结果[20-22]，对等温面进行可视化，且展示了垂直于平均火焰前锋的两个平面上的反应率分布，与湍流运动相对应的涡量场也显示在底面上。

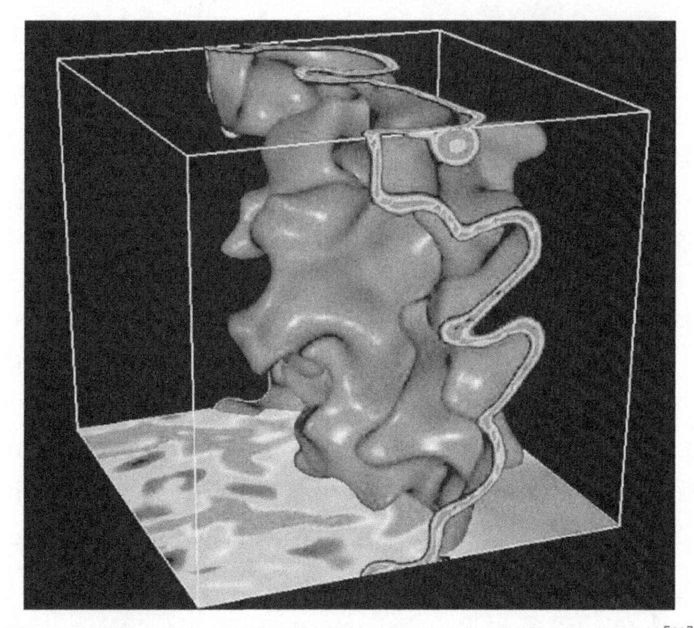

图 4.8 预混火焰与三维各向同性湍流相互作用的瞬时 DNS 结果[21]

RANS 的优势在于其适应于任意几何构型和工作条件的研究，一个标准的 RANS 网格可能包含 10^5 个节点，计算域也可以根据需要而定。例如，图 4.9(a) 显示了 RANS 求解的一个由旋流稳定的湍流预混火焰（见 6.2.3 节）平均温度等温面，该结构对应于 1∶1 的大型工业燃气轮机中的燃烧器[23]。在等值面上，平均温度为 1100 K，但 RANS 不能直接求解平均值附近可能出现的湍流脉动。

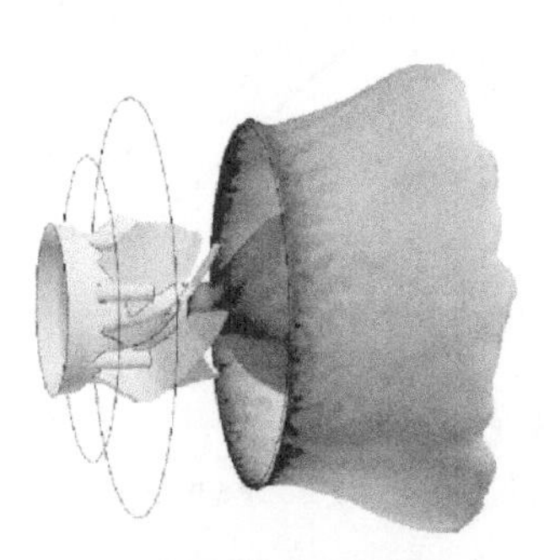

(a) RANS结果（平均场）

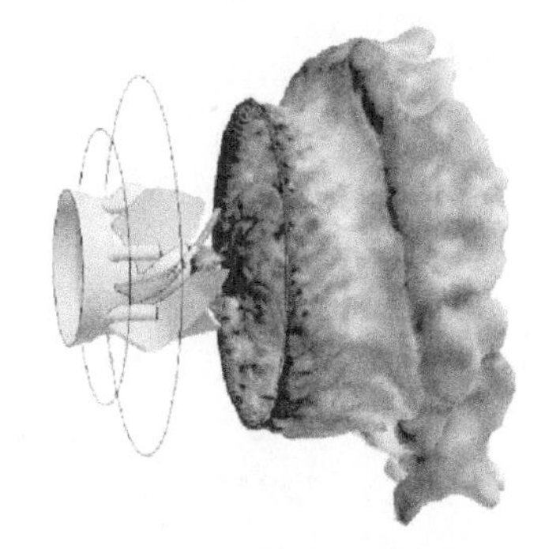

(b) LES结果（瞬态场）

图 4.9 旋流燃烧器中湍流燃烧等温面（1100 K）（几何条件见 10.3 节[24]）

为什么在处理类似问题时使用DNS和RANS需要如此不同的网格尺寸呢（对于DNS，$\Delta x\approx 10\sim 50\mu m$；对于RANS，$\Delta x\approx 1\sim 5mm$）？这是因为DNS需要描述流场中的最小尺度，求解火焰前锋的内部瞬态结构（图4.8）。在很多情况下，最后一个条件决定了网格大小，如2.4.4节所述。对于常压下的碳氢燃料-空气火焰，火焰前锋的厚度约为0.1 mm，因此需要微米量级的网格尺寸。相反，RANS考虑的是扩展至更大区域的平均火焰前锋，因此只求解湍流的平均特征和火焰前锋的统计平均位置，如图4.10(a) 所示，这样也就避免了火焰前锋化学反应机理的刚性问题。在燃烧器[25]、飞机发动机或活塞发动机[26-27] 中，平均湍流火焰刷的典型厚度为1～2cm，因此使用2mm的网格即可轻易解决问题。工程代码中使用的RANS方法从未求解过火焰的内部结构，且平均流场的特征尺度明显大于瞬时火焰的厚度。

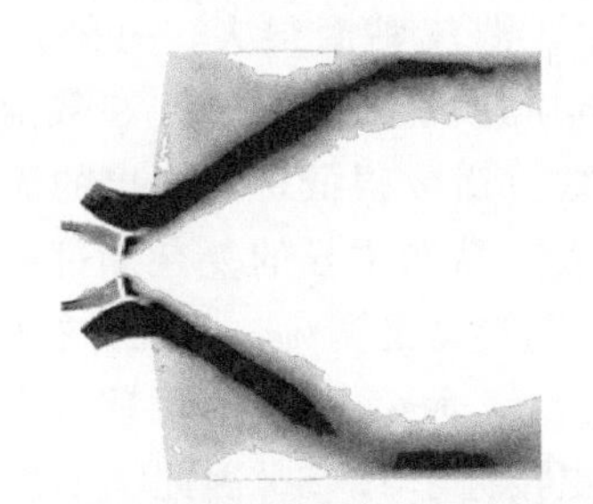
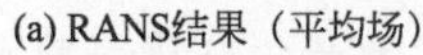
(a) RANS结果（平均场）

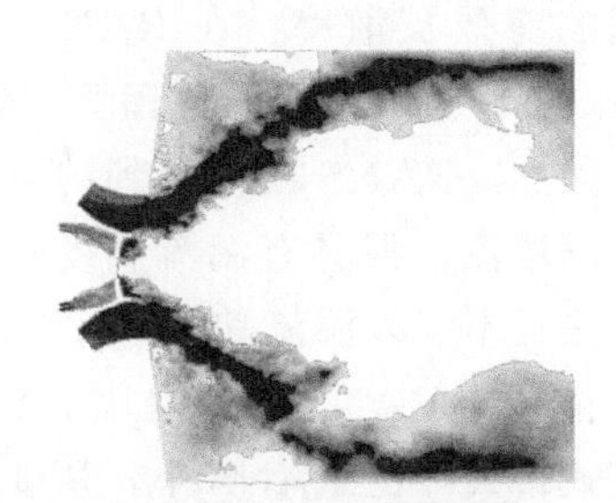
(b) LES结果（瞬态场）

图4.10 旋流燃烧器中湍流燃烧的轴向速度场（几何条件见10.3节）
黑线内的区域是回流区（来自A. Giauque，私人通信）

大涡模拟LES是一个介于DNS和RANS之间的方法，已广泛应用于多种无反应流中，并在很多应用中取得可靠的预测结果[28-30]。采用类似概念处理反应流的方法还不太成熟，目前虽然取得了一定的进展，但仍需进一步的研究[23,31-40]。建立“大尺度”火焰前锋的计算方法和开发亚格子尺度模型尤为重要。对于相同几何构型，图4.9(a) 给出了RANS模拟结果，图4.9(b) 给出了大涡模拟的瞬态结果[24]。可以看出，大涡模拟得到的瞬态火焰面所包含的湍流尺度明显大于RANS算法给出的平均场。

由RANS或LES得到的速度场也可以反映二者之间的基本区别，如图4.10所示。RANS得到的轴向速度场非常平滑[图4.10(a)]，而LES的结果呈现出更多的非稳态结构：在物理方面，LES捕捉到更多的湍流运动；在数值精度方面，RANS所需的网格因梯度很小而非常粗糙。另外，对于LES，为了能够捕捉到如图4.10(b) 中所示的微小运动，其网格必须足够精细且数值方法无耗散。考虑到RANS算法只能计算一种状态（收敛流），而LES代码必须求解时间域内的流动，因此，典型的LES模拟计算成本通常比RANS高100～1000倍。即便如此，LES方法也已广泛用于多种燃烧研究中（参见第10章中的示例）：

① 湍流中的大涡结构一般与系统的几何形状有关，而小涡结构常假定具有一些共性特征。因此，模型可能更适合描述这些小涡结构。

② 大部分反应流会呈现出大尺度的拟序结构[41]，该结构也常出现在不稳定燃烧中。其中，不稳定燃烧由释热、流场和声波之间的耦合引起（见第8章），会产生噪声，改变系统特性，形成很强的传热，甚至导致系统破坏，必须加以避免。LES方法是预测不稳定燃烧产生以及通过数值方法验证被动/主动控制系统的有效工具。

③ 大尺度的湍流涡运动理论可以用来推断不可解的小尺度湍流涡影响。例如，在Kolmogorov 级联中，能量会从可解尺度的大涡流入亚格子尺度的小涡。事实上，亚格子模型一般是基于大尺度和小尺度之间的相似假设，从已知可解场的信息来动态调整亚格子尺度模型常数。

④ 大涡模拟 LES 还可以更好地描述湍流-燃烧的相互作用❶。由于 LES 可以直接求解大涡结构，而在反应流中未燃气体和已燃气体的湍流特征完全不同[图 4.10(b)]，因此，LES 至少在可解尺度上能够清楚识别出这两个区域的瞬态结构（见 5.1.3 节和图 5.11）。这是 LES 方法相比于 RANS 的一个明显优势，RANS 模型必须考虑在给定空间位置上处于未燃或已燃气体中的概率。另外，在大涡模拟中识别出的未燃气体和已燃气体的瞬态空间分布，也便于描述与已燃气体有关的现象，如污染物的形成或热辐射传递等[42-44]。

表 4.1 总结对比了 RANS、LES 和 DNS 三种方法。在数值方面，这三种方法的区别主要在于模拟中所用的有效扩散率：在 RANS 中，湍流黏度很大，另外，为了减小所需的 CPU 时间（隐式格式），提高算法的鲁棒性（低阶迎风空间格式），在数值方法中也会引入很大的人工黏性，因此，RANS 模拟得到的有效雷诺数很低，计算出的流动甚至根本不是湍流，结果更像稳态层流，但具有湍流黏度和人工黏性主导的复杂局部黏度；在 DNS 中，常使用高阶数值方法且不引入湍流黏度，计算出的流动是湍流，并且自然呈现出非稳态的运动；LES 的湍流扩散率比 RANS 小，但比 DNS 大，而 LES 数值耗散（空间上采用中心格式，时间上采用显式格式）比 RANS 小，精度更接近于 DNS。因此，一个好的 LES 结果必须是湍流状态，在某种意义上说，它必须自然而然地产生非稳态流动。

表 4.1 湍流燃烧数值模拟方法 RANS、LES 和 DNS 的比较

方法	优点	缺点
RANS	•“粗”网格 • 几何简化(二维、对称性等) • 降低数值成本	• 仅求解平均流场 • 需要模型
LES	• 不稳定特征 • 降低建模的影响(与 RANS 相比)	• 需要模型 • 需要三维模拟 • 需要精确的算法 • 数值成本较高
DNS	• 不需要湍流-燃烧相互作用的模型 • 是研究模型的一个工具	• 数值成本很高(精细的网格、精确的算法) • 仅限于学术问题

为降低一个完整系统大涡模拟 LES 的高计算成本，可以对流动域的不同区域组合使用 RANS 和 LES 求解器，其基本思想是在 RANS 够用的区域使用 RANS，在 LES 可给出更好结果的区域使用 LES（通常在流动分离区或燃烧区）。例如，Schluter 等[45] 基于此方法模拟了航空燃气轮机，在压缩机和涡轮处使用 RANS 方法，在燃烧室中使用 LES 方法。需要注意的是，不同区域的入口和出口边界条件必须相适应，即进入 RANS 求解域时，需从 LES 中提取平均流动特征；而从 RANS 过渡到 LES 时，需要生成一个给定平均流场特性的非稳态流场[46]。

上述分析也可通过实验数据加以明确，且这些实验数据对验证数值模拟的结果也很重要。图 4.11(a) 给出了丙烷-空气预混火焰在三角形钝体后的 OH 自由基 PLIF 图像。其中，

---

❶ 需要注意的是，实际上湍流-燃烧相互作用的描述仅限于 RANS 中。RANS 燃烧模型主要通过引入单一湍流时间尺度或长度尺度来将湍流的特征考虑进去，而常用的湍流特征与积分湍流时间尺度和长度尺度有关。燃烧对湍流模型的影响，除了通过平均密度，由热释放修正之外，并无其他直接影响。

OH 自由基是丙烷燃烧过程的中间组分，通常认为其梯度与火焰前锋位置相对应，因此，可以对瞬态火焰前锋进行可视化，并且对于相似的空间分辨率，实验图像将对应于 DNS 的结果。假设火焰前锋足够薄（即“火焰面”，见第 5 章），可以从图 4.11(a) 中提取出瞬态火焰前锋，如图 4.11(b) 所示。需要注意的是，这个几何体可能会由于尺寸太大而无法使用 DNS 进行模拟。

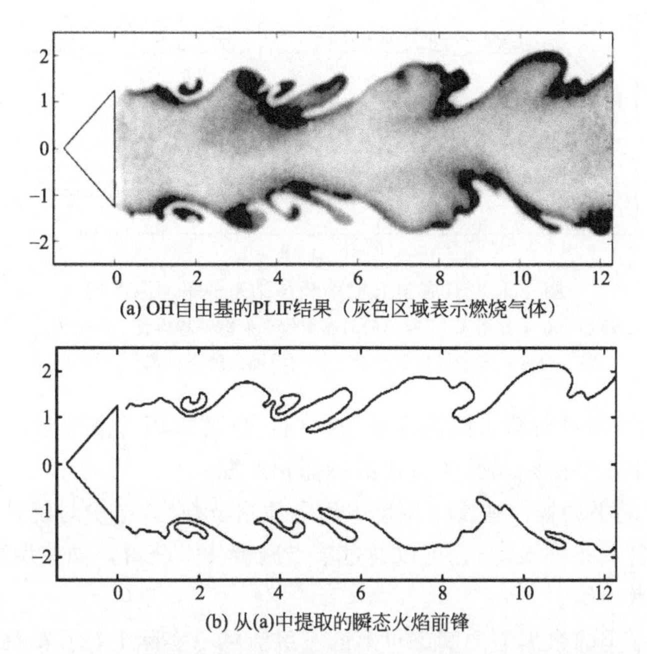

(a) OH自由基的PLIF结果（灰色区域表示燃烧气体）

(b) 从(a)中提取的瞬态火焰前锋

图 4.11　丙烷-空气预混湍流火焰稳定在三角形钝体后的火焰前锋可视化

空间坐标的单位为 cm（R. Knikker，私人通信，2000）

为提取 RANS 场或 LES 场，也可以对瞬态火焰图像进行系综平均或过滤。例如，图 4.12 是 LES 过滤器作用于图 4.11(b) 后提取的可解尺度反应率（实际上，是亚格子尺度火焰面密度，见 5.4.5 节）。在 2cm、4cm 和 11cm 处，LES 无法求解这些火焰前锋的运动，需要通过亚格子尺度模型来描述。

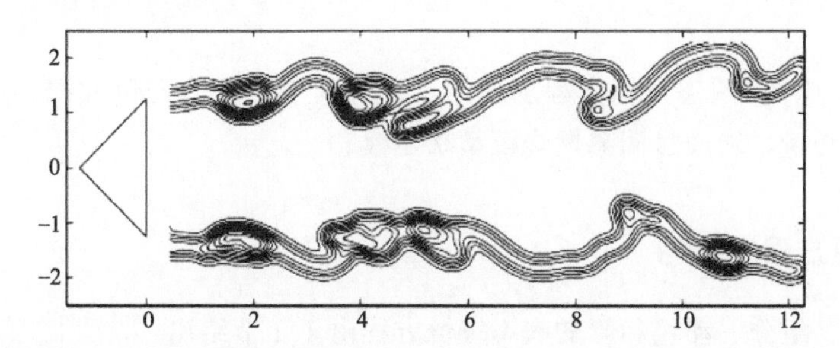

图 4.12　丙烷-空气预混湍流火焰稳定在三角形钝体后经 LES 过滤得到的瞬时反应率

提取自图 4.11(b)

RANS 场也可以通过对瞬态火焰前锋图像进行系综平均得到。图 4.13 是基于 200 多幅瞬态火焰图像得到的平均温度场。在这种情况下，除了在三角形钝体附近的层流结构之外，“平均”火焰刷很宽，因此，在实际模拟中需要一个专用的火焰稳定模型。火焰刷的厚度（几厘米）与层流火焰厚度无关，它主要测量了火焰可能通过的最大区域宽度。显然，在图 4.11 中可以明显看出的瞬态火焰结构，在图 4.12 所示的大涡模拟 LES 中，可以在可解尺度上观察到，但在 RANS 结果中，这些信息都被丢失，必须通过湍流燃烧模型加以考虑。

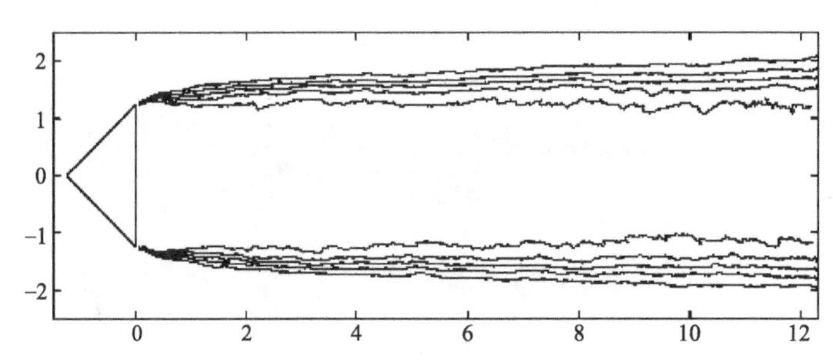

图 4.13　对应于 RANS 模拟结果的平均温度场

由超过 200 幅如图 4.11 所示的瞬态图像求系综平均得到。假定为二元瞬态温度（未燃气体和已燃气体的温度由瞬态火焰前锋分开）

图 4.13 的平均场通过对瞬态图像求平均得到，也可以用单点测量的方法来创建。出于验证目的，实验技术水平必须与数值方法的特征相匹配：

① RANS 模拟的平均场（速度、温度、组分质量分数），至少对统计学意义上的稳态流场或周期性流场而言（相位平均），可以通过单点测量技术获得，如使用激光多普勒测速仪、热电偶、单点拉曼散射等。

② DNS 和 LES 类的数据需要瞬态可解的三维流场（实际上，在前面的图中假设是二维瞬态流场）。DNS 流场对应于原始数据，而 LES 流场通过空间过滤获得（见 4.7 节）。关于开发和验证 DNS 和 LES 结果的实验测量技术，目前并不常见，因为需要二者在时间域和空间域上同时可解。

4.5 湍流燃烧的 RANS 模拟

在 RANS 模拟中对瞬态守恒方程求平均，可得到平均量的守恒方程。这个求平均的过程会引入一些未知量，须通过湍流燃烧模型来建模。

4.5.1 守恒方程求平均

首先，质量、组分、动量和焓的瞬态守恒方程由 1.1 节给出：

$$\frac{\partial \rho}{\partial t}+\frac{\partial}{\partial x_i}(\rho u_i)=0 \tag{4.14}$$

$$\frac{\partial \rho u_j}{\partial t}+\frac{\partial}{\partial x_i}(\rho u_i u_j)+\frac{\partial p}{\partial x_j}=\frac{\partial \tau_{ij}}{\partial x_i} \tag{4.15}$$

$$\frac{\partial}{\partial t}(\rho Y_k)+\frac{\partial}{\partial x_i}(\rho u_i Y_k)=-\frac{\partial}{\partial x_i}(V_{k,i} Y_k)+\dot{\omega}_k,\quad k=1,2,\cdots,N \tag{4.16}$$

$$\frac{\partial \rho h_s}{\partial t}+\frac{\partial}{\partial x_i}(\rho u_i h_s)=\dot{\omega}_T+\frac{Dp}{Dt}+\frac{\partial}{\partial x_i}\left(\lambda\frac{\partial T}{\partial x_i}\right)-\frac{\partial}{\partial x_i}\left(\rho\sum_{k=1}^{N}V_{k,i}Y_k h_{s,k}\right)+\tau_{ij}\frac{\partial u_i}{\partial x_j} \tag{4.17}$$

在密度恒定的流动中，雷诺平均可以将变量 f 分解为平均量 $\overline{f}$ 和脉动量 f' 之和，即 $f=\overline{f}+f'$。对质量守恒方程（4.14）进行雷诺平均可得

$$\frac{\partial \overline{\rho}}{\partial t}+\frac{\partial}{\partial x_i}(\overline{\rho u_i})=\frac{\partial \overline{\rho}}{\partial t}+\frac{\partial}{\partial x_i}(\overline{\rho}\,\overline{u}_i+\overline{\rho' u_i'})=0 \quad 或 \quad \frac{\partial \overline{\rho}}{\partial t}+\frac{\partial}{\partial x_i}(\overline{\rho}\,\overline{u}_i)=-\frac{\partial}{\partial x_i}(\overline{\rho' u_i'}) \tag{4.18}$$

此处出现的未知变量 $\overline{\rho' u_i'}$ 对应于密度脉动和速度脉动的相关函数，需要对其进行建模。该项也是平均流场（$\overline{\rho}$，$\overline{u}_i$）的质量源项，在CFD代码中很难处理。例如，在稳态流场中，雷诺平均得到的平均质量流量可能不是一个守恒量；在密度变化的流场中，雷诺平均也会引入很多其他变量 f 和密度脉动之间的未知相关项 $\overline{\rho' f'}$。为此，通常首选密度加权平均（也称为Favre平均）[47-49]：

$$\widetilde{f}=\frac{\overline{\rho f}}{\overline{\rho}} \tag{4.19}$$

任意变量 f 可分解为一个平均值和一个脉动分量

$$f=\widetilde{f}+f'',\ \widetilde{f''}=0 \tag{4.20}$$

使用这种形式，平均后的守恒方程变成：

质量方程

$$\frac{\partial \overline{\rho}}{\partial t}+\frac{\partial}{\partial x_i}(\overline{\rho}\widetilde{u}_i)=0 \tag{4.21}$$

动量方程

$$\frac{\partial \overline{\rho}\widetilde{u}_i}{\partial t}+\frac{\partial}{\partial x_i}(\overline{\rho}\widetilde{u}_i\widetilde{u}_j)+\frac{\partial \overline{p}}{\partial x_j}=\frac{\partial}{\partial x_i}(\overline{\tau}_{ij}-\overline{\rho}\widetilde{u_i''u_j''}) \tag{4.22}$$

化学组分方程

$$\frac{\partial(\overline{\rho}\,\widetilde{Y}_k)}{\partial t}+\frac{\partial}{\partial x_i}(\overline{\rho}\widetilde{u}_i\widetilde{Y}_k)=-\frac{\partial}{\partial x_i}(\overline{V_{k,i}Y_k}+\overline{\rho}\widetilde{u_i''Y_k''})+\overline{\dot{\omega}}_k,\quad k=1,2,\cdots,N \tag{4.23}$$

焓方程

$$\frac{\partial \overline{\rho}\widetilde{h}_s}{\partial t}+\frac{\partial}{\partial x_i}(\overline{\rho}\widetilde{u}_i\widetilde{h}_s)=\overline{\dot{\omega}}_T+\overline{\frac{Dp}{Dt}}+\frac{\partial}{\partial x_i}\left(\overline{\lambda\frac{\partial T}{\partial x_i}}-\overline{\rho u_i'' h_s''}\right)+\overline{\tau_{ij}\frac{\partial u_i}{\partial x_j}}-\frac{\partial}{\partial x_i}\left(\overline{\rho\sum_{k=1}^{N}V_{k,i}Y_k h_{s,k}}\right) \tag{4.24}$$

其中，

$$\overline{\frac{Dp}{Dt}}=\frac{\partial \overline{p}}{\partial t}+\overline{u_i\frac{\partial p}{\partial x_i}}=\frac{\partial \overline{p}}{\partial t}+\widetilde{u}_i\frac{\partial \overline{p}}{\partial x_i}+\overline{u_i''\frac{\partial p}{\partial x_i}} \tag{4.25}$$

上述方程在形式上与密度恒定的经典雷诺平均方程相同，尽管Favre平均似乎为反应流提供了一条简单而高效的路径，但读者必须牢记：

① Favre平均量 $\widetilde{f}$ 和雷诺平均量 $\overline{f}$ 二者之间不存在一个简单关系式。

确定二者之间的关系，需要获知密度脉动相关量 $\overline{\rho' f'}$，或者对其进行建模，而这一项仍然隐含在Favre平均量中

$$\overline{\rho}\widetilde{f}=\overline{\rho}\overline{f}+\overline{\rho' f'} \tag{4.26}$$

② 雷诺平均量和Favre平均量存在显著差异，如图5.8所示的预混燃烧中关于无限薄

火焰前锋的算例。

③ 通过数值模拟得到的 Favre 平均量 $\widetilde{f}$ 与实验数据无可比性。绝大多数实验提供的数据是雷诺平均量 $\overline{f}$（例如对热电偶数据取平均），但 $\overline{f}$ 和 $\widetilde{f}$ 之间的差异可能会很明显，如 5.1.3 节中所述。

4.5.2 Favre 平均守恒方程中的未知项

湍流燃烧建模的目标是使方程(4.21)～方程(4.24) 封闭。

(1) 雷诺应力 ($\widetilde{u_i''u_j''}$)

雷诺应力可以通过湍流模型来封闭，也可以通过推导雷诺应力的守恒方程来完成。大部分燃烧模拟工作都是基于无反应流动的经典湍流模型，通过 Favre 平均对其进行简单改写，如 k-ε 模型，一般不直接考虑释热对雷诺应力的影响。

(2) 组分的湍流通量 ($\widetilde{u_i''Y_k''}$) 和焓的湍流通量 ($\widetilde{u_i''h_s''}$)

这些通量可以使用经典梯度假设来封闭

$$\bar{\rho}\widetilde{u_i''Y_k''}=-\frac{\mu_t}{Sc_{kt}}\times\frac{\partial \widetilde{Y}_k}{\partial x_i} \tag{4.27}$$

式中，μ_t 为湍流涡黏系数，由湍流模型估算；Sc_{kt} 是组分 k 的湍流施密特数。然而理论和实验表明 [50-51]，在有些湍流预混火焰中，这种梯度假设是错误的，如在弱湍流火焰(5.1.3 节和 5.3.8 节) 中观察到湍流可以逆梯度输运（与式(4.27) 预测的方向相反)。

(3) 组分的层流扩散通量或焓的层流扩散通量

假设湍流的强度足够大（或极高的雷诺数)，与湍流输运项相比，分子输运项通常可以忽略不计，也可以通过在式(4.27) 的湍流涡黏系数 μ_t 中添加一个层流扩散率来保留该项。例如，组分层流扩散通量通常可以建模为

$$\overline{V_{k,i}Y_k}=-\overline{\rho\mathcal{D}_k\frac{\partial Y_k}{\partial x_i}}\approx-\bar{\rho}\,\overline{\mathcal{D}}_k\frac{\partial \widetilde{Y}_k}{\partial x_i} \tag{4.28}$$

式中，$\overline{\mathcal{D}}_k$ 是“平均”组分分子扩散系数。另外，能量方程 (4.24) 的层流热扩散通量通常改写为

$$\overline{\lambda\frac{\partial T}{\partial x_i}}=\bar{\lambda}\frac{\partial \widetilde{T}}{\partial x_i} \tag{4.29}$$

式中，$\bar{\lambda}$ 为平均热扩散率。

(4) 组分的化学反应率 $\bar{\dot{\omega}}_k$

湍流火焰的大部分研究目标是对组分的平均反应率进行建模，相关内容将在第 5 章和第 6 章中详细讨论。

(5) 压力-速度关联项 $\overline{u_i''\partial p/\partial x_i}$

大部分 RANS 代码都会简单忽略方程 (4.25) 中的这一项。

当然，与特定模型结合的守恒方程只能用于确定与瞬态量差别很大的平均值（图 4.6)。

4.5.3 雷诺应力的经典湍流模型

根据 Boussinesq[1,4,52] 提出的湍流涡黏系数假设，湍流雷诺应力 $\bar{\rho}\widetilde{u_i''u_j''}$ 通常使用牛顿流体的黏性张量 τ_{ij} 来描述［式(1.15)］❶：

$$\overline{\rho u_i''u_j''}=\bar{\rho}\widetilde{u_i''u_j''}=-\mu_t\left(\frac{\partial\tilde{u}_i}{\partial x_j}+\frac{\partial\tilde{u}_j}{\partial x_i}-\frac{2}{3}\delta_{ij}\frac{\partial\tilde{u}_k}{\partial x_k}\right)+\frac{2}{3}\bar{\rho}k \tag{4.30}$$

式中，μ_t 是湍流动力涡黏系数（$\mu_t=\bar{\rho}\nu_t$，ν_t 是湍流涡黏系数），δ_{ij} 是 Kronecker 符号。为了复现湍动能 k 的正确形式，在式(4.30) 中需要增加最后一项

$$k=\frac{1}{2}\sum_{k=1}^{3}\widetilde{u''_k u''_k} \tag{4.31}$$

现在，问题变成如何预估湍流涡黏系数 μ_t。目前，提出了三种主要方法，即无须额外守恒方程的代数表达式、单方程封闭和双方程封闭。

(1) 零方程模型：Prandtl 混合长度模型

Prandtl[53] 提出如下代数表达式，将湍流涡黏系数与速度梯度关联起来❷：

$$\mu_t=\bar{\rho}l_m^2|\tilde{S}| \tag{4.32}$$

式中，$\tilde{S}$ 是平均应力张量，定义为

$$\tilde{S}_{ij}=\frac{1}{2}\left(\frac{\partial\tilde{u}_i}{\partial x_j}+\frac{\partial\tilde{u}_j}{\partial x_i}\right) \tag{4.33}$$

l_m 为给定的混合长度，可以通过经验公式对其建模，但这些经验公式都与流场的几何机构强相关。

(2) 单方程模型：Prandtl-Kolmogorov 模型

更一般的方式是引入湍动能 k 的守恒方程，湍流涡黏系数建模为

$$\mu_t=\bar{\rho}C_\mu l_{pk}\sqrt{k} \tag{4.34}$$

式中，C_μ 是模型常数，通常取 $C_\mu=0.09$；l_{pk} 是特征长度，需要经验公式来预估。

(3) 双方程模型：k-ε 模型

在这个方法[54] 中，湍流涡黏系数近似为

$$\mu_t=\bar{\rho}C_\mu\frac{k^2}{\varepsilon} \tag{4.35}$$

其中，湍动能 k 及其耗散率 ε 通过两个守恒方程来表示：

$$\frac{\partial}{\partial t}(\bar{\rho}k)+\frac{\partial}{\partial x_i}(\bar{\rho}\tilde{u}_i k)=\frac{\partial}{\partial x_i}\left[\left(\mu+\frac{\mu_t}{\sigma_k}\right)\frac{\partial k}{\partial x_i}\right]+P_k-\bar{\rho}\varepsilon \tag{4.36}$$

$$\frac{\partial}{\partial t}(\bar{\rho}\varepsilon)+\frac{\partial}{\partial x_i}(\bar{\rho}\tilde{u}_i\varepsilon)=\frac{\partial}{\partial x_i}\left[\left(\mu+\frac{\mu_t}{\sigma_\varepsilon}\right)\frac{\partial\varepsilon}{\partial x_i}\right]+C_{\varepsilon1}\frac{\varepsilon}{k}P_k-C_{\varepsilon2}\bar{\rho}\frac{\varepsilon^2}{k} \tag{4.37}$$

源项 P_k 为

---

❶ 需要注意的是，式(4.30) 中右边括号内的最后一项，根据式(4.21) 的质量守恒方程可知，对于密度恒定的流动而言，其值等于 0，因此教科书中通常没有这一项。

❷ 上述湍流模型主要为无反应的密度恒定流开发，表示为经典的未加权雷诺平均。如何将这些模型拓展至反应流中，目前仍处于研究中（见第 5 章），通常只是将模型中的雷诺平均由 Favre 平均替代。

$$P_k = -\bar{\rho}\widetilde{u_i''u_j''}\frac{\partial \tilde{u}_i}{\partial x_j} \tag{4.38}$$

其中，雷诺应力 $\bar{\rho}\widetilde{u_i''u_j''}$ 由 Boussinesq 表达式(4.30) 确定。

模型常量通常为

$$C_\mu = 0.09,\quad \sigma_k = 1.0,\quad \sigma_\varepsilon = 1.3,\quad C_{\varepsilon 1} = 1.44,\quad C_{\varepsilon 2} = 1.92 \tag{4.39}$$

该模型由于形式简洁且成本低而备受欢迎，它还提供了湍流燃烧模型中积分尺度和 Kolmogorov 微尺度的湍流时间尺度近似值，分别为 k/ε 和 $\sqrt{\varepsilon/v}$。然而，这个模型也存在如下几点明显缺陷：

① 虽然可以推导出 k 和 ε 的准确守恒方程，但无强假设时很难将其封闭。例如，方程(4.36) 和方程(4.37) 默认高雷诺数和均匀各向同性湍流的假设，但又须适用于低雷诺数流动。

② 在预测壁面附近的流场时，通常需要关于雷诺应力或方程(4.36) 和方程(4.37) 中某些源项的代数定律（第 7 章）。

③ 由间歇性和火焰拍动引起的低频速度脉动会被低估。

④ 对于可压缩流动，必须对 k-ε 模型进行修正。这些影响一般通过模型常数 C_μ 加以考虑，其值是对流马赫数的函数。湍动能耗散率 ε 可以分解为无散度部分(ε_s)和膨胀部分(ε_h)[55-56]。

⑤ 为更好地表征不同尺度涡结构之间的能量交换，需提出多尺度 k-ε 模型，其基本思路是将湍流能谱划分为几个区域，每个区域具有各自的流动能 k_i 和耗散率 ε_i[57]。

(4) 扩展内容

常见的湍流模型（如 k-ε）均假设湍流为各向同性，但实际流动为各向异性，这种现象可通过更复杂的建模方法处理。最简单的方法是代数应力模型（ASM），这个模型不再保留 Boussinesq 形式［式(4.30)］，而是推导出关于雷诺应力 $\bar{\rho}\widetilde{u_i''u_j''}$ 的代数表达式。该表达式与湍动能 k、耗散率 ε 及平均应变张量 $\tilde{S}$ 或平均转动张量有关。第二种方法是直接推导出雷诺应力 $\bar{\rho}\widetilde{u_i''u_j''}$ 的守恒方程。这种方法对应于二阶建模，最终得到雷诺应力模型（RSM）。更多细节可参考相关文献［4，58-59］。

4.5.4 平均反应率封闭的第一次尝试

本节首先讨论一种直接求解平均反应率的方法，它基于简单的级数展开，可以阐明由化学反应源项的非线性特性带来的一些难点问题。

这里考虑燃料 F 和氧化剂 O 的简单不可逆化学反应机理：

$$\mathrm{F} + s\mathrm{O} \longrightarrow (1+s)\mathrm{P}$$

根据 Arrhenius 定律，燃料质量反应率 $\dot{\omega}_F$ 可表示为

$$\dot{\omega}_F = -A_1\rho^2 T^{\beta_1} Y_F Y_O \exp\left(-\frac{T_A}{T}\right) \tag{4.40}$$

式中，A 为指前因子，T_A 为活化温度。假设压力 p 恒定，使用理想气体状态方程，该反应率可以改写为

$$\dot{\omega}_{\mathrm{F}}=-A_1 \frac{pW}{R}\rho T^{\beta_1-1} Y_{\mathrm{F}} Y_{\mathrm{O}} \exp\left(-\frac{T_{\mathrm{A}}}{T}\right) \tag{4.41}$$

由于该反应率的非线性很强，平均反应率 $\overline{\dot{\omega}}_{\mathrm{F}}$ 不能简单表示为平均质量分数 $\widetilde{Y}_{\mathrm{F}}$ 和 $\widetilde{Y}_{\mathrm{O}}$、平均密度 $\overline{\rho}$ 和温度 $\widetilde{T}$ 的函数。第一种思路是将平均反应率 $\overline{\dot{\omega}}_{\mathrm{F}}$ 展开为温度脉动 T''的泰勒级数

$$\exp\left(-\frac{T_{\mathrm{A}}}{T}\right)=\exp\left(-\frac{T_{\mathrm{A}}}{\widetilde{T}}\right)\left(1+\sum_{n=1}^{+\infty} P_n \frac{T''^n}{\widetilde{T}^n}\right), \quad T^{b-1}=\widetilde{T}^{b-1}\left(1+\sum_{n=1}^{+\infty} Q_n \frac{T''^n}{\widetilde{T}^n}\right) \tag{4.42}$$

其中，P_n 和 Q_n 如下：

$$P_n=\sum_{k=1}^{n}(-1)^{n-k} \frac{(n-1)!}{(n-k)!\,[(k-1)!]^2 k}\left(\frac{T_{\mathrm{A}}}{\widetilde{T}}\right)^k, \quad Q_n=\frac{(b-1)(b-2)\cdots(b-n)}{n!} \tag{4.43}$$

基于 $pW/R=\overline{\rho}\widetilde{T}$[60]，平均反应率 $\overline{\dot{\omega}}_{\mathrm{F}}$ 可以写成

$$\begin{aligned}\overline{\dot{\omega}}_{\mathrm{F}}=&-A_1\overline{\rho}^2\widetilde{T}^{\beta_1}\widetilde{Y}_{\mathrm{F}}\widetilde{Y}_{\mathrm{O}}\exp\left(-\frac{T_{\mathrm{A}}}{\widetilde{T}}\right)\left[1+\frac{\widetilde{Y''_{\mathrm{F}}Y''_{\mathrm{O}}}}{\widetilde{Y}_{\mathrm{F}}\widetilde{Y}_{\mathrm{O}}}+(P_1+Q_1)\left(\frac{\widetilde{Y''_{\mathrm{F}}T''}}{\widetilde{Y}_{\mathrm{F}}\widetilde{T}}+\frac{\widetilde{Y''_{\mathrm{O}}T''}}{\widetilde{Y}_{\mathrm{O}}\widetilde{T}}\right)\right.\\&\left.+(P_2+Q_2+P_1Q_1)\left(\frac{\widetilde{T''^2}}{\widetilde{T}^2}+\frac{\widetilde{Y''_{\mathrm{F}}T''^2}}{\widetilde{Y}_{\mathrm{F}}\widetilde{T}^2}+\frac{\widetilde{Y''_{\mathrm{O}}T''^2}}{\widetilde{Y}_{\mathrm{O}}\widetilde{T}^2}\right)+\cdots\right]\end{aligned} \tag{4.44}$$

式(4.44) 会带来以下几个问题：①引入的未知新变量，如 $\widetilde{Y''_{\mathrm{F}}Y''_{\mathrm{O}}}$、$\widetilde{T''^n}$ 和 $\widetilde{Y''_k T''^n}$，必须用代数表达式或输运方程来封闭；②由于非线性，只考虑级数展开的少数项时会引入较大的截断误差；③式(4.44) 的表达式虽然很复杂，但却只对简单不可逆反应机理有效，即不能扩展至真实化学反应机理中。由于上述原因，湍流燃烧中封闭反应率的方法并不是基于式(4.44)，而是源自物理分析，相关内容将在 4.5.5 节中给予简要总结，并在第 5 章和第 6 章中加以介绍。

另外，这种方法也常用于一些化学时间相比于流动时间不能被忽略的实际模拟中，如超声速反应流场[61]，或者描述温度近似为常数的大气边界层内化学反应[62]。在这些情形下，只需保留级数展开的前两项即可。平均反应率可以通过引入分离因子 $\alpha_{\mathrm{s}}=\widetilde{Y''_{\mathrm{F}}Y''_{\mathrm{O}}}/\widetilde{Y}_{\mathrm{F}}\widetilde{Y}_{\mathrm{O}}$ 表示为

$$\overline{\dot{\omega}}_{\mathrm{F}}=-A_1\overline{\rho}^2\widetilde{T}^{\beta_1}\widetilde{Y}_{\mathrm{F}}\widetilde{Y}_{\mathrm{O}}\exp\left(-\frac{T_{\mathrm{A}}}{\widetilde{T}}\right)(1+\alpha_{\mathrm{s}}) \tag{4.45}$$

其中，分离因子 α_{s} 可以衡量燃料和氧化剂之间的掺混程度，通过直接建模，或求解守恒方程来获取。对于充分混合的反应物，$\alpha_{\mathrm{s}}=0$；对于完全分离的反应物，$\alpha_{\mathrm{s}}=-1$。

4.5.5 湍流燃烧建模的物理方法

如 4.5.4 节所述，在平均值附近展开的简单泰勒级数表达式无法合理定义湍流燃烧，因此可以通过对比化学时间尺度和湍流时间尺度，基于物理分析使反应率封闭（见第 5 章和第 6 章）。根据 Veynante 和 Vervisch[63] 的观点，绝大多数燃烧模型都是从图 4.14 所示的三种方法中推导而来的。

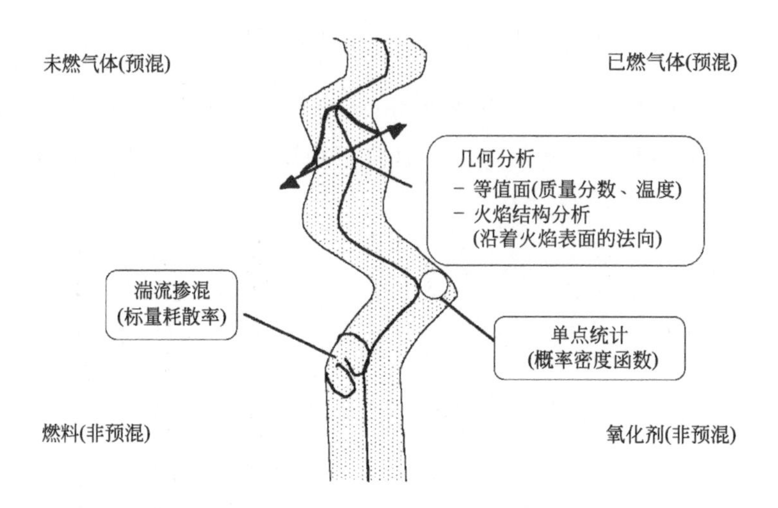

图 4.14 湍流燃烧的建模方法：几何分析（火焰前锋被视为一个表面）、湍流掺混（假设反应率由掺混速率控制，即标量耗散率）或单点统计（概率密度函数）

(1) 几何分析

火焰前锋被视为在湍流中不断变化的几何表面，该表面可以与全局火焰刷相关联，如 Level set G 方程（5.3.4 节），但通常与质量分数或混合物分数的瞬时等值面相关联。这种形式通常与火焰面假设相结合（即假设每个火焰单元都表现为层流火焰）。在这种情况下，平均反应率近似为单位体积的火焰面积（火焰面密度）与单位火焰面内平均反应率的乘积。

(2) 湍流掺混

当化学时间尺度比湍流时间尺度短时，假设反应率由湍流掺混速率控制，此时，挑战变为如何对湍流掺混速率进行建模，通常采用标量耗散率来表示［6.4.3 节的式(6.34)］。需要注意的是，常用的简单模型，如涡团破碎模型 EBU（5.3.3 节）和涡团耗散概念模型 EDC（6.4.4 节），都是从该分析中推导出来的。

(3) 单点统计

原则上，最后一种方法无须对火焰结构做出假设，如火焰面假设或掺混控制燃烧假设❶。平均反应率由 Arrhenius 定律[式(1.24)]给出的瞬时反应率 $\dot{\omega}_k(\Psi_1, \Psi_2, \cdots, \Psi_N)$ 和联合概率密度函数 $p(\Psi_1, \Psi_2, \cdots, \Psi_N)$ 来表示，其中，联合概率密度函数的因变量包含了热化学变量的值 $\Psi_1, \Psi_2, \cdots, \Psi_N$（如组分质量分数、温度等）：

$$\overline{\dot{\omega}}_k = \int_{\Psi_1,\Psi_2,\cdots,\Psi_N} \dot{\omega}_k(\Psi_1,\Psi_2,\cdots,\Psi_N)\, p(\Psi_1,\Psi_2,\cdots,\Psi_N)\, \mathrm{d}\Psi_1 \mathrm{d}\Psi_2 \cdots \mathrm{d}\Psi_N \quad (4.46)$$

湍流预混火焰的类似形式详见 5.3.7 节，而湍流非预混火焰的类似形式可以参考 6.4.6 节。

尽管前面的方法基于不同的物理概念，但正如 Veynante 和 Vervisch[63] 所证实的，它们之间密切相关。关于建模工具之间的数学关系式推导超出了本书的关注范围，读者可以参考相关书籍。然而，这些关系式有助于理解模型推导中物理假设所隐含的确切含义。基于这

❶ 在实际中需要引入附加假设来确定未知变量。需要注意的是，在湍流非预混燃烧中，该统计学方法会与火焰面假设结合起来推导简单的原始变量模型（见 6.4.2 节和 6.4.5 节）。

些内容可知，不存在一种方法表现出比其他方法绝对的优势，主要还是与封闭未知量的能力有关。需要注意的是，这些未知量，如火焰面密度、标量耗散率或概率密度函数，既可以由已知量的代数表达式确定，也可以通过第 5 章和第 6 章中所证明的守恒方程确定。

4.5.6　湍流燃烧模型面临的挑战：火焰拍动和间歇性

在推导任何模型之前，这里再次强调反应率 $\overline{\dot{\omega}}_k$ 建模的难点所在。从数学角度，Arrhenius 定律中反应率与温度的非线性关系导致反应率的求平均过程很难实现：对一个强非线性函数求平均时，不能使用变量平均值的函数来简单近似 [式(4.44) 中的第一项]，如 4.5.4 节所述。

从物理角度也可以解释上述观点。例如，对于图 4.15 中的湍流火焰刷，其火焰在某一轴向位置处的平均温度横向分布如图 4.16 所示。该火焰对应于一类常见的稳定火焰，高温燃烧产物在火焰稳定器后形成回流，点燃未燃气体。由于湍流作用，火焰是非稳态的，但 RANS 模型仅能预测流场的平均值，因此，它的计算结果与时间无关。

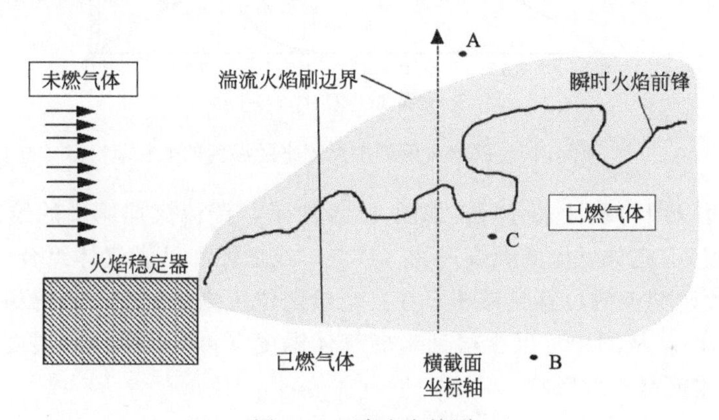

图 4.15　湍流火焰刷

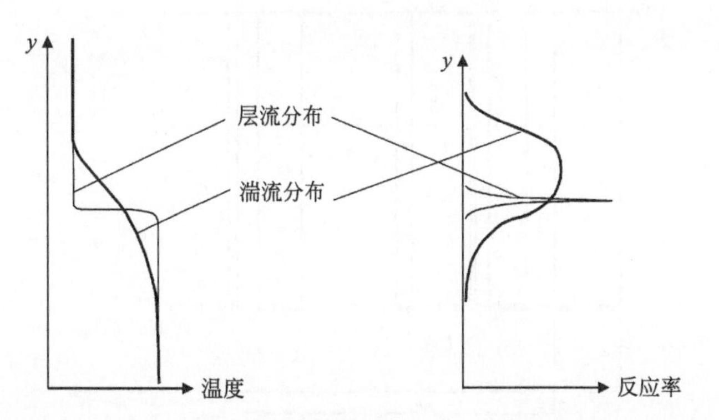

图 4.16　图 4.15 中层流和湍流的温度和反应率的横轴分布对比

如图 4.15 所示，来流湍流可以使火焰面起皱并移动。一个瞬态火焰在运动过程中达到的极限位置，会决定该位置处平均湍流火焰刷的宽度。通过观察得到的湍流火焰（目测过程类似于雷诺平均或 Favre 平均）是一个几厘米厚的火焰刷，而层流火焰厚度一般为几微米至几毫米。显然，瞬态火焰和平均火焰的特征明显不同，如图 4.16 所示，平均温度分布明显宽于瞬时温度分布。由于火焰拍动过程中所到之处平均反应率都不为 0，因此，平均反应率分布也会比瞬时反应率分布宽。绘制燃料反应率与归一化温度 Θ 的关系图是研究反应率的一种简单方法。图 4.17 显示一个典型的层流火焰反应率分布（$\dot{\omega}_F$ VS Θ）和一个典型的湍流火焰反应率分布（$\bar{\dot{\omega}}_F$ VS $\widetilde{\Theta}$）。在物理空间中，Θ 域的湍流火焰平均反应率分布明显宽于层流火焰速率分布，这意味着求解层流火焰方程的算法必须能够求解 0.1mm 厚度的火焰前锋，而 RANS 湍流燃烧求解器能求解的火焰前锋一般会很厚，因此对网格分辨率的要求也更低。

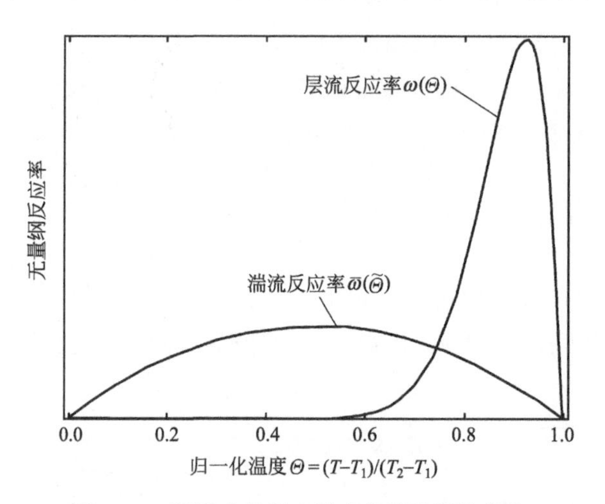

图 4.17 湍流火焰刷中反应率随温度的变化

火焰拍动也可以用间歇性来分析。如图 4.15 所示，湍流火焰刷中的给定位置可能包含纯未燃气体（A 点）、充分反应的燃烧产物（B 点）或未燃和已燃气体组合（C 点）。假设火焰前锋的厚度相比于湍流的位移足够小，在一个给定位置测量温度，会得到一个与时间相关的电信号（图 4.18），从图中可以观察到未燃气体温度 T_1 和已燃气体温度 T_2 之间的间歇性，这对 RANS 建模有多种影响：

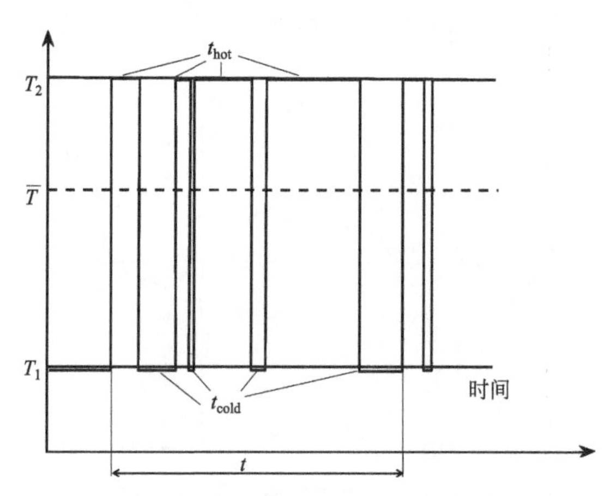

图 4.18 无限快化学反应的火焰结构通道

① 平均温度 $\widetilde{T}$ 不能代表瞬时温度。$\widetilde{T}$ 主要衡量给定位置处出现未燃气体和已燃气体的概率。

② RANS 封闭必须考虑湍流预混火焰中未燃气体和已燃产物之间，或非预混火焰中燃料流和氧化剂流之间的间歇性。在火焰面两侧的特性可能截然不同。例如，在预混火焰中，

高温会增强流体黏性系数，因此，未燃气体一侧的湍流度会更高。尽管如此，雷诺应力项 $\overline{\rho}\widetilde{u_i''u_j''}$ 应该包含未燃气体和已燃气体中的所有湍流，并以未燃气体或已燃气体出现的概率进行加权[❶]。然而，经典湍流模型源自密度恒定的无反应流（4.5.3 节），因此，并未考虑间歇性。

③ 对于 CFD 程序用户，如果 RANS 结果中某一给定位置的平均温度很低，并不意味着该点不能在短时间内达到非常高的温度，它只是表示在这一点出现高温已燃气体的概率很低。因此，在壁面冷却装置的设计中，RANS 结果具有一定的误导性（第 7 章）。

RANS 模型和 LES 模型的主要区别在于间歇性：由于 LES 是瞬态模拟，因此不需要对间歇性进行建模，对于给定时刻，火焰位置在可解尺度上是已知的，LES 模型只是用于定义亚格子尺度上不能被求解的火焰结构和反应率。另外，如上所述，无论是隐式还是显式，RANS 模型必须包含间歇性，由于计算内容属于平均流场，因此，必须考虑给定位置处火焰出现的概率。

4.6 湍流燃烧的 DNS 模拟

直接数值模拟（DNS）起源于 20 世纪 80 年代，至今已改变人们对湍流燃烧的研究和建模方法。DNS 不需要任何湍流模型，对守恒方程(4.14)～方程(4.17) 直接求解，它提供了一种研究火焰-湍流相互作用的新方法，并且在湍流燃烧的模型和基本原理方面都取得了重大进展[64-68]。对于包含多组分输运、真实热力学和复杂化学反应机理的三维反应流数值求解问题，在 2000 年时还遥不可及，但随着计算机大规模并行系统的引进和 DNS 算法自适应性的提高，网格数量高达数十亿，并且可以使用真实化学反应模型，最终将 DNS 精度水平提至前所未有的高度[18,69-72]。

4.6.1 DNS 在湍流燃烧研究中的作用

目前，高精度的 DNS 数值模拟已实现，但并非所有问题都需要使用这种方法。有时直接使用 DNS 过于昂贵，常会引入一些不同程度的简化。事实上，为了理解一些现象的产生机理，也会需要这些简化，以实验无法实现的方式分离出湍流-燃烧相互作用的基本构成。例如，在研究湍流对化学反应的影响中，可以抑制热释放，不考虑化学反应对流场的密度和流动特性的同步反馈效应。另外，必须谨慎看待基于一系列给定假设下的结果：DNS 只有在与理论分析和实验相结合时，才能提供一些非常好的结果。

本节将 DNS 描述为湍流燃烧分析的数值方法，并介绍在实际应用中该方法的局限性。基于 DNS 方法的重要结论将在第 5 章的湍流预混火焰和第 6 章的非预混火焰中给出。

4.6.2 DNS 常用的数值方法

反应流的 DNS 方法在很多方面与无反应流不同。无反应流的基本限制在于湍流雷诺数，

---

❶ 这一点在 5.1.3 节中将给予更清晰的分析。

其最大雷诺数由网格节点数决定；而在反应流模拟中，除了一系列守恒方程，还需要选择化学反应动力学模型和组分输运特性，另外，初始流场构型也很重要，须谨慎设置。反应流雷诺数的上限受网格节点数控制，但也受火焰内部结构的分辨率影响。下面主要介绍 DNS 应用中常遇到的主要问题和权衡方法，依次考虑流场形式、化学模型、初始条件和边界条件、数值模拟的维度、热损失模型以及算法选择等方面的影响。

(1) 流场形式：不可压流动、低马赫数流动和可压缩流动

如第 1 章所述，反应流方程存在多种形式，如何选择守恒方程的形式呢？绝大多数无反应流的 DNS 模拟都是关于不可压流动（密度恒定的流动），对于反应流，针对特定情况，采取可以接受的简化假设，从而保留很多选项。在反应流的 DNS 模拟中，有密度恒定近似(或热扩散形式)、低马赫数形式(考虑密度的变化，但过滤掉声波）或完全可压缩流动描述(考虑密度和压力的变化)。

虽然密度恒定形式能够给出控制湍流火焰机制的有用信息，但却未考虑火焰对流动的影响。在热扩散形式中，如果温度能通过修正的气体状态方程与密度和压力场解耦，则温度的变化可以纳入反应率计算中[73-74]。这种近似方法会保留 Arrhenius 动力学方程的刚性，但化学组分间的转换和释热却不会影响密度。

低马赫数近似假设是一种弱约束形式，密度会因温度变化而改变，但仍与压力无关。在这种形式中，由于声波被过滤掉，数值模拟中的时间步长不再受经典的 Courant-Friedrichs-Lewy (CFL) 条件约束❶。这种形式非常适用于低速流动，尤其是亚声速燃烧，但在流场、声场和化学反应相互作用的燃烧不稳定性研究中，该形式不可用。当标量湍流输运过程中涉及压力梯度时[式(5.119)中的(Ⅵ)和(Ⅶ)项]，能否使用该假设仍未可知。

相比于以上两种形式，完全可压缩形式虽然成本较高，但却可以用于很多反应流的 DNS 模拟中，主要是由于该形式既可以捕捉到火焰-声学之间的相互作用，也可以用于研究高速流中的燃烧，且边界条件很容易处理（第 9 章）。采用显式时间推进格式时，CFL 准则会限制时间步长，计算成本就会很高，尤其是在低速流中。然而，在实际模拟中，时间步长通常会受限于化学反应率，而非声波的传播，因此，完全可压缩形式不会带来额外成本。

(2) 化学反应动力学模型的选择

除了流动方程的形式(不可压流动、低马赫数流动或可压缩流动)，反应流的 DNS 模拟还需要对化学反应过程进行描述。化学领域的专家认为，计算一个真实的碳氢燃料-空气火焰，至少需要 20 种化学组分；而数值模拟领域的专家指出，在三维非稳态计算中的数值约束条件使其几乎不可能实现。化学反应动力学模型的选择本质上取决于所研究的问题。研究低强度湍流中的预混火焰折叠现象，可以采用最简单的化学模型，甚至不需要动力学模型，只需跟踪火焰前锋的移动。另外，研究湍流火焰中污染物的形成时，需要非常详细的化学反应模型。后一种计算结果更接近实际（也更昂贵），但前者也可以提供很多信息。关于湍流火焰的新进展及建模方面有价值的结果，大部分都是通过火焰前锋跟踪方法[75] 得出的，这也表明物理认知往往比丰富的计算资源更重要。

(3) 初始条件和边界条件

如何选择初始条件和边界条件，是数值模拟的另一个难题。绝大多数冷流模拟研究都是

---

❶ Courant-Friedrichs-Lewy 条件约束规定，声波不能在一个计算时间步长 Δt 内移动超过一个计算网格尺寸 Δx。因此，可能的时间步长被限制为 $\Delta t \leqslant \Delta x / c$，其中 c 是声速。CFL 数被定义为 $c\Delta t/\Delta x$，并应在显式可压缩代码中保持小于单位 1。隐式可压缩代码通常可以处理更高的 CFL 数，但需要压力隐式方程的求解。

在周期域内进行的，但反应流至少在一个方向上不能使用周期性条件（平面预混火焰会将未燃气体和已燃气体分开，扩散火焰在燃料和氧化剂两股气流之间），需要设置更精细的边界条件，如定义入口边界和出口边界（见第 9 章）。这种边界条件的精度应与数值求解器的精度匹配。当数值格式的数值黏性很低时，数值人工误差会使入口边界和出口边界耦合，出现的数值波会在网格上传播，从出口传播至入口[76-78]。在不可压或低马赫数形式下[74,79-80]，为了防止这种现象，既可以在设置边界条件时使用计算域内的压力求解器进行微调，也可以将出口附近的一部分计算区域当作缓冲区，设置较高的人工黏性使扰动在到达出口之前被抹平。对于可压缩流动，Poinsot 和 Lele [77] 提出一种特征分析法 [81] 对其进行 DNS 模拟，并在很多算例中得以验证（见第 9 章）。该方法之后被扩展至具有复杂化学反应模型的多组分流动 [82-83] 和真实气体中 [84]。相同方法的高阶形式在无反应流中的应用可参见文献 [85-86]。更多改进，如在 DNS 和 LES 中考虑湍流，也可参见文献 [87-89]。

初始条件的设置也会比较困难，它会限制研究的构型。例如，湍流-火焰相互作用的 DNS 模拟需要设置湍流场的初值，并要求其与质量和动量守恒方程兼容，且具有给定的频谱。在初始时刻，将该湍流场常叠加到一个层流火焰上，通常是平面火焰，此时，流场显然是非物理场，需要一段时间适应。初始火焰须由先前的一维层流 DNS 结果中给出，在无外界激励下，湍流随时间衰减，火焰前锋则因流动而起皱。有时可能得不到稳态解，但大多数情况下，可通过几次涡团翻转后的数据分析出。在计算域中加入一个定义明确的湍流场是可行的，但操作困难，且计算成本高，对于超声速来流，可参见文献 [90]；而对于亚声速来流，可参见文献 [88-89，91-93]（其中文献 [91] 为低马赫数形式，其余为完全可压缩形式）。

(4) 二维与三维 DNS 模拟

由于计算资源有限，反应流模拟常会采用二维几何模型，忽略真实湍流的所有三维效应。这种近似一般不适用于无反应流动，因为湍流脉动本质上是三维结构。然而对于预混燃烧[94]，局部出现圆柱形（二维）火焰面的概率明显高于三维球形火焰面的概率（5.5.5 节）。即便火焰之前的流场是三维结构，二维火焰出现的概率也很大。考虑到三维反应流的高计算成本，二维模拟方法仍很重要，尤其是在“火焰-涡”相互作用的处理时，常用于检查一个火焰前锋与一个涡结构相互作用的动力学（5.2.3 节）。关于火焰-涡相互作用的研究，可以提供有用的湍流燃烧信息[95-97]，也常用于与实验结果对比[98-105]。通过对比二维和三维的模拟结果发现，在湍流输运方面，二者无明显差别，用于区分正梯度和逆梯度状态的判据也与两个 DNS 结果一致[106]。然而，一个三维 DNS 模拟的数值成本约等于 30 个二维 DNS 的成本，因此，二维 DNS 模拟常用来探究物理参数在较大区间内的变化。

(5) 热损失

反应流的 DNS 模拟应该包含对辐射传热和对流传热过程的描述。反应区的热损失会控制火焰的熄灭过程[107]，决定燃烧方式[108] 和近壁面的火焰演化。辐射模型需要详细描述主要化学组分的频谱特性，并求解辐射输运方程。目前，已提出一些有用的简化假设[48] 来规避通用形式的复杂性[109-113]。

(6) 数值格式

无论有无化学反应，流场的 DNS 模拟都需要非常精确的数值方法。这些数值格式能使涡结构长距离传播而不改变其速度（色散效应）或幅值（耗散效应）。实际上，很难做到这一点。构建这种格式的具体过程超出了本书的内容。

反应流的 DNS 模拟可以使用多种数值格式。例如，模拟密度恒定的火焰时，可以使用冷流中基于谱方法的经典不可压 DNS 算法，这种格式很精确，但仅限于周期性边界条件。最新的模拟工作采用了高阶有限差分格式[114-116]，或在两个方向上使用谱方法而在非周期方向上使用有限差分法的混合格式[117-118]。在非周期性的方向上，空间导数由高阶迎风格式或紧凑 Pade 近似[114] 来预估。

图 4.19 总结了湍流火焰（扩散或预混）DNS 模拟的不同形式。例如，用于模拟冷流的 DNS 三维密度恒定算法可以直接用于研究湍流引起的物质面皱褶[75,119-120]。预混火焰在湍流中以给定火焰速度传播的问题，也可以通过引入场变量 G 的输运方程来研究[121-124]。虽然计算出的流场（无化学反应且大多数情况下无释热效应）不同于真实火焰，但这种方法在计算成本合理的前提下，确实提供了预混火焰相关的有用信息。在图 4.19 的中间部分，针对简单化学反应（Arrhenius 定律，考虑密度和黏性系数的变化）的预混火焰或无限快化学反应的扩散火焰三维计算[20,74,80,94-95,108,125-131]，每步运行都需要大约 100 倍以上的 CPU 时间。在图 4.19 的顶端，具有复杂化学反应模型的二维和三维计算需要非常大的计算资源，因此计算域仅限于小立方体大小的尺寸，且无法进行系统性重复。2005 年前，出现了少数关于 H_2-O_2 或 CH_4-空气火焰的二维和三维 DNS 模拟[132-145]，这些模拟会考虑复杂化学反应模型、密度变化和多组分输运模型。在 2005 年之后，并行计算革命实现了网格节点高达数十亿的 DNS 模拟[17-19,71-72]，现在的 DNS 结果可以直接与实验结果进行对比。

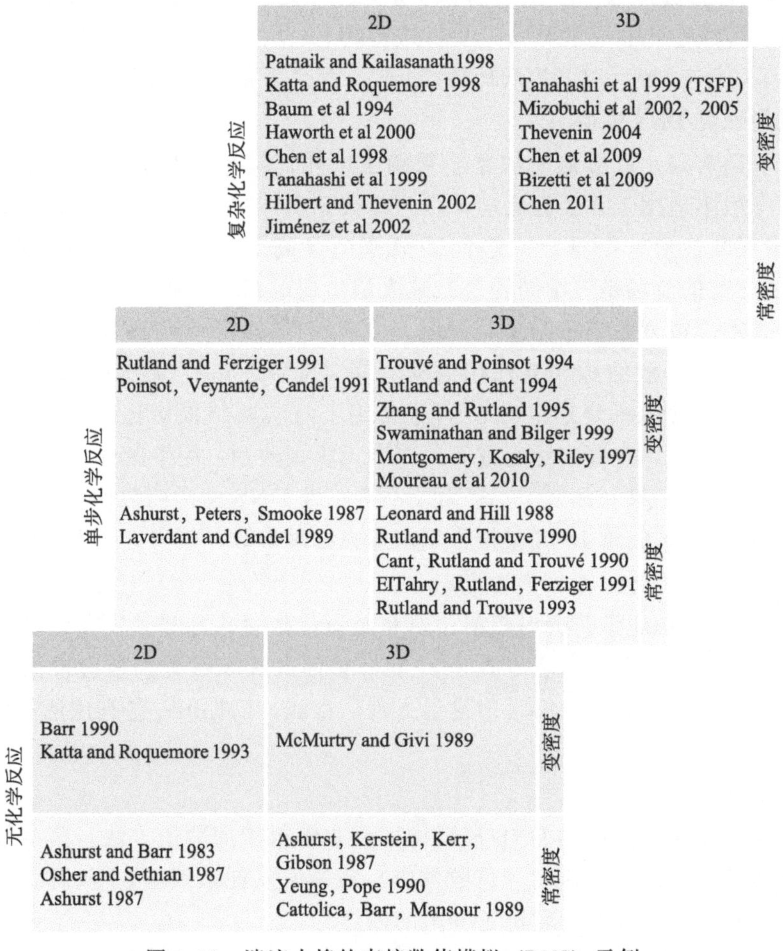

图 4.19 湍流火焰的直接数值模拟（DNS）示例

湍流燃烧的绝大多数 DNS 模拟都是基于规则的非自适应网格，因为湍流火焰在整个区域内快速移动，火焰结构呈现出明显的褶皱。即便自适应网格在简单几何结构下模拟得很好[146-148]，但在 DNS 中应用的算例很少。本书重点关注求解 Navier-Stokes 方程的方法，这里不强调拉格朗日方法，尤其是无网格的随机涡方法（RVM）。

4.6.3 空间分辨率与物理尺度

用于 DNS 模拟的网格必须满足：

① 能求解大尺度的涡结构，故计算域要足够大；

② 要精细到能够求解最小的尺度（通常是 Kolmogorov 微尺度）；

③ 要精细到能够求解火焰的内部结构。

(1) 湍流尺度的分辨率

当最大和最小的涡结构都能由网格捕获时，则所有的湍流尺度都可以得到精确求解，这就形成如下的标准条件：考虑一个计算域，其典型尺寸为 L，在每个维度中网格都包含 N 个点，则网格尺寸为 $\Delta x=L/N$；流场中的湍流可以使用大尺度涡的速度脉动 u' 和积分尺度 l_t 来表征，区域的大小至少是一个积分尺度 l_t（$L=N\Delta x\geqslant l_t$）。根据式(4.8)，由 Kolmogorov 级联理论估算的湍流涡最小尺度为 $\eta_k\approx l_t/Re_t^{3/4}$。如果最小尺度大于网格尺寸，即 $\eta_k>\Delta x$，则该尺度可以求解。结合前面的表达式，可以得到

$$\frac{l_t}{\eta_k}<N \text{ 或 } N>Re_t^{3/4}, \quad \text{或等价为 } Re_t<N^{4/3} \tag{4.47}$$

上述不等式在给定雷诺数时，可以确定每个方向上需要的网格节点数 N，或在每个方向上给定网格节点数时，确定雷诺数的极限值。

(2) 化学反应尺度的分辨率

火焰的内部结构也必须在计算网格上能够求解，下面将讨论预混火焰的这个约束，由于非预混火焰不存在特征厚度，需要不同的方法来处理。

合理的化学反应尺度分辨率强依赖于 DNS 中使用的化学反应模型。当使用简单的化学反应模型时（单步不可逆反应），求解火焰的内部结构，至少需要 10～20 个网格节点（$Q\simeq 20$）。换言之，火焰厚度 δ_L^0 应涵盖至少 $Q\simeq 20$ 个基本单元。根据火焰厚度，计算域的大小为 $L\simeq(N/Q)\delta_L^0$。对于常温下标准碳氢燃料火焰，$\delta_L^0\simeq 0.5\text{mm}$，因此 1024^3 个网格将产生 $L\simeq 25\text{mm}$ 的立方体大小的计算域。此条件也会限制湍流积分尺度 l_t 的上限，即积分尺度的上限必须小于 L 时，才能得到收敛的统计学数据：

$$\frac{l_t}{\delta_L^0}<\frac{L}{\delta_L^0}<\frac{N}{Q} \tag{4.48}$$

将 δ_L^0 替换为扩散火焰厚度 $\delta\simeq v/s_L^0$，可以获得另一个表达式。流动时间尺度 τ_m 和化学时间尺度 τ_c 的比值，定义为 Damköhler 数，可以表示为 $Da=\tau_m/\tau_c$。这两种时间尺度近似为❶ $\tau_m(l_t)=\tau_t=l_t/u'$ 和 $\tau_c=\delta/s_L^0$。雷诺数与 Damköhler 数的乘积为

---

❶ 在这里，湍流时间尺度被当作最大湍流结构的特征时间尺度 l_t。化学时间对应于火焰前锋传播距离 δ 时需要的时间。基于 $\delta=\nu/s_L^0$，$\tau_c=\nu/(s_L^0)^2$ 也可视为特征扩散时间。

$$Re_{t}Da=\frac{l_{t}^{2}s_{L}^{0}}{\nu\delta}=\left(\frac{l_{t}}{\delta}\right)^{2} \tag{4.49}$$

由于 δ 和 δ_{L}^{0} 大小相当，则网格的限制条件可以表示为

$$Re_{t}Da<(N/Q)^{2} \tag{4.50}$$

当一个给定的雷诺数满足条件式(4.47) 时，Damköhler 数的取值须满足限制条件式(4.50)，这是一个强约束条件。假设 $N=1000$，$Q=20$，根据式(4.47)，则 $Re_{t}<10^{4}$；根据式(4.50)，则 $Re_{t}Da<2500$。当湍流雷诺数为 $Re_{t}=1000$，则 Damköhler 数不能超过 2.5，这与绝大多数湍流燃烧模型中的大 Damköhler 数假设相去甚远。

对化学反应尺度分辨率的要求会严格限制 DNS 模拟中参数的研究范围。图 4.20 标出了相关条件，其中，x 轴为 l_{t}/δ，y 轴为 u'/s_{L}^{0}。假定在每个方向上有 600 个网格节点，$Q=20$，雷诺数 Re_{t} 的理论极限值为 5000，但为得到较高的 Damköhler 数，雷诺数 Re_{t} 不应超过 200。当 $Re_{t}=200$ 时，Damköhler 数的最大值由式(4.50) 求出，即 $Da=4.5$。图 4.20 中的灰色区域可以使用 DNS 方法来研究，该区域上方由湍流雷诺数约束（直线 $Re_{t}=(u'/s_{L}^{0})(l_{t}/\delta)=200$），右侧受条件 $l_{t}/\delta=N/Q<30$ 限制。

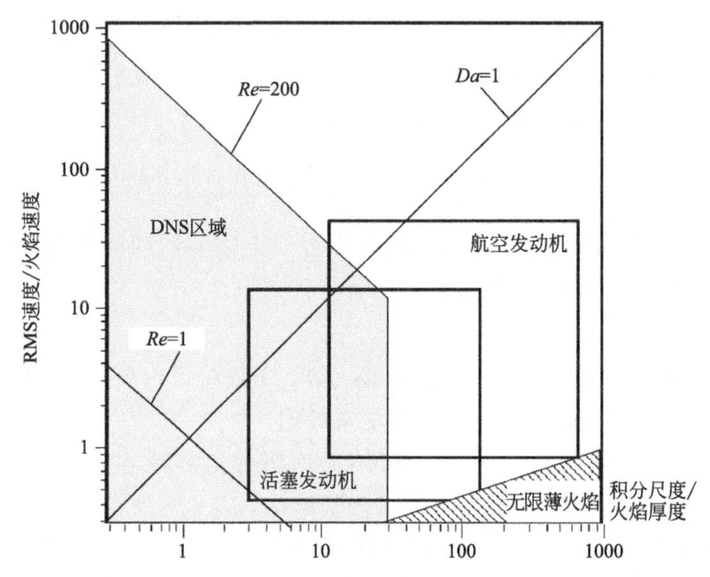

图 4.20　直接数值模拟（DNS）方法的分辨率要求示意图

阴影区域表示可以使用 DNS 方法。使用的网格在每个方向包含 $N=600$ 个点，在火焰前锋内有 $Q=20$ 个点。最大湍流雷诺数 $Re_{t}=200$（最大 Damköhler 数 $Da=4.5$）。湍流和火焰结构的分辨率要求为 $l_{t}/\delta<N/Q$。这里将无限薄火焰区定义为 $\delta<\eta_{k}/10$

图 4.20 还表明，当积分尺度 l_{t} 小于火焰厚度 δ 时，分辨率极限由雷诺数的第一个条件式(4.47) 决定。最大积分尺度 l_{t} 通常由与火焰分辨率相关的极限条件式(4.50) 确定。

当计算成本一定时，针对一个方向上的网格节点数目 N，二维计算会比三维模拟更多，因此，在二维计算中，系统的参数变化范围更大。

在图 4.20 中，对应于实际应用（如内燃机）的相图区域与 DNS 应用领域发生重叠，因此，有人断言 DNS 可用于解决实际中的重要问题。另外，基于火焰前锋无限薄假设的方法（图 4.19 中的快速化学反应近似）不适用于大部分实际问题，因为湍流尺度和化学尺度之间

的差别并未大到可以使这一假设合理化❶。

图 4.20 是针对简单化学反应的模拟。当使用复杂化学反应模型时，为了求解刚性更大的浓度梯度，DNS 计算域会明显变小。

4.7 湍流燃烧的 LES 模拟

大涡模拟的目标是直接计算流场中大尺度涡（通常是大于计算网格尺寸的结构），而小尺度涡对流场的影响通过建模来定义（见图 4.7）。该方法广泛应用于无反应流中[149-156]，且在燃烧模拟方面迅速发展。

4.7.1 LES 过滤器

在 LES 中，变量在谱空间中被过滤（大于截断频率的分量会被抑制），或在物理空间中被过滤（给定体积内加权平均）。过滤后的变量 f 定义为❷

$$\overline{f}(\boldsymbol{x})=\int f(\boldsymbol{x}')F(\boldsymbol{x}-\boldsymbol{x}')\,\mathrm{d}\boldsymbol{x}' \tag{4.51}$$

式中，F 是 LES 过滤器。常用的大涡模拟 LES 过滤器如图 4.21 所示。

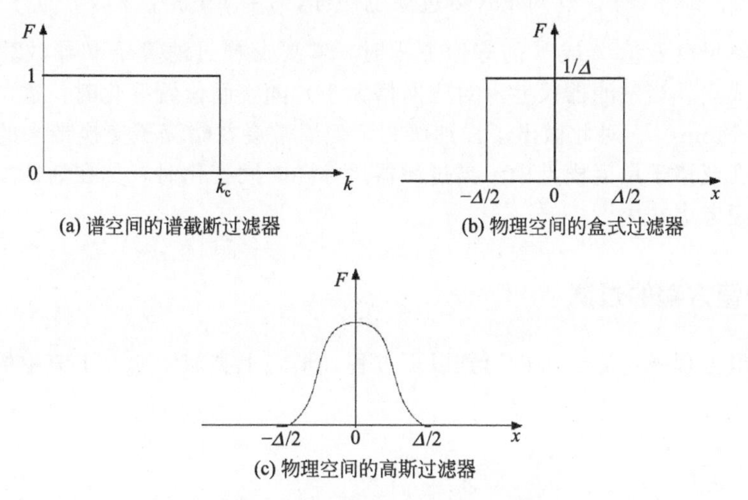

图 4.21　大涡模拟中常用的过滤器

① 谱空间的谱截断过滤器［图 4.21(a)］有

$$F(k)=\begin{cases}1, & k\leqslant k_{\mathrm{c}}=\pi/\Delta\\ 0, & 其他\end{cases} \tag{4.52}$$

式中，k 为空间波数。该过滤器会保留长度尺度大于截断长度 2Δ 的湍流涡结构，其中，Δ

❶ 无限薄火焰的极限在这里定义为火焰厚度 δ 比最小的湍流长度尺度小 10 倍，即 Kolmogorov 微尺度（$\delta<\eta_k/10$）。这个约束比第 5 章中定义的小火焰状态更强。

❷ 为简单起见，在 RANS 和 LES 中使用相似的标记 $\overline{f}$ 和 $\widetilde{f}$，在 RANS 中表示系综平均后的变量，而在 LES 中表示过滤后的变量。

为过滤器的大小。

② 物理空间的盒式过滤器［图 4.21(b)］有

$$F(\boldsymbol{x})=F(x_1,x_2,x_3)=\begin{cases}1/\Delta^3, & 当|x_i|\leqslant\Delta/2, i=1,2,3\\0, & 其他\end{cases} \tag{4.53}$$

式中，(x_1, x_2, x_3)是位置 $\boldsymbol{x}$ 的空间坐标。该过滤器对应于在大小为 Δ 的立方体内求平均。

③ 物理空间的高斯过滤器［图 4.21(c)］有

$$F(\boldsymbol{x})=F(x_1,x_2,x_3)=\left(\frac{6}{\pi\Delta^2}\right)^{3/2}\exp\left[-\frac{6}{\Delta^2}(x_1^2+x_2^2+x_3^2)\right] \tag{4.54}$$

过滤器标准化后，满足

$$\int_{-\infty}^{+\infty}\int_{-\infty}^{+\infty}\int_{-\infty}^{+\infty}F(x_1,x_2,x_3)\,\mathrm{d}x_1\mathrm{d}x_2\mathrm{d}x_3=1 \tag{4.55}$$

对于变密度 ρ 情形，根据以下公式引入密度加权 Favre 过滤：

$$\bar{\rho}\tilde{f}(\boldsymbol{x})=\int\rho f(\boldsymbol{x}')F(\boldsymbol{x}-\boldsymbol{x}')\,\mathrm{d}\boldsymbol{x}' \tag{4.56}$$

过滤后的变量 $\bar{f}$ 在数值模拟中是可解的，因此被称为可解尺度变量。$f'=f-\bar{f}$ 对应于不能被求解的部分，被称为不可解尺度变量或亚格子尺度变量。通过对瞬态守恒方程(4.14)～方程(4.17) 做过滤，可得到大涡模拟的守恒方程，但这一步需谨慎进行。

与 RANS 平均不同，LES 脉动量过滤后不为 0，即 $\overline{f'}\neq 0$。一次过滤结果与二次过滤结果通常不相等[❶]，即 $\bar{\bar{f}}\neq\bar{f}$。这对 Favre 过滤也一样，$f=\tilde{f}+f''$，$\widetilde{f''}\neq 0$ 且 $\tilde{\tilde{f}}\neq\tilde{f}$。

在推导可解尺度变量 $\bar{f}$ 或 $\tilde{f}$ 的守恒方程时，需要交换过滤算子和导数算子，但这只在特定的假设下成立。当过滤器尺寸（对应网格大小）随空间位置变化时，这两个算子不能交换。Ghosal 和 Moin [157]对此做出了详细研究，但通常会忽略算子交换带来的误差，并假定将其影响包含在亚格子尺度模型中。当过滤器尺寸随时间变化时，如在活塞发动机中，时间交换误差也必须考虑在内[158]。

4.7.2 守恒方程的过滤

对瞬态守恒方程做过滤，可以得到以下方程，形式上类似于 4.5.1 节中的雷诺平均守恒方程：

质量方程

$$\frac{\partial\bar{\rho}}{\partial t}+\frac{\partial}{\partial x_i}(\bar{\rho}\tilde{u}_i)=0 \tag{4.57}$$

动量方程

$$\frac{\partial\bar{\rho}\tilde{u}_i}{\partial t}+\frac{\partial}{\partial x_i}(\bar{\rho}\tilde{u}_i\tilde{u}_j)+\frac{\partial\bar{p}}{\partial x_j}=\frac{\partial}{\partial x_i}\left[\bar{\tau}_{ij}-\bar{\rho}(\widetilde{u_iu_j}-\tilde{u}_i\tilde{u}_j)\right] \tag{4.58}$$

化学组分方程

$$\frac{\partial(\bar{\rho}\tilde{Y}_k)}{\partial t}+\frac{\partial}{\partial x_i}(\bar{\rho}\tilde{u}_i\tilde{Y}_k)=\frac{\partial}{\partial x_i}\left[\overline{V_{k,i}Y_k}-\bar{\rho}(\widetilde{u_iY_k}-\tilde{u}_i\tilde{Y}_k)\right]+\bar{\dot{\omega}}_k,\quad k=1,2,\cdots,N \tag{4.59}$$

---

❶ 当谱空间中使用谱截断过滤器时，波数大于 k_c 的脉动都会被过滤掉，因此单次过滤值和双重过滤值是相等的。

焓方程

$$\frac{\partial\bar{\rho}\tilde{h}_{s}}{\partial t}+\frac{\partial}{\partial x_{i}}(\bar{\rho}\tilde{u}_{i}\tilde{h}_{s})=\overline{\frac{\mathrm{D}p}{\mathrm{D}t}}+\frac{\partial}{\partial x_{i}}\left[\overline{\lambda\frac{\partial T}{\partial x_{i}}}-\bar{\rho}(\widetilde{u_{i}h_{s}}-\tilde{u}_{i}\tilde{h}_{s})\right]$$
$$+\overline{\tau_{ij}\frac{\partial u_{i}}{\partial x_{j}}}-\frac{\partial}{\partial x_{i}}\left(\overline{\rho\sum_{k=1}^{N}V_{k,i}Y_{k}h_{s,k}}\right)+\bar{\dot{\omega}}_{\mathrm{T}} \tag{4.60}$$

其中，

$$\overline{\frac{\mathrm{D}p}{\mathrm{D}t}}=\frac{\partial\bar{p}}{\partial t}+\overline{u_{i}\frac{\partial p}{\partial x_{i}}} \tag{4.61}$$

在这组方程中，必须对以下未知量进行建模：

① **亚格子雷诺应力** $(\widetilde{u_iu_j}-\tilde{u}_i\tilde{u}_j)$，需要亚格子尺度的湍流模型。

② **亚格子组分通量** $(\widetilde{u_iY_k}-\tilde{u}_i\tilde{Y}_k)$ 和**亚格子焓通量**$(\widetilde{u_ih_s}-\tilde{u}_i\tilde{h}_s)$。

③ **组分和焓的可解尺度层流扩散通量**。类似于 RANS，这些分子通量可以忽略，也可以通过简单的梯度假设来建模，例如

$$\overline{V_{k,i}Y_{k}}=-\bar{\rho}\,\bar{\mathcal{D}}_{k}\frac{\partial\tilde{Y}_{k}}{\partial x_{i}},\quad \overline{\lambda\frac{\partial T}{\partial x_{i}}}=\bar{\lambda}\frac{\partial\tilde{T}}{\partial x_{i}} \tag{4.62}$$

④ **可解尺度的化学反应率** $\bar{\dot{\omega}}_k$。

⑤ **压力速度项** $\overline{u_i(\partial p/\partial x_i)}$通常近似为$\tilde{u}_i(\partial\bar{p}/\partial x_i)$。

过滤后的守恒方程结合特定的亚格子模型，可以使用数值方法来确定瞬态可解尺度场信息。与 DNS 相比，LES 会丢失亚格子尺度涡结构的信息。与雷诺系综平均相比，大涡模拟可以给出瞬态可解尺度的流场。

对大涡模拟守恒方程[方程(4.57)～方程(4.60)]的未知项建模时，可以沿用 RANS 方法中的相关概念，如使用类似亚格子湍动能及其耗散率的全局变量。但是在大涡模拟中，大尺度湍流运动可以直接数值求解，而封闭模型可以基于相似假设，即利用大结构湍流涡来预估小结构的影响。

4.7.3 亚格子通量建模

本节主要总结了在无反应流中用于亚格子输运项建模的主要方法，这些亚格子输运项包括应力$\mathcal{T}_{ij}=(\widetilde{u_iu_j}-\tilde{u}_i\tilde{u}_j)$，组分通量$(\widetilde{u_iY_k}-\tilde{u}_i\tilde{Y}_k)$和焓通量$(\widetilde{u_ih_s}-\tilde{u}_i\tilde{h}_s)$。关于亚格子建模的详细讨论可参考相关文献[4,149-156]，这里只给出在密度恒定流动中推导出的模型。

(1) Smagorinsky 模型

Smagorinsky[159] 亚格子尺度模型因其形式简单而广受欢迎。根据 Boussinesq 假设[式(4.30)]，亚格子动量通量可以表示为❶

$$\mathcal{T}_{ij}-\frac{\delta_{ij}}{3}\mathcal{T}_{kk}=-\nu_{t}\left(\frac{\partial\bar{u}_{i}}{\partial x_{j}}+\frac{\partial\bar{u}_{j}}{\partial x_{i}}\right)=-2v_{t}\bar{S}_{ij} \tag{4.63}$$

❶ 将三个方向的各向同性项$\mathcal{T}_{ii}$相加，得出的结果表明式(4.63)仅在$\partial\bar{u}_k/\partial x_k=0$时成立，如对于密度恒定的流动。而对于变密度流场，通过使用 Favre 过滤变量并将应变率张量的轨迹与雷诺应力相结合，以修正式(4.63)：

$$\mathcal{T}_{ij}-\frac{\delta_{ij}}{3}\mathcal{T}_{kk}=-\nu_{t}\left(\frac{\partial\tilde{u}_{i}}{\partial x_{j}}+\frac{\partial\tilde{u}_{j}}{\partial x_{i}}-\frac{2}{3}\delta_{ij}\frac{\partial\tilde{u}_{k}}{\partial x_{k}}\right)=-2\nu_{t}\left(\tilde{S}_{ij}-\frac{\delta_{ij}}{3}\tilde{S}_{kk}\right)$$

式中，ν_t 是亚格子涡黏系数。基于量纲分析，可以建模为

$$\nu_t = C_S^2 \Delta^{4/3} l_t^{2/3} |\overline{S}| = C_S^2 \Delta^{4/3} l_t^{2/3} (2\overline{S}_{ij}\overline{S}_{ij})^{1/2} \tag{4.64}$$

式中，l_t 是湍流积分尺度，C_S 是模型常数，$\overline{S}$ 是可解尺度剪应力［分量 $\overline{S}_{ij}$，在式(4.63) 中定义］。假设积分尺度 l_t 约等于网格尺寸，即 $l_t \approx \Delta$，式(4.64) 可以简化为

$$\nu_t = (C_S\Delta)^2 |\overline{S}| = (C_S\Delta)^2 (2\overline{S}_{ij}\overline{S}_{ij})^{1/2} \tag{4.65}$$

式(4.63) 中各向同性的贡献项 $\mathcal{T}_{kk}$ 等于两倍的亚格子湍动能，但一般情况下是未知的，其作用通常被融入过滤后的压强 $\overline{p}$ 中[1]。C_S 取值与流场构型有关，在均匀各向同性湍流中，模型常数 $C_S \approx 0.2$。此外，Smagorinsky 模型耗散很大，尤其在近壁区。

(2) 尺度相似模型

由 Bardina 等[161-162] 提出的亚格子模型假定亚格子应力主要由最大亚格子尺度，或最小可解尺度控制。该分析可得出以下表达式：

$$\mathcal{T}_{ij} = \overline{\overline{u}_i \overline{u}_j} - \overline{\overline{u}}_i \overline{\overline{u}}_j \tag{4.66}$$

尺度相似模型的原理如图 4.22 所示。

式(4.66) 中的所有变量都可以通过对可解尺度速度场 $\overline{u}_i$ 过滤得到。但这个封闭模型耗散性不强，通常将其耦合到 Smagorinsky 模型中来推导混合模型[153,162]。于是，Smagorinsky 的模型系数 C_S 取值和变动减小。

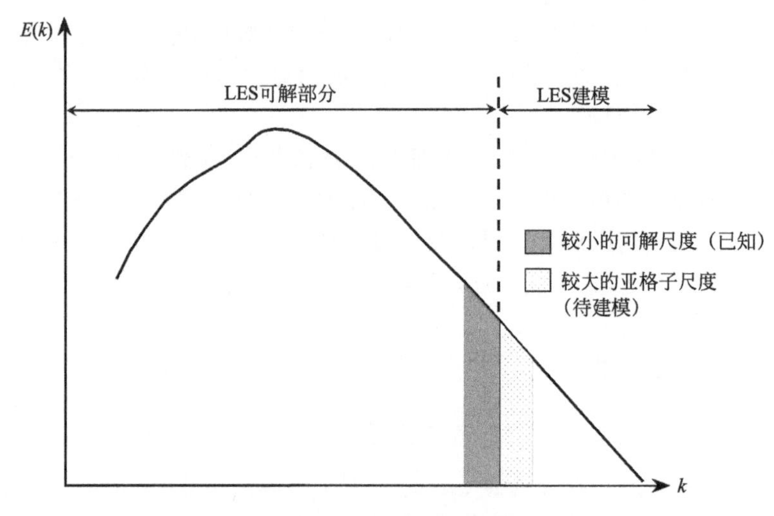

图 4.22 尺度相似性建模

(3) Germano 动态模型

Germano 提出的动态模型[163] 主要是从可解尺度湍流涡的信息中预估小涡的耗散（图 4.23），基本思想是通过两次过滤把湍流局部结构信息引入亚格子应力中，进而在计算过程

---

[1] 对于可压缩流动，$\mathcal{T}_{kk}$ 通常用 Yoshizawa[160] 的表达式来建模：

$$\mathcal{T}_{kk} = 2C_I\overline{\rho}\Delta^2 |\widetilde{S}|^2$$

其中，C_I 是模型常数，$|\widetilde{S}| = (2\widetilde{S}_{ij}\widetilde{S}_{ij})^{1/2}$

$$\widetilde{S}_{ij} = \frac{1}{2}\left(\frac{\partial \widetilde{u}_i}{\partial x_j} + \frac{\partial \widetilde{u}_j}{\partial x_i}\right)$$

中动态调整 Smagorinsky 的模型系数 $C_S(\underline{x}, t)$。

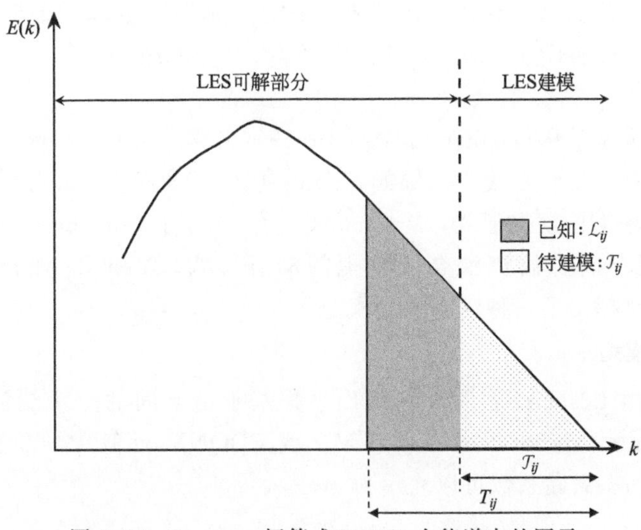

图 4.23　Germano 恒等式(4.69) 在能谱中的图示

未知的亚格子雷诺应力在 LES 尺度上为$\mathcal{T}_{ij}$，在测试过滤器尺度上为T_{ij}，

二者通过$\mathcal{L}_{ij}$ 相关联，其中$\mathcal{L}_{ij}$ 是亚格子雷诺应力T_{ij} 在 LES 过滤器层面上的可解尺度部分

首先引入一个测试过滤器 $\widehat{Q}$，其尺寸 $\widehat{\Delta}$ 大于 LES 过滤器（尺寸 $\overline{\Delta}$)。LES 亚格子动量通量为

$$\mathcal{T}_{ij}=\overline{u_i u_j}-\overline{u}_i\overline{u}_j \tag{4.67}$$

以尺度 $\widehat{\Delta}$ 过滤得到的亚格子通量为

$$T_{ij}=\widehat{\overline{u_i u_j}}-\widehat{\overline{u}}_i\widehat{\overline{u}}_j \tag{4.68}$$

结合上述两种关系，可以给出 Germano 恒等式

$$\underbrace{\widehat{\overline{u}_i\overline{u}_j}-\widehat{\overline{u}}_i\widehat{\overline{u}}_j}_{\mathcal{L}_{ij}}=T_{ij}-\widehat{\mathcal{T}}_{ij} \tag{4.69}$$

其中，左侧项$\mathcal{L}_{ij}$ 通过对 LES 可解尺度速度场 $\overline{u}_i$ 进行尺度 $\widehat{\Delta}$ 过滤来确定。雷诺应力$\mathcal{T}_{ij}$ 和 T_{ij} 可以根据 Smagorinsky 模型近似为

$$\mathcal{T}_{ij}-\frac{\delta_{ij}}{3}\mathcal{T}_{kk}=-2C\overline{\Delta}^2|\overline{S}|\overline{S}_{ij}=-2C\alpha_{ij} \tag{4.70}$$

$$T_{ij}-\frac{\delta_{ij}}{3}T_{kk}=-2C\widehat{\Delta}^2|\widehat{\overline{S}}|\widehat{\overline{S}}_{ij}=-2C\beta_{ij} \tag{4.71}$$

式中，C 为待定参数，α_{ij} 和β_{ij} 用于简化表达式。

则 Germano 恒等式可改写为

$$\mathcal{L}_{ij}-\frac{\delta_{ij}}{3}\mathcal{L}_{kk}=2C(\widehat{\alpha}_{ij}-\beta_{ij}) \tag{4.72}$$

式(4.72) 可以提供关于未知“模型系数”C 的五个独立方程[1]，使用优化算法可以确定 C

[1] 对于密度恒定的流动，正如模型推导中的假设，如果 $\sum_{k=1}^{3}\overline{S}_{kk}=\sum_{k=1}^{3}\widehat{\overline{S}}_{kk}=0$(质量守恒)，则$\mathcal{L}_{11}$、$\mathcal{L}_{22}$ 和$\mathcal{L}_{33}$ 不独立。

的取值。该模型在很多应用中都非常有效，并已扩展至可压缩湍流中[164]。在实际应用中，为防止模型系数 C 出现负值，导致计算发散，确定 C 值时不会取局部变量，而是沿均质方向求平均，或基于拉格朗日方法沿质点轨迹求平均[165]。Sarghini 等[166] 对上述方法进行了对比。

Germano 动态模型是从 Germano 恒等式(4.69) 出发，属于 Smagorinsky 模型的一个早期版本，它也可以用于其他方法中。例如，Zang 等[167] 和 Vreman 等[168] 发展出 Bardina 等[162] 提出的混合模型的动态形式，Vreman 等[169] 比较了 Smagorinsky 模型，混合模型、梯度模型[170] 及用于瞬态湍流混合层模拟的动态形式。You 和 Moin[171-172] 针对 Vreman[173] 的湍流模型提出了一种动态形式❶。

(4) 结构函数模型

结构函数模型由 Lesieur 等[151-152] 提出，是基于谱空间的一个湍流理论分析（Eddy Damped Quasi Normal Markovian，EDQNM；或 EDQNM 近似）[2] 和亚格子涡黏系数概念。首先，亚格子动态涡黏系数可以表示为

$$\nu_t(\boldsymbol{x},\Delta)=0.105C_K^{-3/2}\Delta\sqrt{F_2(\boldsymbol{x},\Delta)} \tag{4.73}$$

式中，C_K 是 Kolmogorov 模型常数，一般情况下，$C_K=1.4$；F_2 是结构函数，定义为

$$F_2(\boldsymbol{x},\Delta)=[\overline{\boldsymbol{u}}(\boldsymbol{x}+\boldsymbol{r})-\overline{\boldsymbol{u}}(\boldsymbol{x})]^2,\quad \sqrt{\boldsymbol{r}^2}=\Delta \tag{4.74}$$

实际上，F_2 是通过 $\boldsymbol{x}$ 附近的网格节点值来估算。

Ducros 等[174,151-152] 提出一种可解尺度结构函数模型，可以解决式(4.73) 中出现的大涡结构高耗散问题。主要思路如下：在估算结构函数 F_2 之前，先对可解尺度速度场进行高通滤波以消除最大的湍流涡结构，则亚格子涡黏系数可以表示为

$$\nu_t(\boldsymbol{x},\Delta)=0.0014C_K^{-3/2}\Delta\sqrt{\overline{F}_2(\boldsymbol{x},\Delta)} \tag{4.75}$$

式中，$\overline{F}_2$ 为可解尺度结构函数。

(5) 亚格子标量输运

与 RANS 类似，基于梯度假设，LES 中亚格子标量通量可表示为

$$\widetilde{u_iY_k}-\widetilde{u}_i\widetilde{Y}_k=-\frac{\nu_t}{Sc_k}\times\frac{\partial\widetilde{Y}_k}{\partial x_i} \tag{4.76}$$

式中，Sc_k 是亚格子尺度的 Schmidt 数。亚格子涡黏系数 ν_t 可以通过亚格子雷诺应力模型（Smagorinsky 模型、Germano 模型、结构函数模型）来估算。

4.7.4 可解尺度反应率的简单封闭

本节主要介绍 LES 可解尺度反应率 $\overline{\dot{\omega}}_k$ 的几个简单模型，这些模型同时适用于预混火焰和扩散火焰。第一个是利用级数展开方法将 RANS 模型进一步扩展（4.5.4 节），第二个将相似性概念应用于亚格子反应率建模中，但这两种通用方法都不能有效地解决所有的问题，

---

❶ 需要注意的是，You 和 Moin[171-172] 找到了模型参数的一个全局变量，在给定时刻可以用于表征整个流场。在复杂湍流中，不存在均匀方向，无法应用空间平均计算模型参数，因此这个方法更加适用，且可以解决数值发散问题。但这种方法也可以用于 Vreman[173] 模型中，无论模型参数取何值，都能够预测在所有湍涡尺度都可解的区域中消散的亚格子尺度动量输运，这与常用的 Smagorinsky[159] 模型无关，因为在 Smagorinsky 模型中，上述区域对应零模型参数。

不同燃烧状态需要特定的模型。预混火焰的模型将在第 5 章介绍，非预混火焰的模型将在第 6 章介绍。这些模型都是基于相同的物理方法，并在 4.5.5 节的 RANS 中做了简要总结。

(1) 基于可解尺度变量的 Arrhenius 定律

假设燃料和氧化剂在亚格子尺度上充分掺混，忽略亚格子尺度脉动，则最简单的可解尺度反应率可以表示为

$$\bar{\dot{\omega}}_{\mathrm{F}}=A_1\bar{\rho}^2\widetilde{Y}_{\mathrm{F}}\widetilde{Y}_{\mathrm{O}}\widetilde{T}^{\beta_1}\exp\left(-T_{\mathrm{A}}/\widetilde{T}\right) \tag{4.77}$$

该表达式默认湍流亚格子时间尺度 τ_t 远小于所有化学时间尺度 τ_c（$\tau_t \ll \tau_c$）。该模型在大气边界层的反应流中可以给出合理的精度[62]，但不适用于绝大多数的燃烧应用中。

更精细的模型是保留展开级数的第二项［参见 RANS 内容中的式(4.44)］

$$\bar{\dot{\omega}}_{\mathrm{F}}=A_1\bar{\rho}^2\widetilde{Y}_{\mathrm{F}}\widetilde{Y}_{\mathrm{O}}\widetilde{T}^{\beta_1}\exp\left(-\frac{T_{\mathrm{A}}}{\widetilde{T}}\right)\left[1+\frac{\widetilde{Y_{\mathrm{F}}Y_{\mathrm{O}}}-\widetilde{Y}_{\mathrm{F}}\widetilde{Y}_{\mathrm{O}}}{\widetilde{Y}_{\mathrm{F}}\widetilde{Y}_{\mathrm{O}}}\right] \tag{4.78}$$

当燃料和氧化剂在亚格子尺度上充分掺混时，亚格子尺度分离因子 $\alpha_{\mathrm{sgs}}=(\widetilde{Y_{\mathrm{F}}Y_{\mathrm{O}}}-\widetilde{Y}_{\mathrm{F}}\widetilde{Y}_{\mathrm{O}})/\widetilde{Y}_F\widetilde{Y}_{\mathrm{O}}=0$；而对于无限快反应，$\alpha_{\mathrm{sgs}}=-1$。分离因子 α_{sgs} 既可以指定，也可通过求解关于$(\widetilde{Y_{\mathrm{F}}Y_{\mathrm{O}}}-\widetilde{Y}_{\mathrm{F}}\widetilde{Y}_{\mathrm{O}})$的守恒方程[175] 得出。该形式适用于温度脉动可以忽略的情形（如污染物在大气边界层中的扩散），但不能用于湍流火焰。

(2) 尺度相似假设

Germano 等[176] 提出将雷诺应力建模中的尺度相似假设扩展到反应率建模中。在密度恒定的无释热流动中，过滤后的反应率 $\bar{\dot{\omega}}_k$ 与 $\overline{Y_{\mathrm{F}}Y_{\mathrm{O}}}$ 成正比❶。基于两个过滤算法的相似性(分别表示为 $\bar{f}$ 和 $\hat{f}$)，亚格子反应率可以表示为

$$\overline{Y_{\mathrm{F}}Y_{\mathrm{O}}}-\overline{Y}_{\mathrm{F}}\overline{Y}_{\mathrm{O}}=k_{\mathrm{fg}}(\widehat{\overline{Y}_{\mathrm{F}}\overline{Y}_{\mathrm{O}}}-\hat{\overline{Y}}_{\mathrm{F}}\hat{\overline{Y}}_{\mathrm{O}}) \tag{4.79}$$

由于这个表达式结构简洁，且与亚格子雷诺应力的 Germano 动态模型很相似，上述分析法广受欢迎。然而，针对 DNS 数据的先验结果表明，相似系数 k_{fg} 强依赖于 Damköhler 数和网格尺寸。一方面，增加 Damköhler 数意味着一个更薄的反应区，测试过滤器 $\hat{Q}$ 将会低估亚格子尺度的生成项（大部分的化学生成项产生于亚格子尺度上），因此需要一个更大的相似系数；另一方面，随着网格尺寸的减小，由测试过滤器 $\hat{Q}$ 估算的反应率增大（反应率增加的部分出现在 LES 尺度 $\overline{Q}$ 和测试 $\hat{Q}$ 尺度之间），则相似系数减小。式(4.79) 不能用于必须考虑长度尺度效应的火焰，即需要对比火焰厚度、火焰褶皱和网格尺寸才能确定适用性。

尺度相似模型可以用于模拟组分 k 的可解尺度反应率 $\bar{\dot{\omega}}_k$[177]。在先验法（对比 DNS 数据）和后验法（对比大涡模拟）之后，尺度相似可解尺度反应率模型（SSFRRM）更为推荐。反应率可以分解为可解尺度部分和亚格子部分，即

$$\bar{\dot{\omega}}_k=\overline{\dot{\omega}_k(\bar{\rho},\widetilde{T},\widetilde{Y}_1,\widetilde{Y}_2,\cdots,\widetilde{Y}_n)}+\underbrace{\overline{\dot{\omega}_k(\rho,T,Y_1,Y_2,\cdots,Y_n)}-\overline{\dot{\omega}_k(\bar{\rho},\widetilde{T},\widetilde{Y}_1,\widetilde{Y}_2,\cdots,\widetilde{Y}_n)}}_{\dot{\omega}_{\mathrm{SGS}}} \tag{4.80}$$

对式(4.80) 进行二次过滤，使用相同的分解方法可得

---

❶ 由于密度假定为常数，经典雷诺平均［$\bar{f}$，式(4.51)］和密度加权 Favre 平均［$\tilde{f}$，式(4.56)］是等价的。

$$\overline{\overline{\dot{\omega}}}_k=\overline{\overline{\dot{\omega}_k(\overline{\overline{\rho}},\widetilde{\widetilde{T}},\widetilde{\widetilde{Y}}_1,\widetilde{\widetilde{Y}}_2,\cdots,\widetilde{\widetilde{Y}}_n)}}+\underbrace{\overline{\overline{\dot{\omega}_k(\overline{\rho},\widetilde{T},\widetilde{Y}_1,\widetilde{\widetilde{Y}}_2,\cdots,\widetilde{Y}_n)}}-\overline{\overline{\dot{\omega}_k(\overline{\overline{\rho}},\widetilde{\widetilde{T}},\widetilde{\widetilde{Y}}_1,\widetilde{\widetilde{Y}}_2,\cdots,\widetilde{\widetilde{Y}}_n)}}}_{\mathcal{L}_\omega}+\overline{\dot{\omega}}_{SGS} \tag{4.81}$$

应用尺度相似概念可使该表达式封闭，即

$$\dot{\omega}_{\mathrm{SGS}}=K\mathcal{L}_\omega \tag{4.82}$$

式中，K 是一个需要给定的模型系数。由于 $\dot{\omega}_k(\rho, T, Y_1, Y_2, \cdots, Y_n)$ 使用 Arrhenius 定律来定义，因此，这个模型会包含有限速率化学反应效应和稳焰过程。尺度效应需要包括在模型系数 K 中。

4.7.5 湍流燃烧的动态模型

在动态模型中，模型参数利用可解尺度的信息进行动态调整，从而有效地表示 LES 中亚格子应力。将这个动态过程扩展到燃烧模型中看似具有很大的研究潜力，但无反应流和燃烧过程的差异性很明显：在无反应流中，绝大部分的能量是通过可解尺度的大涡流动来输运❶；而燃烧主要是一个发生在亚格子尺度以下的现象（火焰厚度一般小于 LES 网格，见 5.4 节）。过滤后的燃料反应率可以用一个简单的模型表示为

$$\overline{\dot{\omega}}_{\mathrm{F}}=\dot{\omega}_{\mathrm{F}}(\widetilde{Q},\overline{\Delta})\left[1+\alpha f(u'_{\overline{\Delta}},\cdots)\right] \tag{4.83}$$

式中，$\dot{\omega}_{\mathrm{F}}(\widetilde{Q}, \overline{\Delta})$是一个可解尺度反应率，仅与已知物理量 $\widetilde{Q}$（如可解尺度温度和可解尺度组分质量分数）和过滤尺寸 Δ 有关；$f(u'_{\overline{\Delta}}, \cdots)$是一个关于亚格子尺度参数的函数，如亚格子尺度湍流强度 $u'_{\overline{\Delta}}$；α 为模型参数。表达式 $\alpha f(u'_{\overline{\Delta}}, \cdots)\dot{\omega}_{\mathrm{F}}(\widetilde{Q}, \overline{\Delta})$用来模拟亚格子尺度燃料反应率。

在测试尺度 $\widehat{\Delta}$ 上过滤的反应率可通过对式(4.83) 在尺度 $\widehat{\Delta}$ 上进行过滤得到，也可以直接使用测试尺度上的模型［类似于 Germano 恒等式(4.69)］❷

$$\widehat{\dot{\omega}_{\mathrm{F}}(\widetilde{Q},\overline{\Delta})\left[1+\alpha f(u'_{\overline{\Delta}},\cdots)\right]}=\dot{\omega}_{\mathrm{F}}(\widehat{\widetilde{Q}},\widehat{\Delta})\left[1+\alpha f(u'_{\widehat{\Delta}},\cdots)\right] \tag{4.84}$$

当燃烧反应率主要受亚格子尺度控制时［即式(4.83) 中 $\alpha f(u'_{\overline{\Delta}}, \cdots)\gg1$］，式(4.84) 简化为

$$\widehat{\alpha\dot{\omega}_{\mathrm{F}}(\widetilde{Q},\overline{\Delta})f(u'_{\overline{\Delta}},\cdots)}\approx\alpha\dot{\omega}_{\mathrm{F}}(\widehat{\widetilde{Q}},\widehat{\Delta})f(u'_{\widehat{\Delta}},\cdots) \tag{4.85}$$

当 $\alpha=0$ 时，会带来不适定问题[179]❸，为此可以将 $\overline{\dot{\omega}}_{\mathrm{F}}$ 构建成一个指数函数，则式(4.83) 可以改写为

---

❶ 可解尺度湍动能与总体湍动能的比值是 LES 质量的评价标准[178]，通常约等于 80%。

❷ 在实际中不会使用这个局部恒等式，写在此处只为逻辑清晰易懂。LES 尺度和测试尺度 $\widehat{\Delta}$ 的反应率只有当反应率在一个小体积内求平均时才有可比性。于是式(4.84) 可改写为

$$\widehat{\langle\dot{\omega}_{\mathrm{F}}(\widetilde{Q},\overline{\Delta})\left[1+\alpha f(u'_{\overline{\Delta}},\cdots)\right]\rangle}=\langle\dot{\omega}_{\mathrm{F}}(\widehat{\widetilde{Q}},\widehat{\Delta})\left[1+\alpha f(u'_{\widehat{\Delta}},\cdots)\right]\rangle$$

其中，$\langle\rangle$ 表示小体积内的平均。详见文献［179］。

❸ 以目前能达到的精细数值网格（约等于层流火焰厚度的网格尺寸），可解尺度项与亚格子尺度项数量级相当，于是依据式(4.83) 可以找到一个线性关系式。

$$\overline{\dot{\omega}}_F = \dot{\omega}_F(\widetilde{Q}, \overline{\Delta})\left[1+f(u'_{\overline{\Delta}}, \cdots)\right]^{\alpha} \tag{4.86}$$

原则上，指数 α 与湍流度、雷诺数、流场位置和时间有关。需要注意的是，如果 α 是一个在 0～1 之间取值的常数，就可以复现分形模型[180-182]，且火焰面的分形维度 D 与 α 满足 $\alpha=D-2$。Germano 恒等式(4.84) 变成

$$\widehat{\dot{\omega}_F(\widetilde{Q}, \overline{\Delta})\left[1+f(u'_{\overline{\Delta}}, \cdots)\right]^{\alpha}} = \dot{\omega}_F(\widehat{\widetilde{Q}}, \widehat{\Delta})\left[1+f(u'_{\widehat{\Delta}}, \cdots)\right]^{\alpha} \tag{4.87}$$

参数 α 可通过式(4.88) 来动态确定。

$$\alpha = \frac{\log\left[\dot{\omega}_F(\widehat{\widetilde{Q}}, \overline{\Delta}) / \dot{\omega}_F(\widehat{\widetilde{Q}}, \widehat{\Delta})\right]}{\log\left[(1+f(u'_{\widehat{\Delta}}, \cdots)) / (1+f(u'_{\overline{\Delta}}, \cdots))\right]} \tag{4.88}$$

假定亚格子尺度参数（如 $u'_{\overline{\Delta}}$）在测试过滤器大小的体积内不变，则不适定问题就转换为适定问题，这个动态方法就可以很好地应用于此[179,183-184]。

4.7.6 LES 的求解精度限制

反应流的 LES 必须能够求解流动尺度和火焰尺度。流动结构可以提供一个简单的 LES 求解精度限制（如 4.6.3 节中的 DNS）。首先，积分尺度必须包含在计算域内，即 $l_t < N\Delta x$，其中 Δx 为 LES 网格尺寸。绝大多数亚格子通量模型都是基于相似性假设，这就要求位于可解尺度涡结构和亚格子尺度涡结构之间的截断尺度 $l_{\text{cut-off}}$ 在湍流能谱的惯性区内，即 $l_t > l_{\text{cut-off}} > \eta_k$。假定 $l_{\text{cut-off}} = q\eta_k$ 且 $1 < q < Re_t^{3/4}$，截断尺度 $l_{\text{cut-off}}$ 可求解的条件是 $l_{\text{cut-off}} > \Delta x$，则

$$qN > Re_t^{3/4}, \quad q > 1 \tag{4.89}$$

与 DNS 相比，条件(4.47) 被弱约束条件(4.89) 取代。在图 4.20 的相图中，由雷诺数约束的上限将会向上移动。

火焰尺度对 LES 的要求直接取决于化学反应模型。对于反应流的 LES 来说，不存在一个简单的准则来确定网格尺寸。在实际的 LES 模拟中，如果火焰前锋的内部结构不能在网格上直接求解，则图 4.20 中的右极限也不再成立，因此，化学反应的极限取决于燃烧使用的亚格子尺度模型。

LES 模拟比 RANS 成本更高。在 RANS 中常用于降低成本的简化方法（对称条件，二维平均流动）不适用于 LES 中，而描述一个合理的非稳态湍流运动需要三维模拟。平均量和全局量（平均、均方根、相关函数、能谱等）也都可以从大涡模拟中提取，但需要大量的计算时间和数据库。

4.7.7 LES 常用的数值方法

在使用 LES 或 DNS 时，存在很多共同点：二者都是用来计算非稳态大湍流运动，并且在合理边界条件和初始条件下使用的数值方法，都能处理非稳态流场（可解尺度上）。因此，算法的精度就成为一个关键点，亚格子尺度模型不应被数值耗散所抵消。通过对比有/无亚格子模型的模拟结果，可以检查 LES 模型是否比数值耗散影响更大。

在燃烧领域，大涡模拟 LES 所需的数值格式特征仍是一个未解之题。现有的 LES 计算程序中使用的方法主要源于两点：①DNS 领域已经将 LES 的亚格子模型融入自己的方法中

（这是一项简单的任务），因而能够处理复杂的几何结构以及混合网格（这是一项艰巨的任务，它需要将结构化求解器换成求解混合网格的方法）；②RANS 领域早已能够处理复杂几何构型，且将湍流涡黏系数模型从 k-ε 方法扩展至 LES 亚格子模型。上述求解器的主要区别在于精度。DNS 领域一直以来都坚持使用高阶、高保真数值方法（中心有限差分格式或谱方法，参见 4.6.2 节），而绝大多数 RANS 求解器使用的数值方法都专注于鲁棒性（空间差分的迎风格式）和计算效率（时间域上的隐式格式）。

毫无疑问，使用高保真数值格式可以确保解的质量，而问题在于其高昂的成本，以及 LES 实际上可能并不需要如此高的精度：高阶数值格式对小涡的影响最大，但 LES 并不能完全求解这种尺度，因此许多 LES 实践者认为，使用二阶空间格式足以满足 LES 的精度要求。在很多算例中，由空间或时间差分格式引起的人工黏性与亚格子尺度湍流黏性系数甚至混合在一起[185]。另外，考虑到低阶隐式格式（源自 RANS）比中心显式格式（源自 DNS）运行更快，也可以使用更精细的网格并运行更长的物理时间。因此，大涡模拟需要何种数值格式仍未解决。当商业 CFD 求解器瞄准 LES 市场时（这是一个比 DNS 更具潜力的市场，DNS 仍然是学术实验室专用），该问题将引起更多争议。目前，仅有少部分燃烧方面的 LES 求解器通过了扩展测试，并处于持续高速发展中。

在计算机方面，决定反应流 LES 求解器效率的两个问题为[16]：

① 高度并行系统的效率。大涡模拟的计算任务在实际的配置中必须由上千个处理器同时进行，于是编写一个能够高效使用 10～100000 个处理器的求解器，成为 LES 程序起初必须要完成的工作。尤其是在需要大批量后处理时，这是一个很艰巨的任务：后处理往往是一个非并行任务，它需要不同处理器间的多重通信。例如，当计算域被分解为 50000 个子域时，如果处理不恰当，寻找整个计算域的最高温度或平均压力的过程可能会比计算本身成本还高。这种程序需要很庞大的基础架构，这也就解释如今该领域的精力主要集中在有限数量求解器上的原因，其中部分分配给开源程序（OpenFoam），另一部分对广大学术领域开放（AVBP[15]），或 YALES2。

② 网格质量。所有 LES 实践者都意识到，决定 LES 结果最重要的参数是网格质量。DNS 求解器仅适用于笛卡儿（平行六面体）网格，其网格尺寸变化很小；而 RANS 求解器则可以处理非常扭曲的不规则非结构网格。对于 LES 求解器，尤其是在复杂几何结构中，不能直接使用 RANS 网格，绝大多数不错的 LES 程序在这种网格中由于其有限的人工黏性而迅速发散。即便程序不发散，网格密度也会对计算结果产生直接影响，并且需要网格敏感性分析，以判断网格变小时平均流场是否可以正确收敛[186-187]。然而，网格密度并不是控制 LES 质量的唯一参数。单元形状和单元尺寸变化很快时也会直接降低解的质量。因此，构建适用于反应流 LES 模拟的非结构化网格是 LES 的一个重要任务。如今，这个任务也必须视为一个并行任务，尽管现在的 LES 求解器（如 YALES2）能够处理包含 200 亿个单元的网格，但却只能自己生成网格，因为网格生成器不能在一个处理器上建立这个尺寸的网格。此外，区域划分工具也面临相同问题：它们不能在单一处理器上划分非常大的区域，于是需要并行划分工具。最后，使 LES 网格在计算过程中适应解也是实现高效率和高精度的一条很有前景的途径。

4.7.8 大涡模拟结果与实验数据对比

目前，很多工作都在研究 LES 模拟结果与实验数据的关系。对比 LES 得到的变量（如速度、温度和组分）和实验测量数据的想法看似合理，但实际上这是一项很复杂的工作：由于 LES 结果和实验数据是以不同方式求平均，因此二者不能直接对比。

① LES 提供的数据是非稳态的空间过滤量，而这些瞬时量与实验数据不能直接对比。由于亚格子尺度模型是通过统计方法构建而成，因此，只能对比从 LES 模拟和实验结果中提取的统计量[4,178]。

② 从实验数据中提取 LES 过滤后的变量需要测量三维瞬态流场。虽然这种实验已有报道（如文献［188］，或 3 维 PIV[189]，或本生灯三维瞬态火焰前锋[190]），但是通常无法获得三维瞬态数据。需要注意的是，上述处理方法还需要明确知道 LES 使用的过滤器，而这在实际计算中，通常无法直接确定。

③ LES 模拟可得到 Favre 平均（密度加权）变量，而绝大多数诊断方法都只能得到未加权的过滤变量。

下面将讨论对比实验数据和大涡模拟结果的统计量，如平均值和方差[191]。为清晰起见，首先讨论密度恒定的流动。空间过滤变量记为 $\overline{f}$（密度加权为 $\widetilde{f}$），$\langle f\rangle$ 表示时间平均或系综平均量（Favre 平均为$\{f\}$）。

(1) 密度恒定的流动

任意变量 f 的时间平均空间过滤量 $\langle\overline{f}\rangle$ 可以表示为

$$\langle\overline{f}\rangle(\boldsymbol{x})=\frac{1}{T}\int_0^T\overline{f}(\boldsymbol{x},t)\mathrm{d}t=\frac{1}{T}\int_0^T\left[\int f(\boldsymbol{x}',t)F(\boldsymbol{x}'-\boldsymbol{x})\mathrm{d}\boldsymbol{x}'\right]\mathrm{d}t=\int\left[\frac{1}{T}\int_0^T f(\boldsymbol{x}',t)\mathrm{d}t\right]F(\boldsymbol{x}'-\boldsymbol{x})\mathrm{d}\boldsymbol{x}' \tag{4.90}$$

则

$$\langle\overline{f}\rangle=\overline{\langle f\rangle} \tag{4.91}$$

其中，空间过滤器和时间平均算子可以交换，因此，一个变量 f 先过滤后平均的值等于先平均后过滤的值。假设过滤器尺寸 Δ 小于 $\langle f\rangle$ 的空间演化尺寸，则也可以将 $\langle\overline{f}\rangle$ 近似为 $\langle\overline{f}\rangle\approx\langle f\rangle$。

变量 f 的方差可以表示为

$$\langle f^2\rangle-\langle f\rangle^2=[\langle\overline{f}^2\rangle-\langle\overline{f}\rangle^2]+[\langle f^2\rangle-\langle\overline{f}^2\rangle]+[\langle\overline{f}\rangle^2-\langle f\rangle^2] \tag{4.92}$$

假设过滤器尺寸 Δ 小于 $\langle f\rangle$ 和 $\langle f^2\rangle$ 的空间演化尺寸，则有$\langle\overline{f}\rangle\approx\langle f\rangle$和$\langle f^2\rangle\approx\langle\overline{f^2}\rangle$。式(4.92) 变为

$$\langle f^2\rangle-\langle f\rangle^2\approx\underbrace{[\langle\overline{f}^2\rangle-\langle\overline{f}\rangle^2]}_{\overline{f}\text{的方差}}+\underbrace{[\langle\overline{f^2}-\overline{f}^2\rangle]}_{\text{亚网格尺度的方差}} \tag{4.93}$$

变量 f 的方差是 LES 过滤后变量 $\overline{f}$ 的方差与亚格子尺度方差 $\overline{f^2}-\overline{f}^2$ 的时间平均（或系综平均）之和。为了对比实验和数值模拟中的均方根变量，最后一项的贡献可以表示为：

① 当 $f=u_i$ 是一个速度分量时，式(4.93) 变为

$$\langle {u_i}^2\rangle-\langle u_i\rangle^2\approx[\langle\overline{u_i}^2\rangle-\langle\overline{u}_i\rangle^2]+[\langle\overline{u_iu_i}-\overline{u}_i\overline{u}_i\rangle] \tag{4.94}$$

其中，亚格子尺度方差 $\langle \overline{u_i u_j} - \overline{u}_i \overline{u}_j \rangle$ 对应于不可解尺度的动量输运，由亚格子尺度模型来描述，可以在时间域求平均。这个关系式很容易拓展至亚格子雷诺应力

$$\langle u_i u_j \rangle - \langle u_i \rangle \langle u_j \rangle \approx [\langle \overline{u}_i \overline{u}_j \rangle - \langle \overline{u}_i \rangle \langle \overline{u}_j \rangle] + \langle \overline{u_i u_j} - \overline{u}_i \overline{u}_j \rangle \tag{4.95}$$

式中，右边第一项对应于可解尺度的动量输运，第二项表示亚格子雷诺应力的时间平均，在大涡模拟中可以直接建模。

② 当 f 是一个标量时，如温度、混合物分数或质量分数等，即便存在一些在亚格子尺度概率密度函数框架下提出的模型，式(4.93) 中最后一项亚格子尺度方差在模拟中一般也不会直接对其建模。例如，在混合物分数 Z 的亚格子尺度方差建模时，Cook 和 Riley[192] 提出一个尺度相似假设（见 6.5.1 节）

$$\overline{Z^2} - \overline{Z}^2 = C_Z (\widehat{\overline{Z}^2} - \widehat{\overline{Z}}^2) \tag{4.96}$$

式中，C_Z 为模型参数，$\widehat{Q}$ 是大于 LES 过滤尺寸的测试过滤器。

(2) 密度变化的流动

对于密度变化的流动，式(4.91) 可以改写为关于 ρf 的表达式

$$\langle \overline{\rho} \widetilde{f} \rangle = \overline{\langle \rho f \rangle} = \overline{\langle \rho \rangle \{f\}} \tag{4.97}$$

式中，$\widetilde{f}$ 和$\{f\}$分别表示 Favre（密度加权）空间过滤器和求平均算子。为与 LES 结果对比，需要从实验数据中提取 ρf 的时间平均（或系综平均）$\langle \rho f \rangle$，而一般情况下，无法得到该变量。如果假定过滤器尺寸小于平均量的空间演化尺寸，则$\overline{\langle \rho \rangle \{f\}} \approx \langle \rho \rangle \{f\}$，$\langle \overline{\rho} \rangle \approx \langle \rho \rangle$，可以得出

$$\{f\} = \frac{\langle \rho f \rangle}{\langle \rho \rangle} \approx \frac{\langle \overline{\rho} \widetilde{f} \rangle}{\langle \overline{\rho} \rangle} \tag{4.98}$$

因此，Favre 平均$\{f\}$可以通过对 LES 场 $\widetilde{f}$ 进行可解尺度密度 $\overline{\rho}$ 加权后求平均来估算。另外，对 LES 场简单求时间平均无法得到实际的 Favre 平均$\{f\}$。LES 场 $\widetilde{f}$ 的时间平均值为

$$\langle \widetilde{f} \rangle (\boldsymbol{x}) = \frac{1}{T} \int_0^T \frac{\overline{\rho} \widetilde{f}}{\overline{\rho}} \mathrm{d}t = \frac{1}{T} \int_0^T \left[\frac{\int \rho(\boldsymbol{x}', t) f(\boldsymbol{x}', t) F(\boldsymbol{x} - \boldsymbol{x}') \mathrm{d}\boldsymbol{x}'}{\int \rho(\boldsymbol{x}', t) F(\boldsymbol{x} - \boldsymbol{x}') \mathrm{d}\boldsymbol{x}'} \right] \mathrm{d}t \tag{4.99}$$

由于过滤算子和求平均算子不能交换，式(4.99) 不等于$\langle \overline{\rho} \widetilde{f} \rangle / \langle \overline{\rho} \rangle$。

变量 f 的方差可以表示为

$$\langle \rho \rangle (\{f^2\} - \{f\}^2) = \langle \rho f^2 \rangle - \frac{\langle \rho f \rangle^2}{\langle \rho \rangle} = \left(\langle \overline{\rho} (\widetilde{f})^2 \rangle - \frac{\langle \overline{\rho} \widetilde{f} \rangle^2}{\langle \overline{\rho} \rangle} \right) + (\langle \rho f^2 \rangle - \langle \overline{\rho} (\widetilde{f})^2 \rangle) + \left(\frac{\langle \overline{\rho} \widetilde{f} \rangle^2}{\langle \overline{\rho} \rangle} - \frac{\langle \rho f \rangle^2}{\langle \rho \rangle} \right) \tag{4.100}$$

与 LES 过滤器相比，假定平均量的空间演化长度尺度较小

$$\langle \overline{\rho} \rangle \approx \langle \rho \rangle, \quad \langle \overline{\rho} \widetilde{f} \rangle = \langle \overline{\rho f} \rangle \approx \langle \rho f \rangle, \quad \langle \overline{\rho} \widetilde{f^2} \rangle = \langle \overline{\rho f^2} \rangle \approx \langle \rho f^2 \rangle \tag{4.101}$$

式(4.101) 变为

$$\{f^2\} - \{f\}^2 \approx \underbrace{\frac{1}{\langle \rho \rangle} \left(\langle \overline{\rho} (\widetilde{f})^2 \rangle - \frac{\langle \overline{\rho} \widetilde{f} \rangle^2}{\langle \overline{\rho} \rangle} \right)}_{\text{可解尺度}} + \underbrace{\frac{1}{\langle \rho \rangle} \langle \overline{\rho} (\widetilde{f^2} - (\widetilde{f})^2) \rangle}_{\text{亚格子尺度}} \tag{4.102}$$

该方程右边项是可解尺度场的方差和亚格子尺度方差的时间平均，其中，可解尺度场可以用 LES 场来表征，第二项可以通过建模得到。4.7.8 节中的结论在此仍然成立：

① 当 $f=u_i$ 为速度分量时，式(4.102) 中的亚格子尺度方差 $\widetilde{u_i u_i}-\widetilde{u}_i\widetilde{u}_i$ 可以用亚格子尺度模型表示。之前的结果也可以拓展至雷诺应力：

$$\langle\rho\rangle(\{u_i u_j\}-\{u_i\}\{u_j\})\approx\left(\langle\overline{\rho}\widetilde{u}_i\widetilde{u}_j\rangle-\frac{\langle\overline{\rho}\widetilde{u}_i\rangle\langle\overline{\rho}\widetilde{u}_j\rangle}{\langle\overline{\rho}\rangle}\right)+\langle\overline{\rho}(\widetilde{u_i u_j}-\widetilde{u}_i\widetilde{u}_j)\rangle \quad (4.103)$$

其中，方程右边最后一项的亚格子尺度方差通过建模表示。

② 当 f 是一个标量时，如温度、混合物分数或组分质量分数等，则亚格子尺度的方差 $\overline{\rho}(\widetilde{f^2}-(\widetilde{f})^2)$ 通常不能直接对其进行建模。

因此，对比 LES 统计数据与实验数据时须谨慎，尤其在涉及 Favre 密度加权时[191]。为了从 LES 模拟结果中估算局部方差，需要考虑亚格子尺度的方差［式(4.93) 和式(4.102)］。另一种方法是从实验中提取 LES 的过滤量，但这种方法对实验来说是一个挑战，因为它需要实验测量三维数据[188-190] 以及 LES 模拟中使用的有效过滤器的精确定义。初步调查表明，式(4.98) 和式(4.99) 在实际模拟中给出了类似的结果，但其结果的可靠性有待确认（来自 S. Roux 和 H. Pitsch 的私人通信）。

4.8 湍流燃烧中的化学模型

4.8.1 引言

在火焰中，详细化学反应可能会涉及数百种组分和数千步反应。在湍流燃烧中，仍然无法处理如此复杂的化学反应模型，主要有三个原因：

① 每种组分都需要附加一个守恒方程。

② 化学反应率和输运系数是组分质量分数和温度的复杂函数。当化学反应步增加时，会显著增加计算所需的时间。

③ 湍流和燃烧相互作用是主要的理论难点。由于化学反应涉及的化学时间尺度很广，这种相互作用不能像常用的湍流燃烧模型一样，通过一个湍流时间尺度来处理，如使用积分时间尺度 l_t/u' 或 Kolmogorov 时间尺度 η_k/u'_k（4.2 节）。

本节仅讨论前两个问题，第三个问题在 4.5 节、第 5 章和第 6 章中会进行讨论。针对前两个问题，目前已经提出很多方法来简化化学反应机理，它们都是基于一个共同思路，即最快化学时间尺度可以忽略不计❶。

4.8.2 总包反应模型

从复杂化学反应模型中发展出总包反应模型，可以通过“手动”方式来完成，并主要依赖于两个假设。

---

❶ 简化化学反应模型对计算层流火焰或进行 DNS 模拟很重要，但本书并不致力于化学反应研究，因此这里只介绍如何在湍流模拟中考虑复杂化学反应特征的方法。

准稳态近似：假设部分中间组分或自由基已达到平衡态。这些组分不再变化，质量分数不变，其总体反应率可以忽略不计（生成速率等于消耗速率）。

部分平衡近似：假设化学反应模型中部分基元反应已达到平衡态。

例如，从 Smooke[193] 的详细机理开始，Peters[194-195] 也提出甲烷的一种四步总包化学反应模型，包括 7 种组分：

$$
\begin{aligned}
&(\mathrm{I}) && CH_4+2H+H_2O = CO+4H_2 \\
&(\mathrm{II}) && CO+H_2O = CO_2+H_2 \\
&(\mathrm{III}) && H+H+M = H_2+M \\
&(\mathrm{IV}) && O_2+3H_2 = 2H+2H_2O
\end{aligned}
\tag{4.104}
$$

其中，4 个反应率由化学反应中最慢反应步决定。使用准稳态和部分平衡近似

$$
\begin{aligned}
&\dot{\omega}_{\mathrm{I}} = k_{11}[CH_4][H] \\
&\dot{\omega}_{\mathrm{II}} = \frac{k_{9f}}{K_3}\frac{[H]}{[H_2]}\left([CO][H_2O]-\frac{1}{K_{\mathrm{II}}}[CO_2][H_2]\right) \\
&\dot{\omega}_{\mathrm{III}} = k_5[H][O_2][M] \\
&\dot{\omega}_{\mathrm{IV}} = k_{1f}\frac{[H]}{[H_2]^3}\left([O_2][H_2]^3-\frac{1}{K_{\mathrm{IV}}}[H]^2[H_2O]^2\right)
\end{aligned}
\tag{4.105}
$$

反应率由组分摩尔浓度 $[X_k]=\rho Y_k/W_k$ 表示。k_{1f}、k_5、k_{9f} 和 k_{11} 分别为基元反应的速率常数

$$
\begin{aligned}
&(1f) && H+O_2 \longrightarrow OH+O \\
&(5) && H+O_2+M \longrightarrow HO_2+M \\
&(9f) && CO+OH \longrightarrow CO_2+H \\
&(11) && CH_4+H \longrightarrow CH_3+H_2
\end{aligned}
\tag{4.106}
$$

K_3 是基元反应的平衡常数

$$
OH+H_2 = H+H_2O \tag{4.107}
$$

K_{II} 和 K_{IV} 是总包反应（Ⅱ）和（Ⅳ）的平衡常数。

Jones 和 Lindstedt[196] 也对碳氢燃料 C_nH_{2n+2} 中 $n\leqslant 4$ 的燃料进行了类似分析，形成了一个四步总包化学反应模型

$$
\begin{aligned}
&(\mathrm{I}) && C_nH_{2n+2}+\frac{n}{2}O_2 \longrightarrow nCO+(n+1)H_2 \\
&(\mathrm{II}) && C_nH_{2n+2}+nH_2O \longrightarrow nCO+(2n+1)H_2 \\
&(\mathrm{III}) && H_2+\frac{1}{2}O_2 \rightleftharpoons H_2O \\
&(\mathrm{IV}) && CO+H_2O \rightleftharpoons CO_2+H_2
\end{aligned}
\tag{4.108}
$$

表 4.2 列出了相应的反应率，其中，反应率常数表示为 $k_i=AT^b\exp(-E/RT)$。

需要注意的是，第三个反应的总包反应率涉及水的负浓度指数，很难在实际过程中模拟。为此，作者提出了一个备选公式，即表 4.2 中的Ⅲ*，但这会降低贫燃区的精度。

表 4.2 总包化学反应机理［式(4.108)］的反应率

反应	反应率	反应速率常数			
		n	A	b	E
Ⅰ	$k_{\text{Ⅰ}}(T)[C_nH_{2n+2}]^{1/2}[O_2]^{5/4}$	1	0.44×10^{12}	0	30000
		2	0.42×10^{12}	0	30000
		3	0.40×10^{12}	0	30000
		4	0.38×10^{12}	0	30000
Ⅱ	$k_{\text{Ⅱ}}(T)[C_nH_{2n+2}][H_2O]$	1～4	0.30×10^{9}	0	30000
Ⅲ	$k_{\text{Ⅲ}}(T)[H_2]^{1/2}[O_2]^{9/4}[H_2O]^{-1}$	1	0.25×10^{17}	−1	40000
		2	0.35×10^{17}	−1	40000
		3	0.30×10^{17}	−1	40000
		4	0.28×10^{17}	−1	40000
Ⅳ	$k_{\text{Ⅳ}}(T)[CO][H_2O]$	1～4	0.275×10^{10}	0	20000
Ⅲ*	$k^*_{\text{Ⅲ}}(T)[H_2]^{1/4}[O_2]^{3/2}$	1	0.68×10^{16}	−1	40000
		2	0.90×10^{16}	−1	40000
		3	0.85×10^{16}	−1	40000
		4	0.75×10^{16}	−1	40000

推导总包反应模型的可行性很强，但也存在一些难点。首先，在复杂化学反应模型中识别出最慢反应步、准稳态组分和平衡态反应需要专业的化学知识。此外，计算量减少的幅度低于预期，因为化学组分和化学反应步的数量虽然有所减少，但反应率的表达式更复杂［如式（4.106）］，数学公式刚性更强。这些反应率还可能包含负指数的摩尔浓度（参见之前 Peters 的模型中反应率 $\dot{\omega}_{\text{Ⅱ}}$ 和 $\dot{\omega}_{\text{Ⅳ}}$ 中的［H_2］），很难在数值计算中模拟，尤其是在初始化时。上述难题推动了两方面的研究，即自适应简化化学反应机理和化学反应建表（4.8.3 节）。

4.8.3 自适应简化-化学反应建表

(1) 固有低维流形法（ILDM）

与简化化学反应模型其他步骤一样，Mass 和 Pope[197-198] 提出的 ILDM 方法利用了化学时间尺度的宽范围特征，其主要思路如图 4.24 所示，不同的初始组分最终可以形成相同的平衡态条件。虽然化学反应的时间演化过程由初始条件决定，但是经过一小段时间 t_M 后，化学系统可以用一组在组分空间中的无量纲变量来表示，如质量分数。在图 4.24 中，M 点与 E 点（处于平衡态）之间的质量分数 Y_B 可以表示为组分 A 的质量分数 Y_A 的函数，例如，Y_B 可以是烃类燃烧中水的质量分数 Y_{H_2O}，Y_A 可以是二氧化碳的质量分数 Y_{CO_2}。曲线 ME（一般是组分空间中的超曲面）就是所谓的低维流形。

从复杂的化学反应模型中动态识别和定义低维流形的数学公式超出了本书的范围。其基本思想是确定化学反应模型的特征值（实际上是特征化学时间尺度的倒数），且只考虑最大的时间尺度。组分质量分数和反应率可以用一组无量纲变量的函数来表示（在图 4.24 中，质量分数 Y_B 是一个关于 Y_A 的函数在经过时间 t_M 后的取值）。这个无量纲的集合可以包含一个衡量化学反应变化的“进度变量”和一个表示掺混过程的“混合物分数”，其中，进度变量可以用碳氢燃料燃烧时的二氧化碳质量分数 Y_{CO_2} 或一氧化碳和二氧化碳质量分数之和 $Y_{CO_2}+Y_{CO}$ 表示，混合物分数可以用氮气的质量分数 Y_{N_2} 表示。我们可以基于无量纲集合中的变量来建表，通过多线插值方法来求解。

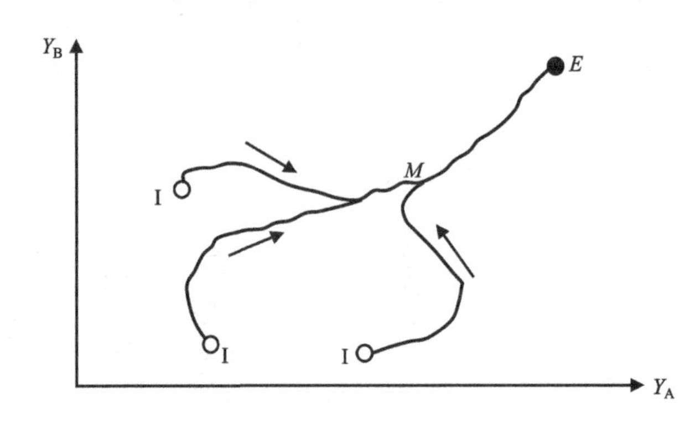

图 4.24 反应混合物在质量分数空间（Y_A,Y_B）中的时间演变过程

演变沿着箭头指示方向，不同点表示从不同的初始组分 I 开始

（2）ILDM 的火焰延伸——火焰面生成流形

由上述可知，ILDM 公式建立在很强的数学基础上，它可以很好地表示平衡态附近的高温区，但不能很好地描述低温区。事实上，ILDM 法并未覆盖这些低温区域，通常只是由线性插值确定。这个缺陷对稳态火焰并不重要，因为这种火焰的反应率主要由最高温度控制，但却很难表征点火、瞬态现象和扩散现象。为了解决上述问题，目前建立了两个类似的方法[199-202]："ILDM 的火焰延伸"（FPI）和"火焰面生成流形"（FGM），其基本思想是使用复杂化学反应模型的一维层流预混火焰结果来建立反应率和组分质量分数的表格❶。其中，反应率和组分质量分数是关于一组坐标（进度变量、混合物分数等）的函数❷。该方法不仅复现了高温区的 ILDM 结果，还能在低温区给出较好的结果[199]，被视为 ILDM 的进阶版。但是，正如 de Goey 等[202] 指出的，与 ILDM 相比，FPI 或 FGM 的数学背景较为薄弱。

当同时考虑多个参数的影响时，如进度变量、混合物分数、焓和已燃气体引起的稀释效应等，化学建表会很大，这会造成大规模并行机器运行难的问题：建表的大小与每个处理器本地内存可复制的容量不兼容，且共享存储器在交互中是不可取的。解决该问题的一个办法是利用预混火焰的自相似行为，将初始表格分解为一组非常小的子表。该方法在层流火焰中的应用可以参见文献 [206-207]，在湍流火焰中的应用参见文献 [208-209]。

4.8.4 动态自适应建表（ISAT）

当同时考虑两个或三个以上坐标时，查表过程的计算成本就很高，包括内存访问和多线插值等。另外，在模拟过程中通常只使用表的很小一部分，因为只有组分空间的很小一部分被访问到，为此，Pope[210]、Yang 和 Pope[211] 提出在计算过程中（原位）根据需求动态地构建化学表格。本节简略总结了这种方法的原理，详细内容请参见文献 [210-211]。

混合物的热化学组分 $\Phi=(\phi_1, \phi_2, \cdots, \phi_i, \cdots)$ 在组分空间中随时间的演变过程可以表示为

$$\mathrm{d}\Phi/\mathrm{d}t=\boldsymbol{S}\left[\Phi(t)\right] \tag{4.109}$$

---

❶ 在化学建表法中使用层流预混火焰已被 Bradley 等[203-204] 提出。

❷ 需要注意的是，建表中可以添加其他的坐标。例如，Fiorina 等[205] 曾加入焓作为第三个坐标，和进度变量以及混合物分数一起用来定义非绝热部分预混火焰。

式中，$\boldsymbol{S}[\Phi(t)]$表示化学源项，ϕ_i 表示组分空间的成分，包含化学组分的质量分数、温度或焓等。从 t_0 时刻的化学组分 Φ^0 开始，在 $t_0+\Delta t$ 时刻的组分由 $\Phi(t_0+\Delta t)=\boldsymbol{R}(\Phi^0)$ 给出，其中，$\boldsymbol{R}(\Phi^0)$ 是式(4.109) 在 $t_0 \sim t_0+\Delta t$ 之间求积分得到的化学反应映射。

每个记录点都包含热化学组分 Φ^0、反应映射 $\boldsymbol{R}(\Phi^0)$ 和梯度映射 $\boldsymbol{A}(\Phi^0)=(\partial R_i(\Phi)/\partial\phi_j)$，并给出了线性插值所需的系数。其中，梯度映射用于衡量反应映射对组分变化的敏感性。表格条目还指定精度区域，在该区域内，可以通过线性插值用该条目估计反应映射，其误差低于用户规定的容差 ε_{tol}。在搜寻 Φ^q 时需要反应映射$\boldsymbol{R}(\Phi^q)$，最接近的组分 Φ^0 可以通过二叉树法在表中确定，具体做法有：

① 如果 Φ^q 在现有记录点Φ^0 的精度区域内，可以采取一个简单的线性插值（检索）

$$\boldsymbol{R}(\Phi^q)=\boldsymbol{R}(\Phi^0)+\boldsymbol{A}(\Phi^0)(\Phi^q-\Phi^0) \tag{4.110}$$

② 如果 Φ^q 在记录点Φ^0 的精度区域外，$\boldsymbol{R}(\Phi^q)$ 可通过对式(4.109) 求积分来确定，且与线性插值式(4.110) 对比，其相应的误差为 ε。此时，需要考虑两种情形：

a. 如果误差 ε 小于用户指定的容差ε_{tol}，则记录点 Φ^0 的精度范围增大（增长）；

b. 如果误差 ε 大于ε_{tol}，则生成一个新的记录点（添加）。

表格在计算之初都是空的，因此绝大部分的检索结果都会生成新的记录点，但是当低维流形建成以后，就很少需要额外的项。在实际使用 ISAT 代码时确定记录点是否可用并不容易，但这种方法在输运概率密度函数框架下考虑详细的化学反应机理，与直接积分相比是一种非常高效的方法。在特定问题中，ISAT 方法使计算速度提高了至少 1000 倍❶，现已应用于商业代码中，并曾用于层流火焰计算[212] 和大涡模拟[178] 中。

参考文献

[1] J. O. Hinze. *Turbulence*. McGraw-Hill，New-York，1975.

[2] M. Lesieur. *Turbulence in fluids*. Fluid Mechanics and its applications. Kluwer Academic Publishers，1990.

[3] J. Piquet. *Turbulent flows，models and physics*. Springer-Verlag，1999.

[4] S. B. Pope. *Turbulent flows*. Cambridge University Press，2000.

[5] C. Meneveau and K. R. Sreenivasan. The multifractal nature of the turbulent，energy dissipation. *J. Fluid Mech.*，24：429-484，1991.

[6] A. N. Kolmogorov. The local structure of turbulence in incompressible viscous fluid for very large reynolds numbers. *C. R. Acad. Sci.，USSR*，30：301，1941.

[7] P. Laffitte. *La propagation des flammes dans les melanges gazeux*. Hermann et Cie，Actualites scientifiques et industrielles，PARIS，1939.

[8] R. V. Wheeler. The inflammation of mixtures of ethane and air in a closed vessel. *J. Chem. Soc.*，113：840-859，1918.

[9] R. V. Wheeler. The inflammation of mixtures of ethane and air in a closed vessel-the effects of turbulence. *J. Chem. Soc.*，115：81-94，1919.

[10] R. G. Abdel-Gayed，D. Bradley，M. N. Hamid，and M. Lawes. Lewis number effects on turbulent burning velocity. *Proc. Combust. Inst.*，20：505-512，1984.

[11] O. Guider. Turbulent premixed flame propagation models for different combustion regimes. In *23rd Symp. (Int.) on Comb.*，pages 743-835，The Combustion Institute，Pittsburgh，1990.

[12] H. C. Hottel and W. R. Hawthorne. Diffusion in laminar flame jets. In *3rd Symposium on Combustion，Flame and Explosion Phenomena*，pages 254-256. The Combustion Institute，Pittsburgh，1949.

[13] C. S. Yoo，E. S. Richardson，R. Sankaran，and J. H. Chen. A DNS study on the stabilization mechanism of a turbulent，lifted ethylene jet flame in highly-heated coflow. *Proc. Combust. Inst.*，33：1619-1627，2011.

[14] C. S. Yoo，R. Sankaran，and J. H. Chen. Three-dimensional direct numerical simulation of a turbulent lifted hydrogen jet flame in heated coflow：flame stabilization and structure. *J. Fluid Mcch.*，640 (453-481)，2010.

❶ 在降低与化学反应计算相关的数值成本方面，ISAT 是个非常高效的工具，但由于化学反应机理中涉及的所有组分都必须得以求解才能进入数据库，比起简化反应机理，计算任务仍然很大。

[15] O. Vermorel, S. Richard, O. Colin, C. Angelberger, A. Benkenida, and D. Veynante. Towards the understanding of cyclic variability in a spark ignited engine using multicycle LES. *Combust. Flame*, 156 (8): 1525-1541, 2009.
[16] N. Gourdain, L. Gicquel, M. Montagnac, O. V. ennorel, M. Gazaix, G. Staffelbach, M. Garcia, J. F. Boussuge, and T. Poinsot. High performance parallel computing of flows in complex geometries: Ⅱ. applications. *Comput. Sci. Disc.*, 2: 015004, 2009.
[17] N Gourdain, L Gicquel, M Montagnac, O Vcrmorel, M Gazaix, G Staffelbach, M Garcia, JF Boussuge, and T Poinsot. High performance parallel computing of flows in complex geometries: I. methods. *Comput. Sci. Disc.*, 2: 015003, 2009.
[18] J. H. Chen, A. Choudhary, B. deSupinski, M. DeVries, E. R. Hawkes, S. Klasky, W. K. Liao, K. L. Ma, J. Mellor-Crummey, N. Podhorszki, R. Sankaran, S. Shende, and C. S. Yoo. Terascale direct numerical simulations of turbulent combustion using s3d. *Comput. Sci. Disc.*, 2 (015001), 2009.
[19] V. Moureau, P. Domingo, and L. Vervisch. From large-eddy simulation to direct merieal simulation of a lean premixed swirl flame: Filtered laminar flame-pdf modeling. *Combust. Flame*, 158 (7): 1340-1357, 2011.
[20] A. Trouve and T. Poinsot. The evolution equation for the flame surface density. *J. Fluid Mech.*, 278: 1-31, 1994.
[21] M. Boger, D. Veynante, H. Boughanem, and A. Trouve. Direct numerical simulation analysis of flame surface density concept for large eddy simulation of turbulent premixed combustion. In *27th Symp. (Int.) on Combustion*, pages 917-927. The Combustion Institute, Pittsburgh, 1998.
[22] H. Boughanem and A. Trouve. The occurrence of flame instabilities in turbulent premixed combustion. In *27th Symp. (Int.) on Combustion*, pages 971-978. The Combustion Institute, Pittsburgh, 1998.
[23] L. Selle, G. Lartigue, T. Poinsot, R. Koch, K. -U. Schildmacher, W. Krebs, B. Prade, P. Kaufmann, and D. Veynante. Compressible large-eddy simulation of turbulent combustion in complex geometry on unstructured meshes. *Combust. Flame*, 137 (4): 489-505, 2004.
[24] L. Selle. *Simulation aux grandes echelles des interactions flamme-acoustique dans un coulemenl vrille*. Phd thesis, INP Toulouse, 2004.
[25] W. Abdal-Masseh, D. Bradley, P. Gaskell, and A. Lau. Turbulent premixed swirling combustion: direct stress, strained flamelet modelling and experimental investigation. *Proc. Combust. Inst.*, 23: 825-833, 1990.
[26] P. Boudier, S. Henriot, T. Poinsot, and T. Baritaud. A model for turbulent flame ignition and propagation in spark ignition engines. In The Combustion Institute, editor, *Twenty-Fourth Symposium (International) on Combustion*, pages 503-510, 1992.
[27] R. S. Cant and K. N. C. Bray. Strained laminar flamelet calculations of premixed turbulent combustion in a closed vessel. In *22nd Symp. (Int.) on Combustion*, pages 791-799. The Combustion Institute, Pittsburgh, 1988.
[28] J. R. Herring, S. A. Orszag, and R. H. Kraichnan. Decay of two-dimensional homogeneous turbulence. *J. Fluid Mech.*, 66: 417-444, 1974.
[29] P. Moin and J. Kim. Numerical investigation of turbulent channel flow. *J. Fluid Mech.*, 118: 341-377, 1982.
[30] K. Akselvoll and P. Moin. Large eddy simulation of a backward facing step flow. In W. Rodi and F. Martelli, editors, *Proc. of the 2nd International Symposium on Eng. Turb. Modelling and Exp.*, volume 2, pages 303-313. Elsevier, 1993.
[31] D. Veynante and T. Poinsot. Reynolds averaged and large eddy simulation modeling for turbulent combustion. Tn O. Metais and J. Ferziger, editors, *New tools in turbulence modelling*. Lecture 5, pages 105-135. Les editions de Physique, Springer, 1997.
[32] C. Angelberger, D. Veynante, F. Egolfopoulos, and T. Poinsot. Large eddy simulations of combustion instabilities in premixed flames. In *Proc. of the Summer Program*, pages 61-82. Center for Turbulence Research, NASA Ames/Stanford Univ., 1998.
[33] C. D. Pierce and P. Moin. Progress-variable approach for large eddy simulation of non-premixed turbulent combustion. *J. Fluid Mech.*, 504: 73-97, 2004.
[34] J. Janicka and A. Sadiki. Large eddy simulation for turbulent combustion. *Proc. Combust. Inst.*, 30: 537-547, 2004.
[35] H. Pitsch. Large eddy simulation of turbulent combustion. *Ann. Rev. Fluid Mech*, 38: 453-482, 2006.
[36] C. Duwig. Study of a filtered flamelet formulation for large eddy simulation of premixed turbulent flames. *Flow, Turb. and Combustion*, 79 (4): 433-454, 2007.
[37] P. Schmitt, T. Poinsot, B. Schuermans, and K. P. Geigle. Large-eddy simulation and experimental study of heat transfer, nitric oxide emissions and combustion instability in a swirled turbulent high-pressure burner. *J. Fluid Meeh.*, 570: 17-46, 2007.
[38] M. Bini and Jones. W. P. Large-Eddy Simulation of particle laden turbulent flows. *J. Fluid Mech.*, 614: 207-252, 2008.
[39] B. Fiorina, R. Vicquelin, P. Auzillon, N. Darabiha, O. Gicquel, and D. Veynante. A filtered tabulated chemistry model for LES of premixed combustion. *Combust. Flame*, 157 (3): 465-475, 2010.
[40] G. Lecocq, S. Richard, O. Colin, and L. Vervisch. Hybrid presumed pdf and flame surface density approaches for large-eddy simulation of premixed turbulent combustion: Part 1: Formalism and simulation of a quasi-steady burner. *Combust. Flame*, 158 (6): 1201-1214, 2011.
[41] C. M. Coats. Coherent structures in combustion. *Prog. Energy Comb. Sci.*, 22: 427-509, 1996.

[42] R. Goncalves dos Santos, M. Lecanu, S. Ducruix, O. Gicquel, E. Iacona, and D. Veynante. Coupled large eddy simulations of turbulent combustion and radiative heat transfer. *Combust. Flame*, 152 (3): 387-400, 2008.

[43] P. J. Coelho. Approximate solutions of the filtered radiative transfer equation in large eddy simulation of turbulent reactive flows. *Combust. Flame*, 156: 1099-1110, 2009.

[44] M. Roger, C. B. da Silva, and P. J. Coelho. Analysis of the turbulence-radiation interactions for large eddy simulations of turbulent flows. *Int. J. Heat Mass Transfer*, 52: 2243-2254, 2009.

[45] J. U. Schluter, X. Wu, S. Kim, S. Shankaran, J. J. Alonso, and H. Pitsch. A framework for coupling Reynolds-averaged with large-eddy simulations for gas turbine applications. *J. Fluids Eng.*, 127 (4): 806-815, 2005.

[46] J. U. Schluter, H. Pitsch, and P. Moin. Large eddy simulation inflow conditions for coupling with Reynolds-averaged flow solvers. *AIAA Journal*, 42 (3): 478-484, 2004.

[47] A. Favre. Statistical equations of turbulent gases. In *Problems of hydrodynamics and continuum mechanics*, pages 231-266. SIAM, Philadelphia, 1969.

[48] F. A. Williams. *Combustion Theory*. Benjamin Cummings, Menlo Park, CA, 1985.

[49] K. K. Kuo. *Principles of combustion*. John Wiley & Sons, Inc., Hoboken, New Jersey, 2005 Second Edition.

[50] P. A. Libby and K. N. C. Bray. Countergradient diffusion in premixed turbulent flames. *AIAA Journal*, 19: 205-213, 1981.

[51] I. G. Shepherd, J. B. Moss, and K. N. C. Bray. Turbulent transport in a confined premixed flame. In *19th Symp. (Int.) on Combustion*, pages 423-431. The Combustion Institute, Pittsburgh, 1982.

[52] H. Tennekes and J. L. Lumley. *A first course in turbulence*. M. I. T. Press, Cambridge, 1972.

[53] L. Prandtl. Investigations on turbulent flow. *Zeitschrift fur angewandlc Mathematik und Mechanik*, 5: 136, 1925.

[54] W. P. Jones and B. E. Launder. The prediction of laminarization with a 2-equation model of turbulence. *Int. J. Heat and Mass Transfer*, 15: 301, 1972.

[55] S. Sarkar, G. Erlebacher, M. Y. Hussaini, and H. O. Kreiss. The analysis and modelling of dilatational terms in compressible turbulence. *J. Fluid Mech.*, 227: 473-491, 1991.

[56] O. Zeman. Dilatation dissipation: the concept and application in modeling compressible mixing layers. *Phys. Fluids*, 2: 178-188, 1990.

[57] S. W. Kim. Calculations of divergent channel flows with a multiple-time-scale turbulence model. *AIAA Journal*, 29 (4): 547-554, 1991.

[58] M. Hallback, A. V. Johansson, and A. D. Burden. The basics of turbulence modelling. In H. Hallback, D. S. Henningson, A. V. Johansson, and P. H. Alfredsson, editors, *Turbulence and Transition Modelling*, pages 81-154. Kluwer Academic Publishers, 1996.

[59] B. E. Launder. Advanced turbulence models for industrial applications. In H. Hall-back, D. S. Henningson, A. V. Johansson, and P. H. Alfredsson, editors, *Turbulence and Transition Modellin*, pages 193-192. Kluwer Academic Publishers, 1996.

[60] R. Borghi. *Reactions chimiques en milieu turbulent*. Phd thesis, Universite Pierre et Marie Curie-Paris 6, 1978.

[61] R. Villasenor, J. Y. Chen, and R. W. Pitz. Modeling ideally expanded supersonic turbulent jet flows with non-premixed H_2-air combustion. *AIAA Journal*, 30 (2): 395-402, 1992.

[62] F. T. M. Nieuwstadt and J. P. Meeder. Large-eddy simulation of air pollution dispersion: a review. In *New tools in turbulence modelling*, pages 264-280. Les Editions de Physique-Springer Verlag, 1997.

[63] D. Veynante and L. Vervisch. Turbulent, combustion modeling. *Prog. Energy Comb. Sci.*, 28: 193-266, 2002.

[64] P. Givi. Model-free simulations of turbulent reactive flows. *Prog. Energy Comb. Sci.*, 15: 1-107, 1989.

[65] P. Givi. Spectral and random vortex methods in turbulent reacting flows. In F. Williams and P. Libby, editors, *Turbulent Reacting Flows*, pages 475-572. Academic Press, 1994.

[66] T. Poinsot, S. Candel, and A. Trouve. Application of direct numerical simulation to premixed turbulent combustion. *Prog. Energy Comb. Sci.*, 21: 531-576, 1996.

[67] L. Vervisch and T. Poinsot. Direct numerical simulation of non-premixed turbulent flames. *Ann. Rev. Fluid Mech*, 30: 655-692, 1998.

[68] R. Hilbert, F. Tap, H. El-Rabii, and D. Thevenin. Impact of detailed chemistry and transport models on turbulent combustion simulations. *Prog. Energy Comb. Sei.*, 30 (1): 61-117, 2004.

[69] Y. Mizobuchi, J. Shinjo, S. Ogawa, and T. Takeno. A numerical study on the formation of diffusion flame islands in a turbulent hydrogen jet-lifted flame. *Proc. Combust. Inst.*, 30: 611-619, 2005.

[70] D. O. Lignell, J. H. Chen, P. J. Smith, T. Lu, and C. K. Law. The effect of flame structure on soot formation and transport in turbulent nonpreinixed flames using direct numerical simulation. *Combust. Flame*, 151 (1-2): 2-28, 2007.

[71] F. Bisetti, J. Y. Chen, E. R. Hawkes, and J. H. Chen. Probability density function treatment of turbulence/chemistry interactions during the ignition of a temperature-stratified mixture for application to HCCI engine modeling. *Combust. Flame*, 155 (4): 571-584, 2008.

[72] J. H. Chen. Peta scale direct numerical simulation of turbulent combustion-fundamental insights towards predictive models. *Proc. Combust. Inst.*, 33 (1): 99-123, 2011.

[73] P. Clavin. Dynamic behavior of premixed flame fronts in laminar and turbulent flows. *Prog. Energy Comb.*

Sci., 11: 1-59, 1985.
[74] C. J. Rutland and J. Ferziger. Simulation of flame-vortex interactions. *Combust. Flame*, 84: 343-360, 1991.
[75] P. K. Yeung, S. S. Girimaji, and S. B. Pope. Straining and scalar dissipation on material surfaces in turbulence: implications for flamelets. *Combust. Flame*, 79: 340-365, 1990.
[76] J. Buell and P. Huerre. Inflow outflow boundary conditions and global dynamics of spatial mixing layers. In *Proc. of the Summer Program*, pages 19-27. Center for Turbulence Research, NASA Ames/Stanford Univ., 1988.
[77] T. Poinsot and S. Lele. Boundary conditions for direct simulations of compressible viscous flows. *J. Comput. Phys.*, 101 (1): 104-129, 1992.
[78] M. Baum. *Etude de l'allumage et de la structure des flammes turbulentes*. Phd thesis, Ecole Centrale Paris, 1994.
[79] I. Orlanski. A simple boundary condition for unbounded hyperbolic flows. *J. Comput. Phys.*, 21: 251-269, 1976.
[80] S. Zhang and C. Rutland. Premixed flame effects on turbulence and pressure related terms. *Combust. Flame*, 102: 447-461, 1995.
[81] K. W. Thompson. Time dependent boundary conditions for hyperbolic systems. *J. Comput. Phys.*, 68: 1-24, 1987.
[82] M. Baum, T. J. Poinsot, and D. Thevenin. Accurate boundary conditions for multicomponent reactive flows. *J. Comput. Phys.*, 116: 247-261, 1994.
[83] V. Moureau, G. Lartigue, Y. Sommerer, C. Angelberger, O. Colin, and T. Poinsot. Numerical methods for unsteady compressible multi-component reacting flows on fixed and moving grids. *J. Comput. Phys.*, 202 (2): 710-736, 2005.
[84] N. Okong'o and J. Bellan. Consistent boundary conditions for multicompoment real gas mixtures based on characteristic waves. *J. Comput. Phys.*, 176: 330-344, 2002.
[85] M. Giles. Non-reflecting boundary conditions for euler equation calculations. *AIAA Journal*, 28 (12): 2050-2058, 1990.
[86] T. Colonius, S. Lele, and P. Moin. Boundary conditions for direct computation of aerodynamic sound generation. *AIAA Journal*, 31 (9): 1574-1582, 1993.
[87] C. S. Yoo and H. G. Im. Characteristic boundary conditions for simulations of compressible reacting flows with multi-dimensional, viscous, and reaction effects. *Combust. Theory and Modelling*, 11: 259-286, 2007.
[88] R. Prosser. Towards improved boundary conditions for the DNS and LES of turbulent subsonic flows. *J. Comput. Phys.*, 222: 469-474, 2007.
[89] N. Guezennec and T. Poinsot. Acoustically nonreflecting and reflecting boundary conditions for vorticity injection in compressible solvers. *AIAA Journal*, 47: 1709-1722, 2009.
[90] E. van Kalmthout and D. Veynante. Direct numerical simulation analysis of flame surface density models for non-premixed turbulent combustion. *Phys. Fluids A*, 10 (9): 2347-2368, 1998.
[91] C. J. Rutland and R. S. Cant. Turbulent transport in premixed flames. In *Proc, of the Summer Program*, pages 75-94. Center for Turbulence Research, NASA Ames/Stanford Univ., 1994.
[92] L. Guichard. *Développement d'outils numériques dédiés a l'étude de la combustion turbulente*. Phd thesis, Université de Rouen, 1999.
[93] L. Vervisch, R. Hauguel, P. Domingo, and M. Rullaud. Three facets of turbulent combustion modelling: DNS of premixed V-flame, LES of lifted nonpremixed flame and RANS of jet flame. *J. Turb.*, 5: 004, 2004.
[94] R. S. Cant, C. J. Rutland, and A. Trouve. Statistics for laminar flamelet modeling. In *Proc. of the Summer Program*, pages 271-279. Center for Turbulence Research, Stanford Univ./NASA-Ames, 1990.
[95] A. M. Laverdant and S. Candel. Computation of diffusion and premixed flames rolled up in vortex structures. *J. Prop. Power*, 5: 134-143, 1989.
[96] T. J. Poinsot, D. Veynante, and S. Candel. Diagrams of premixed turbulent combustion based on direct simulation. In *23rd Symp. (Int.) on Combustion*, pages 613-619. The Combustion Institute, Pittsburgh, 1990.
[97] W. T. Ashurst. Flame propagation through swirling eddies, a recursive pattern. *Combust. Sci. Tech.*, 92: 87-103, 1993.
[98] J. Jarosinski, J. Lee, and R. Knystautas. Interaction of a vortex ring and a laminar flame. In *22nd Symp. (Int.) on Combustion*, pages 505-514. The Combustion Institute, Pittsburgh, 1988.
[99] W. L. Roberts and J. F. Driscoll. A laminar vortex interacting with a premixed flame: measured formation of pockets of reactants. *Combust. Flame*, 87: 245-256, 1991.
[100] W. L. Roberts, J. F. Driscoll, M. C. Drake, and J. Ratcliffe. Fluorescence images of the quenching of a premixed flame during an interaction with a vortex. In *24th Symp. (Int.) on Combustion*, pages 169-176. The Combustion Institute, Pittsburgh, 1992.
[101] T. W. Lee, J. Lee, D. Nye, and D. Santavicca. Local response and surface properties of premixed flames during interactions with karman vortex streets. *Combust. Flame*, 94: 146-160, 1993.
[102] J. F. Driscoll, D. Sutkus, W. L. Roberts, M. Post, and L. P. Goss. The strain exerted by a vortex on a flame-determined from velocity images. *Combust. Sci. Tech.*, 96: 213-229, 1994.
[103] T. Mantel, J. M. Samaniego, and C. T. Bowman. Fundamental mechanisms in premixed turbulent flame propagation via vortex-flame interactions-part ii: numerical simulation. *Combust. Flame*, 118 (4): 557-582, 1999.

[104] D. Thevenin, P. H. Renard, G. Fiechtner, J. Gord, and J. C. Rolon. Regimes of nonpremixed flame/vortex interaction. In *28th Symp. (Int.) on Combustion*, pages 2101-2108. The Combustion Institute, Pittsburgh, 2000.

[105] W. L. Roberts, J. F. Driscoll, M. C. Drake, and L. P. Goss. Images of the quenching of a flame by a vortex: to quantify regimes of turbulent combustion. *Combust. Flame*, 94: 58-69, 1993.

[106] D. Veynante, A. Trouve, K. N. C. Bray, and T. Mantel. Gradient and counter-gradient scalar transport, in turbulent premixed flames. *J. Fluid Mech.*, 332: 263-293, 1997.

[107] G. Patnaik and K. Kailasanath. A computational study of local quenching in flame vortex interactions with radiative losses. In *27th Symp. (Int.) on Combustion*, pages 711-717. The Combustion Institute, Pittsburgh, 1998.

[108] T. Poinsot, D. Veynante, and S. Candel. Quenching processes and premixed turbulent combustion diagrams. *J. Fluid Mech.*, 228: 561-605, 1991.

[109] A. Soufiani and E. Djavdan. A comparison between weighted sum of gray gases and statistical narrow-band radiation models for combustion applications. *Combust. Flame*, 97 (2): 240-250, 1994.

[110] T. Daguse, T. Croonenbroek, N. Darabiha, J. C. Rolon, and A. Soufiani. Study of radiative effects on laminar counterflow $H_2/O_2/N_2$ diffusion flames. *Combust. Flame*, 106: 271-287, 1996.

[111] Y. Wu, D. C. Haworth, M. F. Modest, and B. Cuenot. Direct numerical simulation of turbu lence/radiation interaction in premixed combustion systems. *Proc. Combust. Inst.*, 30: 639-646, 2005.

[112] P. J. Coelho. Numerical simulation of the interaction between turbulence and radiation in reacting flows. *Prog. Energy Comb. Sci.*, 33: 311-383, 2007.

[113] J. Amaya, O. Cabrit, D. Poitou, B. Cuenot, and M. El Hafi. Unsteady coupling of Navier-Stokes and radiative heat transfer solvers applied to an anisothermal multicomponent turbulent channel flow. *J. Quant. Spect. and Radiative Transfer*, 111 (2): 295-301, 2010.

[114] S. K. Lele. Compact finite difference schemes with spectral like resolution. *J. Comput. Phys.*, 103: 16-42. 1992.

[115] T. K. Sengupta. *Fundamentals of Computational Fluid Dynamics*. Universities Press, Hyderabad (India), 2004.

[116] T. K. Sengupta, G. Ganerwal, and A. Dipankar. High accuracy coin pact schemes and Gibbs' phenomenon. *J. Sci. Comput.*, 21 (3): 253-268, 2004.

[117] K. Nomura. *Small scale structure of turbulence in a non-premixed reacting flow with and without energy release*. Phd thesis, Irvine, 1994.

[118] K. K. Nomura and S. E. Elgobashi. Mixing characteristics of an inhomogeneous scolar in isotropic and homogeneous sheared turbulence. *Phys. Fluids*, 4: 606-625, 1992.

[119] W. T. Ashurst and P. K. Barr. Stochastic calculation of laminar wrinkled flame propagation via vortex dynamics. *Combust. Sci. Tech.*, 34: 227-256, 1983.

[120] R. J. Cattolica, P. K. Barr, and N. N. Mansour. Propagation of a premixed flame in a divided-chamber combustor. *Combust. Flame*, 77: 101-121, 1989.

[121] S. Osher and J. Sethian. Fronts propagating with curvature dependent speed: algorithms based on Hami 1 ton-Jacobi formulations, Technical Report 87-66, ICASE, 1987.

[122] W. T. Ashurst, A. R. Kerstein, R. M. Kerr, and C. H. Gibson. Alignment of vorticity and scalar gradient with strain in simulated Navier-Stokes turbulence. *Phys. Fluids*, 30: 2343-2353, 1987.

[123] W. T. Ashurst. Vortex simulation of unsteady wrinkled laminar flames. *Combust. Sci. Tech.*, 52: 325-331, 1987.

[124] P. K. Barr. Acceleration of aflame by flame vortex interactions. *Combust. Flame*, 82: 111-125, 1990.

[125] W. T. Ashurst, N. Peters, and M. D. Smooke. Numerical simulation of turbulent flame structure with non-unity lewis number. *Combust. Sci. Tech.*, 53: 339-375, 1987.

[126] C. J. Rutland and A. Trouve. Pre-mixed flame simulations for non-unity Lewis numbers. In *Proc. of the Summer Program*, pages 299-309. Center for Turbulence Research, NASA Ames/Stanford Univ., 1990.

[127] N. Swaminathan and R. W. Bilger. Assessment of combustion submodels for turbulent nonpremixed hydrocarbon flames. *Combust. Flame*, 116 (4): 519-545, 1999.

[128] C. J. Montgomery, G. Kosaly, and J. J. Riley. Direct numerical solution of turbulent nonpremixed combustion with multistep hydrogen-oxygen kinetics. *Combust. Flame*, 109: 113-144, 1997.

[129] A. Leonard and J. Hill. Direct numerical simulation of turbulent flows with chemical reaction. *J. Sci. Compute*, 3 (1): 25-43, 1988.

[130] C. J. Rutland and A. Trouve. Direct simulations of premixed turbulent flames with nonunity lewis number. *Combust. Flame*, 94 (1/2): 41-57, 1993.

[131] S. E. El Tahry, C. J. Rutland, and J. Ferziger. Structure and propagation speeds of turbulent premixed flames-a numerical study. *Combust. Flame*, 83: 155-173, 1991.

[132] C. Jimenez, B. Cuenot, T. Poinsot, and D. Haworth. Numerical simulation and modeling for lean stratified propane-air flames. *Combust. Flame*, 128 (1-2): 1-21, 2002.

[133] G. Patnaik, K. Kailasanath, K. Laskey, and E. Oran. Detailed numerical simulations of cellular flames. In *22nd Symp. (Int.) on Combustion*, pages 1517-1526. The Combustion Institute, Pittsburgh, 1988.

[134] M. Tanahashi, T. Saito, M. Shimamura, and T. Miyauchi. Local extinction and NOx formation in methane-air turbulent premixed flames. In *2nd Asia-Pacific Conference on Combustion*, pages 500-503, The Combustion

Institute, Pittsburgh, 1999.
[135] D. Haworth, B. Cuenot, T. Poinsot, and R. Blint. Numerical simulation of turbulent propane-air combustion with non homogeneous reactants. *Combust. Flame*, 121: 395-417, 2000.
[136] M. Baum, T. Poinsot, D. Haworth, and N. Darabiha. Using direct numerical simulations to study $H_2/O_2/N_2$ flames with complex chemistry in turbulent flows. *J. Fluid Mech.*, 281: 1-32, 1994.
[137] M. Tanahashi, Y. Nada, M. Fujimura, and T. Miyauchi. Fine scale structure of H_2-air turbulent premixed flames. In S. Banerjee Eds and J. Eaton, editors, *1st International Symposium on Turbulence and Shear Flow*, pages 59-64, Santa Barbara, 1999.
[138] R. Hilbert and D. Thevenin. Autoignition of turbulent non-premixed flames investigated using direct numerical simulations. *Combust. Flame*, 128 (1/2): 22-37, 2002.
[139] V. R. Katta and W. M. Roquemore. Simulation of dynamic methane jet diffusion flames using finite rate chemistry models. *AIAA Journal*, 36 (11): 2044-2054, 1998.
[140] T. Echekki and J. H. Chen. Unsteady strain rate and curvature effects in turbulent premixed methane-air flames. *Combust. Flame*, 106: 184-202, 1996.
[141] M. Chen, K. Kontomaris, and J. B. McLaughlin. Direct numerical simulation of droplet collisions in a turbulent channel flow. part I: collision algorithm. *Int. J. Multiphase Flow*, pages 1079-1103, 1998.
[142] V. R. Katta and W. M. Roquemore. Role of inner and outer structures in transitional jet diffusion flame. *Combust. Flame*, 92: 274-282, 1993.
[143] W. Bell, B. Daniel, and B. Zinn. Experimental and theoretical determination of the admittance sofa family of nozzles subjected to axial instabilities. *J. Sound Vib.*, 30 (2): 179-190, 1973.
[144] Y. Mizobuchi, S. Tachibana, J. Shinjo, S. Ogawa, and T. Takeno. A numerical analysis of the structure of a turbulent hydrogen jet-lifted flame. *Proc. Combust. Inst.*, 29: 2009-2015, 2002.
[145] D. Thevenin. Three-dimensional direct simulations and structure of expanding turbulent methane flames. *Proc. Combust. Inst.*, 30, 2004.
[146] N. Darabiha, S. Candel, and F. E. Marble. The effect of strain rate on a premixed laminar flame. *Combust. Flame*, 64: 203-217, 1986.
[147] V. Giovangigli and M. Smooke. Calculation of extinction limits for premixed laminar flames in a stagnation point flow. *J. Comput. Phys.*, 68 (2): 327-345, 1987.
[148] A. Dervieux, B. Larrouturou, and R. Peyret. On some adaptive numerical approaches of thin flame propagation problems. *Combust. Flame*, 17 (1): 39-60, 1989.
[149] U. Piomelli and J. R. Chasnov. Large eddy simulations: theory and applications. In H. Hallback, D. S. Henningson, A. V. Johansson, and P. H. Alfredsson, editors, *Turbulence and Transition Modelling*, pages 269-336. Kluwer Academic Publishers, 1996.
[150] J. Ferziger. Large eddy simulation: an introduction and perspective. In O. Meta is and J. Ferziger, editors, *New tools in turbulence modelling*, pages 29-47. Les Editions de Physique-Springer Verlag, 1997.
[151] M. Lesieur. Recent approaches in large-eddy simulations of turbulence. In O. Metais and J. Ferziger, editors. *New tools in turbulence modelling*, pages 1-28. Les Editions de Physique-Springer Verlag, 1997.
[152] M. Lesieur and O. Metais. New trends in large-eddy simulations of turbulence. *Ann. Rev. Fluid Mech*, 28: 45-82, 1996.
[153] U. Piomelli. Large-eddy simulation: achievements and challenges. *Prog. Aerospace Sci.*, 35: 335-362, 1999.
[154] P. Sagaut. *Large Eddy Simulation for incompressible flows*. Scientific computation series. Springer-Verlag, 2000.
[155] C. Meneveau and J. Katz. Scale-invariance and turbulence models for large eddy simulation. *Ann. Rev. Fluid Mech*, 32: 1-32, 2000.
[156] B. J. Geurts. *Elements of Direct and Large-Eddy Simulation*. Edwards Inc., Philadelphia, PA, USA, 2004.
[157] S. Ghosal and P. Moin. The basic equations for the large eddy simulation of turbulent flows in complex geometry. *J. Comput. Phys.*, 118: 24-37, 1995.
[158] V. R. Moureau, O. V. Vasilyev, C. Angelberger, and T. J. Poinsot. Commutation errors in Large Eddy Simulations on moving grids: Application to piston engine flows. In *Proc. of the Summer Program*, pages 157-168. Center for Turbulence Research, NASA AMES/Stanford University, USA, 2004.
[159] J. Smagorinsky. General circulation experiments with the primitive equations: Ⅰ. the basic experiment. *Mon. Weather Rev.*, 91: 99-164, 1963.
[160] A. Yoshizawa. Statistical theory for compressible turbulent shear flows, with the application to subgrid modeling. *Phys. Fluids*, 29 (7): 2152-2164, 1986.
[161] J. Bardina, J. H. Ferziger, and W. C. Reynolds. Improved subgrid scales models for large eddy simulations. In *AIAA 13th Fluid ε Plasma Dyn. Conf.*, Snowmass, Colorado, 1980. AIAA Paper 80-1357.
[162] J. Bardina, J. H. Ferziger, and W. C. Reynolds. Improved turbulence models based on large-eddy simulation of homogeneous, incompressible, turbulent flows. Technical Report TF-19, Department of Mechanical Engineering, Stanford University, 1983.
[163] M. Germano, U. Piomelli, P. Moin, and W. Cabot. A dynamic subgrid-scale eddy viscosity model. *Phys. Fluids*, 3 (7): 1760-1765, 1991.
[164] P. Moin, K. D. Squires, W. Cabot, and S. Lee. A dynamic subgrid-scale model for compressible turbulence and scalar transport. *Phys. Fluids*, A 3 (11): 2746-2757, 1991.

[165] C. Meneveau, T. Lund, and W. Cabot. A lagrangian dynamic subgrid-scale model of turbulence. *J. Fluid Mech.*, 319: 353, 1996.

[166] F. Sarghini, U. Piomelli, and E. Balaras. Scale-similar models for large-eddy simulations. *Phys. Fluids A*, 11 (6): 1596-1607, 1999.

[167] Y. Zang, R. L. Street, and J. R. Koseff. A dynamic subgrid-scale model and its application to turbulent recirculating flows. *Phys. Fluids*, 5 (12): 3186-3196, 1993.

[168] B. Vreman, B. Geurts, and H. Kuerten. On the formulation of the dynamic mixed subgrid-scale model. *Phys. Fluids*, 6 (12): 4057-4059, 1994.

[169] B. Vreman, B. Geurts, and H. Kuerten. Large-eddy simulation of the turbulent mixing layer. *J. Fluid Mech.*, 1997.

[170] R. A. Clark, J. H. Ferziger, and W. C. Reynolds. Evaluation of subgrid-scale models using an accurately simulated turbulent flow. *J. Fluid Mech.*, 91: 1-16, 1979.

[171] D. You and P. Moin. A dynamic global-coefficient subgrid-scale eddy-viscosity model for large-eddy simulation in complex geometries. *Phys. Fluids*, 19 (6): 065110, 2007.

[172] D. You and P. Moin. A dynamic global-coefficient subgrid-scale model for large-eddy simulation of turbulent scalar transport in complex geometries. *Phys. Fluids*, 21 (4): 045109, 2009.

[173] A. W. Vreman. An eddy-viscosity subgrid-scale model for turbulent shear flow: algebraic theory and applications. *Phys. Fluids*, 16 (10): 3670-3681, 2004.

[174] F. Ducros, P. Comte, and M. Lesieur. Large-eddy simulation of transition to turbulence in a boundary layer developing spatially over a flat plate. *J. Fluid Mech.*, 326: 1-36, 1996.

[175] J. P. Meeder and F. T. M. Nieuwstadt. Subgrid-scale segregation of chemically reactive species in a neutral boundary layer. In J. P. Chollet, P. R. Voke, and L. Kleiser, editors, *Direct and Large Eddy Simulation II*, pages 301-310. Kluwer Academic Publishers, 1997.

[176] M. Germano, A. Maffio, S. Sello, and G. Mariotti. On the extension of the dynamic modelling procedure to turbulent reacting flows. In J. P. Chollet, P. R. Voke, and L. Kleiser, editors, *Direct and Large Eddy Simulation II*, pages 291-300. Kluwer Academic Publishers, 1997.

[177] P. E. DesJardin and S. H. Frankel. Large eddy simulation of an on premixed reacting jet: application and assessment of subgrid-scale combustion models. *Phys. Fluids A*, 10 (9) 2298-2314, 1998.

[178] S. B. Pope. Ten questions concerning the large-eddy simulation of turbulent flows. *New Journal of Physics*, 6: 35, 2004.

[179] F. Charlette, C. Meneveau, and D. Veynante. A power-law flame wrinkling model for LES of premixed turbulent combustion. Part II: Dynamic formulation. *Combust. Flame*, 131 (1/2): 181-197, 2002.

[180] F. C. Gouldin. An application of fractals to modeling premixed turbulent flames. *Combust. Flame*, 68 (3): 249-266, 1987.

[181] F. Gouldin, K. Bray, and J. Y. Chen. Chemical closure model for fractal flamelets. *Combust. Flame*, 77: 241, 1989.

[182] O. L. Guider. Turbulent premixed combustion modelling using fractal geometry. *Proc. Combust. Inst.*, 23: 835-842, 1991.

[183] R. Knikker, D. Vcynante, and C. Meneveau. A dynamic flame surface density model for large eddy simulation of turbulent premixed combustion. *Phys. Fluids*, 16: L91-L94, 2004.

[184] G. Wang, M. Boileau, and D. Veynante. Implementation of a dynamic thickened flame model for large eddy simulations of turbulent premixed combustion. *Combust. Flame*, 158 (11): 2199-2213, 2011.

[185] E. S. Oran and J. P. Boris. Computing turbulent shear flows-a convenient conspiracy. *Comput. Phys.*, September/October (7): 523-533, 1993.

[186] P. Wolf, G. Staffelbach, R. Balakrishnan, A. Roux, and T. Poinsot. Azimuthal instabilities in annular combustion chambers. In NASA Ames/Stanford Univ. Center for Turbulence Research, editor, *Proc. of the Summer Program*, pages 259-269, 2010.

[187] G. Boudier, L. Y. M. Gicquel, T. Poinsot, D. Bissieres, and C. Berat. Comparison of LES, RANS and experiments in an aeronautical gas turbine combustion chamber. *Proc. Combust. Inst.*, 31: 3075-3082, 2007.

[188] F. van der Bos, B. Tao, C. Meneveau, and J. Katz. Effects of small-scale turbulent motions on the filtered velocity gradient tensor as deduced from holographic particle image velocimetry measurements. *Phys. Fluids*, 14 (7): 2456-2474, 2002.

[189] B. Tao, J. Katz, and C. Meneveau. Statistical geometry of subgrid-scale stresses determined from holographic partcile image velocimetry measurements. *J. Fluid Mech.*, 457: 35-78, 2002.

[190] T. Upton, D. Verhoeven, and D. Hudgins. High-resolution computed tomography of a turbulent reacting flow. *Exp. Fluids*, 50: 125-134, 2011.

[191] D. Veynante and R. Knikkcr. Comparison between LES results and experimental data in reacting flows. *J. Turb.*, 7 (35): 1-20, 2006.

[192] A. W. Cook and J. J. Riley. A subgrid model for equilibrium chemistry in turbulent flows. *Phys. Fluids A*, 6 (8): 2868-2870, 1994.

[193] M. D. Smooke. Reduced kinetic mechanisms and asymptotic approximations of methane-air flames, volume 384 of *Lecture Notes in Physics*. Springer-Verlag, Berlin, 1991.

[194] N. Peters. Numerical and asymptotic analysis of systematically reduced reaction schemes for hydrocarbon Hames.

In B. Larrouturou R. Glowinsky and R. Temam, editors, *Numerical simulation of combustion phenomena*, 241: 90-109. Springer-Verlag, Berlin, 1985.
[195] N. Peters. *Turbulent combustion*. Cambridge University Press, 2001.
[196] W. P. Jones and R. P. Lindstedt. Global reaction schemes for hydrocarbon combustion. *Combust. Flame*, 73: 222-233, 1988.
[197] U. Maas and S. B. Pope. Implementation of simplified chemical kinetics based on low-dimensional manifolds. *Proc, Combust. Inst.*, 21: 719-729, 1992.
[198] U. Maas and S. B. Pope. Simplifying chemical kinetics: intrinsic low-dimensional manifolds in composition space. *Combust. Flame*, 88: 239-264, 1992.
[199] O. Gicquel, N. Darabiha, and D. Thevenin. Laminar premixed hydrogen/air counterflow flame simulations using flame prolongation of ILDM with differential diffusion. *Proc. Combust. Inst.*, 28: 1901-1908, 2000.
[200] B. Fiorina, O. Gicquel, L. Vervisch, S. Carpentier, and N. Darabiha. Premixed turbulent combustion modeling using a tabulated detailed chemistry and PDF. *Proc. Combust. Inst.*, 30 (1): 867-874, 2005.
[201] J. A. van Oijen, F. A. Lammers, and L. P. H. de Goey. Modeling of premixed laminar flames using flamelet generated manifolds. *Combust. Sci. Tech.*, 127: 2124-2134, 2001.
[202] L. P. H. de Goey, J. A. van Oijen, H. Bongers, and G. R. A. Groot. New flamelet based reduction methods: the bridge between chemical reduction techniques and flamelet methods. In *European Combustion Meeting*, Orleans (France), 2003.
[203] D. Bradley, L. K. Kwa, A. K. C. Lau, M. Missaghi, and S. B. Chin. Laminar flamelet modeling of recirculating premixed methane and propane-air combustion. *Combust. Flame*, 71 (2): 109-122, 1988.
[204] D. Bradley, P. H. Gaskell, and A. K. C. Lau. A mixedness-reactedness flamelet model for turbulent diffusion flames. In *Twenty-third Symposium (International) on Combustion*, pages 685-692. The Combustion Institute, 1990.
[205] B. Fiorina, R. Baron, O. Gicquel, D. Thevenin, S. Carpentier, and N. Darabiha. Modelling non-adiabatic partially premixed flames using flame-prolongation of ILDM. *Combust. Theory and Modelling*, 7 (3): 449-470, 2003.
[206] G. Ribert, O. Gicquel, N. Darabiha, and D. Veynante. Tabulation of complex chemistry based on self-similar behaviour of laminar premixed flames. *Combust. Flame*, 146: 649-664, 2006.
[207] K. Wang, G. Ribert, P. Domingo, and L. Vervisch. Self-si mi lar behavior and chemistry tabulation of burnt-gas diluted premixed flamelets including heat-loss. *Combust. Theory and Modelling*, 14 (4): 541-570, 2010.
[208] D. Veynante, B. Fiorina, P. Domingo, and L. Vervisch. Using self-similar properties of turbulent, premixed flames to downsize chemical tables in high-performance numerical simulations. *Combust. Theory and Modelling*, 12 (6): 1055-1088, 2008.
[209] B. Fiorina, O. Gicquel, and D. Veynante. Turbulent flame simulation taking advantage of tabulated chemistry self-similar properties. *Proc. Combust. Inst.*, 32: 1687-1694, 2009.
[210] S. B. Pope. Computationally efficient implementation of combustion chemistry using in situ adaptive tabulation. *Combust. Theory and Modelling*, 1: 41-63, 1997.
[211] B. Yang and S. B. Pope. Treating chemistry in combustion with detailed mechanisms-in situ adaptive tabulation in principal directions-premixed combustion. *Combust. Flame*, 112: 85-112, 1998.
[212] M. A. Singer and S. B. Pope. Exploiting ISAT to solve the equations of reacting flow. *Combust. Theory and Modelling*, 8 (2): 361-383, 2004.

第5章 湍流预混火焰

5.1 现象描述

层流预混燃烧对应于火焰前锋在未燃预混反应物中传播的现象。对于大部分常压下的碳氢燃料与空气火焰，其火焰前锋以速度 s_L^0（为 20～100 cm/s）移动，火焰厚度 $\delta_L^0 \approx 0.1$ mm。在湍流预混火焰中，当火焰前锋与湍流涡（通常又指涡流，尽管它们不一定具有类似涡的结构）相互作用时，湍流涡的速度约为几十米每秒，尺寸从几毫米到几米不等。如4.3.1节所述，这种相互作用可能会导致质量消耗速率和火焰总厚度显著增加。本节将给出湍流预混火焰的一些现象和经典理论，这些内容有助于理解湍流预混火焰的数值模型。

5.1.1 湍流对火焰前锋的影响：皱褶

最早在1940年，Damköhler 就对湍流燃烧进行了描述，并指出皱褶是控制湍流火焰的主要机制。如图5.1所示，湍流火焰速度 s_T 定义为使湍流火焰在控制体 V 内保持静态所需的入口平均速度。对于沿 x_1 方向传播的一维湍流火焰，基于连续性方程（$\bar{\rho}\tilde{u}_1=\rho_1 s_T$），燃料平均质量分数的守恒方程（4.23）在火焰参考系中可以写成

$$\rho_1 s_T \frac{\partial \widetilde{Y}_F}{\partial x_i} = -\frac{\partial}{\partial x_i}(\overline{V_{F_i} Y_F} + \bar{\rho}\widetilde{u''_i Y''_F}) + \bar{\dot{\omega}}_F \tag{5.1}$$

对方程(5.1) 在 $x_1=-\infty$ 至 $x_1=+\infty$ 积分，忽略远离火焰前锋的扩散项得

$$A\rho_1 Y_{F1} s_T = -\int_V \dot{\omega}_F \mathrm{d}V \tag{5.2}$$

式中，$\dot{\omega}_F$ 是局部燃料反应率（通过化学反应消耗反应物的速率），ρ_1 和 Y_{F1} 分别表示未燃气体的密度和燃料质量分数，A 是控制体横截面的面积。式(5.2) 描述的是一个有限控制体内统计学平稳的湍流火焰（图5.1)，且进入该控制体的燃料会被燃烧过程全部消耗掉(这一点对贫燃料混合物至少是成立的)。尽管火焰会在控制体内移动，但仍可假定火焰会在控制体内停留无限长时间。此定义是对层流火焰方程（2.24）的一个扩展。

目前，已存在多种不同的未燃气体均方根速度 u' 与湍流火焰速度 s_T 之间的关系式[1-5]，如式(4.13) 就是其中一种最简形式。它们基本上都呈现相同的趋势，如图5.2所示：s_T 起初会随 u' 增加而呈近似线性增长趋势，但会在湍流过强而导致全部熄灭之前维持平稳。基于火焰面上每个点都以层流火焰速度 s_L 局部移动的假设，Damköhler 采用一个简单的唯象模型解释了 s_T 初始变化的原因，即单位面积的局部燃烧率可以表示为 $\rho_1 Y_{F1} s_L^0$，如果 A_T 表示火焰的总表面积，则在控制体 V 中，总体反应率可以表示为

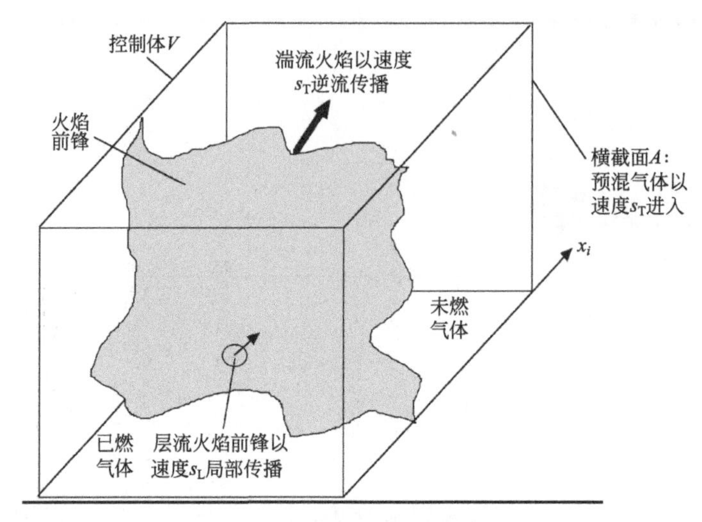

图 5.1 湍流引起火焰皱褶

$$-\int_V \dot{\omega}_F \mathrm{d}V = A_T \rho_1 Y_{F1} s_L^0 \tag{5.3}$$

使用式(5.2) 消去方程(5.3) 中的积分反应率 $\int_V \dot{\omega}_F \mathrm{d}V$ ，可得

$$\frac{s_T}{s_L^0} = \frac{A_T}{A} \tag{5.4}$$

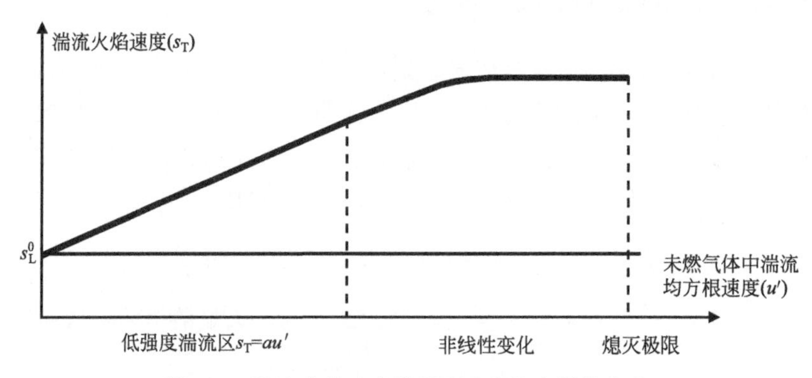

图 5.2 湍流火焰速度随湍流速度均方根的变化

式(5.4) 表明，与层流火焰速度 s_L^0 相比，湍流火焰速度 s_T 的增加是由火焰总表面积 A_T 增加引起的，在相同横截面面积 A 内，反应物消耗率会更高。比值 $\Xi = A_T/A$ 为火焰皱褶因子，对应于湍流火焰总表面积与横截面面积 A 之比。当比值 A_T/A 随雷诺数 Re 增加而增大时，湍流火焰速度也会随雷诺数 Re 增加[4-6]。任何能够预测 A_T/A 随 u' 增加的模型都可以给出合乎物理意义的结果。相比之下，预测 s_T 曲线的弯曲更加困难，而熄灭极限几乎无法预测（相关计算见 4.6 节）。在文献中可以找到很多 s_T 的半唯象模型（相关综述见文献 [6] ），但实验和理论结果相差很大，这可能归因于测量误差和建模不当，然而更多解释是湍流火焰速度只与 u' 有关这一假设只是一个学术概念[7]：真实湍流火焰速度 s_T 还会受到实验边界条件、湍流能谱及初始条件等限制[8]。因此，寻求 s_T 与 u' 之间的通用表达式可能没有实际意义，并且呈现 s_T 和 u' 二者之间的相关性也不能证明模型的质量。

5.1.2 火焰前锋对湍流的影响

湍流燃烧的大部分研究都会关注湍流对火焰前锋的影响，然而与此同时，火焰也会影响湍流的流场。

首先，当温度从火焰前锋的一侧变到另一侧时，运动黏性系数和局部雷诺数也会随之改变。例如，空气的运动黏性系数 ν 大约以 $T^{1.7}$ 规律变化。当温度比为 $T_2/T_1=8$，已燃气体的雷诺数约为未燃气体的 1/40。这种影响可能会导致再层流化（湍流被点燃后变成层流）。

火焰的第二个重要影响是火焰前锋会使流动加速。对于亚声速燃烧，式(2.104) 表明，流体穿过火焰前锋时，速度会从 u_1 增加至 $u_1+s_L^0(\rho_1/\rho_2-1)=u_1+s_L^0(T_2/T_1-1)$。在有些情况下，流动速度增加可能会更明显，如典型的碳氢燃料火焰，在 $T_2/T_1=8$，$s_L^0=0.5$ m/s 的条件下，穿过火焰锋面前后的流动速度差约为 4 m/s。这个加速过程发生在一个很薄的区域内（典型火焰厚度约为 0.1 mm），最终会改变湍流的流场。涡量场也会受速度和密度变化的影响，进而产生所谓的“火焰生成湍流”现象。涡矢量 $\boldsymbol{\Omega}=(\nabla\cdot\boldsymbol{u})/2$ 的守恒方程为（假定运动黏性系数 ν 为常数）

$$\frac{\partial\boldsymbol{\Omega}}{\partial t}+\boldsymbol{u}\cdot\nabla\boldsymbol{\Omega}=\underbrace{(\boldsymbol{\Omega}\cdot\nabla)\boldsymbol{u}}_{\text{I}}+\underbrace{\nu\nabla^2\boldsymbol{\Omega}}_{\text{II}}-\underbrace{\boldsymbol{\Omega}(\nabla\cdot\boldsymbol{u})}_{\text{III}}-\underbrace{\nabla\frac{1}{\rho}\times\nabla p}_{\text{IV}} \tag{5.5}$$

等式右边项表示引起涡量变化的源项，主要包含涡拉伸（Ⅰ）项、黏性耗散（Ⅱ）项、密度变化（Ⅲ）项❶和斜压扭矩（Ⅳ）项。其中，斜压扭矩对应于由压力梯度和密度梯度引起的涡量变化，密度变化项和斜压项均由燃烧引起。火焰对湍流的影响取决于具体情况，如有些无反应流在点燃后会变成层流（“再层流化”）[9]，而另一些研究则表明已燃气体中的湍流会有所增强。

Mueller 等[10] 通过实验研究了预混火焰生成涡的现象。当环形涡穿过平面层流预混火焰时，如果涡强较小（对应于弱湍流），可以观察到火焰产生一个反向旋转涡（图 5.3）；而当涡强较大时（对应于强湍流），涡可以直接穿过火焰前锋而几乎不受影响。这些结果都总结于图 5.4 中。

一般来说，在火焰中定义湍流时，通常会与一个真实物理意义相关联，而这一点对于预混燃烧来说仍受到质疑。这类流动也许可以看作是一个两相流：一个是“未燃气体”相，另一个是“已燃气体”相，二者物性不同。其中，未燃气体密度高、温度低，而已燃气体由于化学反应放热引起的热膨胀变得密度低、温度高。如图 5.5 所示，当流动通过火焰时，膨胀效应会使火焰前锋两侧的平均速度不同（未燃气体的速度表示为 $\overline{u}^{u}$，已燃气体为 $\overline{u}^{b}$）。首先对于位于未燃区域中的参考点 A，未“看见”任何已燃气体，因此湍流速度均方根 u'_u 的定义很明确。同样，在已燃气体中，类似于点 B，湍流也能得到很好的定义。然而，在位于平均反应区的点 C 处，速度信号在两个状态之间振荡：一个状态是点 C 被未燃气体包围，另一个是被已燃气体包围。如果采用点 C 处的速度信号直接计算速度的均方根 u'，由于火焰前锋处的速度突变 $\overline{u}^{b}-\overline{u}^{u}$，一般会导致很大的偏差。任意模型一旦采用这种“湍流”速

---

❶ 对于密度恒定的流动，质量守恒方程简化为 $\nabla\cdot\boldsymbol{u}=0$。

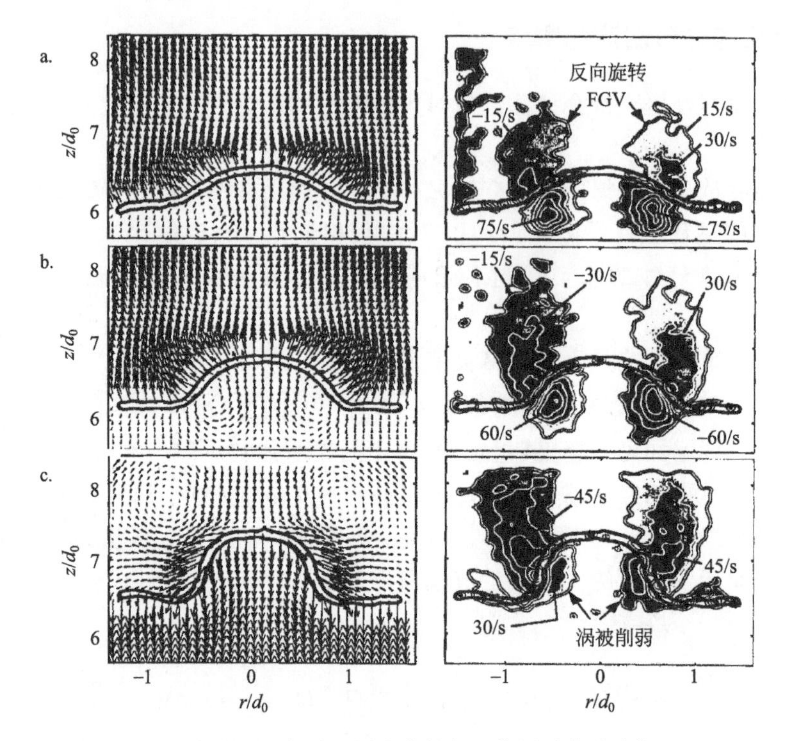

图 5.3 一个弱涡环与平面层流火焰相互作用时的速度场（左）
和涡量场（右），分别对应于三个连续时刻 a、b 和 c
当涡旋穿过火焰前锋时，可以观察到火焰产生一个反向旋转涡（FGV）[10]

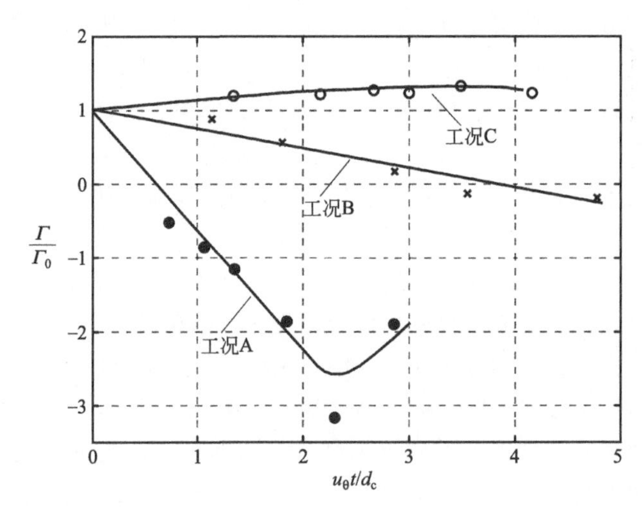

图 5.4 涡环与平面层流火焰相互作用时，总环量 Γ（由初始涡环量Γ_0 无量纲化）随时间的变化曲线
在工况 A（低湍流强度）下，来流环流受火焰前锋抑制，火焰产生一个反向旋转的环流
（即 $\Gamma \leqslant 0$），其大小是来流环流的 2 倍。在工况 B（中等湍流强度）下，来流环流受火焰前锋影响有限。
对于高湍流强度的涡结构，初始环流在穿过火焰时几乎不受影响（工况 C）
（经 Elsevier Science 同意，转载自燃烧研究所的 Mueller 等[10] ）

度都会生成一些非物理解，这主要是由间歇性引起的，在建模时通常不予考虑。解决这一问题的唯一方法是采用条件变量来计算未燃气体和已燃气体条件下的湍流速度（见 5.1.3 节）。在实验和理论分析中，常采用均方根速度来表征湍流速度：在关于湍流燃烧的教科书中，速度变量 u'默认为未燃气体中的湍流水平 u'_u。但在 RANS 计算程序中，条件模型常会因过于复杂而不予使用[11]，这也导致 RANS 计算的火焰前锋内部速度 u'的物理意义很难解释❶。但该问题又很关键，因为湍流变量（尤其是湍流时间 ε/k）会直接控制 RANS 程序中平均反应率的值（见 5.3 节）。RANS 代码常会得到一些非物理解，因为使用经典湍流模型计算的湍流火焰刷内部的“湍流”没有意义。这个问题将在 5.1.3 节和 5.3 节中进一步给予讨论，以便对湍流反应项和输运项进行建模。

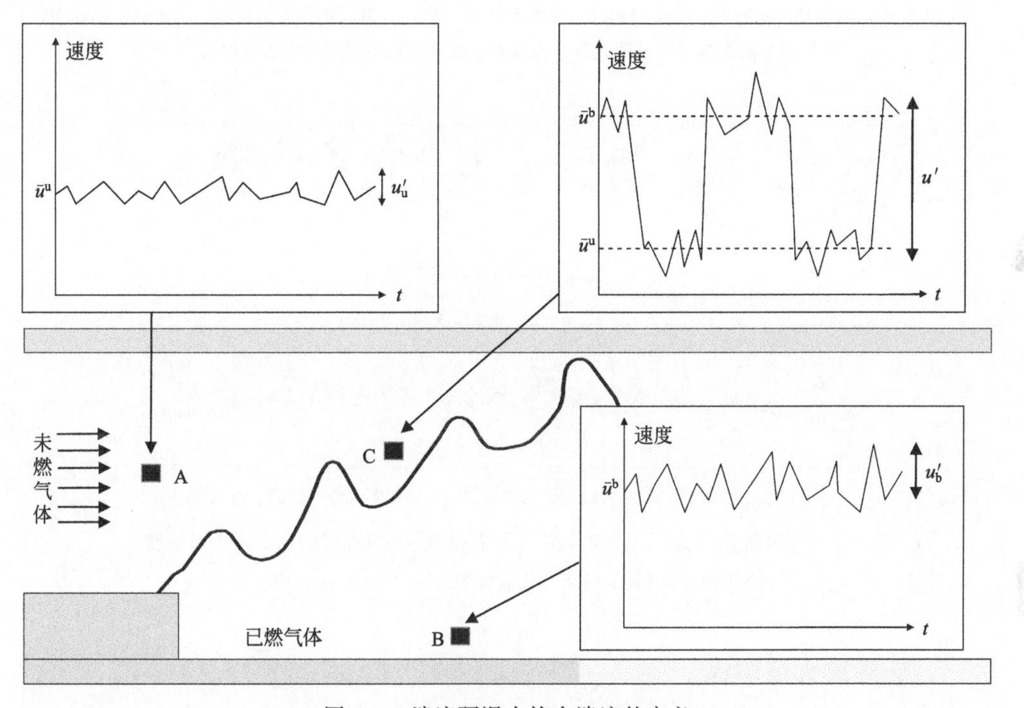

图 5.5　湍流预混火焰中湍流的定义

湍流火焰两相流结构的另一个重要特点是浮力效应。未燃气体密度高、温度低，相比之下，已燃气体密度低、温度高，因此，外力（重力）或压力梯度会以不同的方式作用于未燃气体和已燃气体，如图 5.6 所示。在实际应用中，重力通常可以忽略不计，但在一些大型火灾中，如池火灾或森林火灾等，流体运动主要由自然对流现象控制，此时重力可能会占主导地位。然而，大多数应用火焰都属于管内火焰，相应地也会受到较大的压力梯度影响。浮力效应可能会导致一些意想不到的现象，如逆梯度湍流输运，即真实湍流标量的通量输运方向与式(4.27) 预测的方向相反，这一点将在 5.3.8 节进行讨论。图 5.7 显示了浮力效应对扩散火焰的影响。在无[图 5.7(a)]和有[图 5.7(b)]外部正压力梯度下（即压力从火焰未燃气体一侧向已燃气体一侧方向减小），对比湍流预混火焰的瞬态结构可以看出，当施加正压力梯度时火焰表面积和湍流火焰速度均会减小。

❶　另一方面，实验和直接数值模拟（DNS）结果可以使用条件变量进行后处理[12]。

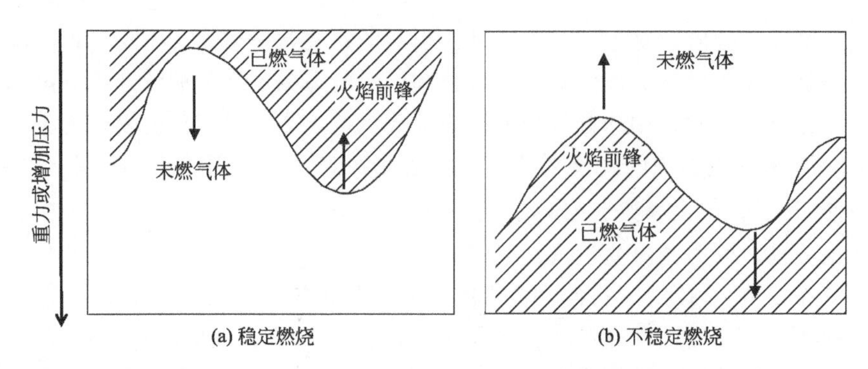

(a) 稳定燃烧 (b) 不稳定燃烧

图 5.6 在压力梯度或重力作用下，未燃气体（密度高、温度低）和已燃气体（密度低、温度高）的相对运动
稳定燃烧中，压力梯度将减弱火焰前锋起皱，减小总体反应率，并引起逆梯度湍流输运；不稳定燃烧中，压力梯度促进火焰前锋起皱，提高总体反应率，增强顺梯度湍流输运

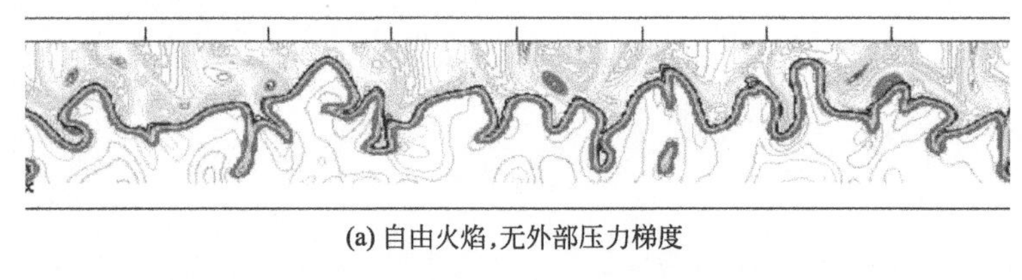

(a) 自由火焰，无外部压力梯度

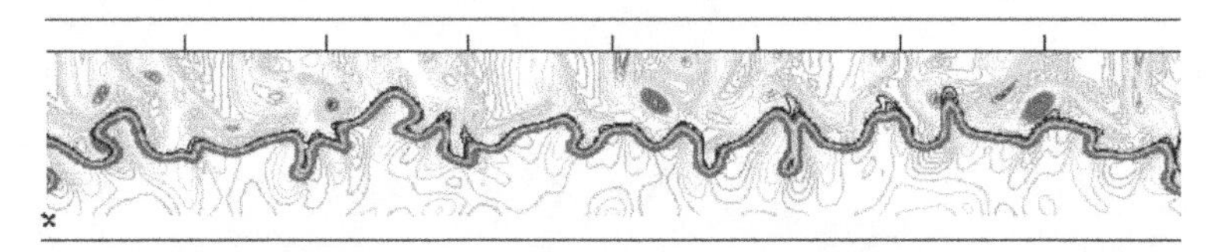

(b) 施加正压力梯度：压力沿未燃气体（顶部）向已燃气体（底部）方向减小

图 5.7 从湍流预混火焰 DNS 模拟结果中提取的瞬时温度场和涡量场的叠加
（经剑桥大学出版社许可，转载自 Veynante 和 Poinsot[13]）

5.1.3 无限薄火焰前锋

无限薄火焰前锋假设是一个非常有用的湍流预混火焰分析方法，下面将对此进行讨论。该方法最早是由 Bray 和 Moss[14] 在推导 BML（即 Bray-Moss-Libby）模型时提出。

(1) Bray-Moss-Libby（BML）分析

此处只介绍 BML 模型的基本分析方法，具体的建模封闭过程将在 5.3.5 节讨论。在无限薄火焰中，归一化温度 Θ 只有两个值：在未燃气体中，$\Theta=0$；在已燃气体中，$\Theta=1$。对于归一化温度 Θ 的概率密度函数 $p(\Theta)$，存在两个峰值，可以写为

$$p(\Theta)=\alpha\delta(\Theta)+\beta\delta(1-\Theta) \tag{5.6}$$

式中，δ 是 Dirac-δ 函数，α 和 β 分别是未燃气体和已燃气体出现的概率。因此，$\alpha+\beta=1$。任一变量 f 的平均值 $\overline{f}$ 为

$$\overline{f}=\int_0^1 f(\Theta)p(\Theta)\,\mathrm{d}\Theta=\alpha\overline{f}^{\mathrm{u}}+\beta\overline{f}^{\mathrm{b}} \tag{5.7}$$

式中，$\overline{f}^{\mathrm{u}}$ 和 $\overline{f}^{\mathrm{b}}$ 是 f 在未燃气体或已燃气体中的条件平均，因此

$$\overline{\Theta}=\int_0^1 \Theta p(\Theta)\,\mathrm{d}\Theta=\alpha(\Theta=0)+\beta(\Theta=1)=\beta \tag{5.8}$$

式(5.8)表明，温度 Θ 的雷诺平均等于已燃气体一侧的概率。Favre 平均温度为

$$\overline{\rho\Theta}=\overline{\rho}\widetilde{\Theta}=\rho_b\beta=\rho_b\overline{\Theta} \tag{5.9}$$

式中，ρ_b 为已燃气体的密度。平均密度可以表示为

$$\overline{\rho}=\alpha\rho_u+\beta\rho_b=(1-\beta)\rho_u+\beta\rho_b \tag{5.10}$$

式中，ρ_u 是未燃气体的密度。该关系式可以改写为

$$\overline{\rho}(1+\tau\widetilde{\Theta})=\rho_u=\rho_b(1+\tau) \tag{5.11}$$

式中，τ 是释热因子，定义为

$$\tau=\frac{\rho_u}{\rho_b}-1=\frac{T_b}{T_u}-1 \tag{5.12}$$

式中，T_u 和 T_b 分别表示恒压燃烧条件下的未燃气体温度和已燃气体温度。联立式(5.9)和式(5.11)，可以确定 α 和 β：

$$\alpha=\frac{1-\widetilde{\Theta}}{1+\tau\widetilde{\Theta}},\quad \beta=\frac{(1+\tau)\widetilde{\Theta}}{1+\tau\widetilde{\Theta}} \tag{5.13}$$

另一个很有用的关系式是

$$\widetilde{Q}=\alpha\frac{\rho_u}{\overline{\rho}}\overline{Q}^u+\beta\frac{\rho_b}{\overline{\rho}}\overline{Q}^b=(1-\widetilde{\Theta})\overline{Q}^u+\widetilde{\Theta}\overline{Q}^b \tag{5.14}$$

式(5.14)表明，任意变量 Q 的 Favre 均值是对未燃和已燃气体中的均值取加权平均，而加权系数等于归一化温度的均值 $\widetilde{\Theta}$。通过这个简单分析，可以推导得出以下几节中讨论的结果。

(2) Favre 平均与雷诺平均的关系式

基于薄火焰前锋假设，根据式(5.8)和式(5.13)可得到雷诺平均温度 $\overline{\Theta}$ 与 Favre 平均温度 $\widetilde{\Theta}$ 的简单关系式：

$$\overline{\Theta}=\frac{(1+\tau)\widetilde{\Theta}}{1+\tau\widetilde{\Theta}} \tag{5.15}$$

这个关系式已在 4.5.1 节中的式(4.26)中给出，对应的密度脉动与归一化温度脉动之间互相关函数的隐式模型为

$$\overline{\rho'\Theta'}=\overline{\rho}(\widetilde{\Theta}-\overline{\Theta})=-\overline{\rho}\frac{\tau\widetilde{\Theta}(1-\widetilde{\Theta})}{1+\tau\widetilde{\Theta}} \tag{5.16}$$

图 5.8 和图 5.9 分别显示了式(5.15)和式(5.16)在释热因子 τ 取不同值时的曲线。对于常见的 τ 值（通常在 5~7 取值），$\overline{\Theta}$ 和 $\widetilde{\Theta}$ 的差异很大。

(3) 湍流通量与逆梯度湍流输运

基于 BML 假设，归一化温度 Θ 的湍流通量可轻易表示为

$$\overline{\rho}\widetilde{u''\Theta''}=\overline{\rho}(\widetilde{u\Theta}-\widetilde{u}\widetilde{\Theta})=\overline{\rho}\widetilde{\Theta}(1-\widetilde{\Theta})(\overline{u}^b-\overline{u}^u) \tag{5.17}$$

式中，$\overline{u}^u$ 与 $\overline{u}^b$ 分别对应于未燃气体和已燃气体的平均速度。

这个表达式可用于分析逆梯度现象：考虑一个统计学意义上的一维湍流预混火焰沿 x 轴在未燃气体中传播，其中 x 正方向指向已燃气体侧，由于热膨胀，$\overline{u}^b>\overline{u}^u$，根据式(5.17)可知，湍流通量为正值。另外，基于经典顺梯度假设：

$$\overline{\rho}\widetilde{u''\Theta''}=-\frac{\mu_t}{Sc_t}\times\frac{\partial\widetilde{\Theta}}{\partial x} \tag{5.18}$$

可以预测出一个负通量。逆梯度湍流输运现象（即与顺梯度假设预测的方向相反）通常解释为由浮力不同引起，即作用在高密度未燃气体与低密度已燃气体上的压力不同导致（图5.6）。在实验[12,15] 和 DNS 模拟[16] 结果中都可以观察到这一现象，但需谨慎使用式(5.17)，因为条件速度不能与平均速度简单关联起来[16]。

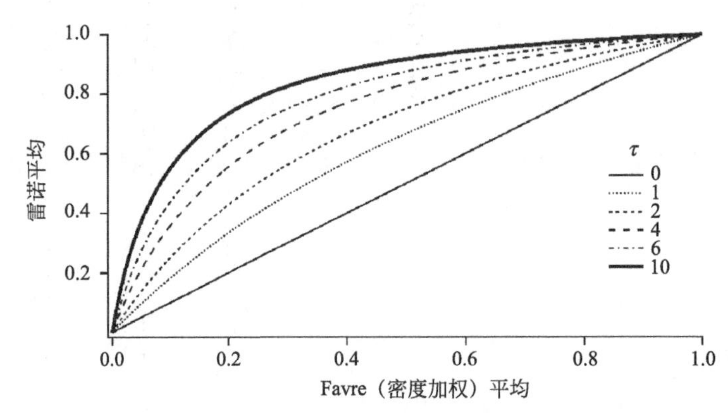

图 5.8 在归一化温度 Θ 具有双峰分布概率密度函数条件下，当释热因子 τ 取不同值时，雷诺平均温度$\overline{\Theta}$ 关于 Favre 平均温度$\widetilde{\Theta}$ 的函数图［式(5.15)］

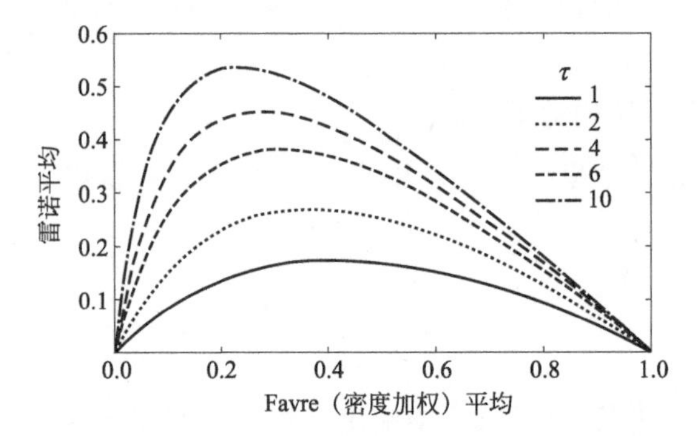

图 5.9 在归一化温度 Θ 具有双峰分布概率密度函数条件下，当释热因子 τ 取不同值时，$-\overline{\rho'\Theta'}/\overline{\rho}$ 关于 Favre 平均温度$\widetilde{\Theta}$ 的函数图［式(5.16)］

通过观察丙烷-空气预混火焰在一个障碍物之后稳定的情形[17] 可以对逆梯度湍流输运有一个简单的物理认知。如图 5.10 所示，燃烧室第一部分（称为区域 A）由火焰稳定器之后脱落的涡控制。这些涡在火焰面上层（或下层）顺时针（或逆时针）旋转，与经典的冯·卡门涡街类似，但由于热膨胀作用，流动是对称的。当区域 B 中心线处的速度增加时（释热引起膨胀），火焰面上层（或下层）的拟序结构开始逆时针（或顺时针）旋转。基于式(5.17)，通过简单的几何分析，可以得到表 5.1 所给出的结果。例如，在区域 A 中，当 $x_2>0$ 时，未燃气体中流体质点（$\Theta''<0$）产生一个较大的轴向速度（$u_1''>0$），导致 $\widetilde{u_1''\Theta''}<0$，由于 $\partial\widetilde{\Theta}/\partial x_1>0$，因此对应于一个顺梯度湍流输运；而已燃气体中流体质点（$\Theta''>0$）向上游移动时会引起较大的横向速度（$u_2''>0$），则 $\widetilde{u_2''\Theta''}>0$，由于 $\partial\widetilde{\Theta}/\partial x_2<0$，则对应于一个顺

梯度湍流输运。根据表 5.1 所示，横向湍流通量 $\widetilde{u_2''\Theta''}$ 总是顺梯度输运，但当湍流涡结构的旋转方向改变时，对应的下游湍流通量 $\widetilde{u_1''\Theta''}$ 将在顺梯度和逆梯度之间切换。需要注意的是，湍流通量在火焰稳定器附近时应是顺梯度输运，以实现火焰的稳定。

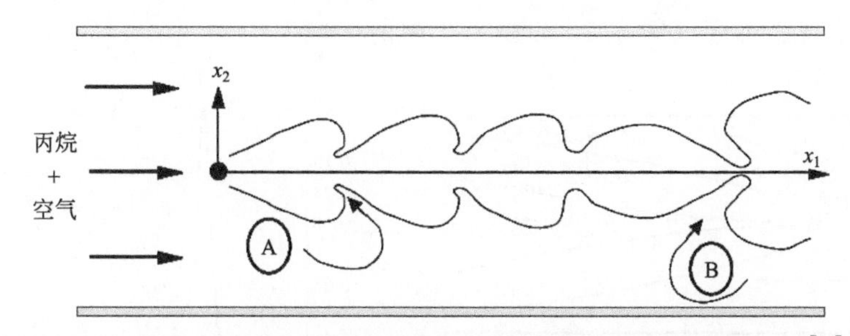

图 5.10　丙烷-空气湍流预混火焰在火焰稳定器后的拟序结构动力学[17]

表 5.1　基于式(5.17)，对图 5.10 显示的火焰结构动力学进行简单几何分析后的结果

区域	$\overline{u}_1^b-\overline{u}_1^u$	$\dfrac{\partial\widetilde{\Theta}}{\partial x_1}$	$\widetilde{u_1''\Theta''}$	$\overline{u}_2^b-\overline{u}_2^u, x_2>0$ 时	$\dfrac{\partial\widetilde{\Theta}}{\partial x_2}$，$x_2>0$ 时	$\widetilde{u_2''\Theta''}$
A	<0	>0	G	>0	<0	G
B	>0	>0	CG	>0	<0	G

注：G 和 CG 分别表示顺梯度湍流输运和逆梯度湍流输运。

(4) 湍流应力和湍动能

在 BML 假设下，联立式(5.14) 和下列关系式：

$$\widetilde{u_i''u_j''}=\widetilde{u_iu_j}-\widetilde{u}_i\widetilde{u}_j;\overline{u_i'u_j'}^u=\overline{u_iu_j}^u-\overline{u}_i^u\overline{u}_j^u,\quad \overline{u_i'u_j'}^b=\overline{u_iu_j}^b-\overline{u}_i^b\overline{u}_j^b \tag{5.19}$$

雷诺应力（湍流应力） $\widetilde{u_i''u_j''}$ 也可以表示为

$$\widetilde{u_i''u_j''}=\underbrace{(1-\widetilde{\Theta})\overline{u_i'u_j'}^u}_{\text{未燃气体}}+\underbrace{\widetilde{\Theta}\overline{u_i'u_j'}^b}_{\text{已燃气体}}+\underbrace{\widetilde{\Theta}(1-\widetilde{\Theta})(\overline{u}_i^b-\overline{u}_i^u)(\overline{u}_j^b-\overline{u}_j^u)}_{\text{间歇性}} \tag{5.20}$$

可以看出，雷诺应力是由未燃气体与已燃气体中的雷诺应力加权平均（对应真实湍流），以及由未燃气体与已燃气体间歇性引起的附加项组成。最后一项与湍流运动无关。根据“表观”湍动能 $\widetilde{k}$，式(5.20) 可以另写为

$$\widetilde{k}=\frac{1}{2}\sum_i\widetilde{u_i''^2}=\underbrace{(1-\widetilde{\Theta})\overline{k}^u}_{\text{未燃气体}}+\underbrace{\widetilde{\Theta}\overline{k}^b}_{\text{已燃气体}}+\underbrace{\frac{1}{2}\widetilde{\Theta}(1-\widetilde{\Theta})\left[\sum_i(\overline{u}_i^b-\overline{u}_i^u)^2\right]}_{\text{间歇性}} \tag{5.21}$$

式中，$\overline{k}^u$ 和 $\overline{k}^b$ 分别为未燃气体和已燃气体中的真实湍动能。附加项对应于未燃气体与已燃气体的间歇性，不属于真实湍流运动。由于间歇性项，$\widetilde{k}$ 衡量的速度脉动并非对应于未燃气体或已燃气体中的真实湍流度❶，这一点可通过实验测量条件速度来证实，如图 5.11 所示[18-19]。对于一个由小杆稳定的 V 形湍流预混火焰，采用激光多普勒速度测量方法（文献［17］，见图 5.10）获取火焰不同位置处的速度：在未燃气体区（a）得到一个高斯型

❶　式(5.20) 和式(5.21) 中出现的间歇项是由于未燃气体和已燃气体中的真实湍流应当分别相对于条件平均速度 $\overline{u}^u$ 和 $\overline{u}^b$ 来定义，而平均雷诺应力 $\widetilde{u_i''u_j''}$ 和湍动能 $\widetilde{k}$ 中的速度脉动 u'' 是相对于 Favre 平均速度 $\widetilde{u}$ 来定义的，对于湍流而言该变量无任何物理意义。

概率密度函数分布，与经典湍流流场类似，均方根速度与湍流度直接相关；在已燃气体区（c）中也观察到相似的概率密度函数分布；然而，在平均反应区（b）中观察到一个双峰结构的概率密度函数分布，对应于未燃气体和已燃气体之间的间歇性。表观湍流水平来源于未燃气体和已燃气体中的湍流以及间歇性。由于已燃气体的条件平均轴向速度更高，湍流输运呈现逆梯度（图 5.10 和表 5.1 中的区域 B）。

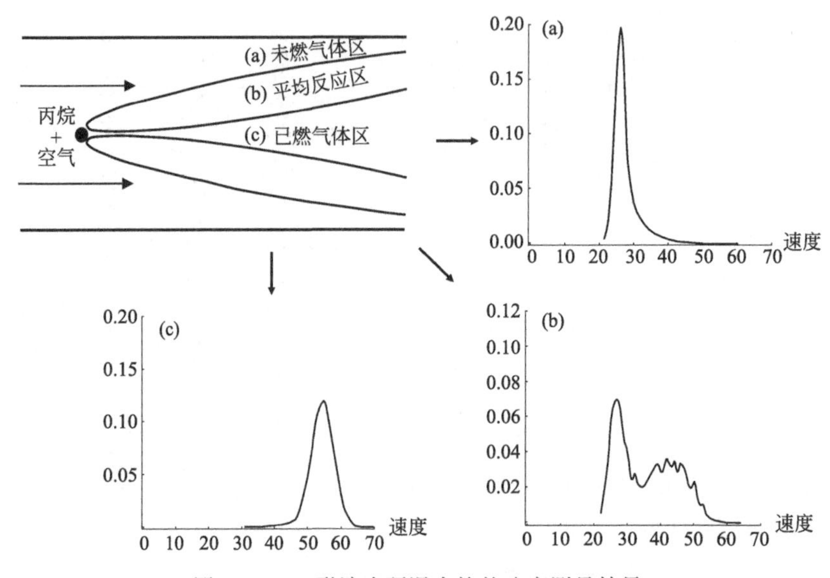

图 5.11 V 形湍流预混火焰的速度测量结果

5.2 预混湍流燃烧方式

如 4.5.4 节所述，平均反应率的一个直接建模方法是基于 Arrhenius 定律的级数展开，但该方法不常用，因为展开项中会出现很多未知量（如组分浓度和温度脉动的相关项），并且强非线性也会导致截断误差很大。因此，模型的推导必须基于一些物理分析以及燃烧现象中涉及的不同时间尺度和长度尺度比值，通过这些分析可以得到一些所谓的“湍流燃烧相图”：引入一些无量纲特征参数对不同燃烧模式加以识别和描述，如采用长度尺度比值和速度尺度比值[5, 20-26] 来定义燃烧模式的相图。当流场的湍流特性（积分长度尺度、湍动能及其耗散率等）已知时，该相图可以指出流场是否包含火焰面（薄反应区）、火焰微团或分布反应区。这些信息对湍流燃烧建模至关重要，因为连续、无孔的火焰前锋不能采用与火焰面破碎成许多小微团相同的建模方式，因为第二种燃烧模式并未沿火焰薄片发生，而是以更分散的方式发生。

这些相图主要是基于一些直观的论证，并引入一些量级类的参数，并非精确值。这些推导结果也会基于一些湍流的强假设，这一点将在 5.2.1 节进行讨论，并在 5.2.2 节用于构造经典燃烧相图。直接数值模拟（DNS）和实验数据将用于推导出 5.2.3 节中更精细的燃烧相图。

5.2.1 第一个难题：定义 u'

大多数探索性的湍流燃烧模型推导都会采用一系列假设和近似：

① 假设湍流在整个空间中的行为类似于各向同性均匀湍流；

② 湍流可以采用均方根速度 u' 和积分尺度 l_t 表征。

第一个假设常用于 RANS 方法中；但第二个假设使用时需谨慎，因为在预混火焰中，采用均方根速度 u'（或湍动能 $\tilde{k}$）来量化火焰中的速度脉动这一点并无理论基础。式(5.21) 表明，除了远离火焰前锋的位置外，湍动能 $\tilde{k}$ 不存在明确的定义。在实验中，$\tilde{k}$ 对应于未燃气体的均方根速度，大多数实验员在描述燃烧率与均方根速度的相关性时都默认这一假设。然而，在多维计算程序中，$\tilde{k}$ 是一个局部变量，在火焰前锋处的取值会因间歇性而产生偏差[1]。使用该值计算燃烧模型中的湍流时间并非一个可靠方法，虽然该处理方式用于绝大多数现有程序中。

5.2.2 经典湍流预混燃烧相图

第一种方法是将湍流预混燃烧描述为火焰前锋（厚度 δ 和速度 s_L^0）[2]和一簇涡的相互作用，这些涡尺寸从 Kolmogorov 微尺度（η_k）到积分尺度（l_t）不等，特征速度从 Kolmogorov 速度（u'_k）到积分均方根速度（u'）不等。如果湍流是均匀且各向同性，则湍流级联中的涡速度 $u'(r)$ 和尺寸 r 可以通过式(4.5) 关联起来：

$$\frac{u'(r)^3}{r}=\varepsilon \tag{5.22}$$

式中，ε 是湍动能的局部耗散率（图 4.1）。这个假设有助于想象湍流与预混火焰前锋的相互作用方式，因为它提供了湍流涡的速度与时间随 r 变化的近似值。例如 [式(4.10) 和图 4.1]，对于一个尺寸为 r 的涡，其典型湍流时间为

$$\tau_m(r)=\frac{r}{u'(r)}=\frac{r^{2/3}}{\varepsilon^{1/3}} \tag{5.23}$$

通过对比该特征时间与火焰的典型时间尺度 τ_c（由 $\tau_c=\delta/s_L^0$ 定义）[3]，可以构造一个无量纲参数 $Da(r)=\tau_m(r)/\tau_c$ 用于表示火焰-涡的相互作用：对于较大的 $Da(r)$，化学反应时间尺度小于涡的特征时间尺度，因此湍流不能对火焰的内部结构产生显著影响；另外，较小的 $Da(r)$ 值意味着较长的化学反应时间尺度以及被湍流涡严重修正的火焰[4]。

---

[1] 常用湍流模型未考虑火焰前锋引起的密度变化，因此湍流度大概率被低估。

[2] 如 4.6.3 节所述，为简化分析，火焰厚度通常使用 $\delta=\nu/s_L^0$ 来估算，而不是采用 2.5 节所定义的真实厚度 δ_L^0（“火焰雷诺数”为 1，即 $\delta s_L^0/\nu=1$）。

[3] 该时间尺度是火焰在与其自身厚度 δ 相对应的距离上移动所需的时间。由于 $\tau_c=\delta/s_L^0=\delta^2/\nu$，因此也可以将其视为特征扩散时间尺度。

[4] 所有这些分析都默认基于单步不可逆反应。但在真实火焰中，必须包括大量化学组分和反应过程（丙烷在空气中燃烧时有数百种组分和数千步反应）。这些反应可能对应于范围很广的化学反应时间尺度，例如，丙烷的氧化反应可以假定为比湍流时间尺度更快，而在已燃气体中，一氧化碳 CO 和 OH 自由基生成 CO_2 的速度很慢，其化学反应时间与湍流时间的量级相当，一氧化氮的形成过程则更慢。

当 r 从 Kolmogorov 微尺度 η_k 增加至积分尺度 l_t 时，Damköhler 数 $Da(r)$ 也会随之变化。哪一种尺度 r 的湍流涡团会对火焰结构产生最显著的影响呢？总体而言，这个问题仍未解决，但却决定建模时引入的假设条件。经典方法会引入两个无量纲参数，分别对应 r 的两个极限值。

Damköhler 数 *Da* 对应于最大涡，定义为积分时间尺度 τ_t 与化学反应时间尺度之比（见 4.6.3 节）：

$$Da=Da(l_t)=\frac{\tau_t}{\tau_c}=\frac{\tau_m(l_t)}{\tau_c}=\frac{l_t/u'(l_t)}{\delta/s_L^0} \tag{5.24}$$

Karlovitz 数 *Ka* 对应于最小涡（Kolmogorov 微尺度），定义为化学反应时间尺度与 Kolmogorov 时间尺度的比值：

$$Ka=\frac{1}{Da(\eta_k)}=\frac{\tau_c}{\tau_k}=\frac{\tau_c}{\tau_m(\eta_k)}=\frac{u'(\eta_k)/\eta_k}{s_L^0/\delta} \tag{5.25}$$

使用式(4.5)、式(4.6) 和式(2.74)，Karlovitz 数也可以改写为不同形式：

$$Ka=\left(\frac{l_t}{\delta}\right)^{-1/2}\left(\frac{u'}{s_L^0}\right)^{3/2}=\left(\frac{\delta}{\eta_k}\right)^2=\frac{\sqrt{\varepsilon/\nu}}{s_L^0/\delta} \tag{5.26}$$

基于积分长度尺度特性，湍流雷诺数 Re_t 也可以表示为

$$Re_t=\frac{u'l_t}{\nu}=\frac{u'}{s_L^0}\times\frac{l_t}{\delta} \tag{5.27}$$

因此，可以得到如下关系式：

$$Re_t=(Da)^2(Ka)^2 \tag{5.28}$$

对于较大的 Damköhler 数（$Da\gg1$），化学反应时间小于积分湍流时间，因此，湍流不能影响火焰的内部层流结构，但湍流运动会使火焰起皱（“火焰面”极限）。在这种情形下，平均燃烧率可以通过层流火焰燃烧率与火焰面总面积的乘积来近似得到。另外，当 Damköhler 数较小时（$Da\ll1$），化学反应时间大于积分湍流时间，因此，总体反应率由化学反应控制，而反应物和生成物的掺混过程由湍流运动控制，这种模式对应于所谓的“良好搅拌反应器”。这种极限情形很容易建模，因为反应物和生成物在比化学反应时间更短的时间内连续掺混，所以平均反应率可以通过一些平均值来估算，即仅保留式(4.44) 级数展开中的第一项。

使用 Damköhler 数和 Karlovitz 数并依据长度比 l_t/δ 和速度比 u'/s_L^0 可识别出不同的燃烧模式(表 5.2)。

表 5.2 湍流预混燃烧的经典模式

$Ka<1, Da>1$	$Ka>1, Da>1$	$Da\ll1$
火焰面	增厚火焰	良好搅拌反应器
火焰长度尺度小于所有湍流长度尺度	小尺度湍流可以进入火焰前锋	所有湍流时间尺度均小于化学反应时间尺度

① 当 $Ka<1$ 时，化学反应时间尺度小于所有湍流涡时间尺度，火焰厚度小于最小的湍流尺度，即 Kolmogorov 微尺度。在这种模式下，火焰前锋很薄，内部结构接近层流火焰，火焰前锋因湍流运动而起皱。根据速度比值 u'/s_L^0，这种“薄火焰模式”或“火焰面模式”

可进一步划分为两种模式：

模式一：$u'<s_L^0$。湍流运动速度太小而无法使火焰前锋起皱至与火焰发生相互作用。这一模式称为“皱褶火焰面”（wrinkled flamelet）模式。

模式二：$u'>s_L^0$。当湍流运动速度大于火焰速度时，湍流运动能够使火焰前锋起皱，进而与火焰前锋相互作用，最终形成未燃气体微团和已燃气体微团。这一模式称为“具有火焰微团的薄火焰模式”或“波纹火焰面”（corrugated flamelet）模式。

② 当 $\tau_k<\tau_c<\tau_t$ $(Ka>1,\ Da>1)$ 时，湍流积分时间尺度大于化学反应时间尺度，但 Kolmogorov 微尺度小于火焰厚度，湍流运动能修正火焰的内部结构。火焰不再是一个层流火焰结构，而是一个皱褶火焰，这一模式称为“增厚火焰模式”或“分布反应模式”。根据式(5.26)，由 Kolmogorov 微尺度引起的拉伸率大于临界“火焰拉伸率” s_L^0/δ，这可能会导致火焰熄灭，如下所述。

当 $Da<1$ 时，湍流运动特征时间小于化学反应时间 τ_c，即掺混过程非常快，总反应率主要受化学反应过程限制。这个模式趋于“良好搅拌反应器”极限（$Da\ll1$）。

区分波纹火焰面和分布反应模式的分界线，对应于条件 $Ka=1$，这也是著名的 Klimov-Williams 判据。这些火焰模式作为长度比值 l_t/δ 和速度比值 u'/s_L^0 的函数，可以绘制在双对数坐标的燃烧相图上，如图 5.12 所示。

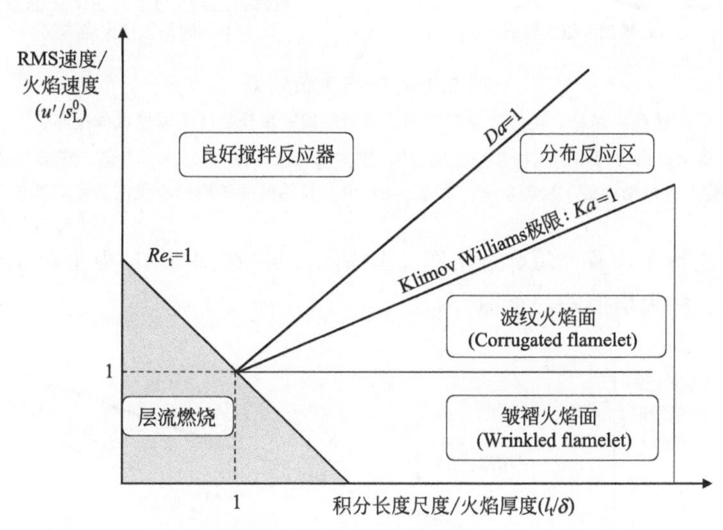

图 5.12　经典湍流燃烧相图：在双对数坐标系中，基于长度比值 l_t/δ 和速度比值 u'/s_L^0 识别的燃烧模式[24]

Peters[5] 还提出使用两种特征厚度来识别燃烧模式，即火焰厚度 δ 和反应区厚度 δ_r $(\delta_r\leqslant\delta)$。

① 当 $\delta_r<\delta<\eta_k$ 时，如前所述，火焰为“薄火焰模式”。作为示例，图 5.13(a) 给出了这种模式的 DNS 模拟结果。

② 当 $\delta>\eta_k$ 时，Kolmogorov 微尺度涡能够进入并增厚火焰预热区。那么 Kolmogorov 微尺度涡能进入反应区吗？通常情况下，当反应区厚度 δ_r 大于 Kolmogorov 尺寸 η_k 时，才会发生这种情况，即 Karlovitz 数达到过渡值 Ka_r，对应于 $\delta_r=\eta_k$：

$$Ka_r=\left(\frac{\delta}{\eta_k}\right)^2=\left(\frac{\delta}{\delta_r}\right)^2\left(\frac{\delta_r}{\eta_k}\right)^2=\left(\frac{\delta}{\delta_r}\right)^2 \tag{5.29}$$

对于大多数预混火焰，$\delta/\delta_r \approx 10$，对应的过渡值为 $Ka_r \approx 100$，此时可以识别出两种模式：

模式一：当 $1 < Ka < Ka_r$，即 $\delta_r < \eta_k < \delta$ 时，湍流运动能够进入并修正火焰预热区，但不能改变反应区，此时反应区仍类似于皱褶层流反应区。这种模式就是“增厚-皱褶火焰模式”。图 5.13(b) 给出了这种火焰的 DNS 模拟算例。

模式二：当 $Ka > Ka_r$，即 $\eta_k < \delta_r < \delta$ 时，扩散区和反应区均受到湍流运动的影响，层流结构消失。这种模式称为“增厚火焰模式”。

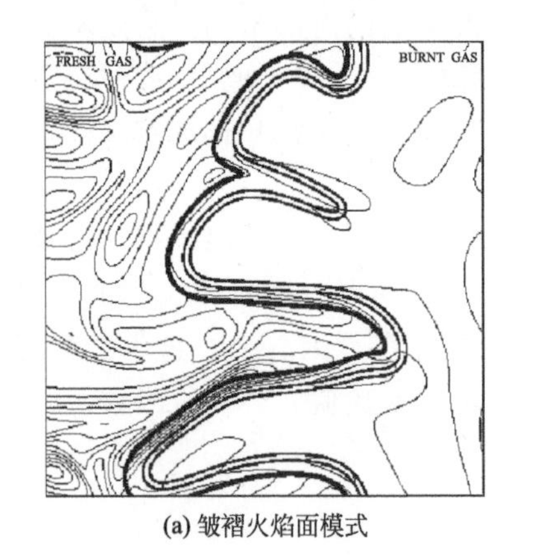

(a) 皱褶火焰面模式

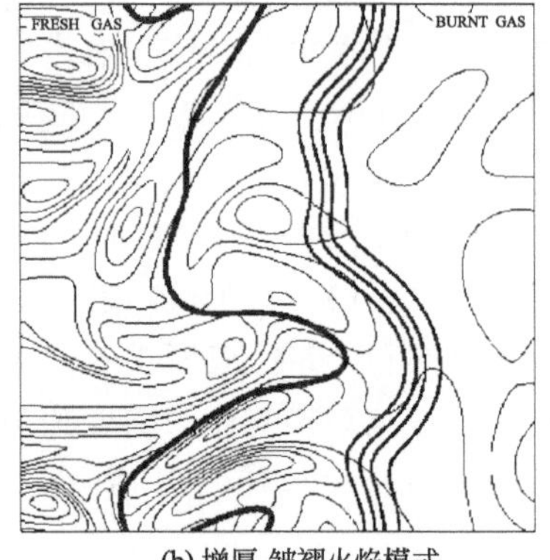

(b) 增厚-皱褶火焰模式

图 5.13 DNS 数值结果

细线代表涡量，粗线代表反应率。最粗的线表示预热区的未燃气体边界。
这两个数值模拟的初始湍流场相同。图（b）中火焰厚度比图（a）大了 5 倍。在图（a）中，
整个火焰结构处于层流状态。在图（b）中，预热区的结构受小尺度湍流涡调整

上述火焰模式均可在图 5.14 的相图中识别出，并在图 5.15 中给出 Borghi 和 Destriau[23] 提出的这三种火焰模式的草图。

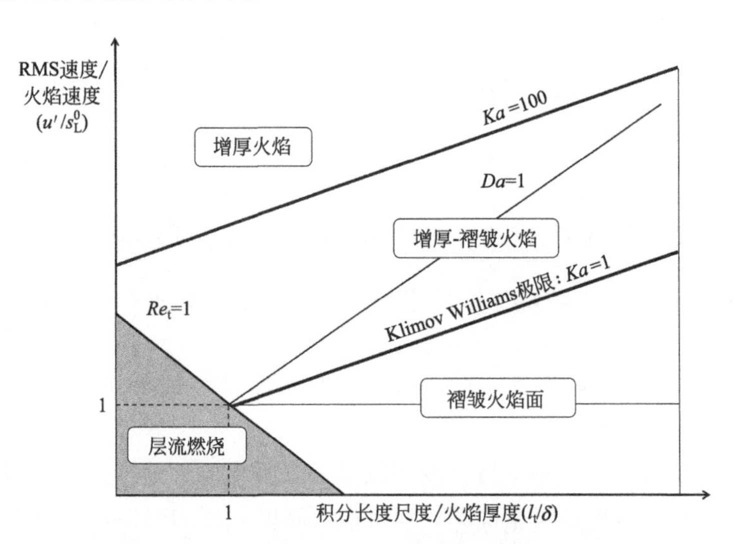

图 5.14 由 Peters[5] 提出的改进版湍流燃烧相图

在双对数坐标系中，基于长度比值 l_t/δ 和速度比值 u'/s_L^0 识别的燃烧模式

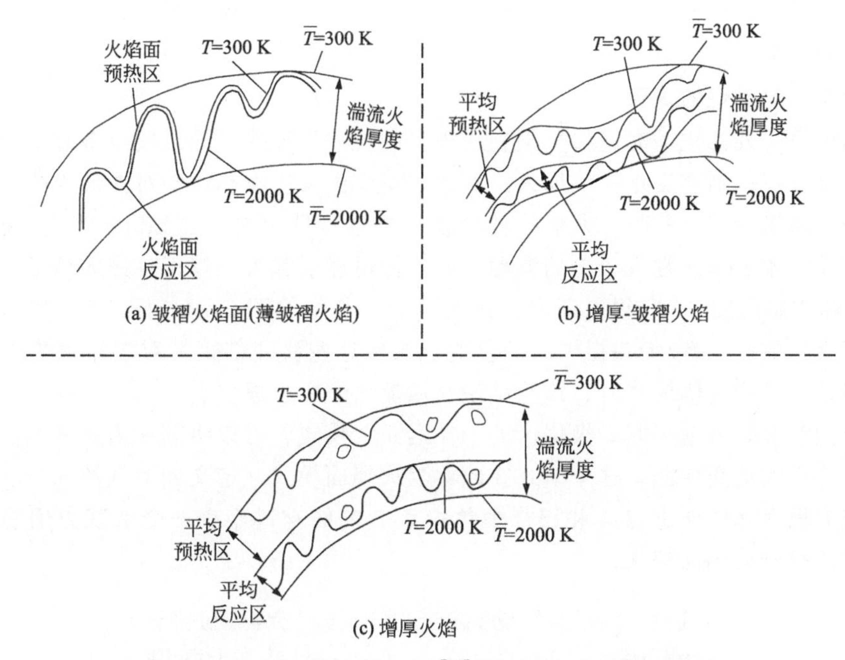

图 5.15　由 Borghi 和 Destriau[23] 提出的湍流预混燃烧模式

其中，未燃气体和已燃气体温度分别为 300 K 和 2000 K

5.2.3 燃烧相图修正版

在上节中为定义湍流预混燃烧模式而发展的经典分析结果有助于对燃烧模式有一个初步了解，然而在许多情况下，经典分析因某些缺陷而不适用：

① 所有分析结果均是基于均匀、各向同性、冻结（不受释热影响）湍流假设。

② 火焰判据和火焰模式极限只是基于量级上的预估值，并非通过精确推导。例如，定义 Kolmogorov 微尺度涡能否进入火焰内部结构的 Klimov-Williams 判据对应的 Karlovitz 数也可以为 $Ka=0.1$ 或 $Ka=10$，不一定必须是 $Ka=1$。

③ 与火焰前锋的厚度和速度相比，Kolmogorov 微尺度 η_k 或速度 u'_k 可能会很小而无法有效影响火焰。因此，Peters[27] 提出保留 Gibson 尺度 l_g，在该尺度下，涡以层流火焰速度旋转，即 $u'(l_g)=s_L^0$；$l_g=(s_L^0)^3/\varepsilon>\eta_k$。另外，Gibson 尺度 l_g 也对应于薄火焰模式（$Ka<1$）下使火焰前锋起皱的最小湍流尺度。

④ 由于 Kolmogorov 微尺度（η_k 和 u'_k）和火焰尺度（δ 和 s_L^0）通过相同的关系式与扩散率关联（$\eta_k u'_k/\nu \simeq \delta s_L^0/\nu \simeq 1$ [式(4.7)]，其中 ν 是运动黏性系数），因此黏性耗散对所有接近火焰厚度的涡结构都很重要。Kolmogorov 微尺度涡在诱导应变率方面最有效，但由于黏性耗散作用，其存在时间很短，因此对燃烧的影响有限，例如，这些涡结构很难使火焰熄灭。

⑤ 尺度小于火焰前锋厚度的湍流涡会引起较高的局部曲率，而与之相关的热扩散效应可能会抵消应变率的影响。

⑥ 之前的观点表明，对于给定的湍流涡与火焰前锋之间的相互作用本质上为非稳态。火焰响应取决于火焰受涡拉伸的时长和涡受黏性作用而耗散的快慢。

依据上述观点，应该确定一个更精细的相图能够分析湍流涡使预混火焰熄灭的能力以及非稳态过程的重要性。

(1) 湍流预混燃烧的熄灭

当火焰前锋受外部扰动时，如热损失或很强的气动拉伸等，导致反应率减小至很小，或完全抑制燃烧过程，则会发生火焰熄灭。例如，对于由反应物和产物对冲形成的层流滞止火焰，渐近分析结果[28-30] 表明，火焰拉伸会使火焰速度明显减小。Libby 等[30] 研究表明，在非绝热流动中或 Lewis 数大于 1 的流动中，拉伸可能引起火焰熄灭。这些结果已通过数值模拟[31-33] 和实验研究 [34-36]得以证实，并在 2.7.3 节中的图 2.24～图 2.26 简单总结了拉伸率对层流火焰前锋在有/无热损失时的影响。虽然这些研究都是针对层流火焰，但当假定薄火焰前锋处于皱褶火焰模式时，这些结论在湍流火焰中也成立。

当湍流预混火焰未熄灭时，火焰区处于“活跃”模式，可以将其视为划分低温未燃反应物与高温燃烧产物的交界面，这个模式在此称为火焰面模式，定义如下（图 5.16）❶：

当连接未燃气体中任意点 A 和已燃气体中点 B 的线穿过至少一个活跃火焰前锋时，湍流预混反应流处于火焰面模式。

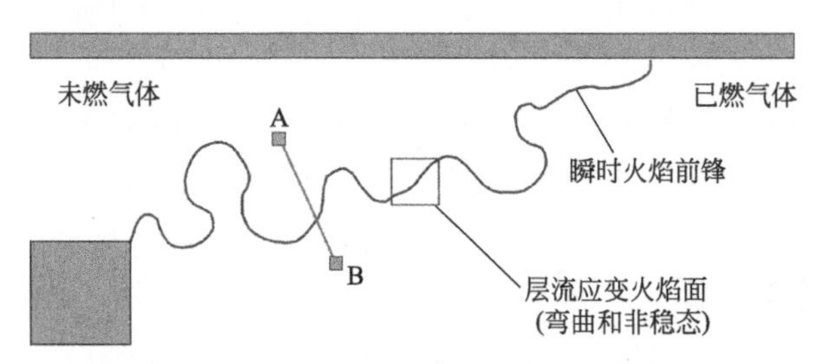

图 5.16 火焰面假设，即火焰面模式的定义

当火焰前锋处的湍流运动引起的局部拉伸率大到足以使火焰熄灭时，燃烧会在该点附近停止，未燃反应物向燃烧产物扩散，但不发生反应。在这种情形下，反应流的描述更为复杂，标准的火焰面方法也不再成立。

因此，湍流预混火焰的熄灭现象决定了划分两种不同火焰行为（有火焰或无火焰面）的界限，并成为描述和模拟湍流燃烧的重要机制。通常假设火焰单元在湍流中熄灭的条件类似于层流滞止火焰[21]，而火焰拉伸率是控制湍流火焰面和层流滞止火焰之间相似性的一个重要参数（见 2.6 节）。这一假设也符合渐近理论[37-38]：在有些假设（主要是低拉伸率）下，整体火焰结构和一些重要的火焰参数（如位移速度和消耗速度）只与拉伸率有关。例如，由式(2.99) 定义的位移速度 s_d 为

$$\frac{s_d}{s_L^0}=1-\frac{\mathcal{M}}{s_L^0}\kappa \tag{5.30}$$

式中，$\mathcal{M}$为 Markstein 长度，一个与反应混合物的热扩散特性和质量扩散特性有关的特征长度尺度❷；κ 为层流火焰的火焰拉伸率，定义为

$$\kappa=\frac{1}{A}\times\frac{dA}{dt} \tag{5.31}$$

---

❶ 不同于常用定义，这种定义没有限制性。在其他研究中，火焰面模式对应于一个具有一维层流火焰内部结构的薄火焰前锋。在当下的定义中，火焰面模式只对应于未熄灭的连续火焰前锋，其内部火焰结构可能不同于层流火焰。

❷ 这个关系式用于湍流预混火焰传播的研究中来表示火焰前锋的位移速度[5,39]。

当 $\kappa>0$ 时，火焰前锋受正拉伸（通常简称为“拉伸”）。最简单的正拉伸火焰是 2.6 节中研究的平面滞止火焰。拉伸火焰面也常出现在湍流火焰前缘焰面生成位置。当 κ 约等于火焰时间 $\tau_c=\delta/s_L^0$ 的倒数时，即 Karlovitz 数 $Ka=\kappa\delta/s_L^0=\kappa\tau_c\approx1$，火焰熄灭。当 $\kappa<0$ 时，火焰前锋受负拉伸（或“压缩”）。典型的压缩火焰是火焰前锋向未燃气体一侧弯曲，或本生灯的火焰尖峰（图 2.27）。式(5.30) 表明，在小拉伸率的极限情形下，火焰面对流场扰动的响应只需拉伸率 κ 来描述。由于曲率和应变率在火焰拉伸中起相似作用，这就意味着可以使用一个重要的简化方法：由于平面应变火焰比曲面火焰更容易设定和研究，因此研究火焰行为时只需考虑平面应变火焰。换句话说，根据渐近分析结果，弯曲火焰和平面火焰在总拉伸率相同的情况下动力学特征也相同。因此，平面应变火焰的研究有助于理解火焰-流动之间的相互作用，这也解释了为什么平面应变效应得到广泛研究，而曲率效应相对被忽视的原因❶。

但是，这种简单的表示方法存在以下几个问题：

① 渐近关系式(5.30) 是在火焰的低拉伸率假设下建立，将其推广至高拉伸率（和强曲率）时，缺乏坚实的理论基础。

② 通过如图 5.17 所示的湍流火焰瞬时结构可知，嵌入湍流剪切层的火焰前锋在有些位置被正拉伸，而绕在涡旋周围的火焰被严重弯曲（因此，被负拉伸或者压缩）。此图表明，平面正拉伸火焰面不能描述使火焰前锋向未燃气体一侧明显弯曲的区域。由于大多数湍流火焰都会涉及较大的拉伸率和高度弯曲的火焰前锋，因此，必须建立一个合理的局部火焰面模型来解决这些问题。

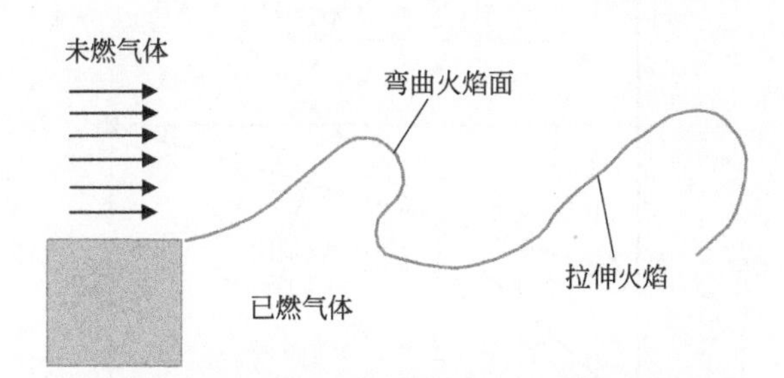

图 5.17　湍流火焰中拉伸和弯曲的火焰面

③ 基于几何分析表明，当湍流涡尺度大于火焰前锋的长度尺度（通常为热厚度 δ_L^0）时，火焰才会被拉伸。因此，小尺度涡不应包含在只与拉伸率有关的火焰定义中。

④ 在层流滞止火焰中，火焰前锋是平面结构，受到的拉伸率是常值。在湍流火焰中，火焰前锋被湍流涡拉伸。涡相对于火焰是移动的，由此引起的拉伸率不断变化。因此，火焰在拉伸时也是弯曲的，曲率效应可能很重要[40]，应该考虑在内。

⑤ 在火焰熄灭之前，黏性效应可能会改变涡旋结构，减小火焰前锋处的拉伸率。

(2) 时间和长度尺度对火焰的影响

在湍流中，火焰-涡相互作用本质上与时间有关。考虑到层流滞止火焰受稳态拉伸率作用，因此，从中提取的信息可能与湍流预混火焰无关。另外，湍流并非局限于一个简单的涡团，而是一个包含从 Kolmogorov 微尺度 η_k 到积分尺度 l_t 的复杂涡集合。如 4.2 节所述，

---

❶ 对流应变平面火焰也是一个简单稳态火焰的原型，非常适用于详尽的实验研究。

每个尺度的湍流涡可由长度尺度 r 和速度扰动 $u'(r)$ 来表征，由此引起的拉伸率为 $u'(r)/r$（图 4.1）。描述火焰-湍流相互作用时，只使用最小尺度或最大尺度并不充分，还需对其他尺度的影响进行分析，如使用图 5.18 所示的“谱相图”。

基于湍流中涡的描述（4.2 节），在谱相图上，湍流流场可以用一条直线表示，称为“湍流线”，并以 Kolmogorov 微尺度和积分尺度为界限。在湍流线上，每个尺度对火焰前锋会产生不同的影响：有些涡可以使火焰熄灭，有些涡可以形成未燃气体微团，而其他涡可能在与火焰发生相互作用之前，由于黏性耗散而消失。对于相同的湍流反应流，同一时刻可能发现三种类型的涡同时存在，因此，基于一种尺度的描述不能涵盖所有的作用机制。

火焰与涡的相互作用可以用三个与长度尺度 r 有关的无量纲参数来表征（图 5.18）：

① $V_r(r)=u'(r)/s_L^0$。该参数是与长度尺度 r 相关的湍流速度扰动 $u'(r)$ 和层流火焰速度的比值。火焰和涡发生强作用的必要条件是涡诱导的湍流脉动速度大于火焰速度，即 $V_r(r)>1$。

② Karlovitz 数：

$$Ka(r)=\frac{u'(r)/r}{\delta/s_L^0}\simeq\frac{1}{Re(r)^{1/2}}\left(\frac{\delta}{\eta_k}\right)^2 \tag{5.32}$$

式中，$Re(r)$ 是与尺度 r 相关的雷诺数。当 r 等于 Kolmogorov 长度尺度时，$r=\eta_k$，$Ka(r)$ 与式(5.26) 中 Karlovitz 数一致。拉伸引起火焰熄灭的必要条件为 $Ka(r)>1$。

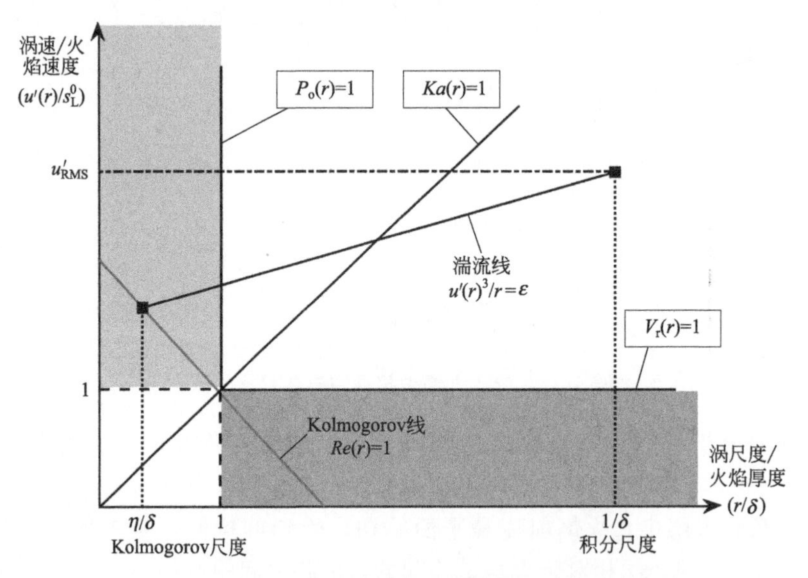

图 5.18 预混火焰-涡相互作用的谱相图（对数-对数尺度）

③ 涡流功率。

由涡存在的时间尺度 r^2/ν 与化学反应时间尺度 δ/s_L^0 的比值来衡量：

$$P_o(r)=\frac{r^2 s_L^0}{\nu\delta}\simeq\left(\frac{r}{\delta}\right)^2 \tag{5.33}$$

这个参数也可视为涡进入火焰前锋的渗透长度（因黏性耗散消失之前）与火焰前锋厚度的比值。功率小于 1 的涡（$P_o(r)<1$）在影响火焰之前就因黏性耗散而消失。$P_o(r)$ 也常用于衡量尺寸为 r 的涡与厚度为 δ 的火焰前锋相互作用产生的曲率效应。

基于以下分析，需要重新考虑 Klimov-Williams 判据。根据此判据，Kolmogorov 微尺度会使火焰熄灭，但在谱相图 5.18 中，Kolmogorov 微尺度对应于直线 $Re(\eta_k)=u'(\eta_k)\eta_k/\nu \simeq u'(\eta_k)\eta_k/s_L^0\delta=1$，当 Kolmogorov 长度尺度大于火焰厚度时（即 $\eta_k>\delta$），对应的流动条件降到直线 $V_r(r)=1$ 之下，涡速度小于火焰速度，导致火焰与涡发生“弱”耦合；另外，如果 $\eta_k<\delta$，则涡流功率 $P_o(\eta_k)$很小（尽管速度可能很大），湍流扰动在与火焰相互作用之前会被黏性效应耗散掉。在这两种情形下，具有 Kolmogorov 微尺度的涡都无法使火焰熄灭。显然，单一涡结构和火焰前锋之间的相互作用涉及不止一个无量纲参数（如 Karlovitz 数），更详细的内容将在下节中给出。

（3）火焰-涡相互作用的 DNS 数值模拟

研究单一涡结构与火焰前锋相互作用是理解湍流流场（不同尺度的涡集合）与火焰相互作用的前提。目前，火焰-涡的相互作用得到了广泛关注，很多学者采用数值模拟[41-47] 或实验[10,47-50] 等不同方法进行了大量的研究。由于涡结构的尺寸和速度可以分开控制，因此火焰前锋的气动扰动也能够精确定义。一个典型的火焰-涡构型如图 5.19 所示：初始时刻，在层流火焰前锋的上游产生两个反向旋转的涡，并且关于 $y=0$ 轴对称，因此这里只计算和显示区域的上半部分。这种涡对构型可以产生较大的火焰拉伸率，并且由于其自身诱导的速度能够与火焰更有效地作用。

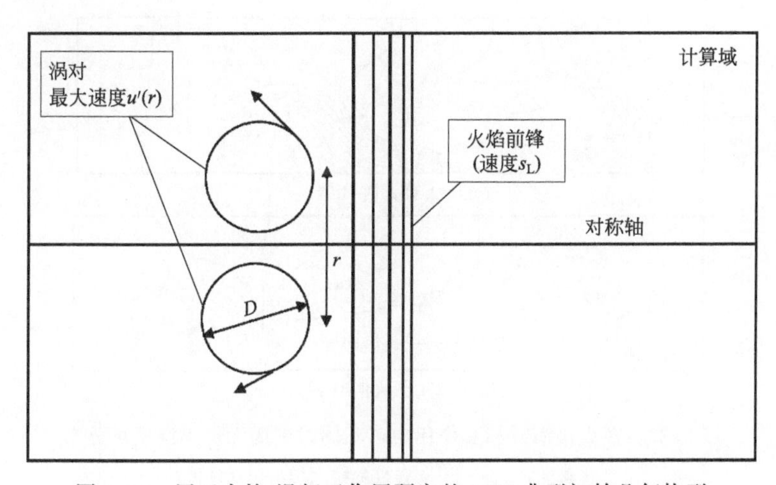

图 5.19　用于火焰-涡相互作用研究的 DNS 典型初始几何构型

选择 DNS 方程时一个重要的考虑因素是如何将热损失模型引入计算中，这些损失主要由热辐射造成。层流火焰结果表明，热损失模型是火焰熄灭的一个基本控制参数（见 2.7.3 节）。如果在 DNS 模拟时，未对热损失进行建模（这在 DNS 中是可能的，但在真实火焰中不可能出现），火焰可能能够承受较高的湍流涡强度而不会产生应变。Patnaik 和 Kailasanath[51] 指出，在使用 DNS 方法模拟火焰-涡相互作用时，热损失的大小会决定火焰能否熄灭。另外，对真实火焰中的热损失进行建模本身就是一个挑战，对应的模型目前还无法包含在 DNS 的方程中。一个折中的解决方案是遵循渐近方法，对辐射热损失进行简化处理，假定损失的热通量［式(1.48) 中的 $\dot{Q}$］与 $T^4-T_0^4$ 成正比，即 $\dot{Q}=\varepsilon_R\sigma(T^4-T_0^4)$。其中，$\varepsilon_R$ 表示气体的局部辐射率，T_0 表示远场的参考“冷”温度[45]。此时，难点在于如何选择气体的辐射率。最新的 DNS 数值模拟研究[51] 给出了一个很复杂的模型，但辐射损失水平的不确定性仍然很高。

Poinsot 等[45]模拟了 ε_R 取任意值时，火焰熄灭对应的真实拉伸率。其中，考虑了释热和密度与黏度的变化等因素。未燃气体和已燃气体的温度比为 4∶1，Lewis 数为 1.2。用于表征扰动大小的长度尺度 r 是涡结构直径与两涡中心距之和，如图 5.19 所示。速度尺度 $u'(r)$ 定义为一组涡对诱导的最大速度。计算核心区域位于 $0.81 < r/\delta_L < 11$ 和 $1 < u'(r)/s_L^0 < 100$。

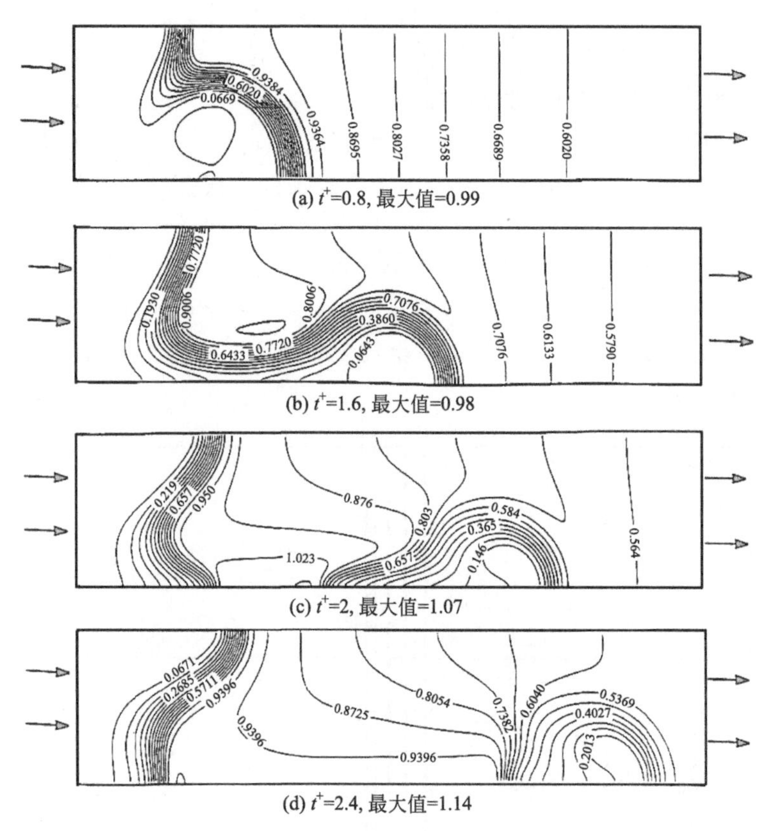

(a) t^+=0.8, 最大值=0.99

(b) t^+=1.6, 最大值=0.98

(c) t^+=2, 最大值=1.07

(d) t^+=2.4, 最大值=1.14

图 5.20　在火焰涡旋相互作用中，不同时刻的无量纲温度场分布

（转载自 Poinsot 等[45]，经剑桥大学出版社许可）

图 5.20 和图 5.21 展示了湍流涡对的尺寸和速度大到足以使火焰前锋熄灭时的模拟结果 [$r/\delta = 4.8$ 和 $u'(r)/s_L^0 = 28$]，分别显示了四个时刻的温度场 Θ 和反应率场 $\dot{\omega}$。无量纲时间为 $t^+ = t/\tau_c$，τ_c 为火焰的特征时间，可以表示为 $\tau_c = \delta/s_L^0$。

当 $t^+ = 0.8$ 时，涡对使火焰拉伸并弯曲，但火焰内部结构保持不变，未出现熄灭现象。最大 Karlovitz 数 $Ka = \kappa\delta/s_L^0$ 出现在轴线上，其值大约为 3。尽管预测火焰在 $Ka = 1$ 时可能会熄灭，但当 Karlovitz 数达到较大值时，燃烧仍在持续。当 $t^+ = 1.6$ 时刻，火焰熄灭出现在由涡对形成的未燃气体微团下游一侧，因为这些微团被迅速推入已燃气体时产生的热损失导致该区域冷却（图 5.20)。这种影响结合由涡产生的高拉伸率会使气体微团从未燃气体主要部分分离出来之后，几乎全部熄灭。当 $t^+ = 2.0$ 和 $t^+ = 2.4$ 时刻，这些未燃气体微团通过平均流向下游输运，当穿过已燃气体时，除了在尾部附近之外，并未观察到燃烧反应。在这种情形下，涡对导致火焰前锋局部熄灭，并且未燃混合物也会穿过火焰面。

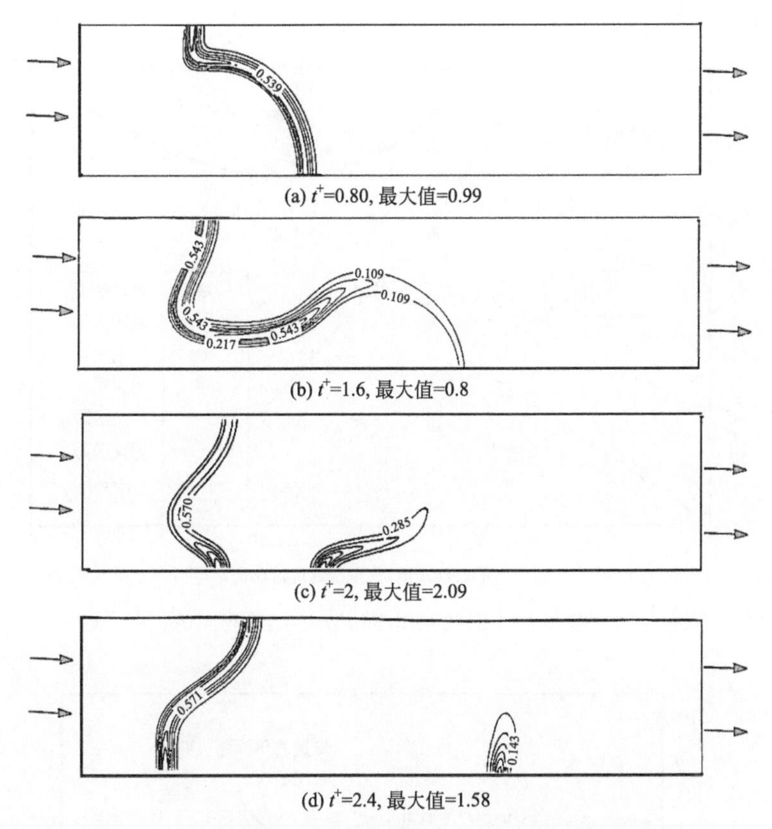

图 5.21　火焰-涡相互作用过程中不同时刻的反应率场

（转载自 Poinsot 等[45]，经剑桥大学出版社许可）

(4) 谱燃烧相图

基于火焰-涡相互作用的计算结果（而不仅是量纲分析）可以构造谱燃烧相图[45]。图 5.22 展示了一个相图例子，流场的 Lewis 数为 1.2，并考虑强热损失。火焰-涡相互作用的结果与尺度 r 和涡速度 $u'(r)$ 有关，由此识别出四种典型模式：

① 一个局部熄灭的火焰前锋；

② 未燃气体微团存在于已燃气体中，未出现熄灭；

③ 一个皱褶火焰前锋；

④ 整体效应可忽略，且无明显的火焰起皱或增厚。

图 5.22 中绘制出两条曲线：

① 熄灭曲线，识别出涡使火焰前锋出现局部熄灭的情形。

② 截止极限[52]，对应于涡使总反应率增加约 5%的情形。对内截止长度尺度 l_{inner} 的最佳拟合源于 DNS 模拟结果：

$$l_{\text{inner}}/\delta_{\mathrm{L}}^{0}=0.2+5.5(\varepsilon\delta_{\mathrm{L}}^{0}/(s_{\mathrm{L}}^{0})^{3})^{-1/6} \tag{5.34}$$

式中，$\varepsilon\delta_{\mathrm{L}}^{0}/(s_{\mathrm{L}}^{0})^{3}$ 是无量纲湍流耗散率。这个截止极限对应于预混火焰面分形描述中的内极限。

通过实验数据，也可以构造谱相图[50]，但实验结果和简单的化学计算（如 Poinsot 等[45] 的 DNS）之间存在很大的差异。然而，就定性分析而言，DNS 方法能很好地重现实验结果的大致趋势，如图 5.23 所示。

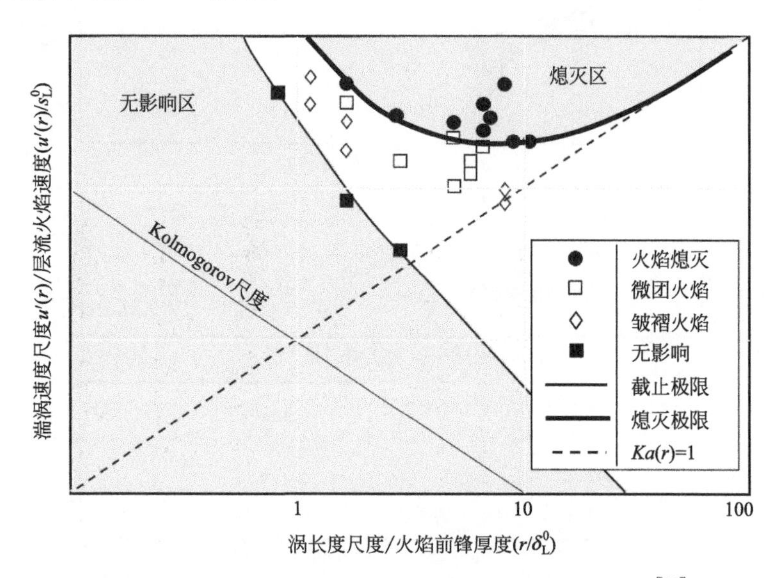

图 5.22 基于火焰-涡相互作用的 DNS 结果得到的相图[45]

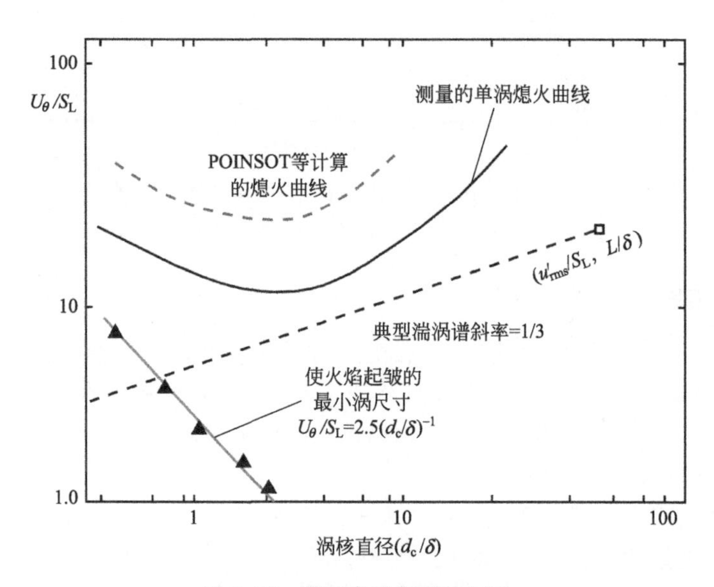

图 5.23 基于实验得到的相图

d_c 和U_θ 分别代表涡的尺寸和旋转速度，δ 和S_L 分别对应层流火焰的厚度和速度

（经 Elsevier Science 许可，转载自燃烧研究所的 Roberts 等[50] ）

(5) 燃烧相图修正版

基于以下假设，湍流预混燃烧相图可以从图 5.22 中显示的谱相图中推导出来：

① 在给定时刻单一涡结构与火焰前锋相互作用；

② 位于谱相图熄灭区的任意湍流结构都能使火焰前锋出现局部熄灭，并形成分布反应模式。

上述假设可能过于粗略，例如在熄灭区的有些湍流涡能量密度过低时不能使火焰前锋熄灭。因此，假设②可能要求太高而无法满足。然而，这些假设会形成“最坏情形”下的火焰熄灭相图。不过，以下基于 DNS 模拟结果的相图可能比基于简单参数的量纲分析得到的结构更加精确。

基于上述假设，新的湍流燃烧相图可直接通过图 5.22 所示的谱相图来构造。在图 5.24 中，B 类型的湍流场中会包含无效尺度（虚线）和能使火焰前锋起皱但不熄灭的尺度（实线），因此，点 B 对应于火焰面模式。在 A 点所在的区域中，即便是积分尺度的涡，也没有足够的能量与火焰相互作用，火焰处于准层流状态。C 点所在区域对应的湍流场包含了可能使火焰局部熄灭的尺度。这些尺度的涡比 Kolmogorov 微尺度涡的尺寸和速度大几个量级，因此，此处所产生的湍流火焰不满足火焰面假设。

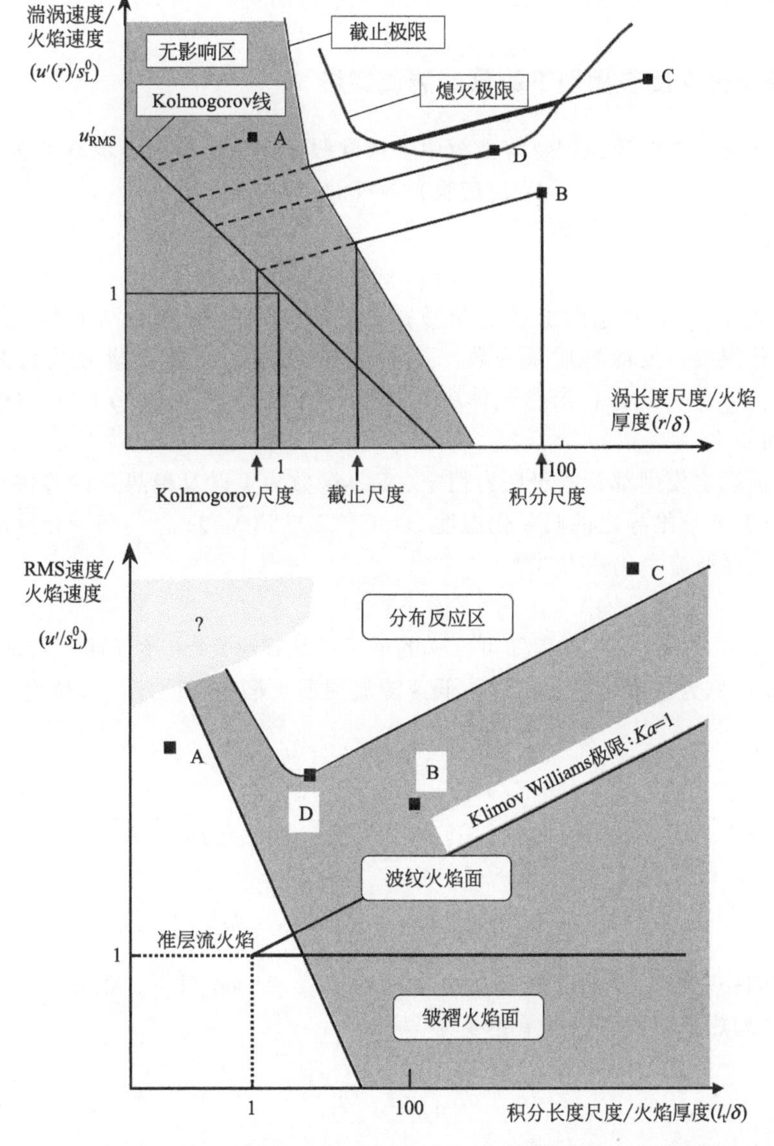

图 5.24　基于火焰-涡相互作用的 DNS 模拟结果得到的谱相图和对应的湍流燃烧相图

对比相图 5.24 和经典相图 5.12 可以发现，原本应该出现分布反应的区域向湍流度更大的方向移动至少一个量级。考虑到计算中热损失值的重要性，火焰面区域在真实情况中应该会更大。Peters[27] 也指出，图 5.24 中的熄灭极限大致对应 $Ka=100$，而这条线在图 5.13 中则被用于区分增厚-皱褶火焰模式和增厚火焰模式。

5.3 湍流预混火焰的 RANS 模拟

湍流燃烧的现象描述及其相图有助于理解湍流燃烧，但无法为数值模拟提供数学架构。4.5 节已介绍了雷诺平均 Navier-Stokes（RANS）方程的推导过程，对于预混火焰，方程(4.21)～方程(4.24) 在实际模拟之前，一般要先进行简化。

5.3.1 单步化学反应模型下的预混湍流燃烧

如 2.4 节所述，在湍流预混燃烧建模中，通常假设化学反应为单步不可逆过程：

$$\mathrm{R}(\text{反应物})\longrightarrow \mathrm{P}(\text{生成物}) \tag{5.35}$$

燃料反应率 $\dot{\omega}_F$ ［式(2.37)］表示为

$$\dot{\omega}_F=B\rho Y_F\exp(-T_a/T) \tag{5.36}$$

式中，温度指数 $\beta_1=0$，指前因子 B 为负数；T_1、T_2 和 T_a 分别表示未燃气体温度、绝热火焰温度和活化温度；反应物质量分数 Y_F 由未燃气体中反应物质量分数初值 Y_{F1} 来归一化，即 $Y=Y_F/Y_{F1}$。因此，在未燃气体中，$Y=1$；在已燃气体中，$Y=0$；在整个流场中，Y 在 0～1 之间变化。

大多数湍流燃烧模型都是基于压力恒定、Lewis 数为 1 以及绝热条件等假设。在这三个假设下，由式(2.35) 推导出的归一化温度 $\Theta=C_p(T-T_1)/QY_{F1}$ 与归一化反应物质量分数 Y 之间的关系式在湍流中仍然有效❶

$$\Theta+Y=1 \tag{5.37}$$

因此，只需要保留 Θ（或 Y）方程即可。Θ 的值可以从 $\Theta=0$（未燃气体）增加到 $\Theta=1$（已燃气体），因此被称为进度变量。所以，低速湍流预混火焰的守恒方程可简化为

$$\frac{\partial\bar{\rho}}{\partial t}+\frac{\partial}{\partial x_i}(\bar{\rho}\tilde{u}_i)=0 \tag{5.38}$$

$$\frac{\partial\bar{\rho}\tilde{u}_j}{\partial t}+\frac{\partial}{\partial x_i}(\bar{\rho}\tilde{u}_i\tilde{u}_j)+\frac{\partial\bar{p}}{\partial x_j}=\frac{\partial}{\partial x_i}(\bar{\tau}_{ij}-\bar{\rho}\widetilde{u_i''u_j''}) \tag{5.39}$$

$$\frac{\partial(\bar{\rho}\tilde{\Theta})}{\partial t}+\frac{\partial}{\partial x_i}(\bar{\rho}\tilde{\Theta}\tilde{u}_i)=\frac{\partial}{\partial x_i}\left(\bar{\rho}\bar{\mathcal{D}}\frac{\partial\tilde{\Theta}}{\partial x_i}-\bar{\rho}\widetilde{u_i''\Theta''}\right)+\bar{\dot{\omega}}_\Theta \tag{5.40}$$

式中，$\dot{\omega}_\Theta$ 是归一化温度 Θ 的反应率，可以表示为 $\dot{\omega}_\Theta=-\dot{\omega}_F/Y_{F1}$。在方程（5.40）中，式(4.24) 中的平均热扩散项可以简单建模为

$$\overline{\rho\mathcal{D}\frac{\partial\Theta}{\partial x_i}}=\bar{\rho}\bar{\mathcal{D}}\frac{\partial\tilde{\Theta}}{\partial x_i} \tag{5.41}$$

现在只需求解 $\bar{\rho}$、$\tilde{u}_i$ 和 $\tilde{\Theta}$，因此，原始平均方程组得到很好的简化。然而，新的方程组出现

❶ 在 2.4.3 节中，已证实稳定火焰中的关系式 $Y+\Theta=1$。当初始条件也满足相同性质时，关系式在非稳态湍流火焰中也成立。如果初始条件不满足 $Y+\Theta=1$，随着时间的推移，当初始条件最终被遗忘之后，火焰仍会趋于这一状态。

三个需要建模的未知项：

① 湍流应力张量 $\overline{\rho u_i'' u_j''}$；

② 平均反应率 $\overline{\dot{\omega}}_\Theta$；

③ 湍流标量输运项 $\overline{\rho u_i'' \Theta''}$。

这三个未知项如何影响平均值是湍流燃烧建模的关键问题，需要一些假设和模型将其表示为可解平均量（即 $\overline{\rho}$、$\widetilde{u}_i$ 和 $\widetilde{\Theta}$）的函数，或表示为附加守恒方程的解：

① 动量方程中的雷诺应力 $\overline{\rho}\,\widetilde{u_i'' u_j''}$ 模型在 4.5.3 节中已讨论过。这些湍流应力通常被视为附加应力，并通过湍流黏度 ν_t 建模（Boussinesq 假设）。

② 燃烧在 Navier-Stokes 方程中引入两个未知项，即平均反应率项 $\overline{\dot{\omega}}_\Theta$ 和湍流标量输运项 $\overline{\rho u_i'' \Theta''}$。大部分湍流燃烧的文献都关注于对平均反应率 $\overline{\dot{\omega}}_\Theta$ 的建模。这些模型将在 5.3.2～5.3.7 节给予讨论。湍流标量通量的模型通常使用梯度假设来封闭［参见式(4.27)］，并在 5.3.8 节给予介绍。

5.3.2 “零模型”或 Arrhenius 方法

在平均反应率建模时，最简单的方法是忽略湍流对燃烧的影响，只保留 4.5.4 节中泰勒级数展开式(4.44) 的第一项，则平均反应率可以表示为

$$\overline{\dot{\omega}}_\Theta = \overline{\dot{\omega}}_\Theta(\widetilde{\Theta}) = -B\overline{\rho}(1-\widetilde{\Theta})\exp\left(-\frac{T_a}{T_1+(T_2-T_1)\widetilde{\Theta}}\right) \tag{5.42}$$

此模型相当于假定平均反应率可由局部平均值 $\overline{\rho}$ 和 $\widetilde{\Theta}$ 直接表示。该模型只与化学反应时间尺度大于湍流时间尺度（$\tau_c \gg \tau_t$，Damköhler 数下限）的情形有关，它对应于图 5.12 中反应物快速掺混而缓慢燃烧的“良好搅拌反应器”模式。这个模型对于简单分析可能有用，有时会用于一些特定场景，如超声速燃烧和大气边界层中的化学反应（见 4.5.4 节），但在大多数情况下，该模型不成立：图 4.17 表明 $\overline{\dot{\omega}}_\Theta(\widetilde{\Theta})$ 和 $\overline{\dot{\omega}_\Theta(\Theta)}$ 相差较大。因此，采用平均量估算平均反应率会引入不可接受的误差（通常达几个数量级）。

5.3.3 涡团破碎模型（EBU）

由 Spalding[53-54]（也可参考 Kuo[6] 的研究）提出的涡团破碎模型（EBU）是基于湍流燃烧的唯象分析和高雷诺数（$Re \gg 1$）与高 Damköhler 数（$Da \gg 1$）。假设与 5.3.2 节的 Arrhenius 模型相反，假定化学反应作用较小，湍流运动控制反应率：反应区可以视为由湍流涡团输送的未燃气体微团和已燃气体微团的集合，则平均反应率主要由湍流特征掺混时间 τ_t 和温度脉动 $\widetilde{\Theta''^2}$ 控制，并表示为

$$\overline{\dot{\omega}}_\Theta = C_{EBU}\overline{\rho}\frac{\sqrt{\widetilde{\Theta''^2}}}{\tau_{EBU}} \tag{5.43}$$

式中，C_{EBU} 是模型常数。湍流时间 τ_t 由湍动能 k 及其耗散率 ε 估算，即

$$\tau_{EBU} = k/\varepsilon \tag{5.44}$$

基于式(5.44)，湍流流场积分长度尺度的特征时间也可以估算出来。对于一阶近似，假定接

近积分尺度的最大涡旋会产生最强火焰拍动运动。由于式(5.44)中需要确定 k 和 ε，涡团破碎模型的封闭通常与 k-ε 湍流模型一起使用（见 4.5.3 节）。

另外，式(5.43)需要预估温度脉动 $\widetilde{\Theta''^2}$。第一种分析方法是假定火焰无限薄，则

$$\bar{\rho}\widetilde{\Theta''^2}=\overline{\rho(\Theta-\widetilde{\Theta})^2}=\bar{\rho}(\widetilde{\Theta^2}-\widetilde{\Theta}^2)=\bar{\rho}\widetilde{\Theta}(1-\widetilde{\Theta}) \tag{5.45}$$

由于温度只取两个值，即 $\Theta=0$（在未燃气体中）或 $\Theta=1$（在已燃气体中），因此，$\Theta^2=\Theta$。最终，平均反应率的 EBU 模型为❶

$$\bar{\dot{\omega}}_\Theta=C_{\mathrm{EBU}}\bar{\rho}\frac{\varepsilon}{k}\widetilde{\Theta}(1-\widetilde{\Theta}) \tag{5.46}$$

这个模型很受欢迎，因为反应率是由已知平均量简单表示，且未引入附加输运方程。大多数商业代码中都有涡团破碎模型，尽管如此，但式(5.46)存在一个明显的缺陷，即不考虑化学动力学的任何影响。指前因子 B 或活化温度 T_a 并未出现在式(5.46)中。相比于简单的 Arrhenius 模型，EBU 模型通常能够给出更好的结果。图 5.25 对比了 EBU 模型和 Arrhenius 模型预测的平均反应率变化：EBU 模型预测的反应率在平均温度 $\widetilde{\Theta}$ 除了 0 和 1 两点之外的其他点处，均非零，这与实验数据（见图 4.17）非常相似；Arrhenius 模型预测的平均反应率位于 $\widetilde{\Theta}=0.9$ 附近，其他位置几乎为 0。

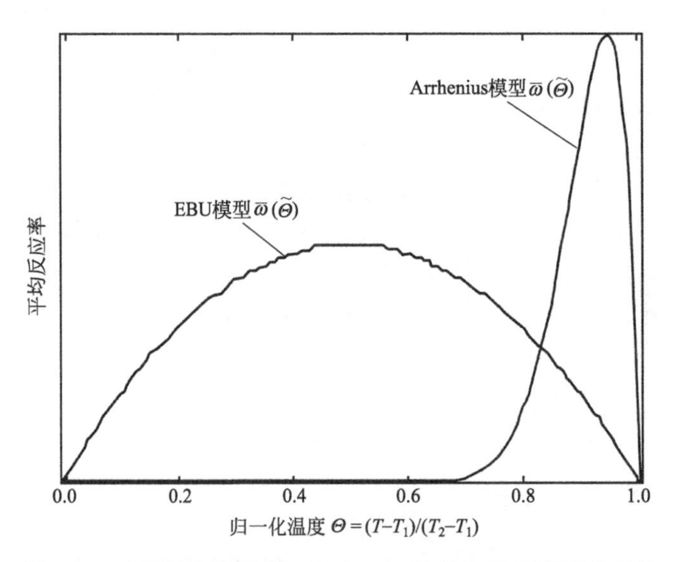

图 5.25 在湍流火焰刷中，Arrhenius 模型和 EBU 模型的对比

有学者提议可以将化学特征纳入模型常数 C_{EBU} 中[55]。在商业计算软件中，有时会将 EBU 模型和 Arrhenius 模型（5.3.2 节）结合起来，通过化学反应动力学限制平均反应率，这种处理方式是由于涡团破碎模型常会高估反应率，尤其是在 ε/k 比值较大的高应变区域（如火焰稳定器尾流、壁面等）。然而，需要注意的是，正如 5.3.9 节中所讨论的，对特征时

---

❶ 对比表明，式(5.43)和式(5.46)并不兼容。与式(5.43)相比，式(5.46)未出现平方根。这个平方根最初是为分析“量纲”参数引入，但会引起很多物理和数学问题，可使用 5.3.10 节中提出的 KPP 分析给予说明。该分析表明，当 $\widetilde{\Theta}=0$ 和 $\widetilde{\Theta}=1$ 时，合适的模型应该保证导数 $\mathrm{d}\bar{\dot{\omega}}_\Theta/\mathrm{d}\widetilde{\Theta}$ 取有限值。当平均反应率写成 $[\widetilde{\Theta}(1-\widetilde{\Theta})]^{1/2}$ 时，情况就并非如此，因此需要保留 $\widetilde{\Theta}(1-\widetilde{\Theta})$（Borghi，私人通信，1999）。

间 τ_{EBU} 估值很随意❶，当使用其他假设条件建模时，会得出不同的计算结果。例如，Meneveau 和 Poinsot[56] 建立的 ITNFS 模型能够以较低的数值成本改进 EBU 模型的预测能力[57]。

5.3.4 基于湍流火焰速度相关性的模型

湍流预混火焰可以通过全局湍流火焰速度 s_T 表示，如 4.3.1 节所述。根据实验数据[2,26,58] 或理论分析[3]，湍流火焰速度可建模如下：

$$\frac{s_T}{s_L}=1+\alpha\left(\frac{u'}{s_L}\right)^n \tag{5.47}$$

式中，α 和 n 是两个接近 1 的模型常数，u' 是湍流速度（即均方根速度）。火焰前锋的传播可以用 G 方程描述[59-60]：

$$\bar{\rho}\frac{\partial G}{\partial t}+\bar{\rho}\tilde{u}_i\frac{\partial G}{\partial x_i}=\rho_0 s_T|\nabla G| \tag{5.48}$$

式中，ρ_0 是未燃气体的密度，湍流火焰刷与 G 场中指定的 G^* 相关❷。当 G 远离 G^* 时，表示远离火焰前锋，此时 G 场没有确切的物理意义。

然而，湍流火焰速度 s_T 不是一个定义明确的变量[7]，它的实验数据也呈现出很大的分散性，这与化学特性、湍流尺度和流场几何条件等参数有关。式(5.48) 也会带来一些数值问题，如容易引起“火焰尖”（flame cusp）问题，一般在方程的右边添加一个扩散项（G 的空间二阶导数）加以避免，但这一项也会轻微修正火焰前锋的传播速度❸。G 方程与质量分数或能量的守恒方程之间耦合也不明显：G 方程需要火焰前锋的湍流火焰速度，而守恒方程需要火焰刷的消耗速度。至于层流火焰（见 2.7.1 节），这些变量可能会存在明显差异。

虽然这一形式不是特别适合于封闭 Favre 平均输运方程，但在大涡模拟中可能会很有用（见 5.4 节）。同时，这种火焰描述方法也对超大型燃烧系统的模拟很有用。在计算中，G 方程模型无须求解湍流火焰刷厚度，只需求解 G 场，对应的计算域可能会很大，梯度也会比较平滑 [61]。

Peters[5,27] 建立了一种基于 G 方程的更精细形式，这将在 5.3.6 节给出简要介绍。

5.3.5 Bray-Moss-Libby（BML）模型

这个模型以作者 Bray、Moss 和 Libby 的首字母命名，于 1977 年首次提出，并经过了多次改进（参见 Bray、Moss 和 Libby 的论文，以及 Bray、Champion 和 Libby 的论文）。结合概率密度函数的统计方法和物理分析，BML 模型能够预测出湍流预混燃烧的一些特征，如 5.1.3 节中描述的逆梯度湍流输运和火焰生成湍流现象。

---

❶ 在 EBU 模型的早期版本中为模拟稳定在火焰稳定器后的湍流预混火焰[53-54]，特征时间 τ_{EBU} 通过轴向平均速度的横向梯度 $|\partial\tilde{u}/\partial y|^{-1}$ 进行简单近似，对应于大尺度拟序运动引起的应变率。

❷ 实际上，G 常常被选为相对于火焰前锋（即 G^* 面）的一个有符号的距离。

❸ 一些学者[60,62] 引入了湍流扩散项（即 $\nu_t\partial^2 G/\partial x_i^2$）来预测在平均湍流火焰速度 s_T 下持续增加的火焰刷厚度。

此处，只考虑未燃气体 R 和燃烧产物 P 之间的单步不可逆化学反应。为简化模型形式，引入一些常用假设：理想气体、不可压流动、恒定比热容和单位 Lewis 数等。在给定位置 x 处，进度变量 Θ 的概率密度函数可表示为关于未燃气体、已燃气体和反应混合物三部分之和（图 5.26），即

$$p(\Theta,x)=\underbrace{\alpha(x)\delta(\Theta)}_{\text{未燃气体}}+\underbrace{\beta(x)\delta(1-\Theta)}_{\text{已燃气体}}+\underbrace{\gamma(x)f(\Theta,x)}_{\text{反应混合物}} \tag{5.49}$$

式中，α、β 和 γ 分别表示未燃气体、已燃气体和反应混合物在 x 处存在的概率；$\delta(\Theta)$ 和 $\delta(1-\Theta)$ 分别对应于未燃气体（$\Theta=0$）和已燃气体（$\Theta=1$）的 Dirac-δ 函数。

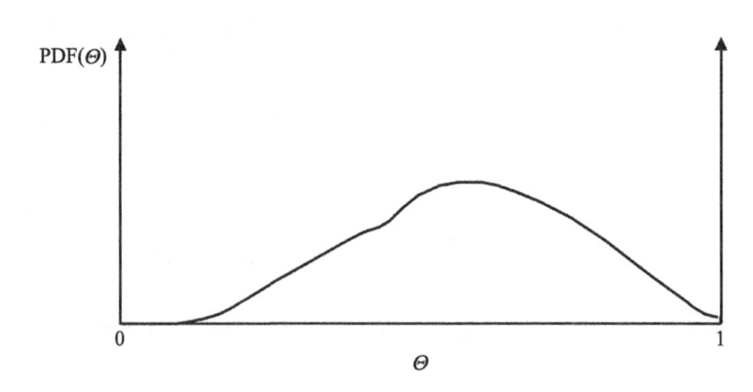

图 5.26　湍流预混燃烧的概率密度函数

由于概率密度函数满足 $\int_0^1 p(\Theta,x)\,\mathrm{d}\Theta=1$，则

$$\alpha+\beta+\gamma=1,\quad \int_0^1 f(\Theta,x)\,\mathrm{d}\Theta=1 \tag{5.50}$$

其中，$f(0)=f(1)=0$。

BML 模型基于高雷诺数和高 Damköhler 数的假设。由于火焰前锋很薄，因此，位于反应混合物中的概率会很小（$\gamma\ll1$），可以观察到在未燃气体（$\Theta=0$）与已燃气体（$\Theta=1$）之间的间歇性。表达式(5.49) 可以简化为

$$p(\Theta,x)=\alpha(x)\delta(\Theta)+\beta(x)\delta(1-\Theta) \tag{5.51}$$

如图 5.27 所示，在平均反应区给定位置 x 处，进度变量 Θ 呈现出方波状。根据 5.1.3 节可知，这个假设会决定概率 α 和 β 的取值，形成雷诺平均和 Favre 平均之间的一个有用关系式，并得到可以证实未燃气体和已燃气体间歇性的湍流通量表达式。然而，这种分析方法无法提供平均反应率 $\overline{\dot{\omega}}_\Theta$，因为

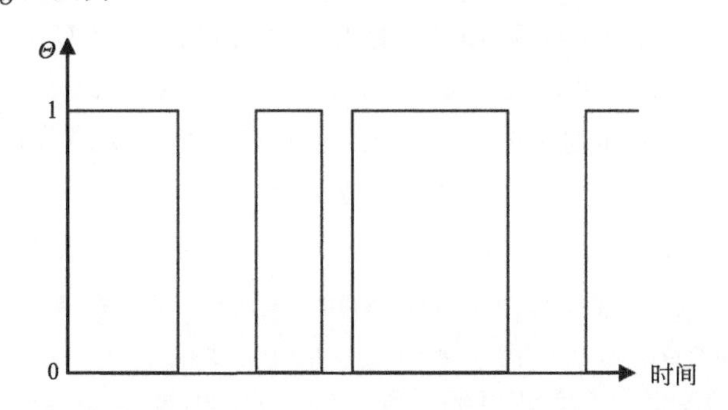

图 5.27　在反应区位置 x 处，未燃气体和已燃气体出现的间歇性
该信号对应于具有双峰分布（$\Theta=0$ 和 $\Theta=1$）的概率密度函数

$$\overline{\dot{\omega}}_{\Theta}(x)=\int_{0}^{1}\dot{\omega}(\Theta)p(\Theta,x)\,\mathrm{d}\Theta=\gamma(x)\int_{0}^{1}\dot{\omega}(\Theta)f(\Theta,x)\,\mathrm{d}\Theta\approx 0 \tag{5.52}$$

由于位于反应混合物中的概率 γ 被忽略，平均反应率不能用这个表达式来估算。自 BML 模型诞生以来，先后提出了三种方法使平均反应率 $\overline{\dot{\omega}}_{\Theta}$ 成功封闭，前两种形式是基于标量耗散率和火焰穿越频率，并在此处给予讨论，最后一种方法是根据火焰面密度推导得出，这部分内容见 5.3.6 节。

(1) 标量耗散率形式

从进度变量 Θ 的瞬态守恒方程开始：

$$\frac{\partial\rho\Theta}{\partial t}+\frac{\partial}{\partial x_i}(\rho u_i\Theta)=\frac{\partial}{\partial x_i}\left(\rho\mathcal{D}\frac{\partial\Theta}{\partial x_i}\right)+\dot{\omega}_{\Theta} \tag{5.53}$$

Bray 和 Moss[14] 推导出关于 $\Theta(1-\Theta)=\Theta-\Theta^2$ 的守恒方程

$$\frac{\partial}{\partial t}[\rho\Theta(1-\Theta)]+\frac{\partial}{\partial x_i}[\rho u_i\Theta(1-\Theta)]=\frac{\partial}{\partial x_i}\left(\rho\mathcal{D}\frac{\partial}{\partial x_i}[\Theta(1-\Theta)]\right)+2\rho\mathcal{D}\frac{\partial\Theta}{\partial x_i}\times\frac{\partial\Theta}{\partial x_i}-2\Theta\dot{\omega}_{\Theta}+\dot{\omega}_{\Theta} \tag{5.54}$$

基于 BML 模型假设，归一化温度为 $\Theta=0$ 或 $\Theta=1$，于是，$\Theta(1-\Theta)=0$，守恒方程 (5.54) 可以简化为

$$2\rho\mathcal{D}\frac{\partial\Theta}{\partial x_i}\times\frac{\partial\Theta}{\partial x_i}=2\Theta\dot{\omega}_{\Theta}-\dot{\omega}_{\Theta} \tag{5.55}$$

在求平均之后，可以得到以下公式：

$$\overline{\dot{\omega}}_{\Theta}=\frac{1}{2\Theta_{\mathrm{m}}-1}\overline{\left(2\rho\mathcal{D}\frac{\partial\Theta}{\partial x_i}\times\frac{\partial\Theta}{\partial x_i}\right)}=\frac{\overline{\rho}\,\widetilde{\chi}_{\Theta}}{2\Theta_{\mathrm{m}}-1} \tag{5.56}$$

其中，Θ_{m} 定义为

$$\Theta_{\mathrm{m}}=\frac{\overline{\Theta\dot{\omega}_{\Theta}}}{\overline{\dot{\omega}}_{\Theta}}=\frac{\int_0^1\Theta\dot{\omega}_{\Theta}f(\Theta)\,\mathrm{d}\Theta}{\int_0^1\dot{\omega}_{\Theta}f(\Theta)\,\mathrm{d}\Theta} \tag{5.57}$$

且 $\overline{\rho\chi_{\Theta}}=\overline{\rho}\,\widetilde{\chi}_{\Theta}$。$\widetilde{\chi}_{\Theta}$ 是归一化温度 Θ 的标量耗散率。

平均反应率 $\overline{\dot{\omega}}_{\Theta}$ 和耗散率 $\widetilde{\chi}_{\Theta}$（表征湍流掺混）、$\Theta_{\mathrm{m}}$（表征化学反应）二者相关联，因此可以推导出标量耗散率的守恒方程并对其进行求解[63]。有一个简单方法是假定脉动是线性松弛的，引入湍流掺混时间尺度 τ_{t}，从而有

$$\overline{\rho\chi}_{\Theta}=\frac{\overline{\rho}\widetilde{\Theta''^2}}{\tau_{\mathrm{t}}} \tag{5.58}$$

如 5.3.7 节所述，可以推导并封闭进度变量方差 $\widetilde{\Theta''^2}$ 的守恒方程，但如果假设未燃气体和已燃气体的间歇性（$\Theta=0$ 或 $\Theta=1$）存在，可以得出 $\Theta^2=\Theta$。根据式(5.45)，则

$$\overline{\dot{\omega}}_{\Theta}=\frac{1}{2\Theta_{\mathrm{m}}-1}\overline{\rho}\,\frac{\varepsilon}{k}\widetilde{\Theta}(1-\widetilde{\Theta}) \tag{5.59}$$

式中，τ_{t} 可通过湍动能 k 及其耗散率 ε 来估算，即 $\tau_{\mathrm{t}}=k/\varepsilon$ [式(5.44)]。因此，可以复现 Spalding 在涡团破碎模型中提出的表达式(5.46)。BML 模型可视为涡团破碎模型（EBU）的一个理论推导，后者起初是基于唯象分析。与 EBU 相比，BML 模型在 Θ_{m} 中考虑了化学

反应的特征。

(2) 火焰穿越频率

第二种分析方法[64-65] 认为，对于给定位置的平均反应率主要由火焰前锋通过（或穿越）该点的频率决定，而非局部平均温度或组分质量分数。图 5.28 给出了湍流火焰中的温度信号。可以看出，在类似于点 A 处（火焰刷低温一侧）或点 B 处（火焰刷高温一侧），火焰前锋通过次数很少，同时平均反应率也很小。另外，点 B 处的平均反应率并未明显高于点 A 处，这与层流火焰（见图 2.8）明显不同，因为基于 Arrhenius 公式的层流火焰反应率会在高温处达到峰值。在火焰刷的中心位置，火焰前锋频繁穿越点 C，且平均反应率很高。基于上述观察结果表明，平均反应率可以表示为火焰穿越频率 f_c 与每次火焰穿越时的反应率 $\dot{\omega}_c$ 的乘积，即

$$\overline{\dot{\omega}}_\Theta = \dot{\omega}_c f_c \tag{5.60}$$

火焰穿越频率可以通过温度信号（图 5.27）的统计分析得到：

$$f_c = 2\frac{\overline{\Theta}(1-\overline{\Theta})}{\hat{T}} \tag{5.61}$$

式中，$\hat{T}$ 是方波信号的平均周期，与湍流运动有关。关于上述表达式提出以下几点说明：

① 系数 2 表明火焰在一个周期内穿越两次：一次是从未燃气体中穿越至已燃气体中，另一次是从已燃气体中穿越至未燃气体中。

② 穿越频率通过雷诺平均无量纲温度 $\overline{\Theta}$ 表示，如果使用式(5.15) 中 Favre 平均温度来替代，可以得出

$$f_c = 2\frac{1+\tau}{(1+\tau\widetilde{\Theta})^2} \times \frac{\widetilde{\Theta}(1-\widetilde{\Theta})}{\hat{T}} \tag{5.62}$$

③ 穿越频率 f_c 在实验中很容易测量，可以使用热电偶、米氏散射或 Rayleigh 散射记录给定位置处温度随时间的变化。

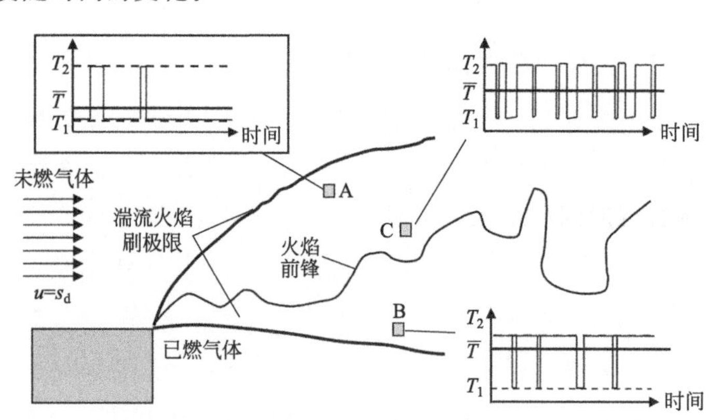

图 5.28 湍流火焰中不同点的温度信号

一般情况下，为了使式(5.61) 封闭，可以通过湍流特征时间 τ_t 估算 $\hat{T}$。式(5.60) 中火焰每次穿越时的反应率 $\dot{\omega}_c$ 可以建模为

$$\dot{\omega}_c = \frac{\rho_0 s_L^0}{\delta_L^0 / t_t} \tag{5.63}$$

式中，ρ_0 为未燃气体的密度，s_L^0 和 δ_L^0 分别为层流火焰的速度和厚度。火焰穿透时间 t_t 用于衡量穿过火焰前锋所需的时间，对应于无量纲温度从 $\Theta=0$ 过渡到 $\Theta=1$ 的时间，如图5.29所示。使用 $\widehat{T}=\tau_t=k/\varepsilon$，平均反应率为

$$\overline{\dot{\omega}}_\Theta=2\frac{\rho_0 s_L^0}{\delta_L^0/t_t}\times\frac{\varepsilon}{k}\overline{\Theta}(1-\overline{\Theta}) \tag{5.64}$$

当火焰穿透时间 t_t 由层流火焰厚度 δ_L^0 和速度 s_L^0 估算时，$t_t=\delta_L^0/s_L^0$，可以复现类似于EBU的表达式。

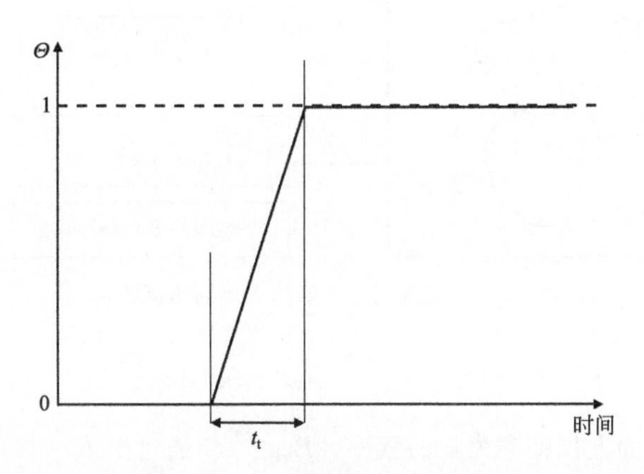

图5.29 火焰穿透时间 t_t 的定义

在实际中，很难估算每次火焰穿越时的反应率，因此，表达式(5.60)在5.3.6节中改成以火焰面密度为参数。需要注意的是，BML形式给出了反应率 $\overline{\dot{\omega}}_\Theta$ 的代数表达式，但重点放在对湍流输运的描述上，同时，通过湍流标量通量 $\widetilde{u_i''\Theta''}$ 和雷诺应力 $\widetilde{u_i''u_j''}$ 的守恒方程考虑了潜在的逆梯度特征和火焰生成湍流。

5.3.6 火焰面密度模型

在5.3.5节中，湍流平均反应率通过火焰前锋的穿越频率来量化。在火焰面假设下另一种有效的方法是使用火焰表面积来描述，即平均反应率可以通过火焰面密度 Σ（即单位体积中存在的火焰表面积）与单位火焰面积的局部消耗速率 $\rho_0\langle s_c\rangle_s$ 的乘积表示[66-69]

$$\overline{\dot{\omega}}_\Theta=\rho_0\langle s_c\rangle_s\Sigma \tag{5.65}$$

式中，ρ_0 为未燃气体的密度，$\langle s_c\rangle_s$ 为沿火焰表面的平均火焰消耗速度。火焰面密度 Σ（单位：m^2/m^3）用于衡量火焰前锋的复杂结构。在流场给定位置处，火焰面密度越大，则对应的湍流反应率越大。此方法的主要优点在于将平均火焰消耗速度 $\langle s_c\rangle_s$ 中的复杂化学特征从由火焰面密度 Σ 模拟的湍流-燃烧相互作用中分离出来。

图5.30给出了火焰面密度模型的简图，湍流火焰被视为层流火焰面单元（小火焰）的集合，其中每个小火焰结构类似于层流滞止火焰。单位火焰面的消耗速率可以用简单的层流平面滞止火焰模型来计算（包括复杂的化学反应）[33]，相应的结果存储在小火焰库中。最终，通过建表方式可得到单位火焰面的层流消耗速率 $s_c(\kappa)$ 与拉伸率 κ、未燃气体当量比、温度以及其他可能参数之间的对应关系。火焰面的平均消耗速率 $\langle s_c\rangle_s$ 计算如下[70-71]：

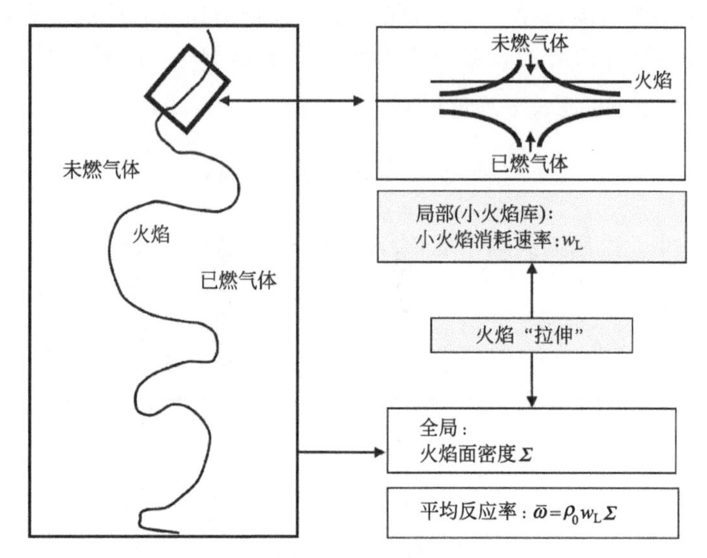

图 5.30 湍流预混火焰的火焰面密度概念

$$\langle s_c \rangle_s = \int_0^{+\infty} s_c(\kappa) p(\kappa) \mathrm{d}\kappa \tag{5.66}$$

式中，$p(\kappa)$是火焰表面上拉伸率为κ的概率。Bray[72] 通过引入“拉伸因子”I_0将火焰面的平均消耗速率$\langle s_c \rangle_s$与未拉伸的层流火焰速度s_L^0关联起来，并考虑可能出现的火焰熄灭：

$$\langle s_c \rangle_s = I_0 s_L^0 \tag{5.67}$$

根据式(5.66)，I_0定义为

$$I_0 = \frac{1}{s_L^0} \int_0^{+\infty} s_c(\kappa) p(\kappa) \mathrm{d}\kappa \tag{5.68}$$

在大部分实际计算中，$p(\kappa)$假定为 Dirac 函数：$p(\kappa) = \delta(\kappa - \bar{\kappa})$。其中，$\bar{\kappa}$表示平均局部拉伸率，一般认为其等于湍流时间尺度的倒数❶，即$\bar{\kappa} \approx \varepsilon / k$。则

$$\langle s_c \rangle_s \approx s_c(\bar{\kappa}), \quad I_0 \approx s_c(\bar{\kappa}) / s_L^0 \tag{5.71}$$

很多DNS模拟结果表明[73] $I_0 \approx 1$。因此，对于一阶近似，有些模型通过简单设置$I_0 = 1$和$\langle s_c \rangle_s = s_L^0$将应变效应忽略。当前的挑战在于如何给出一个火焰面密度Σ的模型，为此，可以使用简单的代数表达式或求解守恒方程。

(1) 火焰面密度的代数表达式

Bray 等[69] 将式(5.60) 改写为关于火焰面密度的表达式：

$$\Sigma = \frac{n_y}{\sigma_y} \tag{5.72}$$

---

❶ 为了避免使用小火焰库，Bray[72] 根据 Abdel-Gayed 等[74] 获得的实验数据提出了I_0的表达式

$$I_0 = 0.117 Ka^{-0.784} / (1 + \tau) \tag{5.69}$$

式中，τ是释热因子。Karlovitz 数Ka估算如下：

$$Ka = 0.157 \left(\frac{u'}{s_L^0} \right)^2 \left(\frac{u' l_t}{\nu} \right)^{-1/2} = 0.157 \left(\frac{u'}{s_L^0} \right)^2 Re_t^{-1/2} \tag{5.70}$$

式中，n_y 是沿 $\overline{\Theta}$ 等值面上单位长度内的火焰穿越次数（空间频率）；火焰面指向因子 σ_y 是瞬态火焰前锋与 $\overline{\Theta}$ 等值面的平均余弦角（图 5.31），假定共为通用模型常数（$\sigma_y \approx 0.5$）。则式(5.61) 可以改写为❶

$$\Sigma=\frac{g}{\sigma_y}\times\frac{\overline{\Theta}(1-\overline{\Theta})}{L_y}=\frac{g}{\sigma_y}\times\frac{1+\tau}{(1+\tau\widetilde{\Theta})^2}\times\frac{\widetilde{\Theta}(1-\widetilde{\Theta})}{L_y} \tag{5.73}$$

式中，g 为模型常数；L_y 为火焰前锋的起皱长度尺度，与积分尺度 l_t 成正比：

$$L_y=C_1 l_t\left(\frac{s_L^0}{u'}\right)^n \tag{5.74}$$

将 $\langle s_c\rangle_s$ 建模为 $\langle s_c\rangle_s=s_L^0$ 并假设 $n=1$，则

$$\bar{\dot{\omega}}_\Theta=\rho_0\frac{g}{C_1\sigma_y}\times\frac{u'}{l_t}\overline{\Theta}(1-\overline{\Theta}) \tag{5.75}$$

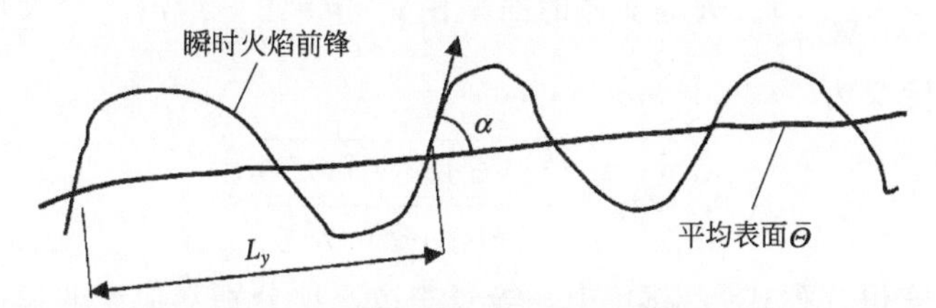

图 5.31　BML 火焰表面建模时的变量

L_y 是火焰平均长度尺度，指向因子$\sigma_y=\overline{\cos\alpha}$ 是瞬态火焰前锋与$\overline{\Theta}$等值面的平均余弦角。沿$\overline{\Theta}$ 表面单位长度内火焰穿越次数约为 $2/L_y$

由于 l_t/u' 对应于积分长度尺度的特征时间，可以将其建模为 $\tau_t=k/\varepsilon$，最终复现式(5.46)、式(5.59) 和式(5.64) 的表达式。式(5.75) 中的湍流时间 l_t/u' 可以使用 ITNFS 形式来替代[56,57]。相对于火焰前锋的穿越频率 f_c，火焰面密度 Σ 更难测量，因为需要对火焰前锋进行可视化才能预估 Σ[18,75]。但通过层流火焰理论或数值计算可轻易预估出 $\langle s_c\rangle_s$。

火焰面密度也可以通过分形理论来推导得出[76]

$$\Sigma=\frac{1}{L_{out}}\left(\frac{L_{out}}{L_{in}}\right)^{D-2} \tag{5.76}$$

式中，L_{in} 和 L_{out} 分别是内、外截止长度尺度（假设火焰表面在这两个尺度之间是分形的），D 是火焰表面的分形维数。截止尺度一般近似为湍流 Kolmogorov 微尺度 η_k 和积分尺度 l_t，也可以从 DNS 模拟中得出，如式(5.34) 所示。

(2) 火焰面密度的守恒方程

火焰面密度 Σ 的守恒方程存在多种形式，这些方程既可以通过启发式论证[66,77] 推导，也可通过更严谨的方法[68,78-80] 构造。根据 Pope 的工作[68]，等温面 Θ^* 的表面密度可以写为

$$\Sigma=\overline{|\nabla\Theta|\delta(\Theta-\Theta^*)}=(\overline{|\nabla\Theta|\,|\Theta=\Theta^*})\,p(\Theta^*) \tag{5.77}$$

---

❶ BML 模型首先是基于双峰概率密度函数假设［统计分析，式(5.51)］。推导结果表明，反应率正比于标量耗散率［掺混过程描述，式(5.56)］。最后，将模型改写为关于火焰面密度的形式［几何结构描述，式(5.73)］。这个推导证实了 4.5.5 节中描述的湍流燃烧建模的几种物理方法之间的关联，并在文献［71］中给出了严格的推导过程。

式中，$\delta(\Theta)$是 Diracδ 函数，$\overline{|\nabla\Theta||\Theta=\Theta^*}$指在 $\Theta=\Theta^*$ 条件下$|\nabla\Theta|$的平均值，$p(\Theta^*)$是给定位置处出现$\Theta=\Theta^*$的概率。由 4.5.6 节的定性描述可知，平均火焰面密度 Σ 不仅包含瞬时火焰前锋的局部信息$\overline{|\nabla\Theta||\Theta=\Theta^*}$，也包含给定位置处出现火焰前锋的概率$p(\Theta^*)$（即间歇性）。

火焰面密度（假定为$\Theta=\Theta^*$的等值面）的精确守恒方程可以通过这个定义和归一化温度Θ的守恒方程[79-80] 推导得出

$$\frac{\partial\Sigma}{\partial t}+\frac{\partial}{\partial x_i}(\langle u_i\rangle_s\Sigma)+\frac{\partial}{\partial x_i}[\langle s_d n_i\rangle_s\Sigma]=\underbrace{\left\langle(\delta_{ij}-n_in_j)\frac{\partial u_i}{\partial x_j}\right\rangle_s\Sigma+\left\langle s_d\frac{\partial n_i}{\partial x_i}\right\rangle_s\Sigma}_{\langle\kappa\rangle_s\Sigma} \tag{5.78}$$

式中，s_d 是火焰相对于未燃气体的位移速度，n_i 是垂直于火焰前锋并指向未燃气体的单位矢量$\boldsymbol{n}$ 的分量（$\boldsymbol{n}=-\frac{\nabla\Theta}{|\nabla\Theta|}$）。火焰前锋的曲率由$\nabla\cdot\boldsymbol{n}=\frac{\partial n_i}{\partial x_i}$给出。沿火焰表面求平均的面平均运算符$\langle\cdot\rangle_s$定义为

$$\langle Q\rangle_s=\frac{\overline{Q|\nabla\Theta|\delta(\Theta-\Theta^*)}}{\overline{|\nabla\Theta|\delta(\Theta-\Theta^*)}} \tag{5.79}$$

在火焰面密度 Σ 的守恒方程式(5.78) 中，等号左边三项分别对应于非稳态影响、平均流场引起的火焰面输运和火焰面沿其法向的传播❶。右边第一项表示切向应变率对火焰面的作用，最后一项对应于火焰传播-曲率效应的综合作用。这两种影响的总和对应于作用在火焰表面的拉伸率$\langle\kappa\rangle_s$。该拉伸率是作用在预混火焰单元上沿表面求平均后的拉伸率 κ [参见第 2 章中式(2.84)]。关于这个精确守恒方程给出以下几点说明：

① 许多影响隐含在火焰前锋的传播速度 s_d 中，这与层流火焰速度 s_L^0 明显不同[81]。对于层流预混火焰（第 2 章），位移速度比消耗速度 s_c 更难预测，而近似公式 $s_c\approx s_L^0$ 只有一阶精度。

② 在推导中，假定等值面 Θ^* 对应于火焰前锋。当火焰无限薄时，这一点成立。但在有些情形下，如火焰并非无限薄时，火焰前锋被视为最大反应率的位置，可能与 Θ^* 等值面不同。换句话说，这个 Θ^* 等值面可能无法代表火焰前锋的特征。于是，Θ^* 的取值成为一个难点。为此，可将式(5.77) 扩展为一个“广义火焰面密度”[71]，定义如下：

$$\overline{\Sigma}=\int_0^1\Sigma\mathrm{d}\Theta^*=\int_0^1\overline{|\nabla\Theta|\delta(\Theta-\Theta^*)}\mathrm{d}\Theta^*=\overline{|\nabla\Theta|} \tag{5.80}$$

$\overline{\Sigma}$ 的守恒方程在形式上类似于方程 (5.78)，对“广义”表面求平均的运算符可以表示为

$$\langle Q\rangle_s=\overline{Q|\nabla\Theta|}/\overline{|\nabla\Theta|} \tag{5.81}$$

③ 火焰面密度的守恒方程不封闭，需要对火焰面的湍流通量、火焰速度 s_d、应变率和

---

❶ 在实际应用中，假设传播速度的法向分量$\langle s_d n_i\rangle_s$约等于层流火焰传播速度 s_L^0，与流场平均速度$\langle u_i\rangle_s$相比可忽略式(5.78) 最后一项。如 Veynante 等[17] 的实验数据所示，这种假设不一定成立，对于无限薄的火焰前锋，通过假设 $s_d\approx s_L^0$ 可以保留精确关系式：

$$\frac{\partial}{\partial x_i}[\langle s_d n_i\rangle_s\Sigma]=-s_L^0\frac{\partial}{\partial x_i}\left(\frac{\partial\overline{\Theta}}{\partial x_i}\right)=-s_L^0\nabla\overline{\Theta}$$

曲率效应进行建模。使用 Favre 分解（$u_i=\widetilde{u}_i+u''_i$），对流项和应变率项可以分解成平均流部分和湍流部分

$$\langle u_i\rangle_s\Sigma=\widetilde{u}_i\Sigma+\langle u''_i\rangle_s\Sigma \tag{5.82}$$

且

$$\left\langle(\delta_{ij}-n_in_j)\frac{\partial u_i}{\partial x_j}\right\rangle_s=\underbrace{(\delta_{ij}-\langle n_in_j\rangle_s)\frac{\partial \widetilde{u}_i}{\partial x_j}}_{\kappa_m}+\underbrace{\left\langle(\delta_{ij}-n_in_j)\frac{\partial u''_i}{\partial x_j}\right\rangle_s}_{\kappa_t} \tag{5.83}$$

式中，κ_m 和 κ_t 分别对应于平均流动和湍流运动引起的火焰表面应变率。

使用式(5.82) 和式(5.83)，火焰面密度方程 (5.78) 变为

$$\frac{\partial\Sigma}{\partial t}+\frac{\partial\widetilde{u}_i\Sigma}{\partial x_i}=-\frac{\partial}{\partial x_i}(\langle u''_i\rangle_s\Sigma)+\kappa_m\Sigma+\kappa_t\Sigma+\left\langle s_d\frac{\partial n_i}{\partial x_i}\right\rangle_s\Sigma \tag{5.84}$$

在文献中可以找到不同的方式使方程 (5.84) 封闭，表 5.3 对其进行了简要总结。表中，Re_t 是湍流雷诺数，α_0、β_0、γ、λ、Θ^* ($0<\Theta^*<1$)、C_A、a、c、C、E 和 K 均为模型参数。A_{ik} 对应于方程 (5.83) 中 κ_m 的指向因子 ($\delta_{ij}-\langle n_in_j\rangle_s$)，可以通过建模得到[17,82]，但与 κ_t、κ_m 相比，其通常被忽略。Γ_k 是 ITNFS 模型中的效率函数 [式 (5.125)]。在 CH 模型中，$u'\approx\sqrt{k}$ 表示湍流速度均方根，l_{tc} 指任意长度尺度，这里引入只为维持量纲一致性，并与 α_0 结合起来作为单一常数。在 MB 模型的 κ_t 中，出现一个与火焰面密度 Σ 不相关的附加项，该项被视为各向异性湍流对 κ_t 的贡献。如式(5.83) 所示，κ_t 的理论表达式包含火焰的指向因子 n_i，而这一项一般使用各向同性表达式来建模，如 ε/k。假定消耗速度 $\langle s_c\rangle_s$ 等于层流火焰速度 s_L^0，该值也被指定为式(5.78) 中的火焰位移速度。

封闭后的 Σ 方程通常写成❶

$$\frac{\partial\Sigma}{\partial t}+\frac{\partial\widetilde{u}_i\Sigma}{\partial x_i}=\frac{\partial}{\partial x_i}\left(\frac{\nu_t}{\sigma_c}\times\frac{\partial\Sigma}{\partial x_i}\right)+\kappa_m\Sigma+\kappa_t\Sigma-D \tag{5.85}$$

式中，D 是消耗项。在这个方程中，火焰面密度的湍流通量可以使用经典梯度假设来表示，ν_t 是湍流黏度，σ_c 是火焰面的湍流 Schmidt 数。方程必须包含 D 项，因为如 5.5.3 节所述，表面应变率项 κ_m 和 κ_t 通常为正值，如果不考虑这一消耗项，火焰面密度的守恒方程将预测出火焰面积持续增长的结论（这一性质适用于无反应的物质面，但不适用于火焰面，因为火焰面与湍流相互作用时可能会使火焰熄灭）。关于消耗项是由曲率效应引起 [式(5.84) 右边最后一项] 还是应该包含其他特征（如火焰前锋相互作用），目前仍未出现统一的结论。式(5.85) 中还可以考虑其他物理现象，例如，Paul 和 Bray[83] 就曾提出因热扩散（或 Darrieus-Landau）不稳定性而导致火焰表面积增加的一项（Lewis 数不为 1，见第 2 章 2.8 节）。

另一种简单的唯象封闭方法推导如下[66,77]：首先，使用积分时间尺度作为火焰时间，则湍流引起的火焰拉伸率可以近似为 $\kappa=\varepsilon/k$；其次，假设火焰面消耗项与平均反应率 $\langle s_c\rangle_s\Sigma$ 成正比，而与单位火焰面积内存在的反应物 $(1-\widetilde{\Theta})/\Sigma$ 成反比；最终可以得到一个简单封闭的火焰面密度 Σ 守恒方程❷

---

❶ 火焰面密度 Σ 用于衡量单位体积的火焰表面积 (m^2/m^3)。有时也会引入单位质量火焰面密度 $S=\Sigma/\bar{\rho}$ (m^2/kg) 来求解 $\bar{\rho}S$ 的守恒方程，因为这在数值求解器中更容易实现。

❷ 这个表达式是表 5.3 中的 CFM1 模型，忽略 κ_m 的贡献，并且 $C=0$。

$$\frac{\partial \Sigma}{\partial t}+\frac{\partial \widetilde{u}_i \Sigma}{\partial x_i}=\frac{\partial}{\partial x_i}\left(\frac{\nu_t}{\sigma_c}\times\frac{\partial \Sigma}{\partial x_i}\right)+\alpha_0 \frac{\varepsilon}{k}\Sigma-\beta_0\langle s_c\rangle_s \frac{\Sigma^2}{1-\widetilde{\Theta}} \tag{5.86}$$

式中，α_0 和 β_0 是模型常数。$\langle s_c\rangle_s$ 项是基于复杂化学反应模型下的消耗速度，也是守恒方程式(5.65) 和式(5.85) 中唯一的化学参数可通过 2.3 节中的一维层流火焰程序计算。一旦方程(5.86) 得以封闭，便可在求解器中使用。假设此方程中源项和汇项平衡，则可以得出

$$\bar{\dot{\omega}}_\Theta=\rho_0 \frac{\alpha_0}{\beta_0}\times\frac{\varepsilon}{k}(1-\widetilde{\Theta}) \tag{5.87}$$

与 EBU 涡团破碎模型形式类似❶，表明 EBU 模型可被看作简化的火焰面密度模型❷。

式(5.65) 和式(5.85) 足以使式(5.38)～式(5.40) 封闭并求解平均量。化学反应和湍流可以分开独立处理。

目前，火焰面密度模型已成功应用于钝体稳定湍流预混火焰[84] 和活塞发动机中的燃烧问题[85-88]。该模型关于化学效应对湍流燃烧的影响能提供相当好的预测结果，如当量比的影响。然而，需要注意的是，火焰源项与火焰面密度 Σ 成正比，如果没有特定的子模型，火焰面密度模型无法处理着火问题[17,86,89]。火焰面密度模型也等价于很多其他火焰面模型，如 Mantel 和 Borghi[63] 模型，它从标量耗散率的守恒方程(5.56) 中推导得出，并改写为火焰面密度的形式(见表 5.3)。不同火焰面密度模型的对比可参见文献 [4, 88]。如果使用方程 (5.85) 中的大部分模型，湍流火焰速度可以通过一维火焰在冻结湍流中传播的情形进行解析求解 (见 5.3.10 节)。

表 5.3 Σ 守恒方程 (5.85) 的源项和消耗项

模型	$\kappa_m\Sigma$	$\kappa_t\Sigma$	D
CPB[82]	$A_{ik}\frac{\partial \widetilde{u}_k}{\partial x_i}\Sigma$	$\alpha_0 C_A\sqrt{\frac{\varepsilon}{\nu}}\Sigma$	$\beta_0\langle s_c\rangle_s \frac{2+e^{-aR}}{3(1-\widetilde{\Theta})}\Sigma^2$ $R=\frac{(1-\widetilde{\Theta})\varepsilon}{\Sigma\langle s_c\rangle_s k}$
CFM1[4]	$A_{ik}\frac{\partial \widetilde{u}_k}{\partial x_i}\Sigma$	$\alpha_0\frac{\varepsilon}{k}\Sigma$	$\beta_0\frac{\langle s_c\rangle_s+C\sqrt{k}}{1-\widetilde{\Theta}}\Sigma^2$
CFM2-a[4]	$A_{ik}\frac{\partial \widetilde{u}_k}{\partial x_i}\Sigma$	$\alpha_0\Gamma_k\frac{\varepsilon}{k}\Sigma$	$\beta_0\frac{\langle s_c\rangle_s+C\sqrt{k}}{1-\widetilde{\Theta}}\Sigma^2$
CFM2-b[4]	$A_{ik}\frac{\partial \widetilde{u}_k}{\partial x_i}\Sigma$	$\alpha_0\Gamma_k\frac{\varepsilon}{k}\Sigma$	$\beta_0\frac{\langle s_c\rangle_s+C\sqrt{k}}{\widetilde{\Theta}(1-\widetilde{\Theta})}\Sigma^2$
CFM3[17]	$A_{ik}\frac{\partial \widetilde{u}_k}{\partial x_i}\Sigma$	$\alpha_0\Gamma_k\frac{\varepsilon}{k}\Sigma$	$\beta_0\langle s_c\rangle_s\frac{\Theta^*-\widetilde{\Theta}}{\widetilde{\Theta}(1-\widetilde{\Theta})}\Sigma^2$
MB[63]	$E\frac{\widetilde{u_i''u_k''}}{k}\times\frac{\partial \widetilde{u}_k}{\partial x_i}\Sigma$	$\alpha_0\sqrt{Re_t}\frac{\varepsilon}{k}\Sigma+\frac{F}{\langle s_c\rangle_s}\times\frac{\varepsilon}{k}\widetilde{u_i''\Theta''}\frac{\partial\widetilde{\Theta}}{\partial x_i}$	$\frac{\beta_0\langle s_c\rangle_s\sqrt{Re_t}\Sigma^2}{\widetilde{\Theta}(1-\widetilde{\Theta})\left(1+c\frac{\langle s_c\rangle_s}{\sqrt{k}}\right)^{2\gamma}}$

❶ 事实上，又复现 EBU 的早期版本[53]。将燃烧限制在由 $\widetilde{\Theta}(1-\widetilde{\Theta})$ 定义的火焰区域内，使得消耗项可表示为 $\beta_0\langle s_c\rangle_s\frac{\Sigma^2}{\widetilde{\Theta}(1-\widetilde{\Theta})}$ (表 5.3 中的 CFM2b 型封闭)，并得到 EBU 表达式(5.46)。

❷ 需要注意的是，采用掺混过程控制燃烧的假设，可以推导出 EBU 模型。另外，这也给出了湍流燃烧模型中涉及的各种物理概念之间的关联 (见 4.5.5 节)。

续表

模型	$\kappa_m \Sigma$	$\kappa_t \Sigma$	D
CD[85]		$\alpha_0 \lambda \frac{\varepsilon}{k}\Sigma, \kappa_t \leqslant \alpha_0 K \frac{\langle s_c \rangle_s}{\delta_L}$	$\beta_0 \frac{\langle s_c \rangle_s}{1-\widetilde{\Theta}}\Sigma^2$
CH1[88]		$\alpha_0 \sqrt{\frac{\varepsilon}{15\nu}}\Sigma$	$\beta_0 \frac{\langle s_c \rangle_s}{\widetilde{\Theta}(1-\widetilde{\Theta})}\Sigma^2$
CH2[88]		$\alpha_0 \frac{u'}{l_{tc}}\Sigma$	$\beta_0 \frac{\langle s_c \rangle_s}{\widetilde{\Theta}(1-\widetilde{\Theta})}\Sigma^2$

(3) 一个相关的方法：Level-Set 形式

Peters 提出了一种基于 Level-set 方法或 G 方程表示局部瞬态火焰单元的形式[5,27]：

$$\rho \frac{\partial G}{\partial t} + \rho u_i \frac{\partial G}{\partial x_i} = \rho_0 s_d |\nabla G| \tag{5.88}$$

式中，火焰前锋指定为 $G=G_0$；s_d 是火焰单元相对于未燃气体（密度 ρ_0）的位移速度，可表示为层流火焰速度 s_L^0、应变率、曲率和 Markstein 数等参数的函数。Peters[27] 还提出了一种适用于小火焰和波纹火焰面模式的 s_d 表达式。对瞬态方程（5.88）求平均，并针对 $\widetilde{G}$ 和 $\widetilde{G''^2}$ 提出封闭方案。另外，Peters 还提出一个与火焰面密度直接相关的 $\sigma=\overline{|\nabla G|}$ 守恒方程[70-71]。事实上，确定 G 场的推导过程也可以用于确定进度变量或归一化温度 Θ❶。这种方法在数学上类似于火焰面密度的描述，但引入的假设和封闭方案不同。Level-Set 方法的具体细节不在本书的关注范畴内，读者可以参考 Peters[27] 出版的一本书，其中大一部分是关于 Level-set 的描述。

5.3.7 概率密度函数（PDF）模型

概率密度函数 $p(\Theta^*)$ 用于衡量归一化温度 Θ 在 $\Theta^* \sim \Theta^* + \mathrm{d}\Theta^*$ 之间取值的概率

$$p(\Theta^*)\mathrm{d}\Theta^* = P(\Theta^* \leqslant \Theta < \Theta^* + \mathrm{d}\Theta^*) \tag{5.89}$$

根据该定义，PDF 归一化后，可以得出

$$\int_0^1 p(\Theta^*)\mathrm{d}\Theta^* = 1 \tag{5.90}$$

PDF 包含的信息对于分析燃烧现象至关重要。例如，从 PDF 中可以直接提取出平均温度及其方差

$$\overline{\Theta} = \int_0^1 \Theta^* p(\Theta^*)\mathrm{d}\Theta^*, \quad \overline{\Theta'^2} = \int_0^1 (\Theta^* - \overline{\Theta})^2 p(\Theta^*)\mathrm{d}\Theta^* \tag{5.91}$$

对于单位 Lewis 数的绝热单步反应，平均反应率为

$$\overline{\dot{\omega}}_\Theta = \int_0^1 \dot{\omega}_\Theta(\Theta^*) p(\Theta^*)\mathrm{d}\Theta^* \tag{5.92}$$

引入密度加权概率密度函数 $\widetilde{p}$，使其满足 $\overline{\rho}\widetilde{p}(\Theta) = \overline{\rho p(\Theta)}$，则任意 f 的 Favre 平均 $\widetilde{f}$ 可确定为

❶ 但 Θ 在数值模拟中可能不可解，而 G 可解。Level-set 形式也可用于皱褶火焰面模式，且不需要火焰面假设，但却无法描述火焰的内部结构（对应于 Θ 场），因为火焰被看作是一个传播的火焰前锋。难点在于火焰前锋位移速度的建模。

$$\bar{\rho}\widetilde{f}=\overline{\rho f}=\int_0^1 \rho(\Theta^*)f(\Theta^*)p(\Theta^*)\mathrm{d}\Theta^*=\bar{\rho}\int_0^1 f(\Theta^*)\widetilde{p}(\Theta^*)\mathrm{d}\Theta^* \tag{5.93}$$

当必须考虑多个组分的质量分数 Y_i 和温度时，上述概率密度函数也可轻易扩展至多维变量概率密度函数。例如，当 Lewis 数不等于 1 或者需要考虑复杂化学反应特征时，可以借助联合概率密度函数

$$\begin{aligned}\mathrm{Prob}(\Psi_1 \leqslant Y_1 < \Psi_1+\mathrm{d}\Psi_1,\cdots,\Psi_N \leqslant Y_N < \Psi_N+\mathrm{d}\Psi_N)\\ =p(\Psi_1,\cdots,\Psi_N)\mathrm{d}\Psi_1\cdots\mathrm{d}\Psi_N\end{aligned} \tag{5.94}$$

在给定位置处，使用归一化关系式

$$\int_{\Psi_1,\Psi_2,\cdots,\Psi_N} p(\Psi_1,\Psi_2,\cdots,\Psi_N)\mathrm{d}\Psi_1\mathrm{d}\Psi_2\cdots\mathrm{d}\Psi_N=1 \tag{5.95}$$

式中，Ψ_1，Ψ_2，…，Ψ_N 是热化学变量，如质量分数和温度❶。对于任意变量的平均场 $\overline{f}$ 均可表示为

$$\overline{f}=\int_{\Psi_1,\Psi_2,\cdots,\Psi_N} f(\Psi_1,\Psi_2\cdots,\Psi_N)p(\Psi_1,\Psi_2,\cdots,\Psi_N)\mathrm{d}\Psi_1\mathrm{d}\Psi_2\cdots\mathrm{d}\Psi_N \tag{5.96}$$

或者，使用 Favre 平均

$$\widetilde{f}=\int_{\Psi_1,\Psi_2,\cdots,\Psi_N} f(\Psi_1,\Psi_2\cdots,\Psi_N)\widetilde{p}(\Psi_1,\Psi_2,\cdots,\Psi_N)\mathrm{d}\Psi_1\mathrm{d}\Psi_2\cdots\mathrm{d}\Psi_N \tag{5.97}$$

式中，$\bar{\rho}\widetilde{p}(\Psi_1,\ \Psi_2,\ \cdots,\ \Psi_N)=\overline{\rho(\Psi_1,\ \Psi_2,\ \cdots,\ \Psi_N)p(\Psi_1,\ \Psi_2,\ \cdots,\ \Psi_N)}$。

这种随机描述方法有很多理论优势，如概率密度函数可以在任意湍流反应流场中定义，包含描述非稳态反应流场需要的所有信息，也可以从实验数据或 DNS 模拟结果中（单点测量的统计分析）提取出来。

式(5.92) 和式(5.96) 是精确形式。变量 $\dot{\omega}_\Theta(\Theta^*)$ 或 $f(\Psi_1,\ \Psi_2,\ \cdots,\ \Psi_N)$ 等可以通过化学反应和层流火焰的研究中获得。而问题的难点在于如何确定 PDF 函数，因为在流场中每一点的概率密度函数都不同。目前主要有两种途径[90-92]：指定 PDF 形状或求解 PDF 的守恒方程。

(1) 指定 PDF 函数分布

一般情况下，PDF 函数可以是任意形状，也可以有多个极值，它不仅包含变量的平均值信息，还包含方差（一阶矩）及更高阶矩的信息。然而，在很多燃烧应用中 PDF 函数会呈现出一些共同的特征，表明这些函数可以使用有限的参数来表示。例如，假定这些 PDF 函数都有固定的形状[25] 仅需要一个或两个参数进行参数化。逻辑参数也可以是变量矩的形式，如平均量和一阶矩（方差）。5.3.5 节介绍的 BML 模型就是基于指定的 PDF 模型：假定进度变量 Θ 的 PDF 函数分布具有双峰结构，只需考虑两种流动状态，即未燃气体状态 ($\Theta=0$) 和已燃气体状态 ($\Theta=1$)。

如果使用更复杂的 PDF 形状，也可以构造其他模型，文献［69，93-95］提供了多种指定的 PDF 形状。最常用的 PDF 形状就是所谓的 β 函数

$$\widetilde{p}(\Theta)=\frac{1}{B(a,b)}\Theta^{a-1}(1-\Theta)^{b-1}=\frac{\Gamma(a+b)}{\Gamma(a)\Gamma(b)}\Theta^{a-1}(1-\Theta)^{b-1} \tag{5.98}$$

其中，$B(a,\ b)$为归一化系数

$$B(a,b)=\int_0^1 \Theta^{a-1}(1-\Theta)^{b-1}\mathrm{d}\Theta \tag{5.99}$$

❶ 流场变量也可以引入联合概率中[90-92]，如速度分量。在这种情形下，不再需要湍流模型（湍流运动直接通过联合 PDF 来描述），但这种方法成本很高。

Γ 函数定义为

$$\Gamma(x)=\int_0^{+\infty} \mathrm{e}^{-t} t^{x-1} \mathrm{d}t \tag{5.100}$$

可以通过查表确定它的值。

概率密度函数的两个参数 a 和 b 可以通过将式(5.98) 代入无量纲温度前两阶矩 $\widetilde{\Theta}$ 和 $\widetilde{\Theta''^2}$ 的定义中来确定：

$$\widetilde{\Theta}=\int_0^1 \Theta^* \widetilde{p}(\Theta^*)\,\mathrm{d}\Theta^*, \quad \widetilde{\Theta''^2}=\int_0^1 (\Theta^*-\widetilde{\Theta})^2 \widetilde{p}(\Theta^*)\,\mathrm{d}\Theta^* \tag{5.101}$$

则

$$a=\widetilde{\Theta}\left[\frac{\widetilde{\Theta}(1-\widetilde{\Theta})}{\widetilde{\Theta''^2}}-1\right], \quad b=\frac{a}{\widetilde{\Theta}}-a \tag{5.102}$$

相反，一旦知道 a 和 b，无量纲温度的平均值 $\widetilde{\Theta}$ 和方差 $\widetilde{\Theta''^2}$ 也可计算如下：

$$\widetilde{\Theta}=\frac{a}{a+b}, \quad \widetilde{\Theta''^2}=\frac{ab}{(a+b)^2(a+b+1)} \tag{5.103}$$

在指定 PDF 时常会首选 β 函数，因为它能从单峰或双峰的 PDF 分布连续变为高斯分布(图 5.32)，但该形式无法表示一种组合形式的概率分布，具体来说，就是位于 $\Theta=0$（纯未燃气体）或 $\Theta=1$（已燃气体）处的极值与位于 $0<\Theta<1$（反应混合物）的极值组合在一起的情形。这种简化方法常用于一些工业数值模拟中[1]，但会引入进度变量方差 $\widetilde{\Theta''^2}$ 的附加守恒方程，需要对其封闭求解。

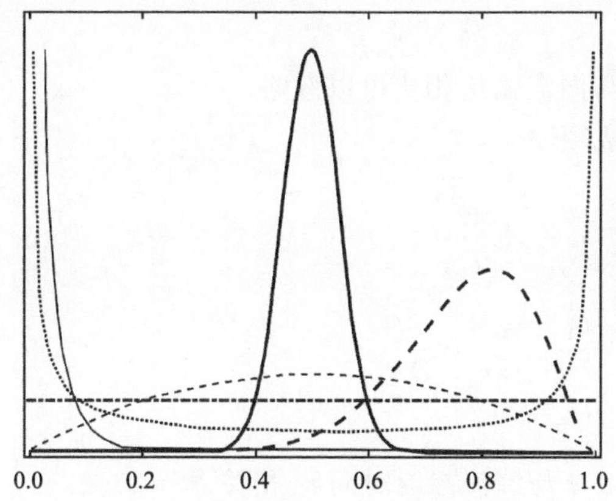

线型	a	b	$\widetilde{\Theta}$	$\widetilde{\Theta''^2}$
---------	1.0	1.0	0.50	0.08333
– – – –	2.0	2.0	0.50	0.05000
———	50.	50.	0.50	0.00247
··········	0.2	0.2	0.50	0.17857
- - - - -	10.	3.0	0.77	0.01267
———	0.2	20.	0.01	0.00046

图 5.32　参数(a，b)取不同值时温度 β-PDF 的分布以及对应的 $\widetilde{\Theta}$ 和 $\widetilde{\Theta''^2}$ 取值。参数 a 和 b 通过式(5.102) 与无量纲温度平均值 $\widetilde{\Theta}$ 及方差 $\widetilde{\Theta''^2}$ 相关联

在 RANS 中，目前已经推导出温度方差 $\widetilde{\Theta''^2}$ 的守恒方程并对其封闭求解。首先，Θ 平衡方程的守恒形式可表示为

---

[1] 指定 PDF 的方法也可以与其他模型结合起来使用。例如，当燃料的氧化速度很快时，可以使用火焰面假设和火焰面密度模型进行建模，而氮氧化物（NO_x）在已燃气体中的生成过程较慢，主要是由气体温度控制，因此，NO_x 生成过程可以使用基于温度的指定 β-PDF 进行建模。需要注意的是，由于 NO_x 和大多数污染物量很少（ppm），它们对主要组分的影响可以忽略，并且对全局平衡无影响（释热率、主要组分质量分数、温度），因此可以通过模拟结果的后处理来估算它们。

$$\frac{\partial\rho\Theta}{\partial t}+\frac{\partial}{\partial x_i}(\rho u_i\Theta)=\frac{\partial}{\partial x_i}\left(\rho\mathcal{D}\frac{\partial\Theta}{\partial x_i}\right)+\dot{\omega}_\Theta \tag{5.104}$$

非守恒形式为

$$\rho\frac{\partial\Theta}{\partial t}+\rho u_i\frac{\partial\Theta}{\partial x_i}=\frac{\partial}{\partial x_i}\left(\rho\mathcal{D}\frac{\partial\Theta}{\partial x_i}\right)+\dot{\omega}_\Theta \tag{5.105}$$

对以上两个方程两边同时乘以 Θ 后，再相加，便可得出 Θ^2 的守恒方程

$$\frac{\partial\rho\Theta^2}{\partial t}+\frac{\partial}{\partial x_i}(\rho u_i\Theta^2)=\frac{\partial}{\partial x_i}\left(\rho\mathcal{D}\frac{\partial\Theta^2}{\partial x_i}\right)-2\rho\mathcal{D}\frac{\partial\Theta}{\partial x_i}\times\frac{\partial\Theta}{\partial x_i}+2\Theta\dot{\omega}_\Theta \tag{5.106}$$

同理，对方程（5.40）两边乘以 $\widetilde{\Theta}$ 可以推导出平均温度平方项 $\widetilde{\Theta}^2$ 的守恒方程

$$\frac{\partial\bar{\rho}\widetilde{\Theta}^2}{\partial t}+\frac{\partial}{\partial x_i}(\bar{\rho}\widetilde{u}_i\widetilde{\Theta}^2)=2\widetilde{\Theta}\frac{\partial}{\partial x_i}\left(\overline{\rho\mathcal{D}\frac{\partial\Theta}{\partial x_i}}-\bar{\rho}\widetilde{u_i''\Theta''}\right)+2\widetilde{\Theta}\bar{\dot{\omega}}_\Theta \tag{5.107}$$

通过对方程(5.106) 两边求平均之后减去式(5.107)，可得到归一化温度方差 $\widetilde{\Theta''^2}=\widetilde{\Theta^2}-\widetilde{\Theta}^2$ 的守恒方程

$$\frac{\partial\bar{\rho}\widetilde{\Theta''^2}}{\partial t}+\frac{\partial}{\partial x_i}(\bar{\rho}\widetilde{u}_i\widetilde{\Theta''^2})=\underbrace{\frac{\partial}{\partial x_i}\left(\overline{\rho\mathcal{D}\frac{\partial\Theta''^2}{\partial x_i}}\right)+2\overline{\Theta''\frac{\partial}{\partial x_i}\left(\rho\mathcal{D}\frac{\partial\widetilde{\Theta}}{\partial x_i}\right)}}_{\text{分子扩散项}}\underbrace{-\frac{\partial}{\partial x_i}(\overline{\rho u_i''\Theta''^2})}_{\text{湍流输运项}}$$
$$\underbrace{-2\overline{\rho u_i''\Theta''}\frac{\partial\widetilde{\Theta}}{\partial x_i}}_{\text{生成项}}\underbrace{-2\overline{\rho\mathcal{D}\frac{\partial\Theta''}{\partial x_i}\times\frac{\partial\Theta''}{\partial x_i}}}_{\text{耗散项}}+\underbrace{2\overline{\Theta''\dot{\omega}_\Theta}}_{\text{化学反应项}} \tag{5.108}$$

该方程将在第 6.4.3 节中关于非预混火焰进行详细讨论，此处只简要给出常用的封闭方案：

① 假定高雷诺数，RANS 中分子扩散项与湍流输运相比可以忽略。

② 使用梯度假设来封闭湍流输运项和生成项

$$\overline{\rho u_i''\Theta''^2}=-\bar{\rho}\frac{v_t}{S_{ct_1}}\times\frac{\partial\widetilde{\Theta''^2}}{\partial x_i} \tag{5.109}$$

$$\overline{\rho u_i''\Theta''}\frac{\partial\widetilde{\Theta}}{\partial x_i}=-\bar{\rho}\frac{v_t}{S_{ct_2}}\times\frac{\partial\widetilde{\Theta}}{\partial x_i}\times\frac{\partial\widetilde{\Theta}}{\partial x_i} \tag{5.110}$$

式中，S_{ct_1} 和 S_{ct_2} 是湍流 Schmidt 数。

③ 基于线性松弛假设，Θ 脉动的标量耗散率与湍流掺混时间 τ_t 相关 [1]

$$\overline{\rho\mathcal{D}\frac{\partial\Theta''}{\partial x_i}\times\frac{\partial\Theta''}{\partial x_i}}=\bar{\rho}C_\Theta\frac{\widetilde{\Theta''^2}}{\tau_t}=\bar{\rho}C_\Theta\frac{\varepsilon}{k}\widetilde{\Theta''^2} \tag{5.111}$$

式中，C_Θ 是模型常数。

④ 化学反应项衡量归一化温度脉动与反应率的相关性。基于关系式(5.57) 和式(5.59)，反应项可通过概率密度函数直接表示为

---

[1] 需要注意的是，方程(5.108) 和方程(5.111) 中的标量耗散率是由归一化温度脉动的局部梯度 $\partial\Theta''/\partial x_i$ 定义，而瞬时温度的梯度 $\partial\Theta/\partial x_i$ 保留在式(5.56) 中。二者相差一个平均温度梯度 $\partial\widetilde{\Theta}/\partial x_i$，RANS 常会忽略这一项。这一点将在第 6 章 6.4.3 节中进行更详细的讨论。

$$\overline{\Theta''\dot{\omega}_\Theta}=\overline{(\Theta-\widetilde{\Theta})\dot{\omega}_\Theta}=\int_0^1(\Theta^*-\widetilde{\Theta})\dot{\omega}_\Theta(\Theta^*)p(\Theta^*)\mathrm{d}\Theta^* \tag{5.112}$$

这些简单的封闭方案常会忽略一些现象，如式(5.109) 和式(5.110) 中用到的梯度假设并未考虑逆梯度湍流输运。与此同时，有些假设较粗略，如 6.4.3 节中的线性松弛假设［式(5.111)］，这是为均匀流的掺混问题而设计，因此未考虑 $\widetilde{\Theta}$ 的梯度。

如果化学反应只使用一个参数（如归一化温度 Θ）表示，则指定 PDF 方法可提供良好的结果；但是当化学反应需要一个以上的变量时（如除温度以外，还需两个及以上的组分），构造多维 PDF 函数就很困难[90,96-97]，有时会引入一些限制性很强的错误假设，如假设化学变量之间是统计独立的，则可以将联合概率密度函数拆分为单变量的概率密度函数乘积：

$$p(\Psi_1,\Psi_2,\cdots,\Psi_N)\approx p(\Psi_1)p(\Psi_2)\cdots p(\Psi_N) \tag{5.113}$$

并使用 β 函数表示每个单变量的 PDF 函数分布。这一假设不符合实际情况，因为组分质量分数和温度在火焰中密切相关，并不能视为统计学意义上的独立变量。

（2）概率密度函数的守恒方程

对于一个多组分密度加权的概率密度函数 $\widetilde{p}(\Psi_1, \Psi_2, \cdots, \Psi_N)$，可以推导出一个精确的守恒方程。首先从定义开始：

$$\bar{\rho}\widetilde{p}(\Psi_1,\Psi_2,\cdots,\Psi_N)=\overline{\rho(\Psi_1,\Psi_2,\cdots,\Psi_N)\delta(Y_1-\Psi_1)\delta(Y_2-\Psi_2)\cdots\delta(Y_N-\Psi_N)} \tag{5.114}$$

式中，δ 是 Dirac 函数。具体的推导过程不在本书的关注范畴（可参见文献［71-73，75-80，90-92］），但结果值得在本书中讨论。这个守恒方程为

$$\begin{aligned}\bar{\rho}\frac{\partial\widetilde{p}}{\partial t}+\bar{\rho}\widetilde{u}_k\frac{\partial\widetilde{p}}{\partial x_k}=&\underbrace{-\frac{\partial}{\partial x_k}\left[\bar{\rho}\left(\overline{u''_k\,|\,\underline{Y}=\underline{\Psi}}\right)\widetilde{p}\right]}_{\text{湍流对流输运}}\\&\underbrace{-\bar{\rho}\sum_{i=1}^N\frac{\partial}{\partial\Psi_i}\left[\left(\overline{\frac{1}{\rho}\times\frac{\partial}{\partial x_k}\left(\rho\mathcal{D}\frac{\partial Y_i}{\partial x_k}\right)\,|\,\underline{Y}=\underline{\Psi}}\right)\widetilde{p}\right]}_{\text{分子扩散}}\\&\underbrace{-\bar{\rho}\sum_{i=1}^N\frac{\partial}{\partial\Psi_i}\left(\frac{1}{\rho}\dot{\omega}_i(\Psi_1,\Psi_2,\cdots,\Psi_N)\widetilde{p}\right)}_{\text{化学反应}}\end{aligned} \tag{5.115}$$

其中，$(\overline{Q\mid\underline{Y}=\underline{\Psi}})$ 是 Q 在采样值为 Ψ_i 时的条件平均。

方程(5.115) 中前三项分别对应于非稳态项、平均流场引起的对流输运和湍流运动引起的对流输运❶。这些对流项描述了概率密度函数 PDF 在物理空间中（即流场）的演化。后两项分别对应于分子扩散和化学反应，表示在组分空间 Ψ_i 中掺混过程和燃烧引起的 PDF 演化。

PDF 守恒方程的主要优势在于式(5.115) 中的化学反应项只与化学变量有关，不需要建模得到，因此，PDF 守恒方程能够处理任意复杂的化学反应模型。然而，分子扩散项（又称为“微观掺混项”）不封闭且很难建模，因为单点 PDF 表示的是任意位置处的化学成分，只与局部化学成分有关的单点变量（如化学反应率）自然也封闭，而分子扩散过程涉及空间梯度项，

---

❶ 这种统计形式也可以推广到速度-化学成分联合 PDF 中，$p(u_1, u_2, u_3, \Psi_1, \Psi_2, \cdots, \Psi_N)$。在这种情形下，不需要湍流模型，但在 PDF 守恒方程[90] 中会出现附加项。

因此需要其他长度尺度信息，而这些信息并未包含在单点 PDF 形式中。

PDF 守恒方程一般不能直接求解，通常采用 Monte-Carlo 方法，并引入随机“流体质点”来描述化学成分[90-92,98-99]。这种方法目前已用于一些商业程序中。虽然此方法为分子掺混项提供了通用且强大的特定模型，但将它直接应用于工业算例中仍然十分困难且耗时。

5.3.8 湍流标量输运项的建模

当平均反应率 $\overline{\dot{\omega}}$ 采用前几节中的某一形式建模时，湍流标量通量 $\overline{\rho}\widetilde{u_i''\Theta''}$ 的封闭问题仍受争议。经典梯度输运假设［式(4.27)］常用于湍流燃烧模型中[77,83-84,100]

$$\overline{\rho}\widetilde{u_i''\Theta''}=\overline{\rho u_i''\Theta''}=-\overline{\rho}\frac{\nu_t}{Sc_\Theta}\times\frac{\partial\widetilde{\Theta}}{\partial x_i} \tag{5.116}$$

式中，ν_t 是湍流动力黏度，由湍流模型提供；Sc_Θ 是湍流 Schmidt 数，假定其为常数。这一选择以实际原因为指导：

① 表达式(5.116) 可以通过密度恒定无反应流的湍流标量输运建模方法来得到。对于这类流场，在 $\overline{\rho}\widetilde{u_i''\Theta''}$ 守恒方程中采用平衡态假设和简单封闭方案可以推导出式(5.116)。

② 关于反应流的湍流标量输运研究很少。由于很难描述密度变化的反应流，大部分湍流研究仅限于密度恒定且无化学反应发生。另外，燃烧领域的学者主要关注于反应率 $\overline{\dot{\omega}}_\Theta$ 的封闭问题。

③ 从数值角度，由于建模项只需考虑湍流扩散部分，使用时将其加入层流扩散项即可，因此，式(5.116) 操作简单，并有利于提高 CFD 算法的稳定性：

$$\frac{\partial(\overline{\rho}\widetilde{\Theta})}{\partial t}+\frac{\partial}{\partial x_i}(\overline{\rho}\widetilde{u}_i\widetilde{\Theta})=\frac{\partial}{\partial x_i}\left(\overline{\rho}\left(\overline{\mathcal{D}}+\frac{\nu_t}{Sc_\Theta}\right)\frac{\partial\widetilde{\Theta}}{\partial x_i}\right)+\overline{\dot{\omega}}_\Theta \tag{5.117}$$

式(5.117) 也解释了分子输运模型对湍流燃烧程序影响有限的原因：在 RANS 程序中，$\mathcal{D}$会明显小于湍流扩散率 ν_t/Sc_Θ，因此会被简单忽略。

然而，实验数据[14-15] 和理论分析[14,69,72] 均指出有些火焰存在逆梯度湍流标量输运，而对于这类火焰，式(5.116) 是完全错误的。这一点与 5.1.3 节中的式(5.17) 一致，主要是由未燃气体和已燃气体中浮力不同所致（图 5.6）。即便如此，关于逆梯度湍流输运的实际影响仍然存在一些争议。

DNS 模拟结果[16,101-102] 显示，不同火焰会表现出不同的湍流输运特性。从图 5.33 显示的两条平面湍流火焰的标量通量随 $\widetilde{\Theta}$ 变化的 DNS 模拟结果曲线可以看出，两个标量通量符号相反。图 5.34 展示了穿过湍流火焰刷时流场的 Favre 平均速度和条件平均速度的 DNS 模拟结果。其中，源于 Rutland 数据库的 DNS 模拟结果对应于低湍流度情形（$u'/s_L^0=1$）。可以看出，已燃气体条件速度 $\overline{u}^b$ 明显大于未燃气体条件速度 $\overline{u}^u$，从而导致逆梯度湍流输运，这一点与式(5.17) 一致。另外，源于 CTR 数据库的 DNS 结果对应于高湍流度情形（初始湍流度为 $u'/s_L^0=10$ 且不断衰减的均匀各向同性湍流），未燃气体条件速度明显大于已燃气体条件速度。这一结果很意外，因为释热会引起热膨胀，$\overline{u}^b$ 理论上应该大于 $\overline{u}^u$，但它与表达式(5.17) 和顺梯度湍流输运一致。

在这两种情形下，Bray-Moss-Libby（BML）模型都能通过式(5.17) 预测湍流通量的输运类型（顺梯度或逆梯度）。在实际情况中，条件平均不是一个直观变量，需谨慎处理。

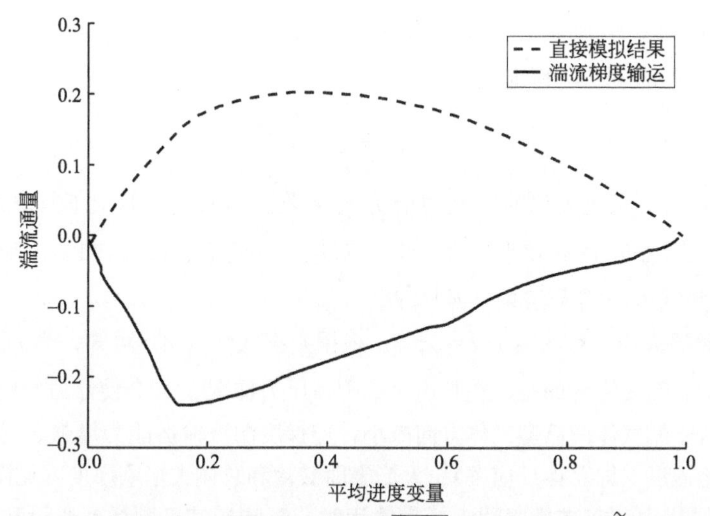

图 5.33　穿过湍流火焰刷的标量通量$\overline{\rho u_i''\Theta''}$随平均进度变量$\widetilde{\Theta}$的变化

这两条曲线对应了统计学一维预混火焰在三维各向同性湍流中传播的 DNS 数据：实线是顺梯度湍流输运的结果，来自湍流研究中心数据库（CTR）；虚线是逆梯度湍流输运的 DNS 结果，由 C. J. Rutland 给出。计算过程考虑了变密度和单步 Arrhenius 动力学（转载自 Veynante 等[16]，经剑桥大学出版社许可）

如图 5.34 所示，不能主观地认为在所有湍流反应流中已燃气体条件速度总是大于未燃气体条件速度。

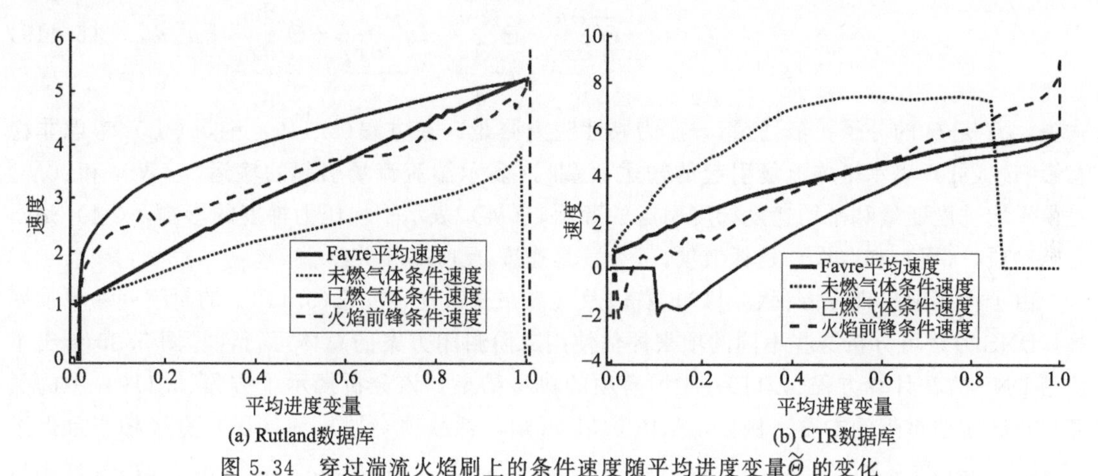

图 5.34　穿过湍流火焰刷上的条件速度随平均进度变量$\widetilde{\Theta}$的变化

速度由层流火焰速度s_L^0无量纲化（源于 Veynante 等的研究工作[16]，经剑桥大学出版社许可）

当火焰面附近的流场由化学反应引起的热膨胀主导时，会出现逆梯度扩散（$\overline{\rho u_i''\Theta''}/(\partial\widetilde{\Theta}/\partial x_i)>0$）；而当该流场由湍流运动主导时[16]，会出现顺梯度扩散（$\overline{\rho u_i''\Theta''}/(\partial\widetilde{\Theta}/\partial x_i)<0$）。对于高湍流度，火焰不能将自身动力施加给流场，湍流输运类似于其他守恒标量，属于顺梯度类型。另外，对于低湍流度，火焰能将自身加速度（通过释热引起的热膨胀）作用于附近流场，因此，湍流输运有可能会变成逆梯度（已燃气体条件速度大于未燃气体的条件速度）。与 Bray-Moss-Libby 理论一致，DNS 结果❶表示湍流扩散的类型主要取

❶ Veynante 等[16] 基于对统计学一维湍流预混火焰在均匀流场中传播的二维和三维 DNS 数值模拟结果，分析了湍流标量输运。这两种模拟所得的结果相似，但由于计算成本，只有两个三维 DNS 结果可用，且许多参数都是由二维模拟结果确定。

决于湍流强度与层流火焰速度之间的比值 u'/s_L^0 以及释热因子 τ [式(5.12)]。Veynante 等[16] 引入一个“Bray 数”，其定义为

$$N_B=\frac{\tau s_L^0}{2\alpha u'} \tag{5.118}$$

式中，α 是一个考虑小涡使火焰前锋起皱能力的函数。当长度尺度比值 l_t/δ_L^0 减小时，α 减小。当 u'/s_L^0 较大（小）且 τ 较小（大）时，对应于 $N_B\leqslant 1$（$N_B\geqslant 1$），则顺（逆）梯度湍流输运增强。该判据也与实验结果一致[103]。

对于典型的预混火焰，释热因子 $\tau=5\sim7$。根据判据式(5.118) 可知，当 $u'/s_L^0\leqslant 3$ 时，更可能出现逆梯度输运。需要注意的是，在管内火焰中，压力梯度[101] 会使浮力效应增强。在正压力梯度下，即压力从未燃气体向已燃气体方向减小，逆梯度湍流输运能力增强。另外，逆梯度输运也会减小湍流火焰速度（即总体反应率）、火焰表面皱褶和总体火焰刷厚度（见图 5.7）。

当湍流预混燃烧中存在逆梯度湍流标量输运时，意味着基于顺梯度假设和涡团黏度概念的简单代数封闭应该用高阶模型替代。在 Bray-Moss-Libby 模型中，对湍流标量通量 $\overline{\rho u_i''\Theta''}$ 的精确守恒方程提出了二阶封闭。该守恒方程是基于动量守恒方程和进度变量守恒方程推导出来：

$$\begin{aligned}
\underbrace{\frac{\partial\overline{\rho u_i''\Theta''}}{\partial t}}_{\mathrm{I}}+\underbrace{\frac{\partial\tilde{u}_j\overline{\rho u_i''\Theta''}}{\partial x_j}}_{\mathrm{II}}= & -\underbrace{\frac{\partial\overline{\rho u_j''u_i''\Theta''}}{\partial x_j}}_{\mathrm{III}}-\underbrace{\overline{\rho u_j''u_i''}\frac{\partial\tilde{\Theta}}{\partial x_j}}_{\mathrm{IV}}-\underbrace{\overline{\rho u_j''\Theta''}\frac{\partial\tilde{u}_i}{\partial x_j}}_{\mathrm{V}} \\
& -\underbrace{\overline{\Theta''}\frac{\partial\bar{p}}{\partial x_i}}_{\mathrm{VI}}-\underbrace{\overline{\Theta''\frac{\partial p'}{\partial x_i}}}_{\mathrm{VII}}-\underbrace{\overline{u_i''\frac{\partial\mathcal{J}_k}{\partial x_k}}}_{\mathrm{VIII}}+\underbrace{\overline{\Theta''\frac{\partial\tau_{ik}}{\partial x_k}}}_{\mathrm{IX}}+\underbrace{\overline{u_i''\dot{\omega}_\Theta}}_{\mathrm{X}}
\end{aligned} \tag{5.119}$$

式中，$\mathcal{J}_k$ 是 Θ 的分子扩散通量，τ_{ik} 为黏性应力张量。在方程(5.119) 中，（Ⅰ）考虑非稳态影响，（Ⅱ）表示平均流场引起的输运，（Ⅲ）表示湍流流场引起的输运，（Ⅳ）和（Ⅴ）是由平均进度变量和平均速度梯度引起的源项，（Ⅵ）表示平均压力梯度的影响，（Ⅶ）是压力脉动项，（Ⅷ）和（Ⅸ）是耗散项，（Ⅹ）是速度-反应率相关项。

由于很多项出现在方程(5.119) 右边及其内在复杂性，方程(5.119) 的封闭问题更加困难。DNS 方法可分析这些不同的项来评估使用二阶封闭方案的总体可行性。图 5.35 给出了使用 DNS 方法计算方程(5.119) 中所有项的典型结果。该分析揭示了方程(5.119) 中的关键项及这些项贡献的本质。例如，从图 5.35 可知，耗散项（Ⅷ）和（Ⅸ）量级相当且促进顺梯度扩散（$\overline{\rho u''\Theta''}/(\partial\tilde{\Theta}/\partial x)<0$），但压力项（Ⅵ）和（Ⅶ）及速度-反应率相关项（Ⅹ）却明显促进逆梯度扩散（$\overline{\rho u''\Theta''}/(\partial\tilde{\Theta}/\partial x)>0$）。

通过数值方法消除方程(5.119) 中与 $\tilde{\Theta}$ 相关的通量余量时，图 5.35 也给出不平衡项[式(5.119) 中所有项的代数和应为 0]。这种不平衡主要是由数值模拟和数据后处理过程的内在数值误差造成，其幅值很小，表明 DNS 模拟确实可用于分析二阶矩的变化，类似于 Domingo 和 Bray[104] 推导压力脉动项的封闭模型。由于高成本问题，CFD 程序中几乎从未出现过这类高阶模型[57]❶。事实上，它们的复杂性和模型的不确定性太高，无法将其应用

---

❶ 湍流标量通量 $\bar{\rho}\widetilde{u_i''\Theta''}$ 的二阶封闭模型（3 个附加守恒方程）常与雷诺应力 $\bar{\rho}\widetilde{u_i''u_j''}$ 的二阶封闭模型（6 个附加守恒方程）联合使用。需要注意的是，$\bar{\rho}\widetilde{u_i''u_j''}$ 出现在 $\bar{\rho}\widetilde{u_i''\Theta''}$ 守恒方程式（5.119）中的第（Ⅳ）项。

于实际中。然而，湍流输运项中顺梯度形式引起的限制性仍然很强。为显著改善 RANS 数值模拟的能力，应在未来发展高阶形式。然而，大涡模拟（LES）在湍流标量输运描述中呈现出明显优势，如图 5.49 所示，逆梯度输运在可解尺度上可以直接预测，无需特定模型。

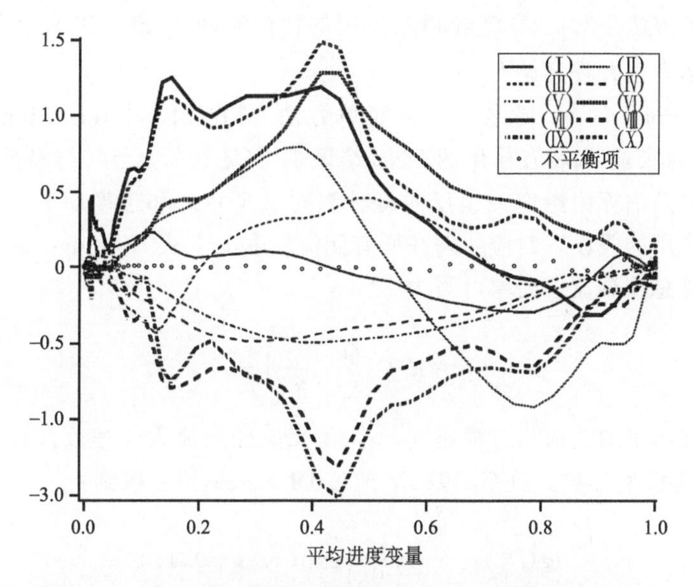

图 5.35　$\widetilde{\Theta}$ 通量余量中不同项在穿过湍流火焰刷时的变化
数据是从三维各向同性湍流且密度可变的 DNS 结果中提取，
模拟采用单步 Arrhenius 动力学模型。在这种情况下，可观察到逆梯度湍流输运[16]

5.3.9 湍流火焰特征时间的建模

所有 RANS 模型都需要确定湍流火焰特征时间尺度，一般表示为湍流特征时间 τ_t、火焰穿越频率 f_c、标量耗散率或火焰拉伸率 κ（单位为时间倒数）。在实际模拟中，湍流火焰特征时间的具体形式至关重要。有些模型，如 EBU、BML、CFM 或 MB（表 5.3），会假定积分尺度控制火焰起皱，因此积分时间尺度可作为一个合适的湍流火焰时间

$$\kappa=\frac{1}{\tau_t}=f_c\approx\kappa(l_t)=\frac{\varepsilon}{k} \tag{5.120}$$

有些模型（表 5.3 中的 CPB 和 CH1）会假定小尺度（即 Kolmogorov 微尺度）控制火焰起皱，因此，Kolmogorov 微尺度被用来表示火焰时间（4.2 节）

$$\kappa=\frac{1}{\tau_{\eta_k}}=f_c\approx\kappa(\eta_k)=\sqrt{\frac{\varepsilon}{\nu}} \tag{5.121}$$

这两种表达式会得出两种完全不同的火焰时间。式(4.12) 表明，二者相差系数$\sqrt{Re_t}$

$$\frac{\kappa(\eta_k)}{\kappa(l_t)}=\sqrt{\frac{l_t u'}{\nu}}=\sqrt{Re_t} \tag{5.122}$$

这两个表达式的选择很随意，这也是许多湍流燃烧模型理论中最薄弱的环节：

① 只有一种湍流尺度（无论大小）控制火焰时间和湍流火焰结构这一假设没有理论依据。实际过程可能涉及很宽的尺度范围，即从 Kolmogorov 微尺度到积分尺度均可能参与

其中。

② 火焰特征尺度也应出现在描述湍流-燃烧相互作用的特征时间表达式中。一个较厚火焰不会像较薄火焰那样容易因湍流运动而起皱，这一点需要考虑在内。

一个更精确的方法是对湍流-燃烧相互作用的特征时间 τ_t 推导出一个守恒方程[63]，这需要从标量耗散率守恒方程开始❶。

Meneveau 和 Poinsot[56] 提出了一种简单方法（ITNFS：Intermittent Turbulent Net Flame Stretch），将火焰-涡相互作用的 DNS 结果[90]（见 5.2.3 节）与多重分形理论[105-106]相结合。基本思想是估算由给定一组反向旋转涡对（尺寸 r 和速度 u'）引起的应变率，基于每个尺度独立作用的假设，对应变率在所有湍流尺度上（从 Kolmogorov 微尺度到积分尺度）求积分，于是总体湍流应变率可写为

$$\kappa=\alpha_0\Gamma_k\left(\frac{u'}{s_L^0},\frac{l_t}{\delta_L^0}\right)\frac{\varepsilon}{k} \tag{5.124}$$

式中，u'为未燃气体中的湍流均方根速度，s_L^0 为无应变层流火焰速度，l_t 为积分尺度，δ_L^0 为火焰厚度，α_0 为模型常数。效率函数 Γ_k 通过 DNS 数据拟合得到：

$$\lg(\Gamma_k)=-\frac{1}{s+0.4}\exp(-(s+0.4)) +(1-\exp(-(s+0.4)))\left(\sigma_1\frac{u'}{s_L^0}s-0.11\right) \tag{5.125}$$

其中，

$$s=\lg\frac{l_t}{\delta_L^0},\quad \sigma_1\frac{u'}{s_L^0}=\frac{2}{3}\left(1-\frac{1}{2}\exp\left(-\left(\frac{u'}{s_L^0}\right)^{1/3}\right)\right) \tag{5.126}$$

该效率函数考虑了小涡结构使火焰前锋起皱的能力。如图 5.36 所示，当长度尺度比值 l_t/δ_L^0 趋于 0 时，Γ_k 也随之减小，导致有效火焰应变率减小。Γ_k 与速度比 u'/s_L^0 弱相关。与此同时，当 l_t/δ_L^0 增加时，效率函数不会达到一个恒定值，因为在保持 u'/s_L^0 恒定时，增加 l_t/δ_L^0 会导致湍流雷诺数 Re_t 增加。

当上述模型用于 EBU、BML 或火焰面密度模型时，效果显著（参见表 5.3 和文献［4］中的 CFM2-a 和 CFM2-b 模型）。例如，ITNFS-EBU 形式可以写成

$$\bar{\dot{\omega}}_\Theta=C_{EBU}\bar{\rho}\Gamma_k\left(\frac{u'}{s_L^0},\frac{l_t}{\delta_L^0}\right)\frac{\varepsilon}{k}\widetilde{\Theta}(1-\widetilde{\Theta}) \tag{5.127}$$

这个方法在 EBU 模型中引入了对化学反应的敏感性，且湍流尺度较小时，在应变率很大的区域内（在这些区域，EBU 模型通常会高估反应率），平均反应率减小。目前，Bailly 等[57] 和 Lahjaily 等[107] 已成功地将式(5.127) 用于湍流火焰模拟中。

❶ Mantel 和 Borghi[63] 推导出标量耗散率的守恒方程为

$$\overline{\chi}=D\overline{\frac{\partial\Theta}{\partial x_i}\times\frac{\partial\Theta}{\partial x_i}} \tag{5.123}$$

假设密度恒定。这个标量耗散率对应于湍流特征掺混时间的倒数，可能与拉伸率 κ 有关。如 5.3.5 节所述，标量耗散率 $\overline{\chi}$ 通过方程（5.56）与平均反应率直接相关，并包含时间信息［式(5.58)］。该守恒方程也可改写为火焰面密度的方程（表 5.3 中的 MB 模型）。

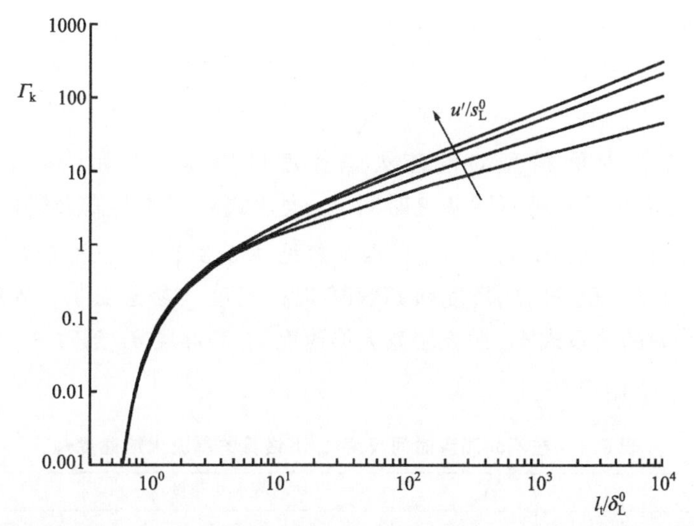

图 5.36　ITNFS 效率函数Γ_k［由式(5.125) 给出］在不同速度比 u'/s_L^0 下随长度尺度比l_t/δ_L^0 的变化

其中，$u'/s_L^0=$［0.1，1.0，10，100］

5.3.10 Kolmogorov-Petrovski-Piskunov（KPP）分析法

为分析湍流燃烧模型，本节介绍一个简单的理论工具——Kolmogorov-Petrovski-Piskunov（KPP）分析法。该分析法是基于一些有限制性的假设开展的，如冻结湍流假设（湍流不受燃烧影响），因此只能针对一些特定燃烧模型。然而，这是研究基本模型趋势的一个很有效的方法。

本节通过下面的例子来简要说明 KPP 分析法，更多详细内容可参见文献［1，4，108］。

假设一个类似 EBU（见 5.3.3 节）的燃烧模型为

$$\overline{\dot{\omega}}_{\Theta}=C\bar{\rho}\frac{1}{\tau_m}\widetilde{\Theta}(1-\widetilde{\Theta}) \tag{5.128}$$

式中，τ_m 为湍流时间，C 为模型常数。统计学一维湍流稳态火焰传播的守恒方程为

$$\rho_0 s_T\frac{\partial\widetilde{\Theta}}{\partial x}=\bar{\rho}\frac{\nu_t}{\sigma_{\Theta}}\times\frac{\partial^2\widetilde{\Theta}}{\partial x^2}+C\bar{\rho}\frac{1}{\tau_m}\widetilde{\Theta}(1-\widetilde{\Theta}) \tag{5.129}$$

式中，ρ_0 为未燃气体的密度，σ_{Θ} 是湍流 Schmidt 数。假定湍流通量采用梯度假设描述，湍流被冻结，因此，湍流时间 τ_m 和动力黏度 $\bar{\rho}\nu_t$ 在空间域和时间域上都是常数。

KPP 分析法的基本思想是在火焰前缘处（即当 $\widetilde{\Theta}$ 趋向于 $\widetilde{\Theta}=0$ 时）找出方程(5.129) 的一个指数解。保留 $\widetilde{\Theta}$ 的一阶项，方程(5.129) 可简化为

$$\rho_0 s_T\frac{\partial\widetilde{\Theta}}{\partial x}=\rho_0\frac{\nu_t}{\sigma_{\Theta}}\times\frac{\partial^2\widetilde{\Theta}}{\partial x^2}+C\rho_0\frac{1}{\tau_m}\widetilde{\Theta} \tag{5.130}$$

当判别式 $\Delta\geqslant 0$ 时，方程(5.130) 有解

$$\Delta=s_T^2-4\frac{C}{\sigma_{\Theta}}\times\frac{\nu_t}{\tau_m}\geqslant 0 \tag{5.131}$$

最终可以得到湍流火焰速度 s_T 的一个连续解

$$s_T\geqslant 2\sqrt{\frac{C}{\sigma_{\Theta}}\times\frac{\nu_t}{\tau_m}} \tag{5.132}$$

KPP 定理表明，方程(5.129) 的实际解对应于最低湍流火焰速度

$$s_{\mathrm{T}}=2\sqrt{\frac{C}{\sigma_{\Theta}}\times\frac{\nu_{\mathrm{t}}}{\tau_{\mathrm{m}}}} \tag{5.133}$$

该表达式阐明了湍流时间模型对湍流火焰速度的影响。例如，基于 KPP 理论［式(5.133)］，表 5.4 对比了三种不同湍流时间 τ_{m} 表达式对应的湍流火焰速度，其中，湍流黏性系数使用 k-ε 模型来表示（$\nu_{\mathrm{t}}=C_{\mu}k^{2}/\varepsilon$，参见 4.5.3 节），三种湍流时间分别对应于 Kolmogorov 时间尺度、积分时间尺度和 ITNFS 时间尺度（参见 5.3.9 节）。另外，表中也使用了 4.2 节中推导的关系式❶，假设层流火焰速度 s_{L}^{0} 和厚度 δ_{L}^{0} 通过 $\delta_{\mathrm{L}}^{0}s_{\mathrm{L}}^{0}/\nu\approx1$ 关联，均方根速度 u' 由 $u'=\sqrt{k}$ 给出。

表 5.4 在不同湍流时间尺度 τ_{m} 下估算的湍流火焰速度 s_{T}

时间尺度	τ_{m}	湍流火焰速度 s_{T}	$s_{\mathrm{T}}/s_{\mathrm{L}}^{0}$
Kolmogorov	$\sqrt{\frac{\nu}{\varepsilon}}$	$2\sqrt{\frac{CC_{\mu}}{\sigma_{\Theta}}Re_{\mathrm{t}}^{\frac{1}{4}}}u'$	$2\sqrt{\frac{CC_{\mu}}{\sigma_{\Theta}}\left(\frac{l_{\mathrm{t}}}{\delta_{\mathrm{L}}^{0}}\right)^{\frac{1}{4}}\left(\frac{u'}{s_{\mathrm{L}}^{0}}\right)^{\frac{5}{4}}}$
积分	$\frac{k}{\varepsilon}$	$2\sqrt{\frac{CC_{\mu}}{\sigma_{\Theta}}}u'$	$2\sqrt{\frac{CC_{\mu}}{\sigma_{\Theta}}}\frac{u'}{s_{\mathrm{L}}^{0}}$
ITNFS	$\frac{1}{\Gamma_{\mathrm{k}}\left(\frac{u'}{s_{\mathrm{L}}^{0}}\times\frac{l_{\mathrm{t}}}{\delta_{\mathrm{L}}^{0}}\right)}\times\frac{k}{\varepsilon}$	$2\sqrt{\frac{CC_{\mu}}{\sigma_{\Theta}}\Gamma_{\mathrm{k}}\left(\frac{u'}{s_{\mathrm{L}}^{0}},\frac{l_{\mathrm{t}}}{\delta_{\mathrm{L}}^{0}}\right)}u'$	$2\sqrt{\frac{CC_{\mu}}{\sigma_{\Theta}}\Gamma_{\mathrm{k}}\left(\frac{u'}{s_{\mathrm{L}}^{0}},\frac{l_{\mathrm{t}}}{\delta_{\mathrm{L}}^{0}}\right)}\frac{u'}{s_{\mathrm{L}}^{0}}$

分析结果表明，三种模型预测的湍流火焰速度都会随 u' 增大而增加。Kolmogorov 时间尺度对应的湍流火焰速度大于积分时间尺度对应的值。另外，当长度尺度比值 $l_{\mathrm{t}}/\delta_{\mathrm{L}}^{0}$ 较小时，ITNFS 表达式会预测出一个较小的湍流火焰速度，因为湍流效率在火焰前锋起皱时会减小（图 5.37）❷。

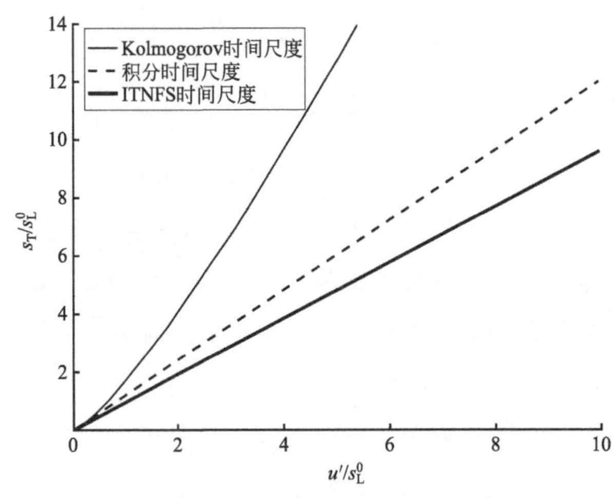

图 5.37 湍流火焰速度 $s_{\mathrm{T}}/s_{\mathrm{L}}^{0}$ 随湍流速度 u'/s_{L}^{0} 的曲线变化

假定湍流被冻结，湍流火焰速度通过对一个类似 EBU 的模型进行 KPP 分析来预测：$C_{\mathrm{EBU}}=4$，$C_{\mu}=0.09$，$l_{\mathrm{t}}/\delta_{\mathrm{L}}^{0}=4$

❶ 需要注意的是，当湍流度减小至 $u'=0$ 时，火焰速度也不能恢复至层流火焰速度 s_{L}^{0}。大部分简单湍流燃烧模型都是针对高湍流雷诺数 Re_{t} 设计。与 s_{T} 相比，s_{L}^{0} 可以忽略不计。

❷ 一个精细的 ITNFS 形式(包含火焰熄灭可能性）应能重现高湍流度下的湍流火焰速度的非线性变化和火焰熄灭[4]。

当然，这个分析只在一些限制性假设下（如冻结湍流，湍流火焰前缘控制火焰传播）才有可能成立，并且只与一些特定模型联合使用。湍流火焰速度的具体取值不是很有用，因为实验测量结果很分散。然而，KPP 分析提供了预测模型趋势的一个简单方法。它可以扩展至两方程模型，如 Duclos 等[4] 在描述火焰表面密度时的工作。

5.3.11 火焰的稳定

统计学稳态湍流火焰需要火焰的稳定机制。因此，本节将简单介绍火焰的稳定机制，并给出湍流火焰数值模拟中对应的难点。而壁面对湍流火焰的影响将在第 7 章中另行讨论。

目前，通常利用两种主要机制来稳定湍流预混火焰：

低速区　在流场中创建一个低速区来实现火焰的稳定[109]。在这种情况下，湍流火焰速度能承受来流流场的速度而使火焰稳定。为此，常会使用一些所谓的火焰稳定器（见图 5.38）或旋流结构[110-113] 来诱导产生较大的低速回流区。

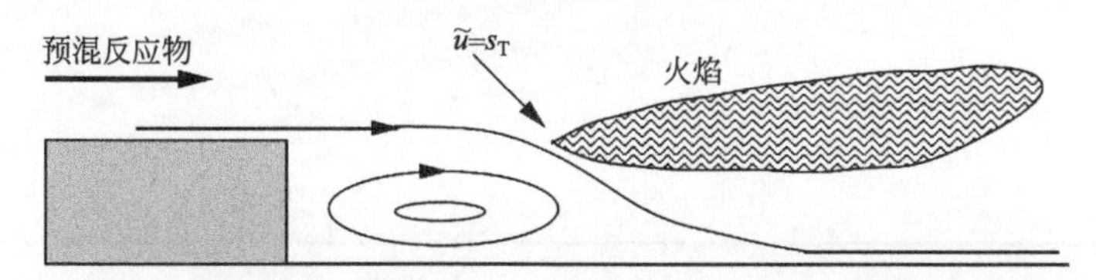

图 5.38　使用低速区（回流区）保障湍流预混火焰稳定的机制

火焰稳定在湍流火焰速度 s_T 能够维持来流速度 $\widetilde{u}$ 的位置

连续着火区　在这种情况下，来流反应物通过一些高温热源被持续点燃，如使用引燃火焰、电热丝、高温气流或电场维持放电等，如图 5.39 所示。需要注意的是，当使用回流区（被视为高温气“罐”）来稳定火焰时，也可能涉及这一机制。

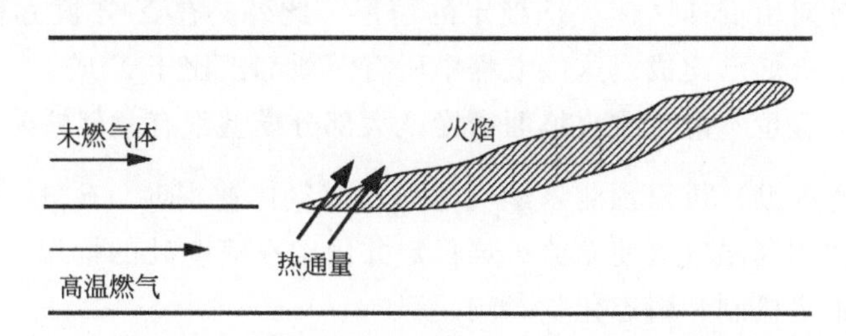

图 5.39　使用热气流提供所需热通量的湍流预混火焰稳定机制

纵向速度大于湍流火焰速度。Moreau[114] 进行了相关实验

大部分湍流预混燃烧模型都未对火焰稳定机制进行直接建模，通常只是预测湍流火焰速度 s_T（参见 5.3.10 节）。另外，这些模型都是基于快速化学反应假设，即火焰已经形成并达到平衡状态。其中，RANS 模型通过 s_T 能够预测低速区中（如回流区）火焰的稳定，却不能给出火焰稳定的精确位置，造成这个缺陷的原因是这些模型并未考虑真实着火机制。这些机制涉及复杂的化学反应特征，并控制图 5.38 和图 5.39 中的火焰初始区。

图 5.40 给出了着火过程建模难的一个实验证据[17]：针对一个稳定在小圆杆后的丙烷-空气 V 形湍流预混火焰，采用激光层析成像（laser tomography）获得火焰面密度场，CH

自由基用来估算平均反应率。通过对比实验数据可以看出，在接近小圆柱的稳定区域火焰面密度 Σ 较大，但平均反应率却很小。另外，未燃气体和已燃气体被一个已点燃但未完全形成的界面分开（找到该界面的可能性很大，因为火焰面密度很大），因此对于火焰面密度建模方法，一些子模型应该将着火过程（即非平衡燃烧）加入单位火焰面的局部反应率 $\rho_0 \langle s_c \rangle_s$ 中。这一点与经典小火焰方法不同，因为小火焰方法假设火焰单元已达到平衡状态。另外，一些简单模型，如代数型涡团破碎模型或 BML 模型，不仅会忽略图 5.40 中清晰可见的瞬态着火效应，还会预测出湍流火焰固定在小圆杆上的结论。

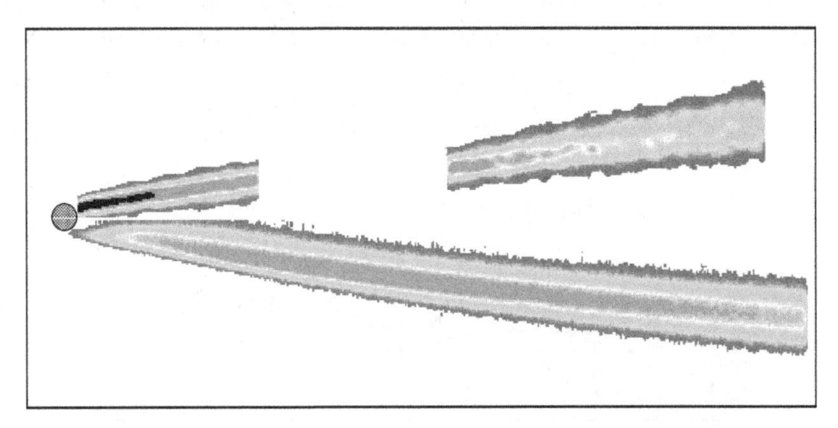

图 5.40 稳定在小杆后的丙烷-空气 V 形湍流预混火焰实验数据

上半部分对应火焰面密度；下半部分对应平均反应率。从两组不同的数据中提取的火焰面密度数据（顶部中间）在小杆下游 30～70mm 范围内不可见[17]

基于 Σ 守恒方程的火焰面密度模型也无法直接描述高速流动中使用高温气流（引燃火焰）稳定的火焰（图 5.39）❶。与其他模型一样，这种模型通过湍流火焰速度 s_T 能够预测火焰的稳定，但只能针对由低速区使火焰稳定的情形。此外，在 Σ 守恒方程和大部分封闭方案推导过程中都默认火焰已建成。这些方程中所有源项都正比于 Σ 或 Σ^2（见表 5.3），在无初始火焰面时这些方程也不能生成火焰面密度。大部分模型都有类似缺陷。另外，简单的代数模型（如涡团破碎模型）可以预测未燃气体和已燃气体掺混时（$\widetilde{\Theta}(1-\widetilde{\Theta}) \neq 0$）火焰的稳定，因此也可用于使用高温气流使湍流火焰稳定并固定在喷嘴处的情形（图 5.39），但这也完全遗漏了火焰的稳定机制和瞬态化学影响。

因此，火焰稳定机制的描述对于湍流燃烧建模仍是一大挑战。为了解决这个问题，在建模中有以下三点必须加以注意：

① 火焰的着火和稳定涉及复杂化学特征，不能用简单化学反应模型处理。

② 着火通常发生在低湍流区或层流区，如喷嘴附近的边界层或混合层。例如，在点燃式发动机中，最初火焰为层流状态，随后不断增长，最后变成湍流。因此，Boudier 等[86]在火焰面密度建模中，提出一个子模型来描述这种机制。该子模型考虑了着火时间、电火花能量及流动条件，能够确定火焰何时成为湍流以及何时需要在湍流代码中施加初始火焰面密度。

❶ 为克服这一难点，对于描述这种火焰稳定的粗略子模型，在数值模拟的特定位置处连续施加初始火焰面密度 Σ_0。

③ 火焰着火和火焰的稳定通常发生在壁面附近，如喷嘴、后向台阶引起的回流区等。壁面效应（如传热和催化效应）必须加以考虑，因为它可能对火焰的稳定和演化产生显著影响（见第 7 章）。这一点可以在图 5.41 中关于后向台阶稳定预混层流火焰的时间演化曲线中得到论证。图中主要考虑两种极限情况：绝热火焰稳定器（左）和低温火焰稳定器（右）（由 Veynante 和 Poinsot[115] 进行的 DNS 模拟）。火焰对入口速度突变的响应是由火焰稳定器的热力学条件直接控制：与绝热壁面（左）相比，恒温冷壁（右）引起的小幅度火焰推举会导致截然不同的火焰表面演化过程。

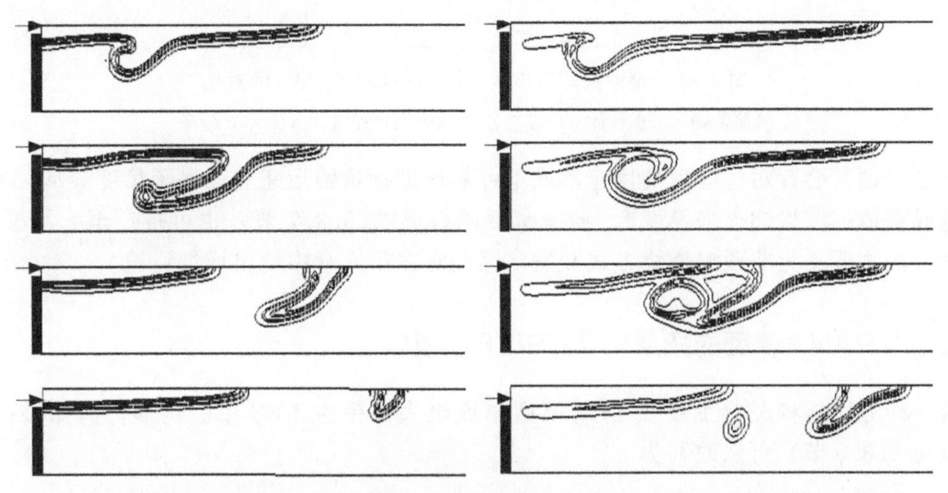

图 5.41　后向台阶稳定的预混层流火焰受速度突变扰动后的反应率场时间演化曲线

左：绝热台阶壁面；右：恒温冷壁，壁面温度等于未燃气体温度[115]

5.4 湍流预混火焰的 LES 模拟

5.3 节讨论了湍流预混燃烧的 RANS 模型，现对大涡模拟模型进行简要综述。

5.4.1 概述

RANS 燃烧模型的发展始于 1971 年 Spalding 的开创性工作[53]，随后几年，Spalding 又提出涡团破碎模型[54]。大涡模拟 LES 始于 20 世纪 80 年代，最初用于密度恒定的无反应流，至 20 世纪末才开始用于燃烧模拟研究。因此，反应流的大涡模拟仍处于相对较早的发展阶段，此处只对一些主要方法的基本原理做出总结。

在预混火焰大涡模拟中，一个常见的难点是预混火焰的厚度 $\delta_L^0 \approx 0.1 \sim 1\text{mm}$，其值明显小于 LES 网格尺寸 Δ，如图 5.42 中所示。进度变量 Θ（即归一化的燃料质量分数或温度）是一个非常刚性的空间变量，无法数值求解火焰前锋，这就形成了一个数值问题。事实上，对反应率最重要的贡献大概率出现在亚格子尺度水平上，这也表明大涡模拟可能很难应用于反应流中[91]。

为克服这一难点，目前已提出三种主要方法：人工增厚火焰模拟、使用火焰前锋跟踪技术（G 方程）以及使用大于网格尺寸的高斯过滤器进行过滤。在 LES 方法中，有时为了避

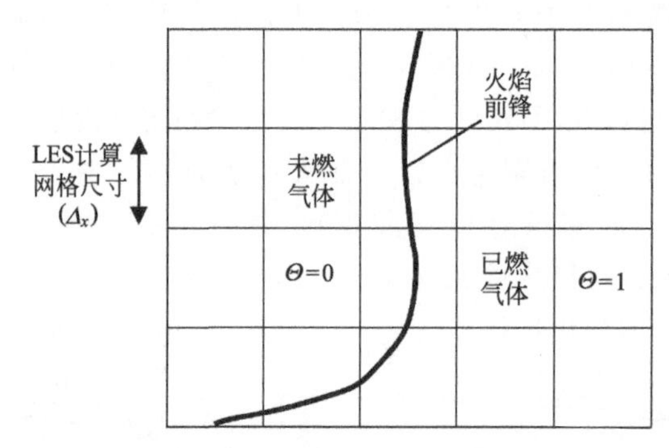

图 5.42 预混火焰厚度δ_L^0 与 LES 网格尺寸Δ_x 的对比

火焰前锋将未燃气体（进度变量 $\Theta=0$）与已燃气体（$\Theta=1$）分开

开该理论问题，会针对过滤后的反应率或不可解尺度标量输运建立亚格子尺度模型，通过湍流扩散或数值扩散增加火焰厚度[❶]。概率密度函数形式(5.3.7 节）也可推广至大涡模拟中，但这种方法主要是为非预混燃烧方式开发，因此将在第 6 章中给出详细讨论。

5.4.2 RANS 模型的拓展：LES-EBU 模型

第一种方法是将经典 RANS 封闭模型拓展至大涡模拟 LES 中。例如，涡团破碎模型 EBU（见 5.3.3 节）可以改写为

$$\overline{\dot{\omega}}_{\Theta}=C_{\mathrm{EBU}}\bar{\rho}\ \frac{1}{\tau_{\mathrm{t}}^{\mathrm{SGS}}}\widetilde{\Theta}(1-\widetilde{\Theta}) \tag{5.134}$$

式中，$\tau_{\mathrm{t}}^{\mathrm{SGS}}$ 是亚格子湍流时间尺度，近似为[❷]

$$\tau_{\mathrm{t}}^{\mathrm{SGS}}\approx\frac{l_{\Delta}}{u'_{\mathrm{SGS}}}\approx\frac{\Delta}{\sqrt{k^{\mathrm{SGS}}}} \tag{5.135}$$

式中，l_{Δ} 是亚格子湍流长度尺度，将其指定为过滤器尺寸 Δ；u'_{SGS}为亚格子尺度湍流速度；k^{SGS} 为亚格子湍动能，可由代数式或守恒方程给出。需要注意的是，LES-EBU 模型未考虑火焰厚度问题，但可以与亚格子尺度标量输运的梯度模型联立起来确保 $\widetilde{\Theta}$ 场在数值模拟中可解。

这个简单形式虽未得到进一步验证[116-117]，但可以预见出两个缺陷：涡团破碎模型 EBU 在 RANS 中存在的已知缺陷，即反应率与化学反应无关以及反应率在强剪切区域中被高估。在大涡模拟 LES 中，模型常数 C_{EBU} 与很多参数都强相关，如流动条件和网格大小等。正如 4.7.4 节中所述，应该考虑一些长度尺度的比值，如 LES 过滤器尺寸、火焰厚度和火焰前锋起皱的亚格子尺度的比值。

5.4.3 人工增厚火焰

Butler 和 O'Rourke[118] 针对预混火焰在粗网格中传播的模拟问题，提出了一种很好的

---

❶ 从 DNS 或实验中提取数据来验证模型时，这一点很重要。

❷ 通过将 ITNFS 理论（见 5.3.9 节）扩展至 LES[119-121] 中，可建立一个更精细的表达式将小涡使火焰前锋起皱的能力考虑进去。

解决方案。根据层流预混火焰的简单理论[5,25]，火焰速度 s_L 和火焰厚度 δ_L^0 可以表示为（见表 2.5 和表 2.8）❶

$$s_L^0 \propto \sqrt{\mathcal{D}_{th} B}, \quad \delta_L^0 \propto \frac{\mathcal{D}_{th}}{s_L^0} = \sqrt{\frac{\mathcal{D}_{th}}{B}} \tag{5.136}$$

式中，$\mathcal{D}_{th}$ 为热扩散率，B 为指前因子。如果热扩散率 $\mathcal{D}_{th}$ 增加 F 倍，指前因子 B 减小 F 倍，则在火焰速度维持不变的前提下，火焰厚度 δ_L^0 需要增加 F 倍。当 F 值足够大时，在 LES 计算网格上可以求解增厚火焰前锋（见图 5.43）。

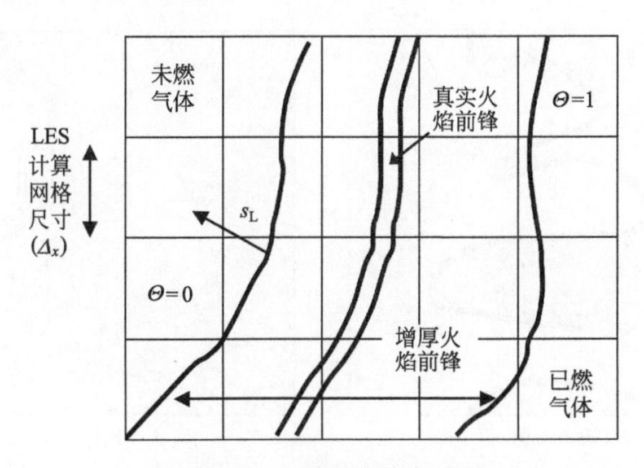

图 5.43　增厚火焰方法

层流火焰被人工增厚，但火焰速度维持不变

由于反应率使用 Arrhenius 定律表示，因此不需要特定子模型就可以研究一些其他燃烧现象，如着火、火焰的稳定以及火焰-壁面相互作用。这种方法非常有效，至少是在流动尺度远大于层流火焰厚度或燃烧不稳定性的应用中。

当火焰厚度从 δ_L^0 增加到 $F\delta_L^0$ 时，湍流和化学反应之间的相互作用也随之改变，因为 Damköhler 数

$$Da = \frac{\tau_t}{\tau_c} = \frac{l_t}{u'} \times \frac{s_l}{\delta_L^0} \tag{5.137}$$

也减小 F 倍，最终变成 Da/F。

如 5.3.9 节所述，当湍流长度尺度与层流火焰厚度的比值 l_t/δ_L^0 减小时，火焰对湍流运动的敏感性变弱。如果火焰被增厚，则比值减小 F 倍。这一点已通过 DNS 数值模拟进行研究[119-120]（图 5.44）❷。为考虑这个影响，已推导出一个对应于亚格子尺度皱褶因子的效率函数 E。该效率函数将 ITNFS 概念扩展至 LES 中，且仅与速度比值 u'/s_L 和长度/尺度比值 $\Delta/F\delta_L^0$ 有关。实际上，增厚火焰方法是依据下列关系，通过改变扩散率和反应率来实现：

---

❶ 下面的推导是针对单步反应进行，其指前因子为 B，但也可扩展至多步化学反应。这个结果给出了对流/扩散/反应的守恒方程性质，并通过将一维稳态传播火焰的守恒方程中的空间坐标 x 替换为 x/F 得以证明：

$$\rho_0 s_L^0 \frac{\partial \Theta}{\partial x} = \frac{\partial}{\partial x}\left(\rho\, \mathcal{D}_{th} \frac{\partial \Theta}{\partial x}\right) + \dot{\omega}_\Theta$$

❷ 基于 Colin 等[120] 的 DNS 结果，Charlette 等[121] 提出了更精细的效率函数 E 形式，修正其在极限情况下的行为。关于效率函数参数的自适应动力学形式，可参见文献［204-205］。

$$扩散率\mathcal{D}_{\mathrm{th}} \to F\mathcal{D}_{\mathrm{th}} \to EF\mathcal{D}_{\mathrm{th}}$$

$$指前因子\ B \underbrace{\to}_{增厚} \frac{B}{F} \underbrace{\to}_{起皱} \frac{EB}{F}$$

根据式(5.136)，层流火焰速度 s_{L}^0 和火焰厚度 δ_{L}^0 分别变为

$$s_{\mathrm{T}}^0 = Es_{\mathrm{L}}^0, \quad \delta_{\mathrm{T}} = F\delta_{\mathrm{L}}^0 \tag{5.138}$$

式中，s_{T}^0 是亚格子尺度的湍流火焰速度。

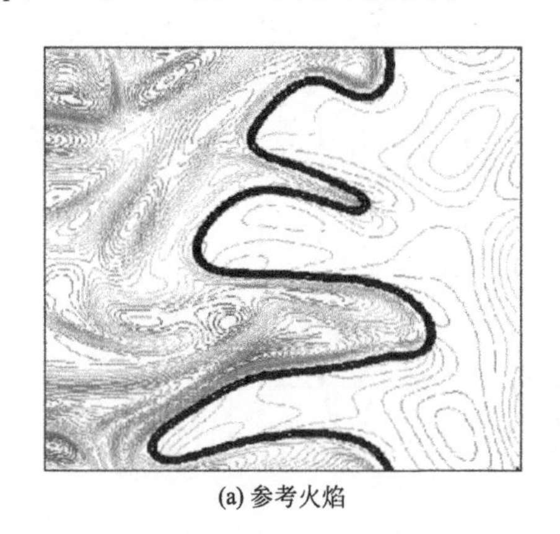
(a) 参考火焰

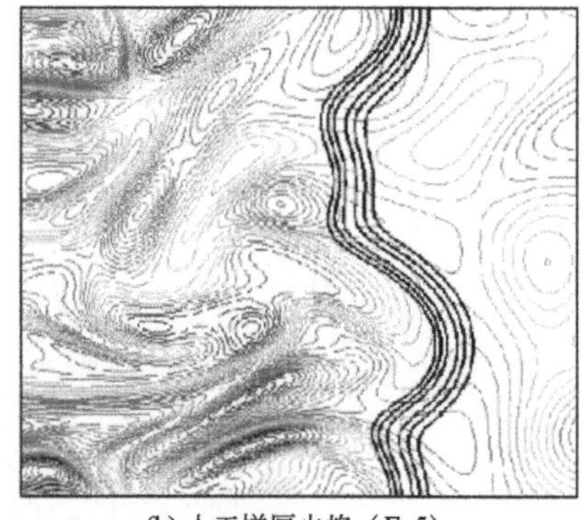
(b) 人工增厚火焰（F=5）

图 5.44 火焰-湍流相互作用的 DNS 数值结果

反应率场和涡量场叠加在一起：当长度尺度比值 $l_t/\delta_{\mathrm{L}}^0$ 变化时，燃烧-湍流相互作用也随之变化，增厚火焰因湍流运动而起皱的程度减弱。该影响可以使用亚格子尺度模型进行参数化

实际上，为了在程序中使用 TFLES 模型，可修正组分 k 的守恒方程（1.47）：

$$\frac{\partial}{\partial t}\rho Y_k + \frac{\partial}{\partial x_i}\rho(u_i + V_{ci})Y_k = \frac{\partial}{\partial x_i}\left(\rho EF\mathcal{D}_k \frac{W_k}{W} \times \frac{\partial X_k}{\partial x_i}\right) + \frac{E\dot{\omega}_k}{F} \tag{5.139}$$

式中，F 是增厚因子，E 是效率函数。能量方程也做了相同修正。初始 TFLES 模型也可以拓展至其他燃烧方式的火焰研究中（如部分预混火焰），通过一个随局部位置变化、仅增加反应区厚度而不影响掺混区域的增厚因子来实现[122-123]，这一扩展的 TFLES 模型将在 6.5.3 节中给出讨论。

5.4.4 G 方程

G 方程形式采用了一个与增厚火焰方法相反的观点：将火焰厚度设置为零，并将火焰前锋描述为一个移动的表面，通过场变量 $\widetilde{G}$ 对其进行跟踪（图 5.45）。在大涡模拟 LES 中，可解火焰刷与等值面 $\widetilde{G}=G^*$ 相关联，可解尺度 $\widetilde{G}$ 场不需要跟踪进度变量 Θ 的梯度，可以在 LES 网格上通过平滑处理得以求解。G 方程写为[59]

$$\frac{\partial \bar{\rho}\widetilde{G}}{\partial t} + \frac{\partial \bar{\rho}\widetilde{u}_i\widetilde{G}}{\partial x_i} = \rho_0 \bar{s}_{\mathrm{T}} \left|\nabla \widetilde{G}\right| \tag{5.140}$$

需要一个亚格子尺度“湍流”火焰速度 $\bar{s}_{\mathrm{T}}$ 模型，一般通过式(5.47) 得以封闭：

$$\frac{\bar{s}_T}{s_L}=1+\alpha\left(\frac{\overline{u'}}{s_L}\right)^n \tag{5.141}$$

式中，$\overline{u'}$是亚格子尺度湍流水平，可估算为

$$\overline{u'}\approx\Delta|\bar{S}|=\Delta\sqrt{|2\widetilde{S}_{ij}\widetilde{S}_{ij}|} \tag{5.142}$$

式中，$\widetilde{S}_{ij}$ 是可解尺度剪应力分量，常数 α 和 n 需要预先指定。当 $n=1$ 时，Im 等[124] 提出了一种动态确定 α 的方法。在很多算例中，由实验数据得到或 RANS 模型中使用的 $\overline{u'}$与 $\bar{s}_T$ 相关性可直接用于 LES 模拟中而无须解释，只需将湍流均方根速度替换为亚格子尺度速度即可。

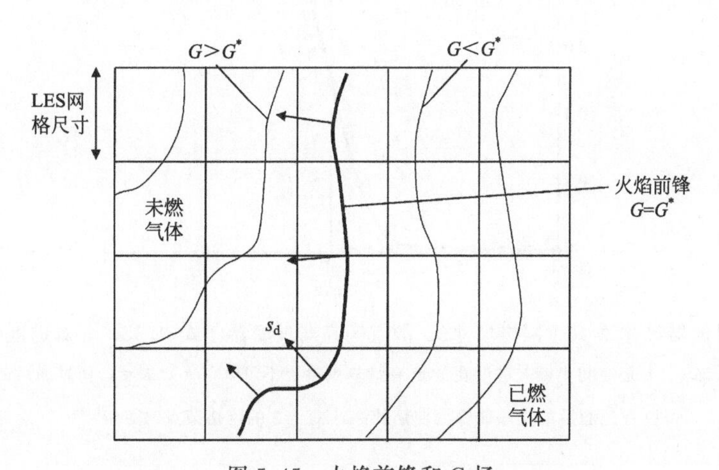

图 5.45 火焰前锋和 G 场

火焰前锋被确定为给定表面 $G=G^*$，这与火焰前锋的距离有关

式(5.140) 对应于一个简单的物理分析，即可解尺度火焰前锋以位移速度 $\bar{s}_T$ 移动。然而，正如在 5.3.4 节所述，湍流火焰速度 s_T 不存在一个很好的定义，目前也不存在一个通用模型。方程(5.140) 也会带来一些数值和理论方面的问题，如火焰尖（flame cups）问题[125-126]。尽管存在这些缺陷，G 方程仍是湍流预混燃烧大涡模拟中很受欢迎的一个方法[127]。

5.4.5 火焰面密度的 LES 形式

另一种方法是对 Θ（或质量分数）的守恒方程进行过滤处理。首先，

$$\frac{\partial\rho\Theta}{\partial t}+\frac{\partial\rho u_i\Theta}{\partial x_i}=\frac{\partial}{\partial x_i}\left(\rho\mathcal{D}\frac{\partial\Theta}{\partial x_i}\right)+\dot{\omega}_\Theta=\rho s_d|\nabla\Theta| \tag{5.143}$$

式中，s_d 是等值面 Θ 的局部位移速度［式(2.99)］。其次，对方程(5.143) 进行过滤处理，可以得出❶

$$\frac{\partial\bar{\rho}\widetilde{\Theta}}{\partial t}+\frac{\partial\bar{\rho}\widetilde{u}_i\widetilde{\Theta}}{\partial x_i}+\frac{\partial}{\partial x_i}(\bar{\rho}\widetilde{u_i\Theta}-\bar{\rho}\widetilde{u}_i\widetilde{\Theta})=\frac{\partial}{\partial x_i}\left(\overline{\rho\mathcal{D}\frac{\partial\Theta}{\partial x_i}}\right)+\bar{\dot{\omega}}_\Theta=\overline{\rho s_d|\nabla\Theta|} \tag{5.144}$$

---

❶ 需要注意的是，使用位移速度 s_d 表达时，方程(5.143) 和 G 方程 (5.140) 很相似。$\widetilde{G}$ 场常被视为 Θ 场。

如上所述，火焰前锋（以及进度变量 Θ 的梯度）由于太薄而不能在 LES 计算网格上求解。然而，Boger 等[128] 提出可采用式(4.54) 表示的物理空间高斯过滤器 F，其过滤器尺寸 Δ 大于网格尺寸 Δ_m，则过滤后的进度变量 $\widetilde{\Theta}$ 可求解得出，如图 5.46 所示。因此，过滤后的火焰前锋可使用大约 $2\Delta/\Delta_m$ 个网格节点进行数值求解❶。与任意 G 场（G 方程）相比，进度变量 Θ 有一个明显优势，即 Θ 和相关变量（如火焰面密度），都具有实际物理意义，可从 DNS 数值结果或实验测量中提取。

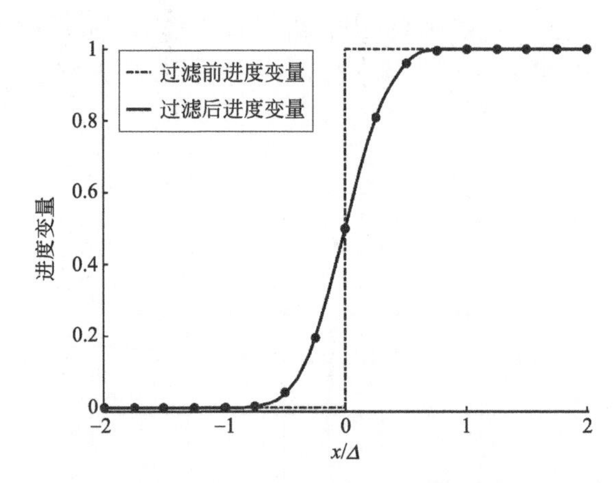

图 5.46 过滤器尺寸 Δ 大于网格尺寸Δ_m 的空间高斯过滤器［式(4.55)］对进度变量的影响

其中，$\Delta=4\Delta_m$，x 是空间坐标。进度变量 Θ 在计算网格上不可解（•）表示，而过滤后的进度变量 $\overline{\Theta}$ 在过滤后的火焰前锋内使用约 $2\Delta/\Delta_m=8$ 的网格节点时可解[128]

方程(5.144) 右边项 $\overline{\rho s_d|\nabla\Theta|}$ 可以建模为[128]

$$\overline{\rho s_d|\nabla\Theta|}\approx\rho_u s_L\Sigma=\rho_u s_L\Xi|\nabla\overline{\Theta}| \tag{5.145}$$

式中，ρ_u 和 s_L 分别是未燃气体密度和层流火焰速度，Σ 是亚格子尺度火焰面密度（即亚格子尺度水平上单位体积的火焰面密度），Ξ 是亚格子尺度火焰起皱因子（即亚格子尺度火焰表面与其在传播方向上的投影之比）。于是，Σ 和 Ξ 都需要模型来封闭。模型封闭使用的方法在形式上等同于 RANS 环境中开发的方法。对于 Σ 或 Ξ，可以提出代数表达式[128-129]、相似模型[130-131] 或守恒方程[128,132-134]。火焰面密度可以从图 4.12 所示的实验数据中提取。

Duwig[135] 提出可以从过滤后的一维层流火焰单元（即火焰面）中提取出式(5.145) 中 $\rho_u s_L|\nabla\overline{\Theta}|$ 的贡献，并将其作为过滤后的进度变量 $\widetilde{\Theta}$ 的函数来建表。FTACLES 模型(Filtered Tabulated Chemistry For LES) 遵循了一种简单思路：对考虑复杂化学模型的一维层流预混火焰进行过滤，将对应的反应率、分子扩散和亚格子输运项［式(5.148)］作为过滤后的进度变量 $\widetilde{\Theta}$、过滤器尺寸 Δ 和其他有用参数（如过滤后的混合物分数）的函数来建表[136-138]。于是，湍流-燃烧相互作用可以通过起皱因子来建模，该因子可通过代数表达式[120-121] 来预估。此外，Colin 和 Truffin[139] 在火焰面密度守恒方程形式下建立了电火花点火的子模型。

---

❶ 大涡模拟的过滤器形式不会直接出现在式(5.144) 中，一般不用于方程的封闭和求解；但当 LES 结果需要通过实验或 DNS 数据验证时，需要用这些滤波器过滤测量结果。

5.4.6 LES 中标量通量的建模

亚格子标量通量一般由简单的梯度假设［式(4.76)］来表示

$$\widetilde{u_i\Theta}-\widetilde{u}_i\widetilde{\Theta}=-\frac{\nu_t}{Sc_k}\times\frac{\partial\widetilde{\Theta}}{\partial x_i} \tag{5.146}$$

然而，Boger 等[128] 通过分析 Bouganem 和 Trouvé[140] 的 DNS 数据库（图 4.8）发现，LES 中同样可以观察到顺梯度或逆梯度的不可解通量输运（见 5.3.8 节），并且与湍流水平和释热率有关（图 5.47）。Pfadler 等[141] 证实了顺梯度模型［式(5.146)］不适用于他们实验中研究的预混湍流火焰，但由于 LES 中的亚格子通量小于 RANS 中的值，因此模型的不确定性对 LES 的影响没有 RANS 那么显著。

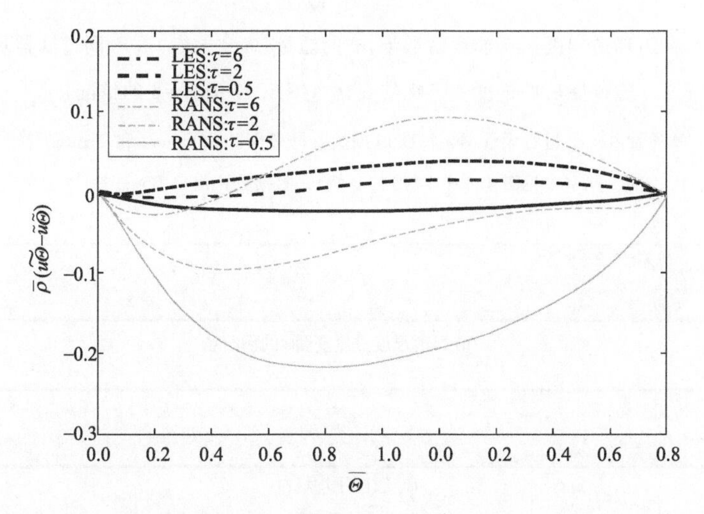

图 5.47　$\widetilde{\Theta}$ 的不可解通量$\bar{\rho}(\widetilde{u\Theta}-\widetilde{u}\widetilde{\Theta})$与过滤后的进度变量$\overline{\Theta}$ 在不同释热因子 τ 下的关系图

通量由$\rho_0 s_L$ 无量纲化。DNS 原始数据来自 Boughanem 和 Trouvé[140] 的工作

（参见图 4.8 中 DNS 的示例），数据分析出自 Boger 等[128]

由于逆梯度输运可能解释为由低温未燃气体和高温已燃气体中浮力不同引起，因此会涉及所有特征长度尺度。相应地，亚格子标量通量会随过滤器尺寸 Δ 增加而线性增长（图 5.48），但输运类型（顺梯度或逆梯度）不会发生变化。另外，即便使用的亚格子尺度封闭模型属于顺梯度类型，一些逆梯度现象也可以在大涡模拟中通过可解尺度的运动直接表示，这一点在图 5.49 中得以证实：Boger 和 Veynante[129] 对一个丙烷-空气 V 形湍流预混火焰稳定在三角形火焰稳定器后的情形给出了大涡模拟结果。图 5.49(a) 显示了瞬时进度变量 $\widetilde{\Theta}$ 的场分布。通过对这些场在时间域求平均，可得到类似于 RANS 预测的平均流场［图 5.49(b)］。

由可解尺度运动引起的湍流输运的贡献可直接在 LES 中计算，也可以从 LES 场结果中提取数据计算 $\bar{\rho}\,\widetilde{u''\Theta''}$，而这在 RANS 计算中必须进行建模。图 5.50 显示了 LES 可解尺度部分对下游湍流输运贡献的三个横向分布。根据图 5.10 的分析，在靠近火焰稳定器的位置，湍流输运为顺梯度，但在下游会变成逆梯度。这表明即便使用简单的亚格子尺度顺梯度模型，也容易复现逆梯度湍流输运，至少在可解尺度水平上如此。这一点很难在 RANS 中模拟，需要二阶建模[57]。

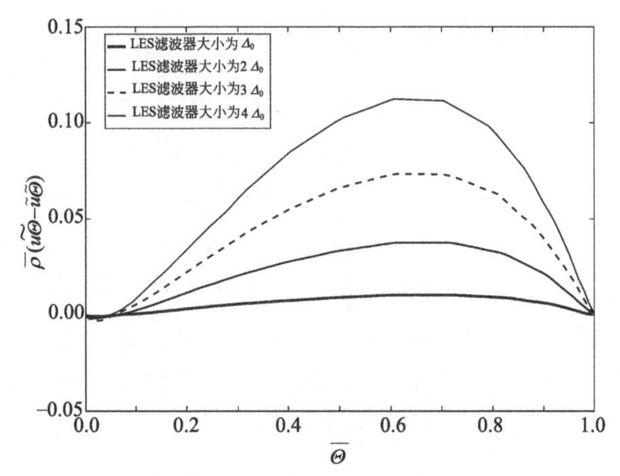

图 5.48 在出现逆梯度湍流输运情形下，$\widetilde{\Theta}$ 的通量$\overline{\rho}(\widetilde{u\Theta}-\tilde{u}\widetilde{\Theta})$在不同过滤器尺寸 Δ 下随过滤后的进度变量$\overline{\Theta}$ 的变化（图 5.47 中 $\tau=6$ 的情况）

$\widetilde{\Theta}$ 通量由$\rho_0 s_L$ 进行无量纲化。DNS 原始数据来自 Boughanem 和 Trouvé[140]的工作（参见图 4.8 中 DNS 的算例），数据分析出自 Boger 等[128]

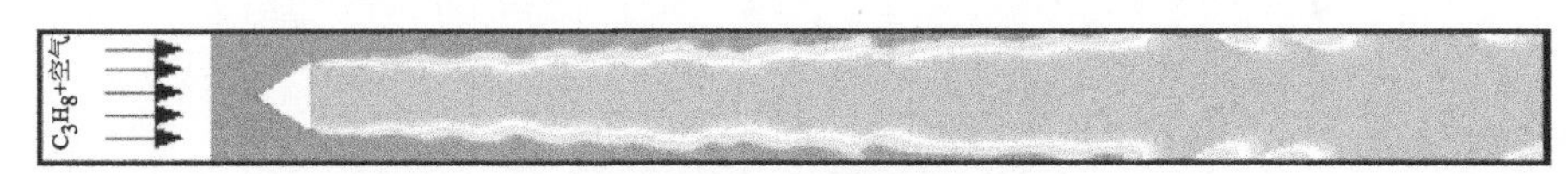

(a) 可解尺度进度变量$\widetilde{\Theta}$的瞬时场

(b) 时间平均场$\widetilde{\Theta}$

图 5.49 丙烷-空气湍流预混火焰稳定在三角形火焰稳定器后的大涡模拟[129]（实验在 ENSMA Poitiers 进行）

入口速度 $U_{in}=5.75\text{m/s}$，当量比 $\phi=0.65$，阻塞比 50%

在分析反应流和变密度流中的亚格子标量通量时，必须考虑另一个要点。对于一维层流稳态传播预混火焰（见 2.4.5 节），质量连续性方程在火焰参考系中可表示为

$$\rho u=\rho_u s_L=\text{常数} \tag{5.147}$$

式中，ρ_u 表示未燃气体的密度，s_L 表示层流火焰速度。则亚格子标量输运可写为

$$\overline{\rho}(\widetilde{u\Theta}-\tilde{u}\widetilde{\Theta})=\overline{\rho u\Theta}-\overline{\rho u}\widetilde{\Theta}=\rho_u s_L(\overline{\Theta}-\widetilde{\Theta}) \tag{5.148}$$

对于常压下单位 Lewis 数的绝热层流火焰，归一化温度 Θ 和密度 ρ 可直接关联：

$$\rho=\frac{\rho_u}{1+\tau\Theta} \tag{5.149}$$

式中，τ 是释热因子，将未燃气体温度 T_u 和已燃气体温度 T_b 关联起来，即 $\tau=T_b/T_u-1$，则有

$$\overline{\rho}(\widetilde{u\Theta}-\tilde{u}\widetilde{\Theta})=\rho_u s_L\frac{\rho_u}{\rho}\left[\overline{\left(\frac{1}{1+\tau\Theta}\right)}\overline{\Theta}-\overline{\left(\frac{\Theta}{1+\tau\Theta}\right)}\right]\geqslant 0 \tag{5.150}$$

正值 x 对应于已燃气体（$\Theta=1$）。式(5.150) 表明，即便在层流火焰中，过滤算子也会形成不可解的逆梯度标量通量。模型（5.146）中未考虑这一点贡献，但应该包含于模型中以确

保能够正确预测亚格子平面层流火焰。

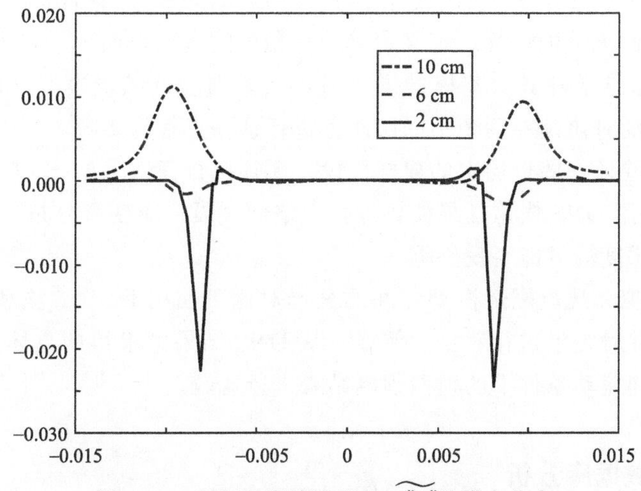

图 5.50 可解尺度湍流通量$\widetilde{\overline{\rho} u''\Theta''}$的横向分布

分别对应于图 5.49 构型中的三个位置：火焰稳定器后 2 cm、6 cm 和 10 cm。$\widetilde{\overline{\rho} u''\Theta''}>0$ 表示逆梯度输运[129]

亚格子应力也得到类似结果：

$$\overline{\rho}(\widetilde{uu}-\widetilde{u}\widetilde{u})=\overline{\rho u u}-\overline{\rho u}\widetilde{u}=\rho_{u} s_{L}(\overline{u}-\widetilde{u}) \tag{5.151}$$

因此，层流贡献也应包含在亚格子应力模型中❶，但这也存在一些不利影响，即如果考虑释热引起的热膨胀，可解尺度的速度梯度和剪应力也应包含湍流和热膨胀两个信息，这导致层流火焰中这两项也不为零。相应地，这些变量也不适用于提取真实湍流信息来建模，如对湍流运动引起的亚格子尺度火焰前锋起皱建模时，需要引入一些无膨胀变量来近似湍流的特性，如涡量[122]。

5.5 湍流预混火焰的 DNS 模拟

基于前几节内容可知，目前还无法充分认识湍流预混火焰控制的基本机制，因此，理解该火焰并对其建模通常会很困难。而 DNS 方法是分析这类火焰机制非常有用的工具。

5.5.1 DNS 在湍流燃烧研究中的作用

4.6.2 节已讨论过 DNS 数值方法和反应流引起的具体限制。本节主要致力于结合 RANS 方法对湍流火焰结构进行分析。本节将直接引用 5.3.6 节中讨论的火焰面模型。

火焰面模型假定湍流反应流是由许多层流火焰组合的一个集合，这些火焰会因湍流运动而移动，并发生应变和弯曲。那么使用 DNS 方法可以具体解决以下三个问题：

① 火焰面假设何时有效？这个问题在使用 DNS 模拟数据推导新的湍流燃烧相图时已经

---

❶ RANS 中也应该进行类似分析，以确保湍流燃烧模型能正确预测层流火焰。但是在实际模拟中，通常会假定雷诺数很高，因此当湍流度变为 0 时，一般模型无法描述层流火焰。在 LES 中，这一点尤为重要，因为火焰在亚格子尺度水平上可能会变成层流和不起皱，特别是在过滤器尺寸 Δ 减小时。

给予讨论（5.2.3 节）。

② 假设反应流可以使用火焰面描述，湍流如何影响局部火焰结构（5.5.3 节）？

③ 可用于燃烧的火焰面密度（定义为单位体积内的火焰表面）是多少（5.5.5 节）？

在讨论数值模拟结果及其对建模的影响时，认识到湍流燃烧模型（RANS 或 LES）和 DNS 模拟结果之间的对比是在两个不同层次上进行这一点很重要：

DNS 方法可以验证一些低层次的建模假设，无须执行任何 RANS 或 LES 模拟（先验测试）。例如，只需使用 DNS 模拟结果便可评估火焰面假设、应变率分布、曲率的概率密度函数、局部熄灭或逆梯度输运能否发生等。

另外，DNS 模拟和湍流燃烧模型之间的全局对比可使用 DNS 方法和 RANS（或 LES）模型计算相同火焰并对结果进行对比。例如，从 DNS 结果中求得的总体反应率（或湍流火焰速度）可以与相同流动条件下的模型预测结果进行比较。

5.5.2 DNS 数据库分析

（1）不同级别的 DNS 分析

RANS 模型和 LES 模型都是基于一些与火焰结构有关的假设，而嵌入在湍流中的火焰很难通过实验进行验证。在过去二十年中，通常使用 DNS 方法来研究这些问题。本节提供一些 DNS 结果来说明 RANS 和 LES 方法的潜力和局限性。

第一个问题是定义从 DNS 中提取的相关变量。在大多数湍流预混火焰中，都可识别出火焰前锋及其不均匀性最强的方向（沿火焰前锋法向）。在这种情况下，存在四种级别的分析（图 5.51）：

等级 0 每个变量 $f(x)$ 可进行瞬态分析和独立分析，如建立概率密度函数时。这种数据处理方法同样适用于 DNS 数据和基于激光点测量的实验测量。下面的数据处理将面向火焰面分析，这种单点分析法不再是首选。

等级 1 如果识别出一个薄火焰前锋，则每个火焰单元可以沿其法线方向分析。变量是沿局部火焰法线方向的位置函数。

等级 2 系综平均变量可以通过 DNS 数据对位于平均火焰法向方向相同位置的火焰单元求平均得到，平均后的变量是沿火焰前锋平均法向位置的坐标或特征变量的函数，其中，特征变量从火焰的一侧到另一侧单调变化，如归一化的平均温度 $\widetilde{\Theta}$。

等级 3 空间平均变量通过在大于火焰刷厚度的体积上进行积分来确定，因此，结果包含了火焰刷中存在的所有火焰面。

例如，考虑由式(2.102) 定义的燃料消耗速度

$$s_c = -\frac{1}{\rho_1 Y_{F1}}\int_{-\infty}^{+\infty}\dot{\omega}_F \mathrm{d}\boldsymbol{n} \tag{5.152}$$

消耗速度 s_c 属于局部瞬态火焰前锋的物理性质，可以表征反应区的内部结构。现在 s_c 可以在平行于平均火焰前锋的平面中进行平均：在 DNS 模拟中，假定平均火焰在 x 轴方向传播，则对 y-z 平面中出现的所有火焰单元的 s_c 求平均可提供平均速度 $\langle s_c \rangle$，且该值仅是 x 的函数。最后，$\langle s_c \rangle$ 可以沿 x 方向平均以得到空间平均量 $\widehat{\langle s_c \rangle}$，或者等效地，$s_c$ 可以沿整个火焰表面或在 DNS 的整个体积上取平均：

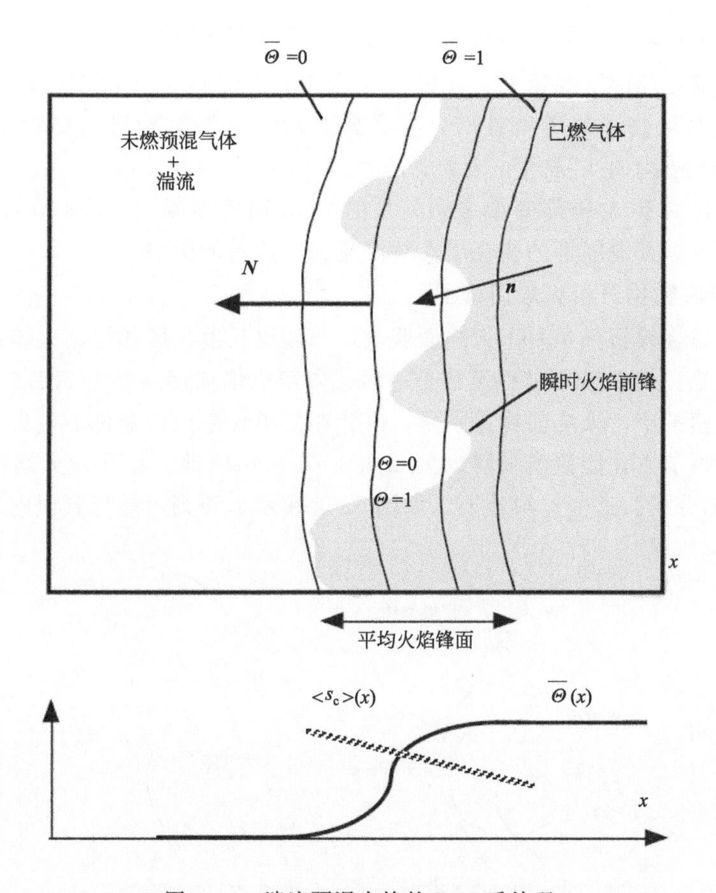

图 5.51　湍流预混火焰的 DNS 后处理

n 表示局部火焰前锋（$0<\Theta<1$）的法向量，***N*** 表示平均火焰前锋（由 $\overline{\Theta}$ 定义）的法向量，并给出平均传播方向

$$\widehat{\langle s_c \rangle}=\frac{1}{A_T}\int_{A_T} s_c \mathrm{d}A \tag{5.153}$$

式中，A_T 是在体积 V 中的总火焰表面积，$\mathrm{d}A$ 对应于一个火焰面单元的面积。s_c、$\langle s_c \rangle$ 和 $\widehat{\langle s_c \rangle}$，这三个火焰速度描述了火焰-湍流相互作用时的三个不同特征（表 5.5）。

在现有湍流火焰面模型中，通常都假设每个火焰单元的行为类似于一个稳态层流滞止火焰受到作用于切面上湍流应变率为 κ 的情形，但并未说清楚这一假设是针对火焰局部结构还是系综平均或空间平均层次上。事实上，局部火焰特征的重要性取决于建模目标。例如，对于给定体积 V 内的平均反应率 $\widehat{\langle \dot{\omega}_F \rangle}$，应该由空间平均消耗速度与单位体积的火焰表面积 A_T 乘积确定：

$$\widehat{\langle \dot{\omega}_F \rangle}=\rho_1 Y_1 \widehat{\langle s_c \rangle}\frac{A_T}{V} \tag{5.154}$$

表 5.5　用于解释 DNS 结果的分析级别

类型	数量	说明
局部	s_c	沿火焰面的位置函数
系综平均（RANS）或空间过滤（LES）	$\langle s_c \rangle$	沿平均火焰前锋法向方向的位置函数
空间平均	$\widehat{\langle s_c \rangle}$	与空间坐标无关

需要注意的是，式(5.154) 中的 A_T 也是全局空间平均层次上的统计平均值。在该表达式中，无须详细描述局部火焰速度 s_c，因为表达式中仅使用空间平均速度 $\langle\widehat{s_c}\rangle$。然而，当研究火焰熄灭或污染物形成等特性时，有必要对局部火焰结构进行更精确的描述，而像 $\langle\widehat{s_c}\rangle$ 这样的平均值则不足以描述该现象。

下面首先给出关于 s_c 局部变量之间关系的 DNS 研究结果（5.5.3 节），它们不依赖于特定模型，随后考虑其他级别的研究以及对湍流燃烧建模的影响。

（2）使用 DNS 数据分析火焰面模型

大部分湍流燃烧模型都是基于火焰面假设，与湍流长度尺度相比，火焰很薄，火焰内部结构接近层流火焰。模型推导过程通常是针对无限薄火焰前锋（参见 5.1.3 节中的 BML 分析），但在 DNS 模拟中，火焰前锋并不薄，因此在简单化学反应条件下，火焰内部结构至少需要 8～10 个网格节点才能数值求解（见 4.6.3 节）。相应地，在开发火焰面模型时，应谨慎进行 DNS 数据分析。这一点很重要，如图 5.52 所示，否则可能导致误解。

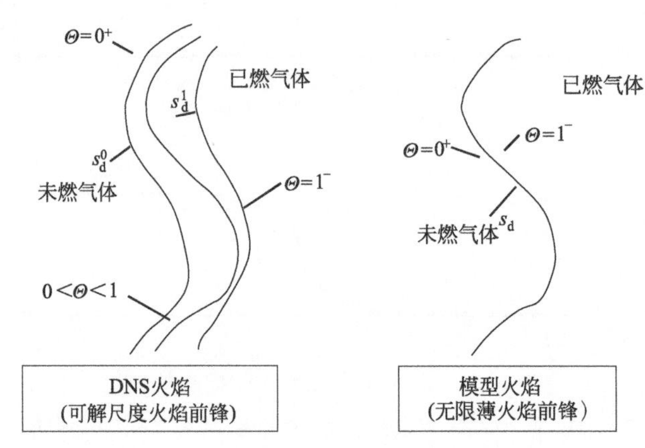

图 5.52 DNS 数据分析

在 DNS 中求解的火焰并非无限薄，而大部分模型都假定前锋厚度为 0

当假设火焰前锋为无限薄时，首先要确定待分析的相关等值面 Θ。通常，首选 Θ 的给定值为 $\Theta=\Theta^*$，对应于平面层流火焰中的最大反应率（$\Theta^*\approx 0.8$）。然而，该等值面可能无法代表火焰的全部特性。例如，当火焰前锋起皱时，Θ^* 可能不再对应于最大反应率。

火焰前锋位移速度 s_d 是火焰的一个重要特性（见 2.7.1 节），它表示火焰前锋相对于未燃气体（$\Theta=0$）的速度，但却很难从 DNS 模拟结果中提取。相比之下，局部位移速度 s_d^*（即等值面 Θ^* 相对于局部流速的位移速度）可使用式（2.101）计算，但建模所需的速度并非这个局部位移速度，而是火焰（应该为零厚度）相对于未燃气体的全局速度 s_d。在层流火焰中，这两种速度是由式 $\rho_0 s_d=\rho^* s_d^*$ 关联，其中，ρ_0 和 ρ 分别是$\Theta=0$（未燃气体）和 $\Theta=\Theta^*$ 的密度。在湍流火焰中采用相同公式得到的估值 s_d 可用于衡量等值面 Θ^* 相对于未燃气体的位移速度（大概是因为密度修正基于一维分析的缘故）。然而，这个位移速度并不是表征相对于未燃气体的全局火焰位移速度，而是所选的 Θ^* 等值面。如果火焰厚度发生局部变化，则 Θ^* 等值面的位移速度可能会有所不同。图 5.53 显示了从二维火焰-湍流相互作用 DNS 结果[142] 中提取的 s_d^* 关于 Θ^* 的概率密度分布。当 $\Theta^*=0.2$ 时，位移速度分布向负值偏移，表示相应的等值面主要趋势是向已燃气体移动。当 $\Theta^*=0.9$ 时，大部分位移速度为正值（等值面向未燃气体移动），在这种情况下，火焰前锋厚度不断减小。另外，位移速度的概率密度函数不是 Dirac 函数分布这一点表明，概率密度函数不仅包含火焰前锋的“全局”速度，还包含火焰前锋厚度随时间的演化信息。这也证实了选择 Θ^* 值进行数据后处理时需谨慎，因为在薄火焰面初始框架中，负的位移速度是没有意义的，这也导致许多研究者都会对他们的 DNS 模拟结果感到困惑。

为此，引入一个积分位移速度来衡量整个火焰的位移[142]

$$\hat{s}_d=\int_0^1 s_d \mathrm{d}\boldsymbol{n} \tag{5.155}$$

积分域是沿火焰前锋的局部法线方向。如图 5.53 所示，这种“全局”分析提供的火焰前锋位移速度几乎都是正值，且其平均值位于层流火焰速度 s_L 附近。这种分析显然与 5.3.6 节中简要描述的“广义”火焰面密度[71] 相关联。

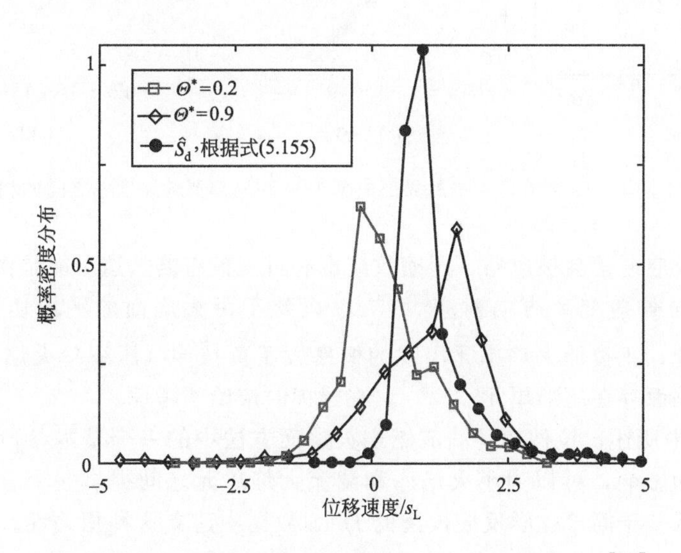

图 5.53　相对于未燃气体的位移速度 s_d 的概率密度分布[142]

5.5.3 基于 DNS 数值方法的局部火焰结构研究

(1) 应变、弯曲和拉伸对火焰面结构的影响

在很多火焰面模型中，通常会假定局部反应层结构类似于在相同局部应变率下的稳态层流火焰（5.3 节）。然而，DNS 模拟结果却显示局部反应层结构更加复杂。除应变以外，弯曲和非稳态效应也会影响反应区的局部物理结构[45,143-144]。图 5.51 给出了这类研究的典型结构：在 $t=0$ 时刻，一个初始平面结构的火焰放置在一个“合成”湍流中。

Ashurst 等[145] 首次通过 DNS 数值方法证实了火焰曲率的重要性。在一个二维密度恒定火焰受随机涡激励的计算结果表明，Lewis 数是一个控制参数。当 $Le=0.5$ 时，火焰出现一种类似于层流火焰研究中的不稳定性现象[146-147]。当火焰单元趋向未燃混合物一侧时会获取更多未燃反应物，当产生的能量大于失去的热量时，火焰速度增加，火焰向未燃气体传播更快，这就导致火焰面的剧烈增长和扰动的不稳定发展趋势。

目前已采用二维变密度算法[73]、三维常密度算法 [144-148] 和三维变密度算法 [79,103,140] 对预混火焰在均匀湍流流场中的局部物理结构进行研究。有趣的是，这三个算法在描述火焰速度、曲率和应变率之间相关性时给出了相似结果。从图 5.54 可知，局部火焰速度 s_c 和火焰前锋曲率 $1/R$ 之间强相关，尤其是在 Lewis 数不等于 1 时[144]。与层流火焰理论一致，局部曲率 $1/R$ 与局部火焰速度 s_c 之间的相关性与 Lewis 数有关。当 Lewis 数等于 1 时，二者不相关，而当 Lewis 数大于或小于 1 时，会有相反的影响。

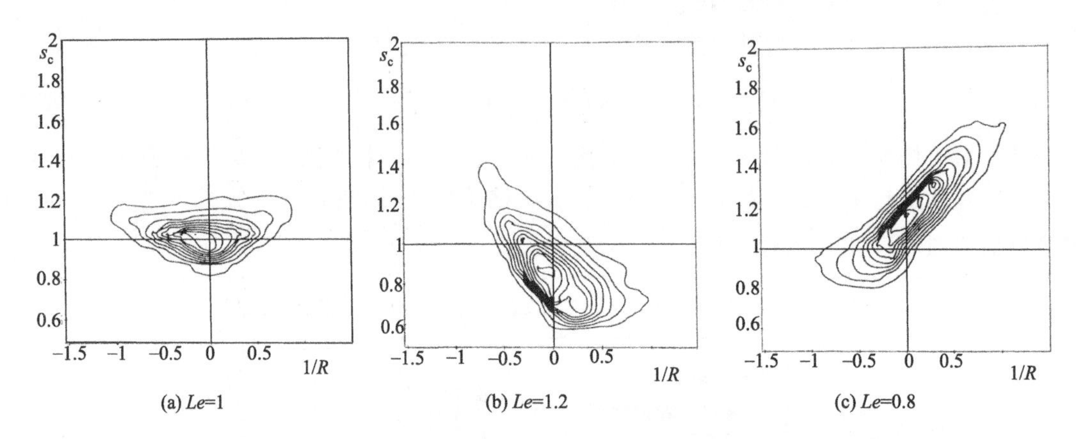

图 5.54 不同 Lewis 数时，火焰的局部曲率 $1/R$ 和局部消耗速度 s_c 之间的相关性[144]

然而，曲率效应通常会被忽略，压缩效应也有可能被忽略，这可能是由于火焰前锋倾向于在局部与最大拉伸应变率方向对齐[38,144]，以致于沿火焰面的平均切向应变率为正值（$\langle\widehat{\kappa}\rangle>0$）。因此，正拉伸火焰单元出现的概率大于负拉伸（压缩）火焰单元。但是 DNS 结果表明，沿火焰面存在压缩单元[149-150]，在建模时应给予考虑。

正如 RANS 中所述，拉伸率是湍流燃烧火焰面方法中的一个基本参数，因为它同时考虑了曲率和应变的影响，可以为小火焰库和湍流火焰单元之间提供一个合理的交界面。然而，目前还不能从基于简单化学反应模型的 DNS 数据中建立这种相关性。例如，s_c 与局部火焰拉伸率之间并未显示出明显趋势[143]。更广泛地说，很难定量估算火焰拉伸率，这不仅需要计算一个平面内速度的导数，还需要计算火焰的位移速度 s_d。

非稳态性在许多方面决定局部火焰面的结构[151]。预混火焰的响应时间与火焰穿透时间量级相同，在有些情况下需要考虑这些时间。由湍流产生的高应变率通常会持续一段时间，而这个时间约等于该应变率的倒数，一般会比较短，不足以使火焰对应变场做出反应，最终导致火焰的结构与稳态小火焰库预测的结果不符[56]。为改善该问题的处理方法（即考虑火焰面响应时间），需要正确理解湍流中应变的停留时间，但这一点目前还未得到很好的量化。挑战在于跟踪火焰单元并对比应变率的时间历程和火焰动力学变化[149]。

(2) 在火焰面模型中火焰速度的实际影响

平均火焰速度，如 $\langle s_c\rangle$ 或 $\langle s_d\rangle$，可以从 DNS 结果（图 5.51）中提取，并绘制为进度变量 $\overline{\Theta}$，而不是 N（根据定义，平均进度变量 $\overline{\Theta}$ 是 N 的单调函数）的函数。

根据图 5.55 和图 5.56 中 $\langle s_c\rangle$ 和 $\langle s_d\rangle$ 随 $\overline{\Theta}$ 的变化趋势可知，位于火焰刷前缘（$\overline{\Theta}=0$）或后缘（$\overline{\Theta}=1$）的火焰面不会以相同速度燃烧或移动，这个行为与 Lewis 数有关[79]。当 Lewis 数小于 1 时（图 5.55 中 $Le=0.8$），火焰单元在火焰刷前缘处的燃烧速度比后缘快，因此存在潜在不稳定性。然而如图 5.56 所示，火焰单元在前缘处的移动速度比后缘小，因此火焰刷的厚度不会迅速增长。

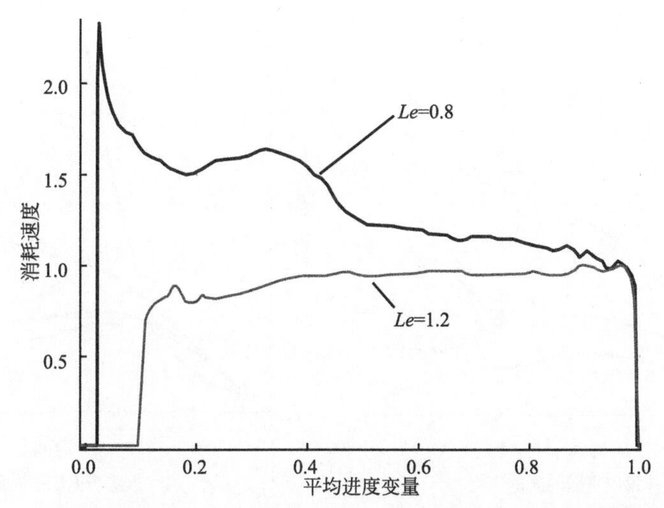

图 5.55 在两个不同的 Lewis 数下，三维 DNS 数值模拟得到的消耗速度 $\langle s_c \rangle$（通过s_L^0 无量纲化）随进度变量$\overline{\Theta}$ 的演化[79]（经剑桥大学出版社许可）

如果进一步减小 Lewis 数（如图 5.56 中 $Le=0.3$），火焰前缘的位移速度会很大，表明已燃气体向未燃气体传播并形成指状形态，这会显著增加总体火焰表面积和总体反应率，如图 5.57 所示[79]。

火焰面模型一般不使用与 $\overline{\Theta}$ 相关的速度，如 $\langle s_c \rangle$ 或 $\langle s_d \rangle$，相反，它们需要空间平均变值，如 $\widehat{\langle s_c \rangle}$。在这种情况下，问题的关键在于从雷诺平均或 Favre 平均输运方程提供的变量值估算 $\widehat{\langle s_c \rangle}$。目前已经存在一些方法，如使用类似于表 5.5 中给出的假设来关联 $\widehat{\langle s_c \rangle}$ 和应变率 $\widehat{\langle \kappa \rangle}$（见表 5.6），函数 f 既可以从渐近分析理论和实验[36-37,152-153] 推导的简单关系式中得到，也可以从稳态层流滞止火焰的数值计算中得到，后者包含的复杂化学反应模型存储在所谓的小火焰库[32,154] 中。当化学反应率无限快时，函数 h 通常应该等于函数 f。

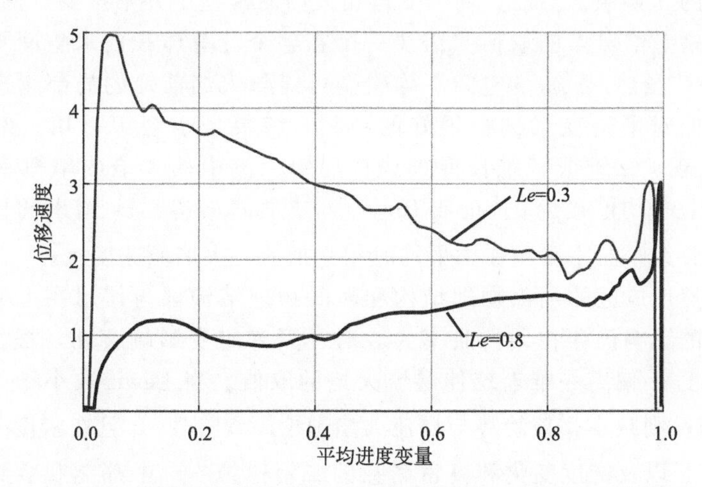

图 5.56 在两个不同的 Lewis 数下，三维 DNS 数值模拟得到的位移速度 $\langle s_d \rangle$（通过s_L^0 归一化）随进度变量$\overline{\Theta}$ 的演化[79]（经剑桥大学出版社许可）

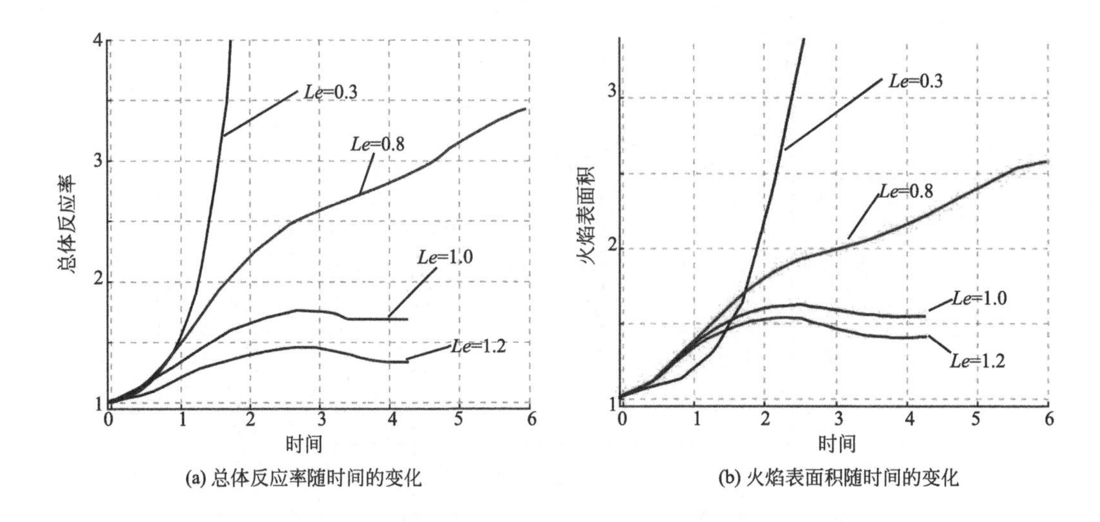

(a) 总体反应率随时间的变化

(b) 火焰表面积随时间的变化

图 5.57 总体反应率和火焰表面积在不同 Lewis 数下随时间的变化

其中，时间由初始湍流涡旋的周转时间来无量纲化[79]（经剑桥大学出版社许可）

表 5.6 不同分析级别下火焰面消耗速度模型

分析级别	拉伸率	火焰速度	关系式
局部	κ	s_c	$s_c = f(\kappa)$
系综平均	$\langle\kappa\rangle$	$\langle s_c\rangle$	$\langle s_c\rangle = g(\langle\kappa\rangle)$
空间平均	$\widehat{\langle\kappa\rangle}$	$\widehat{\langle s_c\rangle}$	$\widehat{\langle s_c\rangle} = h(\widehat{\langle\kappa\rangle})$

如 5.5.4 节中的算例所示，当采用简单化学反应模型时，火焰的局部曲率比应变率更重要，导致局部拉伸率和局部火焰速度并不相关，即 $s_c \neq f\langle\kappa\rangle$。考虑到火焰面模型是将应变平面层流火焰单元视为湍流燃烧的原始构型，上述观点将使火焰面模型失效，同时很难找到合适的 h 函数。然而，局部变量在火焰面模型中并不重要。例如，式(5.154)表明反应率在网格上给定点的取值只需要一个在整个计算体积内求空间平均的变量，如火焰面速度 $\widehat{\langle s_c\rangle}$。虽然 $\widehat{\langle s_c\rangle}$ 的空间平均模型可能与火焰前锋的局部物理结构相关性不是很强，但如果能对平均变量进行很好的预估，该模型也会很有用。例如，在有些文献[73,79,144] 中发现，二维或三维预混火焰在均匀湍流中的火焰曲率概率密度函数分布 PDF 几乎对称，且平均值接近 0。正如 Bray[72] 或 Becker 等[155] 给出的预测，s_c 与曲率之间近似为线性关系，曲率影响在求平均时相互抵消，火焰面速度 $\widehat{\langle s_c\rangle}$ 不会呈现出对曲率的强依赖。虽然反应区的局部物理结构和瞬时物理结构都与作用在火焰上的瞬时应变率无关，但应变的影响仍存在。当曲率为 0 时，只有应变影响存在，根据 Lewis 数的取值，局部火焰速度 s_c 偏离一维未拉伸层流火焰的取值。当 Lewis 数小于 1 时，局部火焰速度 s_c 增加，相反则减小，该趋势与层流火焰理论一致[25,38]，且在密度变化或密度恒定的三维模拟[79-144] 以及密度变化和高雷诺数的二维模拟[73] 中都能观察到。与曲率影响相反，当沿火焰表面求平均时，湍流应变对火焰结构的影响不会抵消，火焰面速度 $\widehat{\langle s_c\rangle}$ 确实也会受到平均应变的影响。因此，虽然曲率决定了反应区的局部物理特征，但类似于火焰面速度这种全局火焰特征通常都与曲率无关，因此可以描述为一个滞止火焰受应

变影响的情形。

(3) 火焰面模型中火焰速度的建议

就模型而言，关键问题在于确定小火焰库中的信息能否用于湍流火焰中，从而得到火焰的一些特性，如 $\langle \widehat{s_c} \rangle$，并将这些特性与湍流流场特性相关联。如上所述，在考虑平均效应时，曲率的影响可以忽略不计，则问题简化为如何将函数 h 与火焰面速度 $\langle \widehat{s_c} \rangle$ 及其平均应变率 $\langle \kappa \rangle$ 关联起来。第一种近似方法是假定函数 h 具有类似层流的行为（即 h 与小火焰库获得的函数 f 一致），但这个问题仍在研究中❶。基于最新DNS模拟结果已提出一些函数 f 的可能形式[73,156]，但在推导出平均应变率（在RANS模型的网格单元上平均）的适当模型之前，这个问题都无法解决。

然而，该问题可能并不是很重要，因为与决定总体反应率的其他变量的变化相比，$\langle \widehat{s_c} \rangle$ 的变化仍然很小：模拟结果[143-145] 表明，即使在高湍流度下，火焰面速度 $\langle \widehat{s_c} \rangle$ 也只与一维无应变层流值 s_L^0 相差10%～30%。这些结果可作为模型进一步简化的依据。相反，火焰面密度$\Sigma_T=\dfrac{A_T}{V}$与湍流流场具有强相关性，与湍流运动相关的掺混过程可能会引起一个量级上的变化。因此，对于雷诺平均反应率的建模，火焰面密度的演化[4,83-84,157] 似乎是一个关键问题（见5.5.5节）。

5.5.4 基于复杂化学反应模型下的DNS模拟

第一个湍流预混火焰的DNS模拟是基于单步不可逆化学反应假设。自1990年后，新开发的DNS程序考虑了复杂化学反应模型。关于氢气-氧气火焰[158]、甲烷-空气火焰[159-163] 或丙烷-空气火焰[164-165] 的一些模拟结果都表明，采用简单化学反应模型或复杂化学反应模型的结果确实存在差异。此外，一些化学反应方面的定量信息可直接从DNS模拟中提取，这为DNS的发展开辟了新的可能性。

考虑复杂化学反应模型的DNS模拟需要相当多的计算资源。在求解这类守恒方程时，需要求解的是 $5+M$ 个守恒方程，而不是在简单化学反应模型中的6个守恒方程（5个描述流场，1个描述贫组分）。其中，M 是组分的数量，在10到100之间取值。热力学函数、输运系数（黏度、热导率和二元扩散率）和反应率也必须根据局部温度和组分质量分数来估算。

这类计算所需的数值模型和物理模型在层流胞状火焰[166-168] 或湍流火焰[158,161-162,169-170] 中都有所描述。即便使用超级计算机计算上述问题也会引起内存和CPU核时方面的一些特殊问题[169-171]。另一个难点在于可压缩程序中边界条件的处理。识别出边界附近的声波是边界条件设定的一个基本要素[173-175]，考虑到声速会随组分质量分数不同而变化，边界条件的处理变得更加复杂（第9章）。

(1) 从具有复杂化学反应模型的DNS结果中得到的局部火焰结构

图5.58给出了 H_2-O_2 贫燃火焰的DNS模拟结果，采用二维网格和Miller等[177] 提出

---

❶ 更精细的选择是引入概率密度函数 $p\langle \kappa \rangle$ 来定义拉伸率分布

$$\langle \widehat{s_c} \rangle = \int_0^{+\infty} s_c\langle \kappa \rangle p\langle \kappa \rangle d\kappa = \int_0^{+\infty} f\langle \kappa \rangle p\langle \kappa \rangle d\kappa$$

$p\langle \kappa \rangle$ 一般首选对数正态分布（见6.4.5节）[172]。

的 9 种组分-19 步反应的化学反应模型（表 1.5）。初始条件对应于平面层流火焰与衰减湍流相互作用时的情形，在 $t=0$ 时刻施加 Von Kármán-Pao 谱[158]。未燃气体中初始湍流雷诺数为 $u'l_t/\nu=289$，速度比 u'/s_L^0 和长度尺度比 l_t/δ_L^0 分别为 30 和 1.4。当量比为 0.35。未燃气体温度为 300 K，火焰速度 $s_L^0=11$ cm/s，方形计算域的边长为 2.5cm。图像对应于初始时刻大尺度扰动在一个周转时间后的流场火焰数据。Baum 等[158] 的结论可以概括如下：

① 在大部分算例中，采用复杂化学反应模型模拟的火焰仍然是火焰面形状，沿火焰前锋未观察到火焰熄灭。

② 采用简单化学反应模型模拟的火焰一样，由复杂化学反应模拟的火焰优先沿最大拉伸应变率方向对齐。曲率的概率密度函数对称，且均值接近 0。

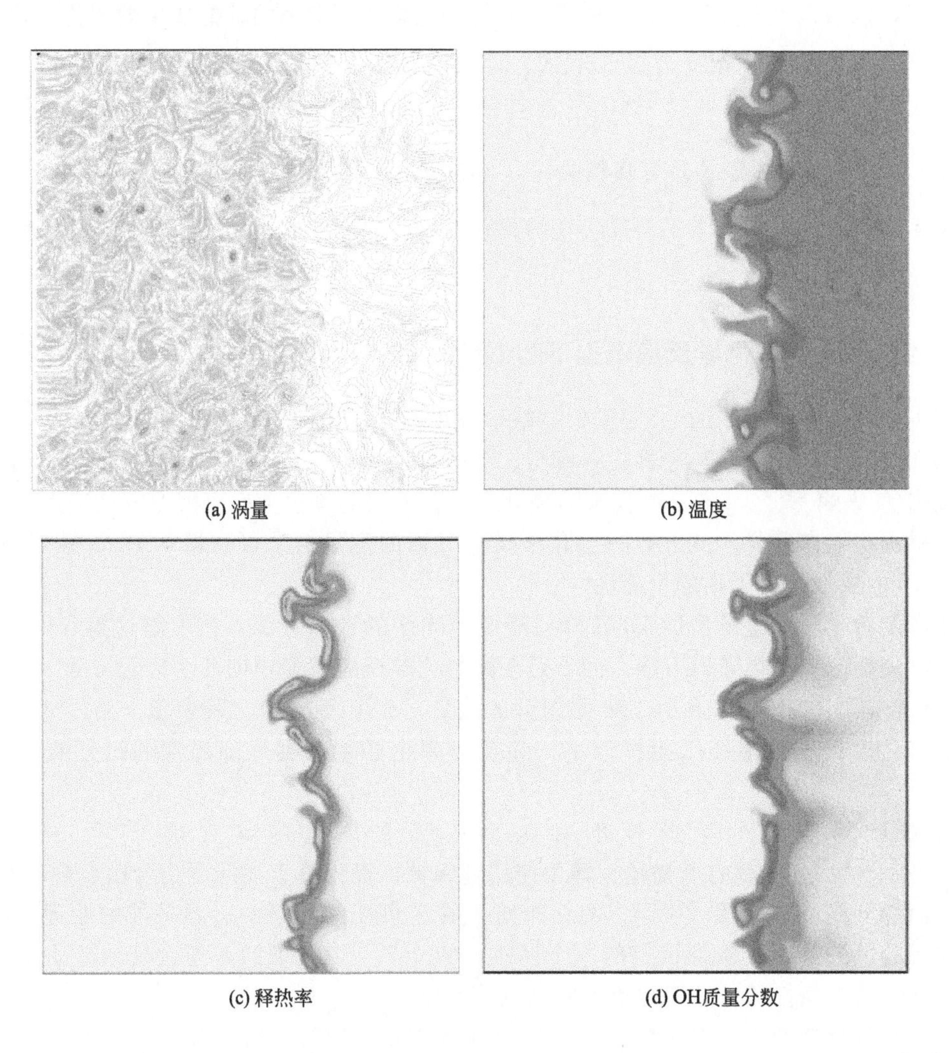

图 5.58 基于 9 种组分-19 步反应的 Miller 反应模型下的 H_2-O_2 湍流火焰 DNS 模拟结果[158]

（经剑桥大学出版社许可）

③ 与简单化学反应结果相比，使用复杂化学反应模型的火焰对应变的变化率更敏感，火焰厚度会随应变率而变化显著，局部消耗速率 s_c 也与火焰应变率强相关，这与简单化学反应的计算结果相反。然而，与简单化学反应的火焰类似（除稳态火焰之外），空间平均火焰速度 $\langle \widehat{s_c} \rangle$ 仍然与层流火焰速度 s_L^0 保持同一量级。

④ 基于相同化学反应和输运模型，Baum 等[158] 对比了小火焰库（基于平面稳态应变火焰）预测的结果和 DNS 模拟结果。与简单化学反应的模拟相比，对比结果提高了小火焰库及其应用的置信度。

(2) 直接数值模拟和实验成像技术

一些很有价值的实验信息也可从基于复杂化学反应模型的 DNS 模拟结果中提取。例如，在湍流火焰中通常假定 OH 或 CH 自由基浓度与局部反应率的相关性很强，因此，OH 或 CH 光信号（例如使用自发光技术或诱导荧光技术获得[178]）可以定性或定量地解释为局部反应率[47,155,179]。

对于 H_2-O_2 火焰，沿火焰前锋的最大反应率与对应的 OH 浓度之间的相关性[157] 表明，只有在贫燃料情形（当量比小于 0.5）和低温未燃反应物（$T<400$ K）中，OH 自由基才可以作为湍流火焰反应率的指标。对于甲烷-空气火焰，OH 浓度和反应率之间的相关性很强（考虑 17 种组分和 45 步反应的化学反应模型）[160]。当使用其他自由基时，如 CH_2O，如图 5.59 所示，二者的相关性甚至更强。需要注意的是，从 DNS 中获得的局部浓度不能直接从这些组分的化学光信号或 PLIF 中检测到的荧光信号中识别出来，因为辐射强度不一定与局部自由基浓度线性相关。然而可以在一些简单例子中推断出发光强度，并将 DNS 结果和实验数据进行对比。例如，Hilka 等[160] 或 Mantel 等[46] 就曾使用 DNS 结果诠释了 Samaniego 和 Mantel[47] 在甲烷-空气火焰与涡对相互作用的测量结果。

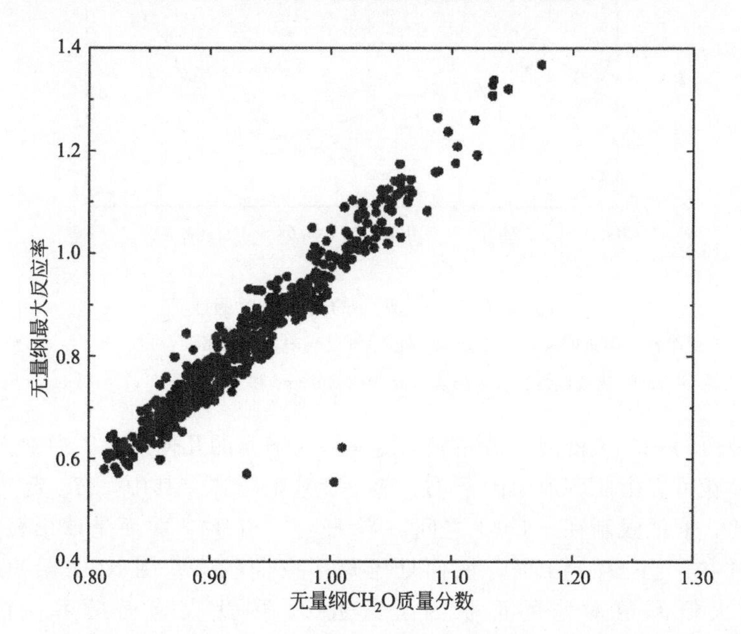

图 5.59　在湍流甲烷-空气火焰中，CH_2O 浓度与火焰前锋最大反应率之间的相关性[159]

其中，当量比=1.0，T_u=298K

5.5.5 基于DNS数值方法的湍流火焰全局结构研究

(1) 火焰面的几何形状

DNS方法已广泛应用于无反应湍流中的速度导数统计特性研究，这些研究显示了涡量场特性和应变率张量结构等特征。例如，DNS模拟结果显示应变率张量最可能的结构对应于两个拉伸特征方向和一个压缩特征方向，并且对应的特征值之间的比值[38,149]近似为3:1:−4。另一个结果则说明涡矢量倾向于与中间应变率特征方向一致[38]。此外，DNS还可用于探测模拟流场中是否出现拟序运动。例如，强涡流倾向于以细长、管状、拟序结构排列[180-184]，在该结构上拉伸应变率大概率沿涡矢量方向，即沿涡管的轴线方向。

在湍流燃烧研究中常会在火焰参考系中（附着在火焰上）分析反应区的涡量场和应变率张量。早期的湍流火焰三维DNS模拟常用于确定最可能出现的局部火焰与流动构型，尤其是垂直于局部涡矢量和应变率特征矢量的火焰。如图5.60所示，火焰法线优先与最大压缩应变方向平行。这一结果与火焰单元在其平面内为正应变时的火焰面图像一致。此外，由于涡矢量倾向于与中间应变率方向一致[38]，因此可以发现，涡矢量更倾向于位于火焰平面上[148]。

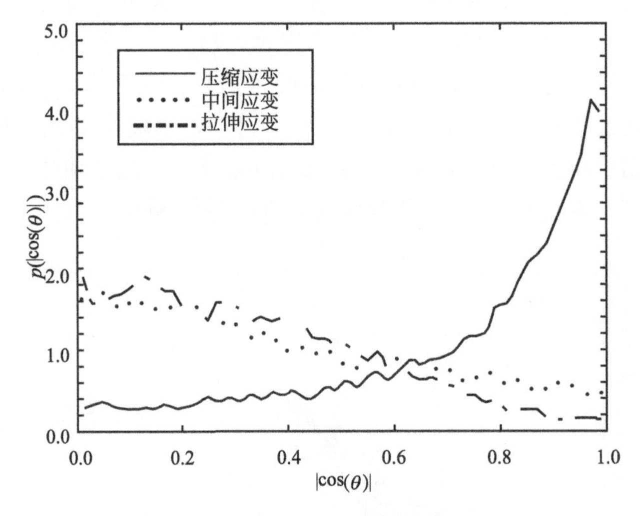

图5.60 |cos(θ)|的概率密度函数

θ是火焰法线和主应变率特征向量的夹角。在DNS数值模拟过程中，采用密度恒定、单步、Arrhenius动力学化学反应模型及三维各向同性湍流假设（来自燃烧研究所的Rutland和Trouvé[148]，经Elsevier Science许可）

量化火焰皱褶的一个关键问题是如何确定局部火焰面的几何形状。通常来说，三维火焰面的局部几何形状可以由曲率形状因子H_κ这一参数来描述。其中，H_κ定义为最小主曲率与最大曲率之比，取值限制在−1～1之间。当$H_\kappa=-1$时，曲面是球形鞍点；当$H_\kappa=0$时，曲面为圆柱状；当$H_\kappa=1$时，曲面处于球形弯曲状态。图5.61给出了一个典型的DNS结果。最大概率值对应的形状因子接近0，因此火焰面最可能的形状为圆柱形[148,150,185-186]。这一结果是将三维问题简化为二维稳态拉伸圆柱火焰或二维非稳态火焰-涡相互作用研究的依据。

(2) 火焰表面积的生成和耗散

在火焰面模式下，火焰被视为一个以一定速度进入湍流预混流中的无限薄传播表面。对

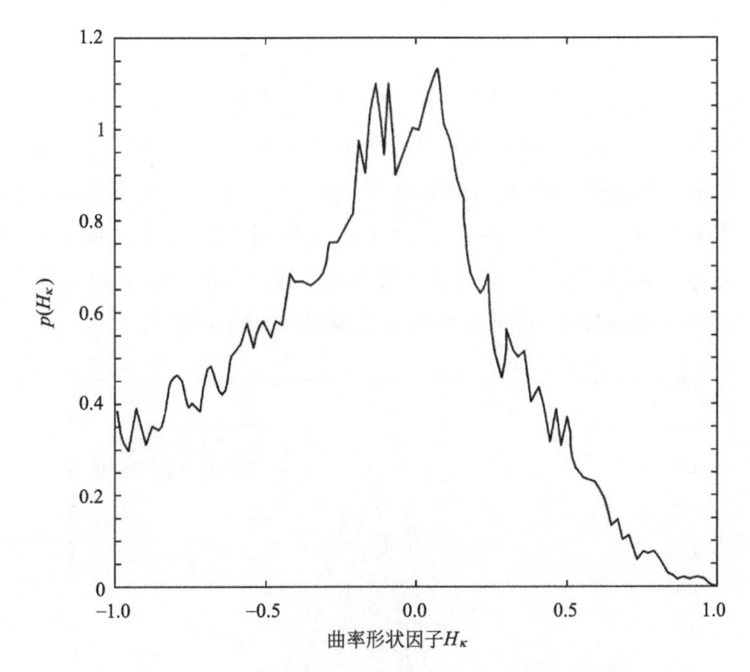

图 5.61　火焰曲率形状因子 H_κ 的概率密度函数

DNS 模拟使用密度恒定、单步、Arrhenius 动力学化学反应模型及三维各向同性湍流等假设

（来自燃烧研究所的 Rutland 和 Trouvé[148]，经 Elsevier Science 许可）

于一阶近似，湍流在火焰面燃烧中的主要作用是通过速度脉动使火焰表面起皱，导致火焰总面积显著增加。在火焰面理论中，这种效应可以由单位体积内的火焰表面积 Σ 来描述，也被称为火焰面密度。基于火焰面理论可得到一个火焰面密度的精确（但不封闭）演化方程，又被称为Σ方程[68,71,78-80]，这在 5.3.6 节中给予了描述[见式(5.78)]

$$\frac{\partial \Sigma}{\partial t}+\frac{\partial \tilde{u}_i \Sigma}{\partial x_i}+\frac{\partial \langle u''_i \rangle_s \Sigma}{\partial x_i}+\frac{\partial \langle s_d n_i \rangle_s \Sigma}{\partial x_i}=\langle \kappa \rangle_s \Sigma \tag{5.156}$$

中间变量已经在 5.3.6 节中定义过。

方程(5.156) 具有标准湍流输运方程的形式，其基本物理机制，如平均流引起的输运、湍流引起的输运、火焰传播引起的输运、火焰拉伸引起的火焰面生成或破坏已给予详细描述。Σ 方程可以为火焰表面动力学提供很好的描述，目前很多平均反应率模型都是基于方程(5.156) 的建模形式[4]。这个方程需要一些封闭模型，尤其是对湍流扩散速度 $\langle u''_i \rangle_s$ 和湍流火焰拉伸率 $\langle \kappa \rangle_s$。而 DNS 方法非常适合于提供这些变量的基本信息[187]。

从方程（5.156）中可以看出，平均火焰拉伸率 $\langle \kappa \rangle_s$ 提供了平均火焰表面积的局部变化率：如果 $\langle \kappa \rangle_s$ 为正值，则平均火焰表面会局部增长；如果 $\langle \kappa \rangle_s$ 为负值，则平均火焰表面收缩。火焰拉伸率作为流动变量和火焰变量的函数，其表达式由式（2.89）给出：

$$\kappa=\nabla_t \cdot \boldsymbol{u}-s_d/\mathcal{R} \tag{5.157}$$

式中，$\nabla_t \cdot \boldsymbol{u}$ 是作用在火焰切平面上的应变率；$1/\mathcal{R}$是火焰面的曲率，由火焰法向量的散度给出，即 $1/\mathcal{R}=-\nabla \cdot \boldsymbol{n}$。在如图 2.20 所示的层流火焰中，导致火焰拉伸的两项中总有一项为 0：平面拉伸滞止火焰的曲率为 0，而球形火焰在火焰切平面上的应变为 0。在湍流火焰中这两个项都非常重要，DNS 模拟可提供关于各自量级和拉伸率的有用信息。平均火焰拉

伸率由两部分组成：

$$\langle \kappa \rangle_s = \langle \nabla_t \cdot \boldsymbol{u} \rangle_s - \langle s_d / \mathcal{R} \rangle_s \tag{5.158}$$

在这两个分量中，气动应变率 $\langle \nabla_t \cdot \boldsymbol{u} \rangle_s$ 得到广泛重视，因为气动应变率存在于很多湍流问题中，不仅适用于传播的表面，也适用于物质面。切向应变率$\nabla_t \cdot \boldsymbol{u}$ 的统计分布也已在一系列 DNS 相关研究中给予了描述，例如物质面在静态各向同性湍流中的演化[149]，使用化学反应无限快和传播速度 s_d 恒定的被动传播面在静态各向同性湍流中的演化[188]，使用密度恒定且化学反应速率有限的被动火焰面在各向同性衰减湍流中的演化[148,150]，使用密度变化且化学反应速率有限的火焰面在各向同性衰减湍流中的演化[79]。

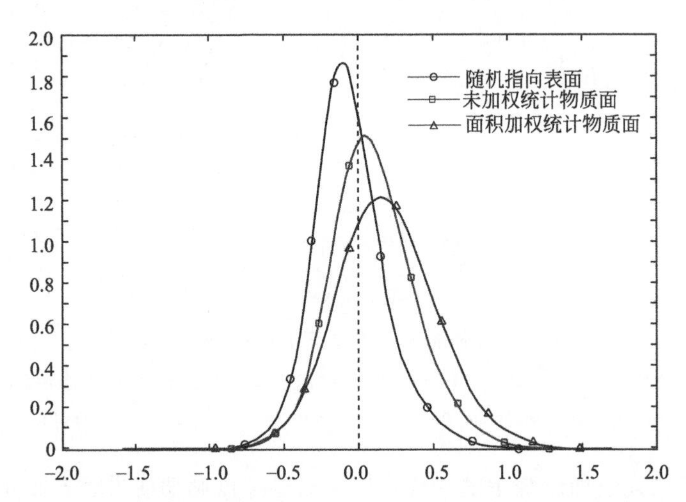

图 5.62 作用于物质面和随机指向面的 Kolmogorov 微尺度上应变率的概率密度函数$\nabla_t \cdot \boldsymbol{u} / \sqrt{\varepsilon/\nu}$ 基于三维静态各向同性湍流 DNS 结果

（来自燃烧研究所的 Yeung 等[149]，经 Elsevier Science 许可）

对于物质面，$\nabla_t \cdot \boldsymbol{u}$ 的统计性质与 Kolmogorov 微尺度相关。于是，$\nabla_t \cdot \boldsymbol{u}$ 的面平均值可近似为

$$\langle \nabla_t \cdot \boldsymbol{u} \rangle_s \approx 0.28/\tau_k \tag{5.159}$$

式中，$\tau_k = \sqrt{\varepsilon/\nu}$是 Kolmogorov 时间尺度[149]。图 5.62 给出了$\nabla_t \cdot \boldsymbol{u}$ 的典型概率密度分布。可以看出，当沿物质面的平均应变率为正值时，压缩应变的概率为 20%。在研究以中低速传播的火焰表面时，均会发现类似结果，无论化学反应速率是无限快或有限快[148,150,188]。当传播速度很大时，火焰传播表面的行为类似于随机指向的表面（图 5.62），平均应变率减小至 0[188]。这些结果为普适性更好的湍流火焰平均拉伸率表达式提供了非常有价值的极限情形[56]。

模型预测结果和 DNS 模拟结果之间的对比也可用于验证实验方法。例如，火焰面密度是一个需要三维空间信息的变量，目前还不能使用实验方法直接测量。在 BML 模型中[式(5.72)]，火焰面密度表示为火焰面穿越频率 n_y 与火焰面指向因子 σ_y 之比[69,72]。火焰的三维信息包含在火焰面指向因子 σ_y 中，一般假定为常数。这一假设将 Σ 与 n_y 处于同等水平上，即实验可实现的水平，因此具有重要的实践意义。穿越频率 n_y 可通过热电偶信号、Mie 或 Rayleigh 散射以及激光层析技术等方法来测量。σ_y＝常数的假设可以在图 5.63 中验证，通过 σ_y 在两个不同时刻穿过湍流火焰刷的 DNS 模拟结果来验证。可以看出，火焰面指向因子几乎不变，$\sigma_y \approx 0.7$。这一结果与 BML 模型的预测结果一致，并支撑了通过直接测量火焰面穿越频率来预估火焰面密度的实验方法。

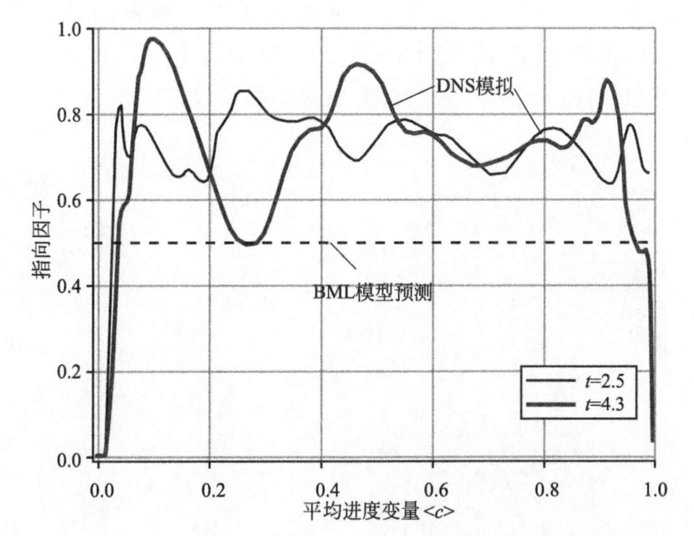

图 5.63 三维变密度火焰的 DNS 结果：火焰指向因子σ_y 在湍流火焰刷上的变化

这两条实线对应于模拟中的两个不同时刻，虚线是 BML 模型的预测结果[79]（经剑桥大学出版社许可）

DNS 模拟也可实现模型预测和实验数据之间的细化对比。在燃烧模型中，标量耗散率和火焰面密度分别通过式(5.56）和式（5.57）与反应进度变量的瞬态三维梯度模量 $|\nabla\Theta|$ 直接关联。然而，大部分精细的实验方法仅限于二维测量（如平面成像[178]）❶。因此，问题变为：在什么情况下二维瞬时反应进度变量梯度 $|\nabla\Theta|$ 可用来反推其三维特征？对于这一点，Hawkes 等[189] 研究了标量耗散率，Halter 等[190]、Veynante 等[191] 和 Hawkes 等[192] 研究了火焰面密度。当然，为将二维信息与三维信息关联起来，还需引入一些附加假设：

① 对于各向同性标量场分布，二维火焰面密度 Σ^{2D} 和三维火焰面密度 Σ^{3D} 可以关联如下[191-192]：

$$\Sigma^{3D}=\frac{4}{\pi}\Sigma^{2D} \tag{5.160}$$

从式(5.160）可看出，二维测量得到的火焰面密度比真实情况低约 30%。式（5.160）在高湍流度下得到很好的验证[192]。需要注意的是，Hawkes 等[192] 也在各向同性假设下分析了火焰面密度的守恒方程。

② 当测量平面包含下游方向 x 且是平均流场的对称平面时，Veynante 等[191] 通过平移（狭缝结构的燃烧器）或旋转（轴对称的本生灯）提出了一个更精细的表达式：

$$\Sigma^{3D}=\left(\sqrt{1+\langle n_y^{2D} n_y^{2D}\rangle_s^{2D}-\langle n_y^{2D}\rangle_s^{2D}\langle n_y^{2D}\rangle_s^{2D}}\right)\Sigma^{2D} \tag{5.161}$$

式中，n_y^{2D} 是垂直于瞬态火焰前锋的单位矢量在横向 y 方向的分量，$\langle\cdot\rangle_s^{2D}$ 表示沿火焰面求平均，这两个变量都是在二维平面内测量得到。式(5.161）假设脉动在横截面 y 方向和 z

❶ 需要注意的是，在文献中可以发现一些尝试确定湍流火焰瞬时三维形状的研究（如文献［193］），但仅限于简单构型（本生灯），且需要重要的诊断设备，不能常规使用。

方向各向同性。这个表达式对于各向同性流场也能给出极好的结果[191-192]，但需要提取火焰前锋的法向量。

针对本生灯这类轴对称湍流火焰，图 5.64 对比了二维测量结果、由式(5.160) 和式(5.161) 得出的近似结果与 DNS 模拟结果[191]。在这个例子中，式(5.161) 给出了很好的预测结果，而假设各向同性的式(5.160) 会高估火焰面密度。

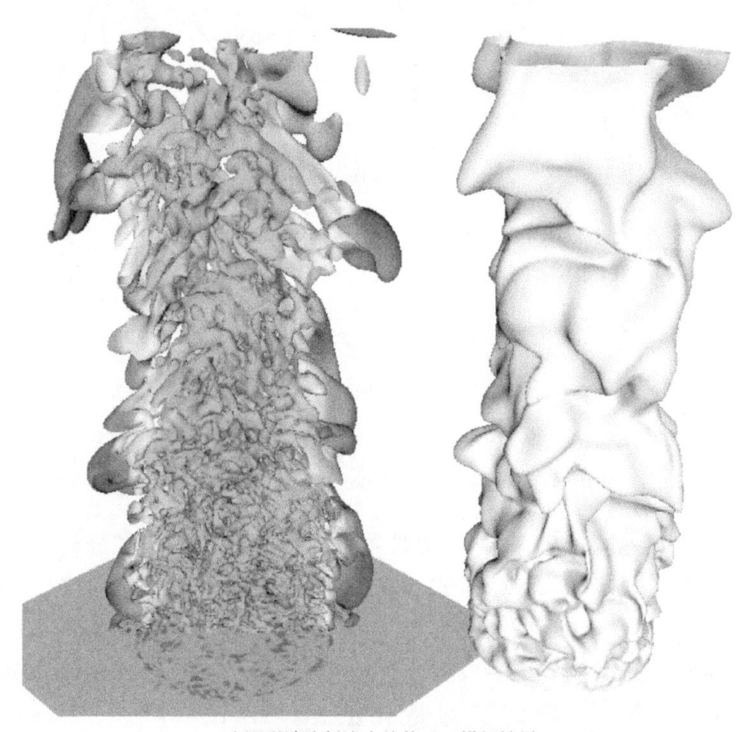

(a) 一个圆形湍流射流火焰的DNS模拟结果

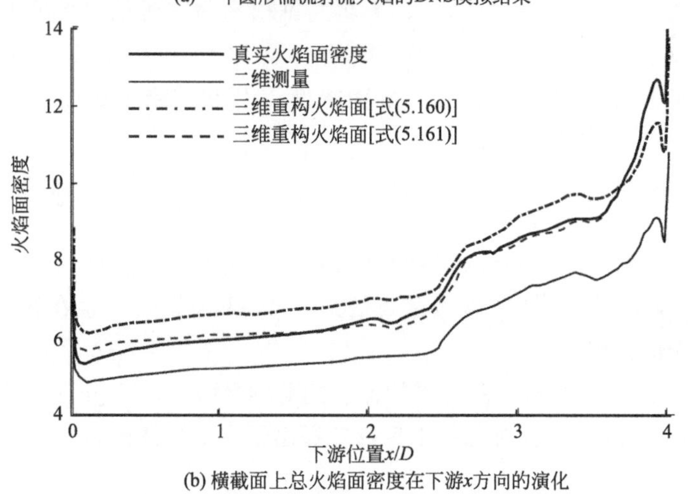

(b) 横截面上总火焰面密度在下游x方向的演化

图 5.64　本生灯的轴对称湍流火焰测量结果、模拟结果对比

图 (a) 左侧为 Q 标准，能对涡旋结构进行可视化，右侧为火焰面[194]；

图 (b) 中，横截面上总火焰面密度定义为 $\Sigma^{tot}=\int_{-\infty}^{+\infty}\int_{-\infty}^{+\infty}\Sigma \mathrm{d}y\mathrm{d}z$。火焰面密度由射流直径 D 无量纲化处理

(3) 湍流 V 形火焰

绝大多数 DNS 模拟研究都是在随时间衰减的湍流中开展：初始条件设为各向同性均匀湍流，但该状态并非持续不变，而会随时间衰减。由于流场未达到稳态，应谨慎进行统计分析❶。研究湍流火焰在非衰减湍流场中能否传播是目前很多 DNS 的关注课题。这一点可通过在入口平均流场中叠加一个定义明确的均匀各向同性湍流来研究。由于 DNS 方法的高精度要求，这种注入方式在可压缩程序中需谨慎处理声学边界问题。详细内容可参考第 9 章和相关文献[195-196]，此处将不再具体说明。当平均流为超声速时，声波不能向上游传播至入口区域，问题会比较简单（参见 6.6.3 节）。当声学效应可忽略时，还有一种解决方案是使用低马赫数时的 DNS 算法[197]。

通过将湍流注入计算域入口可获得平均稳态流动特性并提取相关的统计数据。但另一个问题随之出现：应该研究哪种类型的火焰呢？这里给出两种可能性：

① 自由传播火焰（正如大多数 DNS 模拟的衰减湍流中传播的火焰）；

② 稳定火焰（如锚定在小杆上的火焰）。

对于方案①，很难得到一个统计学一维自由传播预混火焰稳定在湍流流场中。这在实验中无法实现，也很难通过数值模拟来预测，原因如下：

① 注入的湍流在时间域稳定，但在空间上衰减，就如常见的网格湍流：当预混火焰向上游移动时会遇到湍流度更高的流动，从而产生更多的皱褶，因此，火焰会向上游传播更快。另外，向下游移动的预混火焰会遇到湍流度更小的流动，火焰皱褶和湍流速度会随之减小。这两个因素造成的总体结果是火焰的内在不稳定性。

② 要达到统计学稳定状态，需要一个非常大的入口截面或入口速度具有连续自适应性和一个很大的数值计算区域，避免火焰前缘或后缘的火焰单元接触计算域的边界。

③ 为避免入口速度出现负值，必须使用低湍流水平（典型的，u' 必须小于平均入口流速），其中火焰-湍流相互作用较弱，影响不大。

因此，方案②是一个相对更好的选择，即便必须使用特定装置来模仿火焰稳定器。另外，方案②还允许使用较大的入口流速和湍流强度。Vervisch 等[196] 给出了方案②的一个算例，研究 V 形火焰在空间衰减且均匀各向同性湍流中的演化过程（图 5.65）。采用实验中常用的电热丝模仿局部释热区以使火焰稳定。两个独立的 Navier-Stokes 求解器在时间域上同时演化：一个受迫合成的网格湍流在一个 DNS 谱求解器上生成，并将其输入另一个燃烧 DNS 算法中。

当达到统计学稳态时，可以从平均流场中提取各种统计量。例如，通过对图 5.65 的瞬态场求平均，图 5.66 展示了平均进度变量 $\widetilde{\Theta}$ 的空间分布，与预期的 V 形火焰相对应。图 5.67 显示了进度变量湍流通量 $\widetilde{u''\Theta}$ 在三个下游位置和两个初始湍流度下的分布。模拟结果与 5.1.3 节（图 5.10 和表 5.1）中的分析结果和 5.4.6 节（图 5.49 和图 5.50）的大涡模拟一致，这些湍流通量在火焰稳定点附近呈顺梯度型，并在下游变为逆梯度型。需要注意的是，BML 表达式[方程(5.17)]给出了合理的湍流通量近似值，即便火焰在 DNS 模拟结果中并非呈现出严格意义上的无限薄。

---

❶ 统计数据通常是在火焰起皱和衰减湍流之间达到平衡时提取的，由于流场的均匀性，时间平均可以被指定为空间平均。

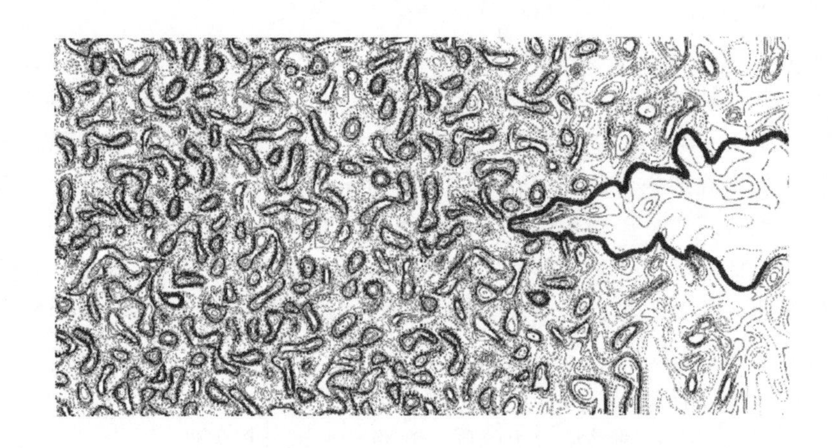

图 5.65 甲烷-空气预混 V 形火焰稳定在空间衰减的湍流时的瞬态图

将涡量场（连续线：正涡量；虚线：负涡量）叠加在反应率（粗线）上。区域左侧的湍流是由谱方法代码产生的。火焰在右侧的湍流中形成。入口湍流速度u'与层流火焰速度s_L^0之比为$u'/s_L^0=1.25$

（L. Vervisch，2004，私人通信，另见文献[196]）

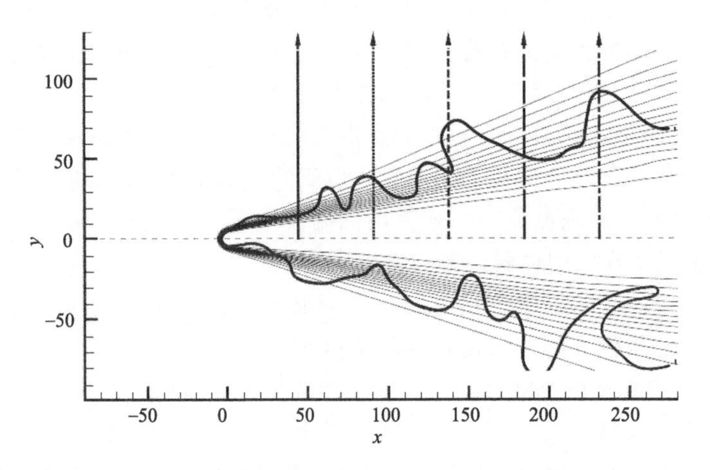

图 5.66 从图 5.65 的瞬时场中得到的 Favre 平均进度变量$\widetilde{\Theta}$场

图中显示$\widetilde{\Theta}=0.1$和$\widetilde{\Theta}=0.98$之间的 14 个取值（细线），叠加了燃烧率的瞬态场（粗线）。提取分布的位置由垂直线确认（L. Vervisch，2004，私人通信，另见文献[196]）

这些 DNS 模拟结果也用于验证进度变量标量耗散率 $\widetilde{\chi}_\Theta$ 的改进模型。这个标量耗散率与 BML 模型[式(5.56)]中的平均反应率相关，并出现在方差 $\widetilde{\Theta''^2}$ 的守恒方程[式(5.108)]中。通常使用线性松弛假设 $\widetilde{\chi}_\Theta=\widetilde{\Theta''^2}/\tau_t$ 对其进行建模[式(5.58)]，其中，τ_t 为湍流时间，可由湍动能 k 及其耗散率 ε 近似为 $\tau_t=k/\varepsilon$。利用 Veynante 和 Vervisch[71] 推导的建模工具之间的关系式，Vervisch 等[196] 提出将标量耗散率 $\widetilde{\chi}_\Theta$ 与火焰面密度 Σ 关联起来：

$$\bar{\rho}\widetilde{\chi}_\Theta=2\overline{\rho\mathcal{D}|\nabla\Theta|^2}\approx(2\Theta_m-1)\rho_0 s_L^0\Sigma \tag{5.162}$$

式中，ρ_0 是未燃气体的密度，Θ_m 在式(5.57) 中给予表明，这个推导超出了本书的关注范

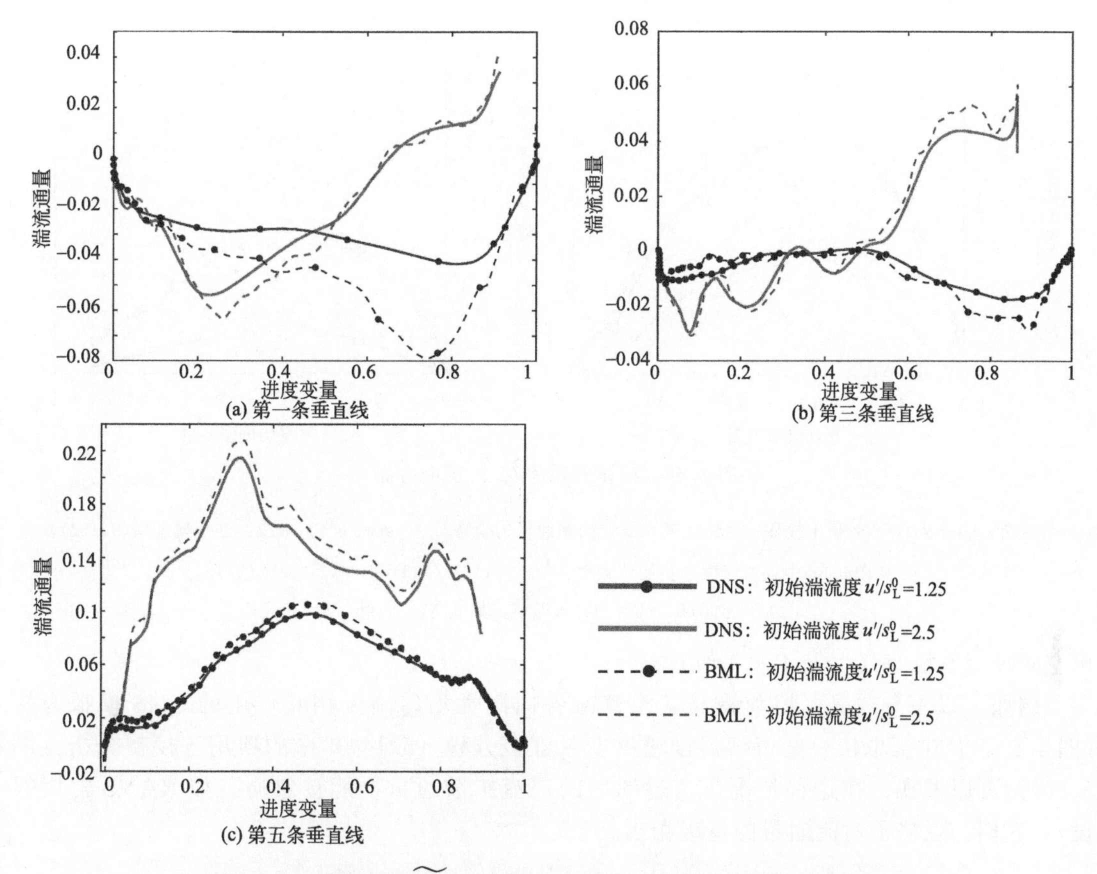

图 5.67　湍流通量$\widetilde{u''\Theta}$在图 5.66 中三个不同轴向位置处的分布图

图中展示了两个不同的初始湍流度，分别为$u'/s_L^0=1.25$和$u'/s_L^0=2.5$。

虚线对应于 BML 表达式[式(5.17)]（L. Vervisch，2004，私人通信，另见文献［196］）

围，读者可根据上文中引入的参考文献了解详细信息❶。如图 5.68 所示，该模型可以给出非常好的预测结果。

5.5.6　基于 DNS 分析的大涡模拟

DNS 数据也可用于研究大涡模拟（LES）的亚格子尺度模型。与前几节的 RANS 模型分析相比，主要区别在于求平均的过程（表 5.5），之前的系综平均（时间平均）在此需要

---

❶ 当式(5.108)需要 $2\overline{\rho\mathcal{D}|\nabla\Theta''|^2}$ 的模型时，式(5.162)实际上是标量耗散率 $2\overline{\rho\mathcal{D}|\nabla\Theta|^2}$ 的模型。这两个量通过以下方式相关联：

$$2\overline{\rho\mathcal{D}|\nabla\Theta|^2}=2\overline{\rho}\overline{\mathcal{D}}|\nabla\widetilde{\Theta}|^2+4\overline{\rho\mathcal{D}|\nabla\Theta''|}\,|\nabla\widetilde{\Theta}|+2\overline{\rho\mathcal{D}|\nabla\Theta''|^2}$$

假定高雷诺数，则等号右边前两项可忽略（见 6.4.3 节）。显然，当 $\widetilde{\Theta''^2}$ 趋于 0 时，$2\overline{\rho\mathcal{D}|\nabla\Theta''|^2}$ 应该为 0，而 $2\overline{\rho\mathcal{D}|\nabla\Theta|^2}$ 变为 $2\overline{\rho}\overline{\mathcal{D}}|\nabla\widetilde{\Theta}|^2$。为此，Vervisch 等[196] 提出一个简单的修正方程：

$$2\overline{\rho\mathcal{D}|\nabla\Theta''|^2}\approx\frac{\widetilde{\Theta''^2}}{\widetilde{\Theta}(1-\widetilde{\Theta})}(2\Theta_m-1)\rho_0 s_L^0\Sigma$$

该模型已被 Fiorina 等[198] 成功应用于式(5.108)中。

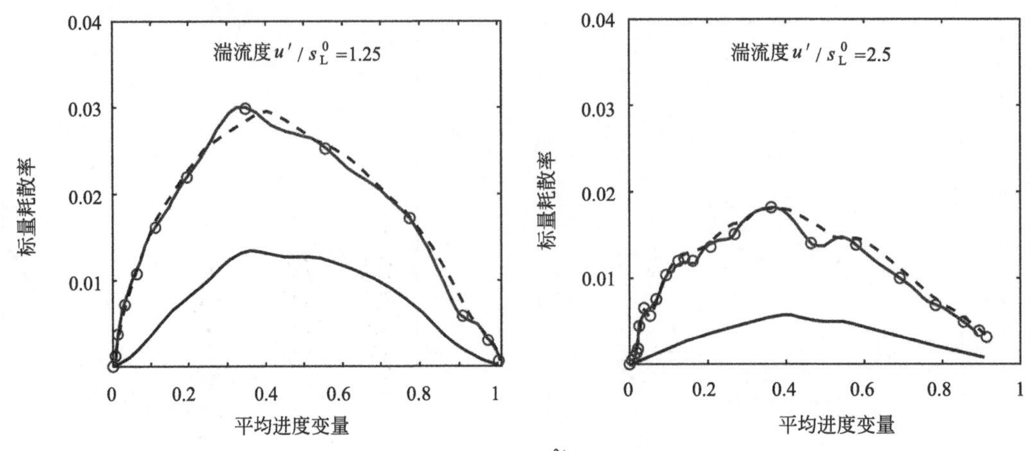

图 5.68 标量耗散率$\widetilde{\chi}_\Theta$ 的横向分布

带圆圈的线：从 DNS 数据中提取；实线：基于线性松弛假设的模型$\widetilde{\chi}_\Theta=(\varepsilon/k)\widetilde{\Theta''^2}$；虚线：基于模型式(5.162)。从图 5.66 中提取了两个初始湍流度：$u'/s_L^0=1.25$（左）和$u'/s_L^0=2.5$（右）

（L. Vervisch，2004，私人通信，另见文献［196］）

由空间过滤算法替代（见 4.7.1 节）。

例如，以一个预混火焰前锋与三维衰减各向同性均匀湍流相互作用的 DNS 模拟为例（图 4.8），从中提取出一些可解尺度进度变量守恒方程（5.144）中的项用于模型分析（图 5.69）。可以发现，在这种情况下，过滤后的层流扩散通量不能被忽略（如 RANS 常用假设），它们与亚格子对流通量的量级相当。

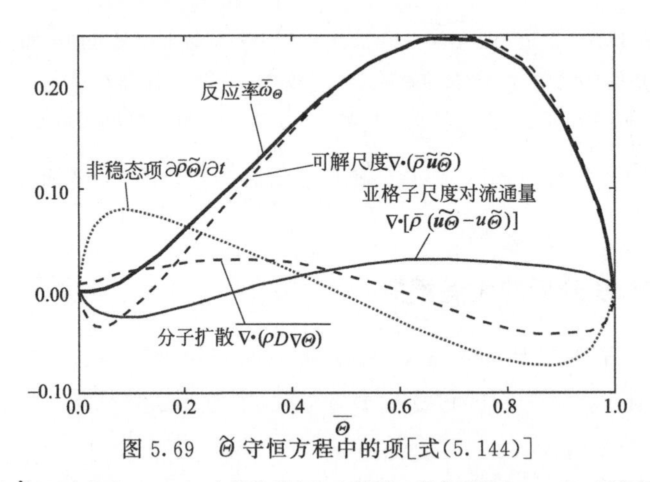

图 5.69 $\widetilde{\Theta}$ 守恒方程中的项[式(5.144)]

非稳定项 $\partial\bar{\rho}\widetilde{\Theta}/\partial t$ 由方程(5.144) 中其他项之和来估算。所有项均由$\rho_u s_L/\delta_L$ 无量纲化处理[128]

亚格子尺度的火焰面密度[式(5.145)]也可以提取出来（图 5.70）验证类似于 BML 亚格子尺度的火焰面密度模型[式(5.73)]。

5.5.7 真实预混燃烧器的直接数值模拟（DNS）

直至 2006 年，绝大多数 DNS 求解器还是使用结构化单块网格和有限差分（或频谱）算法。这些技术的优点是可以使用高阶数值方法且具有很高的 CPU 效率，但也存在一个显著缺点，即 DNS 模拟仅限于简单的几何结构，无法适用于真实燃烧器模拟。这也就解释了为

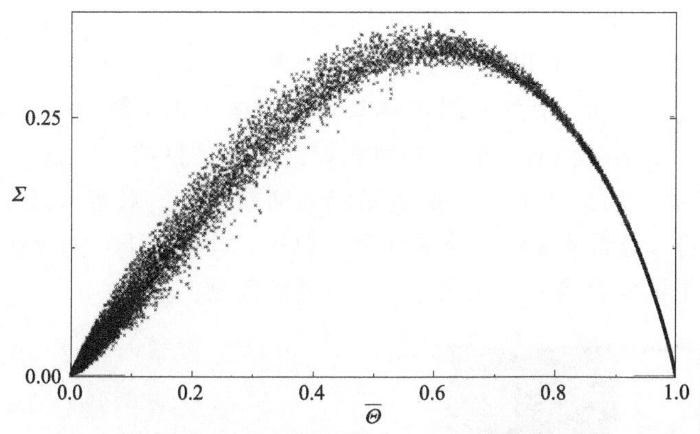

图 5.70　亚格子尺度的火焰面密度[式(5.145)]随过滤后的进度变量$\overline{\Theta}$的变化

火焰面密度由 $1/\delta_L^0$ 进行无量纲化处理[128]

什么大部分 DNS 模拟均是基于立方体类简单几何结构。最近，CFD 方法的改进和 CPU 能力的提高为 DNS 模拟带来了两个至关重要的新能力[169-170,199-201]：①网格节点的数量从之前的 100 万增加至 10 亿量级；②高阶算法格式可用于非结构化网格。因此，DNS 模拟现在可用于真实燃烧器系统中[201-203]，即便只是简单化学反应模型下的小型低压燃烧器模拟，也是一项重大突破，因为这使 DNS 模拟不再局限于简单立方体结构，它也可用于研究真实燃烧器的火焰结构。以前的 DNS 模拟很难研究旋流火焰，但可以使用新型 DNS 算法在非结构化网格上处理。

本书此处给出一个 DNS 模拟算例，使用 Moureau 等[201] 对 PRECCINSTA 燃烧器在低马赫数下的 DNS 模拟结果（在 10.2 节，使用可压缩 LES 方法在 100 万～1000 万个网格上进行计算）。Moureau 等针对该反应流在非结构化网格上使用新的数值方法，并在 26 亿个网格上重复这一计算，火焰或流动都不需要使用 LES 亚格子模型。

图 5.71 显示了基于一个被称为 Q 准则下的瞬时图像[194]（对于无反应流动），该准则可以对涡流进行可视化并显示出 DNS 在如此复杂的几何形状中所捕捉到的宽范围尺度涡。当

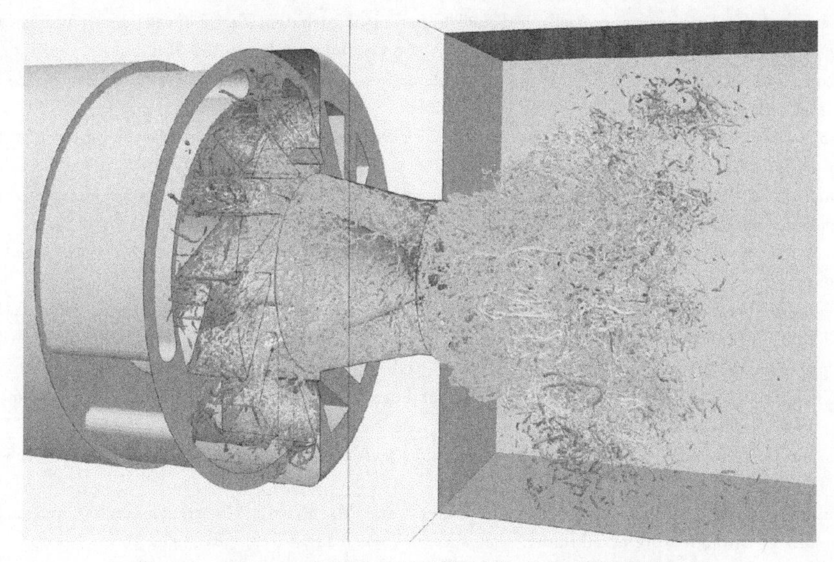

图 5.71　基于 Q 准则的旋流预混甲烷-空气燃烧器瞬时图

燃烧发生时，图 5.72 给出了反应率场的瞬时分布。可以看出，所有皱褶尺度在网格上均可解。在这个 DNS 模拟中，所有出现在旋流区的尺度均可解，并且火焰前锋自身被网格化，因此可以详细分析湍流流动。另外，DNS 结果可用于检验真实算例中的 RANS 模型或 LES 亚格子尺度模型[201]。需要注意的是，即便在如此精细的网格下，这种计算在壁面附近仍不是真正的 DNS 模拟，因为边界层需要更精细的网格尺度。对于常显示重要现象的区域，如剪切区和火焰自身，这都不是一个重要问题；但在有些情况下，如分析旋流器产生的流动结构时，壁面会产生重要影响，它就成为一个重要的问题。

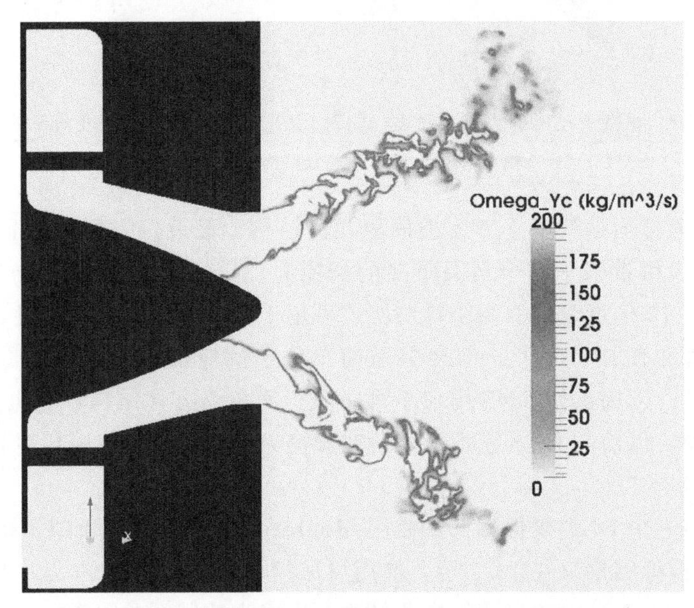

图 5.72 甲烷-空气旋流预混燃烧中反应率场的瞬态分布

参考文献

[1] B. Hakberg and A. D. Gosman. Analytical determination of turbulent flame speed from combustion models. In *20th Symp.（Int.）on Combustion*，pages 225-232. The Combustion Institute，Pittsburgh，1984.

[2] R. G. Abdel-Gayed，D. Bradley，M. N. Hamid，and M. Lawes. Lewis number effects on turbulent burning velocity. *Proc. Combust. Inst.*，20：505-512，1984.

[3] V. Yakhot，C. G. Orszag，S. Thangam，T. B. Gatski，and C. G. Speziale. Development of turbulence models for shear flows by a double expansion technique. *Phys. Fluids*，4 (7)：1510，1992.

[4] J. M. Duclos，D. Veynante，and T. Poinsot. A comparison of flamelet models for premixed turbulent combustion. *Combust. Flame*，95：101-117，1993.

[5] N. Peters. The turbulent burning velocity for large-scale and small-scale turbulence. *J. Fluid Mech.*，384：107-132，1999.

[6] K. K. Kuo. *Principles of combustion*. John Wiley & Sons，Inc.，Hoboken，New Jersey，Second Edition，2005.

[7] F. C. Gouldin. Combustion intensity and burning rate integral of premixed flames. In *26th Symp.（Int.）on Combustion*，pages 381-388. The Combustion Institute，Pittsburgh，1996.

[8] R. K. Cheng and I. G. Shepherd. The influence of burner geometry on premixed turbulent flame propagation. *Combust. Flame*，85：7-26，1991.

[9] B. Lewis and G. VonElbe. *Combustion，Flames and Explosions of Gases*. Academic Press，New York，Third Edition，1987.

[10] C. Mueller，J. F. Driscoll，D. Reuss，M. Drake，and M. Rosalik. Vorticity generation and attenuation as vortices convect through a premixed flame. *Combust. Flame*，112：312-358，1998.

[11] J. M. Duclos，M. Zolver，and T. Baritaud. 3d modeling of combustion for DI-SI engines. *Oil and Gas Science Tech. -Rev de l'IFP*，54 (2)：259-264，1999.

[12] I. G. Shepherd, J. B. Moss, and K. N. C. Bray. Turbulent transport in a confined premixed flame. In *19th Symp. (Int.) on Combustion*, pages 423-431. The Combustion Institute, Pittsburgh, 1982.

[13] D. Veynante and T. Poinsot. Effects of pressure gradients on turbulent premixed flames. *J. Fluid Mech.*, 353: 83-114, 1997.

[14] K. N. C. Bray and J. B. Moss. A unified statistical model of the premixed turbulent flame. *Acta Astronautica*, 4: 291-319, 1977.

[15] P. A. Libby and K. N. C. Bray. Countergradient diffusion in premixed turbulent flames. *AIAA Journal*, 19: 205-213, 1981.

[16] D. Veynante, A. Trouve, K. N. C. Bray, and T. Mantel. Gradient and counter-gradient scalar transport, in turbulent premixed flames. *J. Fluid Mech.*, 332: 263-293, 1997.

[17] D. Veynante, J. Piana, J. M. Duclos, and C. Martel. Experimental analysis of flame surface density model for premixed turbulent combustion. In *26th Symp. (Int.) on Combustion*, pages 413-420. The Combustion Institute, Pittsburgh, 1996.

[18] R. K. Cheng and I. G. Shepherd. Intermittency and conditional velocities in premixed conical turbulent flames. *Combust. Sci. Tech.*, 52: 353-375, 1987.

[19] P. Cho, C. K. Law, R. K. Cheng, and I. G. Shepherd. Velocity and scalar fields of turbulent premixed flames in stagnation flow. In *22nd Symp. (Int.) on Combustion*, pages 739-745. The Combustion Institute, Pittsburgh, 1988.

[20] M. Barrere. Modeles de combustion. *Revue Generale de Thermique*, 148: 295-308, 1974.

[21] K. N. C. Bray. *Turbulent flows with premixed reactants in turbulent reacting flows*, volume 44 of *Topics in applied physics*. Springer Verlag, New York, 1980.

[22] R. Borghi. Mise au point sur la structure des flammes turbulentes. *Journal de chimie physique*, 81: 361-370, 1984.

[23] R. Borghi and M. Destriau. Combustion and Flames, chemical and physical principles. Editions TECHNIP, 1998.

[24] N. Peters. Laminar flamelet concepts in turbulent combustion. In *21st Symp. (Int.) on Combustion*, pages 1231-1250. The Combustion Institute, Pittsburgh, 1986.

[25] F. A. Williams. *Combustion Theory*. Benjamin Cummings, Menlo Park, CA, 1985.

[26] R. G. Abdel-Gayed and D. Bradley. Combustion regimes and the straining of turbulent premixed flames. *Combust. Flame*, 76: 213-218, 1989.

[27] N. Peters. *Turbulent combustion*. Cambridge University Press, 2001.

[28] W. Bush and F. Fendell. Asymptotic analysis of laminar flame propagation for general lewis numbers. *Combust. Sci. Tech.*, 1: 421, 1970.

[29] P. A. Libby and F. A. Williams. Structure of laminar flamelets in premixed turbulent Hames. *Combust. Flame*, 44: 287, 1982.

[30] P. A. Libby, A. Lilian, and F. A. Williams. Strained premixed laminar flames with non-unity lewis number. *Combust. Sci. Tech.*, 34: 257, 1983.

[31] N. Darabiha, S. Candel, and F. E. Marble. The effect of strain rate on a premixed laminar flame. *Combust. Flame*, 64: 203-217, 1986.

[32] V. Giovangigli and M. Smooke. Calculation of extinction limits for premixed laminar flames in a stagnation point flow. *J. Comput. Phys.*, 68 (2): 327-345, 1987.

[33] V. Giovangigli and M. Smooke. Extinction of strained premixed laminar flames with complex chemistry. *Combust. Sci. Tech.*, 53: 23-49, 1987.

[34] S. Ishizuka and C. K. Law. An experimental study of extinction and stability of stretched premixed flames. In *19th Symp. (Int.) on Combustion*, pages 327-335. The Combustion Institute, Pittsburgh, 1982.

[35] J. Sato. Effects of Lewis number on extinction behavior of premixed flames in stagnation flow. In *19th Symp. (Int.) on Combustion*, pages 1541-1548. The Combustion Institute, Pittsburgh, 1982.

[36] C. K. Law, D. L. Zhu, and G. Yu. Propagation and extinction of stretched premixed Haines. In *21st Symp. (Int.) on Combustion*, pages 1419-1426. The Combustion Institute, Pittsburgh, 1986.

[37] P. Clavin and F. A. Williams. Effects of molecular diffusion and of thermal expansion on the structure and dynamics of premixed flames in turbulent flows of large scales and low intensity. *J. Fluid Mech.*, 116: 251-282, 1982.

[38] P. Clavin and G. Jou lin. Premixed flames in largescale and high intensity turbulent flow. *J. Physique Lettres*, 44: L1-L12, 1983.

[39] W. T. Ashurst, A. R. Kerstein, R. M. Kerr, and C. H. Gibson. Alignment of vorticity and scalar gradient with strain in simulated Navier-Stokes turbulence. *Phys. Fluids*, 30: 2343-2353, 1987.

[40] D. Mikolaitis. The interaction of flame curvature and stretch. Part I: the concave premixed flame. *Combust. Flame*, 57: 25- 31, 1984.

[41] A. R. Karagozian and F. E. Marble. Study of a diffusion flame in a stretched vortex. *Combust. Sci. Tech.*, 46: 65-84, 1986.

[42] A. M. Laverdant and S. M. Candel. A numerical analysis of a diffusion flame-vortex interaction. *Combust. Sci.*

Tech., 60: 79-96, 1988.

[43] W. T. Ashurst and P. A. McMurtry. Flame generation of vorticity: vortex dipoles from monopoles. *Combust. Sci. Tech.*, 66: 17-37, 1989.

[44] C. J. Rutland and J. Ferziger. Interaction of a vortex and a premixed flame. In AIAA Paper 89-0127, editor, *27th AIAA Aerospace Sciences Meeting*, Reno, 1989.

[45] T. Poinsot, D. Veynante, and S. Candel. Quenching processes and premixed turbulent combustion diagrams. *J. Fluid Mech.*, 228: 561-605, 1991.

[46] T. Mantel, J. M. Samaniego, and C. T. Bowman. Fundamental mechanisms in premixed turbulent flame propagation via vortex-flame interactions- part ii: numerical simulation. *Combust. Flame*, 118 (4): 557-582, 1999.

[47] J. M. Samaniego and T. Mantel. Fundamental mechanisms in premixed turbulent flame propagation via vortex flame interactions, part i: experiment. *Combust. Flame*, 118 (4): 537-556, 1999.

[48] J. Jarosinski, J. Lee, and R. Knystautas. Interaction of a vortex ring and a laminar flame. In *22nd Symp. (Int.) on Combustion*, pages 505-514. The Combustion Institute, Pittsburgh, 1988.

[49] W. L. Roberts and J. F. Driscoll. A laminar vortex interacting with a premixed flame: measured formation of pockets of reactants. *Combust. Flame*, 87: 245-256, 1991.

[50] W. L. Roberts, J. F. Driscoll, M. C. Drake, and L. P. Goss. Images of the quenching of a flame by a vortex: to quantify regimes of turbulent combustion. *Combust. Flame*, 94: 58-69, 1993.

[51] G. Patnaik and K. Kailasanath. A computational study of local quenching in flame vortex interactions with radiative losses. In *27th Symp. (Int.) on Combustion*, pages 711-717. The Combustion Institute, Pittsburgh, 1998.

[52] O. L. Guider and G. J. Smallwood. Inner cutoff scale of flame surface wrinkling in turbulent premixed flames. *Combust. Flame*, 103: 107-114, 1995.

[53] D. B. Spalding. Mixing and chemical reaction in steady confined turbulent flames. In *13th Symp. (Int.) on Combustion*, pages 649-657. The Combustion Institute, Pittsburgh, 1971.

[54] D. B. Spalding. Development of the eddy-break-up model of turbulent combustion. In *16th Symp. (Int.) on Combustion*, pages 1657-1663. The Combustion Institute, Pittsburgh, 1976.

[55] R. Said and R. Borghi. A simulation with a "cellular automaton" for turbulent combustion modelling. In *22nd Symp. (Int.) on Combustion*, pages 569-577. The Combustion Institute, Pittsburgh, 1988.

[56] C. Mcneveau and T. Poinsot. Stretching and quenching of flamelets in premixed turb lent combustion. *Combust. Flame*, 86: 311-332, 1991.

[57] P. Bailly, D. Garreton, O. Simonin, P. Bruel, M. Champion, B. Deshaies, S. Duplantier, and S. Sanquer. Experimental and numerical study of a premixed flame stabilized by a rectangular section cylinder. *Proc. Combust. Inst.*, 26: 923-930, 1996.

[58] T. J. Poinsot, D. Veynante, and S. Candel. Diagrams of premixed turbulent combustion based on direct simulation. In *23rd Symp. (Int.) on Combustion*, pages 613-619. The Combustion Institute, Pittsburgh, 1990.

[59] A. R. Kerstein, W. Ashurst, and F. A. Williams. Field equation for interface propagation in an unsteady homogeneous flow field. *Phys. Rev. A*, 37 (7): 2728-2731, 1988.

[60] V. Karpov, A. Lipatnikov, and V. Zimont. A test of an engineering model of premixed turbulent combustion. In *26th Symp. (Int.) on Combustion*, pages 249-257. The Combustion Institute, Pittsburgh, 1996.

[61] V. Smiljanovski, V. Moser, and R. Klein. A capturing-tracking hybrid scheme for deflagration discontinuities. *Combust. Theory and Modelling*, 1 (2): 183-215, 1997.

[62] A. Lipatnikov and J. Chomiak. Dependence of heat release on the progress variable in premixed turbulent combustion. *Proc. Combust. Inst.*, 28: 227-234, 2000.

[63] T. Mantel and R. Borghi. A new model of premixed wrinkled flame propagation based on a scalar dissipation equation. *Combust. Flame*, 96 (4): 443-457, 1994.

[64] K. N. C. Bray, P. A. Libby, and J. B. Moss. Flamelet crossing frequencies and mean reaction rates in premixed turbulent combustion. *Combust. Sci. Tech.*, 41 (3-4): 143-172, 1984.

[65] K. N. C. Bray and P. A. Libby. Passage times and flame let crossing frequencies in premixed turbulent combustion. *Combust. Sci. Tech.*, 47: 253, 1986.

[66] F. E. Marble and J. E. Broadwell. The coherent flame model for turbulent chemical reactions. Technical Report Tech. Rep. TRW-9-PU, Project Squid, 1977.

[67] S. M. Candel, E. Maistret, N. Darabiha, T. Poinsot, D. Veynante, and F. Lacas. Experimental and numerical studies of turbulent ducted flames. In *Marble Symposium*, pages 209-236, Caltech, 1988.

[68] S. Pope. The evolution of surfaces in turbulence. *Int. J. Engng. Sci.*, 26 (5): 445-469, 1988.

[69] K. N. C. Bray, M. Champion, and P. A. Libby. The interaction between turbulence and chemistry in premixed turbulent flames. In R. Borghi and S. N. B. Murthy, editors, *Turbulent Reactive Flows*, volume 40, pages 541-563. Lecture notes in engineering, Springer Verlag, 1989.

[70] L. Vervisch and D. Veynante. Interlinks between approaches for modeling turbulent flames. *Proc. Combust. Inst.*, 28: 175-183, 2000.

[71] D. Veynante and L. Vervisch. Turbulent, combustion modeling. *Prog. Energy Comb. Sci.*, 28: 193-266, 2002.

[72] K. N. C. Bray. Studies of the turbulent burning velocity. *Proc. R. Soc. Lond. A*, 431: 315-335, 1990.
[73] D. C. Haworth and T. J. Poinsot. Numerical simulations of Lewis number effects in turbulent premixed flames. *J. Fluid Mech.*, 244: 405-436, 1992.
[74] R. G. Abdel-Gayed, D. Bradley, and A. K. C. Lau. The straining of premixed turbulent flames. *Proc. Combust. Inst.*, 22: 731-738, 1988.
[75] D. Veynante, J. M. D. Duclos, and J. Piana. Experimental analysis of flamelet models for premixed turbulent combustion. In *25th Symp. (Int.) on Combustion*, pages 1249-1256. The Combustion Institute, Pittsburgh, 1994.
[76] F. Gouldin, K. Bray, and J. Y. Chen. Chemical closure model for fractal flamelets. *Combust. Flame*, 77: 241, 1989.
[77] N. Darabiha, V. Giovangigli, A. Trouve, S. M. Candel, and E. Esposito. Coherent flame description of turbulent premixed ducted flames. In R. Borghi and S. N. B. Murthy, editors, *Turbulent Reactive Flows*, volume 40, pages 591- 637. Lecture notes in engineering, Springer, 1987.
[78] S. M. Candel and T. Poinsot. Flame stretch and the balance equation for the flame surface area. *Combust. Sci. Tech.*, 70: 1-15, 1990.
[79] A. Trouve and T. Poinsot. The evolution equation for the flame surface density. *J. Fluid Mech.*, 278: 1-31, 1994.
[80] L. Vervisch, E. Bidaux, K. N. C. Bray, and W. Kollmann. Surface density function in premixed turbulent combustion modeling, similarities between probability density function and flame surface approaches. *Phys. Fluids A*, 7 (10): 2496, 1995.
[81] T. Poinsot, T. Echekki, and M. G. Mungal. A study of the laminar flame tip and implications for premixed turbulent combustion. *Combust. Sci. Tech.*, 81 (1-3): 45-73, 1992.
[82] R. S. Cant, S. B. Pope, and K. N. C. Bray. Modelling of flamelet surface to volume ratio in turbulent premixed combustion. In *23rd Symp. (Int.) on Combustion*, pages 809-815. The Combustion Institute, Pittsburgh, 1990.
[83] R. N. Paul and K. N. C. Bray. Study of premixed turbulent combustion including landaudarrieus instability effects. *Proc. Combust. Inst.*, 26: 259-266, 1996.
[84] E. Maistret, E. Darabiha, T. Poinsot, D. Veynante, F. Lacas, S. Candel, and E. Esposito. Recent developments in the coherent flamelet description of turbulent combustion. In A. Dervicux and B. Larrouturou, editors, *Numerical Combustion*, volume 351, pages 98-117, Antibes, Springer Verlag, Berlin, 1989.
[85] W. K. Cheng and J. A. Diringer. Numerical modelling of SI engine combustion with a flame sheet model. In *Int. Congress and Exposition*, page SAE Paper 910268, Detroit, 1991.
[86] P. Boudier, S. Henriot, T. Poinsot, and T. Baritaud. A model for turbulent flame ignition and propagation in spark ignition engines. In The Combustion Institute, editor, *Twenty-Fourth Symposium (International) on Combustion*, pages 503-510, 1992.
[87] J. M. Duclos, G. Bruneaux, and T. Baritaud. 3d modelling of combustion and pollutants in a 4 valve SI engine: effect of fuel and residuals distribution and spark location. In SAE Paper 961964, editor, *Int. Fall Fuels and Lubricants Meeting and Exposition*, San Antonio, 1996.
[88] C. R. Choi and K. Y. Huh. Development of a coherent flamelet model for a spark ignited turbulent premixed flame in a closed vessel. *Combust. Flame*, 114 (3/4): 336-348, 1998.
[89] J. M. Duclos and O. Colin. Arc and kernel tracking ignition model for 3D spark ignition engine calculations. In *Fifth Int. Symp. on Diagnostics, Modelling of Combustion in Combustion Engines (COMO DIA)*, pages 343-350, Nagoya, Japan, 2001.
[90] S. B. Pope. Pdf methods for turbulent reactive flows. *Prog. Energy Comb. Sci.*, 19 (11): 119-192, 1985.
[91] S. B. Pope. Computations of turbulent combustion: progress and challenges. In *23rd Symp. (Int.) on Combustion*, pages 591-612. The Combustion Institute, Pittsburgh, 1990.
[92] C. Dopazo. Recent developments in pdf methods. In P. A. Libby and F. A. Williams, editors, *Turbulent Reacting Flows*, pages 375-474. Academic, London, 1994.
[93] R. Borghi. Turbulent combustion modelling. *Prog. Energy Comb. Sci.*, 14 (4): 245-292, 1988.
[94] G. Ribert, M. Champion, O. Gicquel, N. Darabiha, and D. Veynante. Modeling nonadiabatic turbulent premixed reactive flows including tabulated chemistry. *Combust. Flame*, 141 (3): 271-280, 2005.
[95] V. Robin, A. Mura, M. Champion, and P. Plion. A multi-dirac presumed pdf model for turbulent reactive flows with variable equivalence ratio. *Combust. Sci. Tech.*, 178 (10-11): 1843-1870, 2006.
[96] F. C. Lockwood and A. S. Naguib. The prediction of the fluctuations in the properties of free round-jet, turbulent diffusion flames. *Combust. Flame*, 24: 109-124, 1975.
[97] E. Gutheil. The effect of multi dimensional pdfs on the turbulent reaction rate in turbu lent reactive flows at moderate Damkohler numbers. *Physico Chemical Hydrodynamics*, 9 (3/4): 525-535, 1987.
[98] R. O. Fox. *Computational models for turbulent reacting flows*. Cambridge University Press, 2003.
[99] D. C. Haworth. Progress in probability density function methods for turbulent reacting flows. *Prog. Energy Comb. Sci.*, 36 (2): 168-259, 2011.

[100] S. Candel, D. Veynante, F. Lacas, E. Maistret, N. Darabiha, and T. Poinsot. Coherent flame model: applications and recent extensions. In B. Larrouturou, editor, *Advances in combustion modeling*. Series on advances in mathematics for applied sciences, pages 19-64. World Scientific, Singapore, 1990.

[101] D. Veynante and T. Poinsot. Effects of pressure gradients on turbulent premixed flames. *J. Fluid Mech.*, 353: 83-114, 1997.

[102] C. J. Rutland and R. S. Cant. Turbulent transport in premixed flames. In *Proc. of the Summer Program*, pages 75-94. Center for Turbulence Research, NASA Ames/Stanford Univ., 1994.

[103] P. A. M. Kalt. *Experimental investigation of turbulent scalar flux in premixed flames*. Phd thesis, University of Sydney, 1999.

[104] P. Domingo and K. N. C. Bray. Laminar flamelet expressions for pressure fluctuation terms in second moment models of premixed turbulent combustion. *Combust. Flame*, 121 (4): 555-574, 2000.

[105] C. Meneveau and K. R. Sreenivasan. Measurement of $f(\alpha)$ from scaling of histograms and applications to dynamical systems and fully developed turbulence. *Phys. Lett. A*, 137: 103, 1989.

[106] C. Meneveau and K. R. Sreenivasan. The multifractal nature of the turbulent, energy dissipation. *J. Fluid Mech.*, 24: 429-484. 1991.

[107] H. Lahjaily, M. Champion, D. Karmed, and P. Bruel. Introduction of dilution in the bml model: application to a stagnating turbulent flame. *Combust. Sci. Tech.*, 135: 153-173, 1998.

[108] F. Fichot, F. Lacas, D. Veynante, and S. Candel. One-dimensional propagation of a premixed turbulent flame with the coherent flame model. *Combust. Sci. Tech.*, 48: 1-26, 1993.

[109] J. M. Beer and N. A. *Chigier*. *Combustion aerodynamics*. Krieger, Malabar, Florida, 1983.

[110] A. K. Gupta, D. G. Lilley, and N. Syred. *Swirl flows*. Abacus Press, 1984.

[111] N. Syred. A review of oscillation mechanisms and the role of the precessing vortex core in swirl combustion systems. *Prog. Energy Comb. Sci.*, 32 (2): 93-161, 2006.

[112] Y. Huang and V. Yang. Dynamics and stability of lean-premixed swirl-stabilized combustion. *Prog. Energy Comb. Sci.*, 35 (4): 293-364, 2011.

[113] D. Galley, S. Ducruix, F. Lacas, and D. Veynante. Mixing and stabilization study of a partially premixed swirling flame using laser induced fluorescence. *Combust. Flame*, 158: 155-171, 2011.

[114] P. Moreau. Experimental determination of probability density functions within a turbulent high velocity premixed flame. In *18th Symp. (Int.) on Combustion*, pages 993-1000. The Combustion Institute, Pittsburgh, 1981.

[115] D. Veynante and T. Poinsot. Large eddy simulation of combustion instabilities in turbulent premixed burners. In *Annual Research Briefs*, pages 253-274. Center for Turbulence Research, NASA Ames/Stanford Univ., 1997.

[116] C. Fureby and C. Lofstrom. Large eddy simulations of bluff body stabilized flames. In *25th Symp. (Int.) on Combustion*, pages 1257-1264. The Combustion Institute, Pittsburgh, 1994.

[117] C. Fureby and S. I. Moller. Large eddy simulations of reacting flows applied to bluff body stabilized flames. *AIAA Journal*, 33 (12): 2339, 1995.

[118] T. D. Butler and P. J. O'Rourke. A numerical method for two-dimensional unsteady reacting flows. *Proc. Combust. Inst.*, 16 (1): 1503-1515, 1977.

[119] C. Angelberger, D. Veynante, F. Egolfopoulos, and T. Poinsot. Large eddy simulations of combustion instabilities in premixed flames. In *Proc. of the Summer Program*, pages 61-82. Center for Turbulence Research, NASA Ames/Stanford Univ., 1998.

[120] O. Colin, F. Ducros, D. Veynante, and T. Poinsot. A thickened flame model for large eddy simulations of turbulent premixed combustion. *Phys. Fluids*, 12 (7): 1843-1863, 2000.

[121] F. Charlette, D. Veynante, and C. Meneveau. A power-law wrinkling model for LES of premixed turbulent combustion: Part I-non-dynamic formulation and initial tests. *Combust. Flame*, 131: 159-180, 2002.

[122] J. -Ph. Legier. *Simulations numeriques des instabilites de combustion dans les foyers aeronautiques*. Phd thesis, INP Toulouse, 2001.

[123] G. Kuenne, A. Ketelheun, and J. Janicka. LES modeling of premixed combustion using a thickened flame approach coupled with fgm tabulated chemistry. *Combust. Flame*, 158 (9): 1750- 1767, 2011.

[124] H. G. Im, T. S. Lund, and J. H. Ferziger. Large eddy simulation of turbulent front propagation with dynamic subgrid models. *Phys. Fluids A*, 9 (12): 3826- 3833, 1997.

[125] J. Piana, D. Veynante, S. Candel, and T. Poinsot. Direct numerical simulation analysis of the g-equation in premixed combustion. In J. P. Chollet, P. R. Voke, and L. Kleiser, editors, *Direct and Large Eddy Simulation* Ⅱ, pages 321-330. Kluwer Academic Publishers, 1997.

[126] J. Janicka and A. Sadiki. Large eddy simulation for turbulent combustion. *Proc. Combust. Inst.*, 30: 537-547, 2004.

[127] H. Pitsch. Large eddy simulation of turbulent combustion. *Ann. Rev. Fluid Mech*, 38: 453-482, 2006.

[128] M. Boger, D. Veynante, H. Boughanem, and A. Trouve. Direct numerical simulation analysis of flame surface density concept for large eddy simulation of turbulent premixed combustion. In *27th Symp. (Int.) on Combustion*, pages 917-927. The Combustion Institute, Pittsburgh, 1998.

[129] M. Boger and D. Veynante. Large eddy simulations of a turbulent premixed v-shape flame. In C. Dopazo, editor, *Advances in Turbulence* Ⅷ, pages 449-452. CIMNE, Barcelona, Spain, 2000.

[130] R. Knikker, D. Veynante, and C. Meneveau. A priori testing of a similarity model for large eddy simulations of turbulent premixed combustion. *Proc. Combust Inst.*, 29: 2105-2111, 2002.

[131] R. Knikker, D. Vcynante, and C. Meneveau. A dynamic flame surface density model for large eddy simulation of turbulent premixed combustion. *Phys. Fluids*, 16: L91-L94, 2004.

[132] H. G. Weller, G. Tabor, A. D. Gosman, and C. Fureby. Application of a flame-wrinkling LES combustion model to a turbulent mixing layer. In *27th Symp. (Int.) on Combustion*, pages 899-907. The Combustion Institute, Pittsburgh, 1998.

[133] E. R. Hawkes and S. R. Cant. A flame surface density approach to large eddy simulation of premixed turbulent combustion. In *28th Symp. (Int.) on Combustion*, pages 51-58. The Combustion Institute, Pittsburgh, 2000.

[134] S. Richard, O. Colin, O. Vermorel, A. Benkenida, C. Angelberger, and D. Veynante. Towards large eddy simulation of combustion in spark ignition engines. *Proc. Combust. Inst.*, 31: 3059-3066, 2007.

[135] C. Duwig. Study of a filtered flamelet formulation for large eddy simulation of premixed turbulent flames. *Flow, Turb. and Combustion*, 79 (4): 433-454, 2007.

[136] B. Fiorina, R. Vicquelin, P. Auzillon, N. Darabiha, O. Gicquel, and D. Veynante. A filtered tabulated chemistry model for LES of premixed combustion. *Combust. Flame*, 157 (3): 465-475, 2010.

[137] P. Auzillon, B. Fiorina, R. Vicquelin, N. Darabiha, O. Gicquel, and D. Veynante. Modeling chemical flame structure and combustion dynamics in LES. *Proc. Combust. Inst.*, 33 (1): 1331-1338, 2011.

[138] P. Auzillon, O. Gicquel, N. Darabiha, D. Veynante, and B. Fiorina. A filtered tabulated chemistry model for LES of partially-premixed flames. In *3rd ICDERS Conference*, UC Irvine (USA), 2011.

[139] O. Colin and K. Trufin. A spark ignition model for large eddy simulation based on an FSD transport equation (ISSIM-LES). *Proc. Combust. Inst.*, 33 (2): 3097-3104, 2011.

[140] H. Boughanem and A. Trouvé. The occurrence of flame instabilities in turbulent premixed combustion. In *27th Symp. (Int.) on Combustion*, pages 971-978. The Combustion Institute, Pittsburgh, 1998.

[141] S. Pfadler, J. Kerl, F. Beyrau, A. Leipertz, A. Sadiki, J. Scheuerlein, and F. Dinkelacker. Direct evaluation of the subgrid scale scalar flux in turbulent premixed flames with conditioned dual-plane stereo PIV. *Proc. Combust. Inst.*, 32 (2): 1723-1730, 2009.

[142] M. Hilka. *Simulation numerique directe et modelisation de la pollution des flammes turbulentes*. Phd thesis, Ecole Centrale Paris, 1998.

[143] D. C. Haworth and T. J. Poinsot. The influence of Lewis number and nonhomogeneous mixture on premixed turbulent flame structure. In *Proc. of the Summer Program*, pages 281-298. Center for Turbulence Research, Stanford Univ. /NASA-Ames, 1990.

[144] C. J. Rutland and A. Trouve. Pre-mixed flame simulations for non-unity Lewis numbers. In *Proc. of the Summer Program*, pages 299-309. Center for Turbulence Research, NASA Ames/Stanford Univ., 1990.

[145] W. T. Ashurst, N. Peters, and M. D. Smooke. Numerical simulation of turbulent flame structure with non-unity lewis number. *Combust. Sci. Tech.*, 53: 339-375, 1987.

[146] P. Clavin. Dynamic behavior of premixed flame fronts in laminar and turbulent flows. *Prog. Energy Comb. Sci.*, 11: 1-59, 1985.

[147] J. Buckmaster and G. Ludford. *Theory of laminar flames*. Cambridge University Press, 1982.

[148] C. J. Rutland and A. Trouvé. Direct simulations of premixed turbulent flames with nonunity lewis number. *Combust. Flame*, 94 (1/2): 41-57, 1993.

[149] P. K. Yeung, S. S. Girimaji, and S. B. Pope. Straining and scalar dissipation on material surfaces in turbulence: implications for flamelets. *Combust. Flame*, 79: 340-365, 1990.

[150] R. S. Cant, C. J. Rutland, and A. Trouve. Statistics for laminar flamelet modeling. In *Proc. of the Summer Program*, pages 271-279. Center for Turbulence Research, Stanford Univ. /NASA-Ames, 1990.

[151] A. Trouve. Simulation of flame-turbulence interactions in premixed combustion. In *Annual Research Briefs*, pages 273-286. Center for Turbulence Research, NASA Ames/Stanford Univ., 1991.

[152] C. K. Law. Dynamics of stretched flames. In *22nd Symp. (Int.) on Combustion*, pages 1381-1402. The Combustion Institute, Pittsburgh, 1988.

[153] G. Searby and J. Quinard. Direct and indirect measurements of Markstein numbers of premixed flames. *Combust. Flame*, 82: 298-311, 1990.

[154] B. Rogg. Modelling and numerical simulation of premixed turbulent combustion in a boundary layer. In *7th Symposium on Turbulent Shear Flows*, pages 26.1.1-26.1.6, Stanford, 1989.

[155] H. Becker, P. Monkhouse, J. Wolfrum, R. Cant, K. Bray, R. Maly, and W. Pfister. Investigation of extinction in unsteady flows in turbulent combustion by 2D LIF of OH radicals and flame let analysis. In *23rd Symp. (Int.) on Combustion*, pages 817-823. The Combustion Institute, Pittsburgh, 1990.

[156] K. N. C. Bray and R. S. Cant. Some applications of Kolmogorov's turbulence research in the field of combustion. *Proc. R. Soc. Lond. A. A. N. Kolmogorov Special Issue*, 434 (1890): 217-240, 1991.

[157] S. Pope and W. Cheng. The stochastic flamelet model of turbulent premixed combustion. In *22nd Symp. (Int.) on Combustion*, pages 781-789. The Combustion Institute, Pittsburgh, 1988.

[158] M. Baum, T. Poinsot, D. Haworth, and N. Darabiha. Using direct numerical simulations to study $H_2/O_2/N_2$ flames with complex chemistry in turbulent flows. *J. Fluid Mech.*, 281: 1-32, 1994.

[159] M. Hilka, D. Veynante, M. Baum, and T. Poinsot. Simulation of flame vortex interactions usind detailed and reduced chemical kinetics. In *10th Symp. on Turbulent Shear Flows*, pages 19-19, Penn State, 1995.

[160] M. Hilka, M. Baum, T. Poinsot, and D. Veynante. Simulation of turbulent combustion with complex chemistry. In T. J. Poinsot, T. Baritaud, and M. Baum, editors, *Direct numerical simulation for turbulent reacting flows (Rapport du Centre de Recherche sur la Combustion Turbulente)*, pages 201-224. Editions TECHNIP, Rueil Malmaison, 1996.

[161] T. Echekki and J. H. Chen. Unsteady strain rate and curvature effects in turbulent premixed methane-air flames. *Combust. Flame*, 106: 184-202, 1996.

[162] M. Chen, K. Kontomaris, and J. B. McLaughlin. Direct numerical simulation of droplet collisions in a turbulent channel flow. part I: collision algorithm. *Int. J. Multiphase Flow*, pages 1079-1103, 1998.

[163] M. Tanahashi, Y. Nada, M. Fujimura, and T. Miyauchi. Fine scale structure of H_2-air turbulent premixed flames. In S. Banerjee Eds and J. Eaton, editors, *1st International Symposium on Turbulence and Shear Flow*, pages 59-64, Santa Barbara, 1999.

[164] D. Haworth, B. Cuenot, T. Poinsot, and R. Blint. Numerical simulation of turbulent propane-air combustion with non homogeneous reactants. *Combust. Flame*, 121: 395- 417, 2000.

[165] C. Jimenez, B. Cuenot, T. Poinsot, and D. Haworth. Numerical simulation and modeling for lean stratified propane-air flames. *Combust. Flame*, 128 (1-2): 1-21, 2002.

[166] G. Patnaik, K. Kailasanath, K. Laskey, and E. Oran. Detailed numerical simulations of cellular flames. In *22nd Symp. (Int.) on Combustion*, pages 1517-1526. The Combustion Institute, Pittsburgh, 1988.

[167] G. Patnaik and K. Kailasanath. Effect of gravity on the stability and structure of lean hydrogen-air flames. In *23rd Symp. (Int.) on Combustion*, pages 1641-1647. The Combustion Institute, Pittsburgh, 1991.

[168] G. Patnaik and K. Kailasanath. Simulation of multidimensional burner-stabilized flames. In AIAA Paper 93-0241, editor, *31st AIAA Aerospace Sciences Meeting*, Reno, 1993.

[169] J. H. Chen, A. Choudhary, B. deSupinski, M. DeVries, E. R. Hawkes, S. Klasky, W. K. Liao, K. L. Ma, J. Mellor-Crummey, N. Podhorszki, R. Sankaran, S. Shende, and C. S. Yoo. Terascale direct numerical simulations of turbulent combustion using s3d. *Comput. Sci. Disc.*, 2 (015001), 2009.

[170] J. H. Chen. Peta scale direct numerical simulation of turbulent combustion-fundamental insights towards predictive models. *Proc. Combust. Inst.*, 33 (1): 99-123, 2011.

[171] A. Stoessel, M. Hilka, and M. Baum. 2D direct numerical si in illation of turbulent combustion on massively parallel processing platforms. In *1994 EUROSIM Conference on Massively Parallel Computing*, pages 793-800, Elsevier Science B. V., Delft, 1994.

[172] E. Effelsberg and N. Peters. Scalar dissipation rates in turbulent jets and jet diffusion flames. In *22nd Symp. (Int.) on Combustion*, pages 693-700. The Combustion Institute, Pittsburgh, 1988.

[173] C. Hirsch. *Numerical Computation of Internal and External Flows*. John Wiley, New York, 1988.

[174] T. Poinsot and S. Lele. Boundary conditions for direct simulations of compressible viscous flows. *J. Comput. Phys.*, 101 (1): 104-129, 1992.

[175] M. Baum, T. J. Poinsot, and D. Thevenin. Accurate boundary conditions for multicomponent reactive flows. *J. Comput. Phys.*, 116: 247-261, 1994.

[176] V. Moureau, G. Lartigue, Y. Sommerer, C. Angelberger, O. Colin, and T. Poinsot. Numerical methods for unsteady compressible multi-component reacting flows on fixed and moving grids. *J. Comput. Phys.*, 202 (2): 710-736, 2005.

[177] H. P. Miller, R. Mitchell, M. Smooke, and R. Kee. towards a comprehensive chemical kinetic mechanism for the oxidation of acetylene: comparison of model predictions with results from flame and shock tube experiments. In *19th Symp. (Int.) on Combustion*, pages 181-196. The Combustion Institute, Pittsburgh, 1982.

[178] K. Khose-Hoinghaus and J. K. Jeffries. *Applied combustion diagnostics*. Taylor & Francis, 2002.

[179] J. M. Samaniego. An experimental study of the interaction of a two-dimensional vortex with a plane laminar premixed flame. In *Western States Section Fall Meeting*, pages 93-061. The Combustion Institute, Pittsburgh, 1993.

[180] R. M. Kerr. Higher order derivative correlation and the alignment, of small scale structures in isotropic numerical turbulence. *J. Fluid*Mech., 153: 31-58, 1985.

[181] Z. S. She, E. Jackson, and S. A. Orszag. Intermittent vortex structures in homogeneous isotropic turbulence. *Nature*, 344: 226-228, 1990.

[182] G. R. Ruetsch and M. R. Maxey. Small scale features of vorticity anti passive scalar fields in homogeneous isotropic turbulence. *Phys. Fluids A*, 3: 1587-1597, 1991.

[183] A. Vincent and M. Meneguzzi. The spatial structure and statistical properties of homogeneous turbulence. *J.*

Fluid Mech.，225：1-25，1991.

[184] J. Jimenez，A. A. Wray，P. G. Saffman，and R. S. Rogallo. The structure of intense vorticity in isotropic turbulence. *J. Fluid Mech.*，255：65-90，1993.

[185] S. B. Pope，P. K. Yeung，and S. S. Girimaji. The curvature of material surfaces in isotropic turbulence. *Phys. Fluids A*，12：2010-2018，1989.

[186] W. T. Ashurst. Geometry of premixed flames in three-dimensional turbulence. In *Proc. of the Summer Program*，pages 245-253. Center for Turbulence Research，NASA Ames/Stanford Univ.，1990.

[187] A. Trouvé，D. Veynante，K. N. C. Bray，and T. Mantel. The coupling between flame surface dynamics and species mass conservation in premixed turbulent combustion. In *Proc. of the Summer Program*，pages 95-124. Center for Turbulence Research，NASA Ames/Stanford Univ.，1994.

[188] S. S. Girimaji and S. B. Pope. Propagating surfaces in isotropic turbulence. *J. Fluid Mech.*，234：247-277，1992.

[189] E. R. Hawkes，R. Sankaran，J. H. Chen，S. A. Kaiser，and J. H. Franck. Analysis of lower dimensional approximations to the scalar dissipation rate using direct numerical simulations of plane jet flames. *Proc. Combust. Inst.*，32：1455-1463，2009.

[190] F. Halter，C. Chauveau，I. Gokalp，and D. Veynante. Analysis of flame surface densitymeasurements in turbulent premixed combustion. *Combust. Flame*，156 (3)：657-664，2009.

[191] D. Veynante，G. Lodato，P. Domingo，L. Vervisch，and E. R. Hawkes. Estimation of three-dimensional flame surface densities from planar images in turbulent premixed combustion. *Exp. Fluids*，49 (1)：267-278，2010.

[192] E. R. Hawkes，R. Sankaran，and J. H. Chen. Estimates of the three-dimensional flame surface density and every term in its transport equation from two-dimensional measurements. *Proc. Combust. Inst.*，33 (1)：1447-1454，2011.

[193] T. Upton，D. Verhoeven，and D. Hudgins. High-resolution computed tomography of a turbulent reacting flow. *Exp. Fluids*，50：125-134，2011.

[194] F. Hussain and J. Jeong. On the identification of a vortex. *J. Fluid Mech.*，285：69-94，1995.

[195] L. Guichard. *Developpement d' outils numeriques dedies a l' etude de la combustion turbulente*. Phd thesis，Universite de Rouen，1999.

[196] L. Vervisch，R. Hauguel，P. Domingo，and M. Rullaud. Three facets of turbulent combustion modelling：DNS of premixed V-flame，LES of lifted nonpremixed flame and RANS of jet flame. *J. Turb.*，5：004，2004.

[197] T. Alshaalan and C. J. Rutland. Turbulence，scalar transport and reaction rates in flame wall interaction. *Proc. Combust. Inst.*，27：793-799，1998.

[198] B. Fiorina，O. Gicquel，L. Vervisch，S. Carpentier，and N. Darabiha. Premixed turbulent combustion modeling using a tabulated detailed chemistry and PDF. Proc. *Combust. Inst.*，30 (1)：867-874，2005.

[199] V. Moureau，P. Domingo，L. Vervisch，and D. Veynante. DNS analysis of a Re＝40000 swirl burner. In NASA Ames/Stanford Univ. Center for Turbulence Research，editor，*Proc. of the Summer Program*，pages 209-298，2010.

[200] N. Gourdain，L. Gicquel，M. Montagnac，O. Vcrmorel，M. Gazaix，G. Staffelbach，M. Garcia，J. F. Boussuge，and T. Poinsot. High performance parallel computing of flows in complex geometries：I. methods. *Comput. Sci. Disc.*，2：015003，2009.

[201] V. Moureau，P. Domingo，and L. Vervisch. From large-eddy simulation to direct merieal simulation of a lean premixed swirl flame：Filtered laminar flame-pdf modeling. *Combust. Flame*，158 (7)：1340-1357，2011.

[202] J. B. Bell，M. S. Day，J. F. Grcar，M. J. Lijewskia，J. F. Driscoll，and S. A. Filatyev. Numerical simulation of a laboratory-scale turbulent slot flame. *Proc. Combust. Inst.*，31：1299-1307，2007.

[203] R. Sankaran，E. Hawkes，J. Chen，T. Lu，and C. K. Law. Structure of a spatially developing turbulent lean methane-air bunsen flame. *Proc. Combust. Inst.*，31：1291-1298，2007.

[204] F. Charlette，C. Meneveau，and D. Veynante. A power-law flame wrinkling model for LES of premixed turbulent combustion. Part Ⅱ：Dynamic formulation. *Combust. Flame*，131 (1/2)：181-197，2002.

[205] G. Wang，M. Boileau，and D. Veynante. Implementation of a (iynamic thickened flame model for large eddy simulations of turbulent premixed combustion. *Combust. Flame*，158 (11)：2199-2213，2011.

第6章 湍流非预混火焰

6.1 引言

湍流非预混火焰广泛应用于工业系统中，主要有两点原因：①与预混火焰相比，非预混燃烧器的设计和制造更简单，不需要在给定比例下保证反应物充分混合；②非预混火焰不存在传播速度，不会发生回火或自点火，操作起来更安全[1]。然而，湍流非预混火焰的建模问题仍是工业应用中燃烧数值模拟的一个难点。

湍流预混火焰的大部分燃烧机制也出现在非预混火焰中，如火焰生成涡、黏性效应及火焰拉伸等，但有些非预混火焰现象要比湍流预混火焰更难理解和描述。首先，反应物的组分必须在化学反应之前通过分子扩散的方式到达火焰前锋，因此，非预混火焰也被称为扩散火焰。在扩散过程中，组分会暴露在湍流中，湍流运动对扩散速度影响很大，总体反应率受限于组分向火焰前锋的分子扩散过程。于是在很多模型中，常假设化学反应速度比输运过程快，或无限快。

本章内容如下：6.2节介绍扩散火焰的物理特性，并详述火焰的结构和稳定机制；6.3节讨论湍流非预混火焰的几种不同燃烧模式；6.4节介绍非预混火焰的RANS模型；6.5节介绍LES方法；6.6节给出了一些最新的DNS结果。

6.2 现象描述

6.2.1 典型火焰结构：射流火焰

图6.1给出了一个湍流非预混火焰的典型例子，并针对甲烷-空气射流“Sandia D火焰”给出大涡模拟（LES）得出的瞬时温度场[2]。这种长火焰展示出扩散火焰的常见特征：在射流孔出口附近的初始区域火焰较薄，在下游位置已燃气体占据大部分区域。小型预混火焰（引燃火焰）用于稳定射流出口处的火焰。图6.1对应于瞬时火焰视图，火焰的直观平均图

---

[1] 预混方式中的燃烧过程是控制最高火焰温度和氮氧排放的唯一路径（见3.3.3节），在实际应用中明显倾向于对反应物进行预混合处理。

[2] 美国桑迪亚国家实验室的燃烧研究机构CRF（the Combustion Research Facility）收集并提供了许多不同流动构型下的湍流非预混燃烧实验数据，为验证湍流燃烧的建模提供了很好的数据。桑迪亚国家实验室网站上还提供了关于湍流非预混火焰测量和计算的国际研讨会的会议记录和总结，该研讨会旨在分享实验数据和比较模型预测。

像如图 6.2(a) 所示，该火焰的 RANS 结果也在图 6.2 中给出。为更好地理解和模拟该火焰，本章将介绍一些很有用的数值工具。

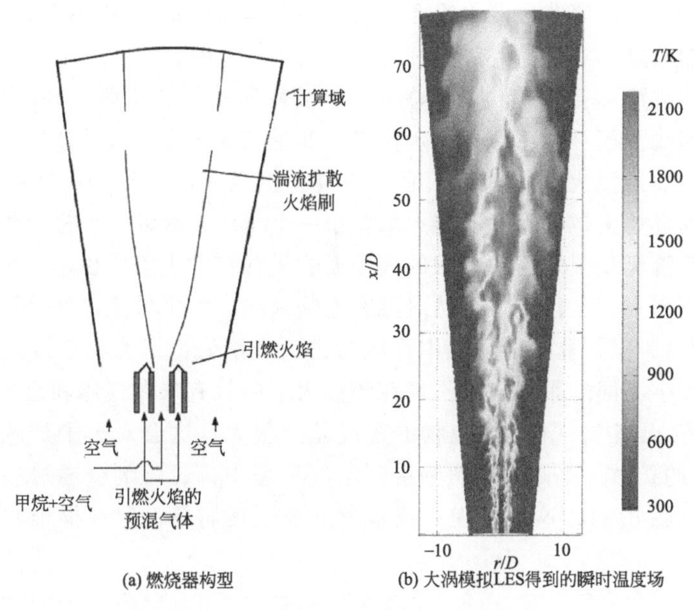

图 6.1　扩散射流火焰（Sandia D）

（H. Steiner，私人通信，1999）

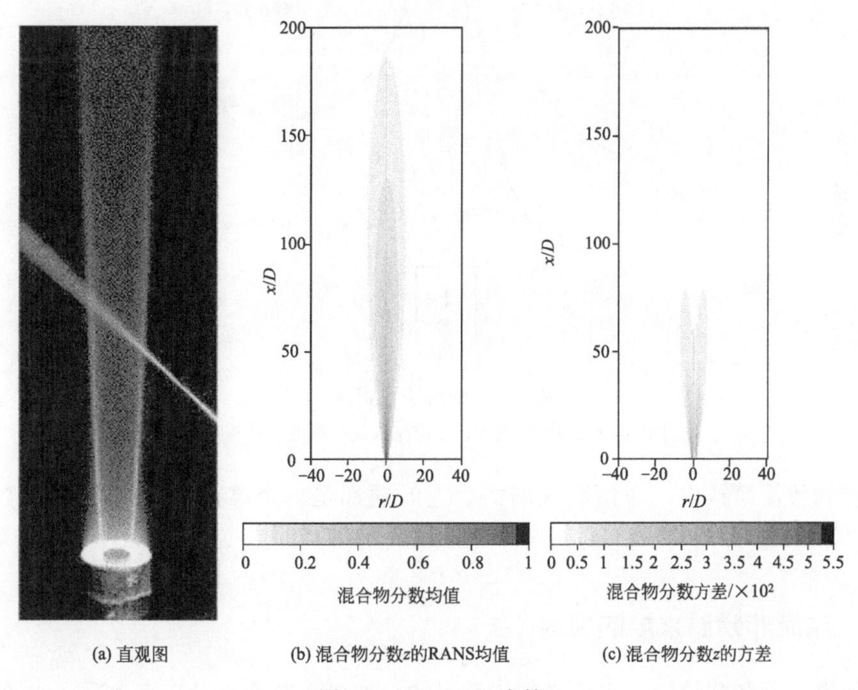

图 6.2　Sandia D 火焰

（E. Riesmeier 和 H. Pitsch，私人通信，1999）

6.2.2 湍流非预混火焰的典型特征

与预混火焰相比，湍流非预混火焰会呈现出一些典型特征，在建模时须加以考虑，但也会增加燃烧建模的难度。本节简要讨论并总结了其中一些特征。

首先，非预混火焰不会传播，火焰总是位于燃料和氧化剂相遇之处。这一点虽很安全，但却对化学反应与湍流相互作用产生一定影响：非预混火焰没有传播速度，无法将自身动力作用于流场，会使非预混火焰对湍流敏感性更高。扩散火焰对拉伸的敏感性也比预混火焰高：扩散火焰的临界熄火拉伸率比预混火焰要小一个量级。因此，扩散火焰因湍流脉动而熄灭的概率更大，在湍流预混燃烧中常用的火焰面假设在扩散火焰中也不一定成立。

其次，关键不同点在于浮力、自然对流和卷吸效应。浮力效应已在湍流预混火焰中得到证实（见 5.1.2 节），但在非预混火焰中可能会进一步增强：压力梯度或重力会对燃料、氧化剂和燃烧产物产生不同的影响，这不像在预混火焰中只有未燃气体和已燃气体的情形。例如，在纯氢气-空气火焰中，未燃反应物的密度差异很大，这会对分子扩散影响很大（扩散率不同）。最简单的扩散火焰是将燃料喷射到空气环境中，氧化剂会通过空气卷吸和自然对流输送至火焰区（图 6.3），这个过程从技术角度来说很简单，但却很难在实际数值模拟中复现[1]。

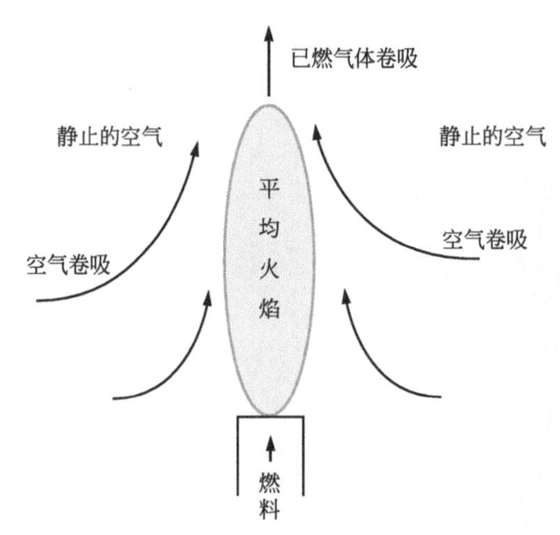

图 6.3 湍流非预混火焰

燃料射流进入静止空气中。反应区的氧化剂由空气卷吸供给

在实验和数值模拟中，非预混火焰的稳定问题都是一个难点，下节将针对这一点给予讨论。

6.2.3 湍流非预混火焰的稳定

在实际燃烧器和熔炉中，火焰必须先被点燃，如电火花点火。在点火后，来流反应物必须不断掺混并被燃烧室内的高温气体点燃，从而保证燃烧持续进行，这一过程称为火焰的稳

[1] 难点在于边界条件的定义。静止的空气很难表示：设置恒压条件时需要一个比较大的计算域，而表示空气被卷吸时的速度和湍流特征分布则需要一个较小的计算域。

定，是燃烧室设计的一个核心标准，尤其是在高功率下，燃烧不稳定性会造成燃烧器无法安全运行或出现危险的热声振荡（见第 8 章）。在燃烧数值模拟中，预测火焰能否稳定也是一个尚未解决的难题。实际上，大部分模型都会忽略这一问题，直接假定火焰前锋都被点燃❶。例如，假设化学反应无限快或假定一个被点燃火焰结构（如在小火焰模型中，见 6.4 节），这意味着在燃料和氧化剂接触的任一边界层上都会发生燃烧。该假设在有些流场中可以接受，但在特定情况下不一定成立。基于以上假设的模型可以预测任何流量下（甚至非常大）火焰的稳定和燃烧，但这一点明显不对。当燃料和氧化剂的流量超过某些极限值时，大部分燃烧室都会熄火。本节将介绍燃烧器中常用的稳定方法，选择其中哪一种方法取决于反应物的入口速度（或者燃烧器功率）。表 6.1 总结了火焰稳定的方法，其中，s_L^0 是化学当量层流预混火焰速度。本节后面将对这些方法进行更详细的讨论，之后几个小节将介绍相关模型，其中只有少数几个模型才能预测火焰的稳定。

表 6.1　火焰的稳定方法和机制

入口速度	稳定方法	稳定机制
极低（$<s_L^0$）	不需要	边缘稳定火焰
低（$<5s_L^0$）	不需要	三岔火焰
高（$>10s_L^0$）	添加另一个"引燃"火焰	被其他高温气体稳定
	加热其中一种反应物	自点火
	使用钝体或旋流来构建一个回流区	被自身已燃高温气体稳定

（1）边缘稳定火焰

当入口反应物速度较小时（一般小于化学当量预混火焰的层流火焰速度），扩散火焰可直接稳定在燃料流和氧化剂流之间的分流板上[1]。由于分流板可能会因传热过大而受损，实际燃烧器很少使用这种火焰稳定方式（图 6.4），相比之下，它常出现在功率很小的层流燃烧中。从稳定火焰模式到推举火焰的过渡过程不仅与流速有关，还与壁面处的速度梯度有关[1]。

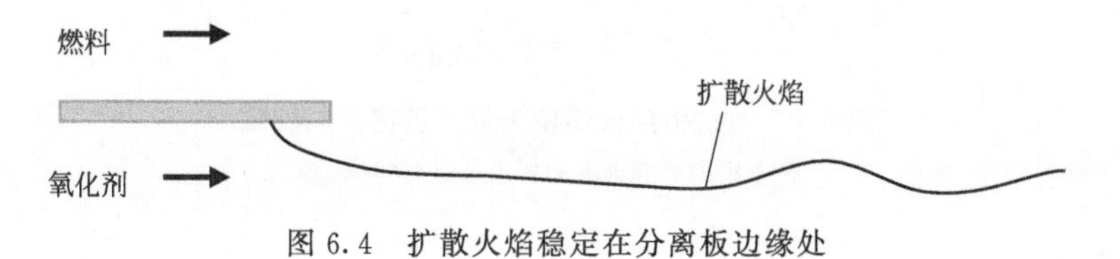

图 6.4　扩散火焰稳定在分离板边缘处

（2）三岔火焰

Phillips[2] 在实验中首次观察到推举层流扩散火焰在稳定时会出现三岔火焰结构，其中燃料和氧化剂在点火位置上游发生掺混。如图 6.5 所示，可以同时观察到两个预混火焰和一个扩散火焰。这种三岔火焰在实验[3-5]、理论[6]、数值[7-9] 等方面都得到了广泛研究。

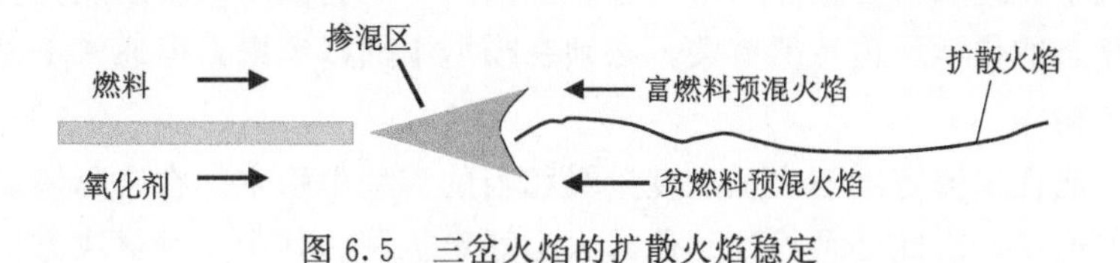

图 6.5　三岔火焰的扩散火焰稳定

❶ 从化学反应的角度，点火和自点火的化学组分和反应路径通常与传播火焰不同。

图 6.6 显示了层流中三岔火焰结构的直观图[3-4]，证实了该结构可以在层流火焰中观察到。该结果的另一个重要点在于三岔火焰调整了上游的流场，因此它能以略高于层流火焰的速度传播，并维持来流反应物。

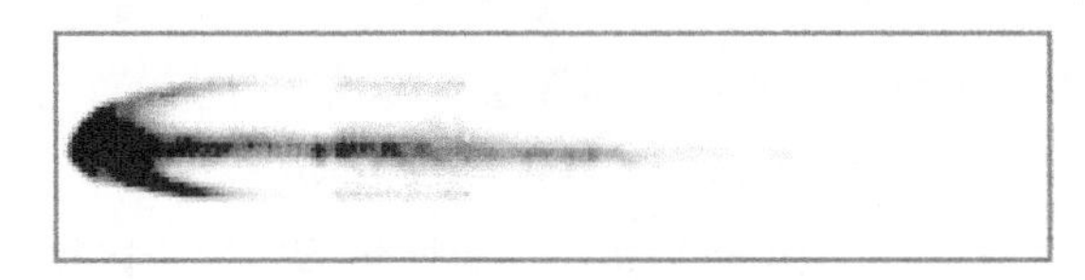

图 6.6 层流中的三岔火焰结构可视化[3]

三岔火焰能否在湍流非预混燃烧的稳定机制中起作用，目前仍是一个具有争议的话题。然而，DNS 模拟[8] 和实验[10-11] 均观测到三岔火焰结构出现在湍流推举火焰的稳定区。在测量射流推举扩散火焰的瞬时速度时发现[12]，即便平均流速大于火焰速度，三岔火焰结构也能使火焰稳定，通过连续移动使火焰前锋始终位于瞬时流速与层流火焰速度量级相当的区域。然而，当流动的瞬时速度处处都大于火焰速度时，火焰会被全部吹熄。Muller 等[13]（另见 Chen 等[14]）基于 G 方程理论（5.3.4 节）开发了一种湍流燃烧模型，用于研究推举非预混火焰的稳定。

(3) 引燃火焰

类似于燃料速度很高的扩散火焰，图 6.2 中显示的 Sandia D 火焰在无引燃火焰时无法稳定，在射流出口附近使用小型预混火焰可以确保火焰的点火和稳定，如图 6.7 所示。这种方法虽有效，但需要辅助预混火焰以及与之配套的组件（辅助供应系统和控制等）。从数值角度来看，这种引燃火焰可以视为一个热源或向来流中注入的高温已燃气体。

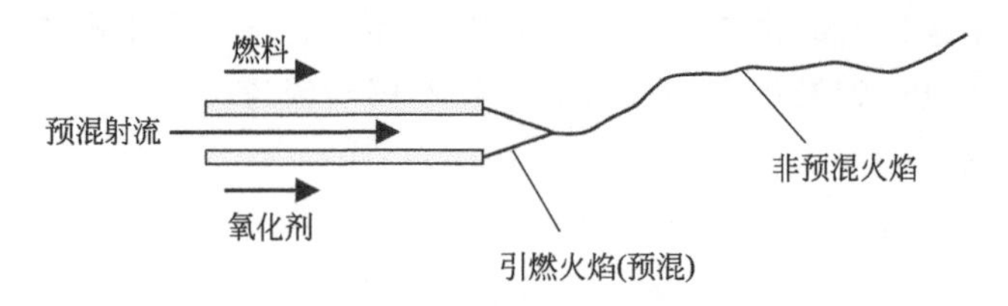

图 6.7 通过引燃火焰使湍流非预混火焰稳定

借用辅助预混火焰确保火焰点火和稳定

(4) 自点火

当燃料流或氧化剂流的温度足够高时，火焰的稳定可以通过混合层内的自点火过程（图 6.8）实现，与入口速度无关。这种场景常出现在超声速燃烧中（超燃冲压发动机），激波的压缩效应会增加来流空气的温度从而保证反应物被点燃。技术挑战在于点火距离 δ_i 必须尽可能短。在柴油发动机中也存在自点火现象（空气在燃料注入前因压缩过程被加热），而在分级燃气涡轮机中，纯燃料会被注入第一级燃烧器产生的高温燃气中。从数值角度来看，点火机制通常与复杂的化学反应特征有关，必须在模型中加以考虑，但通常不易处理。

(5) 钝体结构

三岔火焰只能在来流速度与火焰速度量级相当的流场中稳定。在实际燃烧器中，来流速度明显大于火焰速度，因此必须找到其他的火焰稳定机制。其中一种解决方案就是构建一个回流区来储存高温已燃气体以提供能量点燃来流反应物。这种回流区可通过两种不同方式构建：

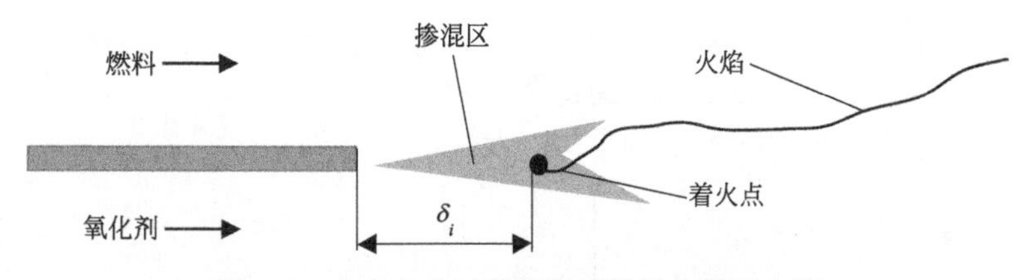

图 6.8　由自点火过程稳定的湍流非预混火焰

① 突扩结构（钝体结构），回流区由燃烧器几何构型生成。常见构型是无反应流中湍流研究常用的后向台阶[15]，也可以在真实燃烧器中找到其他构型。

② 旋流，见下面第（6）小节。

事实上，突扩燃烧器存在多种不同构型，如图 6.9 所示。在所谓的钝体结构中[图 6.9(a)]，燃料和氧化剂会被一个大台阶分隔开，在台阶后端形成回流区，促进燃料和氧化剂掺混。回流区的特征强依赖于燃料流和氧化剂流的相对射流速度。在其他情况下[图 6.9(b)]，燃料和氧化剂在钝体同一侧射入，形成的高温产物回流区也会使燃烧稳定。

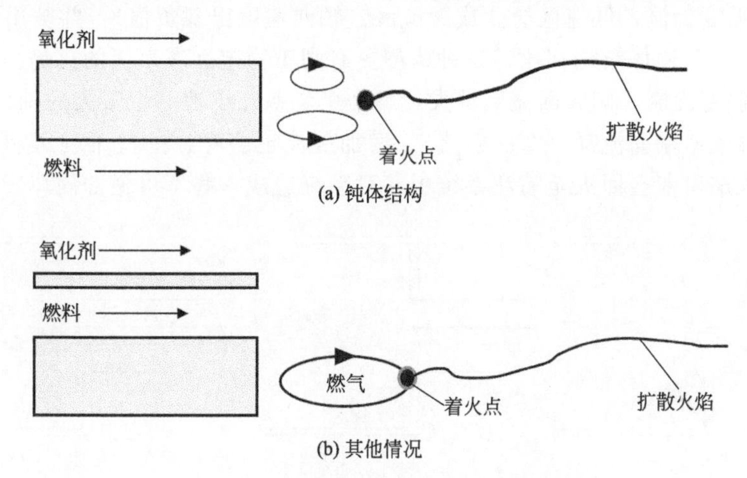

图 6.9　回流区湍流非预混火焰的稳定

对于以上两种情形，数值模拟无法预测出很好的结果❶。事实上，关于钝体结构的实验数据表明，由于回流区作用，燃料会向氧化剂流输运，同时氧化剂也会向燃料流输运，经典湍流输运模型并未考虑到这种双向输运过程。例如，对于图 6.9(b) 中的构型，氧化剂到达已燃气体回流区之前必须先穿过燃料流，而常见的湍流输运模型和标量输运模型均无法复现这一机制。问题的关键在于如何正确定义湍流边界层以及壁面边界条件，尤其是喷嘴处。

需要注意的是，绝大多数经典湍流非预混火焰模型常使用平衡态化学反应假设，基于此假设，如图 6.10 所示，扩散火焰都会固定在燃料和氧化剂的燃烧器末端。

（6）旋流稳定火焰

对于高功率大流速的燃烧器，使用突扩结构形成的回流区可能无法同时保障压力损失最小和火焰的稳定。在这种情形下，旋流提供了一种用于多种工业湍流非预混火焰的稳定机制[16-17]。

---

❶ 可参考湍流非预混火焰测量和计算的国际研讨会论文集。

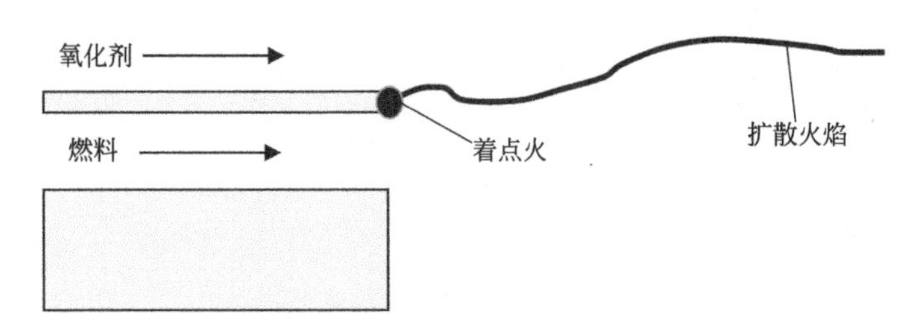

图 6.10 钝体燃烧器湍流非预混火焰的稳定[见图 6.9(b)]
假设平衡态化学反应，火焰被固定在分离燃料和氧化剂的燃烧器末端

旋流是来流反应物的一种旋转运动，通过叶片或侧向喷射产生于燃烧室上游。旋流可以在燃烧室轴线上形成一个低速区（图 6.11），在不考虑燃烧时，低速区的大小和强度取决于旋流强度：

① 对于低强度旋流，燃烧室轴线上的轴向速度不断减小。点火后，旋流会促使火焰稳定在由钝体产生的侧向回流区和轴线上。

② 对于中强度旋流，低速区会变成回流区（轴向速度出现负值），并被用于反应流中来流气体的稳定点。与钝体结构相比，这种构型更有利于稳定远离壁面的火焰。

③ 对于高强度旋流，侧向回流区消失，整个燃烧室几乎被一个很大的轴向回流区填满。未燃气体会沿燃烧室壁面流动（壁面射流）。增加旋流也会存在一些不利影响，例如，当回流区太大时，火焰可能会回火至喷注系统中并对系统造成一些不可逆的破坏。

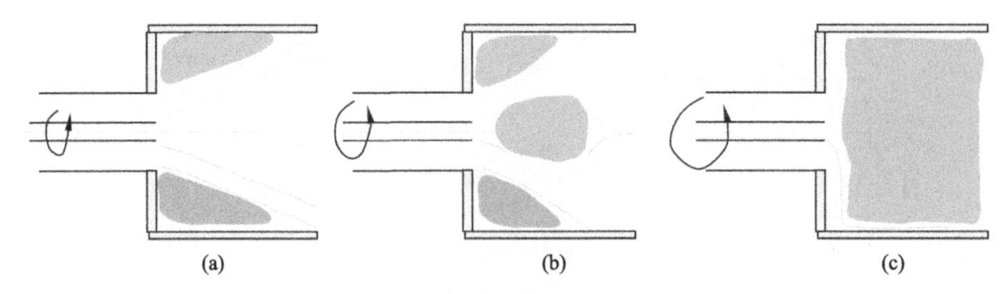

图 6.11 燃烧室中的无反应旋流
旋流强度从（a）到（c）逐渐增强。阴影部分为回流区

在绝大多数燃气轮机中都会采用这种旋流稳定机制，但旋流结构各不相同，如使用一个或多个旋流以及同向或反向的旋流。需要注意的是，旋流也用于雾化液体燃料射流。预测这种旋流稳定的火焰需要对流场进行合理定义（常用的湍流模型如，k-ε，不太适用于描述旋流）并考虑有限化学反应效应。旋流稳定火焰的 LES 算例会在第 10 章中给出。

旋流中存在大范围的拓扑结构，主要取决于旋流数（参见 Lucca-Negro 和 O'Doherty 关于涡流破碎的综述[18]）。当旋流数较大时，中部回流区可能会出现振荡，这种现象通常被称为进动涡核（PVC）。图 6.12 显示了进动涡核的拓扑结构。可以看出，与燃烧室轴线对齐的涡结构（由于旋流）在滞止点 S 处以螺旋形式破裂。在绝大多数火焰中，螺旋线内部的流动是再循环的，整个结构围绕燃烧室的轴线旋转，最终形成很大的扰动，这可能是燃烧不稳定的源头。

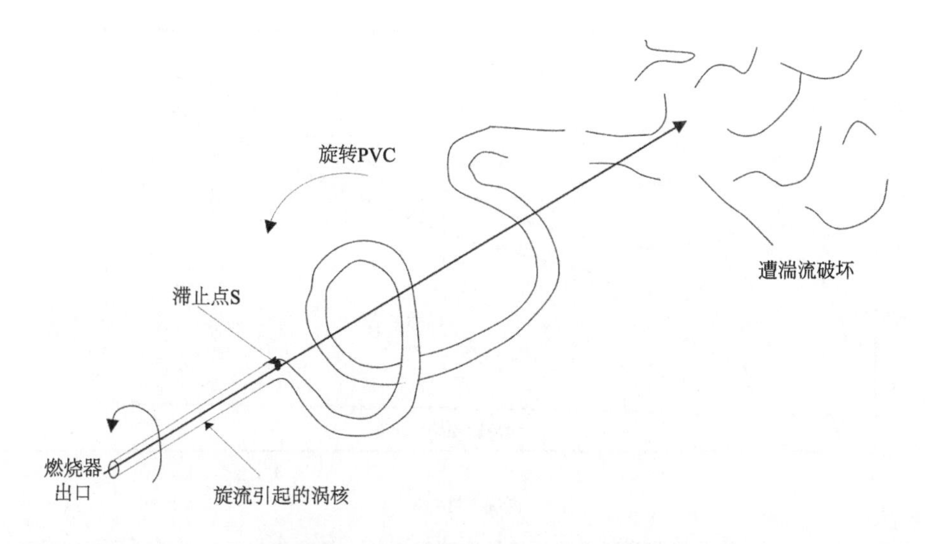

图 6.12 进动涡核（PVC）的拓扑

6.2.4 举例：湍流非预混火焰的稳定

为了显示扩散火焰稳定时的复杂结构，图 6.13 给出了一个二维湍流非预混火焰燃烧器的几何构型，其中两股丙烷射流注入同向空气流中，两个后向台阶用于稳定湍流火焰。当空气和丙烷的流量改变时可以观察到不同的火焰结构，如图 6.14 所示。

当反应物流量较小时，火焰会在燃料喷嘴附近稳定。图 6.15 给出了 OH 自由基的 PLIF 瞬态分布。可以看出，火焰沿燃料射流轴被点燃，在喷嘴处被微微抬起（火焰未锚定在燃烧器喷嘴上）。对于这种流动，从燃料喷嘴处开始形成四条化学当量的曲线，可能出现四个三岔火焰。由 PLIF 方法揭示的火焰结构很复杂，且本质上是非稳态的：从喷嘴后脱落的涡团会使火焰结构变形并与其融合。在图 6.16(a) 中给出流场的整体视图，对应于锚定火焰中 CH 自由基的均值。由于平均流为二维结构，因此这张图是通过收集 CH 自由基发射的光并对横向变化求和得到，也可以在时间域求平均。

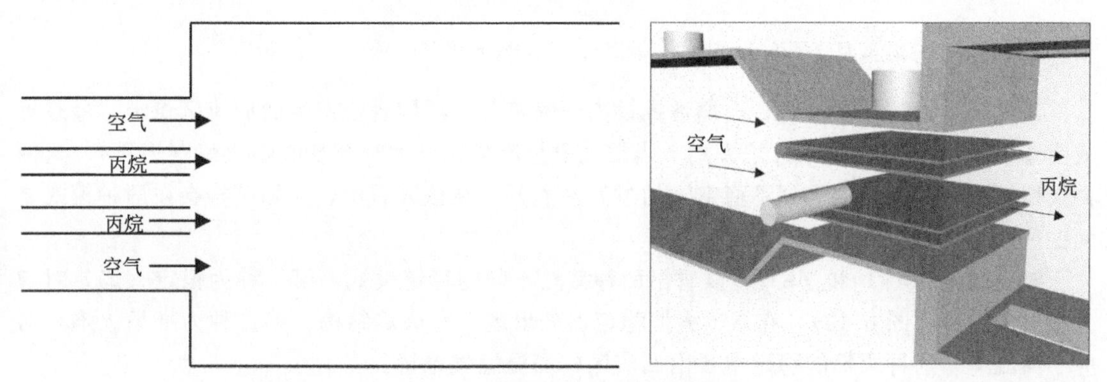

图 6.13 二维湍流非预混火焰燃烧器

两股丙烷射流注入同向空气流中（B. VAroquié，私人通信，2000；另见文献 [19-20]）

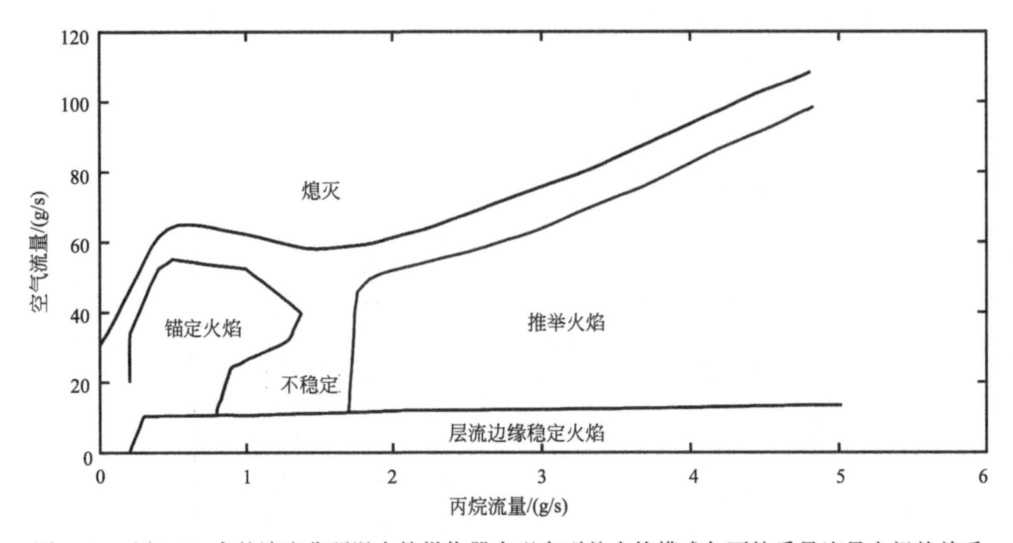

图 6.14　图 6.13 中的湍流非预混火焰燃烧器中观察到的火焰模式与丙烷质量流量之间的关系（B. VAroquié，私人通信，2000；另见文献［19-20］）

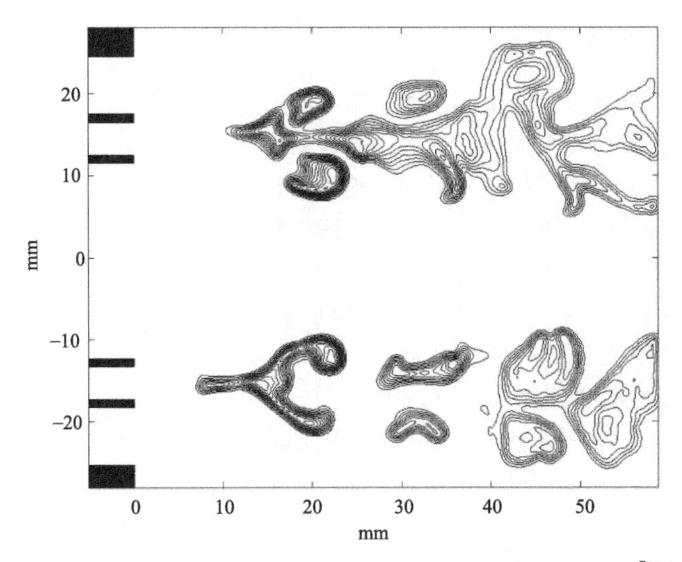

图 6.15　图 6.14 中的“锚定火焰”OH 自由基的瞬态 PLIF 图[19-20]

当丙烷质量流量较大时，火焰被推举离开喷嘴并由后向台阶产生的回流区稳定，最终形成图 6.16(b) 所示的推举火焰模式。当空气质量流量比较大时容易吹熄火焰（熄灭）。这两种火焰模式会被一个称为“不稳定”的过渡区隔开，在该区域中，火焰结构会在两种模式之间振荡。

对比图 6.16(a) 和 (b) 可以看出两种截然不同的稳定模式：第一种为锚定火焰，对应于小射流速度（图 6.15），在靠近火焰稳定器处出现三岔火焰结构；第二种为推举火焰，对应于高流速，这种火焰的稳定主要由回流区的高温燃气维持。

湍流非预混火焰的数值模拟需要能够复现不同的燃烧模式。火焰的稳定和火焰位置在实际工业应用中非常重要，然而简单常用的模型通常无法复现这些实验结果。例如，图 6.17 给出了火焰的平均温度场和反应率场（见 6.4.4 节），使用的 Magnussen EDC 模型是基于无

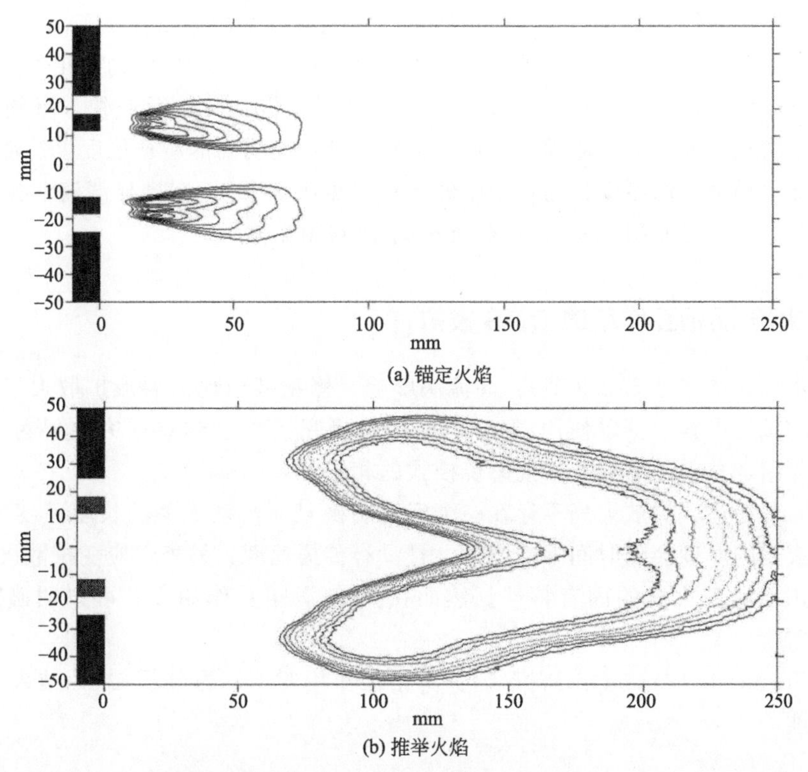

(a) 锚定火焰

(b) 推举火焰

图 6.16　图 6.13 的燃烧器中 CH 自由基的平均值，对应图 6.14 中的两种状态[19-20]

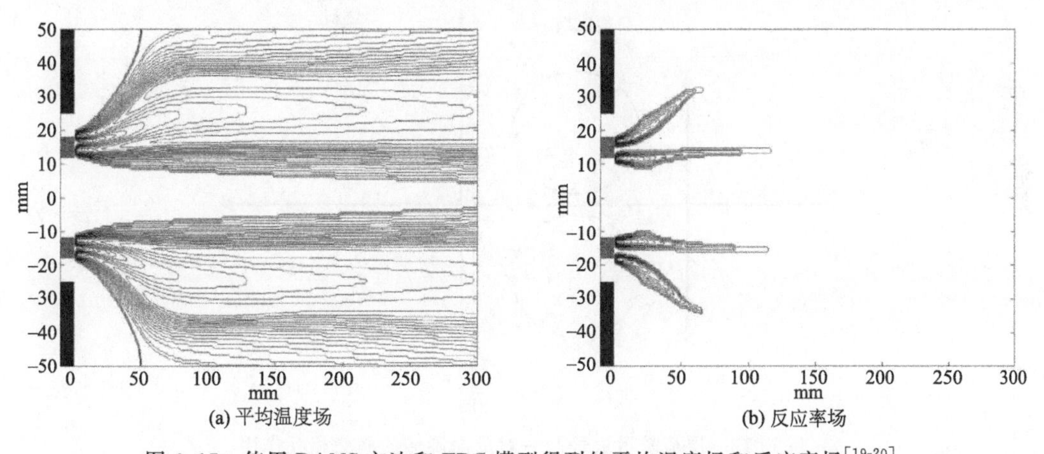

(a) 平均温度场　　(b) 反应率场

图 6.17　使用 RANS 方法和 EDC 模型得到的平均温度场和反应率场[19-20]

限快化学反应假设，即假定燃料和氧化剂一旦接触就会燃烧，因此火焰直接固定在喷嘴上。这个结果与实验结果显然不一致，这是由于化学反应无限快的假设过于粗略，为此需要更精确的模型。

6.3 湍流非预混燃烧模式

正如在湍流预混火焰中（见 5.2 节），基于 Arrhenius 定律级数展开的简单数学方法不能很好地描述湍流燃烧，必须首先识别燃烧模式才能很好地建模（见 4.5.4 节）。但与预混火焰相比，湍流非预混燃烧模式更难定义，主要由两点引起：①反应物在化学反应之前必须掺混，因此化学反应率通常受限于掺混过程；②如果掺混比化学反应快，可能形成预混燃烧。其中，第②点主要是由于非预混火焰不存在一个定义明确的特征尺度：扩散火焰不能以传播速度表征，局部火焰厚度也与流动条件有关（见第 3 章）。在推导湍流非预混燃烧模式的相图之前，第一步是使用 DNS 模拟分析火焰-涡的相互作用。

6.3.1 火焰-涡相互作用的 DNS 模拟

类似于预混燃烧（见 5.2.3 节），湍流涡影响、修正甚至熄灭层流扩散火焰的能力是湍流燃烧模型的重要内容，可以使用 DNS 模拟进行研究[21-23]。这些研究主要为了理解火焰-湍流涡相互作用，并得出湍流非预混燃烧模式的相图。

正如 3.4 节所述，扩散火焰不存在一个定义明确且与流动无关的长度尺度和时间尺度：无应变扩散火焰的厚度会随时间不断增加，且没有传播速度；另外，应变扩散火焰厚度与流体运动有关，不属于火焰的固有特性。然而在火焰-涡相互作用中，可以明确定义火焰的尺度。

例如，Cuenot 和 Poinsot 在研究火焰-涡相互作用时[21] 为分析 DNS 结果（图 6.18），引入两种尺度：

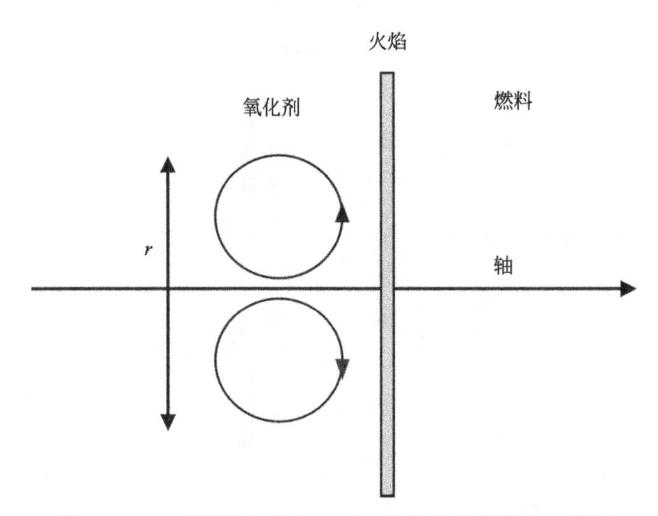

图 6.18　层流扩散火焰与一对反向旋转的涡旋相互作用

火焰尺度　由数值模拟的初始条件定义。初始火焰厚度 δ_i 近似为

$$\delta_i=\left(\frac{1}{|\nabla z|}\right)_{z=z_{st}}=\sqrt{\frac{2\mathcal{D}_{st}}{\chi_{st}}} \tag{6.1}$$

式中，χ_{st} 是初始时刻 $t=0$ 化学当量 $z=z_{st}$ 下的标量耗散率，$\mathcal{D}_{st}$ 是化学当量分子扩散率。由渐近理论[24-26] 定义的化学时间尺度 τ_c 为

$$\tau_c=\frac{1}{\chi_{st}Da^{fl}} \tag{6.2}$$

式中，Da^{fl} 是式(3.90) 给出的火焰 Damköhler 数❶。于是火焰速度可以定义为 $u_f=\delta_i/\tau_c$。

流动尺度 对应于模拟开始时涡的特征（尺寸、速度）。

根据上述定义可以得到两个无量纲数（表 6.2）：

① 长度尺度比：r/δ_i；

② 速度比：u'/u_f。

表 6.2 分析 DNS 火焰-涡相互作用时引入的特征长度尺度和特征速度尺度

项目	长度尺度	速度尺度
火焰	$\delta_i=(1/\|\nabla z\|)_{z=z_{st}}=\sqrt{2\mathcal{D}_{st}/\chi_{st}}$	δ_i/τ_c
涡	r	u'
比值	r/δ_i	$u'\tau_c/\delta_i$

正如 5.2.3 节中的预混火焰，火焰-涡相互作用的模式可基于速度比 $u'\tau_c/\delta_i$ 和长度尺度比 r/δ_i 在对数相图中得以识别。其中，出现的两条特征线为如下。

① Damköhler 数 Da 为一个常数：

$$Da=\frac{r/u'}{\tau_c}=\frac{r}{\delta_i}\left(\frac{u'}{\delta_i/\tau_c}\right)^{-1} \tag{6.3}$$

此处的 Damköhler 数为涡旋时间和化学时间之比，在（$u'\tau_c/\delta_i$，r/δ_i）对数相图中对应于一条斜率为 1 的直线。Damköhler 数越大，则直线的斜率越小。

② 涡旋雷诺数，定义为

$$Re_{涡}=\frac{u'r}{v}=\frac{\tau_d}{\tau_c}\times\frac{u'}{\delta_i/\tau_c}\times\frac{r}{\delta_i} \tag{6.4}$$

式中，τ_d/τ_c 是扩散时间（$\tau_d=\delta_i^{\,2}/\nu$）和化学反应时间（$\tau_c$）之比。对于给定初始火焰厚度 δ_i 和化学反应时间 τ_c，恒定涡旋雷诺数对应于相图中斜率为 −1 的直线。

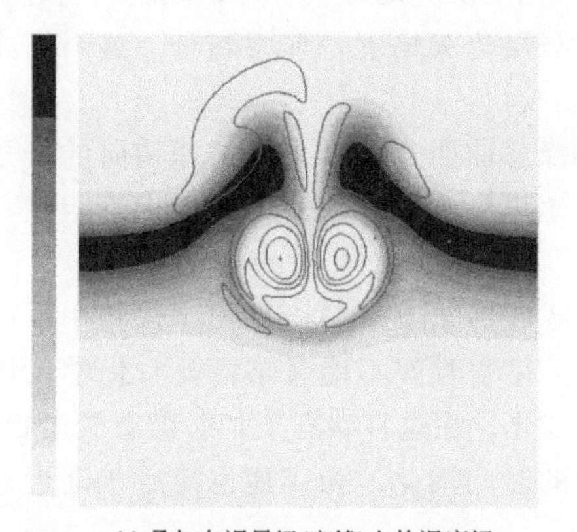

(a) 叠加在涡量场(实线)上的温度场

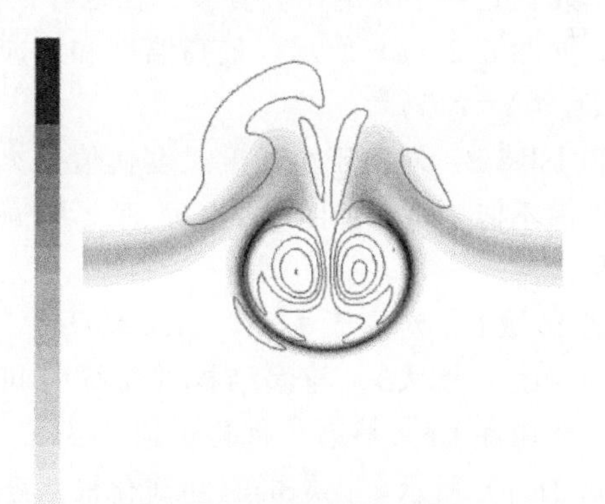

(b) 反应率场和涡量场(实线)

图 6.19 一对反向旋转的涡与层流扩散火焰相互作用的 DNS 结果（图 6.20 和图 6.21 中的算例 A）[21]

Cuenot 和 Poinsot[21] 通过二维 DNS 数值模拟研究了一对反向旋转涡与层流扩散火焰的

❶ 该 Damköhler 数是分子扩散时间尺度和化学反应时间尺度之比，仅与局部火焰结构有关，且不考虑涡的时间尺度。

相互作用，其中采用单步不可逆，且基于 Arrhenius 定律的有限速率化学反应，典型瞬态流场在图 6.19 给出。图 6.20 总结了识别出的几种燃烧模式，并在图 6.21 中通过对比 DNS 模拟和渐近理论分析得到的最高火焰温度和总体反应率，分析不同的燃烧模式。

Damköhler 数的参考值 Da^{SE} 对应于稳态层流滞止火焰的熄灭。从 DNS 结果中识别出四种典型模式以及两个过渡 Damköhler 数 Da^{LFA} 和 Da^{ext}，并与 Da^{SE} 对比。

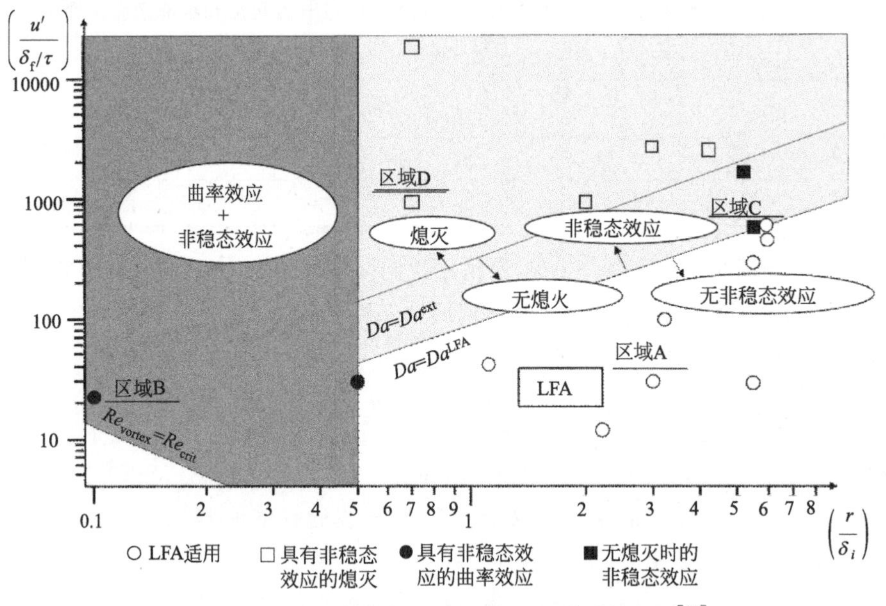

图 6.20 层流扩散火焰-涡相互作用的谱对数相图[21]

① 区域 A：对应于高 Damköhler 数（$Da > Da^{LFA}$）。稳态层流小火焰假设（Laminar Flamelet Assumption，LFA）成立。火焰前锋的行为类似于相同标量耗散率条件下的层流火焰单元，这与小火焰建模有关。在这种情况下，化学反应足够快，可以跟随涡引起的流动变化。如图 6.21(a) 所示，最高温度和反应率都与层流火焰理论非常吻合。这个模式的极限为 $Da^{LFA} = 2\,Da^{SE}$。

② 区域 B：对应于小长度尺度比值。火焰前锋弯曲明显，沿火焰前锋切向的分子扩散和热扩散不能忽略：如图 6.21(b) 所示，最高火焰温度和总反应率与渐近理论相比存在明显差异。

③ 区域 C：对应于 $Da^{ext} < Da < Da^{LFA}$。与区域 A 相比，Damköhler 数减小（或者涡结构的速度 u' 增大）。与涡结构的特征时间相比，化学时间不能忽略，此时化学反应不够快，不能像在 LFA 状态中那样迅速“跟随”流动变化。在这种状态下，非稳态效应很重要。如图 6.21(c) 所示，火焰的时间演化滞后于流动的时间演化，相应地也滞后于渐近理论的结果。

④ 区域 D：当涡在火焰前锋处引起的应变率非常大时，即 $Da < Da^{ext}$，火焰熄灭。但如图 6.21(d) 所示，仍可观察到明显的非稳态效应，火焰熄灭对应的 Damköhler 数小于小火焰库和渐近理论的预估值：从 DNS 中计算的熄灭 Damköhler 数为 $Da^{ext} = 0.4 Da^{SE}$。

Thevenin 等[27] 通过数值和实验方法研究了上述火焰分类，并得到一些相似结果，同时也识别出一些其他模式，关于这些模式比较详细的介绍超出了本书的范围，在此不予给出。

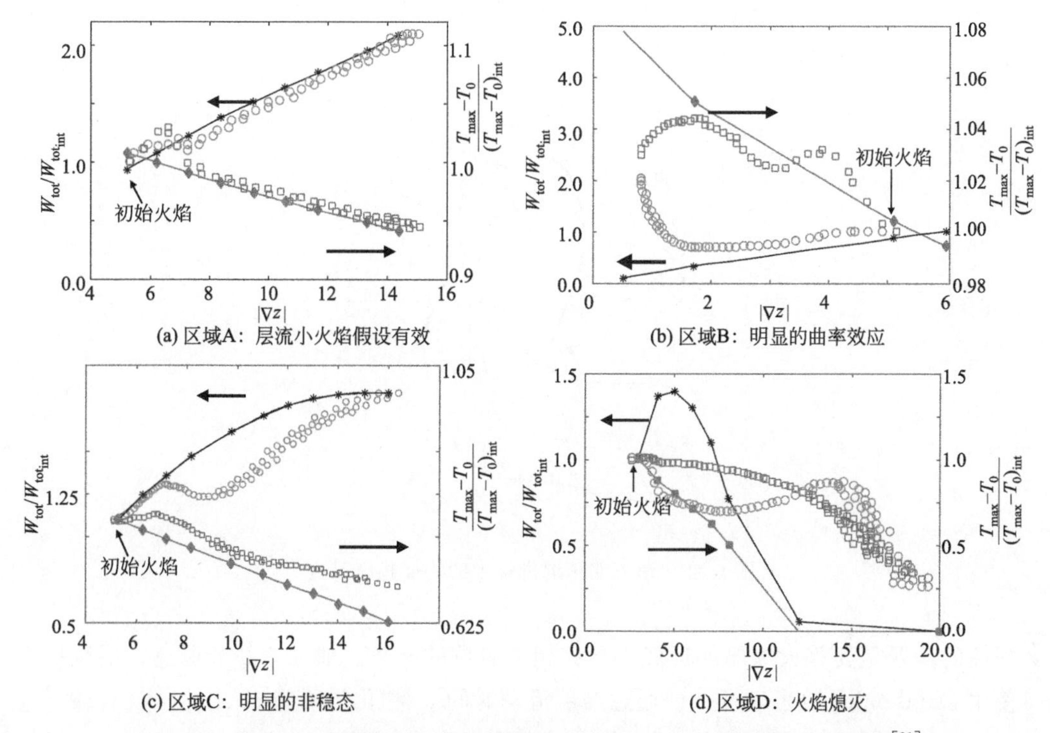

(a) 区域A：层流小火焰假设有效

(b) 区域B：明显的曲率效应

(c) 区域C：明显的非稳态

(d) 区域D：火焰熄灭

图 6.21　沿图 6.18 轴线上的无量纲最高温度和总体反应率随 $|\nabla z|$ 的变化[21]

对火焰-涡的分析结果表明，层流小火焰假设（LFA）将湍流火焰视为稳态应变层流火焰单元的集合，其应用范围比渐近理论广，这主要由非稳态效应引起。事实上，如果扩散火焰不是长时间承受大应变率，则可承受比稳态火焰分析中更大的应变率（见 3.4.3 节和文献[28]）。

在以上谱相图中，火焰响应被定义为涡大小和速度的函数，而扩散火焰没有定义明确的长度尺度、时间尺度和速度尺度，因此这个谱相图不能像 5.2.3 节中图 5.24 对预混燃烧模式预测一样，可以轻易确定湍流非预混燃烧模式。目前仍未对湍流扩散火焰状态给出精确的分类。基于过渡 Damköhler 数 Da^{LFA} 和 Da^{ext}，下面将提出一个简单分类，并引入湍流时间尺度和分子扩散特征时间 $1/\chi_{st}$ 之间的显性关系式。

6.3.2 湍流非预混燃烧中的尺度

与湍流预混火焰研究类似，湍流可以通过积分尺度 l_t 和 Kolmogorov 微尺度 η_k 来表征（见 4.2 节）。然而，对于火焰前锋，在非预混方式下可引入许多长度尺度（图 6.22）。与扩散火焰有关的长度尺度主要有以下两个：

① 扩散层厚度 l_d，对应于混合物分数变化的区域厚度，与反应物掺混过程有关（$0<z<1$）。在该区域中，如果化学反应率并非无限快，则燃料和氧化剂可以共存并被燃烧产物稀释。在混合物分数空间，该厚度定义为 $\Delta z=1$。

② 反应区厚度 l_r，对应于反应率不为 0 的区域。在混合物分数空间中，反应区厚度为 $(\Delta z)_r$，并位于化学当量 $z=z_{st}$ 的等值面附近。

这两种长度尺度不能与层流预混火焰的热厚度和反应区厚度相比：它们都与时间和流动

条件有关，并有可能独立变化。例如，对于无限快化学反应，$l_r=0$（对应于 $z=z_{st}$），而 l_d 对应于一个不为零的有限值（见 3.4.4 节图 3.18）。

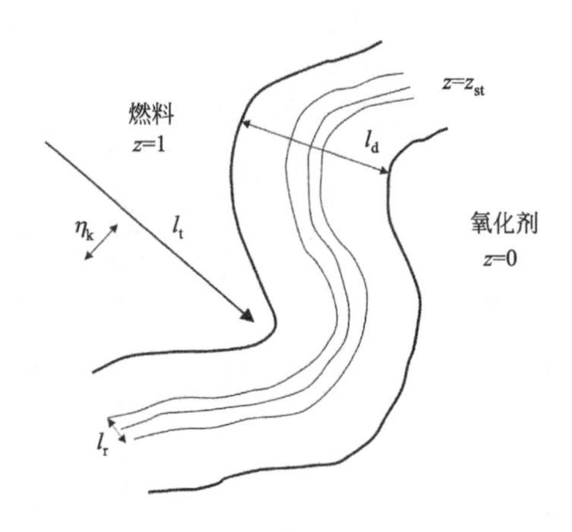

图 6.22 湍流非预混燃烧中的特征长度尺度

现在的问题是要将火焰厚度近似为一些相关参数的函数。如 3.5.2 节所述，层流扩散火焰可使用 Damköhler 数来表征，即通过局部流动时间 τ_f 和化学时间 τ_c 之比[式(3.88)]：

$$Da^{fl}=\frac{\tau_f}{\tau_c}\approx\frac{1}{\chi_{st}\tau_c} \tag{6.5}$$

式中，χ_{st} 是混合物分数的标量耗散率在化学当量 $z=z_{st}$ 处的取值，可衡量混合物分数的梯度[式(3.22)]，因此常用于计算局部层流扩散层厚度 l_d^{lam}[1]：

$$l_d^{lam}\approx\sqrt{\mathcal{D}_{st}/\chi_{st}} \tag{6.6}$$

式中，$\mathcal{D}_{st}$ 是化学当量分子扩散率。

上述分析方法也可拓展至湍流非预混火焰，将平均扩散层厚度 l_d 与化学当量 $z=z_{st}$ 处混合物分数的平均标量耗散率 $\widetilde{\chi}_{st}$ 关联起来

$$l_d\approx\sqrt{\mathcal{D}_{st}/\widetilde{\chi}_{st}} \tag{6.7}$$

其中，$\widetilde{\chi}_{st}$ 定义为

$$\bar{\rho}\widetilde{\chi}_{st}=2\overline{(\rho\mathcal{D}|\nabla_Z|^2|z_{st})} \tag{6.8}$$

$\overline{(Q\mid z_{st})}$ 表示 Q 在化学当量 $z=z_{st}$ 时的条件平均。一般情况下，$\widetilde{\chi}_{st}$ 未知，在未引入其他假设之前不易从已知变量中计算得到。假设火焰结构由湍流运动引起的应变率控制，局部扩散层可看作一个密度恒定的稳态应变扩散层。

根据式(3.67)

$$\chi=\chi_0\exp(-2[\mathrm{erf}^{-1}(2z-1)]^2)=\chi_0F(z)=\chi_{st}F(z)/F(z_{st}) \tag{6.9}$$

---

[1] 式(6.6) 与表 6.2 相比，少了一个系数 $\sqrt{2}$，这主要是出于一致性考虑。具体而言，将扩散层厚度 l_d 定义为 $l_d=\sqrt{\mathcal{D}_{st}/\chi_{st}}$，扩散时间 τ_f 定义为 $\tau_f=1/\chi_{st}$ 时，二者之间的关系与经典扩散时间关系式 $\tau_f=l_d^2/\mathcal{D}_{st}$ 一致。由于此处仅限于量级上的分析，这种做法可以满足要求。

则 $\widetilde{\chi}_{st}$ 和 $\widetilde{\chi}$ 可建立如下关系：

$$\widetilde{\chi}=\frac{1}{\bar{\rho}}\int_0^1\overline{(\rho\chi\mid z)}\,p(z)\,\mathrm{d}z=\widetilde{\chi}_{st}\int_0^1\frac{F(z)}{F(z_{st})}\widetilde{p}(z)\,\mathrm{d}z=\widetilde{\chi}_{st}\mathcal{F}(\widetilde{z},\widetilde{z''^2}) \tag{6.10}$$

$\mathcal{F}(\widetilde{z},\widetilde{z''^2})$表示密度加权后的概率密度函数 $\widetilde{p}(z)$与 $\widetilde{z}$ 和 $\widetilde{z''^2}$ 有关，类似于 β 函数（见 6.4.2 节）。需要注意的是，$\widetilde{\chi}_{st}$ 衡量的是局部平均扩散厚度 l_d，而 $\widetilde{\chi}$ 还考虑了其他特征。例如，在扩散层趋于无限薄时，$\widetilde{\chi}_{st}\to+\infty$，但由于 $\widetilde{\chi}$ 主要受纯氧化剂（$z=0$）和纯燃料（$z=1$）区域控制，这就导致 $\widetilde{\chi}\to0$（实际上，当 $F(z=0)=F(z=1)=0$ 时$\mathcal{F}(\widetilde{z},\widetilde{z''^2})\to0$）[1]。

$\widetilde{\chi}_{st}$ 也可用于估算扩散时间尺度 τ_f

$$\tau_f\approx(\widetilde{\chi}_{st})^{-1} \tag{6.11}$$

则局部火焰 Damköhler 数为

$$Da^{fl}=\tau_f/\tau_c\approx(\widetilde{\chi}_{st}\tau_c)^{-1} \tag{6.12}$$

在特定情况下，基于扩散厚度 l_d 和化学时间尺度 τ_c，还会引入“火焰速率”，即 $U_d=l_d/\tau_c$[2]。

对于燃料（F）和氧化剂（O）的单步化学反应

$$\nu_F\mathrm{F}+\nu_O\mathrm{O}\longrightarrow\mathrm{P} \tag{6.13}$$

渐近理论[24] 表明，层流火焰的反应层厚度和扩散层厚度可以通过 Damköhler 数 Da^{fl} 相关联

$$l_r/l_d\approx(Da^{fl})^{-1/a} \tag{6.14}$$

式中，$a=\nu_F+\nu_O+1$。正如所料，Damköhler 数 Da^{fl} 越大，反应区越薄。

表 6.3 总结了以上几种尺度，但所有的中间变量都无法提前确定，并且取值强依赖于局部的流动条件。

表 6.3 湍流非预混火焰中特征火焰尺度，$Da^{fl}=(\tau_c\widetilde{\chi}_{st})^{-1}$

尺度	厚度	时间	速度
扩散层	$l_d\approx\sqrt{\mathcal{D}_{st}/\widetilde{\chi}_{st}}$	$\tau_f\approx1/\widetilde{\chi}_{st}=l_d^2/\mathcal{D}_{st}$	l_d/τ_f
反应层	$l_r=l_d(Da^{fl})^{-1/a}$	$\tau_c=1/(Da^{fl}\widetilde{\chi}_{st})$	l_r/τ_c

6.3.3 燃烧模式

为识别湍流非预混燃烧模式，可通过对比特征火焰尺度和特征湍流尺度来确定，但非预

---

[1] 式(6.10) 将平均标量耗散率 $\widetilde{\chi}$ 与 $\widetilde{\chi}_{st}$ 建立关系，但很难对 $\widetilde{\chi}$ 估值，通常由湍流时间 τ_t 和混合物分数方差 $\widetilde{z''^2}$ 定义，详见 6.4.3 节。

$$\widetilde{\chi}\approx\widetilde{z''^2}/\tau_t\approx\widetilde{z''^2}\varepsilon/k$$

这种线性松弛模型假定混合气体是均匀各向同性且无平均混合物分数梯度，这一点在扩散火焰中显然不对。

[2] 需要注意的是，U_d 是厚度和时间之比，它有速度的单位，但并不对应于一个火焰传播速度。引入该变量只为方便表示一些结果，如 6.3.1 节中 Cuenot 和 Poinsot[21] 的相关数据。

混火焰没有固有的长度尺度，且火焰厚度强依赖于流动条件，因此需要引入一些附加假设，将火焰尺度与流动尺度关联起来，以做进一步分析。

考虑到火焰前锋受湍流运动影响起皱，燃烧模式分类首先基于化学时间 τ_c 和湍流时间的对比来识别。在下面分析中，保留极端情形对应的最小湍流时间（化学时间通常小于湍流时间）。假定均匀各向同性湍流，最大应变率和最小湍流时间均由 Kolmogorov 微尺度引起（见 4.2 节的图 4.1）。对于一阶近似，假设扩散厚度 l_d 和扩散时间 $1/\widetilde{\chi}_{st}$ 由 Kolmogorov 涡运动（尺寸 η_k、时间 τ_k）控制❶

$$l_d \approx \eta_k, \quad \tau_f = (\widetilde{\chi}_{st})^{-1} \approx \tau_k \tag{6.15}$$

需要注意的是，上述定义可使 Kolmogorov 微尺度涡结构的雷诺数等于 1，即

$$\frac{\eta_k u_k}{\mathcal{D}_{st}} = \frac{\eta_k^2}{\mathcal{D}_{st}\tau_k} = \frac{l_d^2}{\mathcal{D}_{st}\tau_f} = 1 \tag{6.16}$$

积分尺度 l_t 约等于混合区平均厚度 l_z，可由平均混合物分数梯度来估算：

$$l_t \approx l_z \approx (|\nabla \widetilde{z}|)^{-1} \tag{6.17}$$

火焰结构和燃烧模式与化学反应特征时间 τ_c 有关。对于快速化学反应，τ_c 较小，Damköhler 数较大，火焰很薄（$l_r \ll l_d \approx \eta_k$），可被视为层流火焰单元（“小火焰”）。当 τ_c 较大时，l_r 变得与 η_k 量级相同，根据 3.5.2 节可知，火焰偏离层流火焰结构，并出现非稳态效应。当 Damköhler 数较小或化学时间较大时，火焰会出现熄灭现象。

由于扩散火焰的局部火焰尺度与局部流动条件有关，通过定性和直觉分析很难将扩散火焰像湍流预混燃烧那样总结在一个燃烧相图上。下面基于两个特征比值给出一些简单的概括性描述：

时间比值 τ_t/τ_c 对比湍流积分特征时间 τ_t 和化学时间 τ_c。该比值对应于湍流预混燃烧中引入的 Damköhler 数 Da，而非局部非预混火焰结构的 Damköhler 数（$Da^{fl}=1/\tau_c\chi_{st}$）。

长度尺度比值 l_t/l_d 对比积分尺度 l_t 和扩散厚度 l_d。当 $l_d \approx \eta_k$ 时，$l_t/l_d \approx Re_t^{3/4}$［式(4.8)］。其中，$Re_t$ 是湍流雷诺数。

时间尺度的比值（或 Damköhler 数）可改写为

$$Da = \frac{\tau_t}{\tau_c} = \frac{\tau_t}{\tau_k} \times \frac{\tau_k}{\tau_c} \approx \frac{\tau_t}{\tau_k} \times \frac{2}{\widetilde{\chi}_{st}\tau_c} \approx 2\sqrt{Re_t}\, Da^{fl} \tag{6.18}$$

恒定 Damköhler 数 Da^{fl} 对应于双对数相图中斜率为 1/2 的直线。对于足够快的化学反应，火焰具有层流火焰结构，根据 Cuenot 和 Poinsot 的研究[21]（6.3.1 节），这个条件可写成 $Da^{fl} \geqslant Da^{LFA}$。当化学时间比较大时，即 $Da^{fl} \leqslant Da^{ext}$ 时，火焰会熄灭。上述结论总结在燃烧相图 6.23 中。

由于局部火焰的厚度和速度与局部流动条件有关，如局部应变率等，且受到非稳态效应影响，使用湍流燃烧相图时需谨慎。在给定燃烧器中，火焰结构也可能强依赖于空间位置。例如，在靠近喷嘴处可能出现火焰面结构，而在下游可能出现部分熄灭和再点火现象。在上述推导中引入的强假设需得到进一步证实，例如，假定局部火焰扩散厚度 l_d 和时间 τ_f 是由 Kolmogorov 微尺度控制。虽然 Kolmogorov 微尺度能引起最大的应变率，但由于黏性耗散

❶ 这个假设只是粗略假定火焰被 Kolmogorov 涡运动拉紧，但忽略了可能出现的负应变区域（压缩）或 Kolmogorov 涡结构的黏性耗散。

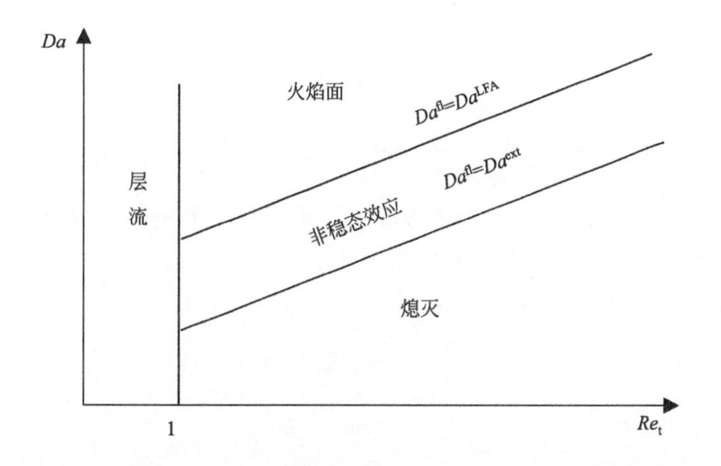

图 6.23 湍流非预混燃烧的状态随 Damköhler 数 $Da=\tau_t/\tau_c$ 和湍流雷诺数Re_t 的变化

作用，涡的存在时间极短（见第 4 章）。另外，负应变（火焰压缩）也被忽略。实际上，对于湍流非预混燃烧模式的分类一直是一个很受争议的话题，在现有文献中会发现很多基于各种参数的相图，如标量耗散率、混合物分数方差 $\widetilde{z''^2}$ 等[29-32]。

6.4 湍流非预混火焰的 RANS 模拟

本书 4.5 节介绍了湍流非预混火焰 RANS 建模的数学框架，与湍流预混火焰相比，主要区别在于边界条件和混合物分数 z 的使用。对于湍流非预混火焰的 RANS 模拟，6.4.1 节首先讨论守恒方程求平均时用到的经典假设；6.4.2 节给出基于无限快化学反应假设下的模型；6.4.3 节讨论模型中使用的标量耗散率；6.4.4～6.4.6 节介绍几种模型，能够将有限速率化学反应效应考虑进湍流燃烧模型中。

6.4.1 相关假设和平均方程

湍流非预混火焰的经典模型通常是基于下列假设推导而来❶：

H1——热力学压力为常数，马赫数很小（见 1.2.1 节）。

H2——所有组分的比热容相等且为常数，即 $C_{pk}=C_p$。

H3——分子扩散遵循 Fick 定律，且所有组分的分子扩散率$\mathcal{D}_k$ 都相等，即$\mathcal{D}_k=\mathcal{D}$。

H4——Lewis 数等于 1，即 $Le=\lambda/\rho C_p\mathcal{D}=1$。

H5——燃料和氧化剂流分别进入燃烧室，燃料的参考状态为(T_F^0，Y_F^0)，氧化剂的参考状态为(T_O^0，Y_O^0)。

在上述假设下，对于单步化学反应的绝热流（无热损失），燃料质量分数 Y_F、氧化剂质

❶ 在这些假设中，组分比热容相等且恒定以及单位 Lewis 数的假设在真实火焰中显然不对，可通过一些复杂形式来释放这些假设[33-36]。

量分数 Y_O 和温度 T 通过混合物分数 z 相关联[式(3.15)]：

$$z=\frac{sY_F-Y_O+Y_O^0}{sY_F^0+Y_O^0}=\frac{\dfrac{C_p}{Q}(T-T_O^0)+Y_F}{\dfrac{C_p}{Q}(T_F^0-T_O^0)+Y_F^0}=\frac{\dfrac{sC_p}{Q}(T-T_O^0)+Y_O-Y_O^0}{\dfrac{sC_p}{Q}(T_F^0-T_O^0)-Y_O^0} \tag{6.19}$$

对于不满足假设H2到H4（多步化学反应、热损失）的火焰，混合物分数可以基于元素守恒将组分的质量分数关联起来，具体见3.6.2节内容。

方程(4.21)～方程(4.24) 化简后得

$$\frac{\partial\bar{\rho}}{\partial t}+\frac{\partial}{\partial x_i}(\bar{\rho}\tilde{u}_i)=0 \tag{6.20}$$

$$\frac{\partial\bar{\rho}\tilde{u}_i}{\partial t}+\frac{\partial}{\partial x_i}(\bar{\rho}\tilde{u}_i\tilde{u}_j)+\frac{\partial\bar{p}}{\partial x_j}=\frac{\partial}{\partial x_i}(\bar{\tau}_{ij}-\bar{\rho}\widetilde{u''_iu''_j}) \tag{6.21}$$

$$\frac{\partial(\bar{\rho}\widetilde{Y}_k)}{\partial t}+\frac{\partial}{\partial x_i}(\bar{\rho}\tilde{u}_i\widetilde{Y}_k)=\frac{\partial}{\partial x_i}\left(\overline{\rho\mathcal{D}_k\frac{\partial Y_k}{\partial x_i}}-\bar{\rho}\widetilde{u''_iY''_k}\right)+\bar{\dot{\omega}}_k,\quad k=1,2,\cdots,N \tag{6.22}$$

$$\frac{\partial\bar{\rho}\tilde{z}}{\partial t}+\frac{\partial}{\partial x_i}(\bar{\rho}\tilde{u}_i\tilde{z})=\frac{\partial}{\partial x_i}\left(\overline{\rho\mathcal{D}\frac{\partial z}{\partial x_i}}-\bar{\rho}\widetilde{u''_iz''}\right) \tag{6.23}$$

对于绝热流中燃料和氧化剂的单步化学反应（不可逆或可逆），燃料质量分数、氧化剂质量分数、温度和混合物分数 z 可由式(6.19) 相关联，因此只需求解燃料质量分数 $\widetilde{Y}_F$ 的守恒方程和混合物分数 $\tilde{z}$ 的守恒方程即可，氧化剂质量分数 $\widetilde{Y}_O$ 和温度 $\widetilde{T}$ 可由 $\widetilde{Y}_F$ 和 $\tilde{z}$ 确定。

上述方程组包含的未知项有湍流通量（如 $\widetilde{u''_iu''_j}$、$\widetilde{u''_iY''_k}$ 或 $\widetilde{u''_iz''}$）和反应率项 $\bar{\dot{\omega}}_k$。雷诺应力 $\widetilde{u''_iu''_j}$ 可由经典湍流模型封闭（见4.5.3节），湍流标量输运（$\widetilde{u''_iY''_k}$ 和 $\widetilde{u''_iz''}$）可使用梯度假设建模[式(4.27)]。现有实验[37] 和DNS结果[38-39] 表明，湍流非预混火焰中存在逆梯度输运，但与预混火焰相比（见5.3.8节），这一点仍未定论。此外，反应率项 $\bar{\dot{\omega}}_k$ 的建模是湍流非预混燃烧模拟的主要难点。

根据3.2.4节，层流扩散火焰的计算可以分解为以下两个问题。

① 掺混问题：提供混合物分数场 $z(x_i, t)$。

② 火焰结构问题：将组分的质量分数 Y_k、温度 T 和反应率 $\dot{\omega}_k$ 都表示为混合物分数 z 的函数。

这些方法也适用于湍流火焰。另外，在3.2节中推导的大部分理论观点也适用于湍流扩散火焰中出现的小火焰结构。在这种火焰中，需要解决以下两个问题：

① 掺混问题：提供平均混合物分数场 $\tilde{z}(x_i, t)$及其相关的高阶矩，如 $\widetilde{z''^2}$。

② 火焰结构问题：将组分的质量分数 Y_k、温度 T 和反应率 $\dot{\omega}_k$ 均表示为混合物分数 z 的函数。Y_k 或 T 也可能与湍流中其他参数有关，可用条件函数($Y_k|z^*,T|z^*$)表示。

与层流扩散火焰相比，湍流带来的复杂性主要源于求平均的过程。为确定上述参数的平均值，只使用 z 的平均值还不够，还需 z 的高阶矩，如果可能，或者 z 的全概率密度函数。当 z 的概率密度函数 $p(z)$已知时，组分的平均质量分数 $\widetilde{Y}_k$、平均温度 $\widetilde{T}$ 和平均反应率 $\bar{\dot{\omega}}_k$ 可由以下公式给出：

$$\bar{\rho}\widetilde{Y}_k=\int_0^1\overline{(\rho Y_k\mid z^*)}\,p(z^*)\,\mathrm{d}z^*,\quad \bar{\rho}\widetilde{T}=\int_0^1\overline{(\rho T\mid z^*)}\,p(z^*)\,\mathrm{d}z^* \tag{6.24}$$

$$\bar{\dot{\omega}}_k=\int_0^1\overline{(\dot{\omega}_k\mid z^*)}\,p(z^*)\,\mathrm{d}z^* \tag{6.25}$$

其中，$\overline{Q\mid z^*}$表示变量Q在混合物分数为$z=z^*$时的条件平均，其取值与z^*和标量耗散率等变量有关。$p(z^*)$是一个关于z^*的概率密度函数。

式(6.24)和式(6.25)表示，湍流非预混火焰存在两种不同的建模方法：

原始变量法　基于式(6.24)。假设火焰结构，结合小火焰库（或层流火焰）或守恒方程（CMC建模，见6.4.5节）提供条件变量$\overline{\rho Y_k\mid z^*}$和$\overline{\rho T\mid z^*}$。这种方法不需要组分质量分数的守恒方程（6.22）和温度的守恒方程，也无须对平均反应率$\bar{\dot{\omega}}_k$建模，通过RANS程序中求解的流动变量$(\bar{\rho},\tilde{u}_i,\cdots)$和混合物分数变量$(\tilde{z},\widetilde{z''^2})$直接或间接估算概率密度函数$p(z^*)$。该方法在6.4.2节和6.4.5节中给出详细介绍。

反应率法　该方法需要求解组分质量分数的守恒方程（6.22）以及温度的守恒方程，而湍流预混燃烧的反应率$\bar{\dot{\omega}}_k$必须通过建模得到。这些模型可根据式（6.25），并对$\overline{\dot{\omega}_k\mid z^*}$使用层流小火焰库。该方法在6.4.4节中化学反应无限快假设❶以及6.4.6节中化学反应速度有限的情形中都有介绍。

由于原始变量法无须求解组分的质量分数和温度的守恒方程，与反应率法相比，耗时明显变短，但也只在一些限制性假设下有效。另外，反应率法能够考虑各种附加效应，如可压缩性、热损失或次级反应物注入，至少在$\overline{\dot{\omega}_k\mid z^*}$可以建模时可行。然而需要注意的是，即便在相同假设下，这两种方法也不是先验等价的，它们有可能得出完全不同的结果。在原始变量法中，组分的平均质量分数$\widetilde{Y}_k$可以由$\overline{\rho Y_k\mid z^*}$、$p(z^*)$和式(6.24)直接计算得出。在反应率法中，平均反应率$\bar{\dot{\omega}}_k$可通过$\overline{\dot{\omega}_k\mid z^*}$、$p(z^*)$和式(6.25)确定，而组分的平均质量分数$\widetilde{Y}_k$通过求解方程（6.22）得出。反应率法会考虑湍流通量$\widetilde{u''_i Y''_k}$并对其建模，而原始变量法并未包含这一项，因此，基于经典顺梯度湍流输运假设，反应率法计算得到的湍流火焰刷要比原始变量法大（Vervisch，2000，私人通信）。表6.4总结了下面即将介绍的几种湍流非预混火焰模型。

表6.4　湍流非预混火焰的RANS模型分类

方法	无限快化学反应	有限速率化学反应
原始变量法 求解$\tilde{z}$，并从库中导出$\widetilde{T}$和$\widetilde{Y}_k$	6.4.2节	6.4.5节
反应率法 求解$\bar{\dot{\omega}}_k$，从库中确定$\overline{\dot{\omega}_k\mid z^*}$，根据守恒方程求出$\widetilde{Y}_k$和$\widetilde{T}$	6.4.4节	6.4.6节

6.4.2　无限快化学反应条件下的原始变量模型

如3.3节所述，对于无限快不可逆化学反应，假设单位Lewis数和绝热燃烧状态（无热

❶ 对于层流扩散火焰，无限快化学反应假设并不意味着平均反应率无穷大，它只表示反应率由分子扩散控制，因此是一个有限值。

损失)，式(3.32) 和式(3.33) 直接给出了组分的瞬时质量分数 Y_k 和温度 T 与混合物分数 z 的关系式。对于可逆无限快化学反应，火焰结构可通过平衡态关系式(3.27) 确定，它只与混合物分数 z 有关（见图 3.6)。事实上，对于无限快化学反应，无论是否可逆，式(6.24) 中的条件平均 $\overline{\rho Y_k | z^*}$ 和 $\overline{\rho T \mid z^*}$ 都可简化为

$$\overline{(\rho Y_k | z^*)}=\rho(z^*)Y_k(z^*), \quad \overline{(\rho T | z^*)}=\rho(z^*)T(z^*) \tag{6.26}$$

其中，组分的平均质量分数和温度为

$$\overline{\rho}\widetilde{Y}_k=\int_0^1\rho(z^*)Y_k(z^*)p(z^*)\mathrm{d}z^*, \quad \overline{\rho}\widetilde{T}=\int_0^1\rho(z^*)T(z^*)p(z^*)\mathrm{d}z^* \tag{6.27}$$

或者根据密度加权概率密度函数 $\widetilde{p}(z^*)=\rho(z^*)p(z^*)/\overline{\rho}$ 得出：

$$\widetilde{Y}_k=\int_0^1 Y_k(z^*)\widetilde{p}(z^*)\mathrm{d}z^*, \quad \widetilde{T}=\int_0^1 T(z^*)\widetilde{p}(z^*)\mathrm{d}z^* \tag{6.28}$$

因此，确定 $\widetilde{Y}_k$ 和 $\widetilde{T}$ 的问题简化为确定概率密度函数 $\widetilde{p}(z)$ 的问题。在湍流中确定混合物分数 z 的概率密度函数仍处于研究阶段[40-46]。类似于 5.3.7 节中湍流预混燃烧，湍流非预混燃烧的概率密度函数也可以通过指定或求解守恒方程得到。

在工程计算中，常用的近似方法是使用简单的解析表达式来指定概率密度函数的形状，在湍流预混火焰中，最常用的概率密度函数是 β 函数，它仅与两个参数有关，即混合物分数的均值 $\widetilde{z}$ 和方差 $\widetilde{z''^2}$：

$$\widetilde{p}(z)=\frac{1}{B(a,b)}z^{a-1}(1-z)^{b-1}=\frac{\Gamma(a+b)}{\Gamma(a)\Gamma(b)}z^{a-1}(1-z)^{b-1} \tag{6.29}$$

其中，归一化因子 $B(a, b)$和 Γ 函数在式(5.99) 和式(5.100) 中给出定义。

概率密度函数的参数 a 和 b 由均值 $\widetilde{z}$ 和方差 $\widetilde{z''^2}$ 确定：

$$a=\widetilde{z}\left[\frac{\widetilde{z}(1-\widetilde{z})}{\widetilde{z''^2}}-1\right], \quad b=\frac{a}{\widetilde{z}}-a \tag{6.30}$$

则

$$\widetilde{z}=\int_0^1 z^*\widetilde{p}(z^*)\mathrm{d}z^*, \quad \widetilde{z''^2}=\int_0^1(z^*-\widetilde{z})^2\widetilde{p}(z^*)\mathrm{d}z^* \tag{6.31}$$

为节省计算资源，β 函数的参数 a 和 b 以及平均量 $\widetilde{Y}_k$ 和 $\widetilde{T}$ 并不在模拟过程中直接计算。参与计算的平均量（如图 6.24 中的平均温度 $\widetilde{T}$）都是提前建表，将其表示为混合物分数的均值和方差的函数 $\widetilde{T}(\widetilde{z}, \widetilde{z''^2})$。

第 5 章的图 5.32 已给出 β-PDF 的几种典型形状。在很多算例中，β 函数都可以非常准确地模拟真实情况下混合物分数的概率密度函数，然而即便 β 函数灵活性很好，它依然不能表示在 $z=0$ 或 $z=1$ 处存在一个奇点且在 $0<z<1$ 范围存在另一个最大值的分布[32]。在此须强调一点，概率密度函数应包含湍流与燃烧相互作用的绝大部分信息，因此使用仅有两个参数（a 和 b）的概率密度函数模型是一个非常重要的假设。

当使用 k-ε 湍流模型表示雷诺应力和湍流通量时，图 6.24 针对无限快不可逆化学反应

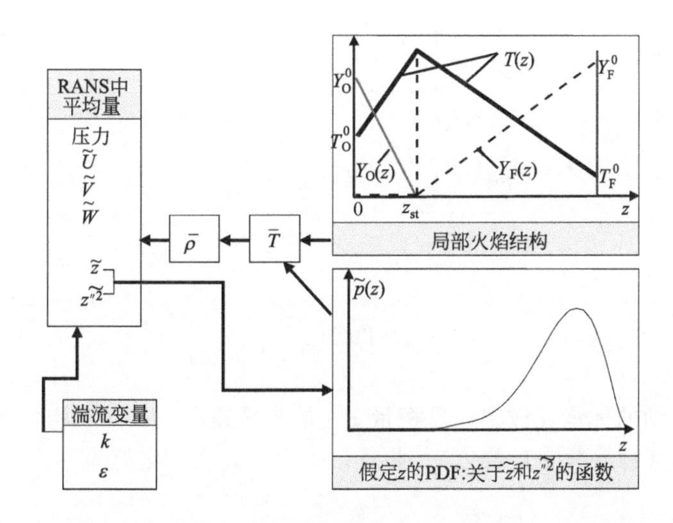

图 6.24　在无限快不可逆化学反应中假定 PDF 方法

下的湍流非预混火焰给出了构建典型指定概率密度函数方法的所有模块❶。

在图 6.24 左侧，RANS 计算程序用于求解 Favre 平均守恒方程组，其中主要包括一个动态压力方程（通常是低马赫数代码中的泊松求解器），三个用于求解平均速度 $\widetilde{u}_i$ 的动量方程，一个平均混合物分数 $\widetilde{z}$ 的方程和一个混合物分数方差 $\widetilde{z''^2}$ 的方程。平均密度场 $\bar{\rho}$ 是火焰给方程组的唯一输入，可通过火焰结构和混合物分数的概率密度函数来确定。概率密度函数的输入参数为混合物分数的均值 $\widetilde{z}$ 和方差 $\widetilde{z''^2}$，必须通过 RANS 程序求解方程来获得（6.4.3 节将详细讨论关于 $\widetilde{z''^2}$ 守恒方程推导和封闭的相关内容）。流动守恒方程通过湍流涡黏系数 ν_t 和湍流扩散率$\mathcal{D}_t$ 来封闭，其中湍流涡黏系数由 k-ε 模型（两个额外的守恒方程，见 4.5.3 节）确定❷。这个算法可应用于稳态平均流场，也可以应用于非稳定平均流场，对于后一种情形，需要对每个时间步长都重复该算法。

当然，对于湍流预混火焰，另一种确定 PDF 的方法是求解概率密度函数 $p(z)$的守恒方程来获得[41,44-46]，这个守恒方程类似于方程(5.115)，且没有源项。

6.4.3　混合物分数的方差和标量耗散率

确定 β 函数时需计算混合物分数的方差 $\widetilde{z''^2}$[式(6.30)]。在 RANS 中，$\widetilde{z''^2}$ 一般作为守恒方程的解给出❸。$\widetilde{z''^2}$ 的守恒方程对应于预混燃烧中 $\widetilde{\Theta''^2}$ 的守恒方程（5.108），但未包含反应率项（z 为守恒标量），可表示为

---

❶ 实际上，式(6.28) 在模拟之前已预先处理，平均质量分数和平均温度直接存储为 $\widetilde{z}$ 和 $\widetilde{z''^2}$ 的函数。

❷ 基于上述假设，质量分数无须通过求解守恒方程获得，可通过对结果进行后处理得到[式(6.28)]。在该方法中，由于平均反应率从未出现在守恒方程中，因此无须对其进行建模。

❸ 在 LES 中，通常引入相似性假设（见 6.5 节）来避开求解这些守恒方程。

$$\frac{\partial \overline{\rho}\widetilde{z''^2}}{\partial t}+\frac{\partial}{\partial x_i}(\overline{\rho}\widetilde{u}_i\widetilde{z''^2})=\underbrace{-\frac{\partial}{\partial x_i}(\overline{\rho u''_i z''^2})}_{\text{湍流输运}}+\underbrace{\frac{\partial}{\partial x_i}\left(\overline{\rho\mathcal{D}\frac{\partial z''^2}{\partial x_i}}\right)+2\overline{z''\frac{\partial}{\partial x_i}\left(\rho\mathcal{D}\frac{\partial \widetilde{z}}{\partial x_i}\right)}}_{\text{分子扩散}}$$
$$\underbrace{-2\overline{\rho u''_i z''}\frac{\partial \widetilde{z}}{\partial x_i}}_{\text{生成}}\underbrace{-2\overline{\rho\mathcal{D}\frac{\partial z''}{\partial x_i}\times\frac{\partial z''}{\partial x_i}}}_{\text{耗散}} \tag{6.32}$$

其中，

$$\overline{\rho}\widetilde{\chi}_{\mathrm{p}}=2\overline{\rho\mathcal{D}\left(\frac{\partial z''}{\partial x_i}\right)^2} \tag{6.33}$$

是混合物分数 z 脉动的标量耗散率，可衡量 $\widetilde{z''^2}$ 的衰减速率，正如在均匀流动中最简单的算例所示（无平均混合物分数 $\widetilde{z}$ 的梯度）。此时，方程（6.32）化简为

$$\frac{\mathrm{d}\overline{\rho}\widetilde{z''^2}}{\mathrm{d}t}=-2\overline{\rho\mathcal{D}\frac{\partial z''}{\partial x_i}\times\frac{\partial z''}{\partial x_i}}=-\overline{\rho}\widetilde{\chi}_{\mathrm{p}} \tag{6.34}$$

标量耗散率这个专用术语在文献中出现过多种表达式，主要区别在于是否包含密度和系数 2。其定义可基于混合物分数 z，如在层流扩散火焰结构中［见 3.2.2 节式（3.22）］，或基于混合物分数脉动 z''。总标量耗散率 $\widetilde{\chi}$ 可写为

$$\overline{\rho}\widetilde{\chi}=2\overline{\rho\mathcal{D}\frac{\partial z}{\partial x_i}\times\frac{\partial z}{\partial x_i}}=\underbrace{2\overline{\rho\mathcal{D}}\frac{\partial \widetilde{z}}{\partial x_i}\times\frac{\partial \widetilde{z}}{\partial x_i}}_{\overline{\rho}\widetilde{\chi}_{\mathrm{m}}}+4\overline{\rho\mathcal{D}\frac{\partial z''}{\partial x_i}}\times\frac{\partial \widetilde{z}}{\partial x_i}+\underbrace{2\overline{\rho\mathcal{D}\frac{\partial z''}{\partial x_i}\times\frac{\partial z''}{\partial x_i}}}_{\overline{\rho}\widetilde{\chi}_{\mathrm{p}}} \tag{6.35}$$

对于密度恒定的流动，等式右边的第二项消失，式(6.35) 可以化简为

$$\widetilde{\chi}=\widetilde{\chi}_{\mathrm{m}}+\widetilde{\chi}_{\mathrm{p}} \tag{6.36}$$

其中，$\widetilde{\chi}_{\mathrm{m}}$ 是由 z 均值 $\widetilde{z}$ 引起的标量耗散率，而 $\widetilde{\chi}_{\mathrm{p}}$ 代表由 z 的湍流脉动（z''场）引起的标量耗散率。与脉动梯度相比，平均梯度可忽略，由式(6.35) 可得出

$$\overline{\rho}\widetilde{\chi}=2\overline{\rho\mathcal{D}\frac{\partial z}{\partial x_i}\times\frac{\partial z}{\partial x_i}}\approx 2\overline{\rho\mathcal{D}\frac{\partial z''}{\partial x_i}\times\frac{\partial z''}{\partial x_i}}=\overline{\rho}\widetilde{\chi}_{\mathrm{p}} \tag{6.37}$$

表 6.5 中总结了上述定义的标量耗散率。

表 6.5 混合物分数标量耗散率的定义和使用

名称	定义	应用场合
总值	$\overline{\rho}\widetilde{\chi}=2\overline{\rho\mathcal{D}\frac{\partial z}{\partial x_i}\times\frac{\partial z}{\partial x_i}}$	层流火焰结构[式(3.22)][1]
脉动	$\overline{\rho}\widetilde{\chi}_{\mathrm{p}}=2\overline{\rho\mathcal{D}\frac{\partial z''}{\partial x_i}\times\frac{\partial z''}{\partial x_i}}$	标量方差 $\widetilde{z''^2}$ 的耗散项[式(6.32)]
均值	$\overline{\rho}\widetilde{\chi}_{\mathrm{m}}=2\overline{\rho\mathcal{D}}\frac{\partial \widetilde{z}}{\partial x_i}\times\frac{\partial \widetilde{z}}{\partial x_i}$	在 RANS 中通常被忽略 (则 $\widetilde{\chi}\approx\widetilde{\chi}_{\mathrm{p}}$)

现在针对方差 $\widetilde{z''^2}$ 的守恒方程（6.32）提出以下封闭形式：

[1] 根据式(3.21)，层流火焰结构与局部瞬态标量耗散率 $\chi=2\mathcal{D}\frac{\partial z}{\partial x_i}\times\frac{\partial z}{\partial x_i}$ 有关，这里只对其进行求平均处理。

① 方程(6.32) 等号右边的第一项对应于湍流运动引起的输运，可通过经典梯度假设来建模：

$$\overline{\rho u''_i z''^2} = -\bar{\rho}\frac{\nu_t}{Sc_{t1}} \times \frac{\partial \widetilde{z''^2}}{\partial x_i} \tag{6.38}$$

式中，ν_t 是湍流涡黏系数，由湍流模型给出（见 4.5.3 节）；Sc_{t1} 为湍流 Schmidt 数，一般等于 1。

② 假设雷诺数足够大，方程(6.32) 中的分子扩散项与湍流输运项相比可忽略，也可使用类似式(6.38) 的表达式对其建模，使用运动黏性系数 ν 替代湍流涡黏系数 ν_t。

③ 在生成项中，$\overline{\rho u''_i z''}$ 也使用梯度输运假设进行建模：

$$\overline{\rho u''_i z''}\frac{\partial \tilde{z}}{\partial x_i} = -\bar{\rho}\frac{\nu_t}{Sc_{t2}} \times \frac{\partial \tilde{z}}{\partial x_i} \times \frac{\partial \tilde{z}}{\partial x_i} \tag{6.39}$$

式中，Sc_{t2} 为湍流 Schmidt 数。

④ 如式(6.34) 所示，标量耗散率 $\tilde{\chi}_p$ 可体现混合物分数脉动方差 $\widetilde{z''^2}$ 的衰减速率。实际上，该标量耗散率 $\tilde{\chi}_p$ 对混合物分数 z 所发挥的作用类似于动能耗散率 ε 对速度场的作用。这种类比方法常用于使用湍流混合时间 $\tau_t = k/\varepsilon$ 来建立 $\tilde{\chi}_p$ 的模型：

$$\tilde{\chi}_p = c\frac{\widetilde{z''^2}}{\tau_t} = c\frac{\varepsilon}{k}\widetilde{z''^2} \tag{6.40}$$

式中，c 是模型常数。式(6.40) 表明标量耗散时间与湍流耗散时间成正比

$$\frac{\widetilde{z''^2}}{\tilde{\chi}_p} = \frac{1}{c} \times \frac{k}{\varepsilon} \tag{6.41}$$

因此，大部分 RANS 程序中 $\widetilde{z''^2}$ 的封闭方程为

$$\frac{\partial \bar{\rho}\widetilde{z''^2}}{\partial t} + \frac{\partial}{\partial x_i}(\bar{\rho}\tilde{u}_i \widetilde{z''^2}) = \frac{\partial}{\partial x_i}\left(\bar{\rho}\frac{\nu_t}{Sc_{t1}} \times \frac{\partial \widetilde{z''^2}}{\partial x_i}\right) + 2\bar{\rho}\frac{\nu_t}{Sc_{t2}} \times \frac{\partial \tilde{z}}{\partial x_i} \times \frac{\partial \tilde{z}}{\partial x_i} - c\bar{\rho}\frac{\varepsilon}{k}\widetilde{z''^2} \tag{6.42}$$

方程(6.42) 可以与方程(6.20)、方程(6.21) 和方程(6.23) 联立求解。

对无限快化学反应方法进行拓展时，密度也可假定为常数，则如图 6.24 所示，火焰结构对流场无反馈（该反馈由热膨胀引起，用密度 $\bar{\rho}$ 表示），因此流场计算与火焰结构无关（见图 6.25），火焰可根据 $\tilde{z}$ 和 $\widetilde{z''^2}$ 进行后验重建。这个性质可以将一个标量均值为 $\tilde{z}$、方差为 $\widetilde{z''^2}$ 的无反应流理解成一个“扩散火焰”[47]。在实验中，该性质同样成立：当选定一个局部火焰结构并假定密度为常数时，无反应流中任意标量场 z 都可诠释为一个火焰[48]。

6.4.4 无限快化学反应条件下的平均反应率模型

上述分析无须对反应率 $\bar{\dot{\omega}}_k$ 建模。事实上，由于原始变量（温度和组分质量分数）都与混合物分数直接相关，因此一般不会计算平均反应率，但这种方法并非适用于所有情形。例如，当压力波传播到计算域时（可压缩算法）或必须考虑其他源项或汇项（如热损失）时，压力或温度会与混合物分数解耦，此时使用反应率更方便（见 6.4.1 节）。

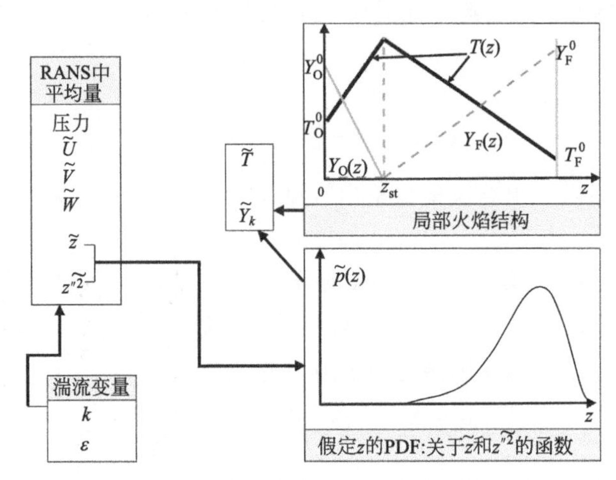

图 6.25 对于无限快化学反应和密度恒定的流动中假定 PDF 方法的原理，所有火焰信息都可从无反应流中后验提取

在湍流非预混火焰中，基于化学反应无限快的假设，主要有两种反应率建模方法。第一种方法是对 Eddy-Breakup-Concept 模型进行扩展（5.3.3 节），第二种方法则是分析混合物分数空间中的火焰结构。

(1) 涡团耗散概念模型（Eddy Dissipation Concept，EDC）

Magnussen 和 Mjertager[49] 提出的涡团耗散概念模型直接将涡团破碎模型（EBU，见 5.3.3 节）扩展至非预混燃烧，燃料的平均燃烧速率 $\overline{\dot{\omega}}_F$ 可通过燃料、氧化剂及燃烧产物的平均质量分数计算，与湍流掺混时间有关。其中，湍流掺混时间可以近似为 $\tau_t=k/\varepsilon$

$$\overline{\rho\dot{\omega}_F}=C_{mag}\overline{\rho}\,\frac{1}{\tau_t}\min\left(\widetilde{Y}_F,\frac{\widetilde{Y}_O}{s},\beta\,\frac{\widetilde{Y}_P}{(1+s)}\right)\approx C_{mag}\overline{\rho}\,\frac{\varepsilon}{k}\min\left(\widetilde{Y}_F,\frac{\widetilde{Y}_O}{s},\beta\,\frac{\widetilde{Y}_P}{(1+s)}\right) \tag{6.43}$$

式中，C_{mag} 和 β 是两个模型常数。反应率由贫组分限制，当 β 有限时，考虑到已燃气体会给未燃反应物点燃提供所需的能量，贫组分可以是燃烧产物。

对 EBU 模型的一些观点（5.3.3 节）也同样适用于 Magnussen 模型：一般情况下，EDC 是一个很好用的模型，但模型常数 C_{mag}、β 和湍流时间 τ_t 需要根据具体情况进行调整。此外，由于燃料和氧化剂一旦接触就会燃烧，因此，EDC 也不能精确表示点火过程或火焰的稳定机制❶。

(2) 分析火焰结构

对于稳态火焰结构，根据式(3.26)，平均反应率可表示为

$$\dot{\omega}_k=-\frac{1}{2}\rho\chi\,\frac{\partial^2 Y_k}{\partial z^2} \tag{6.44}$$

求平均之后

$$\overline{\dot{\omega}}_k=-\frac{1}{2}\int_0^1\left[\int_0^\infty\rho\chi\,\frac{\partial^2 Y_k}{\partial z^2}p\,(\chi,z)\,\mathrm{d}\chi\right]\mathrm{d}z \tag{6.45}$$

---

❶ 实际应用中，式(6.43) 中的反应率有时也会受到由平均质量分数和平均温度计算的 Arrhenius 反应率限制。这是一种简单的近似方法，可限制高应变率区域（如混合层的初始区域）中的反应率，或在点火和火焰稳定中考虑化学反应特征。

式中，$p(\chi, z)$是关于混合物分数和标量耗散率的联合概率密度函数，用于衡量χ和z在同一时间、同一地点取给定值的概率。对于无限快化学反应，反应率和$\partial^2 Y_k/\partial z^2$是以化学当量混合物分数$z=z_{st}$为中心的Dirac-$\delta$函数。在这种情况下，根据表 3.5，有

$$\frac{\partial Y_F}{\partial z}=\frac{Y_F^0}{1-z_{st}}H(z-z_{st}),\quad \frac{\partial^2 Y_F}{\partial z^2}=\frac{Y_F^0}{1-z_{st}}\delta(z-z_{st}) \tag{6.46}$$

式中，H和δ分别为 Heaviside 函数和 Dirac-δ函数。则式(6.45) 可化简为

$$\bar{\dot{\omega}}_F=-\frac{Y_F^0}{2(1-z_{st})}\int_0^\infty \rho\chi p(\chi,z_{st})\,d\chi=-\frac{Y_F^0}{2(1-z_{st})}\overline{(\rho\chi\mid z_{st})}\,p(z_{st}) \tag{6.47}$$

式中，$\overline{(\rho\chi\mid z_{st})}=\bar{\rho}\tilde{\chi}_{st}$是$z=z_{st}$时$\rho\chi$的条件平均，$p(z_{st})$是$z=z_{st}$时的概率。对于$\overline{(\rho\chi\mid z_{st})}$，需要建立一个子模型，最简单的方法是假定$\overline{(\rho\chi\mid z_{st})}\approx\bar{\rho}\tilde{\chi}$，6.4.5 节将给出一个先进形式。表达式(6.47) 可用于求解方程组(6.20)～(6.23)。

6.4.5 有限速率化学反应条件下的原始变量模型

一般情况下，无限快化学反应的假设不成立，还需在湍流燃烧模型中考虑复杂化学反应机理。一旦引入有限速率化学反应模型，流动变量和混合物分数之间就不存在一一对应关系，它们还与 Damköhler 数有关（参见 3.5.2 节和图 3.20)，这一点从图 6.26 中的理想推举火焰可以看出，在初始掺混区之后出现点火，点燃后在一段距离后出现局部熄灭（如由高强度湍流引起）。

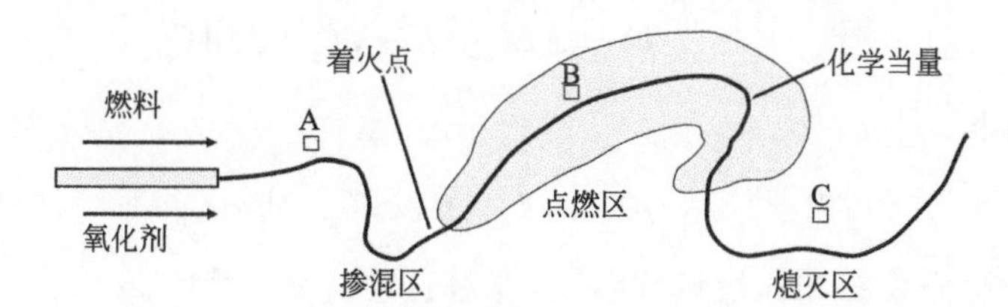

图 6.26 有限速率化学反应下扩散火焰结构示意图

阴影区域对应于高反应率

在图 6.26 中，如果化学反应不是无限快，则确定给定点处混合物分数z的信息不足以推断出局部组分的质量分数或温度：该点可能对应于纯掺混状态（如图 6.26 中点 A）或已点燃的火焰（点 B）或已熄灭的火焰（点 C)。点 A、B 和 C 可具有相同的z和不同的质量分数或温度，因此选择哪一种火焰结构还需额外的信息。使用小火焰概念可以将这些信息纳入基于原始变量（而不是基于反应率）的湍流燃烧模型。这种方法可通过条件矩封闭模型(CMC) 或概率密度函数的守恒方程进行扩展。

(1) 基于小火焰方法的有限速率化学反应建模

小火焰建模的基本思想是假定湍流中的小火焰单元具有层流火焰结构：3.2 节中表示层流火焰的z图结构函数也适用于湍流火焰单元。该假设要求所有反应区的厚度都要比湍流尺度小，对应于图 6.23 中的高 Damköhler 数区域[50]。图 6.27 给出了应用这一概念的使用方法。

为了使层流扩散火焰正确表示湍流小火焰，有些“参数”必须保留，但却很难识别出。一般情况下，湍流小火焰和层流扩散火焰必须采用相同的化学反应模型，压力也应相等，并且在无限远处的边界条件［质量分数(Y_F^0，Y_O^0)和温度(T_F^0，T_O^0)］也应守恒[33,51]。但定

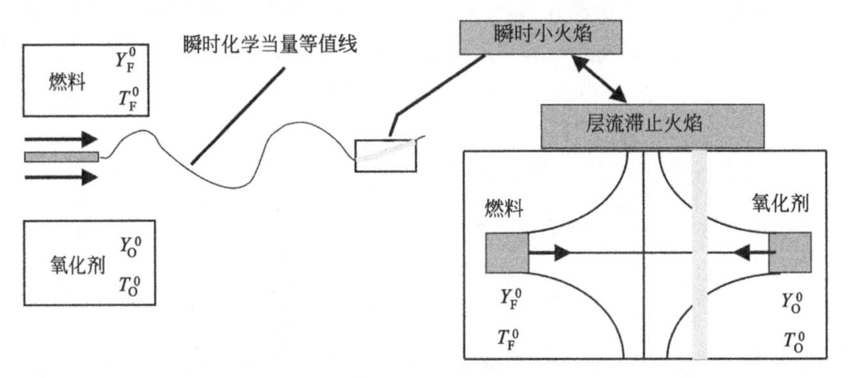

图 6.27 湍流非预混火焰的小火焰概念

义扩散火焰还需其他参数：应变率、曲率和小火焰“寿命”等，这些参数可能会很重要，在小火焰模型中是否需要保留取决于它们的复杂度。

为简化表示，在此只保留火焰处的标量耗散率 χ_{st}（或者火焰拉伸率），当然也可添加其他控制参数。仅使用 χ_{st} 作为附加火焰参数也会限制模型的能力：虽然它能够考虑到拉伸效应和火焰熄灭，但却不能用于预测火焰的稳定。然而，就这第一步也会带来相当复杂的问题，如下所述。

基于上述假设，火焰结构可通过函数 $T(z,\chi_{st})$ 和 $Y_k(z,\chi_{st})$ 表示。通过计算层流滞止火焰可得到所有的函数 $T(z,\chi_{st})$、$Y_k(z,\chi_{st})$，它们与湍流的计算程序无关，结果直接存储在“小火焰库”中。组分的平均质量分数计算如下：

$$\bar{\rho}\widetilde{Y}_k=\int_0^{+\infty}\int_0^1\rho Y_k(z,\chi_{st})\,p(z,\chi_{st})\,\mathrm{d}z\,\mathrm{d}\chi_{st} \tag{6.48}$$

平均温度则计算如下：

$$\bar{\rho}\widetilde{T}=\int_0^{+\infty}\int_0^1\rho T(z,\chi_{st})\,p(z,\chi_{st})\,\mathrm{d}z\,\mathrm{d}\chi_{st} \tag{6.49}$$

通常假定混合物分数 z 和标量耗散率 χ_{st} 是统计独立变量❶：

$$p(z,\chi_{st})=p(z)p(\chi_{st}) \tag{6.50}$$

或者根据密度加权的概率密度函数

$$\rho p(z,\chi_{st})=\bar{\rho}\widetilde{p}(z)p(\chi_{st}) \tag{6.51}$$

通常情况下，假定混合物分数 z 和标量耗散率 χ_{st} 的概率密度函数已知。对于无限快化学反应，混合物分数 z 的概率密度函数 $\widetilde{p}(z)$ 一般指定为 β 函数（见 6.4.2 节）。对于标量耗散率 χ_{st} 的概率密度函数，假定其沿火焰前锋保持不变，则可使用 Dirac-δ 函数将其表示为[33]

$$p(\chi_{st})=\delta(\chi_{st}-\widetilde{\chi}_{st}) \tag{6.52}$$

但更具物理意义的方法是使用对数正态分布函数[52]

$$p(\chi_{st})=\frac{1}{\chi_{st}\sigma\sqrt{2\pi}}\exp\left(-\frac{(\ln\chi_{st}-\mu)^2}{2\sigma^2}\right) \tag{6.53}$$

---

❶ 这一假设看似非常粗略，实际上，统计独立这一假设在 DNS 模拟中得到很好的验证，这也很容易解释：混合物分数 z 体现反应物的掺混状态，它主要与大尺度流动有关；而 χ_{st} 与局部火焰结构相关（χ_{st} 对应于局部混合物分数的梯度，体现局部扩散区的厚度），并由小尺度特征控制。

其中，参数 μ 和平均标量耗散率 χ_{st} 相关联

$$\widetilde{\chi}_{st}=\int_0^{+\infty}\chi_{st}p(\chi_{st})\mathrm{d}\chi_{st}=\exp\left(\mu+\frac{\sigma^2}{2}\right) \tag{6.54}$$

σ 是 $\ln(\chi)$ 的方差，则有

$$\widetilde{\chi''^2_{st}}=\widetilde{\chi}^2_{st}(\exp(\sigma^2)-1) \tag{6.55}$$

通常假定 σ 恒定：当 $\sigma=1$ 时[52]，$\sqrt{\widetilde{\chi''^2_{st}}}/\widetilde{\chi}_{st}=1.31$；还可假设 σ 与湍流雷诺数有关，如 $\sigma=0.5\ln(0.1Re_t^{1/2})$[53]。但实际上，$\sigma$ 对概率密度函数 $p(\chi_{st})$ 和最终结果影响有限。图 6.28 显示了 σ 取不同值时典型的正态分布：$\sigma=1$ 给出的方差（$\widetilde{\chi''^2_{st}}/\widetilde{\chi}^2_{st}=1.7$）较大，而 $\sigma=0.25$ 对应的方差（$\widetilde{\chi''^2_{st}}/\widetilde{\chi}^2_{st}=0.06$）较小。

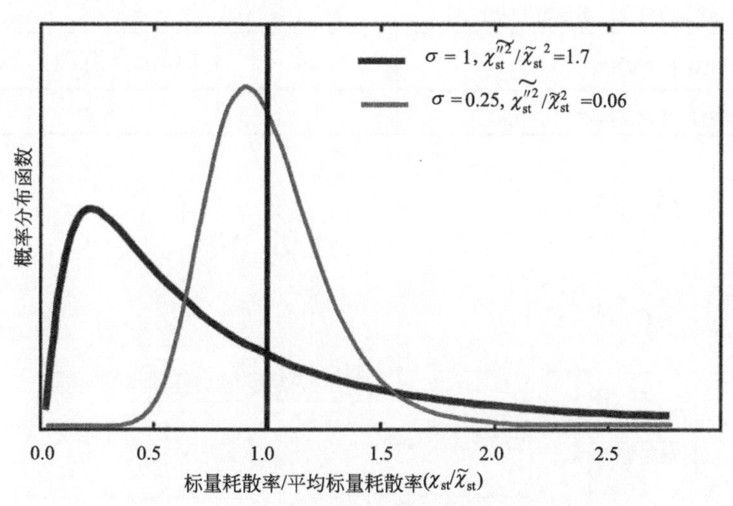

图 6.28　σ 取不同值时标量耗散率的正态分布

竖线对应于 $\widetilde{\chi}_{st}$（$\widetilde{\chi''^2_{st}}=0$）处的 δ 函数

在上述公式中仍未包含 $\widetilde{\chi}_{st}$，可通过使用稳态应变层流火焰在密度恒定假设下的结果（3.4.2 节）将其与 $\widetilde{\chi}$ 关联起来

$$\widetilde{\chi}=\widetilde{\chi}_{st}\int_0^1\frac{F(z)}{F(z_{st})}\widetilde{p}(z)\mathrm{d}z=\widetilde{\chi}_{st}\mathcal{F}(\widetilde{z},\widetilde{z''^2}) \tag{6.56}$$

其中，

$$F(z)=\exp(-2[\mathrm{erf}^{-1}(2z-1)]^2) \tag{6.57}$$

基于湍流时间，平均标量耗散率 $\widetilde{\chi}$ 可表示为

$$\widetilde{\chi}=c\frac{\varepsilon}{k}\widetilde{z''^2} \tag{6.58}$$

表 6.6 和图 6.29 总结了基于原始变量的 PDF-小火焰建模步骤，求解过程类似于无限快化学反应假设下的算例。从图 6.29 中可以看出，RANS 代码求解得出主要的流动变量以及 $\widetilde{z}$ 和 $\widetilde{z''^2}$，之后构造混合物分数和标量耗散率的概率密度函数，结合局部火焰结构（小火焰库）可以确定所有流动变量（温度和质量分数），最后根据温度推导出密度，并返给 RANS 代码。在无限快化学反应中，小火焰的计算不在 RANS 运行时进行，并且输入 RANS 代码

的变量，如平均温度或密度，在进行计算前作为 $\widetilde{z}$、$\widetilde{z''^2}$ 以及 $\widetilde{\chi}$ 的函数建表。

表 6.6 使用原始变量的 PDF 火焰模型原理

计算过程	结果
滞止火焰	
火焰结构存储于库中	$T(z,\chi_{st}),Y_k(z,\chi_{st})$
在 RANS 代码中	
求解混合物分数和方差	$\widetilde{z},\widetilde{z''^2}$
使用 $\widetilde{z}$ 和 $\widetilde{z''^2}$ 构造 z 的 β-PDF	$\widetilde{p}(z)$
使用 $\widetilde{z''^2}$，k 和 ε 估算 $\widetilde{\chi}$	$\widetilde{\chi}=c\widetilde{z''^2}\varepsilon/k$
使用 $\widetilde{\chi}$ 和 $\mathcal{F}(\widetilde{z},\widetilde{z''^2})$ 估算 $\widetilde{\chi}_{st}$	$\widetilde{\chi}_{st}=\widetilde{\chi}/\mathcal{F}(\widetilde{z},\widetilde{z''^2})$
使用 $\widetilde{\chi}_{st}$ 构建 χ_{st} 的对数正态函数 PDF	$p(\chi_{st})$
计算平均温度 $\widetilde{T}$	$\widetilde{T}=\int_0^{+\infty}\int_0^1 T(z,\chi_{st})\widetilde{p}(z)p(\chi_{st})\mathrm{d}z\mathrm{d}\chi_{st}$
通过 $\widetilde{T}$ 计算密度并发送给 RANS 代码	$\overline{\rho}$

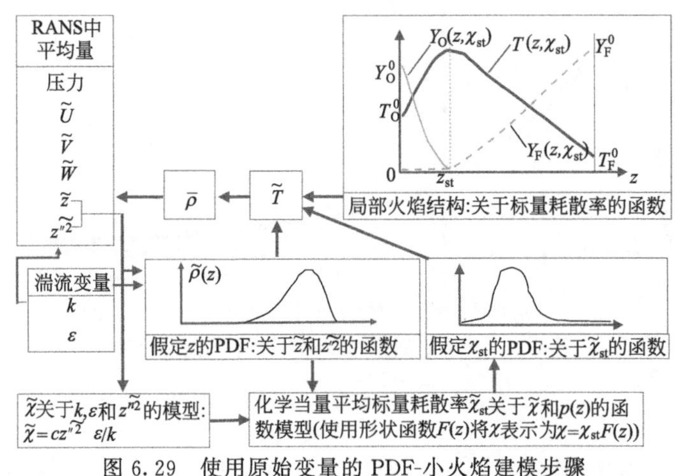

图 6.29 使用原始变量的 PDF-小火焰建模步骤

组分的平均质量分数通过式（6.48）进行后处理得到，但在计算过程中并不需要

与使用化学反应无限快假设的模型相比（6.4.2 节），有限速率化学反应的影响可通过化学当量标量耗散率来衡量，而这个标量耗散率必须与求解的变量（通常为混合物分数分布和湍流时间尺度）建立关联，如 6.4.3 节所述。

上述有限速率化学反应的建模过程使用稳态小火焰单元，当然也可使用非稳态的小火焰[即方程（3.21）的解]，尤其是在点火过程时必须考虑非稳态特征的情形。这一点已用于 Barths 等[54] 开发的 RIF（Representative Interactive Flamelet）模型或 Michel 等[55] 提出的模型中。

（2）条件矩封闭（CMC）

原则上，条件矩封闭方法（CMC）可以给出湍流燃烧更加精确的表示[56-57]。基本思想是推导、封闭和求解关于组分的质量分数条件平均（$\overline{\rho Y_k \mid z^*}$）的精确守恒方程，其中，（$\overline{\rho Y_k \mid z^*}$）是质量分数 Y_k 在混合物分数为 $z=z^*$ 条件下的平均值。于是，组分 k 的平均质量分数如下：

$$\bar{\rho}\widetilde{Y}_k=\int_0^1 \overline{(\rho Y_k \mid z^*)}\, p(z^*)\,\mathrm{d}z^* \tag{6.59}$$

此形式需要[58]：

① 质量分数条件平均 $\overline{\rho Y_k \mid z^*}$ 的守恒方程。每一个 z^* 都需要一个附加等式，这些方程还包含 z 空间中的二阶导数，因此需要足够多的条件值 z^* 来进行足够精确的估算。

② 给定概率密度函数 $p(z^*)$，一般根据 $\widetilde{z}$ 和 $\widetilde{z''^2}$ 来确定。

出于以下原因，这种方法很有吸引力：

① 质量分数的条件平均（$\overline{\rho Y_k \mid z^*}$ 或 $\overline{Y_k \mid z^*}$）可测量得到❶。

② 很多现象都与混合物分数的等值面强相关。例如，Mastorakos 等[59] 研究发现，自点火会出现在最易发生化学反应的混合物分数 $z=z_{MR}$，而稳定的扩散火焰则对应于化学当量混合物分数面❷。

③ CMC 可看作是一种多表面模型（$z=z^*$ 等值面），它对火焰面密度形式进行了扩展和精细化处理。

然而，对于条件变量 $\overline{\rho Y_k \mid z^*}$，必须封闭和求解 $N_k \times N_z$ 个附加的守恒方程，其中，N_k 和 N_z 分别是组分和所保留的条件值的数目，这会使计算成本非常高。为减小成本，可引入限制性假设，例如，假定条件变量 $\overline{\rho Y_k \mid z^*}$ 的演化过程很慢（相应的守恒方程可以在粗略网格上求解），或垂直于流动方向的流场均匀（$\overline{\rho Y_k \mid z^*}$ 只与时间和下游位置有关）。Vervisch 等[60] 提出了这个形式的简化版本，$\overline{\rho Y_k \mid z^*}$ 可通过化学反应建表得到。

(3) 概率密度函数的守恒方程

对于式(6.28) 或式(6.59) 中的概率密度函数 $p(z)$ 以及式(6.48) 中的 $p(z, \chi_{st})$，并不难理论推导其守恒方程，但需要指定火焰结构（如小火焰假设）以获知 $T(z, \chi_{st})$ 和 $Y_k(z, \chi_{st})$，因此，这种方法在实际模拟中并不适用。相应地，概率密度函数的守恒方程常与平均反应率的封闭模型一起使用（见 6.4.6 节）。

6.4.6 有限速率化学反应条件下的平均反应率模型

如 6.4.4 节所述，在有些情形下，反应率模型 $\bar{\dot{\omega}}_k$ 比原始变量法更方便使用，但需要保留组分的守恒方程，并对平均反应率 $\bar{\dot{\omega}}_k$ 建模。为此，可使用小火焰法或统计点法。

(1) 指定 PDF 的小火焰模型

在 6.4.5 节中构造了一个原始变量（组分质量分数和温度）关于混合物分数 z 及标量耗散率 χ_{st} 的小火焰库，在此也可以将层流反应率 $\dot{\omega}_k(z, \chi_{st})$ 存储在库中。于是基于概率密度函数的平均反应率 $\bar{\dot{\omega}}_k$ 可表示为

$$\bar{\dot{\omega}}_k=\int_0^1\int_0^\infty \dot{\omega}_k(z,\chi_{st})\, p(z,\chi_{st})\,\mathrm{d}z\,\mathrm{d}\chi_{st} \tag{6.60}$$

---

❶ 可参考 TNF 专题讨论会收集的数据库。

❷ 最易发生化学反应的混合物分数 z_{MR} 对应于反应率最大的混合物分数值，自点火系统在考虑这一点时至少有一个反应物被提前预热（详见 6.6.2 节以及文献［59］）。

一般情况下，关于 z 和 χ_{st} 的联合概率密度函数也可分解为一维概率密度函数的乘积：

$$p(z,\chi_{st})=p(z)p(\chi_{st}) \quad 或 \quad \rho p(z,\chi_{st})=\overline{\rho}\widetilde{p}(z)p(\chi_{st}) \tag{6.61}$$

式中，$\widetilde{p}(z)$指定为β函数，χ_{st} 假定满足对数正态分布（见第 6.4.5 节），具体过程总结于图 6.30 和表 6.7。RANS 求解器提供的 $\widetilde{z}$ 和 $\widetilde{z''^2}$，这些数据可用于构造概率密度函数，进而从小火焰库中得到平均反应率[式(6.60)]。

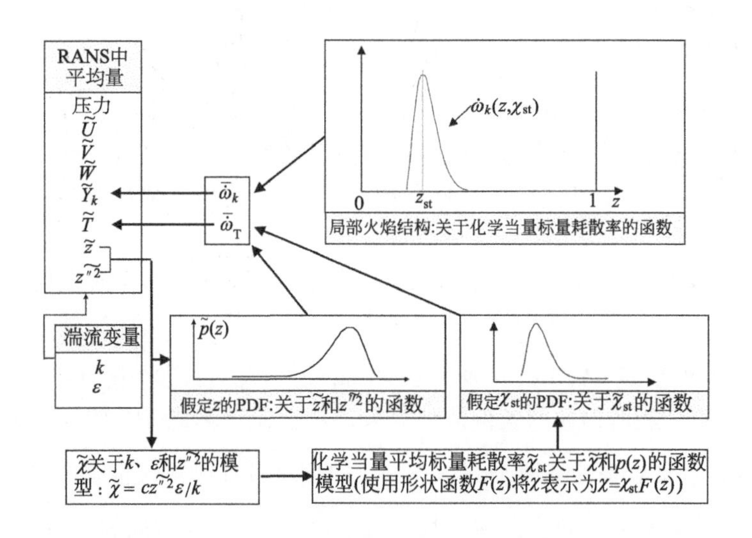

图 6.30 使用平均反应率的 PDF-小火焰模型的结构

表 6.7 基于平均反应率的 PDF-小火焰模型的原理

运算过程	结果
层流滞止火焰	
将组分 k 的反应率存储在小火焰库中	$\dot{\omega}_k(z,\chi_{st})$
在 RANS 代码中	
求解混合物分数的均值和方差	$\widetilde{z},\widetilde{z''^2}$
使用$\widetilde{z}$ 和$\widetilde{z''^2}$ 构建关于 z 的β-PDF	$\widetilde{p}(z)$
使用$\widetilde{z''^2}$,k 和 ε 估算$\widetilde{\chi}$	$\widetilde{\chi}=c\widetilde{z''^2}\varepsilon/k$
使用$\widetilde{\chi}$ 和$\mathcal{F}(\widetilde{z},\widetilde{z''^2})$估算$\chi_{st}$	$\widetilde{\chi}_{st}=\widetilde{\chi}/\mathcal{F}(\widetilde{z},\widetilde{z''^2})$
构建χ_{st} 的对数正态分布 PDF	$p(\chi_{st})$
使用 PDF 和小火焰库计算$\overline{\dot{\omega}}_k$	$\overline{\dot{\omega}}_k=\overline{\rho}\int_0^1[(\dot{\omega}_k(z,\chi_{st})/\rho)]\widetilde{p}(z)p(\chi_{st})\mathrm{d}z\mathrm{d}\chi_{st}$

(2) 火焰面密度的小火焰模型

这里的火焰面密度概念使用方法略有不同。此处，只考虑沿层流应变扩散火焰法向求积分的反应率 $\dot{\Omega}_k(\chi_{st})$，并将其存储于小火焰库中。平均反应率 $\overline{\dot{\omega}}_k$ 可表示为火焰面密度 Σ 与单位火焰面积的局部反应率$\overline{\dot{\Omega}_k(\chi_{st})}$的乘积

$$\overline{\dot{\omega}}_k=\overline{\dot{\Omega}_k(\chi_{st})}\Sigma \tag{6.62}$$

平均火焰面密度 Σ[61-62] 定义为❶

$$\Sigma=\overline{(|\nabla z||z=z_{st})}p(z_{st}) \tag{6.63}$$

其中，$\overline{(|\nabla z||z=z_{st})}$是$|\nabla z|$在化学当量$z=z_{st}$条件下的均值。$\overline{\dot{\Omega}_k(\chi_{st})}$为积分反应率沿火焰面求平均的值。当火焰前锋比较薄时，Vervisch 和 Veynante[63] 提出了一个精确关系式

$$\bar{\dot{\omega}}_k=\int_0^1\int_0^{\infty}\dot{\omega}_k(z,\chi_{st})p(z,\chi_{st})\mathrm{d}z\mathrm{d}\chi_{st}=\underbrace{\left[\int_0^{\infty}\Omega(\chi_{st})p(\chi_{st})\mathrm{d}\chi_{st}\right]}_{\overline{\dot{\Omega}_k(\chi_{st})}}\Sigma \tag{6.64}$$

它指明概率密度函数和火焰面密度形式之间的关系。火焰面密度模型通常假定

$$\overline{\dot{\Omega}_k(\chi_{st})}\approx\dot{\Omega}_k(\widetilde{\chi}_{st}) \tag{6.65}$$

这等价于指定标量耗散率的概率密度函数 $p(\chi_{st})$是一个以 $\chi=\widetilde{\chi}_{st}$ 为中心的 Dirac-δ 函数。$\dot{\Omega}_k(\widetilde{\chi}_{st})$可直接从小火焰库中提取❷。另外，还需一个模型将平均标量耗散率 $\widetilde{\chi}_{st}$ 与 RANS 代码中的湍流变量关联起来❸。

如何推导火焰面密度 Σ 的守恒方程是问题的关键。Marble 和 Broadwell[70] 首次提出火焰面密度模型，并通过直觉式论证推导出 Σ 的方程。对于燃料 F 和氧化剂 O 的单步化学反应，该守恒方程写为

$$\frac{\partial\Sigma}{\partial t}+\frac{\partial\tilde{u}_i\Sigma}{\partial x_i}=\frac{\partial}{\partial x_i}\left(\frac{\nu_t}{\sigma_c}\times\frac{\partial\Sigma}{\partial x_i}\right)+\alpha\kappa\Sigma-\beta\left(\frac{V_F}{\widetilde{Y}_F}+\frac{V_O}{\widetilde{Y}_O}\right)\Sigma^2 \tag{6.66}$$

式中，κ 是作用于火焰面的平均应变率，通过湍流时间尺度来估算❹；α 和 β 是模型常数；V_F 和 V_O 分别为燃料和氧化剂的消耗速度，由一维稳态层流应变火焰来估算。根据式(3.64)，V_F 由 $\rho V_F=\dot{\Omega}_k$ 和 $V_O=sV_F$ 给出，其中，s 是化学当量氧燃比。类似于式(5.85)中的源项 $\kappa\Sigma$，很容易通过分析湍流中物质面的输运得出。式(6.66) 中最后一项为消耗项，基于唯象论，火焰表面消耗速率与反应率（$V_F\Sigma$ 或 $V_O\Sigma$）成正比，与单位火焰面积的反应物成反比（即 $\widetilde{Y}_F/\Sigma$ 和 $\widetilde{Y}_O/\Sigma$）。这一项又被称为“火焰面互湮灭项”[70]。

最新分析在形式上证明了火焰面密度与混合物分数 z 的概率密度函数的关系，证实要写出 Σ 的方程，实际上相当于推导关于 z 的概率密度函数矩方程[61-63]。

表 6.8 和图 6.31 总结了火焰面密度模型的应用原理，虽然不需要混合物分数或其方差

---

❶ 由于扩散火焰通常位于化学当量混合物分数等值面 $z=z_{st}$ 处，因此该区域常被视为火焰面（第 3 章）。自点火现象会发生在“最易发生反应”的混合物分数等值面 z_{MR} 上，而该值通常不同于 z_{st}（见 6.6.2 节），为此根据相关文献[64-66]，扩展定义式(6.63) 以考虑一个“广义”火焰面

$$\overline{\Sigma}=\int_0^1\overline{(|\nabla z||z=z^*)}p(z^*)\mathrm{d}z^*=\overline{|\nabla z|}$$

该模型成功地预测了湍流火焰的自点火[67]。

❷ 小火焰库通常是基于一维稳态层流应变扩散火焰计算而建立。然而，根据相关文献[68-69]，非稳态效应以及 3.4.3 节中所述的火焰响应时间也应包含在内。

❸ 实际上，火焰面密度模型通常将反应率 $\dot{\Omega}_k$ 与火焰应变率关联起来，而非与标量耗散率。由于这两个量在应变层流扩散火焰中直接相关[参见式(3.65)]，因此原则上保持不变。

❹ Marble 和 Broadwell[70] 在关于燃料流和氧化剂流间二维混合层的早期研究中，κ 是由平均轴向速度的横向梯度绝对值估算。也有使用积分湍流时间尺度 k/ε 表示 κ，但湍流非预混燃烧中对相关时间尺度建模仍处于研究阶段。

的守恒方程，但必须保留组分和温度的方程。这个模型有很多优点：与反应率有关，故可扩展至复杂情形，如可压缩流动、超声速燃烧和部分预混燃烧[71-75]；只需要积分反应率 $\dot{\Omega}_k(\chi_{st})$，因此相应的小火焰库会更小。然而，必须求解所有组分的守恒方程，这也将该方法限制在只有少数组分的燃烧中。

表 6.8 基于火焰面密度概念的小火焰模型的原理

计算过程	结果
计算层流滞止火焰	
将积分反应率$\dot{\Omega}_k$ 和$\dot{\Omega}_T$ 存入库中	$\dot{\Omega}_k(\chi_{st}),\dot{\Omega}_T(\chi_{st})$
在 RANS 代码中	
求解火焰面密度	Σ
从 k 和 ε 计算标量耗散率的平均值	$\tilde{\chi}_{st}$
从库中获得平均组分反应率	$\dot{\Omega}_k$
计算组分的平均反应率$\bar{\dot{\omega}}_k$	$\bar{\dot{\omega}}_k=\dot{\Omega}_k(\tilde{\chi}_{st})\Sigma$
计算温度平均反应率$\bar{\dot{\omega}}_T$	$\bar{\dot{\omega}}_T=\dot{\Omega}_T(\tilde{\chi}_{st})\Sigma$
利用$\bar{\dot{\omega}}_T$ 和$\bar{\dot{\omega}}_k$ 提高平均组分和温度	$\tilde{Y}_k,\tilde{T}$

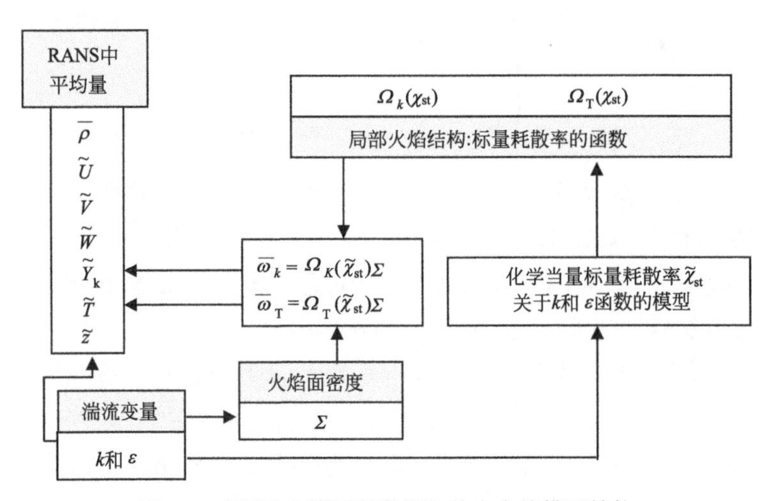

图 6.31 基于火焰面密度概念的小火焰模型结构

(3) 完整统计点模型 (full statistically point model)

上面两种方法都是基于小火焰假设：假定局部火焰结构对应于层流火焰单元。在完整统计点模型中，无须假定火焰结构。组分 k 的平均反应率可以表示为

$$\bar{\dot{\omega}}_k=\int_{Y_1=0}^{1}\int_{Y_2=0}^{1}\cdots\int_{Y_N=0}^{1}\int_T\dot{\omega}_k(Y_1,Y_2,\cdots,Y_N,T)\,p(Y_1,Y_2,\cdots,Y_N,T)\,\mathrm{d}Y_1\mathrm{d}Y_2\cdots\mathrm{d}Y_N\mathrm{d}T \tag{6.67}$$

式中，$p(Y_1,Y_2,\cdots,Y_N,T)$是关于组分和温度的联合概率密度函数，反应率由化学动力学 Arrhenius 定律直接给出，如表 1.5 所示。这个方法的优点是能够处理复杂化学反应模型(反应率 $\dot{\omega}_k$ 已知)，但预估联合概率密度函数 $p(Y_1,Y_2,\cdots,Y_N,T)$是这个方法的主要难点，可通过两个主要途径来解决：

① 指定 PDF 模型。指定概率密度函数的形状，例如 β 函数或对数正态分布，可通过已

有参数（如平均质量分数 $\widetilde{Y}_k$ 和方差 Y''^2_k）来确定。但在实际模拟中会发现很难指定一个具有两个以上变量的联合概率密度函数❶。在实际中，指定概率密度函数方法通常与小火焰假设一起使用。

② 输运 PDF 模型。在这种情况下，可推导出一个联合概率密度函数的守恒方程。这个方程与湍流预混火焰的方程完全相同[式(5.115)]。如前所述，反应项是封闭的，因为它仅与局部变量有关。另外，分子层面上的掺混（或微混合）也需要封闭，目前在该方向已展开很多研究[41,44-46]。相比由扩散-化学反应二者之间的平衡过程控制的预混火焰，本节所提出的模型对于由掺混过程控制的湍流非预混火焰似乎更有效。

6.5 湍流非预混火焰的 LES 模拟

一般情况下，化学反应要比湍流运动快，非预混火焰主要由湍流掺混过程控制，因此，湍流非预混燃烧的 LES 模拟可基于混合物分数 z 的概率密度函数来表示掺混过程。通过对湍流掺混搅拌进行一维随机定义（“线性涡团模型”）也可推导出另一种掺混表示方法。

6.5.1 线性涡团模型

线性涡团模型（Linear Eddy Model，LEM）[76-81] 是基于湍流掺混和扩散过程的一维随机描述。在大涡模拟 LES 中，LEM 可表示亚格子尺度上的掺混过程。从一维层面上分析亚格子尺度的化学反应和湍流掺混时，会涉及两个阶段。

① 湍流掺混机制。通过一维参考标量场上的重排过程来建模，根据图 6.32(b)（“三连映射”），初始一维标量场[图 6.32(a)]在尺寸为 l 的给定段上被重新排列，这一过程可视为一个大小为 l 的湍流结构在 x_0 处的影响，然后根据给定的湍流频谱来指定涡的位置 x_0、涡尺寸 l（$\eta_k \leqslant l \leqslant \Delta$，其中，$\eta_k$ 为 Kolmogorov 微尺度，Δ 为 LES 过滤器尺寸）和涡频率 λ。通过这些随机过程的信息模拟湍流掺混过程。

② 分子扩散和化学过程。通过直接求解下列一维守恒方程：

$$\frac{\partial \rho Y_i}{\partial t}=\frac{\partial}{\partial x}\left(\rho \mathcal{D}_i \frac{\partial Y_i}{\partial x}\right)+\dot{\omega}_i \tag{6.69}$$

复杂化学反应模型或不同组分的扩散效应都可以轻易加入式(6.69)。LEM 方法不考虑质量分数和温度的守恒方程，直接对可解尺度的质量分数 $\widetilde{Y}_i$ 或温度 $\widetilde{T}$ 进行估算，但必须对相邻网格单元之间的质量分数输运和温度输运给出明确说明。另请注意，每个计算单元都需要一维计算[式(6.69)]，这会使计算量明显增大。

在有些算例中，LEM 方法已成功模拟湍流掺混[82] 和非预混燃烧[81,83-85]。虽曾试图将其扩展至湍流预混燃烧，但问题还是很多[86-88]，例如，黏性耗散和火焰前锋弯曲在火焰-湍

---

❶ 其中一种简化方法是假定概率密度函数变量是统计独立的，即

$$p(Y_1,Y_2,\cdots,Y_N,T)=p(Y_1)p(Y_2)\cdots p(Y_N)p(T) \tag{6.68}$$

并假设每一个单变量的 PDF 为 $p(Y_k)$ 和 $p(T)$。但质量分数和温度在火焰中具有明显的关联性，统计独立并不成立。例如，对于具有单位 Lewis 数的无限快化学反应，质量分数和温度都是混合物分数 z 的线性函数（见图 3.6）。

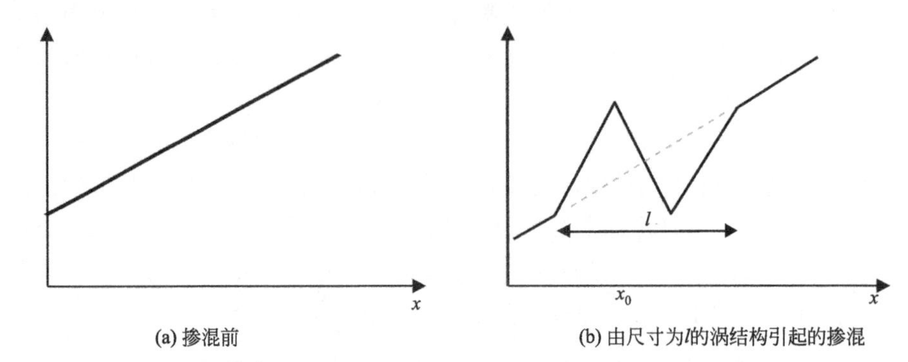

图 6.32 线性涡团模型[76] 中用来模拟一维湍流掺混搅拌过程的“三连映射（triplet map）”

流相互作用中起重要作用[89-90]，但这些特性在 LEM 形式中都未考虑。

6.5.2 概率密度函数

在前面 RANS 中定义组分质量分数和反应率时引入的概率密度函数很容易扩展至 LES 中，过滤后的组分质量分数和反应率可表示为（见 4.7.1 节）

$$\bar{\rho}(\boldsymbol{x},t)\widetilde{Y}_k(\boldsymbol{x},t)=\int\rho(\boldsymbol{x},t)Y_k(\boldsymbol{x}',t)F(\boldsymbol{x}-\boldsymbol{x}')\mathrm{d}\boldsymbol{x}' \tag{6.70}$$

$$\overline{\dot{\omega}}_k(\boldsymbol{x},t)=\int\dot{\omega}_k(\boldsymbol{x},t)F(\boldsymbol{x}-\boldsymbol{x}')\mathrm{d}\boldsymbol{x}' \tag{6.71}$$

式中，F 为 LES 的过滤函数。下面依次讨论无限快化学反应和有限速率化学反应的情形。

(1) 无限快化学反应

如 3.5.3 节所述，对于平衡态化学反应，质量分数或反应率只与混合物分数 z 有关，则式(6.71) 可改写为

$$\overline{\dot{\omega}}_k=\int\dot{\omega}_k(z)F(\boldsymbol{x}-\boldsymbol{x}')\mathrm{d}\boldsymbol{x}'=\iint_0^1\dot{\omega}_k(z^*)\delta(z(\boldsymbol{x}',t)-z^*)F(\boldsymbol{x}-\boldsymbol{x}')\mathrm{d}z^*\mathrm{d}\boldsymbol{x}' \tag{6.72}$$

式中，δ 表示 Dirac-δ 函数。则

$$\begin{aligned}\overline{\dot{\omega}}_k(\boldsymbol{x},t)&=\int_0^1\dot{\omega}_k(z^*)\underbrace{\int\delta(z(\boldsymbol{x}',t)-z^*)F(\boldsymbol{x}-\boldsymbol{x}')\mathrm{d}\boldsymbol{x}'}_{\text{亚格子尺度PDF}p(z^*,\boldsymbol{x},t)}\mathrm{d}z^*\\&=\int_0^1\dot{\omega}_k(z^*)p(z^*,\boldsymbol{x},t)\mathrm{d}z^*\end{aligned}$$

在此引入亚格子尺度概率密度函数 $p(z^*,\boldsymbol{x},t)$[91]，它可以指定，也可以通过求解形式上类似于 RANS 中概率密度函数的守恒方程获得。

Cook 和 Riley[92] 基于可解尺度的混合物分数 $\tilde{z}$ 及其亚格子尺度脉动 $\widetilde{z''^2}$，使用 β 函数（6.4.2 节）来指定 z-PDF 形状

$$\widetilde{p}(z)=\frac{\rho p(z)}{\bar{\rho}}=z^{a-1}(1-z)^{b-1}\frac{\Gamma(a+b)}{\Gamma(a)\Gamma(b)} \tag{6.73}$$

其中，

$$a=\tilde{z}\left(\frac{\tilde{z}(1-\tilde{z})}{\widetilde{z''^2}}-1\right),\quad b=\frac{1-\tilde{z}}{\tilde{z}}\left(\frac{\tilde{z}(1-\tilde{z})}{\widetilde{z''^2}}-1\right) \tag{6.74}$$

对于 $\widetilde{z''^2}=\widetilde{(z-\tilde{z})^2}$，可推导出一个精确但未封闭的守恒方程，但在LES中，基于尺度相似假设，$\widetilde{z''^2}$ 可通过可解尺度变量来估算

$$\widetilde{z''^2}=\widetilde{(z-\tilde{z})^2}=C_z\left(\left(\widehat{\tilde{z}^2}\right)-\left(\widehat{\tilde{z}}\right)^2\right) \tag{6.75}$$

式中，$\hat{f}$ 表示一个大于LES过滤器的测试过滤器；C_z 是一个估算的模型参数，可以是常数[92]，由湍流频谱[93-94] 估算或通过拉格朗日形式动态给出，也可以通过扩展Meneveau等[95] 的工作[96-97] 或使用最优估算器[98] 得到。

(2) 有限速率化学反应

亚格子尺度概率密度函数的概念可轻易拓展至有限速率化学反应中，由于组分质量分数（或反应率）与混合物分数 z 和标量耗散率 χ 有关[99-100]，则

$$\bar{\rho}\widetilde{Y}_k=\int_0^1\int_\chi \rho Y_k(z^*,\chi^*)p(z^*,\chi^*)\,\mathrm{d}\chi^*\mathrm{d}z^* \tag{6.76}$$

如果火焰单元为一维稳态应变扩散火焰，则可提供混合物分数 z 与标量耗散率 χ 的关系式[3.4.2节,式(3.66)]

$$\chi=\chi_0F(z)=\chi_0\exp\left(-2\left[\mathrm{erf}^{-1}(2z-1)\right]^2\right) \tag{6.77}$$

式中，χ_0 是应变火焰中标量耗散率的最大值。于是，在小火焰库中，$Y_k(z^*,\chi^*)$可根据火焰面的最大标量耗散率 χ_0 改写为

$$\bar{\rho}\widetilde{Y}_k=\int_0^1\int_\chi \rho Y_k(z^*,\chi_0^*)p(z^*,\chi_0^*)\,\mathrm{d}\chi_0^*\mathrm{d}z^* \tag{6.78}$$

假定混合物分数 z 和最大标量耗散率 χ_0 是统计独立变量，则 $\widetilde{Y}_k$ 可由下式给出：

$$\bar{\rho}\widetilde{Y}_k(\boldsymbol{x},t)=\int_0^1\int_\chi \rho Y_k(z^*,\chi_0^*)p(z^*,\boldsymbol{x},t)p(\chi_0^*,\boldsymbol{x},t)\,\mathrm{d}\chi_0^*\mathrm{d}z^* \tag{6.79}$$

假定标量耗散率 χ_0 对组分质量分数 Y_k 影响很小，或 χ_0 变化不是很大，Y_k 可以用泰勒级数的形式展开，且只保留前两项：

$$Y_k(z,\chi_0)\approx Y_k(z,\tilde{\chi}_0)+\left[\frac{\partial Y_k}{\partial \chi_0}\right]_{\chi_0=\tilde{\chi}_0}(\chi_0-\tilde{\chi}_0) \tag{6.80}$$

将此结果代入式(6.79)得

$$\bar{\rho}\widetilde{Y}_k(\boldsymbol{x},t)=\int_0^1\rho Y_k(z^*,\tilde{\chi}_0)p(z^*,\boldsymbol{x},t)\,\mathrm{d}z^* \tag{6.81}$$

其中，$Y_k(z^*,\tilde{\chi}_0)$基于式(3.26)，由层流小火焰的解确定。标量耗散率的均值 $\tilde{\chi}$（应由现有模型提供）与 $\tilde{\chi}_0$ 之间的关系为

$$\tilde{\chi}(\boldsymbol{x},t)=\tilde{\chi}_0\int_0^1F(z^*)p(z^*,\boldsymbol{x},t)\,\mathrm{d}z^* \tag{6.82}$$

根据过滤后的混合物分数 $\tilde{z}$ 及其脉动 $\widetilde{z''^2}$ 对 $\tilde{p}(z^*,\boldsymbol{x},t)=\rho p(z^*,\boldsymbol{x},t)/\bar{\rho}$ 选择 β 函数，则还需一个模型[94,101-102] 计算标量耗散率 $\tilde{\chi}$。基于简单的平衡态假设[100]：

$$\tilde{\chi}=\left(\frac{\tilde{\nu}}{Pe}+\frac{\nu_t}{Sc_t}\right)(\nabla\tilde{z})^2 \tag{6.83}$$

式中，$\tilde{\nu}$ 是过滤后的层流运动黏性系数；Pe 是Peclet数；ν_t 是亚格子尺度涡黏系数，由亚格子湍流模型提供；而 Sc_t 为湍流Schmidt数。

(3) CMC 建模

在 6.4.5 节的 RANS 方法中提到的条件矩封闭模型（CMC）可拓展至 LES 中。过滤后的组分质量分数为：

$$\bar{\rho}\widetilde{Y}_k = \int_0^1 \overline{(\rho Y_k \mid z^*)}\, p(z^*)\, dz^* \tag{6.84}$$

其中，对于混合物分数的给定值 z^*，组分质量分数的条件过滤值 $\overline{(\rho Y_k \mid z^*)}$ 是守恒方程的解。这个方法和 RANS 中存在相同的缺点（封闭方案及高计算成本），但已经成功用在一些算例中[103-106]。

6.5.3 增厚火焰模型

5.4.3 节中介绍的增厚火焰模型（TFLES）最初是为预混火焰而开发，Légier 等[20] 和 Schmitt 等[107] 将其拓展至湍流非预混火焰，起初研究 6.2.4 节中讨论的火焰构型，现已将其用于其他非预混火焰[108]、两相火焰[109-110] 和超临界火焰[111] 中。在这些算例中，通过引入一个传感器来识别反应区，进而对该区域进行加厚以调整 TFLES 模型：在这个区域内，根据 5.4.3 节的内容同时调整扩散率和反应率来确保火焰被加厚；在该区域之外，火焰未被加厚。在这个动态增厚火焰模型（DTFLES）中❶，组分 k 的守恒方程和预混火焰的 TFLES 的方程（5.139）一样，即

$$\frac{\partial}{\partial t}\rho Y_k + \frac{\partial}{\partial x_i}\rho(u_i + V_i^c)Y_k = \frac{\partial}{\partial x_i}\left(\rho EF\mathcal{D}_k \frac{W_k}{W} \times \frac{\partial X_k}{\partial x_i}\right) + \frac{E\dot{\omega}_k}{F} \tag{6.85}$$

式中，F 为增厚因子，E 为效率函数。唯一区别在于 F 不是常数：在反应区之外等于 1，在反应区内达到最大值。具体来说，F 和网格尺寸与火焰厚度的比值有关，通过调整 F 值可使火焰厚度内存在 3～5 个网格节点。方程(6.85) 在表示复杂火焰时更有优势：它与燃烧方式（预混或非预混）无关；在远离火焰的区域，$\dot{\omega}_k = 0$，$F = 1$；方程(6.85) 是控制多组分气体掺混的标准 LES 方程，该性质对于有多种气体喷注的系统非常有用；当网格很精细时，方程（6.85）退化为一个 DNS 模拟，F 处处为 1；在充分预混火焰中，退化为常见的 TFLES 模型；它能够捕捉到点火和熄灭过程（在近壁面或者通过热损失），因为 $\dot{\omega}_k$ 中保留了 Arrhenius 化学反应；还可以通过加厚所有反应区，将其简单拓展至简化反应模型。

当非预混火焰使用 DTFLES 方法时，理论基础不足：它不像绝大多数 LES 方程一样通过过滤得到。很多问题仍在研究中，如非预混火焰模型和预混火焰模型的效率函数之间的相关性，或整体加厚火焰（TFLES）和仅在反应区加厚的火焰（DTFLES）之间的区别[112]。然而在实际中，这个方法使用有限的计算代码就可以给出很好的结果，是复杂燃烧器中唯一可用的方法，其中另一个原因是实际扩散火焰在很多情况下是以部分预混方式燃烧。如图 6.33 所示，丙烷的质量分数场 Y_F（灰度部分）叠加在反应率场和两条化学当量线（粗线）上，虽然燃料和氧化剂是分开进入燃烧室中，但只有很少的反应区具有类似扩散火焰的结构，且位于化学当量等值面附近。实际上，强掺混发生在燃烧开始之前。燃烧一旦开始就可观察到剧烈的富燃预混火焰，未反应的燃料留在高温产物中，如图 6.34(b) 所示的点 B 处，

---

❶ 需要注意的是，该模型是动态的，增厚因子会根据火焰传感器进行局部调整，但不似之前在 LES 中，模型参数是根据可解尺度的流场信息进行动态调整（见 4.7.3 节和 4.7.5 节）。

这部分过剩的燃料随后与下游空气或在回流区中燃烧。在回流区中，会观察到一个非预混火焰位于由已燃产物稀释的高温燃料与未燃气体之间，如图 6.34(a) 所示的点 A 处。由于燃料被已燃气体稀释，此处的扩散火焰结构与小火焰模型中保留的低温燃料-氧化剂构型不同：在燃料一侧，燃料质量分数的最大值为 $Y_F \approx 0.05$，远不及纯丙烷-空气扩散火焰中❶的最大值 $Y_F = 1$。此外，燃料一侧的温度也对应于富燃预混火焰的已燃气体温度，这在常见的扩散火焰中从未出现，建表也很困难。

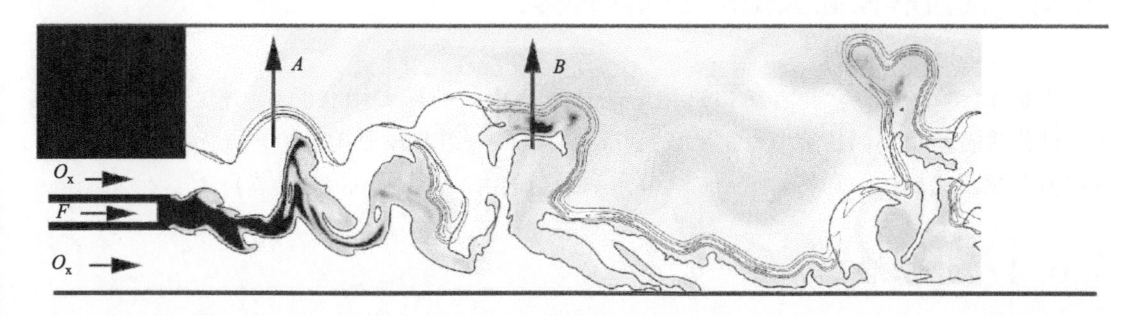

图 6.33　燃料质量分数（灰度）和叠加在化学当量等值面（粗实线）上的反应率（轮廓线）场的瞬时图
等值面从 6.2.4 节（图 6.13）中介绍的推举火焰状态 LES 中提取。
箭头标出图 6.34 中的截取位置和方向（来自文献 [20]）

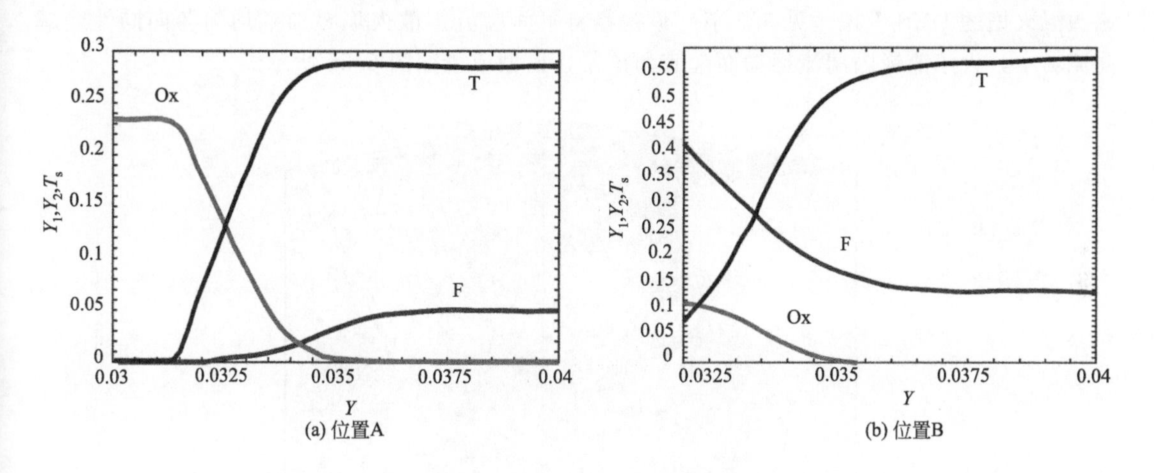

图 6.34　图 6.33 中的位置 A 和 B 处的燃料、氧化剂和温度在火焰前锋上的分布（来自文献 [20]）

下面介绍推举火焰中常见的一个奇怪现象：在推举火焰的抬升区域，燃料和氧化剂发生掺混，考虑到化学当量混合物分数 z_{st} 在实际应用中都很小（表 3.4），因此会形成一系列掺混富燃微团，这些微团之后以预混富燃火焰方式燃烧，并将未反应的燃料留在燃烧产物中。过剩的燃料被高温气体稀释，随后与氧化剂在扩散火焰中一起燃烧。上述简单分析与 DNS 的结果一致（见 6.6.4 节），它们都表明很多湍流非预混火焰会发生部分预混燃烧。DT-FLES 模型能正确预测这种火焰，但很难使用其他模型来预测，因为此处的火焰结构与经典

❶ 对于当前的丙烷/空气单步化学反应，燃烧产物中包含过剩的丙烷。在真实系统中，丙烷在反应区会发生裂解，已燃气体中就会包含未燃的碳氢化合物。

火焰（预混或扩散火焰）不匹配。总体来说，关键问题在于处理部分预混（或分层）燃烧方式，即反应物并没有充分预混，局部混合物分数从 0 到 1 连续变化。这一点可通过将预混燃烧模型与当量比分布结合起来处理。关于部分预混火焰状态的完整定义和建模超出了本书的范围，在此不予详细介绍。

6.6 湍流非预混火焰的 DNS 模拟

火焰-涡相互作用的 DNS 模拟已用于湍流燃烧模式的研究中（6.3.1 节）。下面对局部火焰结构进行更精确的研究（6.6.1 节）。6.6.2 节将介绍非预混火焰的自点火，最后总结一些湍流非预混火焰的全局特性（6.6.3 节）和最新的 DNS 结果（6.6.4 节）。

6.6.1 局部火焰结构

Bédat 等[113] 使用 DNS 方法分析了湍流非预混火焰的局部火焰结构并验证了小火焰假设。二维模拟和三维模拟均使用单步化学反应模型，通过调整参数确保预测数据与 GRI 2.11 复杂反应模型一致。研究内容主要包括预混（稳态）和非预混（稳态和非稳态）层流应变火焰的化学当量层流火焰速度、绝热火焰温度、主要反应物浓度和熄灭应变率[114]。湍流预混火焰的 DNS 模拟（见 5.5 节）最初是将平面层流扩散火焰叠加到均匀各向同性衰减湍流场中，火焰前锋因湍流运动而起皱和拉紧，典型流场如图 6.35 所示。

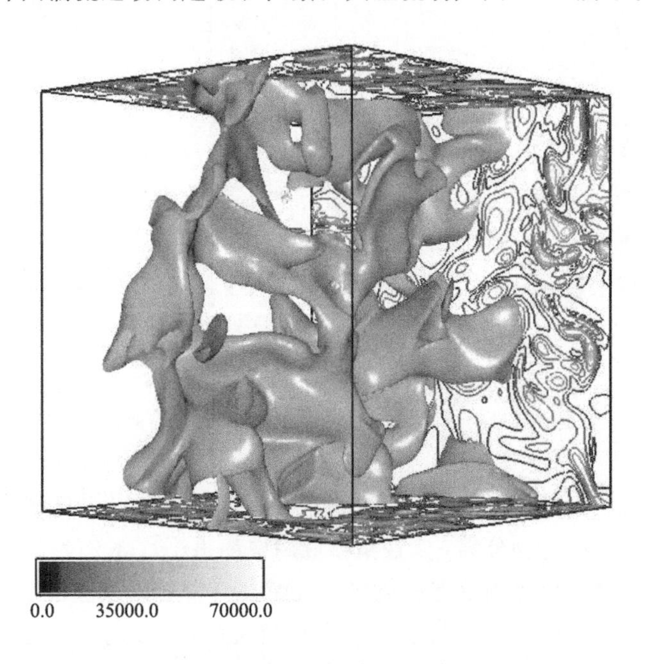

图 6.35 甲烷-空气湍流非预混火焰的 DNS 结果

给出了释热率的包络线（$500\mathrm{W\cdot cm^{-3}}$）和涡量幅值（计算区域和涡量幅值单位 [$\mathrm{s^{-1}}$]）的瞬时图

（经 Elsevier Science 许可，来自 Bédat 等[113]）

根据“火焰面”概念分析DNS结果（图6.36）：首先识别出火焰面位置（定义为$z=z_{st}$的等值面）；在这个火焰面的每个点上，提取温度T_{st}和标量耗散率χ_{st}，并根据χ_{st}和化学时间τ_c确定局部Damköhler数Da［见3.5.2节和式(3.90)］；找出火焰前锋的法向，对反应率$\dot{\omega}$沿法线方向积分可得出积分反应率$\int \dot{\omega} d\boldsymbol{n}$；由于小火焰模型中假设湍流火焰的火焰单元行为类似层流火焰，从DNS数据中提取的$T_{st}(Da)$和$\int \dot{\omega} d\boldsymbol{n}(Da)$应该与层流滞止火焰中对应的变量（所谓的“小火焰库”）进行对比。这些小火焰库使用与DNS相同的输运模型和化学反应模型进行单独计算。

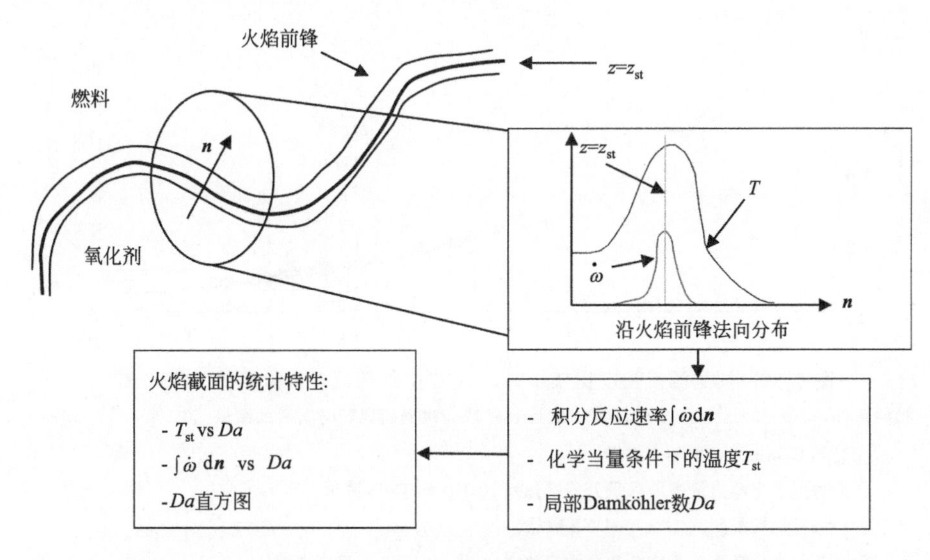

图6.36　Bédat等的DNS分析过程[113]

沿火焰前锋法向$\boldsymbol{n}$的截面提取$z=z_{st}$时温度T_{st}和标量耗散率χ_{st}，并沿$\boldsymbol{n}$方向对反应率求积分；积分反应率$\dot{\omega}$和T_{st}被绘制成关于Da的函数，其中，局部Damköhler数为$Da=1/\chi_{st}\tau_c$，τ_c为化学时间尺度

DNS结果表明，局部Damköhler数控制火焰的结构。Bédat等[113]根据Cuenot和Poinsot[21]关于火焰-涡相互作用的DNS结果，提出了三个参考Damköhler数（见6.3.1节和图6.37）：

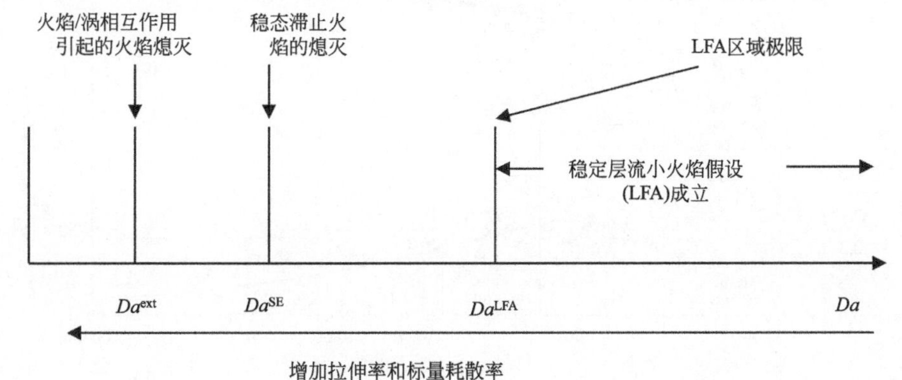

图6.37　在DNS结果后处理中用到的不同Damköhler数定义

① Da^{SE}对应于稳态应变层流扩散火焰熄灭时的局部Damköhler数；

② Da^{LFA} 定义稳态层流小火焰方法的应用极限；

③ Da^{ext} 是火焰熄灭时对应的 Damköhler 数（见 6.3.1 节）。

根据 Cuenot 和 Poinsot 的研究[21]（6.3.1 节），后两个 Damköhler 数可近似为：$Da^{\mathrm{LFA}}=2Da^{\mathrm{SE}}$，$Da^{\mathrm{ext}}=0.4Da^{\mathrm{SE}}$。图 6.38 给出了初始湍流度较小时的模拟结果（$u'=1.2\mathrm{m/s}$，湍流雷诺数 $Re_t=18$），并与稳态层流火焰的解进行对比。图 6.39 显示了高湍流水平的结果。

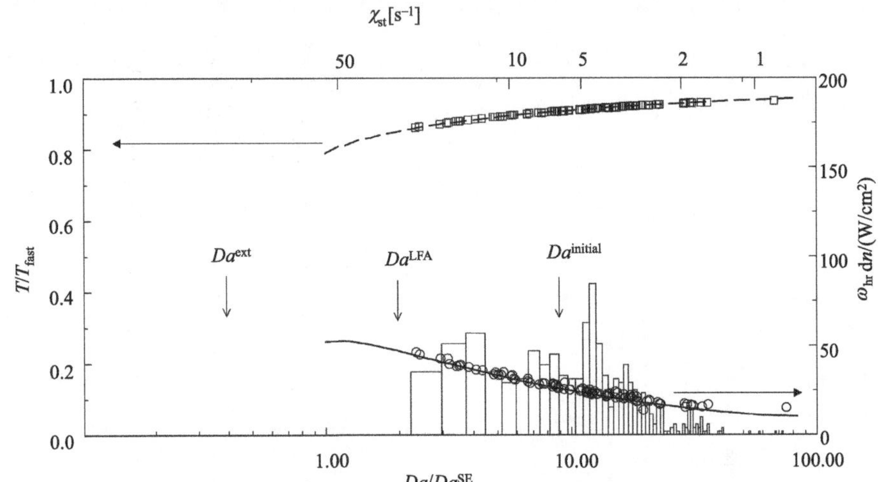

图 6.38 初始湍流强度比较小时，甲烷-空气湍流扩散火焰的 DNS 结果

初始条件：$u'=1.2\mathrm{m/s}$，湍流雷诺数 $Re_t=18$；取一次涡团周转时间后的结果：

①局部 Damköhler 数的直方图。

②沿垂直于化学当量表面求积分的释热率（○）——DNS 数据。

③$z=z_{st}$ 处的温度（□）——DNS 数据。

④沿垂直于化学当量表面求积分的释热率（—）——小火焰库数据。

⑤$z=z_{st}$ 处的温度（---）——小火焰库数据。

数据被绘制成关于无量纲的局部 Damköhler 数 Da/Da^{SE} 函数，其中 Da^{SE} 为滞止火焰的熄灭 Damköhler 数。温度以无限快化学反应时的取值无量纲化（经 Elsevier Science 许可，来自 Bédat 等[113]）

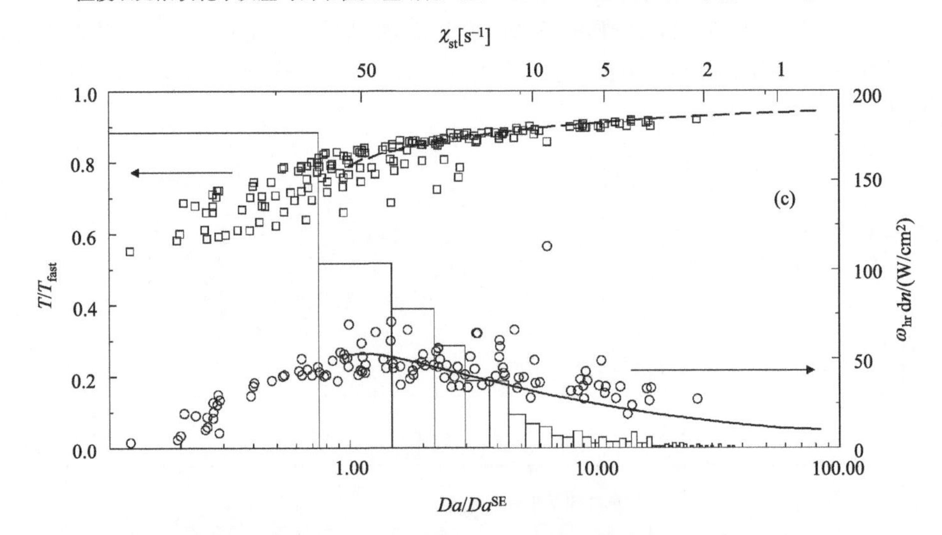

图 6.39 初始湍流强度比较大时，甲烷-空气湍流扩散火焰局部结构的 DNS 结果

初始条件：$u'=6\mathrm{m/s}$，湍流雷诺数 $Re_t=92$。线条和符号与图 6.38 相同

（经 Elsevier Science 许可，来自 Bédat 等[113]）

对于第一种情形，当初始湍流度比较小时，如图 6.38 所示，直方图显示在火焰面 $z=z_{st}$ 上所有点的局部 Damköhler 数都大于 Da^{LFA}，层流小火焰假设成立：化学当量条件下的积分释热率和局部温度都与小火焰库数据非常吻合。随湍流水平增加，如图 6.39 所示，湍流特征时间，其值等于化学当量标量耗散率的倒数，会不断减小，并且 Damköhler 数的分布向低值偏移。Da 的直方图显示火焰面上很多点的 Damköhler 数都小于火焰库中的熄灭 Da^{SE}。火焰库数据预测这些点的火焰会发生熄灭（释热率为 0），但事实并非如此（图 6.39）：尽管这些点的燃烧很缓慢，但由于非稳态效应，它们并未熄灭。然而，只有非常少的点出现在小于 $Da^{ext}=0.4\,Da^{SE}$ 处，这对应于火焰-涡相互作用的一种极限，证实了 Da^{ext} 比 Da^{SE} 更适应于湍流流动。另外，即便小火焰库对大部分火焰单元拟合得很好，但图 6.39 中散布在层流库数据附近的点要比在小湍流度 u' 时更分散（图 6.38），这主要是由进入反应区的小尺度湍涡和非稳态效应引起。

6.6.2 湍流非预混火焰的自点火

DNS 也是研究火焰自点火机制很有效的方法。Mastorakos 等[59] 研究了在低温燃料和高温空气的湍流扩散层内的点火现象，如图 6.40 所示，这个结构有重要的工业应用背景，如柴油内燃机或超声速燃烧器内的点火。在这两种情形下，低温燃料流被喷注到因压缩效应加热的空气流中。这些模拟工作主要是为了理解自点火的机制从而开发适用的模型。

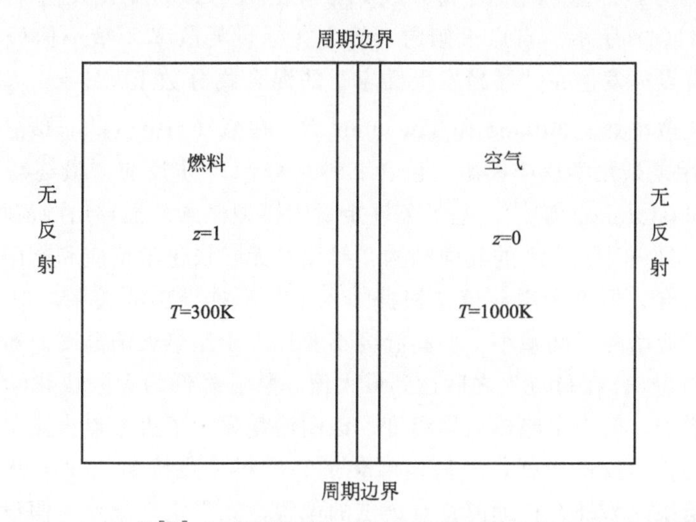

图 6.40 Mastorakos 等[59] 用来研究低温燃料和高温空气之间自点火机制的数值模型

首先将一个均匀各向同性的湍流叠加在扩散层上

自点火现象可以用释热率的条件平均（$\overline{\dot{\omega}\mid z}$）来研究，其中，这个条件平均对应于给定混合物分数值 z 条件下的反应率均值。如图 6.41(a) 所示，自点火现象出现在最易发生反应的混合物分数 $z_{MR}=0.12$ 处，对应于最大反应率 $\dot{\omega}$ 为

$$\dot{\omega}=AY_FY_O\exp(-T_A/T) \tag{6.86}$$

相比之下，化学当量混合物分数为 $z_{st}=0.055$。在自点火现象发生之前，$\dot{\omega}$ 与 $z(1-z)\exp(-T_A/T)$ 成正比；当燃料和氧化剂的温度相等时，最大反应率出现在 $z_{MR}=0.5$ 处。当燃料和氧化剂的初始温度不同时，自点火会向温度高的一侧移动（即 Mastorakos

等[59] 数值模拟中的氧化剂流）。基于层流火焰的[115] 渐近理论，也可以在湍流中复现这一点。

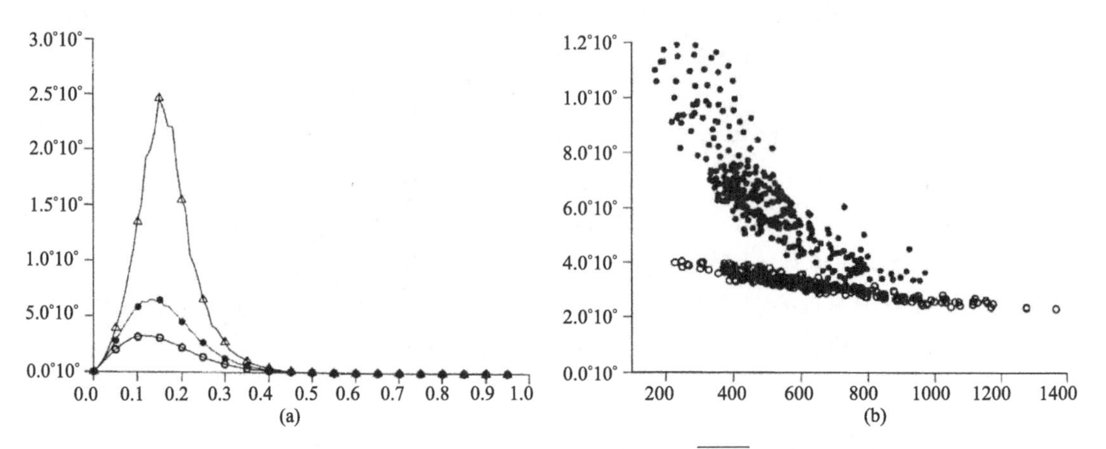

图 6.41 (a) 在自点火前三个不同时刻反应率的条件平均 $(\overline{\dot{\omega} \mid z})$ 随混合物分数 z 的变化；(b) 自点火前两个时刻的反应率在 $0.11<z<0.14$ $(z_{MR}=0.12)$ 之间随标量耗散率的分布

自点火出现在“最易发生化学反应”的混合物分数值附近，即 $z_{MR}=0.12$ 而非 $z_{st}=0.055$

（经 Elsevier Science 许可，来自 Mastorakos 等[59]）

在“最易发生化学反应”的混合物分数 z_{MR} 附近还可以绘制出反应率与标量耗散率的关系图，如图 6.41(a) 所示。自点火倾向于发生在标量耗散率 χ 最小值处。综上所述，湍流非预混火焰的自点火发生在“最易发生反应”的混合物分数上（$z=z_{MR}$，与初始温度有关）和最小标量耗散率处。Hilbert 和 Thévenin[116] 在氢气与空气的非预混湍流火焰自点火研究中，DNS 使用复杂化学反应模型，包含 9 种组分，37 步反应，最终得到相似结论。根据他们的结果，Mastorakos 等[117] 基于条件矩封闭模型概念，推导出湍流场的自点火模型。

图 6.42 基于类似于图 6.40 的几何结构，对比在无限快化学反应和有限速率化学反应下的反应率和最高温度，但不考虑湍流。根据 3.4.1 节中推导出的关系，对于无限快（或平衡）化学反应，反应率随时间减小，最高温度不变且等于绝热火焰温度。对于有限速率化学反应，反应率最初为 0，在自点火之后达到最大值，然后降低为无限快化学反应的解，最高温度随时间不断增加，但小于绝热火焰温度。该图清楚显示了火焰点火定义的重要性。在这种情形下，无限快化学反应近似，即假定氧化剂和燃料一旦接触就发生燃烧，没有实际意义，会产生错误结果。另外，在远离自点火点的位置，无限快化学反应假设成立。

Mastorakos 等[59] 得到的时间演化结果也在空间混合层构型中复现[118]。如图 6.43 所示，低温燃料流和高温氧化剂流被平行注入燃烧室中。在图 6.44(a) 中，化学反应从最易反应的混合物分数 z_{mr} 开始，然后移动到化学当量值 z_{st} 附近；扩散火焰在下游位于 z_{st} 等值面上。上述现象通过混合物分数空间中燃料质量分数在下游不同位置 x 的曲线得以证实[图 6.44(b)]。需要注意的是，在远离自点火的位置，燃料质量分数分布会向无限快化学反应的解发展（图 3.6）。

6.6.3 全局火焰结构

van Kalmthout 和 Veynante[119] 研究了湍流非预混火焰在二维混合层的结构，如图

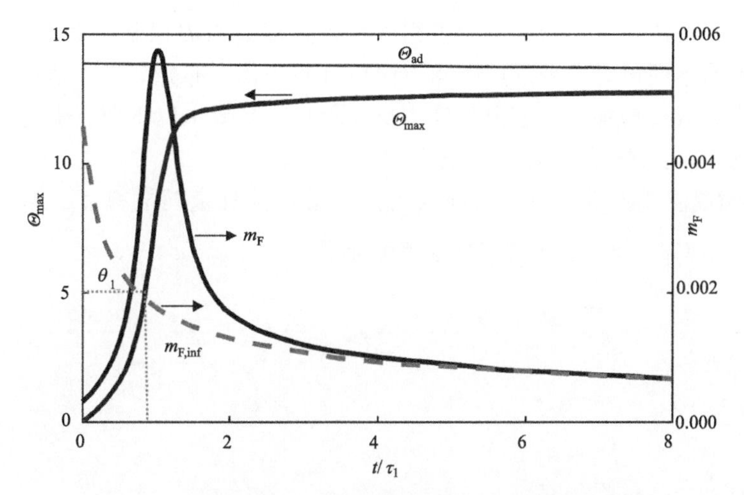

图 6.42　最高温度Θ_{max}和总反应率m_F随时间的变化，与用无限快化学反应假设计算的绝热温度Θ_{ad}和反应率$m_{F,inf}$作对比

流场的几何结构类似图 6.40，不考虑湍流运动[118]

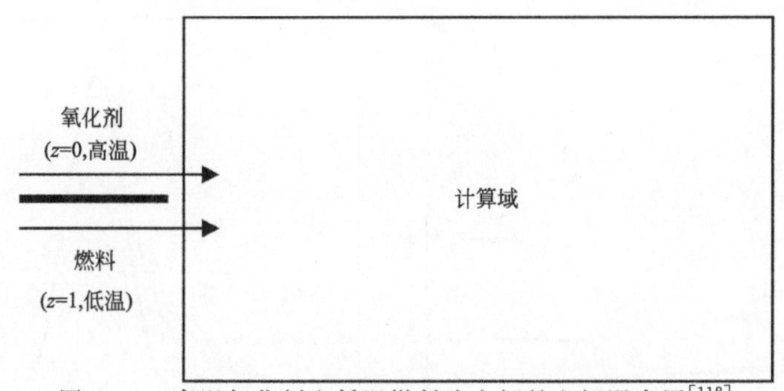

图 6.43　高温氧化剂和低温燃料流之间的空间混合层[118]

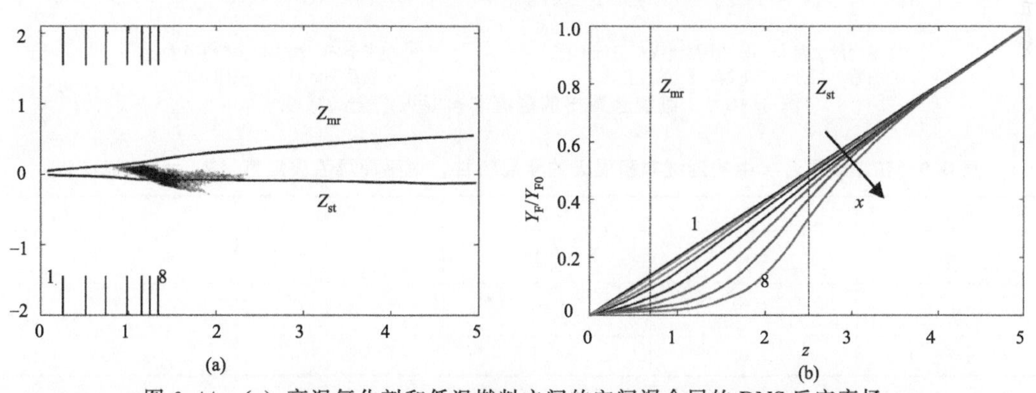

图 6.44　(a) 高温氧化剂和低温燃料之间的空间混合层的 DNS 反应率场；(b) 在下游不同位置 x 处，燃料质量分数Y_F随混合物分数变化的横向分布[118]

6.45 所示，均匀各向同性的湍流注入虚拟域的入口边界处，火焰前锋由化学当量等值面 $z=z_{st}$ 确定，因湍流运动起皱❶。

---

❶　在这个模拟中，入口为超声速，声波不能向上游传播。5.5.5 节介绍了一个亚声速流动中加入湍流的最新 DNS 研究，这种情况在可压缩代码中要特别注意，因为声波会向上游传播至已经设置湍流运动的计算域入口。

对局部反应率均值在空间域沿横向求积分可得到横截面的积分反应率。图 6.46 给出了初始湍流雷诺数取不同值时积分反应率随下游位置的变化，部分结果总结在表 6.9 中。

当湍流雷诺数 Re_t 增加时，积分反应率也会增加，主要由以下两点引起（表 6.9）：

① 湍流运动引起火焰前锋起皱，火焰表面积增加；

② 根据非预混层流火焰理论，增加火焰前锋的局部标量耗散率 χ_{st} 会增加单位火焰面的局部燃料消耗率 $\dot{\Omega}_F$，这一点也被 DNS 结果证实。

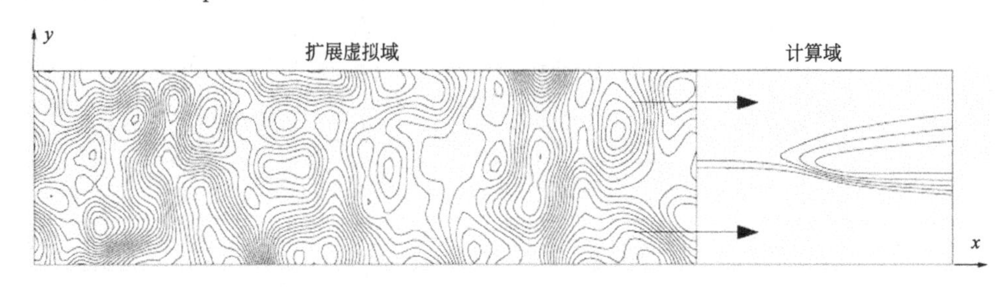

图 6.45　在扩展虚拟域中生成湍流并逐渐注入计算域中[119]

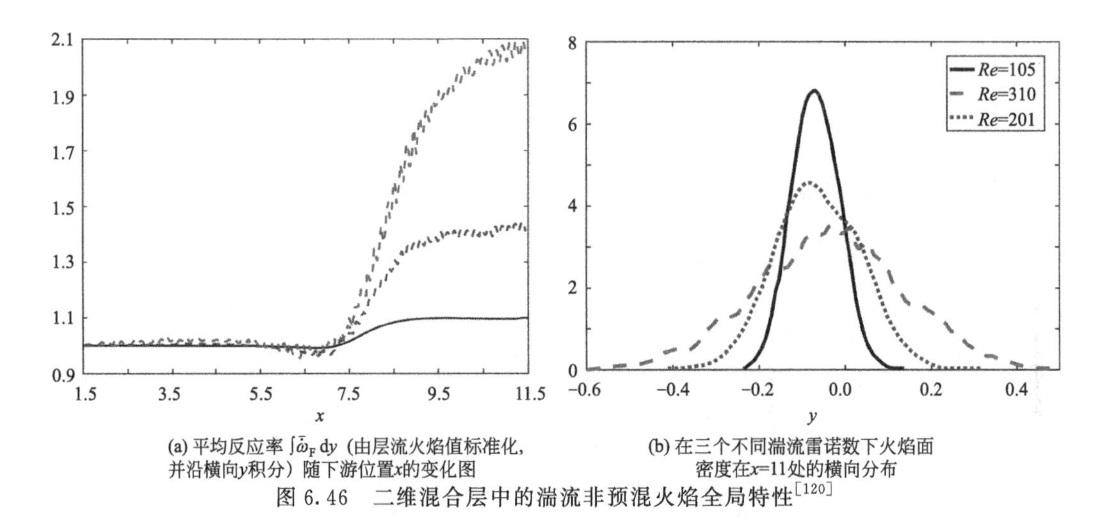

(a) 平均反应率 $\int\bar{\omega}_F dy$（由层流火焰值标准化，并沿横向y积分）随下游位置x的变化图

(b) 在三个不同湍流雷诺数下火焰面密度在x=11处的横向分布

图 6.46　二维混合层中的湍流非预混火焰全局特性[120]

表 6.9　在二维混合层中的湍流非预混火的全局特性，由平面层流火焰值（Re_t=0）标准化

Re_t	0	105	201	310
$\int\bar{\omega}_F dy$	1.0	1.1	1.4	2.1
$\int\Sigma dy$	1.0	1.08	1.3	1.7
$(\overline{\chi\vert z=z_{st}})$	1.0	1.2	1.7	2.5

注：下游位置为 x=11，这里已达到稳定状态[120]。

例如，根据表 6.9，当 Re_t=310 时，总体反应率与平面层流火焰相比增加 1 倍。当单位火焰面积的局部反应率因标量耗散率增大而增加约 125%时，火焰面仅增加 70%左右。另请注意，当湍流度增加时，如图 6.46(b) 所示，湍流火焰刷会增厚。最大火焰面密度减小意味着火焰前锋在拍动，但火焰总表面积会增大。

DNS 模拟结果也可用来检验火焰面密度概念的主要假设，即平均反应率可表示为火焰面密度与局部消耗速率的乘积[式(6.62)]。图 6.47 对比燃料平均反应率 $\bar{\omega}_F$、平均火焰面密

度 Σ 和局部消耗速率 $\overline{\dot{\Omega}}_F=\bar{\dot{\omega}}_F/\Sigma$ 的横向分布，发现局部反应率在整个混合层不变，至少在火焰面密度不是太小时如此，这主要是由于局部反应率与标量耗散率的条件平均有关，而考虑到湍流是均匀各向同性，这个变量的条件平均沿横向也被认为是恒定的。上述发现验证了火焰面密度建模的假设。van Kalmthout 等[119-121] 随后仔细研究了火焰面密度 Σ 的精确守恒方程及其封闭方法，但这部分内容超出了本书的范围，读者可以参考相关文献。

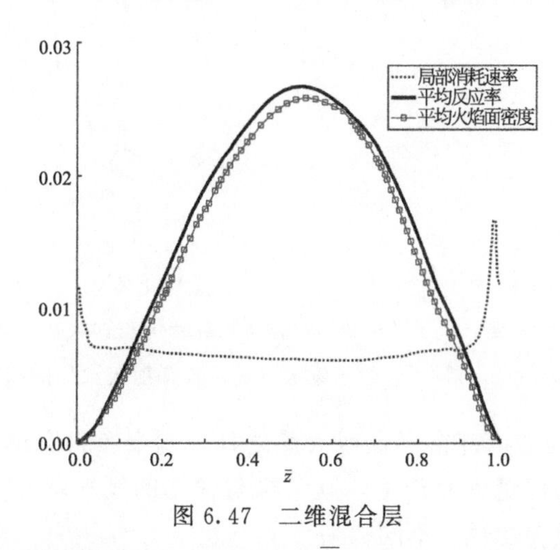

图 6.47　二维混合层

图中表示了平均反应率 $\bar{\dot{\omega}}_F$、局部消耗速率 $\overline{\dot{\Omega}}_F=\bar{\dot{\omega}}_F/\Sigma$ 和平均火焰面密度 Σ[119]

6.6.4 使用复杂化学反应模型的三维 DNS 模拟

随着超算的发展，自 2004 年以来，研究人员开展了很多非常好的 DNS 模拟，主要集中在美国和日本。美国桑迪亚国家实验室开展了使用复杂化学反应模拟的湍流扩散火焰三维 DNS 模拟，给出了氢气-空气和乙烯-空气湍流扩散推举火焰的算例[122-123]。有些日本团队利用“Earth Simulator”或“Numerical Wind Tunnel”（日本国家航空航天实验室的矢量并行计算机）等超算进行了很多大型 DNS 研究。例如，Yokokawa 等[124] 使用 4096^3 个网格研究了均匀各向同性的湍流。Mizobuchi 等[125-126] 使用复杂化学反应研究了三维氢气射流湍流火焰：氢气通过直径为 2 mm 的喷嘴以 680 m/s 的射流速度进入静止的空气中（马赫数为 0.54，基于喷嘴直径计算的雷诺数为 13600）；使用一个 17 步反应模型[127] 和一个二元扩散 Fick 定律求解出 9 种组分（H_2、O_2、OH、H_2O、H、O、H_2O_2、HO_2、N_2）。计算域沿来流方向长 4.6 cm，矩形截面宽 6 cm×6 cm。矩形网格包含约 2280 万个节点，网格尺寸比 Cheng 等[128] 实验中测量的 Kolmogorov 微尺度大 2.5 倍，大约为层流火焰释热层宽度的 1/10。

图 6.48 中举例给出的推举火焰的 DNS 模拟结果与实验一致。这个模拟结果清楚地证明了流场的复杂性远非常见扩散火焰可比，图中出现了三个主要区域：

① 火焰在湍流射流外稳定，在该区域具有三岔火焰结构（见 6.2.3 节）。

② 大部分燃烧发生在强湍流内部的富燃预混火焰中❶。事实上，由于化学当量混合物分数很小（$z_{st}\approx 0.028$，表 3.4），在喷嘴和火焰之间产生的大部分氢气-空气混合物是富燃料状态。

---

❶ 燃烧状态用火焰指数 F.I. 确定[129]：$F.I.=\nabla Y_{H_2}\cdot\nabla Y_{O_2}$，其中 Y_{H_2} 和 Y_{O_2} 分别表示氢气和氧气的质量分数。这个指数对于预混（扩散）火焰是正（负）的值。

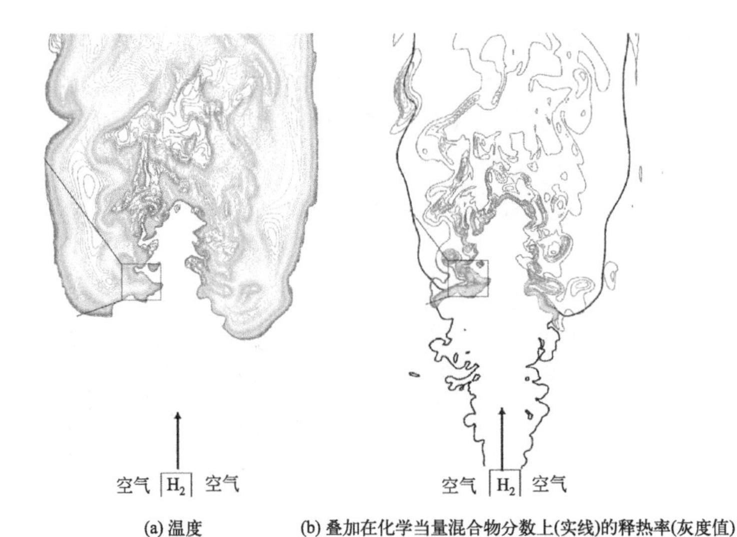

(a) 温度　　(b) 叠加在化学当量混合物分数上(实线)的释热率(灰度值)

图 6.48 Mizobuchi 等[126] 的三维氢气湍流推举射流火焰的瞬态 DNS 场

③ 扩散火焰区域出现在内部富燃预混火焰之外，剩余燃料会继续发生反应。这个独立区域由内部预混火焰的局部熄灭而产生，其结构与常见的氢气-空气扩散小火焰（冷氧化剂与被燃烧产物稀释的热燃料燃烧）不同。

上述结果表明，当前的非预混射流火焰实际上是由很多部分预混火焰单元组成，大部分消耗的燃料和热量也主要是由这部分产生。就模型而言，这意味着扩散小火焰模型可能不是处理这种射流火焰燃烧区的合适原型：能够同时处理掺混和部分预混火焰的模型才更适合这种情形。

当这些 DNS 结果越来越接近真实的火焰时，它们会提供一些有用的信息。但这种计算的难点不仅在于计算资源，还在于数据的存储、检索和处理。假如将 15 个变量（密度、压力、3 个速度分量、能量或温度、9 种化学组分）存储在 64 位字节上时，每个瞬态流场包含大约 3.42 亿个信息数据元，大约 2.7 千兆！另一个难点是 DNS 程序目前还无法处理复杂的几何形状。

参考文献

[1] E. Fernandez, V. Kurdyumov, and A. Linan. Diffusion flame attachment and lift-off in the near wake of a fuel injector. *Proc. Combust. Inst.*, 28: 2125-2131, 2000.

[2] H. Phillips. Flame in a buoyant methane layer. In *10th Symp. (Int.) on Combustion*, pages 1277-1283. The Combustion Institute, Pittsburgh, 1965.

[3] P. N. Kioni, B. Rogg, K. N. C. Bray, and A. Linan. Flame spread in laminar mixing layers: the triple flame. *Combust. Flame*, 95: 276, 1993.

[4] P. N. Kioni, K. N. C. Bray, D. A. Greenhalgh, and B. Rogg. Experimental and numerical study of a triple flame. *Combust. Flame*, 116: 192-206, 1998.

[5] T. Plessing, P. Terhoeven, N. Peters, and M. Mansour. An experimental and numerical study of a laminar triple flame. *Combust. Flame*, 115: 335-353, 1998.

[6] J. W. Dold. Flame propagation in a nonuniform mixture: analysis of a slowly varying triple flame. *Combust. Flame*, 76: 71-88, 1989.

[7] G. R. Ruetsch, L. Vervisch, and A. Linan. Effects of heat release on triple flames. *Phys. Fluids*, 7 (6): 1447-1454, 1995.

[8] P. Domingo and L. Vervisch. Triple flames and partially premixed combustion in autoignition of non-premixed mixtures. In *26th Symp. (Int.) on Combustion*, pages 233-240. The Combustion Institute, Pittsburgh, 1996.

[9] S. Ghosal and L. Vervisch. Theoretical and numerical investigation of asymmetrical triple flame using a parabolic flame type approximation. *J. Fluid Mech.*, 415: 227-260, 2000.

[10] R. W. Schefer and P. Goix. Mechanisms of flame stabilization in turbulent lifted-jet flames. *Combust. Flame*, 112: 559-570, 1998.
[11] A. Upatnieks, J. F. Driscoll, C. Rasmussen, and S. Ceccio. Liftoff of turbulent jet flames-assessment of edge flame and other concepts using cinema-piv. *Combust. Flame*, 138: 259-272, 2004.
[12] L. Muniz and M. G. Mungal. Instantaneous flame-stabilization velocities in lifted-jet diffusion flames. *Combust. Flame*, 111 (1-2): 16-31, 1997.
[13] C. M. Muller, H. Breitbach, and N. Peters. Partially premixed turbulent flame propagation in jet Haines. In *25th Symp. (Int.) On Combustion*, pages 1099-1106. The Combustion Institute, Pittsburgh, 1994.
[14] M. Chen, M. Herrmann, and N. Peters. Flamelet modeling of lifted turbulent methane/air jet diffusion flames. *Proc. Combust. Inst.*, 28: 167-174, 2000.
[15] J. O. Keller, L. Vaneveeld, D. Korschelt, G. L. Hubbard, A. F. Ghoniem, J. W. Daily, and A. K. Oppenheim. Mechanism of instabilities in turbulent combustion leading to flashback. *AIAA Journal*, 20: 254-262, 1981.
[16] J. M. Beer and N. A. Chigier. *Combustion aerodynamics*. Krieger, Malabar, Florida, 1983.
[17] A. K. Gupta, D. G. Lilley, and N. Syred. *Swirl flows*. Abacus Press, 1984.
[18] O. Lucca-Negro and T. O' Doherty. Vortex breakdown: a review. *Prog. Energy Comb. Sci.*, 27: 431-481, 2001.
[19] B. Varoquie, J. P. Legier, F. Lacas, D. Veynante, and T. Poinsot. Experimental analysis and large eddy simulation to determine the response of non-premixed flame submitted to acoustic forcing. *Proc. Combust. Inst.*, 29: 1965-1970, 2002.
[20] J. Ph. Légier, B. Varoquie, F. Lacas, T. Poinsot, and D. Veyiiante. Large eddy simulation of a non-premixed turbulent burner using a dynamically thickened flame model. In A. Pollard Eds and S. Candel, editors, *IUTAM Symposium on Turbulent Mixing and Combustion*, pages 315-326. Kluwer Academic Publishers, 2002.
[21] B. Cuenot and T. Poinsot. Effects of curvature and unsteadiness in diffusion flames. implications for turbulent diffusion flames. *Proc. Combust. Inst.*, 25: 1383-1390, 1994.
[22] D. Thevenin, P. H. Renard, C. Rolon, and S. Candel. Extinction processes during a non- premixed flame vortex interaction. In *27th Symp. (Int.) on Combustion*, pages 719-726. The Combustion Institute, Pittsburgh, 1998.
[23] P. H. Renard, D. Thevenin, J. C. Rolon, and S. Candel. Dynamics of flame/vortex interactions. *Prog. Energy Comb. Sci.*, 26: 225-282, 2000.
[24] A. Linan. The asymptotic structure of counterflow diffusion flames for large activation energies. *Acta Astronautica*, 1: 1007, 1974.
[25] B. Cuenot and T. Poinsot. Asymptotic and numerical study of diffusion flames with variable lewis number and finite rate chemistry. *Combust. Flame*, 104: 111-137, 1996.
[26] L. Vervisch and T. Poinsot. Direct numerical simulation of non-premixed turbulent flames. *Ann. Rev. Fluid Mech*, 30: 655-692, 1998.
[27] D. Thevenin, P. H. Renard, G. Fiechtner, J. Gord, and J. C. Rolon. Regimes of nonpremixed flame/vortex interaction. In *28th Symp. (Int.) on Combustion*, pages 2101- 2108. The Combustion Institute, Pittsburgh, 2000.
[28] N. Darabiha. Transient behaviour of laminar counterflow hydrogen-air diffusion flames with complex chemistry. *Combust. Sci. Tech.*, 86: 163-181, 1992.
[29] R. Borghi. Turbulent combustion modelling. *Prog. Energy Comb. Sci.*, 14 (4): 245-292, 1988.
[30] K. N. C. Bray and N. Peters. Laminar flame lets in turbulent flames. In P. A. Libby and F. A. Williams, editors, *Turbulent Reacting Flows*, pages 63-113. Academic Press, London, 1994.
[31] P. A. Libby and F. A. Williams. Turbulent combustion: fundamental aspects and a review. In *Turbulent Reading Flows*, pages 2-61. Academic Press London, 1994.
[32] N. Peters. *Turbulent combustion*. Cambridge University Press, 2001.
[33] H. Pitsch and N. Peters. Unsteady Hainelet modeling of turbulent hydrogen-air diffusion flames. In *27th Symp. (Int.) on Combustion*, pages 1057 1064. The Combustion Institute, Pittsburgh, 1998.
[34] A. Linan, P. Orlandi, R. Verzicco, and F. J. Higuera. Effects of non-unity Lewis numbers in diffusion flames. In *Proc, of the Summer Program*, pages 5-18. Center for Turbulence Research, NASA Ames/Stanford Univ., 1994.
[35] H. Pitsch and N. Peters. A consistent flamelet formulation for non-premixed combustion considering differential diffusion effects. *Combust. Flame*, 114: 26-40, 1998.
[36] R. S. Barlow, G. J. Fiechtner, C. D. Carter, and J. Y. Chen. Experiments on the scalar structure of turbulent co/h 2/n2jet flames. *Combust. Flame*, 120 (4): 544-569, 2000.
[37] Y. Hardalupas, M. Tagawa, and A. M. K. P. Taylor. Characteristics of countergradient heat transfer in non-premixed swirling flame. In R. J. Adrian, editor, *Developments in Laser Techniques and Applications to Fluid Mechanics*, page 159. Springer, Berlin, 1996.
[38] K. H. Luo and K. N. C. Bray. Combustion induced pressure effects in supersonic diffusion flame. In *27th Symp. (Int.) on Combustion*, pages 2165-2171. The Combustion Institute, Pittsburgh, 1998.
[39] K. H. Luo. On local countergradient diffusion in turbulent diffusion flames. In *28th Symp. (Int.) on Combustion*, pages 489-498. The Combustion Institute, Pittsburgh, 2000.
[40] E. O'Brien. The pdf approach to reacting turbulent flows. In P. A. Libby and F. A. Williams, editors, *Turbulent Reacting Flows, Topics in Applied Physics*, volume 44. Academic Press London, 1980.
[41] S. B. Pope. Pdf methods for turbulent reactive flows. *Prog. Energy Comb. Sci.*, 19 (11): 119-192, 1985.
[42] H. C. Chen, S. Chen, and R. H. Kraichnan. Probability distribution of a stochastically advected scalar field. *Phys. Rev. Lett.*, 63: 2657, 1989.

[43] R. O. Fox, J. C. Hill, F. Gao, R. D. Moser, and M. M. Rodgers. Stochastic modeling of turbulent reacting flows. In *Proc. of the Summer Program*, pages 403-424. Center for Turbulence Research, NASA Ames/Stanford Univ., 1992.
[44] C. Dopazo. Recent developments in pdf methods. In P. A. Libby and F. A. Williams, editors, *Turbulent Reacting Flows*, pages 375-474. Academic, London, 1994.
[45] R. O. Fox. *Computational models for turbulent reacting flows*. Cambridge University Press, 2003.
[46] D. C. Haworth. Progress in probability density function methods for turbulent reacting flows. *Prog. Energy Comb. Sci.*, 36 (2): 168 259, 2011.
[47] J. Jimenez, A. Li nan, M. Rogers, and F. Higuera. A priori testing of sub grid models for chemically reacting nonpremixed turbulent shear flows. *J. Fluid Mech.*, 349: 149-171, 1997.
[48] R. W. Bilger. The structure of turbulent non premixed flames. In *22nd Symp. (Int.) on Combustion*, pages 475-488. The Combustion Institute, Pittsburgh, 1988.
[49] B. F. Magnussen and B. H. Mjertager. On mathematical modeling of turbulent combustion. In *16th Symp. (Int.) on Combustion*, pages 719-727. The Combustion Institute, Pittsburgh, 1976.
[50] N. Peters. Laminar diffusion flamelet models in non-premixed turbulent combustion. *Prog. Energy Comb. Sei.*, 10: 319-339, 1984.
[51] E. S. Bish and W. J. A. Dahm. Strained dissipation and reaction layer analyses of nonequilibrium chemistry in turbulent reaction flows. *Combust. Flame*, 100 (3): 457-464, 1995.
[52] E. Effelsberg and N. Peters. Scalar dissipation rates in turbulent jets and jet diffusion flames. In *22nd Symp. (Int.) on Combustion*, pages 693-700. The Combustion Institute, Pittsburgh, 1988.
[53] S. K. Liew, K. N. C. Bray, and J. B. Moss. A stretched laminar flamelet model of turbulent nonpremixed combustion. *Combust. Flame*, 56: 199-213, 1984.
[54] H. Barths, C. Hasse, G. Bikas, and N. Peters. Simulation of combustion indirect injection diesel engines using a eulerian particle flame let model. *Proc. Combust. Inst.*, 28 (1): 1161-1168, 2000.
[55] J. B. Michel, O. Colin, and D. Veynante. Modeling ignition and chemical structure of partially premixed turbulent flames using tabulated chemistry. *Combust. Flame*, 152: 80-99, 2008.
[56] R. W. Bilger. Conditional moment closure for turbulent reacting flow. *Phys. Fluids A*, 5 (22): 436-444, 1993.
[57] A. Y. Klimenko. Multicomponent diffusion of various admixtures in turbulent flow. *Fluid Dynamics*, 25 (3): 327 -334, 1990.
[58] A. Y. Klimenko and R. W. Bilger. Conditional moment closure for turbulent combustion. *Prog. Energy Comb. Sci.*, 25 (6): 595-687, 1999.
[59] E. Mastorakos, T. A. Baritaud, and T. J. Poinsot. Numerical simulations of autoignition in turbulent mixing flows. *Combust. Flame*, 109: 198-223, 1997.
[60] L. Vervisch, R. Hauguel, P. Domingo, and M. Rullaud. Three facets of turbulent combustion modelling: DNS of premixed V-flame, LES of lifted nonpremixed flame and RANS of jet flame. *J. Turb.*, 5: 004, 2004.
[61] S. Pope. The evolution of surfaces in turbulence. *Int. J. Engng. Sci.*, 26 (5): 445-469, 1988.
[62] L. Vervisch, E. Bidaux, K. N. C. Bray, and W. Kollmann. Surface density function in premixed turbulent combustion modeling, similarities between probability density function and flame surface approaches. *Phys. Fluids A*, 7 (10): 2496, 1995.
[63] L. Vervisch and D. Veynante. Interlinks between approaches for modeling turbulent flames. *Proc. Combust. Inst.*, 28: 175-183, 2000.
[64] D. Veynante and L. Vervisch. Turbulent, combustion modeling. *Prog. Energy Comb. Sci.*, 28: 193-266, 2002.
[65] R. Hilbert, F. Tap, D. Veynante, and D. Thevenin. A new modeling approach for theautoignition of a non-premixed turbulent flame using dns. *Proc. Combust. Inst.*, 29: 2079-2086, 2002.
[66] F. Tap, R. Hilbert, D. Thevenin, and D. Veynante. A generalized flame surface density modelling approach for the auto-ignition of a turbulent non-premixed system. *Combust. Theory and Modelling*, 8: 165-193, 2004.
[67] F. Tap and D. Veynante. Simulation of flame lift-off on a diesel jet using a generalized flame surface density modelling approach. *Proc. Combust. Inst.*, 30 (1): 919-926, 2005.
[68] D. C. Haworth, M. C. Drake, S. B. Pope, and R. J. Blint. The importance of time-dependent flame structures in stretched laminar flamelet models for turbulent jet diffusion flames. In *22nd Symp. (Int.) on Combustion*, pages 589-597. The Combustion Institute, Pittsburgh, 1988.
[69] F. Fichot, B. Delhaye, D. Veynante, and S. M. Candel. Strain rate modelling for a flame surface density equation with application to non-premixed turbulent combustion. In *25th Symp. (Int.) on Combustion*, pages 1273-1281. The Combustion Institute, Pittsburgh, 1994.
[70] F. E. Marble and J. E. Broadwell. The coherent flame model for turbulent chemical reactions. Technical Report Tech. Rep. TRW-9-PU, Project Squid, 1977.
[71] D. Veynante, S. Candel, and J. P. Martin. Coherent flame modelling of chemical reaction in a turbulent mixing layer. In J. Warnatz and W. Jager, editors, *Complex Chemical Reactions*, pages 386-398. Springer Verlag, Heidelberg, 1987.
[72] E. Maistret, E. Darabiha, T. Poinsot, D. Veynante, F. Lacas, S. Candel, and E. Esposito. Recent developments in the coherent flamelet description of turbulent combustion. In A. Dervicux and B. Larrouturou, editors, *Numerical Combustion*, volume 351, pages 98-117. Springer Verlag, Berlin, 1989.
[73] S. Candel, D. Veynante, F. Lacas, N. Darabiha, M. Baum, and T. Poinsot. A review of turbulent combus-

tion modeling. ERC OF TAC Bulletin, 20: 9-16, 1994.

[74] D. Veynante, F. Lacas, E. Maistret, and S. Candel. Coherent flame model in nonuniformly premixed turbulent flames. In *7th Symposium on Turbulent Shear Flows*, pages 26. 2. 1-26. 2. 6, Stanford, 1989.

[75] J. Helie and A. Trouve. A modified coherent flame model to describe flame propagation in mixture with variable composition. In *28th Symp. (Int.) on Combustion*, pages 193-202. The Combustion Institute, Pittsburgh, 2000.

[76] A. R. Kerstein. A linear eddy model of turbulent scalar transport and mixing. *Combust. Sci. Tech.*, 60: 391, 1988.

[77] A. R. Kerstein. Linear-Eddy modeling of turbulent transport: Part Ⅱ. Application toshear layer mixing. *Combust. Flame*, 75 (3-4): 397-413, 1989.

[78] A. R. Kerstein. Linear-eddy modelling of turbulent transport, part 3. mixing and differential molecular diffusion in round jets. *J. Fluid Mech.*, 216: 411-435, 1990.

[79] A. R. Kerstein. Linear-eddy modelling of turbulent transport, part 6. microstructure of diffusive scalar mixing fields. *J. Fluid Mech.*, 231: 361-394, 1991.

[80] A. R. Kerstein. Linear eddy modeling of turbulent transport, part 4: structure of diffusion flames. *Combust. Sci. Tech.*, 81: 75-96, 1992.

[81] P. A. McMurthy, S. Menon, and A. R. Kerstein. A linear eddy subgrid model for turbulent reacting flows: application to hydrogen-air combustion. In *24th Symp. (Int.) on Combustion*, pages 271-278. The Combustion Institute, Pittsburgh, 1992.

[82] P. A. McMurthy, T. C. Gansauge, A. R. Kerstein, and S. K. Krueger. Linear eddy simulations of mixing in a homogeneous turbulent flow. *Phys. Fluids A*, 5 (4): 1023-1034, 1993.

[83] S. Menon, P. A. McMurthy, A. R. Kerstein, and J. Y. Chen. Prediction of NOx production in a turbulent hydrogen-air jet flame. *J. Prop. Power*, 10 (2): 161-168, 1994.

[84] W. H. Calhoon and S. Menon. Subgrid modeling for large eddy simulations. In *AIAA 34th Aerospace Science Meeting*, AIAA Paper 96-0516, Reno, Nevada, 1996.

[85] F. Mathey and J. P. Chollet. Subgrid-scale model of scalar mixing for large eddy simulation of turbulent flows. In J. P. Chollet, P. R. Voke, and L. Kleiser, editors, *Direct and Large Eddy Simulation* Ⅱ, pages 103-114. Kluwer Academic Publishers, 1997.

[86] S. Menon and A. R. Kerstein. Stochastic simulation of the structure and propagation rate of turbulent premixed flames. In *24th Symp. (Int.) on Combustion*, pages 443- 450. The Combustion Institute, Pittsburgh, 1992.

[87] S. Menon, P. A. McMurthy, and A. R. Kerstein. A linear eddy mixing model for large eddy simulation of turbulent combustion. In B. Galperin and S. A. Orzag, editors, *Large eddy simulation of complex engineering and geophysical flows*, pages 87-314. Cambridge University Press, 1993.

[88] T. Smith and S. Menon. Model simulations of freely propagating turbulent premixed flames. In *26th Symp. (Int.) on Combustion*, pages 299- 306. The Combustion Institute, Pittsburgh, 1996.

[89] T. Poinsot, D. Veynante, and S. Candel. Quenching processes and premixed turbulent combustion diagrams. *J. Fluid Mech.*, 228: 561-605, 1991.

[90] W. L. Roberts, J. F. Driscoll, M. C. Drake, and L. P. Goss. Images of the quenching of a flame by a vortex: to quantify regimes of turbulent combustion. *Combust. Flame*, 94: 58-69, 1993.

[91] F. Gao and E. E. O'Brien. A large-eddy simulation scheme for turbulent reacting flows. *Phys. Fluids*, 5 (6): 1282-1284, 1993.

[92] A. W. Cook and J. J. Riley. A subgrid model for equilibrium chemistry in turbulent flows. *Phys. Fluids A*, 6 (8): 2868-2870, 1994.

[93] A. W. Cook. Determination of the constant coefficient in scale similarity models of turbulence. *Phys. Fluids A*, 9 (5): 1485-1487, 1997.

[94] A. W. Cook and W. K. Bushe. A subgrid-scale model for the scalar disspation rate in non premixed combustion. *Phys. Fluids A*, 11 (3): 746-748, 1999.

[95] C. Meneveau, T. Lund, and W. Cabot. A lagrangian dynamic subgrid-scale model of turbulence. *J. Fluid Mech.*, 319: 353, 1996.

[96] J. Reveillon. *Simulation dynamique des grandes structures appliquee aux flammes turbulentes non-premelangees*. Phd thesis, Universite de Rouen, 1996.

[97] J. Reveillon and L. Vervisch. Response of the dynamic LES model to heat release induced effects. *Phys. Fluids A*, 8 (8): 2248-2250, 1996.

[98] G. Balarac, H. Pitsch, and V. Raman. Development of a dynamic model for the subfilter scalar variance using the concept of optimal estimators. *Phys. Fluids*, 20 (3): 35114, 2008.

[99] A. W. Cook and J. J. Riley. Subgrid scale modeling for turbulent reacting flows. *Combust. Flame*, 112: 593-606, 1998.

[100] S. M. De Bruyn Kops, J. J. Riley, G. Kosaly, and A. W. Cook. Investigation of modeling for non-premixed turbulent combustion. *Flow, Turb. and Combustion*, 60 (1): 105-122, 1998.

[101] S. S. Girimaji and Y. Zhou. Analysis and modeling of subgrid scalar mixing using numerical data. *Phys. Fluids A*, 8 (5): 1224-1236, 1996.

[102] C. D. Pierce and P. Moin. A dynamic model for subgrid scale variance and dissipation rate of a conserved scalar. *Phys. Fluids*, 10 (12): 3041-3044, 1998.

[103] S. Navarro-Martinez and A. Kronenburg. LES-CMC simulations of a turbulent bluffbody flame. *Proc. Combust. Inst.*, 31: 1721-1728, 2007.

[104] S. Navarro-Martinez and A. Kronenburg. LES-CMC simulations of a lifted methane flame. *Proc. Combust.*

Inst., 32 (1): 1509-1516, 2009.

[105] A. Triantafyllidis, E. Mastorakos, and R. Eggels. Large eddy simulations of forced ignition of a non-premixed bluff-body methane flame with conditional moment closure. *Combust. Flame*, 156 (12): 2328-2345, 2009.

[106] A. Garmory and E. Mastorakos. Capturing localised extinction in sandia flame f with les-cmc. *Proc. Combust. Inst.*, 33 (1): 1673-1680, 2011.

[107] P. Schmitt, T. Poinsot, B. Schuermans, and K. P. Geigle. Large-eddy simulation and experimental study of heat transfer, nitric oxide emissions and combustion instability in a swirled turbulent high-pressure burner. *J. Fluid Meeh.*, 570: 17-46, 2007.

[108] A. Sengissen, A. Giauque, G. Staffelbach, M. Porta, W. Krebs, P. Kaufmann, and T. Poinsot. Large eddy simulation of piloting effects on turbulent swirling flames. *Proc. Combust. Inst.*, 31: 1729-1736, 2007.

[109] M. Boileau, G. Staffelbach, B. Cuenot, T. Poinsot, and C. Berat. LES of an ignition sequence in a gas turbine engine. *Combust. Flame*, 154 (1-2): 2-22, 2008.

[110] M. Boileau, S. Pascaud, E. Riber, B. Cuenot, L. Y. M. Gicquel, T. Poinsot, and M. Cazalens. Investigation of two-fluid methods for Large Eddy Simulation of spray combustion in Gas Turbines. *Flow. Turb. and Combustion*, 80 (3): 291-321, 2008.

[111] T. Schmitt, Y. Mery, M. Boilcau, and S. Candcl. Large-eddy simulation of methane/oxygen flame under transcritical conditions. *Proc. Combust. Inst.*, 33, 2011.

[112] G. Kuenne, A. Ketelheun, and J. Janicka. LES modeling of premixed combustion using a thickened flame approach coupled with fgm tabulated chemistry. *Combust. Flame*, 158 (9): 1750-1767, 2011.

[113] B. Bédat, F. Egolfopoulos, and T. Poinsot. Direct numerical simulation of heat release and nox formation in turbulent non premixed flames. *Combust. Flame*, 119 (1/2): 69-83, 1999.

[114] M. Frenklach, H. Wang, M. Goldenberg, G. P. Smith, D. M. Golden, C. T. Bowman, R. K. Hanson, W. C. Gardiner, and V. Lissianki. GRI-mech: an optimized detailed chemical reaction mechanism for methane combustion. Technical Report GRI-Report GRI-95/0058, Gas Research Institute, 1995.

[115] A. Linum and A. Crespo. An asymptotic analysis of unsteady diffusion flames for large activation energies. *Combust. Sci. Tech.*, 14: 95-117, 1976.

[116] R. Hilbert and D. Thévenin. Autoignition of turbulent non-premixed flames investigated using direct numerical simulations. *Combust. Flame*, 128 (1/2): 22-37, 2002.

[117] E. Mastorakos, A. Pires Da Cruz, T. A. Baritaud, and T. J. Poinsot. A model for the effects of mixing on the autoignition of turbulent flows. *Combust. Sci. Tech.*, 125: 243 -282, 1997.

[118] E. van Kalmthout. *Stabilisation et modelisation des flammes turbulentes non preme- langees. Etude theorique et simulations directes*. Phd thesis, Ecole Centrale de Paris, 1996.

[119] E. van Kalmthout and D. Veynante. Direct numerical simulation analysis of flame surface density models for nonpremixed turbulent combustion. *Phys. Fluids A*, 10 (9): 2347-2368, 1998.

[120] E. van Kalmthout and D. Veynante. Analysis of flame surface density concepts in nonpremixed turbulent coinbustion using direct numerical simulation. In *11th Symp. on Turbulent Shear Flows*, pages 21- 7, 21-12, Grenoble, France, 1997.

[121] E. van Kalmthout, D. Veynante, and S. Candel. Direct, numerical simulation analysis of flame surface density in non-premixed turbulent combustion. In *26th Symp. (Int.) on Combustion*, pages 35-42. The Combustion Institute, Pittsburgh, 1996.

[122] C. S. Yoo, R. Sankaran, and J. H. Chen. Three-dimensional direct numerical simulation of a turbulent lifted hydrogen jet flame in heated coflow: flame stabilization and structure. *J. Fluid Mcch.*, 640: 453-481, 2010.

[123] C. S. Yoo, E. S. Richardson, R. Sankaran, and J. H. Chen. A DNS study on the stabilization mechanism of a turbulent, lifted ethylene jet flame in highly-heated coflow. *Proc. Combust. Inst.*, 33: 1619-1627, 2011.

[124] M. Yokokawa, K. Itakura, A. Uno, T. Ishihara, and Y. Kaneda. 16. 4-Tflops direct numerical Simulation of turbulence by a Fourier spectral method on the Earth Simulator. In *Conference on High Performance Networking and Computing archive*, Baltimore, Maryland, U S A, 2002.

[125] Y. Mizobuchi, S. Tachibana, J. Shinjo, S. Ogawa, and T. Takeno. A numerical analysis of the structure of a turbulent hydrogen jet-lifted flame. *Proc. Combust. Inst.*, 29: 2009 -2015, 2002.

[126] Y. Mizobuchi, J. Shinjo, S. Ogawa, and T. Takeno. A numerical study on the formation of diffusion flame islands in a turbulent hydrogen jet-lifted flame. *Proc. Combust. Inst.*, 30: 611 -619, 2005.

[127] C. K. Westbrook. Hydrogen oxydation kinetics in gaseous detonation. *Combust. Sci. Tech.*, 29: 67-81, 1982.

[128] R. K. Cheng, J. A. Wehrmeyer, and R. W. Pitz. Simultaneous temperature and multispecies measurement in a lifter hydrogen diffusion flame. *Combust. Flame*, 91: 323-345, 1992.

[129] H. Yamashita, M. Shimada, and T. Takeno. A numerical study on flame stability at the transition point of jet diffusion flame. In *26th Symp. (Int.) on Combustion*, pages 27-34. The Combustion Institute, Pittsburgh, 1996.

第7章
火焰-壁面相互作用

7.1 引言

在燃烧室流场计算中，通常需要定义近壁区的湍流流动和传热，当高温反应物沿固壁表面流动时，问题将更加复杂。一个设计良好的燃烧器首先必须保证壁面能够承受高温环境，考虑到绝热火焰温度会高于绝大多数燃烧器壁面材料的熔点，这也成为燃烧器设计时的一个关键问题。为此，壁面冷却研究成为燃烧领域关注的热点。燃烧器壁面受到的热通量很大，通常为 $1\,MW/m^2$：当燃烧产物与壁面接触时，会产生很高的壁面热通量，火焰直接碰撞壁面时热通量最高。在绝大多数实际工业系统中都发现了火焰与壁面的相互作用，它会影响燃烧的整体效率、污染物形成及燃烧室的寿命。这种火焰与壁面的相互作用是一个双向过程：壁面会被火焰加热，而火焰会因壁面而淬熄。

关于火焰-壁面相互作用的大部分研究都是针对预混燃烧，本章也将重点关注这种燃烧方式，即便非预混燃烧装置也会遇到类似现象[1-2]。在绝大多数燃烧装置中，已燃气体温度可达 1500～2500 K，而壁面温度因冷却而维持在 400～600 K。当已燃气体温度下降至壁面水平这一过程仅发生在厚度小于 1 mm 的近壁层时，会形成一个非常大的温度梯度，很难通过实验对其进行研究，因为在一般情况下，唯一可测的物理量是非稳态的壁面热通量，这也是气相反应的一种“间接”测量；另外，火焰在接近壁面时主要受非稳态效应控制，壁面处的低温环境会抑制化学反应，因此火焰通常不会接触到壁面，而是在几微米之外熄灭；最后，近壁区温度梯度大，容易产生非常高的壁面热通量，但通量持续时间一般很短，因此，很难通过实验进行表征[3-4]。

当燃烧室中流场是湍流时，壁面和火焰的相互作用就更加复杂，图 7.1 显示了湍流、壁面和火焰之间的相互作用。除火焰与壁面的相互作用以外，也必须考虑壁面与湍流以及湍流与火焰的相互作用，因此，湍流中火焰-壁面相互作用的整体情况非常复杂，目前建模仍处于早期研究阶段。

目前，对火焰与壁面相互作用的理解仍不是很清晰，但必须在 CFD 程序中加以考虑，这也成为当前反应流 CFD 的一个关键问题。在下面建模中，湍流燃烧均采用火焰面模型（5.3.6 节），湍流流动采用 k-ε 模型，但也可以轻易扩展至其他算例和模型中：

① 壁面的第一个影响是使接近壁面的火焰淬熄，这与传递给壁面的焓损失直接相关，因此很多模型中使用的绝热假设（见 5.3 节）不再成立，大部分湍流预混燃烧模型中的归一化温度与燃料质量分数关系式[见式(5.37)]也不能再用。火焰在近壁区淬熄后会形成一些未反应的碳氢化合物，这是另一个关键问题。如果不考虑火焰-壁面相互作用，就无法模拟污

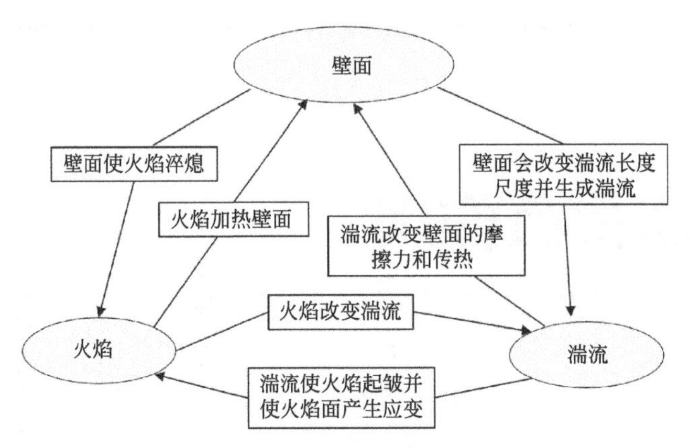

图 7.1 壁面、火焰和湍流间的相互作用

染源和燃烧器的性能退化。当火焰碰撞壁面或进入裂缝时，就会发生这种相互作用。就湍流燃烧模型而言，壁面还会限制火焰起皱，属于火焰面密度 Σ 方程的一个消耗项。

② 在火焰熄灭之前，火焰单元会向壁面传递非常大的热通量，这一过程将决定冷却设计和结构设计中需要考虑的最大热通量，但绝大多数传热模型会忽略这一影响。

③ 壁面会改变湍流尺度，在湍流模型中必须包含近壁效应（图 7.2），即便没有燃烧亦是如此，绝大多数程序都会包含广义壁面定律（通常是速度的对数定律[5] 或湍流模型中低雷诺数演化过程），直接将无反应流中的壁面模型和湍流燃烧模型相结合会带来很多问题。另外，近壁区对燃烧模型最明显的限制在于湍流长度尺度在近壁区会减小，甚至小于火焰厚度，导致火焰面模型可能会提供非物理解，例如，对于 EBU 模型，平均反应率表示为[式(5.46)]

$$\bar{\dot{\omega}}_{\Theta}=C_{\mathrm{EBU}}(\varepsilon/k)\widetilde{\Theta}(1-\widetilde{\Theta}) \tag{7.1}$$

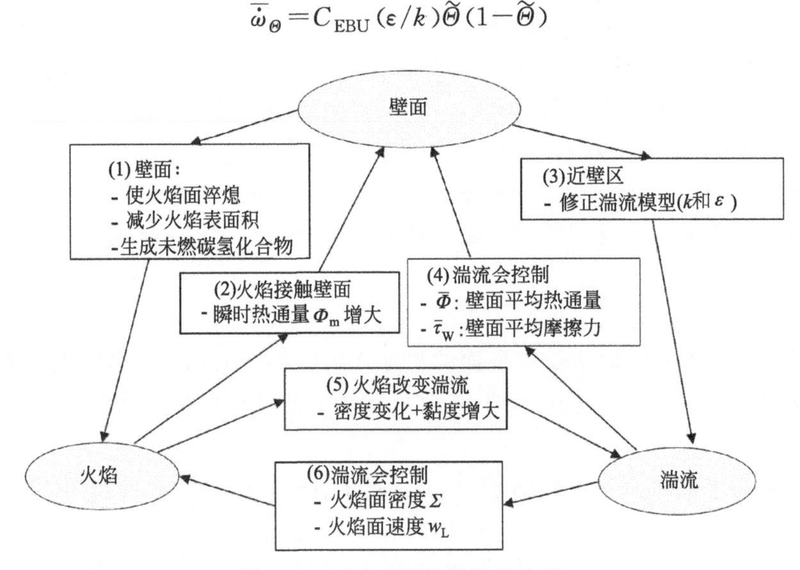

图 7.2 近壁区湍流燃烧的建模

在近壁区，k-ε 模型预测 k 会趋于 0，因此 EBU 模型预测的 $\bar{\dot{\omega}}_{\Theta}$ 趋于无穷大。例如，在活塞发动机计算程序中，基于 EBU 模型（5.3.3 节）的结果都会预测到火焰在近壁区的传

播速度比远离壁面区快（几乎无限快），容易形成一些非物理解❶。

④ 壁面平均热通量 $\overline{\Phi}$ 和壁面平均摩擦力 $\overline{\tau}_W$ 需要建模，在不考虑燃烧时，直接对这两个变量使用对数定律。在壁面传热中，现有模型通常会忽略火焰-壁面相互作用的影响，在计算壁面热通量时，常采用经典的壁面热定律模型[5]，忽略火焰的存在，仅考虑近壁区的已燃气体。此外，绝大多数用于反应流的壁面定律模型都是针对恒定密度流推导。为考虑燃烧中大温度梯度的影响，必须对其加以修正。

⑤ 无论有无壁面，火焰对湍流的影响相似，但在模型中常被忽略。湍流对火焰前锋的影响保持不变，即湍流会控制火焰的起皱（火焰面模型中的火焰面密度 Σ）和火焰的应变（火焰面的消耗速度 w_L）。

7.2 层流火焰-壁面相互作用

7.2.1 现象描述

第一个有关火焰-壁面相互作用的研究是层流预混火焰的壁面淬熄[3,8-14]，该研究使用在相互作用过程中两个参数随时间的变化来表征，即火焰到壁面的距离 y 和壁面的热通量 Φ。壁面距离一般会通过火焰特征厚度进行无量纲化处理，即 $\delta=\lambda_1/(\rho_1 C_p s_L^0)$（2.5 节），局部 Peclet 数可通过壁面距离 y 与火焰特征厚度的比值来定义：

$$Pe=y/\delta \tag{7.2}$$

瞬时壁面热通量 Φ 定义为

$$\Phi=-\lambda\left.\frac{\partial T}{\partial y}\right|_W \tag{7.3}$$

式中，λ 为气体热导率；下标 W 表示壁面处的变量，如图 7.3 所示。

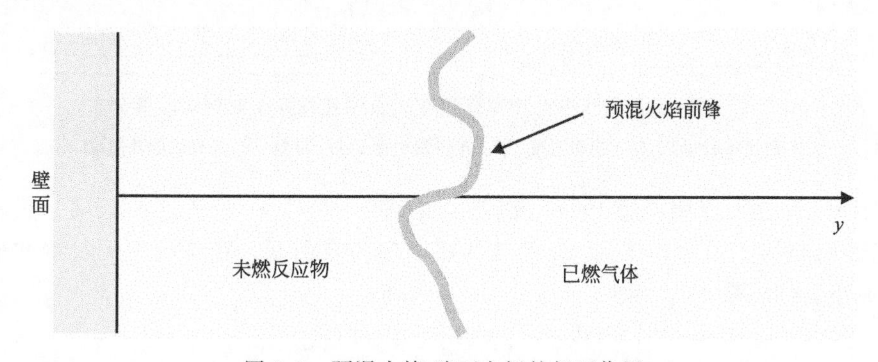

图 7.3　预混火焰-壁面之间的相互作用

按照惯例，y 轴垂直于壁面并指向气体一侧，因此当高温火焰与冷壁相互作用时，Φ 为负值。热通量 Φ 通常使用层流“火焰功率”作为参考值来度量（贫燃火焰单位时间单位面积的释热量：$\rho_1 Y_{F1} s_L^0 Q=\rho_1 s_L^0 C_p(T_2-T_1)$），则无量纲的壁面热通量 F 为

❶ CFD 用户通过在近壁网格区使用一些特殊的修正方法来处理这一问题，如将平均反应率设为 0。但这一点不可取，在湍流燃烧模型中引入壁面效应是解决这个问题的唯一途径[6-7]。

$$F=|\Phi|/(\rho_1 Y_{F1} s_L^0 Q) \tag{7.4}$$

式中，ρ_1 和 Y_{F1} 指未燃气体的密度和燃料质量分数，s_L^0 是无拉伸层流火焰速度，Q 是反应热，如果 T_1 是未燃气体温度，T_2 是绝热火焰温度，则 $Y_{F1}Q=C_p(T_2-T_1)$。表 7.1 中的符号沿用第 2 章的规定，下标“1”表示未燃气体特性。

表 7.1 火焰-壁面相互作用的表示

参数	火焰-壁面的距离	壁面热通量
未简化	y(m)	Φ(W/m^2)
无量纲	$Pe=y/\delta=\rho_1 C_p s_L^0 y/\lambda_1$	$F=\|\Phi\|/\rho_1 Y_{F1} s_L^0 Q$

火焰与壁面的距离 y 和壁面热通量 Φ 会随时间而变化。图 7.4 给出了一个向冷壁和未燃气体传播的一维层流火焰：当火焰远离壁面时（$t=t_1$），火焰传播不受影响；当火焰距离壁面足够近时（$t=t_2$），壁面开始从火焰中吸取能量（通过热扩散），类似于热损失，火焰被削弱而减速。火焰-壁面相互作用的关键时刻对应于火焰淬熄瞬间：在一定距离 y_Q 处，火焰停止传播并熄灭（$t=t_3$），壁面热通量 Φ_Q 在此刻达到峰值；当火焰淬熄后，已燃气体因热扩散被冷壁降温。

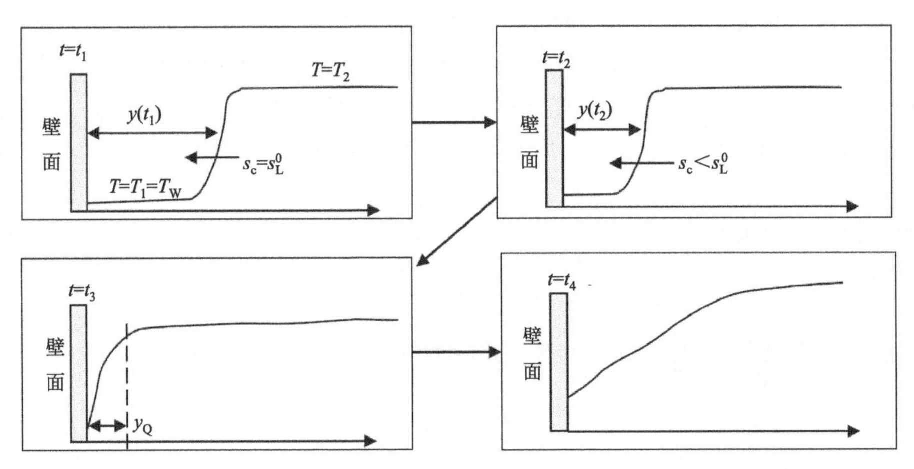

图 7.4 层流火焰与冷壁的相互作用在$t_1 \sim t_4$ 连续四个时刻的温度分布

未燃气体温度T_1 等于壁面温度T_W，淬熄发生在 $t=t_3$ 时刻，s_c 为火焰消耗速度

淬熄距离 y_Q 也可以用淬熄 Peclet 数 Pe_Q 来表示[3,9,15]，即 $Pe_Q=y_Q/\delta$。假设火焰淬熄时的壁面热通量Φ_Q 是由厚度为 y_Q 的气体层内热传导引起，在层流中无量纲的最大热通量 F_Q 与最小 Peclet 数 Pe_Q 相关：

$$\Phi_Q \approx -\lambda(T_2-T_W)/y_Q \tag{7.5}$$

式中，T_W 是壁面温度。需要注意的是，式(7.5) 假定壁面的主要热通量受扩散过程控制，并忽略热辐射过程。在火焰-壁面相互作用的研究中，辐射通量与火焰接触壁面时产生的最大热通量相比很小，通常会忽略不计。

基于 $\delta=\lambda_1/(\rho_1 C_p s_L^0)$ 和绝热火焰温度 $T_2=T_1+QY_{F1}/C_p$，式(7.5) 可用于表示淬熄时无量纲的壁面热通量 F_Q

$$F_Q=\frac{T_2-T_W}{T_2-T_1}\times\frac{1}{Pe_Q} \tag{7.6}$$

式(7.6) 表明，火焰-壁面相互作用时最大热通量 F_Q 与最小壁面距离 Pe_Q 成反比。

火焰-壁面相互作用出现在多种构型中，图 7.4 只是其中一种，但预混火焰还存在其他形式，如图 7.5 所示。

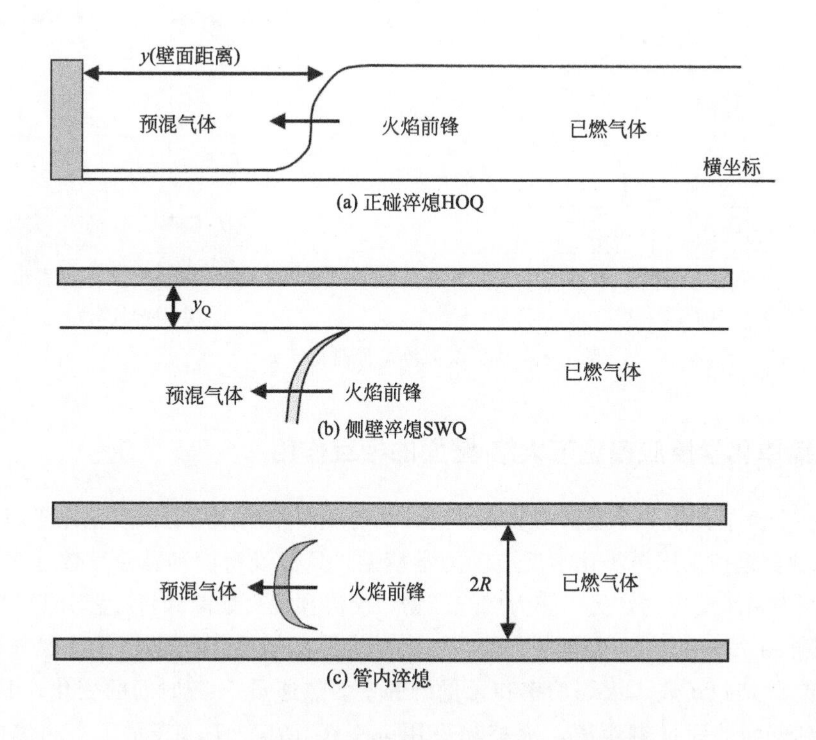

图 7.5　层流中火焰-壁面相互作用的三种构型

① 正碰淬熄（HOQ）。当火焰前锋垂直到达冷壁（$T_W=T_1$）时，会发生正碰淬熄现象，如图 7.4 和图 7.5(a) 所示。理论[11]、数值[14,16-17] 和实验[8-9,15] 研究结果表明，当淬熄发生时，Peclet 数 $Pe_Q \approx 3$。测量的热通量对应的 $F_Q \approx 0.34$，这与式(7.6) 在 $P_Q \approx 3$ 时的预测值一致。当传递至壁面的热损失大约为火焰能量的 1/3 时，火焰会停止向壁面传播。化学效应（如当量比）可以改变淬熄距离[10,18-20]，但使用不同的燃料时，F_Q 几乎不变[9]。这表明，对于冷壁面，这个问题由热主导，此处可采用简单化学反应的模型。Westbrook 等[14] 对比简单化学反应模型和复杂化学反应模型下的计算结果，并得出相同的结论。

② 侧壁淬熄（SWQ）。当火焰平行于壁面传播时，在近壁区只会发生火焰边缘的局部淬熄，如图 7.5(b) 所示。理论[21-22] 和实验[3,13] 结果表明，淬熄 Peclet 数 $Pe_Q \approx 7$，这意味着 $F_Q \approx 0.16$。采用非绝热火焰的渐近理论也能预测出淬熄距离[23]，并给出量级相当的 Pe_Q。

③ 管内淬熄。如果管道半径 R 足够小，则火焰在管内会全部熄灭[8,24-25]，如图 7.5(c) 所示。这一现象在 1818 年被 Davy[26] 和 George Stephenson 首次用于设计矿灯[27]：当时设计的矿灯采用直径小于淬熄距离的小孔包围，火焰无法穿过小孔传播，会被限制在灯内发光，但不会点燃灯外的预混燃气，这对于矿井安全非常有用（图 7.6）。此处，Peclet 数与管径（$2R$）有关[28]，其值接近 50。

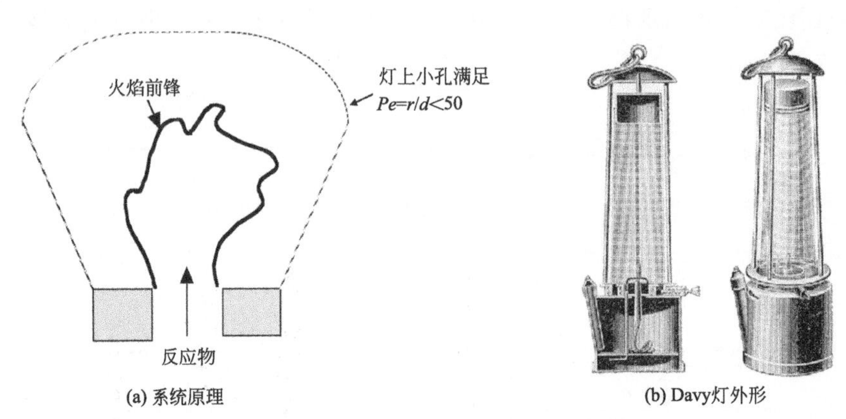

图 7.6 基于壁面淬熄原理的矿灯[26]

7.2.2 简单化学反应模型下火焰-壁面的相互作用

作为第一个例子，图 7.7 展示了层流预混火焰与壁面相互作用时出现正碰淬熄现象的计算结果[16]，该数值模拟采用单步化学反应动力学模型，且假设密度和黏性系数可变。在初始化时计算域一侧为未燃反应物，另一侧为燃烧产物，层流预混火焰前锋将二者分开，壁面位于未燃反应物一侧[图 7.5(a)]；所有速度分量在壁面上均为 0，壁面温度设置为未燃气体温度 T_1。

图 7.7 给出 Peclet 数、火焰功率和无量纲的壁面热通量 F 随时间的变化，其中，Peclet 数表示火焰到壁面的无量纲距离，火焰功率用 $\rho_1 s_c C_p(T_2-T_1)$ 表示。当火焰向壁面移动时，只有火焰消耗速度 s_c 发生变化，无量纲的壁面热通量为 $F=|\Phi|/\rho_1 s_L^0 C_p(T_2-T_1)$。通过火焰时间 $t_F=\delta_L^0/s_L^0$ 对时间 t 进行无量纲化处理，其中，δ_L^0 是式(2.75) 中基于温度梯度定义的火焰厚度❶。火焰位置对应于壁面与等温线 $\Theta=0.9$ 之间的距离。基于这个定义，即便火焰发生淬熄，火焰仍然存在："火焰"会由此而远离壁面，如图 7.7 所示。

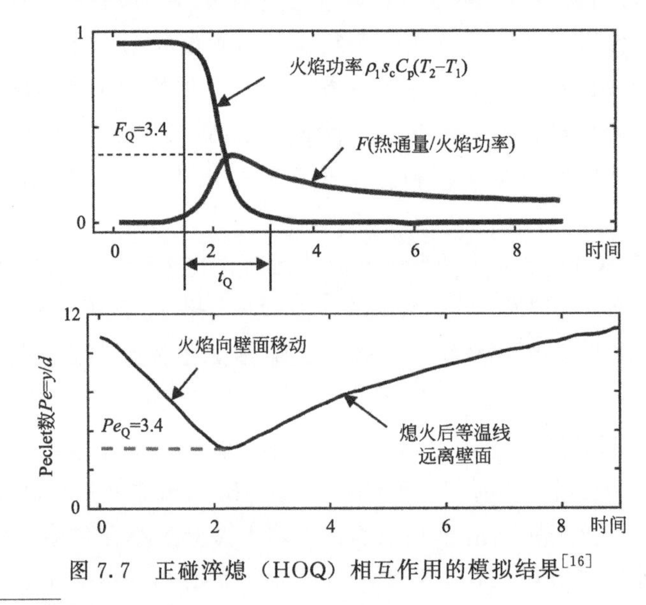

图 7.7 正碰淬熄（HOQ）相互作用的模拟结果[16]

❶ 在此使用真实火焰厚度 δ_L^0 要比 Peclet 数定义的 δ 更方便。

基于等温线 $\Theta=0.9$，从 DNS 数值结果中得到的淬熄 Peclet 数和壁面热通量分别为 $Pe_Q=3.4$ 和 $F_Q=0.39$，这与实验数据[3,15] 和简单模型[式(7.6)]预测的结果非常吻合。化学参数（释热和活化能）对淬熄距离和最大热通量的影响有限[16]，即便这些参数变化很大，淬熄变量的变化也不会超过 25%，这也证实了这一问题基本上是由热主导。

7.2.3 复杂化学反应模型下火焰-壁面的相互作用

虽然在单步化学反应研究中可以观察到一些重要的效应，但复杂化学反应和分子输运对火焰-壁面相互作用也会产生一定影响。然而，在研究火焰-壁面相互作用中考虑这些因素比较困难，主要有以下几点原因：

① 计算内容从本质上变成非稳态问题，在稳态预混火焰中（2.3 节）使用的方法无法用来简化这种问题。此外，火焰-壁面相互作用所需的分辨率通常高于常见的一维传播火焰，尤其是在近壁区域，计算量会更大。

② 化学反应模型都是针对简单火焰开发和验证的，如纯点火、火焰传播等，当火焰接触壁面时，低温化学动力学变得至关重要。能够预测火焰速度、火焰温度和拉伸响应的化学反应机理可能无法用于研究火焰-壁面的相互作用。显然，必须考虑 Soret 效应和 Dufour 效应[23]。

③ 在壁面处，催化反应可能会很重要，因此还须考虑壁面的化学反应[29]。

Popp 和 Baum[17] 研究了化学当量甲烷-空气火焰在常压下与冷壁相互作用的正碰淬熄现象，并将计算结果与实验结果进行对比，如图 7.8 所示。通过测试甲烷的四种化学反应模型发现，结果基本相似。其中，壁面温度对最大壁面热通量的影响是验证的关键部分，使用单步化学反应模型不能准确计算火焰-壁面相互作用，因为计算结果显示壁面最大热通量会随壁面温度升高而显著增加，但实验结果却显示热通量变化有限。当考虑复杂化学反应动力学模型（图 7.8）并加入表面化学反应模型时[29]，发现计算结果有所改善。

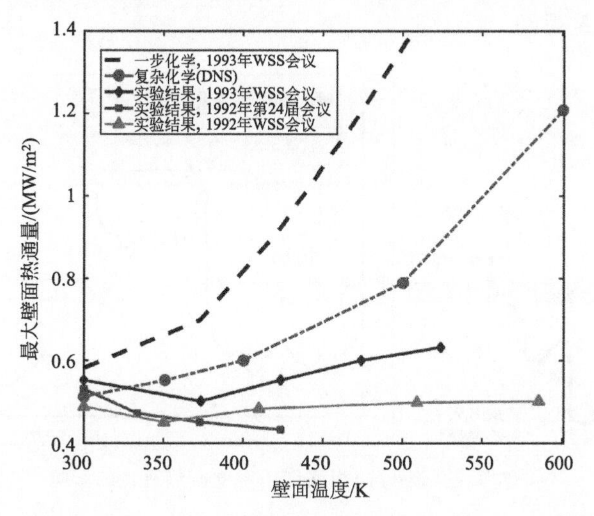

图 7.8 化学当量甲烷-空气火焰与冷壁正碰淬熄（HOQ）时的相互作用[17]

对比简单化学反应模型、复杂化学反应模型和实验数据[3-4]

火焰与壁面的相互作用会产生极高的壁面热通量，对于常压下的碳氢燃料，最大热通量可达 1MW/m^2 量级，且随压力升高而增加。在高压环境下 H_2-O_2 火焰与壁面相互作用时，热通量高达 500MW/m^2。然而，这些场景下的高热通量只能维持很短的时间，通常约等于火焰时间（几微秒），因此，可忽略其对平均壁面通量的影响。

表 7.2 总结了使用渐近理论分析[11]、简单一步化学反应模型（燃料＋氧化剂⟶产物[16]）、甲烷-空气复杂化学反应模型[17]、氢气-氧气复杂化学反应模型[30]和辛烷-空气复杂化学反应模型[31]时火焰-壁面的最大热通量。虽然使用的假设和方法不同，但得到的无量纲热通量 F 量级正确，这表明除了氢气-氧气火焰以外，这种量化方式是合理的。

表 7.2 层流火焰-壁面相互作用时的相关结果

早期的参考文献	总包反应	方法	化学反应模型	热通量 Φ/(MW/m^2)	无量纲热通量 F
Wichman 和 Bruneaux[11]	F+O⟶P	理论	简单	—	0.33
Poinsot 等[16](1993)	F+O⟶P	DNS	简单	—	0.34
Popp 和 Baum[17](1997)	CH_4-Air,1bar	DNS	复杂	0.5	0.4
Vermorel[30](1999)	H_2-O_2,1bar	DNS	复杂	4.85	0.13
Hasse 等[31](2000)	C_8H_{18}-Air,10bar	DNS	复杂	10	0.41

7.3 湍流火焰-壁面相互作用

7.3.1 概述

层流火焰与壁面相互作用的研究为火焰的演化过程和壁面热通量提供了非常有价值的信息，但湍流对壁面与火焰相互作用的影响仍未可知。壁面和湍流预混火焰的相互作用会涉及 7.1 节中介绍的所有机制。图 7.9 显示了瞬时局部壁面热通量随时间的变化过程，此过程通过精密通量检测器测量得到。

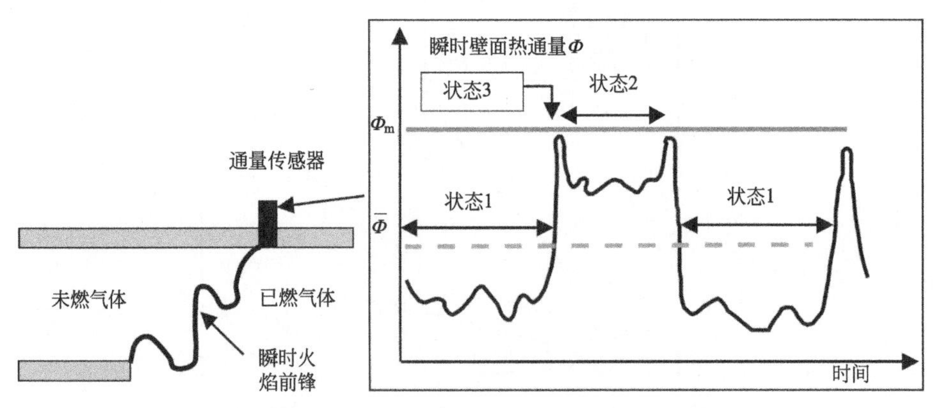

图 7.9 火焰-壁面相互作用对壁面热通量的影响

在湍流火焰的温度演化过程中，壁面热通量由流经壁面的未燃气体和已燃气体之间的间歇性决定：当未燃反应物与壁面接触时（图 7.9 中的状态 1），热通量较低；当已燃气体与壁面接触时，热通量较高（状态 2）。状态 3 将状态 1 与状态 2 隔开：这个区间对应于壁面与火焰的相互作用，并且会伴随非常高的壁面热通量。这种火焰和壁面之间的复杂相互作用，会对建模产生多种影响：

① 最大热通量Φ_m由火焰前锋和壁面相互作用引起，但很难预测这种由相互作用引起的热通量水平和持续时间。RANS模型无法解决该问题，DNS结果表示Φ_m与层流火焰熄灭时获得的最大热通量Φ_Q成比例，这表明火焰-壁面的淬熄过程确实控制湍流燃烧室中的最大热通量。

② RANS模型虽然无法预测壁面的最大热通量，但能预测壁面的平均热通量。7.2.2节中层流火焰淬熄的DNS模拟结果表明，与状态1和状态2相比，状态3的持续时间非常短，从而使平均热通量$\overline{\Phi}$基本上由状态1和状态2热通量的平均值决定，但间歇性导致求平均这一过程很困难：在状态1和状态2中，平均温度和速度分布显著不同，使用单一壁面定律求平均非常困难。此外，在状态2中，气体温度与壁面温度比T/T_W可高达6倍（在活塞发动机中，壁面温度的典型值为500 K，而已燃气体温度可达2700 K)，经典的对数定律不再适用。

与7.2节中介绍的层流情况相比，湍流火焰面临一些新问题：

① 湍流会改变淬熄过程中壁面的最大热通量吗?

② 在湍流火焰刷中，靠近壁面的火焰单元比远离壁面的单元更容易熄灭，这一点必须在模型中加以考虑。

③ 壁面会限制火焰运动和火焰起皱，进而减小湍流火焰刷尺寸。

④ 壁面会影响湍流结构，导致其在近壁区层流化。这会显著减小湍流的拉伸率，进而减小火焰表面积。

⑤ 必须重新建立壁面平均摩擦力和热通量的模型。

考虑到上述任务的难度，人们很少通过实验来解决这些问题。目前，出现了一些二维[16] 和三维[6-7,32-33] 的DNS模拟为湍流预混燃烧模型中火焰的行为和相互作用的影响提供了一些定性认知。

7.3.2 湍流火焰-壁面相互作用的DNS模拟

图7.10给出了一个典型的二维火焰-壁面相互作用的DNS模拟结果[16]，计算过程考虑了热释放以及密度和黏度的变化等因素。未燃气体困在壁面和火焰之间（如在真实的活塞发动机中），湍流在初始时刻已布满整个计算域，初始湍流特征为$u'/s_L^0=6.25$和$l_t/\delta_L^0=1.43$。火焰最初是平面结构，无平均流，未燃气体初始温度等于壁面温度。火焰会向壁面传播并最终在其附近淬熄（图7.10，最后时刻$t/t_F=7.2$)。

DNS后处理结果可追踪到火焰前锋的特征、火焰曲率、应变率和壁面热通量分布。结果表明，湍流火焰面到达壁面时，会表现出不同的行为，这主要与其演化过程有关，但淬熄距离y_Q与层流火焰具有相同量级。图7.11 (a) 显示了壁面与火焰单元间最小距离和最大距离随时间的变化。最小距离对应于Peclet数$Pe_Q=3.4$，与层流中正碰淬熄得到的值接近（图7.7)。在湍流中壁面热通量的最大值大多数情况下不会超过层流中正碰淬熄时的值[图7.11(b)]。

这种二维DNS模拟的一个缺点是湍流在与火焰相互作用的过程中衰减得非常快。例如，从DNS模拟结果中得到的淬熄距离是一个有用的定性信息，但定量模型很难验证这些数据，为此已有一些关于密度恒定[34] 和密度变化[33,35] 假设下的三维DNS模拟结果。其中，

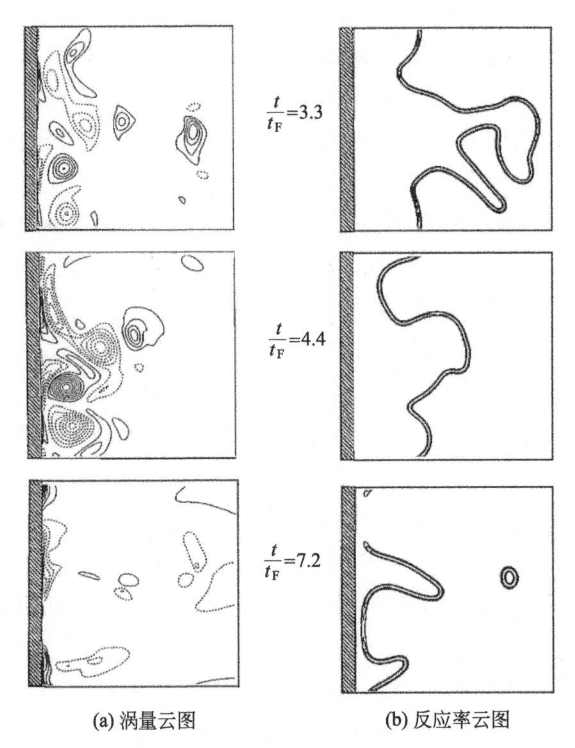

图 7.10 在三个不同时刻的二维火焰-壁面相互作用 DNS 模拟结果

时间由火焰时间$t_F=\delta_L^0/s_L^0$无量纲化（经 Elsevier Science 许可，来自 Poinsot 等[16]）

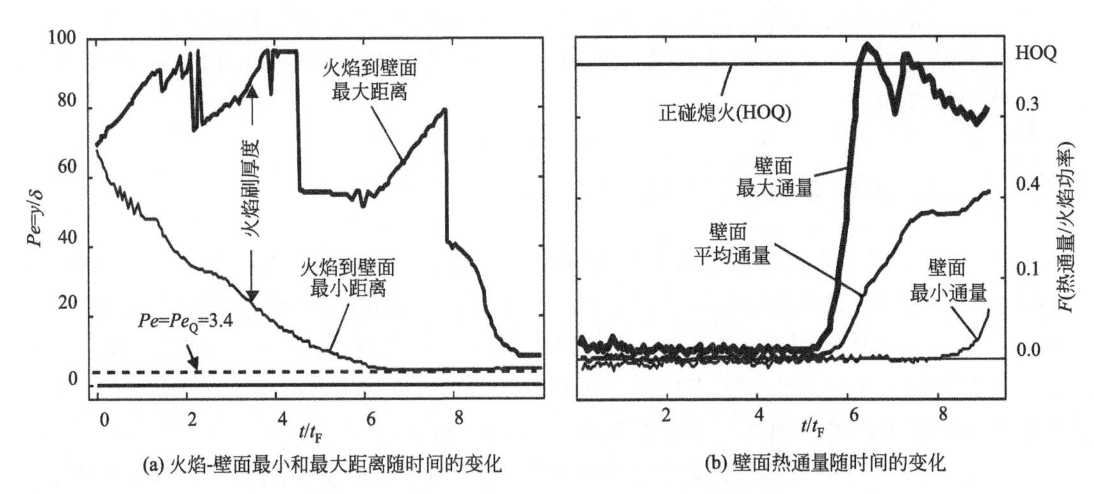

图 7.11 火焰-壁面相互作用的 DNS 模拟结果

（经 Elsevier Science 许可，来自 Poinsot 等[16]）

Bruneaux 等[34] 所用的构型如图 7.12 所示，在周期性湍流通道的中心面附近会产生两个火焰片，它们与湍流和壁面相互作用。假设密度恒定，则湍流不受火焰通道影响，其特性保持恒定且定义明确[36]。

计算结果表明，当火焰靠近壁面时，近壁区流动结构（马蹄涡）对火焰影响很大：一方面，这些流动结构会将火焰推向壁面，导致壁面热通量很大、局部火焰淬熄；另一方面，这些涡结构将未燃气体从壁面卷至已燃气体中（图 7.13），在已燃区域形成未燃气体的“舌状结构”（这些舌状结构在实验中也得到了证实）。未燃气体的舌状结构可通过温度的等值面来显示，它们位于图片的中间，由马蹄涡将未燃气体推离上壁面而形成。同时，上壁面火焰碰撞边界时，燃料质量分数（在上壁面通过灰度值显示）几乎为 0。在这些模拟中，湍流火焰的最大热通量 Φ_m 可能会大于层流火焰的最大热通量 Φ_Q（至少 2 倍）。DNS 二维和三维结果的巨大差异由近壁区的强涡量导致，因为这些强涡量只会出现在三维计算中。然而，这两种方法的计算结果量级相当，表明层流火焰中测量的最大热通量也可用来估算湍流中的最大热通量。

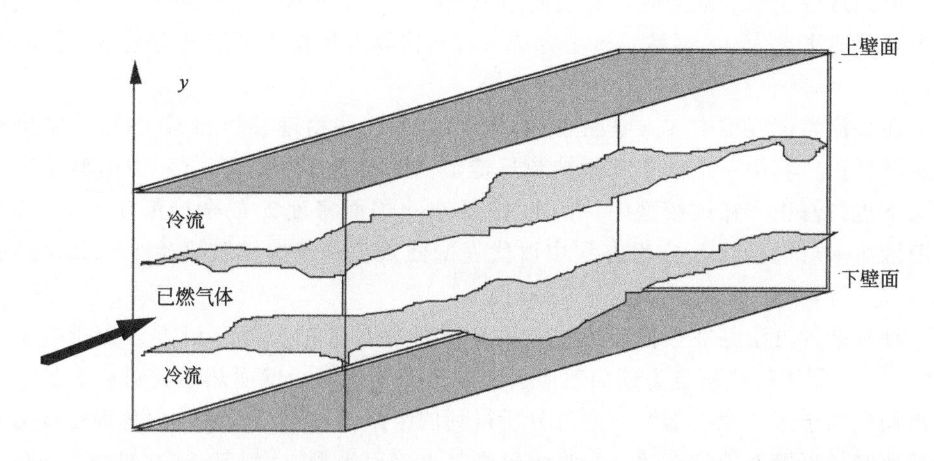

图 7.12　密度恒定的周期性通道内火焰-壁面相互作用的 DNS 模拟构型

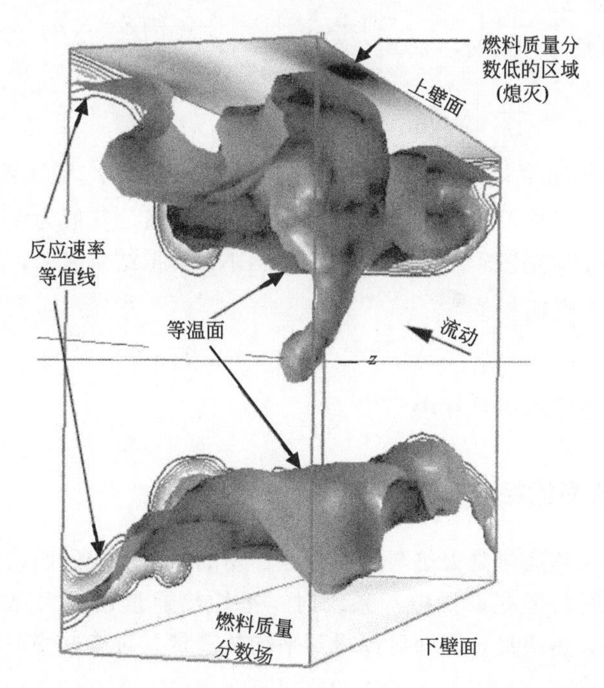

图 7.13　在周期性通道内火焰-壁面相互作用的 DNS 模拟结果[14]
其中使用了图 7.12 中的流动构型（经 Elsevier Science 许可）

7.3.3 火焰-壁面相互作用和湍流燃烧模型

DNS 模拟结果表明，壁面会影响湍流火焰，但将这种耦合效应引入 RANS 程序中仍然是一个挑战。绝大多数模型都会包含壁面和火焰的间接耦合，例如，壁面对湍流时间尺度的影响通常会通过壁面定律引入，修正的湍流时间尺度可以影响平均反应率，但近壁模型和湍流燃烧模型并不兼容，这种耦合方式通常不对，容易导致数值模拟结果产生非物理解。当程序用户意识到这些模型的缺陷时，常会使用一些特殊方法来解决这一问题，如在近壁区的网格中将平均反应率设为 0。显然，这个方法没有任何物理依据来证实其有效性，因此应该尽量避免。

为了在湍流燃烧模型中加入壁面效应，可以利用一些物理参数和 DNS 模拟结果对近壁区模型进行修正，其中一个例子就是湍流反应流“壁面定律”模型[16]，该模型是在火焰面模型框架下进行修正：在该模型中，由 DNS 导出火焰面密度 Σ 的全局汇项 D_Q，并将其添加至近壁区第一层网格的 Σ 守恒方程中以代表壁面效应（淬熄和皱褶减少）对火焰面密度的破坏。

另一种复杂的方法是在数值模拟中计算火焰面密度 Σ 的精确守恒方程中所有项，如图 7.13 所示[14]，利用这些信息为壁面效应引起的附加项建模。壁面热损失对火焰的影响通过一个绝热损失因子来模拟。最终，通过分析得到的结果是一个修正后的火焰面密度方程，该方程在远离和靠近壁面处均有效，它是无壁面时火焰面模型方程（5.85）的一个拓展。此火焰面密度守恒方程可写为

$$\frac{\partial \Sigma}{\partial t}+\frac{\partial \tilde{u}_i \Sigma}{\Sigma x_i}=\frac{\partial}{\partial x_i}\left(\frac{\nu_t}{\sigma_\Sigma}\times\frac{\partial \Sigma}{\partial x_i}\right)+\alpha_0 \frac{\varepsilon}{k}\Gamma_k\left(\frac{u'}{s_L^0},\frac{l_t}{\delta_L^0}\right)\Sigma-\beta_0\rho_0 s_{L_s}^0 Q_m \frac{\Sigma^2}{\bar{\rho}\widetilde{Y}} +\frac{\partial}{\partial x_i}\left[s_L^0\left(1-\frac{1-Q_m}{\gamma_\omega}\right)\Sigma\right] \tag{7.7}$$

式中，ρ_0 为未燃气体的密度；Y 为无量纲的反应物质量分数；γ_ω 是模型常数，通过 DNS 结果近似为 $\gamma_\omega=0.3$；Q_m 是熄灭因子❶，对于远离壁面火焰，其值为 1，对于熄灭后的火焰则为 0；等式最后一项代表壁面对火焰面的损耗。DNS 模拟结果表明，熄灭因子 Q_m 可能与壁面引起的焓损失 L_H 直接相关❷

$$Q_m=e^{-2\beta L_H},\quad L_H=1-(\widetilde{\Theta}+\widetilde{Y}) \tag{7.8}$$

该方程已成功用于活塞发动机计算中[37-38]。

7.3.4 火焰与壁面的相互作用和壁面传热模型

前几节讨论的最大热通量是火焰与壁面相互作用的一个重要方面，它决定了施加在壁面材料上的最大局部载荷。但在设计冷却系统时，平均热通量比最大热通量更重要。RANS 模型虽不能预测出最大热通量，但却可以得到平均热通量。对于这些平均量，火焰面与壁面

---

❶ 当不考虑壁面效应时（$Q_m=1$），可以复现表 5.3 中的 CFM2-a 模型，忽略平均流场引起的应变率的影响。

❷ 对于单位 Lewis 数的绝热火焰，无量纲的温度均值 $\widetilde{\Theta}$ 和无量纲的燃料质量分数均值 $\widetilde{Y}$ 由 $\widetilde{\Theta}+\widetilde{Y}=1$ 和 $L_H=0$ 相关联（见 5.3.1 节）。L_H 用来衡量热损失量（$\widetilde{\Theta}+\widetilde{Y}\leqslant 1$）。

的相互作用并不是主要影响因素，如图 7.9 中所示，还必须考虑已燃气体影响，但实际并非如此，大部分计算程序中传统壁面定律方法只对温度变化较小的流动有效（典型情况下，气体温度与壁面温度之比 $T/T_W=1$）。然而，在实际燃烧应用中，这种情况很少发生，T/T_W 一般为 4～6，这会对壁面摩擦力和热通量引入很大的误差。本节首先介绍壁面定律原理，并针对 $T/T_W=1$ 的经典等温工况给出相关结果，然后讨论 T/T_W 取较大值时的情形。关于边界层理论的基础，可以参考相关文献[5,39] 和有关湍流的书籍，在此只讨论反应流中这些定律的应用及其限制。

(1) 壁面定律模型原理

在 RANS 方法中，壁面边界层厚度通常很小，无法直接求解得到。常用的解决方法是对近壁区湍流结构做出一定假设，以避开求解过程❶。壁面定律模型就是其中一种近似方法，如图 7.14 所示，假定壁面与第一层网格节点之间的流动结构类似于边界层流动，其速度与距离壁面 y_1 处的速度 $\tilde{u}_1$ 相同。边界层理论[5] 可以提供关于平均速度和湍流变量的缩比定律。例如，一旦知道边界层内距离壁面 y_1 处的平均速度 $\tilde{u}_1$，则可直接得到壁面平均摩擦力 $\overline{\tau}_W$ 的近似值❷

$$\overline{\tau}_W=\overline{\mu\frac{\partial u}{\partial y}}=\rho\tilde{u}_\tau^2 \tag{7.9}$$

式中，$\tilde{u}_\tau$ 为摩擦速度。壁面热通量 $\overline{\Phi}$ 也可以通过第一层网格节点上的平均温度和壁面摩擦速度 $\tilde{u}_\tau$ 求出。如果上述关系式在流体域中成立，则一旦知道 $\tilde{u}_\tau$ 和 y_1，就可以估算 $\overline{\tau}_W$ 和 $\overline{\Phi}$，进而可以计算壁面区域外的流动，因此上述问题得以封闭。当采用 k-ε 模型时，壁面定律假设也可以提供近壁区 k 和 ε 的近似值以及湍流模型的边界条件。

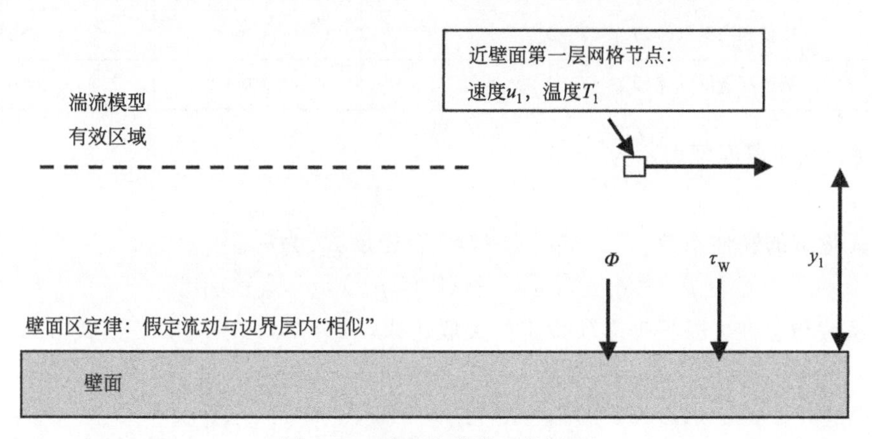

图 7.14　壁面定律模型的原理

(2) 近似等温壁面定律

下面介绍一个应用壁面定律的简单算例。所有关系式都是以壁面单位为基准：壁面距离由近壁区特征长度 $y_\tau=\nu_W/\tilde{u}_\tau$ 进行无量纲化处理，其中，ν_W 为壁面处的运动黏性系数。平

---

❶ 这里未考虑低雷诺数湍流模型（这是壁面定律模型的替代选项），即便它们经常用于空气动力领域中。对于燃烧领域，通常使用壁面定律模型，这也解释了本书关注这个方法的原因。

❷ 本部分采用了 Favre 平均方法（见第 4 章）。

行于壁面的速度由 $\tilde{u}_{\tau}$ 进行无量纲化处理，温度由 $T_{\tau}=\overline{\Phi}/(\rho C_{p}\tilde{u}_{\tau})$ 无量纲化处理[1]：

$$y^{+}=\frac{y}{y_{\tau}}=\frac{\tilde{u}_{\tau}y}{\nu_{W}},\quad u^{+}=\frac{u}{\tilde{u}_{\tau}},\quad T^{+}=\frac{T_{W}-T}{T_{\tau}}=\frac{(T_{W}-T)\rho C_{p}\tilde{u}_{\tau}}{\overline{\Phi}} \tag{7.10}$$

为推导壁面定律关系式，首先做出以下几点假设：

H1——沿壁面的梯度可忽略不计；

H2——完全发展的湍流状态，且平均流恒定；

H3——压力梯度可忽略不计；

H4——低马赫数；

H5——无化学反应；

H6——理想气体，无 Soret 或 Dufour 效应；

H7——无辐射通量或外力；

H8——温差小，$T/T_{W}\approx 1$（近似等温假设）。

上述有些假设与燃烧现象并不兼容。限制最强的假设是 H8，它的影响可以通过引入等温性参数 ξ 来衡量：

$$\xi=-\frac{T_{\tau}}{T_{W}}=-\frac{\overline{\Phi}}{\rho_{W}C_{p}\tilde{u}_{\tau}T_{W}} \tag{7.11}$$

按照惯例，对于冷壁而言，当传递给壁面的平均热通量为负值时，等温性参数为正，反之，则为负值（表 7.3）。

表 7.3 壁面热通量的符号规定

工况	热通量 $\overline{\Phi}$	ξ
冷壁和高温气体($T_{W}<T_{gas}$)	<0	>0
热壁和低温气体($T_{W}>T_{gas}$)	>0	<0

使用 ξ，气体温度可表示为

$$T=T_{W}(1+\xi T^{+}) \tag{7.12}$$

定义无量纲的黏性系数 μ^{+}、热扩散率 λ^{+} 及密度 ρ^{+} 为

$$\mu^{+}=\mu/\mu_{w},\quad \lambda^{+}=\lambda/(C_{p}\mu_{w}),\quad \rho^{+}=\rho/\rho_{w} \tag{7.13}$$

黏性系数与温度可以根据多项式定律关联起来：$\mu=\mu_{W}(T/T_{w})^{b}$，则式(7.13) 可以简单表示为

$$\mu^{+}=(1+\xi T^{+})^{b},\quad \lambda^{+}=\mu^{+}/Pr,\quad \rho^{+}=1/(1+\xi T^{+}) \tag{7.14}$$

如假设 H8，当等温性参数 ξ 取较小值时，式(7.14) 表示温度变化对无量纲的黏性系数、热扩散率和密度无影响，它们均可视为常数（也与壁面距离无关）：

$$\mu^{+}=1,\quad \lambda^{+}=1/Pr,\quad \rho^{+}=1 \tag{7.15}$$

式(7.15) 表明，反应流类似于恒温流体，温度对流类似于对流动无反馈效应。

基于以上假设，通过理论推导和实验结果拟合，表 7.4 给出近壁区的一些有用关系式[5,39]：在近壁区的“黏性底层”，速度和温度分布都与 y^{+} 呈线性关系；在远离壁面处（“对数律层”），则演变为对数关系，如图 7.15 所示。

---

[1] 按照这个符号规定，冷壁由热气包围时，$\overline{\Phi}$ 和 T_{τ} 为负。

表 7.4　近似等温壁面定律汇总

物理量	y^+范围	区域	关系式
速度	$y^+<10.8$	黏性底层	$\tilde{u}^+=y^+$
	$y^+>10.8$	对数律层	$\tilde{u}^+=2.44\ln(y^+)+5$
温度	$y^+<13.2$	黏性底层	$\tilde{T}^+=Pry^+$
	$y^+>13.2$	对数律层	$\tilde{T}^+=2.075\ln(y^+)+3.9$

注：Pr 是 Prandtl 数。

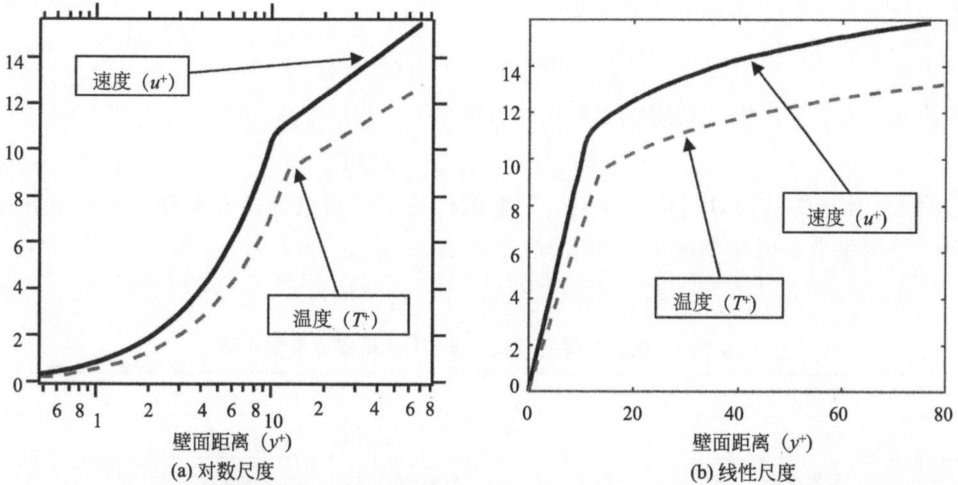

图 7.15　在近似等温流动中，速度和温度在对数尺度上和线性尺度上的壁面定律关系图

当采用 k-ε 模型时，壁面定律也为第一层网格节点上的动能 k_1 和耗散 ε_1 提供缩比关系：

$$k_1=\tilde{u}_\tau^2/(C_\mu^{1/2}),\quad \varepsilon_1=\tilde{u}_\tau^3/(Ky_1) \tag{7.16}$$

式中，C_μ 和 K 为模型常数，取 $C_\mu=0.09$，$K=0.41$。第一个关系式可以通过实验测量得到，表明在绝大多数边界层内，$k_1/\tilde{\mu}_\tau^2$ 恒定[40-41]；第二个关系式是将湍动能 k 的生成项［式 (4.38)］表示为壁面速度函数得到：

$$P_k=-\bar{\rho}\widetilde{u_i''u_j''}\frac{\partial\tilde{u}_i}{\partial x_j}\approx\bar{\rho}\tilde{u}_\tau^2\frac{\tilde{u}_\tau}{Ky} \tag{7.17}$$

并指出 P_k 等于第一层网格节点处的耗散率 $\bar{\rho}\varepsilon_1$：

$$\varepsilon_1=\tilde{u}_\tau^3/(Ky_1)=C_\mu^{3/4}k_1^{3/2}/(Ky_1) \tag{7.18}$$

(3) 近似等温壁面定律模型的应用 ($\xi\ll 1$)

实际上，应用壁面定律时必须考虑离散格式本身：当空间离散、时间离散及数值方法不同时，使用方法和结果也会有所不同。算法与壁面定律之间的关联非常紧密：对于给定的壁面定律，一种算法得到的结果可能与另一种算法不同，因此很难得出一些共性特征。本节通过一个例子，展示如何将这些耦合关系应用于显式有限体积法中（图 7.14 和表 7.5）。

步骤 1　在给定时间迭代之后，求出近壁区所有节点上的速度和温度，于是在每个节点上，$\tilde{u}_1$ 和 $\tilde{T}_1$ 已知。

步骤 2　在每个节点处，利用表 7.4 的关系式，建立摩擦速度 $\tilde{u}_\tau$ 和壁面热通量 $\overline{\Phi}$ 的隐式关系式。虽然这些反推过程有些烦琐，但在数值模拟中很容易实现。例如，对于速度，假

设 $y_1^+>10.8$，则可反推出

$$\tilde{u}_1/\tilde{u}_\tau=2.44\ln(\tilde{u}_\tau y_1/\nu_W)+5 \tag{7.19}$$

其中，唯一的未知变量是 $\tilde{u}_\tau$。在求解之后，很容易确定 y_1^+ 是否大于 10.8：如果 $y_1^+<10.8$，则式（7.19）必须由线性关系式 $\tilde{u}^+=y^+$ 替代；如果 y_1^+ 太大（在绝大多数代码中超过 1000），说明第一层网格节点距离壁面太远，网格必须细化处理。

步骤 3 一旦确定 $\tilde{u}_\tau$，则第一层网格节点的壁面坐标为 $y_1^+=\tilde{u}_\tau y_1/\nu_W$。当 $y_1^+>13.2$ 时，第一层节点上的无量纲温度可由表 7.4 计算得出

$$\tilde{T}_1^+=2.075\ln(\tilde{u}_\tau y_1/\nu_W)+3.9 \tag{7.20}$$

步骤 4 从 $\tilde{T}_1^+$ 出发，利用式（7.10）可得到 $\overline{\Phi}$

$$\overline{\Phi}=(T_W-\tilde{T}_1)\rho_W C_p\tilde{u}_\tau/\tilde{T}_1^+ \tag{7.21}$$

步骤 5 使用湍流边界层中 k 和 ε 的平衡值代替第一层壁面单元 k 和 ε 的守恒方程，可得到第一层网格节点的湍动能 k_1 及其耗散率 ε_1：

$$k_1=\tilde{u}_\tau^2/(C_\mu^{1/2}),\ \varepsilon_1=\tilde{u}_\tau^3/(Ky_1) \tag{7.22}$$

表 7.5 在近似等温假设下 $\xi\ll1$ 使用壁面平衡定律

步骤 1	输入值：$\tilde{u}_1$ 和 $\tilde{T}_1$
步骤 2	通过式(7.19) 反推求出 $\tilde{u}_\tau$
步骤 3	计算 $y_1^+=\tilde{u}_\tau y_1/\nu_W$，使用式(7.20)计算 $\tilde{T}_1^+$
步骤 4	通过 $\tilde{T}_1^+$，计算热通量 $\overline{\Phi}=\rho_W C_p\tilde{u}_\tau(T_W-\tilde{T}_1)/\tilde{T}_1^+$
步骤 5	求湍流参数 $k_1=\tilde{u}_\tau^2/C_\mu^{1/2}$，$\varepsilon_1=\tilde{u}_\tau^3/Ky_1$
步骤 6	推进流动方程并转到步骤 1

步骤 6 以上步骤会给出壁面平均摩擦力 $\tilde{\tau}_W=\rho_W\tilde{u}_\tau^2$，壁面平均热通量 $\overline{\Phi}$，k_1 和 ε_1，这足以使用有限体积法对流动方程在近壁区积分，并获得下一个时间步长的速度值。

以上方法可应用于很多流场中，但存在一些缺陷。例如在滞止点附近，$\tilde{u}_1=0$，因此很难求解方程（7.19），因为即便使 $\tilde{u}_1$ 变为 0，$\tilde{u}_\tau$ 仍可以取较大值，而这些值无法使用方程（7.19）来计算。在很多燃烧算法中，这种平衡态法被 Chieng 和 Launder[42]（另见文献[43-44]）提出的模型（壁面定律假设的使用方式不同）所取代（表 7.6）：

步骤 1 输入参数是第一层网格节点上的平均速度 $\tilde{u}_1$ 和平均温度 $\tilde{T}_1$，以及湍动能 k_1 及其耗散率 ε_1。

步骤 2 无须使用式（7.19），摩擦速度直接由平衡关系式 $\tilde{u}_\tau=k_1^{1/2}C_\mu^{1/4}$ 求出，其中湍动能 k_1 使用上一迭代步的值。

步骤 3 一旦确定 $\tilde{u}_\tau$，第一层节点的无量纲壁面距离可以由式 $y_1^+=\tilde{u}_\tau y_1/\nu_W$ 计算得出，无量纲温度 $\tilde{T}_1^+$ 由式(7.20) 得出。

步骤 4 根据 $\tilde{T}_1^+$ 和 $\tilde{u}_\tau$，通过式（7.10）中 $\overline{\Phi}=(T_W-\tilde{T}_1)\rho C_p\tilde{u}_\tau/\tilde{T}_1^+$ 求出壁面热通量 $\overline{\Phi}$。

步骤 5 湍动能 k_1 在迭代更新时，并非通过式（7.16）赋值，而是在近壁区单元中使用守恒方程（4.36）求得。在此方程中，使用 $\tilde{u}_\tau$ 计算源项 P_{k1}：$P_{k1}=\rho_W\tilde{u}_\tau^2\tilde{u}_1/y_1$，湍能耗散率仍由平衡态关系式 $\varepsilon_1=\tilde{u}_\tau^3/(Ky_1)$ 估算。

步骤 6 所有流动方程（包括近壁区第一层节点的 k 方程）都可在时域中迭代。重复之

前的步骤。

表 7.6 在近似等温假设 $\xi \ll 1$ 下使用 Chieng 和 Launder 壁面定律[42]

步骤 1	输入值：$\widetilde{u}_1$、$\widetilde{T}_1$、k_1 和 ε_1
步骤 2	由 k_1 计算 $\widetilde{u}_\tau$：$\widetilde{u}_\tau = k_1^{1/2} C_\mu^{1/4}$
步骤 3	计算 $y_1^+ = \widetilde{u}_\tau y_1 / \nu_W$，使用式(7.20)计算 $\widetilde{T}_1^+$
步骤 4	通过 $\widetilde{T}_1^+$，计算热通量 $\overline{\Phi} = \rho_W C_p \widetilde{u}_\tau (T_W - \widetilde{T}_1) / \widetilde{T}_1^+$
步骤 5	在第一层网格单元中求 k 方程的源项 $P_{k1} = \rho_W \widetilde{u}_\tau^2 \widetilde{u}_1 / y_1$，$\varepsilon_1 = \widetilde{u}_\tau^3 / (K y_1)$
步骤 6	在第一层网格节点上推进流动方程和 k 方程，转至步骤 1

(4) 近似等温方法的局限性

上述关于壁面定律的模型推导及其验证都是针对近似等温流动，在式(7.11)中等温性参数很小，$T/T_W \approx 1$，但在大部分燃烧系统中，这些假设并不成立。例如，在活塞发动机中，当压力为 30bar，摩擦速度约等于 1m/s，$\xi > 0.5$ 时[45]，热通量约等于 5MW/m^2。在这些条件下，当壁面距离增加时，黏度、密度和热系数都会发生显著变化。由于温度会影响密度和黏性系数[见式(7.14)]，温度方程与速度方程本质上是耦合的，因此壁面定律的整个基础都需要修正。这个问题的相关研究有两种场景，即高流速边界层[40,46]和反应流，研究较多的是有/无传热时的超声速湍流边界层，但很少关注典型燃烧中的高传热和低流速问题。在工程应用中，有时会找到一个关系式以提供 Nusselt 数为雷诺数和温度比的函数，但很少专注于推导可以用于 CFD 程序的壁面定律[5,37,45,47-48]。在此介绍其中一种方法[35,46]：引入一些由温度变化引起的修正变量，假定关于无量纲平均速度和温度的壁面定律成立。这些变量包括广义壁面距离 η^+、广义无量纲速度 ψ^+ 和广义无量纲温度 Θ^+，它们与壁面距离 y^+、无量纲密度 ρ^+ 和无量纲温度 T^+ 的关联如下：

$$d\eta^+ = (\nu_W/\nu)\,dy^+, \quad d\psi^+ = (\rho/\rho_W)\,du^+, \quad d\Theta^+ = (\rho/\rho_W)\,dT^+ \tag{7.23}$$

使用上述变量，动量方程和能量方程与等温流动方程形式相同，于是可以推测这些方程的解也具有相同形式，因此可以直接用 η^+ 替代 y^+，用 ψ^+ 替代 u^+，用 Θ^+ 替代 T^+，如表 7.7 所示[35,46]。当 $\xi = 0$ 时，这些关系式可复现表 7.4 中近似等温的情形。

表 7.7 非等温流体（ξ 较大）的广义壁面定律关系

物理量	η^+ 范围	区域	关系式
速度	$\eta^+ < 10.8$	黏性底层	$\widetilde{\psi}^+ = \eta^+$
	$\eta^+ > 10.8$	对数律层	$\widetilde{\psi}^+ = 2.44\ln(\eta^+) + 5$
温度	$\eta^+ < 13.2$	黏性底层	$\widetilde{\Theta}^+ = Pr\eta^+$
	$\eta^+ > 13.2$	对数律层	$\widetilde{\Theta}^+ = 2.075\ln(\eta^+) + 3.9$

基于上述假设，可推导大温度梯度时的壁面定律。为方便起见，在第一层网格节点上引入一个新的简化方法，将 η^+ 与 y^+ 和 $\widetilde{\psi}$ 与 u^+ 关联：

$$\eta_1^+ = \int_0^{y_1^+} \frac{\nu_W}{\nu} dy^+ \approx \frac{\nu_W}{\nu_1} y_1^+ = \frac{\widetilde{u}_\tau y_1}{\nu_1}, \quad \widetilde{\psi}_1^+ = \int_0^{u_1^+} \frac{\rho}{\rho_W} du^+ \approx \frac{\rho_1}{\rho_W} \times \frac{\widetilde{u}_1}{\widetilde{u}_\tau} \tag{7.24}$$

因此，η_1^+ 是基于局部黏性系数 ν_1，y_1^+ 是基于壁面黏性系数 ν_W。假定压力不变，基于 T^+ 的定义，广义温度 Θ^+ 可直接表示为温度 T^+ 的函数

$$\Theta^{+}=\int_{0}^{T^{+}}\frac{1}{1+\xi T^{+}}\mathrm{d}T^{+}=\frac{1}{\xi}\ln(1+\xi T^{+})=\frac{1}{\xi}\ln\left(\frac{T}{T_{\mathrm{W}}}\right) \tag{7.25}$$

动能 k_1 仍可表示为

$$k_1=\widetilde{u}_{\tau}^{2}/C_{\mu}^{1/2} \tag{7.26}$$

在 k 方程（4.36）中，假定生成项-耗散项相等，则

$$P_k=-\overline{\rho}\widetilde{u_i''u_j''}\frac{\partial\widetilde{u}_i}{\partial x_j}\approx\overline{\rho}\widetilde{u}_{\tau}^{2}\frac{\widetilde{u}_{\tau}}{Ky}\times\frac{\rho_{\mathrm{W}}}{\rho_1}=\overline{\rho}\varepsilon_1\longrightarrow\varepsilon_1=\frac{\widetilde{u}_{\tau}^{3}}{Ky_1}\times\frac{\rho_{\mathrm{W}}}{\rho_1} \tag{7.27}$$

对比等温假设下的式（7.18)，第一层网格节点处耗散项增加 ρ_{W}/ρ_1 倍，且 $\rho_{\mathrm{W}}/\rho_1>1$。平衡态的壁面定律如表 7.8 所示。

步骤 1 在给定时间迭代后，近壁区所有节点上的速度 $\widetilde{u}_1$ 和温度 $\widetilde{T}_1$ 已知。黏性系数 ν_1 和密度 ρ_1 可直接通过 $\widetilde{T}_1$ 得到。

步骤 2 在每个节点上，使用表 7.7 关系式建立摩擦速度 $\widetilde{u}_{\tau}$ 和壁面热通量 $\overline{\Phi}$ 的隐式关系式。假设 $\eta_1^{+}>10.8$，速度 $\widetilde{u}_{\tau}$ 由式（7.28）确定。

$$(\rho_1/\rho_{\mathrm{W}})(\widetilde{u}_1/\widetilde{u}_{\tau})=2.44\ln(\widetilde{u}_{\tau}y_1/\nu_1)+5 \tag{7.28}$$

式中，$\widetilde{u}_{\tau}$ 是唯一的未知变量。求解之后很容易确定 η_1^{+} 是否大于 10.8，若小于 10.8，则式（7.28）必须由线性关系式 $\widetilde{\psi}^{+}=\eta^{+}$ 替代并求解。

步骤 3 一旦确定 $\widetilde{u}_{\tau}$，则第一层网格节点的壁面坐标为 $\eta_1^{+}=\widetilde{u}_{\tau}y_1/\nu_1$，使用表 7.7 关系式计算第一层节点上的无量纲温度：

$$\Theta_1^{+}=2.075\ln(\eta_1^{+})+3.9 \tag{7.29}$$

步骤 4 基于 Θ_1^{+}，使用式(7.11）和式(7.25）计算 $\overline{\Phi}$：

$$\overline{\Phi}=-(\rho_{\mathrm{W}}C_{\mathrm{p}}\widetilde{u}_{\tau}T_{\mathrm{W}}/\Theta_1^{+})\ln(\widetilde{T}_1/T_{\mathrm{W}}) \tag{7.30}$$

步骤 5 使用湍流边界层内 k 和 ε 平衡值替代 k 和 ε 的守恒方程，可得到第一层网格节点的湍动能 k_1 和耗散率 ε_1：

$$k_1=\widetilde{u}_{\tau}^{2}/C_{\mu}^{1/2},\varepsilon_1=\widetilde{u}_{\tau}^{3}/(Ky_1)\rho_{\mathrm{W}}/\rho_1 \tag{7.31}$$

步骤 6 前几步给出平均壁面摩擦 $\tau_{\mathrm{W}}=\rho_{\mathrm{W}}\widetilde{u}_{\tau}^{2}$、平均壁面通量 $\overline{\Phi}$ 以及 k_1 和 ε_1 值。对流动方程在近壁区域积分，给出下一迭代步的速度。

表 7.8 当 ξ 取较大值时，基于广义壁面平衡定律的计算过程

步骤 1	输入值：$\widetilde{u}_1$ 和 $\widetilde{T}_1$
步骤 2	通过式(7.28)反推求出 $\widetilde{u}_{\tau}$
步骤 3	计算 $\eta_1^{+}=\widetilde{u}_{\tau}y_1/\nu_1$，使用式(7.29)计算 Θ_1^{+}
步骤 4	通过 Θ_1^{+}，计算热通量 $\overline{\Phi}=-\dfrac{\rho_{\mathrm{W}}C_{\mathrm{p}}\widetilde{u}_{\tau}T_{\mathrm{W}}}{\Theta_1^{+}}\ln(\widetilde{T}_1/T_{\mathrm{W}})$
步骤 5	确定湍流参数 $k_1=\widetilde{u}_{\tau}^{2}/C_{\mu}^{1/2}$，$\varepsilon_1=\widetilde{u}_{\tau}^{3}/(Ky_1)\rho_{\mathrm{W}}/\rho_1$
步骤 6	推进流动方程并转到步骤 1

需要注意的是，可以直接将此方法扩展至类似于 Chieng 和 Launder 模型的非平衡形式[42]。

参考文献

[1] A. -Delataillade, F. Dabireau, B. Cuenot, and T. Poinsot. Flame/wall interaction and maximum heat wall fluxes in diffusion burners. *Proc. Combust. Inst.*, 29: 775-780, 2002.

[2] F. Dabireau, B. Cuenot, O. Vermorel, and T. Poinsot. Interaction of H_2/O_2 flames with inert walls. *Combust. Flame*, 135 (1-2): 123-133, 2003.

[3] J. H. Lu, O. Ezekoye, R. Greif, and F. Sawyer. Unsteady heat transfer during side wall quenching of a laminar flame. In *23rd Symp. (Int.) on Combustion*, pages 441-446. The Combustion Institute, Pittsburgh, 1990.

[4] O. A. Ezekoye, R. Greif, and D. Lee. Increased surface temperature effects on wall heat transfer during unsteady flame quenching. In *24th Symp. (Int.) on Combustion*, pages 1465-1472. The Combustion Institute, Pittsburgh, 1992.

[5] W. M. Kays and M. E. Crawford. *Convective Heat and Mass Transfer*. McGraw Hill, 1993.

[6] G. Bruneaux, K. Akselvoll, T. Poinsot, and J. Ferziger. Flame-wall interaction in a turbulent channel flow. *Combust. Flame*, 107 (1/2): 27-44, 1996.

[7] G. Bruneaux, T. Poinsot, and J. H. Ferziger. Premixed flame-wall interaction in a turbulent channel flow: budget for the flame surface density evolution equation and modelling. *J. Fluid Mech.*, 349: 191-219, 1997.

[8] J. Jarosinski. A survey of recent studies on flame extinction. *Combust. Sci. Tech.*, 12: 81-116, 1986.

[9] W. M. Huang, S. R. Vosen, and R. Greif. Heat transfer during laminar flame quenching, effect of fuels. In *21st Symp. (Int.) on Combustion*, pages 1853-1860. The Combustion Institute, Pittsburgh, 1986.

[10] R. J. Blint and J. H. Bechtel. Flame-wall interface: theory and experiment. *Combust. Sci. Tech.*, 27: 87-95, 1982.

[11] I. Wichman and G. Bruneaux. Head on quenching of a premixed flame by a cold wall. *Combust. Flame*, 103 (4): 296-310, 1995.

[12] T. M. Kiehne, R. D. Matthews, and D. E. Wilson. The significance of intermediate hydrocarbons during wall quench of propane flames. In *21st Symp. (Int.) on Combustion*, pages 1583-1589. The Combustion Institute, Pittsburgh, 1986.

[13] C. W. Clendening, W. Shackleford, and R. Hilyard. Raman scatterring measurement in a side wall quench layer. In *18th Symp. (Int.) on Combustion*, pages 1583-1589. The Combustion Institute, Pittsburgh, 1981.

[14] C. K. Westbrook, A. A. Adamczyk, and G. A. Lavoie. A numerical study of laminar flame wall quenching. *Combust. Flame*, 40: 81-99, 1981.

[15] S. R. Vosen, R. Greif, and C. K. Westbrook. Unsteady heat transfers during laminar flame quenching. In *20th Symp. (Int.) on Combustion*, pages 76-83. The Combustion Institute, Pittsburgh, 1984.

[16] T. Poinsot, D. Haworth, and G. Bruneaux. Direct simulation and modelling of flamewall interaction for premixed turbulent combustion. *Combust. Flame*, 95 (1/2): 118-133, 1993.

[17] P. Popp and M. Baum. An analysis of wall heat fluxes, reaction mechanisms and unburnt hydrocarbons during the head-on quenching of a laminar methane flame. *Combust. Flame*, 108 (3): 327-348, 1997.

[18] M. Jennings. Multi-dimensional modeling of turbulent premixed charge combust ion. In *Int. Congress and Exposition*, page SAE Paper 920589, Detroit, 1992.

[19] K. K. Kuo. *Principles of combustion*. John Wiley & Sons, Inc., Hoboken, New Jersey, Second Edition, 2005.

[20] R. J. Blint and J. H. Bechtel. Hydrocarbon combustion near a cooled wall. In *Int. Congress and Exposition*, page SAE Paper 820063, Detroit, 1982.

[21] T. von Karman and G. Millan. Thermal theory of laminar flame front near cold wall. In *Fourth Symp. (Int.) on Combustion*, pages 173-177, Munich, 1953. The Combustion Institute, Pittsburgh.

[22] G. M. Makhviladze and V. I. Melikov. Flame propagation in a closed channel with cold side wall. *UDC*, *Plenum Publishing Corporation*, 536. 46: 176-183. Translated from Fizika Goreniya i Vzryva, 2: 49-58, 1991.

[23] F. A. Williams. *Combustion Theory*. Benjamin Cummings, Menlo Park, CA, 1985.

[24] B. Lewis and G. VonElbe. *Combustion, Flames and Explosions of Gases*. Academic Press, New York, third edition, 1987.

[25] P. W. Fairchild, R. D. Fleeter, and F. E. Fendell. Raman spectroscopy measurement of flame quenching in a duct type crevice. In *20th Symp. (Int.) on Combustion*, pages 85-90. The Combustion Institute, Pittsburgh, 1984.

[26] H. Davy. Some researches on flame. *Phil. Trans.*, page 45, 1817.

[27] E. Well. An unpublished letter by Davy on the safety-lamp. *Annals of Science*, 6 (3): 306-307, 1950.

[28] S. L. Aly and C. E. Hermance. A two-dimensional theory of laminar flame quenching. *Combust. Flame*, 40: 173-185, 1981.

[29] P. Popp, M. Smooke, and M. Baum. Heterogeneous/homogeneous reactions and transport coupling during flame-wall interaction. *Proc. Combust. Inst.*, 26: 2693-2700, 1996.

[30] O. Vermorel. Flame wall interaction of H_2-O_2 flames. Technical Report STR/CFD/99/44, CERFACS, 1999.

[31] C. Hasse, M. Bollig, N. Peters, and H. A. Dwyer. Quenching of laminar iso-octane flames at cold walls.

Combust. Flame, 122: 117-129, 2000.

[32] F. Nicolleau. *Processus fractals et reaction chimique en milieux turbulents*. Phd thesis, Ecole Centrale Lyon, 1994.

[33] T. Alshaalan and C. J. Rutland. Turbulence, scalar transport and reaction rates in flame wall interaction. *Proc. Combust. Inst.*, 27: 793-799, 1998.

[34] G. Bruneaux, K. Akselvoll, T. Poinsot, and J. H. Ferziger. Simulation of a turbulent flame in a channel. In *Proc. of the Summer Program*, pages 157-174. Center for Turbulence Research, NASA Ames/Stanford Univ., 1994.

[35] A. Gruber, R. Sankaran, E. R. Hawkes, and J. Chen. Turbulent flame wall interaction: a direct numerical simulation study. *J. Fluid Mech.*, 658: 5-32, 2010.

[36] J. Kim, P. Moin, and R. Moser. Turbulence statistics in fully developed channel flow at low Reynolds number. *J. Fluid Mech.*, 177: 133-166, 1987.

[37] C. Angelberger, T. Poinsot, and B. Delhaye. Improving near-wall combustion and wall heat transfer modelling in si engine computations. In SAE Paper 972881, editor, *Int. Fall Fuels ε Lub. Meeting ε Exposition*, Tulsa, 1997.

[38] J. M. Duclos, G. Bruneaux, and T. Baritaud. 3d modelling of combustion and pollutants in a 4 valve SI engine: effect of fuel and residuals distribution and spark location. In SAE Paper 961964, editor, *Int. Fall Fuels and Lubricants Meeting and Exposition*, San Antonio, 1996.

[39] H. Schlichting. *Boundary layer theory*. McGraw-Hill, New York, 1955.

[40] P. Bradshaw. Compressible turbulent shear layers. *Ann. Rev. Fluid Mech*, 9: 33-54, 1977.

[41] P. Bradshaw, T. Cebeci, and J. H. Whitelaw. *Calculation methods for turbulent flows*. Academic Press, New York, 1981.

[42] C. C. Chieng and B. E. Launder. On the calculation of turbulent heat transport downstream from an abrupt pipe expansion. *Numer. Heat Transfer*, 3: 189-207, 1980.

[43] R. W. Johnson and B. E. Launder. Discussion of on the calculation of turbulent heat transport downstream from an abrupt pipe expansion. *Numerical Heat Transfer*, 5: 189-212, 1982.

[44] H. Ciofalo and M. W. Collins. k-ε predictions of heat transfer in turbulent recirculating flows using an improved wall treatment. *Numerical Heat Transfer*, B-15: 21-47, 1989.

[45] C. Angelberger. *Contributions a la modelisation de l' interaction flamme-paroi et des flux parietaux dans les moteurs a allumage commande*. Phd thesis, INP, Toulouse, 1997.

[46] E. F. Spina, A. J. Smits, and S. K. Robinson. The physics of supersonic turbulent boundary layers. *Ann. Rev. Fluid Mech*, 26: 287-319, 1994.

[47] R. Diwakar. Assessment of the ability of a multidimensional computer code to model combustion in a homogeneous-charge engine. In SAE Paper 840230, 1984.

[48] Z. Han, R. D. Reitz, F. E. Corcione, and G. Valentino. Interpretation *of* k-εcomputed turbulence length scale predictions for engine flows. In *26th Symp. (Int.) on Combustion*, pages 2717-2723. The Combustion Institute, Pittsburgh, 1996.

第 8 章 火焰-声波相互作用

8.1 引言

火焰与声波的耦合机制决定了现代燃烧系统中的两个重要现象：燃烧噪声（对环境造成噪声污染）和燃烧不稳定性（对燃烧器的性能和寿命产生负面影响）。在这些领域数值方法至关重要，但要解决这种问题，了解和掌握声学理论不可或缺，尤其是反应流中的声学理论，这也是本章的主要内容。

对于燃烧噪声而言，火焰-声波的耦合机制属于一种单向模式：火焰可以产生噪声[1-6]，但噪声不会影响火焰本身，因此可通过火焰对噪声直接进行预测。而对于燃烧不稳定性，耦合是一种双向模式：火焰既可以产生噪声，同时也会受噪声影响，在许多实际系统中会发生一种耦合共振，导致燃烧不稳定性。燃烧不稳定性现象早已为人所知[7-10]，实际上，火焰并非热声耦合振荡产生的必要条件：如文献［11-12］所述的黎开管（Rijke tube），在管中放置一个加热网也可以使管子“唱歌”，这是由管道中的声学模态与加热网的非稳态释热耦合引起[13-14]。然而，当释热由火焰产生时，会有更多的能量注入振荡模态，进而对燃烧不稳定性产生显著影响：除了引起流动参数（压力、速度、温度等）振荡以外，还会增加火焰运动的幅度和燃烧室壁面的传热强度；在一些极端情况下，甚至会损坏燃烧器部件，导致系统失控。然而，燃烧不稳定性也会提高燃烧器效率：脉冲燃烧室❶，利用振荡提高燃烧率和壁面热通量，使其适用于特定场合[15-16]。在这种利用振荡设计的燃烧器中，燃烧不稳定性出现时，污染物排放率可能明显低于稳态燃烧[17]。然而，大部分燃烧器并非针对这种应用而设计，燃烧不稳定性通常是一种有害的燃烧现象。

一般情况下，燃烧不稳定性是由非稳态燃烧与系统管道中传播的声波耦合引起❷。即便火焰并未产生强烈的燃烧不稳定性，声波也会与湍流燃烧相互作用，至少会与湍流一样显著影响火焰状态，因为空腔内声振荡引起的速度脉动与湍流速度可能同一量级（8.2.2 节）。此外，在大部分燃烧室中，声波波长在 10 cm～3 m，这使声波具有一定的空间相干性，从而增强其对整个燃烧室的影响（湍流长度尺度相对很小）。总之，声波对湍流燃烧的影响很重要，但又与湍流作用截然不同。在对特定燃烧室进行合理描述时，必须包含声波的影响。在数值方面，声波计算会涉及复杂边界条件的准确定义，如何正确处理声波在边界上传播和反射的边界条件至关重要（第 9 章）。

---

❶ 最著名的脉冲燃烧器是二战期间德国制造的 V1 火箭[18]，该火箭使用控制阀在脉动模式下工作。

❷ 大部分非受限空间火焰不会表现出强烈的燃烧不稳定性。

燃烧不稳定性和噪声的研究工作起步很早[7]，现已形成众多研究成果[1,19-29]，但先进的数值模拟是最近才应用于该领域，可参考 Lieuwen 和 Yang[30] 以及 Culick 和 Kuentzmann[10]编写的燃烧不稳定性方面的经典书籍。本章主要介绍一些共性结论和相关的理论方法，并使用最新数值模拟理解火焰与声波的相互作用。

本章首先介绍无反应流中的声学基本概念（8.2 节），并非要取代经典声学教科书[25,31-34]，而是给读者提供理解燃烧不稳定性所需的声学工具。8.2.2～8.2.5 节和 8.2.7 节将介绍空腔内一维声学模态的计算算法，8.2.6 节和 8.2.10 节介绍三维算法，8.2.8 节将讨论几种典型的燃烧器声场，包括双管道系统中的纵向模态、三管道系统的解耦（8.2.9 节）以及环形燃烧器的切向模态（8.2.11 节）。8.3 节推导了反应流的波动方程，并用于 8.4 节中的燃烧不稳定性研究。8.4.3 节引入火焰传递函数（Flame Transfer Function，FTF）的概念，并在 8.4.4 节中给出一个简单算例，考虑单个火焰置于等截面管道中的情形，建立完整的解析解并讨论火焰的稳定性。最后，8.5 节展示了如何使用最新的 CFD 方法（如大涡模拟）研究燃烧不稳定性。

8.2 无反应流中的声学

首先介绍无燃烧时管道中的声传播。为方便起见，假定管内温度恒定。

8.2.1 基本方程

以下理论主要以无反应流中的线性声学为基本框架。声扰动通常看作热力学变量和速度的小幅扰动。这些扰动存在于所有气体中，并出现在可压缩方程中。声学方程是通过主要变量的守恒方程推导，即质量、动量和能量。首先通过一个简单算例回顾一些经典声学理论，假设：

H0——无燃烧。

H1——体积力为 0：$f_k=0$。

H2——体积热源为 0：$\dot{Q}=0$。

H3——黏性力可忽略不计，即控制体内不保留黏性力。此外，在近壁面只有法向速度为 0（“滑移壁面”）。

H4——线性声学。声学变量使用下标“1”表示，与下标为“0”的参考变量相比很小，即 $p_1 \ll p_0$，$\rho_1 \ll \rho_0$，$u_1 \ll c_0$。需要注意的是，参考速度不是平均流速 u_0，而是声速 c_0。

H5——等熵变化。在之前的假设中（无释热项、无黏性项），如果初始时刻的流场均匀且等熵，则流场始终保持等熵状态。能量方程可以由等熵关系式替代

$$s_0=C_v \ln(p/\rho^{\gamma}) \quad \text{或} \quad p=\rho^{\gamma} e^{s_0/C_v} \tag{8.1}$$

式中，s_0 是流体的熵，在这里为常数。

H6——平均流速很小，$\boldsymbol{u}_0=0$。

基于以上假设，质量方程、动量方程和能量方程分别为

$$\frac{\partial \rho}{\partial t}+\nabla \cdot \rho \boldsymbol{u}=0 \tag{8.2}$$

$$\rho\frac{\partial \boldsymbol{u}}{\partial t}+\rho\boldsymbol{u}\nabla\boldsymbol{u}=-\nabla p \tag{8.3}$$

$$p=\rho^{\gamma}\mathrm{e}^{s_0/C_v} \tag{8.4}$$

式中，$\boldsymbol{u}$ 是速度矢量。

在平均流（p_0，$\boldsymbol{u}_0$）中加入声扰动（p_1，$\boldsymbol{u}_1$）：

$$p=p_0+p_1,\quad \boldsymbol{u}=\boldsymbol{u}_0+\boldsymbol{u}_1,\quad \rho=\rho_0+\rho_1 \tag{8.5}$$

将 p 和 $\boldsymbol{u}$ 代入方程(8.2) 和方程(8.3) 中，只保留一阶项

$$\frac{\partial \rho_1}{\partial t}+\rho_0\nabla\cdot\boldsymbol{u}_1=0 \tag{8.6}$$

$$\rho_0\frac{\partial \boldsymbol{u}_1}{\partial t}+\nabla p_1=0 \tag{8.7}$$

等熵假设可提供压力扰动和密度扰动的关系式。对式(8.1) 进行线性化处理

$$p_1=c_0^2\rho_1,\quad c_0^2=\left(\frac{\partial p}{\partial \rho}\right)_{s=s_0} \tag{8.8}$$

式中，c_0 是声速。对于理想气体，声速可通过式(8.4) 得到

$$c_0=\sqrt{\gamma\frac{p_0}{\rho_0}}=\sqrt{\gamma\frac{R}{W}T_0} \tag{8.9}$$

采用式(8.8) 消去密度的变化，于是，只需两个变量（如 p_1 和 $\boldsymbol{u}_1$）便可描述声波：

$$\frac{1}{c_0^2}\times\frac{\partial p_1}{\partial t}+\rho_0\nabla\cdot\boldsymbol{u}_1=0 \tag{8.10}$$

$$\rho_0\frac{\partial \boldsymbol{u}_1}{\partial t}+\nabla p_1=0 \tag{8.11}$$

通过联立以上两个方程，即可得出著名的波动方程

$$\nabla^2 p_1-\frac{1}{c_0^2}\times\frac{\partial^2 p_1}{\partial t^2}=0 \tag{8.12}$$

欲求解该波动方程，通常需要保留式(8.11) 来施加边界条件。

8.2.2 一维平面波

在一维情形下（例如，声波在管道内沿 z 方向传播），速度场 $\boldsymbol{u}_1=(0,0,u_1)$，方程(8.10) 和方程(8.11) 可以化简为

$$\frac{1}{c_0^2}\times\frac{\partial p_1}{\partial t}+\rho_0\frac{\partial u_1}{\partial z}=0 \tag{8.13}$$

$$\rho_0\frac{\partial u_1}{\partial t}+\frac{\partial p_1}{\partial z}=0 \tag{8.14}$$

消去方程中的速度项，波动方程可以表示为

$$\frac{\partial^2 p_1}{\partial z^2}-\frac{1}{c_0^2}\times\frac{\partial^2 p_1}{\partial t^2}=0 \tag{8.15}$$

方程(8.15) 的解由方向相反的两个行波叠加而成（图 8.1）

$$p_1=A^{+}(t-z/c_0)+A^{-}(t+z/c_0) \tag{8.16}$$

通过方程(8.13)，质点速度可以表示为

$$u_1=\frac{1}{\rho_0 c_0}(A^+(t-z/c_0)-A^-(t+z/c_0)) \tag{8.17}$$

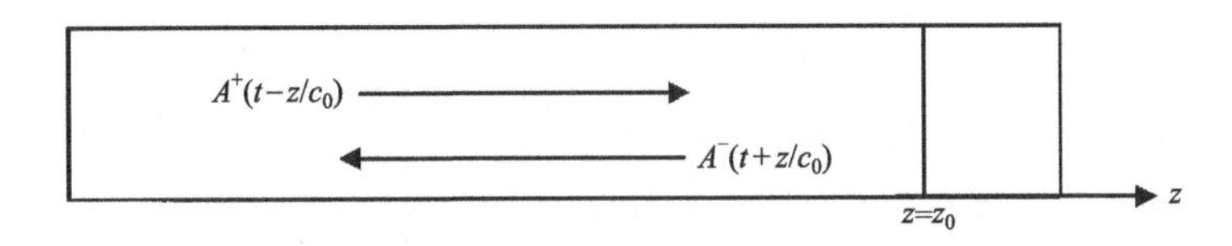

图 8.1 等截面管道中的一维波

如图 8.1 所示，对于沿 z 正向传播的行波 A^+，压力脉动和速度脉动满足 $p_1=\rho_0 c_0 u_1$；对于沿 z 反向传播的行波 A^-，压力脉动和速度脉动符号相反，$p_1=-\rho_0 c_0 u_1$。压力脉动和速度脉动之间的比例系数 $\rho_0 c_0$ 被称为声波在介质中传播的特性阻抗。例如，在充满已燃气体的常压燃烧室中，$\rho_0=0.2\,\mathrm{kg/m^3}$，$c_0=850\,\mathrm{m/s}$，假设压力脉动大约为 1000 Pa，则声压级[1]为 154 dB，对应的速度脉动为 $1000/(\rho_0 c_0)\approx 6\,\mathrm{m/s}$，该速度脉动大于很多湍流速度。

声阻抗概念在表征管道单元中声波的传播和反射时非常有用。在任意位置 z 处，下游的声学效应都可通过无量纲的声阻抗 Z 来定义：

$$Z=\frac{1}{\rho_0 c_0}\times\frac{p_1}{u_1} \tag{8.18}$$

反射系数 R 可以通过声阻抗来定义，代表声波进入和离开给定位置 $z=z_0$ 的幅值比。反射系数 R 是在给定坐标轴方向的前提下定义的（以决定进入和离开区域的波），须谨慎使用。例如，在图 8.1 中，反射系数 R 可以定义为

$$R=\frac{A^+(t-z/c_0)}{A^-(t+z/c_0)} \tag{8.19}$$

因此，结合式(8.16) 和式(8.17)，可以得出

$$R=\frac{Z+1}{Z-1} \tag{8.20}$$

虽然声阻抗是一个与坐标轴选取无关的变量，但式(8.20) 中定义的 R 对应于入射波向右传播的情形。举例说明，如表 8.1 中的第一种情形，当波在一个无限长管道中沿 z 正向传播时，没有波从右侧反射回来，则 $A^-=0$，$R=\infty$，$Z=1$；当波在一个无限长管道中沿 z 反向传播时，$A^+=0$，$R=0$，$Z=-1$。如果将管道连接在一个很大的压力容器上（$p_1=0$），其反射系数为 $R=-1$，声阻抗为 $Z=0$。对于一个声学封闭端，如壁面，质点速度变为 0，反射系数为 $R=1$，声阻抗 Z 为无穷大。一般情况下，燃烧室上游和下游的反射系数并不符合这些理想情形，必须通过测量得到或使用复杂方法来预测[33,35-36]。例如，对于燃烧室一端的喷管结构，理论分析可以得出，在壅塞和非壅塞时声阻抗是喷管几何结构和流动条件的函数[37-41]。

---

[1] 分贝是基于 RMS 压力定义的，$p'(\mathrm{dB})=20\lg(p'/p'_0)$，其中参考声压为 $p'_0=2\times10^{-5}\,\mathrm{Pa}$。

表 8.1　理想一维管道中的反射系数 R 和声阻抗 Z

管道类型	构型	边界条件	反射系数 R	声阻抗 Z
(1)管道右侧无限长	z	无反射	∞	1
(2) 管道左侧无限长	z	无反射	0	-1
(3)管道一端与大容器上相连	$p_1=0$　z	$p_1=0$	-1	0
(4)管道一端为刚性壁面	$u_1=0$　z	$u_1=0$	1	∞

8.2.3 简谐波和导波

假设声波是一个简谐波，可以通过以下方式在空间域和时间域解耦：

$$p_1=\Re(p_\omega \mathrm{e}^{-\mathrm{i}\omega t}),\quad \boldsymbol{u}_1=\Re(\boldsymbol{u}_\omega \mathrm{e}^{-\mathrm{i}\omega t}),\quad \rho_1=\Re(\rho_\omega \mathrm{e}^{-\mathrm{i}\omega t}) \tag{8.21}$$

式中，$\mathrm{i}^2=-1$，p_ω 和 ρ_ω 为复数标量，$\boldsymbol{u}_\omega$ 为复数矢量，$\Re(\cdot)$表示复数的实部。在声学中，使用复数法表示声波，不仅便于求解波动方程，还有利于表示结果。例如，当使用均方根(Root Mean Squared，RMS) 表征波幅时，$p_{\mathrm{RMS}}=(\overline{p_1^2})^{1/2}$，也可以通过复数表示法 $p_\omega=A\mathrm{e}^{\mathrm{i}\phi}$ 简单得出。声压 p_1 的均方根可以通过下式得出：

$$\overline{p_1^2}=\frac{1}{T}\int_T p_1^2\,\mathrm{d}t \tag{8.22}$$

也可通过 p_ω 表示为

$$\overline{p_1^2}=\frac{1}{2}A^2=\frac{1}{2}p_\omega p_\omega^* \tag{8.23}$$

式中，p_ω^* 是 p_ω 的共轭复数。

同理，两个简谐波乘积的时间平均可表示为

$$\overline{ab}=\frac{1}{T}\int_T ab\,\mathrm{d}t=\frac{1}{2}\Re(a_\omega b_\omega^*) \tag{8.24}$$

式中，b^* 为 b 的共轭复数。

对于简谐波，关于声压和质点速度的方程(8.10) 和方程(8.11) 可表示为

$$-\mathrm{i}\omega p_\omega+\rho_0 c_0^2\,\nabla\cdot\boldsymbol{u}_\omega=0 \tag{8.25}$$

$$-\rho_0\mathrm{i}\omega\boldsymbol{u}_\omega+\nabla p_\omega=0 \tag{8.26}$$

等熵关系式仍然成立：

$$p_\omega=c_0^2\rho_\omega \tag{8.27}$$

此时，波动方程变为 Helmholtz 方程

$$\nabla^2 p_\omega + k^2 p_\omega = 0 \tag{8.28}$$

式中，波数为 $k=\omega/c_0$。如图 8.2 所示，在管道中传播的波被称为“导波”。研究导波对于定义进入或离开燃烧室的横向声波和纵向声波至关重要。管道中的侧壁均假定为刚性壁面，式(8.28) 的解可表示为简谐波形式：$p(x,y,z,t)=p_\omega(x,y,z)e^{-i\omega t}$。根据几何构型和模态形状，可得到不同的解析解。下面将分小节展示：

- 等截面管道中的纵向模态（8.2.4 节）；
- 变截面管道中的纵向模态（8.2.5 节）；
- 矩形管道中的纵向/横向混合模态（8.2.6 节）；
- 面积不连续管道中的纵向模态（8.2.7 节）；
- 双管道和 Helmholtz 谐振器（8.2.8 节）。

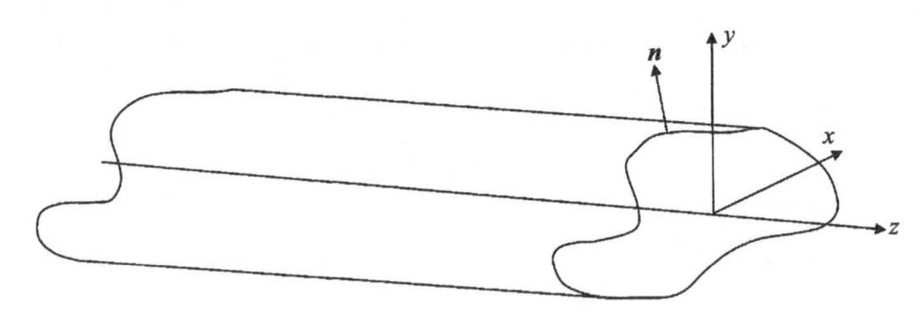

图 8.2 等截面管道中的导波

8.2.4 等截面管道中的纵向模态

在等截面管道中，如图 8.2 所示，简谐波遵循 Helmholtz 方程(8.28)

$$\nabla^2 p_\omega + k^2 p_\omega = 0 \tag{8.29}$$

在管道壁面上，法向速度分量必须为 0，使用式(8.26) 可得

$$\boldsymbol{n} \cdot \nabla p_\omega = 0 \tag{8.30}$$

式中，$\boldsymbol{n}$ 是管壁法向量。在等截面管道中传播且满足边界条件的纵波具有以下形式：

$$p_\omega(x,y,z) = A e^{ik_z z} \tag{8.31}$$

将 p_ω 代入 Helmholtz 方程(8.28)，可知 $k_z^2=k^2$，得到的两个解为：

① 沿正向传播的波 $p_\omega^+ = A^+ e^{ikz}$；

② 沿反向传播的波 $p_\omega^- = A^- e^{-ikz}$。

于是，横坐标 z 点处的压力脉动为

$$p_1(z,t) = A^+ e^{i(kz-\omega t)} + A^- e^{i(-kz-\omega t)} \tag{8.32}$$

则声波的质点速度为

$$u_1(z,t) = \frac{1}{\rho_0 c_0}\left(A^+ e^{i(kz-\omega t)} - A^- e^{i(-kz-\omega t)}\right) \tag{8.33}$$

这些模态对应于 8.2.2 节中的一维声模态。

8.2.5 变截面管道中的纵向模态

上述分析可拓展至变截面管道中的纵波传播，如图 8.3 所示。这种构型常用于表示燃烧器的几何结构。为简化推导过程，假定管道截面为圆形［图 8.3(a)］，但对于其他形状的截面［图 8.3(b)］，结论依然成立。

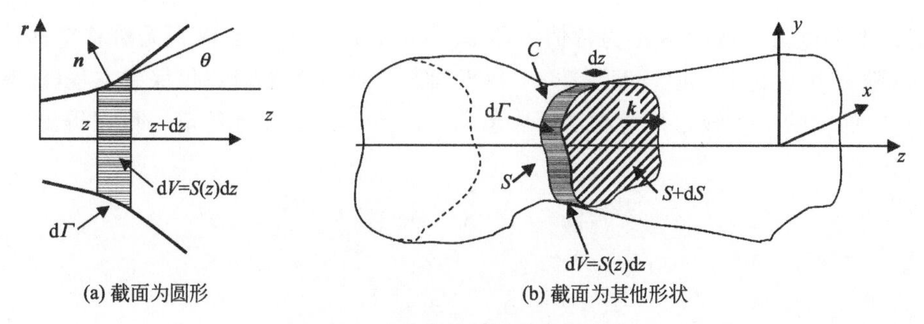

图 8.3　变截面管道中的纵波传播

在推导如图 8.3 所示的管道中准一维守恒方程[42] 时，需谨慎处理。对于满足守恒方程的任意变量 f 及其通量 F，有

$$\frac{\partial \rho f}{\partial t}+\nabla \cdot F=0 \tag{8.34}$$

对方程(8.34) 在体积 dV 内积分可得

$$\frac{\partial}{\partial t}\int_{dV}\rho f\,dV+\int_{S+dS}F\cdot \boldsymbol{k}\,ds-\int_{S}F\cdot \boldsymbol{k}\,ds+\int_{d\Gamma}F\cdot \boldsymbol{n}\,ds=0 \tag{8.35}$$

其中，$\boldsymbol{n}=(-\sin\theta,\cos\theta)$ 是管道壁面法向量，$\boldsymbol{k}$ 为指向 z 方向的截面法向量。夹角 θ 和截面积 S 的关系式为 $2\pi r\tan\theta=\mathrm{d}S/\mathrm{d}z$。当 $\mathrm{d}z$ 趋于 0，方程(8.35) 变为

$$S\frac{\partial \widehat{\rho f}}{\partial t}+\frac{\partial}{\partial z}(S\widehat{F})+\int_{C}\frac{F}{\cos\theta}\cdot \boldsymbol{n}\,dC=0 \tag{8.36}$$

其中，$\widehat{f}$ 的上标表示 f 在截面 S 上的空间平均：

$$\widehat{f}=\frac{1}{\widehat{\rho}S}\int_{S}\rho f\,dS \tag{8.37}$$

C 为体积 dV 在 z 平面上的等值线。准一维假设用来假定 $\widehat{\rho f}=\widehat{\rho}\widehat{f}$。由于密度梯度在 x-y 平面上可以忽略，因此这一假设通常是合理的。

对于连续性方程，$f=1$，$F=\rho u$，方程(8.36) 等号左边最后一项为 0（在壁面处 $u=0$），对方程(8.2) 积分可得出

$$\frac{\partial\widehat{\rho}}{\partial t}+\frac{1}{S}\times\frac{\partial}{\partial z}(\widehat{\rho}\widehat{u}S)=0 \tag{8.38}$$

对于 z 方向的动量方程，$f=u$，$F=p+\rho u^2$，方程(8.36) 左边最后一项不为 0：$-2\pi r p\tan\theta=-p\,\mathrm{d}S/\mathrm{d}z$，则动量方程(8.3) 的积分形式为

$$\frac{\partial(\widehat{\rho}\widehat{u})}{\partial t}+\frac{\partial(\widehat{\rho}\widehat{u}\widehat{u}+\widehat{p})}{\partial z}+\frac{\widehat{\rho u^2}}{S}\times\frac{dS}{dz}=0 \tag{8.39}$$

联立方程(8.38) 和方程(8.39)，可以得到一个与 S 无关的动量方程

$$\widehat{\rho}\frac{\partial\widehat{u}}{\partial t}+\widehat{\rho}\widehat{u}\frac{\partial\widehat{u}}{\partial z}=-\nabla\widehat{p} \tag{8.40}$$

上述公式可以在平均值附近进行线性化处理。

首先，将瞬态变量分解为如下形式：

$$\hat{u}=\hat{u}_0+u_1,\quad \hat{\rho}=\rho_0+\rho_1,\quad \hat{p}=p_0+p_1 \tag{8.41}$$

假定密度和压力在截面 S 上为常值，即 $\hat{p}_0=p_0$，$\hat{\rho}_0=\rho_0$。考虑到无滑移壁面，平均速度 u_0 可以随 x 和 y 变化，但速度脉动 u_1 在界面 S 上必须为常值。仅保留方程(8.38)和方程(8.40)中的一阶项，假定平均流动可以忽略（$u_0=0$），且流体等熵，可以得出

$$\frac{1}{c_0^2}\times\frac{\partial p_1}{\partial t}+\rho_0\frac{1}{S}\times\frac{\partial}{\partial z}(Su_1)=0 \tag{8.42}$$

$$\rho_0\frac{\partial u_1}{\partial t}+\frac{\partial p_1}{\partial z}=0 \tag{8.43}$$

现在考虑一个极端情形：两个管道单元（用 j 和 $j+1$ 两个索引表示）通过一个突扩截面相连，如图 8.4 所示。将线性连续性方程(8.42)和动量方程(8.43)在 $z^-\sim z^+$ 区间积分，进而使 z^- 和 z^+ 同时无限逼近零点，可以求出截面从 S_j 变为 S_{j+1} 的声突变条件：

$$S_{j+1}u_1^{j+1}=S_ju_1^j,\quad p_1^{j+1}=p_1^j \tag{8.44}$$

式(8.44)表明，通过交界面的声压 p_1 守恒，速度脉动 u_1 多出一个系数 S_j/S_{j+1}，非稳态体积流量 $S_ju_1^j$ 也守恒。

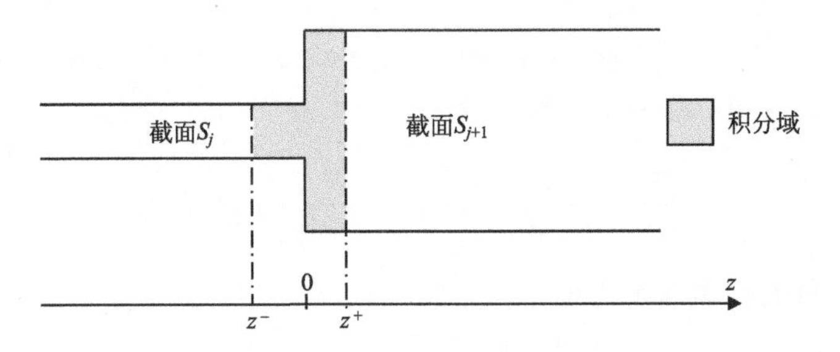

图 8.4 突扩截面处的突变条件

如图 8.5 所示，当一个扬声器置于 $z=0$ 处时，可得出式(8.44)的一个扩展形式[❶]：扬声器可以定义为提供非稳态体积流量 H 的源项，由膜运动施加给流场，于是突变条件变成

$$S_{j+1}u_1^{j+1}=S_ju_1^j+H,\quad p_1^{j+1}=p_1^j \tag{8.45}$$

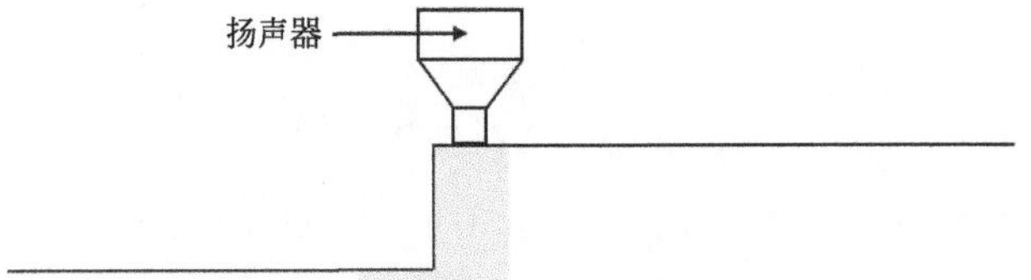

图 8.5 扬声器的突变条件

❶ 该结果有利于研究燃烧的主动控制，其中，扬声器是一种常见的激励执行器[43]。

8.2.6 矩形管道中的纵向/横向混合模态

如图 8.6 所示，对于矩形管道，上述结果可以拓展至纵向模态（仅与 z 有关）和横向模态（与 x、y 有关）的混合形式。这种混合模态可表示为

$$p_\omega(x,y,z)=A(x,y)\mathrm{e}^{\mathrm{i}k_z z} \tag{8.46}$$

式中，指数项表征沿 z 方向的声传播，而 $A(x,y)$ 表示垂直于主传播轴 z 的平面波结构。

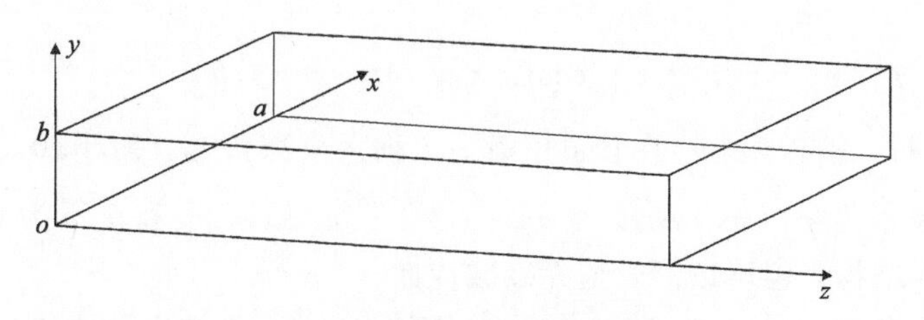

图 8.6　矩形空腔内的导波

将 p_ω 代入 Helmholtz 方程(8.28)，可以得出

$$\frac{\partial^2 A}{\partial x^2}+\frac{\partial^2 A}{\partial y^2}+(k^2-k_z^2)A=0 \tag{8.47}$$

为方便起见，引入横向波数 $k_\perp$，使 $k_\perp^2=k^2-k_z^2$。Helmholtz 方程的解可以分解为 $A(x,y)=X(x)Y(y)$，则

$$\frac{X''}{X}+\frac{Y''}{Y}+k_\perp^2=0 \tag{8.48}$$

该方程的唯一解为

$$\frac{X''}{X}=-k_x^2 \text{ 和 } \frac{Y''}{Y}=-k_y^2 \tag{8.49}$$

其中，k_x 和 k_y 满足

$$k_x^2+k_y^2=k_\perp^2=k^2-k_z^2 \tag{8.50}$$

式(8.30) 对应的边界条件可表示为

$$X'(0)=X'(a)=0,\quad Y'(0)=Y'(b)=0 \tag{8.51}$$

基于边界条件 (8.51)，式(8.49) 的解为

$$X(x)=\cos(k_x x),\quad Y(y)=\cos(k_y y) \tag{8.52}$$

波数 k_x 和 k_y 必须满足

$$\sin(k_x a)=0,\quad \sin(k_y b)=0 \tag{8.53}$$

则 k_x 和 k_y 可以组成一组关于“共振”波数的集合：

$$k_x=m\pi/a,\quad k_y=n\pi/b \tag{8.54}$$

其中，m 和 n 为正整数($m,n\geqslant 0$)。最终，声模态(m,n)的振型可以表示为

$$A(x,y)=a_{mn}\cos(m\pi x/a)\cos(n\pi y/b) \tag{8.55}$$

对于模态(m,n)，压力脉动 $p_1(x,y,z,t)=p_\omega(x,y,z)\mathrm{e}^{-\mathrm{i}\omega t}$ 可以写为

$$p_1(x,y,z,t)=a_{mn}\cos(m\pi x/a)\cos(n\pi y/b)\mathrm{e}^{\mathrm{i}(k_z z-\omega t)} \tag{8.56}$$

其中，

$$k=\omega/c_0,\quad k_z^2=k^2-(m\pi/a)^2-(n\pi/b)^2 \tag{8.57}$$

对于频率为ω的脉动（或频率$f=\omega/2\pi$），波在尺寸为$a\times b$的矩形管道中传播时具有式(8.56)给出的声压分布$p_1(x,y,z,t)$。在$x-y$截面上的声波，是由沿x方向上波长为$2a/m$的简谐波与沿y方向上波长为$2b/n$的简谐波叠加而成，声压在壁面处最大。沿z方向，压力以$e^{ik_z z}$形式变化，其中，$k_z^2=k^2-(m\pi/a)^2-(n\pi/b)^2$。$z$方向的波数$k_z$可以取纯实数（当$m$和$n$较小时）或纯虚数（当$m$或$n$较大时）：

① 如果k_z^2是正值（$k^2>(m\pi/a)^2+(n\pi/b)^2$），则$k_z$是实数，模态$(m,n)$的声压可以表示为

$$p_1(x,y,z,t)=a_{mn}\cos(m\pi x/a)\cos(n\pi y/b)e^{i(|k_z|z-\omega t)} \tag{8.58}$$

式(8.58)表明，模态(m,n)在管道中沿z方向无衰减传播。对于(0,0)模态亦是如此，对应的声压可以表示为$p_1(x,y,z,t)=a_{00}e^{i(|k_z|z-\omega t)}$。如果$m$和$n$不为0，$(x,y)$平面上的声模态具有横向结构，但可以沿管道无衰减传播。

② 如果k_z^2为负值（$k^2<(m\pi/a)^2+(n\pi/b)^2$），则$k_z$是纯虚数[1]，$k_z=i|k_z|$。管道中的声压为

$$p_1(x,y,z,t)=a_{mn}\cos(m\pi x/a)\cos(n\pi y/b)e^{-|k_z|z}e^{-i\omega t} \tag{8.59}$$

式(8.59)表明，声模态沿z方向按指数规律迅速衰减，因此只能在管中传播很短距离，即该模态被“截止”。截止模态对应于低振荡频率（小波数$k=\omega/c_0=2\pi f/c_0$），而高频可以无衰减传播。一个给定管道中(m,n)模态的截止波数k_{mn}^c是关于管道横向尺寸a和b，以及声速c_0的函数。则$k_z=0$或

$$(k_{mn}^c)^2=\left(m\frac{\pi}{a}\right)^2+\left(n\frac{\pi}{b}\right)^2 \tag{8.60}$$

截止频率f_{mn}^c与截止波数k_{mn}^c的关系式如下：

$$f_{mn}^c=k_{mn}^c\frac{c_0}{2\pi}=\frac{c_0}{2}\left[\left(\frac{m}{a}\right)^2+\left(\frac{n}{b}\right)^2\right]^{1/2} \tag{8.61}$$

如图8.7所示，频率大于f_{mn}^c的高频声波能够在管道中无衰减传播；频率小于f_{mn}^c的低频模态会被截断。举例说明，假如在$a=0.1$ m和$b=0.2$ m的矩形管道中充满未燃气体，声速为340 m/s，截止频率在表8.2中给出。如果这个管道用来为燃烧室提供预混气体，当一个横向模态频率大于模态(0,1)的频率850 Hz或大于模态(1,0)的频率1700 Hz时，该模态能够穿过管道进入燃烧室。另外，所有纵向模态(0,0)都能在管道中传播。因此，频率小于850 Hz的振荡模态要穿过供给管道，必须与纯纵向模态关联。

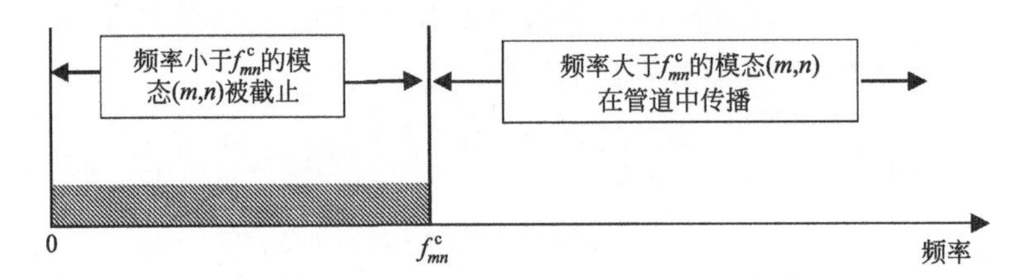

图8.7 模态(m, n)在截止频率为f_{mn}^c的管道中的传播

[1] 另一个解是$k_z=-i|k_z|$，对应于指数增长的非物理解。

表 8.2 截面为 0.1m×0.2m 的矩形管道中一阶模态的截止频率f^{c}_{mn}

m,n	0,0	0,1	1,0	1,1
截止频率f^{c}_{mn}/Hz	0	850	1700	1900

8.2.7 面积不连续管道中的纵向模态

大部分燃烧室的上游和下游都与面积不连续的等截面管道单元连接。如前文所述，所有纵向模态（$m=n=0$）都能在管道中传播，因此可能与燃烧器中的反应流相互作用。预测这些管道中的波传播是建立燃烧器声模型的一个关键步骤。考虑如图 8.8 所示的一个管道系统，由截面为 S_j，长度为 $l_j=z_{j+1}-z_j$ 的 J 个管道单元组成，通过 $J-1$ 个交界面连接。在所有管道单元中，声信号可以表示为两个波的叠加：一个向左传播（记为$^-$），一个向右传播（记为$^+$）。

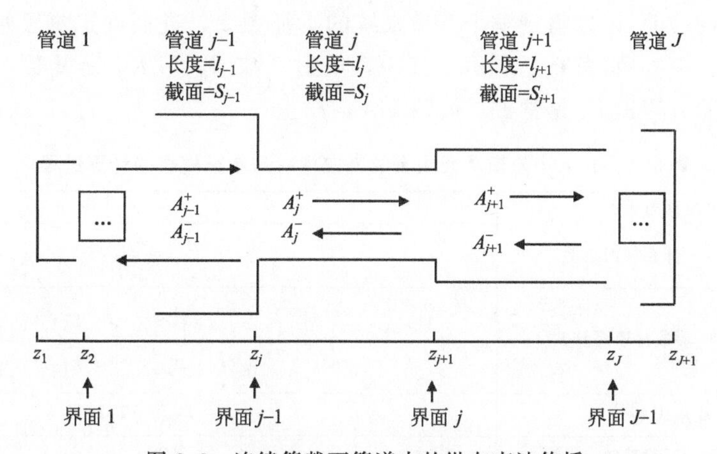

图 8.8 连续等截面管道中的纵向声波传播

假设所有管道单元中的平均温度为常数，使用式(8.32) 和式(8.33) 表示第 j 个管道单元中的声压和质点速度

$$p_1^j(z,t)=A_j^+\mathrm{e}^{\mathrm{i}k(z-z_j)-\mathrm{i}\omega t}+A_j^-\mathrm{e}^{-\mathrm{i}k(z-z_j)-\mathrm{i}\omega t} \tag{8.62}$$

$$u_1^j(z,t)=\frac{1}{\rho_0 c_0}(A_j^+\mathrm{e}^{\mathrm{i}k(z-z_j)-\mathrm{i}\omega t}-A_j^-\mathrm{e}^{-\mathrm{i}k(z-z_j)-\mathrm{i}\omega t}) \tag{8.63}$$

位于 $z=z_{j+1}$ 的交界面 j 处，基于压力和声流量的连续性，使用式(8.44) 可以得出交界面处的突变条件

$$p_1^j(z_{j+1},t)=p_1^{j+1}(z_{j+1},t),\quad S_j u_1^j(z_{j+1},t)=S_{j+1}u_1^{j+1}(z_{j+1},t) \tag{8.64}$$

因此

$$A_j^+\mathrm{e}^{\mathrm{i}kl_j}+A_j^-\mathrm{e}^{-\mathrm{i}kl_j}=A_{j+1}^++A_{j+1}^- \tag{8.65}$$

$$S_j(A_j^+\mathrm{e}^{\mathrm{i}kl_j}-A_j^-\mathrm{e}^{-\mathrm{i}kl_j})=S_{j+1}(A_{j+1}^+-A_{j+1}^-) \tag{8.66}$$

通过传递矩阵 T_j 将第 $j+1$ 个管道单元与第 j 个管道单元的振幅相关联

$$\begin{pmatrix}A_{j+1}^+\\A_{j+1}^-\end{pmatrix}=T_j\begin{pmatrix}A_j^+\\A_j^-\end{pmatrix},\quad T_j=\frac{1}{2}\begin{bmatrix}\mathrm{e}^{\mathrm{i}kl_j}(1+\Gamma_j) & \mathrm{e}^{-\mathrm{i}kl_j}(1-\Gamma_j)\\ \mathrm{e}^{\mathrm{i}kl_j}(1-\Gamma_j) & \mathrm{e}^{-\mathrm{i}kl_j}(1+\Gamma_j)\end{bmatrix} \tag{8.67}$$

其中，Γ_j 是第 j 个和第 $j+1$ 个管道单元截面的面积比，即 $\Gamma_j=S_j/S_{j+1}$。

通过构造一个全局矩阵 $\boldsymbol{G}$，可以将第一个（$j=1$）和最后一个管道单元（$j=J$）的波幅关联起来：

$$G=\prod_{j=1}^{J-1}T_j,\quad \begin{pmatrix}A_J^+\\A_J^-\end{pmatrix}=G\begin{pmatrix}A_1^+\\A_1^-\end{pmatrix} \tag{8.68}$$

为使方程封闭，还需在管道系统的两端指定边界条件。常用方法是在第 1 段的左边界和第 J 段的右边界指定反射系数（或声阻抗，见表 8.1）：

$$\frac{A_1^+}{A_1^-}=R_1,\quad \frac{A_J^+}{A_J^-}e^{2ikl_J}=R_J \tag{8.69}$$

由式(8.68) 和边界条件(8.69) 组合的线性系统只有满足以下情形，才具有非零解：

$$R_J=\frac{G_{11}R_1+G_{12}}{G_{21}R_1+G_{22}}e^{2ikl_J} \tag{8.70}$$

通过求解式(8.70) 可以得到整个管道系统的本征频率，进而确定每段管道单元中声模态的相位和幅值[44-45]，如表 8.3 所示。其中，反射系数 R_1 和 R_J 是复数，需要提前给定(如从实验中得到)，声速 c_0 是常数，波数 $k=\omega/c_0$。

表 8.3　由 J 个管道单元组合的系统中纵向本征模态的计算过程

指定左边界的反射系数		R_1
对于 $j=1$ 到 $j-1$ 的每个交界面	计算截面参数	$\Gamma_j=\frac{S_j}{S_{j+1}}$
	形成传递矩阵T_j	$T_j=\frac{1}{2}\begin{bmatrix}e^{ikl_j}(1+\Gamma_j) & e^{-ikl_j}(1-\Gamma_j)\\e^{ikl_j}(1-\Gamma_j) & e^{-ikl_j}(1+\Gamma_j)\end{bmatrix}$
组成全局矩阵 G		$G=T_{J-1}\cdots T_2T_1$
指定右边界的反射系数		R_J
在系统中求解 $\omega=kc_0$		$\begin{pmatrix}A_J^+\\A_J^-\end{pmatrix}=G\begin{pmatrix}A_1^+\\A_1^-\end{pmatrix}$
边界条件		$A_1^+/A_1^-=R_1,\quad A_J^+/A_J^-e^{2ikl_J}=R_J$
已知 ω，求波幅		$A_J^+/A_1^+,\quad A_J^-/A_1^+,\quad j$ 从 1 到 J

8.2.8 双管道和 Helmholtz 谐振器

在大多数燃烧器中，存在一种通用构型："双管道"几何结构，如图 8.9 所示❶。假定两个管道内的温度相等❷，左边界（$z=0$）是一个刚性壁面，速度波动为 0，反射系数 $R_1=1$；右边界（$z=a_1+a_2$）是一个压力出口，$R_2=-1$。

这个通用构型是由两个管道单元和一个交界面（$z=a_1$ 处）组成，全局矩阵 G 等于单一交界面处的传递矩阵 T：

$$G=T=\frac{1}{2}\begin{bmatrix}e^{ika_1}(1+\Gamma_1) & e^{-ika_1}(1-\Gamma_1)\\e^{ika_1}(1-\Gamma_1) & e^{-ika_1}(1+\Gamma_1)\end{bmatrix} \tag{8.71}$$

❶ 无论是否存在温度变化，这里的方程均可用于求解一些通用"双管道"构型。

❷ 在第 1 段和第 2 段交界面处存在反应流的算例，将在 8.4.2 节进行处理。

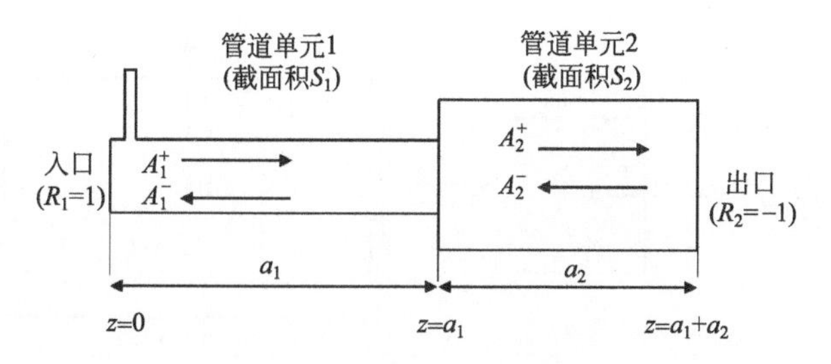

图 8.9 “双管道”几何构型

式中，$\Gamma_1=S_1/S_2$。使用边界条件

$$R_1=\frac{A_1^+}{A_1^-}=1,\quad R_2=\frac{A_2^+}{A_2^-}\mathrm{e}^{2\mathrm{i}k_2a_2}=-1 \tag{8.72}$$

式(8.70) 可以改写为

$$\cos(ka_1)\cos(ka_2)-\Gamma_1\sin(ka_1)\sin(ka_2)=0 \tag{8.73}$$

双管道公式(8.73) 可用于推导本征频率，如确定由一个管道供应的燃烧器本征频率。这种双管道几何构型也可表示另一种重要的燃烧室声学设备，即 Helmholtz 谐振器[34]，如图 8.10 所示。Helmholtz 装置是一个双管道系统，其中一个管道（颈部）截面积 S_2 很小。这种系统的振荡频率很低，ka_1 也很小，方程(8.73) 可以在 ka_1 处一阶展开❶：

$$k=\sqrt{\frac{1}{\Gamma_1a_1a_2}}\quad 或\quad f_{\mathrm{H}}=\frac{c_0}{2\pi}\sqrt{\frac{1}{\Gamma_1a_1a_2}}=\frac{c_0}{2\pi}\sqrt{\frac{S_2}{a_2V_1}} \tag{8.74}$$

式中，$V_1=S_1a_1$ 表示第一个管道单元的体积。在应用中，为考虑端部效应，颈部长度 a_2 必须加以修正，通常情况下，修正长度约等于颈部半径。

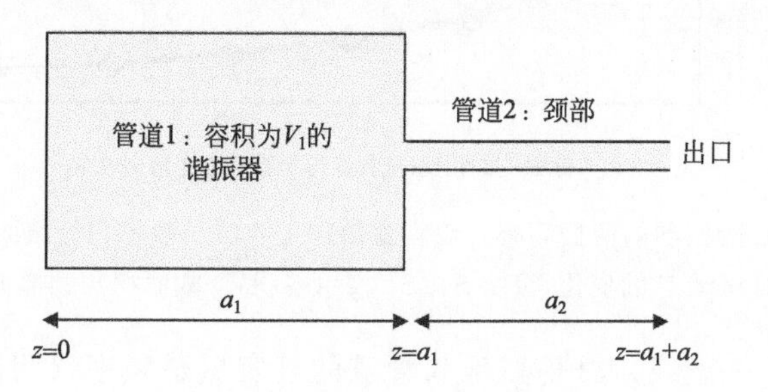

图 8.10 Helmholtz 谐振器

在燃烧室中使用 Helmholtz 谐振器的原因在于它们的阻尼系数在频率接近 f_{H} 时很高，谐振器会抑制颈部出口处的压力振荡。如图 8.11 所示，如果将 Helmholtz 谐振器安装在燃烧室上，燃烧室中频率为 f_{H} 的燃烧不稳定性会被削弱，但也只在 Helmholtz 谐振器的共振频率 f_{H} 处起作用，因此必须针对燃烧室的每个振荡频率调整谐振器的结构。

图 8.12 显示了图 8.10 中 Helmholtz 谐振器的频率和 1/4 波长声模态频率随截面面积比 $\Gamma=S_1/S_2$ 的变化，前者通过式(8.74) 直接求出，后者通过数值方法求解式(8.73) 得出。$c_0=830\,\mathrm{m/s}$，对应于已燃气体中的典型声速，$a_1=0.06\,\mathrm{m}$，$a_2=0.12\,\mathrm{m}$。当 Γ 取较大值时，

❶ 式(8.74) 也可通过弹簧振子类比，其中，弹簧是腔内的加压气体，质量是喉部的气体，阻尼是喉部开口端的声辐射[33-34]。

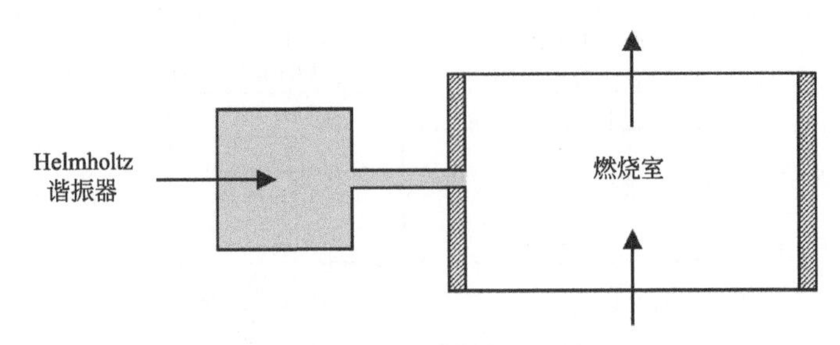

图 8.11 Helmholtz 谐振器用作阻尼装置

两条曲线跌幅很大，再次证实了 Helmholtz 谐振器仅在对应的双管道系统 1/4 波长声模态频率处振荡。

从图 8.12 中也可以看出，对于图 8.10 中“双管道”结构的真实振荡频率，如果通过式(8.73) 或式(8.74) 计算，其值会明显小于等截面管道 1/4 波长频率 f_Q（图 8.12 中的虚线）。例如，对于一个类似图 8.10 中双管道结构的燃烧器，装置总长度为 a_1+a_2，等截面管道的 1/4 波长频率 f_Q 通常近似为

$$f_Q=c_0/(4(a_1+a_2)) \tag{8.75}$$

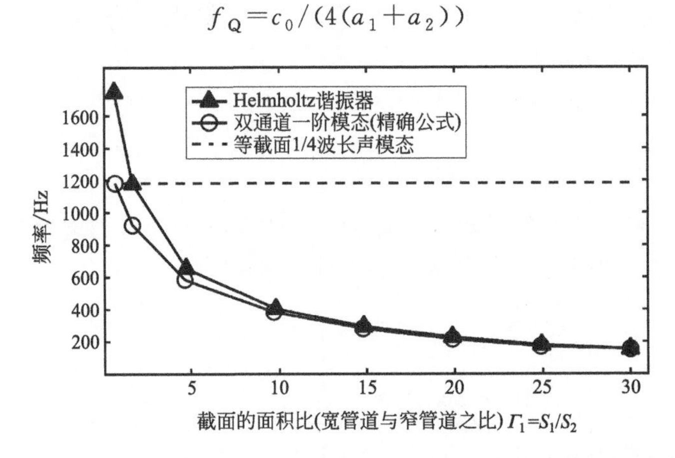

图 8.12 Helmholtz 谐振器的谐振频率、双管道结构 1/4 波长频率和等截面管道 1/4 波长频率随截面的面积比 Γ 的变化，$\Gamma=S_1/S_2$ 表示容积 V_1 截面积与颈部截面积之比

图 8.12 表明，f_Q（虚线）总是高于双管道的真实振荡频率（圆圈），因此，将燃烧室总长度视为 a_1+a_2，并使用该长度计算 1/4 波长频率 f_Q 具有误导性，尤其当截面积比 Γ 比较大时（换句话说，几何结构存在明显的局部收敛，如喷注器结构），真实声波频率以 $1/\Gamma^{1/2}$ 形式减小，一阶声模态频率远小于 f_Q。因此，燃烧器的一阶纵向模态频率不容易预测，建议使用一维声学求解器，而非采用类似于式(8.75) 的近似公式。

8.2.9 燃烧器中的纵向模态解耦

使用数值方法或实验测量识别燃烧器中的不稳定模态时，纵向模态分析结果常揭示出一些模态会被“解耦”，即这些模态只属于燃烧器中一些有限区域的声模态，与其他区域明显无关。EM2C 实验室使用“三管道”构型，通过理论分析阐明了这一现象，本节只给出 EM2C 的部分结果，读者可参考 Palies 博士论文[46] 中的详细内容和讨论过程。

大部分燃烧器的几何结构常使用三管道构型来描述，如图 8.13 所示❶。其中，在管道 1 和管道 2 中，温度恒定（$T_1=T_2$），在管道 3（燃烧室）中，温度很高：$T_3 \gg T_2$。为理论求解表 8.3 中的系统，Palies[46] 推导出一个声学方程以及 $z=a_1$ 和 $z=a_2$ 处的突变条件。一般情况下，出口声阻抗（$z=a_1+a_2+a_3$ 处）设置为 Z，入口声阻抗（$z=0$ 处）假定为无穷大（速度节点）[46]，在此引入一个耦合参数：

$$\Theta=\frac{S_2}{S_3}\times\frac{\rho_3 c_3}{\rho_2 c_2}\simeq\frac{S_2}{S_3}\left(\frac{T_3}{T_2}\right)^{1/2} \tag{8.76}$$

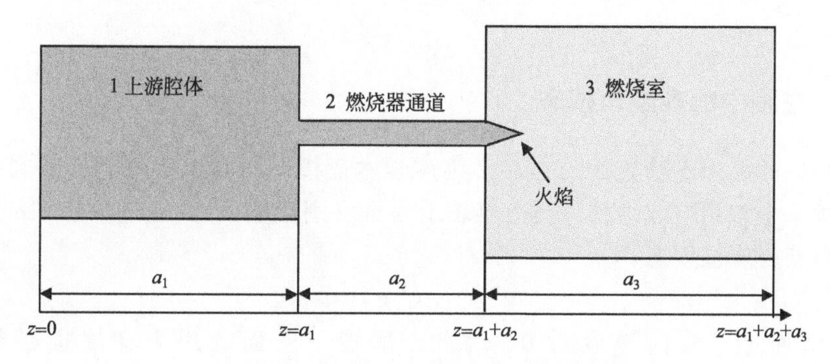

图 8.13　Palies 所研究的三管道构型

当耦合参数 Θ 较小时，可以得出本征方程的一个简单解析形式：

$$\cos(k_3 a_3)\left[\cos(k_1 a_1)\cos(k_1 a_2)-\Gamma_1\sin(k_1 a_1)\sin(k_1 a_2)\right]=0 \tag{8.77}$$

式中，$k_1=k_2=\omega/c_1$，$k_3=\omega/c_3$，$\Gamma_1=S_1/S_2$。

通过式(8.77) 可以看出，图 8.13 中的声模态解耦成两种不同类型：

① 燃烧室声模态，满足 $\cos(k_3 a_3)=0$；

② 由上游腔室和燃烧器通道组成的双管道系统声模态，满足 $\cos(k_1 a_1)\cos(k_1 a_2)-\Gamma_1\sin(k_1 a_1)\sin(k_1 a_2)=0$，这与上一节的双管道系统公式(8.73) 相同。

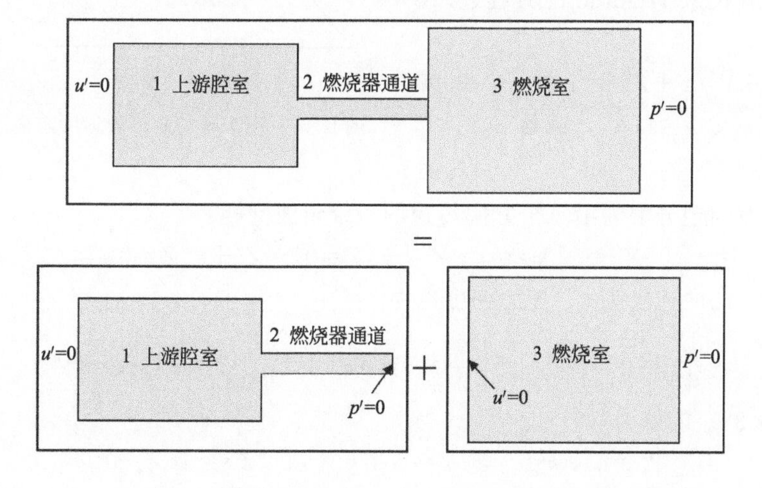

图 8.14　当 $\Theta=\frac{S_2}{S_3}\times\frac{\rho_3 c_3}{\rho_2 c_2}$ 较小时，三管道构型中声模态的解耦

❶ 这一构型是 8.2.8 节所述的双管道结构的一个拓展，即在 Helmholtz 谐振器喉部一端又连接一个容积（燃烧室）。

如图 8.14 所示，当 Θ 较小时，燃烧室和供应管路的声模态解耦，二者可以分开计算。需要注意的是，模态解耦时的交界面（$z=a_1+a_2$）变成上游管道（1+2）的压力节点以及燃烧室的速度节点，对此可以简单解释为 Θ 较小时，$z=a_1+a_2$ 处的截面本质上是刚性壁面，从燃烧室中传播的波会在此被反射，类似于理想固壁（$u'=0$）；另外，对于管道 2 中传播的声波，$z=a_1+a_2$ 处的截面连接在一个很大的容器（燃烧室 3）上，其压力不变，即 $p'=0$。

Palies[46] 详细讨论了实际应用中的解耦条件。确定声模态能否解耦有助于分析纵向模态：假如声模态可以解耦，则改变燃烧室长度不会影响上游腔室和燃烧器通道中的声模态，反之亦然。

8.2.10 空腔中的多维声模态

在一些特殊的燃烧不稳定中，存在多维声学本征模态与高水平压力振荡和速度振荡相关。这里考虑一个常用空腔结构，其边界表示为 A（刚性壁面），通过求解 Helmholtz 方程(8.28)，可以获得本征模态：

$$\nabla^2 p_w + k^2 p_w = 0 \tag{8.78}$$

在空腔壁面上，法向速度为 0，因此，垂直于壁面的压力梯度也必须为 0［式(8.26)］，即

$$\boldsymbol{n} \cdot \nabla p_w = 0, \quad 在 A 上 \tag{8.79}$$

满足上述边界条件和 Helmholtz 方程的本征函数只有一组 $p_\omega(x,y,z)$，即空腔声模态。对于复杂几何构型，必须使用数值方法来确定 p_ω 函数[47-48]，而对于简单几何构型，如矩形腔（图 8.15），使用分离变量法，p_ω 函数可以表示为 $p_\omega(x,y,z)=X(x)Y(y)Z(z)$，将其代入 Helmholtz 方程(8.78)可得

$$X''/X + Y''/Y + Z''/Z + k^2 = 0 \tag{8.80}$$

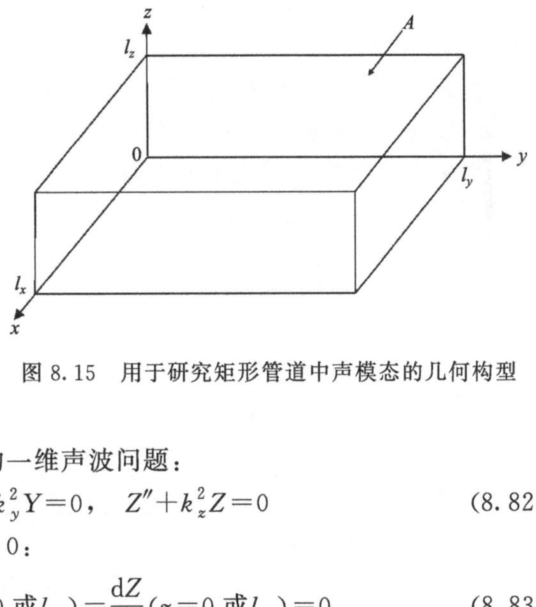

图 8.15 用于研究矩形管道中声模态的几何构型

引入三个波数 k_x、k_y 和 k_z，满足

$$k^2 = k_x^2 + k_z^2 + k_y^2 \tag{8.81}$$

于是，三维声波问题分解为沿三个方向传播的一维声波问题：

$$X'' + k_x^2 X = 0, \quad Y'' + k_y^2 Y = 0, \quad Z'' + k_z^2 Z = 0 \tag{8.82}$$

在固壁边界上，法向速度为 0，压力梯度也为 0：

$$\frac{\mathrm{d}X}{\mathrm{d}x}(x=0 或 l_x) = \frac{\mathrm{d}Y}{\mathrm{d}y}(y=0 或 l_y) = \frac{\mathrm{d}Z}{\mathrm{d}z}(z=0 或 l_z) = 0 \tag{8.83}$$

因此，方程(8.82) 的解为

$$X = \cos(k_x x), \quad Y = \cos(k_y y), \quad Z = \cos(k_z z) \tag{8.84}$$

在 $x=l_x$，$y=l_y$，$z=l_z$ 处，边界条件(8.83) 满足

$$\sin(k_x l_x) = 0, \quad \sin(k_y l_y) = 0, \quad \sin(k_z l_z) = 0 \tag{8.85}$$

因此

$$k_x = n_x \pi / l_x, \quad k_y = n_y \pi / l_y, \quad k_z = n_z \pi / l_z \tag{8.86}$$

最后，空腔中的声压幅值可表示为

$$p_{\omega}(x,y,z)=P\cos(n_x\pi x/l_x)\cos(n_y\pi y/l_y)\cos(n_z\pi z/l_z) \tag{8.87}$$

瞬时声压为

$$p_1(x,y,z,t)=p_{\omega}(x,y,z)\mathrm{e}^{-\mathrm{i}\omega t}=P\cos(n_x\pi x/l_x)\cos(n_y\pi y/l_y)\cos(n_z\pi z/l_z)\mathrm{e}^{-\mathrm{i}\omega t} \tag{8.88}$$

其中，$\omega=kc_0$，$k^2=\pi^2[(n_x/l_x)^2+(n_y/l_y)^2+(n_z/l_z)^2]$。

模态(n_x,n_y,n_z)的谐振频率为

$$f=\frac{kc_0}{2\pi}=\frac{c_0}{2}\left[\left(\frac{n_x}{l_x}\right)^2+\left(\frac{n_y}{l_y}\right)^2+\left(\frac{n_z}{l_z}\right)^2\right]^{1/2} \tag{8.89}$$

作为示例，考虑一个立方体燃烧室，长度 $l_x=1\,\mathrm{m}$，横向尺寸 $l_y=0.1\,\mathrm{m}$ 和 $l_z=0.2\,\mathrm{m}$，燃烧室中充满 2000 K 的已燃气体，$\gamma=1.25$，声速 $c_0\approx840\,\mathrm{m/s}$。燃烧室壁面为刚性壁面，入口和出口影响忽略不计。表 8.4 总结了这一结构的声模态频率。

表 8.4 典型燃烧室中的声模态频率

n_x,n_y,n_z	模态类型	频率/Hz
1,0,0	一阶纵向模态	422
2,0,0	二阶纵向模态	845
3,0,0	三阶纵向模态	1267
4,0,0	四阶纵向模态	1690
0,0,1	沿 z 方向一阶横向模态	2112
1,0,1	由 z 方向一阶横向模态和 x 方向一阶纵向模态形成的组合模态	2150
1,1,0	由 y 方向一阶横向模态和 x 方向一阶纵向模态形成的组合模态	4240

对于一个理想圆柱腔，如图 8.16 所示，半径为 a，长度为 L。在圆柱坐标系(r,θ,z)中，也可以开展相似的推导过程，声模态(m,n,q)为

$$p(r,\theta,z)=J_n(\pi\beta_{mn}r/a)\cos(q\pi z/L)(P\mathrm{e}^{\mathrm{i}n\theta}+Q\mathrm{e}^{-\mathrm{i}n\theta}) \tag{8.90}$$

式中，m、n 和 q 分别为径向、切向和纵向的模态阶数，J_n 是 n 阶贝塞尔函数，β_{mn} 是 $J_n'(\pi\beta_{mn})=0$ 的根，具体取值在表 8.5 中给出。

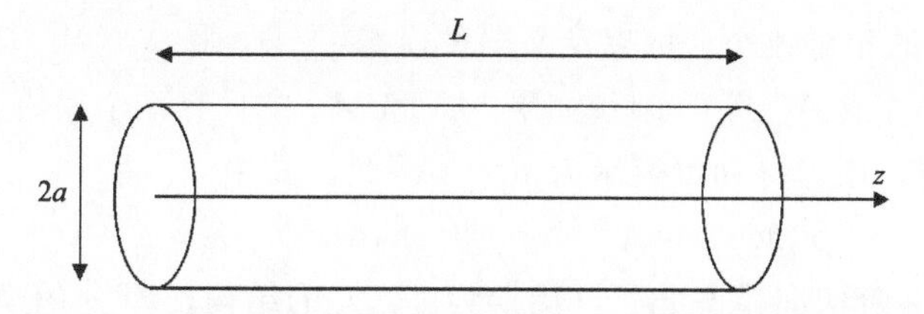

图 8.16 圆柱形管道中声学本征模态研究常用的几何构型

表 8.5 圆柱腔中与声模态相关的β_{mn} 取值

模态	$m=0$	$m=1$	$m=2$	$m=3$
$n=0$	0	1.22	2.333	3.238
$n=1$	0.586	1.697	2.717	3.725
$n=2$	0.972	2.135	3.173	4.192

谐振频率为

$$f_{mnq}=\frac{c}{2}\left[\left(\frac{\beta_{mn}}{a}\right)^2+\left(\frac{q}{L}\right)^2\right]^{\frac{1}{2}} \tag{8.91}$$

每个空腔构型都会对应无数个声学本征模态，但由于高频模态受到的黏性阻尼明显大于低频模态阻尼，在燃烧室中只观察到低阶声模态，常见的声模态频率为 100～5000 Hz，会对燃烧状态产生显著影响。

8.2.11 切向声模态

由于环形燃烧器的几何特征，常会出现一些切向声模态。当燃气轮机或环形燃烧室发生燃烧不稳定性时[30]，切向振荡出现最频繁，振荡水平也最高。

切向声模态对应于一个或一组沿燃烧室周向传播的声波，如图 8.17 所示。不考虑声波的非线性，在一阶线性近似下，声波可以表示为两个沿周向 θ 传播、但方向相反的简单一维波叠加。

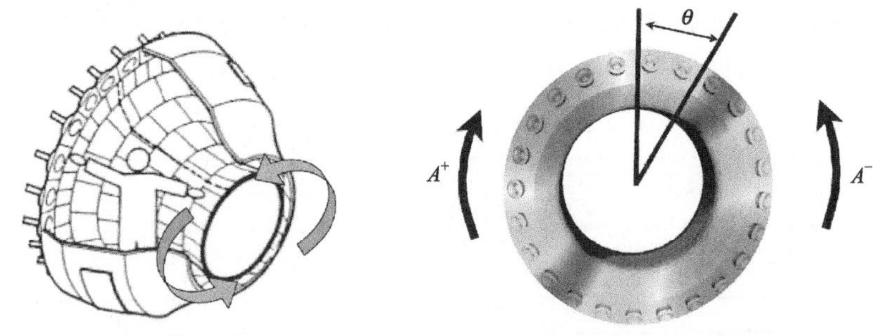

(a) 工业燃气轮机　　(b) 两个反向旋转模态 M^+(幅值为 A^+)和 M^-(幅值为 A^-)

图 8.17　环形燃烧室的切向声模态

最新的很多研究主要关注切向声模态的结构[49-56]。为简单起见，首先假定切向声模态具有纯一维结构，仅沿周向传播，忽略周向平均速度，因此声波仅以声速传播。在半径为 R 的环形燃烧室中，一阶切向声模态的周期和频率分别为 $T_{azi}=2\pi R/c=2\pi/\omega$ 和 $\omega=c/R$；高阶声模态的周期可以表示为 T_{azi}/n，其中 n 为模态阶数。

基于以上条件，切向声模态的一般形式对应于一个沿顺时针方向旋转的行波 M^+（幅值为 A^+）和一个沿逆时针方向旋转的行波 M^-（幅值为 A^-）的叠加，如图 8.17(b) 所示。根据 A^+ 和 A^- 的相对大小，可以定义三种模态：

① 旋转模态（A^- 或 A^+ 等于 0）。如果 M^- 和 M^+ 中只有一个幅值为 0，则声压振荡将沿 θ 方向以声速旋转，压力脉动可表示为 $p'=\hat{p}e^{-i\omega t}$，其中

$$\hat{p}(M^+)=A^+e^{i\theta} \quad 或 \quad \hat{p}(M^-)=A^-e^{-i\theta} \tag{8.92}$$

图 8.18 给出了一阶切向模态 M^+（周期为 T_{azi}）的结构，即 $\hat{p}$ 的模和相位随 θ 的变化。对于 M^+ 而言，$\hat{p}$ 的相位等于 θ，而 M^- 的相位等于 $-\theta$，这两种模态的模都是常数。

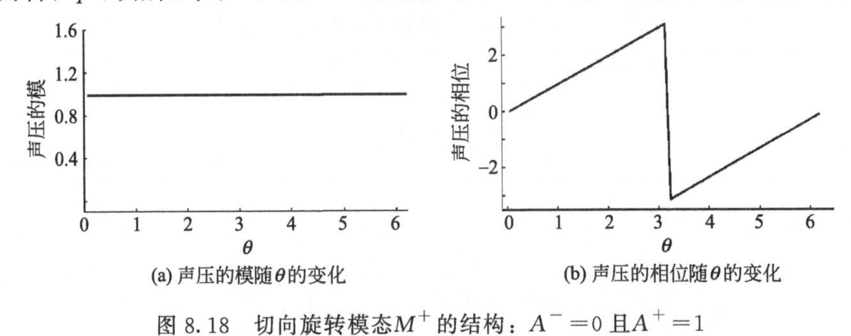

(a) 声压的模随 θ 的变化　　(b) 声压的相位随 θ 的变化

图 8.18　切向旋转模态 M^+ 的结构：$A^-=0$ 且 $A^+=1$

② 驻波模态（$A^-=A^+$）。如果 M^- 和 M^+ 同时存在且幅值相等（$A^-=A^+=A$），可以得到驻波模态。存在两个独立的驻波模态，称为 S_1 和 S_2，二者结构相差 90°。驻波模态的压力脉动由两个旋转模态（M^+ 和 M^-）叠加而成。例如，对于模态 S_1：

$$\hat{p}(S_1)=A^+\mathrm{e}^{\mathrm{i}\theta}+A^-\mathrm{e}^{-\mathrm{i}\theta}=2A\cos(\theta) \tag{8.93}$$

图 8.19 给出了一阶模态 S_1 在一个周期 T_{azi} 内的结构，声压相位等于 0 或 π，声压的模呈现出波节与波腹结构，类似于直管道中的驻波模态。当燃烧室中出现驻波模态时，所有截面不会受到相同扰动。例如，当燃烧器位于压力节点时，不会出现压力振荡，但会存在很大的周向速度扰动。

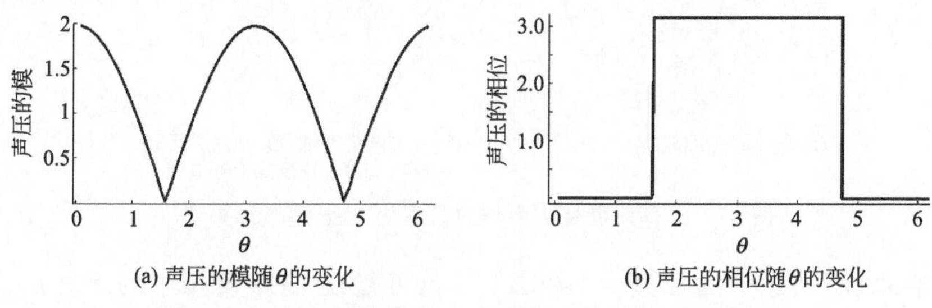

(a) 声压的模随θ的变化　(b) 声压的相位随θ的变化

图 8.19　切向驻波模态S_1 的结构，其中$A^-=A^+=1$

③ 混合模态。当 M^- 和 M^+ 同时存在且幅值不等时，会出现一种复杂结构，例如图 8.20 所示的模态结构，其中 $A^-=0.5$，$A^+=1$。该模态可以解释为一个幅值为（$A^- - A^+$）的旋转模态叠加在一个幅值为 $2A^+$ 的驻波模态上：

$$\hat{p}(S_1)=A^+\mathrm{e}^{\mathrm{i}\theta}+A^-\mathrm{e}^{-\mathrm{i}\theta}=2A^+\cos(\theta)+(A^- - A^+)\mathrm{e}^{-\mathrm{i}\theta} \tag{8.94}$$

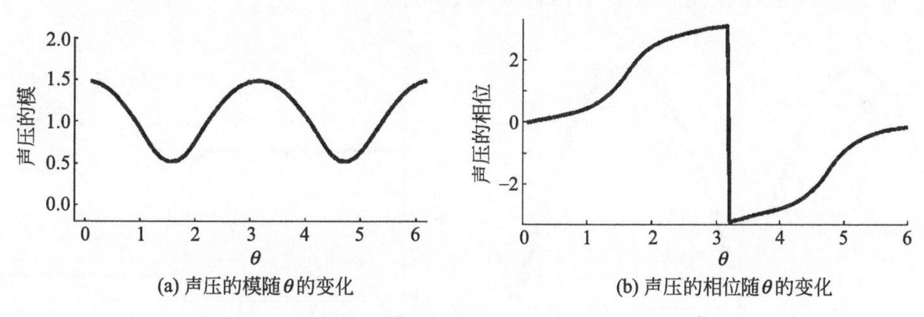

(a) 声压的模随θ的变化　(b) 声压的相位随θ的变化

图 8.20　切向混合模态的结构，其中$A^-=0.5$，$A^+=1$

一般情况下，对于燃烧器的给定工况，目前还未找到一个确切方法来确定一组 A^- 和 A^+。实际上，旋转模态和驻波模态可以同时出现[51,55]，研究不同切向模态的发生条件是当下的一个研究热点[14,54-55]。四种模态（M^-、M^+、S_1 和 S_2）具有相同频率，对应于波动方程的一个退化本征值。这也表明相应的本征矢量可以是解平面内任意一对独立矢量：（M^-，M^+）和（S_1，S_2）就是这种矢量对。任意一对均可用于生成其他矢量。最新理论指出，以下两个因素会决定驻波模态和旋转模态之间的模态切换。

① 非线性：驻波模态仅出现在低幅振荡时，由于非线性效应，当幅值很大时，只有旋转模态存在[55]。

② 非轴对称性：旋转模态只出现在完全轴对称的燃烧室中[57-58]，在其他构型中，会出现驻波模态或混合模态。

在环形燃烧室内，很难测量模态的结构[51]，但最新的 LES 模拟方法可用来研究这种燃烧室的模态结构：图 8.21 显示了 Wolf 等[56] 采用 LES 方法得到的压力场和温度场，图(a)压力场对应于一个驻波模态（S_1）受小幅旋转模态（M^-）微扰动的结构。

(a) 燃烧室表面的瞬时压力

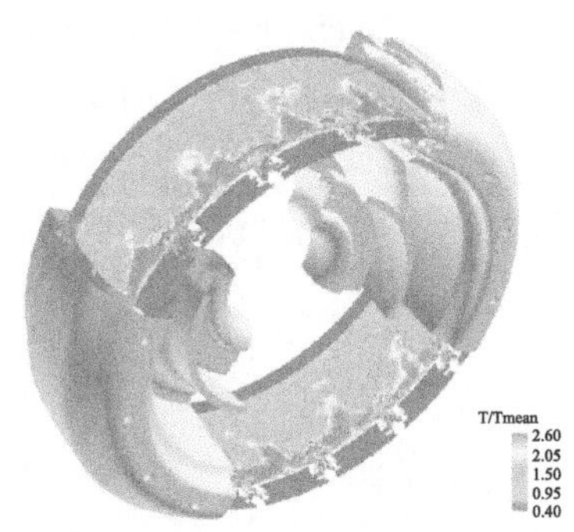

(b) 穿过燃烧室轴线的圆柱形面上瞬时温度和速度幅值等值线

图 8.21 环形燃烧室中切向模态的 LES 模拟结果[56]

通过调整式(8.94) 中的幅值 A^+ 和 A^-，也可复现 LES 模拟中的压力扰动结构。当 $A^-/A^+=0.96$ 时，如图 8.22 所示，理论解（8.94）和 LES 模拟结果拟合得非常好，表明 LES 中自激模态结构与近似驻波的简单模型［式(8.94)］一致性很好，但无法解释具体原因。此外，许多理论分析表明，系统在建立最终模态结构（旋转或驻波）之前，可能需要很长时间，而 LES 一般只计算几百个周期，因此可能无法捕捉到长时间后（在上千个周期后）的模态切换，也无法确定在几分钟或几小时运行后究竟会出现驻波模态还是旋转模态。高湍流度也可能会使模态在驻波和旋转结构之间随意切换。

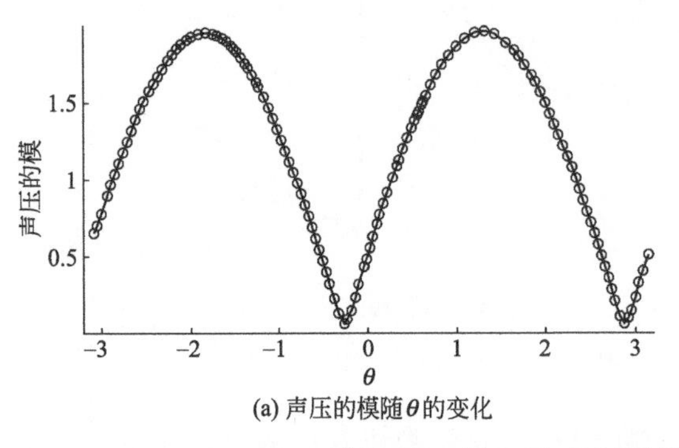

(a) 声压的模随 θ 的变化

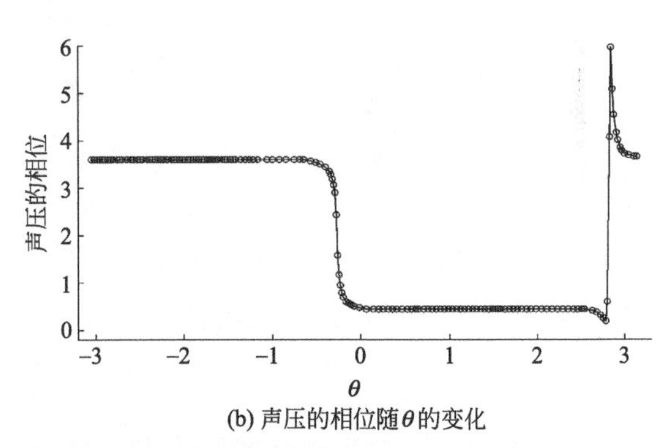

(b) 声压的相位随 θ 的变化

图 8.22 图 8.21 中 LES 模拟得到的压力脉动分析结果

在绝大多数燃烧器中，真实情况更加复杂：即便燃烧室是轴对称结构，燃烧器中的旋流也会使某一旋转方向优先发生，导致燃烧室内形成一个周向平均速度。对于两个旋转模态，这一现象会使同向旋转模态（切向模态沿喷射通道诱发的旋流方向旋转）与反向旋转模态明显不同。这里将同向旋转模态称为“+”模态，反向模态称为“−”模态。在一阶近似下，“+”模态以速度 $c+U$ 旋转，U 为燃烧室中的周向平均速度，c 为平均声速；“−”模态以速度 $c-U$ 旋转，周向平均速度 U 一般小于声速 c，如图 8.21 中，周向平均速度为 10 m/s。通过该方法，可以区分短时间尺度效应和长时间尺度效应：切向模态主要以频率为 $c/2\pi R$ 的高频主导，并且被低频（约为 $U/2\pi R$）所调制。声压 p' 只与时间和方位角 θ 有关：

$$p' = \hat{p} e^{-i\omega t} = [A^{+} e^{i(\theta - Ut/R)} + A^{-} e^{i(-\theta + Ut/R)}] e^{-i\omega t} \tag{8.95}$$

Ut/R 项是由速度为 U 的平均周向流动（对流尺度）引起，相比于 ωt 变化很慢。因此，定义声压 p'结构时，只需观察较短时间（声学尺度）即可，但声压结构会在长周期内（对流尺度）发生变化。通常来说，驻波模态会以数百赫兹的频率振荡，压力节点旋转很慢，一次完整的旋转周期可能需要几分钟或几小时，其值为 $2\pi R/U$ 或 T_{azi}/Ma（$Ma = U/c$ 是旋流分量的马赫数），这会使切向声模态的分析更加复杂：驻波模态（在几个周期内才能观察到）呈现出缓慢旋转的结构（具有周向速度），不是那种压力场以声速旋转的“转动”模态（像 M^{+} 和 M^{-} 模态），而是整体结构都以旋流平均速度转动。

真实燃烧室模态的第二个复杂之处在于很少观察到纯切向模态。由于施加在纵向的声阻抗会使 $\hat{p}$ 沿轴向变化，燃烧室常会出现切向和纵向的混合模态[53,60]。此外，切向模态的频率与纵向模态通常会在同一范围内，不能仅靠频率来识别具体模态。图 8.23 中给出一个简单例子[58]：在环形计算域中充满常温气体（声速＝347 m/s），入口条件对应于速度波节，出口条件对应于压力波节。

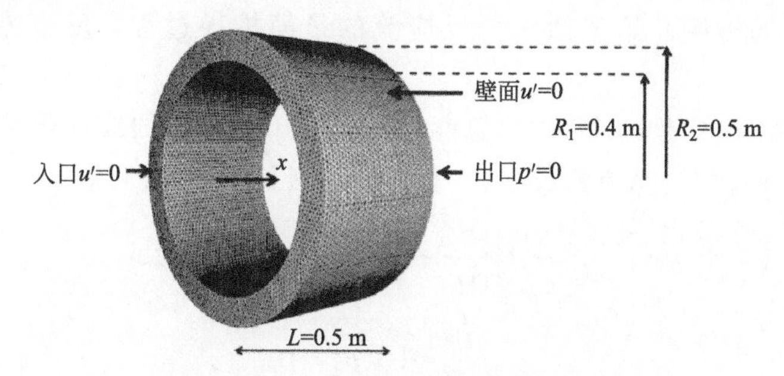

图 8.23　一个简单的环形燃烧室[58]

在该燃烧室中，一阶纵向模态出现在 173Hz 频率处，模态结构如图 8.24 所示。一阶切向模态频率为 213Hz，驻波模态 S_1 和 S_2 的结构在图 8.25 中给出。需要注意的是，S_1 的模态结构与 S_2 相差 90°。如果在实验中观察到频率为 200 Hz 左右的不稳定模态，要确定该模态是纵向还是切向，唯一的方法是沿周向安装多个麦克风来测量声压分布[51]，通常情况下，在真实燃烧室中很难做到这一点。

最后，在真实燃烧室中出现的声模态数量通常会比较多，对于一个典型的工业燃气轮机，在频率低于 300 Hz 时的范围内，可以观测到 20～30 个声模态。识别出每一个模态并确定其是否稳定是热声学研究的一个重要挑战。

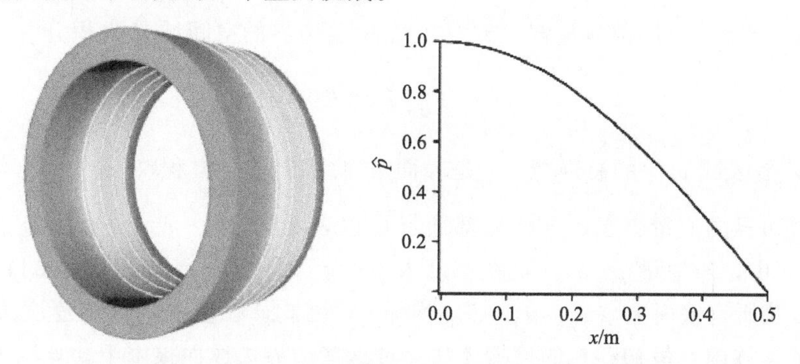

图 8.24　图 8.23 中燃烧室的一阶纵向模态[58] 的模 $\hat{p}$

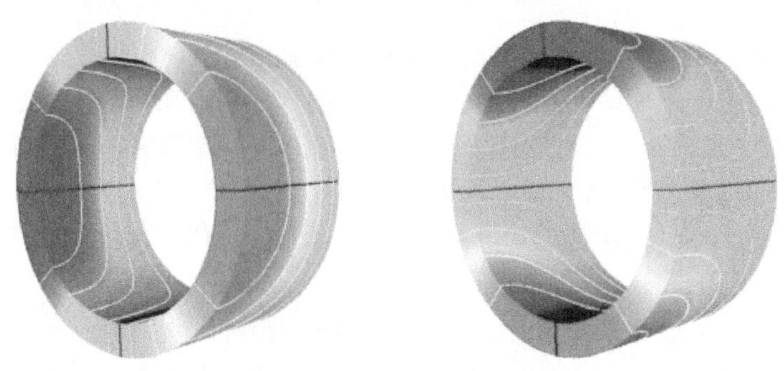

图 8.25 在图 8.23 所示的燃烧室中驻波模态S_1 和S_2[58] 的模$\hat{p}$ 分布

8.2.12 声能密度和声通量

在表征燃烧不稳定性时，声能的概念非常有用。在 CFD 领域，它有助于理解边界条件变化对可压缩程序的影响。这里给出无反应流的最简推导过程，反应流的声学基础将在 8.3.7 节中给出。

声能可以衡量给定区域中声脉动的总能量，对应于机械能的线性化形式[31]，但此处给出一个更简单的推导过程，从方程(8.10) 和方程(8.11) 出发，有

$$\frac{1}{c_0^2}\times\frac{\partial p_1}{\partial t}+\rho_0\nabla\cdot\boldsymbol{u}_1=0 \tag{8.96}$$

$$\rho_0\frac{\partial\boldsymbol{u}_1}{\partial t}+\nabla p_1=0 \tag{8.97}$$

方程(8.96) 两边同时乘以 p_1/ρ_0，方程(8.97) 两边乘以$\boldsymbol{u}_1$，再将二者相加得

$$\frac{\partial}{\partial t}\left(\frac{1}{2}\rho_0\boldsymbol{u}_1^2+\frac{1}{2}\times\frac{p_1^2}{\rho_0c_0^2}\right)+\nabla\cdot(p_1\boldsymbol{u}_1)=0 \tag{8.98}$$

声能和声通量分别定义为

$$e_1=\frac{1}{2}\rho_0\boldsymbol{u}_1^2+\frac{1}{2}\times\frac{p_1^2}{\rho_0c_0^2},\quad f_1=p_1\boldsymbol{u}_1 \tag{8.99}$$

方程(8.98) 表明，声能 e_1 仅因局部声通量 f_1 而改变

$$\frac{\partial e_1}{\partial t}+\nabla\cdot f_1=0 \tag{8.100}$$

如图 8.26 所示，对局部能量守恒方程在以 A 为边界的空间域 V 内积分

$$\frac{\mathrm{d}}{\mathrm{d}t}\int_V e_1\mathrm{d}V+\int_A f_1\cdot\boldsymbol{n}\mathrm{d}A=0 \tag{8.101}$$

式中，$\int_V e_1\mathrm{d}V$ 是区域 V 中的总声能，$\boldsymbol{n}$ 是表面 A 的法向量。方程(8.101) 表明，总能量的变化仅由穿过边界的通量引起，这些局部通量可以表示为 $f_1\cdot n=p_1\boldsymbol{u}_1\cdot\boldsymbol{n}$。另外，在可压缩 CFD 程序中，声通量 $p_1\boldsymbol{u}_1\cdot\boldsymbol{n}$ 在速度入口（$\boldsymbol{u}_0\neq0$ 但$\boldsymbol{u}_1=0$）、压力出口（p_0 为常数且 $p_1=0$）以及所有壁面上（$\boldsymbol{u}_0=\boldsymbol{u}_1=0$）均为 0，因此，在壁面和恒定速度边界或恒定压力边界包围的区域内，最初存在的声能无法穿过这些边界逃逸而被困于计算域中，因此所有流动变量都会无限期地振荡，导致程序无法收敛至稳态（图 8.27）。对此，可以使用耗散算

法来削弱声能（当下推导仅对无黏流动有效）以实现收敛。但在高阶稳态和非稳态程序中，如第 9 章所述，必须允许声波离开计算域以实现收敛。因此，目前仍需要进一步研究边界条件，使其既能用于非稳态流动，也能用于稳态流动[61-68]。

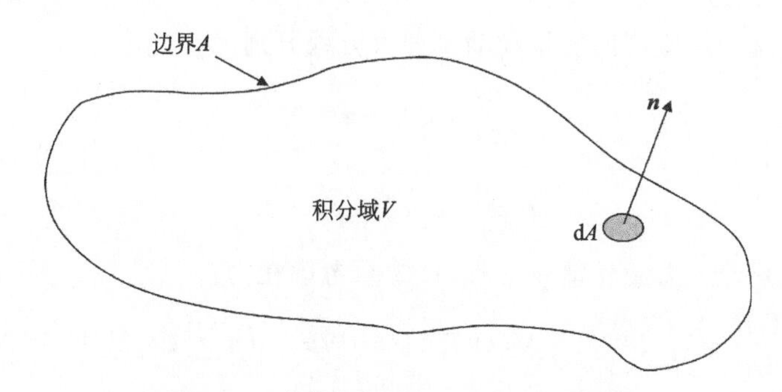

图 8.26 声能方程式(8.100) 的积分域

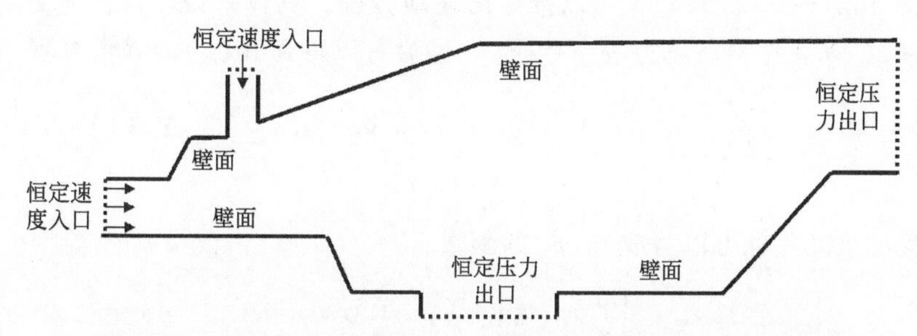

图 8.27 被壁面、恒定速度入口和恒定压力出口包围的计算域

在所有边界上，声通量均为 0，计算域内的总声能守恒，但收敛速度很慢

在无反应流中推导的声学结论表明，每个声模态的能量均守恒：这些模态既未衰减，也未放大，在无反应流中不会出现很强的气动声学耦合❶。对于反应流，如 8.3 节所述，本征声模态的能量可能由非稳态燃烧过程提供，它可以增长至足以产生燃烧不稳定性现象。

8.3 反应流中的声学

前几节介绍了等熵无反应流中的声波传播。对于反应流，波动方程的推导过程更加复杂，还必须包含熵变过程。为此，一个比较简便的方法是采用如下所述的压力对数形式。

8.3.1 反应流中的 ln(p)方程

首先，使用全微分算子

$$\frac{\mathrm{D}f}{\mathrm{D}t}=\frac{\partial f}{\partial t}+\boldsymbol{u}\cdot\nabla f$$

❶ 8.3 节的分析表明，燃烧实际上并非气动声波耦合的唯一来源，涡流（无燃烧）在与声波耦合时，也可能引起流动振荡，类似于吹哨[69]。

在下面推导过程中，仍采用8.2.1节中的两个假设：

H1——体积力为0，$f_k=0$。

H2——体积热源为0，$\dot{Q}=0$。

类似于无反应流，反应流的质量和动量守恒方程分别为

$$\frac{D\rho}{Dt}+\rho\nabla\cdot\boldsymbol{u}=0 \tag{8.102}$$

$$\rho\frac{D\boldsymbol{u}}{Dt}=-\nabla p+\nabla\cdot\tau \tag{8.103}$$

由于流动不再是绝热流，必须将能量方程(1.67)考虑在内：

$$\rho C_p\frac{DT}{Dt}=\dot{\omega}'_T+\frac{Dp}{Dt}+\nabla(\lambda\nabla T)+\tau:\nabla\boldsymbol{u}-\left(\rho\sum_{k=1}^{N}C_{pk}Y_k\boldsymbol{V}_k\right)\cdot\nabla T \tag{8.104}$$

式中，$\boldsymbol{V}_k$ 是组分 k 的扩散速度矢量。

联立式(8.102)～式(8.104)，可以推导出波动方程。具体来说，对能量方程式(8.104)两边同时除以 $\rho C_p T$，结合状态方程 $p=\rho rT$，最后可以得到 $\ln(p)$ 的守恒方程

$$\frac{1}{\gamma}\times\frac{D\ln(p)}{Dt}+\nabla\cdot\boldsymbol{u}=\frac{1}{\rho C_p T}\left[\dot{\omega}'_T+\nabla(\lambda\nabla T)+\tau:\nabla\boldsymbol{u}-\left(\rho\sum_{k=1}^{N}C_{pk}Y_k\boldsymbol{V}_k\right)\cdot\nabla T\right]+\frac{1}{r}\times\frac{Dr}{Dt} \tag{8.105}$$

动量方程(8.103)也可以写成 $\ln(p)$ 的函数

$$\frac{D\boldsymbol{u}}{Dt}+\frac{c_0^2}{\gamma}\nabla\ln(p)=\frac{1}{\rho}\nabla\cdot\tau \tag{8.106}$$

局部声速 c_0 通过 $c_0^2=\gamma p/\rho$ 来定义。为推导 $\ln(p)$ 的波动方程，首先对方程(8.106)两边求散度，再对方程(8.105)两边求物质导数，最后将两个新公式相减，可以得出

$$\nabla\cdot\left(\frac{c_0^2}{\gamma}\nabla\ln(p)\right)-\frac{D}{Dt}\left(\frac{1}{\gamma}\times\frac{D}{Dt}\ln(p)\right)=\nabla\cdot\left(\frac{\nabla\cdot\tau}{\rho}\right)-\frac{D}{Dt}\left[\frac{D}{Dt}(\ln(r))\right]-\nabla\boldsymbol{u}:\nabla\boldsymbol{u}$$
$$-\frac{D}{Dt}\left[\frac{1}{\rho C_p T}\left(\dot{\omega}'_T+\nabla(\lambda\nabla T)+\tau:\nabla\boldsymbol{u}-\left(\rho\sum_{k=1}^{N}C_{pk}Y_k\boldsymbol{V}_k\right)\cdot\nabla T\right)\right] \tag{8.107}$$

对于无反应的无黏流体，假设只有一种组分，则方程(8.107)可以化简为8.2节中推导的波动方程(8.12)。

8.3.2 低马赫数反应流中的波动方程

为推导反应流中一个简单的波动方程，引入以下两个附加假设：

H6——平均流速小（已在8.2.1节中使用）；

H7——所有组分的分子量相等。

虽然这两个假设的限制性不强，但问题会得到很大的简化：

① 所有组分的分子量相等，因此 $\dot{\omega}'_T$ 可以由 $\dot{\omega}_T$ 替代（见1.1.5节）。

② γ 和平均压力 p_0 均为常数，因此，$\gamma p_0=\rho_0 c_0^2$ 也是常数。需要注意的是，这并不意味着 ρ_0 和 c_0 分别是常数。

③ 通过方程(8.107)右边项的量级分析[70]可知，化学释热项和速度脉动项是主要源项，因此可以进一步化简为

$$\nabla\cdot\left(\frac{c_0^2}{\gamma}\nabla\ln(p)\right)-\frac{\mathrm{D}}{\mathrm{D}t}\left(\frac{1}{\gamma}\times\frac{\mathrm{D}}{\mathrm{D}t}\ln(p)\right)=-\frac{\mathrm{D}}{\mathrm{D}t}\left(\frac{1}{\rho C_\mathrm{p}T}\dot{\omega}_\mathrm{T}\right)-\nabla\boldsymbol{u}:\nabla\boldsymbol{u} \tag{8.108}$$

④ 与时间导数相比，所有对流导数都是二阶项[71]。例如，考虑一维变量 f 的全微分，假定 f 可表示为简谐形式，即 $f=\mathrm{e}^{\mathrm{i}kx-\mathrm{i}\omega t}$，则

$$\frac{\mathrm{D}f}{\mathrm{D}t}=\frac{\partial f}{\partial t}+u\frac{\partial f}{\partial x}=(-\mathrm{i}\omega+\mathrm{i}uk)f=-\mathrm{i}\omega\left(1-\frac{u}{c_0}\right)f=-\mathrm{i}\omega(1-M)f \tag{8.109}$$

其中，$k=\omega/c_0$。对于低马赫数 $M=u/c_0$，$\mathrm{D}f/\mathrm{D}t$ 等号右边第二项可以忽略不计。因此，$\mathrm{D}f/\mathrm{D}t$ 近似为 $\partial f/\partial t$。

于是，方程(8.108) 变成

$$\nabla\cdot(c_0^2\nabla\ln(p))-\frac{\partial^2}{\partial t^2}\ln(p)=-\frac{\partial}{\partial t}\left(\frac{1}{\rho C_\mathrm{v}T}\dot{\omega}_\mathrm{T}\right)-\gamma\nabla\boldsymbol{u}:\nabla\boldsymbol{u} \tag{8.110}$$

到目前为止，上述方程未经过线性化处理，因此可以表示幅值有限的声波。类似于8.2.1节中的线性化处理，瞬时压力写成 $p=p_0+p_1$，满足 $p_1/p_0\ll1$，因此，$\ln(p)$可以近似为 p_1/p_0。方程(8.110) 变为压力脉动 p_1 的方程：

$$\nabla\cdot(c_0^2\nabla p_1)-\frac{\partial^2}{\partial t^2}p_1=-(\gamma-1)\frac{\partial\dot{\omega}_\mathrm{T}}{\partial t}-\gamma p_0\nabla\boldsymbol{u}:\nabla\boldsymbol{u} \tag{8.111}$$

表8.6对比了无反应流和反应流的波动方程。可以看出，无反应流保留了$\nabla\boldsymbol{u}:\nabla\boldsymbol{u}$ 项，对应于湍流流动噪声的源项。燃烧带来的主要复杂性在于声速 c_0 非常数，必须将其保留在∇算子和燃烧情形下压力方程右边的附加源项中，该附加项属于燃烧噪声和燃烧不稳定性的源项。方程(8.111) 的线性形式能够捕捉到不稳定模态的增长趋势，但为了表示极限环出现时的非线性效应，还需进一步向非线性拓展。

表8.6 无反应流和反应流的波动方程对比

无反应流	$c_0^2\nabla^2 p_1-\frac{\partial^2 p_1}{\partial t^2}=-\gamma p_0\nabla\boldsymbol{u}:\nabla\boldsymbol{u}$
反应流	$\nabla\cdot(c_0^2\nabla p_1)-\frac{\partial^2 p_1}{\partial t^2}=-\gamma p_0\nabla\boldsymbol{u}:\nabla\boldsymbol{u}-(\gamma-1)\frac{\partial\dot{\omega}_\mathrm{T}}{\partial t}$

8.3.3 低速反应流中的质点速度和声压

在声学分析中，同样需要压力扰动和速度扰动的线性化方程。假设可以忽略黏性应力和对流导数，则方程(8.103) 可以简化为质点速度$\boldsymbol{u}_1$ 的方程

$$\frac{\partial\boldsymbol{u}_1}{\partial t}=-\frac{1}{\rho_0}\nabla p_1 \tag{8.112}$$

式中，ρ_0 是空间位置的函数。

当忽略方程(8.105) 中的黏性项和分子量变化率时，对应的扩散速度相关项和 $\mathrm{D}r/\mathrm{D}t$ 项消失，方程(8.105) 可以化简为

$$\frac{1}{\gamma}\times\frac{\mathrm{D}\ln(p)}{\mathrm{D}t}+\nabla\cdot\boldsymbol{u}=\frac{1}{\rho C_\mathrm{p}T}\dot{\omega}_\mathrm{T} \tag{8.113}$$

对于零阶（平均流），式(8.113) 可表示为

$$\nabla\cdot\boldsymbol{u}_0=\dot{\omega}_{\mathrm{T}0}/(\rho C_\mathrm{p}T) \tag{8.114}$$

式中，$\dot{\omega}_{\mathrm{T}0}$ 是平均反应率。保留方程(8.113) 中的一阶线性项，与时间导数相比，忽略空间

导数[25,71]：

$$\frac{1}{\gamma \rho_0} \times \frac{\partial p_1}{\partial t} + \nabla \cdot \boldsymbol{u}_1 = \frac{\gamma - 1}{\gamma p_0} \dot{\omega}_{T1} \tag{8.115}$$

式中，$\dot{\omega}_{T1}$ 表示释热率脉动。对于变截面 $S(z)$ 管道中传播的纵波，假定一维流动，则方程(8.112) 和方程(8.115) 可以沿 x 方向和 y 方向积分得出

$$\frac{\partial u_1}{\partial t} = -\frac{1}{\rho_0} \times \frac{\partial p_1}{\partial z} \tag{8.116}$$

$$\frac{1}{\gamma p_0} \times \frac{\partial p_1}{\partial t} + \frac{1}{S} \times \frac{\partial}{\partial z}(S u_1) = \frac{\gamma - 1}{\gamma \rho_0} \dot{\omega}_{T1} \tag{8.117}$$

8.3.4 薄火焰处的声突变条件

与燃烧区的尺寸相比，纵向热声振荡的波长通常比较大。例如，对于频率为 $f=500$ Hz 的声波，在 2000 K 的已燃气体中波长（$\lambda_{ac}=c_0/f$）约为 1.8 m，而绝大多数燃烧区大约为 10 cm 长。与声波的波长相比，火焰是“紧凑的”。基于火焰无限薄假设，通过前面的方程，可以推导出声学变量穿过火焰前锋处的突变条件。考虑如图 8.28 所示的理想薄火焰模型，未燃气体在位于 $z=z_{j+1}$ 的零厚度火焰中燃烧。需要注意的是，管道截面也在 $z=z_{j+1}$ 处突变。

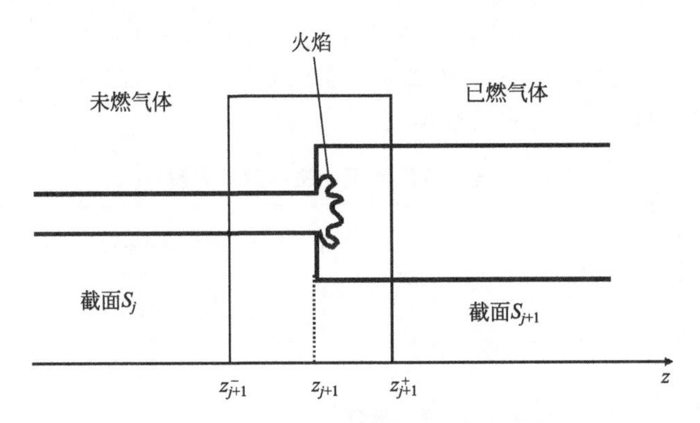

图 8.28 穿过薄预混火焰的突变条件

对方程(8.116) 和方程(8.117) 在 $z_{j+1}^- \sim z_{j+1}^+$ 区间积分，将 z_{j+1}^+ 和 z_{j+1}^- 无限逼近 z_{j+1} 时，可以得出

$$[p_1]_{z_{j+1}^-}^{z_{j+1}^+} = 0 \tag{8.118}$$

$$[S u_1]_{z_{j+1}^-}^{z_{j+1}^+} = \frac{\gamma - 1}{\gamma \rho_0} \dot{\Omega}_{T1} \tag{8.119}$$

式中，$\dot{\Omega}_{T1} = \int_{z_{j+1}^-}^{z_{j+1}^+} S \dot{\omega}_{T1} \mathrm{d}z$，是火焰产生的总体释热率脉动。

式(8.118) 表明，声压 p_1 在火焰处连续：

$$p_1(z_{j+1}^-) = p_1(z_{j+1}^+) \tag{8.120}$$

式(8.119) 表明，质点速度在穿过火焰前锋时出现突变：

$$S_{j+1} u_1(z_{j+1}^+) - S_j u_1(z_{j+1}^-) = \frac{\gamma - 1}{\rho_j c_j^2} \dot{\Omega}_{T1} \tag{8.121}$$

式中，ρ_j 和 c_j 为第 j 个截面上的平均密度和声速。$\gamma\rho_0$ 由 $\rho_j c_j^2$ 替代，且在所有截面上均守恒。式(8.121) 表明，薄火焰就像扬声器一样充当体积流量源❶。

为了在交界面处推导出一个传递矩阵，使用 8.2.7 节的符号，声波在截面 j 上可以写成

$$p_1^j(z,t)=A_j^+ \mathrm{e}^{\mathrm{i}k_j(z-z_j)-\mathrm{i}\omega t}+A_j^- \mathrm{e}^{-\mathrm{i}k_j(z-z_j)-\mathrm{i}\omega t} \tag{8.122}$$

质点速度为

$$u_1^j(z,t)=\frac{1}{\rho_j c_j}(A_j^+ \mathrm{e}^{\mathrm{i}k_j(z-z_j)-\mathrm{i}\omega t}-A_j^- \mathrm{e}^{-\mathrm{i}k_j(z-z_j)-\mathrm{i}\omega t}) \tag{8.123}$$

式中，k_j、ρ_j 和 c_j 分别为截面 j 处的波数、平均密度和声速。

假定总体释热率脉动 $\dot{\Omega}_{\mathrm{T1}}$ 同样具有简谐形式：

$$\dot{\Omega}_{\mathrm{T1}}=\Omega \mathrm{e}^{-\mathrm{i}\omega t} \tag{8.124}$$

在位于 $z=z_{j+1}$ 的第 j 个交界面上，突变条件(8.120) 和条件(8.121) 变为

$$p_1^{j+1}(z_{j+1},t)=p_1^j(z_{j+1},t),\quad S_{j+1}u_1^{j+1}(z_{j+1},t)=S_j u_1^j(z_{j+1},t)+\frac{\gamma-1}{\rho_j c_j^2}\dot{\Omega}_{\mathrm{T1}} \tag{8.125}$$

因此

$$A_j^+ \mathrm{e}^{\mathrm{i}k_j l_j}+A_j^- \mathrm{e}^{-\mathrm{i}k_j l_j}=A_{j+1}^+ +A_{j+1}^- \tag{8.126}$$

$$\frac{S_{j+1}}{\rho_{j+1}c_{j+1}}(A_{j+1}^+ -A_{j+1}^-)=\frac{S_j}{\rho_j c_j}(A_j^+ \mathrm{e}^{\mathrm{i}k_j l_j}-A_j^- \mathrm{e}^{-\mathrm{i}k_j l_j})+\frac{\gamma-1}{\rho_j c_j^2}\Omega \tag{8.127}$$

截面 $j+1$ 处与截面 j 处的波幅可以关联为

$$\begin{pmatrix}A_{j+1}^+\\A_{j+1}^-\end{pmatrix}=\frac{1}{2}\begin{bmatrix}\mathrm{e}^{\mathrm{i}k_j l_j}(1+\Gamma_j) & \mathrm{e}^{-\mathrm{i}k_j l_j}(1-\Gamma_j)\\ \mathrm{e}^{\mathrm{i}k_j l_j}(1-\Gamma_j) & \mathrm{e}^{-\mathrm{i}k_j l_j}(1+\Gamma_j)\end{bmatrix}\begin{pmatrix}A_j^+\\A_j^-\end{pmatrix}+\frac{\rho_{j+1}c_{j+1}}{2S_{j+1}}\begin{pmatrix}\dfrac{\gamma-1}{\rho_j c_j^2}\Omega\\ -\dfrac{\gamma-1}{\rho_j c_j^2}\Omega\end{pmatrix} \tag{8.128}$$

其中，Γ_j 为

$$\Gamma_j=\frac{\rho_{j+1}c_{j+1}}{\rho_j c_j}\times\frac{S_j}{S_{j+1}} \tag{8.129}$$

式(8.128) 可以改写为

$$\begin{pmatrix}A_{j+1}^+\\A_{j+1}^-\end{pmatrix}=\boldsymbol{T}_j\begin{pmatrix}A_j^+\\A_j^-\end{pmatrix}+O_j \tag{8.130}$$

其中

$$\boldsymbol{T}_j=\frac{1}{2}\begin{bmatrix}\mathrm{e}^{\mathrm{i}k_j l_j}(1+\Gamma_j) & \mathrm{e}^{-\mathrm{i}k_j l_j}(1-\Gamma_j)\\ \mathrm{e}^{\mathrm{i}k_j l_j}(1-\Gamma_j) & \mathrm{e}^{-\mathrm{i}k_j l_j}(1+\Gamma_j)\end{bmatrix},\quad O_j=\frac{1}{2}\times\frac{\rho_{j+1}c_{j+1}}{S_{j+1}}\begin{pmatrix}\dfrac{\gamma-1}{\rho_j c_j^2}\Omega\\ -\dfrac{\gamma-1}{\rho_j c_j^2}\Omega\end{pmatrix} \tag{8.131}$$

上述形式考虑了密度变化和化学反应效应，比式(8.67) 的普适性更好。传递矩阵 $\boldsymbol{T}_j$ 将截面 j 与截面 $j+1$ 上的声波振幅关联起来。在第 $j+1$ 个管道中的火焰通过式(8.130) 中

---

❶ 在此处，关于守恒变量是体积流量而非声学质量流量这一结果有些意外。这主要是由于假定对流项相比于非稳态项可以忽略。当忽略平均流量时，交界面类似一个非渗透膜，只传递体积变化，不传递质量，而更复杂的分析通常不会形成简单的解析形式[27,72]。需要注意的是，如果存在火焰，连续性方程不能简单用于推断这些声学突变条件。因为平均密度梯度较大，且交界面在移动，因此该方程不能进行线性化处理。

的附加项 O_j 表示。

8.3.5 多管道系统中存在燃烧时的纵向模态

在具有一个或多个火焰的多管道系统中，上文中的关系式可用于确定系统的一维共振模态[❶]。如图 8.29 所示，可以先在每个管道截面处估算传递矩阵 $\boldsymbol{T}_j$ 和源项 O_j，类似于无反应流，再从入口到出口整合起来构成一个全局矩阵。

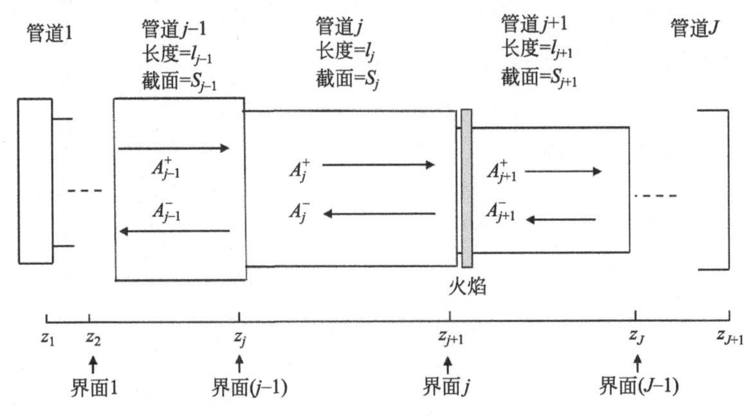

图 8.29 将燃烧器分解成多个一维截面

全局矩阵 $\boldsymbol{G}_{j,n}$ 需要两个索引：

$$\begin{pmatrix} A_{j+1}^{+} \\ A_{j+1}^{-} \end{pmatrix} = \boldsymbol{G}_{j,1} \begin{pmatrix} A_{1}^{+} \\ A_{1}^{-} \end{pmatrix} + \sum_{k=1}^{j-1} \boldsymbol{G}_{j,k+1} O_k + O_j \tag{8.132}$$

矩阵 $\boldsymbol{G}_{j,k}$ 组合了 $k \sim j$ 的所有交界面，而矩阵 $\boldsymbol{G}_{j,1}$ 组合了 $1 \sim j$ 的所有交界面：

$$\boldsymbol{G}_{j,k+1} = \boldsymbol{T}_j \boldsymbol{T}_{j-1} \cdots \boldsymbol{T}_{k+1}, \quad \boldsymbol{G}_{j,1} = \boldsymbol{T}_j \cdots \boldsymbol{T}_2 \boldsymbol{T}_1 \tag{8.133}$$

写到最后一个截面 $j=J$ 时，需要确定边界条件：

$$\frac{A_1^+}{A_1^-} = R_1, \quad \frac{A_J^+}{A_J^-} \mathrm{e}^{2\mathrm{i}k_J l_J} = R_J \tag{8.134}$$

最终可以得到一个线性系统。要使该系统存在非零解，扰动 ω 只能取一组有限值，其振型由 $j=1 \sim J$ 的声波振幅 A_J^+ 和 A_J^- 决定。扰动 ω 的虚部 ω_i 决定对应模态的稳定性，如果 ω_i 为正，该模态不稳定，会随时间持续增长。针对图 8.29 中的几何构型，表 8.7 总结了完整的计算过程[❷]，其中，反射系数 R_1 和 R_J 是复数，必须提前给定（如通过实验测量），声速 c_j 和密度 ρ_j 均是平均量，且 $\rho_j c_j^2$ 在所有管道单元均不变，$\rho_j c_j^2 = \gamma p_0$，波数 k_j 定义为 $k_j = \omega / c_j$。由于目前考虑的是线性问题，因此只能得到波幅比（如 A_J^+ / A_1^+）。

❶ 为阐述本节内容同时避免再次推导这些方程，读者可以使用常用的“声管”工具。对于包含 5 个管道单元的简单燃烧器，无论有/无火焰（$O_j=0$），该方法也可以求解下面给出的方程。混合管道入口和燃烧室出口处的反射系数由用户自行选定。

❷ 在网络上可以找到一些使用常用方法求解热声学方程的软件，例如慕尼黑塔克斯图书馆[73] 的网站。

表 8.7　当低速燃烧器被 $J-1$ 个交界面分成 J 个单元时纵向本征模态的计算过程

指定左边界反射系数		R_1
对于 $j=1\sim J-1$ 的每个交界面	估算截面参数	$\Gamma_j=\dfrac{\rho_{j+1}c_{j+1}S_j}{\rho_j c_j S_{j+1}}$
	构造传递矩阵 $\boldsymbol{T}_j$	$\boldsymbol{T}_j=\dfrac{1}{2}\begin{bmatrix} e^{ik_j l_j}(1+\Gamma_j) & e^{-ik_j l_j}(1-\Gamma_j) \\ e^{ik_j l_j}(1-\Gamma_j) & e^{-ik_j l_j}(1+\Gamma_j) \end{bmatrix}$
	添加源项 O_j	$O_j=\dfrac{1}{2}\times\dfrac{\rho_{j+1}c_{j+1}}{S_{j+1}}\begin{pmatrix} \dfrac{\gamma-1}{\rho_j c_j^2}\Omega \\ -\dfrac{\gamma-1}{\rho_j c_j^2}\Omega \end{pmatrix}$（当存在火焰时）
	生成全局矩阵 $\boldsymbol{G}_{j,n}$	$\boldsymbol{G}_{j,n}=\boldsymbol{T}_j\cdots\boldsymbol{T}_{n+1}\boldsymbol{T}_n,\quad n=1,2,\cdots,j$
指定右边界反射系数		R_J
在系统中求解 ω 边界条件为		$\begin{pmatrix} A_J^+ \\ A_J^- \end{pmatrix}=\boldsymbol{G}_{J-1,1}\begin{pmatrix} A_1^+ \\ A_1^- \end{pmatrix}+\sum_{k=1}^{J-2}\boldsymbol{G}_{J-1,k+1}O_k+O_{J-1}$ $A_1^+/A_1^-=R_1,\quad A_J^+/A_J^- e^{2ik_J l_J}=R_J$
一旦确定 ω，求解声波幅值		$A_j^+/A_1^+,\quad A_j^-/A_1^+,\quad j=1,2,\cdots,J$

8.3.6　三维 Helmholtz 计算工具

燃烧器中出现的模态并非仅限于前几节介绍的低频纵向模态，有时也会出现沿其他方向上传播的声模态。这些模态一般具有很高的振荡频率，甚至可能比纵向模态危害更大。8.2.11 节中的切向模态就是其中一种，尖啸叫就是其中一个例子：它是一种横向声模态，常出现在补燃室中，可以在几秒内摧毁发动机[74-75]。

高频横向声模态的特点是压力会沿流动方向和垂直于流动方向振荡。前面介绍的一维工具不能用于这种流动，但波动方程(8.111) 仍然有效：

$$\nabla\cdot(c_0^2\,\nabla p_1)-\frac{\partial^2}{\partial t^2}p_1=-(\gamma-1)\frac{\partial\dot{\omega}_T}{\partial t}-\gamma p_0\,\nabla\boldsymbol{u}:\nabla\boldsymbol{u} \tag{8.135}$$

目前开发了一些多维数值工具求解方程(8.135) 及对应的边界条件，有些程序会在时域内直接求解方程[76]。但一般情况下，通过假定压力脉动和局部释热率脉动具有简谐形式，可以在频域内求解方程

$$p_1=P'(x,y,z)e^{-i\omega t},\quad \dot{\omega}_T=\Omega_T' e^{-i\omega t},\quad i^2=-1 \tag{8.136}$$

在燃烧应用中，方程(8.135) 右边第一项（源于非稳态反应率）比第二项大，因此，通常可以忽略$\nabla\boldsymbol{u}:\nabla\boldsymbol{u}$。将式(8.136) 代入方程(8.135)，可以得到一个 Helmholtz 方程，未知变量是频率为 f 的压力振荡 P'和释热率脉动 Ω_T'

$$\nabla\cdot(c_0^2\,\nabla P')+\omega^2 P'=i\omega(\gamma-1)\Omega_T' \tag{8.137}$$

该方程是三维 Helmholtz 程序的基础[77-78]，在求解时首先需要确定声速 c_0 分布，而这又与局部气体的成分和温度有关。大部分程序常使用平均声速场来近似（例如，可由 RANS 结果或时间平均的 LES 结果中得到）；另外，还需要一个非稳态反应项 Ω_T' 的模型。

方程(8.137) 的解可以提供两个信息：本征频率 ω_k 和本征模态的振型 $P_k'(x,y,z)$。在求解方程(8.137) 过程中，可以使用以下两种处理方法。

① 忽略非稳态燃烧的影响，通过设置 $\Omega_T'=0$，火焰的影响在求解燃烧器的本征模态时

体现在平均温度场中，但忽略火焰作为声学主动单元。

② 提供 Ω'_T 模型，则可以考虑燃烧的主动效应，但这也是该方法的难点所在（见第10章）。

求解方程(8.137) 的常用数值方法均是基于有限元方法。图 8.30 给出了一个无火焰算例，使用 Helmholtz 求解器计算一个由低温入口管道和高温燃烧室构成的模型燃烧器[77]。进气管道的长度和直径分别为 10 cm 和 6 cm，燃烧室的长度和直径分别为 25 cm 和 20 cm。出口是一个小截面管道，在燃烧室下游壁面上施加一个零速度边界，从而使所有声学边界条件均为硬反射壁。

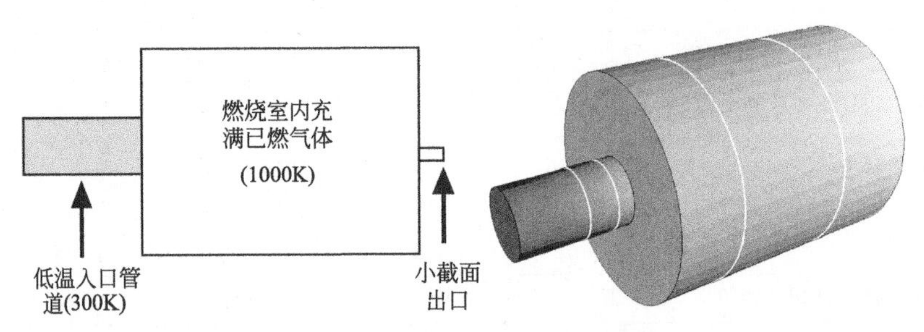

图 8.30 钝体燃烧器的模态计算

图 8.31 是 Helmholtz 求解器的输出结果，显示了由方程(8.137) 确定的两种模态结构。图(a) 表明，频率为 727 Hz 的一阶模态属于纵向模态，通过 8.3.5 节中的一维工具也可复现此结果；图(b) 表明，频率为 2211 Hz 的二阶模态属于 1T-1L（一阶横向和一阶纵向）组合模态，该模态会沿燃烧室中心轴线方向无衰减地旋转。对于二阶模态，燃烧室中心轴线是一个速度波腹，存在燃烧反应时会激发从小截面管道中流出的射流，进而对火焰产生很大影响。

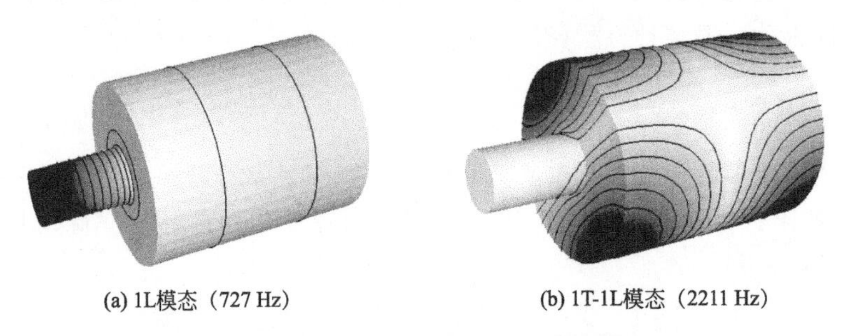

(a) 1L模态（727 Hz）　　(b) 1T-1L模态（2211 Hz）

图 8.31 图 8.30 中的燃烧器前两种模态

声压振幅P'绘制在燃烧室壁面上，深色区域对应于压力波腹上

8.3.7 反应流中的声能平衡

在反应流中，声能可以定义为类似于 8.2.12 节中的形式

$$e_1=\frac{1}{2}\rho_0\boldsymbol{u}_1^2+\frac{1}{2}\times\frac{p_1^2}{\rho_0c_0^2} \tag{8.138}$$

式中，下标 0 表示平均值，下标 1 表示脉动量。对方程(8.115) 两边乘以 p_1，对动量方程式(8.112) 两边点乘 $\rho_0\boldsymbol{u}_1$，再将二者相加，可得出

$$\frac{\partial e_1}{\partial t}+\nabla\cdot f_1=r_1,\quad 其中,\ r_1=\frac{(\gamma-1)}{\gamma p_0}p_1\dot{\omega}_{T1},\quad f_1=p_1\boldsymbol{u}_1 \tag{8.139}$$

方程(8.139) 等号右边的源项 r_1 是压力脉动 p_1 和释热率脉动 $\dot{\omega}_{T1}$ 的相关项，由燃烧产生，可作为声能的源项或汇项[1]。当 r_1 为正值时，p_1 与 $\dot{\omega}_{T1}$ 同相，r_1 成为声能的源项，不稳定性被局部增强；另一方面，当压力振荡取最小值，而对应的释热率脉动为最大值时，不稳定性会被减弱。这个燃烧不稳定性的定性判据最初由 Rayleigh[7] 提出，虽看似合理，但实际上很多实验数据并未完全符合这个结果：指标 r_1 会随时间和位置而变化，在部分区域会因压力与燃烧同相而激励振荡，而在其他一些区域，会因压力与燃烧异相而抑制不稳定性[45,79]。火焰-声波耦合的总体效应只能通过对方程(8.139) 在空间和时间上积分来预测。先在燃烧器整个体积 V 上积分，可得出

$$\frac{\mathrm{d}}{\mathrm{d}t}\int_V \mathrm{e}_1\mathrm{d}V+\int_A f_1\cdot\boldsymbol{n}\mathrm{d}A=\int_V r_1\mathrm{d}V,\quad 其中,\ f_1=p_1\boldsymbol{u}_1,\quad r_1=\frac{(\gamma-1)}{\gamma p_0}p_1\dot{\omega}_{T1} \tag{8.140}$$

方程(8.140) 中所有项都与时间有关，为预测燃烧不稳定性的增长趋势，还需对方程(8.140) 在时间域上求平均，如果振荡具有简谐形式，可以在一个振荡周期内求平均来完成(符号见表 8.8)：

$$p_1=\Re(p_\omega(t)\mathrm{e}^{-\mathrm{i}\omega t}),\quad \boldsymbol{u}_1=\Re(\boldsymbol{u}_\omega(t)\mathrm{e}^{-\mathrm{i}\omega t}),\quad \dot{\omega}_{T1}=\Re(\dot{w}_\omega(t)\mathrm{e}^{-\mathrm{i}\omega t}) \tag{8.141}$$

式中，$p_\omega(t)$、$\boldsymbol{u}_\omega(t)$和 $\dot{w}_\omega(t)$都是随时间缓慢变化的函数。对于给定脉动频率 ω，这些函数是否随时间增长将决定燃烧器的稳定性。使用 8.2.3 节中介绍的平均法，对方程(8.140) 在一个振荡周期 $\tau=2\pi/\omega$ 内积分后再除以 τ，可以得出

$$\frac{\mathrm{d}}{\mathrm{d}t}\mathcal{E}_1+\mathcal{F}_1=\mathcal{R}_1 \tag{8.142}$$

式中，$\mathcal{E}_1$ 表示整个燃烧器的声能在一个周期内的平均值

$$\mathcal{E}_1=\int_V E\mathrm{d}V,\quad 其中,\ E=\frac{1}{\tau}\int_0^\tau e_1\mathrm{d}t=\frac{1}{4\rho_0c^2}p_\omega p_\omega^*+\frac{1}{4}\rho_0\boldsymbol{u}_\omega\boldsymbol{u}_\omega^* \tag{8.143}$$

离开燃烧器的平均声通量$\mathcal{F}_1$ 为

$$\mathcal{F}_1=\int_A F\cdot\boldsymbol{n}\mathrm{d}A,\quad 其中,\ F=\frac{1}{\tau}\int_0^\tau f_1\mathrm{d}t=\frac{1}{\tau}\int_0^\tau p_1\boldsymbol{u}_1\mathrm{d}t=\frac{1}{2}\Re(p_\omega\boldsymbol{u}_\omega^*) \tag{8.144}$$

平均源项$\mathcal{R}_1$ 为

$$\mathcal{R}_1=\int_V R_\mathrm{r}\mathrm{d}V,\quad 其中,\ R_\mathrm{r}=\frac{1}{\tau}\int_0^\tau r_1\mathrm{d}t=\frac{(\gamma-1)}{\tau\gamma p_0}\int_0^\tau p_1\dot{\omega}_{T1}\mathrm{d}t=\frac{(\gamma-1)}{2\gamma p_0}\Re(p_\omega\dot{w}_\omega^*) \tag{8.145}$$

火焰-声波之间的耦合通过$\mathcal{R}_1$ 来表示：对压力脉动和释热率脉动的乘积 $p_\omega\dot{w}_\omega^*$ 在一个周期内求平均后在体积 V 上求积分，如果得到的值为正时，才能使振荡声能增长。

表 8.8　声能、声通量和源项的定义

能量	通量	源项	特性
e_1	f_1	r_1	局部,瞬时
E	F	R_r	局部,在一个周期内求平均
$\mathcal{E}_1$	$\mathcal{F}_1$	$\mathcal{R}_1$	体积(或表面)平均和周期平均

[1] 对于单步反应，释热率和燃料反应率由 $\dot{\omega}_T=-Q\dot{\omega}_F$ [式(2.17)] 关联，则右边项变成 $r_1=-\frac{(\gamma-1)}{\gamma}\times\frac{p_1}{p_0}Q\dot{\omega}_{F1}$，式中 $\dot{\omega}_{F1}$ 代表燃料反应率脉动。

为表示声能增长率$\mathcal{G}$，假定扰动振幅变化的时间尺度大于声学时间尺度，则p_ω、$\boldsymbol{u}_\omega$ 和 $\dot{w}_\omega$ 函数可以写成

$$p_\omega(t)=P_1 e^{gt}, \quad \boldsymbol{u}_\omega=U_1 e^{gt}, \quad \dot{w}_\omega=W_1 e^{gt} \tag{8.146}$$

其中，$gt\ll 1$。能量守恒方程(8.142) 可以写成

$$\mathcal{G}=(\mathcal{R}_1-\mathcal{F}_1)/(2\mathcal{E}_1) \tag{8.147}$$

增长率$\mathcal{G}$对应于燃烧源项$\mathcal{R}_1$ 和边界处声损耗$\mathcal{F}_1$ 之间的差值。式(8.147) 可以诠释为广义 Rayleigh 判据：如果$\mathcal{G}>0$，则燃烧失稳。因此，不稳定性判据可以表示为（表 8.11）

$$\mathcal{R}_1>\mathcal{F}_1, \quad 其中, \mathcal{R}_1=\frac{(\gamma-1)}{\tau\gamma p_0}\int_V\int_0^\tau p_1\dot{\omega}_{T1}\,dt\,dV, \quad \mathcal{F}_1=\frac{1}{\tau}\int_A\int_0^\tau p_1\boldsymbol{u}_1\,dt\,dA \tag{8.148}$$

该判据比经典 Rayleigh 判据更为复杂，但也考虑了更多的声学效应。一般情况下，理解不稳定性最好的方法是对不稳定燃烧器的 LES 模拟结果进行后处理，通过计算式(8.142) 定义的声能变化来分析燃烧不稳定性，而非局限于这一判据。10.4 节中给出了这类分析的一个示例，包括计算方程(8.142) 中的所有项。

8.3.8 反应流中的能量

(1) 声能与反应流相关吗?

虽然方程(8.142) 是经过严格推导得出，并且能够复现 Rayleigh 判据，也可以通过 LES 模拟结果验证，如 10.4 节所述，但与燃烧稳定性问题的关联性仍受质疑：

① 声能在无反应流［式(8.99)］和反应流［式(8.138)］中的定义相同，这一点很奇怪：从无反应流到反应流，意味着焓或熵会发生变化，因此一个定义合理的反应流能量不仅包含质点速度脉动 $\boldsymbol{u}_1$ 和压力脉动 p_1，还应包含熵变 s_1。

② 在 Rayleigh 判据的推导中，默认燃烧不稳定性会在声能增加时发生，但情况未必如此：由式(8.138) 定义的声能，在无任何化学反应或边界项的非等熵气体中仍可以增长。例如，在一个流动中，假定初始时刻 $\boldsymbol{u}_1$ 和 p_1 均为 0，但由于热点的存在，熵会受到扰动。这个热点将通过热扩散而膨胀，密度也会随之发生变化。因此，流体会开始移动，$\boldsymbol{u}_1$ 将不再是 0，声能也会从 0 开始增长。声能是否有助于判断流动的稳定性呢？在本例中，声能增加时，流动是稳定状态。

以上两点直接引出一个问题：如何在反应流中定义一个合理的“脉动能量”？这一点将在下面给予讨论。

(2) 包含熵变的脉动能量

在以往文献中，很少会处理什么才是衡量反应流脉动的合理变量这一问题。在 Chu[80] 的标志性论文中提出，脉动能量应该是“一个表示脉动平均水平的正变量，在边界处没有传热、边界与体积力做功以及热源和物质源时，应该是时间的单调非增函数”。如上例所示，式(8.138) 定义的声能不能满足这一判据，但另一种形式的能量可以满足，这里称之为“脉动能量”。本节将介绍该能量的推导过程，还提供该能量的非线性形式。为简化推导，假定所有组分均具有相同的摩尔质量和比热容（见 1.2.2 节），忽略分子黏性力（$\tau=0$），但保留热扩散率（$\lambda\neq 0$）。

对动量方程(1.35) 两边同时点乘 $\boldsymbol{u}$，可以得到一个关于$\boldsymbol{u}^2$ 的方程

$$\rho \frac{\mathrm{D}\boldsymbol{u}^2/2}{\mathrm{D}t}+\nabla\cdot(p\boldsymbol{u})=p\nabla\cdot\boldsymbol{u} \tag{8.149}$$

压力方程(1.81) 可用于表示速度散度

$$\frac{\mathrm{D}p}{\mathrm{D}t}=-\gamma p\nabla\cdot\boldsymbol{u}+(\gamma-1)(\dot{\omega}_{\mathrm{T}}+\nabla\cdot(\lambda\boldsymbol{\nabla}T)) \tag{8.150}$$

用式(8.150) 消去方程(8.149) 中的$\nabla\cdot\boldsymbol{u}$，可得到声能方程的非线性形式

$$\rho \frac{\mathrm{D}\boldsymbol{u}^2/2}{\mathrm{D}t}+\frac{1}{\rho c^2}\times\frac{\mathrm{D}p^2/2}{\mathrm{D}t}+\nabla\cdot(p\boldsymbol{u})=\frac{\gamma-1}{\gamma}(\dot{\omega}_{\mathrm{T}}+\nabla\cdot(\lambda\boldsymbol{\nabla}T)) \tag{8.151}$$

方程(8.151) 是一种精确形式，未经过线性化处理。它在平均值附近线性化后为

$$\frac{\partial e_1}{\partial t}+\nabla\cdot(p_1\boldsymbol{u}_1)=\frac{\gamma-1}{\gamma p_0}p_1(\dot{\omega}_{\mathrm{T1}}+\nabla\cdot(\lambda\boldsymbol{\nabla}T_1)) \tag{8.152}$$

该方程包含了热扩散效应，是声能方程(8.139) 的一个简单拓展。为构造一个脉动能量，现在必须定义熵的贡献，从 Gibbs 方程开始

$$T\mathrm{d}s=C_{\mathrm{v}}\mathrm{d}T-\frac{p}{\rho^2}\mathrm{d}\rho=\mathrm{d}e_{\mathrm{s}}-\frac{p}{\rho^2}\mathrm{d}\rho \tag{8.153}$$

使用连续性方程、状态方程 $p=\rho rT$ 和式(1.63)，可得出

$$\frac{\mathrm{D}s}{\mathrm{D}t}=\frac{r}{p}(\dot{\omega}_{\mathrm{T}}+\nabla\cdot(\lambda\boldsymbol{\nabla}T)) \tag{8.154}$$

方程(8.154) 两边同时乘以 ps/rC_{p}，再与方程(8.151) 相加，可直接得到

$$\rho \frac{\mathrm{D}\boldsymbol{u}^2/2}{\mathrm{D}t}+\frac{1}{\rho c^2}\times\frac{\mathrm{D}p^2/2}{\mathrm{D}t}+\frac{p}{rC_{\mathrm{p}}}\times\frac{\mathrm{D}s^2/2}{\mathrm{D}t}+\nabla\cdot(p\boldsymbol{u})=\frac{s+r}{C_{\mathrm{p}}}(\dot{\omega}_{\mathrm{T}}+\nabla\cdot(\lambda\,\boldsymbol{\nabla}T)) \tag{8.155}$$

这个精确方程也可以进行线性化处理，类似于压力和速度，熵也可以分解为平均分量 s_0 和脉动分量 s_1。由于 $\mathrm{D}s_0/\mathrm{D}t=\boldsymbol{u}_1\cdot\boldsymbol{\nabla}s_0$，式(8.154) 可以写为

$$\frac{\mathrm{D}s_1}{\mathrm{D}t}\approx\frac{r}{p}(\dot{\omega}_{\mathrm{T1}}+\nabla\cdot(\lambda\boldsymbol{\nabla}T_1))-\boldsymbol{u}_1\cdot\boldsymbol{\nabla}s_0 \tag{8.156}$$

且

$$\frac{P}{rC_{\mathrm{p}}}\times\frac{\mathrm{D}s^2/2}{\mathrm{D}t}\approx\frac{P_0}{rC_{\mathrm{p}}}\times\frac{\partial s_1^2/2}{\partial t}+\frac{1}{C_{\mathrm{p}}}(\dot{\omega}_{\mathrm{T1}}+\nabla\cdot(\lambda\boldsymbol{\nabla}T_1))+\frac{P_0}{rC_{\mathrm{p}}}s_1\boldsymbol{u}_1\cdot\boldsymbol{\nabla}s_0 \tag{8.157}$$

最后，式(8.155) 的线性化形式为

$$\frac{\partial e_{\mathrm{tot}}}{\partial t}+\nabla\cdot(p_1\boldsymbol{u}_1)=\frac{T_1}{T_0}(\dot{\omega}_{\mathrm{T1}}+\nabla\cdot(\lambda\boldsymbol{\nabla}T_1))-\frac{P_0}{rC_{\mathrm{p}}}s_1\boldsymbol{u}_1\cdot\boldsymbol{\nabla}s_0 \tag{8.158}$$

其中，脉动能量 e_{tot} 由压力脉动、速度脉动和熵脉动组成

$$e_{\mathrm{tot}}=\frac{\rho_0\boldsymbol{u}_1^2}{2}+\frac{1}{\rho_0c_0^2}\times\frac{p_1^2}{2}+\frac{P_0}{rC_{\mathrm{p}}}\times\frac{s_1^2}{2} \tag{8.159}$$

式(8.158) 最初由 Chu[80] 推导出来，但不包含最后一项 $\boldsymbol{\nabla}s_0$。当平均流的熵 s_0 在空间上均匀分布时，$\boldsymbol{\nabla}s_0=0$。方程(8.158) 将声能形式的控制方程(8.139) 推广至考虑熵-声脉动的情形，并且在等熵流中又自然退化成声能形式的控制方程❶。

---

❶ e_{tot} 的另一种表达式：$e_{\mathrm{tot}}=\frac{\rho_0\boldsymbol{u}_1^2}{2}+\frac{c_0^2}{\gamma\rho_0}\times\frac{\rho_1^2}{2}+\frac{\rho_0C_{\mathrm{v}}}{T_0}\times\frac{T_1^2}{2}$。

(3) 从能量方程构造不稳定性判据

到目前为止，出现了两种定义的能量变量形式(表 8.9)，也推导出两个能量方程(表 8.10)，并形成不同的燃烧不稳定性判据，如表 8.11 所示。其中，V 是燃烧器的体积，A 是表面积，τ 是求时间平均时的时间长度，通常是振荡周期的倍数。这两种判据都假定 λ 为 0，并规定燃烧产生的源项大于消耗项。基于声能方程(8.139)得到的稳定性判据是 Rayleigh 判据的一个拓展，而脉动能量方程(8.158)则形成另一种不同判据，这里称为 Chu 判据(表 8.11)。有趣的是，当压力脉动和释热率脉动同相时，Rayleigh 判据预测系统不稳定，而 Chu 判据要求温度脉动和释热率脉动同相时，才能导致不稳定性增长。

表 8.9 声能和脉动能量的定义

声能	$e_1=\frac{\rho_0\boldsymbol{u}_1^2}{2}+\frac{1}{\rho_0c_0^2}\times\frac{p_1^2}{2}$
脉动能量	$e_{\text{tot}}=\frac{\rho_0\boldsymbol{u}_1^2}{2}+\frac{1}{\rho_0c_0^2}\times\frac{p_1^2}{2}+\frac{P_0}{rC_\text{p}}\times\frac{s_1^2}{2}$

表 8.10 声能和脉动能量的守恒方程

声能	$\frac{\partial e_1}{\partial t}+\nabla\cdot(p_1\boldsymbol{u}_1)=\frac{\gamma-1}{\gamma p_0}p_1(\dot{\omega}_{\text{T1}}+\nabla\cdot(\lambda\boldsymbol{\nabla}T_1))$
脉动能量	$\frac{\partial e_{\text{tot}}}{\partial t}+\nabla\cdot(p_1\boldsymbol{u}_1)=\frac{T_1}{T_0}(\dot{\omega}_{\text{T1}}+\nabla\cdot(\lambda\boldsymbol{\nabla}T_1))-\frac{P_0}{rC_\text{p}}s_1\boldsymbol{u}_1\cdot\boldsymbol{\nabla}s_0$

表 8.11 燃烧不稳定性判据总结

经典 Rayleigh 判据	$\int_V\int_0^\tau p_1\dot{\omega}_{\text{T1}}\mathrm{d}t\mathrm{d}V>0$
广义 Rayleigh 判据	$\frac{\gamma-1}{\gamma p_0}\int_V\int_0^\tau p_1\dot{\omega}_{\text{T1}}\mathrm{d}t\mathrm{d}V>\int_A\int_0^\tau p_1\boldsymbol{u}_1\mathrm{d}t\mathrm{d}A$
Chu 判据	$\frac{1}{T_0}\int_V\int_0^\tau\left(T_1\dot{\omega}_{\text{T1}}\mathrm{d}t-\frac{p_0T_0}{rC_\text{p}}s_1\boldsymbol{u}_1\cdot\boldsymbol{\nabla}s_0\right)\mathrm{d}t\mathrm{d}V>\int_A\int_0^\tau p_1\boldsymbol{u}_1\mathrm{d}t\mathrm{d}A$

(4) 在火焰中如何选择能量形式

考虑到使用声波脉动能量会形成不同的不稳定性判据，则下一个问题是决定哪一种能量变量更为合适。通过研究一个区域 Ω 内的声波在无边界通量和燃烧热源时的变化情况，可以解决这一问题。根据 Chu[80] 的定义，一个“合理”的能量形式在上述情形下应该只能减少，且由耗散引起。为清晰起见，在该例子中，假定热扩散率为常数，平均熵 s_0 的梯度可以忽略。从表 8.10 中的方程开始，在整个区域求积分，并将 $\dot{\omega}_{\text{T1}}$ 和所有边界通量均设为 0，可得到以下方程❶

$$\frac{\partial}{\partial t}\int_\Omega e_1\mathrm{d}\Omega=-\lambda\frac{\gamma-1}{\gamma p_0}\int_\Omega\nabla p_1\cdot\nabla T_1\mathrm{d}\Omega \tag{8.160}$$

$$\frac{\partial}{\partial t}\int_\Omega e_{\text{tot}}\mathrm{d}\Omega=-\frac{\lambda}{T_0}\int_\Omega(\nabla T_1)^2\mathrm{d}\Omega \tag{8.161}$$

方程(8.160)和方程(8.161)很好地诠释了 Chu 对“合理能量形式”的理解：对于方程

❶ 扩散项为：$T_1\nabla\cdot(\lambda\boldsymbol{\nabla}T_1)=\lambda\nabla\cdot(T_1\boldsymbol{\nabla}T_1)-\lambda(\nabla T_1)^2$。

(8.160)，如果流动等熵，当压力脉动 p_1 与温度脉动 T_1 同相时，方程右边项总是负值，因此声能 e_1 可以提供一个很好的能量估值；但在其他情形下，方程右边项可能取任意符号，因此能量有可能增加或减少，这就限制了 e_1 形式的声能使用范围。此外，对于方程(8.161)，在所有流动中，即便流体非等熵，右边项也是耗散项，这也表明只有脉动能量 e_{tot} 才应该用于火焰情形。然而，仅知道这一点还不够，根据这个推导过程可知，继 Rayleigh 判据之后，这个领域还有很多工作可以开展。

8.4 燃烧不稳定性

当声波和燃烧强烈耦合时，会出现明显的热声振荡，这个现象被称为燃烧不稳定性。燃烧不稳定性的产生机理有很多种，其中一些仍未可知，目前不存在一个可靠方法在不点火的前提下，能够预测燃烧不稳定性的发生和特征。然而，采用前几节中开发的工具，可以对控制燃烧不稳定性的机制有所了解。

8.4.1 稳定燃烧与不稳定燃烧

表 8.11 中的燃烧不稳定性判据说明，如果燃烧产生的声能增益能够克服声能损耗，则燃烧不稳定性会发生，但这些判据只在线性增长阶段有效[❶]。图 8.32 显示了燃烧器中压力脉动随时间的演化过程，其不稳定性在 $t=0$ 时刻通过某种方式触发，如改变工况参数或使用主动控制装置[81]。系统首先出现线性振荡，如果式(8.147) 中的增长率 $\mathcal{G}$ 为正，则振幅呈指数增长，声能增益 $\mathcal{R}_1$ 大于声能损耗 $\mathcal{F}_1$。但振幅不会持续增长，如果燃烧器未发生爆炸或熄火现象，则会形成极限环，此时非线性效应至关重要。由于周期性振荡的幅值恒定，增长率 $\mathcal{G}$ 必须为 0，这可能是由声能损耗变大（$\mathcal{F}_1$ 增加）或者压力脉动与释热率脉动之间的相变（$\mathcal{R}_1$ 减少）引起。在有些情况下，也会出现一个超调期，其扰动幅值大于极限环幅值[81]，在达到极限环之前，$\mathcal{G}$ 是负值。在极限环出现时，使用 Rayleigh（或 Chu）判据（表 8.11）并不一定能得到有用的信息，因为不稳定性已饱和：通过 Rayleigh 判据可以发现，当极限环出现

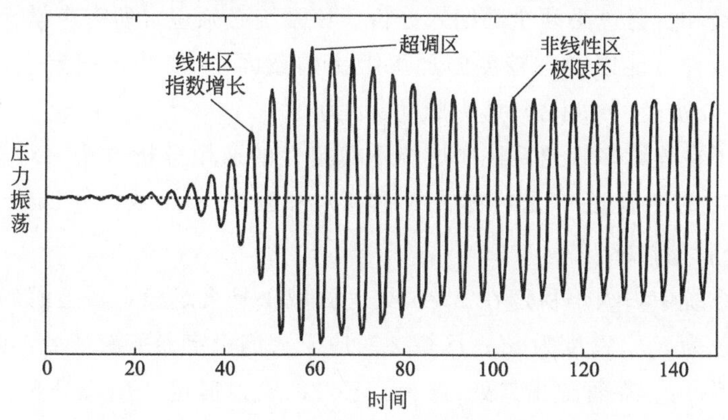

图 8.32　燃烧不稳定性增长至极限环的时域图

❶ 10.4 节表明，线性声能方程在极限环中也是有效的。

时，燃烧器某些区域会激发不稳定性，而其他区域会抑制不稳定性[79]，总体结果尚不明确。最后，Rayleigh 判据是在线性框架中推导出来，将其应用于极限环中容易引起误解。

总之，理解不稳定性的产生机制很有必要，而非仅通过 Rayleigh 判据来关注其表象。初始线性阶段的燃烧不稳定性可通过实验方法来研究，但最合乎逻辑的方法是使用如下所述的理论和数值方法，推导出问题的精确解，而不是像 Rayleigh 判据那样，只考虑一部分。

如果引入传递函数的概念（8.4.3 节），则上一节中的方法可用来预测纵向模态下的火焰稳定性（8.4.2 节）。具体过程可通过 Rijke 管[11-12] 这一例子来说明。Rijke 管是一个非常简单的火焰-声学谐振器（8.4.4 节），在该构型中，通过引入一些附加假设，可以构造一个完整的解析解。这些简单解能够揭示燃烧不稳定性的大部分物理本质，并凸显火焰传递函数的重要性和经典 n-τ 模型的局限性。8.4.5 节将展示如何使用 LES 方法计算火焰传递函数。

8.4.2 纵波和薄火焰的相互作用

如图 8.33 所示，一个薄火焰稳定在双管道构型中属于燃烧不稳定性的一个典型模型。基于一定假设，可得到燃烧稳定性问题的一个完整解析解。该解能阐明实际设备中出现的很多现象，如模态切换、燃烧延迟对稳定性的影响等。

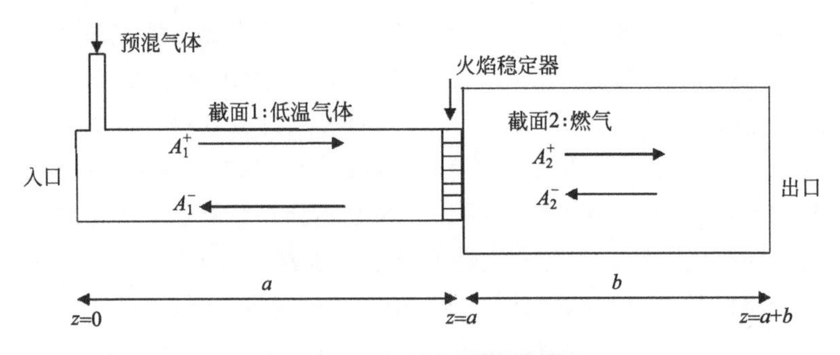

图 8.33 一维预混燃烧器模型

8.3 节中的方法也可以用来求解上述问题。首先必须意识到，与燃烧室相连的所有管道都参与声波的传播和反射，必须全部纳入分析。该系统必须包含所有声学元件，直至可以指定合适的声边界条件（能以合理精度施加声阻抗的截面）。在此，假定入口处速度脉动 u_1 $(z=0)$ 为 0，出口处 $(z=a+b)$ 压力脉动 p_1 为 0。

表 8.7 总结了在连续多管道系统中燃烧不稳定性的通用分析方法。对于如图 8.33 所示的燃烧器，只包含两个管道单元（称为 1 和 2）和五个未知数，即四个波幅 A_1^+、A_1^-、A_2^+、A_2^- 和一个脉动频率 ω。

在这个管道系统中，火焰稳定在 $z=a$ 处。区域 1 是火焰稳定器上游的管道区域，此处气体温度低，声速为 c_1，密度为 ρ_1；区域 2 对应于火焰稳定器下游区域，此处气体温度高，声速为 c_2，密度为 ρ_2。在管道出口处 $(z=a+b)$，压力恒定：$p_1(a+b,t)=0$，则反射系数为 $R_2=-1$。假设管道中的上游末端类似于固壁：$u_1(0,t)=0$，则反射系数 $R_1=+1$。

使用表 8.7 中的符号，该问题涉及两个区域和一个交界面 $(z=a)$。全局矩阵 $\boldsymbol{G}_1$（等于交界面处的传递矩阵 $\boldsymbol{T}_1$）和源项 O_1 为

$$\boldsymbol{G}_1=\boldsymbol{T}_1=\frac{1}{2}\begin{bmatrix}e^{ik_1a}(1+\Gamma_1) & e^{-ik_1a}(1-\Gamma_1)\\ e^{ik_1a}(1-\Gamma_1) & e^{-ik_1a}(1+\Gamma_1)\end{bmatrix},\quad O_1=\frac{1}{2}\times\frac{\rho_2c_2}{S_2}\begin{pmatrix}\dfrac{\gamma-1}{\rho_1c_1^2}\Omega\\ -\dfrac{\gamma-1}{\rho_1c_1^2}\Omega\end{pmatrix} \tag{8.162}$$

其中

$$\Gamma_1=(\rho_2c_2S_1)/(\rho_1c_1S_2) \tag{8.163}$$

基于以下附加边界条件：

$$R_1=A_1^+/A_1^-=1,\quad R_2=e^{2ik_2b}A_2^+/A_2^-=-1 \tag{8.164}$$

一旦确定 Ω 的模型（非稳态燃烧项），便可以求解系统（8.162），得出波幅 A_1^+、A_1^-、A_2^+、A_2^- 和脉动频率 ω。8.4.3 节将给出一个最常用的 Ω 模型，该模型是基于火焰稳定器处的声脉动和非稳态燃烧之间的时间延迟建立的。

8.4.3 火焰传递函数（FTF）

为了使表 8.7 中的系统封闭，还需要一个描述非稳态燃烧响应 Ω 的模型。确定 $\Omega(A_1^+,A_1^-,A_2^+,A_2^-)$ 模型，或者说，火焰传递函数是该问题的关键。目前无任何理论可以确保 Ω 只与这些振幅有关，它也可能与其他机制以更复杂的方式相关，如局部湍流、化学反应影响或存在某些拟序结构。然而，如果假定存在这样一个函数 $\Omega(A_1^+,A_1^-,A_2^+,A_2^-)$，就可以建立一些实用简单的模型，目前，这些模型已成为燃烧不稳定性研究的基础[19,82]。

首先，假设振荡燃烧是由火焰稳定器处的速度脉动 $u_1(z=a,t)$ 在时间延迟 τ 后产生的，具体来说，当火焰稳定器处的速度增加时，假定一个涡旋会在已燃气体中脱落，并在时间 τ 后燃烧。这一设想已得到实验结果[45,83] 支撑，可以通过 $\dot{\Omega}_{T1}$ 和 u_1 之间简单的比例关系式表示为

$$\frac{\gamma-1}{\rho_1c_1^2}\dot{\Omega}_{T1}=S_1nu_1(a,t-\tau) \tag{8.165}$$

其中，n 为相互作用指数，且无单位❶。

假定所有变量都具有简谐形式：

$$\frac{\gamma-1}{\rho_1c_1^2}\dot{\Omega}_{T1}=S_1ne^{i\omega\tau}u_1(a) \tag{8.167}$$

或者，可以表示为关于非稳态燃烧的谐波振幅 Ω 的形式：

$$\frac{\gamma-1}{\rho_1c_1^2}\Omega=\frac{n}{\rho_1c_1}S_1e^{i\omega\tau}(A_1^+e^{ik_1a}-A_1^-e^{-ik_1a}) \tag{8.168}$$

将 Ω 代入式(8.162)，使用燃烧器入口处的边界条件(8.164)，可得出左侧管道中的声

---

❶ 式(8.165) 是 Crocco 模型的早期形式，但很多最新研究都采用另一个指数 N，它不需要引入方程(8.165) 中的缩比参数 $(\gamma-1)/(\rho_1c_1^2)$：

$$\dot{\Omega}_{T1}/\dot{\Omega}_{T0}=Nu_1(a,t-\tau)/u_0(a) \tag{8.166}$$

在实际使用时，指数 N 比 n 更方便。但 n 有一个优点，即它的量级在低频极限中可以确定。当 ω 趋向于 0 时，火焰反应类似稳态：进入火焰的所有燃料都被燃尽，反应率脉动 $\dot{\Omega}_{T1}$ 可以简单表示为 $Q\dot{m}_{F1}$，其中，Q 是反应热，$\dot{m}_{F1}$ 是进入燃烧器的非稳态燃料流量。将 $\dot{m}_{F1}$ 表示为 $S_1\rho_1u_1Y_{F0}$，并将其代入式(8.165)，可以得到 n 的低频极限值：$n=T_2/T_1-1$。

波振幅 A_2^+ 和 A_2^-：

$$A_2^+=(\cos(k_1a)+\mathrm{i}\Gamma_1\sin(k_1a)(1+n\mathrm{e}^{\mathrm{i}\omega\tau}))A_1^+ \tag{8.169}$$

$$A_2^-=(\cos(k_1a)-\mathrm{i}\Gamma_1\sin(k_1a)(1+n\mathrm{e}^{\mathrm{i}\omega\tau}))A_1^+ \tag{8.170}$$

使用式(8.169) 和式(8.170) 可以得到 A_2^+/A_2^-，结合燃烧器出口处的边界条件式(8.164)，即 $\mathrm{e}^{2\mathrm{i}k_2b}A_2^+/A_2^-=-1$，可以得出脉动 ω 的方程

$$\cos(k_1a)\cos(k_2b)-\Gamma_1\sin(k_1a)\sin(k_2b)(1+n\mathrm{e}^{\mathrm{i}\omega\tau})=0 \tag{8.171}$$

式中，$k_1=\omega/c_1$，$k_2=\omega/c_2$，Γ_1 由式(8.163) 定义。

通过求解方程(8.171)，可得到 ω 的实部和虚部。其中，ω 的实部对应于不稳定性的频率，虚部与线性增长率有关。如果虚部为正，则解（写为 $\mathrm{e}^{-i\omega t}$）不稳定，预测燃烧不稳定性将会发生。一般而言，这个问题必须通过数值方法求解。然而，使用一些附加假设来研究一个相对简单的算例，更有利于理解燃烧不稳定性背后的物理机理，如 8.4.4 节所述。

8.4.4 简化后的完整解

如果对一些参数赋予特定值，则可得到方程(8.171) 的完整解。这里假定：$a=b$，$c_1=c_2=c$，$S_1=S_2$，$\rho_1=\rho_2$。算例的构型对应于一个火焰位于长度为 $2a$ 的管道中间位置，产生的温度突变可以忽略不计（图 8.34）。在这种情况下，$\Gamma_1=1$，方程(8.171) 可以化简为

$$\cos(2ka)-\sin^2(ka)n\mathrm{e}^{\mathrm{i}\omega\tau}=0 \quad 或 \quad \cos(2ka)=n\mathrm{e}^{\mathrm{i}\omega\tau}/(2+n\mathrm{e}^{\mathrm{i}\omega\tau}) \tag{8.172}$$

或假设 $n\ll1$

$$\cos(2ka)=0.5n\mathrm{e}^{\mathrm{i}\omega\tau} \tag{8.173}$$

其中，$k=\omega/c$，在未燃气体和已燃气体中相等。

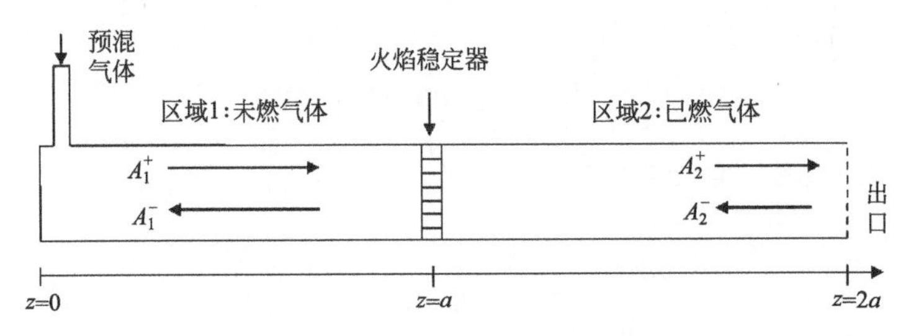

图 8.34 简单 Rijke 管，火焰稳定在一个长为 $2a$ 的管道中间

(1) 1/4 波长声模态

在无燃烧时（$n=0$），一阶谐振频率 $\omega_0=k_0c$ 为实数，虚部等于 0，即 $\Im(\omega_0)=0$，有

$$\cos(2k_0a)=0 \quad 或 \quad k_0a=\pi/4 \tag{8.174}$$

这个模态波长为 $\lambda=2\pi c/\omega_0=8a$，是管道长度的 4 倍，因此被称为 1/4 波长声模态。该模态结构可以通过绘制压力脉动和速度脉动的振幅来可视化。对于这一简单例子，方程(8.162) 的解为

$$A_1^+=A_1^-, \quad A_2^+=-\mathrm{i}A_2^-=(1+\mathrm{i})A_1^+/\sqrt{2} \tag{8.175}$$

且

$$p_1(z,t)=2A_1^+\cos(kz)\mathrm{e}^{-\mathrm{i}\omega t} \quad 或 \quad p_\omega(z)=2A_1^+\cos(kz) \tag{8.176}$$

$$u_1(z,t)=2\mathrm{i}A_1^+\sin(kz)\mathrm{e}^{-\mathrm{i}\omega t}=2A_1^+\sin(kz)\mathrm{e}^{-\mathrm{i}\left(\omega t-\frac{\pi}{2}\right)} \quad 或 \quad u_\omega(z)=2\mathrm{i}A_1^+\sin(kz) \tag{8.177}$$

由于该问题是线性的，振幅 A_1^+ 可以取任意非零值。速度脉动滞后于压力振荡 $\pi/2$，在燃烧器出口（$z=2a$）处达到最大值，对应于速度波腹。在入口处（$z=0$），速度脉动为 0，该位置也称为速度节点。如图 8.35 所示，燃烧器入口处的压力脉动最大，出口处的压力脉动为 0。在无燃烧时，该模态不会被放大($\Im(k_0)=0$)。

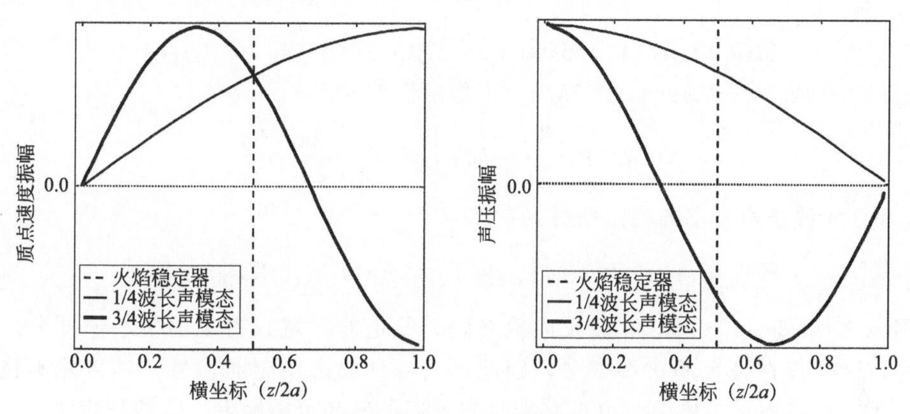

图 8.35　一个简化 Rijke 燃烧器中的声学模态

当燃烧存在时（$n>0$），k 可以展开为 $k=k_0+k'$，使用式(8.173) 可以得出

$$\Re(k')=-n/(4a)\cos(\omega_0\tau), \quad \Im(k')=-n/(4a)\sin(\omega_0\tau) \tag{8.178}$$

当 $\sin(\omega_0\tau)$ 为负值时，则 $\Im(k')>0$，系统不稳定。原先频率为 k_0 的声脉动会被火焰放大，导致燃烧不稳定，真实频率也略微偏离 $\Re(k')$。因此，不稳定性判据为

$$\sin(\omega_0\tau)<0 \quad 或 \quad -\pi+2M\pi<\omega_0\tau<2M\pi \tag{8.179}$$

其中，M 是整数。式(8.179) 也可以另写为

$$(M-1/2)T_0<\tau<MT_0, \quad T_0=\frac{2\pi}{\omega_0}=\frac{8a}{c} \tag{8.180}$$

结果表明，如果释热率脉动与入口速度脉动之间的时间延迟大于 1/2 的声模态周期 T_0，则给定声模态会因燃烧而变得不稳定。另外，当时间延迟等于 0 或比较小时（小于 $T_0/2$），火焰稳定，这说明减小时间延迟是控制燃烧不稳定性的一个可行策略。

在 8.3 节中推导的 Rayleigh 判据，可通过火焰稳定器处压力脉动 $p_1(z=a)$ 与释热率脉动$\dot{\Omega}_{T1}$ 的相位差 ϕ 来复现，其中，速度脉动可由式(8.177) 表示，则 $p_1(x=a,t)=\sqrt{2}A_1^+\mathrm{e}^{-i\omega t}$，$\dot{\Omega}_{T1}=\dfrac{\rho_1 c_1^2}{\gamma-1}n\mathrm{e}^{\mathrm{i}\omega\tau}S_1u_1(a)=\dfrac{\sqrt{2}A_1^+S_1c_1}{\gamma-1}n\mathrm{e}^{-\mathrm{i}\left(\omega t-\omega\tau-\frac{\pi}{2}\right)}p_1(x=a,t)$，声压 p_1 与 $\dot{\Omega}_{T1}$ 的相位差为

$$\phi=\omega\tau+\pi/2 \tag{8.181}$$

根据 Rayleigh 判据，如果压力脉动与释热率脉动的相位差 ϕ 为 $-\pi/2\sim\pi/2$（周期为 2π），则不稳定性被放大：

$$-\pi+2M\pi<\omega\tau<2M\pi \quad 或 \quad -T_0/2+MT_0<\tau<MT_0 \tag{8.182}$$

这与上面得到的结论一致。在这个简单例子中，燃烧过程集中在火焰稳定器附近的小区域，因此 Rayleigh 判据得到的结果相当于针对一个完整模型。在一些复杂情形下，需谨慎使用 Rayleigh 判据。

(2) 3/4 波长声模态和模态切换

1/4 波长声模态并非管道中的唯一声模态，另一个重要的模态是 3/4 波长声模态，其波数 k_1 可以表示为

$$\cos(2k_1 a)=0 \quad 或 \quad k_1 a=3\pi/4 \tag{8.183}$$

声模态波长为 $\lambda=2\pi c/\omega_1=8a/3$。这种声模态也称为 3/4 波长声模态，如图 8.35 所示。类似于 1/4 波长声模态，3/4 波长声模态的振荡频率 k 也可以展开为 $k=k_1+k'$。使用式(8.173)，则

$$\Re(k')=n/(4a)\cos(\omega_1\tau), \quad \Im(k')=n/(4a)\sin(\omega_1\tau) \tag{8.184}$$

当 $\sin(\omega_1\tau)>0$ 或 $2M\pi<\omega_1\tau<\pi+2M\pi$，不稳定性被放大：

$$MT_1<\tau<\frac{T_1}{2}+MT_1, \quad T_1=\frac{2\pi}{\omega_1}=\frac{8a}{3c} \tag{8.185}$$

1/4 和 3/4 波长声模态的稳定条件为

$$MT_0<\tau<T_0/2+MT_0, \quad T_1/2+MT_1<\tau<T_1+MT_1 \tag{8.186}$$

从图 8.36 可知，1/4 和 3/4 波长声模态同时稳定的区域只占 τ 的很小一部分。两种模态的不稳定区间存在很大的重叠部分，因此，当一种模态稳定时，另一种可能不稳定。例如，为使 1/4 波长声模态稳定，可以减少时间延迟，但却可能触发 3/4 波长声模态。两种声模态可以在 $T_0/6<\tau<T_0/3$ 区域内同时稳定，但高阶模态（如 5/4 波长声模态）在该区域可能会被放大，这种现象称为模态切换。当系统工况改变时，燃烧器中通常可以观察到脉动频率的不连续变化：当改变 n 和 τ 的取值时，可能会导致一种模态消失，另一种不同频率的模态会立刻取代它。在预测哪一种模态会被放大时，不仅需要考虑更多的非线性影响来评估高阶声模态的耗散，还需考虑相互作用指数 n 的影响以及管道内部和末端处的声能耗，这会导致形式更加复杂。虽然这是在简化算例中得到的分析结果，但却是实际装置中燃烧不稳定性的典型表现。

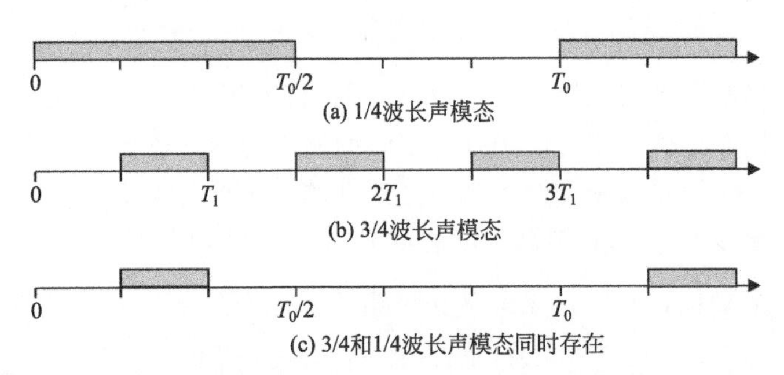

图 8.36　管道前两阶模态（1/4 波长和 3/4 波长）的稳定区域和重叠区域

横坐标为火焰稳定器处速度脉动 $u_1(a)$ 与释热率脉动 $\dot{\Omega}_{T1}$ 间的时间延迟 τ [式(8.165)]

① 燃烧器（包含供应管路）中存在一些声模态，在无燃烧时声能恒定，但有燃烧时会被放大。这些模态频率通常与纯声学模态频率略有不同，但可以通过一些简单的声学计算，对不稳定频率给出很好的预测[45]。

② 很难判断哪一种声模态会被燃烧放大，这与相互作用指数 n、时间延迟 τ 和声能损耗有关。

③ 流体力学中的所有复杂性都包含在流动和燃烧之间的传递函数概念中。该传递函数

由相互作用指数 n 和时间延迟 τ 来表征。如何确定这两个变量仍是一个未解之题。下一节将针对该问题给予讨论。

8.4.5 燃烧不稳定性中的涡流

使用上述声学工具预测燃烧不稳定性时，获取火焰传递函数的信息至关重要。为此，基于方程(8.165)，有必要确定火焰对入口边界处的脉动响应。通常情况下，燃烧器入口流量脉动会引起总反应率脉动，其相互作用指数为 n，时间延迟为 τ。研究燃烧不稳定性的真正难点在于确定哪一种机制会控制 n 和 τ，以及如何去预测这些机制[84]。目前已提出很多关于预混燃烧器中火焰响应的解析模型和数值模型❶，包括基于薄火焰近似的解析模型或半解析模型[25,85-88]、数值技术[28,59,89-90] 或如 8.5 节所述的 LES 方法[91]。

控制火焰传递函数的一个基本机制是涡的生成和一段时间延迟之后的燃烧。燃烧室中涡的生成被认为是火焰-声波耦合的主要来源之一。在 Reynst[18] 的早期研究中，会将“旋转”运动视为燃烧不稳定性的一个基本来源（图 8.37)。这些涡旋由不同机制产生：

① 剪切区的流体动力学不稳定性；

② 强烈的声振。

此外，流体动力学模态和声模态也可以发生耦合[92]，并产生受流动和声波共同激励的涡流。

如图 8.37 所示，假如一个涡旋在燃烧室中生成，它可以困住一些未燃气体，随后与燃烧产物进行对流混合，而当这些未燃气体燃烧时，会产生释热率脉动。该情景与 8.4.4 节中燃烧不稳定性的时间延迟描述一致。8.5 节将在燃烧不稳定性框架中，讨论流体动力学模态和声波产生涡的机制。

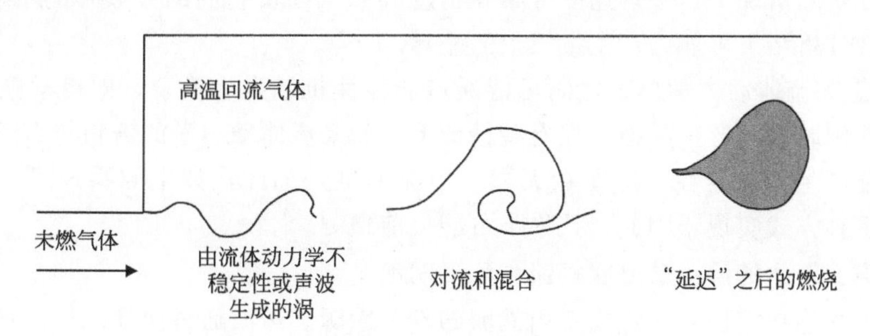

图 8.37　涡旋燃烧过程中存在的时间延迟

需要注意的是，在燃烧振荡过程中形成的涡都有一个独立于其产生原因的重要特征（无论涡是由流动或声波或二者同时引起的)，即它们会彻底改变流场结构：在燃烧不稳定性期间，不能将流动视为稳定状态附近的“小扰动”。燃烧会出现一种完全不同且本质上非稳态的模式，如果仅考虑稳定流动及其附近的扰动，则很难对其进行预测。由于线性模型基本上都会假定平均流附近的扰动很小，但在很多燃烧不稳定性模态中，这一点显然不合理，因此，在燃烧不稳定性中使用线性模型，可靠性欠佳。

❶ 对于非预混火焰，最重要的失稳机制来自反应物当量比的调制[93-95]：在入口流中（燃料或氧化剂供应管路中）引入扰动，容易生成一些涡，也会产生一些富燃微团和贫燃微团进入燃烧器。当量比的变化也可能是燃烧振荡的一个源项，在此不作讨论。

(1) 流体动力学不稳定性引起的涡

在燃烧振荡中观察到的涡可能有多种来源，流体动力学不稳定性就是其中一种可能性[92,96-97]，它与流体的速度分布有关，不稳定性可能出现并增长，最终导致大结构涡生成。最不稳定的模态可能具有二维或三维结构：它们会控制下游的流动结构［典型结构为卷筒涡（二维）或流向涡（三维）］。如果与不稳定模态的波长相比，平均流分布可以假定为常数（平行流假设），那么这些涡结构的频率可以通过线性稳定性分析得到。对于密度恒定流，线性稳定性分析的一个典型结果是斯特劳哈尔数 St 与最可能被放大的模态频率 f_h 相关：

$$St=\frac{f_h\theta}{U_1-U_2}=0.031 \tag{8.187}$$

式中，θ 是动量边界层厚度[92,98]，U_1-U_2 是两股流动之间的速度差。在燃烧不稳定性中，使用线性稳定性分析会遇到很多问题，例如：

① 不同于声模态具有离散的谐振频率，流体动力学不稳定性会发生在很宽的频率范围内，并且涡的合并也会改变频率[92]，从而使流体动力学不稳定性的模态识别更棘手。

② 在流体动力学稳定性分析中，输入数据是速度和密度的平均分布。然而，并未明确提到是在燃烧室中哪个位置提取这些数据分布，而位置选取会影响到最终结果。如果平均分布快速变化，则很难进行线性分析，因为难以确定平均分布的位置。当然，也可以采用复杂分析方法，但会使问题更复杂。

③ 密度梯度会对剪切流的稳定性产生显著影响[97]。该影响在高速可压缩流中已有研究[99]，然而在反应流中研究很少。在反应流中，通过火焰前锋处的密度梯度很大，这会明显改变线性稳定性的特性[100-101]。与具有相同速度梯度但无密度梯度的情形相比，主模态频率不同。在实际情况下，平均速度分布和密度分布（以及它们的导数）的不确定性很大，以至于稳定性分析结果可能会产生量级上的差异。

④ 声模态和流体动力学模态之间可能通过非线性机制发生耦合，即声学频率和流体动力学频率不匹配时也会产生共振。在有些情形下，如果流体动力学的倍频与声学频率[73]相等时，也可能产生不稳定性，即便在无燃烧情况下也是如此，如空腔噪声[102-106]。这种耦合可以通过多种方式实现，因此，几乎不可能提前预测。

(2) 由声波产生的涡：蘑菇状涡流和环形涡流

流体动力学不稳定性并非燃烧室内涡流的唯一来源。声波通过诱导入口流量发生高幅变化，也可能在入口射流中产生涡流，其机理类似于脉冲启动流中涡的生成[45,107-108]。这些涡仅在入口速度振荡振幅足够大时才会出现，即燃烧不稳定性较强时。它们的形状为蘑菇状（二维射流）或环状（圆形射流）。

举例说明，图 8.38 是湍流燃烧研究常用的矩形燃烧装置[45]。当燃烧室稳定时，可以观察到一个典型的由回流区气体稳定的湍流射流火焰。图 8.39(a) 显示了火焰稳定模式下的纹影图，可以看出，并未出现大尺度涡结构。在当量比改变后，火焰在不同频率下均表现出很强的不稳定性。对于最不稳定的模式(530 Hz)，图 8.39(b) 显示出一个很大的蘑菇状涡结构。该涡结构能使燃烧效率提高 50%（火焰长度明显变短），但也会明显降低燃烧室的寿命。在此模式下的火焰也存在流体动力学不稳定性，但其影响主要由燃烧器入口处 530 Hz 的高幅速度波动引起的涡流所决定。

对于图 8.39 所示的不稳定模式，图 8.40 给出了狭缝中的速度和从图 8.38 的石英窗中

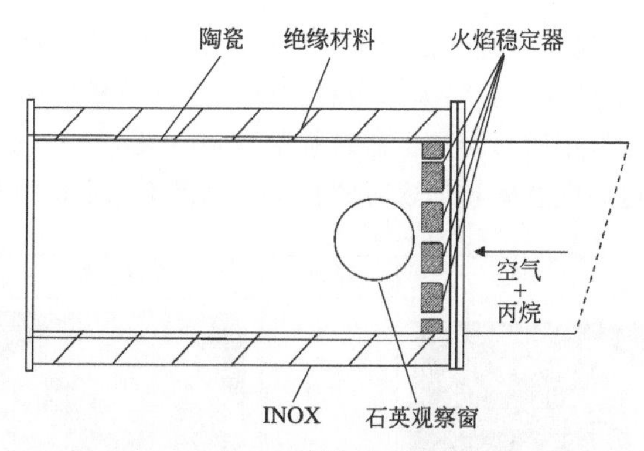

图 8.38 Poinsot 等[45] 使用的实验燃烧器

丙烷-空气预混湍流火焰稳定在一个钝体燃烧器中（经剑桥大学出版社许可）

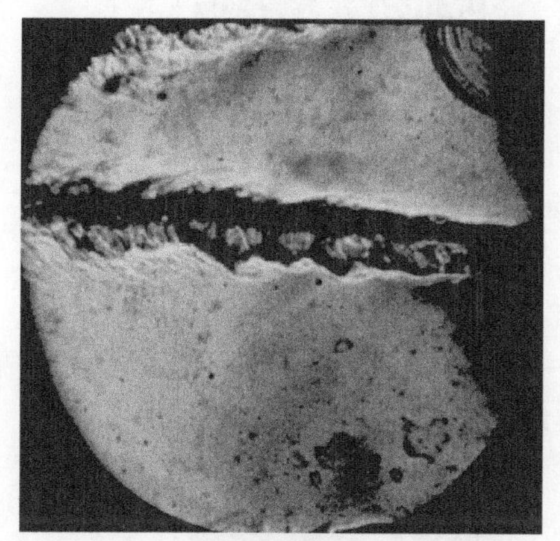

(a) 稳定模式
$\dot{m}_{air}$=87 g/s，ϕ=0.72

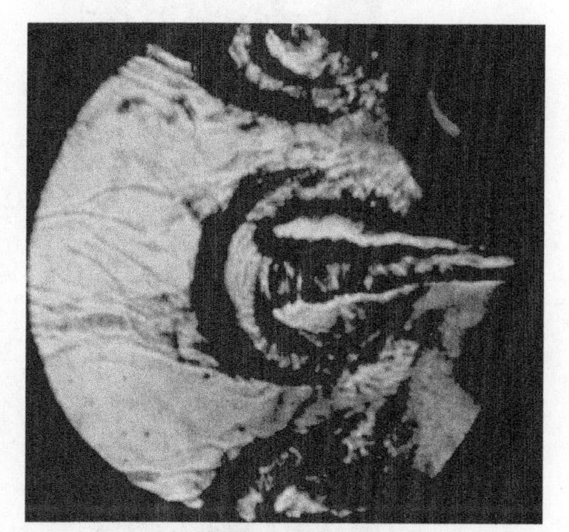

(b) 不稳定模式，530 Hz
$\dot{m}_{air}$=73 g/s，ϕ=0.92

图 8.39 在图 8.38 的钝体预混燃烧器中，燃烧稳定状态和不稳定状态的对比

图为透过图 8.38 的石英窗口观察到的中部射流纹影视图。流动方向从右向左[45]

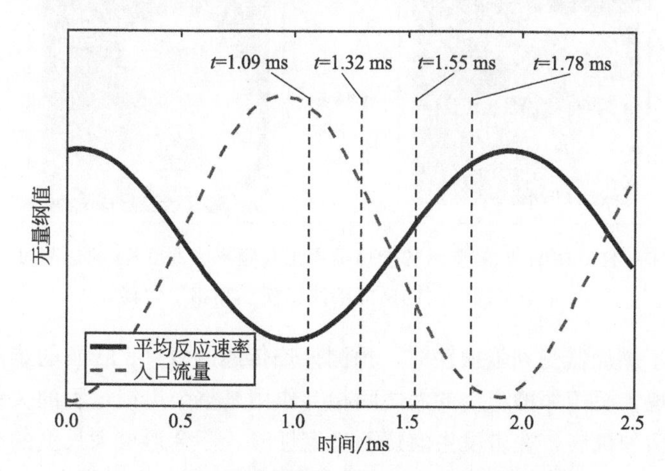

图 8.40 入口流量和相位平均反应率随时间的变化

通过图 8.38 的石英窗口观察到的不稳定模式[45]：当量比为 0.92，空气流量为 73 g/s

得到的相位平均反应率的演化过程，并且图 8.41 也显示了一个周期内 4 个不同时刻的火焰纹影视图和相位平均反应率场（OH 自由基的化学发光）。

由图 8.41 可以看出，涡流在进气槽中最大加速度时刻形成（图 8.41 所示的 $t=1.09\,\mathrm{ms}$ 之前）。速度突增期间生成的涡流会将火焰包裹起来，并将未燃气体困在涡流中。当这些涡与相邻狭缝流出的涡相互作用时，会产生非常强的湍流（在 $t=1.55\,\mathrm{ms}$ 和 $1.78\,\mathrm{ms}$），进而导致燃烧率脉动很大。这些燃烧率和形成时的相位是维持不稳定性所需的声能源项。

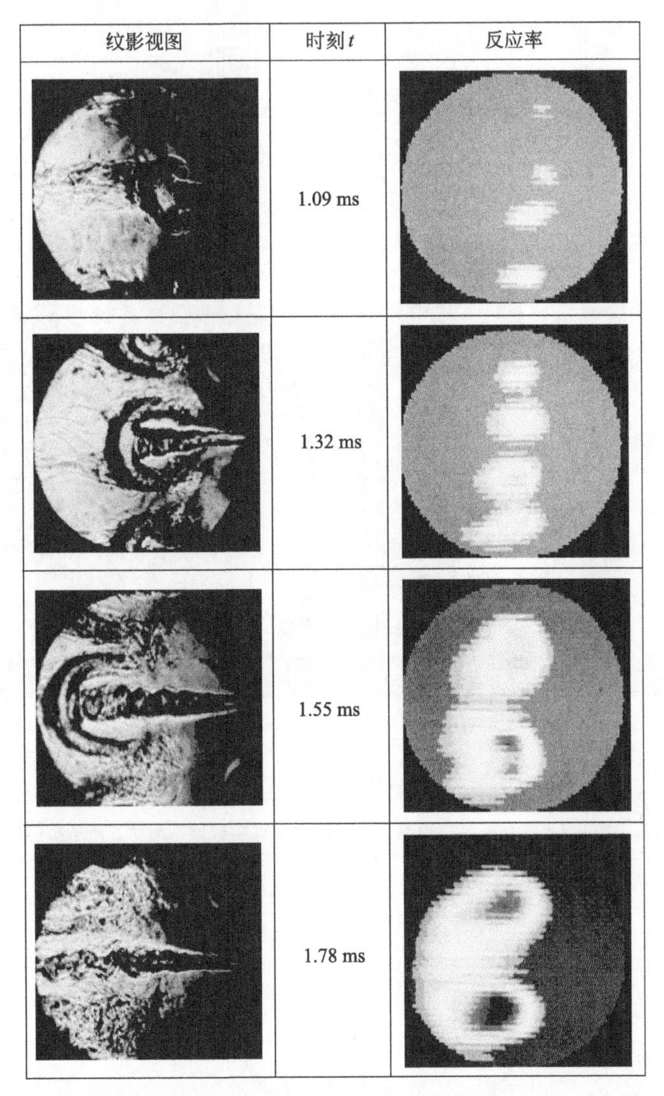

图 8.41　在图 8.38 所示的燃烧器中出现频率为 530 Hz 的振荡时，4 个不同时刻的反应率纹影视图和相平均场

这个例子阐明了燃烧器受到强振荡时，预测火焰传递函数（FTF）的难点所在：蘑菇状涡只在剧烈振荡时出现，而相邻槽产生的涡之间相互作用是整个反馈过程的关键参数。线性稳定性分析无法预测这两种机制：在未发生燃烧不稳定性时，不会形成大尺度的涡结构。解决这个问题的唯一方法是使用大涡模拟（LES）方法。该方法自 20 世纪 90 年代以来一直是燃烧不稳定性的研究工具，本书将在 8.5 节对其进行详细讨论。事实上，FTF 不仅与振荡频率有关，还与振荡的幅值有关，这一点必须包含在声学模型中[109-110]，但这也会使问题更加复杂。

8.5 燃烧不稳定性的大涡模拟

研究燃烧不稳定性的一个核心难点在于燃烧不稳定性产生的涡结构通常不会出现在稳定模式下。因此，在这些涡实际出现之前，很难预测其形状、频率和影响。提高预测燃烧不稳定性的能力，需要能够计算反应流中大尺度涡的数值方法，LES 就是这样一种方法，本节将对此进行讨论。

8.5.1 概述

在第 4～6 章中介绍的大涡模拟（LES）已成为研究燃烧不稳定性的标准数值方法[111-113]，因为 LES 本质上是非稳态的，它满足预测燃烧不稳定性的必要条件，RANS 代码就不适用于这类问题；另外，实验表明，燃烧不稳定性由大尺度涡结构（图 8.30）主导，而 LES 对于这类尺度的研究优于对“稳定”湍流燃烧的研究，因为后者必须求解更大尺度范围的涡来表征湍流-化学反应的相互作用。尽管具备这些优点，将 LES 用于燃烧不稳定性之前，还必须解决以下问题：

① LES 模型必须同时适用于流动和流动-化学反应的相互作用。在很多发动机中，需要处理复杂的燃料和燃烧方式(部分预混、两相流)。

② 流动与燃烧模型必须植入能够处理真实燃烧器复杂几何形状的 CFD 程序中，这通常意味着需使用非结构化网格或混合网格[114]，以及不能使用仅限于简单几何构型的构造模型[115]（如在某一空间维度求平均）。

③ 在 LES 程序中定义的边界条件必须能够正确处理声波边界，即必须具备模拟入口处和出口处各种声阻抗的能力（见第 9 章）。湍流也必须在入口处注入[116-117]。

④ 在未来很长一段时间内，将 LES 用于计算完整的燃烧器（如包含压缩机和涡轮）仍过于昂贵[118-120]。LES 只能用于模拟燃烧室，并在上下游与其他简单工具相结合，这些工具通常是关于波传播的一维代码或者用于涡轮计算的（U）RANS 代码。

本节重点讨论这个新领域的理论背景和基础问题。自 20 世纪 90 年代，大涡模拟才开始用来研究这类问题，其潜力已被证实，但迄今为止，相关的完整研究还很少，第 10 章将介绍大涡模拟最新进展的几个算例。

8.5.2 LES 研究燃烧不稳定性时常用的策略

为理解使用 LES 研究燃烧不稳定性时所用的各种策略，必须首先回顾 Ho 和 Huerre[92] 定义的流动放大器（或对流式不稳定流动）和流动谐振器（或绝对不稳定流动）的差异。在流动放大器中［图 8.42(a)］，在 $t=t_0$ 时刻的流场中任意局部扰动都会向下游传播，在一段时间之后最终被冲走。在谐振器中［图 8.42(b)］，在 $t=t_0$ 时刻的扰动会沿不同方向传播，并且不会被耗散掉：如果边界条件未抑制这些扰动，就会产生自激振荡机制。只有扰动可以向下游和上游同时传播时，流动系统才是一个谐振器。向上游传播既可以由声波（如果流动为亚声速）产生，也可以由回流区的流体自身产生。显然，燃烧器是一个很好的谐振器，因为：①流动为亚声速流，并且在受限空间内声阻尼很小；②绝大多数燃烧器都会采用回流区来稳定火焰。

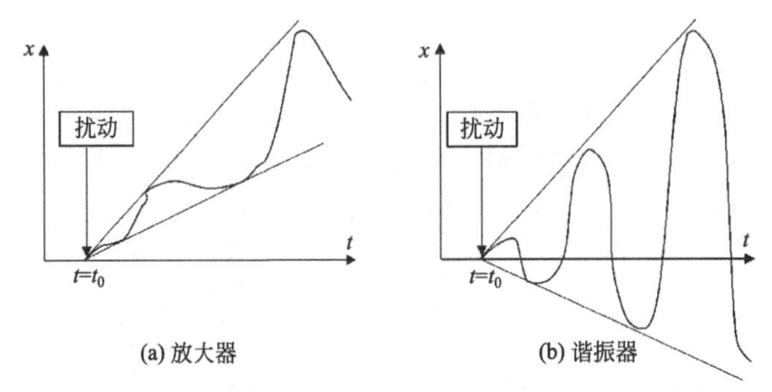

图 8.42 放大器和谐振器对 $t=t_0$ 时刻扰动的响应[92]

扰动在放大器中会被平均流耗散掉，而在谐振器中则向上游和下游传播，从而导致谐振

关于燃烧不稳定性的控制机制（声、涡和非稳态燃烧之间的耦合）超出了 RANS 代码的能力，但可以使用自 2005 年以来快速发展的 LES 大涡模拟方法来研究，目前有两种主要途径：

① 受迫响应（放大器）。如果产生燃烧不稳定性的反馈回路被抑制［图 8.43(a)］，流动会变得稳定。为了测量燃烧不稳定性的传递函数，可以在受迫控制模式下激发这些模态。此过程通常被称为“系统识别”。

② 自激模态（谐振器）。如果反馈回路（尤其是声波）未被抑制［图 8.43(b)］，流体可能出现自激共振。由于流体是由自身的不稳定性模态控制，因此不能用放大器来研究，也不能施加外部激励。

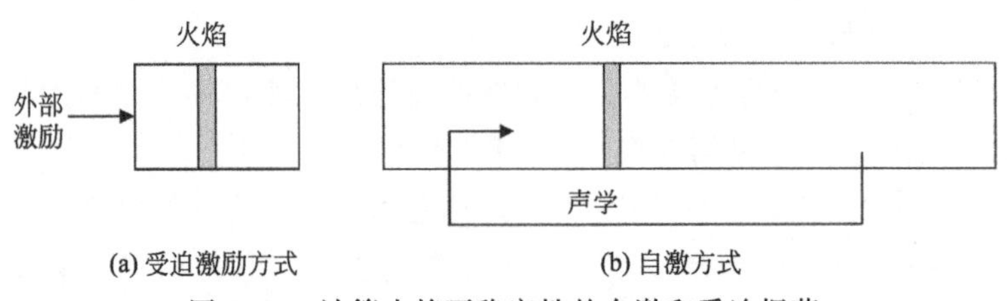

图 8.43 计算火焰不稳定性的自激和受迫振荡

(1) 受迫模式与系统识别：火焰传递函数

如 8.4.3 节所述，在线性稳定模型中，火焰传递函数表征的是释热率脉动和入口速度脉动之间的关系，可通过外部激励来建立，也就是给燃烧器施加外部激励并测量流量脉动和反应率脉动之间的时间延迟[109,121]。使用外部激励的一个先决条件是在一个相对“稳定”的基准模式下施加外部扰动。实验中常会从燃烧室中取出火焰，让其在自由空间中燃烧，从而抑制大部分声学耦合模态。然而，在数值计算中，不宜使用此方法，因为实现“自由空间”比指定边界条件要求更高。对此，可以使用无反射边界条件（见 9.4.2 节、9.4.3 节和 9.4.4 节），并将计算域限制在最小尺寸（通常是燃烧室本身），避免“调谐”可能出现的共振频率，使燃烧器保持稳定。即便在这种情况下，在可压缩模拟中指定边界条件也很困难，甚至对于层流火焰，也可能得到错误的共振模态[122-123]❶。

❶ 火焰受到入口处注入的声波激励[56,122]。

如 8.4.4 节所述，燃烧器可以分解成由很多声学单元组成的系统，对应的声模型可用来预测燃烧器的行为。由外部激励得到的信息只是声模型的一个组成部分，燃烧室也可以视为其中一个声学单元，通过 LES 方法可以计算它的传递函数。因此，燃烧振荡模态的出现和特征可由声学算法确定（通常是如 8.3 节中所述的一维算法）。

受迫模式的计算速度会很快，因为计算域相对更小，获得受迫响应所需的时间周期较短。但该方法无法预测横向声模态，因为该模态是在燃烧室内产生。关于火焰受外部纵向激励时响应的 LES 计算结果将在 10.3.4 节举例给出。

(2) 自激模态："自激励"方法

第二种方法是使用 LES 将整个燃烧器的几何结构作为谐振器来计算，包括入口和出口，计算域覆盖上游和下游足够远处，直至可以设置明确的声学边界条件：LES 程序能够计算出与实验完全相同的自激模态（极限环），并提供正确的频率和振幅。由于 LES 无需线性假设，因此也可以捕捉到模态耦合以及极限环中的饱和过程。

自激模态的数值计算与实验方法具有相似的优点，即任意模态一经放大，便能被捕捉到。例如，横向模态自然被捕捉到。然而，由于计算域很大，自激模态可能需要较长的计算时间，极限环需要计算很多周期后才能达到收敛状态。此外，很多燃烧器会出现迟滞现象，从稳态到非稳态的过渡时间也可能比较长。在实验中常会看到燃烧器在达到稳定且可重复的极限环之前，必须等待几分钟。计算这种过渡需要数千个周期，目前计算机通常无法实现。10.4 节的例子显示了自激模态的典型 LES 结果，可计算 50 个周期。2010 年以来的典型 CPU 资源可用于计算上百个不稳定周期，但仍然很难计算数千个周期。

这种计算在很大程度上依赖于所有子模型的精度和边界条件，如果存在一个边界条件未准确指定，就可能无法得到极限环或者得到一个错误的极限环。考虑到 LES 的高成本，边界条件处理成为一个主要问题：例如在燃气轮机中，燃烧室上游和下游的声阻抗由压缩机和涡轮分别控制，但通常情况下，这些声阻抗未知且很复杂，因此，开展自激模态的 LES 计算风险比较大。此外，这些声阻抗可能存在非零虚部，需要持续追踪离开计算域的波以便稍后将其再次注入，这意味着在 LES 中无法将时间延迟轻易包含进来。尽管如此，关于燃气轮机燃烧室（包括所有组件）中自激模态的 LES 结果[54,56,124] 已于 2010 年开始出现。

另一个难点是自激模态可能与初始条件有关。有些燃烧器为非线性不稳定，必须加入初始脉动才能触发振荡。从数值上，很难确定哪种初始条件才能准确测试燃烧器的稳定性，这需要大量的算例。

从以往的文献中可以找到自激模态[90,125-126] 和受迫模式[91,127-128] 的成功算例，也表明这两种策略均有效。然而，根据燃烧器的具体几何形状，存在一种方法会优于另一种的情况。10.3.5 节给出了使用 LES 计算高频自激模态的算例，10.4 节则给出了针对低频模态的算例。

参考文献

[1] W. Strahle. Combustion noise. *Prog. Energy Comb. Sci.*, 4: 157-176, 1978.

[2] A. A. Putnam and L. Faulkner. An overview of combustion noise. *J. Energy*, 7 (6): 458-469, 1983.

[3] W. Strahle. A more modern theory of combustion noise. In C. Casci and C. Bruno, editors, *Recent Advances in the Aerospace Sciences*, pages 103-114. Plenum Press, New York, 1985.

[4] S. Candel, D. Durox, S. Ducruix, A. L. Birbaud, N. Noiray, and T. Schuller. Flame dynamics and combustion noise: progress and challenges. *Int. J. Aero acoustics*, 8: 1-56, 2009.

[5] M. Ihme, H. Pitsch, and H. Bodony. Radiation of noise in turbulent flames. *Proc. Combust. Inst.*, 32: 1545-1554, 2009.

[6] M. Leyko, F. Nicoud, and T. Poinsot. Comparison of direct and indirect combustion noise mechanisms in a model

combustor. *AIAA Journal*, 47 (11): 2709-2716, 2009.
[7] L. Rayleigh. The explanation of certain acoustic phenomena. *Nature*, July 18: 319-321, 1878.
[8] A. A. Putnam. *Combustion driven oscillations in industry*. American Elsevier, J. M. Beer editor, Fuel and Energy Science Series, 1971.
[9] F. A. Williams. *Combustion Theory*. Benjamin Cummings, Menlo Park, CA, 1985.
[10] F. E. C. Culick and P. Kuentzmann. Unsteady Motions in Combustion Chambers for Propulsion Systems. NATO Research and Technology Organization, 2006.
[11] P. L. Rijke. Notice of a new method of causing a vibration of the air contained in a tube open at both ends. *Phil. Mag.*, 17: 419-422, 1859.
[12] P. L. Rijke. Notiz uber eine neue art, die in einer an beiden enden offenen rohre enthaltene luft in schwingungen zu ersetzen. *Annalen der Physik*, 107: 339, 1859.
[13] J. P. Moeck, M. Oevermann, R. Klein, C. Paschereit, and H. Schmidt. A two-way coupling for modeling thermoacoustic instabilities in a flat flame rijke tube. *Proc. Combust. Inst.*, 32: 1199-1207, 2009.
[14] J. P. Moeck, M. Paul, and C. Paschereit. Thermoacoustic instabilities in an annular flat rijko tube. In *ASME Turbo Expo 2010 GT2010-23577*, 2010.
[15] J. E. Dec and J. O. Keller. Pulse combustor tail-pipe heat-transfer dependence on frequency, amplitude, and mean flow rate. *Combust. Flame*, 77 (3-4): 359-374, 1989.
[16] J. E. Dec and J. O. Keller. Time-resolved gas temperatures in the oscillating turbulent flow of a pulse combustor tail pipe. *Combust. Flame*, 80 (3-4): 358-370, 1990.
[17] J. O. Keller, T. T. Bramlette, P. K. Barr, and J. R. Alvarez. NOx and CO emissions from a pulse combustor operating in a lean premixed mode. *Combust. Flame*, 99 (3-4): 460-466, 1994.
[18] F. H. Reynst. *Pulsating combustion*: edited by M. Thring. Pergamon press, New-York, 1961.
[19] L. Crocco. Aspects of combustion instability in liquid propellant rocket motors. Part I. *J. American Rocket Society*, 21: 163-178, 1951.
[20] E. W. Price. Recent advances in solid propellant combustion instability. In *12th Symp. (Int.) on Combustion*, pages 101-113. The Combustion Institute, Pittsburgh, 1969.
[21] M. Barrere and F. A. Williams. Comparison of combustion instabilities found in various types of combustion chambers. *Proc. Combust. Inst.*, 12: 169-181, 1968.
[22] D. J. Harrje and F. H. Reardon. Liquid propellant rocket instability. Technical Report Report SP-194, NASA, 1972.
[23] B. D. Mugridge. Combustion driven oscillations. *J. Sound Vib.*, 70: 437 452, 1980.
[24] V. Yang and F. E. C. Culick. Analysis of low-frequency combustion instabilities in a laboratory ramjet combustor. *Combust. Sci. Tech.*, 45: 1-25, 1986.
[25] D. G. Crighton, A. P. Dowling, J. E. Ffowcs Williams, M. Heckl, and F. Leppington. *Modern methods in analytical acoustics*. Lecture Notes. Springer Verlag, New York, 1992.
[26] S. Candel, C. Huynh, and T. Poinsot. Some modeling methods of combustion instabilities. In *Unsteady combustion*, pages 83-112. Nato ASI Series, Kluwer Academic Publishers, Dordrecht, 1996.
[27] A. P. Dowling. The calculation of thermoacoustic oscillations. *J. Sound Vib.*, 180 (4): 557-581, 1995.
[28] C. Martin, L. Benoit, Y. Sommerer, F. Nicoud, and T. Poinsot. LES and acoustic analysis of combustion instability in a staged turbulent swirled combustor. *AIAA Journal*, 44 (4): 741-750, 2006.
[29] A. S. Morgans and S. R. Stow. Model-based control of combustion instabilities in annular combustors. *Combust. Flame*, 150 (4): 380-399, 2007.
[30] T. Lieuwen and V. Yang. Combustion instabilities in gas turbine engines, operational experience, fundamental mechanisms and modeling. In *AIAA Prog*, *in Astronautics and Aeronautics*, volume 210, 2005.
[31] L. Landau and E. Lifchitz. *Fluid Mechanics. Vol. 6 (2nd ed.)*. Butterworth-Heinemann, 1987.
[32] P. M. Morse and K. U. Ingard. *Theoretical acoustics*, volume 332. Princeton University Press, 1968.
[33] A. D. Pierce. *Acoustics: an introduction to its physical principles and applications*. McGraw Hill, New York, 1981.
[34] L. E. Kinsler, A. R. Frey, A. B. Coppens, and J. V. Sanders. *Fundamental of Acoustics*. John Wiley, 1982.
[35] L. L. Beranek. *Acoustics*. McGraw Hill, New York, 1954.
[36] P. E. Doak. Fundamentals of aerodynamic sound theory and flow duct acoustics. *J. Sound Vib.*, 28: 527-561, 1973.
[37] H. S. Tsien. The transfer functions of rocket nozzles. *J. American Rocket Society*, 22 (3): 139-143, 1952.
[38] L. Crocco, R. Monti, and J. Grey. Verification of nozzle admittance theory by direct measurement of the admittance parameter. *ARS Journal*, 31 (6): 771-775, 1961.
[39] W. Bell, B. Daniel, and B. Zinn. Experimental and theoretical determination of the admittance sofa family of nozzles subjected to axial instabilities. *J. Sound Vib.*, 30 (2): 179-190, 1973.
[40] S. Candel. Acoustic conservation principles, application to plane and modal propagation in nozzles and diffusers. *J. Sound Vib.*, 41: 207-232, 1975.
[41] F. Vuillot. Acoustic mode determination in solid rocket motor stability analysis. *J. Prop. Power*, 3 (4): 381-

384, 1987.

[42] F. Nicoud and K. Wieczorek. About the zero mach number assumption in the calculation of thermoacoustic instabilities. *Int. J. Spray and Combustion Dynamic*, 1: 67-112, 2009.

[43] K. McManus, T. Poinsot, and S. Candel. A review of active control of combustion instabilities. *Prog. Energy Comb. Sci.*, 19: 1-29, 1993.

[44] T. Poinsot, T. Le Chatelier, S. Candel, and E. Esposito. Experimental determination of the reflection coefficient of a premixed flame in a duct. *J. Sound Vib.*, 107: 265-278, 1986.

[45] T. Poinsot, A. Trouve, D. Veynante, S. Candel, and E. Esposito. Vortex driven acoustically coupled combustion instabilities. *J. Fluid Mech.*, 177: 265-292, 1987.

[46] P. Palies. *Dynamique et instabilites de combustion de flammes swirlees*. Phd thesis, Ecole Centrale Paris, 2010.

[47] S. Zikikout, S. Candel, T. Poinsot, A. Trouve, and E. Esposito. High frequency oscillations produced by mode selective acoustic excitation. In *21st Symp. (Int.) on Combustion*, pages 1427-1434. The Combustion Institute, Pittsburgh, 1986.

[48] L. Benoit and F. Nicoud. Numerical assessment of thermo-acoustic instabilities in gas turbines. *Int. J. Numer. Meth. Fluids*, 47 (8-9): 849-855, 2005.

[49] U. Krueger, J. Hueren, S. Hoffmann, W. Krebs, P. Flohr, and D. Bohn. Prediction and measurement of thermoacoustic improvements in gas turbines with annular combustion systems. In ASME Paper, editor, *ASME TURBO EXPO*, Munich, Germany, 2000.

[50] S. R. Stow and A. P. Dowling. Thermoacoustic oscillations in an annular combustor. In *ASME Paper*, New Orleans, Louisiana, 2001.

[51] W. Krebs, P. Flohr, B. Prado, and S. Hoffmann. Thermoacoustic stability chart for high intense gas turbine combustion systems. *Combust. Sci. Tech.*, 174: 99-128, 2002.

[52] B. Schuermans, V. Bellucci, and C. Paschereit. Thermoacoustic modeling and control of multiburner combustion systems. In *International Gas Turbine and Aeroengine Congress & Exposition*, *ASME Paper*, volume 2003-GT-38688, 2003.

[53] S. Evesque, W. Polifke, and C. Pankiewitz. Spinning and azimuthally standing acoustic modes in annular combustors. In *9th AIAA/CEAS Aeroacoustics Conference*, volume AIAA paper 2003-3182, 2003.

[54] G. Staffelbach, L. Y. M. Gicquel, G. Boudier, and T. Poinsot. Large eddy simulation of self-excited azimuthal modes in annular combustors. *Proc. Combust. Inst.*, 32: 2909-2916, 2009.

[55] B. Schuermans, C. Paschereit, and P. Monkewitz. Non-linear combustion instabilities in annular gas-turbine combustors. In *44th AIAA Aerospace Sciences Meeting and Exhibit*, volume AIAA paper 2006-0549, 2006.

[56] P. Wolf, G. Staffelbach, R. Balakrishnan, A. Roux, and T. Poinsot. Azimuthal instabilities in annular combustion chambers. In NASA Ames/Stanford Univ. Center for Turbulence Research, editor, *Proc. of the Summer Program*, pages 259-269, 2010.

[57] N. Noiray, M. Bothien, and B. Schuermans. Analytical and numerical analysis of staging concepts in annular gas turbines. In *n3l-Int'l Summer School and Workshop on Non-normal and non-linear effects in aero and thermoacoustics*, 2010.

[58] C. Sensiau. *Simulations numeriques des instabilites thermoacoustiques dans les chambres de combustion aeronautiques-TH/CFD/08/127*. PhD thesis, Universite de Montpellier Ⅱ, -Institut de Mathematiques et de Modelisation de Montpellier, France, 2008.

[59] K. Truffin and T. Poinsot. Comparison and extension of methods for acoustic identification of burners. *Combust. Flame*, 142 (4): 388-400, 2005.

[60] S. Evesque and W. Polifke. Low-order acoustic modelling for annular combustors: Validation and inclusion of modal coupling. In International Gas Turbine and Aeroengine Congress & Exposition, *ASME Paper*, volume GT-2002-30064, 2002.

[61] D. H. Rudy and J. C. Strikwerda. A non-reflecting outflow boundary condition for subsonic Navier Stokes calculations. *J. Comput. Phys.*, 36: 55-70, 1980.

[62] I. H. Rudy and J. C. Strikwerda. Boundary conditions for subsonic compressible Navier Stokes calculations. *Comput. Fluids*, 9: 327-338, 1981.

[63] K. W. Thompson. Time dependent boundary conditions for hyperbolic systems. *J. Comput. Phys.*, 68: 1-24, 1987.

[64] M. Giles. Non-reflecting boundary conditions for euler equation calculations. *AIAA Journal*, 28 (12): 2050-2058, 1990.

[65] F. Nicoud. Defining wave amplitude in characteristic boundary conditions. *J. Comput. Phys.*, 149 (2): 418-422, 1998.

[66] T. Poinsot and S. Lele. Boundary conditions for direct simulations of compressible viscous flows. *J. Comput. Phys.*, 101 (1): 104-129, 1992.

[67] M. Baum, T. J. Poinsot, and D. Thevenin. Accurate boundary conditions for multicomponent reactive flows. *J. Comput. Phys.*, 116: 247-261, 1994.

[68] G. Lodato, P. Domingo, and Vervisch L. Three-dimensional boundary conditions for direct and large-eddy simulation of compressible viscous How. *J. Comput. Phys.*, 227 (10): 5105-5143, 2008.

[69] C. Tam and P. Block. On the tones and pressure oscillations over rectangular cavities. *J. Fluid Mech.*, 89 (2): 373-399, 1978.
[70] S. Kotake. On combustion noise related to chemical reactions. *J. Sound Vib.*, 42: 399-410, 1975.
[71] P. Le Helley. *Etude theorique et experimentale des instabilites de combustion et de leur controle dans un bruleur premelange*. Phd thesis, Ecole Centrale de Paris, 1994.
[72] G. Bloxsidge, A. Dowling, N. Hooper, and P. Langhorne. Active control of reheat buzz. *AIAA Journal*, 26: 783-790, 1988.
[73] R. Leandro, A. Huber, and W. Polifke. Taxmanual. Technical Report, TU Munchen, 2010.
[74] D. E. Rogers and F. E. Marble. A mechanism for high frequency oscillations in ramjet combustors and afterburners. *Jet Propulsion*, 26: 456-462, 1956.
[75] P. L. Blackshear, W. U. Rayle, and L. K. Tower. Study of screeching combustion in a 6-in simulated afterburner. Technical Report TN 3567, NACA, 1955.
[76] R. Borghi and M. Destriau. Combustion and Flames, chemical and physical principles. Editions TECHNIP, 1998.
[77] F. Nicoud, L. Benoit, C. Sensiau, and T. Poinsot. Acoustic modes in combustors with complex impedances and multidimensional active flames. *AIAA Journal*, 45: 426-441, 2007.
[78] S. M. Camporeale, B. Fortunato, and G. Campa. A finite element method for three-dimensional analysis of thermo-acoustic combustion instability. *J. Eng. Gas Turb. Power*, 133 (1), 2011.
[79] J. M. Samaniego, B. Yip, T. Poinsot, and S. Candel. Low-frequency combustion instability mechanism in a side-dump combustor. *Combust. Flame*, 94 (4): 363-381, 1993.
[80] B. T. Chu. On the energy transfer to small disturbances in fluid flow (part i). *Acta Mechanica*, pages 215-234, 1965.
[81] T. Poinsot, D. Veynante, F. Bourienne, S. Candel, E. Esposito, and J. Surjet. Initiation and suppression of combustion instabilities by active control. In *22nd Symp. (Int.) on Combustion*, pages 1363-1370. The Combustion Institute, Pittsburgh, 1988.
[82] L. Crocco. Aspects of combustion instability in liquid propellant rocket motors. part Ⅱ. *J. American Rocket Society*, 22: 7-16, 1952.
[83] D. A. Smith and E. E. Zukoski. Combustion instability sustained by unsteady vortex combustion. In *21st Joint Propulsion Conference*, pages AIAA paper 85-1248, Monterey, 1985.
[84] T. Lietiwen. Modeling premixed combustion-acoustic wave interactions: A review. *J. Prop. Power*, 19 (5): 765-781, 2003.
[85] T. Poinsot and S. Candel. A nonlinear model for ducted flame combustion instabilities. *Combust. Sei. Tech.*, 61: 121-153, 1988.
[86] A. P. Dowling. A kinematic model of ducted flame. *J. Fluid Mech.*, 394: 51-72, 1999.
[87] A. L. Birbaud, D. Durox, S. Ducruix, and S. Candel. Dynamics of confined premixed flames submitted to upstream acoustic modulations. *Proc. Combust. Inst.*, 31: 1257-1265, 2007.
[88] A. L. Birbaud, S. Ducruix, D. Durox, and S. Candel. The nonlinear response of inverted V flames to equivalence ratio nonuniformities. *Combust. Flame*, 154 (3): 356-367, 2008.
[89] P. K. Barr. Acceleration of aflame by flame vortex interactions. *Combust. Flame*, 82: 111-125, 1990.
[90] K. Kailasanath, J. H. Gardner, E. S. Oran, and J. P. Boris. Numerical simulations of unsteady reactive flows in a combustion chamber. *Combust. Flame*, 86: 115-134, 1991.
[91] A. Giauque, L. Selle, T. Poinsot, H. Buechner, P. Kaufmann, and W. Krebs. System identification of a large-scale swirled partially premixed combustor using LES and measurements. *J. Turb.*, 6 (21): 1-20, 2005.
[92] C. M. Ho and P. Huerre. Perturbed free shear layers. *Ann. Rev. Fluid Mech*, 16: 365, 1984.
[93] T. Licuwcn and B. T. Zinn. The role of equivalence ratio oscillations in driving combustion instabilities in low nox gas turbines. *Proc. Combust. Inst.*, 27: 1809-1816, 1998.
[94] H. M. Altay, R. L. Speth, D. E. Hudgins, and A. F. Ghoniem. The impact of equivalence ratio oscillations on combustion dynamics in a backward-facing step combustor. *Combust. Flame*, 156 (11): 2106-2116, 2009.
[95] S. Sheekrishna, S. Hemchandra, and T. Lieuwen. Premixed flame response to equivalence ratio perturbations. *Combust. Theory and Modelling*, 14 (5): 681-714, 2010.
[96] P. G. Drazin and W. H. Reid. *Hydrodynamic stability*. Cambridge University Press, London, 1981.
[97] F. M. White. *Viscous fluid flow*. McGraw-Hill, New York, 1991.
[98] H. Schlichting. *Boundary layer theory*. McGraw-Hill, New York, 1955.
[99] R. Betchov and W. O. Criminale. *Stability of parallel flows*. Academic Press, New York, 1963.
[100] A. Trouve, S. Candel, and J. W. Daily. Linear stability of the inlet jet in a ramjet combustor. In *26th Aerospace Sciences Meeting*, pages AIAA paper 88-0149, Reno, 1988.
[101] O. H. Planche and W. C. Reynolds. Heat release effect on mixing in supersonic reacting free shear layers. In *30th Aerospace Sciences Meeting & Exhibit*, pages AIAA Paper 92-0092, Washington DC, 1992.
[102] A. Powell. On the edgetone. *J. Acous. Soc. Am.*, 33: 395-409, 1961.
[103] J. E. Rossiter. Wind-tunnel experiments on the flow over rectangular cavities at subsonic and transonic speeds. Technical Report Technical Report 3438, Aeronautical Research Council Reports and Memoranda, 1964.

[104] L. Lucas and D. Rockwell. Self-excited jet: upstream modulation and multiple frequencies. *J. Fluid Mech.*, 147: 333-352, 1984.

[105] S. Ohring. Calculations of edge tone flow with forced longitudinal oscillations. *J. Fluid Mech.*, 184: 505-531, 1987.

[106] D. Desvigne. *Bruit rayonne par un ecoulement subsonique affleurant une cavite cylindrique: caracterisation experimentale et simulation numerique directe par une approche multidomaine d'ordre eleve*. Phd thesis, Ecole Centrale Lyon, 2010.

[107] J. O. Keller, L. Vaneveeld, D. Korschelt, G. L. Hubbard, A. F. Ghoniem, J. W. Daily, and A. K. Oppenheim. Mechanism of instabilities in turbulent combustion leading to flashback. *AIAA Journal*, 20: 254-262, 1981.

[108] H. Buechner, C. Hirsch, and W. Leuckel. Experimental investigations on the dynamics of pulsate d premixed axial jet flames. *Combust. Sci. Tech.*, 94: 219-228, 1993.

[109] N. Noiray, D. Durox, T. Schuller, and S. Candel. A unified framework for nonlinear combustion instability analysis based on the flame describing function a unified framework for nonlinear combustion instability analysis based on the flame describing function. *J. Fluid Mech.*, 615: 139-167, 2008.

[110] F. Boudy, D. Durox, T. Schuller, G. Jomaas, and S. Candel. Describing function analysis of limit cycles in a multiple flame combustor. In GT 2010-22372, editor, *ASME Turbo expo*, Glasgow, UK, June 2010.

[111] P. Schmitt, T. Poinsot, B. Schuermans, and K. P. Geigle. Large-eddy simulation and experimental study of heat transfer, nitric oxide emissions and combustion instability in a swirled turbulent high-pressure burner. *J. Fluid Meeh.*, 570: 17-46, 2007.

[112] L. Selle, L. Benoit, T. Poinsot, F. Nicoud, and W. Krebs. Joint use of compressible large-eddy simulation and Helmholtz solvers for the analysis of rotating modes in an industrial swirled burner. *Combust. Flame*, 145 (1-2): 194-205, 2006.

[113] P. Wolf, G. Staffelbach, A. Roux, L. Gicquel, T. Poinsot, and V. Moureau. Massively parallel LES of azimuthal thermo-acoustic instabilities in annular gas turbines. *C. R. Acad. Sci. Mecanique*, 337 (6-7): 385-394, 2009.

[114] N. Gourdain, L. Gicquel, M. Montagnac, O. Vcrmorel, M. Gazaix, G. Staffelbach, M. Garcia, J. F. Boussuge, and T. Poinsot. High performance parallel computing of flows in complex geometries: I. methods. *Comput. Sci. Disc.*, 2: 015003, 2009.

[115] H. Pitsch. Large eddy simulation of turbulent combustion. *Ann. Rev. Fluid Mech*, 38: 453-482, 2006.

[116] R. Prosser. Towards improved boundary conditions for the DNS and LES of turbulent subsonic flows. *J. Comput. Phys.*, 222: 469-474, 2007.

[117] N. Guezennec and T. Poinsot. Acoustically nonreflecting and reflecting boundary conditions for vorticity injection in compressible solvers. *AlAA Journal*, 47: 1709-1722, 2009.

[118] N. Gourdain, L. Gicquel, M. Montagnac, O. Vennorel, M. Gazaix, G. Staffelbach, M. Garcia, J. F. Boussuge, and T. Poinsot. High performance parallel computing of flows in complex geometries: Ⅱ. applications. *Comput. Sci. Disc.*, 2: 015004, 2009.

[119] P. Moin and S. V. Apte. Large-eddy simulation of realistic gas turbine combustors. *AIAA Journal*, 44 (4): 698-708, 2006.

[120] K. Mahesh, G. Constantinescu, S. Apte, G. Iaccarino, F. Ham, and P. Moin. Large eddy simulation of reacting turbulent flows in complex geometries. In *ASME J. Appl. Mech.*, volume 73, pages 374-381, 2006.

[121] C. O. Paschereit, W. Polifke, B. Schuermans, and O. Mattson. Measurement of transfer matrices and source terms of premixed flames. *J. Eng. Gas Turb. and Power*, 124: 239-247, 2002.

[122] A. Kaufmann, F. Nicoud, and T. Poinsot. Flow forcing techniques for numerical simulation of combustion instabilities. *Combust. Flame*, 131: 371-385, 2002.

[123] L. Selle, F. Nicoud, and T. Poinsot. The actual impedance of non-reflecting boundary conditions: implications for the computation of resonators. *AIAA Journal*, 42 (5): 958-964, 2004.

[124] C. Fureby. LES of a multi-burner annular gas turbine combustor. *Flow, Turb. and Combustion*, 84: 543-564, 2010.

[125] J. D. Baum and J. N. Levine. Numerical techniques for solving nonlinear instability problems in solid rocket motors. *AIAA Journal*, 20: 955-961, 1982.

[126] L. Selle, G. Lartigue, T. Poinsot, R. Koch, K. U. Schildmacher, W. Krebs, B. Prade, P. Kaufmann, and D. Veynante. Compressible large-eddy simulation of turbulent combustion in complex geometry on unstructured meshes. *Combust. Flame*, 137 (4): 489-505, 2004.

[127] T. Poinsot, C. Angelberger, F. Egolfopoulos, and D. Veynante. Large eddy simulations of combustion instabilities. In *1st Int. Symp. On Turbulence and Shear Flow Phenomena*, pages 1-6, Santa Barbara, 1999.

[128] W. Polifke, A. Poncet, C. O. Paschereit, and K. Doebbeling. Reconstruction of acoustic transfer matrices by instationnary computational fluid dynamics. *J. Sound Vib.*, 245 (3): 483-510, 2001.

第9章 边界条件

9.1 引言

相比于计算域中使用的数值方法，边界条件设置通常被视为数值模拟中微不足道的一部分。然而最新研究表明，推导合适的反应流边界条件对于数值模拟程序至关重要，尤其是对于近些年常用于求解非稳态 N-S 方程的方法，如直接数值模拟（DNS）和大涡模拟（LES）方法。在这两种方法中，很多数值格式都可以保障高阶精度和低数值耗散[1-6]，但边界条件的质量会影响数值格式的精度和应用范围，是数值模拟高保真度的一个关键要素。DNS 方法通常会使用周期性边界条件，只有在这种边界下，问题才能得以精确封闭。周期性假设可以使计算域自身折叠，所以实际上不需要定义边界条件，但也极大地限制了数值模拟的应用场景。在实际算例中，通常需要非周期性的流场入口和出口。非稳态高阶数值模拟会对边界条件提出一些新要求：

① 可压缩流场的非稳态模拟（LES 或 DNS）需要对计算域边界的声波反射进行精确控制。这在使用 Navier-Stokes 方程计算稳态时并非如此，因为数值耗散会轻易抹平这些波，只要能实现稳态收敛，边界处的非稳态现象就没那么重要。然而，LES 和 DNS 算法均力求使数值黏性最小，因此声波必须由另一种机制控制，如假定无反射边界或吸收边界条件。

② 在非稳态模拟中，无耗散的高阶数值格式会使数值波（包括声波）长距离、长时间地传播[1,3,7]。当这些波与边界条件发生相互作用时，可能会导致一些很严重的问题。相比于物理波，数值波可以从出口处向上游传播，并且与流动过程相互作用。例如，在一维对流输运过程[7]、二维不可压流动[8] 或可压缩流动中[9]，入口边界和出口边界之间的数值耦合机制会导致一些非物理振荡解。

③ 声波与湍流反应流的很多机制可能发生强耦合（第 8 章）。例如，燃烧不稳定性的数值模拟就需要对边界条件进行精确控制。常见的流动边界条件（如施加速度或压力约束）以及声学条件（如施加声阻抗或入射声波振幅等约束）都需要准确的定义（见第 10 章）。

④ Navier-Stokes 方程中定义边界条件的一个基本问题是缺乏完整的理论背景，虽然 Euler 方程可以推导出满足适定性的准确边界条件 [10-14]，但对于 Navier-Stokes 方程，该过程更为复杂。只有在一些简单情况中，才能确定 Navier-Stokes 方程的一组给定边界条件是否满足适定性问题[14]。

⑤ 对边界条件离散和使用时，不仅需要知道原 Navier-Stokes 方程适定性的条件，还需要在原始条件组中考虑“数值”边界条件（如某些变量的外推法）。计算结果不仅与原始方程和物理边界条件有关，还与数值格式和边界处使用的数值条件有关。

本章介绍一种 Navier-Stokes 特征边界条件（Navier-Stokes Characteristic Boundary Conditions，NSCBC）方法，是近些年为可压缩 N-S 方程开发的一个典型边界条件：

① 当黏性项消失时，NSCBC 可以简化为 Euler 边界条件。该方法对 Euler 方程和 Navier-Stokes 方程都有效，并且可以控制声波穿过边界的条件。

② 不需要使用外推法。

③ Navier-Stokes 方程指定的边界条件数目与理论一致[15-16]。

本章关注反应流的边界条件定义，但对无反应流，简化过程也很简单。这里仅限于显式算法，但实际上，也可以扩展至隐式算法。本章大纲如下所述：首先，考虑到假设条件会影响边界条件的处理方法，根据燃烧算法中常用的简化方法，重新建立可压缩 Navier-Stokes 方程（9.2 节）；然后，9.3 节将介绍 Euler 方程和 Navier-Stokes 方程中的一些理论及使用方法；9.4 节将提供不同边界条件下（有/无湍流注入的亚声速入口、亚声速出口、无反射边界、滑移壁面和无滑移壁面）的算例；9.5 节将集中讨论稳态无反应流的测试结果；9.6 节将给出稳态反应流的结果；9.7 节将给出非稳态流场的应用实例，并强调数值波在非稳态流场中的重要性；最后，9.8 节将给出低雷诺数条件下（Poiseuille 流）黏性流动的算例。

9.2 可压缩 Navier-Stokes 方程的分类

N-S 方程存在很多不同形式，在燃烧模拟中，并未使用第 1 章中给出的完整方程，而是首选简化方程组（如 4.6.2 节所讨论的 DNS 模拟）。因此，在求解反应流的 N-S 方程时，实际上是针对不同形式的方程组。

本章只讨论完全可压缩形式的 N-S 方程，在这种情况下，可以直接求解声学问题。另外，还需要选择状态方程的形式。假如所有组分的分子量都相等，即 $W_k=W_1$，则平均分子量 $W=W_1$，状态方程可简单表示为 $p=\rho(R/W_1)T$，比热容 C_p 也可假定为常数，这对应于第一种建模方法，被称为相同组分状态方程（Identical-Species State Equation，ISSE），即气体中所有组分的状态方程都相同（表 9.1）。严格意义上来说，这种假设并不正确，但在特定情形下是合理正确的。例如，当空气是氧化剂时，火焰局部组分主要是氮气，因此，可以假设 W 没有变化。使用 ISSE 时，流场只受温度变化的影响，而质量分数变化不会改变密度场或速度场，从而使流动和燃烧部分解耦。

第二种建模方法对应于多组分状态方程（Multi-Species State Equations，MSSE），它使用第 1 章的完整方程，并考虑平均分子量 W 随局部质量分数的变化。这对边界条件有重要影响：密度和声速会因温度和组分浓度而变化，因此边界条件需要更复杂的形式。最后，需要说明的是，在 ISSE 或 MSSE 中，每种组分的状态方程仍然是理想气体方程(1.4) 的形式，而对于特殊情形，如火箭燃烧，则必须使用真实气体状态方程（Real Gas State Equation，RGSE），这就需要其他形式的边界条件。

为简单起见，考虑到这些建模方法的基本内容与状态方程形式无关，本章仅限于 ISSE 方程的讨论。表 9.1 给出了 ISSE、MSSE 和 RGSE 方程的相关文献。在过去 20 年里，早期的 NSCBC 方法已得到明显改进[17-23]，具体形式将在本章中指出。需要强调的是，这些方法的本质相同，而本章主要关注其基本构成。

表 9.1 不同边界条件可压缩 N-S 方程的形式

ISSE (相同组分状态方程)	MSSE (多组分状态方程)	RGSE (真实气体状态方程)
N 种“等效”气体的混合物	N 种理想气体的混合物	单组分真实气体
C_p 和 W 为常数	C_p、W 与 Y_k 和 T 有关	N/A
本章 Poinsot 和 Lele[9] Prosser[21] Thompson[24] Giles[25] Grappin 等[26]	Baum 等[17] Moureau 等[4] Guezennec 和 Poinsot[23] Pakdee 和 Mahalingam[27] Yoo 和 Im[20]	Okong'o 和 Bellan[18] Schimitt 等[28]

9.3 特征边界条件的描述

在双曲线系统中，边界条件定义的常用方法是基于跨边界的不同波之间的关系式。该方法在 Euler 方程中得到深入研究[10,13,29]，被称为 Euler 特征边界条件（Euler Characteristic Boundary Conditions，ECBC)。这里介绍的方法，是将 ECBC 分析拓展至 N-S 方程中，被称为 N-S 特征边界条件。然而，需要指出的是，目前对 N-S 方程中“特征线”概念的合理性尚存疑虑。本节内容布局如下：9.3.1 节将介绍该方法的基本原理；9.3.2 节展示其在反应流中的应用；该特征方法的核心问题是对跨边界波的计算，9.3.3 节将给出这些波的简单近似；9.3.4 节和 9.3.5 节分别给出 Euler 方程和 N-S 方程的应用；最后，9.3.6 节将讨论计算域中边和角的处理方法。

9.3.1 理论

“Euler” 边界条件的数学背景描述可参阅文献 [10,13]。在使用 ECBC 方法时，边界处有些变量可通过外推法得到，而有些变量可通过特征关系式得到[30-32]。在一定程度上，避开外推法而使用特征关系式得到的边界条件更加合理。本节首先介绍 ECBC 方法，针对 N-S 方程中该边界条件的修正过程将在 9.3.5 节给出。本节主要基于显式有限差分法介绍该边界条件，需要说明的是，该边界条件也可扩展至其他数值方法中。

第一步，区分两种边界条件：

① 物理边界条件；

② 软边界或数值边界条件。

物理边界条件需要定义边界处一个或多个因变量的已知物理行为。例如，定义边界处的纵向入口速度属于一种物理边界条件。这些条件与用于求解相关方程的数值方法无关。物理边界适定性的充分必要条件数目应与理论结果[15-16,33] 匹配，如表 9.2 所示。为建立 N-S 边界条件，NSCBC 方法会采取与 Euler 方程对应的条件（ECBC 条件）和一个附加条件（“黏性”条件）。“黏性”这个术语在这里用来描述针对 N-S 方程的一些过程，如黏性耗散、热扩散和组分扩散等。例如，对于一个三维黏性反应流的亚声速出口，假定只有一个组分（$N=1$），则一般需要 5 个“物理”边界条件：1 个 Euler 方程的 ECBC 关系式和 4 个“黏性”条件。

表 9.2　三维流动中适定性所需的物理边界条件数目

边界类型	Euler 无反应流	Navier-Stokes 无反应流	Navier-Stokes 反应流
超声速入口	5	5	$5+N$
亚声速入口	4	5	$5+N$
超声速出口	0	4	$4+N$
亚声速出口	1	4	$4+N$

注：N 是反应流的组分数。

已知物理边界条件不足以数值求解这类问题。当物理边界条件数小于原始变量的数量时(如出口处)，必须通过其他方法来确定未指定的变量。常用方法是引入“数值”条件。当一个因变量没有明确的物理定律来约束，而数值计算又需要指定该变量的特性时，对应的边界条件被称为“数值”边界条件。数值边界条件属于数值方法的一部分，而非由问题的物理性质明确给出。事实上，这些条件是针对计算域外的流动，不能随意使用一个数值算法（如外推法）来构建这些数值边界条件。如果一个变量不能通过物理边界条件定义，则必须通过求解边界上与计算域内相同的守恒方程得到。例如，对于无黏流动，需要给定一维管道的入口速度和温度这两个“物理”边界条件，而对于亚声速流动，入口压力还需要一个“数值”边界条件，或通过计算域内的压力值外推得到出口压力，但这些方法与物理边界条件组的相容性尚不清楚。使用外推法得到的边界条件，属于一个附加物理条件，但施加一个零压力梯度会导致边界条件的过定义问题。NSCBC 方法是基于一种更自然的方式，利用边界处的能量守恒方程来计算边界处的压力。

需要注意的是，使用数值边界条件会引起以下几个问题：

① 在边界附近，守恒方程中空间导数的精度会降低。典型地，网格点只存在于边界的内部一侧，因此，必须使用单边差分替代中心差分。

② 众所周知，使用相对于行波方向的迎风差分格式来离散单边导数时，会得到稳定的有限差分格式，但使用顺风差分离散时，会产生无条件不稳定格式。在边界附近，必须识别出从计算域外部向内部传播的波，并且不能使用单边差分来计算，否则会导致入射波的顺风差分和数值不稳定。换句话说，向外传播的波可通过内部节点计算，而进入计算域的波，则必须由边界条件确定。

9.3.2　边界附近的反应流 Navier-Stokes 方程

首先，使用 ISSE 假设（9.2 节）推导这个方法：

H1——所有气体的比热容相等（$C_{pk}=C_p$），且 γ 是常数。由式(1.5) 定义的平均分子量 W 变化可忽略。

H2——体积力和体积热源可忽略（$f_k=0$，$\dot{Q}=0$）。

H3——扩散速度采用 Hirschfelder 和 Curtis 近似［式(1.45)］。由于 H1 假设，不需要修正速度。

基于上述假设，第 1 章中推导的流体动力学方程可以写为

$$\frac{\partial \rho}{\partial t}+\frac{\partial}{\partial x_i}(\rho u_i)=0 \tag{9.1}$$

$$\frac{\partial(\rho E)}{\partial t}+\frac{\partial}{\partial x_i}[u_i(\rho E+p)]=-\frac{\partial}{\partial x_i}(q_i)+\frac{\partial}{\partial x_i}(u_i\tau_{ij})+\dot{\omega}_T \tag{9.2}$$

$$\frac{\partial(\rho u_j)}{\partial t}+\frac{\partial}{\partial x_i}(\rho u_i u_j)+\frac{\partial p}{\partial x_j}=\frac{\partial \tau_{ij}}{\partial x_i},\quad i=1,2,3 \tag{9.3}$$

$$\frac{\partial(\rho Y_k)}{\partial t}+\frac{\partial}{\partial x_i}(\rho u_i Y_k)=\frac{\partial}{\partial x_i}(M_{ki})-\dot{\omega}_k,\quad k=1,2,\cdots,N \tag{9.4}$$

其中，E 是表 1.4 中定义的不包含化学键的总能量

$$E=e_s+\frac{1}{2}u_k u_k=\int_0^T C_v \mathrm{d}T+\frac{1}{2}u_k u_k=C_v T+\frac{1}{2}u_k u_k \tag{9.5}$$

沿 i 方向的分子热通量 q_i 和组分扩散通量 M_{ki} 定义为

$$q_i=-\lambda\frac{\partial T}{\partial x_i},\quad M_{ki}=\rho\mathcal{D}_k\frac{W_k}{W}\times\frac{\partial X_k}{\partial x_i}=\rho\mathcal{D}_k\frac{\partial Y_k}{\partial x_i} \tag{9.6}$$

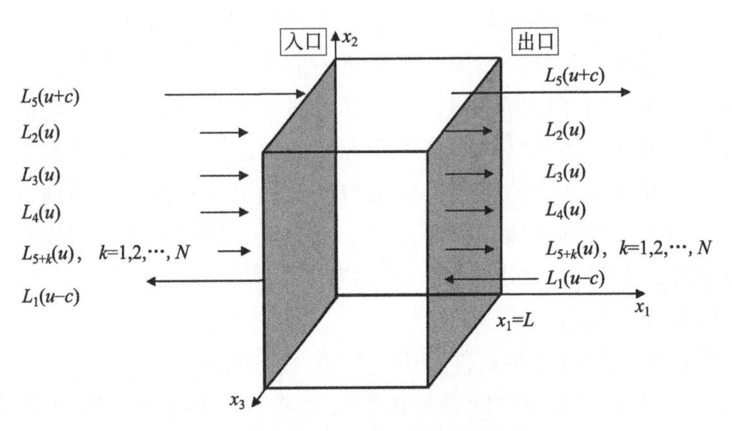

图 9.1 位于x_1 轴上的边界条件

位于 $x_1=L$ 的边界处（图 9.1），沿 x_1 方向的导数项可以使用沿该方向传播的波重新表示为

$$\frac{\partial \rho}{\partial t}+d_1+\frac{\partial}{\partial x_2}(\rho u_2)+\frac{\partial}{\partial x_3}(\rho u_3)=0 \tag{9.7}$$

$$\frac{\partial(\rho E)}{\partial t}+\frac{1}{2}\left(\sum_{k=1}^{3}u_k^2\right)d_1+\frac{d_2}{\gamma-1}+\rho u_1 d_3+\rho u_2 d_4+\rho u_3 d_5$$
$$+\frac{\partial}{\partial x_2}[u_2(\rho e_s+p)]+\frac{\partial}{\partial x_3}[u_3(\rho e_s+p)]=\frac{\partial}{\partial x_i}\left(\lambda\frac{\partial T}{\partial x_i}\right)+\frac{\partial}{\partial x_i}(u_i\tau_{ij})+\dot{\omega}_T \tag{9.8}$$

$$\frac{\partial(\rho u_1)}{\partial t}+u_1 d_1+\rho d_3+\frac{\partial}{\partial x_2}(\rho u_2 u_1)+\frac{\partial}{\partial x_3}(\rho u_3 u_1)=\frac{\partial \tau_{1j}}{\partial x_j} \tag{9.9}$$

$$\frac{\partial(\rho u_2)}{\partial t}+u_2 d_1+\rho d_4+\frac{\partial}{\partial x_2}(\rho u_2 u_2)+\frac{\partial}{\partial x_3}(\rho u_3 u_2)+\frac{\partial p}{\partial x_2}=\frac{\partial \tau_{2j}}{\partial x_j} \tag{9.10}$$

$$\frac{\partial(\rho u_3)}{\partial t}+u_3 d_1+\rho d_5+\frac{\partial}{\partial x_2}(\rho u_2 u_3)+\frac{\partial}{\partial x_3}(\rho u_3 u_3)+\frac{\partial p}{\partial x_3}=\frac{\partial \tau_{3j}}{\partial x_j} \tag{9.11}$$

$$\frac{\partial(\rho Y_k)}{\partial t}+Y_k d_1+\rho d_{5+k}+\frac{\partial}{\partial x_2}(\rho u_2 Y_k)+\frac{\partial}{\partial x_3}(\rho u_3 Y_k)=\frac{\partial}{\partial x_j}(M_{kj})-\dot{\omega}_k,\quad k=1,2,\cdots,N \tag{9.12}$$

方程(9.7)～方程(9.12)包含了垂直于 x_1 边界的导数（$d_1 \sim d_{5+k}$），平行于 x_1 边界的导数、局部黏性项和反应项。

矢量 $\boldsymbol{d}$ 由特征分析得到❶

$$\boldsymbol{d}=\begin{pmatrix} d_1 \\ d_2 \\ d_3 \\ d_4 \\ d_5 \\ d_{5+k} \end{pmatrix}=\begin{pmatrix} \frac{1}{c^2}\left[L_2+\frac{1}{2}(L_5+L_1)\right] \\ \frac{1}{2}(L_5+L_1) \\ \frac{1}{2\rho c}(L_5-L_1) \\ L_3 \\ L_4 \\ L_{5+k} \end{pmatrix}=\begin{pmatrix} \frac{\partial(\rho u_1)}{\partial x_1} \\ \rho c^2 \frac{\partial u_1}{\partial x_1}+u_1 \frac{\partial p_1}{\partial x_1} \\ u_1 \frac{\partial u_1}{\partial x_1}+\frac{1}{\rho}\times\frac{\partial p_1}{\partial x_1} \\ u_1 \frac{\partial u_2}{\partial x_1} \\ u_1 \frac{\partial u_3}{\partial x_1} \\ u_1 \frac{\partial Y_k}{\partial x_1} \end{pmatrix} \tag{9.13}$$

L_i 表示特征速度 λ_i 对应的特征波的幅值变化率

$$\lambda_1=u_1-c, \quad \lambda_2=\lambda_3=\lambda_4=\lambda_{5+k}=u_1, \quad \lambda_5=u_1+c \tag{9.14}$$

式中，c 是局部声速，由 $c^2=\gamma p/\rho$ 得出；λ_1 和 λ_5 分别是沿 x_1 反方向和正方向移动的声波速度；λ_2 是熵的平均速度；λ_3 和 λ_4 是 u_2 和 u_3 在 x_1 方向上的对流分量；λ_{5+k} 是组分 k 在 x_1 方向上的平均速度（$k=1,2,\cdots,N$）。L_i 由以下方程给出：

$$L_1=\lambda_1\left(\frac{\partial p}{\partial x_1}-\rho c \frac{\partial u_1}{\partial x_1}\right) \tag{9.15}$$

$$L_2=\lambda_2\left(c^2 \frac{\partial \rho}{\partial x_1}-\frac{\partial p}{\partial x_1}\right) \tag{9.16}$$

$$L_3=\lambda_3 \frac{\partial u_2}{\partial x_1}, \quad L_4=\lambda_4 \frac{\partial u_3}{\partial x_1} \tag{9.17}$$

$$L_5=\lambda_5\left(\frac{\partial p}{\partial x_1}+\rho c \frac{\partial u_1}{\partial x_1}\right) \tag{9.18}$$

$$L_{5+k}=\lambda_{5+k} \frac{\partial Y_k}{\partial x_1}, \quad k=1,2,\cdots,N \tag{9.19}$$

一维无黏声波的线性 N-S 方程（8.2节）可用来简单诠释 L_i 的物理意义。考虑一个向上游传播的波，速度为 $\lambda_1=u_1-c$，p' 和 u' 分别为压力扰动和速度扰动，则声波振幅 $A_1=p'-\rho c u'$ 沿特征线 $x+\lambda_1 t=$ 常数方向守恒，因此

$$\frac{\partial A_1}{\partial t}+\lambda_1 \frac{\partial A_1}{\partial x_1}=0 \quad \text{或} \quad \frac{\partial A_1}{\partial t}+L_1=0$$

在指定位置处，L_1 表示负的声波振幅 A_1 的时间变化率，以此类推，L_i 称为第 i 个跨边界的特征波振幅变化率。NSCBC 方法的原理是利用方程(9.7)～方程(9.12)，对边界上的

---

❶ 本书直接将梯度项分解成 d_i 项和 L_i 项，未给出相应的推导过程。通过对 Euler 方程进行波分析[24]，可以复现相应的结论。在实际应用中，可以视为式(9.7)～式(9.12)等价于原始 N-S 方程独立于波动控制项（d_i 和 L_i）的情形。

解进行时间推进。在该系统中，大部分变量可以用计算域内部的点和上一个时间步的值来估算。在边界上沿 x_2 或 x_3 方向的导数项可使用与计算域内相同的近似方法得到，因为这些项不需要沿垂直于边界求导。唯一需要谨慎处理的变量是 d_i，它与振幅变化率 L_i 有关。对于从计算域内向外部传播的信息，L_i 可使用单边差分格式计算，因此，唯一缺失的信息就是从计算域外部向内部传播的声波振幅变化率 L_i。

在这一点上，可分成两类问题：

① 计算域外部的信息已知，入射波的 L_i 可以直接计算得到。在一些特定问题中，可使用简化方法来描述解在边界处与无穷远之间的关系（图 9.2）。例如，边界层的自相似解可以在计算域的上边界和出口处提供合理的梯度近似，进而使用式(9.15)～式(9.19) 确定入射波的 L_i。对于这一类问题，定义边界条件的一种精确方法是指定入射波的幅值变化率，但这种形式只能给边界处的导数项赋值，对平均量（如平均压力）无约束。只使用入射波的精确值可能会导致平均量（见 9.4.4 节）发生偏移，如压力。

② 一般情况下，无法得到上述信息，因此也不能得到入射波幅值变化率的精确值，还需要提供入射波幅值变化率的近似值。

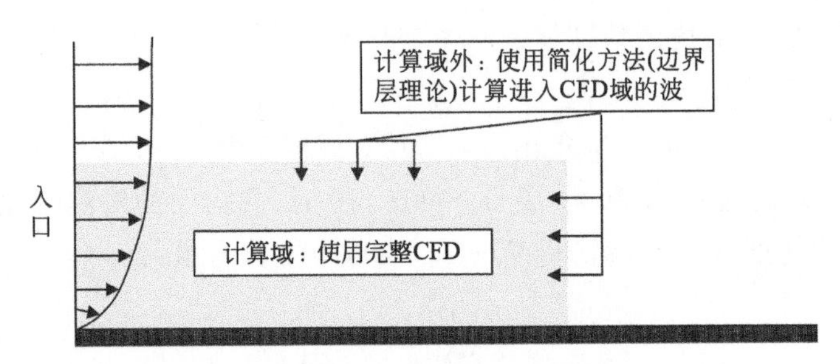

图 9.2 波从外部传到计算域中

9.3.3 局部一维无黏关系式

虽然目前不存在一种精确的方法来指定多维 N-S 方程中的入射波 L_i 值，但对于一维无黏方程，可以精确地给出入射波的 L_i 值。NSCBC 方法通过分析局部一维无黏关系式（Local One Dimensional Inviscid relation，LODI），可以推断出多维黏性条件下的波幅变化率。

如果忽略横向项（沿垂直于主方向的导数项）、黏性项和反应项，边界上每一点都可通过式(9.7)～式(9.12) 来构建 LODI 系统。使用这种方法得到的关系式不是“物理”条件，只能用于指定跨边界的波幅值。

针对不同的变量，LODI 系统可以写成不同形式。就原始变量而言，LODI 系统为

$$\frac{\partial \rho}{\partial t}+\frac{1}{c^2}\left[L_2+\frac{1}{2}(L_5+L_1)\right]=0 \tag{9.20}$$

$$\frac{\partial p}{\partial t}+\frac{1}{2}(L_5+L_1)=0 \tag{9.21}$$

$$\frac{\partial u_1}{\partial t}+\frac{1}{2\rho c}(L_5-L_1)=0 \tag{9.22}$$

$$\frac{\partial u_2}{\partial t}+L_3=0 \tag{9.23}$$

$$\frac{\partial u_3}{\partial t}+L_4=0 \tag{9.24}$$

$$\frac{\partial Y_k}{\partial t}+L_{5+k}=0 \tag{9.25}$$

上述关系式可以联合起来表示所有其他变量的时间导数，例如，温度 T、流量 ρu_1、熵 s 或滞止焓 H 的时间导数

$$\frac{\partial T}{\partial t}+\frac{T}{\gamma p}\left[-L_2+\frac{1}{2}(\gamma-1)(L_5+L_1)\right]=0 \tag{9.26}$$

$$\frac{\partial \rho u_1}{\partial t}+\frac{1}{c}\left\{\mathcal{M}L_2+\frac{1}{2}[(\mathcal{M}-1)L_1+(\mathcal{M}+1)L_5]\right\}=0 \tag{9.27}$$

$$\frac{\partial s}{\partial t}-\frac{1}{(\gamma-1)\rho T}L_2=0 \tag{9.28}$$

$$\frac{\partial H}{\partial t}+\frac{1}{(\gamma-1)\rho}\left\{-L_2+\frac{\gamma-1}{2}[(1-\mathcal{M})L_1+(1+\mathcal{M})L_5]\right\}=0 \tag{9.29}$$

式中，$H=E+p/\rho=u_1^2/2+C_{\mathrm{p}}T$，$s=C_{\mathrm{v}}\ln(p/\rho^{\gamma})$，$\mathcal{M}$代表马赫数（局部流速与局部声速的比值：$\mathcal{M}=u_1/c$）。

当施加梯度类边界条件时，其他 LODI 关系式也可能有用。所有边界的法向梯度都可以表示为 L_i 的函数

$$\frac{\partial \rho}{\partial x_1}=\frac{1}{c^2}\left[\frac{L_2}{u_1}+\frac{1}{2}\left(\frac{L_5}{u_1+c}+\frac{L_1}{u_1-c}\right)\right] \tag{9.30}$$

$$\frac{\partial p}{\partial x_1}=\frac{1}{2}\left(\frac{L_5}{u_1+c}+\frac{L_1}{u_1-c}\right) \tag{9.31}$$

$$\frac{\partial u_1}{\partial x_1}=\frac{1}{2\rho c}\left(\frac{L_5}{u_1+c}-\frac{L_1}{u_1-c}\right) \tag{9.32}$$

$$\frac{\partial T}{\partial x_1}=\frac{T}{\gamma p}\left[-\frac{L_2}{u_1}+\frac{1}{2}(\gamma-1)\left(\frac{L_5}{u_1+c}+\frac{L_1}{u_1-c}\right)\right] \tag{9.33}$$

大部分物理边界条件都有对应的LODI关系式，例如，在边界上施加一个恒定的熵，需要设置 $L_2=0$ 以满足方程(9.28)；施加恒定的入口压力，则需要设置 $L_5=-L_1$ [方程(9.21)]。

完整 N-S 方程会包含黏性项和平行项，因此，通过 LODI 关系式推导的幅值变化率是近似值，边界上的变量通过方程(9.7)～方程(9.12) 进行时间推进，从而有效考虑黏性项、平行项和反应项的影响。LODI 关系式仅用于估算入射波的振幅变化率 L_i，从而以引入守恒方程(9.7)～方程(9.12) 中：只要与物理条件兼容，这种近似可以被接受❶。

9.3.4 Euler 方程的 ECBC 边界处理方法

对于 Euler 方程，ECBC 边界计算过程包括三个主要步骤。具体地，以指定压力边界的

---

❶ 只使用 LODI 关系式也可以提供一种简单而近似的方法来推导边界条件。例如，出口处的无反射边界假设就相当于假定 $L_1=0$，结合方程(9.21) 和方程(9.22) 可以消去 L_5，最终得到著名的关系式

$$\frac{\partial p}{\partial t}-\rho c\frac{\partial u_1}{\partial t}=0 \tag{9.34}$$

该式常用于构建无反射边界条件[31,34]，是 Engquist 和 Majda[13] 吸收边界条件的一阶近似。

亚声速出口边界为例（图 9.3）：

步骤 1 对于施加在边界上的每一个 ECBC 物理边界条件，消除方程(9.7)～方程(9.12)中相应的守恒方程。在图 9.3 的例子中，指定出口压力 p，则不需要使用能量方程(9.8)。

步骤 2 对于步骤 1 中消去的守恒方程，使用对应的 LODI 关系式将未知 L_i（对应入射波）表示为已知 L_i（对应透射波）的函数。对于图 9.3 所示的算例，图 9.1 显示入射波只有 L_1，根据 LODI 关系式(9.21) 可以得出

$$L_1=-L_5 \tag{9.35}$$

通过出口离开计算域的声波振幅变化率 L_5 可以通过内部点和单边导数计算得出（图 9.1）。经过出口以速度 $\lambda_1=u_1-c$ 进入计算域的声波振幅变化率 L_1 可以不用任何网格节点值来计算，由式(9.35) 给出。

步骤 3 利用方程(9.7)～方程(9.12) 中的剩余守恒方程，结合步骤 2 得到的 L_i 值，计算 ECBC 边界条件中未给出的其他变量。在图 9.3 出口压力恒定的例子中，密度、速度和反应物质量分数都可以通过对应的守恒方程(9.7) 和方程(9.9)～方程(9.12) 得到，其中，使用式(9.35) 可以确定 L_1。

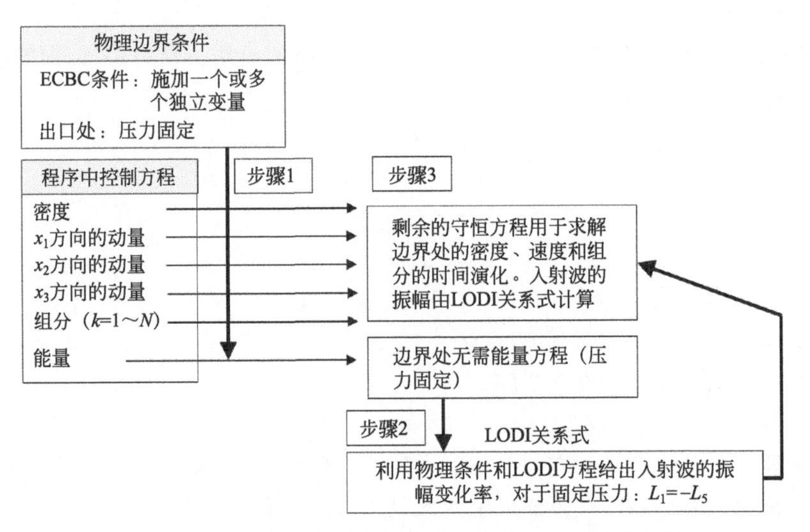

图 9.3 Euler 方程在固定压力出口处的 ECBC 计算步骤

步骤 2 是 NSCBC 方法的关键部分，使用边界上的守恒方程以及合理的入射波振幅信息（由 LODI 关系式得出）可以消除一些“数值”条件的不确定性。需要注意的是，第 3 步的时间推进中包括平行项，从而获得下一个时间步的解。完整方程(9.7)～方程(9.12) 加上类似式(9.35) 的 LODI 关系式不能满足物理边界条件，需要使用步骤 1 去掉方程(9.7)～方程(9.12) 中的一些方程，并用物理边界条件替代它们。

9.3.5 Navier-Stokes 方程的 NSCBC 边界处理方法

与 Euler 方程相比，N-S 方程需要更多的边界条件。在 NSCBC 方法中，完整 N-S 边界条件可以通过 Euler 无黏边界条件（ECBC 条件）和附加（黏性）条件得到。当黏性系数减小到 0 时，这些附加条件的影响微乎其微。在 NSCBC 计算过程中，黏性条件仅应用于步骤 3 中，在涉及法向导数的守恒方程中指定黏性项和扩散项。因此，在 NSCBC 方法中并未严

格执行黏性条件，它们只用于步骤 3 中修正守恒方程。图 9.4 给出了指定压力条件下黏性亚声速出口的完整 NSCBC 流程。对于 Euler 方程(图 9.3) 和 N-S 方程(图 9.4)，步骤 1 和步骤 2 相同。

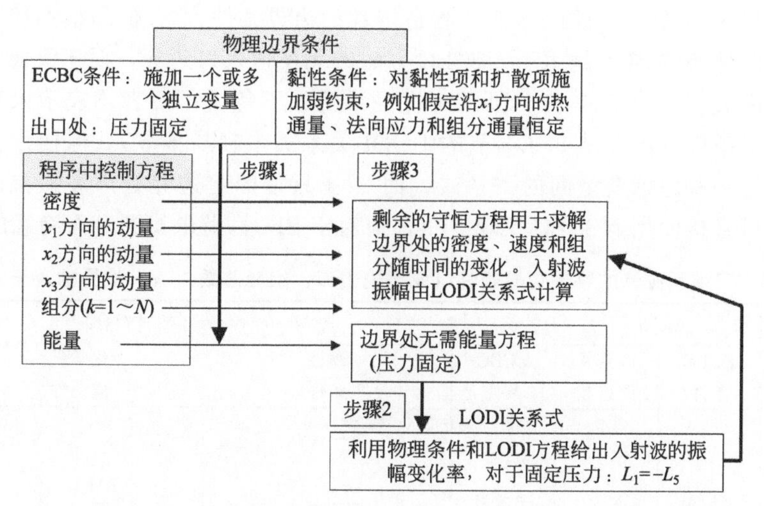

图 9.4　N-S 方程在固定压力出口处的 NSCBC 计算步骤

目前，尚未讨论与 ECBC 条件兼容的黏性条件。在 NSCBC 方法中，物理边界条件(ECBC 和黏性条件) 的数目和选择与相关的理论结果[15,33]相吻合。表 9.3 和表 9.4 总结了只考虑亚声速三维反应流的物理条件。表 9.3 对应于入口边界，表 9.4 对应于壁面和出口边界。为与 N-S 方程对比，表中给出了 Euler 方程的例子。

表 9.3　三维反应流的物理边界条件（亚声速入口，组分的总数为 N，边界垂直于 x_1 轴）

条件	Euler		Navier-Stokes（N 种组分）			
	ECBC 边界条件	边界条件总数	ECBC 边界条件	黏性条件	化学反应条件	边界条件总数
SI-1	u_i,T,Y_k 给定		u_i,T,Y_k 给定	无	无	$4+N$
		$4+N$	$4+N$	0	0	
SI-2	u_i,ρ,Y_k 给定		u_i,ρ,Y_k 给定	$\frac{\partial\tau_{11}}{\partial x_1}=0$	无	$5+N$
		$4+N$	$4+N$	1	0	
SI-3	$u_1-\frac{2c}{\gamma-1}$，u_2,u_3,s,Y_k 给定		$u_1-\frac{2c}{\gamma-1}$，u_2,u_3,s,Y_k 给定	$\frac{\partial\tau_{11}}{\partial x_1}=0$	无	$5+N$
		$4+N$	$4+N$	1	0	
SI-4	无反射波		无反射波	$\frac{\partial\tau_{11}}{\partial x_1}=0$	无	$5+N$
		$4+N$	$4+N$	1	0	

针对入口边界条件，表 9.3 列出了四种可能性。对于第一种条件 SI-1，N-S 方程和 Euler 方程均需要 $4+N$ 个边界条件，包含 u_1、u_2、u_3、T 和 Y_k，其中，N 是化学组分的数量，未知量只有密度 ρ，可通过连续性方程得到，N-S 方程中未出现黏性项。一般情况下，根据

Strikwerda 的建议，需要 $5+N$ 个条件。对于第二种条件 SI-2，Euler 方程是适定的[33]，而 N-S 方程需要提供一个附加黏性条件，即沿边界的法向应力恒定不变[16]。本章后文介绍的大多数测试算例都使用了入口条件 SI-1，需要注意的是，条件 SI-2 与 SI-1 结果相似。

第三种条件 SI-3 是唯一证明 N-S 方程适定性的边界条件[33]，但却很难找到一个兼容的数值条件。第四种条件 SI-4 是用于 NSCBC 方法的无反射入口边界，对于无黏流动，可以固定波幅变化率的关系式。条件 SI-3 和 SI-4 在一维情形下等价，二者均表示入口截面处熵守恒和声波无反射条件（可以从 9.3.3 节的 LODI 关系式中轻易推导），但使用方法却截然不同：SI-3 会指定一些原始变量间的关系式，而 SI-4 只是固定边界处声波振幅的变化率。对于多维流动，可直接使用 NSCBC 实现 SI-4，但对于 SI-3，尚未找到令人满意的方法。

表 9.4 三维反应流的物理边界条件（亚声速出口，组分总数为 N，边界垂直于 x_1 轴）

条件		Euler		Navier-Stokes（N 种组分）			
		ECBC 条件	边界条件总数	ECBC 条件	黏性条件	化学反应条件	边界条件总数
B2	无反射出口	无反射		无反射	$\frac{\partial \tau_{12}}{\partial x_1}=0$ $\frac{\partial \tau_{13}}{\partial x_1}=0$ $\frac{\partial q_1}{\partial x_1}=0$	$\frac{\partial M_{k1}}{\partial x_1}=0$	$4+N$
			1	1	3	N	
B3	部分反射出口	无穷远处的压力		无穷远处的压力给定	$\frac{\partial \tau_{12}}{\partial x_1}=0$ $\frac{\partial \tau_{13}}{\partial x_1}=0$ $\frac{\partial q_1}{\partial x_1}=0$	$\frac{\partial M_{k1}}{\partial x_1}=0$	$4+N$
			1	1	3	N	
B4	亚声速全反射出口	出口处的压力		出口处的压力给定	$\frac{\partial \tau_{12}}{\partial x_1}=0$ $\frac{\partial \tau_{13}}{\partial x_1}=0$ $\frac{\partial q_1}{\partial x_1}=0$	$\frac{\partial M_{k1}}{\partial x_1}=0$	$4+N$
			1	1	3	N	
NSW	等温无滑移壁面			$u_i=0$ T 给定		$M_{k1}=0$	$4+N$
				4	0	N	
ASW	绝热滑移壁面			法向速度为零	$q_1=0$	$M_{k1}=0$	$4+N$
				3	1	N	

表 9.4 给出了出口边界条件，并讨论了无反射（B2）和部分反射（B3）条件。对于反应流 N-S 方程，如 Strikwerda[15] 所述，必须在 Euler 边界条件基础上再增加 $3+N$ 个条件。Dutt 提出了一个不错的建议[16]：添加两个（沿 x_1 方向）切向黏性应力边界条件（对于 $x_1=a$ 处的边界，为 τ_{12} 和 τ_{13}）和一个穿过边界的法向热通量（$q_1=-\lambda\partial T/\partial x_1$），在反应流中，组分 k 通过边界的分子扩散通量 $M_{k1}=\rho\mathcal{D}\partial Y_k/\partial x_1$ 也假定为常数。当黏性系数

和热导率为 0 时，这些条件可以平滑过渡至无黏情形。因此，通过设置边界上沿 x_1 方向的导数项为零，包括 τ_{12}、τ_{13}、q_1 和 M_{k1}，方程(9.7)～方程(9.12) 可以得到数值解。

9.3.6 计算域中的边和角

二维计算域的角处理以及三维计算域的边和角处理都需要进一步拓展 NSCBC 算法。对于边，必须使用特征关系式处理第二个方向（如 x_2），方程(9.7)～方程(9.12) 左侧 $\partial/\partial x_2$ 项可使用沿 x_2 方向的特征波振幅变化率表示，针对 x_2 方向的第二个 LODI 系统可用于推断 x_2 方向不同波的取值，黏性项和反应项也可以通过黏性条件作简单修正。上述方法可以直接拓展至三维模拟的角处理。

对于计算域中边和角处的 NSCBC 方法需要满足兼容性条件。Lodato 等[22] 的工作给出了这些关系式的推导方法，然而，仅靠边界条件的组合无法使问题封闭。例如，无滑移壁面无法和压力出口截面相交，因为压力在壁面上是个浮动量，虽然有时会忽略兼容性条件，但这会导致数值不稳定性。目前，仍有待给出边角处满足兼容性条件的边界条件组合方式，然而，这比以往研究的适定性问题更加困难。

9.4 算例

尽管近期开发的 Euler 边界条件处理方法都会强调特征线的重要性，但实际使用时，主要区别还是在于特征关系式和数值条件的选择上，尤其是在多维流动中，N-S 算例更加复杂。本节通过介绍 NSCBC 方法在以下几种典型情形中的应用，有助于读者深入了解更多细节：

- 速度和温度恒定的亚声速入口（9.4.1 节）(SI-1)
- 速度恒定且无反射的亚声速入口（9.4.2 节）(SI-4)
- 有涡量注入且无反射的亚声速入口（9.4.3 节）(SI-4)
- 无反射的亚声速出口（9.4.4 节）(B2 和 B3)
- 全反射的亚声速出口（9.4.5 节）(B4)
- 等温无滑移壁面（9.4.6 节）(NSW)
- 绝热滑移壁面（9.4.7 节）(ASW)

在图 9.1 中，截面 $x_1=0$ 对应入口边界，$x_1=L$ 对应出口边界。这里不讨论超声速情形，因为它们比亚声速情形更容易分析。为简单起见，这里只考虑单组分，即 $N=1$。

9.4.1 速度和温度恒定的亚声速入口流（SI-1）

最简单的“物理”入口对应于这样一种情形：速度的所有分量（u_1，u_2 和 u_3）、温度 T 和质量分数 Y_k（$k=1,2,\cdots,N$）都是常数且施加于 $x_1=0$ 的边界处。对于三维亚声速反应流，如图 9.1 所示，$4+N$ 个特征波进入计算域中（包括 L_2、L_3、L_4、L_5 和 L_{5+k}），其中一个波(L_1)以 $\lambda_1=u_1-c$ 的速度离开计算域，密度 ρ（或压力 p）必须由流动本身确定。因此，需要 5 个物理边界条件（u_1,u_2,u_3,T 和 Y_1）和 1 个数值边界条件(ρ)，不需要黏性关系式。在对边界上的解进行时间推进时，必须确定跨边界的波振幅变

化率 L_i。只有离开计算域的波 L_1 可以由内部点计算，而其他波的信息由 NSCBC 算法给出：

步骤 1 入口速度 u_1、u_2 和 u_3 固定，则消去方程(9.9)～方程(9.11)。固定入口温度，则消去能量方程(9.8)。给定反应物质量分数 Y_1 可以消去方程(9.12)。唯一剩下的方程是连续性方程(9.7)。L_1 可以在这一步确定。

步骤 2 当入口速度 u_1 固定时，由 LODI 关系式(9.22) 给出进入计算域的声波 L_5 表达式

$$L_5=L_1 \tag{9.36}$$

当入口温度固定时，LODI 关系式(9.26) 结合式(9.36) 可以给出熵波振幅 L_2 的一个估值：

$$L_2=\frac{1}{2}(\gamma-1)(L_5+L_1)=(\gamma-1)L_1 \tag{9.37}$$

LODI 关系式(9.23)～式(9.25) 表明

$$L_3=L_4=L_{5+k}=0 \tag{9.38}$$

步骤 3 密度 ρ 由方程(9.7) 得到

$$\frac{\partial\rho}{\partial t}+d_1+\frac{\partial}{\partial x_2}(\rho u_2)+\frac{\partial}{\partial x_3}(\rho u_3)=0 \tag{9.39}$$

其中，d_1 由式(9.13) 给出

$$d_1=\frac{1}{c^2}\left[L_2+\frac{1}{2}(L_5+L_1)\right]=\frac{1}{c^2}\gamma L_1 \tag{9.40}$$

最终，L_1 在步骤 1 中确定，L_2 和 L_5 在步骤 2 中确定。仅使用 $4+N$ 个 ECBC 条件，未使用黏性条件，而 Strikwerda[15] 则认为必须要有 $5+N$ 个物理条件，但是目前的选择较为特殊，对于 Euler 方程和 N-S 方程而言，唯一的未知变量 ρ 均通过连续性方程得到。

9.4.2 速度恒定且无反射的亚声速入口流（SI-4）

当声波向上游传播并与入口流相互作用时，采用类似于 9.4.1 节的可压缩流动固定入口速度可能不够，如第 8 章所述，在截面处固定速度会导致入射波的全反射。在实验中，入口截面不一定是声波的速度节点。能够在维持“目标”速度（u^t、v^t、w^t）和“目标”温度 T^t 边界条件的同时还可以作为部分反射段才是一种有用的边界条件。这种情形下，入口速度和温度虽不会严格等于目标值，但会非常接近。通过在入口处设置以下波的表达式，可以简单实现

$$L_3=\sigma_3(v-v^t),\quad L_4=\sigma_4(w-w^t),\quad L_5=\sigma_5(u-u^t),\quad L_2=\sigma_2(T-T^t) \tag{9.41}$$

通过调整松弛参数 σ_i 可以匹配入口段的声阻抗：当这些参数为 0 或较小时，入口表现为一个无反射界面，向入口传播的声波无反射，但不能保证目标速度；随着计算的进行，入口速度会出现偏移；当 σ_i 参数较大时，可以保证目标速度，但入口段会发生反射，如 9.4.1 节中所述；当 σ_i 参数处于中间值时，入口速度均值和温度均值会围绕目标值振荡，但可以使声波以较少的反射通过入口传播。系数 σ_i 表征整个供给入口流的系统响应，需要针对具体问题做出调整。

9.4.3 有涡量注入且无反射的亚声速入口流

当目标不仅是将入口流速度维持在固定值附近，还要在同一截面处注入一个非稳态的涡量信号时，9.4.2节中讨论的问题变得更加困难。在很多算例中，都需要在入口处维持低水平反射的同时注入湍流，如在射流噪声[35-37]或燃烧器不稳定性的模拟中[38-40]，进入计算域的流动必须包含可解的湍流组分（满足频谱和能量分布要求），还需要保证反射到入口处的声波不能在这个边界上再次反射（图9.5）。如果燃烧器中产生的声波在入口处反射并与流动再次作用，整个系统会进入自激振荡状态。

对于这类问题，要么严格施加一个非稳态的入口信号，要么使声波穿过入口而无反射，需要在两者之间做出取舍❶。例如，当设置入口平面处的速度 $u(x,y,z,t)$ 在每一时刻都精确等于 $U^t(x,y,z,t)$（对应于注入的瞬时湍流信号）时，可以确保在入口处注入合适的湍流，但会使声波发生全反射，因为入口速度与向外传播的波无关。另外，使入口截面为无反射边界也可能导致入口速度偏离目标值。

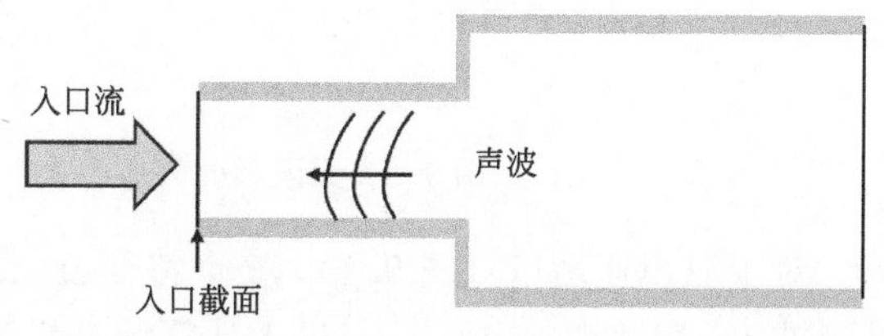

图9.5 “无反射”入口，必须注入湍流，但声波必须能够以有限的声波反射率通过入口离开计算域[23]

根据Prosser[21,41]的低马赫数分析，Guezennec和Poinsot[23]直接将NSCBC推广至涡量脉动注入的情形（被称为VFCBC）。如果目标速度❷为 U^t，对应于一个涡旋（均匀各向同性湍流），声波振幅变化率应当设置为

$$L_3=\sigma_3(v-\bar{v}^t),\quad L_4=\sigma_4(w-\bar{w}^t),\quad L_2=\sigma_2(T-\bar{T}^t) \tag{9.42}$$

$$L_5=\sigma_5(u-\bar{u}^t)-\rho c\frac{\partial U^t}{\partial t} \tag{9.43}$$

其中，上划线表示目标速度 U^t 分量的时间平均。需要注意的是，如果注入纯声信号（与涡量无关），式(9.43)应当写成 $L_5=-2\rho c\partial U^t/\partial t$。Guezennec和Poinsot[23]通过不同的例子讨论并验证了系数2的产生原因，如有兴趣，可参考文献[23]。

9.4.4 无反射的亚声速出口流（B2和B3）

如第8章所述，在使用反射边界条件的可压缩流中，声波会导致收敛时间变长。无反射边界条件可以使声波离开计算域，但需谨慎处理。首先，建立一个无反射条件可能会导致不适定问题。例如，考虑一个管道流动（图9.6），入口处施加速度和温度边界条件，如果计算域出口处为“无反射”边界条件，则如何确定流场的平均压力呢？物理上而言，这个信息是通过声波在出口处因外部流场（静压 p_∞ 在无穷远处给定）而反射回计算域内来传递的，如果出口处的局部压力 p 与 p_∞ 不同，则反射波会使 p 更接近 p_∞。在无反射条件下，该信息不会反馈到计算域中，问题会变得不适定，进而导致平均压力漂移[30-31,42]。NSCBC方法

❶ 这个问题主要出现在完全可压缩算法中，在不可压或低马赫数形式中不会出现，因为不考虑声波计算，这是可压缩代码一个明显的缺点，也是可压缩求解器求解流动时的一个真正的难题。

❷ 这个非稳态信号 U^t 必须单独产生，对应进入计算域的涡旋，或合成湍流[43-44]。

中提出的处理原则（条件 B3）是通过修正边界条件，使声波只发生部分反射，进而控制平均压力水平。

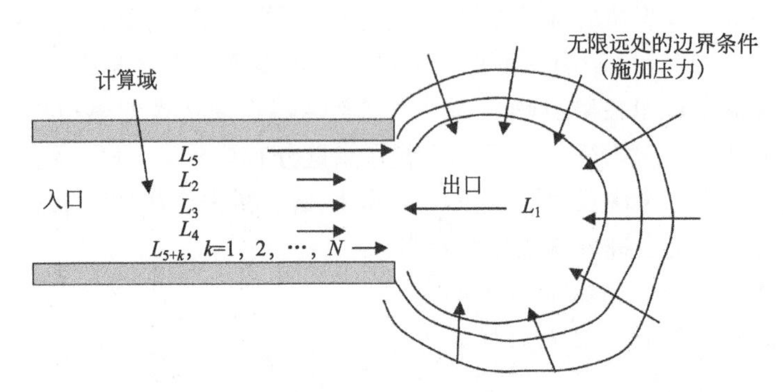

图 9.6 无限远处的边界条件对计算域中平均压力的影响

对于亚声速出口（图 9.1），5 个特征波 L_2、L_3、L_4、L_5 和 L_6 会离开计算域，只有特征波 L_1 以速度 $\lambda_1=u_1-c$ 进入计算域。无穷远处的平均静止压力 p_∞ 必须包含在边界条件中，以保证问题的适定性。一种简单的方法是将入射波的振幅变化率 L_1 与压差 $p-p_\infty$ 关联起来：

步骤 1 仅施加一个物理边界条件，即固定无穷远处的压力。该条件不会固定边界上的任何因变量，因此，所有守恒方程(9.7)～方程(9.12) 都必须保留。

步骤 2 入射波的幅值变化率 L_1 指定为

$$L_1=K(p-p_\infty) \tag{9.44}$$

如果出口压力不接近 p_∞，反射波会通过出口进入计算域中，从而使平均压力接近 p_∞。当 $K=0$ 时，式(9.44) 将反射波的振幅设置为 0，这对应于无反射条件。Rudy 和 Strikwerda[30] 提出了常数 K 的形式：

$$K=\frac{\sigma(1-\mathcal{M}^2)c}{L} \tag{9.45}$$

式中，$\mathcal{M}$是流场的最大马赫数，L 为计算域的特征尺寸，σ 为常数。太小的 σ 值可能会导致平均压力发生偏移，但太大的 σ 值又会带来边界的高水平反射。Selle 等的研究结果[45] 表明，使用式(9.44) 定义的边界反射系数 $R(\omega)=1/(1+(2\omega/K)^2)^{1/2}$。太大的 σ（或 K）会产生接近单位 1 的 $R(\omega)$值，必须加以避免。Selle 等[45] 最终提出的避免平均压力偏移和高反射系数的 σ 取值范围为 $0.1<\sigma<\pi$❶。

对于一些简单问题，可以确定（如通过渐进方法）L_1 的一个精确值 L_1^{exact}，式(9.44) 写为

$$L_1=K(p-p_\infty)+L_1^{\text{exact}} \tag{9.46}$$

第二项保证了边界两侧导数的精确匹配，而第一项可以使平均值维持在 p_∞附近。在实践中，式(9.44) 一般不使用附加项。对于黏性流动（表 9.4），边界处会设定切向应力 τ_{12}、τ_{13}，法向热通量 q_1 和通过边界 $x_1=L$ 的恒定通量组分 M_{11} 为常值。

步骤 3 对于所有 L_i，当 $i\neq1$ 时，可以通过计算域内部点估算。L_1 由式(9.44) 给出，通过方程(9.7)～方程(9.12) 对边界上的解进行时间推进。

---

❶ 这个范围与 Rudy 和 Strikwerda[30,31] 得到的其他结果一致，为确保适定性为 σ 求出一个 0.27 左右的最优值，但却发现 $\sigma=0.58$ 在实践中提供了更好的结果。

9.4.5 全反射的亚声速出口流（B4）

在特定情况下，对边界处施加一个声波全反射的边界条件可能更有意义。对出口施加ECBC条件（如恒压或恒速）会引起波的全反射，这里考虑出口处静压恒定的情形（条件B4）。

步骤1 出口压力固定，不需要能量方程(9.8)。

步骤2 LODI关系式(9.21)表明反射波的振幅变化率应为$L_1=-L_5$。根据表9.4，还需要施加恒定的切向应力和法向热通量。对于反应流，另外需要施加恒定的组分扩散通量。

步骤3 对于L_i，当$i\neq 1$，可以由内部点估算，L_1由$L_1=-L_5$给出，利用方程(9.7)～方程(9.12)可以得到边界下一个时间步的u_1、u_2、u_3、ρ和Y_1。

9.4.6 等温无滑移壁面（NSW）

在等温无滑移壁面（NSW）上，只需给定温度，无须指定速度分量。无应力关系式和热通量关系式，反应物的组分通量M_{11}设为0。

步骤1 固定速度u_1、u_2和u_3，无需方程(9.9)～方程(9.11)。给定温度，消去能量方程(9.8)。

步骤2 LODI关系式(9.22)表示反射波的振幅变化率为$L_1=L_5$。特征波振幅变化率L_2、L_3、L_4和L_6为0，法向速度u_1为0［见式(9.13)和式(9.16)～式(9.19)］。

步骤3 L_5可以通过计算域内部点计算，L_1通过式(9.7)～式(9.12)得到$L_1=L_5$，密度ρ通过对方程(9.7)积分得出，反应物质量分数Y_1由方程(9.12)得到。

需要注意的是，在步骤3中要定义壁面处的反应物通量$M_1=0$，需要估算守恒方程(9.12)中的反应物通量导数$\partial M_{11}/\partial x_1$。对于二阶格式，考虑到$M_{11}|_{x_1=L}=0$，这个通量可以简单近似为

$$\left.\frac{\partial M_{11}}{\partial x_1}\right|_{x_1=L}=-\frac{1}{\Delta x_1}M_{11}\bigg|_{x_1=(L-\Delta x_1)} \tag{9.47}$$

式中，Δx_1是边界附近的网格尺寸。

9.4.7 绝热滑移壁面（ASW）

绝热滑移壁面只需要一个ECBC条件来表征，即壁面处的法向速度为0。黏性关系式对应于通过壁面的反应物扩散通量、切应力和通过绝热壁面的热通量均为0。由于法向速度为0，根据式(9.16)、式(9.17)和式(9.19)，L_2、L_3、L_4和L_6的振幅变化率为0，波L_5通过壁面离开计算域，而反射波L_1进入计算域（图9.1中位于$x_1=L$的壁面）。

步骤1 垂直于壁面的速度u_1为0，不需要方程(9.9)。

步骤2 LODI关系式(9.22)表明反射波的振幅变化率应为$L_1=L_5$。

步骤3 L_5通过计算域内部点计算得到，并将L_1设为L_5。在壁面处反应物扩散通量M_1、切向黏性应力τ_{12}、τ_{13}以及法向热通量q_1沿x_1方向的导数通过壁面处的黏性条件计算得到，即$M_1=0$，$q_1=0$，$\tau_{12}=\tau_{13}=0$，如前一节所述的M_{11}。其余变量（u_2、u_3、ρ、Y_1、T）由方程(9.7)～方程(9.12)中除方程(9.9)以外的方程积分得到。

9.5 在稳态无反应流中的应用

第一个测试算例是受限空间内的无反应稳态层流剪切层［图 9.7(b)］。虽然这里给出的所有结果都与时间有关，但稳态解会提供一些很有意义的测试结果。在下面模拟中，有必要使用高阶有限差分格式[1]（时间域为三阶精度，空间域为六阶精度）来研究边界条件的影响，因为低阶格式会抹平边界引入的问题，并且隐藏一些潜在缺陷，计算域的入口和壁面处使用 NSCBC 处理方法。

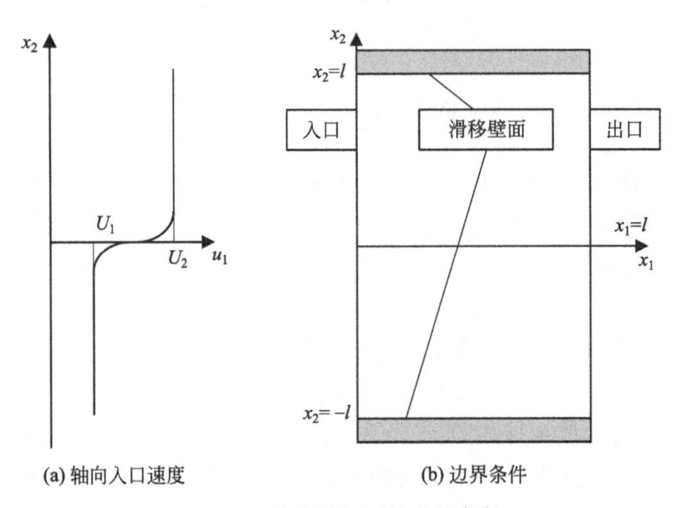

图 9.7　约束剪切层的边界条件

侧面边界（$x_2=-l$ 和 $x_2=l$）为绝热滑移壁面（ASW），在入口（$x_1=0$）处，温度恒定（$T=T_{in}$），横向速度 u_2 等于 0，轴向速度 u_1 使用双曲线切向分布来定义［图 9.7(a)］：

$$u_1(0,x_2,t)=\frac{U_1+U_2}{2}+\frac{U_2-U_1}{2}\tanh\frac{x_2}{2\theta} \tag{9.48}$$

式中，U_1 和 U_2 是剪切层两侧的远场速度，θ 是入口的动量边界层厚度。入口压力和密度可通过 9.4.1 节中 NSCBC 方法的条件 SI-1 获得。初始条件通过设置流场中每个位置 x_1 处的速度分布和温度分布与入口截面处相同得到。

对于无反应的管道剪切层，测试出口截面（$x_1=l$）处四组不同的边界条件：

B1 条件——由 Rudy 和 Strikwerda[30] 提出，基于部分外推法（对于速度和密度）和 Riemann 不变量（对于压力），其中，将 Riemann 不变量作为参考值。考虑到很多程序都会使用外推法，压力可以通过无反射条件得到

$$\frac{\partial p}{\partial t}-\rho c\frac{\partial u_1}{\partial t}+K(p-p_\infty)=0 \tag{9.49}$$

其中，$K(p-p_\infty)$项类似于 9.4.4 节在 NSCBC 形式中引入的修正项：$K=\sigma'(1-\mathcal{M}^2)c/L$，$\sigma'=0.58$。这种方法和 NSCBC 方法的主要区别在于参考法使用外推法（对于速度和密度）以及在能量方程中引入修正项 $K(p-p_\infty)$，而 NSCBC 方法未使用外推法，引入的修正项也是针对入射波的振幅变化率 L_1［式(9.44)］。

B2 条件——$\sigma=0$ 时的 NSCBC 形式，对应于无反射边界条件（9.4.4 节）。

B3 条件——修正的无反射 NSCBC 形式，$\sigma\neq0$（9.4.4 节）。

B4 条件——对应于一个反射出口，静压维持在常数 p_{∞}，使用 9.4.5 节中描述的 NSCBC 方法。

计算参数如下：

$$U_2/c=0.9,\quad U_1/c=0.81,\quad Re=U_2L/v=2000,\quad \theta/L=0.025$$

图 9.8～图 9.11 给出了入口流量和出口流量随时间的变化曲线，流量通过初始入口密度 ρ_{in}、声速 c 和管道半宽 L 进行无量纲化处理。当无量纲时间 $ct/L=50$ 时，流动以平均速度$(U_1+U_2)/2c=0.85$ 进行了 40 个以上的对流行程，从而足以使流场达到稳态。

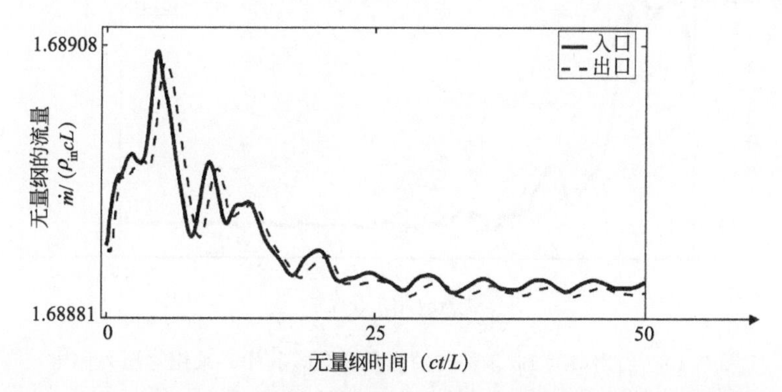

图 9.8　当 $\sigma'=0.58$ 时，出口为 B1 条件和压力条件(9.49) 时的流量变化

图 9.8 显示了使用边界条件 B1 得到的结果。结果表明，这种条件能够使波穿过出口界面，并且在无量纲时间为 30 之前运行良好；如果继续计算，则不能收敛到稳态，入口流量和出口流量会出现振荡，振荡振幅是初始条件和计算开始时产生的波的函数。

图 9.9 给出了边界条件取无反射条件 B2 时的结果。在这种情况下，波很快被抹平，但解未收敛。虽然压力场和温度场很平滑，对应的结果合理，但计算域内的平均压力会线性减小。入口流量和出口流量会因平均压力下降而减小，最终未收敛至稳态。在该算例中，由于没有使用计算域内平均压力水平的控制措施[1]，无反射边界条件下的 N-S 方程是不适定的。

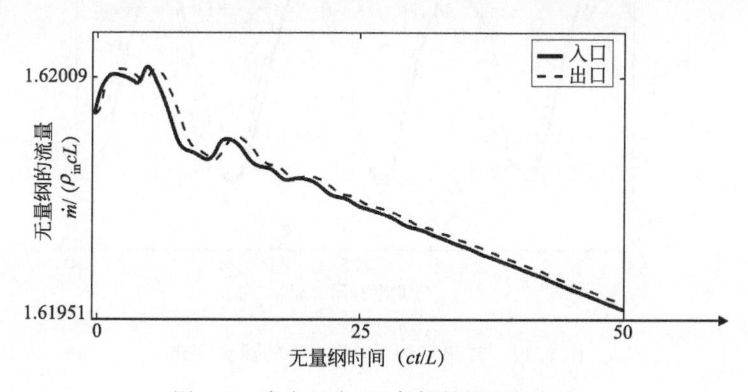

图 9.9　当出口为 B2 条件时的流量变化

[1] Rudy 和 Strikwerda 在平板边界层计算中未出现这些问题，主要是由于使用了 MacCormack 格式的缘故。这种格式会引入人工耗散，通过算法就可以抑制图 9.8 中出现的振荡。当使用无耗散的算法时，由出口处的外推法引起的误差就不会被耗散。

图 9.10 给出了基于修正的无反射条件 B3 的结果，其中，参数 $\sigma=0.15$。在这种情况下，波被抹平，解在无量纲时间 $ct/L=25$ 之后收敛到稳态，平均压力收敛到一个常值，最终入口流量和出口流量相等。另外，对参数 σ 取不同值时的结果进行测试，包括 σ 等于 0.08、0.15 和 0.25。结果发现，当 $\sigma=0.08$ 时，解会发生偏移，类似于图 9.9 中 $\sigma=0$ 时的结果，相比之下，σ 取另外两个值时会得到合理的结果，且结果几乎相同。当 σ 超过某个极限时（这里是 $\sigma\approx0.7$），会导致严重的流动振荡，而 σ 的最优值非常接近 Rudy 和 Strikwerda 理论推导出的 σ' [式(9.49)]。

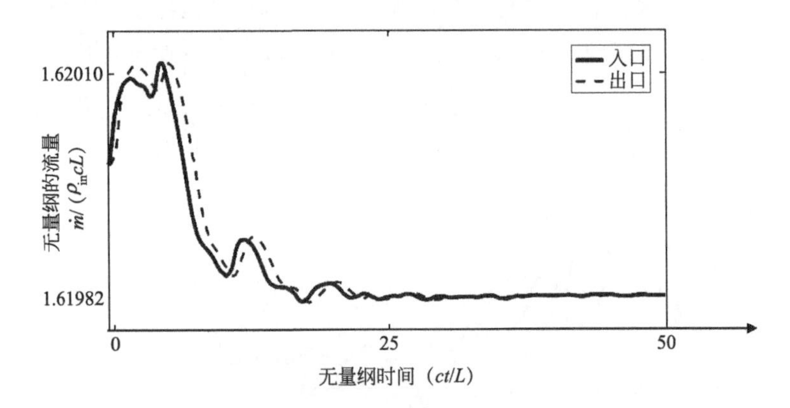

图 9.10 当出口为 B3 条件时的流量变化，其中，采用对压力作出修正的无反射 NSCBC 算法，$\sigma=0.15$

最后，使用全反射出口边界（条件 B4）得到的解如图 9.11 所示。在这种情况下，由于系统的一阶纵向声模态不能离开计算域，算例未达到稳态。这种模态在较长时间后仍能存在，只能被黏性耗散抑制。它的周期 t_o 可以用管道长度 L 和平均马赫数 $\mathcal{M}=0.85$ 来估算，即 $ct_o/L=4/(1-\mathcal{M}^2)\simeq14$。该情形在 8.2.12 节中有所介绍，声能会因其通量在所有边界上都是零而守恒。

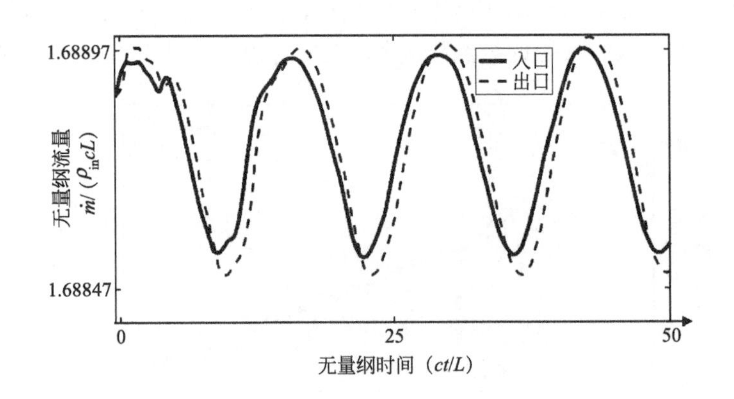

图 9.11 当出口为 B4 条件时的流量变化

图 9.8～图 9.11 表明，稳态解是否存在与出口处使用的边界条件有关。虽然使用参考法会得到图 9.8 中类似的小振荡，但使用无反射 NSCBC 方法会遇到图 9.9 中的小幅均值偏移，这也阐明了这类处理方法的缺陷。此外，即便使用如图 9.11 中正确的出口条件 B4，如果允许波在边界上反射，也可能无法得到稳态解。

9.6 在稳态层流火焰中的应用

第二个测试算例是稳态反应剪切层。如图 9.12 所示，剪切层的上侧供给高温燃气，下侧是未燃预混反应物。预混火焰以层流火焰速度向未燃流场传播。

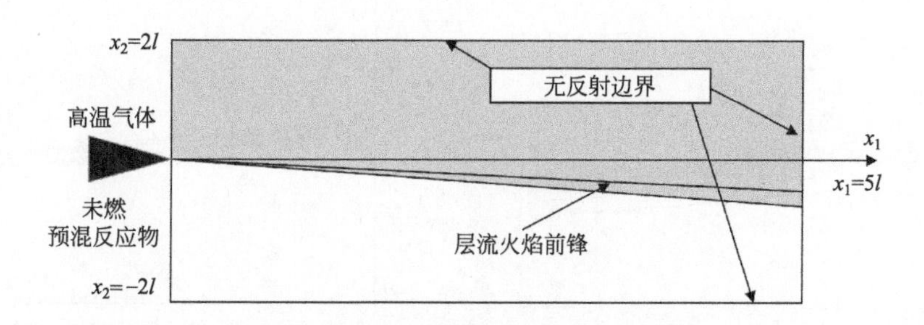

图 9.12　反应剪切层的构型和边界条件

如图 9.13(a) 所示，轴向入口速度分布为常数，横向入口速度设为 0。温度分布和反应物质量分数分布分别如图 9.13(b) 和图 9.13(c) 所示，对应于一个层流火焰由上向下传播，在入口之后预混反应物被点燃，火焰以恒定的角度向未燃气体传播。

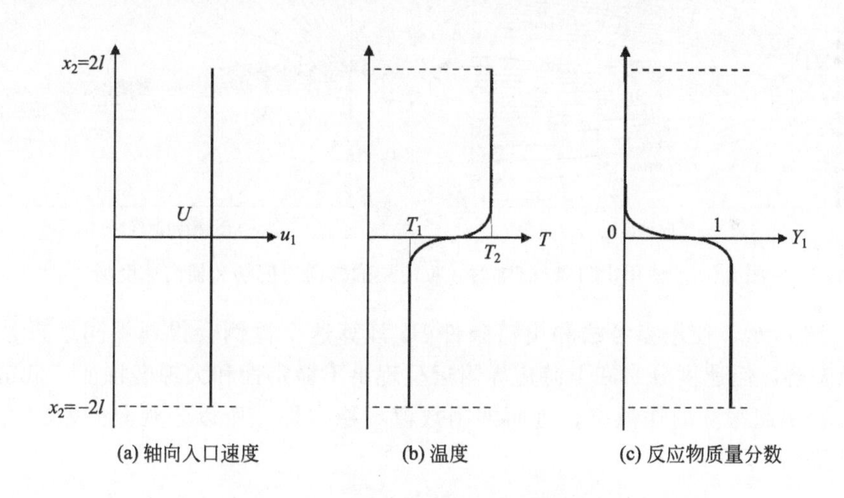

图 9.13　反应剪切层的入口参数分布

使用类似于式(2.37) 的单步反应模型表示化学反应过程，计算参数如下：

$$Le=1,\quad \alpha=0.6,\quad \beta=8,\quad U/c_1=0.2,\quad Re=Ul/\nu_1=230 \tag{9.50}$$

式中，α 和 β 分别表征热释放和活化能［式(2.38)］。通过调整指前因子 A 可使层流火焰速度为 $s_L^0/c_1=0.01$。计算域初始场参数分布设置与入口处相同，在 $t=0$ 时，火焰位于计算域的中心线上，并开始向未燃气体传播。

在入口处使用条件 SI-1 固定速度和温度（9.4.1 节），而其他三个边界（侧边和出口处），采用 9.4 节中给出的边界条件 B1（参考法）或 B3（部分反射 NSCBC 方法）设置为无反射边界。

如图 9.14(a) 所示，当使用出口条件 B3 时，系统会在无量纲时间为 60 之后达到稳态，该时间大致对应于从入口到出口的三个对流行程（速度 $u/c=0.2$）。计算过程中未出现数值不稳定，火焰穿过出口边界时也未受到扰动。反应速率场也出现相似结果［图 9.14(b)］。图 9.15 给出了纵向速度场和横向速度场，所有速度都由入口流速 U_1 进行无量纲化处理。由于火焰前锋处的密度梯度，火焰会自动产生剪切流。最大纵向速度可达 $1.08U_1$。

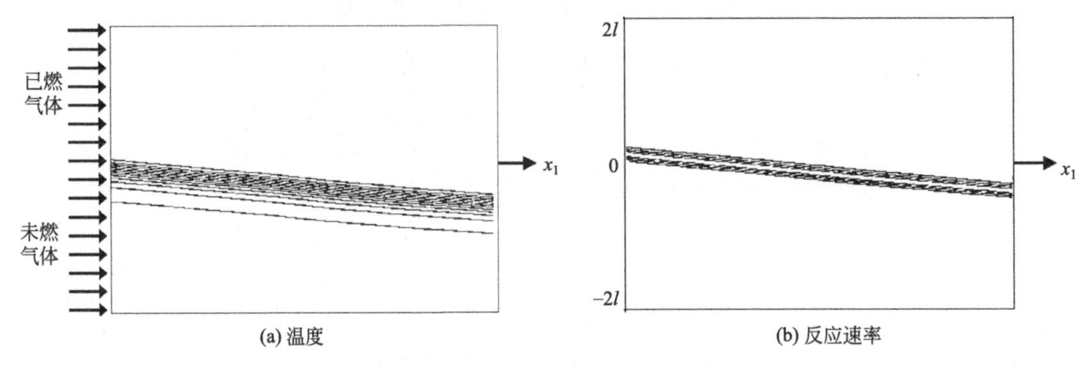

(a) 温度　　(b) 反应速率

图 9.14　使用出口条件 B3 时，反应层的温度和反应速率

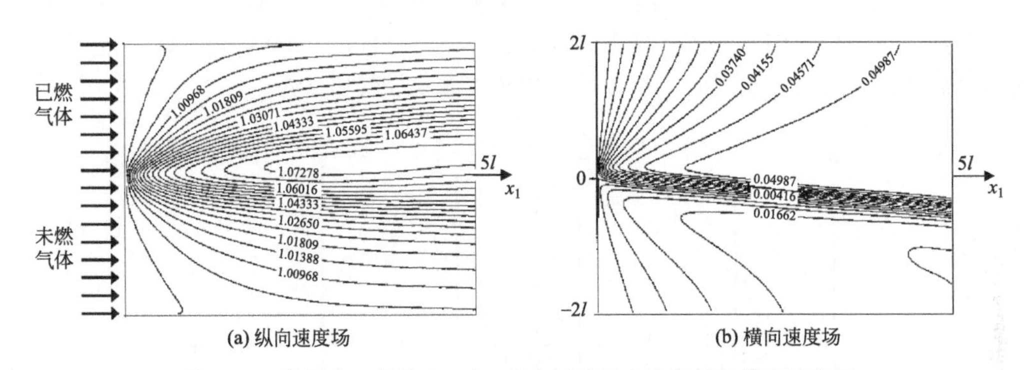

(a) 纵向速度场　　(b) 横向速度场

图 9.15　使用出口条件 B3 时，反应层的纵向速度场和横向速度场

如图 9.16 所示，使用参考法和出口条件 B1 计算这个算例会得到不同结果。二者虽然都会得到稳态解，但速度分布在下游边界附近呈现出不稳定性和大梯度特征。低雷诺数流动（$Re=230$）会引起很高的耗散率，进而抑制数值不稳定性，所以未观测到数值发散，但是解的质量很差。

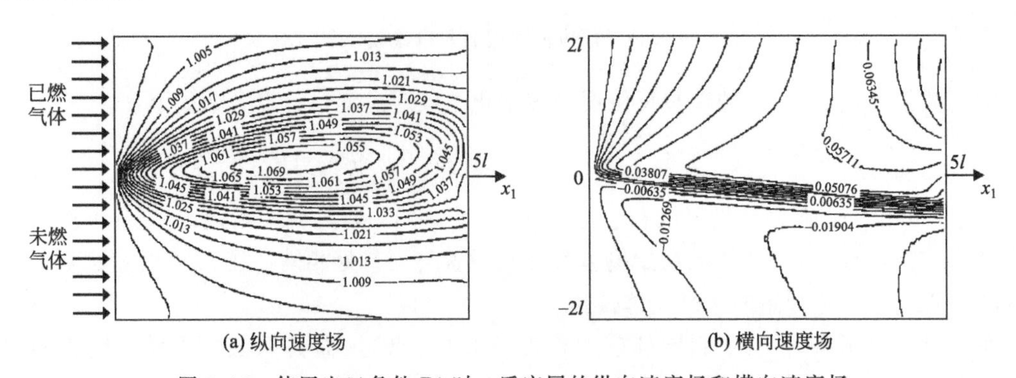

(a) 纵向速度场　　(b) 横向速度场

图 9.16　使用出口条件 B1 时，反应层的纵向速度场和横向速度场

9.7 非稳态流动与数值波控制

9.7.1 物理波和数值波

类似于真实世界中声波可以在流体中传播，波也可以在数值程序中传播：声波、涡波和熵波都属于“波”，必须在数值模拟中被捕捉到。在计算波时，数值模拟通常会面临两个问题，且这两个问题都与边界条件的处理相关：

① 在大部分程序中，波都没有以正确的速度传播，由此带来“色散”误差，并且当数值格式的空间阶数比较低时，“色散”误差会迅速增大。

② 非物理波（“幽灵”）在真实世界中并不存在，而是在空间离散中由求解器产生，这些虚拟的非物理波对边界条件十分敏感。

通过研究速度为 V 的一维简单无黏对流方程算例，有助于理解波在计算程序中的传播速度：

$$\frac{\partial f}{\partial t}+V\frac{\partial f}{\partial x}=0 \tag{9.51}$$

如果这一方程的初始条件为 $f(x,t=0)=A\exp(\mathrm{i}kx)$，则解会维持其形态以速度 V 平移：$f(x,t)=A\exp(\mathrm{i}k(x-Vt))$。使用步长为 Δx 的网格对方程进行离散，使用空间二阶差分格式($\partial f/\partial x_j=(f_{j+1}-f_{j-1})/(2\Delta x)$)，方程解的解析形式可表示为 $f(x,t)=F\exp(\mathrm{i}kx)$，其中 F 是关于时间的函数，满足方程(9.51)

$$F'\mathrm{e}^{\mathrm{i}kx}+VF\frac{\mathrm{e}^{\mathrm{i}k(x+\Delta x)}-\mathrm{e}^{\mathrm{i}k(x-\Delta x)}}{2\Delta x}=0 \tag{9.52}$$

结合初始条件 $f(x,t=0)=A\exp(\mathrm{i}kx)$，可以得出

$$F(t)=A\mathrm{e}^{-\mathrm{i}V\frac{\sin(k\Delta x)}{\Delta x}t}\longrightarrow f(t)=A\mathrm{e}^{\mathrm{i}k\left(x-V\frac{\sin(k\Delta x)}{k\Delta x}t\right)} \tag{9.53}$$

式(9.53) 表明，离散解对应于波的传播速度为 $V(k)$，与真实平均速度 V 不相等。对于这里采用的二阶中心格式，$V(k)$不是一个常数，而是与空间波数 k 有关：

$$V(k)=V\frac{\sin(k\Delta x)}{k\Delta x} \tag{9.54}$$

真实方程能保证所有波以速度 V 传播，但数值求解器使波的传播速度与波数有关。因此，数值流场具有“色散”特性（而物理问题不是）。图 9.17 显示了 $V(k)$随波数 k [图(a)] 和一个空间周期内所用的离散点数 $N_{\mathrm{period}}=2\pi/(k\Delta x)$ [图(b)] 的变化。即便使用10个点来离散一个波长，波速的误差也很大（10%）。然而，需要注意的是，这个空间中心格式不会引入任何耗散，因此在式(9.53) 中，初始信号的振幅 A 守恒。使用任何迎风格式或人工黏性都会引起附加耗散，这是另一个不利特性。在 LES 中，总会存在一些尺度（通常是涡）的波长与网格尺寸量级相当，对于这些尺度，使用低阶空间格式必将引入很大的误差。

对于高保真模拟而言，二阶离散容易导致色散流：涡波、声波和熵波不会以正确的物理速度传播。上述经典结论是模拟时常使用高阶格式的一个原因，因为高阶格式能提供很好的色散特性[1,3]。

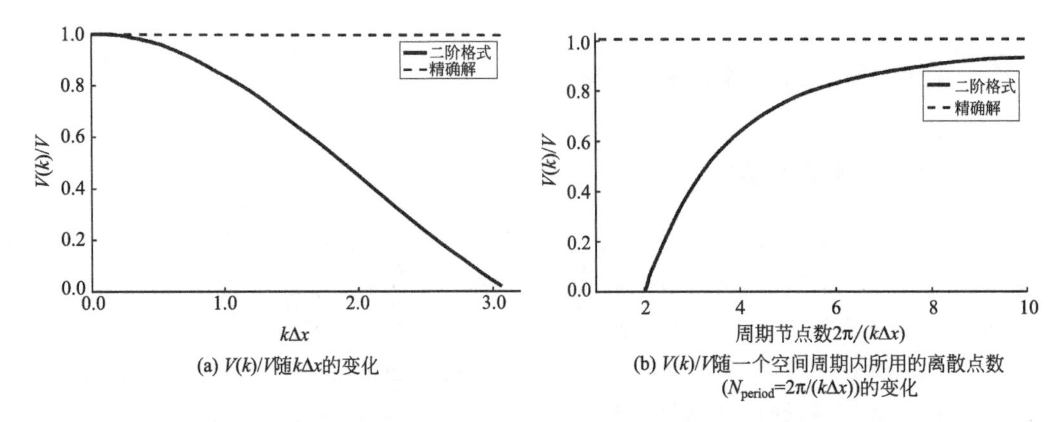

图 9.17 二阶求解器中波的传播速度与方程(9.51)的物理速度比值

Vichnevetsky 和 Bowles[7] 研究表明，离散方程的色散特性还有另一层含义，即所有波会以不同速度移动，因此波包也可以传播，从而形成一些非物理波（“幽灵”），且这种波仅存在于数值求解器中。波包是一种波长较短的振荡（对应大波数 k），受波长较长的波包络（对应小波数 γ）调制而形成的一种数值振荡［图 9.18(a)］，在计算过程中以“摆动”形式出现，会严重影响程序的精度。为解决这一问题，大部分 CFD 代码会选择增加黏度，如人工黏性或湍流黏性。在最差情形下，波包甚至会导致结果完全发散。一般情况下，它也可能在未明确警告的情形下存在并改变结果，如下所述。

在一些文献[7,46] 中，可以找到数值波的详细理论背景，这里只给出一些很重要的结论。首先，回顾一下波包的群速度推导[7]。考虑方程(9.51)的一个波包解，由一个波数为 k 的高频正弦波组成，并被低频包络 ϕ 调制 $f=\phi(x,t)\exp(\mathrm{i}kx)$［图 9.18(a)］。包络 $\phi(x,t=0)$可以用 Fourier 级数展开，即 $\phi=\sum_\gamma a_\gamma \exp(\mathrm{i}\gamma x)$，于是初始函数为

$$f(x,t=0)=\sum_\gamma a_\gamma \mathrm{e}^{\mathrm{i}(\gamma+k)x} \tag{9.55}$$

式中，$\gamma \ll k$。由于正弦波的传播速度由式(9.54)给出，那么 t 时刻的数值解可以写为

$$f(x,t)=\sum_\gamma a_\gamma \mathrm{e}^{\mathrm{i}(\gamma+k)(x-V(\gamma+k)t)} \tag{9.56}$$

其中，$V(\gamma+k)$由式(9.54)给出。由于 $\gamma<k$，对式(9.56)进行线性化处理，可得出 $f(x,t)$的一个简洁表达式

$$f(x,t)=\sum_\gamma a_\gamma \mathrm{e}^{\mathrm{i}\gamma(x-\mathcal{V}_g t)}\mathrm{e}^{\mathrm{i}k(x-V(k)t)} \tag{9.57}$$

式中，$\mathcal{V}_g$ 是群速度：

$$\mathcal{V}_g=\frac{\mathrm{d}}{\mathrm{d}k}(kV(k)) \tag{9.58}$$

式(9.57)表明，数值解对应于波数为 k 的正弦波以速度 $V(k)$传播，包络速度$\mathcal{V}_g$ 且无变形。对于二阶格式，$V(k)$由式(9.54)简单给出，因此，群速度 $\mathcal{V}_g=V\cos(k\Delta x)$。当 $k\Delta x<\pi/2$，或者一个波长的节点数小于 4，波包的群速度都为负值［图 9.18(b)］。换句话说，当求解一个波包的正弦信号时，如果一个波长内的节点数小于 4，则波包都会向错误的方向传播。例如，声波会以声速传播，但方向与真实可解的波相反。显然，这将导致错误的结果。

Vichnevetsky 和 Bowles[7] 使用群速度$\mathcal{V}_g$ 的正负来定义物理波和数值波（图 9.19）：

物理波 “p”—— 群速度为正，波长较长，对应于 N-S 方程的有效物理解。

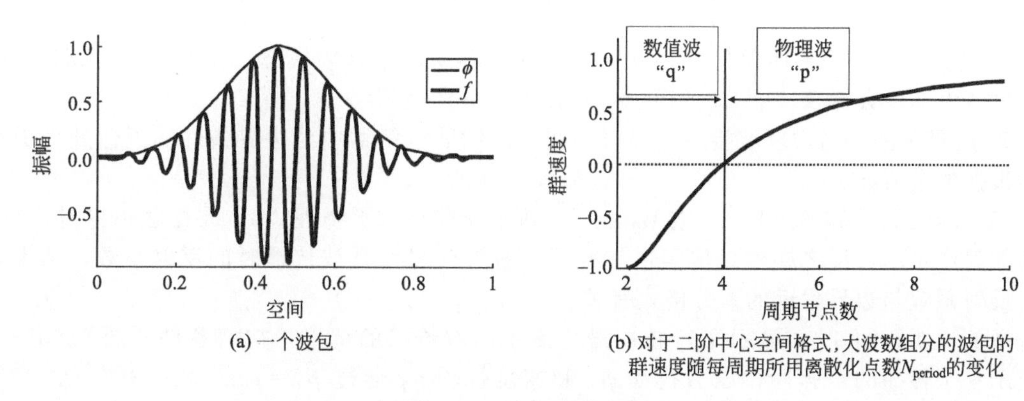

(a) 一个波包

(b) 对于二阶中心空间格式，大波数组分的波包的群速度随每周期所用离散化点数N_{period}的变化

图 9.18 波包的群速度

数值波 "q"—— 群速度为负，波长较短，通常小于 4 倍网格尺寸，由数值离散过程引起的人为现象，以较高的速度传播，通常与物理速度方向相反，因为在一般情况下，对于较短的波长，$\mathcal{V}_g/V$ 会变成负值。

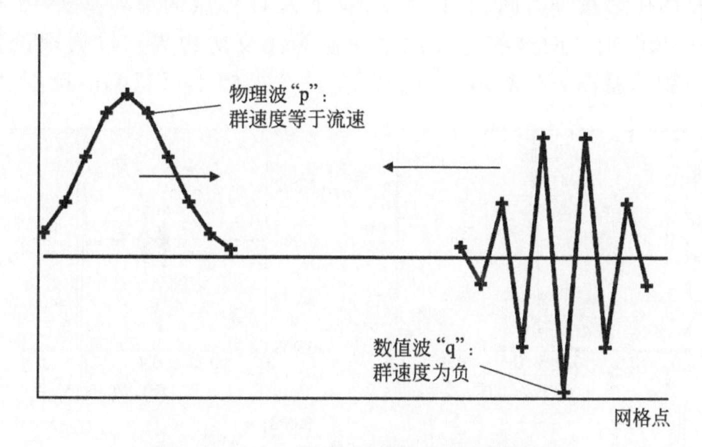

图 9.19 中心格式中的物理波和数值波

当"锯齿"振荡（也被称为"摆动"）的波长等于 $2\Delta x$ 时，$\mathcal{V}_g/V$ 达到最小值。如图 9.18(b) 所示，当 $N_{period}=2$ 时，二阶中心格式会产生最小群速度$\mathcal{V}_g$，即$\mathcal{V}_g=-V$。增加格式精度会增大摆动的$\mathcal{V}_g$ 幅值（表 9.5）。在一维可压缩流动中，"q" 波可以出现在以下三个波中任意一个：对流波（$V=u$）或声波（$V=u\pm c$）。当"q" 波与声波相关时，传播速度会非常快（表 9.5）。使用六阶空间格式时，群速度为$-13/3c$，即便在超声速流中，这种波也能向上游传播。

表 9.5 全时间推进情形下典型（中心）格式的摆动群速度（$N_{period}=2$ 或 $k\Delta x=\pi$）[7,47]

空间格式	群速度/物理速度($\mathcal{V}_g/V$)
二阶	-1
紧凑型四阶	-3
紧凑型六阶	$-13/3$
谱格式	$-\infty$

9.7.2 边界条件对数值波的影响

对于绝大多数 DNS 和 LES 代码开发者而言，在数值模拟中避开"q" 波是首要问题。

数值“q”波可通过以下两种方式形成[7,48]。

① 初始条件。当初始条件中存在大梯度时，容易产生高频模态。在 DNS 或 LES 开始计算时，大梯度会导致“q”波的产生，且在之后不会耗散。

② 边界条件。当物理波接触边界时，在可压缩的求解器中对边界条件的近似处理极易产生很强的数值波。

Vichnevetsky 和 Bowles [7]或 Baum[47] 等的研究显示了物理“p”波接触边界时，“q”波是如何产生的，反之亦然。他们也计算了一种波向另一种波传播时的反射系数，结果表明，反射系数与边界附近的差分格式有关。

举例说明，图 9.20 显示了行波在滞止流中向右传播的情形：初始条件［图 9.20(a)］对应于一个传播的声脉冲，压力扰动 p_1 和速度扰动 u_1 通过 $p_1=\rho c u_1$ 相关联（见 8.2.2 节）。空间差分使用二阶格式，数值波“q”的群速度$\mathcal{V}_g$ 满足$\mathcal{V}_g=-V$（表 9.5），这里，V 是声速，因为初始条件对应于声脉冲。

对于离散网格来说，初始脉冲梯度非常大，会立刻产生“q”波［图 9.20(b)］。这些数值波以群速度（等于$-c$）向左传播，而主声波以接近声速 c 的速度 $V(k)$向右传播［图 9.20(c)］。两个波都在无量纲时间 $ct/L=0.5$ 时到达计算域的边界（$x=0$ 和 $x/L=1$），并生成反射波［图 9.20(e)］，而这些边界原本应该为无反射边界。根据理论预测[7,47]，在计算域的出口处，当物理波离开计算域时，会产生一个振幅不可忽略的反射“q”波，并传播

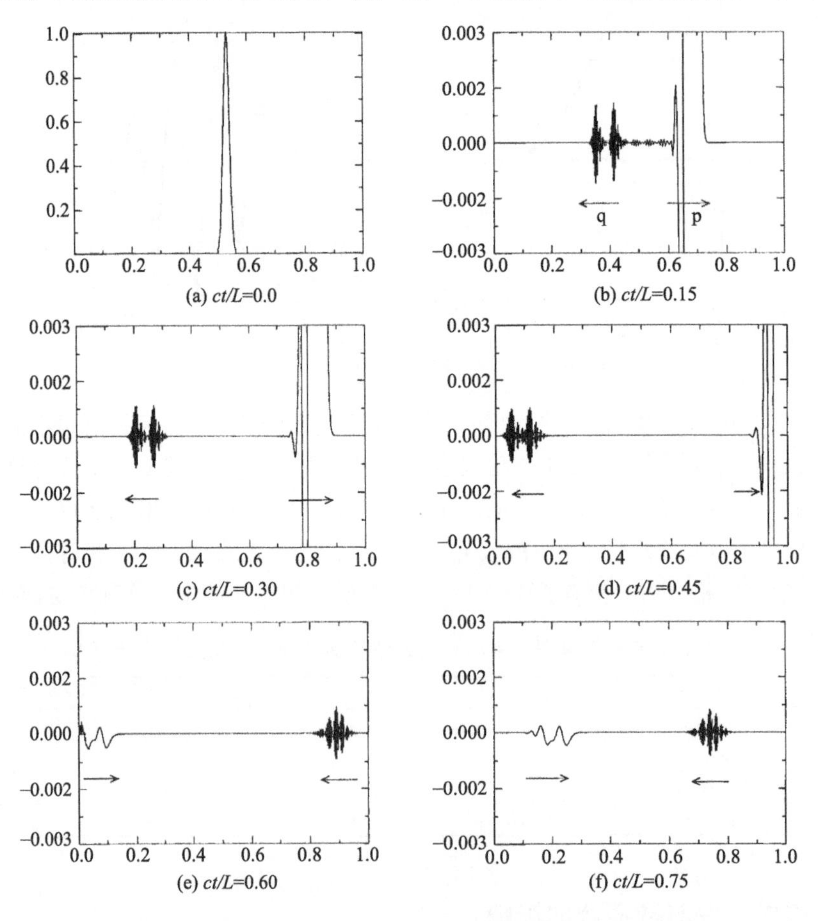

(a) ct/L=0.0　(b) ct/L=0.15　(c) ct/L=0.30　(d) ct/L=0.45　(e) ct/L=0.60　(f) ct/L=0.75

图 9.20 一维声波在尺寸为 L 的箱体中的传播

初始脉冲（a）向右侧传播[47]。从图（b）到图（f）的 y 轴被放大了 300 倍，以将摆动可视化

返回计算域内［图9.20(f)］；在入口处，初始条件生成的“q”波会反射成计算域中以速度c传播的物理“p”波［图9.20(e)］。在适当的边界条件下，“p波转为q波”和“q波转为p波”反射量级可以很小，但不为0。

当RANS程序中使用较大的人工黏性和湍流黏度时，很容易抑制数值“摆动”，因此，数值波在流体计算中会被抹去。对于LES或DNS，人工黏性很小或等于0，湍流黏度降低到最低水平（在DNS中为0），于是数值波成为一个问题。考虑到边界条件在数值波的演化中起重要作用，因此，需要精确处理边界条件。

在计算域的右边界，物理波“p”［图9.20(d)］会反射成一个向左传播的数值波“q”［图9.20(e)］，在计算域的左边界，数值波“q”波也会反射成计算域中的物理波“p”，这样可能会引起数值波的共振，如Buell和Huerre[8]或Poinsot和Lele[9]所述，这种共振存在于任何流动中，甚至是超声速流动，因为波包比声音传播得更快。这种反馈强度由数值波的振幅决定，而振幅由初始条件和边界条件的处理质量决定。对边界条件进行近似处理会导致比较大的数值反射波，为解决这一问题，LES和DNS程序必须限制初始场的梯度并提高边界条件的精度。

图9.20的算例表明，对于一个给定的边界条件处理方法（图9.21），必须使用两个反射系数来描述：物理波的反射系数A_p/A_1和数值波的反射系数A_q/A_1，其中，A_1为入射物理波振幅。一个合理的边界条件处理方法应确保数值反射波的振幅在任何情形下都很小，即$A_q/A_1 \ll 1$。而合理的无反射边界条件处理方法应该使数值反射波和物理反射波的振幅非常小，即$A_q/A_1 \ll 1$且$A_p/A_1 \ll 1$。

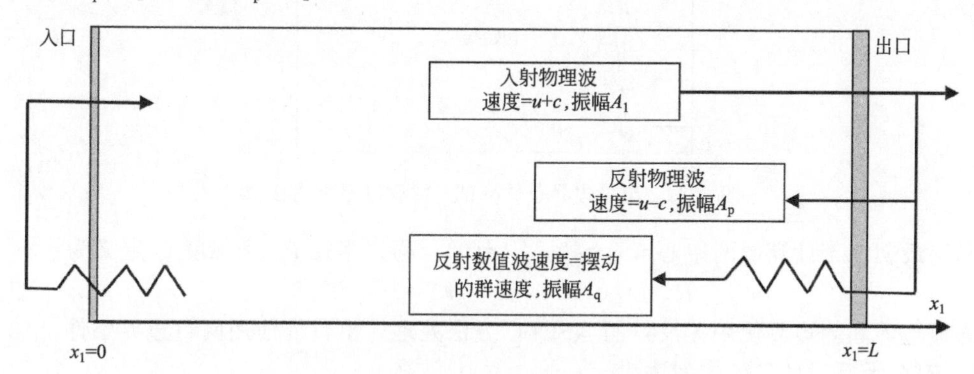

图9.21 物理波和数值波在边界上的反射

9.7.3 湍流-边界相互作用

9.7.2节证明了使用合适边界条件避开数值波的必要性，而判断一个给定边界条件是否适当，可以通过简单波穿过出口边界离开计算域的例子来研究，其中一个众所周知的测试方法就是一维声波通过一个无反射边界的透射，而NSCBC方法能够实现几乎完全透射，且物理波和数值波的反射水平都很小，$A_q/A_1 \approx 10^{-3}$量级（见图9.20）。本节给出一个很典型的非稳态流算例，即一个涡旋叠加在超声速拥塞流上，并通过无反射边界传播（图9.22）❶，其中，涡旋的速度场通过一个不可压无黏涡旋在柱坐标下（坐标原点位于涡旋中心）的流函数Ψ在$t=0$时刻进行初始化

❶ 亚声速平均流动的情形也有类似结果。选择这个例子的目的主要是表明即便是超声速流动，也会遇到这类问题。

$$\begin{pmatrix}u_1\\u_2\end{pmatrix}=\begin{pmatrix}u_0\\0\end{pmatrix}+1/\rho\begin{pmatrix}\dfrac{\partial\Psi}{\partial x_2}\\-\dfrac{\partial\Psi}{\partial x_1}\end{pmatrix},\quad \Psi=C\exp\left(-\frac{x_1^2+x_2^2}{2R_c^2}\right) \tag{9.59}$$

式中，R_c 为涡旋的半径。涡旋有一个涡量为 C 的中心涡核，由涡量相反的区域包围。当 $r>2R_c$ 时，总环流为 0，而涡旋的影响仅限于其周围的一个小区域，因此这种结构对数值模拟有用，即无须对边界值进行初始修正[49]。

压力场初始化为

$$p-p_\infty=\rho\frac{C^2}{R_c^2}\exp\left(-\frac{x_1^2+x_2^2}{2R_c^2}\right) \tag{9.60}$$

该例子使用的平均流动特性参数如下：

$$\mathcal{M}=u_0/c=1.1,\quad Re=u_0 l/\nu=10000 \tag{9.61}$$

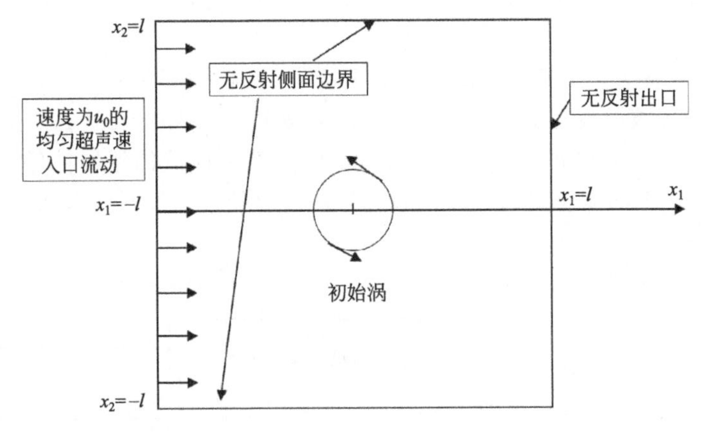

图 9.22 出口边界条件测试：涡旋以超声速移动

涡旋最初位于计算域的中心（$x_1=0$，$x_2=0$），通过半径 R_c 和强度 C 定义为

$$R_c/l=0.15,\quad C/(cl)=-0.0005 \tag{9.62}$$

入口边界和侧边界使用无反射的 NSCBC 方法处理。出口处使用两组边界条件：

① B1：无反射条件的参考法[30]。

② B3：$\sigma=0.15$ 的无反射 NSCBC 条件。

图 9.23 给出了使用条件 B1 和 B3 计算不同时刻下的涡量场和纵向速度场，虚线对应于负值等值线，而实线对应于正值等值线。纵向速度 u_1 表示为$(u_1-u_0)/u_0$，因此虚线对应于局部流动比平均速度 u_0 慢的情形，而实线显示局部流动比 u_0 快的情形。在图 9.23 中，初始涡旋逆时针旋转，负涡量的中心由正涡量环包围。这个涡旋以平均流速 $u_0/c=1.1$ 向下游流动，其初始时刻诱导的最大速度为 $0.0018u_0$。

涡旋在时间 $ct/l\simeq1$ 之后离开计算域。条件 B1 无法避免涡旋离开计算域时产生不稳定性，因此需要对涡量场的初始结构进行修正，这也导致出口涡量不连续。纵向速度等值线也表现出数值不稳定性（“q”波），这是由涡旋流和边界条件处理不兼容所致。这些数值波以群速度$\mathcal{V}_g=-13c/3$ 向上游传播（见表 9.5），在上游截面处发生反射，引起入口扰动，随后在入口处形成一个新涡旋。当 $ct/l=2$ 时，这种新结构靠近计算域中心，并向下游移动，此时它以顺时针旋转，最大涡量约为初始最大涡量的 0.15 倍。虽然是超声速流动，但条件 B1 在入口和出口之间产生了一个数值反馈。

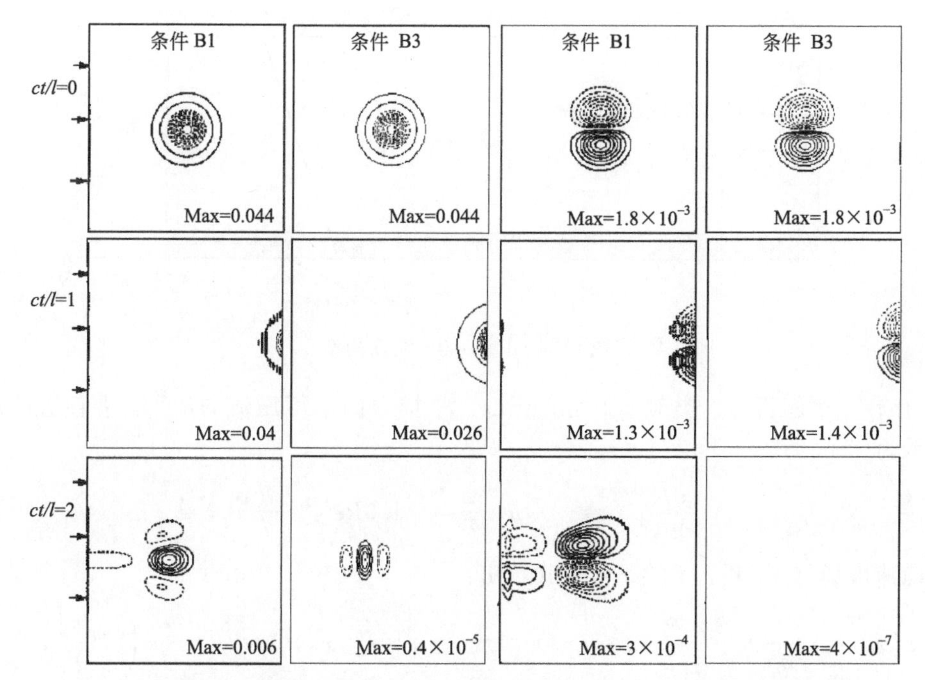

图 9.23　涡旋以超声速通过出口处：使用条件 B1 和 B3 计算的涡量场和过量轴向速度场$(u_1-u_0)/u_0$（虚线对应负值，实线对应正值）

图 9.23 还给出了使用无反射 NSCBC 方法 B3 得到的结果。当涡旋在 $ct/l=1$ 时离开区域，涡量场保持不变，纵向速度场平滑变化。反射数值波振幅较低，在入口段未出现明显扰动。在一段时间后（$ct/l=2$），原先的涡旋消失，在入口处产生的唯一扰动对应于最大涡量只有初始时刻量的 10^{-4} 的涡结构。

以上测试确定了下游边界条件对全局结果的重要性。这里证实的机制也存在于不可压程序中。Vichnevetsky 和 Pariser[48] 采用简单对流方程（没有物理信息能够向上游传播）以及 Buell 和 Huerre[8] 在不可压流动中也得到类似结果。这种“数值共振”全部来源于边界条件处理。高强度湍流和数值黏性会使摆动很快消失，因此，RANS 程序中一般将其忽略。然而，在当下的 DNS 和 LES 程序中，由于其有限的耗散能力，计算过程必须监测这一现象。

9.8 低雷诺数流动中的应用

最后一个例子是等温无滑移壁面内的低雷诺数流动（Poiseuille 流），如图 9.24 所示。几何构型是二维计算域，半宽为 l，长度 $L=10l$。入口条件为

$$u_1(0,x_2,t)=u_0\left[\cos\left(\frac{\pi}{2}\times\frac{x_2}{l}\right)\right]^2,\quad u_2(0,x_2,t)=0,\quad T(0,x_2,t)=T_0 \tag{9.63}$$

式中，u_0 是入口最大速度，雷诺数为 $Re=u_0l/\nu=15$，马赫数为 $u_0/c=0.1$。入口总体积流量为 $\dot{m}_{in}=u_0l$，侧面边界条件（$x_2=\pm l$）为恒定温度（T_0）无滑移壁面，在管道出口处（$x_1=L$）施加一个无反射边界条件。

入口条件式(9.63) 施加了一个总体积流量 $\dot{m}_{in}$，如果密度沿管道保持近似恒定（$\rho\cong$

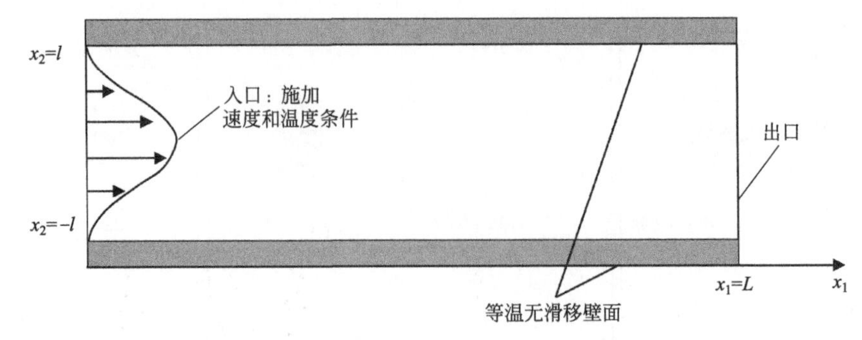

图 9.24 Poiseuille 流动构型

ρ_0)，则存在一个解析解，类似于 Schlichting[50] 推导的不可压流的解❶。沿管道的压力梯度可表示为

$$\frac{\partial p}{\partial x_1}^{\text{exact}}=-\frac{3}{2}\mu\frac{\dot{m}_{\text{in}}}{l^3}=-1.5Re^{-1}\frac{\rho_0 u_o^2}{l} \tag{9.64}$$

精确速度场与 x_1 和 t 无关，由下式给出：

$$u_1(x_1,x_2,t)=-\frac{1}{2\mu}\times\frac{\partial p}{\partial x_1}^{\text{exact}}(l^2-x_2^2) \quad 或 \quad u_1(x_1,x_2,t)=\frac{3}{4}\times\frac{\dot{m}_{\text{in}}}{l}\left(1-\frac{x_2^2}{l^2}\right) \tag{9.65}$$

精确温度场也可通过对能量方程式(1.67) 积分得到，其中，除了压力以外，沿 x_1 方向的其他梯度可忽略不计：

$$T(x_1,x_2,t)=T_0-\frac{\mu u_{\text{m}}^2}{\lambda}\left[\frac{1}{2}+\frac{1}{2}\left(\frac{x_2}{l}\right)^4-\left(\frac{x_2}{l}\right)^2\right] \tag{9.66}$$

式中，u_{m} 为轴线上的最大速度

$$u_{\text{m}}=-\frac{l^2}{2\mu}\times\frac{\partial p}{\partial x_1}^{\text{exact}}=\frac{3}{4}\times\frac{\dot{m}_{\text{in}}}{l} \tag{9.67}$$

需要注意的是，由于压力随 x_1 增加而减小，管内温度会低于壁面温度，这不同于 Schlichting[50] 所推导的结果，后者忽略了能量方程中压力的变化。

在计算时，使用三种出口条件：

① B1：Ruby 和 Strikwerda 的参考法。

② B3：$\sigma=0.15$ 时无反射 NSCBC 条件（9.4.4 节）。

③ B4：具有恒定出口压力 p_∞ 的 NSCBC 条件（9.4.5 节）。

在所有情形下，等温无滑移壁面都是使用 9.4.7 节中所述的 NSCBC 条件 NSW 来计算。对于 Poiseuille 流，出口处入射波的精确值可根据式(9.15) 得到

$$L_1^{\text{exact}}=\lambda_1\frac{\partial p}{\partial x_1}^{\text{exact}} \tag{9.68}$$

该值用于 9.4.4 节中的 NSCBC 条件 B3。

经过计算，这几种方法都可以使结果收敛至稳态。图 9.25 给出了在出口条件 B1［图 9.25(a)］、无反射 NSCBC 条件 B3［图 9.25(b)］和反射 NSCBC 条件 B4［图 9.25(c)］下，入口流量和出口流量的时间变化。由于流动黏性很大，由下游反射末端 B4 产生的声学模态

❶ 如果管道入口和出口之间的总压损失小于平均压力，即 $Re^{-1}M^2Ll^{-1}\leqslant 1$，这个解有效。对于该计算，此参数为 0.007，并且这个不可压的解可以视为精确解。

很快被抑制，图 9.25(c) 显示使用条件 B4 时，系统在无量纲时间等于 160 之后达到稳态。

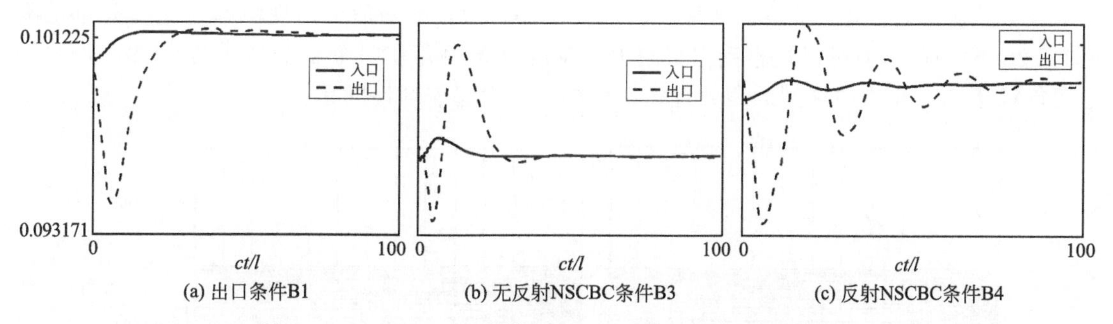

图 9.25 Poiseuille 流计算的入口和出口流量随时间的演化

图 9.26 给出了采用参考法得到的稳态场，而使用 NSCBC 条件 B3 和 B4 得到的结果显示在图 9.28 中（分别为左侧和右侧），坐标 x_2 被放大 3 倍。绘制的场分布为：

(a) 压差($100(p-p_\infty)/p_\infty$)；

(b) 纵向速度（u_1/u_0)；

(c) 入口截面处和流场中给定点之间的温度差($100(T-T_0)/T_0$)。

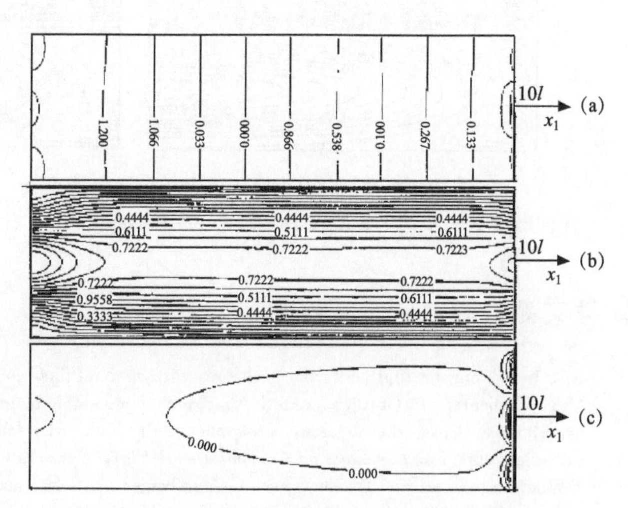

图 9.26 Poiseuille 流在出口条件 B1 下的稳态压力 (a)、速度 (b) 和温度 (c)

图 9.27 给出了速度和温度的精确分布［式(9.65) 和式(9.66)］与 NSCBC 条件 B3 的计算值对比。由于管道太短，系统未达到热力学稳态，但两种结果一致性很好。出口条件 B1 不能正确处理该问题的出口（图 9.26)：在出口附近产生了很大的压力梯度、温度梯度以及不合理的速度分布［图 9.26(b)]。

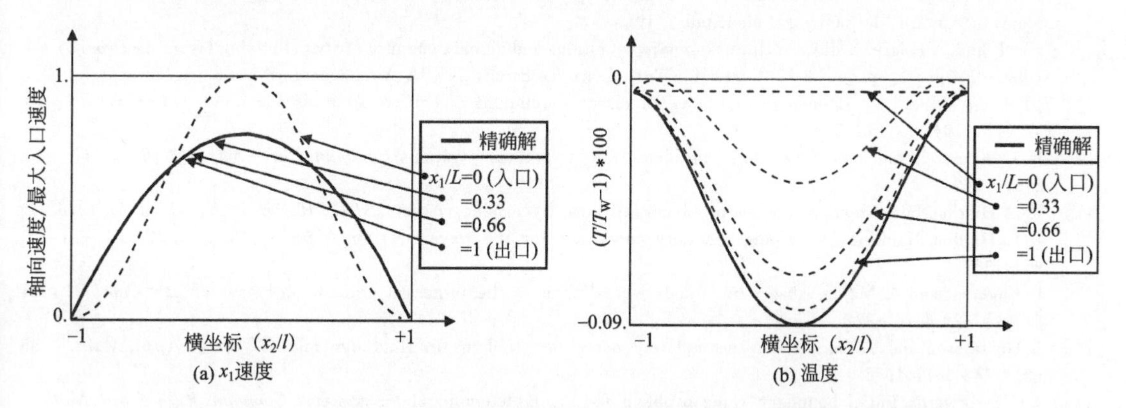

图 9.27 Poiseuille 流：使用 NSCBC 条件 B3 的数值结果和解析解之间的比较

从无反射 NSCBC 条件 B3 给出的精确解［图 9.28(a) 左］可以看出，管道中大部分压力梯度恒定，约等于 $0.998(\partial p^{\text{exact}}/\partial x_1)$，在纵向速度分布或温度场上并未观察到任何边界层行为［图 9.28(c) 左］。需要注意的是，出口压力并不是严格等于 p_∞，存在一个小反射波通过该截面进入计算域中。

反射边界 B4 也给出了精确结果。当声波被抑制后，平均值未出现漂移，速度分布正确［图 9.28(b) 右］，但可以观察到出口附近的温度分布中存在一个小扰动［图 9.28(c) 右］，这可能源于 9.3.6 节中提到的角处理，这种构型会引起兼容性问题。

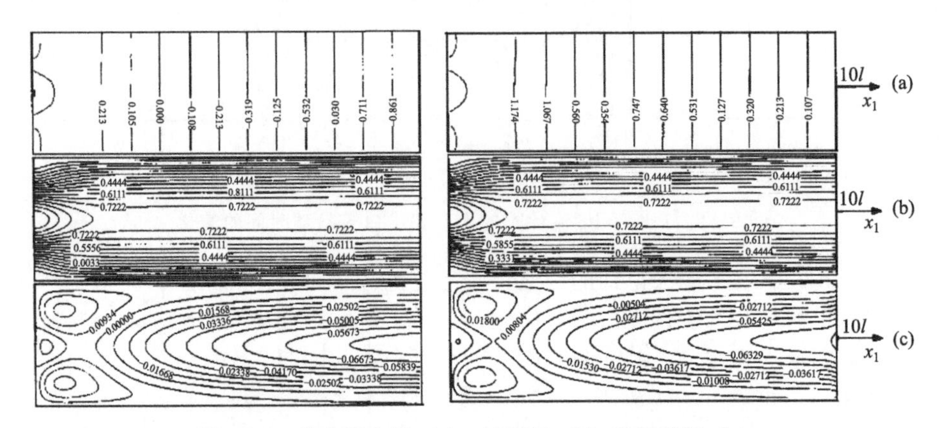

图 9.28 稳态压力场（a）、速度场（b）和温度场（c）

左：具有出口 NSCBC 条件 B3（$\sigma=0.15$）的 Poiseuille 流；右：具有出口 NSCBC 条件 B4 的 Poiseuille 流

参考文献

［1］ S. K. Lele. Compact finite difference schemes with spectral like resolution. *J. Comput. Phys.*, 103：16-42，1992.

［2］ M. H. Carpenter，D. Gottlieb，and S. Abarbanel. Time stable boundary conditions for finite difference schemes solving hyperbolic systems：methodology and application to high order schemes. *J. Comput. Phys.*, 111：220-236，1994.

［3］ T. K. Sengupta. *Fundamentals of Computational Fluid Dynamics*. Universities Press，Hyderabad (India)，2004.

［4］ V. Moureau，G. Lartigue，Y. Sommerer，C. Angelberger，O. Colin，and T. Poinsot. Numerical methods for unsteady compressible multi-component reacting flows on fixed and moving grids. *J. Comput. Phys.*, 202 (2)：710-736，2005.

［5］ P. Moin and S. V. Apte. Large-eddy simulation of realistic gas turbine combustors. *AIAA. Journal*, 44 (4)：698-708，2006.

［6］ V. Moureau，P. Domingo，and L. Vervisch. From large-eddy simulation to direct merieal simulation of a lean premixed swirl flame：Filtered laminar flame-pdf modeling. *Combust. Flame*, 158 (7)：1340-1357，2011.

［7］ R. Vichnevetsky and J. B. Bowles. *Fourier analysis of numerical approximations of hyperbolic equations*. SIAM Studies in Applied Mechanics，Philadelphia，1982.

［8］ J. Buell and P. Huerre. Inflow outflow boundary conditions and global dynamics of spatial mixing layers. In *Proc. of the Summer Program*, pages 19-27. Center for Turbulence Research，NASA Ames/Stanford Univ.，1988.

［9］ T. Poinsot and S. Lele. Boundary conditions for direct simulations of compressible viscous flows. *J. Comput. Phys.*, 101 (1)：104-129，1992.

［10］ H. O. Kreiss. Initial boundary value problems for hyperbolic systems. *Commun. Pure Appl. Math.*, 23：277-298，1970.

［11］ R. L. Higdon. Initial-boundary value problems for linear hyperbolic systems. *SIAM Review*, 28：177-217，1986.

［12］ R. L. Higdon. Numerical absorbing boundary conditions for the wave equation. *Math. of Comp.*, 49 (179)：65-90，1987.

［13］ B. Engquist and A. Majda. Absorbing boundary conditions for the numerical simulation of waves. *Math. Comput.*, 31 (139)：629-651，1977.

［14］ B. Gustafsson and A. Sundstr0m. Incompletely parabolic problems in fluid dynamics. *SIAM J. Appl. Math.*, 35 (2)：343-357，1978.

［15］ J. C. Strikwerda. Initial boundary value problem for incompletely parabolic systems. *Commun. Pure Appl. Math.*, 30：797，1977.

［16］ P. Dutt. Stable boundary conditions and difference schemes for navier stokes equations. *J. Numer. Anal.*, 25：245-267，1988.

［17］ M. Baum，T. J. Poinsot，and D. Thevenin. Accurate boundary conditions for multicomponent reactive flows. *J. Comput. Phys.*, 116：247-261，1994.

［18］ N. Okong'o and J. Bellan. Consistent boundary conditions for multicompoment real gas mixtures based on characteristic waves. *J. Comput. Phys.*, 176：330-344，2002.

[19] E. van Kalmthout and D. Veynante. Analysis of flame surface density concepts in nonpremixed turbulent coinbustion using direct numerical simulation. In *11th Symp. on Turbulent Shear Flows*, pages 21-7, 21-12, Grenoble, France, 1997.

[20] C. S. Yoo and H. G. Im. Characteristic boundary conditions for simulations of compressible reacting flows with multi-dimensional, viscous, and reaction effects. *Combust. Theory and Modelling*, 11: 259-286, 2007.

[21] R. Prosser. Towards improved boundary conditions for the DNS and LES of turbulent subsonic flows. *J. Comput. Phys.*, 222: 469-474, 2007.

[22] G. Lodato, P. Domingo, and Vervisch L. Three-dimensional boundary conditions for direct and large-eddy simulation of compressible viscous How. *J. Comput. Phys.*, 227 (10): 5105-5143, 2008.

[23] N. Guezennec and T. Poinsot. Acoustically nonreflecting and reflecting boundary conditions for vorticity injection in compressible solvers. *AlAA Journal*, 47: 1709-1722, 2009.

[24] K. W. Thompson. Time dependent boundary conditions for hyperbolic systems. *J. Comput. Phys.*, 68: 1-24, 1987.

[25] M. Giles. Non-reflecting boundary conditions for euler equation calculations. *AIAA Journal*, 28 (12): 2050-2058, 1990.

[26] R. Grappin, J. Léorat, and A. Buttighoffer. Alfvén wave propagation in the high solar corona. *Astron, and Astrophys.*, 362: 342-358, 2000.

[27] W. Pakdee and S. Mahalingam. An accurate method to implement boundary conditions for reacting flows based on characteristic analysis. *Combust. Theory and Modelling*, 7: 705-729, 2003.

[28] T. Schmitt, L. Selle, A. Ruiz, and B. Cuenot. Large-eddy simulation of supercritical-pressure round jets. *AIAA Journal*, 48 (9): 2133-2144, 2010.

[29] C. Hirsch. *Numerical Computation of Internal and External Flows*. John Wiley, New York, 1988.

[30] D. H. Rudy and J. C. Strikwerda. A non-reflecting outflow boundary condition for subsonic Navier Stokes calculations. *J. Comput. Phys.*, 36: 55-70, 1980.

[31] I. H. Rudy and J. C. Strikwerda. Boundary conditions for subsonic compressible Navier Stokes calculations. *Comput. Fluids*, 9: 327-338, 1981.

[32] F. Nicoud. Defining wave amplitude in characteristic boundary conditions. *J. Comput. Phys.*, 149 (2): 418-422, 1998.

[33] J. Oliger and A. Sundstrom. Theoretical and practical aspects of some initial boundary value problems in fluid dynamics. *SIAM J. Appl. Math.*, 35: 419-446, 1978.

[34] G. W. Hedstrom. Nonreflecting boundary conditions for nonlinear hyperbolic systems. *J. Comput. Phys.*, 30: 222-237, 1979.

[35] C. Bogey and C. Bailly. Effects of inflow conditions and forcing on subsonic jet flows and noise. *AIAA Journal*, 43 (5): 1000-1007, 2005.

[36] C. Bogey and C. Bailly. Computation of a high Reynolds number jet and its radiated noise using large eddy simulation based on explicit filtering. *Comput. Fluids*, 35: 1344-1358, 2006.

[37] D. Desvigne. *Bruit rayonne par un ecoulement subsonique affleurant une cavite cylindrique: caracterisation experimentale et simulation numerique directe par une approche multidomaine d'ordre eleve*. Phd thesis, Ecole Centrale Lyon, 2010.

[38] C. Priere, L. Y. M. Gicqucl, P. Gajan, A. Strzelecki, T. Poinsot, and C. Berat. Experimental and numerical studies of dilution systems for low emission combustors. *AIAA Journal*, 43 (8): 1753-1766, 2005.

[39] P. Schmitt, T. Poinsot, B. Schuermans, and K. P. Geigle. Large-eddy simulation and experimental study of heat transfer, nitric oxide emissions and combustion instability in a swirled turbulent high-pressure burner. *J. Fluid Meeh.*, 570: 17-46, 2007.

[40] P. Wolf, G. Staffelbach, R. Balakrishnan, A. Roux, and T. Poinsot. Azimuthal instabilities in annular combustion chambers. In NASA Ames/Stanford Univ. Center for Turbulence Research, editor, *Proc, of the Summer Program*, pages 259-269, 2010.

[41] R. Prosser. Improved boundary conditions for the direct numerical simulation of turbulent subsonic flows i: Inviscid flows. *J. Comput. Phys.*, 207: 736-768, 2005.

[42] J. O. Keller and D. Givoli. Exact non-reflecting boundary conditions. J. *Comput. Phys.*, 82 (1): 172-192, 1989.

[43] I. Celik, I. Yavuz, and A. Smirnov. Large eddy simulations of in-cylinder turbulence for internal combustion engines: a review. *Int. J. Engine Research*, 2 (2): 119-148, 2001.

[44] R. H. Kraichnan. Diffusion by a random velocity field. *Phys. Fluids*, 13: 22-31, 1970.

[45] L. Selle, F. Nicoud, and T. Poinsot. The actual impedance of non-reflecting boundary conditions: implications for the computation of resonators. *AIAA Journal*, 42 (5): 958-964, 2004.

[46] R. Vichnevetsky. Invariance theorems concerning reflection at numerical boundaries. Technical Report 08544, Princeton University, Dept of Mech, and Aerospace Eng., 1982.

[47] M. Baum. *Etude de l'allumage et de la structure des flammes turbulentes*. Phd thesis, Ecole Centrale Paris, 1994.

[48] R. Vichnevetsky and E. C. Pariser. Nonreflecting upwind boundaries for hyperbolic equations. *Num. Meth, for Partial Diff. Equations*, 2: 1-12, 1986.

[49] C. J. Rutland and J. Ferziger. Simulation of flame-vortex interactions. *Combust. Flame*, 84: 343-360, 1991.

[50] H. Schlichting. *Boundary layer theory*. McGraw-Hill, New York, 1955.

第 10 章
大涡模拟的应用实例

10.1 引言

前几章主要讨论了与燃烧模拟相关的方法和问题。为演示如何将这些方法应用于实际中，本章介绍了三种具有复杂几何构型的燃烧器的应用算例，这些算例都展示了如何将前几章中介绍的方法（大涡模拟方法和声学分析等）与真实发动机的实验测量相结合❶。

这几个算例[1-4] 涵盖了现代大部分高功率燃烧室（尤其是燃气轮机）的特点：火焰由强旋流稳定（见 6.2 节），雷诺数很高，流场对边界条件的敏感性很高，声波-燃烧之间的强耦合可能会导致自激振荡等（见 8.5.2 节）。在这些算例中，旋流是燃烧器中的一个重要现象。如第 6 章所述，在高速燃烧器中，旋流可以稳定火焰，也可以产生一些特定的流场结构，如中心回流区（Central Toroidal Recirculation Zone，CTRZ），以及流动不稳定性，如进动涡核。

本章内容和每节的目标在表 10.1 给出。本章主要介绍三种常压下的旋流构型：第一种是用于航空燃气涡轮发动机的小型实验室级别燃烧器（功率为 30 kW）；第二种对应于工业重型燃气轮机燃烧器中较大的燃烧器，功率为 500 kW；最后一种是实验室级别的分级燃烧器，通过改变出口声学边界条件可以轻易诱发自激燃烧不稳定性。在分级燃烧器中，燃料和空气提前混合，但在不同位置处以不同的当量比引入燃烧室内，因此燃烧器中存在部分预混燃烧方式。

这些算例也会阐明其他章节中讨论的一些现象：通过冷流和反应流的平均流场结构对比，可以演示燃烧对流场的影响（10.3.3 节）；通过 LES 平均场和实验数据的对比，可以验证第 4～6 章中 LES 方法的预测能力（10.2.3 节）；并通过具体算例讨论非稳态的燃烧（8.5 节）：算例 2 给出了火焰在低频声激励下的响应（10.3.4 节），并讨论高频自激模态（10.3.5 节）；算例 3 研究了低频自激模态，并通过调节声学边界条件对其进行控制，进而消除 8.3.7 节中提出的声能余量。算例 1 和算例 2 介绍了使用 Helmholtz 求解器（8.3.6 节）获得声模态结构的方法。

本章使用了前几章中介绍的 LES 模型。火焰-湍流相互作用模型选择增厚火焰模型（5.4.3 节），边界条件采用第 9 章中的 NSCBC 处理方法，湍流模型是 Smagorinski 模型［式(4.64)］或 Wale 模型[5]。

---

❶ 对于第 4 章中所展示的 RANS 方法（雷诺平均 Navier-Stokes），这里不作讨论。目前，RANS 方法是大多数商业代码中的标准工具。

表 10.1　本章内容

算例	内容	燃烧
1	无反应旋流 LES 模拟-实验测量	无 10.2.2 节
1	反应流 LES 测量-声学计算	稳态 10.2.3 节
2	反应流 LES 测量-声学计算	低频受迫模态 10.3.4 节
2	反应流 LES 声学计算	高频自激模态 10.3.5 节
3	反应流 声波能量方程的封闭	低频自激模态 10.4 节

10.2 算例 1：小型燃气涡轮发动机燃烧器

第一个算例将给出典型的旋流冷流场（10.2.2 节）和反应流场（10.2.3 节），并与实验数据进行对比。其中，实验数据来自德国宇航中心 DLR 在欧洲 PRECCINSTA 项目期间及之后进行的大量宽范围燃烧诊断和燃烧方式研究[6-7]。自 2005 年以后，该算例被广泛用于验证不同 LES 求解器的有效性[8-10]。

10.2.1 几何构型和边界条件

在该算例中，燃烧器采用旋流喷嘴（图 10.1），在上游腔室的下游位置处通过切向喷注产生旋流，形成的中心回流区有助于火焰稳定。在实验中，甲烷通过旋流器中的小孔注入，由于掺混过程非常快，计算时常假定为充分预混。实验研究内容包括冷流下的激光多普勒测速仪（Laser Doppler Velocimetry，LDV）测量和不同燃烧模式的研究。燃烧室尺寸为 86 mm×86 mm×110 mm。

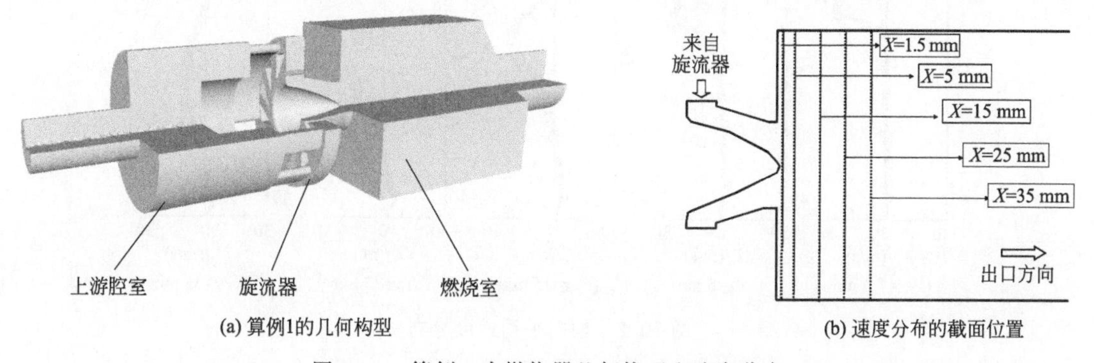

图 10.1　算例 1 中燃烧器几何构型和速度分布

对于 LES 模拟来说，算例 1 通过延长燃烧室上游和下游的计算域，可以有效避免边界条件处理这一关键问题：对旋流器和上游空腔也进行网格离散和数值求解，甚至还包含一部分外部大气环境（为清晰起见，未在图 10.1 中显示），这样可以避免指定燃烧室出口处的边界条件。该方法只适用于特定构型：在真实燃气轮机中，燃烧器由复杂的空气通道和运动组件（如涡轮叶片）包围，定义这些边界条件会更加困难。

10.2.2 无反应流

(1) 平均流场

针对图 10.1 所示的燃烧室不同截面处的速度分布，图 10.2～图 10.5 对比了 LES 模拟和 LDV 实验测量的轴向平均速度、轴向均方根速度、周向平均速度和周向均方根速度分布❶。结果表明，LES 可以正确预测所有这些平均速度和均方根速度分布[1]。考虑到这个算例没有边界条件，无法对其进行调整以适应速度分布，这些结果也证明了 LES 在这种旋转流中的预测能力（RANS 模型通常不适用于旋流模拟）。另外，在燃烧室轴线上，发现一个较大的中心回流区（由负的轴向平均速度证实）在下游 $x=2$ mm 处开始形成，在 $x=35$ mm 处仍可观察到。

(2) 非稳态无反应旋流结构

从 LES 模拟和实验测量的结果中（图 10.3 和图 10.5）可以看出，均方根脉动在轴线附近和靠近喷嘴处很大。当 $x=1.5$ mm 时，喷嘴处的均方根脉动约为 20 m/s。这种振荡是大部分旋流燃烧器的典型特征，可能由高强度的湍流场、燃烧室的声学模态（8.2.6 节）或流体动力学不稳定性引起（8.4.5 节）。

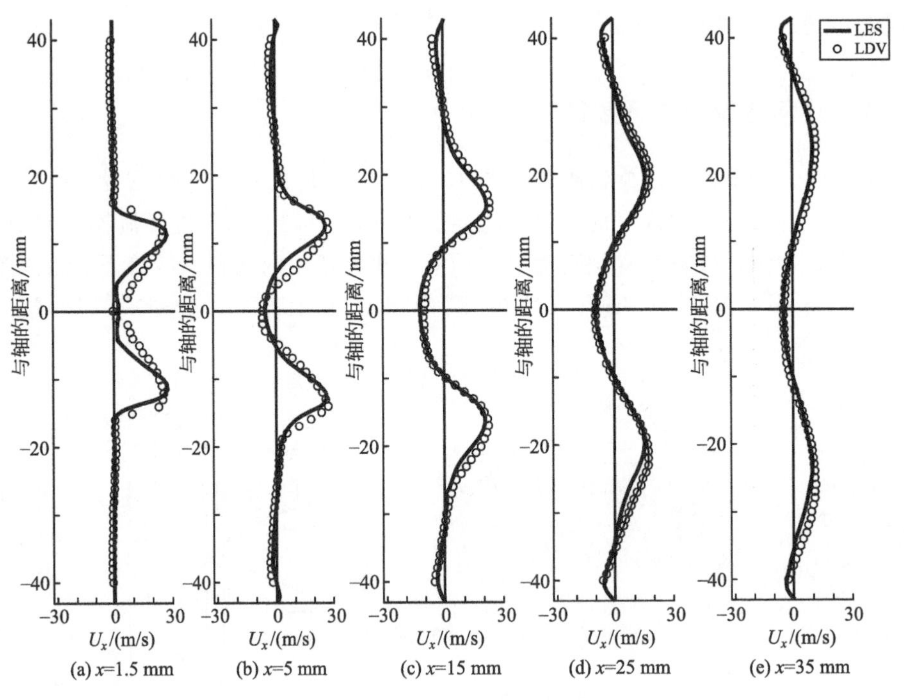

图 10.2 轴向平均速度分布

首先，需要注意的是，湍流随机脉动很难达到如此高的值。在燃烧器轴线上，图 10.2 和图 10.4 显示出轴向平均速度约为 5 m/s，速度梯度也不是很大。这个平均流场无法解释

---

❶ 仅考虑 LES 均方根脉动的可解部分［式(4.93) 的右边第一项］。

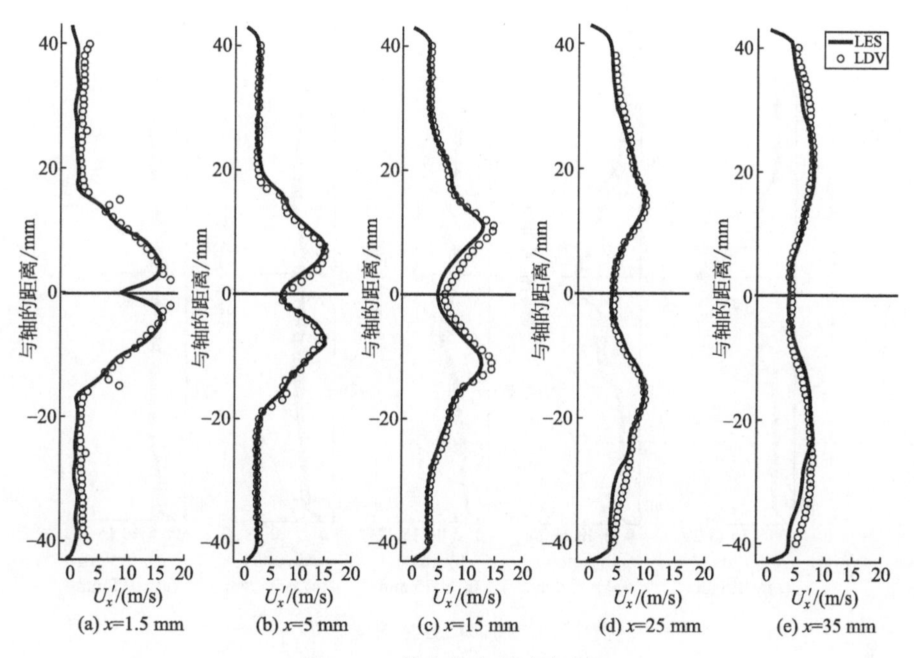

图 10.3　轴向均方根速度分布

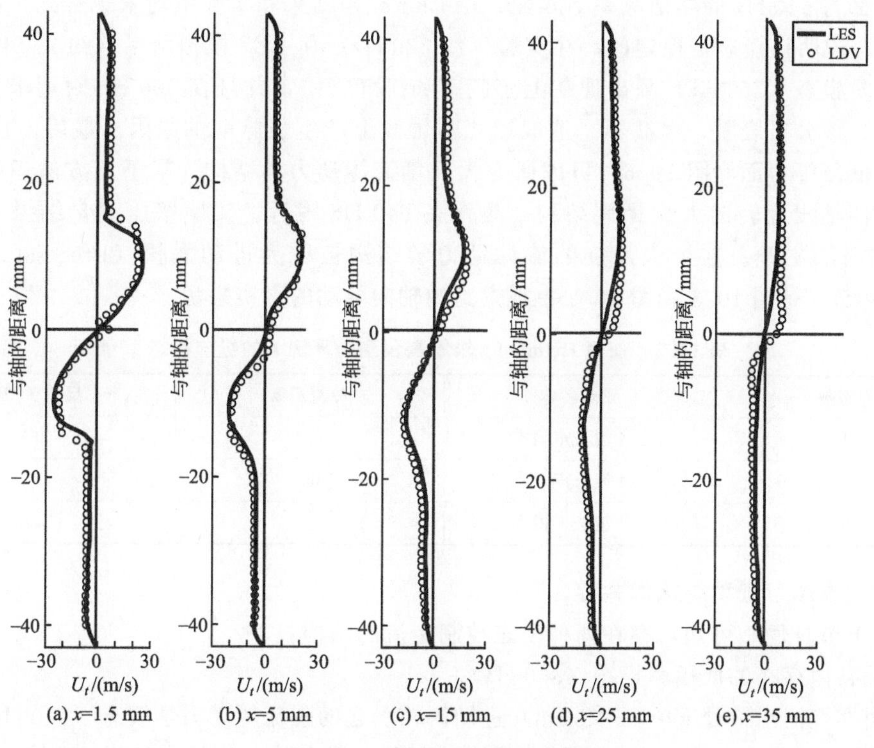

图 10.4　周向平均速度分布

图 10.3 中观察到的轴线上均方根速度比平均速度大 4 倍左右的原因。此外，该区域的速度信号频谱分析结果显示出一个 540 Hz 处的峰值，证明该脉动是由声学扰动或流体动力学行为引起。第二步是使用 Helmholtz 求解器计算燃烧器的所有声模态（8.3.6 节）。基于燃烧

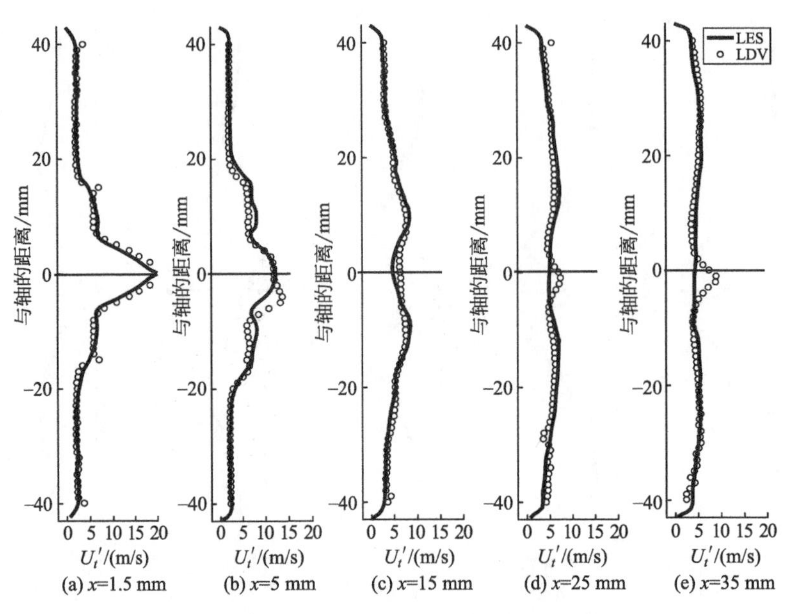

图 10.5 周向均方根速度分布

器的几何构型，使用 Helmholtz 求解器得到的燃烧器声模态如表 10.2 所示。可以看出，所有声模态都与 540 Hz 的峰值频率不匹配。在 LES 模拟结果和实验中均未观察到一阶声模态（172 Hz），说明该模态是稳定的；在实验（约 320 Hz）和 LES 模拟结果（约 360 Hz）中识别出的二阶模态（363 Hz）只出现在上游腔室和排气管中，并且在 500 Hz 附近未识别出其他声模态。该分析表明，声波不是造成燃烧器轴线上产生强脉动的原因。最后，在 LES 中通过绘制低压等值面（图 10.6）可以研究大尺度流体动力学结构。基于该方法识别出一个围绕燃烧器轴线旋转的大型螺旋结构，频率在 540 Hz 附近。实验壁压测量结果也显示出 510 Hz 左右的主频。这个大尺度的流体动力学结构被称为进动涡核（Precessing Vortex Core，PVC），是图 10.3 和图 10.5 中观察到的轴向脉动的真实来源。

表 10.2 使用 Helmholtz 求解器预测的算例 1 的纵向模态

模态数	模态名称	冷流/Hz	反应流/Hz
1	1/4 波长声模态	172	265
2	3/4 波长声模态	363	588
3	5/4 波长声模态	1409	1440

(3) 声模态与进动涡核的共存

基于上节算例 1 可知，存在两种模态控制冷流的结构：

① 设备内存在的低幅声模态（360 Hz）；

② 由燃烧器出口处（$0<x<5$ cm）进动涡核引起的强流体动力学模态（540 Hz）。

实际上，这两种共存模态不会相互影响，可以在压力脉动分析中找到二者各自的轨迹，因为声学脉动和流体动力学脉动都会引起压力扰动。图 10.7 中给出了 LES 和声学程序计算的沿燃烧器轴线的 P' 分布[1]。这两种方法在上游腔室和排气管中给出相似结果，显示出这

[1] 由于声学模态是纵向结构，所以 P' 可以沿燃烧器轴线 x 绘制。

些区域压力脉动的声学特性。然而，旋流器和燃烧室前半部分均出现进动涡核。考虑到LES结果会包含进动涡核的影响，则给出的压力脉动也会明显大于声学预测值。

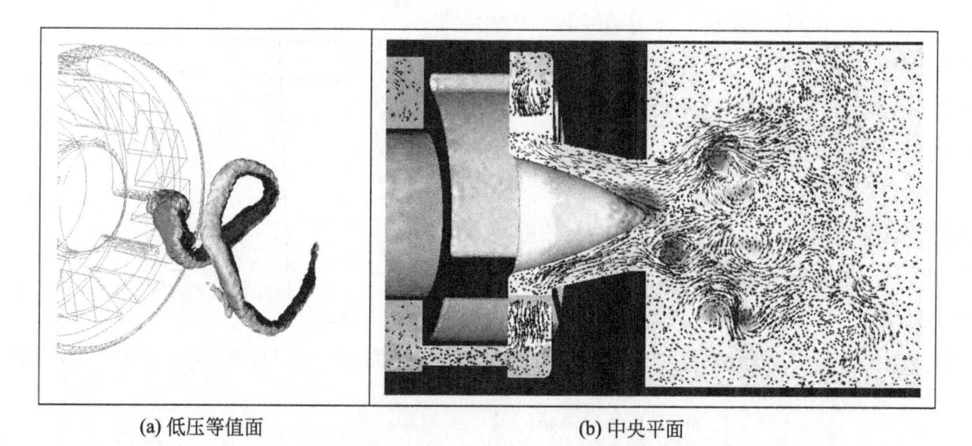

(a) 低压等值面　　(b) 中央平面

图 10.6 通过低压等值面和中央平面上的压力场（灰度值）和速度矢量，对算例 1 中的进动涡核模态进行可视化[1]

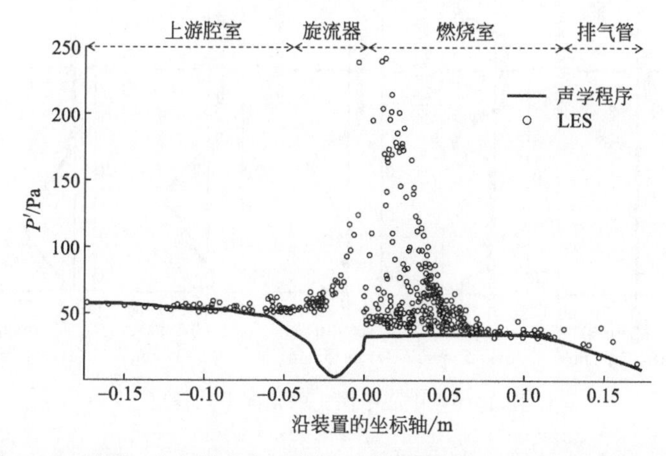

图 10.7 通过 LES（圆圈）和声学程序（实线）计算的算例 1 中无反应流的压力脉动幅值[1]

进动涡核的声学行为类似于一个放置在流场中的旋转实体，它会挡住旋流器的部分排气管，行为类似于声学偶极子[11-12]，但辐射很小。进动涡核会改变燃烧室内的压力场，但不会影响上游和下游的压力场，这就解释了 360 Hz 声模态可见，但在上游腔室和排气管中未受影响的原因。

10.2.3 稳定反应流

本节给出了一个稳定反应流的算例，取当量比为 0.75，空气流量为 12 g/s，热功率为 27 kW[1]。瞬时温度等值面图 10.8 显示，在燃烧器喷嘴出口附近存在一个非常紧凑的火焰。这里无法与实验结果对比，因为实验中并未测量温度分布。然而，实验中使用 LDV 对速度场进行了详细研究，结果分别见于图 10.9（轴向平均速度）、图 10.10（轴向均方根速度）、图 10.11（周向平均速度）和图 10.12（周向均方根速度）。LES 平均结果和实验数据之间总体一致性良好。

燃烧器虽然这被认为是“稳定”状态，但仍存在一些声学活动，如实验中观察到的两种声模态，分别在 300 Hz 和 570 Hz 附近，并且在 LES 中燃烧器内部总声压级达到 500 Pa（超过 140 dB）。为识别这些模态的本质，首先使用 Helmholtz 求解器并结合 LES 给出的平均温度场来确定反应流的声学模态。从表 10.2 可以看出，实验中观察到的两个频率对应于燃烧器前两阶声模态。在 LES 结果中，可以观察到一个 520 Hz 处的单一频率，与表 10.2 中的二阶声模态频率接近。为确定该模态是否为声模态，需要对比 LES 给出的非稳态压力场与 Helmholtz 求解器所预测的 588 Hz 声模态结构（图 10.13）。

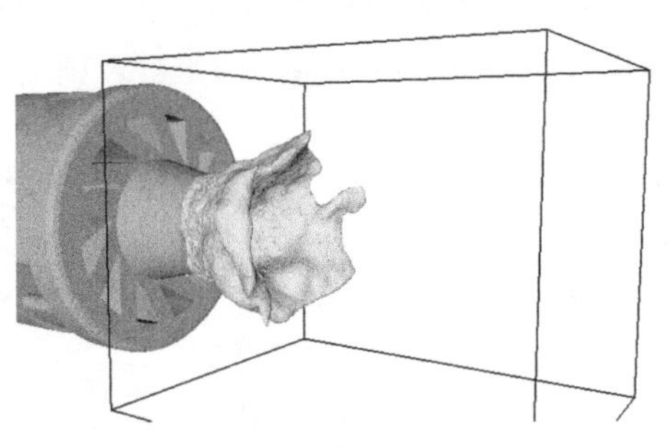

图 10.8　$T=1250\,\mathrm{K}$ 的温度等值面瞬时图（LES 数据）

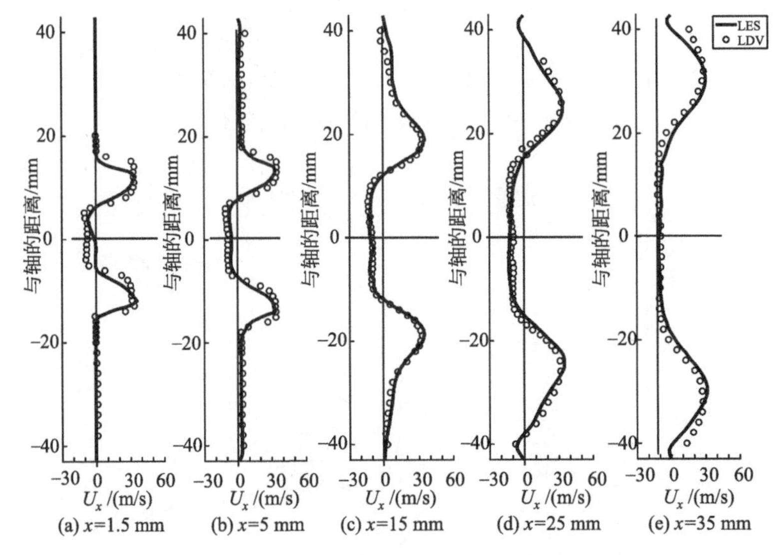

图 10.9　中心平面上的轴向平均速度

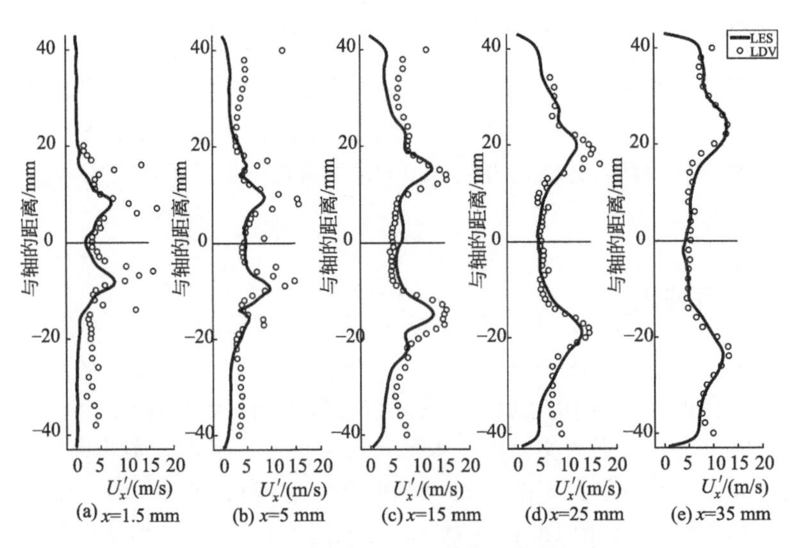

图 10.10　中心平面上的轴向均方根速度

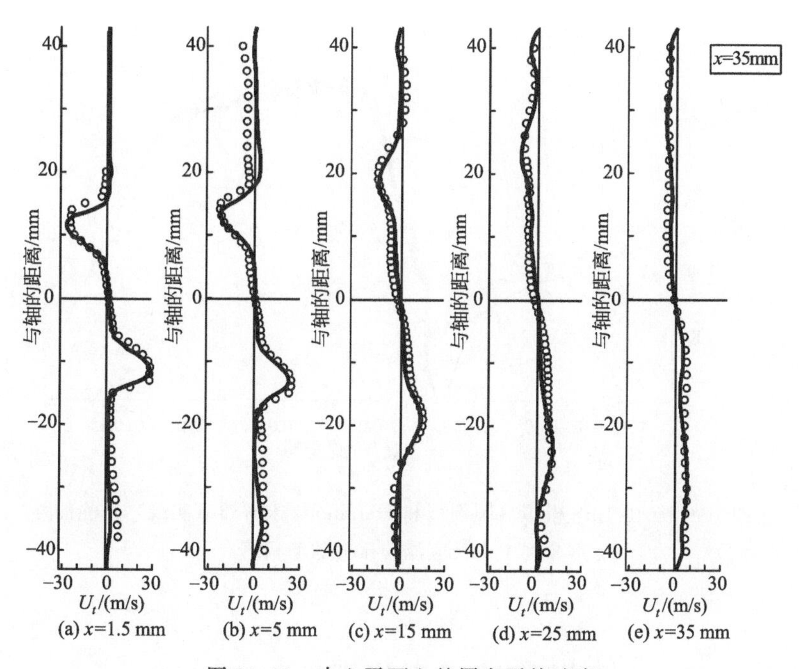

图 10.11　中心平面上的周向平均速度

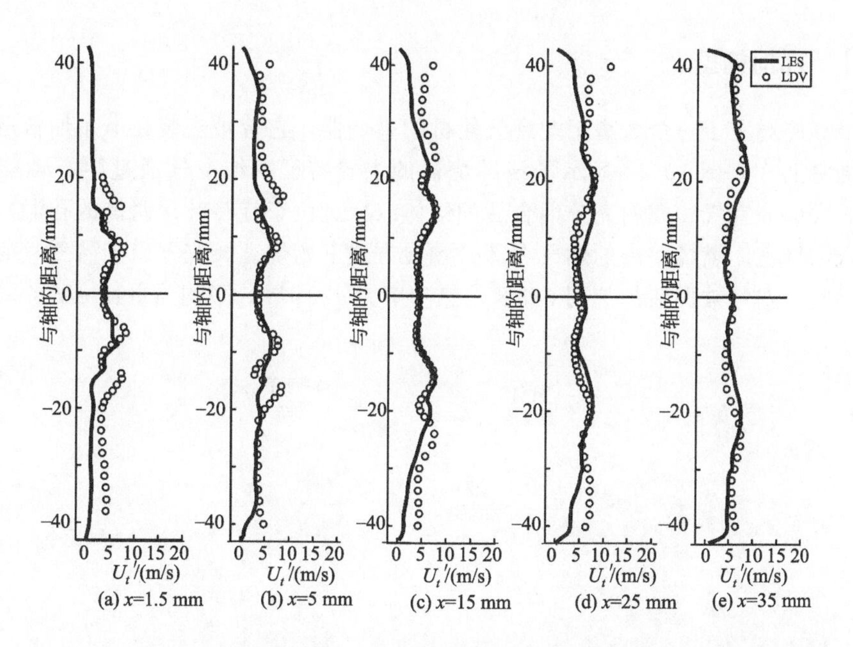

图 10.12　中心平面上周向均方根速度

虽然 LES 模拟结果会包含所有的模态，但得到的模态结构明显接近于 Helmholtz 求解器所预测的二阶声模态结构。LES 还揭示出燃烧的另一个主要影响，即抑制冷流中观察到的进动涡核。图 10.13 中的 LES 和 Helmholtz 结果均可以证实，尽管未观测到很强的燃烧不稳定性，但这个反应流状态的非稳态运动到处都由声场控制。

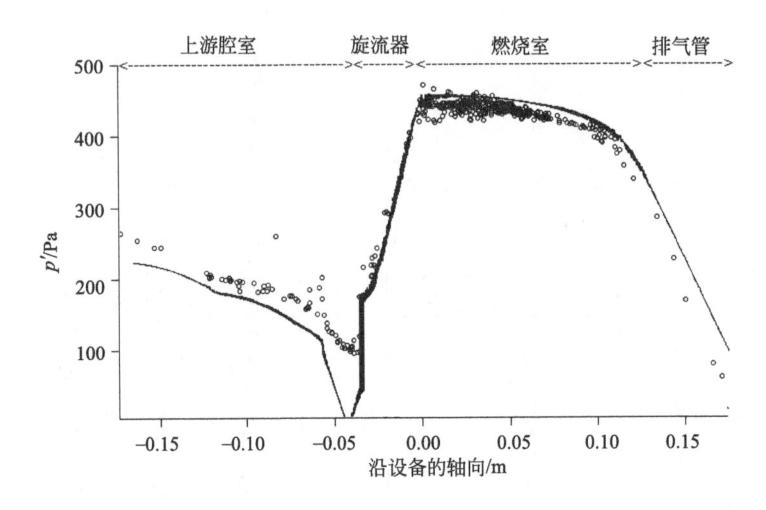

图 10.13　由 LES 模拟（圆圈）和 Helmholtz 求解器（实线）预测的算例 1 中反应流的压力脉动幅值

10.3 算例 2：大型燃气轮机燃烧器

10.3.1 几何构型

第二个算例对应于一个大型工业燃气轮机的燃烧器，它曾被安装在卡尔斯鲁厄大学的一个方形燃烧室上[3]。图 10.14 显示了该燃烧器的主要特征：纯空气通过中心轴旋流器注入燃烧室，而大部分空气和燃料充分混合后的气体（穿过位于旋转叶片两侧的孔洞）是沿斜向旋流器注入燃烧室。燃烧室内的燃气在部分预混方式下燃烧。燃烧器以天然气（假定主要是甲烷）为燃料，空气被提前加热到 673 K，热功率为 420 kW，平均当量比 $\phi=0.5$。

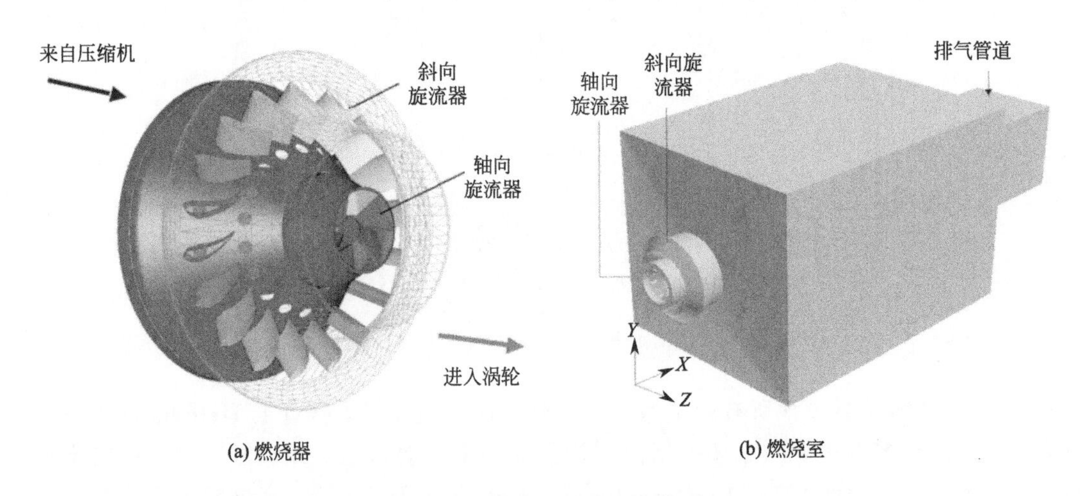

图 10.14　算例 2 中的几何构型

10.3.2 边界条件

在 LES 建模中，很难定义边界条件：必须将平均速度和湍流速度同时施加在燃烧室上游某一位置，在入口和出口处还须定义声学边界条件（通常是声阻抗）。在算例 1 中，为避开这一问题，通过寻找一个截面（上游腔室），其速度分布已知，声阻抗对应于一个无反射入口。在燃烧器出口处，其周围部分区域可以计算出来，以致于出口处的流场行为也可以通过 LES 求解器直接计算，无需任何声学边界条件。这种“理想”情形并不常见，例如，在算例 2 中，燃烧器比较大，通过实验很难识别出一个简单的入口截面，因此算例 2 不能从入口计算到排气口，轴向旋流器的计算应该开始于叶片上游（图 10.14 右侧的“轴向入口”部分），这部分也应该包含在网格中；然而，对于斜向旋流器（图 10.14 右侧的“对角线入口”部分），确定边界条件更加困难，这也是燃气轮机的一个典型问题，因为燃烧器这部分的完整计算应该包含通道中所有叶片。然而，这里只给定这些叶片下游附近的入口条件，并对其进行调整，直至与燃烧器在无反应情形下的第一段测量数据相匹配。这种边界条件的调整过程属于 LES 的一个主要难点，也是不确定因素的来源。另外，需要注意的是，这种构型中的大部分湍流是由燃烧室内的流场产生，不需要在入口处注入湍流，因此，在两个旋流器入口处均是施加稳态速度场。

10.3.3 冷-热流中流场结构对比

算例 1 显示了旋流燃烧器中的典型速度场。由于算例 2 与其结果类似，这里不再赘述（见文献［3］）。然而，对于算例 2 中有/无燃烧时的流场结构对比具有一定的指导意义。图 10.15 显示了轴向速度场，黑线表示速度为 0。在这些黑线的封闭轮廓内，流动向后移动。有燃烧时，回流区尺寸会明显变大，从燃烧器流出的气体扩张幅度明显，中心回流区变大，因此提供火焰稳定的回流区已燃气体量也会增大。此时，燃烧室内最大轴向正速度（通常在燃烧器喉部）也更大，从冷流的 $2U_{\text{bulk}}$ 增加为燃烧❶时的 $3U_{\text{bulk}}$；同时，中心回流区的回流强度也更高（从 $-0.8U_{\text{bulk}}$ 到 $-1.2U_{\text{bulk}}$），这些都表明燃烧会同时增加回流区的大小和强度。

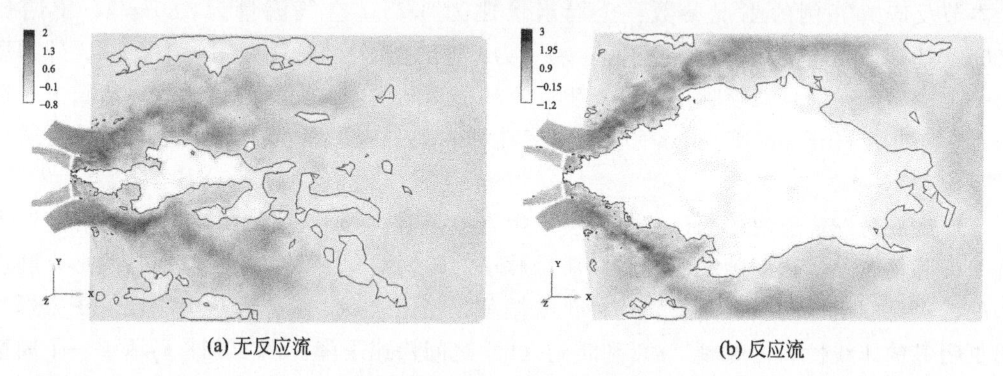

图 10.15　算例 2 中无和有反应流的瞬时流场对比（燃烧器中心平面上显示的轴向速度场），黑色线条为回流区域边界[2]

❶ 平均速度 U_{bulk} 定义为 $U_{\text{bulk}}=\dot{V}/\pi R^2$。其中，$\dot{V}$ 是通过燃烧器的总体积流量，R 是燃烧器喷管出口的半径。

图 10.16 显示了燃烧器中心平面和 1000 K 等值面的瞬时温度场。在进动涡核中回流高温气体到达轴向旋流器出口，证实了其对火焰稳定的重要作用。图 10.16(b) 中，火焰面显示出非常大的运动幅度，这将在 10.3.5 节中进行分析。

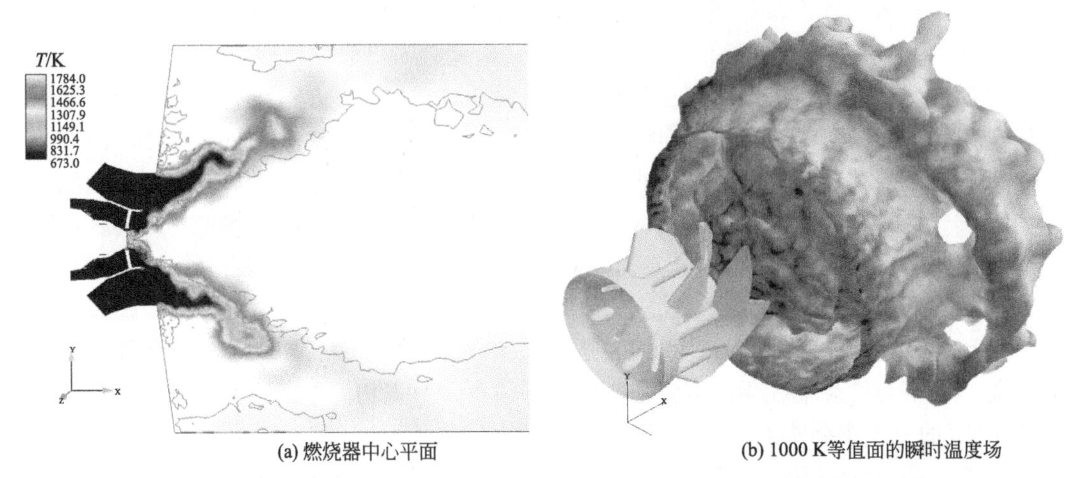

图 10.16 算例 2 中燃烧器中心平面的瞬时温度场和 $T=1000\,\mathrm{K}$ 的温度等值面瞬时分布

10.3.4 低频受迫模式

本节给出了图 10.14 中燃烧器的受迫响应计算结果[13]，该燃烧器安装在一个圆形燃烧室上。如第 8 章所述，识别燃烧器在声扰动下的响应是使用声学方法研究燃烧器稳定性的一个重要组成[14-17]。为计算此响应，常用方法是使用扬声器或旋转阀来激励燃烧器，并测量释热率脉动（通常使用来流的流量脉动与总体释热率脉动之间的时间延迟表征）。考虑到实验成本，LES 方法具有明显优势，但计算中引入声波的数值过程可能会导致数值失真[18-19]，如第 9 章所述。研究[20-21] 表明，激励燃烧器的合适方法是引入一个来流声波扰动，而不是定义一个局部入口速度。

本节反应流算例的工况参数：全局当量比为 0.51，空气流量为 180 g/s，雷诺数为 120000（基于平均速度和燃烧器直径），功率为 277 kW，外部激励频率为 120 Hz。外部激励的第一个影响是在燃烧器喷嘴出口处产生一个环形涡结构，并向下游传播时逐渐长大。在图 10.17 中，使用 Hussain 和 Jeong[22] 的涡旋准则，基于变形张量的不变性可以对涡结构进行可视化。

环形涡旋对燃烧器内的总体释热率会产生直接影响：图 10.17 中右图对比了燃烧室中总体释热率脉动、入口速度脉动和燃料总质量脉动的时间演化。入口速度脉动（圆形）和燃烧室内的燃料总质量脉动（三角形）均呈正弦振荡，相比之下，总体释热率脉动（正方形）呈现出更明显的非线性，在时刻（a）和时刻（b）之间快速下降。图 10.18 显示了一个周期内四个阶段（$\phi=0$，$\pi/2$，π 和 $3\pi/2$）的火焰表面，火焰扰动呈现出环形涡旋状。入口速度在其均值的 0.85～1.15 倍之间振荡时，总体释热率在其均值的 0.7～1.3 倍之间变化（图 10.17），且相位与入口速度相反。燃烧室内的燃料质量变化更大，这表明火焰在快速膨胀阶段产生很大的位移（如图 10.18 中(c) 到(d) 时刻），在此期间激励产生的环形涡会拉伸火焰前锋。在这一周期的后半段，当之前注入的未燃气体燃烧殆尽时，火焰会迅速收缩（在

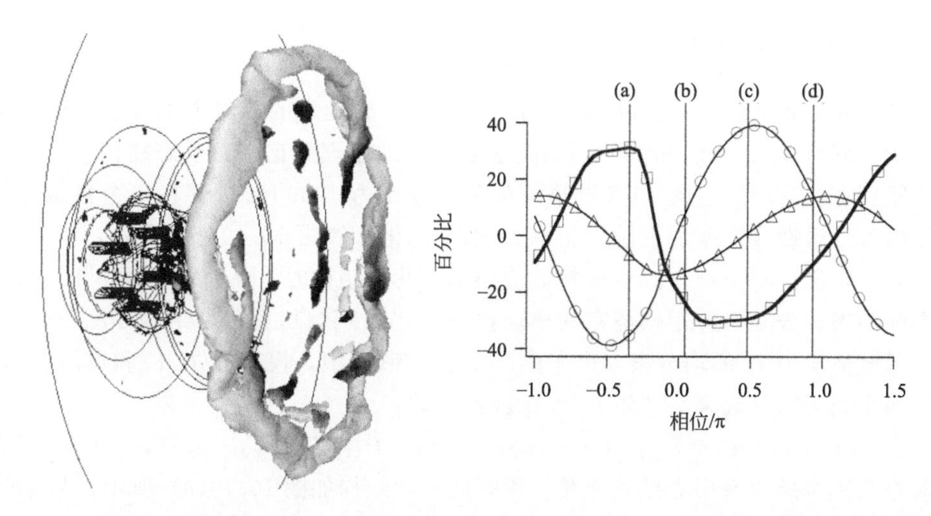

图 10.17　左：在右图时刻（c）入口声波激励引起的环形结构可视化（Hussain 和 Jeong[22] 的涡旋准则）；右：由平均值无量纲化，(a)～(d) 指图 10.18 的瞬时时刻[2]

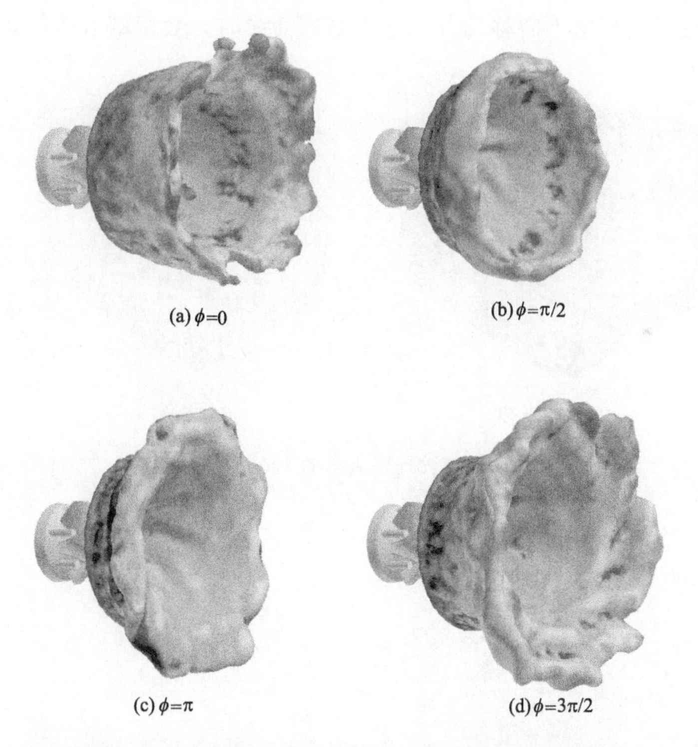

图 10.18　在受迫频率为 120Hz 激励下，一个周期内四个相位（$\Phi=0$，$\pi/2$，π 和 $3\pi/2$）的温度等值面（1000 K）：(a)～(d) 可参见图 10.17

燃烧器出口形成的涡环诱发了火焰的蘑菇状响应。在时刻（b）之后火焰面达到最小值，而在时刻（a）火焰面达到最大值，这导致总反应率在 0.7～1.3 倍的平均值之间变化[2]

图 10.18 中（a）到（b）时刻)。速度脉动和总体释热率脉动之间的时间延迟是 8.4.3 节中介绍的声学方法中使用的时间 τ。

10.3.5 高频自激模态

低频模态并不是火焰-声波相互作用的唯一产物。燃烧室的高阶声模态也可以与火焰前锋相互作用。联合 LES 方法和 Helmholtz 求解器有助于理解这些声模态结构，如算例 2 中所示的高频模态。这个燃烧器 LES 计算结果显示频率为 1200 Hz 处存在一个自激不稳定模态，其结构可通过燃烧室壁面上压力振幅 P'来可视化，如图 10.19(b) 所示，压力振幅 P'由式(8.136) 定义。将 Helmholtz 求解器应用于该几何结构时，在同一个频率 1220 Hz 下发现两个本征模态，分别对应于燃烧室的横向模态(1,0,1)和(1,1,0)，结构如图 10.20 所示，图中显示了壁面压力 P'的均方根。由于燃烧室的方形构型，模态(1,0,1)和模态(1,1,0)频率相同。两个模态组合起来会产生一个“旋转模态”:

$$p'_{旋转}(x,y,z,t)=P'_{1,0,1}(x,y,z)\cos(\omega t)+P'_{1,1,0}(x,y,z)\cos(\omega t-\pi/2) \tag{10.1}$$

该模态会围绕燃烧室中心轴线旋转。模态的平均结构如图 10.19(a) 所示，与 LES 计算的结构吻合［图 10.19(b)］：在 LES 中出现的 1200 Hz 模态也是一个旋转模态，是(1,0,1)和(1,0,1)模态的线性组合。图 10.21 显示了频率为 1200 Hz 的流场在四个不同时刻的分布，可以看出，旋转模态会控制火焰的形状，在斜向旋流器诱发的声波质点速度会产生一个螺旋状的扰动，当它向下游移动并到达火焰的前缘时，会切割火焰单元。

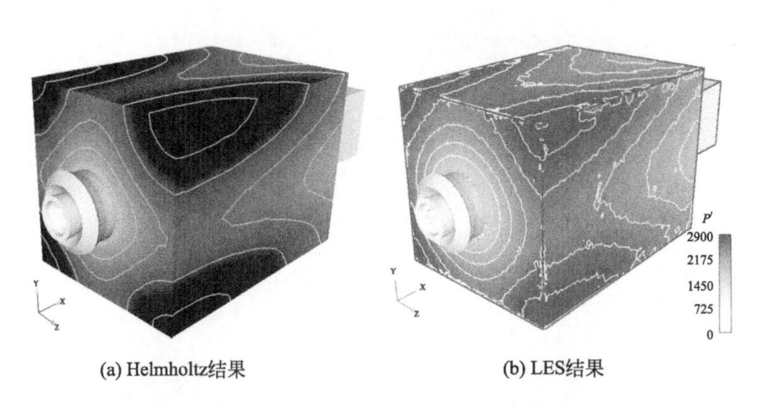

(a) Helmholtz结果　　(b) LES结果

图 10.19　式(10.1) 表示的 1200 Hz 旋转模态

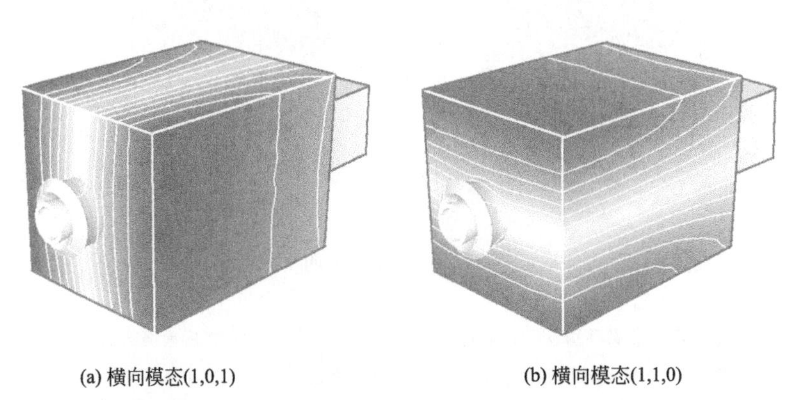

(a) 横向模态(1,0,1)　　(b) 横向模态(1,1,0)

图 10.20　在 1200 Hz 的两个横向模态的结构[2]

将压力振幅P'［式(8.136)］绘制在壁面上

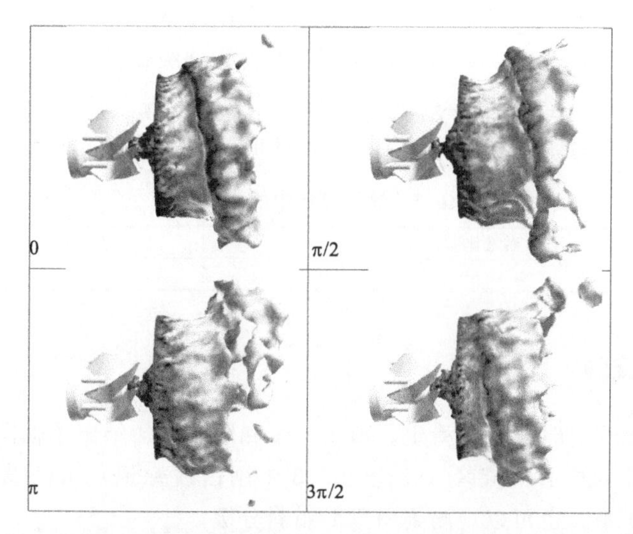

图 10.21　频率为 1200 Hz 的流场中，四个相位的温度 $T=1000\,K$ 等值面

10.4 算例 3: 实验室自激振荡燃烧器

10.4.1 几何构型

算例 3 的几何构型如图 10.22 所示，预混气体（丙烷和空气）沿切向注入一个圆柱形长管道中为燃烧室提供燃料。其中，切向注入方式容易产生稳焰所需的旋流。该设备的一个主要特点在于气体注入管道时被分成两部分从而实现分级燃烧的目的：第一级的当量比（称为 ϕ_1）可以与第二级（称为 ϕ_2）不同。有些燃烧器常会使用分级燃烧方式来控制污染物排放和不稳定性，每一级的空气流量等于总空气流量 $\dot{m}_{air}$ 的 1/2。通过在每一级设置不同比例的丙烷流量来实现当量比的调制。

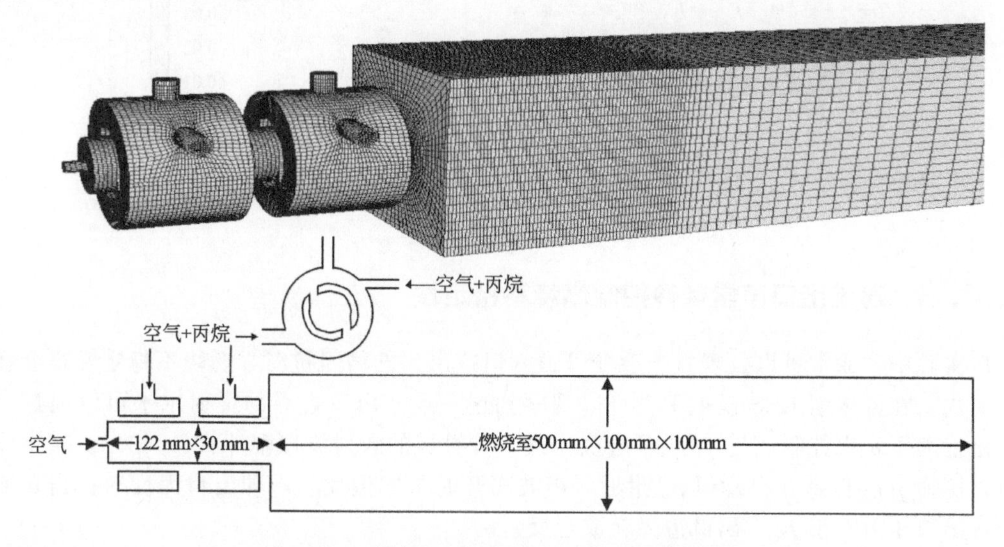

图 10.22　算例 3 的几何构型：分级旋流燃烧器

燃烧器全局当量比 ϕ_g 由式(1.33) 定义，可以表示为 $\phi_g = s\dot{m}_F/\dot{m}_O$，$s$ 为化学当量空燃比，$\dot{m}_O$ 为氧气流量（$\dot{m}_O = Y_{ox}\dot{m}_{air}$）。参数 α 用于表征分级特性，将其定义为第一级注入的燃料分数 $\alpha = \dot{m}_{F1}/\dot{m}_F$。当量比 ϕ_1、ϕ_2 和 α 可以通过 $\phi_1 = 2\alpha\phi_g$ 和 $\phi_2 = 2(1-\alpha)\phi_g$ 关联。这里研究出口截面为声学封闭边界条件下出现强振荡时的特殊状态（表 10.3）。

表 10.3 燃烧算例中的流动参数

总质量流量/(kg/s)	平均当量比	α	ϕ_1	ϕ_2
22×10^{-3}	0.8	0.3	0.5	1.16

10.4.2 稳定流动

当燃烧器出口无反射时，火焰稳定。图 10.23 和图 10.24 给出了轴向平均速度和燃料质量分数分布[4]，其中，中心回流区（在图 10.23 中用白线标记）由已燃气体填充，具有稳焰效果。在图 10.24 中，也可以观测到明显的燃料分级。

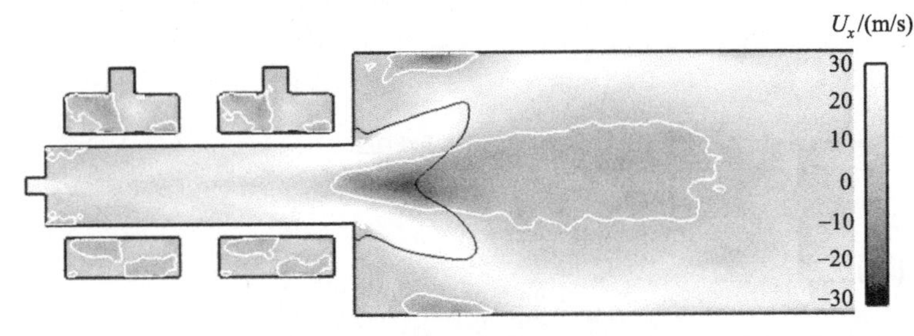

图 10.23 轴向平均速度

白线：$u_x=0$；黑线：稳定燃烧的温度等值面（$T=1500$ K）

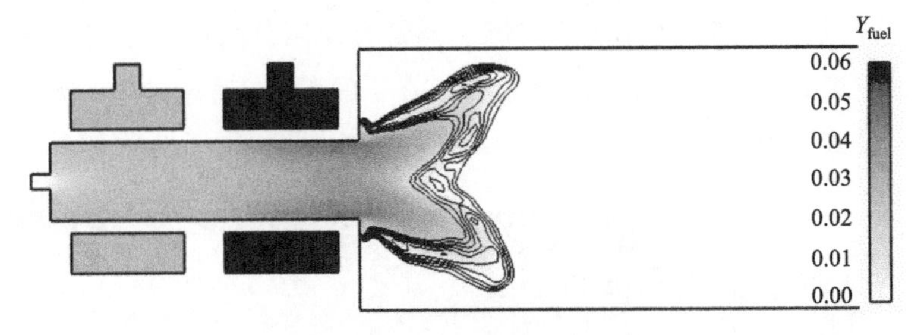

图 10.24 平均燃料质量分数场

黑线：稳定燃烧的等反应率

10.4.3 通过出口声学条件控制燃烧不稳定性

在实验中，通常可以发现，当改变管道入口或出口的声阻抗时，燃烧不稳定性也会随之发生变化。在可压缩 LES 模拟中也可以观察到这一点：出口边界的反射水平可以通过声波修正松弛因子 σ 来控制[19]。该因子会决定进入计算域的入射波振幅［式(9.45)］：当 σ 值较小时，压力 p 会保持在目标值 p_t 附近，声波离开时不发生反射，即出口无反射；当 σ 值较大时，出口压力等于 p_t，出口边界变成全反射。

燃烧室对出口声阻抗变化很敏感，对于无反射出口，如 10.4.2 节所述，如果流场稳定，当出口变得有反射时，流场就可能变为不稳定。为分析这种不稳定性，采用以下方案[4]：

① 给定一个稳定火焰和低水平脉动，在时间 $t=0.127\,\mathrm{s}$ 时，通过增加出口截面的 σ 因子，将出口声阻抗变为反射条件（图 10.25）。

② 在 $t=0.173\,\mathrm{s}$ 时刻，将出口声阻抗切换回无反射条件，不稳定性消失。

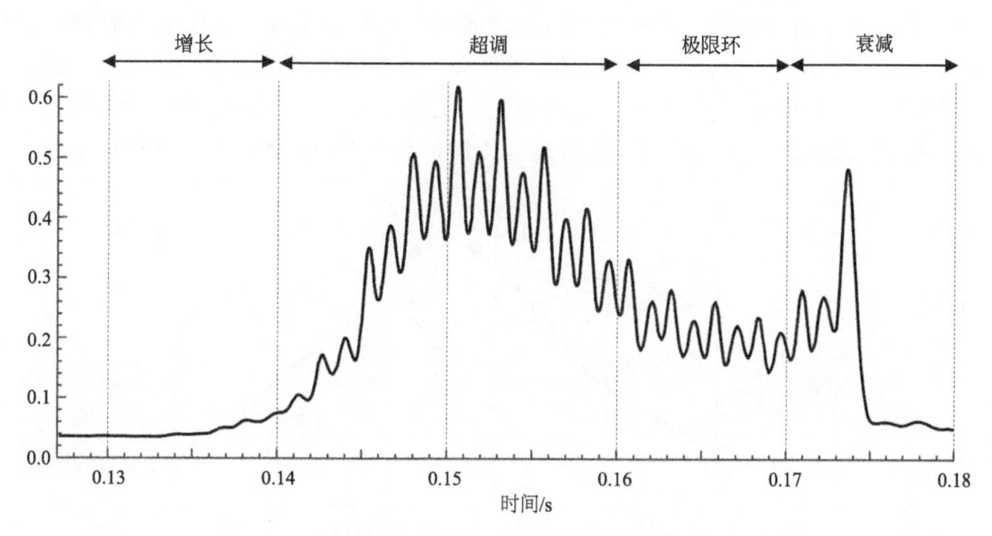

图 10.25　算例 3 中声能的时间演化

在上述过程中，可以从 LES 结果中提取式(8.143) 定义的燃烧器总声能 $\mathcal{E}_1$。从图 10.25 可以看出，总声能先增长，在达到最大值之后出现略微下降，最终在 360Hz 的频率下达到极限环状态，这也对应于燃烧器的一个声模态[4]。在 $t=0.173\,\mathrm{s}$ 时刻，当出口改回无反射边界时，总声能迅速衰减。

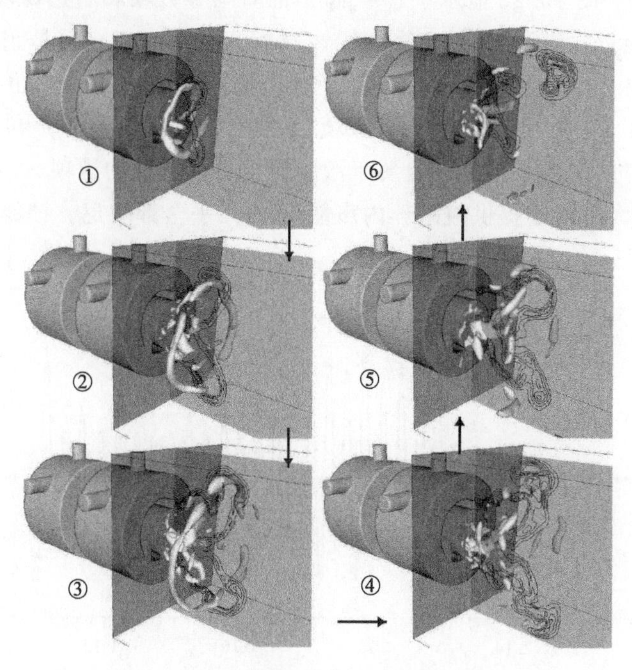

图 10.26　算例 3 中的极限环

等值面：Q 涡旋准则；黑线：反应率等值线

当达到极限环时，燃烧器会受到很强烈的振荡，火焰在膨胀至整个燃烧室之前，会周期性地收缩返回燃烧器出口（图 10.26）。图 10.26 显示了一个完整周期内不同时刻（图 10.27）的瞬时流场结构，采用 Hussain 和 Jeong[22] 的涡旋准则可以对燃烧器出口处形成的涡环进行可视化。可以看出，在燃烧器出口处由于来流加速度很大而形成的涡（第 1 个时刻之前），在第 1 个时刻到第 3 个时刻之间会长成明显的环形结构，在第 4 个时刻后退化为小尺度涡结构。图 10.27 也证实了振荡强度的变化，总反应率在均值的 0.5～1.7 倍之间振荡；入口速度也在均值的 0.5～1.6 倍之间变化，正如 8.2.2 节中所讨论的，这些速度脉动明显大于典型的湍流速度，与小尺度湍流运动相比，会对燃烧过程产生更大的影响。

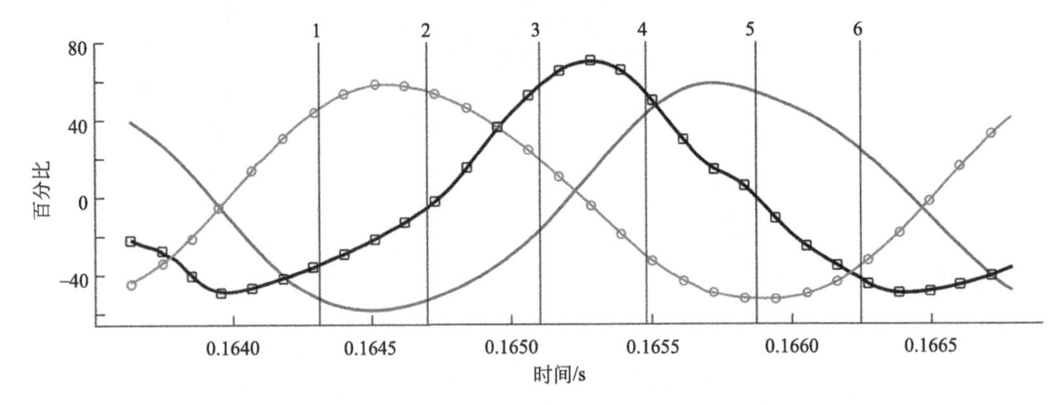

图 10.27 在一个极限环周期内，采用平均值进行无量纲化处理的燃烧室压力脉动（实线）、燃烧器入口速度脉动（圆形）和总体释热率脉动（方形）

在燃烧不稳定性的演化过程中，使用时间和空间可解的 LES 数据可知，式(8.142) 中表示的声能余量为 0。图 10.28 显示了总声能$\mathcal{E}_1$ 的时间导数项和右边源项$\mathcal{R}_1-\mathcal{F}_1$ 的时间演化。这两个数据很接近，说明 LES 方法和线性声能方程(8.142) 都是正确的。最后，考虑到总声能变化率和$\mathcal{R}_1-\mathcal{F}_1$ 数据很接近，于是对声能方程中的每一项也进行了分析。由图 10.29 可知，式(8.145) 定义的 Rayleigh 源项$\mathcal{R}_1$ 实际上并不占主导地位，虽然等于负值的时间很短，大部分时间内均是正值，也属于激励燃烧不稳定性的源项，但是由式(8.144) 给出的声损失项$\mathcal{F}_1$ 很大，它会提供极限环内声能$\mathcal{E}_1$ 的几乎全部阻尼。该结果表明，极限环的

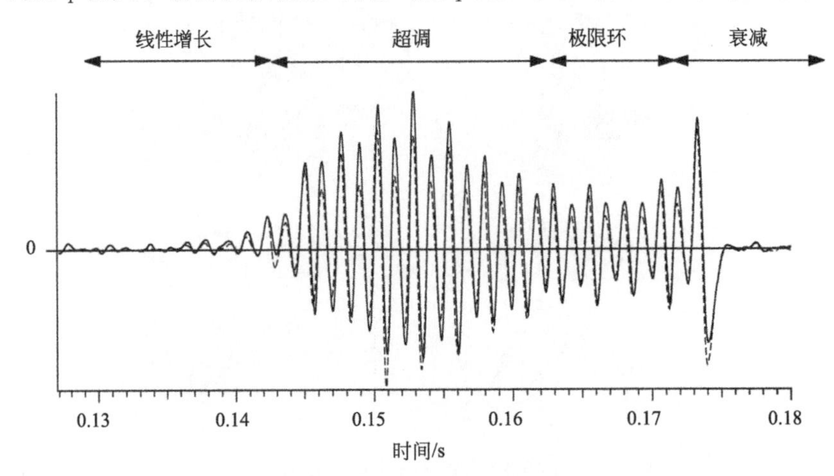

图 10.28 算例 3 中的净声能项：$d\mathcal{E}_1/dt$（实线），$\mathcal{R}_1-\mathcal{F}_1$（点线）

振幅主要由声损失控制，这也与直接观察的现象一致，即改变出口处声学边界条件可以控制振荡振幅。该例子显示了如何将 LES 方法与声能方程联合起来理解燃烧器中的燃烧不稳定性，它还证明了声波在燃烧振荡中的重要性，并指出实验研究的潜在问题：如果燃烧室上游和下游的声阻抗很重要，则难以将给定的燃烧器从真实燃气轮机中取出，并安装在一个不同的装置中来研究，如在实验室环境中进行测试。因为声学边界条件会有所不同，所以在实验室得到的结论可能与真实环境中的完整燃烧器并不相关。

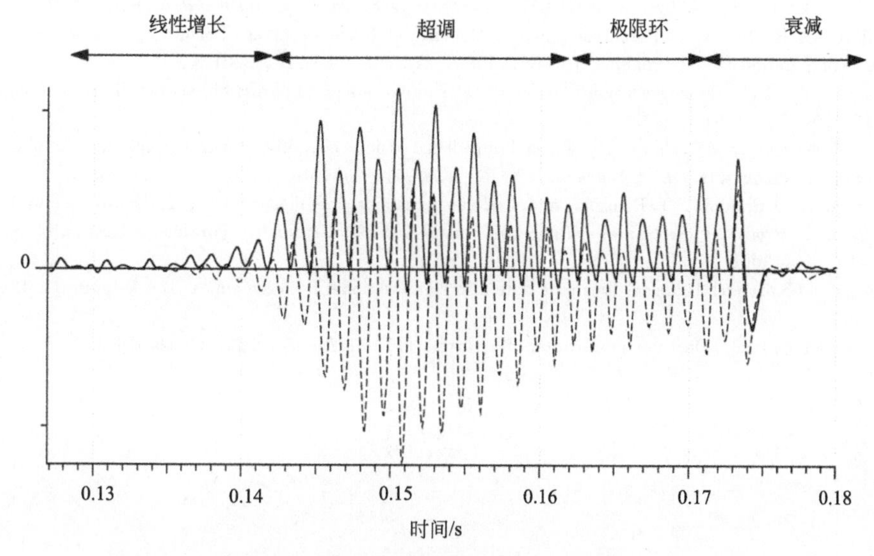

图 10.29　算例 3 中的声能方程右边项：$\mathcal{R}_1$（实线），$\mathcal{F}_1$（点线）

参考文献

[1] G. Lartigue. *Simulation aux grandes echelles de la combustion turbulente*. Phd thesis，INP Toulouse，2004.

[2] L. Selle. *Simulation aux grandes echelles des interactions flamme-acoustique dans un coulemenl vrille*. Phd thesis，INP Toulouse，2004.

[3] L. Selle，G. Lartigue，T. Poinsot，R. Koch，K. U. Schildmacher，W. Krebs，B. Prade，P. Kaufmann，and D. Veynante. Compressible large-eddy simulation of turbulent combustion in complex geometry on unstructured meshes. *Combust. Flame*，137 (4)：489-505，2004.

[4] C. Martin，L. Benoit，F. Nicoud，and T. Poinsot. Analysis of acoustic energy and modes in a turbulent swirled combustor. In *Proc. of the Summer Program*，pages 377-394. Center for Turbulence Research，NASA Ames/Stanford Univ.，2004.

[5] F. Nicoud and F. Ducros. Subgrid-scale stress modelling based on the square of the velocity gradient. *Flow，Turb. and Combustion*，62 (3)：183-200，1999.

[6] W. Meier，P. Weigand，X. R. Duan，and R. Giezendanner-Thoben. Detailed characterization of the dynamics of thermoacoustic pulsations in a lean premixed swirl flame. *Combust. Flame*，150 (1-2)：2-26，2007.

[7] P. Weigand，W. Meier，X. R. Duan，W. Stricker，and M. Aigner. Investigations of swirl flames in a gas turbine model combustor：I. flow field，structures，temperature，and species distributions. *Combust. Flame*，144 (1-2)：205-224，2006.

[8] S. Roux，G. Lartigue，T. Poinsot，U. Meier，and C. Berat. Studies of mean and unsteady flow in a swirled combustor using experiments，acoustic analysis and large eddy simulations. *Combust. Flame*，141：40-54，2005.

[9] S. Roux. *Influence de la modelisation du melange air/carburant et de l'etendue du domaine de calcul dans la simulation aux grandes echelles des instabilites de combustion. Application a des foyers aeronautiques*. Phd thesis，INP Toulouse，2008.

[10] V. Moureau，P. Domingo，and L. Vervisch. From large-eddy simulation to direct numerical simulation of a lean premixed swirl flame：Filtered laminar flame-pdf modeling. *Combust. Flame*，158 (7)：1340-1357，2011.

[11] A. D. Pierce. *Acoustics：an introduction to its physical principles and applications*. McGraw Hill，New York，

1981.

[12] L. E. Kinsler, A. R. Frey, A. B. Coppens, and J. V. Sanders. *Fundamental of Acoustics*. John Wiley, 1982.

[13] M. Lohrmann, H. Buechner, and N. Zarzalis. Flame transfer function characteristics of swirled flames for gas turbine applications. In ASME Paper 2003-GT-38113, editor, *ASME Turbo expo*, Atlanta, 2003.

[14] L. Crocco. Research on combustion instability in liquid propellant rockets. In *12th Symp. (Int.) on Combustion*, pages 85-99. The Combustion Institute, Pittsburgh, 1969.

[15] G. Hsiao, R. Pandalai, H. Hura, and H. Mongia. Combustion dynamic modelling for gas turbine engines. In *AIAA Paper 98-3380*, 1998.

[16] C. O. Paschereit, P. Flohr, and B. Schuermans. Prediction of combustion oscillations in gas turbine combustors. In AIAA Paper 2001-0484, editor, *39th AIAA Aerospace Sciences Meeting and Exhibit*, Reno, NV, 2001.

[17] W. Polifke, A. Poncet, C. O. Paschereit, and K. Doebbeling. Reconstruction of acoustic transfer matrices by instationnary computational fluid dynamics. *J. Sound Vib.*, 245 (3): 483-510, 2001.

[18] T. Poinsot and S. Lele. Boundary conditions for direct simulations of compressible viscous flows. *J. Comput. Phys.*, 101 (1): 104-129, 1992.

[19] L. Selle, F. Nicoud, and T. Poinsot. The actual impedance of non-reflecting boundary conditions: implications for the computation of resonators. *AIAA Journal*, 42 (5): 958-964, 2004.

[20] A. Kaufmann, O. Simonin, T. Poinsot, and J. Helie. Dynamics and dispersion in Eulerian-Eulerian DNS of two-phase flows. In *Proc, of the Summer Program*, pages 381-392. Center for Turbulence Research, NASA Ames/Stanford Univ., 2002.

[21] S. Ducruix and S. Candel. External flow modulation in computational fluid dynamics. *AIAA Journal*, 42 (8): 1550-1558, 2004.

[22] F. Hussain and J. Jeong. On the identification of a vortex. *J. Fluid Mech.*, 285: 69-94, 1995.